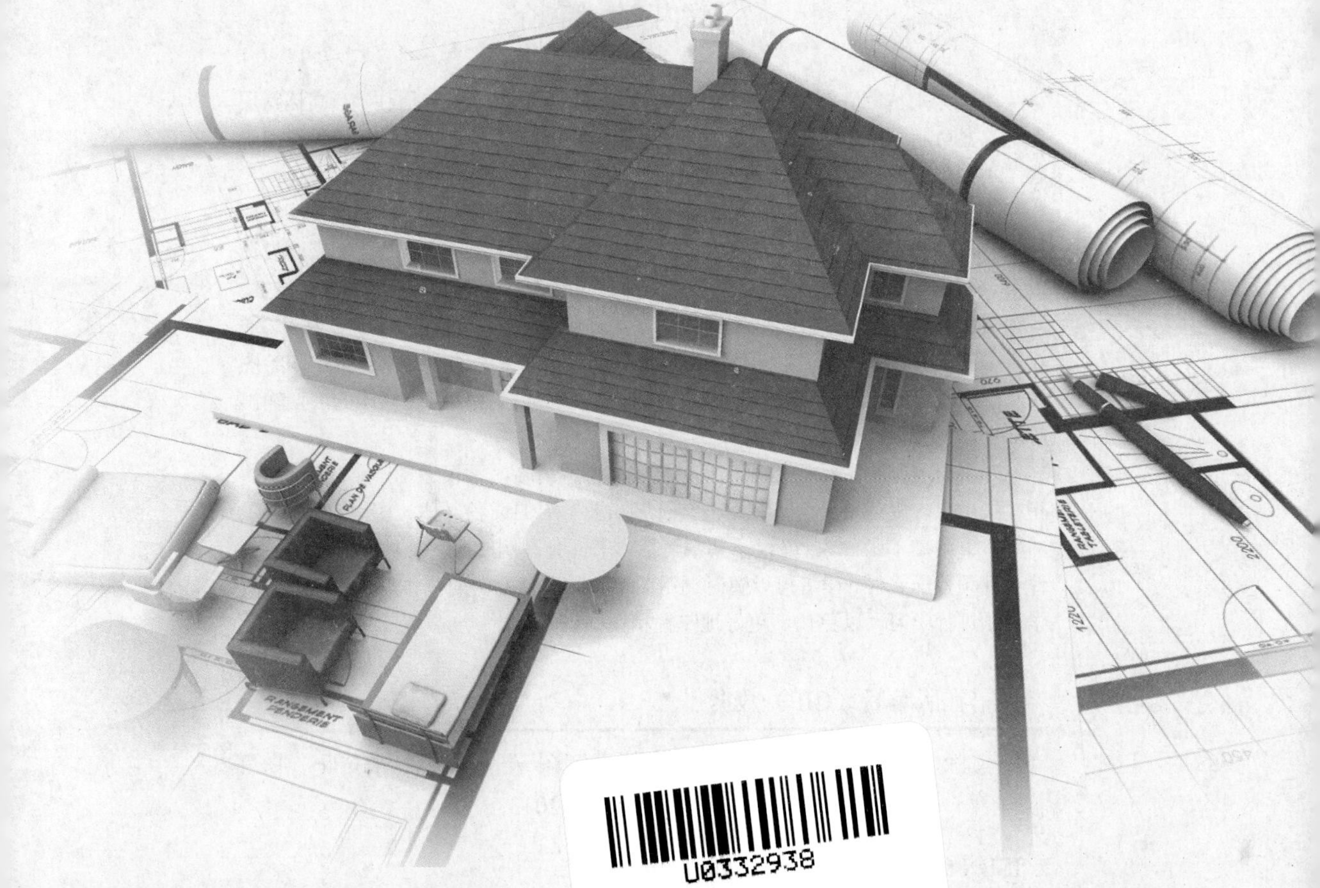

中文版 AutoCAD 2013 室内装饰装潢制图

史宇宏 张传记 陈玉蓉 编著

北京希望电子出版社
Beijing Hope Electronic Press
www.bhp.com.cn

内 容 简 介

本书分别从家装和工装两个室内装修领域入手，通过对普通住宅、高档跃层住宅、多功能厅、宾馆套房、办公空间等多个室内装修案例的具体实施，详细讲解了不同功能的房间的设计要素和特点。

本书共 11 章内容，包括 AutoCAD 2013 室内设计基础、设置室内设计绘图样板、普通住宅室内平面设计方案、普通住宅吊顶设计方案、普通住宅立面设计方案、跃层住宅一层设计方案、跃层住宅二层设计方案、多功能厅室内设计方案、宾馆套房设计方案、办公空间室内设计方案以及室内图纸的后期打印等内容。通过本书的学习，可以使读者熟练掌握 AutoCAD 2013 绘图软件的操作方法和绘图技巧，并进一步学到如何设计建筑装修图，以及如何进行建筑装修图的后期输出等知识。

本书内容丰富、结构合理、案例翔实、讲解清晰，不仅适用于 AutoCAD 的初中级用户，更适用于有志在室内装饰装潢业发展的读者群体。

本书附赠 1 张 DVD 光盘，其中包括本书部分案例的图块文件、最终效果文件和视频教学文件。读者可以随时调用图块文件学习案例的制作方法，或跟随教学视频进行学习，以更快、更好地掌握相关知识。

图书在版编目（CIP）数据

中文版 AutoCAD 2013 室内装饰装潢制图 / 史宇宏，张传记，陈玉蓉编著. —北京：北京希望电子出版社，2013.1

ISBN 978-7-83002-060-6

Ⅰ.①中…　Ⅱ.①史…②张…③陈…　Ⅲ.①室内装饰设计－计算机辅助设计－AutoCAD 软件　Ⅳ.①TU238-39

中国版本图书馆 CIP 数据核字（2012）第 258279 号

出版：北京希望电子出版社
地址：北京市海淀区上地 3 街 9 号
金隅嘉华大厦 C 座 610
邮编：100085
网址：www.bhp.com.cn
电话：010-62978181（总机）转发行部
010-82702675（邮购）
传真：010-82702698
经销：各地新华书店

封面：深度文化
编辑：焦昭君
校对：高海霞
开本：787mm×1092mm 1/16
印张：31
印数：1-3 500
字数：720 千字
印刷：北京市双青印刷厂
版次：2013 年 1 月 1 版 1 次印刷

定价：59.80 元（配 1 张 DVD 光盘）

前言 PREFACE

AutoCAD绘图软件是美国Autodesk公司推出的计算机辅助设计软件，它以功能强大、界面友好、操作简便、易学易用而深受广大设计人员的喜爱，广泛应用于生产生活的各个领域。

本书特点

本书分别从家装和工装两个室内装修领域入手，通过普通住宅、高档跃层住宅、多功能厅、宾馆套房以及办公空间等多个室内装修案例的具体实施，详细讲解了不同功能房间的设计要素和特点。通过本书，读者不仅可以学习如何将自己的设计理念直观地展现给业主，而且可以学习到如何与其他的工程装修设计人员建立沟通的平台，以交流自己的设计理念。

本书打破了其他同类图书中只注重实例操作过程而不注重设计理念和设计方法的传统写作模式，在力求做到内容丰富、案例经典，写作步骤精炼、准确的同时，还相应地介绍了AutoCAD 2013室内装饰装潢设计中读者必须首先掌握的室内设计理论知识，理论与实践相结合，使读者能够轻松掌握AutoCAD 2013室内装饰装潢设计的实质内容，最终成为一个专业的AutoCAD室内装潢设计师。

本书内容

全书共分11章，具体包括如下内容。

- 第1章：AutoCAD 2013室内设计基础。本章主要讲解了AutoCAD 2013室内设计基础操作知识，例如AutoCAD 2013工作空间与界面、AutoCAD 2013精确绘图技能、常用图元的绘制技能、常用图元的编辑技能、文字与尺寸的标注技能以及图形资源的应用技能等。
- 第2章：设置室内设计绘图样板。本章主要讲解了AutoCAD 2013室内设计绘图样板的制作，具体包括绘图样板的环境、图层、绘图样式、绘图样板图纸边框设置以及室内样板图的页面布局等知识。
- 第3章：普通住宅室内平面设计方案。本章首先讲解了平面布置图的形成、功能、平面布置图的设计内容等理论知识，然后通过绘制普通住宅平面布置图的具体案例，详细讲解了绘制普通住宅墙体结构图、普通住宅室内布置图、普通住宅地面材质图的相关方法以及标注普通住宅平面布置图尺寸的相关知识。
- 第4章：普通住宅吊顶设计方案。本章首先讲解了普通住宅吊顶图的功能、形成原理、吊顶类型以及绘制方法等理论知识，然后通过绘制普通住宅吊顶墙体图、吊顶构件图、吊顶灯具图以及标注普通住宅吊顶图尺寸的具体案例，详细讲解了普通住宅室内装饰吊顶图的绘制过程和方法。

- 第5章：普通住宅立面设计方案。本章首先讲解了普通住宅立面图的表达内容、形成特点等理论知识，然后通过绘制普通住宅客厅与餐厅A向立面图、主卧室A向立面图、厨房C向立面图以及主卧卫生间B向立面图的案例，详细讲解了普通住宅室内装饰立面图的绘制过程和方法。
- 第6章：跃层住宅一层设计方案。本章首先讲解了跃层住宅的概念、特点以及设计思路等基础知识，然后通过绘制跃层住宅一层墙体图、家具布置图、地面材质图、吊顶装修图、客厅立面图的具体案例，详细讲解了跃层住宅室内装修图的绘制过程和方法。
- 第7章：跃层住宅二层设计方案。本章主要讲解了跃层住宅二层装修图的绘制方法，主要包括二层墙体结构图、家具布置图、地面材质图、吊顶装修图以及二层主卧立面图等设计过程。
- 第8章：多功能厅设计方案。本章首先讲解了多功能厅的概念、设计思路，然后通过绘制多功能厅墙体结构图、家具布置图、立面装修图的具体工程案例，详细讲解了多功能厅室内设计的方法和技巧。
- 第9章：宾馆套房设计方案。本章通过绘制宾馆套房墙体图、平面布置图、天花装修图以及B向立面图的案例，讲解了宾馆套房室内设计图的绘制方法和技巧。
- 第10章：某航空市场部办公空间设计方案。本章首先讲解了办公空间装修设计的要求、特点等理论知识，然后通过绘制某航空市场部办公空间墙体平面图、屏风工作位图、办公资料柜造型以及办公家具布置图的案例，详细讲解了办公空间室内设计的方法和技巧。
- 第11章：室内图纸的后期打印。本章主要讲解室内设计图纸的打印输出以及数据交换等知识。

光盘内容

为了让广大读者朋友更方便、更快捷地学习和使用本书，随书附有1张DVD光盘，光盘中收录了本书部分案例调用的图块文件、最终效果文件及视教学文件，读者可以比照学习，光盘内容如下。

- “图块文件”文件夹下存放的是本书案例中使用的图块文件。
- “效果文件”文件夹下存放的是本书案例的最终效果文件。
- “样板文件”文件夹下存放的是本书案例的所使用的样板文件。
- “视频文件”文件夹下存放的是本书案例的视频教学文件。

其他声明

本书由史宇宏、张传记、陈玉蓉编著。史小虎、秦真亮、张伟、姜华华、车宇、林永、赵明富、卢春洁、杨松、刘海芹、王莹、张恒立、赵卉亓、夏小寒、白春英、唐美灵、朱仁成、孙爱芳、王智强、徐丽、张桂敏、宿晓辉、于岁、谭桂爱、姜迎美等也参与了本书的编写工作。

由于作者水平所限，书中难免有不妥之处，恳请广大读者批评指正，如对本书有何意见或建议，请您发邮件至bhpbangzhu@163.com。如果希望知悉更多的图书信息，可登录北京希望电子出版社的网站www.bhp.com.cn。

编著者

目 录 CONTENTS

第1章 AutoCAD 2013室内设计基础

第2章 设置室内设计绘图样板

第3章 普通住宅室内平面设计方案

第4章 普通住宅吊顶设计方案

第5章 普通住宅立面设计方案

第6章 跃层住宅一层设计方案

第7章 跃层住宅二层设计方案

第8章 多功能厅设计方案

第9章 宾馆套房设计方案

第10章 某航空市场部办公空间设计方案

第11章 室内图纸的后期打印

第1章 Chapter 01

AutoCAD 2013室内设计基础

- □ AutoCAD工作空间与界面
- □ AutoCAD 精确绘图技能
- □ 常见图元的绘制技能
- □ 常见图元的编辑技能
- □ 文字与尺寸的标注技能
- □ CAD资源的数据共享技能
- □ 本章小结

1.1 AutoCAD工作空间与界面

AutoCAD是由美国Autodesk公司开发的计算机辅助设计软件，AutoCAD 2013是目前最新的一个版本，本节将介绍AutoCAD 2013工作空间与经典的操作界面。

1.1.1 了解工作空间

所谓“工作空间”，指的就是用于绘制图形、编辑图形、查看图形的一个综合性的空间，在此空间内，不仅有标题栏、状态栏、绘图区等元素，还包含一些可选择的界面元素，比如菜单栏、工具栏、选项板、功能区等。

在AutoCAD早期版本中，仅为用户提供了一种经典工作空间，随着版本的不断升级换代，AutoCAD的功能不断完善和增强，直至目前的AutoCAD 2013版本，共为用户提供了4种工作空间，具体有“二维草图与注释”、“AutoCAD经典”、“三维建模”和“三维基础”。至于用户在绘图时选用哪种工作空间，可以根据自己的需要和绘图习惯进行选择。

工作空间之间的切换主要通过以下几种方式。

- ◆ 通过菜单栏。执行菜单栏“工具”\“工作空间”下一级菜单命令，如图1-1所示。
- ◆ 通过工具栏。展开“工作空间”工具栏上的“工作空间控制”下拉列表，选择相应的工作空间，如图1-2所示。
- ◆ 通过状态栏。单击状态栏中的“切换工作空间”按钮AutoCAD 经典▾，在弹出的按钮菜单中单击相应选项，即可快速切换工作空间，如图1-3所示。

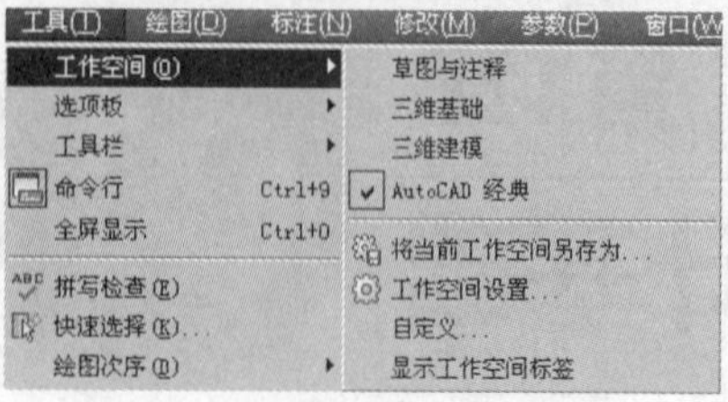

图1-1

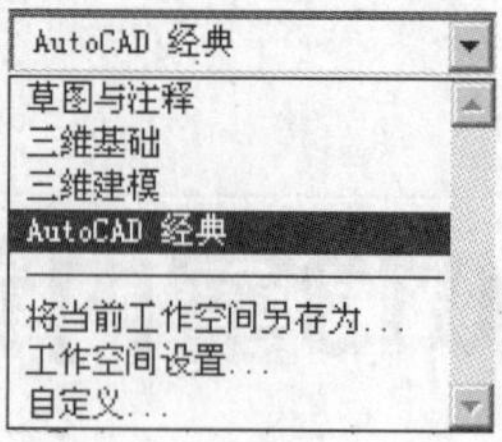

图1-2

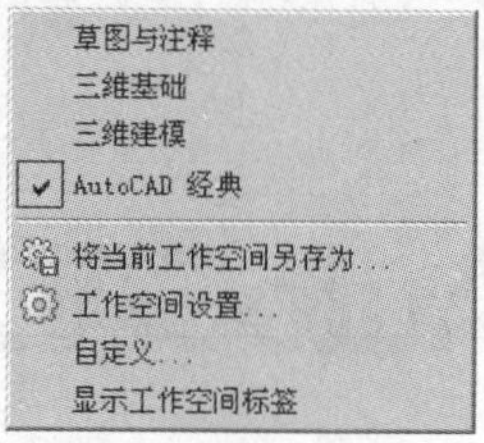

图1-3

1.1.2 经典界面与设置

当启动AutoCAD 2013绘图软件之后，系统将进入如图1-4所示的软件操作界面，在此操作界面中显示的是“AutoCAD经典”工作空间，该工作空间是一个传统的工作空间，本节将简要介绍各界面组成部分的主要功能。

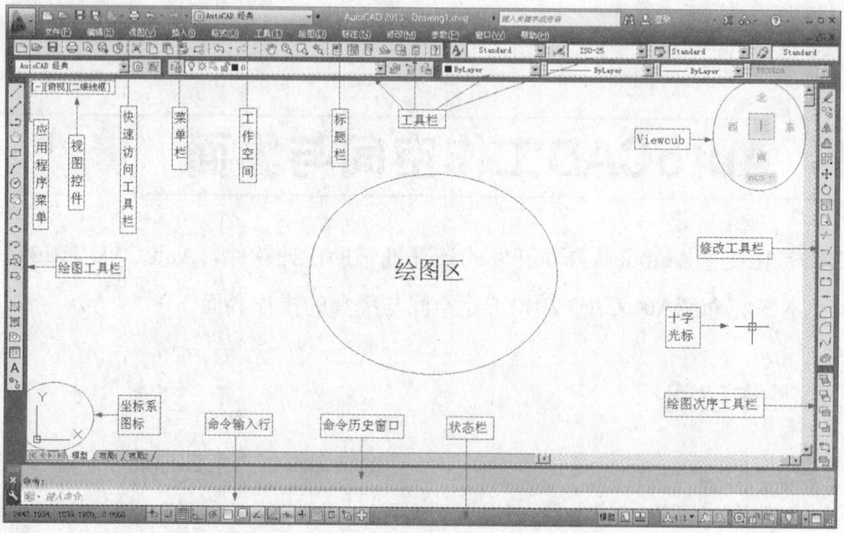

图1-4

1. 标题栏

标题栏位于AutoCAD操作界面的最顶部，主要包括应用程序菜单、快速访问工具栏、程序名称显示区、信息中心和窗口控制按钮五部分内容，具体如下。

- “应用程序菜单”用于访问常用工具、搜索菜单和浏览最近的文档。
- “快速访问工具栏”主要用于快速访问某些命令以及自定义快速访问工具栏、添加分隔符等。
- “程序名称显示区”主要用于显示当前正在运行的程序名和当前被激活的图形文件名称。
- “信息中心”可以快速获取所需信息、搜索所需资源等。
- “窗口控制按钮”位于标题栏最右端，主要有“最小化”、“恢复”/“最大化”和“关闭”按钮，分别用于控制AutoCAD窗口的大小和关闭。

2. 菜单栏

AutoCAD为用户提供了“文件”、“编辑”、“视图”、“插入”、“格式”、“工具”、“绘图”、“标注”、“修改”、“参数”、“窗口”、“帮助”共12个主菜单，AutoCAD的常用制图工具都分门别类地排列在这些主菜单中，用户可以非常方便地启动各主菜单中的相关菜单项，以进行必要的图形绘图工作。用户可以使用变量MENUBAR控制菜单栏的显示状态，变量值为1时，显示菜单栏；变量值为0时，隐藏菜单栏。

菜单栏左端是“菜单浏览器”图标，菜单栏最右端是AutoCAD文件的窗口控制按钮，如“最小化”、“还原”/“最大化”和“关闭”，用于控制图形文件窗口的显示。各菜单主要功能如下。

- “文件”菜单：用于对文件进行管理、打印和输出等，包括新建、打开、保存、打印、输入和输出等命令。
- “编辑”菜单：用于对文件进行一些常规编辑。
- “视图”菜单：用于管理视图内图形的显示及着色等，如图形缩放、图形平移、视图设置、着色以及渲染等操作。
- “插入”菜单：用于向当前图形文件中插入所需要的图块、外部参照以及其他格式的文件。
- “格式”菜单：用于设置与绘图环境相关的参数，如图形界限、图形单位、图层、颜色、线型及一些样式设置等。
- “工具”菜单：为用户提供了一些辅助工具和图形资源的组织管理工具。
- “绘图”菜单：其中几乎包含了AutoCAD 2013所有二维和三维绘图命令。
- “标注”菜单：用于对当前图形进行尺寸标注和编辑等。
- “修改”菜单：包含了所有的二维和三维图形编辑命令，主要用于对所绘制的图形进行编辑操作。
- “参数”菜单：用于为几何图形添加或删除约束，以保护几何图形不受其他图形变动的影响。
- “窗口”菜单：用于对AutoCAD的多文档状态及位置进行控制。
- “帮助”菜单：用于为用户提供一些帮助信息。

3. 工具栏

工具栏位于菜单栏的下侧和绘图区的两侧，将光标移至工具按钮上稍做停留，屏幕上就会出现相应的命令名称，在按钮图标上单击左键，即可激活相应的命令。在任一工具栏上单击右键，可打开如图1-5所示的工具栏菜单。在此菜单中共包括48种工具栏，其中带有“勾号”表示当前已经被打开的工具栏，不带有此符号，表示该工具栏是关闭的。如果用户需要打开其他工具栏，只需在相应工具栏选项上单击左键，即可打开所需工具栏。

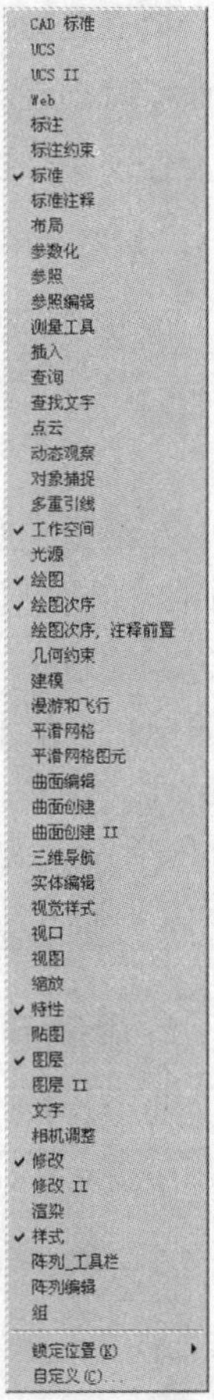

图1-5

技巧

由于AuoCAD的工作窗口有限，用户不可能将所有的工具栏都显示在工作界面内，只需将随时用到的一些工具栏打开，暂时不用的工具栏关闭，以扩大绘图区域。

在工具栏快捷菜单中选择“锁定位置”|“固定的工具栏/面板”命令，可以将绘图区四侧的工具栏固定，如图1-6所示。工具栏一旦被固定后，是不可以被拖动的。

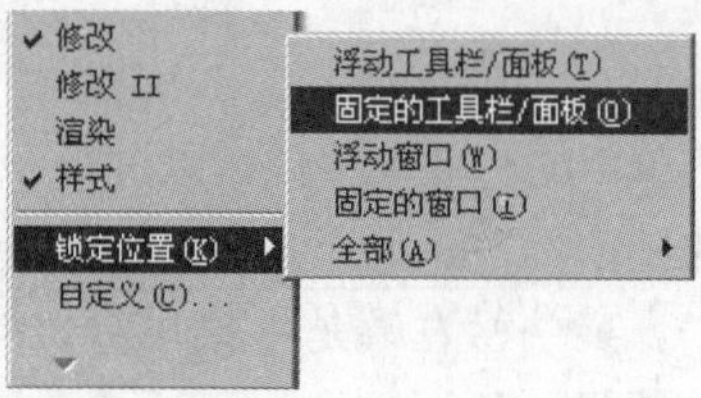

图1-6

技巧

单击状态栏中的按钮，从弹出的按钮菜单中可以控制工具栏和窗口的固定状态。

4. 绘图区

绘图区位于工作界面的正中央，即被工具栏和命令行所包围的整个区域，此区域是用户的工作区域，图形的设计与修改工作就是在此区域内进行操作的。默认状态下绘图区是一个无限大的电子屏幕，无论尺寸多大或多小的图形，都可以在绘图区中绘制和灵活显示。

在移动鼠标时，绘图区会出现一个随光标移动的十字符号，此符号为“十字光标”，它由“拾取点光标”和“选择光标”叠加而成，其中“拾取点光标”是点的坐标拾取器，当执行绘图命令时，显示为拾点光标；“选择光标”是对象拾取器，当选择对象时，显示为选择光标；当无任何命令执行的前提下，显示为十字光标，如图1-7所示。

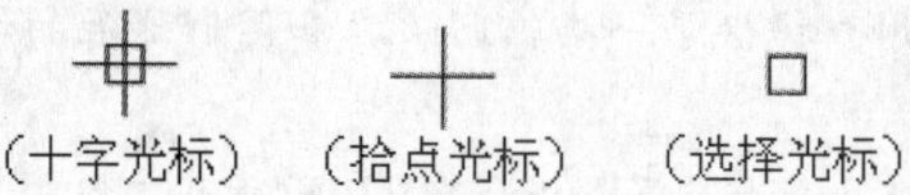

图1-7

在绘图区左下部有3个标签，即“模型”、“布局1”和“布局2”，分别代表了两种绘图空间，即模型空间和布局空间。模型标签代表了当前绘图区窗口处于模型空间，通常在模型空间进行绘图。“布局1”和“布局2”是默认设置下的布局空间，主要用于图形的打印输出。用户可以通过单击标签，在这两种操作空间中进行切换。

技巧

默认设置下，绘图区背景色的RGB值为254、252、240，用户可以使用“工具”|“选项”菜单命令更改背景色。

5. 命令行

命令行位于绘图区的下侧，它是用户与AutoCAD软件进行数据交流的平台，主要功能就是用于提示和显示用户当前的操作步骤，如图1-8所示。

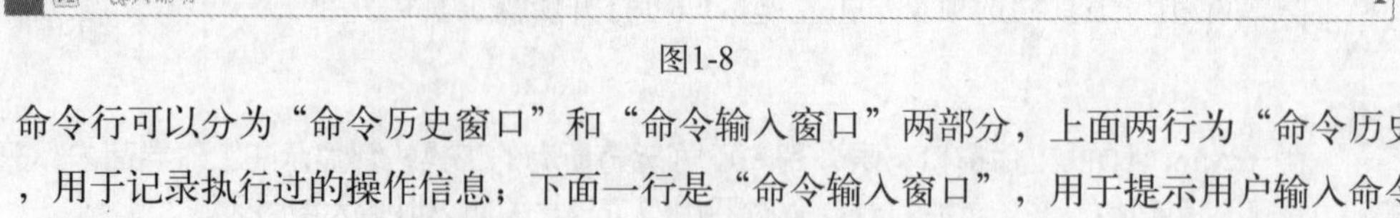

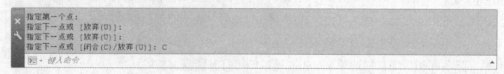

图1-8

命令行可以分为“命令历史窗口”和“命令输入窗口”两部分，上面两行为“命令历史窗口”，用于记录执行过的操作信息；下面一行是“命令输入窗口”，用于提示用户输入命令或命令选项，如图1-9所示。

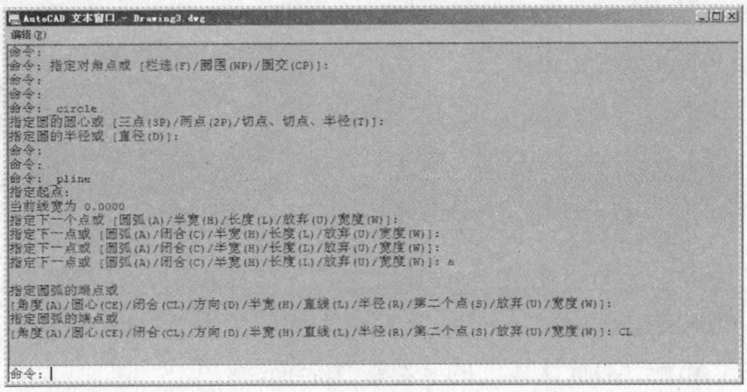

图1-9

技巧

通过按功能键F2，系统会以“文本窗口”的形式显示更多的历史信息，如图1-9所示，再次按功能键F2，即可关闭文本窗口。

6. 状态栏

如图1-10所示的状态栏位于AutoCAD操作界面的最底部，它由坐标读数器、辅助功能区和状态栏菜单三部分组成，具体如下。

图1-10

状态栏左端为坐标读数器，用于显示十字光标所处位置的坐标值；在辅助功能区左端是一些重要的辅助功能按钮，用于控制点的精确定位和追踪；中间的按钮主要用于快速查看布局、查看图形、定位视点、注释比例等；右端的按钮主要用于对工具栏、窗口等固定，工作空间切换以及绘图区的全屏显示等，都是一些辅助绘图的功能。

在“注释比例”按钮1:1上单击左键，可以打开如图1-11所示的按钮菜单，用于选择和自定义注释比例；单击状态栏右侧的小三角，将打开如图1-12所示的状态栏快捷菜单，菜单中的各选项与状态栏中的各按钮功能一致，用户也可以通过各菜单项以及菜单中的各功能键控制各辅助按钮的开关状态。

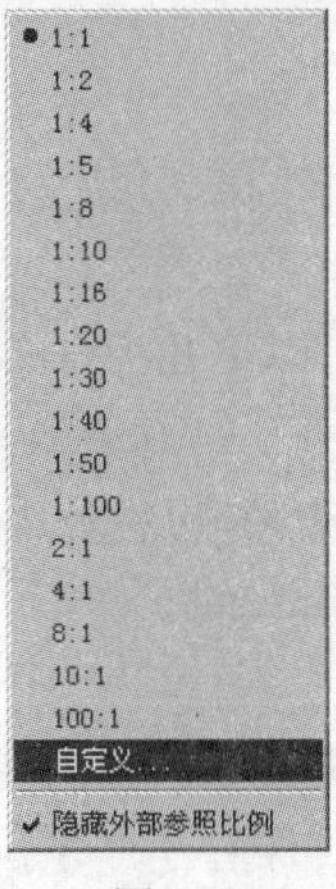

图1-11

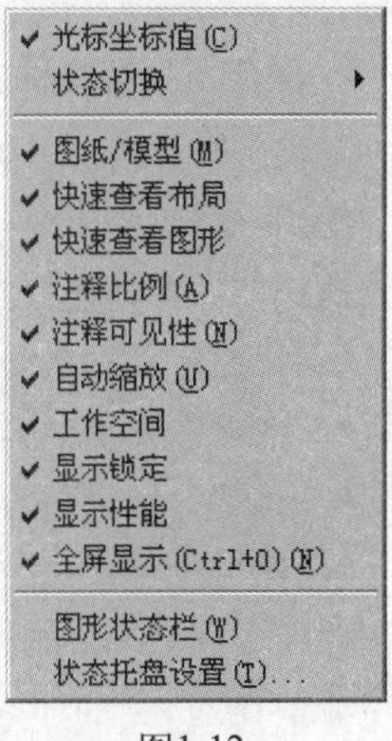

图1-12

1.1.3 文件设置与管理

1. 新建公制文件

“新建”命令主要用于新建空白CAD绘图文件，当用户启动AutoCAD绘图软件后，系统会自动打开一个名为“Drawing1.dwg”的绘图文件，如果用户需要重新创建一个绘图文件，则需要执行“新建”命令。执行此命令主要有以下几种方式。

◆ 执行菜单栏中的“文件”|“新建”命令。

◆ 单击“标准”工具栏中的按钮。
◆ 在命令行输入New按Enter键。
◆ 按组合键Ctrl+N。

技巧

在命令行输入命令后，还需要按Enter键，才可以激活该命令。

激活“新建”命令后，打开如图1-13所示的“选择样板”对话框。在此对话框中，选择“acadISO-Named Plot Styles”或“acadiso”样板文件后单击打开(O)按钮，即可创建一个公制单位的空白文件，进入AutoCAD默认设置的二维操作界面。

另外，在该对话框中单击打开(O)按钮右侧的下三角按钮，可展开如图1-14所示的按钮菜单，在此按钮菜单上选择“无样板打开-公制”选项，也可以快速创建一个公制单位的空白文件。

图1-13

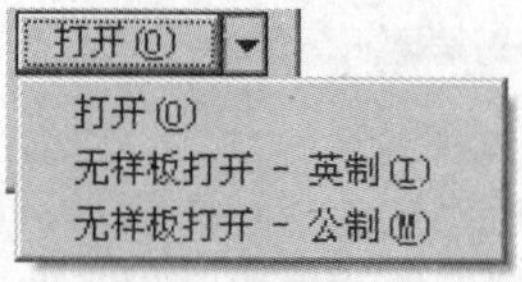

图1-14

2. 保存与另存文件

“保存”命令用于将绘制的图形以文件的形式进行保存，保存的目的是为了方便以后查看、使用或修改编辑等。

执行“保存”命令主要有以下几种方式。

◆ 执行菜单栏中的“文件”|“保存”命令。
◆ 单击“标准”工具栏中的按钮。
◆ 在命令行输入Save按Enter键。
◆ 按组合键Ctrl+S。

选择“保存”命令，打开如图1-15所示的“图形另存为”对话框，在“保存于”下拉列表中设置文件的存储路径，在“文件名”文本框内输入文件的名称，在“文件类型”下拉列表内设置文件的格式类型，最后单击保存(S)按钮，即可将文件保存。

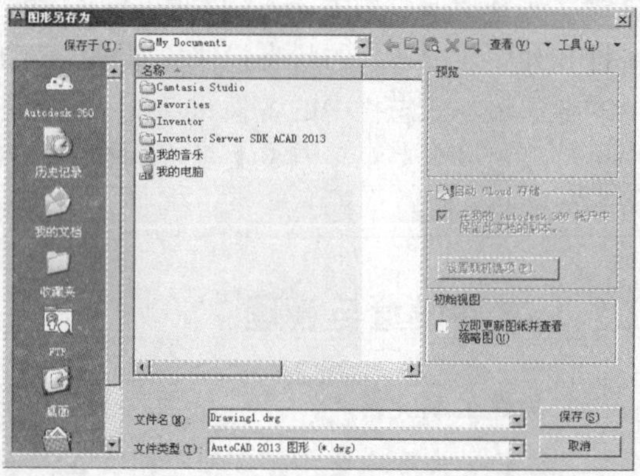

图1-15

另外，如果用户是在已保存的图形文件基础上对其进行了修改，又不想将原来的图形覆盖，此时可以使用“另存为”命令，将修改后的图形另名保存。执行菜单栏中的“文件”|“另存为”命令，或按下组合键Crtl+Shift+S，都可激活“另存为”命令。

3. 打开已保存文件

"打开"命令用于将已保存的CAD文件重新调出，以方便图形的查看和编辑。执行"打开"命令主要有以下几种方式。

- 执行菜单栏中的"文件"|"打开"命令。
- 单击"标准"工具栏中的按钮。
- 在命令行输入Open按Enter键。
- 按组合键Ctrl+O。

激活"打开"命令将打开如图1-16所示的"选择文件"对话框，在"搜索"下拉列表中定位文件所在的目录，然后选择需要打开的文件，单击按钮即可。

4. 清理垃圾文件

使用"清理"命令可以清除图形文件中未使用的一些命名项目，以达到为图形文件"减负"的目的。执行"清理"命令主要有以下几种方式。

- 执行菜单栏中的"文件"|"图形实用程序"|"清理"命令。
- 在命令行输入Purge按Enter键。
- 使用命令简写PU。

激活"清理"命令后可打开如图1-17所示的"清理"对话框，在此对话框内选择需要清除的命令项目，然后单击按钮，即可清除文件中未使用的垃圾项目。

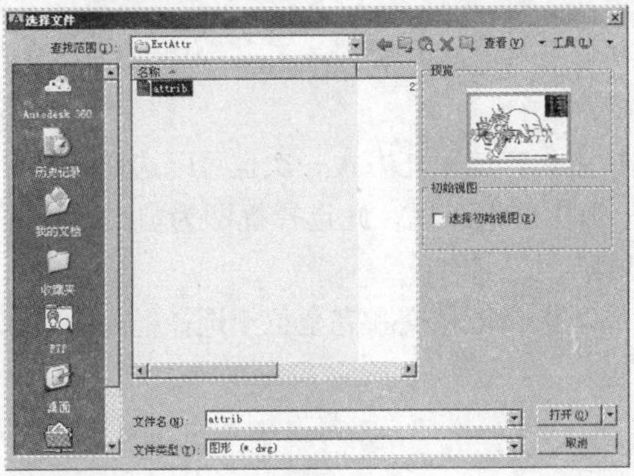

图1-16

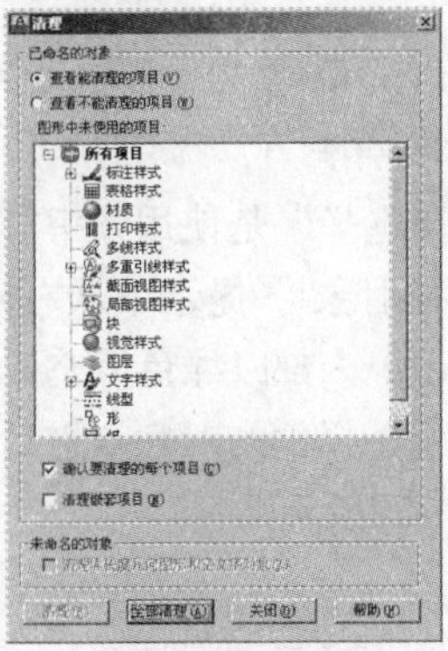

图1-17

技巧

在各选项的左端带有"+"号，表示该选项内含有未使用的命名项目，单击该选项将其展开，即可有选择性地清理未使用项目。

1.2 AutoCAD精确绘图技能

1.2.1 对象的精确选择

"对象的选择"也是AutoCAD的重要基本技能之一，它常用于对图形进行修改编辑之前。常用的选择方式有点选、窗口和窗交三种。

1. 点选

"点选"是最基本、最简单的一种对外选择方式，此种方式一次仅能选择一个对象。在命令行"选择对象:"提示下，系统自动进入点选模式，此时光标指针切换为矩形选择框状，将选择框放在对象的边沿上单击左键，即可选择该图形，被选择的图形对象以虚线显示，如图1-18所示。

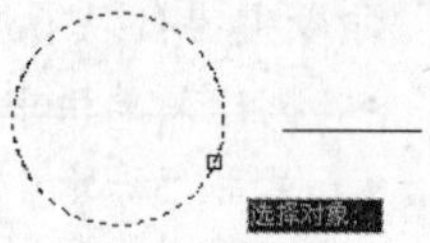

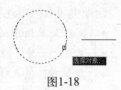

图1-18

2. 窗口选择

"窗口选择"也是一种常用的选择方式，使用此方式一次也可以选择多个对象。在命令行"选择对象:"提示下从左向右拉出一个矩形选择框，此选择框即为窗口选择框，选择框以实线显示，内部以浅蓝色填充，如图1-19所示。

当指定窗口选择框的对角点之后，结果所有完全位于框内的对象都能被选中，如图1-20所示。

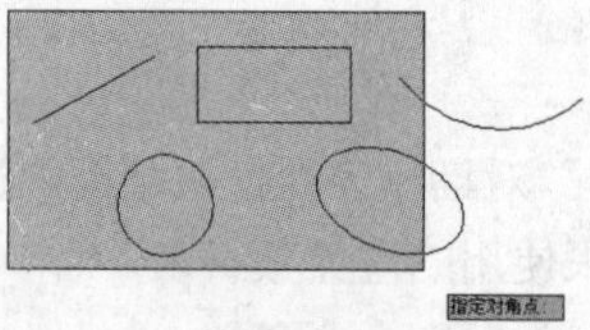

图1-19

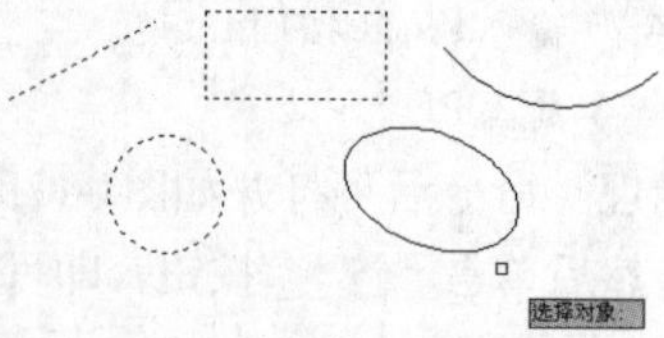

图1-20

3. 窗交选择

"窗交选择"是使用频率非常高的选择方式，使用此方式一次也可以选择多个对象。在命令行"选择对象:"提示下从右向左拉出一个矩形选择框，此选择框即为窗交选择框，选择框以虚线显示，内部以绿色填充，如图1-21所示。

当指定选择框的对角点之后，结果所有与选择框相交和完全位于选择框内的对象都能被选中，如图1-22所示。

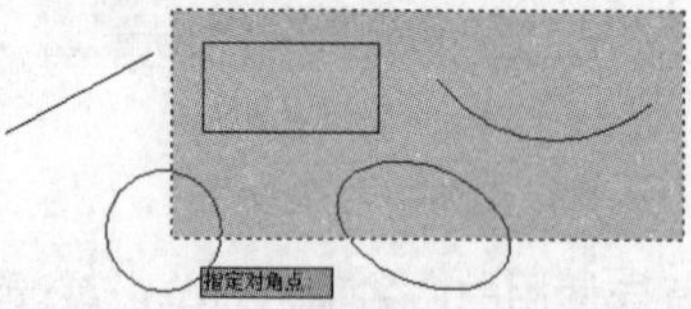

图1-21

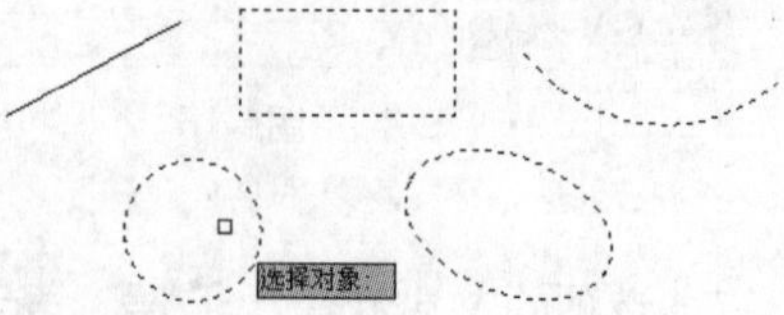

图1-22

1.2.2 坐标点的精确输入

AutoCAD软件支持点的精确输入和点的捕捉追踪功能，用户可以使用此功能精确地定位点。

1. 绝对点的坐标输入

"绝对点的坐标输入"是以坐标系原点（0,0）作为参考点定位其他的点，具体包括"绝对直角坐标输入"和"绝对极坐标输入"两种。

◆ “绝对直角坐标输入”表示某点分别沿x轴水平方向与y轴垂直方向偏移原点的距离，其表达式为（x,y），坐标值之间用逗号“,”隔开。

◆ “绝对极坐标输入”是以原点作为极点，通过相对于原点的极长和角度表示其他点，其表达式为（L<α）。其中极长L表示某点与当前坐标系原点的距离，角度α表示极长与坐标系x轴正方向的夹角。

2. 相对点的坐标输入

“相对点的坐标输入”是以任意点作为参考点定位其他的点，具体包括“相对直角坐标输入”和“相对极坐标输入”两种。

◆ “相对直角坐标输入”表示某点相对于参照点的x、y、z轴三个方向上的坐标差，其表达式为（@x,y,z），其中 符号“@”表示“相对于”。

◆ “相对极坐标输入”是以某点相对于参照点的极长距离和偏移角度来表示的，表达式为（@L<α），其中L表示目标点与参照点之间的距离，α表示目标点与参照点连线与x轴正方向的夹角。

1.2.3 特征点的精确捕捉

“对象捕捉”功能用于精确定位图形上的特征点，以方便进行图形的绘制和修改操作。AutoCAD共提供了13种对象捕捉功能，以对话框的形式出现的对象捕捉模式为“自动捕捉”，如图1-23所示。一旦设置了某种捕捉模式后，系统将一直保持着这种捕捉模式，只到用户取消为止。自动对象捕捉功能主要有以下几种启动方式。

◆ 按功能键F3。

◆ 单击状态栏中的□按钮或对象捕捉按钮。

◆ 在如图1-23所示的“草图设置”对话框中勾选“启用捕捉”复选框。

如果用户按住Ctrl键或Shift键并单击鼠标右键，可以打开如图1-24所示的捕捉菜单，此菜单中的各选项属于对象的临时捕捉功能。用户一旦激活了菜单栏上的某一捕捉功能之后，系统仅允许捕捉一次，用户需要多次捕捉对象特征点时，需要反复地执行临时捕捉功能。

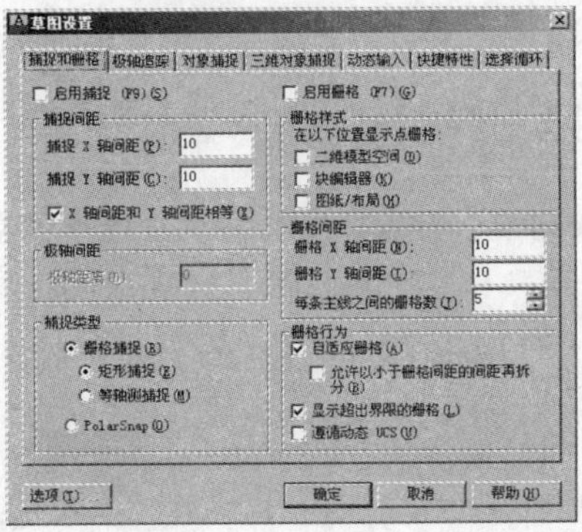

图1-23

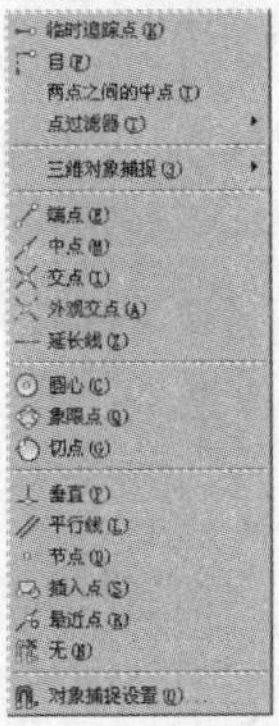

图1-24

13种对象捕捉功能介绍如下。

◆ 端点捕捉：此种捕捉功能用于捕捉线、弧的两侧端点和矩形、多边形等的角点。在命令行出现的“指定点:”提示下激活此功能，然后将光标放在对象上，系统会在距离光标最近处显示出矩形状的端点标记符号，如图1-25所示。此时单击左键即可捕捉到该对象的端点。

- 中点捕捉：此种捕捉功能用于捕捉线、弧等对象的中点。激活此功能后，将光标放在对象上，系统会在对象中点处显示出中点标记符号，如图1-26所示，此时单击左键即可捕捉到对象的中点。
- 交点捕捉：此种捕捉功能用于捕捉对象之间的交点。激活此功能后，只需将光标放到对象的交点处，系统自动显示出交点标记符号，如图1-27所示，单击左键就可以捕捉到该交点。

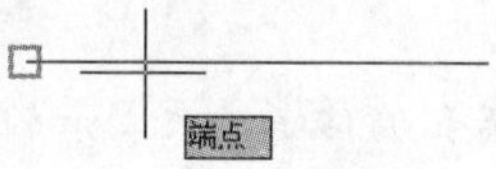

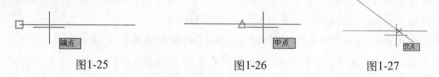

图1-25

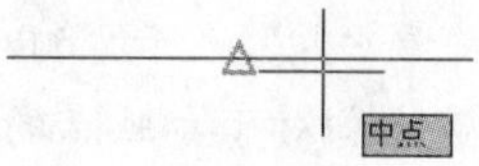

图1-26

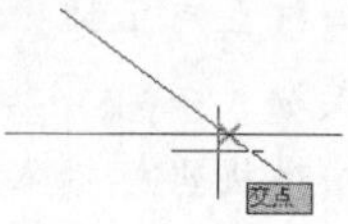

图1-27

- 外观交点：此种捕捉功能用于捕捉三维空间中对象在当前坐标系平面内投影的交点，也可用于在二维制图中捕捉各对象的相交点或延伸交点。
- 延长线捕捉：此种捕捉功能主要用于捕捉线、弧等延长线上的点。激活此功能后，将光标放在对象的一端，然后沿着延长线方向移动光标，系统会自动在延长线处引出一条追踪虚线，如图1-28所示，此时输入一个数值或单击左键，即可在对象延长线上捕捉点。
- 圆心捕捉：此种捕捉功能用来捕捉圆、弧等对象的圆心。激活此功能后，将光标放在圆、弧对象的边缘或圆心处，系统会自动在圆心处显示出圆心标记符号，如图1-29所示，此时单击左键即可捕捉到圆心。

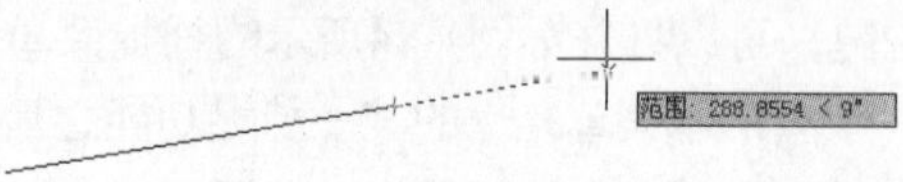

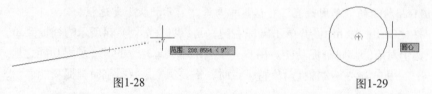

图1-28

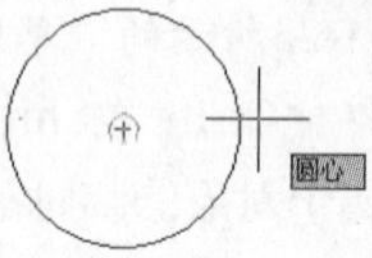

图1-29

- 象限点捕捉：此种捕捉功能用于捕捉圆、弧等的象限点，如图1-30所示。
- 切点捕捉：此种捕捉功能用于捕捉到圆弧、圆、椭圆、椭圆弧或样条曲线的切点，以绘制对象的切线，如图1-31所示。
- 垂足捕捉：此种捕捉功能用于捕捉到圆、圆弧、直线、多段线等对象上的垂足点，以绘制对象的垂线，如图1-32所示。

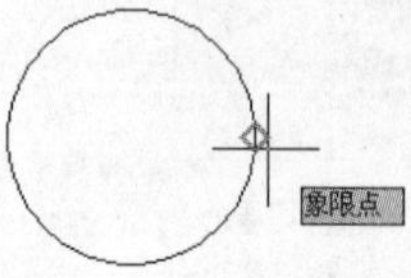

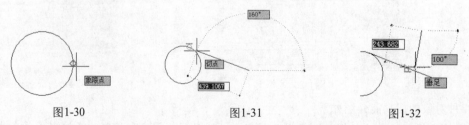

图1-30

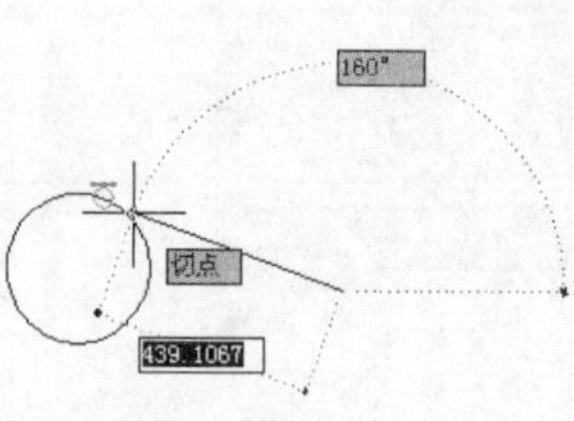

图1-31

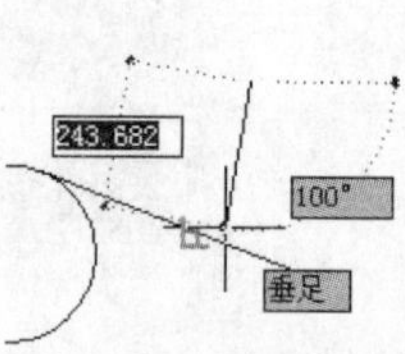

图1-32

- 平行线捕捉：此种捕捉功能用于捕捉一点，使已知点与该点的连线平行于已知直线。常用此功能绘制与已知线段平行的线段。激活此功能后，需要拾取已知对象作为平行对象，如图1-33所示，然后引出一条向两方无限延伸的平行追踪虚线，如图1-34所示。在此平行追踪虚线上拾取一点或输入一个距离值，即可绘制出与已知线段平行的线，如图1-35所示。

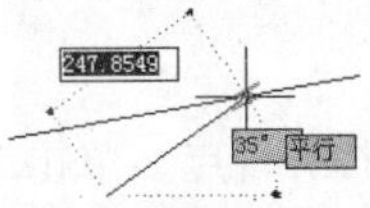

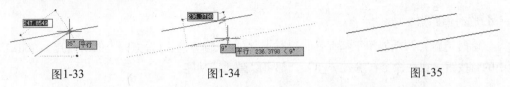

图1-33

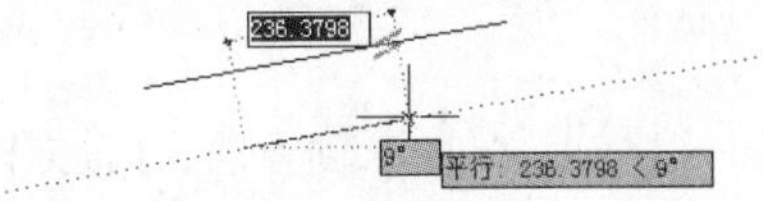

图1-34

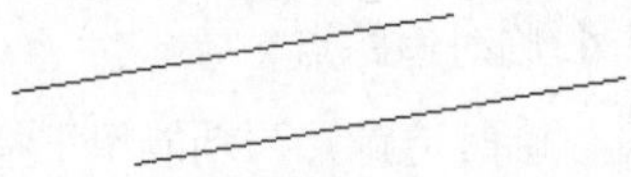
图1-35

- 节点捕捉：此种捕捉功能用于捕捉使用“点”命令绘制的对象，如图1-36所示。
- 插入点捕捉：此种捕捉功能用来捕捉图块、参照、文字、属性或属性定义等的插入点。
- 最近点捕捉：此种捕捉功能用来捕捉光标距离图形对象上的最近点，如图1-37所示。

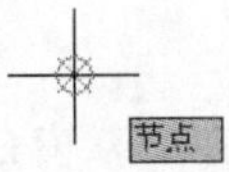

图1-36

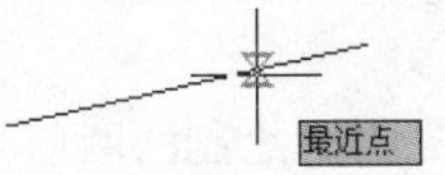

图1-37

1.2.4 目标点的精确追踪

相对追踪功能主要在指定的方向矢量上捕捉定位目标点，具体有“正交追踪”、“极轴追踪”、“对象捕捉追踪”和“临时追踪点”4种。

1. 正交追踪

“正交追踪”用于将光标强制性地控制在水平或垂直方向上，以辅助绘制水平和垂直的线段。单击状态栏中的按钮或按下键盘上的功能键F8，都可激活该命令。

向右引导光标，系统定位0°方向；向上引导光标，系统定位90°方向；向左引导光标，系统定位180°方向；向下引导光标，系统定位270°方向。

2. 极轴追踪

“极轴追踪”是按照事先给定的极轴角及其倍数显示相应的方向追踪虚线，以精确跟踪目标点。单击状态栏中的按钮，或按下功能键F10，都可激活此功能。

另外，在如图1-38所示的“草图设置”对话框中勾选“启用极轴追踪”复选框，也可激活此功能，同时也可设置增量角。

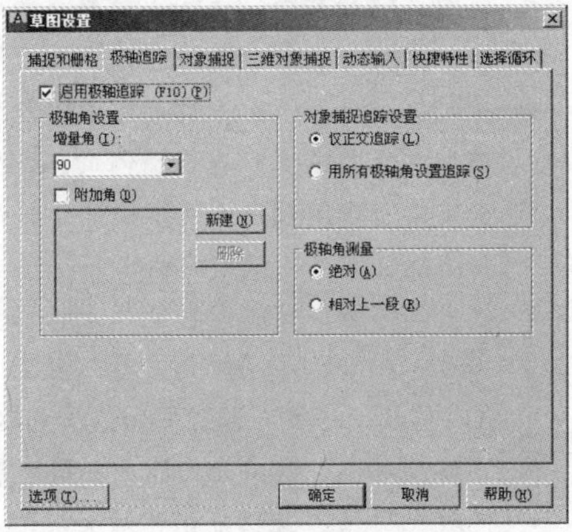

图1-38

3. 对象捕捉追踪

“对象捕捉追踪”也称为对象追踪，它是按与对象的某种特定关系来追踪点的，也就是控制光标沿着基于对象特征点的对象追踪虚线进行追踪。单击状态栏中的按钮或按下功能键F11，都可激活此功能。

技巧

"对象追踪"功能只有在自动对象捕捉和对象捕捉追踪同时打开的情况下才可使用，而且只能追踪自动对象捕捉类型中设置的自动对象捕捉点。

4. 临时追踪点

"临时追踪点"功能用于捕捉临时追踪点之外的x轴方向、y轴方向上的所有点。单击工具栏中的按钮，或在命令行输入"_tt"，都可以激活该功能。

1.2.5 视图的实时调控

AutoCAD为用户提供了多种视图调控工具，使用这些工具可以方便、直观地控制视图，便于用户观察和编辑视图内的图形，常用调整功能如下。

1. 平移视图

由于屏幕窗口有限，有时绘制的图形并不能完全显示在屏幕窗口内，此时使用"实时平移"工具，对视图进行适当的平移，就可以显示出屏幕外被遮扫的图形。

此工具可以按照用户的意图平移视窗，激活该工具后，光标变为" "形状，此时可以按住鼠标左键向需要的方向进行平移，而且在任何时候都可以按Enter键或Esc键结束命令。

2. 实时缩放

"实时缩放" 是一个简捷实用的视图缩放工具，使用此工具可以实时地放大或缩小视图。执行此功能后，屏幕上将出现一个放大镜形状的光标，此时便进入了实时缩放状态，按住鼠标左键向下拖动鼠标，可缩小视图；向上拖动鼠标，则可放大视图。

3. 缩放视图

- "窗口缩放"：此功能用于缩放由两个角点定义的矩形窗口内的区域，使位于选择窗口内的图形尽可能被放大。
- "动态缩放"：此功能用于动态地缩放视图。激活该工具后，屏幕将临时切换到虚拟状态，同时出现三种视图框，其中"蓝色虚线框"代表图形界限视图框，用于显示图形界限和图形范围中较大的一个；"绿色虚线框"代表当前视图框，也就是在缩放视图之前的窗口区域；"选择视图框"是一个黑色的实线框，它有平移和缩放两种功能，缩放功能用于调整缩放区域，平移功能用于定位需要缩放的图形。
- "比例缩放"：此功能可按照指定的比例放大或缩小视图，在缩放过程中，视图的中心点保持不变。当在输入的比例数值后加X，表示相对于当前视图的缩放倍数；当直接输入比例数字，表示相对于图形界限的倍数；当在比例数字后加字母XP，表示根据图纸空间单位确定缩放比例。
- "中心缩放"：此功能用于根据指定的点作为新视图的中心点缩放视图。确定中心点后，AutoCAD要求用户输入放大系数或新视图的高度。如果在输入的数值后加一个X，将放大倍数，否则AutoCAD将这一数值作为新视图的高度。
- "缩放对象"：此功能主要用于最大化显示所选择的图形对象。
- "放大"：此功能用于放大视图，单击一次，视图将放大一倍显示，连续单击，则连续放大视图。

◆ “缩小”：此功能用于缩小视图，单击一次，视图被缩小至1/2显示；连续单击，则连续缩小视图。

◆ “全部缩放”：此功能用于最大化显示当前文件中的图形界限。如果绘制的图形有一部分超出了图形界限，AutoCAD将最大化显示图形界限和图形这两部分所决定的区域；如果图形的范围远远超出图形界限，那么AutoCAD将最大化显示视图内的所有图形。

◆ “范围缩放”：此功能用于最大化显示视图内的所有图形，使其最大限度地充满整个屏幕。

4. 恢复视图

在对视图进行调整之后，使用“缩放上一个”工具，可以恢复显示到上一个视图。单击一次按钮，系统将返回上一个视图；连续单击，可以连续恢复视图。AutoCAD一般可恢复最近的10个视图。

1.3 常见图元的绘制技能

1.3.1 绘制点与等分点

1. 绘制点

“单点”命令主要用于绘制单个的点对象。执行此命令后，在命令行“指定点:”提示下单击左键或输入点的坐标，即可绘制单个点，然后系统自动结束命令。执行“单点”命令主要有以下几种方式。

◆ 执行菜单栏中的“绘图”|“点”|“单点”命令。

◆ 在命令行输入Point或PO。

技巧

执行菜单栏中的“格式”|“点样式”命令，在打开的“点样式”对话框中可以选择点的样式，如图1-39所示，那么绘制的点就会以当前选择的点样式进行显示，如图1-40所示。

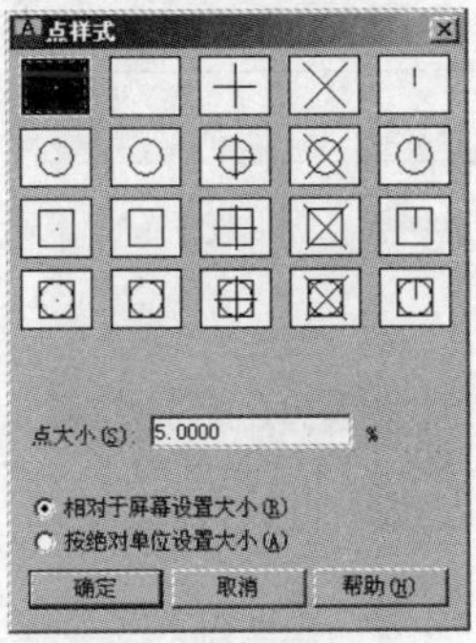

图1-39

图1-40

“多点”命令用于连续地绘制多个点对象，直至按下Esc键为止。执行“多点”命令主要有以下几种方式。

◆ 执行菜单栏中的“绘图”|“点”|“多点”命令。

◆ 单击“绘图”工具栏中的 按钮。

2. 绘制定数等分点

“定数等分”命令用于将图形按照指定的等分数目进行等分，并在等分点处放置点标记符号。执行“定数等分”命令主要有以下几种方式。

◆ 执行菜单栏中的“绘图”|“点”|“定数等分”命令。

◆ 在命令行输入Divide或DIV。

使用画线命令绘制长度为100的水平线段，然后执行“定数等分”命令对其等分，命令行操作如下。

```
命令 : _divide
    选择要定数等分的对象 :          // 单击刚绘制的线段
    输入线段数目或 [ 块 (B)]:       //5 Enter，等分结果如图 1-41 所示
```

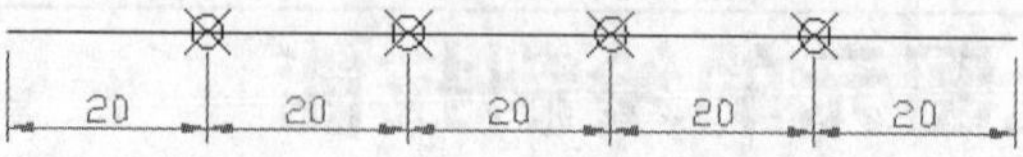

图1-41

技巧

对象被等分以后，并没有在等分点处断开，而是在等分点处放置了点的标记符号。

3. 绘制定距等分点

“定距等分”命令用于将图形按照指定的等分间距进行等分，并在等分点处放置点标记符号。执行“定距等分”命令主要有以下几种方式。

◆ 执行菜单栏中的“绘图”|“点”|“定距等分”命令。

◆ 在命令行输入Measure或ME。

使用画线命令绘制长度为100的水平线段，然后执行“定距等分”命令将其等分，命令行操作如下。

```
命令 : _measure
    选择要定距等分的对象 :          // 在绘制的线段左侧单击左键
    指定线段长度或 [ 块 (B)]:       //25 Enter，等分结果如图 1-42 所示
```

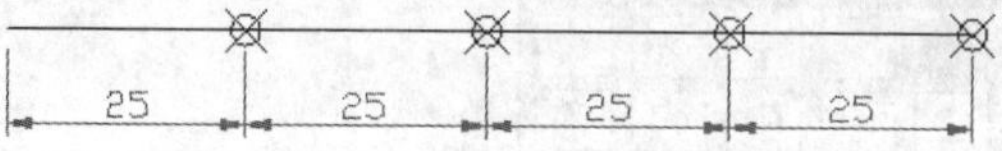

图1-42

技巧

在选择等分对象时，鼠标单击的位置即是对象等分的起始位置。

1.3.2 绘制线与曲线

1. 绘制直线

“直线”命令是最简单、最常用的一个绘图工具，常用于绘制闭合或非闭合图线。执行此

命令主要有以下几种方式。

◆ 执行菜单栏中的“绘图”|“直线”命令。

◆ 单击“绘图”工具栏中的 按钮。

◆ 在命令行输入Line或L。

选择“直线”命令后，命令行提示如下。

```
命令 : _line
    指定第一点 :
    指定下一点或 [ 放弃 (U)]:
    指定下一点或 [ 放弃 (U)]:
    指定下一点或 [ 闭合 (C)/ 放弃 (U)]:
    指定下一点或 [ 闭合 (C)/ 放弃 (U)]:
```

2. 绘制多线

“多线”命令用于绘制两条或两条以上的平行元素构成的复合线对象，如图1-43所示。执行“多线”命令主要有以下几种方式。

◆ 执行菜单栏中的“绘图”|“多线”命令。

◆ 在命令行输入Mline或ML。

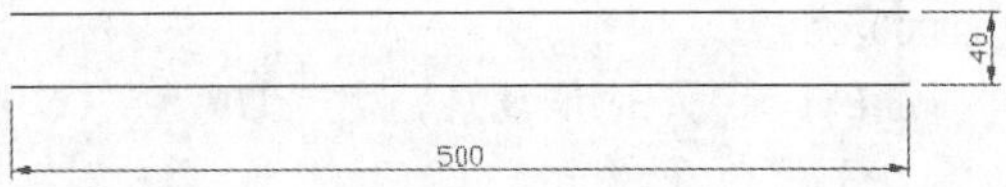

图1-43

执行“多线”命令，绘制如上图1-43所示的多线，其命令行操作如下。

```
命令 : _mline
    当前设置 : 对正 = 上，比例 = 20.00，样式 = STANDARD
    指定起点或 [ 对正 (J)/ 比例 (S)/ 样式 (ST)]:        //S Enter，激活“比例”选项
    输入多线比例 <20.00>:                                //40 Enter，设置多线比例
    当前设置 : 对正 = 上，比例 = 50.00，样式 = STANDARD
    指定起点或 [ 对正 (J)/ 比例 (S)/ 样式 (ST)]:        // 在绘图区拾取一点作为起点
    指定下一点 :                                         //@500,0 Enter
    指定下一点或 [ 放弃 (U)]:                            // Enter，结束命令，绘制结果如图 1-43 所示
```

◆ “对正”选项：用于设置多线的对正方式，AutoCAD共提供了三种对正方式，即上对正、下对正和中心对正，如图1-44所示。

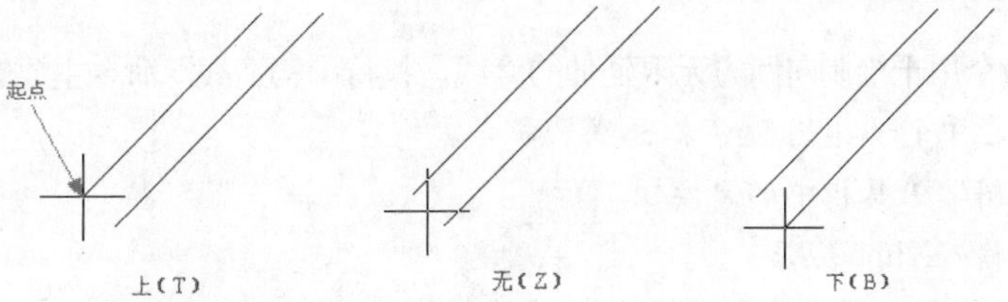

图1-44

◆ “比例”选项：用于设置多线的比例，即多线宽度。另外，如果用户输入的比例值为负值，那么多条平行线的顺序会产生反转。

◆ “样式”选项：用于设置当前的多线样式，默认样式为“标准样式”。

3. 绘制多段线

"多段线"命令用于绘制由直线段或弧线序列组成的线图形，无论包含有多少条直线段或弧线段，系统将所有线段看作是一个独立的对象。执行"多段线"命令主要有以下几种方式。

- 执行菜单栏中的"绘图"|"多段线"命令。
- 单击"绘图"工具栏中的按钮。
- 在命令行输入Pline或PL。

执行"多段线"命令后，其命令行操作如下。

```
命令：_pline
    指定起点：                                                    // 单击左键定位起点
    当前线宽为 0.0000
    指定下一个点或 [ 圆弧 (A)/ 半宽 (H)/ 长度 (L)/ 放弃 (U)/ 宽度 (W)]: //W Enter
```

技巧

"长度"选项用于定义下一段多段线的长度，AutoCAD按照上一线段的方向绘制这一段多段线。若上一段是圆弧，AutoCAD绘制的直线段与圆弧相切。另外，如果需要绘制闭合的多段线，可以使用"闭合"选项。

```
    指定起点宽度 <0.0000>:                                  //10 Enter，设置起点宽度
    指定端点宽度 <10.0000>:                                 // Enter，设置端点宽度
    指定下一个点或 [ 圆弧 (A)/ 半宽 (H)/ 长度 (L)/ 放弃 (U)/ 宽度 (W)]: //@2000,0 Enter
```

技巧

"半宽"选项用于设置多段线的半宽，"宽度"选项用于设置多段线的起始宽度值，起始点的宽度值可以相同也可以不同。

```
    指定下一点或 [ 圆弧 (A)/ 闭合 (C)/ 半宽 (H)/ 长度 (L)/ 放弃 (U)/ 宽度 (W)]: //A Enter
    指定圆弧的端点或 [ 角度 (A)/ 圆心 (CE)/ 闭合 (CL)/ 方向 (D)/ 半宽 (H)/ 直线 (L)/ 半径 (R)/
第二个点 (S)/ 放弃 (U)/ 宽度 (W)]:                 //@0,-1200 Enter
    指定圆弧的端点或 [ 角度 (A)/ 圆心 (CE)/ 闭合 (CL)/ 方向 (D)/ 半宽 (H)/ 直线 (L)/ 半径 (R)/
第二个点 (S)/ 放弃 (U)/ 宽度 (W)]:                 //L Enter，转入画线模式
    指定下一点或 [ 圆弧 (A)/ 闭合 (C)/ 半宽 (H)/ 长度 (L)/ 放弃 (U)/ 宽度 (W)]: //@-2000,0 Enter
    指定下一点或 [ 圆弧 (A)/ 闭合 (C)/ 半宽 (H)/ 长度 (L)/ 放弃 (U)/ 宽度 (W)]: //A Enter
    指定圆弧的端点或 [ 角度 (A)/ 圆心 (CE)/ 闭合 (CL)/ 方向 (D)/ 半宽 (H)/ 直线 (L)/ 半径 (R)/
第二个点 (S)/ 放弃 (U)/ 宽度 (W)]:                 // CL Enter，闭合图形，绘制结果如图 1-45 所示
```

4. 绘制构造线

"构造线"命令用于绘制向两方无限延伸的直线。执行"构造线"命令主要有以下几种方式。

- 执行菜单栏中的"绘图"|"构造线"命令。
- 单击"绘图"工具栏中的按钮。
- 在命令行输入Xline或XL。

执行"构造线"命令后，其命令行操作如下。

```
命令：_xline
    指定点或 [ 水平 (H)/ 垂直 (V)/ 角度 (A)/ 二等分 (B)/ 偏移 (O)]: // 在绘图区拾取一点
    指定通过点：                                          //@1,0 Enter，绘制水平构造线
    指定通过点：                                          //@0,1 Enter，绘制垂直构造线
```

指定通过点：	//@1<45 Enter，绘制 45° 构造线
指定通过点：	// Enter，结束命令，绘制结果如图 1-46 所示

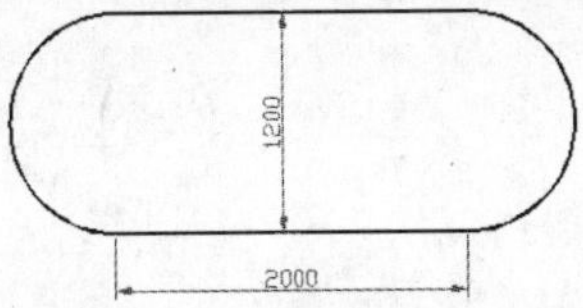

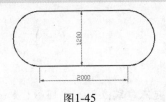

图1-45

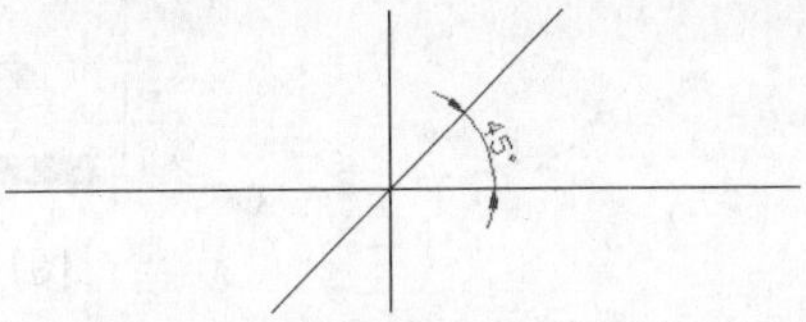

图1-46

- “水平”选项：用于绘制水平构造线。激活该选项后，系统将定位出水平方向矢量，用户只需要指定通过点就可以绘制水平构造线。
- “垂直”选项：用于绘制垂直构造线。激活该选项后，系统将定位出垂直方向矢量，用户只需要指定通过点就可以绘制垂直构造线。
- “角度”选项：用于绘制具有一定角度的倾斜构造线。
- “二等分”选项：用于在角的二等分位置上绘制构造线，如图1-47所示。
- “偏移”选项：用于绘制与所选直线平行的构造线，如图1-48所示。

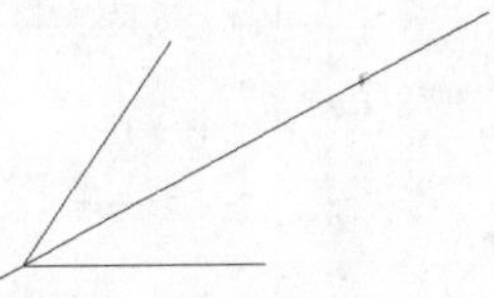

图1-47

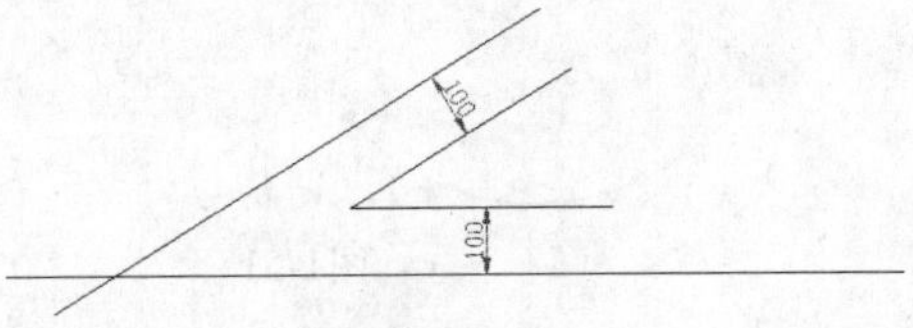

图1-48

5. 绘制圆弧

“圆弧”命令主要用于绘制弧形曲线，AutoCAD共提供了11种画弧功能。执行“圆弧”命令主要有以下几种方式。

- 执行菜单栏“绘图”|“圆弧”级联菜单中的各命令。
- 单击“绘图”工具栏中的按钮。
- 在命令行输入Arc或A。

默认设置下的画弧方式为“三点画弧”，用户只需指定三个点，即可绘制圆弧。除此之外，其他10种画弧方式可以归纳为以下4类，具体内容如下。

- “起点、圆心”方式：此方式分为“起点、圆心、端点”、“起点、圆心、角度”和“起点、圆心、长度”三种，如图1-49所示。当用户指定了弧的起点和圆心之后，只需定位出弧端点、角度或长度等，即可精确画弧。

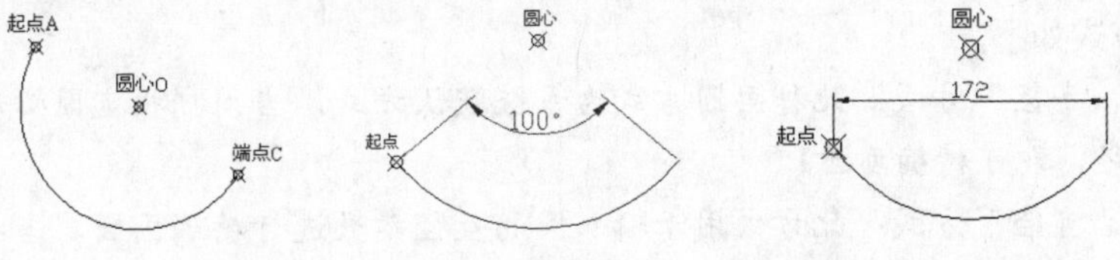

图1-49

- “起点、端点”方式：此方式分为“起点、端点、角度”、“起点、端点、方向”和“起点、端点、半径”三种，如图1-50所示。当用户指定了圆弧的起点和端点之后，只需定位出弧的角度、切向或半径，即可精确画弧。

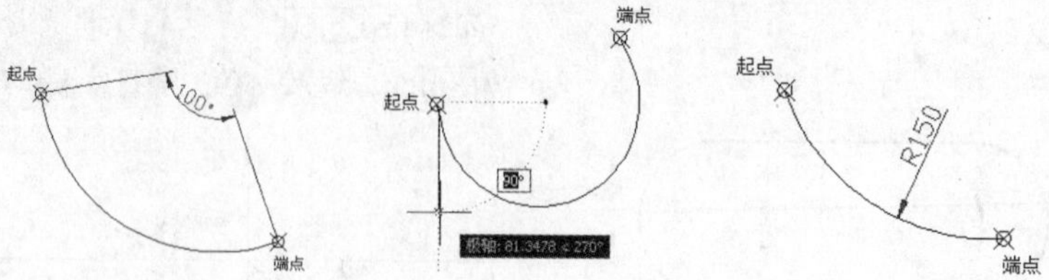

图1-50

◆ “圆心、起点”方式：此方式分为“圆心、起点、端点”、“圆心、起点、角度”和“圆心、起点、长度”三种，如图1-51所示。当用户指定了圆弧的圆心和起点之后，只需定位出弧的端点、角度或长度，即可精确画弧。

技巧

在配合“长度”绘制圆弧时，如果输入的弦长为正值，系统将绘制小于180°的劣弧；如果输入的弦长为负值，将绘制大于180°的优弧。

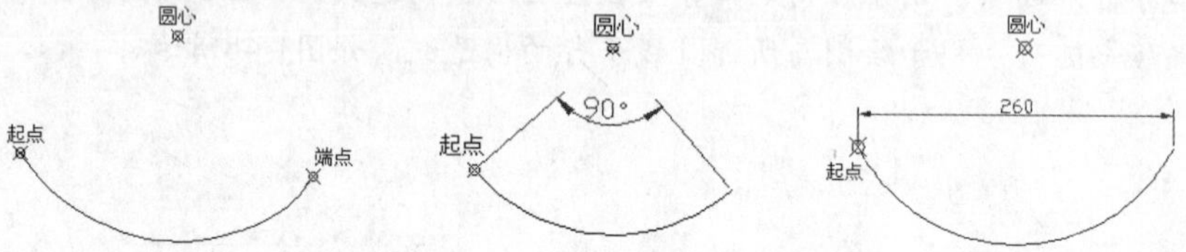

图1-51

◆ 连续画弧：当结束“圆弧”命令后，执行菜单栏中的“绘图”|“圆弧”|“继续”命令，即可进入“连续画弧”状态，绘制的圆弧与前一个圆弧的终点连接并与之相切，如图1-52所示。

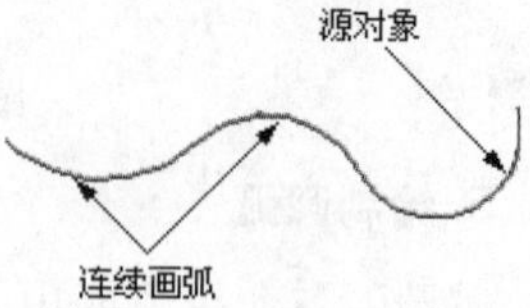

图1-52

1.3.3 绘制闭合图元

1. 绘制圆

AutoCAD为用户提供了6种画圆命令，如图1-53所示。执行“圆”命令一般有以下几种方式。

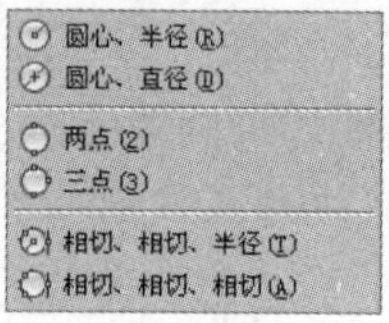

图1-53

◆ 执行菜单栏“绘图”|“圆”级联菜单中的各种命令。
◆ 单击“绘图”工具栏中的按钮。
◆ 在命令行输入Circle或C。

各种画圆方式如下。

◆ “圆心、半径”方式：此种画圆方式为系统默认方式，当用户指定圆心后，直接输入圆的半径，即可精确画圆。
◆ “圆心、直径”方式：此方式用于输入圆的直径参数进行精确画圆。当指定了圆心之后，在命令行“指定圆的半径或[直径(D)]:”提示下激活该选项，然后根据命令行的提示直接输入圆的直径即可。
◆ “两点”方式：此方式用于指定圆直径的两个端点进行精确画圆。
◆ “三点”方式：此方式用于指定圆周上的任意三个点进行精确画圆。

◆ “相切、相切、半径”方式：此种方式通过拾取两个相切对象，然后输入圆的半径，即可绘制出与两个对象都相切的圆形，如图1-54所示。
◆ “相切、相切、相切”方式：此种方式用于绘制与已知的三个对象都相切的圆，如图1-55所示。

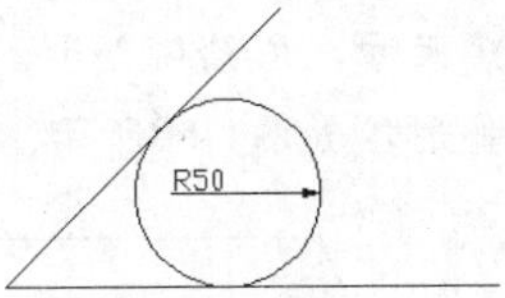

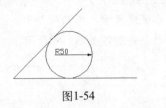

图1-54

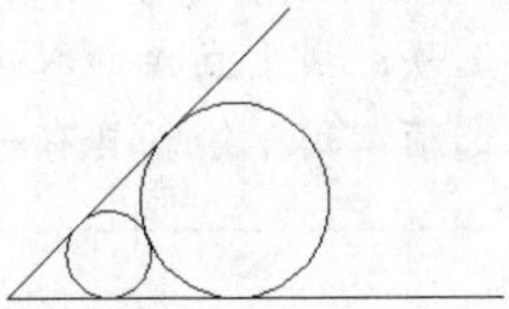

图1-55

2. 绘制椭圆

“椭圆”命令用于绘制由两条不等的轴所控制的闭合曲线，它具有中心点、长轴和短轴等几何特征。执行“椭圆”命令主要有以下几种方式。

◆ 执行菜单栏中的“绘图”|“椭圆”命令，如图1-56所示。
◆ 单击“绘图”工具栏中的按钮。
◆ 在命令行输入Ellipse或EL。

图1-56

执行“椭圆”命令后，其命令行操作如下。

```
命令：_ellipse
    指定椭圆轴的端点或 [ 圆弧 (A)/ 中心点 (C)]:        // 拾取一点，定位椭圆轴的一个端点
    指定轴的另一个端点：                            //@150,0 Enter
    指定另一条半轴长度或 [ 旋转 (R)]:                //30 Enter，绘制结果如图 1-57 所示
```

另外一种绘制椭圆的方式为“中心点”方式，此种方式需要首先定位椭圆中心，然后再指定椭圆轴的一个端点和椭圆另一半轴的长度，命令行操作如下。

```
命令：_ellipse
    指定椭圆轴的端点或 [ 圆弧 (A)/ 中心点 (C)]:        //C Enter
    指定椭圆的中心点：                              // 捕捉大椭圆的圆心
    指定轴的端点：                                  //@0,30 Enter
    指定另一条半轴长度或 [ 旋转 (R)]:                //20 Enter，绘制结果如图 1-58 所示
```

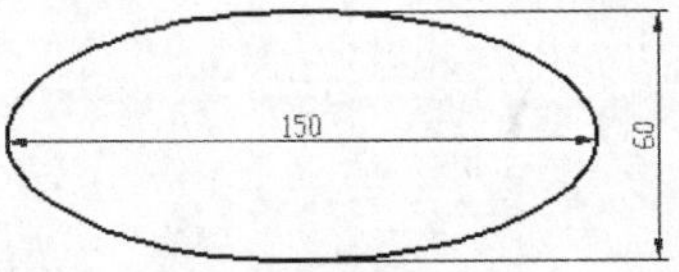

图1-57

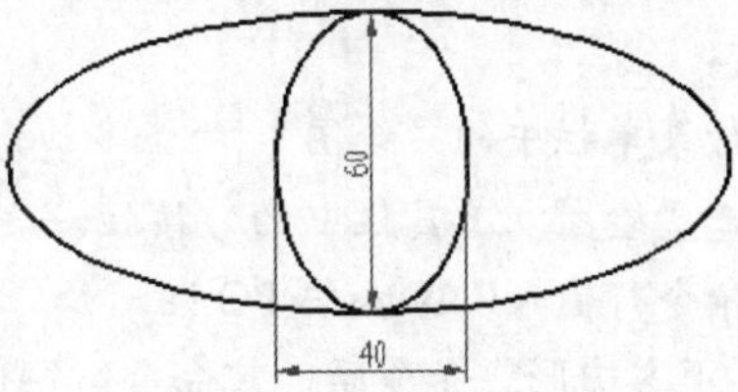

图1-58

3. 绘制矩形

“矩形”命令用于创建4条直线围成的闭合图形。执行此命令主要有以下几种方式。

◆ 执行菜单栏中的“绘图”|“矩形”命令。
◆ 单击“绘图”工具栏中的按钮。
◆ 在命令行输入Rectang或REC。

默认设置下绘制矩形的方式为“对角点”方式，用户只需定位出矩形的两个对角点，即可

精确绘制矩形，其命令行操作如下。

命令 : _rectang
指定第一个角点或 [倒角 (C)/ 标高 (E)/ 圆角 (F)/ 厚度 (T)/ 宽度 (W)]:　　// 拾取一点
指定另一个角点或 [面积 (A)/ 尺寸 (D)/ 旋转 (R)]:
//@200,100 Enter，绘制结果如图 1-59 所示

- “尺寸”选项：用于直接输入矩形的长度和宽度尺寸，以绘制矩形。
- “倒角”选项：用于绘制具有一定倒角的特征矩形，如图1-60所示。

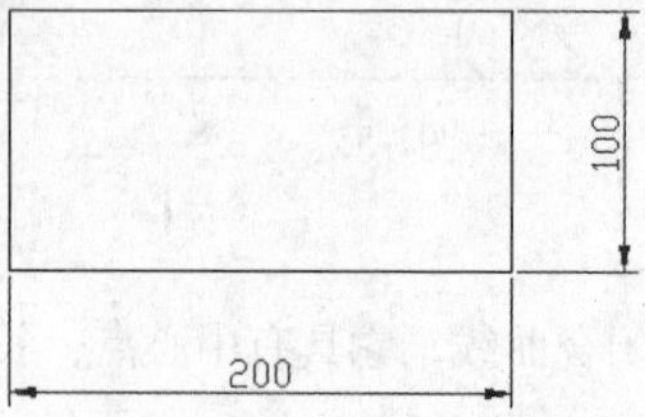

图1-59

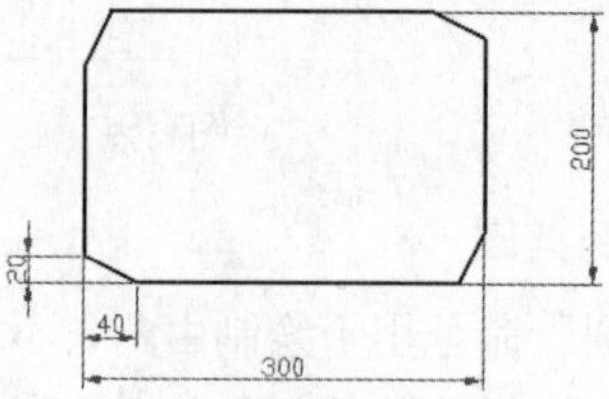

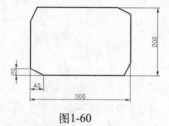

图1-60

- “圆角”选项：用于绘制圆角矩形，如图1-61所示。在绘制圆角矩形之前，需要事先设置好圆角半径。
- “厚度”和“宽度”选项：分别用于设置矩形各边的厚度和宽度，以绘制具有一定厚度和宽度的矩形，如图1-62和图1-63所示。

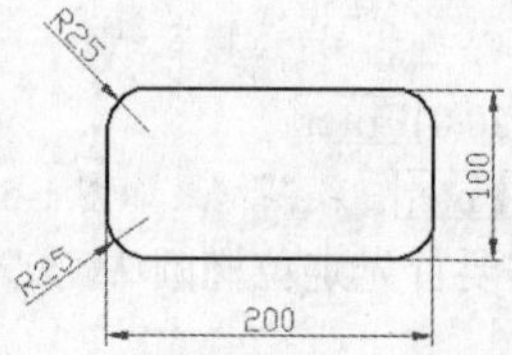

图1-61

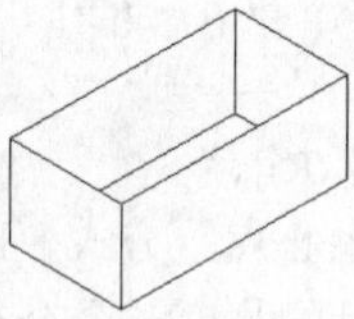
图1-62

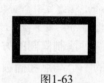

图1-63

- “标高”选项：用于设置矩形在三维空间内的基面高度，即距离当前坐标系的*xoy*坐标平面的高度。

4. 绘制正多边形

“正多边形”命令用于绘制等边、等角的封闭几何图形。执行“正多边形”命令主要有以下几种方式。

- 执行菜单栏中的“绘图”|“正多边形”命令。
- 单击“绘图”工具栏中的按钮。
- 在命令行输入Polygon或PO L。

执行“正多边形”命令后，其命令行操作如下。

命令 : _polygon
输入边的数目 <4>:　　//5 Enter，设置正多边形的边数
指定正多边形的中心点或 [边 (E)]:　　// 拾取一点作为中心点
输入选项 [内接于圆 (I)/ 外切于圆 (C)] <I>://I Enter，激活“内接于圆”选项
指定圆的半径 :　　//100 Enter，绘制结果如图 1-64 所示

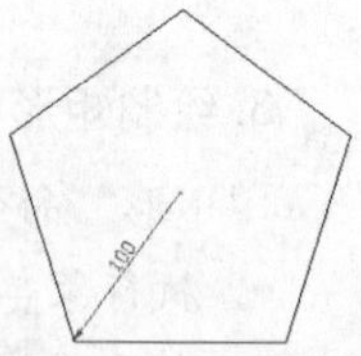

图1-64

1.4 常见图元的编辑技能

1.4.1 复合图元的编辑技能

1. 复制图形

“复制”命令用于将图形对象从一个位置复制到其他位置。执行“复制”命令主要有以下几种方式。

- 执行菜单栏中的“修改”|“复制”命令。
- 单击“修改”工具栏中的按钮。
- 在命令行输入Copy或Co。

执行“复制”命令后，其命令行操作如下。

```
命令：_copy
    选择对象：                                              // 选择内部的小圆
    选择对象：                                              // Enter，结束选择
    当前设置：复制模式 = 多个
    指定基点或 [ 位移 (D)/ 模式 (O)] < 位移 >:               // 捕捉圆心作为基点
    指定第二个点或 [ 阵列 (A)] < 使用第一个点作为位移 >:     // 捕捉圆上象限点
    指定第二个点或 [ 阵列 (A)/ 退出 (E)/ 放弃 (U)] < 退出 >:  // 捕捉圆下象限点
    指定第二个点或 [ 阵列 (A)/ 退出 (E)/ 放弃 (U)] < 退出 >:  // 捕捉圆左象限点
    指定第二个点或 [ 阵列 (A)/ 退出 (E)/ 放弃 (U)] < 退出 >:  // 捕捉圆右象限点
    指定第二个点或 [ 阵列 (A)/ 退出 (E)/ 放弃 (U)] < 退出 >:  // Enter，结果如图 1-65 所示
```

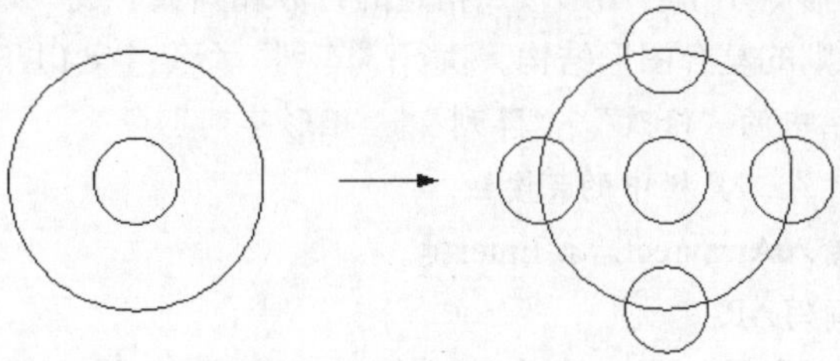

图1-65

技巧

“复制”命令只能在当前文件内复制对象，如果在多个文件之间复制对象，需要使用“编辑”|“复制”命令。

2. 偏移图形

“偏移”命令用于将图形按照指定的距离或目标点进行偏移复制。执行“偏移”命令主要有以下几种方式。

- 执行菜单栏中的“修改”|“偏移”命令。
- 单击“修改”工具栏中的按钮。
- 在命令行输入Offset或O。

绘制半径为30的圆形和长度为137的直线段，然后执行“偏移”命令对其偏移，命令行操作如下。

```
命令 : _offset
    当前设置 : 删除源 = 否  图层 = 源  OFFSETGAPTYPE=0
    指定偏移距离或 [ 通过 (T)/ 删除 (E)/ 图层 (L)] <10.0000>:        //20 Enter，设置偏移距离
    选择要偏移的对象，或 [ 退出 (E)/ 放弃 (U)] < 退出 >:              // 单击圆形作为偏移对象
    指定要偏移的那一侧上的点，或 [ 退出 (E)/ 多个 (M)/ 放弃 (U)] < 退出 >:
                                                                      // 在圆的外侧拾取一点
    选择要偏移的对象，或 [ 退出 (E)/ 放弃 (U)] < 退出 >:              // 单击直线作为偏移对象
    指定要偏移的那一侧上的点，或 [ 退出 (E)/ 多个 (M)/ 放弃 (U)] < 退出 >:
                                                                      // 在直线上侧拾取一点
    选择要偏移的对象，或 [ 退出 (E)/ 放弃 (U)] < 退出 >:              // Enter，结果如图 1-66 所示
```

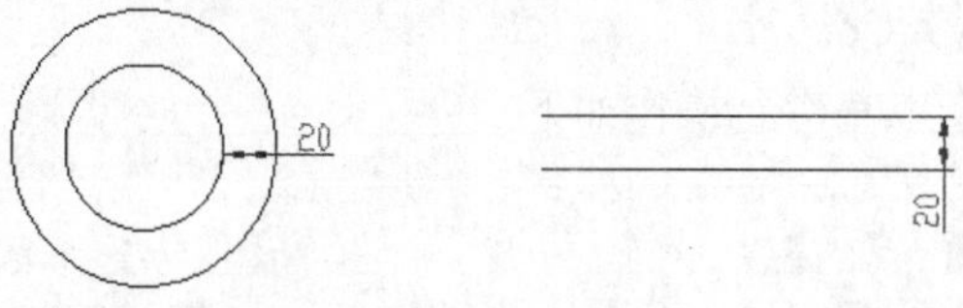

图1-66

技巧

“删除”选项用于将源偏移对象删除；“图层”选项用于设置偏移后的对象所在的图层；“通过”选项也是一种偏移方式，用于指定偏移后目标对象的通过点，以偏移源对象。

3. 矩形阵列

“矩形阵列”命令用于将图形按照指定的行数和列数，成“矩形”的排列方式进行大规模复制，以创建有规则的复合图形结构。执行“阵列”命令主要以下几种方式。

- 执行菜单栏中的“修改”|“阵列”|“矩形阵列”命令。
- 单击“修改”工具栏中的按钮。
- 在命令行输入Arrayrect后按Enter键。
- 使用命令简写AR。

绘制如图1-67所示的矩形，然后执行“矩形阵列”命令，将矩形阵列9份，其命令行操作如下。

```
命令 : _arrayrect
    选择对象 :            // 窗交选择如图 1-68 所示的矩形
```

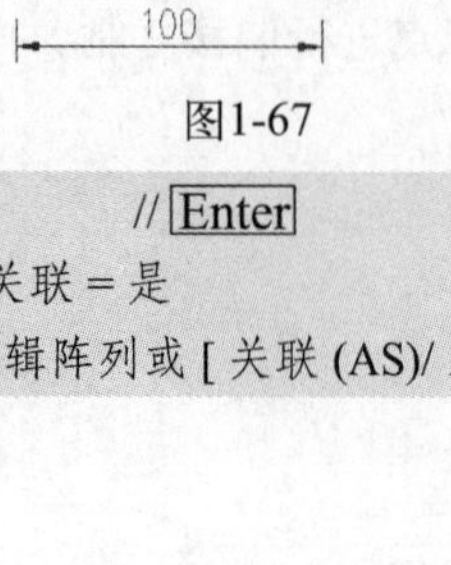

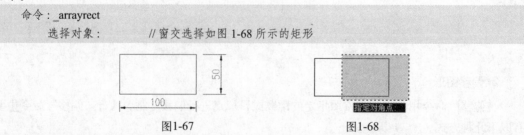

图1-67

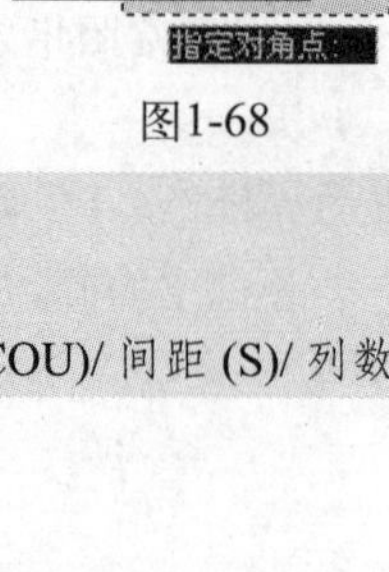

图1-68

```
    选择对象 :            // Enter
    类型 = 矩形  关联 = 是
    选择夹点以编辑阵列或 [ 关联 (AS)/ 基点 (B)/ 计数 (COU)/ 间距 (S)/ 列数 (COL)/ 行数 (R)/
```

```
层数 (L)/ 退出 (X)] < 退出 >:                          //COU [Enter]
    输入列数数或 [ 表达式 (E)] <4>:                     //3 [Enter]
    输入行数数或 [ 表达式 (E)] <3>:                     //3 [Enter]
    选择夹点以编辑阵列或 [ 关联 (AS)/ 基点 (B)/ 计数 (COU)/ 间距 (S)/ 列数 (COL)/ 行数 (R)/
层数 (L)/ 退出 (X)] < 退出 >:                          //S [Enter]
    指定列之间的距离或 [ 单位单元 (U)] <7610>:          //150 [Enter]
    指定行之间的距离 <4369>:                            //100 [Enter]
    选择夹点以编辑阵列或 [ 关联 (AS)/ 基点 (B)/ 计数 (COU)/ 间距 (S)/ 列数 (COL)/ 行数 (R)/
层数 (L)/ 退出 (X)] < 退出 >:                          // [Enter]，阵列结果如图 1-69 所示
```

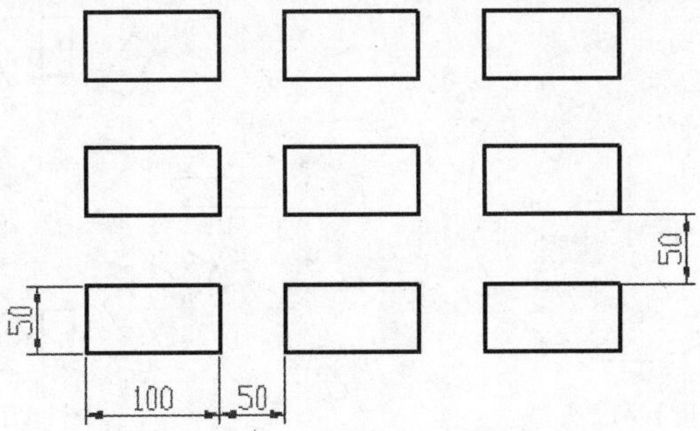

图1-69

4. 环形阵列

“环形阵列”命令用于将选择的图形对象按照阵列中心点和设定的数目，成“圆形”阵列复制，以快速创建聚心结构图形。执行“环形阵列”命令主要有以下几种方式。

- 执行菜单栏中的“修改”|“阵列”|“环形阵列”命令。
- 单击“修改”工具栏或面板中的按钮。
- 在命令行输入Arraypola后按Enter键。
- 使用命令简写AR。

绘制如图1-70所示的圆形和矩形，然后执行“环形阵列”命令，将矩形阵列12份，其命令行操作如下。

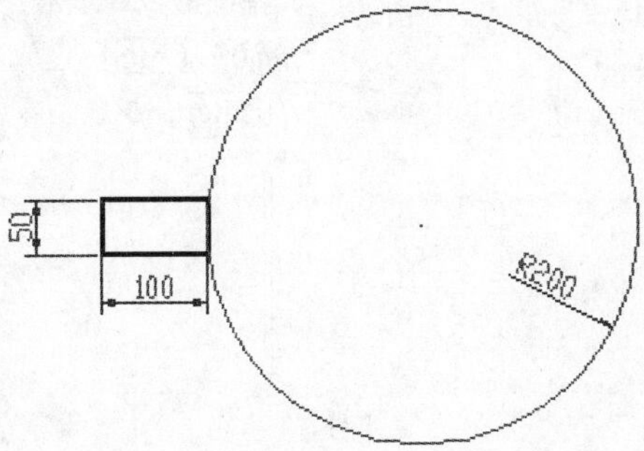

图1-70

```
命令 : _arraypolar
    选择对象 :          // 选择矩形
    选择对象 :          // [Enter]
    类型 = 极轴  关联 = 是
```

指定阵列的中心点或 [基点 (B)/ 旋转轴 (A)]: // 捕捉如图 1-71 所示的圆心
选择夹点以编辑阵列或 [关联 (AS)/ 基点 (B)/ 项目 (I)/ 项目间角度 (A)/ 填充角度 (F)/ 行 (ROW)/ 层 (L)/ 旋转项目 (ROT)/ 退出 (X)] < 退出 >: //I Enter
输入阵列中的项目数或 [表达式 (E)] <6>: //12 Enter
选择夹点以编辑阵列或 [关联 (AS)/ 基点 (B)/ 项目 (I)/ 项目间角度 (A)/ 填充角度 (F)/ 行 (ROW)/ 层 (L)/ 旋转项目 (ROT)/ 退出 (X)] < 退出 >: //F Enter
指定填充角度 (+= 逆时针、-= 顺时针) 或 [表达式 (EX)] <360>: // Enter
选择夹点以编辑阵列或 [关联 (AS)/ 基点 (B)/ 项目 (I)/ 项目间角度 (A)/ 填充角度 (F)/ 行 (ROW)/ 层 (L)/ 旋转项目 (ROT)/ 退出 (X)] < 退出 >: // Enter，阵列结果如图 1-72 所示

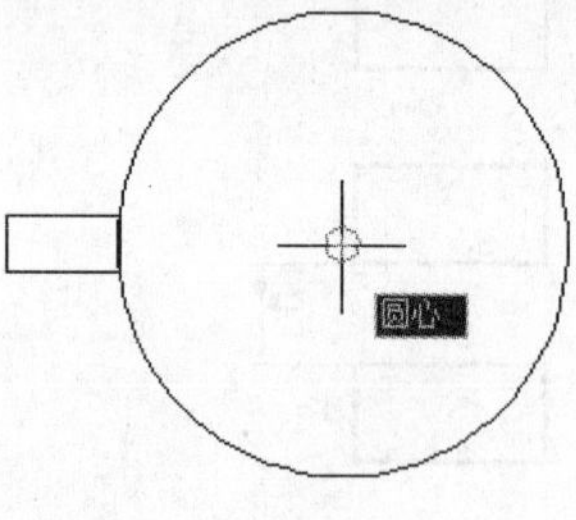

图1-71

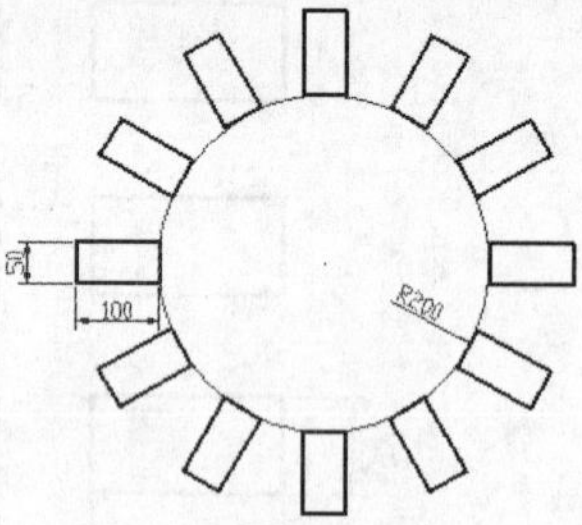

图1-72

5. 镜像图形

“镜像”命令用于将图形沿着指定的两点进行对称复制，源对象可以保留，也可以删除。执行“镜像”命令主要有以下几种方式。

- 执行菜单栏中的“修改”|“镜像”命令。
- 单击“修改”工具栏中的按钮。
- 在命令行输入Mirror或MI。

执行“镜像”命令后，其命令行操作如下。

命令 : _mirror
选择对象 : // 选择单开门图形
选择对象 : // Enter，结束选择
指定镜像线的第一点 : // 捕捉弧线的下端点
指定镜像线的第二点 : //@0,1 Enter
要删除源对象吗？ [是 (Y)/ 否 (N)] <N>: // Enter，镜像结果如图 1-73 所示

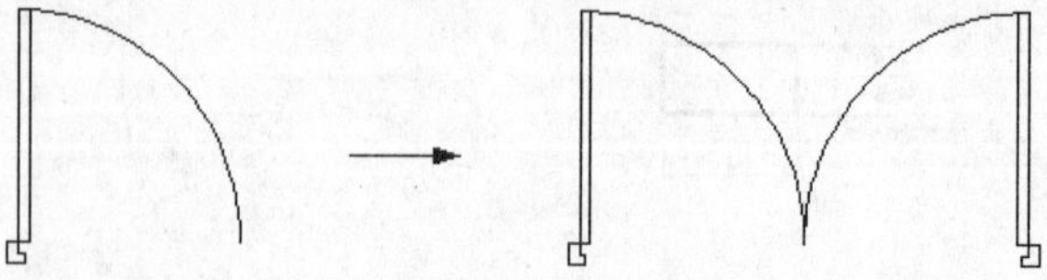

图1-73

1.4.2 图形的常规编辑技能

1. 拉伸图形

“拉伸”命令用于通过拉伸图形中的部分元素，达到修改图形的目的。执行“拉伸”命令

主要有以下几种方式。

- 执行菜单栏中的“修改”|“拉伸”命令。
- 单击“修改”工具栏中的按钮。
- 在命令行输入Stretch或S。

选择“拉伸”命令，命令行操作如下。

```
命令 : _stretch
    以交叉窗口或交叉多边形选择要拉伸的对象 ...
    选择对象 :                                  // 拉出如图 1-74 所示的窗交选择框
    选择对象 :                                  // Enter，结束选择
    指定基点或 [ 位移 (D)] < 位移 >:              // 捕捉矩形的左下角点
    指定第二个点或 < 使用第一个点作为位移 >:       // 捕捉矩形的右下角点
```

拉伸结果如图1-75所示。

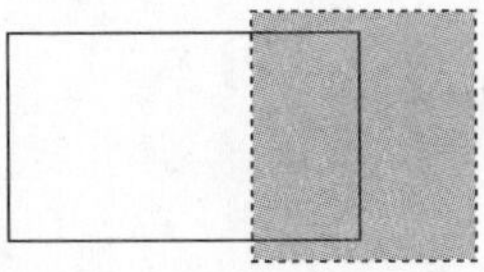

图1-74

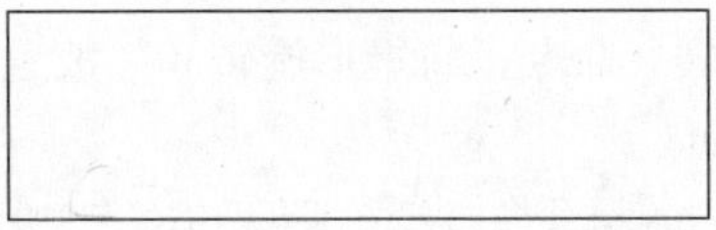

图1-75

技巧

如果图形完全处于选择框内时，拉伸的结果只能是图形对象相对于原位置上的平移。

2. 拉长图形

“拉长”命令主要用于更改直线的长度或弧线的角度。执行“拉长”命令主要有以下几种方式。

- 执行菜单栏中的“修改”|“拉长”命令。
- 在命令行输入Lengthen或LEN。

绘制长度为200的直线段，然后执行“拉长”命令，将线段拉长50个单位，命令行操作如下。

```
命令 : _lengthen
    选择对象或 [ 增量 (DE)/ 百分数 (P)/ 全部 (T)/ 动态 (DY)]:     //DE Enter
    输入长度增量或 [ 角度 (A)] <0.0000>:                        //50 Enter，设置长度增量
```

技巧

如果将增量值设置为正值，系统将拉长对象；反之则缩短对象。

```
    选择要修改的对象或 [ 放弃 (U)]:    // 在直线的左端单击左键
    选择要修改的对象或 [ 放弃 (U)]:    // Enter，拉长结果如图 1-76 所示
```

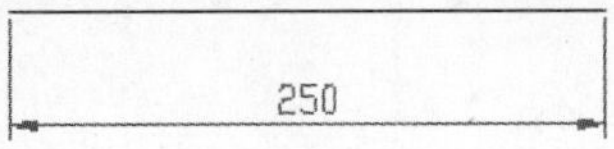

图1-76

技巧

“百分数”选项是以总长的百分比值进行拉长或缩短对象，长度的百分数值必须为正且非零；“全部”选项用于指定一个总长度或者总角度进行拉长或缩短对象。

3. 移动图形

“移动”命令主要用于将图形从一个位置移动到另一个位置。执行“移动”命令主要有以下几种方式。

- 执行菜单栏中的“修改”|“移动”命令。
- 单击“修改”工具栏中的按钮。
- 在命令行输入Move或M。

4. 旋转图形

“旋转”命令用于将图形围绕指定的基点进行旋转。执行“旋转”命令主要有以下几种方式。

- 执行菜单栏中的“修改”|“旋转”命令。
- 单击“修改”工具栏中的按钮。
- 在命令行输入Rotate或RO。

执行“旋转”命令，将矩形旋转30° 放置，命令行操作如下。

```
命令 : _rotate
    UCS 当前的正角方向 : ANGDIR= 逆时针  ANGBASE=0
    选择对象 :                                    // 选择矩形
    选择对象 :                                    // Enter，结束选择
    指定基点 :                                    // 捕捉矩形左下角点作为基点
    指定旋转角度，或 [ 复制 (C)/ 参照 (R)] <0>: //30 Enter，旋转结果如图 1-77 所示
```

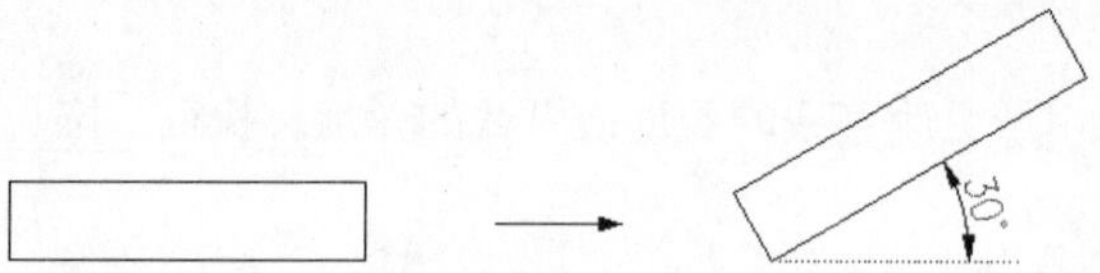

图1-77

技巧

在旋转对象时，输入的角度为正值，系统将按逆时针方向旋转；输入的角度为负值，系统将按顺时针方向旋转。

5. 缩放图形

“缩放”命令用于将图形进行等比放大或等比缩小，此命令主要用于创建形状相同、大小不同的图形结构。执行“缩放”命令主要有以下几种方式。

- 执行菜单栏中的“修改”|“缩放”命令。
- 单击“修改”工具栏中的按钮。
- 在命令行输入Scale或SC。

6. 分解图形

“分解”命令主要用于将组合对象分解成各自独立的对象，以方便对各对象进行编辑。执行“分解”命令主要有以下几种方式。

- 执行菜单栏中的“修改”|“分解”命令。
- 单击“修改”工具栏中的按钮。

◆ 在命令行输入Explode或X。

比如，矩形是由4条直线元素组成的单个对象，如果用户需要对其中的一条边进行编辑，则首先将矩形分解还原为4条线对象，如图1-78所示。

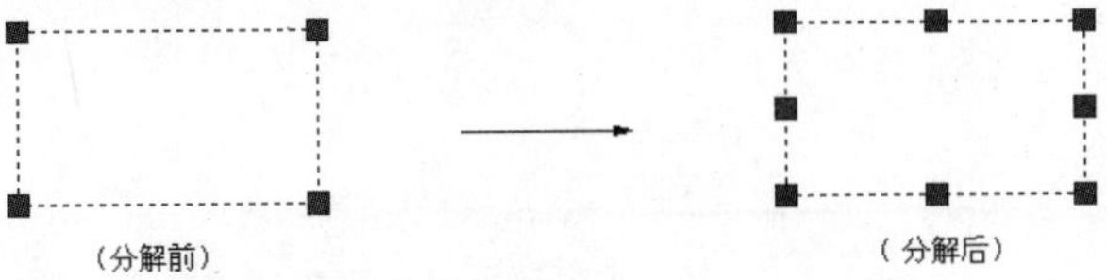

图1-78

1.4.3 图形的边角细化技能

1. 修剪图形

“修剪”命令用于沿着指定的修剪边界，修剪掉图形上指定的部分。执行“修剪”命令主要有以下几种方式。

◆ 执行菜单栏中的“修改”|“修剪”命令。

◆ 单击“修改”工具栏中的按钮。

◆ 在命令行输入Trim或TR。

执行“修剪”命令后，命令行操作如下。

```
命令：_trim
    当前设置：投影 =UCS，边 = 无
    选择剪切边 ...
    选择对象或 <全部选择>:                    // 选择直线
    选择对象：                                // Enter，结束选择
    选择要修剪的对象，或按住 Shift 键选择要延伸的对象，或 [ 栏选 (F)/ 窗交 (C)/ 投影式 (P)/
边 (E)/ 删除 (R)/ 放弃 (U)]:                   // 在圆的上侧单击左键，定位需要修剪的部分
    选择要修剪的对象，或按住 Shift 键选择要延伸的对象，或 [ 栏选 (F)/ 窗交 (C)/ 投影 (P)/
边 (E)/ 删除 (R)/ 放弃 (U)]:                   // Enter，修剪结果如图 1-79 所示
```

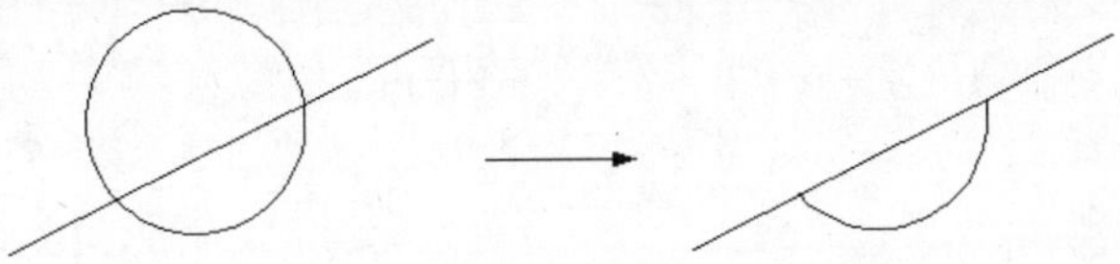

图1-79

技巧

当修剪多个对象时，可以使用“栏选”和“窗交”两种选项功能，其中“栏选”方式需要绘制一条或多条栅栏线，所有与栅栏线相交的对象都会被修剪掉。

2. 延伸图形

“延伸”命令用于将选择的对象延伸到指定的边界上。执行“延伸”命令主要有以下几种方式。

◆ 执行菜单栏中的“修改”|“延伸”命令。

- 单击“修改”工具栏中的按钮。
- 在命令行输入Extend或EX。

执行“延伸”命令后，命令行操作如下。

```
命令 : _extend
    当前设置 : 投影 =UCS，边 = 无
    选择边界的边 ...
    选择对象或 < 全部选择 >:                    // 选择水平线段
    选择对象 :                                  // Enter，结束选择
    选择要延伸的对象，或按住 Shift 键选择要修剪的对象，或 [ 栏选 (F)/ 窗交 (C)/ 投影 (P)/
边 (E)/ 放弃 (U)]:                              // 在垂直线段的下端单击左键
    选择要延伸的对象，或按住 Shift 键选择要修剪的对象，或 [ 栏选 (F)/ 窗交 (C)/ 投影 (P)/
边 (E)/ 放弃 (U)]:                              // Enter，延伸结果如图 1-80 所示
```

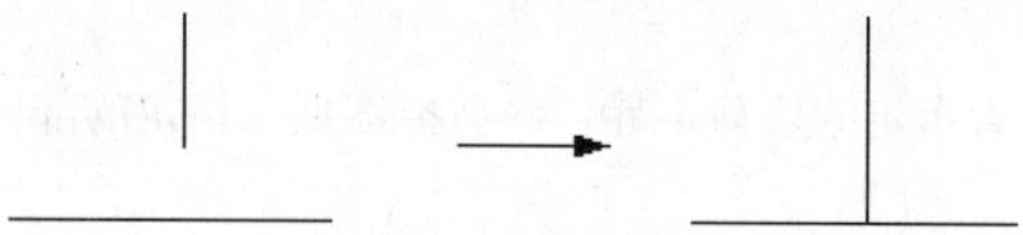

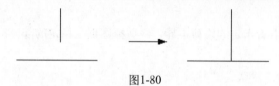

图1-80

技巧

选择延伸对象时要在靠近延伸边界的一端选择需要延伸的对象，否则对象将不被延伸。

3. 打断图形

“打断”命令用于打断并删除图形上的一部分，或将图形打断为相连的两部分。执行“打断”命令主要有以下几种方式。

- 执行菜单栏中的“修改”|“打断”命令。
- 单击“修改”工具栏中的按钮。
- 在命令行输入Break或BR。

执行“打断”命令后，命令行操作如下。

```
命令 : _break
    选择对象 :                                  // 选择上侧的线段
    指定第二个打断点 或 [ 第一点 (F)]:          // F Enter，激活“第一点”选项
    指定第一个打断点 :                          // 捕捉线段中点作为第一断点
    指定第二个打断点 :                          //@50,0 Enter，打断结果如图 1-81 所示
```

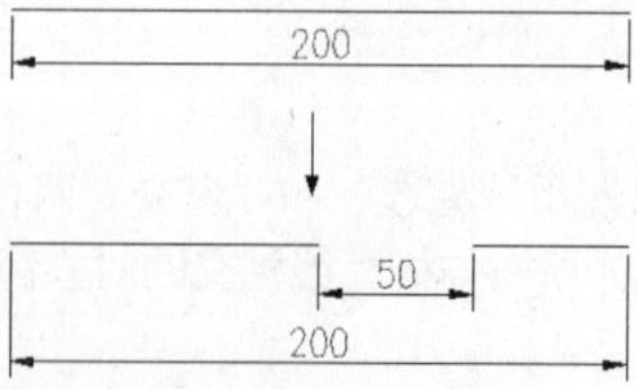

图1-81

技巧

如果将对象拆分为两个相连对象，可以在定位第二断点时输入符号@。

4. 合并图形

“合并”命令用于将同角度的两条或多条线段合并为一条线段，还可以将圆弧或椭圆弧合并为一个整圆和椭圆。执行“合并”命令主要有以下几种方式。

- 执行菜单栏中的“修改”|“合并”命令。
- 单击“修改”工具栏中的按钮。
- 在命令行输入Join或J。

执行“合并”命令，将两条线段合并为一条线段，命令行操作如下。

命令：_join
　　选择源对象或要一次合并的多个对象：　　//选择左侧的线段
　　选择要合并的对象：　　//选择右侧的线段
　　选择要合并的对象：　　//Enter，合并结果如图 1-82 所示
　　2 条直线已合并为 1 条直线

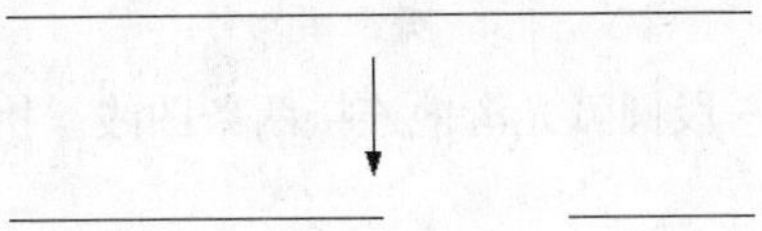

图1-82

5. 倒角图形

“倒角”命令主要是使用一条线段连接两个非平行的图线。执行“倒角”命令主要有以下几种方式。

- 执行菜单栏中的“修改”|“倒角”命令。
- 单击“修改”工具栏中的按钮。
- 在命令行输入Chamfer或CHA。

执行“倒角”命令后，命令行操作如下。

命令：_chamfer
　　(“修剪”模式) 当前倒角距离 1 = 0.0000，距离 2 = 0.0000
　　选择第一条直线或 [放弃 (U)/ 多段线 (P)/ 距离 (D)/ 角度 (A)/ 修剪 (T)/ 方式 (E)/ 多个 (M)]:
　　//D Enter
　　指定第一个倒角距离 <0.0000>:　　//150 Enter，设置第一倒角长度
　　指定第二个倒角距离 <25.0000>:　　//100 Enter，设置第二倒角长度
　　选择第一条直线或 [放弃 (U)/ 多段线 (P)/ 距离 (D)/ 角度 (A)/ 修剪 (T)/ 方式 (E)/ 多个 (M)]:
　　//选择水平线段
　　选择第二条直线，或按住 Shift 键选择要应用角点的直线：
　　//选择倾斜线段，结果如图 1-83 所示

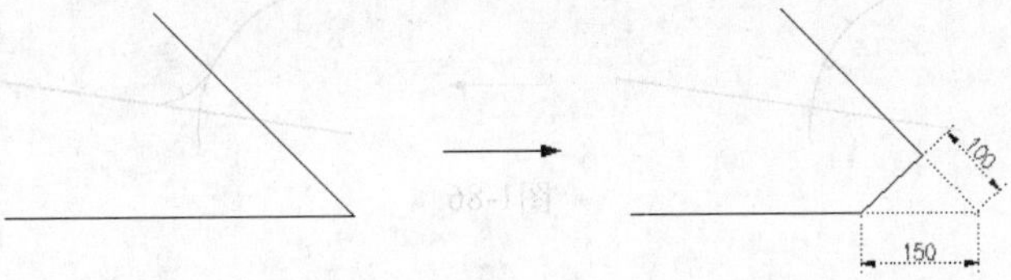

图1-83

- “角度”选项：用于指定倒角长度和倒角角度，以对两图线进行倒角。

- “多段线”选项：用于为整条多段线的所有相邻元素边同时进行倒角操作。
- “方式”选项：用于确定倒角的方式。变量Chammode控制着倒角的方式，当变量值为0时，将为距离倒角；当变量值为1时，则为角度倒角。
- “修剪”选项：用于设置倒角的修剪模式，如“修剪”和“不修剪”。当倒角模式为“修剪”时，被倒角的图线将被修剪；当倒角模式为“不修剪”时，那么用于倒角的图线将不被修剪，如图1-84所示。

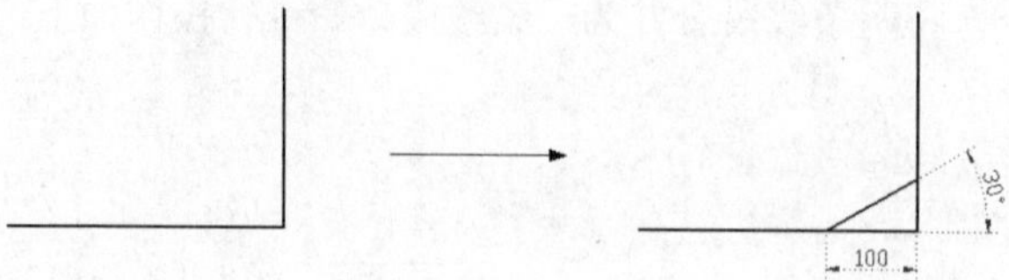

图1-84

6. 圆角图形

“圆角”命令主要是使用一段圆弧光滑地连接两条图线。执行“圆角”命令主要有以下几种方式。

- 执行菜单栏中的“修改”|“圆角”命令。
- 单击“修改”工具栏中的□按钮。
- 在命令行输入Fillet或F。

执行“圆角”命令后，命令行操作如下。

```
命令：_fillet
    当前设置：模式 = 修剪，半径 = 0.0000
    选择第一个对象或 [ 放弃 (U)/ 多段线 (P)/ 半径 (R)/ 修剪 (T)/ 多个 (M)]: // R Enter
    指定圆角半径 <0.0000>:                              //100 Enter，设置圆角半径
    选择第一个对象或 [ 放弃 (U)/ 多段线 (P)/ 半径 (R)/ 修剪 (T)/ 多个 (M)]: // 选择倾斜线段
    选择第二个对象，或按住 Shift 键选择要应用角点的对象：  // 选择圆弧，结果如图 1-85 所示
```

图1-85

- “多段线”选项：用于对多段线每相邻元素进行圆角处理。
- “多个”选项：用于为多个对象进行圆角处理，不需要重复执行命令。
- “修剪”选项：用于设置圆角模式，即“修剪”和“不修剪”，“非修剪”模式下的圆角效果如图1-86所示。

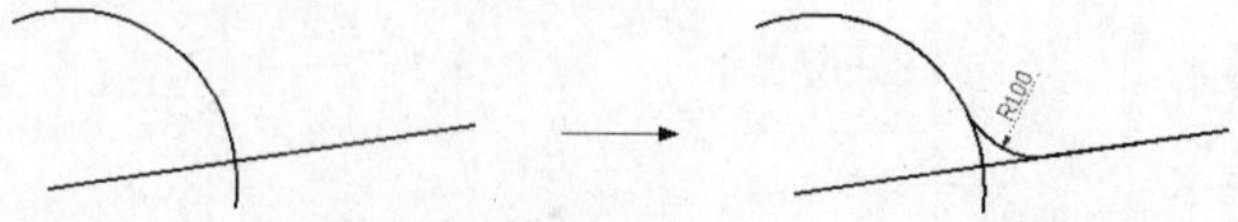

图1-86

技巧

用户也可通过系统变量Trimmode设置圆角的修剪模式，当系统变量的值设为0时，表示对象不被修剪；当设置为1时，表示圆角后进行修剪对象。

1.5 文字与尺寸的标注技能

1.5.1 设置文字样式

使用“文字样式”命令可以为文字设置不同的字体、字高、倾斜角度、旋转角度以及一些其他的特殊效果，如图1-87所示。

AutoCAD 培训中心　　AutoCAD 培训中心　　AutoCAD 培训中心

图1-87

执行“文字样式”命令主要有以下几种方式。

- 执行菜单栏中的“格式”|“文字样式”命令。
- 单击“样式”工具栏中的按钮。
- 在命令行输入Style或ST。

文字样式的设置、修改及效果的预览等一些操作，是在如图1-88所示的“文字样式”对话框中进行的，使用上述三种方式中的任意一种，都可打开此对话框。

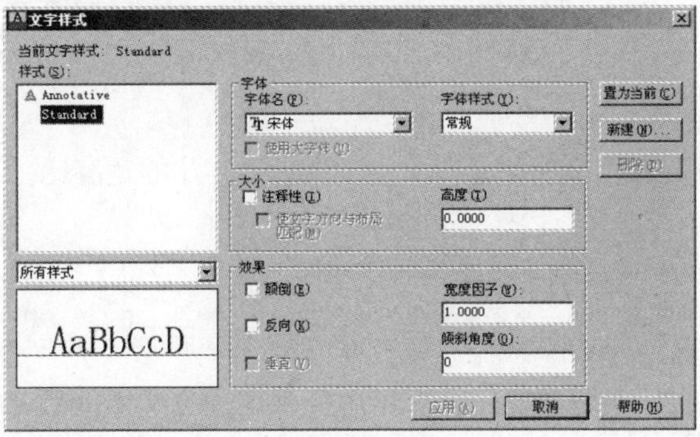

图1-88

文字样式的设置步骤如下。

(1) 执行“文字样式”命令，在打开的“文字样式”对话框中单击新建(N)...按钮，为新样式命名，如图1-89所示。

(2) 单击确定按钮，然后在“字体”选项组中展开“字体名”下拉列表，选择所需的字体，如图1-90所示。

图1-89

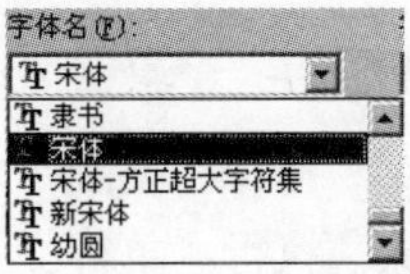

图1-90

(3) 取消勾选“使用大字体”复选框，结果所有AutoCAD编译型（.SHX）字体和已注册的TrueType字体都显示在此下拉列表内，用户可以选择某种字体作为当前样式的字体。

技巧

若选择TrueType字体，那么可在右侧的“字体样式”下拉列表中设置当前字体样式，如图1-91所示；若选择了编译型（.SHX）字体后，且勾选了“使用大字体”复选框后，则右端的下拉列表框变为如图1-92所示的状态，此时用于选择所需的大字体。

图1-91

图1-92

(4) 在“高度”文本框中设置文字的高度。

技巧

如果设置高度后，那么当创建文字时，命令行就不会再提示输入文字的高度。建议在此不设置字体的高度。

(5) 勾选“颠倒”复选框将设置文字为倒置状态；勾选“反向”复选框将设置文字为反向状态；勾选“垂直”复选框将控制文字呈垂直排列状态；“倾斜角度”文本框用于控制文字的倾斜角度，如图1-93所示。

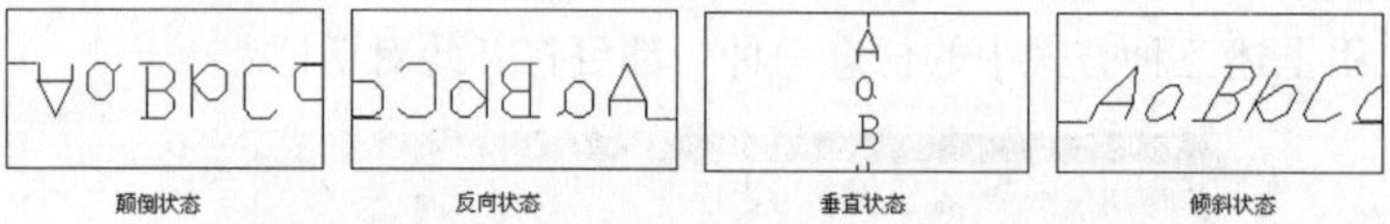

图1-93

(6) 设置宽度比例。在“宽度因子”文本框内设置字体的宽高比。

技巧

国标规定工程图样中的汉字应采用长仿宋体，宽高比为0.7，当此比值大于1时，文字宽度将放大，否则将缩小。

(7) 单击 预览(P) 按钮，在“预览”选项组中直观地预览文字的效果；单击 删除(D) 按钮，可以将多余的文字样式删除。

(8) 单击 应用(A) 按钮，结果最后设置的文字样式被看作当前样式。

技巧

默认Standard样式、当前文字样式以及已使用过的文字样式，都不能被删除。

1.5.2 标注各类文字

1. 标注单行文字

“单行文字”命令主要用于创建单行或多行的文字对象，所创建的每一行文字都被看作是一个独立的对象。执行“单行文字”命令主要有以下几种方式。

- 执行菜单栏中的“绘图”|“文字”|“单行文字”命令。
- 单击“文字”工具栏中的A按钮。
- 在命令行输入Dtext或DT。

下面通过创建高度为10的两行文字，学习“单行文字”命令的使用方法，操作步骤如下。

(1) 执行“单行文字”命令，在命令行“指定文字的起点或[对正(J)/样式(S)]:”提示下，在绘图区拾取一点作为文字的插入点。

(2) 在命令行“指定高度 <2.5000>:”提示下输入10并按Enter键。

(3) 在命令行“指定文字的旋转角度<0>:”提示下按Enter键，采用当前设置。

技巧

如果在文字样式中定义了字体高度，那么在此就不会出现“指定高度<2.5>:”提示，AutoCAD会按照定义的字高来创建文字。

(4) 此时绘图区出现如图1-94所示的单行文字输入框，然后在命令行输入“AutoCAD”，如图1-95所示。

(5) 按Enter键换行，然后输入“培训中心”。

(6) 连续两次按Enter键，结束“单行文字”命令，结果如图1-96所示。

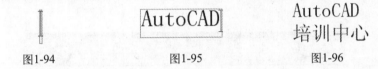

图1-94

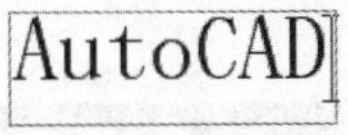

图1-95

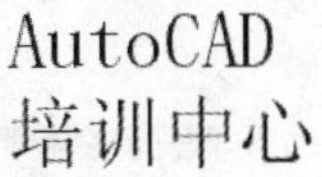

图1-96

技巧

使用“对正”选项可以设置文字的对正方式，而所谓“对正方式”，指的就是文字对象的哪一位置与插入点对齐。文字的各种对正方式如图1-97所示。

2. 标注多行文字

“多行文字”命令用于创建较为复杂的单行、多行或段落性文字，无论创建的文字包含多少行、多少段，AutoCAD都将其作为一个独立的对象。执行“多行文字”命令主要有以下几种方式。

- 执行菜单栏中的“绘图”|“文字”|“多行文字”命令。
- 单击“绘图”工具栏中的A按钮。
- 在命令行输入Mtext、T或MT。

下面通过创建如图1-98所示的设计要求，主要学习段落文字的快速创建方法和创建技巧。

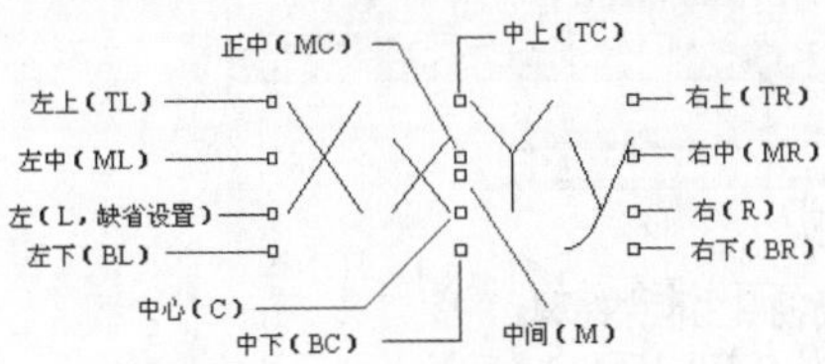

图1-97

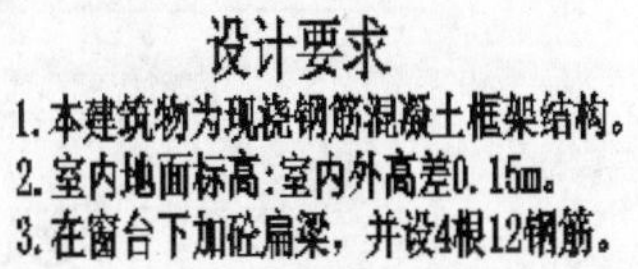

图1-98

(1) 执行“多行文字”命令，在命令行“指定第一角点:”提示下，在绘图区拾取一点。

(2) 在命令行“指定对角点或[高度(H)/对正(J)/行距(L)/旋转(R)/样式(S)/宽度(W)/栏(C)]:”提示下，在绘图区拾取对角点，打开“文字格式”编辑器。

(3) 单击“字体”下拉按钮，选择下拉列表中的“宋体”作为当前字体；在“文字高度”文本框内输入12。

(4) 在下侧的文字输入框内单击左键，指定文字的输入位置，然后输入“设计要求”等字样作为标题内容，如图1-99所示。

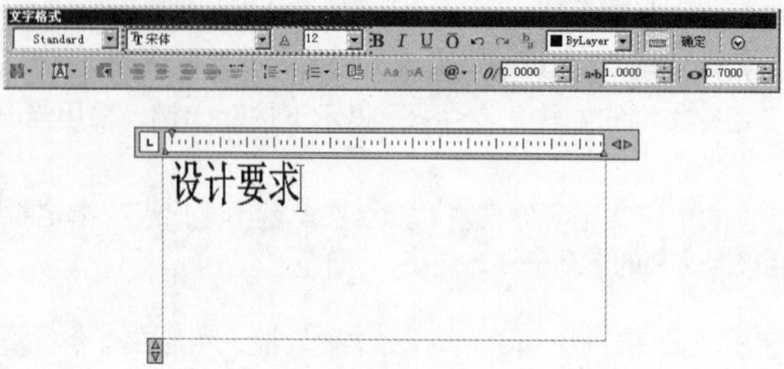

图1-99

(5) 按Enter键进行换行，以输入其他文字内容。

(6) 在“文字高度”文本框中修改字体高度为9，然后输入如图1-100所示的三行文字内容。

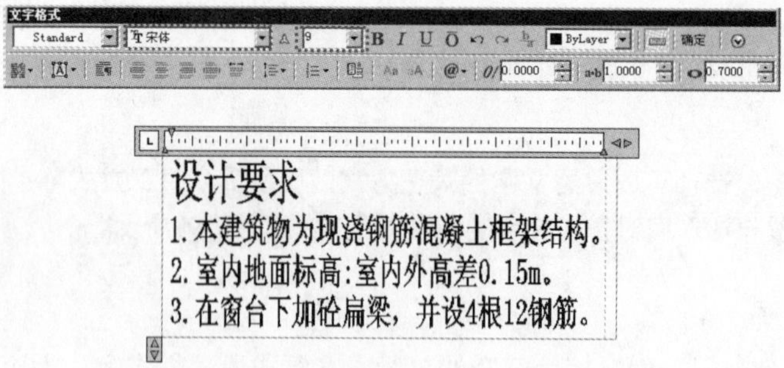

图1-100

技巧

在输入的过程中，要注意按Enter键换行。另外，在输入文字内容时，可以向右拖动标尺右端的三角按钮，以调整各行文字的宽度。

(7) 将光标放在标题前，然后连续按空格键，向右移动标题内容，结果如图1-101所示。

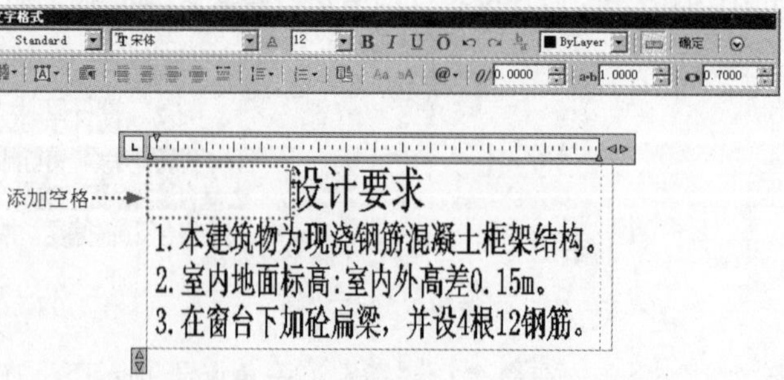

图1-101

3. 标注引线文字

“快速引线”命令主要用于创建一端带有箭头、另一端带有文字注释的引线尺寸，其中，引线可以为直线段，也可以为平滑的样条曲线，如图1-102所示。

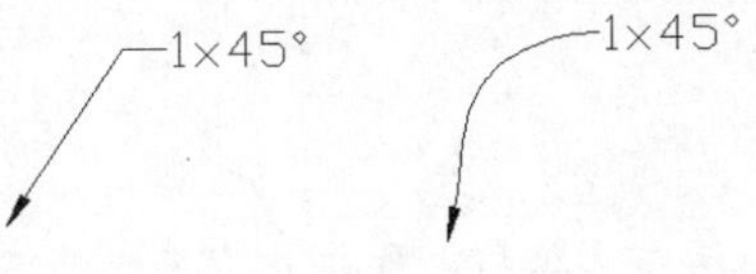

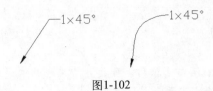

图1-102

在命令行输入Qleader或LE并按Enter键，即可激活“快速引线”命令，命令行操作如下。

```
命令：LE                                         //Enter，激活“快速引线”命令
    QLEADER 指定第一个引线点或 [设置 (S)] <设置>:  //在所需位置拾取第一个引线点
    指定下一点：                                  //在所需位置拾取第二个引线点
    指定下一点：                                  //在所需位置拾取第三个引线点
    指定文字宽度 <0>:                             //Enter
    输入注释文字的第一行 <多行文字 (M)>:           //庭院灯Enter
    输入注释文字的下一行：                         //Enter，标注结果如图 1-103 所示
```

技巧

激活该命令中的“设置”选项后，可打开如图1-104所示的“引线设置”对话框，以修改和设置引线点数、注释类型以及注释文字的附着位置等。

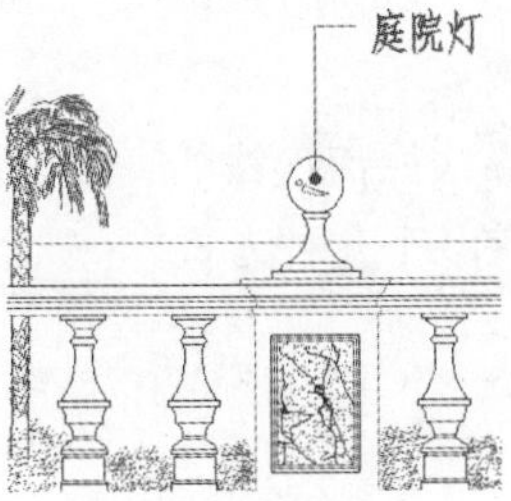

图1-103

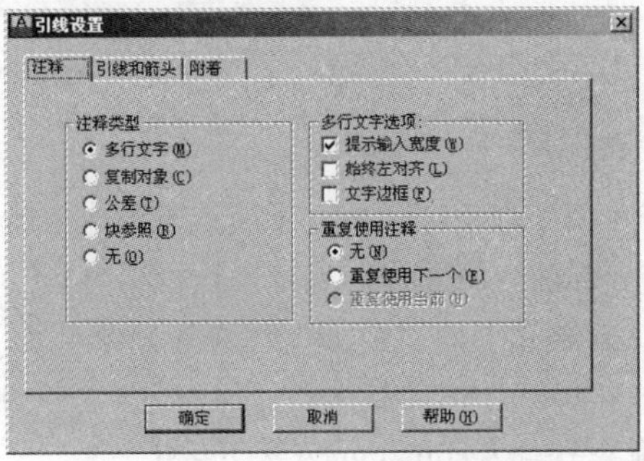

图1-104

1.5.3 标注基本尺寸

1. 标注线性尺寸

“线性”命令是一个较为常用的尺寸标注工具，此工具主要用于标注两点之间的水平尺寸或垂直尺寸。执行“线性”命令主要有以下几种方式。

- 执行菜单栏中的“标注”|“线性”命令。
- 单击“标注”工具栏中的![]按钮。
- 在命令行输入Dimlinear或Dimlin。

首先绘制长度为200、宽度为100的矩形，然后执行“线性”命令，配合端点捕捉功能标注矩形的长度尺寸，命令行操作如下。

```
命令：_dimlinear
    指定第一条尺寸界线原点或 <选择对象>:  //捕捉矩形的左下角点
    指定第二条尺寸界线原点：              //捕捉矩形的右下角点
    指定尺寸线位置或 [多行文字 (M)/ 文字 (T)/ 角度 (A)/ 水平 (H)/ 垂直 (V)/ 旋转 (R)]:
```

```
                                        // 向下移动光标，在适当位置拾取一点，以定位
                                        尺寸线位置，结果如图 1-105 所示
    标注文字 = 200
```

- "多行文字"选项：激活该选项后，可打开"文字格式"编辑器，以手动编辑尺寸的文字内容，或者为尺寸文字添加前后缀等。
- "文字"选项：用于通过命令行手动编辑尺寸文字的内容。
- "角度"选项：用于设置尺寸文字的旋转角度，如图1-106所示。
- "水平"选项：用于标注两点之间的水平尺寸，当激活该选项后，无论如何移动光标，所标注的始终是对象的水平尺寸。
- "垂直"选项：用于标注两点之间的垂直尺寸，当激活该选项后，无论如何移动光标，所标注的始终是对象的垂直尺寸。
- "旋转"选项：用于设置尺寸线的旋转角度，如图1-107所示。

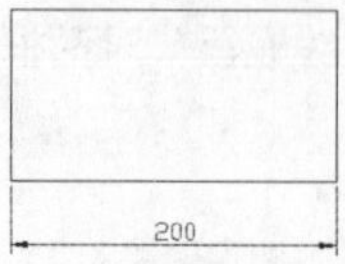

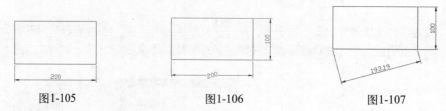

图1-105

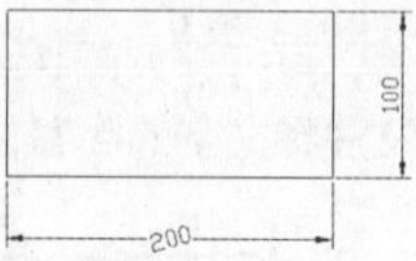

图1-106

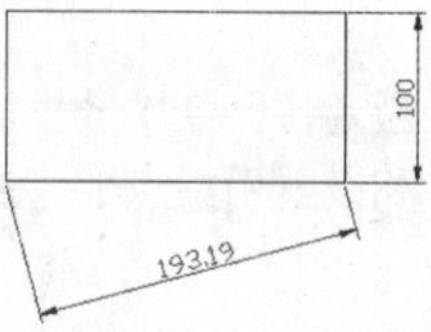

图1-107

2. 标注对齐尺寸

"对齐"命令用于标注平行于所选对象或平行于两尺寸界线原点连线的直线型尺寸，此命令比较适合于标注倾斜图线的尺寸。执行"对齐"命令主要有以下几种方式。

- 执行菜单栏中的"标注"|"对齐"命令。
- 单击"标注"工具栏中的按钮。
- 在命令行输入Dimaligned或Dimali。

执行"对齐"命令后，其命令行操作如下。

```
命令 : _dimaligned
    指定第一条尺寸界线原点或 < 选择对象 >:                    // 捕捉矩形的左上角点
    指定第二条尺寸界线原点 :                                  // 捕捉矩形的右下角点
    指定尺寸线位置或 [ 多行文字 (M)/ 文字 (T)/ 角度 (A)]: // 指定位置，结果如图 1-108 所示
    标注文字 = 223.613
```

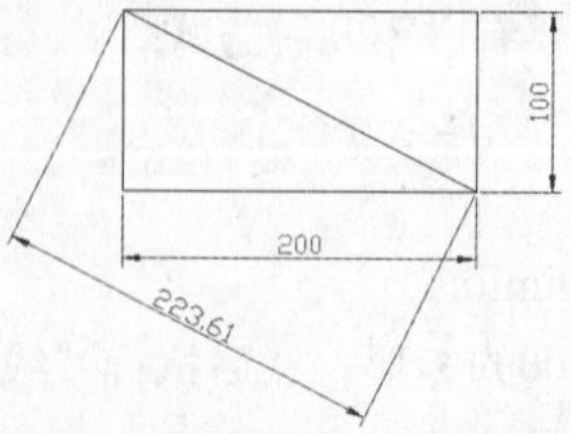

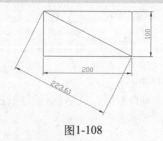

图1-108

3. 标注点的坐标

"坐标"命令用于标注点的x坐标值和y坐标值，所标注的坐标为点的绝对坐标，如图1-109所示。上下移动光标，可以标注点的x坐标值；左右移动光标，则可以标注点的y坐标

值。执行“坐标”命令主要有以下几种方式。

- 执行菜单栏中的“标注”|“坐标”命令。
- 单击“标注”工具栏中的按钮。
- 在命令行输入Dimordinate按Enter键。
- 使用命令简写Dimord。

4. 标注弧长尺寸

“弧长”命令主要用于标注圆弧或多段线弧的长度尺寸。执行“弧长”命令主要有以下几种方式。

- 执行菜单栏中的“标注”|“弧长”命令。
- 单击“标注”工具栏中的按钮。
- 在命令行输入Dimarc。

执行“弧长”命令后，命令行操作如下。

```
命令：_dimarc
    选择弧线段或多段线弧线段：                    // 选择需要标注的弧线段
    指定弧长标注位置或 [ 多行文字 (M)/ 文字 (T)/ 角度 (A)/ 部分 (P)/ 引线 (L)]:
                                                  // 指定弧长尺寸的位置，结果如图 1-110 所示
    标注文字 = 160
```

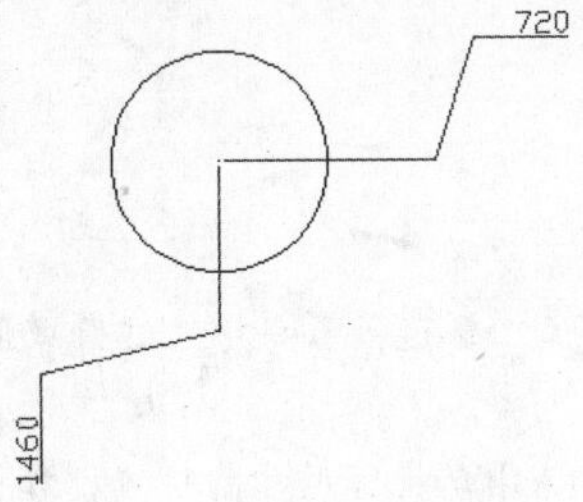

图1-109

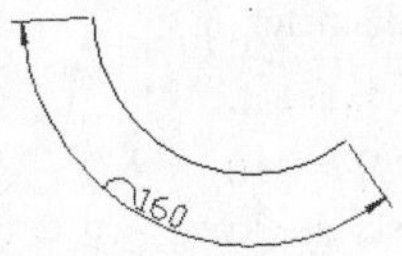

图1-110

5. 标注角度尺寸

“角度”命令主要用于标注图线间的角度尺寸或者是圆弧的圆心角等。执行“角度”命令主要有以下几种方式。

- 执行菜单栏中的“标注”|“角度”命令。
- 单击“标注”工具栏中的按钮。
- 在命令行输入Dimangular或Angular。

执行“角度”命令后，命令行操作如下。

```
命令：_dimangular
    选择圆弧、圆、直线或 < 指定顶点 >:           // 单击矩形的对角线
    选择第二条直线：                              // 单击矩形的下侧水平边
    指定标注弧线位置或 [ 多行文字 (M)/ 文字 (T)/ 角度 (A) / 象限点 (Q)]:
                                                  // 在适当位置拾取一点，结果如图 1-111 所示
    标注文字 = 27
```

6. 标注半径尺寸

“半径”命令用于标注圆、圆弧的半径尺寸，所标注的半径尺寸是由一条指向圆或圆弧的

带箭头的半径尺寸线组成。执行“半径”命令主要有以下几种方式。

- 执行菜单栏中的“标注”|“半径”命令。
- 单击“标注”工具栏中的按钮。
- 在命令行输入Dimradius或Dimrad。

执行“半径”命令后，命令行操作如下。

```
命令 : _dimradius
    选择圆弧或圆 :                                    // 选择需要标注的圆或弧对象
    标注文字 = 55
    指定尺寸线位置或 [ 多行文字 (M)/ 文字 (T)/ 角度 (A)]: // 指定尺寸位置，结果如图 1-112 所示
```

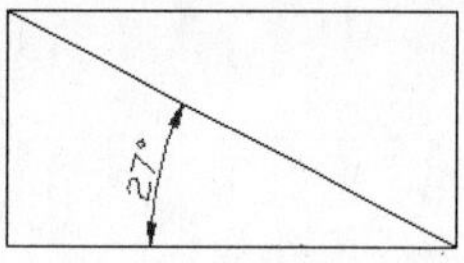

图1-111

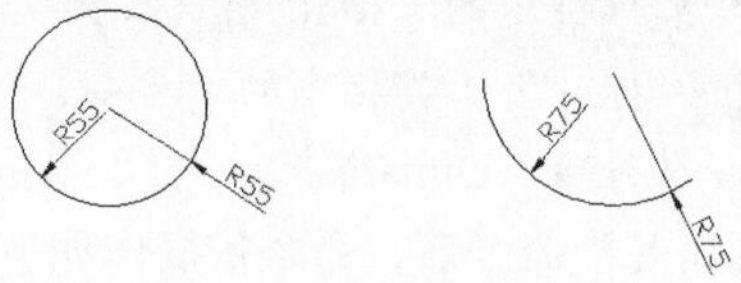

图1-112

7. 标注直径尺寸

“直径”命令用于标注圆或圆弧的直径尺寸。执行“直径”命令主要有以下几种方式。

- 执行菜单栏中的“标注”|“直径”命令。
- 单击“标注”工具栏中的按钮。
- 在命令行输入Dimdiameter或Dimdia。

执行“直径”命令后，命令行操作如下。

```
命令 : _dimdiameter
    选择圆弧或圆 :                                    // 选择需要标注的圆或圆弧
    标注文字 = 110
    指定尺寸线位置或 [ 多行文字 (M)/ 文字 (T)/ 角度 (A)]: // 指定尺寸的位置，如图 1-113 所示
```

8. 标注折弯尺寸

“折弯”命令主要用于标注含有折弯的半径尺寸。执行“折弯”命令主要有以下几种方式。

- 执行菜单栏中的“标注”|“折弯”命令。
- 单击“标注”工具栏中的按钮。
- 在命令行输入Dimjogged。

执行“折弯”命令后，命令行操作如下。

```
命令 : _dimjogged
    选择圆弧或圆 :                          // 选择弧或圆作为标注对象
    指定图示中心位置 :                      // 指定中心线位置
    标注文字 = 175
    指定尺寸线位置或 [ 多行文字 (M)/ 文字 (T)/ 角度 (A)]: // 指定尺寸线位置，结果如图 1-114 所示
```

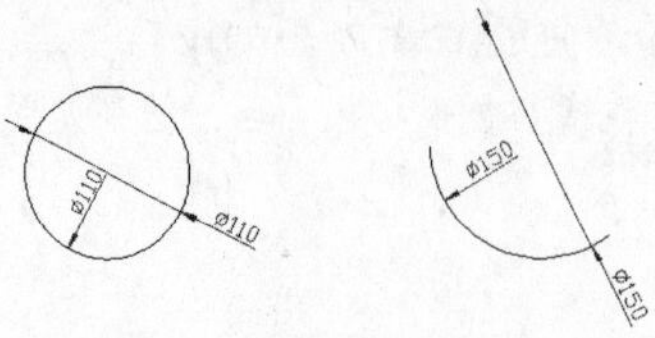

图1-113

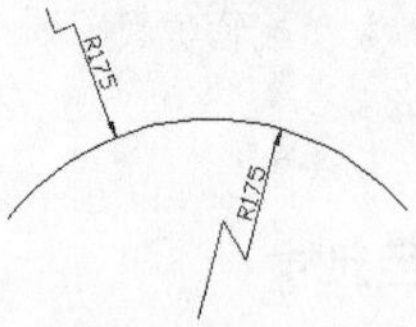

图1-114

1.5.4 标注复合尺寸

1. 创建基线尺寸

“基线”命令属于一个复合尺寸工具，此工具需要在现有尺寸的基础上，以所选择的尺寸界限作为基线尺寸的尺寸界限创建基线尺寸。执行“基线”命令主要有以下几种方式。

- 执行菜单栏中的“标注”|“基线”命令。
- 单击“标注”工具栏中的按钮。
- 在命令行输入Dimbaseline或Dimbase。

2. 创建连续尺寸

“连续”命令也需要在现有的尺寸基础上创建连续的尺寸对象，所创建的连续尺寸位于同一个方向矢量上，如图1-115所示。执行“连续”命令主要有以下几种方式。

- 执行菜单栏中的“标注”|“连续”命令。
- 单击“标注”工具栏中的按钮。
- 在命令行输入Dimcontinue或Dimcont。

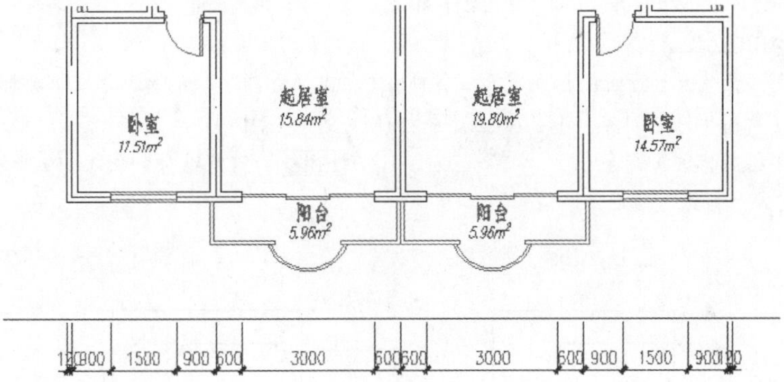

图1-115

3. 快速标注尺寸

“快速标注”命令用于一次标注多个对象间的水平尺寸或垂直尺寸。执行“快速标注”命令主要有以下几种方式。

- 执行菜单栏中的“标注”|“快速标注”命令。
- 单击“标注”工具栏中的按钮。
- 在命令行输入Qdim。

执行“快速标注”命令后，其命令行操作如下。

```
命令：_qdim
    关联标注优先级 = 端点
    选择要标注的几何图形：          // 选择如图 1-116 所示的 7 条垂直轴线
    选择要标注的几何图形：          // Enter，退出对象的选择状态
    指定尺寸线位置或 [ 连续 (C)/ 并列 (S)/ 基线 (B)/ 坐标 (O)/ 半径 (R)/ 直径 (D)/ 基准点 (P)/
编辑 (E)/ 设置 (T)] < 连续 >:          // 向下移动光标，在距离细部尺寸 850 单位的位置上
                                      定位轴线尺寸，结果如图 1-117 所示
```

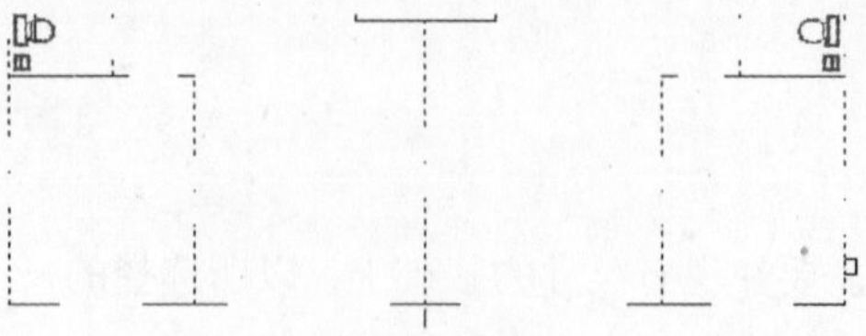

图1-116

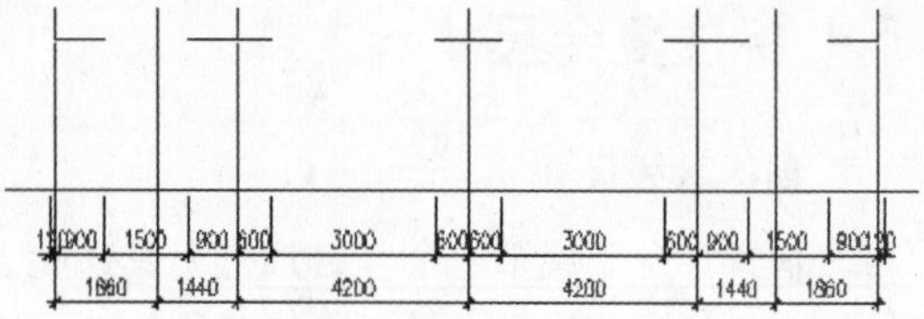

图1-117

1.5.5 完善与协调尺寸

1. 打断标注

“标注打断”命令可以在尺寸线、尺寸界线与几何对象或其他标注相交的位置将其打断。执行“标注打断”命令主要有以下几种方式。

- 执行菜单栏中的“标注”|“标注打断”命令。
- 单击“标注”工具栏中的按钮。
- 在命令行输入Dimbreak。

执行“标注打断”命令后，命令行操作如下。

```
命令 : _DIMBREAK
    选择要添加 / 删除折断的标注或 [ 多个 (M)]: // 选择如图 1-118 所示的尺寸对象
    选择要折断标注的对象或 [ 自动 (A)/ 手动 (M)/ 删除 (R)] < 自动 >: // 选择矩形
    选择要折断标注的对象 :                     // Enter，打断结果如图 1-119 所示
    1 个对象已修改
```

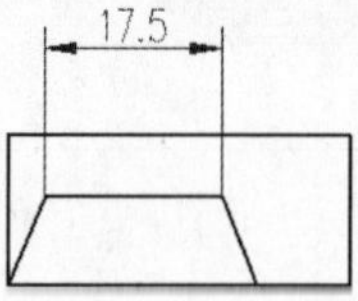

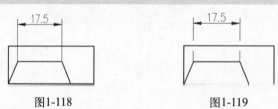

图1-118

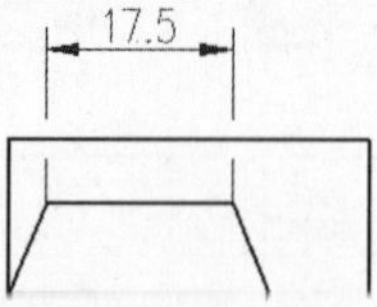

图1-119

技巧

“手动”选项用于手动定位打断位置；“删除”选项用于恢复被打断的尺寸对象。

2. 标注间距

“标注间距”命令用于调整平行的线性标注和角度标注之间的间距，或根据指定的间距值进行调整。执行“等距标注”命令主要有以下几种方式。

- 执行菜单栏中的“标注”|“标注间距”命令。
- 单击“标注”工具栏中的按钮。
- 在命令行输入Dimspace。

执行“等距标注”命令，将如图1-120所示的尺寸线间的距离调整为10个单位，命令行操作如下。

```
命令 : _DIMSPACE
    选择基准标注 :                           // 选择尺寸文字为 16.0 的尺寸对象
    选择要产生间距的标注 :                   // 选择其他三个尺寸对象
```

选择要产生间距的标注： //Enter，结束对象的选择
输入值或 [自动 (A)] < 自动 >: //10 Enter，结果如图 1-121 所示

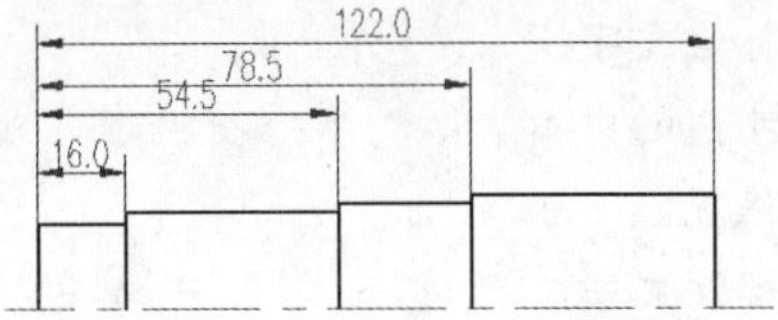

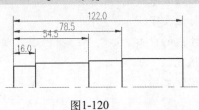

图1-120

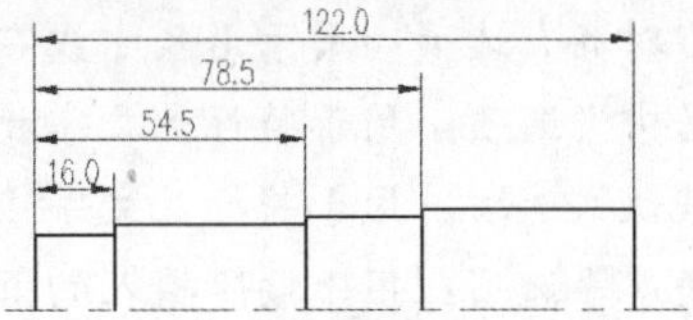

图1-121

技巧 "自动"选项用于根据现有的尺寸位置，自动调整各尺寸对象的位置，使之间距相等。

3. 编辑标注

"编辑标注"命令主要用于修改尺寸文字的内容、旋转角度以及尺寸界线的倾斜角度等。执行"编辑标注"命令主要有以下几种方式。

- 执行菜单栏中的"标注"|"倾斜"命令。
- 单击"标注"工具栏中的按钮。
- 在命令行输入Dimedit。

4. 编辑标注文字

"编辑标注文字"命令主要用于重新调整尺寸文字的放置位置以及尺寸文字的旋转角度。执行"编辑标注文字"命令主要有以下几种方式。

- 执行菜单栏"标注"|"对齐文字"级联菜单中的各命令。
- 单击"标注"工具栏中的按钮。
- 在命令行输入Dimtedit。

下面通过更改某尺寸标注文字的位置及角度，学习"编辑标注文字"命令的使用方法和技巧。

(1) 任意标注一个线性尺寸，如图1-122所示。

(2) 单击"标注"工具栏中的按钮，执行"编辑标注文字"命令，根据命令行提示编辑尺寸文字，命令行操作如下。

命令：_dimtedit
选择标注： //选择刚标注的尺寸对象
为标注文字指定新位置或 [左对齐 (L)/ 右对齐 (R)/ 居中 (C)/ 默认 (H)/ 角度 (A)]:
//A Enter，激活"角度"选项
指定标注文字的角度： //15 Enter，结果如图 1-123 所示

(3) 重复执行"编辑标注文字"命令，修改尺寸文字的位置，命令行操作如下。

命令：_dimtedit
选择标注： //选择如图 1-123 所示的尺寸
为标注文字指定新位置或 [左对齐 (L)/ 右对齐 (R)/ 居中 (C)/ 默认 (H)/ 角度 (A)]:
//L Enter，修改结果如图 1-124 所示

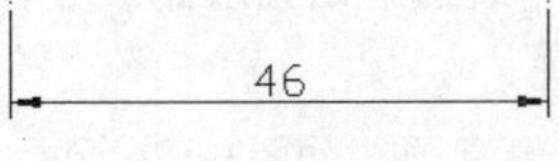

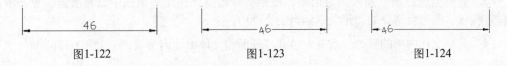

图1-122

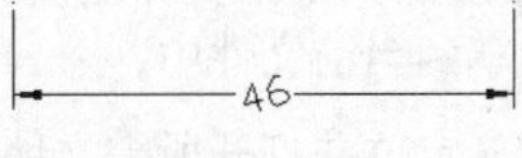

图1-123

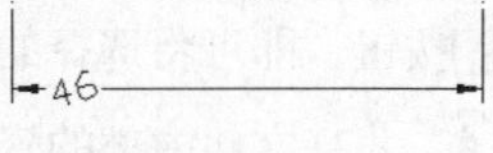

图1-124

5. 选项解析

- “左对齐”选项：用于沿尺寸线左端放置标注文字。
- “右对齐”选项：用于沿尺寸线右端放置标注文字。
- “居中”选项：用于将标注文字放置在尺寸线的中心。
- “默认”选项：用于将标注文字移回默认位置。
- “角度”选项：用于按照输入的角度放置标注文字。

1.6 CAD资源的数据共享技能

1.6.1 使用设计中心共享图形资源

“设计中心”是AutoCAD软件的一个高级制图工具，主要用于CAD图形资源的管理、查看与共享等，与Windows的资源管理器界面功能相似，是一个直观、高效的制图工具。执行“设计中心”命令主要有以下几种方式。

- 执行菜单栏中的“工具”|“选项板”|“设计中心”命令。
- 单击“标准”工具栏中的按钮。
- 在命令行输入Adcenter或ADC。
- 按组合键Ctrl+2。

用户不但可以随意查看本机上的所有设计资源，还可以将有用的图形资源以及图形的一些内部资源应用到自己的图纸中，具体操作步骤如下。

(1) 执行“设计中心”命令，打开“设计中心”窗口，在左侧树状窗口中查找并定位所需文件的上一级文件夹，然后在右侧窗口中定位所需文件。

(2) 此时在此文件图标上单击右键，在弹出的快捷菜单中选择“插入为块”命令，如图1-125所示。

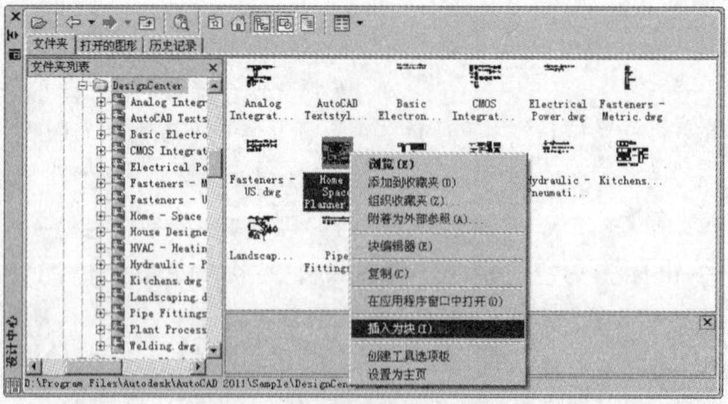

图1-125

(3) 此时系统弹出“插入”对话框，根据实际需要，在此对话框中设置所需参数，单击 确定 按钮，即可将选择的图形共享到当前文件中。

(4) 共享文件内部的资源。首先定位并打开所需文件中的内部资源，如图1-126所示。

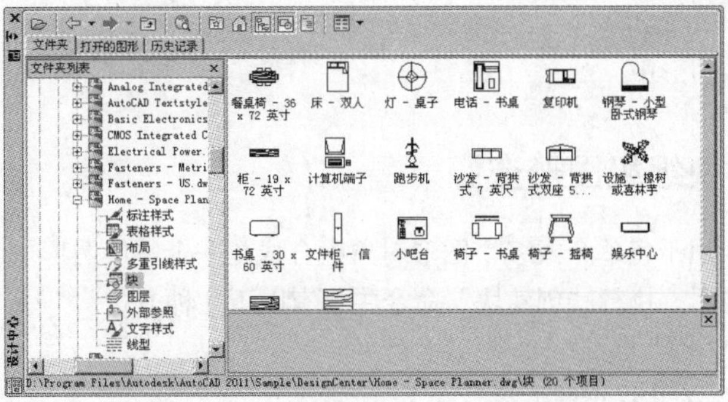

图1-126

(5) 在“设计中心”右侧窗口中选择某一图块，单击右键，在弹出的快捷菜单中选择“插入块”命令，就可以将此图块插入到当前图形文件中。

1.6.2 使用选项板共享图形资源

“工具选项板”主要有组织、共享图形资源和高效执行命令的功能，其窗口中包含一系列选项板，这些选项板以选项卡的形式分布在“工具选项板”窗口中。执行“工具选项板”命令主要有以下几种方式。

- 执行菜单栏中的“工具”|“选项板”|“工具选项板”命令。
- 单击“标准”工具栏中的按钮。
- 在命令行输入Toolpalettes。
- 按组合键Ctrl+3。

下面以向文件中插入图块为例，学习“工具选项板”的使用方法和技巧。

(1) 执行“工具选项板”命令，在打开的“工具选项板”窗口中展开“建筑”选项卡，如图1-127所示。

(2) 在“建筑”选项卡中单击“车辆-公制”图标，然后在命令行“指定插入点或 [基点(B)/比例(S)/X/Y/Z/旋转(R)]:”提示下，在绘图区拾取一点，将图例插入到当前文件内，结果如图1-128所示。

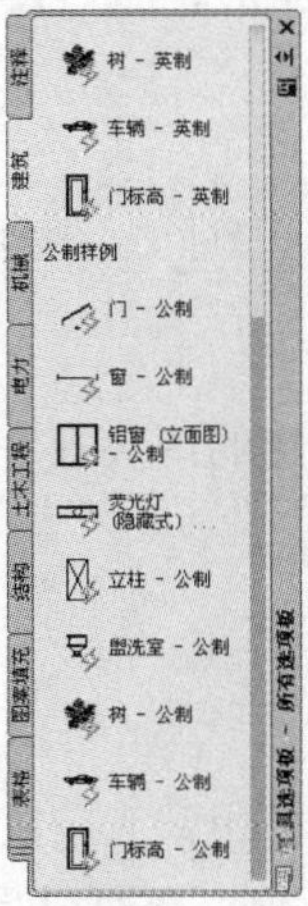

图1-127

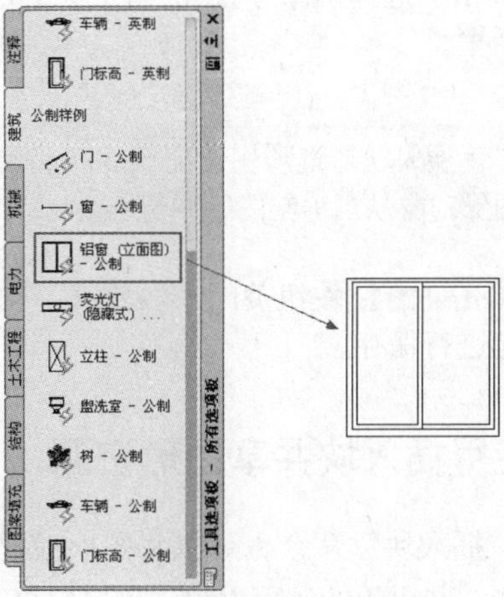

图1-128

(3) 另外，用户也可以将光标定位到“铝窗（立面图）-公制”图例上，然后按住左键不放，将其拖入到当前图形中。

1.6.3 使用创建块组织图形资源

“创建块”命令用于将单个或多个图形对象组合成为一个整体图形单元，保存于当前图形文件内，以供重复引用。执行“创建块”命令主要有以下几种方式。

- 执行菜单栏中的“绘图”|“块”|“创建”命令。
- 单击“绘图”工具栏中的按钮。
- 在命令行输入Block或Bmake或B。

下面通过创建名为“平面椅”的图块，学习“创建块”命令的使用方法和技巧，操作步骤如下。

(1) 打开随书光盘中的“图块文件”\“平面椅.dwg”图块。

(2) 执行“创建块”命令，打开如图1-129所示的“块定义”对话框，然后在“名称”文本框内输入块名“平面椅”，在“对象”选项组中选择“转换为块”单选按钮，其他参数采用默认设置。

(3) 在“基点”选项组中，单击“拾取点”按钮，返回绘图区，捕捉如图1-130所示的中点作为块的基点。

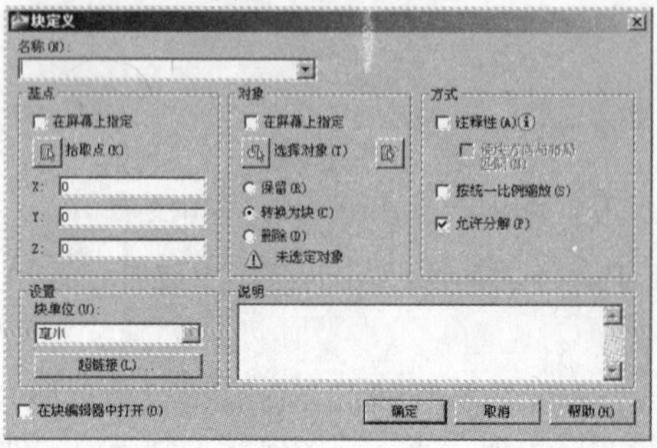

图1-129

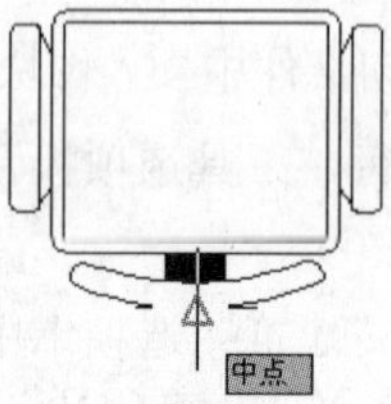

图1-130

(4) 单击“选择对象”按钮，返回绘图区选择平面椅图形，然后按Enter键返回到“块定义”对话框。

技巧

“转换为块”选项用于将创建块的源图形转换为图块；“删除”选项用于将组成图块的图形对象从当前绘图区中删除。

(5) 单击 确定 按钮关闭“块定义”对话框，结果所创建的图块存在于文件内部，将会与文件一起进行保存。

1.6.4 使用插入块共享图形资源

使用“插入块”命令，可以将图块或已保存的图形文件引用到当前文件中，以组合更加复杂的图形。在引用的过程中，不仅可以更改源图块的缩放比例，还可以更改源图块的旋转角度，如图1-131所示。执行“插入块”命令主要有以下几种方式。

- 执行菜单栏中的“插入”|“块”命令。
- 单击“绘图”工具栏中的按钮。
- 在命令行输入Insert或I。

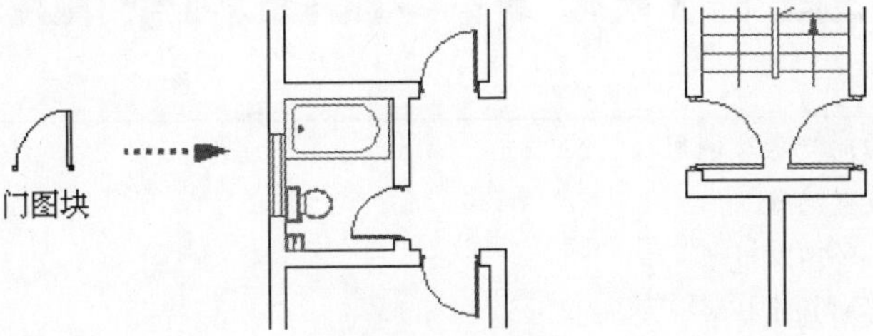

图1-131

1.7 本章小结

本章主要概述了AutoCAD 2013绘图软件一些必需具备的操作技能，具体包括界面概述及设置、软件操作技能必备、文件基础操作技能、几何图形的绘制技能、几何图元的编辑技能、图形文字和尺寸的标注技能以及图形资源的数据共享技能等。通过本章的学习，使没有AutoCAD操作基础的读者和基础比较薄弱的读者对AutoCAD制图软件有一个总体的认识和把握，同时为后面章节的学习打下基础，而熟练掌握这些操作技能，是快速绘图的关键。

第2章 设置室内设计绘图样板

Chapter 02

- □ 绘图样板的功能概念及调用
- □ 绘图样板的设置思路
- □ 设置室内样板绘图环境
- □ 设置室内样板图层及特性
- □ 设置室内样板绘图样式
- □ 绘制和填充图纸边框
- □ 室内样板图的页面布局
- □ 本章小结

2.1 绘图样板的功能概念及调用

在AutoCAD制图中，“绘图样板”也称“样板文件”，此类文件指的就是包含一定的绘图环境、参数变量、绘图样式、页面设置等内容，但并未绘制图形的空白文件，当将此空白文件保存为“.dwt”格式后，就成为了样板文件。

用户在样板文件的基础上绘图，可以避免许多参数的重复性设置，大大节省绘图时间，不但可提高绘图效率，还可以使绘制的图形更符合规范、更标准，保证图面、质量的完整统一。

那么如何在此类样板文件的基础上绘图呢？操作非常简单，只需要执行“新建”命令，在打开的“选择样板”对话框中选择并打开事先定制的样板文件即可，如图2-1所示。

图2-1

技巧

用户一旦定制了绘图样板文件，此样板文件会自动保存在AutoCAD安装目录下的“Template”文件夹下。

2.2 绘图样板的设置思路

绘图样板文件的制作思路具体如下。

(1) 首先根据绘图需要，设置相应单位的空白文件。

(2) 设置模板文件的绘图环境，包括绘图单位、单位精度、绘图区域、捕捉模式、追踪模式以及常用系统变量等。

(3) 设置模板文件的系列图层以及图层的颜色、线型、线宽、打印等特性，以便规划管理各类图形资源。

(4) 设置模板文件的系列绘图样式，具体包括各类文字样式、标注样式、墙线样式、窗线样式等。

(5) 为绘图样板配置并填充标准图框。

(6) 为绘图样板配置打印设备、设置打印页面等。

(7) 最后将包含上述内容的文件存储为绘图样板文件。

2.3 设置室内样板绘图环境

下面以设置一个A2-H式的绘图样板文件为例，学习室内装潢绘图样板文件的详细制作过程和制作技巧。下面首先从设置绘图样板的绘图环境开始，具体内容包括绘图单位、图形界限、捕捉模式、追踪功能以及各种常用变量的设置等。

2.3.1 设置图形单位

(1) 单击“快速访问”或“标准”工具栏中的□按钮，执行“新建”命令，打开“选择样板”对话框。

(2) 在“选择样板”对话框中选择“acadISO-Named Plot Styles”作为基础样板，新建空白文件，如图2-2所示。

技巧

“acadISO-Named Plot Styles”是一个命令打印样式样板文件，如果用户需要使用“颜色相关打印样式”作为样板文件的打印样式，可以选择“acadiso”基础样式文件。

(3) 执行菜单栏中的“格式”|“单位”命令，或使用命令简写UN激活“单位”命令，打开“图形单位”对话框。

(4) 在“图形单位”对话框中设置长度类型、角度类型以及单位、精度等参数，如图2-3所示。

技巧

在系统默认设置下，是以逆时针作为角的旋转方向，其基准角度为“东”，也就是以坐标系x轴正方向作为起始方向。

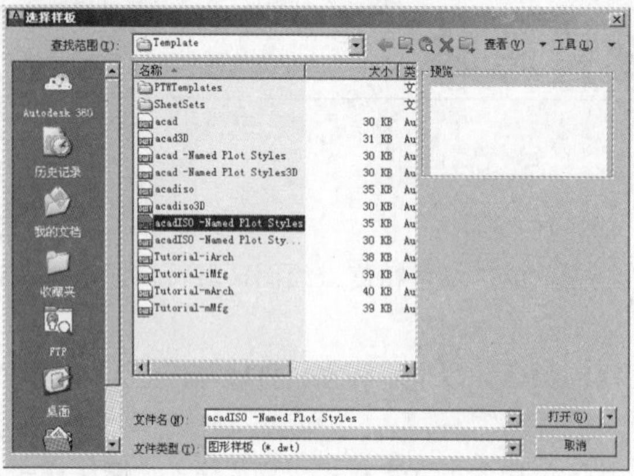

图2-2

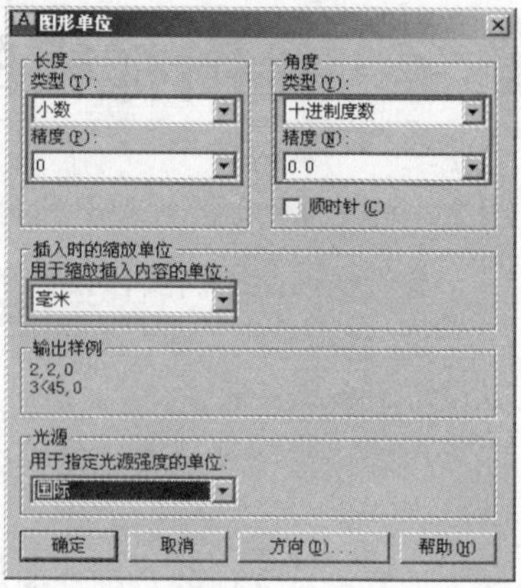

图2-3

2.3.2 设置图形界限

(1) 继续上节操作。

(2) 执行菜单栏中的“格式”|“图形界限”命令，设置默认绘图区域为59400×42000，命令行操作如下。

```
命令 : '_limits
    重新设置模型空间界限 :
    指定左下角点或 [ 开 (ON)/ 关 (OFF)] <0.0,0.0>:        // Enter
    指定右上角点 <420.0,297.0>:                          //59400,42000 Enter
```

(3) 执行菜单栏中的“视图”|“缩放”|“全部”命令，将设置的图形界限最大化显示。

技巧

如果用户想直观地观察到设置的图形界限，可按下功能键F7，打开“栅格”功能，通过坐标的栅格点直观形象地显示出图形界限，如图2-4所示。

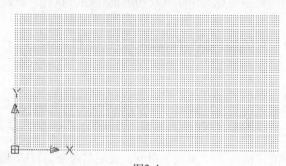

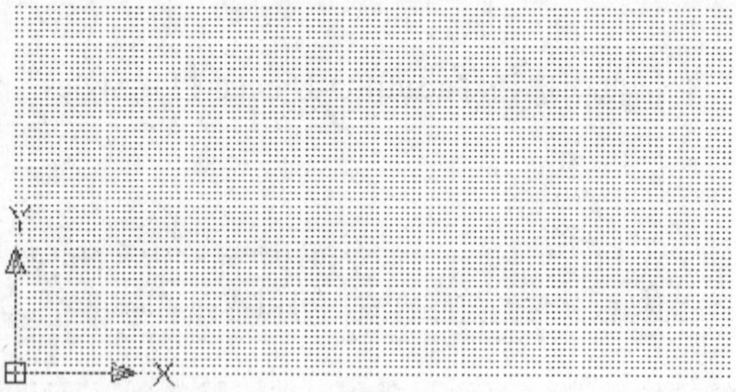

图2-4

2.3.3 设置捕捉追踪

(1) 继续上节操作。

(2) 执行菜单栏中的“工具”|“草图设置”命令，或使用命令简写DS激活“草图设置”命令，打开“草图设置”对话框。

③ 在“草图设置”对话框中激活“对象捕捉”选项卡，启用和设置一些常用的对象捕捉功能，如图2-5所示。

④ 展开“极轴追踪”选项卡，设置追踪参数如图2-6所示。

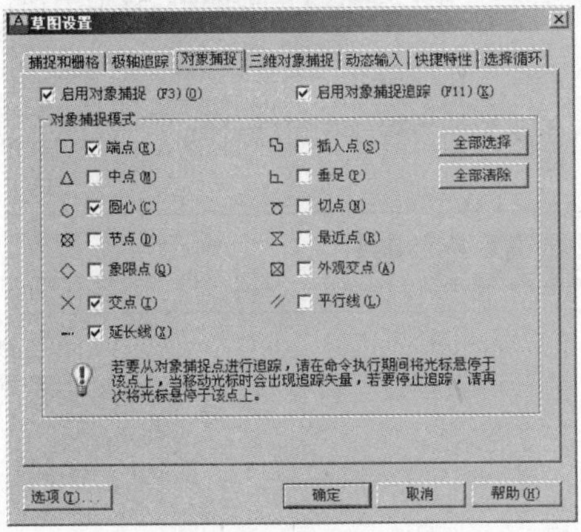

图2-5

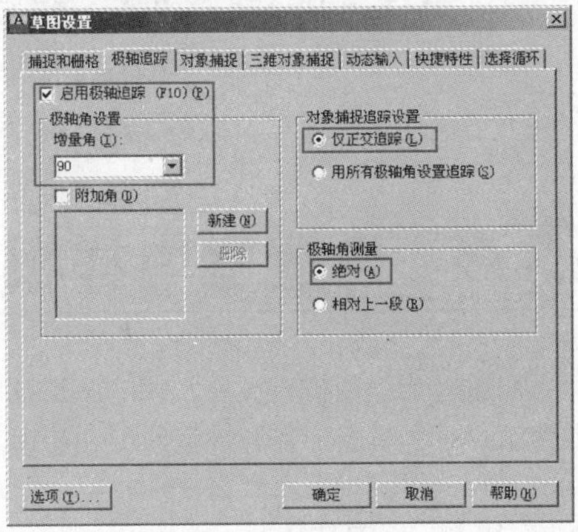

图2-6

⑤ 单击 确定 按钮，关闭“草图设置”对话框。

提示

在此设置的捕捉和追踪参数并不是绝对的，用户可以在实际操作过程中随时进行更改。

⑥ 按下功能键F12，打开状态栏中的“动态输入”功能。

2.3.4 设置系统变量

① 继续上节操作。

② 在命令行输入系统变量LTSCALE，以调整线型的显示比例，命令行操作如下。

```
命令 : LTSCALE                          // Enter
    输入新线型比例因子 <1.0000>:         //100 Enter
    正在重生成模型。
```

③ 使用系统变量DIMSCALE设置和调整尺寸标注样式的比例，命令行操作如下。

```
命令 : DIMSCALE                         // Enter
    输入 DIMSCALE 的新值 <1>:            //100 Enter
```

提示

将尺寸比例调整为100，并不是绝对参数值，用户也可以根据实际情况进行设置。

④ 系统变量MIRRTEXT用于设置镜像文字的可读性。当变量值为0时，镜像后的文字具有可读性；当变量值为1时，镜像后的文字不可读，具体设置如下。

```
命令 : MIRRTEXT                         // Enter
    输入 MIRRTEXT 的新值 <1>:            // 0 Enter
```

⑤ 由于属性块的引用一般有“对话框”和“命令行”两种，可以使用系统变量ATTDIA控制属性值的输入方式，具体操作如下。

```
命令 : ATTDIA                          // Enter
  输入 ATTDIA 的新值 <1>:              //0 Enter
```

技巧

当系统变量ATTDIA值为0时，系统将以“命令行”形式提示输入属性值；该值为1时，将以“对话框”形式提示输入属性值。

(6) 最后使用“保存”命令，将当前文件命名存储为“设置绘图环境.dwg”。

2.4 设置室内样板图层及特性

下面通过为绘图样板设置常用的图层及图层特性，讲解层及层特性等的设置方法和技巧，以方便用户对各类图形资源进行组织和管理。

2.4.1 设置常用图层

(1) 执行“打开”命令，打开上例存储的“设置绘图环境.dwg”文件。

(2) 单击“图层”工具栏中的按钮，执行“图层”命令，打开如图2-7所示的“图层特性管理器”面板。

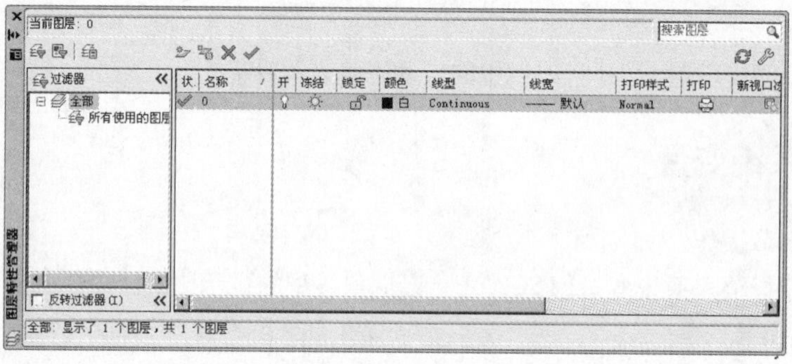

图2-7

(3) 单击“新建图层”按钮，在如图2-8所示的“图层”位置上输入“轴线层”，创建一个名为“轴线层”的新图层。

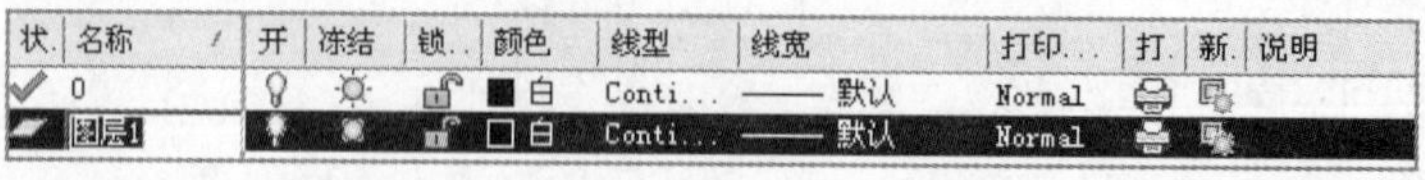

图2-8

技巧

图层名最长可达255个字符，可以是数字、字母或其他字符；图层名中不允许含有大于号（>）、小于号（<）、斜杠（/）、反斜杠（\）以及标点等符号；另外，为图层命名时，必须确保图层名的唯一性。

(4) 连续按Enter键，分别创建“墙线层”、“门窗层”、“楼梯层”、“文本层”、“尺寸层”、“其他层”等10个图层，如图2-9所示。

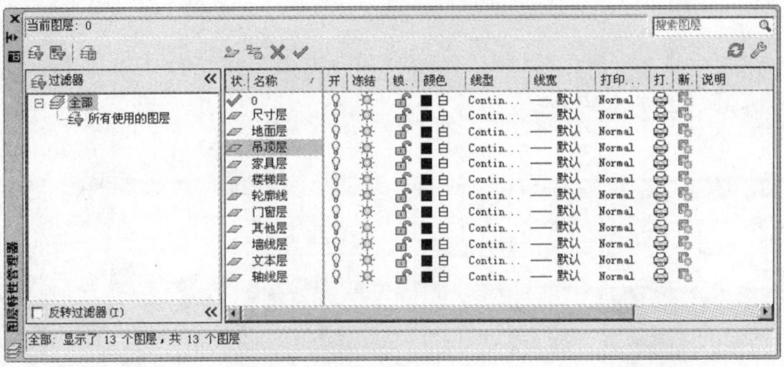

图2-9

技巧

连续两次按键盘上的Enter键，也可以创建多个图层。在创建新图层时，所创建出的新图层将继承先前图层的一切特性（如颜色、线型等）。

2.4.2 设置图层颜色

(1) 继续上节操作。

(2) 选择“轴线层”，在如图2-10所示的颜色图标上单击左键，打开“选择颜色”对话框。

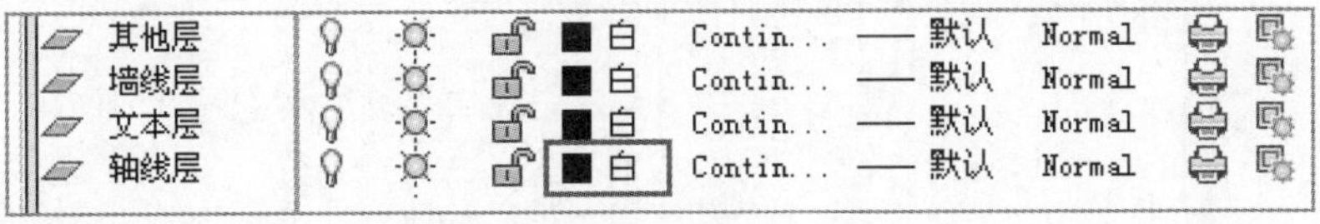

图2-10

(3) 在“选择颜色”对话框中的“颜色”文本框中输入124，为所选图层设置颜色值，如图2-11所示。

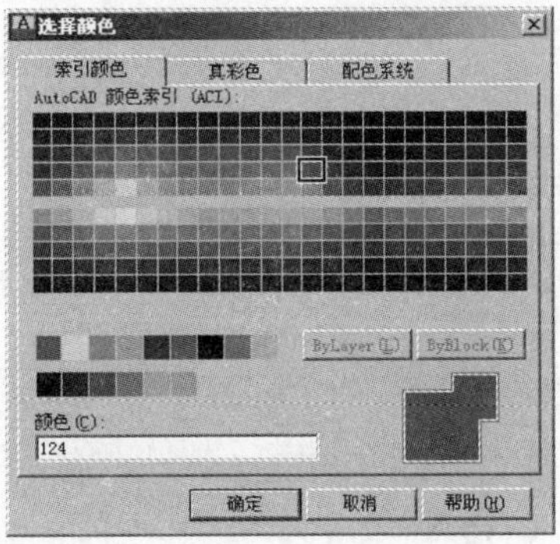

图2-11

(4) 单击 确定 按钮返回“图层特性管理器”面板，结果“轴线层”的颜色被设置为124号色，如图2-12所示。

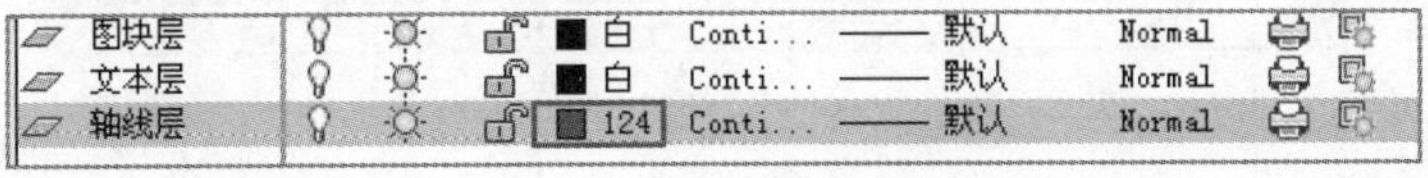

图2-12

技巧

用户也可以单击该对话框中的“真彩色”和“配色系统”两个选项卡（如图2-13和图2-14所示），以定义自己需要的色彩。

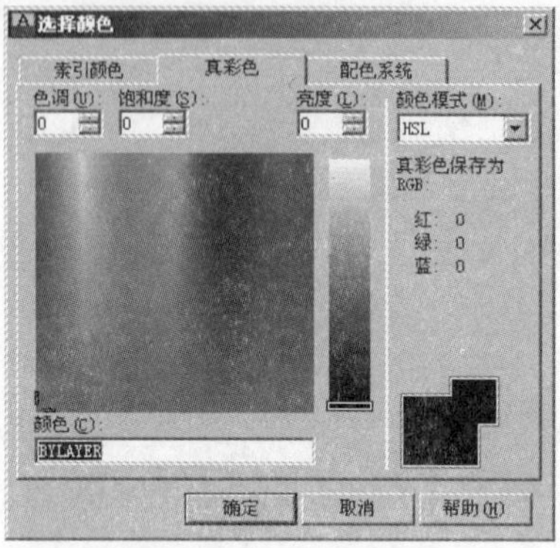

图2-13

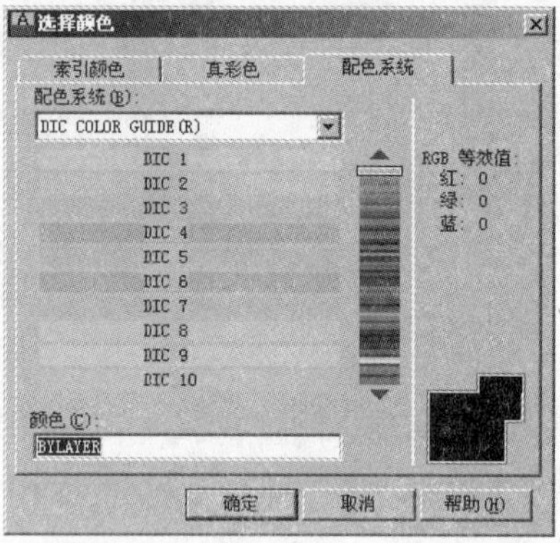

图2-14

(5) 参照步骤2~4的操作，分别为其他图层设置颜色特性，设置结果如图2-15所示。

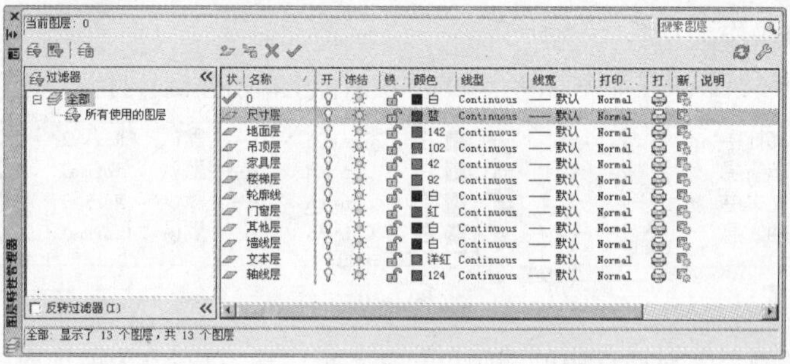

图2-15

2.4.3 设置与加载线型

(1) 继续上节操作。

(2) 选择“轴线层”，在如图2-16所示的“Continuous”位置上单击左键，打开“选择线型”对话框。

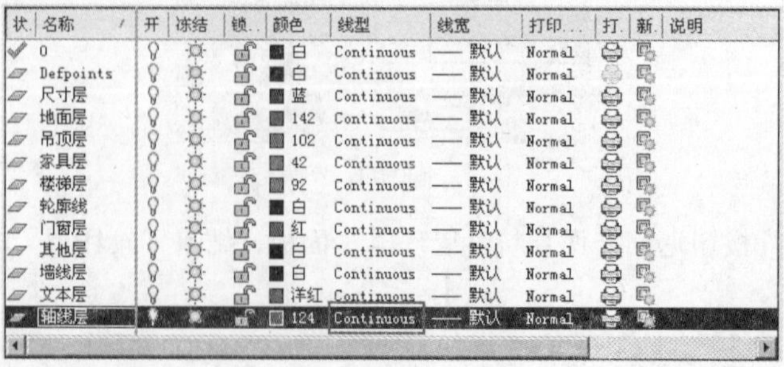

图2-16

(3) 在“选择线型”对话框中单击加载...按钮，从打开的“加载或重载线型”对话框中选择如图2-17所示的“ACAD_ISO04W100”线型。

(4) 单击 确定 按钮，结果选择的线型被加载到“选择线型”对话框中，如图2-18所示。

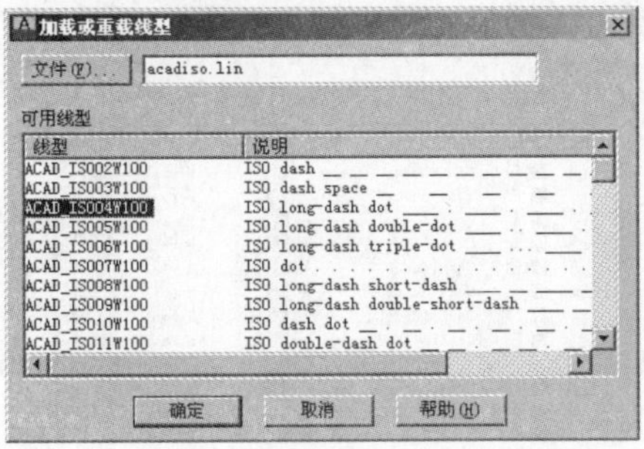

图2-17

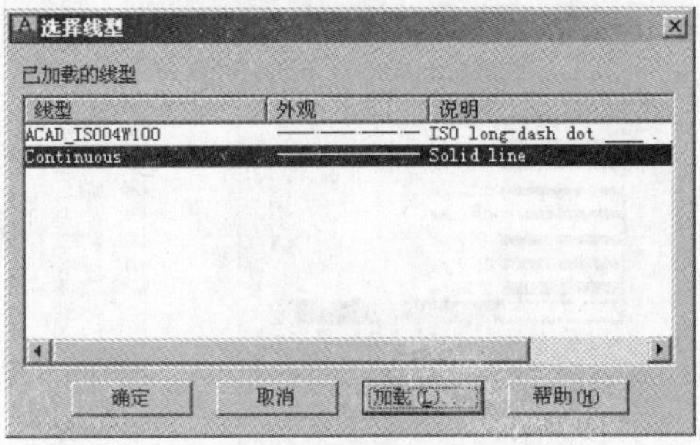

图2-18

(5) 选择刚加载的线型后单击 确定 按钮，将加载的线型附予当前被选择的“轴线层”，结果如图2-19所示。

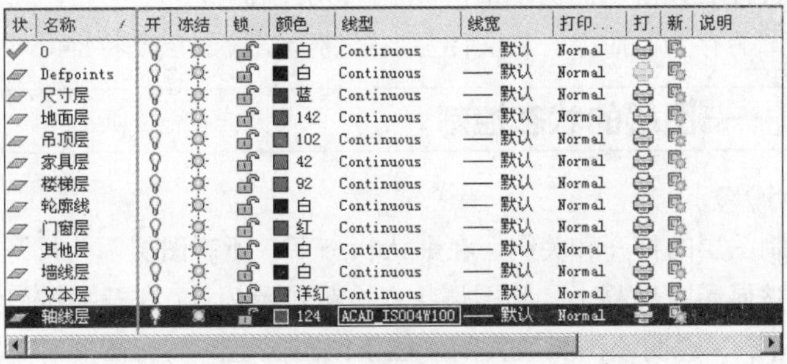

图2-19

技巧

在默认设置下，系统将为用户提供一种“Continuous”线型，用户如果需要使用其他的线型，必须进行加载。

2.4.4 设置与显示线宽

(1) 继续上节操作。

(2) 选择“墙线层”，在如图2-20所示的位置上单击左键，以对其设置线宽。

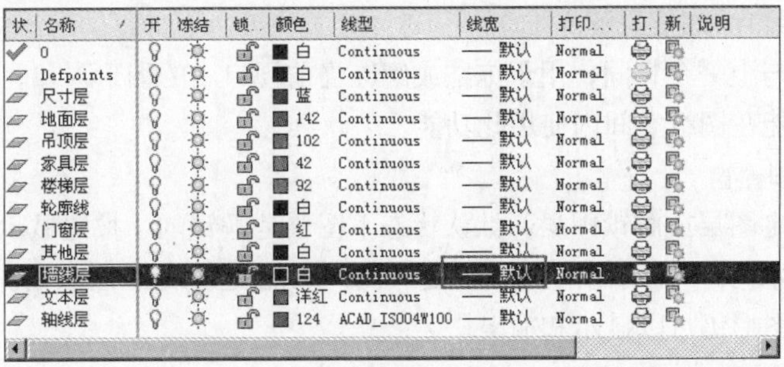

图2-20

(3) 此时系统打开“线宽”对话框，选择1.00mm的线宽，如图2-21所示。

(4) 单击确定按钮返回“图层特性管理器”面板，结果“墙线层”的线宽被设置为1.00毫米，如图2-22所示。

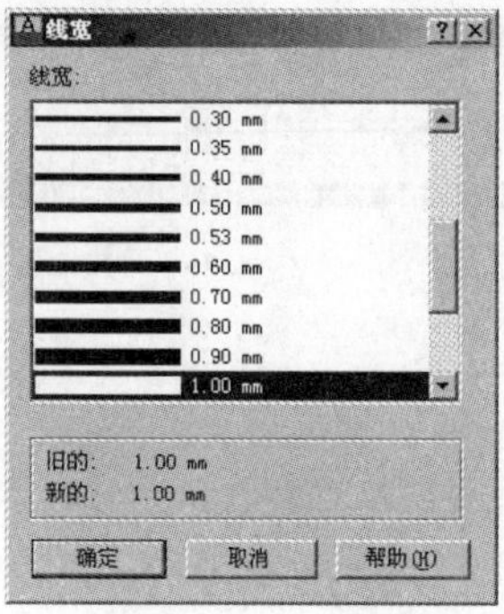

图2-21

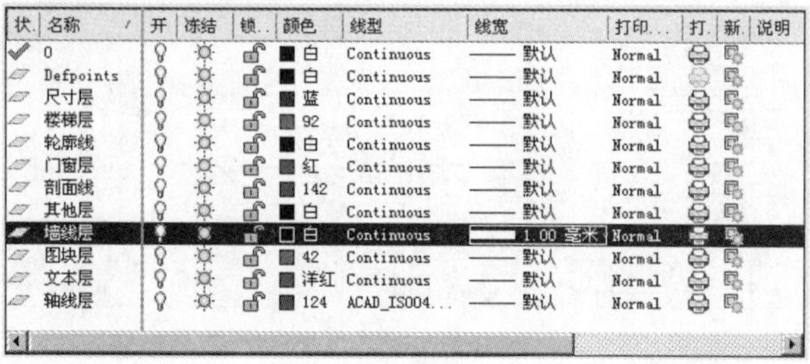

图2-22

(5) 在“图层特性管理器”面板中单击按钮，关闭面板。

(6) 最后执行“另存为”命令，将文件另名存储为“设置层及特性.dwg”。

延伸知识——图层的状态控制

(1) 打开/关闭

此按钮用于控制图层的打开和关闭。在默认状态下，所有图层都为打开的图层，即位于所有图层上的图形都被显示在屏幕上，其图层状态按钮显示为。在开关按钮上单击左键，按钮显示为（按钮变暗），说明该图层被关闭，位于该图层上的所有图形对象将在屏幕上关闭，该层中的内容不能被打印或由绘图仪输出，但重新生成图形时，图层上的实体仍将重新生成。

(2) 在所有视口中冻结/解冻/

此按钮用于在所有视图窗口中冻结或解冻图层。默认状态下图层是被解冻的，按钮显示为。在按钮上单击左键，显示为时，表示该图层被冻结，位于该图层上的内容不能在屏幕上显示或由绘图仪输出，不能进行重生成、消隐、渲染和打印等操作。

技巧

关闭与冻结的图层都是不可见和不可以输出的。但是被冻结图层不参加运算处理，可以加快视窗缩放、视窗平移和许多其他操作的处理速度，增强对象选择的性能并减少复杂图形的重生成时间。建议冻结长时间不用看到的图层。

(3) 在当前视口中冻结或解冻

此按钮的功能与上一个相同，用于冻结或解冻当前视口中的图形对象，不过它在模型空间内是不可用的，只能在图纸空间内使用此功能。

(4) 锁定/解锁/

此按钮用于锁定图层或解锁图层。默认状态下图层是解锁的，按钮显示为。在该按钮上单击左键，按钮显示为，表示该图层被锁定，用户只能观察该层上的图形，不能对其编辑和修改，但该层上的图形仍可以显示和输出。

技巧

当前图层不能被冻结，但可以被关闭和锁定。

(5) 各功能的启用方式

- 展开“图层控制”下拉列表，然后单击各图层左端的状态控制按钮。
- 使用“图层”命令，在打开的“图层特性管理器”面板中选择要操作的图层，然后单击相应的控制按钮。

2.5 设置室内样板绘图样式

本节主要学习样板图中各种常用样式的具体设置过程和设置技巧，如文字样式、尺寸样式、墙线样式、窗线样式等。

2.5.1 设置墙窗线样式

(1) 打开上例存储的“设置层及特性.dwg”文件。

(2) 执行菜单栏中的“格式”|“多线样式”命令，打开“多线样式”对话框。

(3) 单击 新建(N)... 按钮，打开“创建新的多线样式”对话框，为新样式命名，如图2-23所示。

图2-23

(4) 单击 继续 按钮，打开“新建多线样式:墙线样式”对话框，设置多线样式的封口形式，如图2-24所示。

(5) 单击 确定 按钮返回“多线样式”对话框，结果设置的新样式显示在预览框内，如图2-25所示。

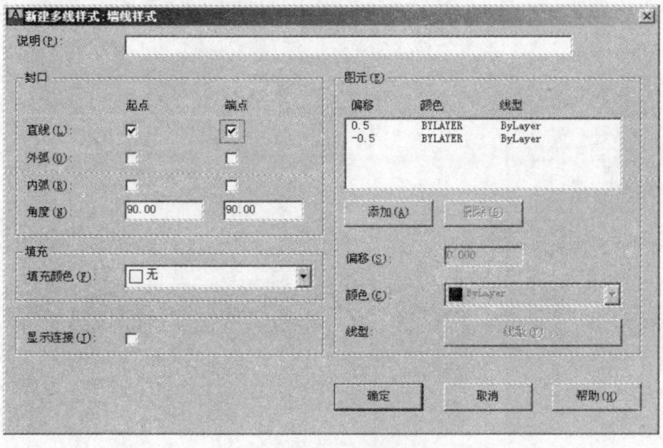

图2-24

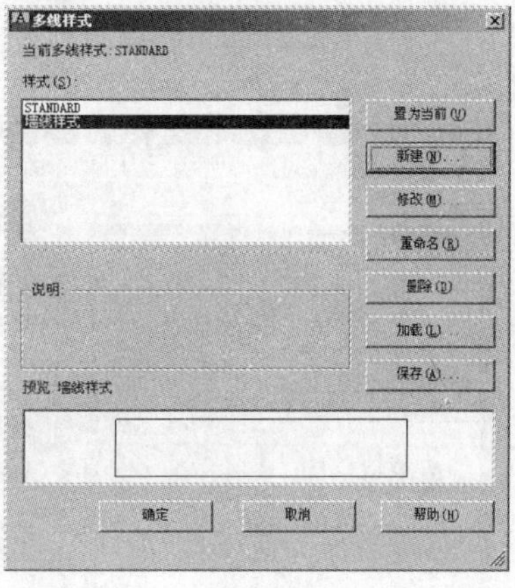

图2-25

(6) 参照上述操作步骤，设置“窗线样式”样式，其参数设置和效果预览分别如图2-26和图2-27所示。

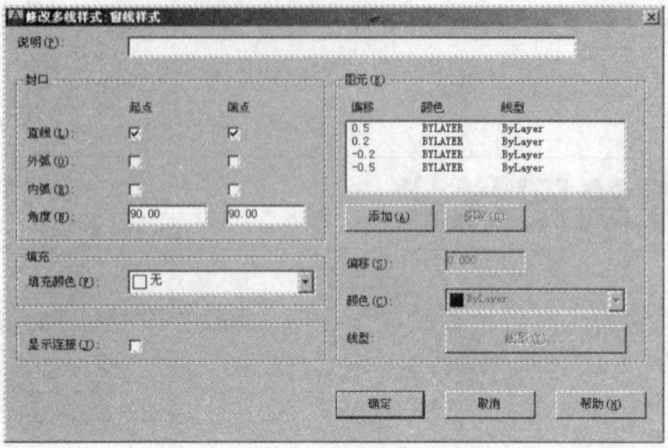

图2-26

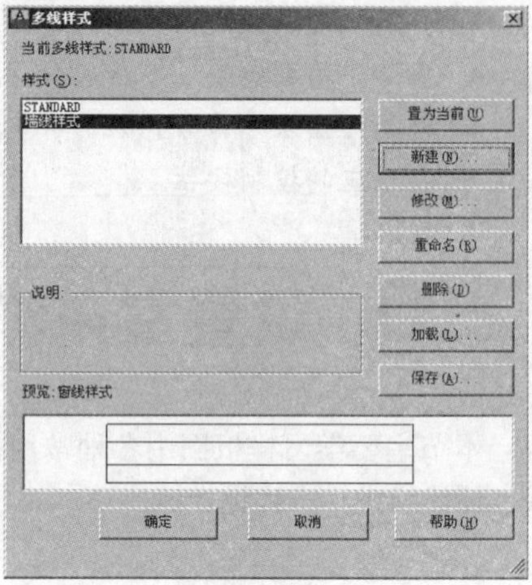

图2-27

技巧

如果用户需要将新设置的样式应用在其他图形文件中，可以单击保存...按钮，在弹出的对话框中以“*mln”的格式进行保存，在其他文件中使用时，仅需要加载即可。

(7) 选择“墙线样式”并单击置为当前(U)按钮，将其设置为当前样式，并关闭对话框。

技巧

如果需要将新设置的样式应用在其他图形文件中，可以单击保存...按钮，在弹出的对话框中以“*.mln”的格式进行保存，在其他文件中使用时，直接加载即可。

2.5.2 设置文字字体样式

(1) 继续上节操作。

(2) 单击“样式”工具栏中的A按钮，激活“文字样式”命令，打开如图2-28所示的“文字样式”对话框。

(3) 单击新建(N)按钮，在弹出的“新建文字样式”对话框中为新样式命名，如图2-29所示。

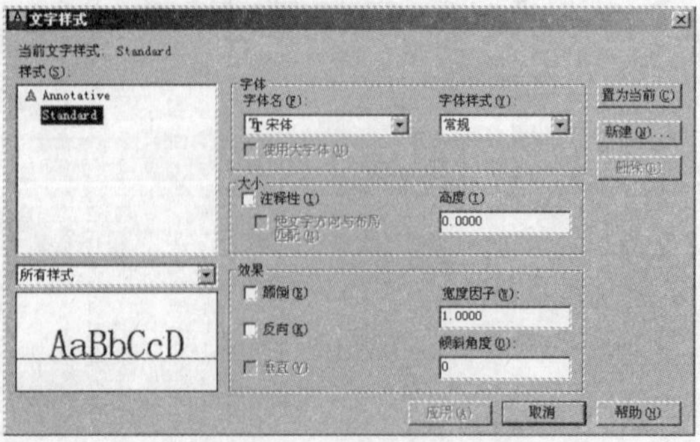

图2-28

图2-29

(4) 单击确定按钮返回“文字样式”对话框，设置新样式的字体、字高以及宽度比例等参数，如图2-30所示。

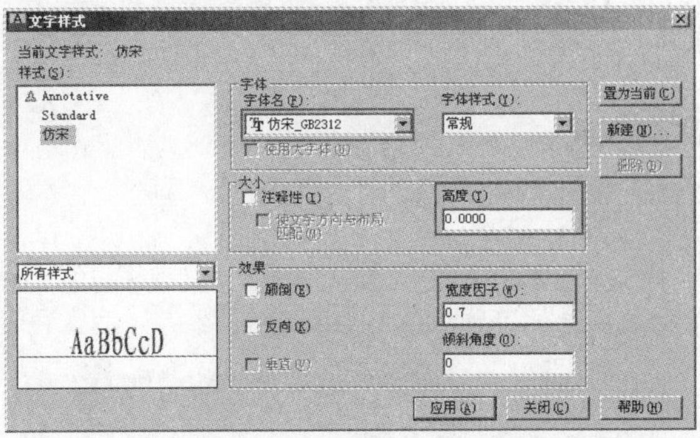

图2-30

(5) 单击应用(A)按钮，至此创建了一种名称为“仿宋体”的文字样式。

(6) 参照步骤3~5的操作，设置一种名为“宋体”的文字样式，其参数设置如图2-31所示。

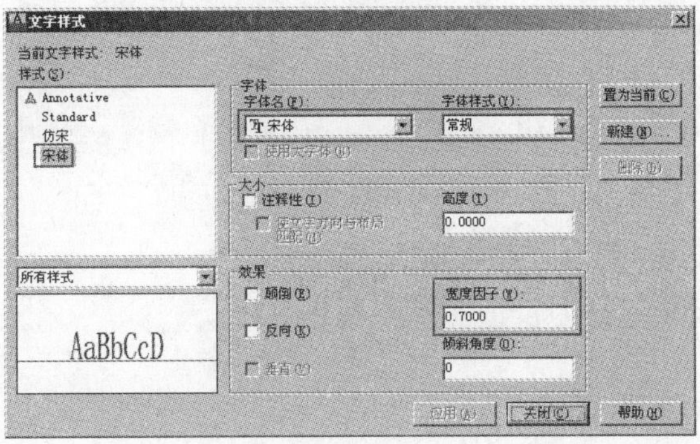

图2-31

技巧

当创建完一种新样式后，需要单击应用(A)按钮，然后再创建下一种文字样式。

2.5.3 设置符号字体样式

(1) 继续上节操作。

(2) 参照上节文字样式的设置过程，重复使用“文字样式”命令，设置一种名称为“COMPLEX”的轴号字体样式，其参数设置如图2-32所示。

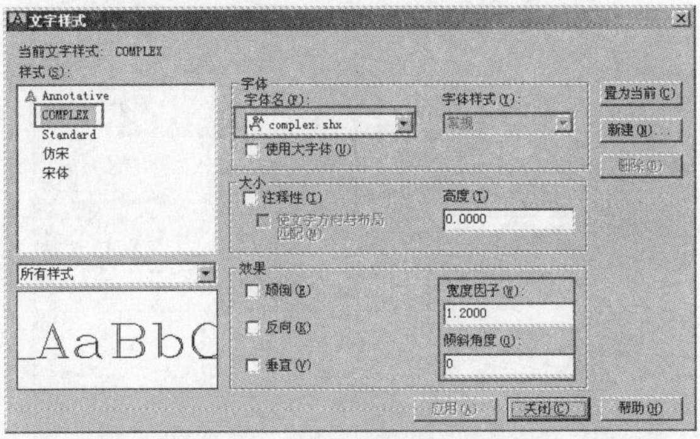

图2-32

(3) 单击应用(A)按钮，结束文字样式的设置过程。

2.5.4 设置尺寸数字样式

(1) 继续上节操作。

(2) 参照上节文字样式的设置过程，重复使用“文字样式”命令，设置一种名称为“SIMPLEX”的文字样式，其参数设置如图2-33所示。

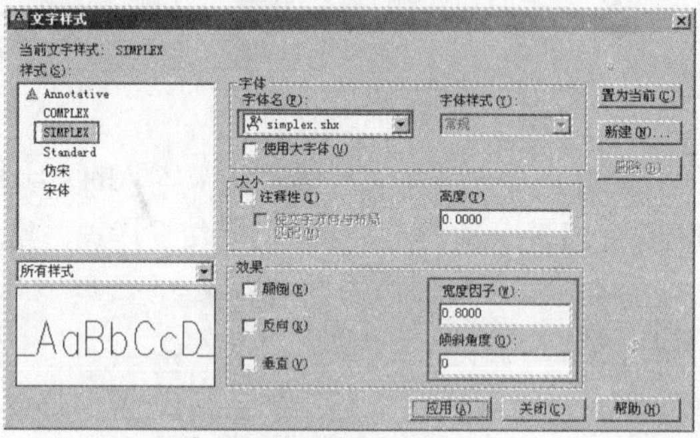

图2-33

(3) 单击应用(A)按钮，结束文字样式的设置过程。

(4) 单击关闭按钮，关闭“文字样式”对话框。

2.5.5 设置尺寸标注样式

(1) 继续上节操作。

(2) 单击“绘图”工具栏中的按钮，绘制宽度为0.5、长度为2的多段线作为尺寸箭头，并使用“窗口缩放”功能将绘制的多段线放大显示。

(3) 使用“直线”命令绘制一条长度为3的水平线段，并使直线段的中点与多段线的中点对齐，如图2-34所示。

(4) 执行菜单栏中的“修改”|“旋转”命令，将箭头旋转45°，如图2-35所示。

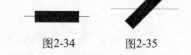

图2-34

图2-35

(5) 执行菜单栏中的“绘图”|“块”|“创建块”命令，在打开的“块定义”对话框中设置块参数如图2-36所示。

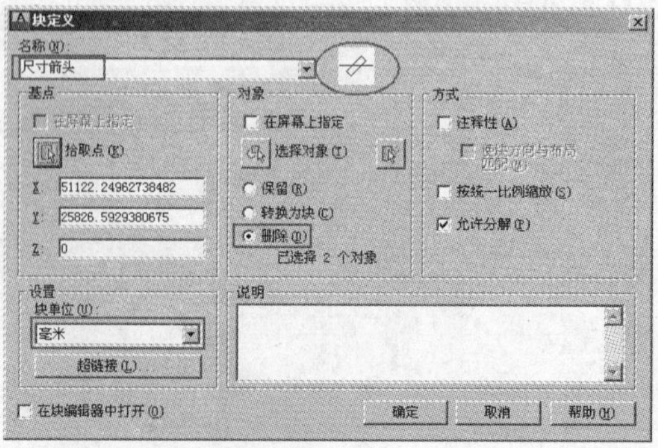

图2-36

⑥ 单击“拾取点”按钮，返回绘图区，捕捉多段线的中点作为块的基点，然后将其创建为图块。

技巧

“创建块”命令用于将选择的单个或多个图形对象创建为一个整体单元，并保存于当前图形文件内，以供当前图形文件重复使用，这种图块被称为内部块。

⑦ 单击“样式”工具栏中的按钮，打开“标注样式管理器”对话框。

⑧ 单击该对话框中的新建(N)...按钮，为新样式命名，如图2-37所示。

⑨ 单击继续按钮，打开“新建标注样式:建筑标注”对话框，设置基线间距、起点偏移量等参数，如图2-38所示。

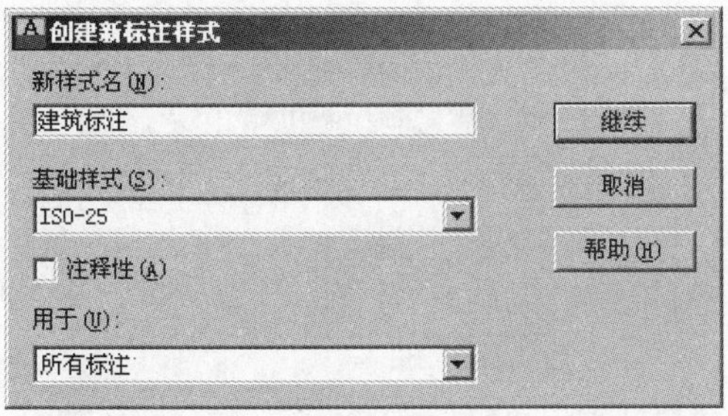

图2-37

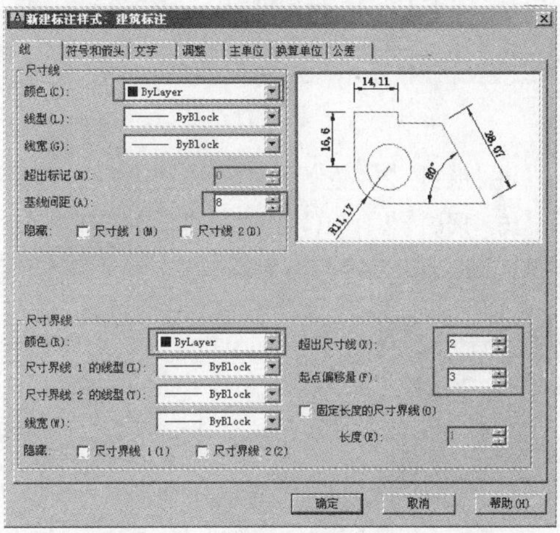

图2-38

⑩ 展开“符号和箭头”选项卡，然后单击“箭头”选项组中的“第一个”下拉按钮，选择下拉列表中的“用户箭头”选项，如图2-39所示。

⑪ 此时系统弹出“选择自定义箭头块”对话框，然后在“从图形块中选择”下拉列表中选择“尺寸箭头”块作为尺寸箭头，如图2-40所示。

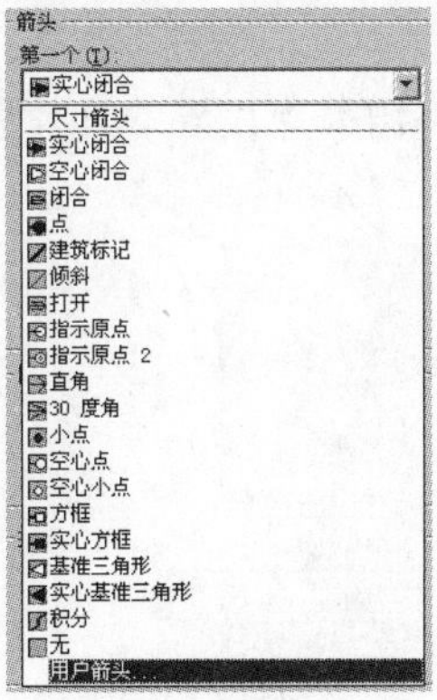

图2-39

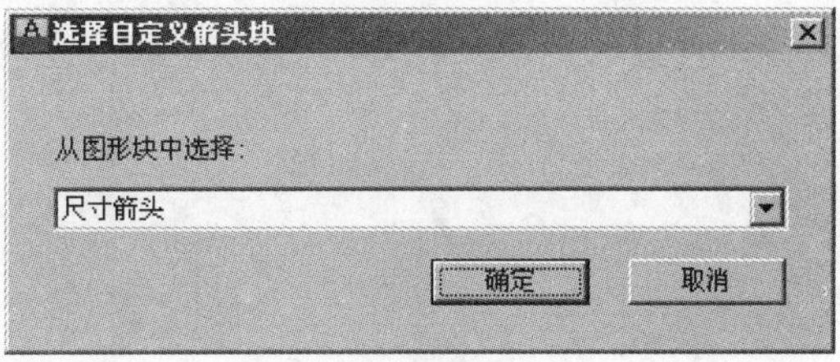

图2-40

⑫ 单击确定按钮返回“符号和箭头”选项卡，然后设置参数如图2-41所示。

⑬ 在该对话框中展开“文字”选项卡，设置尺寸文本的样式、颜色、大小等参数，如图2-42所示。

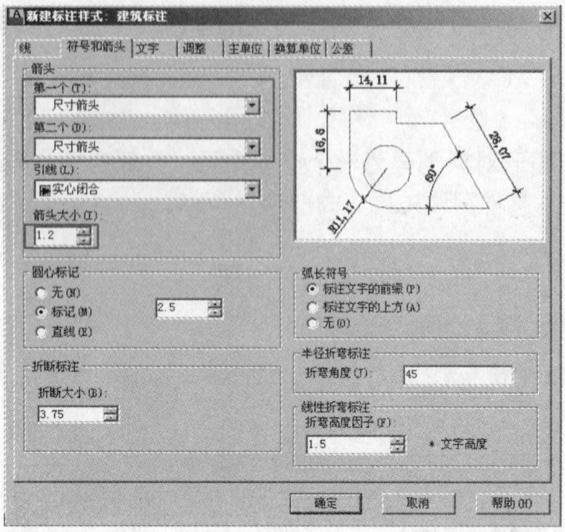

图2-41

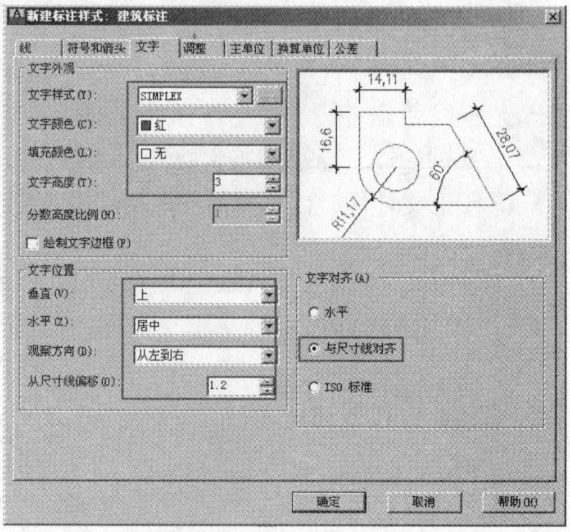

图2-42

⑭ 展开“调整”选项卡，调整文字、箭头与尺寸线等的位置，如图2-43所示。

⑮ 展开“主单位”选项卡，设置线型和角度标注参数，如图2-44所示。

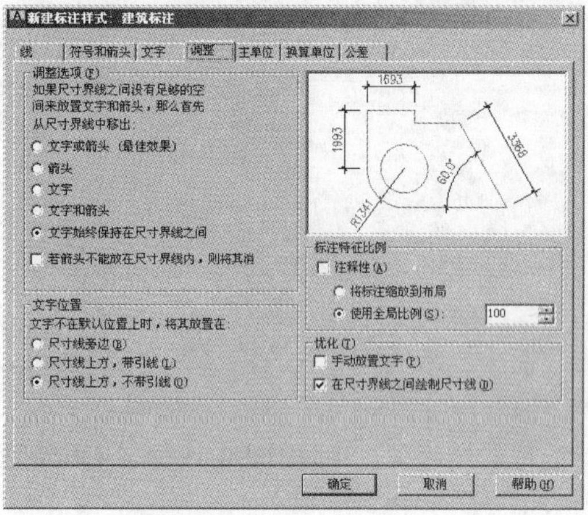

图2-43

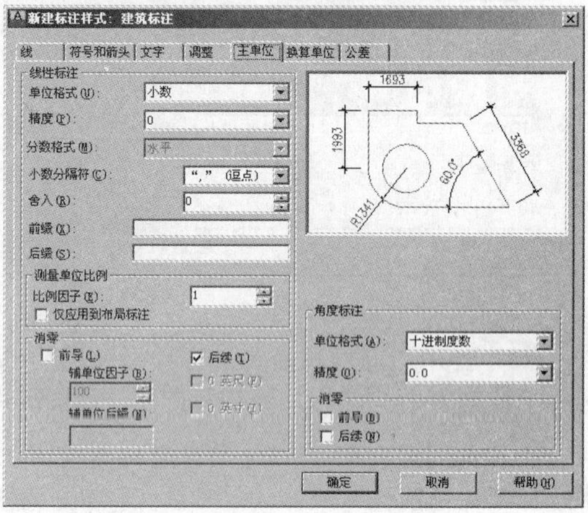

图2-44

⑯ 单击 确定 按钮返回“标注样式管理器”对话框，结果新设置的尺寸样式出现在此对话框中，如图2-45所示。

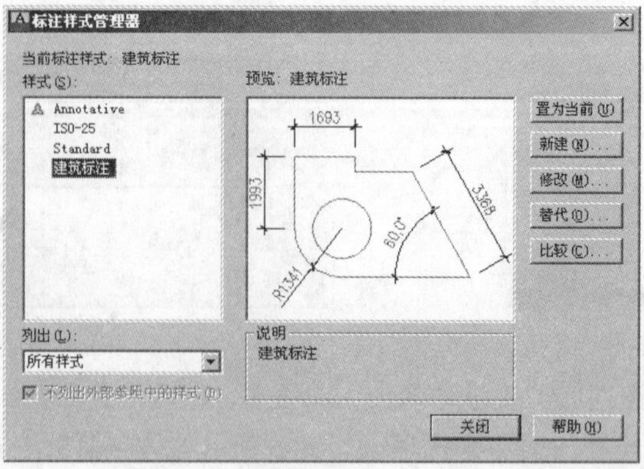

图2-45

⑰ 单击置为当前(U)按钮，将“建筑标注”设置为当前样式，同时结束命令。

⑱ 最后使用“另存为”命令，将当前文件另名存储为“设置常用样式.dwg”。

2.6 绘制和填充图纸边框

本节主要学习样板图中2号图纸标准图框的绘制技巧以及图框标题栏的文字填充技巧。

2.6.1 绘制图纸边框

① 以上例存储的“设置常用样式.dwg”作为当前文件。

② 单击“绘图”工具栏中的□按钮，绘制长度为594、宽度为420的矩形，作为2号图纸的外边框，如图2-46所示。

③ 按Enter键，重复执行“矩形”命令，配合“捕捉自”功能绘制内框，命令行操作如下。

```
命令：                                            // Enter
    RECTANG
    指定第一个角点或 [倒角(C)/标高(E)/圆角(F)/厚度(T)/宽度(W)]: //W Enter
    指定矩形的线宽 <0>:                          //2 Enter，设置线宽
    指定第一个角点或 [倒角(C)/标高(E)/圆角(F)/厚度(T)/宽度(W)]:
                                                  //激活“捕捉自”功能
    _from 基点：                                  //捕捉外框的左下角点
    <偏移>:                                       //@25,10 Enter
    指定另一个角点或 [面积(A)/尺寸(D)/旋转(R)]: //激活“捕捉自”功能
    _from 基点：                                  //捕捉外框右上角点
    <偏移>:                                       //@-10,-10 Enter，绘制结果如图 2-47 所示
```

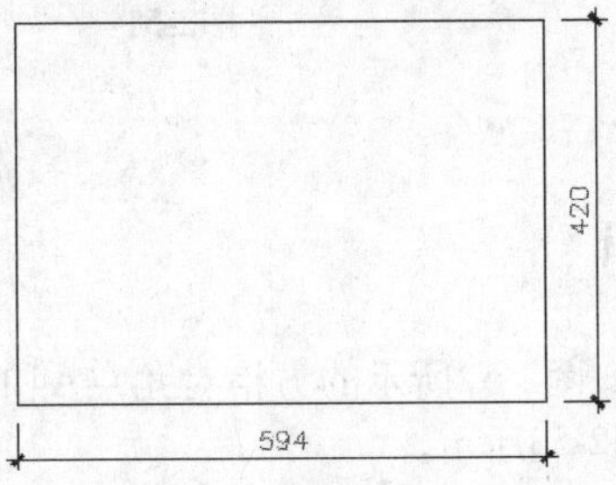

图2-46

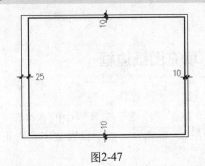

图2-47

④ 重复执行“矩形”命令，配合端点捕捉功能绘制标题栏外框，命令行操作如下。

```
命令：_rectang
    当前矩形模式：宽度=2.0
    指定第一个角点或 [倒角(C)/标高(E)/圆角(F)/厚度(T)/宽度(W)]:    //W Enter
    指定矩形的线宽 <2.0>:                                      //1.5 Enter，设置线宽
    指定第一个角点或 [倒角(C)/标高(E)/圆角(F)/厚度(T)/宽度(W)]:
                                                              //捕捉内框的右下角点
```

```
指定另一个角点或 [ 面积 (A)/ 尺寸 (D)/ 旋转 (R)]:
                                        //@-240,50 Enter，绘制结果如图 2-48 所示
```

(5) 重复执行“矩形”命令，配合端点捕捉功能绘制会签栏的外框，命令行操作如下。

```
命令 : _rectang
    当前矩形模式 : 宽度 =1.5
    指定第一个角点或 [ 倒角 (C)/ 标高 (E)/ 圆角 (F)/ 厚度 (T)/ 宽度 (W)]:
                                        // 捕捉内框的左上角点
    指定另一个角点或 [ 面积 (A)/ 尺寸 (D)/ 旋转 (R)]:
                                        //@-20,-100 Enter，绘制结果如图 2-49 所示
```

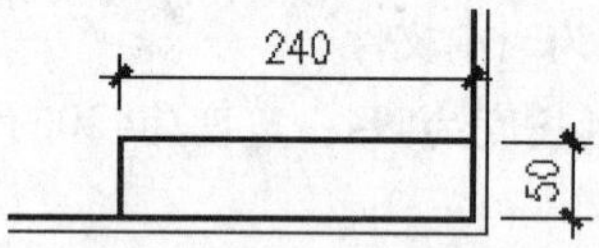

图2-48

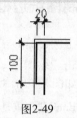

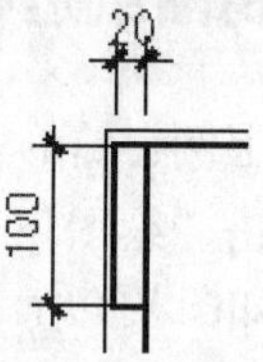

图2-49

(6) 执行菜单栏中的“绘图”|“直线”命令，参照图中所示尺寸，绘制标题栏和会签栏内部的分格线，如图2-50和图2-51所示。

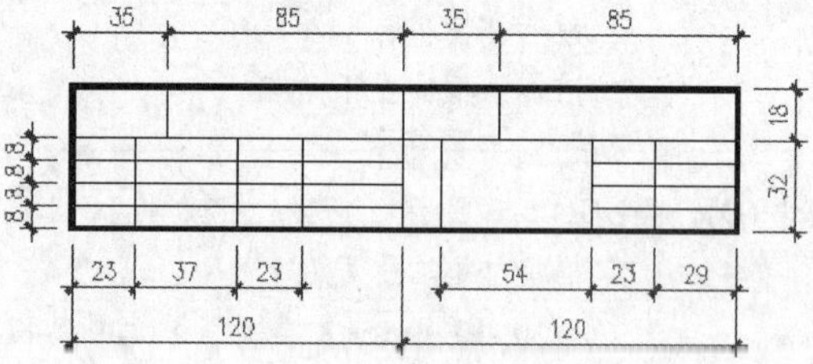

图2-50

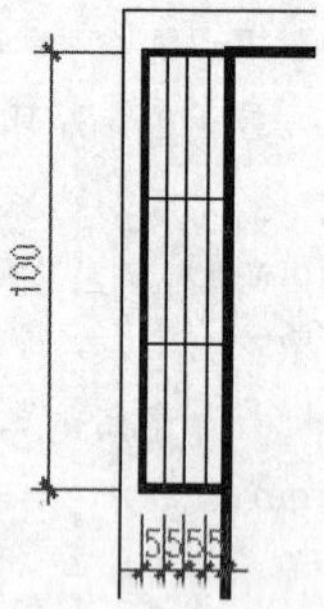

图2-51

2.6.2 填充图纸边框

(1) 继续上节操作。

(2) 单击“绘图”工具栏中的A按钮，分别捕捉如图2-52所示的方格对角点A和B，打开“文字格式”编辑器，然后设置文字的对正方式，如图2-53所示。

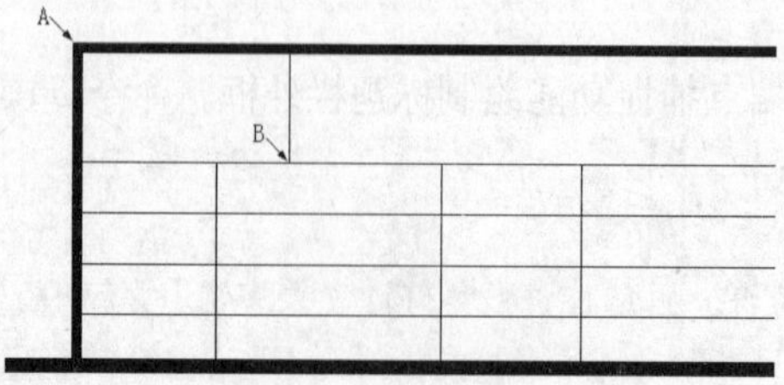

图2-52

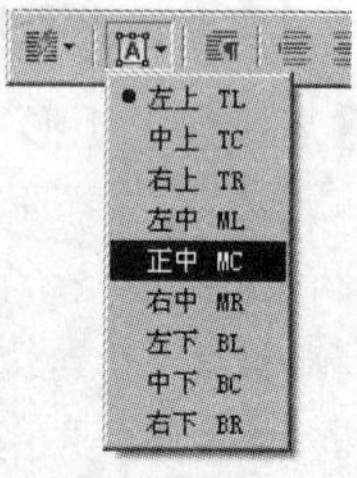

图2-53

(3) 在文字编辑器中设置文字样式为“宋体”、字体高度为8，然后在输入框内输入“设

计单位”，如图2-54所示。

图2-54

(4) 单击确定按钮关闭“文字格式”编辑器，查看文字的填充结果，如图2-55所示。

(5) 重复使用“多行文字”命令，设置文字样式、高度和对正方式不变，填充如图2-56所示的文字。

图2-55

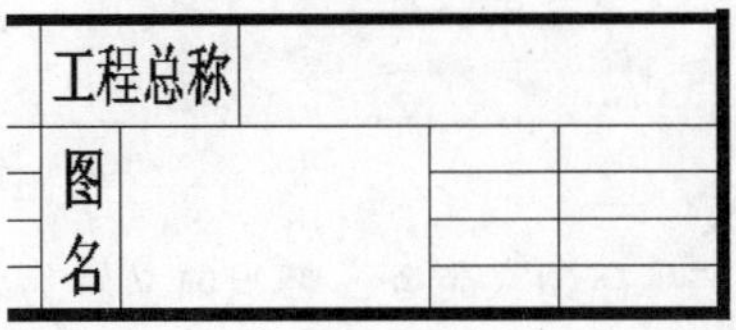

图2-56

(6) 重复执行“多行文字”命令，设置字体样式为“宋体”、字体高度为4.6、对正方式为“正中”，填充标题栏其他文字，如图2-57所示。

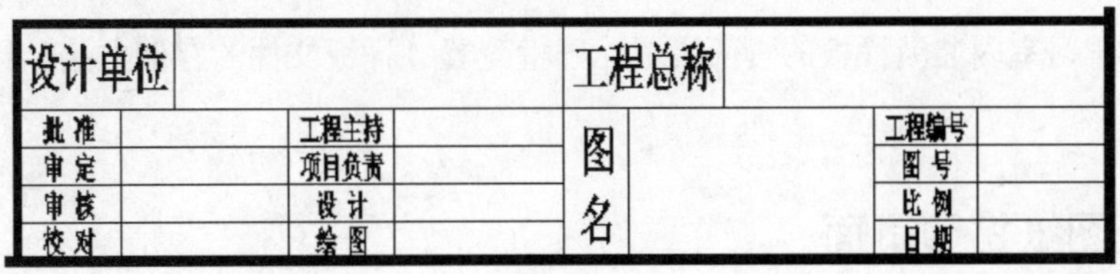

图2-57

(7) 单击“修改”工具栏中的按钮，激活“旋转”命令，将会签栏旋转-90°，然后使用“多行文字”命令，设置样式为“宋体”、高度为2.5、对正方式为“正中”，为会签栏填充文字，结果如图2-58所示。

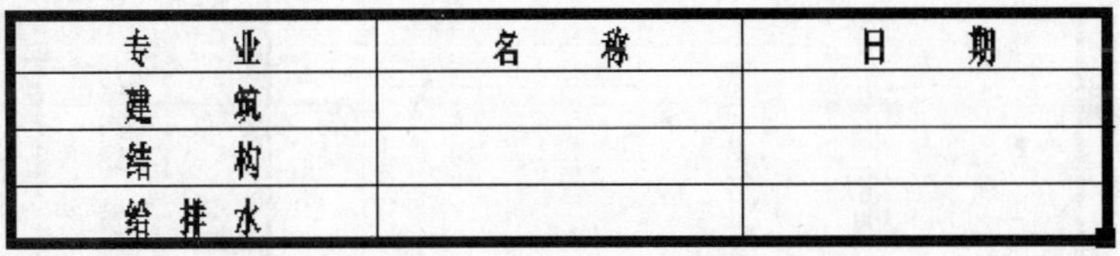

图2-58

(8) 重复执行“旋转”命令，将会签栏及填充的文字旋转-90°，基点不变。

2.6.3 制作图框图块

(1) 继续上节操作。

(2) 单击“绘图”工具栏中的按钮，或使用命令简写B激活“创建块”命令，打开“块定义”对话框。

(3) 在“块定义”对话框中设置块名为“A2-H”，基点为外框左下角点，其他块参数如图2-59所示，将图框及填充文字创建为内部块。

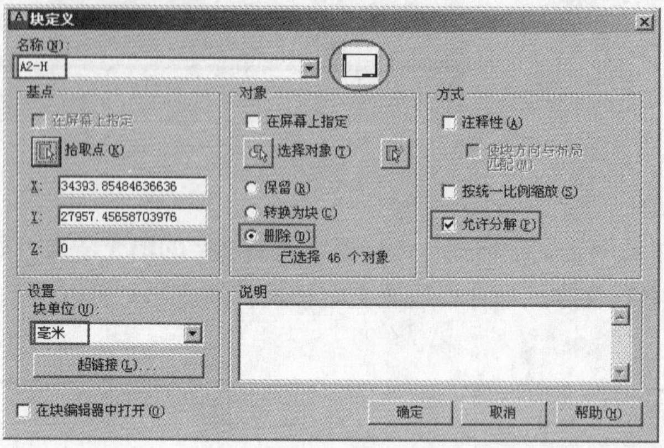

图2-59

(4) 执行“另存为”命令，将当前文件另名存储为“创建并填充图框.dwg”。

2.7 室内样板图的页面布局

本节主要学习室内装潢样板的页面设置、图框配置、样板文件的存储方法和具体的操作过程等内容。

2.7.1 设置图纸打印页面

(1) 打开上例保存的“创建并填充图框.dwg”文件。
(2) 单击绘图区底部的“布局1”标签，进入到如图2-60所示的布局空间。

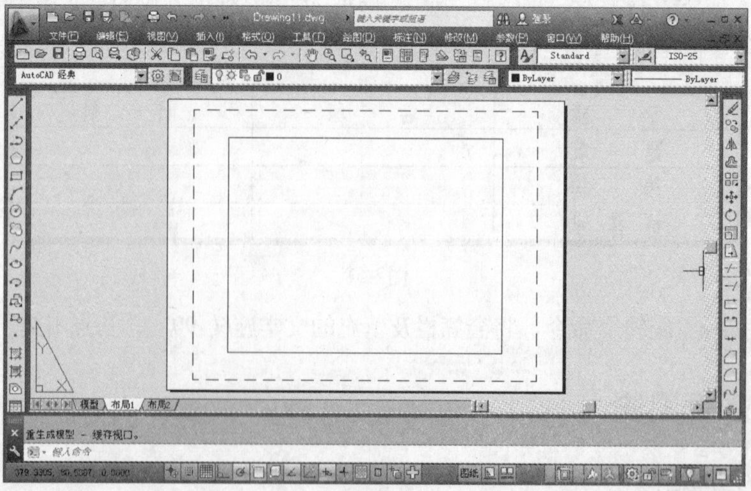

图2-60

(3) 在打开的“页面设置管理器”对话框中单击 新建(N)... 按钮，打开“新建页面设置”对话框，为新页面命名，如图2-61所示。

(4) 单击 确定(O) 按钮进入“页面设置-布局打印”对话框，然后设置打印设备、图纸尺寸、打印样式、打印比例等各页面参数，如图2-62所示。

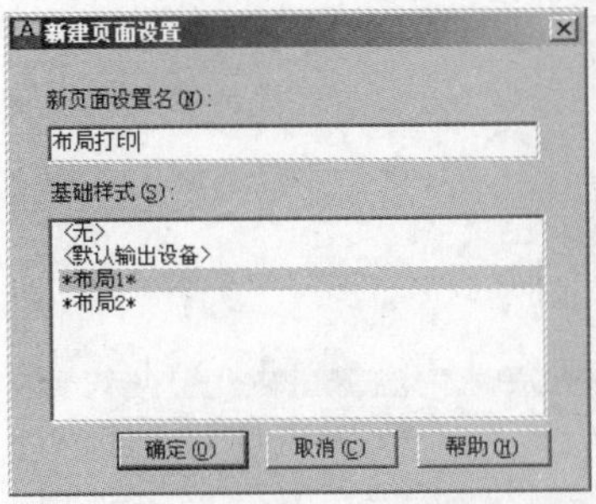

图2-61

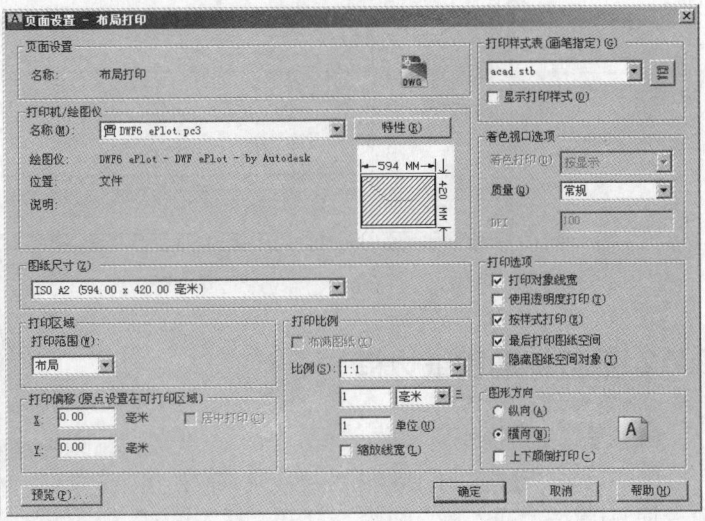

图2-62

(5) 单击 确定(O) 按钮返回“页面设置管理器”对话框，将刚设置的新页面设置为当前，如图2-63所示。

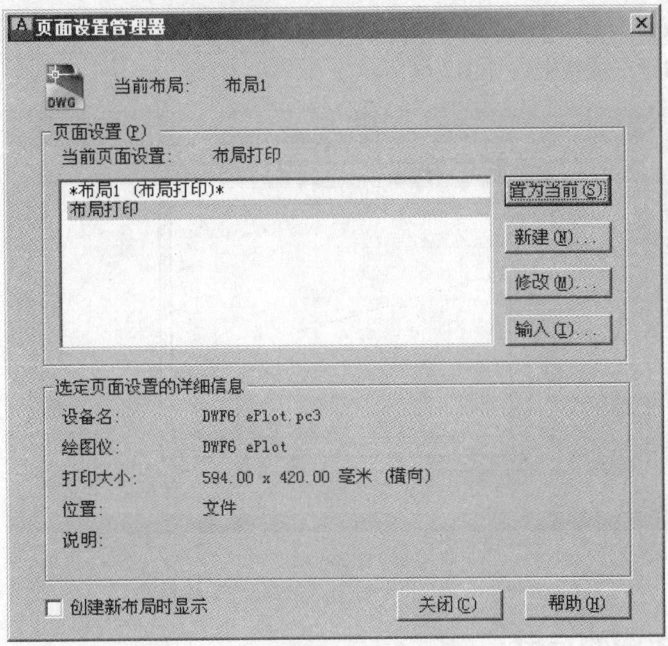

图2-63

(6) 单击 关闭(C) 按钮，结束命令，新布局的页面设置效果如图2-64所示。

(7) 使用“删除”命令，选择布局内的矩形视口边框进行删除。

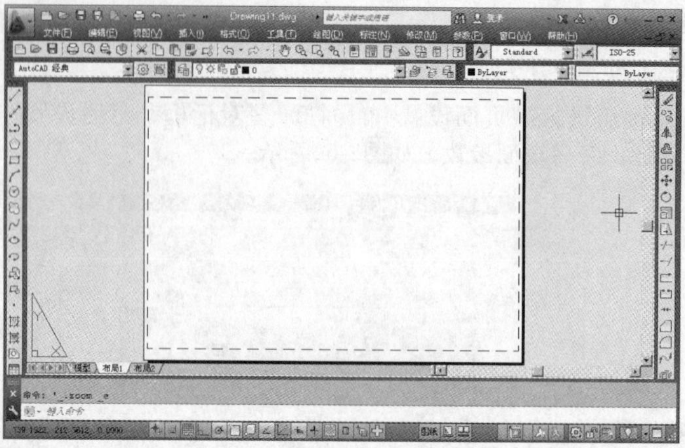

图2-64

2.7.2 配置标准图纸边框

① 继续上节操作。

② 单击“绘图”工具栏中的按钮，或使用命令简写I激活“插入块”命令，打开“插入”对话框。

③ 在“插入”对话框中设置插入点、轴向的缩放比例等参数，如图2-65所示。

④ 单击确定(O)按钮，结果A2-H图表框被插入到当前布局中的原点位置上，如图2-66所示。

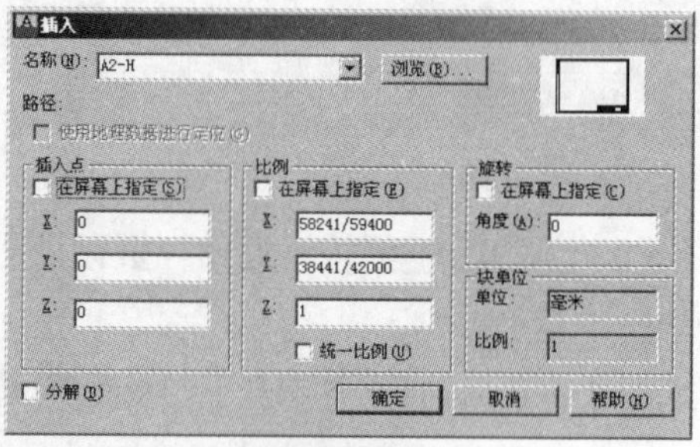

图2-65

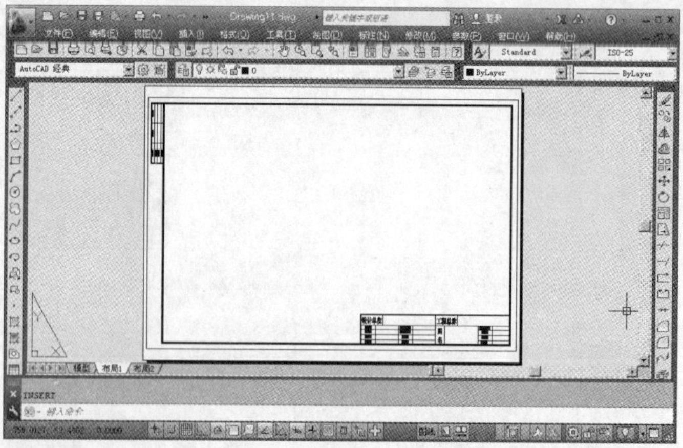

图2-66

2.7.3 室内样板图的存储

① 继续上节操作。

② 单击状态栏中的图纸按钮，返回模型空间。

(3) 执行菜单栏中的“文件”|“另存为”命令，或按组合键Ctrl+Shift+S，打开“图形另存为”对话框。

(4) 在“图形另存为”对话框中设置文件的存储类型为“AutoCAD图形样板（*.dwt）”，如图2-67所示。

(5) 在“图形另存为”对话框底部的“文件名”文本框内输入“室内设计样板”，如图2-68所示。

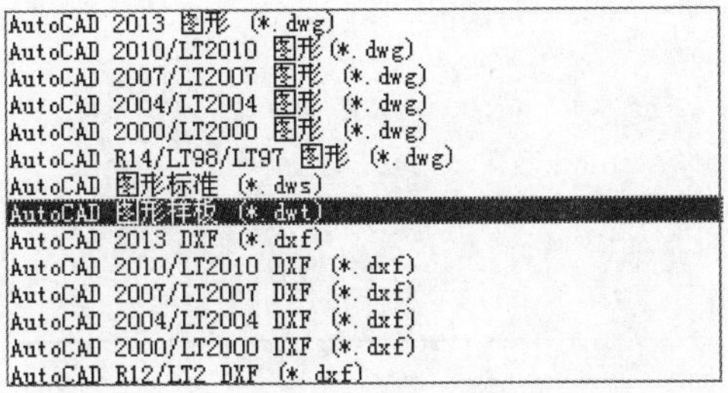

图2-67

图2-68

(6) 单击 保存... 按钮，打开“样板选项”对话框，输入“A2-H幅面样板文件”，如图2-69所示。

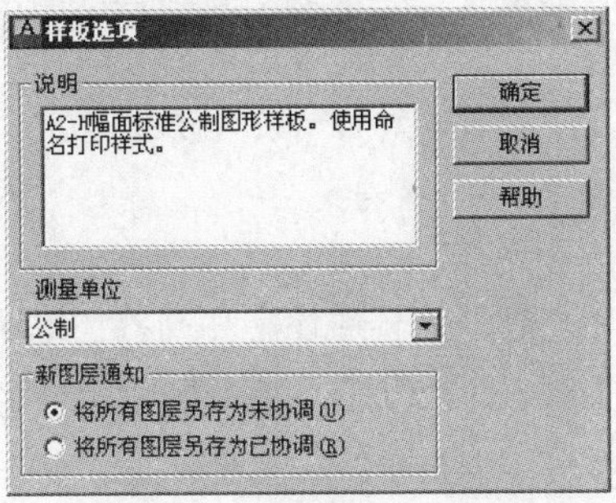

图2-69

(7) 单击 确定 按钮，结果创建了制图样板文件，保存于AutoCAD安装目录的“Template”文件夹下。

(8) 最后使用“另存为”命令，将当前图形另名存储为“页面布局.dwg”。

2.8 本章小结

本章在了解样板文件概念及功能的前提下，学习了室内装饰装潢绘图样板文件的具体设置过程和设置技巧，为以后绘制施工图纸做好了充分的准备。在具体的设置过程中，需要掌握绘图环境的设置、图层及特性的设置、各类绘图样式的设置、打印页面的布局、图框的合理配置和样板的另名存储等技能。

第3章 普通住宅室内平面设计方案

Chapter 03

- ☐ 普通住宅平面设计理念
- ☐ 平面布置图设计思路
- ☐ 绘制普通住宅墙体结构图
- ☐ 绘制普通住宅室内布置图
- ☐ 绘制普通住宅地面材质图
- ☐ 标注普通住宅布置图文字注释
- ☐ 标注普通住宅布置图尺寸与投影
- ☐ 本章小结

3.1 普通住宅平面设计理念

本节在简述普通住宅概念的前提下，主要学习普通住宅室内平面布置图的形成、功能、设计内容等理论知识。

3.1.1 什么是普通住宅

从消费角度上说，民用住宅一般分为普通住宅和高档住宅两种，普通住宅是指建筑容积率在1.0以上、单套建筑面积约在140平方米以下、按一般民用住宅标准建造的居住用住宅。此类住宅主要有多层和高层两种，多层住宅是指2至6层的楼房；高层住宅多是指6层以上的楼房。

高档住宅是指建筑造价和销售价格明显超出普通住宅建筑标准的高标准住宅，通常包括别墅和高档公寓。别墅是指拥有私家车库、花园、草坪、院落等的园林式住宅；高档公寓是指单位建筑面积销售价格高于普通住宅销售价格一倍以上的高档次住宅，通常为复式住宅、跃层住宅、顶层有花园或多层住宅配有电梯，并拥有较好的绿化、商业服务、物业管理等配套设施的住宅。

3.1.2 平面布置图的形成

平面布置图是假想用一个水平的剖切平面，在窗台上方位置将经过室内外装修的房屋整个剖开，移去以上部分向下所作的水平投影图。要绘制平面布置图，除了要表明楼地面、门窗、楼梯、隔断、装饰柱、护壁板或墙裙等装饰结构的平面形式和位置外，还要标明室内家具、陈设、绿化，室外水池、装饰小品等配套设置体的平面形状、数量和位置等。

3.1.3 平面布置图的功能

平面布置图是装修行业中的一种重要的图纸，主要用于标明建筑室内外种种装修布置的平面形状、位置、大小和所用材料，表明这些布置与建筑主体结构之间，以及这些布置与布置之间的相互关系等。

另外，室内装修平面布置图还控制了水平向纵横两轴的尺寸数据，其他视图又多数是由它引出的，因而平面布置图是绘制和识读建筑装修施工图的重点和基础，是装修施工的首要图纸。

3.1.4 平面布置图设计内容

要绘制平面布置图，除了要表明楼地面、门窗、楼梯、隔断、装饰柱、护壁板或墙裙等装饰结构的平面形式和位置外，还要标明室内家具、陈设、绿化，室外水池、装饰小品等配套设置体的平面形状、数量和位置等。在具体设计时，需要兼顾以下几个表达特点。

1. 功能布局

住宅室内空间的合理利用，在于不同功能区域的合理分割、巧妙布局，充分发挥居室的使用功能。例如：卧室、书房要求静，可设置在靠里边一些的位置以不被其他室内活动干扰；起居室、客厅是对外接待、交流的场所，可设置靠近入口的位置；卧室、书房与起居室、客厅相连处又可设置过渡空间或共享空间，起间隔调节作用。此外，厨房应紧靠餐厅，卧室与卫生间最好贴近。

2. 空间设计

平面空间设计主要包括区域划分和交通流线两个内容。区域划分是指室内空间的组成，交通流线是指室内各活动区域之间以及室内外环境之间的联系，它包括有形和无形两种，有形的指门厅、走廊、楼梯、户外的道路等；无形的指其他可能供作交通联系的空间。设计时应尽量减少有形的交通区域，增加无形的交通区域，以达到空间充分利用且自由、灵活，并具有缩短距离的效果。

另外，区域划分与交通流线是居室空间整体组合的要素，区域划分是整体空间的合理分配，交通流线寻求的是个别空间的有效连接。唯有两者相互协调作用，才能取得理想的效果。

3. 内含物的布置

室内内含物主要包括家具、陈设、灯具、绿化等设计内容，这些室内内含物通常要处于视觉中显著的位置，它可以脱离界面布置于室内空间内，不仅具有实用和观赏的作用，对烘托室内环境气氛，形成室内设计风格等方面也起到举足轻重的作用。

4. 整体上的统一

“整体上的统一”指的是将同一空间的许多细部以一个共同的有机因素统一起来，使其变成一个完整而和谐的视觉系统。设计构思时，就需要根据业主的职业特点、文化层次、个人爱好、家庭成员构成、经济条件等做综合的设计定位。

3.2 平面布置图设计思路

在设计并绘制平面布置图时，具体可以参照如下思路。

- 首先根据测量出的数据绘制出墙体平面结构图。
- 根据墙体平面图进行室内内含物的合理布置，如家具与陈设的布局以及室内环境的绿化等。
- 对室内地面、柱等进行装饰设计，分别以线条图案和文字注解的形式，表达出设计的内容。
- 为布置图标注必要的文字注解，以体现出所选材料、装修要求以及各房间功能性注释等内容。
- 为布置图标注必要的施工尺寸，以体现各构件间的位置尺寸。
- 最后为布置图标注室内墙面投影符号等。

3.3 绘制普通住宅墙体结构图

本节通过绘制如图3-1所示的普通住宅户型墙体结构图，主要学习户型墙体结构图的具体绘制过程和绘制技巧。

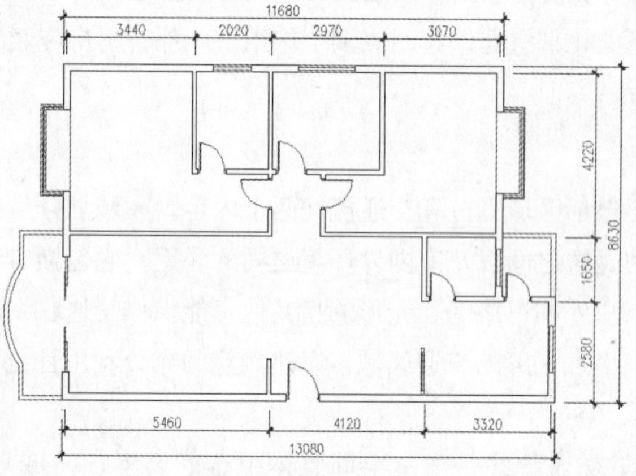

图3-1

在绘制墙体结构平面图时，具体可以参照如下绘图思路。

- 使用“直线”、“偏移”、“修剪”、夹点编辑等命令绘制墙体定位轴线。
- 使用“打断”、“修剪”、“删除”等命令创建门洞和窗洞。
- 使用“多线”、“多线样式”命令绘制主墙线和次墙线。
- 使用“多线编辑工具”命令编辑平面图主次墙线。
- 使用“多段线”、“偏移”和“插入块”命令绘制平面窗、凸窗、阳台、隔断等建筑构件。
- 使用“插入块”、“矩形”命令绘制单开门、推拉门等建筑构件。

3.3.1 绘制普通住宅定位轴线图

① 执行“新建”命令，选择随书光盘中的文件“样板文件”\“室内设计样板.dwt”作

为基础样板，新建空白文件。

提示

为了方便以后调用该样板文件夹，用户可以直接将随书光盘中的“室内设计样板.dwt”拷贝至AutoCAD安装目录下的“Templat”文件夹下。

(2) 展开“图层控制”下拉列表，将“轴线层”设置为当前图层，如图3-2所示。

图3-2

(3) 在命令行输入“Ltscale”，将线型比例暂时设置为1，命令行操作如下。

```
命令 : Ltscale                                  // Enter，激活命令
    输入新线型比例因子 <100.0000>://1 Enter
```

(4) 单击状态栏中的按钮或按下功能键F8，打开“正交”功能。

技巧

“正交”是一个辅助绘图工具，用于将光标强制定位在水平位置或垂直位置上。

(5) 单击“绘图”工具栏中的按钮，激活“直线”命令，绘制两条垂直相交的直线作为基准轴线，命令行操作如下。

```
命令 : _line
    指定第一点 :                               // 在绘图区指定起点
    指定下一点或 [ 放弃 (U)]:                  // 向下引导光标，输入 8450 Enter
    指定下一点或 [ 放弃 (U)]:                  // 向右引导光标，输入 12900 Enter
    指定下一点或 [ 闭合 (C)/ 放弃 (U)]:        // Enter，绘制结果如图 3-3 所示
```

(6) 单击“修改”工具栏中的按钮，激活“偏移”命令，将水平基准轴线向上偏移，命令行操作如下。

```
命令 : _offset
    当前设置 : 删除源 = 否  图层 = 源  OFFSETGAPTYPE=0
    指定偏移距离或 [ 通过 (T)/ 删除 (E)/ 图层 (L)] < 通过 >:        //4200 Enter
    选择要偏移的对象，或 [ 退出 (E)/ 放弃 (U)] < 退出 >:            // 选择水平基准轴线
    指定要偏移的那一侧上的点，或 [ 退出 (E)/ 多个 (M)/ 放弃 (U)] < 退出 >:
                                                                  // 在所选轴线的上侧拾取点
    选择要偏移的对象，或 [ 退出 (E)/ 放弃 (U)] < 退出 >:            // Enter，结束命令
命令 :
    OFFSET 当前设置 : 删除源 = 否  图层 = 源  OFFSETGAPTYPE=0
    指定偏移距离或 [ 通过 (T)/ 删除 (E)/ 图层 (L)] <4200.0>:        //1600 Enter
    选择要偏移的对象，或 [ 退出 (E)/ 放弃 (U)] < 退出 >:            // 选择刚偏移出的水平轴线
    指定要偏移的那一侧上的点，或 [ 退出 (E)/ 多个 (M)/ 放弃 (U)] < 退出 >:
                                                                  // 在所选轴线的上侧拾取点
    选择要偏移的对象，或 [ 退出 (E)/ 放弃 (U)] < 退出 >:            // Enter，结束命令
命令 :
    OFFSET 当前设置 : 删除源 = 否  图层 = 源  OFFSETGAPTYPE=0
    指定偏移距离或 [ 通过 (T)/ 删除 (E)/ 图层 (L)] <1600.0>:        //2650 Enter
```

选择要偏移的对象，或 [退出 (E)/ 放弃 (U)] < 退出 >: // 选择刚偏移出的水平轴线
指定要偏移的那一侧上的点，或 [退出 (E)/ 多个 (M)/ 放弃 (U)] < 退出 >:
// 在所选轴线的上侧拾取点
选择要偏移的对象，或 [退出 (E)/ 放弃 (U)] < 退出 >: // Enter，偏移结果如图 3-4 所示

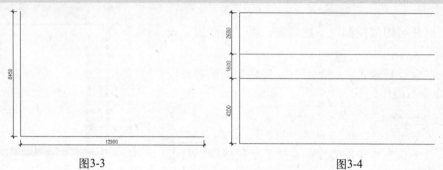

图3-3

图3-4

(7) 重复执行“偏移”命令，将最上侧的水平轴线向下偏移5900，将垂直轴线向右偏移3410、2020、1420、1550、1150、1950和1400，结果如图3-5所示。

(8) 在无命令执行的前提下，选择最右侧的水平轴线，使其呈现夹点显示状态，如图3-6所示。

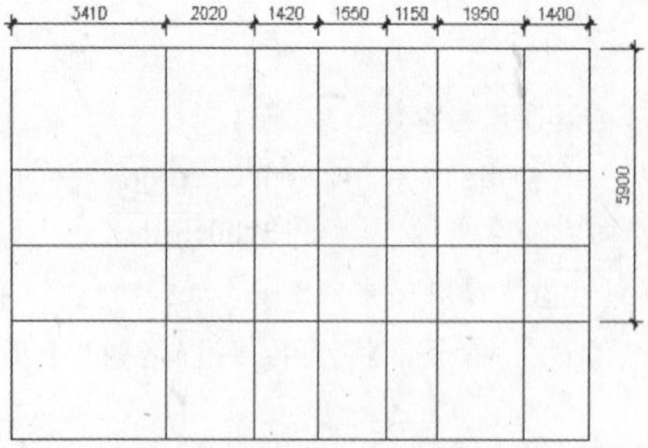

图3-5

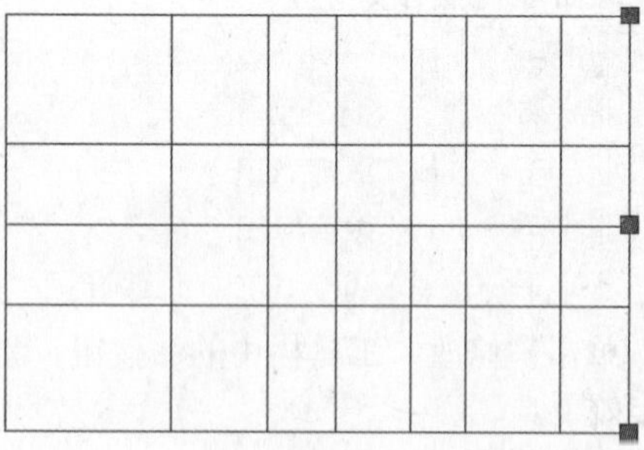
图3-6

(9) 在上侧的夹点上单击左键，使其变为夹基点（也称热点），此时该点变为红色。

(10) 在命令行“** 拉伸 ** 指定拉伸点或[基点(B)/复制(C)/放弃(U)/退出(X)]:”提示下捕捉如图3-7所示的交点，对其进行夹点拉伸，结果如图3-8所示。

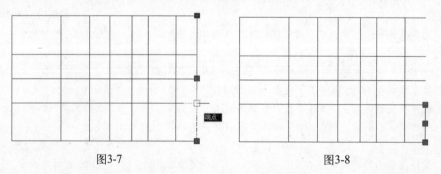

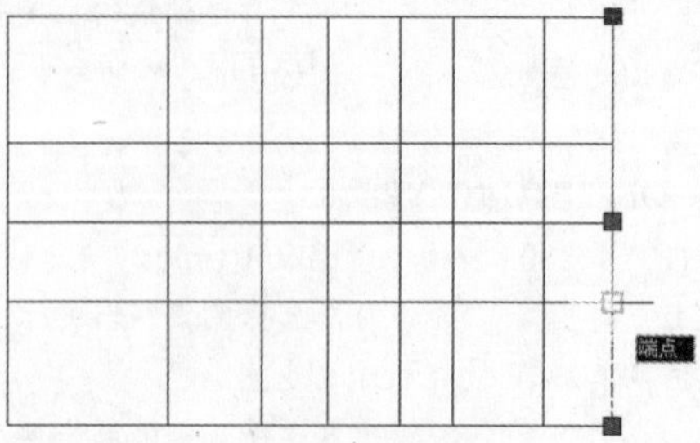

图3-7

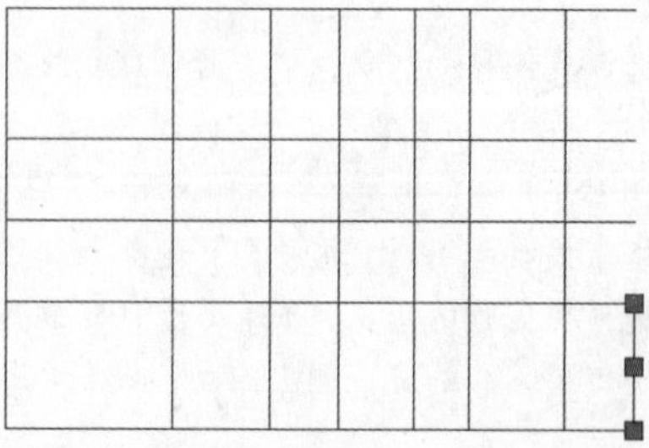
图3-8

(11) 按Esc键，取消对象的夹点显示状态，结果如图3-9所示。

(12) 参照步骤8~11的操作，配合端点捕捉和交点捕捉功能，分别对其他轴线进行夹点拉伸，编辑结果如图3-10所示。

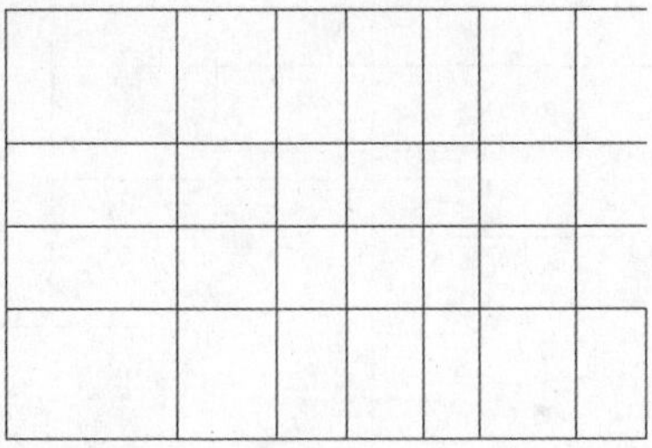

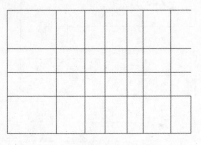

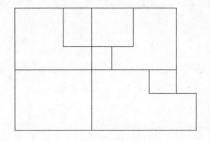

图3-9

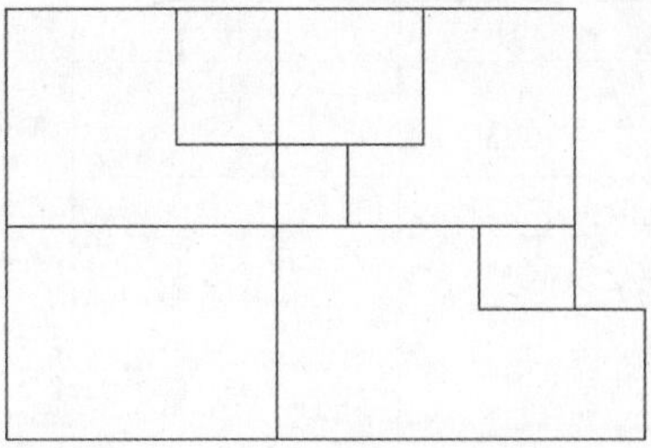

图3-10

⑬ 使用命令简写TR激活“偏移”命令，以如图3-11所示的垂直轴线1和2作为边界，对水平轴线3进行修剪，结果如图3-12所示。

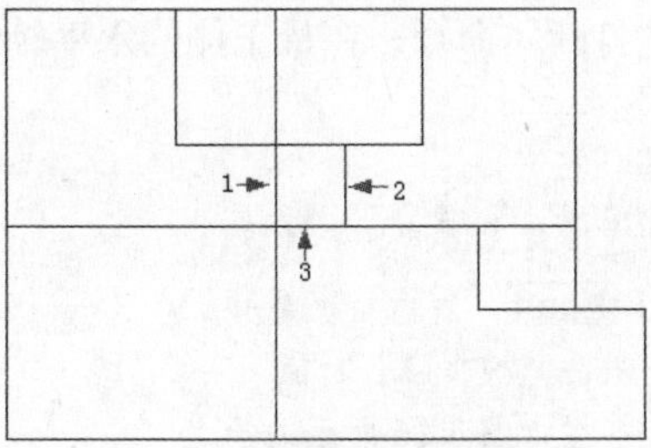

图3-11

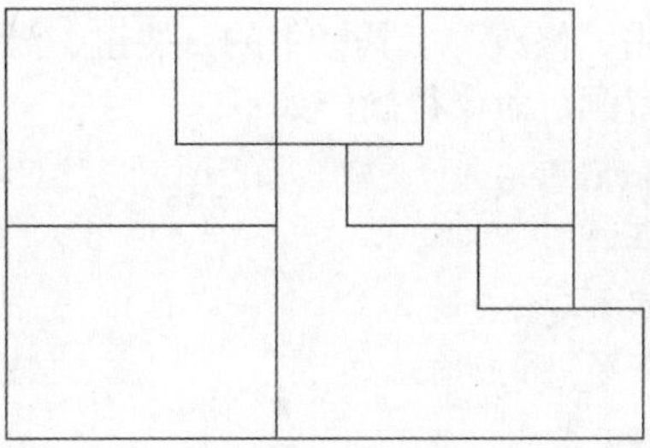

图3-12

至此，普通住宅户型墙体定位轴线绘制完毕，下面将学习门窗洞口的开洞方法和开洞技巧。

3.3.2 在轴线上定位门窗洞口

① 继续上节操作。

② 执行菜单栏中的“修改”|“偏移”命令，将最上侧的水平轴线向下偏移，以创建辅助线，命令行操作如下。

```
命令 : _offset
    当前设置 : 删除源 = 否  图层 = 源  OFFSETGAPTYPE=0
    指定偏移距离或 [ 通过 (T)/ 删除 (E)/ 图层 (L)] :              //1090 Enter
    选择要偏移的对象，或 [ 退出 (E)/ 放弃 (U)] < 退出 >:          // 选择最上侧的水平轴线
    指定要偏移的那一侧上的点，或 [ 退出 (E)/ 多个 (M)/ 放弃 (U)] < 退出 >:
                                                                // 在所选择轴线的下侧拾取点
    选择要偏移的对象，或 [ 退出 (E)/ 放弃 (U)] < 退出 >:          // Enter，结束命令
命令 :
    OFFSET 当前设置 : 删除源 = 否  图层 = 源  OFFSETGAPTYPE=0
    指定偏移距离或 [ 通过 (T)/ 删除 (E)/ 图层 (L)] <1090.0>:       //2100 Enter
    选择要偏移的对象，或 [ 退出 (E)/ 放弃 (U)] < 退出 >:          // 选择刚偏移出的轴线
    指定要偏移的那一侧上的点，或 [ 退出 (E)/ 多个 (M)/ 放弃 (U)] < 退出 >:
                                                                // 在所选择轴线的下侧拾取点
    选择要偏移的对象，或 [ 退出 (E)/ 放弃 (U)] < 退出 >:          // Enter，结束如图 3-13 所示
```

③ 单击“修改”工具栏中的-按钮，以刚偏移出的两条辅助轴线作为边界，对左侧的垂直轴线进行修剪，以创建宽度为2100的窗洞，修剪结果如图3-14所示。

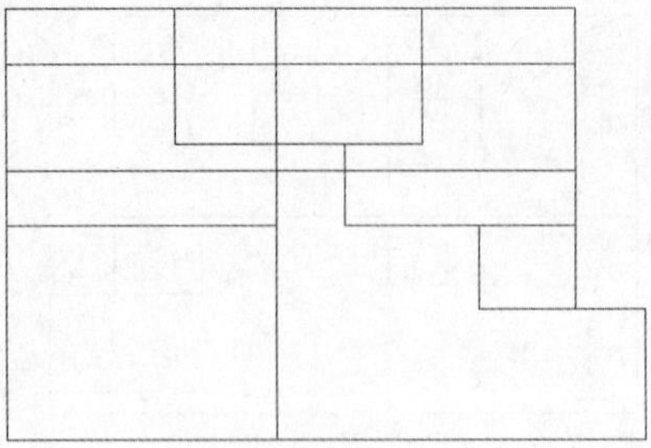

图3-13

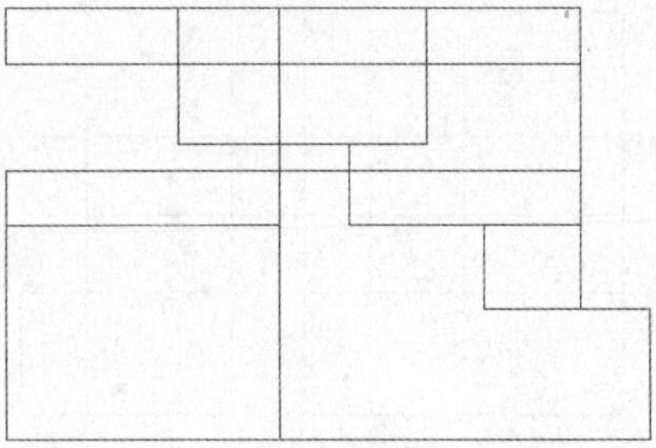

图3-14

(4) 执行菜单栏中的“修改”|“删除”命令，删除刚偏移出的两条水平辅助线，结果如图3-15所示。

(5) 单击“修改”工具栏中的□按钮，激活“打断”命令，在最上侧的水平轴线上创建宽度为1000的窗洞，命令行操作如下。

```
命令 : _break
    选择对象 :                              // 选择最上侧的水平轴线
    指定第二个打断点 或 [ 第一点 (F)]:       //F Enter，重新指定第一断点
    指定第一个打断点 :                       // 激活“捕捉自”功能
    _from 基点 :                            // 捕捉如图 3-16 所示的端点
```

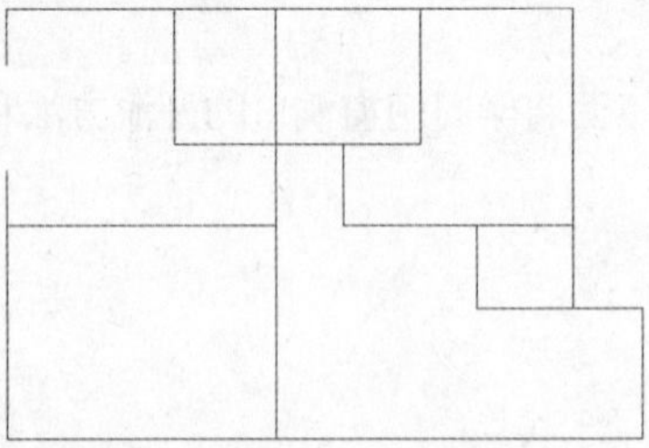

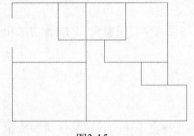

图3-15

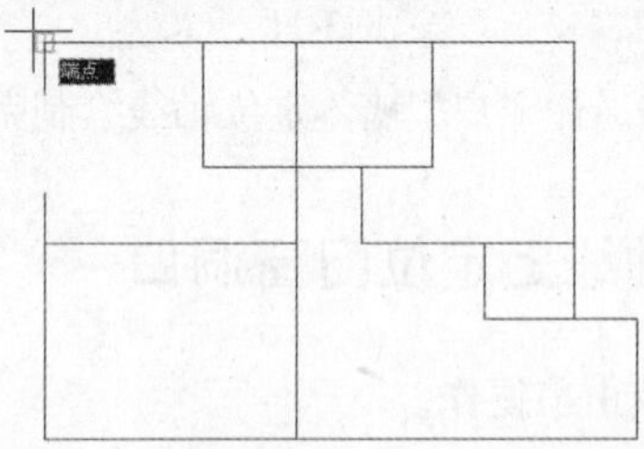

图3 16

```
    <偏移>:                                 //@3920, 0 Enter
    指定第二个打断点 :                       //@1000,0 Enter，结果如图 3-17 所示
```

(6) 参照上述打洞方法，综合使用“偏移”、“修剪”和“打断”命令，分别创建其他位置的门洞和窗洞，结果如图3-18所示。

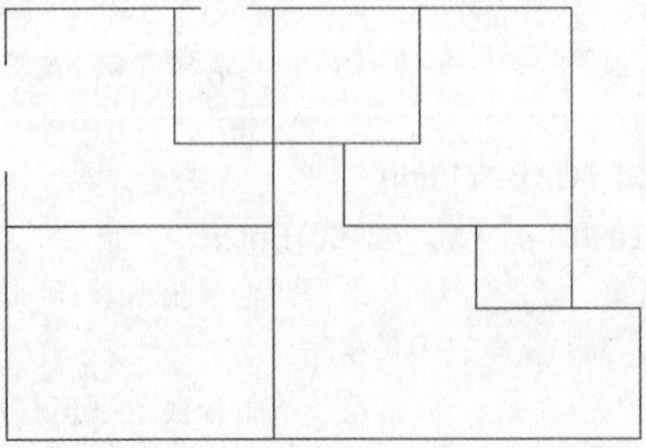

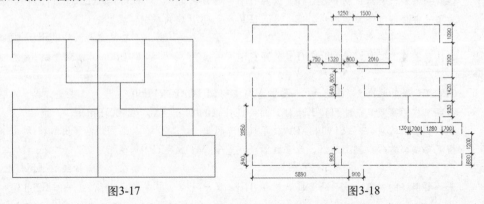

图3-17

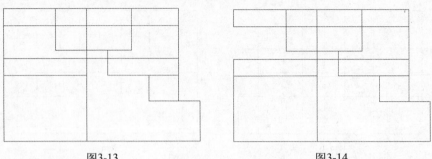

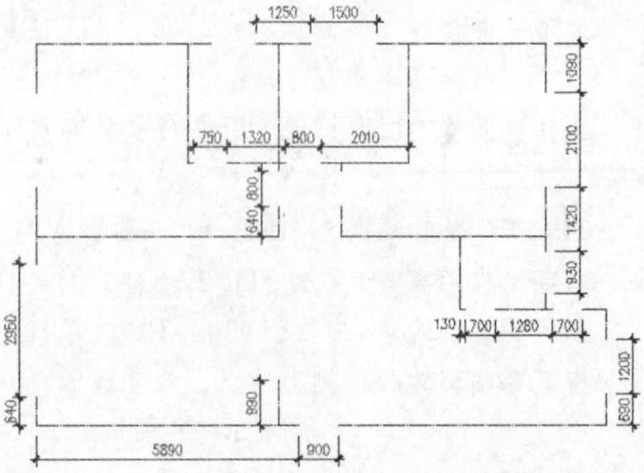

图3-18

至此，门窗洞口绘制完毕，下一小节主要学习普通住宅户型墙体结构图的具体绘制过程和操作技巧。

3.3.3 绘制普通住宅墙体结构图

① 继续上节操作。

② 执行菜单栏中的“格式”|“图层”命令，在打开的“图层特性管理器”面板中双击“墙线层”，将其设置为当前图层，如图3-19所示。

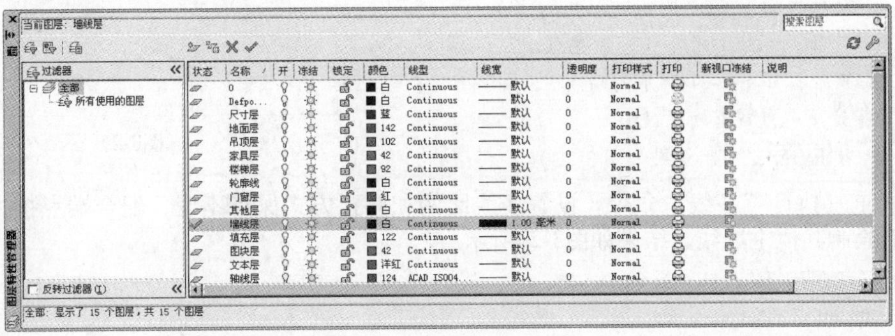

图3-19

③ 执行菜单栏中的“格式”|“多线样式”命令，设置“墙线样式”为当前样式，如图3-20所示。

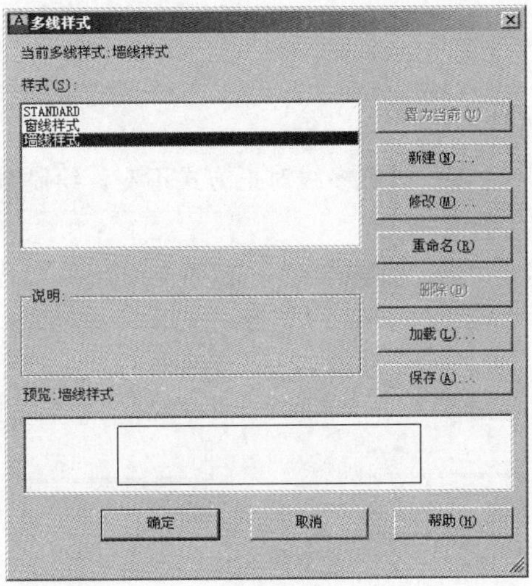

图3-20

④ 打开对象捕捉功能，并设置捕捉模式为端点捕捉和交点捕捉。

⑤ 执行菜单栏中的“绘图”|“多线”命令，配合端点捕捉功能绘制主墙线，命令行操作如下。

```
命令 : _mline
    当前设置 : 对正 = 上，比例 = 20.00，样式 = 墙线样式
    指定起点或 [ 对正 (J)/ 比例 (S)/ 样式 (ST)]:   //S Enter
    输入多线比例 <20.00>:                        //180 Enter
    当前设置 : 对正 = 上，比例 = 180.00，样式 = 墙线样式
    指定起点或 [ 对正 (J)/ 比例 (S)/ 样式 (ST)]:   //J Enter
    输入对正类型 [ 上 (T)/ 无 (Z)/ 下 (B)] < 上 >: // Z Enter
```

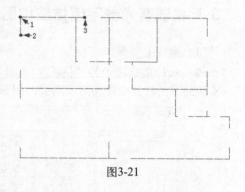

当前设置：对正 = 无，比例 = 180.00，
样式 = 墙线样式
指定起点或 [对正 (J)/ 比例 (S)/ 样式 (ST)]:
// 捕捉如图 3-21 所示的端点 1
指定下一点：
// 捕捉如图 3-21 所示的端点 2
指定下一点或 [闭合 (C)/ 放弃 (U)]:
// 捕捉如图 3-21 所示的端点 3
指定下一点或 [放弃 (U)]:
// Enter，绘制结果如图 3-22 所示

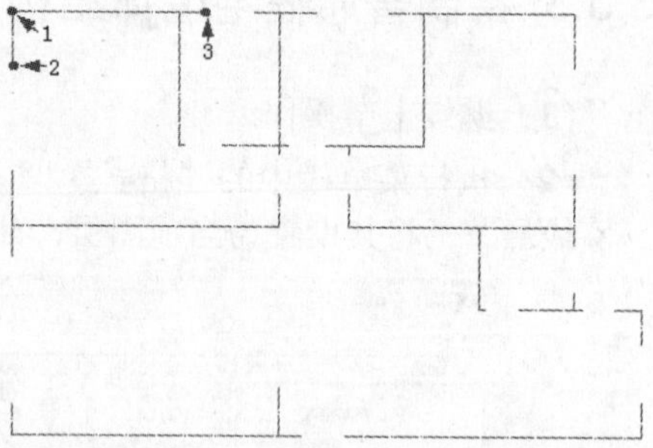

图3-21

(6) 重复执行“多线”命令，设置多线比例和对正方式保持不变，配合端点捕捉和交点捕捉功能绘制其他主墙线，结果如图3-23所示。

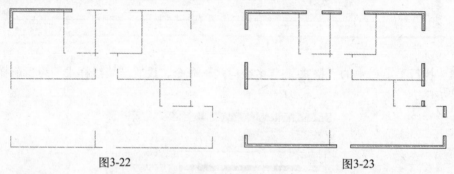

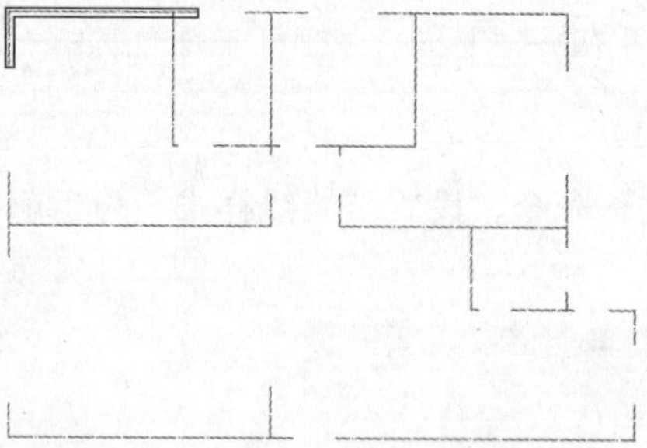
图3-22

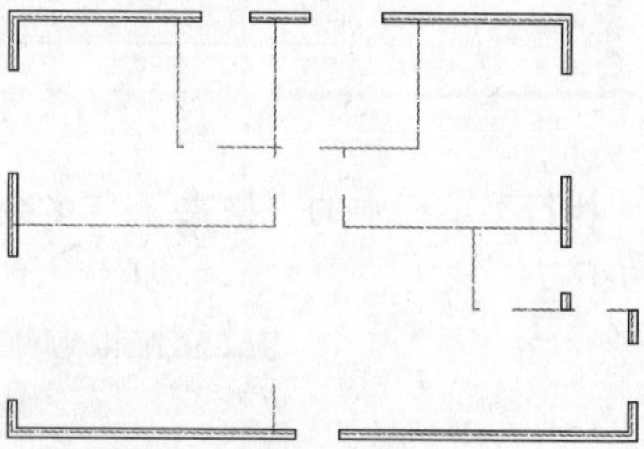
图3-23

(7) 重复执行“多线”命令，设置多线对正方式不变，绘制宽度为120的非承重墙线，结果如图3-24所示。

(8) 展开“图层”工具栏中的“图层控制”下拉列表，关闭“轴线层”，结果如图3-25所示。

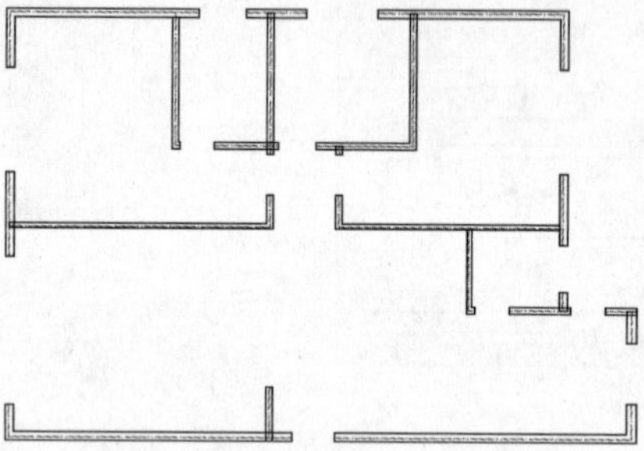
图3-24

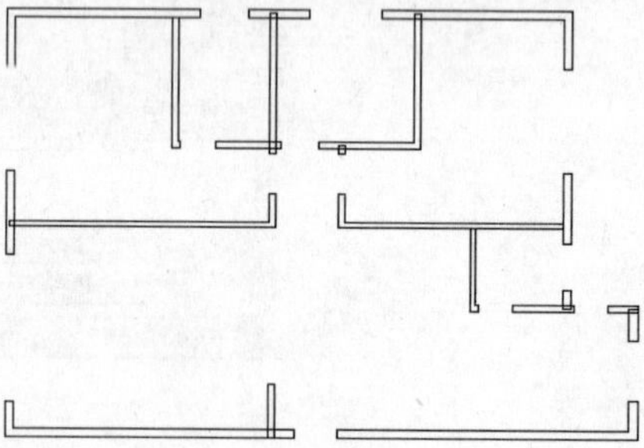
图3-25

至此，普通住宅主次墙线绘制完毕，下一小节将学习普通住宅主次墙线的快速编辑过程和相关技巧。

3.3.4 编辑普通住宅墙体结构图

(1) 继续上节操作。

(2) 执行菜单栏中的“修改”|“对象”|“多线”命令，在打开的“多线编辑工具”对话框中单击按钮，激活“T形合并”功能，如图3-26所示。

(3) 返回绘图区，在命令行“选择第一条多线:”提示下，选择如图3-27所示的墙线。

(4) 在命令行“选择第二条多线:”提示下，选择如图3-28所示的墙线，结果这两条T形相交的多线被合并，如图3-29所示。

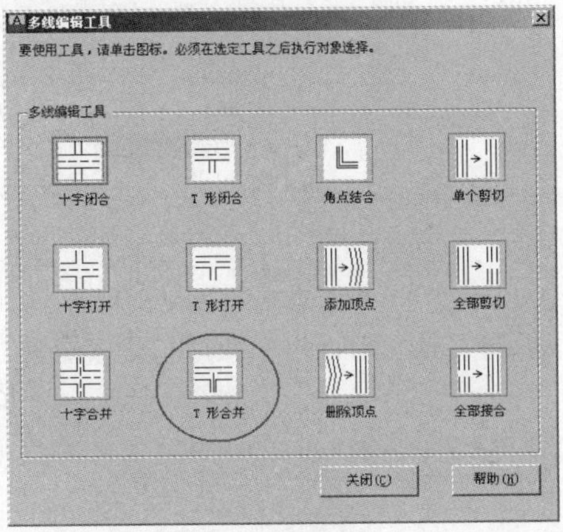

图3-26

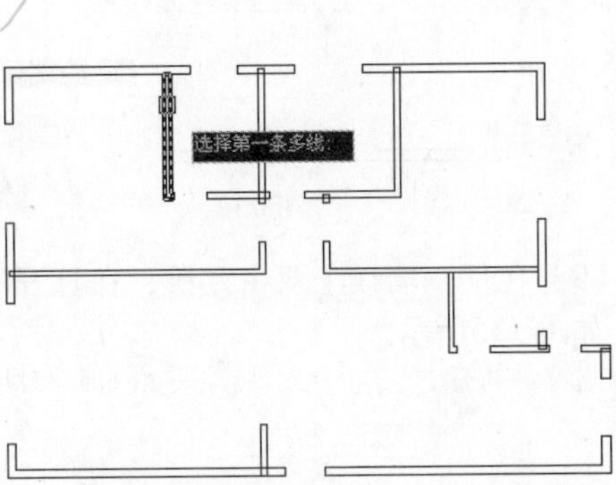

图3-27

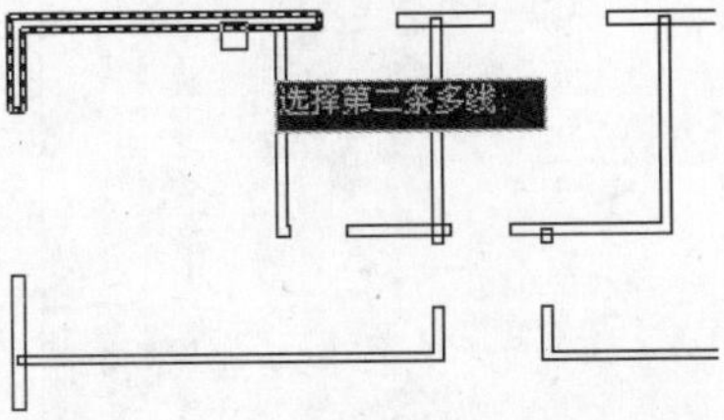

图3-28

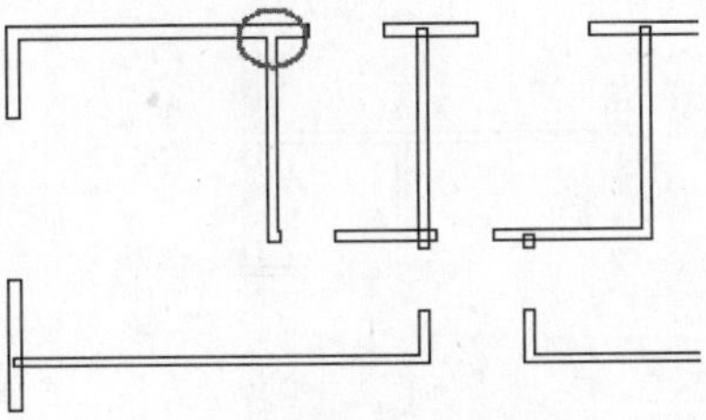

图3-29

(5) 继续在命令行“选择第一条多线或[放弃(U)]:”提示下，分别选择其他位置的T形墙线进行合并，合并结果如图3-30所示。

(6) 在任一墙线上双击左键，在打开的“多线编辑工具”对话框中激活“角点结合”功能，如图3-31所示。

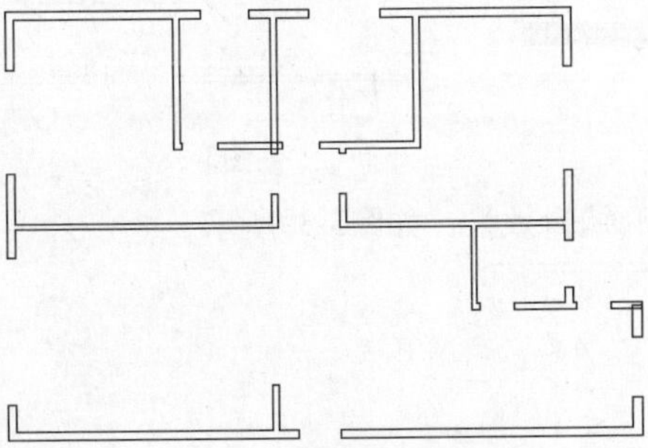

图3-30

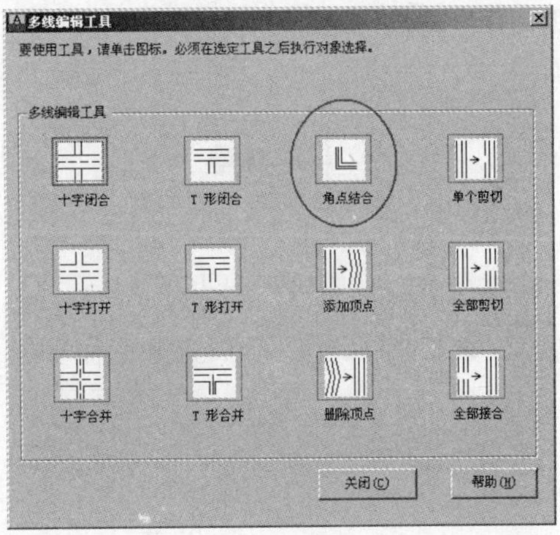

图3-31

(7) 返回绘图区，在“选择第一条多线或[放弃(U)]:”提示下，单击如图3-32所示的墙线。

(8) 在“选择第二条多线:”提示下，选择如图3-33所示的墙线，结果这两条T形相交的多线被合并，如图3-34所示。

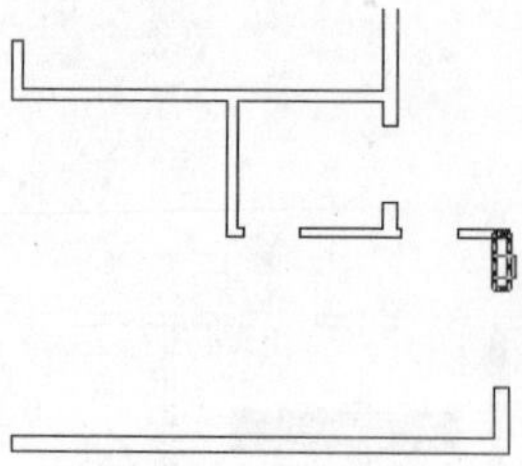

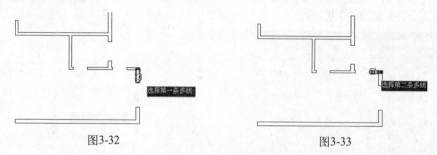

图3-32

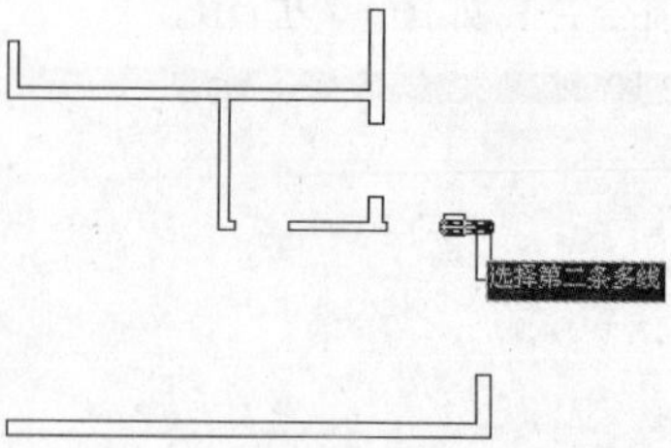

图3-33

⑨ 在任一墙线上双击左键，在打开的“多线编辑工具”对话框中激活“十字合并”功能，如图3-35所示。

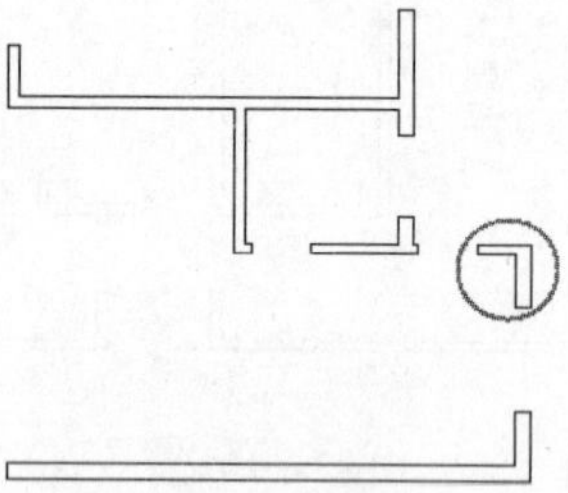

图3-34

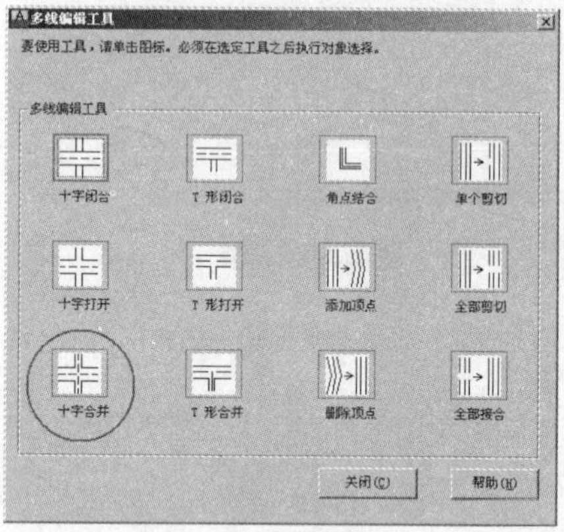

图3-35

⑩ 返回绘图区，在“选择第一条多线或[放弃(U)]:”提示下，单击如图3-36所示的墙线。

⑪ 在“选择第二条多线:”提示下，选择如图3-37所示的墙线，结果这两条T形相交的多线被合并，如图3-38所示。

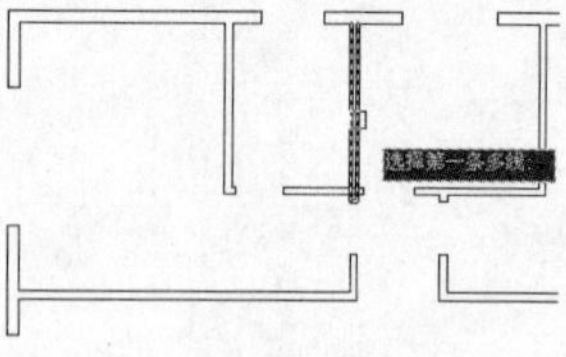

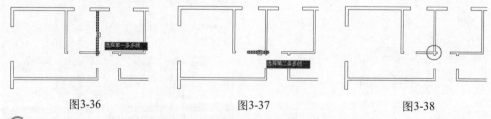

图3-36

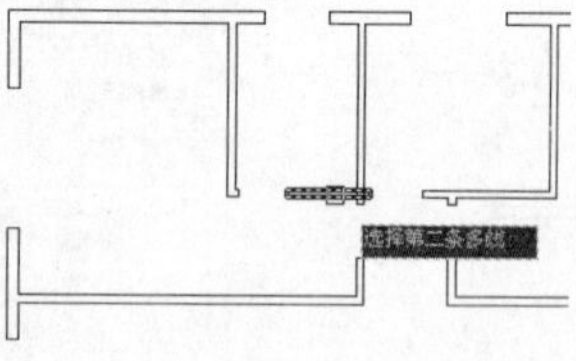

图3-37

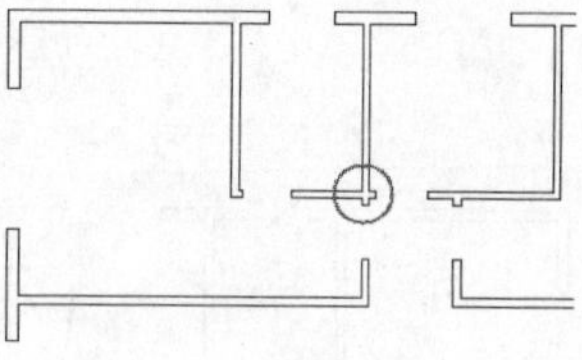

图3-38

⑫ 调整视图，使平面图完全显示，观看最终的编辑效果，如图3-39所示。

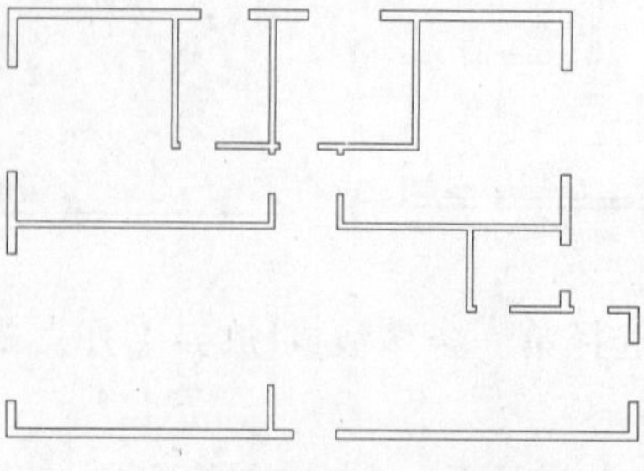

图3-39

至此，普通住宅户型墙体结构图绘制完毕，下一小节将学习阳台、平面窗等构件的绘制过程。

3.3.5 绘制阳台与平面窗构件

① 继续上节操作。

② 展开“图层”工具栏中的“图层控制”下拉列表，将“门窗层”设置为当前图层。

③ 执行菜单栏中的“格式”|“多线样式”命令，在打开的“多线样式”对话框中设置“窗线样式”为当前样式。

④ 执行菜单栏中的“绘图”|“多线”命令，配合中点捕捉功能绘制窗线，命令行操作如下。

```
命令: _mline
    当前设置: 对正 = 上，比例 = 100.00，样式 = 窗线样式
    指定起点或 [ 对正 (J)/ 比例 (S)/ 样式 (ST)]:            //S Enter
    输入多线比例 <100.00>:                                  //180 Enter
    当前设置: 对正 = 上，比例 = 180.00，样式 = 窗线样式
    指定起点或 [ 对正 (J)/ 比例 (S)/ 样式 (ST)]:            //J Enter
    输入对正类型 [ 上 (T)/ 无 (Z)/ 下 (B)] < 上 >:          //Z Enter
    当前设置: 对正 = 无，比例 = 180.00，样式 = 窗线样式
    指定起点或 [ 对正 (J)/ 比例 (S)/ 样式 (ST)]:            // 捕捉如图 3-40 所示的中点
    指定下一点:                                             // 捕捉如图 3-41 所示的中点
    指定下一点或 [ 放弃 (U)]:                               // Enter，绘制结果如图 3-42 所示
```

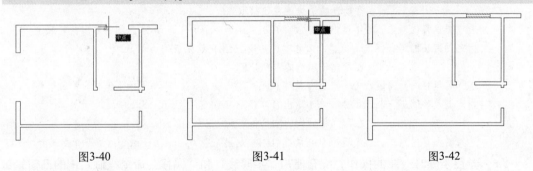

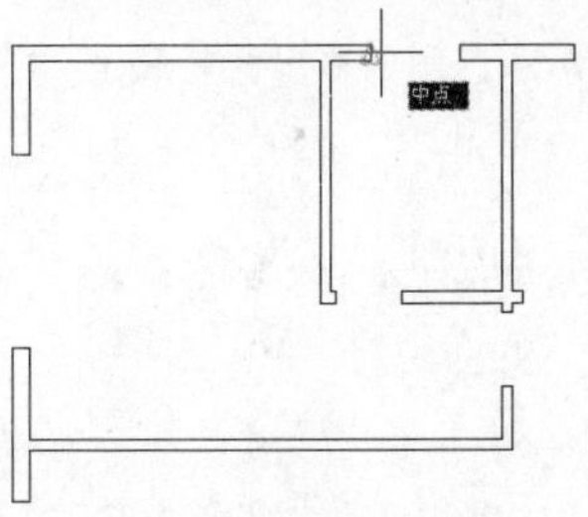

图3-40

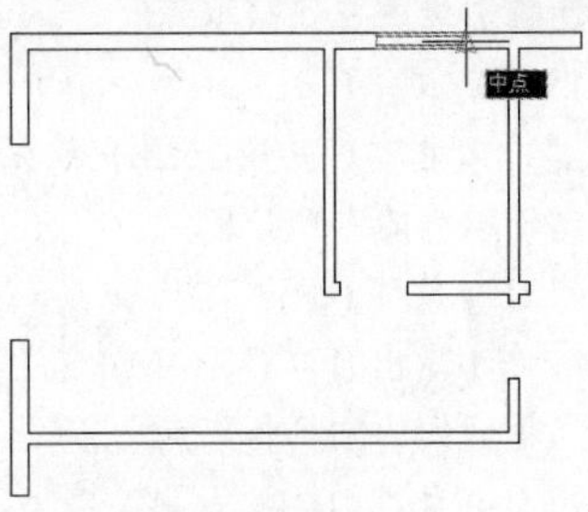

图3-41

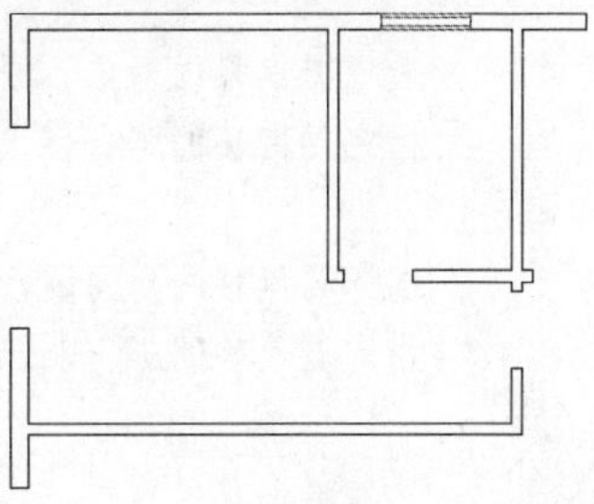
图3-42

⑤ 重复上一步骤，设置多线比例和对正方式保持不变，配合中点捕捉功能绘制其他窗线，结果如图3-43所示。

⑥ 执行菜单栏中的“绘图”|“多段线”命令，配合点的追踪和坐标输入功能绘制凸窗轮廓线，命令行操作如下。

```
命令: _pline
    指定起点:                                       // 捕捉如图 3-43 所示的端点 1
    当前线宽为 0.0
    指定下一个点或 [ 圆弧 (A)/ 半宽 (H)/ 长度 (L)/ 放弃 (U)/ 宽度 (W)]:
                                                    // 捕捉如图 3-43 所示的端点 2
    指定下一点或 [ 圆弧 (A)/ 闭合 (C)/ 半宽 (H)/ 长度 (L)/ 放弃 (U)/ 宽度 (W)]: // Enter
命令:                                               // Enter
    PLINE 指定起点:                                 // 捕捉如图 3-43 所示的端点 3
```

```
当前线宽为 0.0
指定下一个点或 [ 圆弧 (A)/ 半宽 (H)/ 长度 (L)/ 放弃 (U)/ 宽度 (W)]:          //@450,0 Enter
指定下一点或 [ 圆弧 (A)/ 闭合 (C)/ 半宽 (H)/ 长度 (L)/ 放弃 (U)/ 宽度 (W)]: //@0,-2100 Enter
指定下一点或 [ 圆弧 (A)/ 闭合 (C)/ 半宽 (H)/ 长度 (L)/ 放弃 (U)/ 宽度 (W)]: //@-450,0 Enter
指定下一点或 [ 圆弧 (A)/ 闭合 (C)/ 半宽 (H)/ 长度 (L)/ 放弃 (U)/ 宽度 (W)]:
        // Enter，绘制结果如图 3-44 所示
```

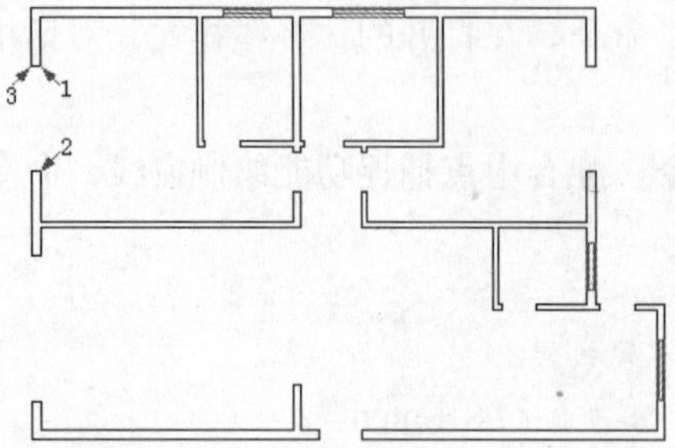

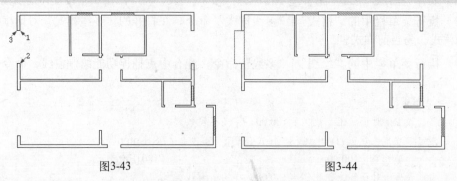

图3-43

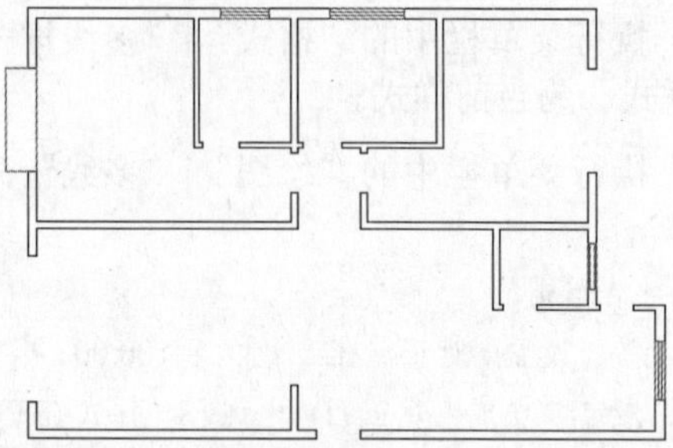
图3-44

⑦ 使用命令简写O激活“偏移”命令，将凸窗轮廓线向外侧偏移，命令行操作如下。

```
命令 : O
    OFFSET 当前设置 : 删除源 = 否  图层 = 源  OFFSETGAPTYPE=0
    指定偏移距离或 [ 通过 (T)/ 删除 (E)/ 图层 (L)] <2350.0>:          //40
    选择要偏移的对象，或 [ 退出 (E)/ 放弃 (U)] < 退出 >:            // 选择左侧的凸窗轮廓线
    指定要偏移的那一侧上的点，或 [ 退出 (E)/ 多个 (M)/ 放弃 (U)] < 退出 >:
                    // 在所选轮廓线的左侧拾取点
    选择要偏移的对象，或 [ 退出 (E)/ 放弃 (U)] < 退出 >:            // 选择刚偏移出的轮廓线
    指定要偏移的那一侧上的点，或 [ 退出 (E)/ 多个 (M)/ 放弃 (U)] < 退出 >:
                    // 在所选轮廓线的左侧拾取点
    选择要偏移的对象，或 [ 退出 (E)/ 放弃 (U)] < 退出 >:            // 选择刚偏移出的轮廓线
    指定要偏移的那一侧上的点，或 [ 退出 (E)/ 多个 (M)/ 放弃 (U)] < 退出 >:
                    // 在所选轮廓线的左侧拾取点
    选择要偏移的对象，或 [ 退出 (E)/ 放弃 (U)] < 退出 >:            // Enter，结果如图 3-45 所示
```

⑧ 参照步骤21、22的操作，综合使用“多段线”和“偏移”命令绘制右侧的凸窗轮廓线，结果如图3-46所示。

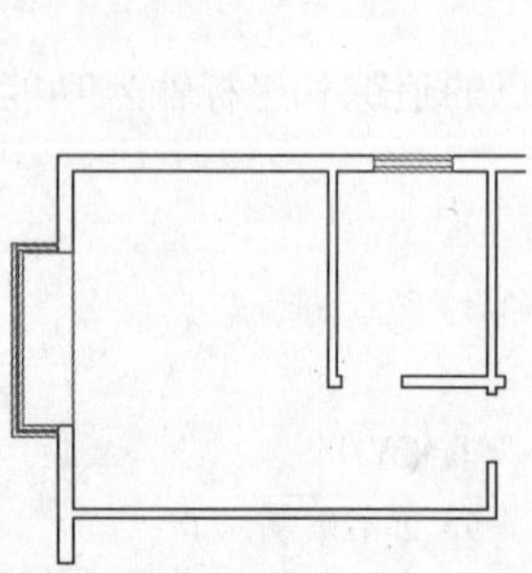
图3-45

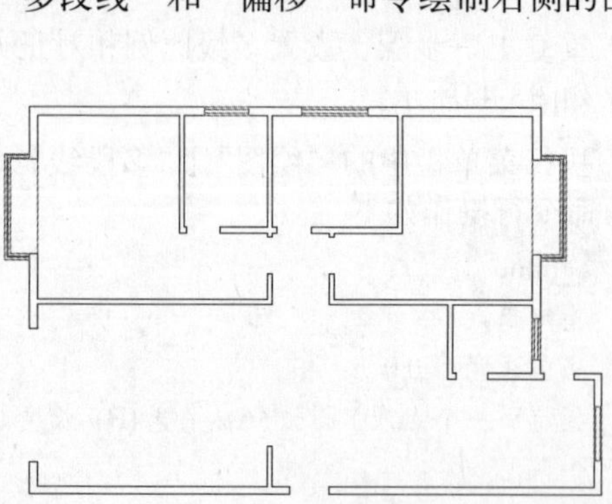
图3-46

⑨ 执行菜单栏中的“绘图”|“多段线”命令，配合坐标输入功能绘制阳台轮廓线，命

令行操作如下。

```
命令：_pline
    指定起点：                                        // 捕捉左下侧墙线的外角点
    当前线宽为 0
    指定下一个点或 [ 圆弧 (A)/ 半宽 (H)/ 长度 (L)/ 放弃 (U)/ 宽度 (W)]:          //@-1120,0 Enter
    指定下一点或 [ 圆弧 (A)/ 闭合 (C)/ 半宽 (H)/ 长度 (L)/ 放弃 (U)/ 宽度 (W)]: //@0,875 Enter
    指定下一点或 [ 圆弧 (A)/ 闭合 (C)/ 半宽 (H)/ 长度 (L)/ 放弃 (U)/ 宽度 (W)]: //A Enter
    指定圆弧的端点或 [ 角度 (A)/ 圆心 (CE)/ 闭合 (CL)/ 方向 (D)/ 半宽 (H)/ 直线 (L)/ 半径 (R)/
第二个点 (S)/ 放弃 (U)/ 宽度 (W)]:                    //S Enter
    指定圆弧上的第二个点：                            //@-400,1300 Enter
    指定圆弧的端点：                                  //@400,1300 Enter
    指定圆弧的端点或 [ 角度 (A)/ 圆心 (CE)/ 闭合 (CL)/ 方向 (D)/ 半宽 (H)/ 直线 (L)/ 半径 (R)/
第二个点 (S)/ 放弃 (U)/ 宽度 (W)]:                    //L Enter
    指定下一点或 [ 圆弧 (A)/ 闭合 (C)/ 半宽 (H)/ 长度 (L)/ 放弃 (U)/ 宽度 (W)]: //@0,875 Enter
    指定下一点或 [ 圆弧 (A)/ 闭合 (C)/ 半宽 (H)/ 长度 (L)/ 放弃 (U)/ 宽度 (W)]: //@1120,0 Enter
    指定下一点或 [ 圆弧 (A)/ 闭合 (C)/ 半宽 (H)/ 长度 (L)/ 放弃 (U)/ 宽度 (W)]:
                                                      // Enter，绘制结果如图 3-47 所示
```

⑩ 使用命令简写O激活“偏移”命令，将刚绘制的阳台轮廓线向右偏移120个单位，结果如图3-48所示。

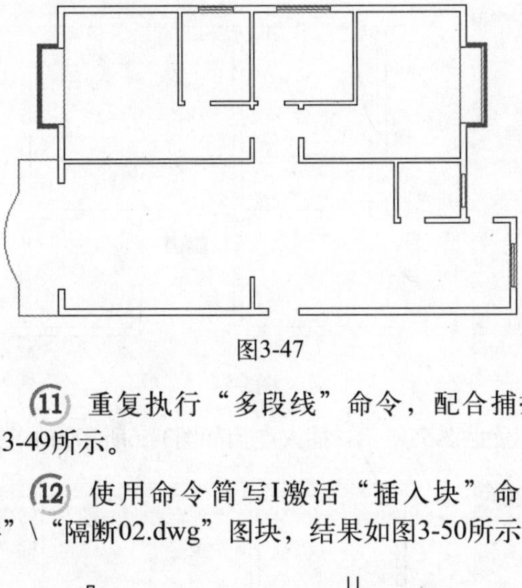

图3-47

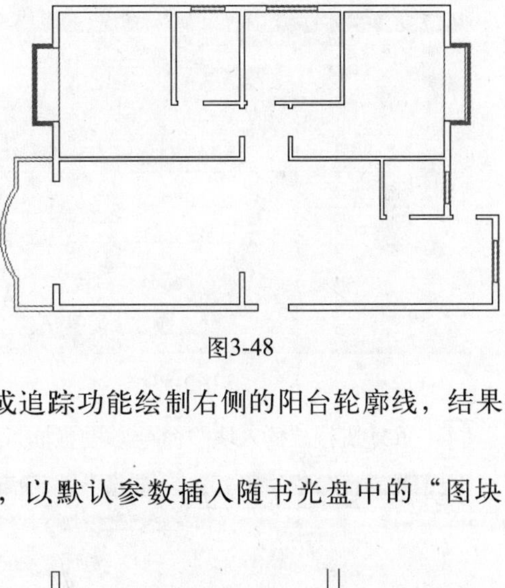

图3-48

⑪ 重复执行“多段线”命令，配合捕捉或追踪功能绘制右侧的阳台轮廓线，结果如图3-49所示。

⑫ 使用命令简写I激活“插入块”命令，以默认参数插入随书光盘中的“图块文件”\“隔断02.dwg”图块，结果如图3-50所示。

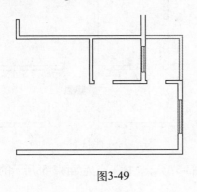

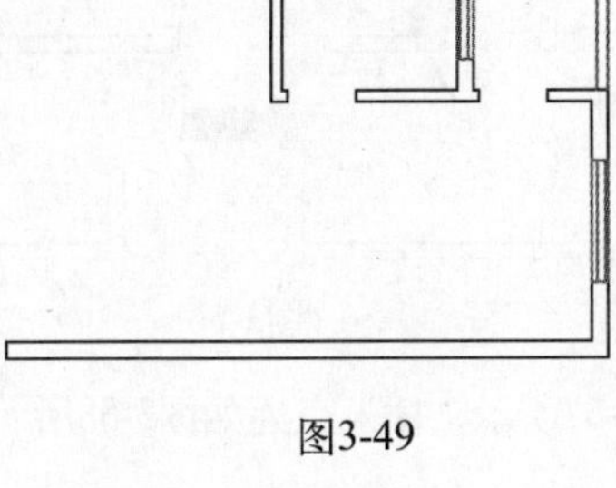

图3-49

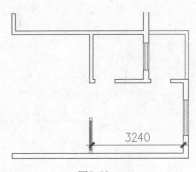

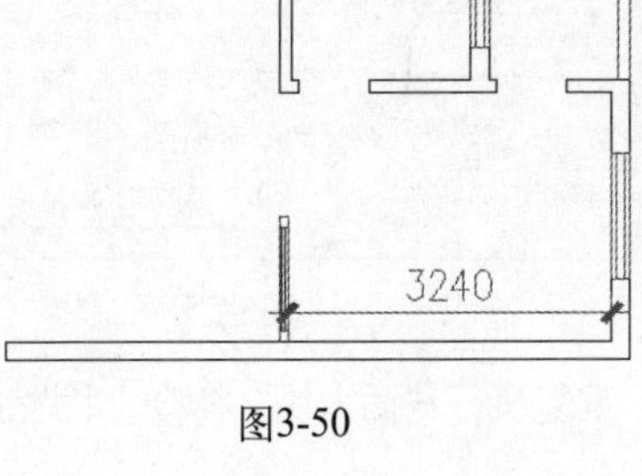

图3-50

至此，户型图中的平面窗、阳台等建筑构件绘制完毕，接下来将学习单开门与推拉门构件的快速绘制方法和技巧。

3.3.6 绘制单开门与推拉门构件

(1) 继续上节操作。

(2) 单击“绘图”工具栏中的按钮，激活“插入块”命令，插入随书光盘中的“图块文件”\“单开门.dwg”图块，块参数设置如图3-51所示，插入点为如图3-52所示的中点。

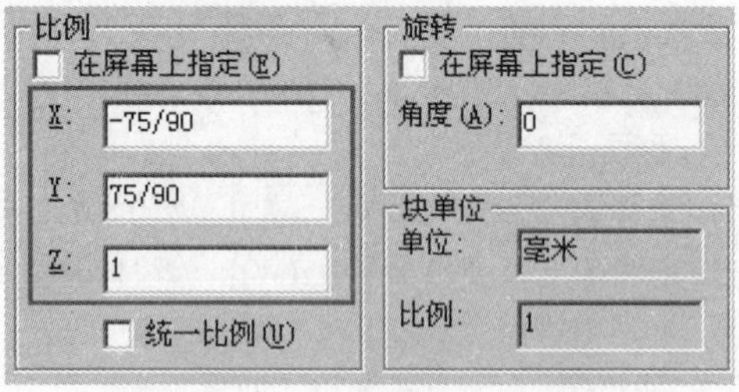

图3-51

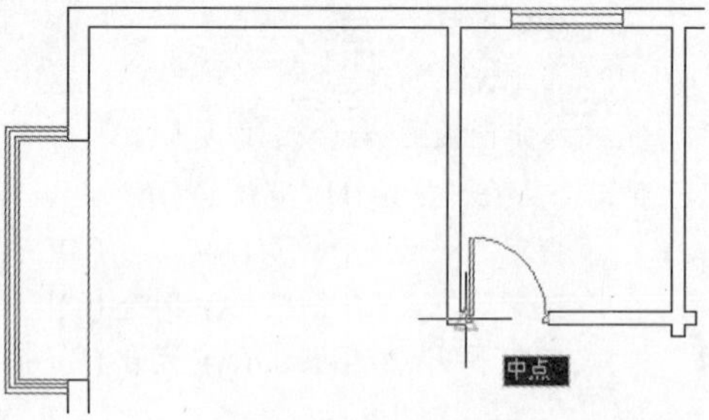

图3-52

(3) 重复执行“插入块”命令，设置插入参数如图3-53所示，插入点为如图3-54所示的中点。

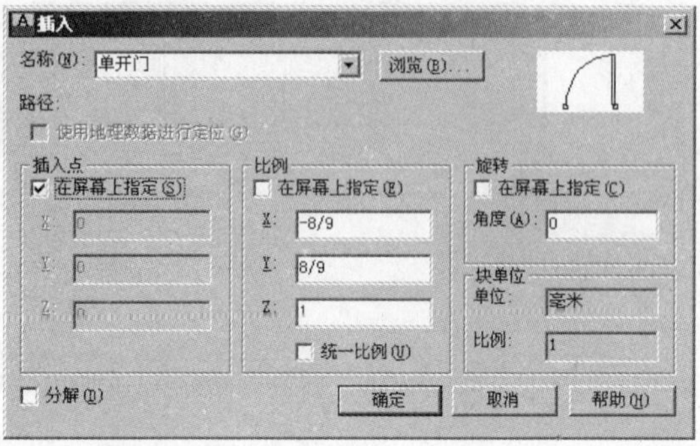

图3-53

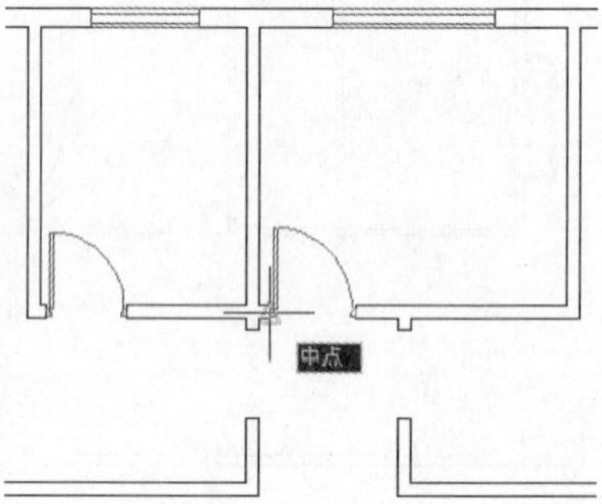

图3-54

(4) 重复执行“插入块”命令，设置插入参数如图3-55所示，插入点为如图3-56所示的中点。

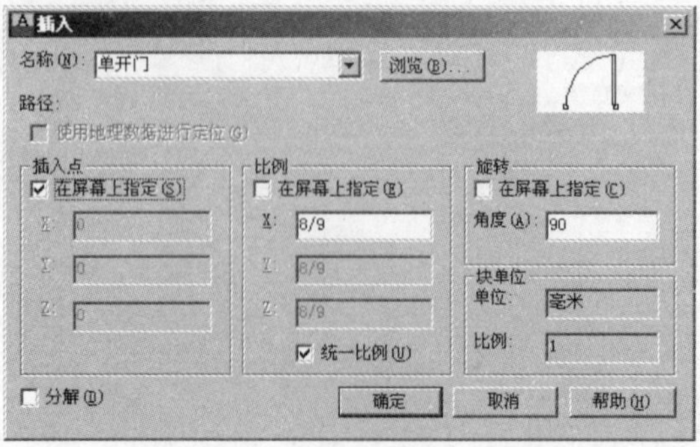

图3-55

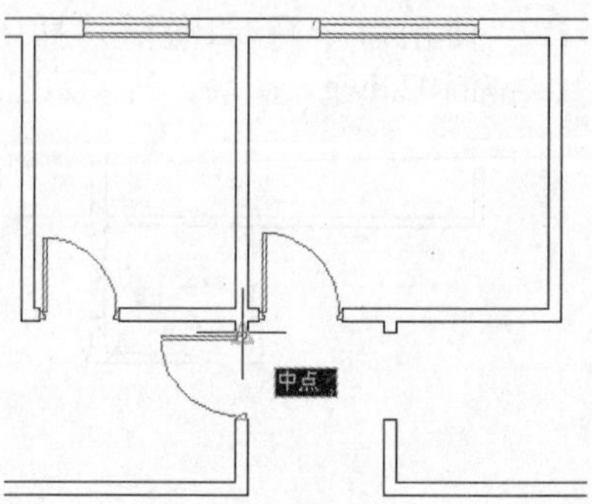

图3-56

(5) 重复执行“插入块”命令，设置插入参数如图3-57所示，插入点为如图3-58所示的中点。

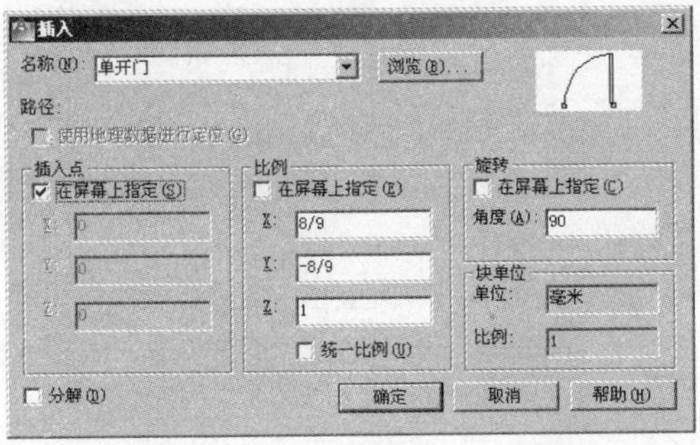

图3-57

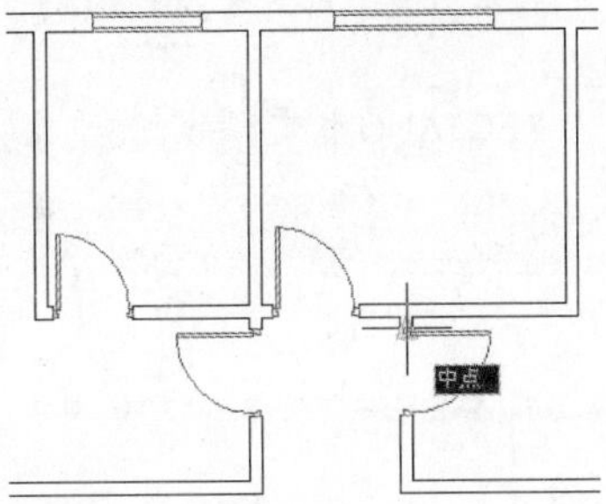

图3-58

6 重复执行“插入块”命令，设置插入参数如图3-59所示，插入点为如图3-60所示的中点。

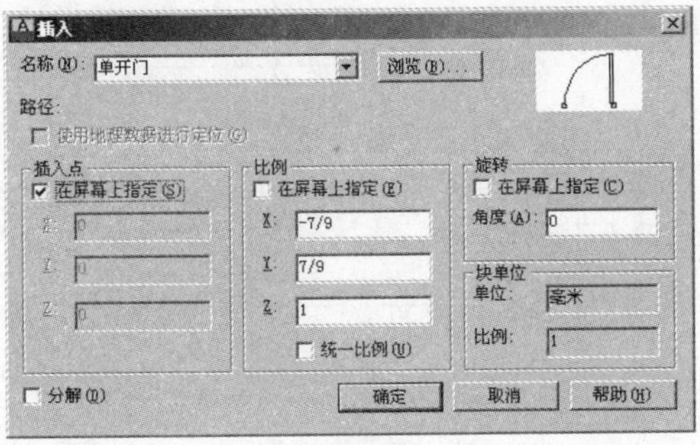

图3-59

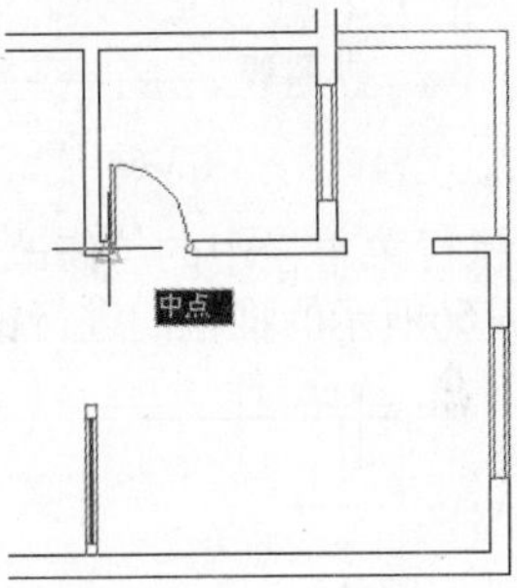

图3-60

7 重复执行“插入块”命令，设置插入参数如图3-59所示，插入点为如图3-61所示的中点。

8 重复执行“插入块”命令，设置插入参数如图3-62所示，插入点为如图3-63所示的中点。

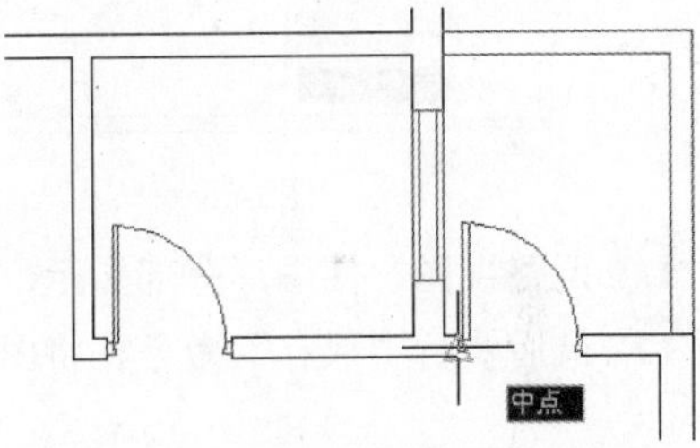

图3-61

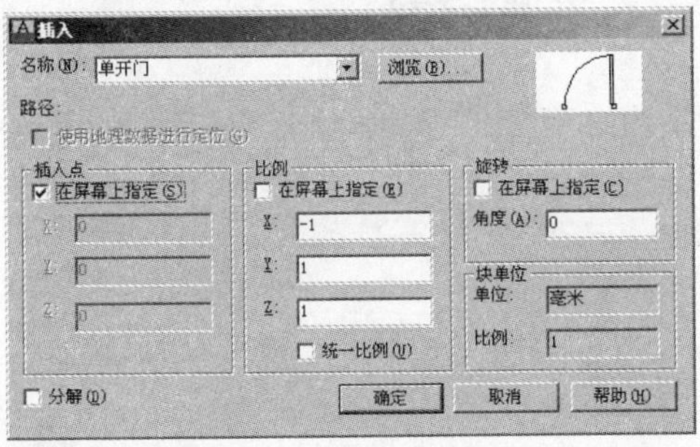

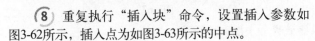

图3-62

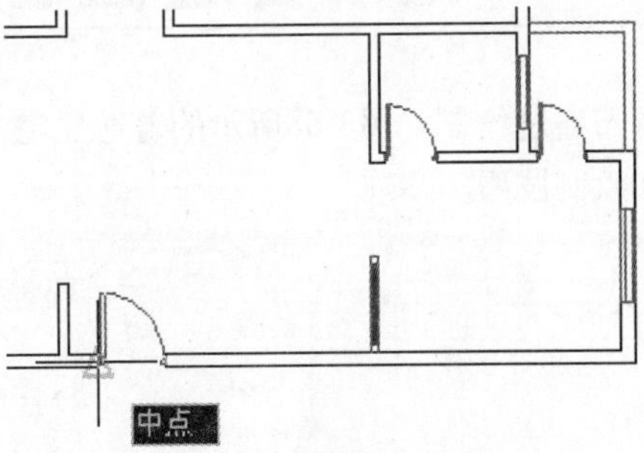

图3-63

9 执行菜单栏中的“绘图”|“矩形”命令，配合中点捕捉功能绘制推拉门，命令行操作如下。

```
命令 : _rectang
    指定第一个角点或 [ 倒角 (C)/ 标高 (E)/ 圆角 (F)/ 厚度 (T)/ 宽度 (W)]:
                                        // 捕捉如图 3-64 所示的中点
```

指定另一个角点或 [面积 (A)/ 尺寸 (D)/ 旋转 (R)]: //@40,750 Enter
命令:
RECTANG 指定第一个角点或 [倒角 (C)/ 标高 (E)/ 圆角 (F)/ 厚度 (T)/ 宽度 (W)]:
// 捕捉刚绘制的矩形左侧垂直边的中点
指定另一个角点或 [面积 (A)/ 尺寸 (D)/ 旋转 (R)]:
//@-40,750 Enter，绘制结果如图 3-65 所示

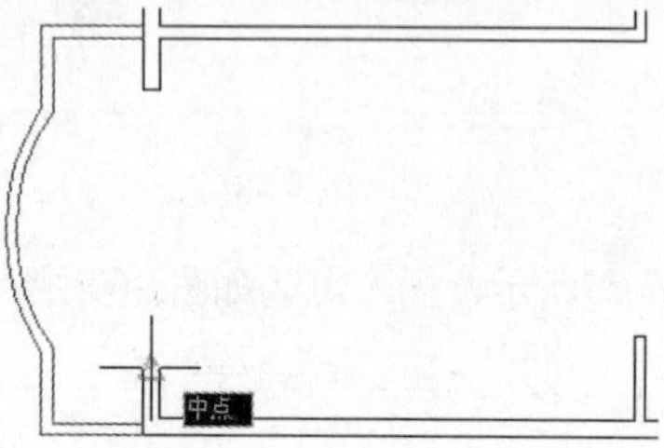

图3-64

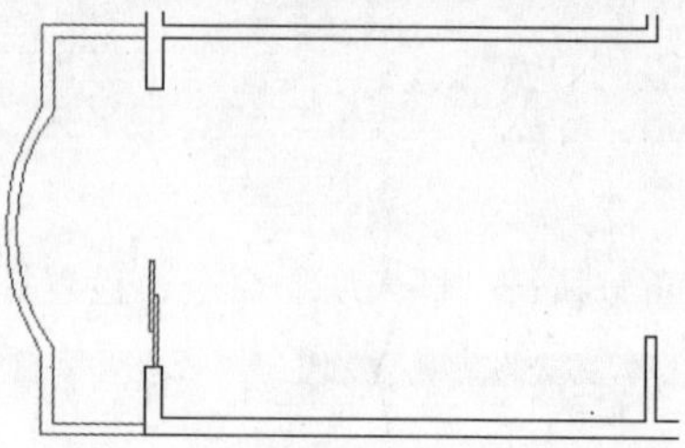

图3-65

⑩ 执行菜单栏中的“修改”|“镜像”命令，配合“两点之间的中点”捕捉功能，窗交选择如图3-66所示的推拉门进行镜像，结果如图3-67所示。

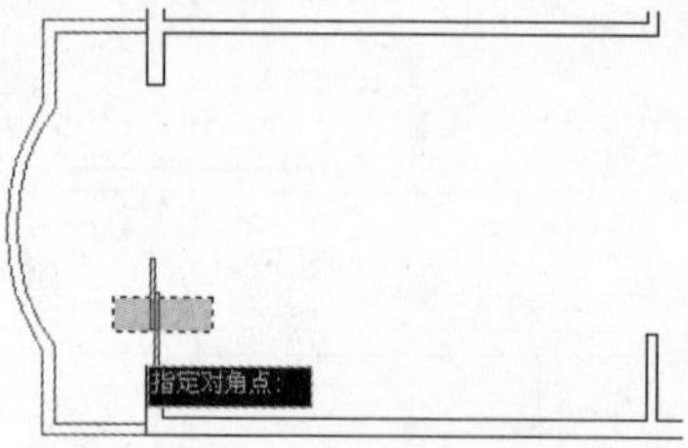

图3-66

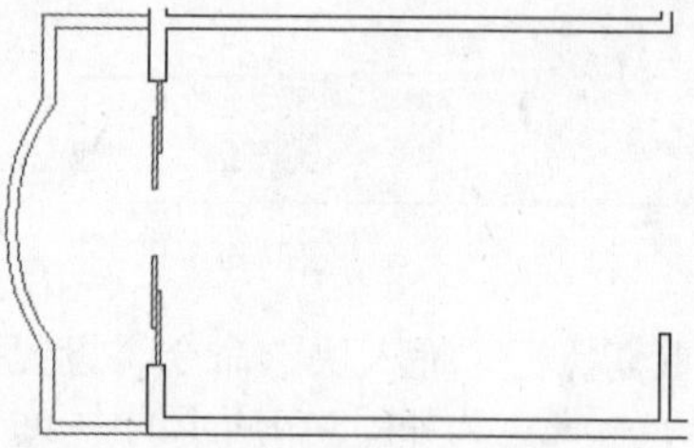

图3-67

⑪ 调整视图，使图形全部显示，最终效果如上图3-39所示。

⑫ 最后执行“保存”命令，将图形命名存储为“绘制普通住宅墙体结构图.dwg”。

3.4 绘制普通住宅室内布置图

本节通过绘制如图3-68所示的普通住宅户型室内布置图，主要学习户型布置图的具体绘制过程和绘制技巧。

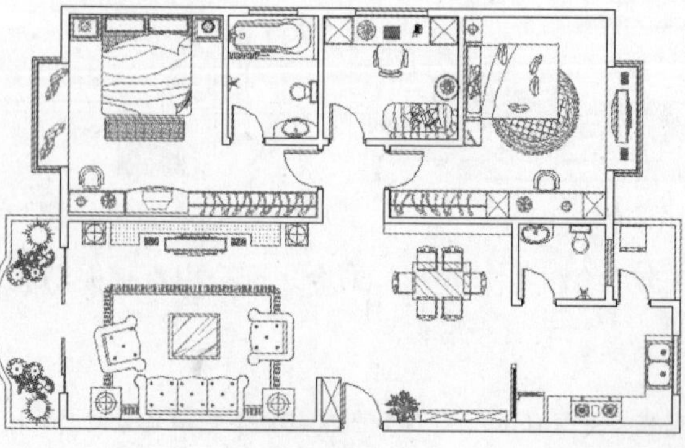

图3-68

在绘制普通住宅室内布置图时，具体可以参照如下绘图思路。

- 使用“插入块”命令为客厅布置电视、电视柜、沙发、茶几、绿化植物等。
- 使用“设计中心”命令为主卧室布置双人床、梳妆台、电视柜、衣柜等。
- 综合使用“插入块”、“设计中心”、“旋转”、“镜像”等命令绘制其他房间内的布置图。
- 使用“多段线”、“矩形”、“直线”等命令绘制鞋柜、装饰柜、储藏柜和厨房操作台等，对室内布置图进行完善。

3.4.1 绘制客厅家具布置图

(1) 打开上例存储的“绘制普通住宅墙体结构图.dwg”文件。

提示

读者也可以直接从随书光盘中的“效果文件”\“第3章”文件夹下打开此文件。

(2) 执行菜单栏中的“格式”|“图层”命令，在打开的“图层特性管理器”面板中双击“家具层”，将此图层设置为当前图层，如图3-69所示。

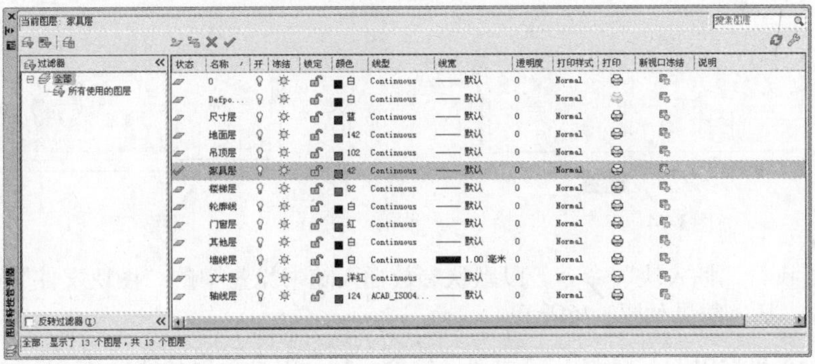

图3-69

(3) 单击“绘图”工具栏中的按钮，在打开的“插入”对话框中单击浏览(B)...按钮，选择随书光盘中的“图块文件”\“电视与电视柜03.dwg”图块，如图3-70所示。

(4) 单击打开(O)按钮，返回“插入”对话框，然后设置块参数如图3-71所示。

图3-70

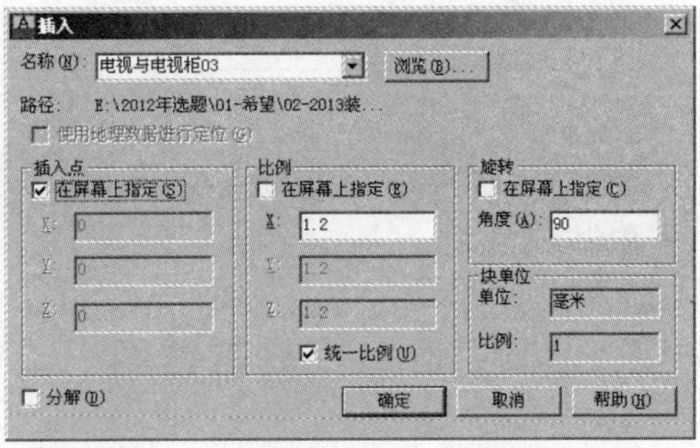

图3-71

(5) 单击 确定 按钮，返回绘图区，根据命令行的提示，配合中点捕捉功能，捕捉如图3-72所示的中点作为插入点，插入结果如图3-73所示。

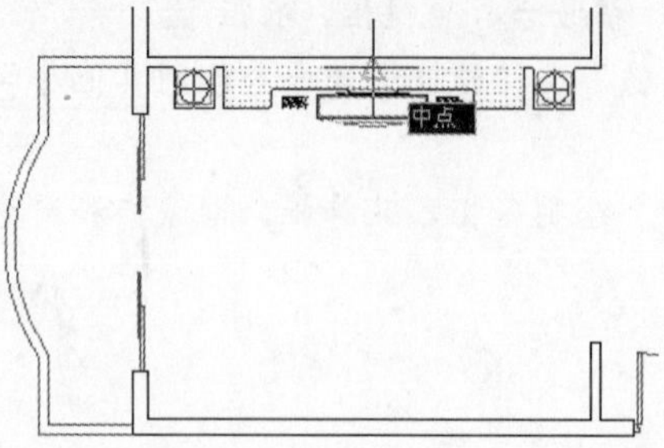

图3-72

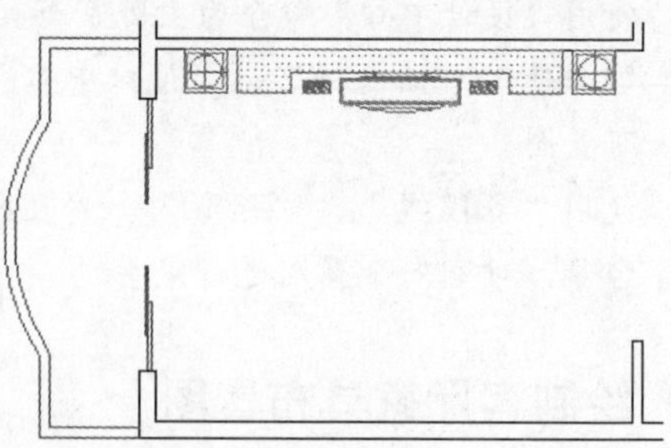
图3-73

(6) 重复执行“插入块”命令，采用默认参数插入随书光盘中的“图块文件”\“沙发组合02.dwg”图块，插入点为如图3-74所示的中点，插入结果如图3-75所示。

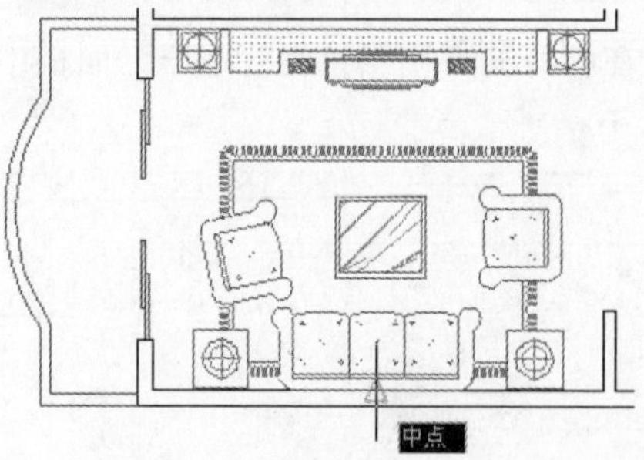

图3-74

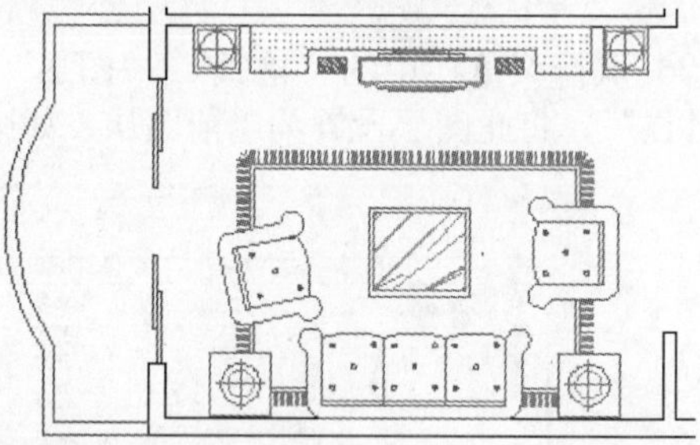
图3-75

(7) 重复执行“插入块”命令，以默认参数插入随书光盘中的“图块文件”\“绿化植物01.dwg”图块，插入结果如图3-76所示。

(8) 执行菜单栏中的“修改”|“镜像”命令，配合中点捕捉功能对插入的绿化植物图块进行镜像，结果如图3-77所示。

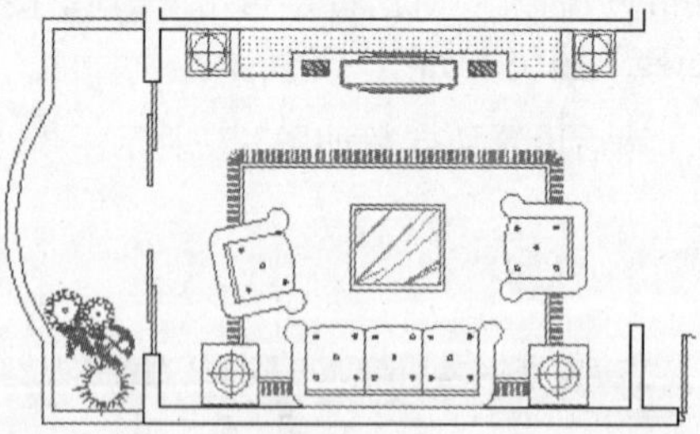
图3-76

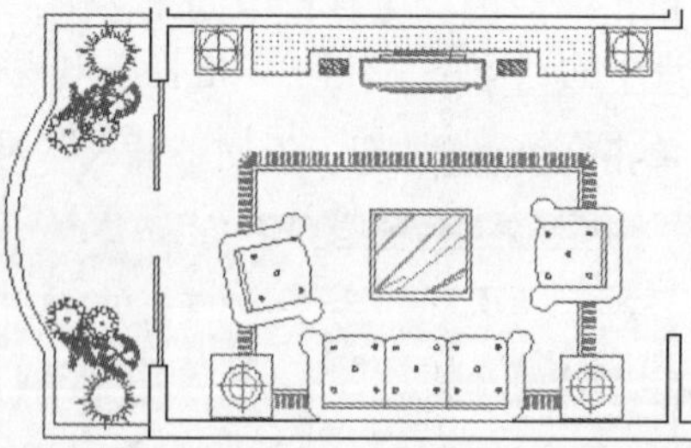
图3-77

至此，客厅家具布置图绘制完毕，下一小节将学习普通住宅主卧室家具布置图的具体绘制过程和相关技巧。

3.4.2 绘制主卧室家具布置图

(1) 继续上节操作。

(2) 单击“标准”工具栏中的▦按钮，激活“设计中心”命令，打开“设计中心”窗口，定位随书光盘中的“图块文件”文件夹，如图3-78所示。

图3-78

(3) 在右侧的窗口中选择“梳妆台与柜类组合01.dwg”文件，然后单击右键，选择快捷菜单中的“插入为块”命令，如图3-79所示，将此图形以块的形式共享到平面图中。

图3-79

(4) 此时打开“插入”对话框，采用默认设置，配合端点捕捉功能将图块插入到平面图中，插入点为如图3-80所示的端点，插入结果如图3-81所示。

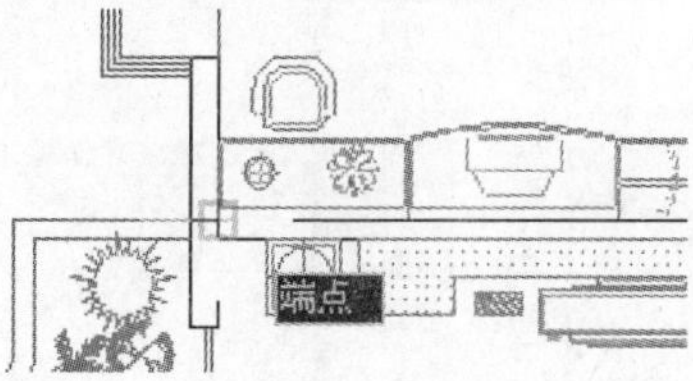

图3-80

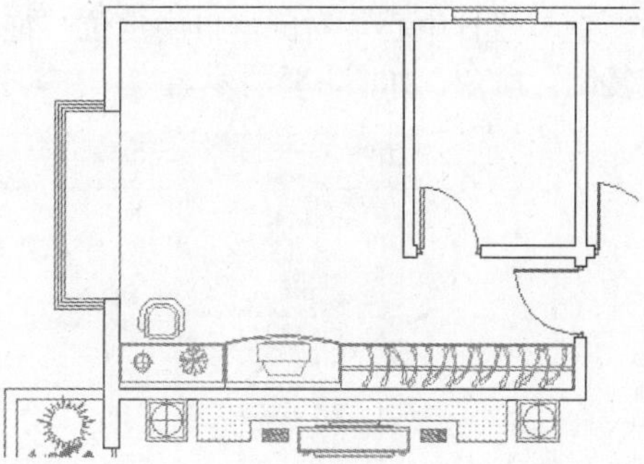

图3-81

(5) 在“设计中心”右侧的窗口中移动滑块，找到“双人床01.dwg”文件并选择，如图3-82所示。

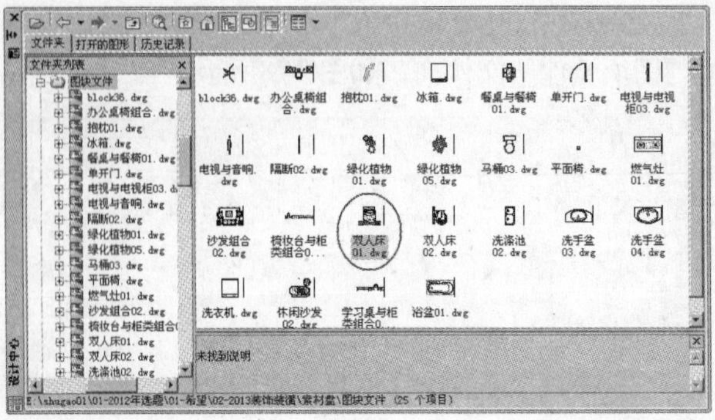

图3-82

(6) 按住鼠标左键不放，将其拖动至平面图中，配合捕捉功能将图块插入到平面图中，命令行操作如下。

命令：_-INSERT 输入块名或 [?] < 梳妆台与柜类组合 01>:
"G:\ 2012\ 素材盘 \ 图块文件 \ 双人床 01.dwg"
单位：毫米　转换：　1
指定插入点或 [基点 (B)/ 比例 (S)/X/Y/Z/ 旋转 (R)]:　//S Enter
指定 XYZ 轴的比例因子 <1>:　//1.05 Enter
指定插入点或 [基点 (B)/ 比例 (S)/X/Y/Z/ 旋转 (R)]:　//Y Enter
指定 Y 比例因子 <1>:　//-1 Enter
指定插入点或 [基点 (B)/ 比例 (S)/X/Y/Z/ 旋转 (R)]:　// 捕捉如图 3-83 所示的端点
指定旋转角度 <0.0>:　// Enter，插入结果如图 3-84 所示

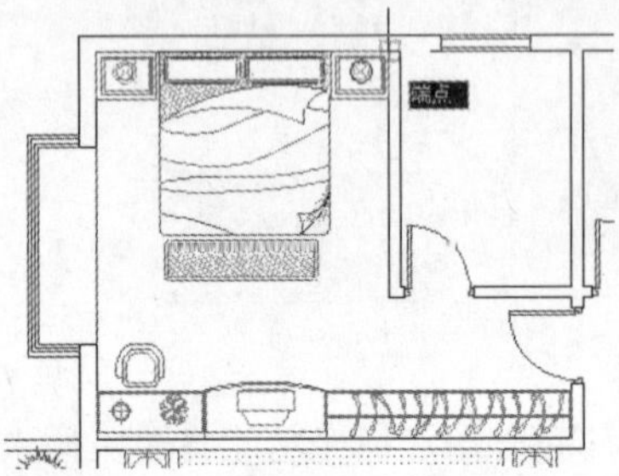

图3-83

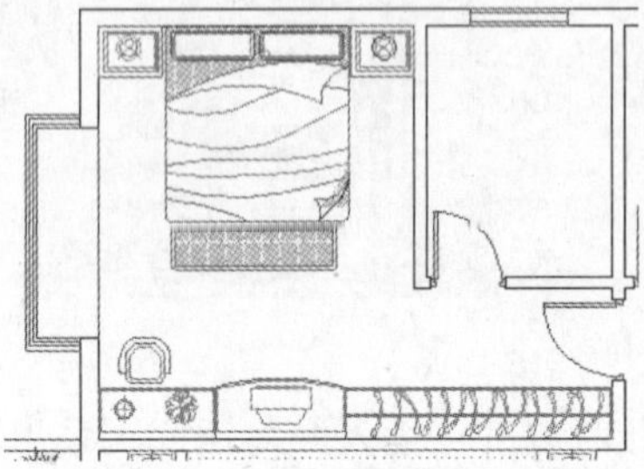

图3-84

(7) 在“设计中心”右侧窗口中定位“抱枕01.dwg”文件，然后单击右键，选择快捷菜单中的“复制”命令，如图3-85所示。

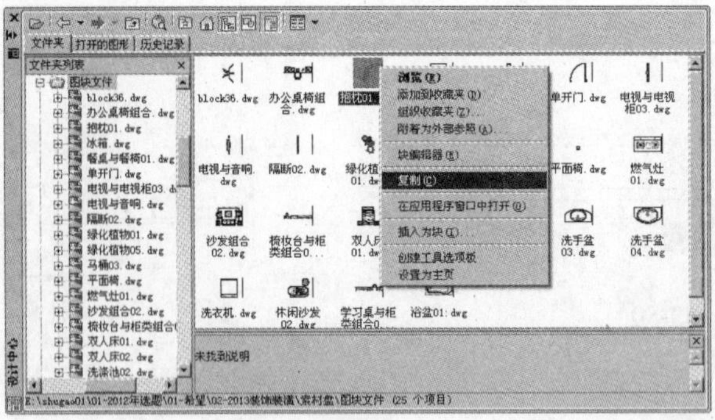

图3-85

(8) 执行菜单栏中的“编辑”|“粘贴”命令，根据命令行的提示，将图块共享到平面图中，命令行操作如下。

```
命令 : _pasteclip
命令 : _-INSERT 输入块名或 [?] < 双人床 01>:
    "G:\ 素材盘 \ 图块文件 \ 抱枕 01.dwg"
    单位 : 毫米   转换 :      1
    指定插入点或 [ 基点 (B)/ 比例 (S)/X/Y/Z/ 旋转 (R)]:                // Enter
    输入 X 比例因子，指定对角点，或 [ 角点 (C)/XYZ(XYZ)] <1>:// Enter
    输入 Y 比例因子或 < 使用 X 比例因子 >:                            // Enter
    指定旋转角度 <0.0>:                                              // Enter，结果如图 3-86 所示
```

(9) 执行菜单栏中的“修改”|“复制”命令，将刚粘贴的抱枕图块进行复制，结果如图3-87所示。

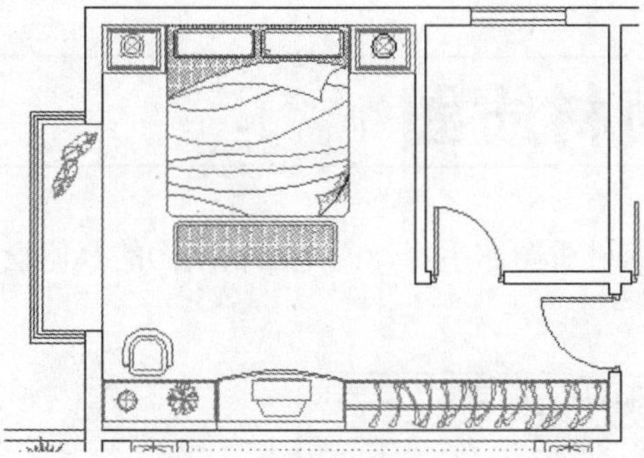

图3-86

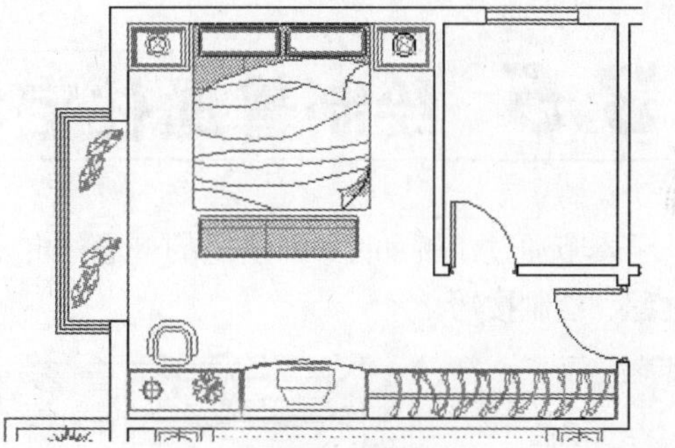

图3-87

3.4.3 绘制其他家具布置图

参照第3.4.1和3.4.2小节中的家具布置方法，综合使用“插入块”和“设计中心”命令，分别为餐厅、厨房、卫生间、子女房、书房等房间布置各种室内用具图例，布置后的结果如图3-88所示。

使用命令简写L激活“直线”命令，配合追踪或坐标功能绘制如图3-89所示的厨房操作台轮廓线和图3-90所示的柜子示意图。

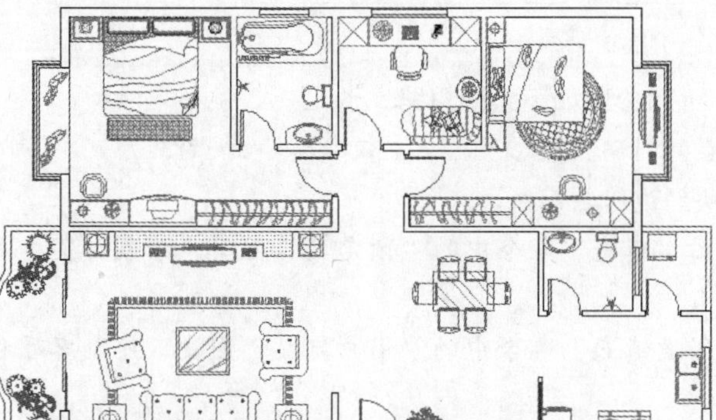

图3-88

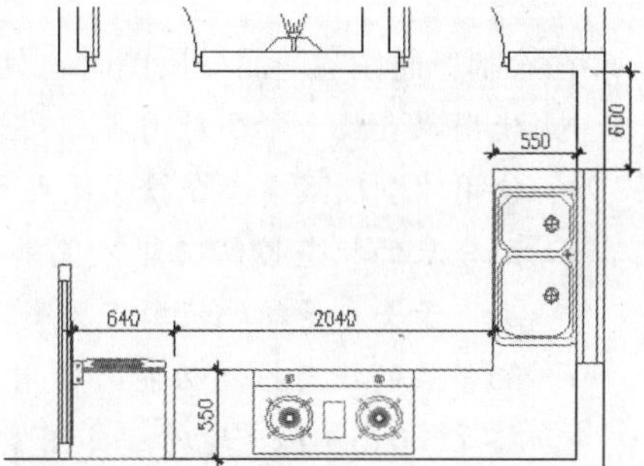

图3-89

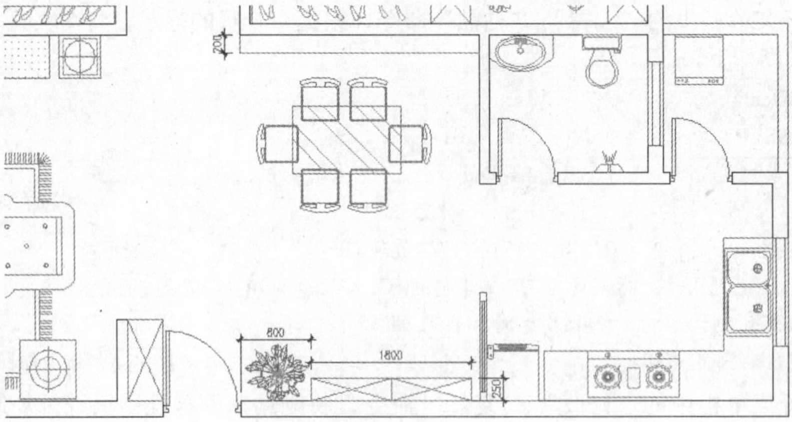

图3-90

3.5 绘制普通住宅地面材质图

本节通过绘制如图3-91所示的普通住宅户型地面材质图，主要学习地面材质图的具体绘制过程和绘制技巧。

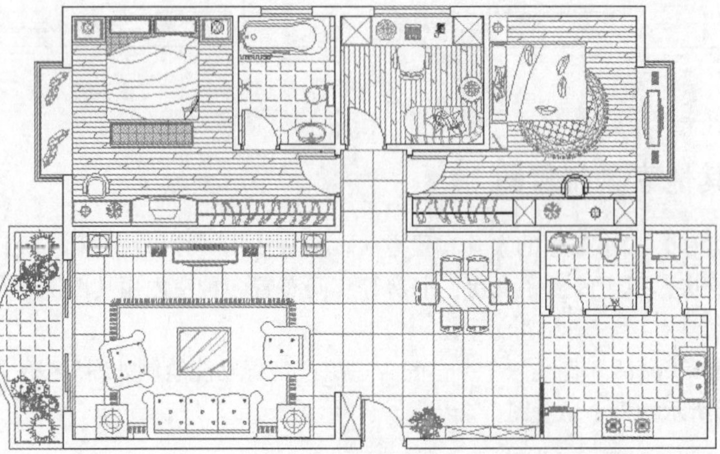

图3-91

在绘制普通住宅地面材质图时，具体可以参照如下绘图思路。

- 使用“直线”命令封闭各房间位置的门洞。
- 使用“多段线”命令绘制某些图块的边缘轮廓线。
- 配合层的状态控制功能，使用“图案填充”命令中的“预定义”图案，绘制卧室、书房、子女房等的地板填充图案。
- 配合层的状态控制功能，使用“图案填充”命令中的“用户定义”图案，绘制客厅和餐厅600x600抛光地砖填充图案。
- 配合层的状态控制功能，使用“图案填充”命令中的“预定义”图案，绘制卫生间、厨房、阳台等位置的300x300防滑地砖图案。

3.5.1 绘制厨房和卫生间材质图

(1) 执行“打开”命令，打开随书光盘中的“效果文件”\“第3章”\“绘制普通住宅家具布置图.dwg”。

(2) 执行菜单栏中的“格式”|“图层”命令，在打开的“图层特性管理器”面板中双击“地面层”，将其设置为当前层。

(3) 执行菜单栏中的“绘图”|“直线”命令，配合捕捉功能分别将各房间两侧门洞连接起来，以形成封闭区域，结果如图3-92所示。

(4) 在无命令执行的前提下，分别选择各卫生间内的平面图块以及厨房操作台轮廓线，使其呈现夹点显示，如图3-93所示。

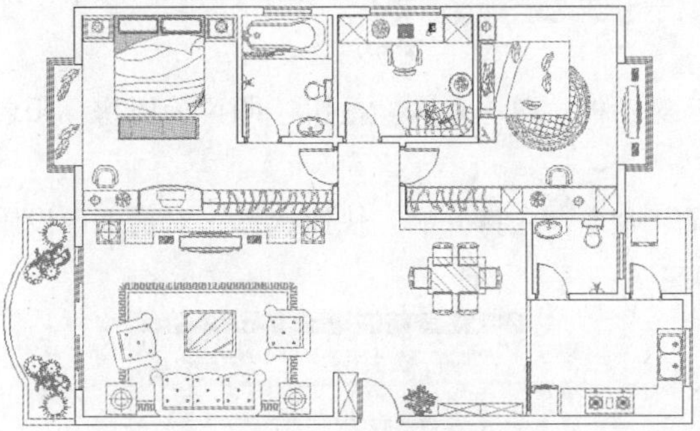

图3-92

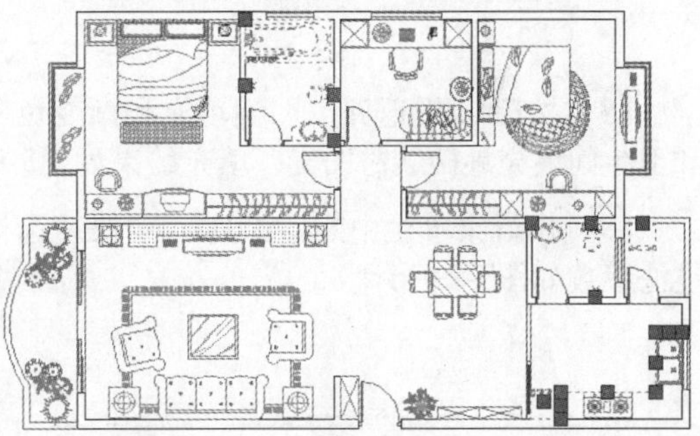

图3-93

(5) 取消对象的夹点显示，然后展开“图层”工具栏中的“图层控制”下拉列表，暂时冻结“图块层”，如图3-94所示，此时平面图的显示效果如图3-95所示。

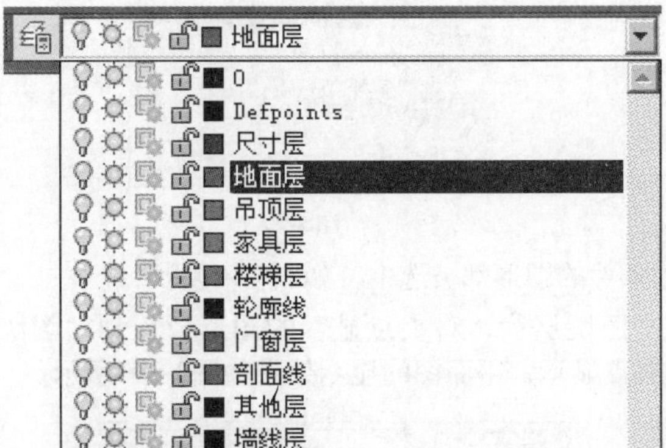

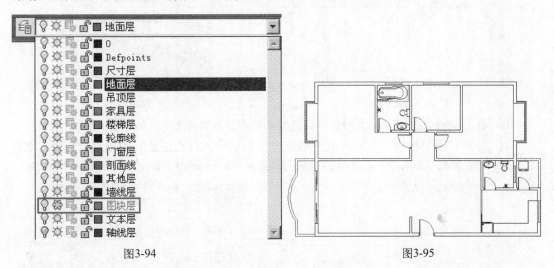

图3-94

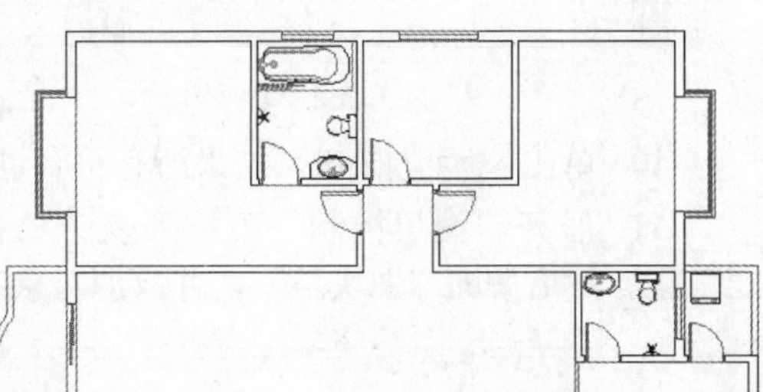

图3-95

(6) 单击“绘图”工具栏中的按钮，打开“图案填充和渐变色”对话框，设置填充比例和填充类型等参数如图3-96所示。

(7) 在对话框中单击“添加:拾取点”按钮，返回绘图区，分别在卫生间、阳台和厨房内部的空白区域上单击左键，系统会自动分析出填充区域，如图3-97所示。

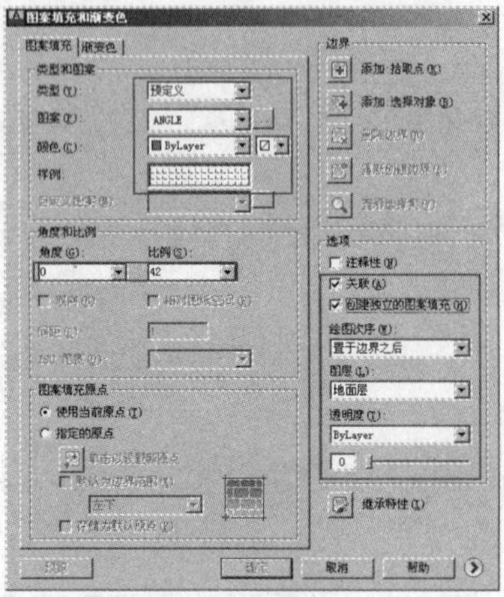

图3-96

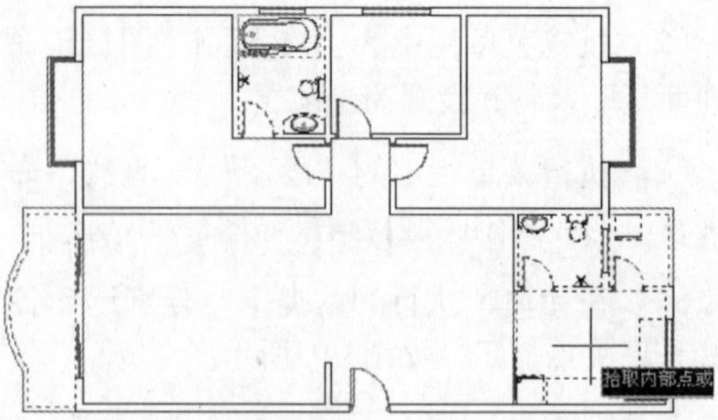

图3-97

⑧ 按Enter键返回“图案填充和渐变色”对话框，单击确定按钮，即可为厨房、阳台和卫生间填充地砖装修图案，填充结果如图3-98所示。

⑨ 执行菜单栏中的“工具”|“快速选择”命令，在打开的“快速选择”对话框中设置过滤参数如图3-99所示。

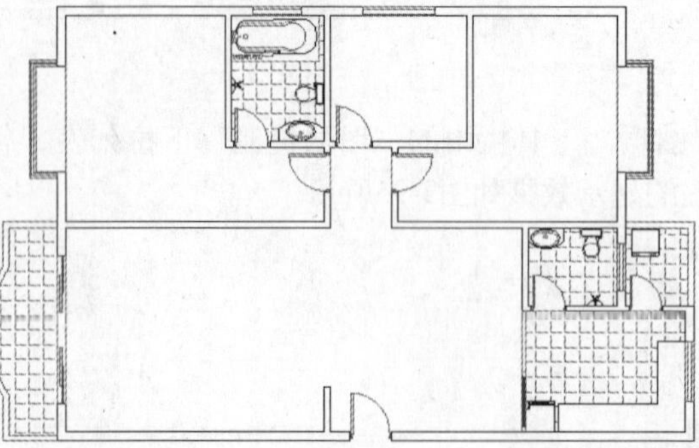

图3-98

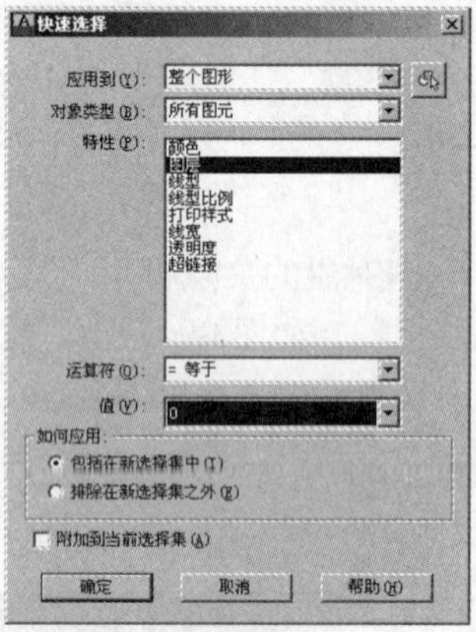

图3-99

⑩ 单击确定按钮，结果所有符合过滤条件的图形都被选中，如图3-100所示。

⑪ 展开“图层控制”下拉列表，单击“图块层”，将夹点显示的图形放置到“图块层”上，然后解冻“图块层”，并取消对象的夹点显示，平面图的显示效果如图3-101所示。

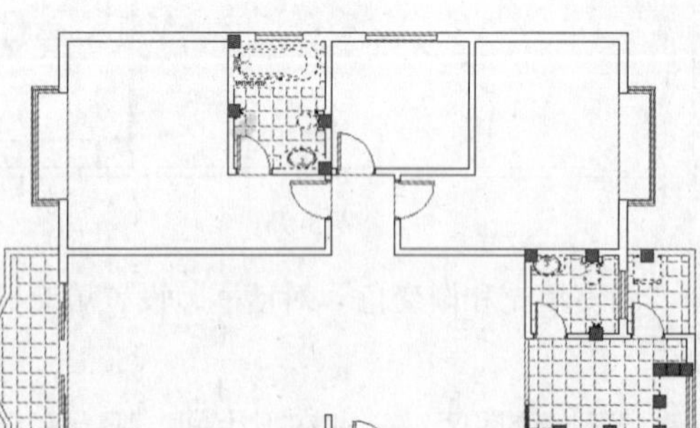

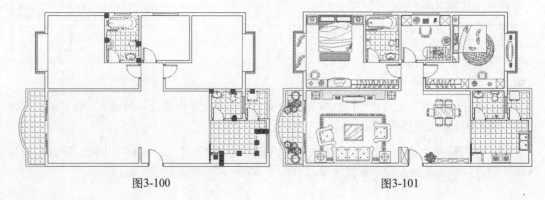

图3-100

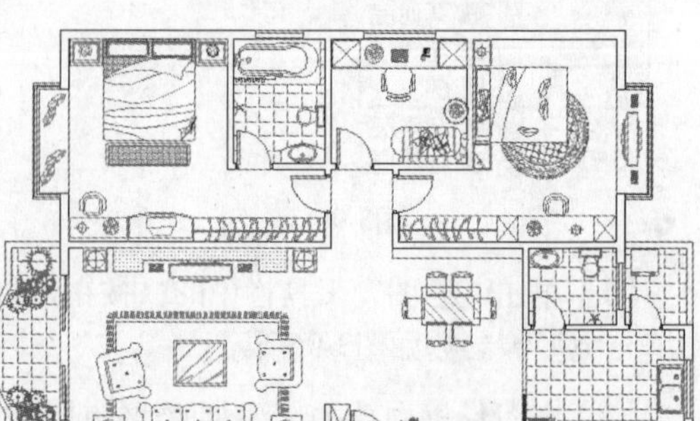

图3-101

至此，厨房和卫生间地面装修材质图绘制完毕，下一小节学习书房和主卧室地板装修材质图的绘制过程和绘制技巧。

3.5.2 绘制书房和主卧室材质图

(1) 继续上节操作。

(2) 在无命令执行的前提下，夹点显示书房和主卧室内的家具图块，如图3-102所示。

(3) 展开“图层控制”下拉列表，将夹点显示的图块放置到“0图层”上，并冻结“0图层”，此时平面图的显示效果如图3-103所示。

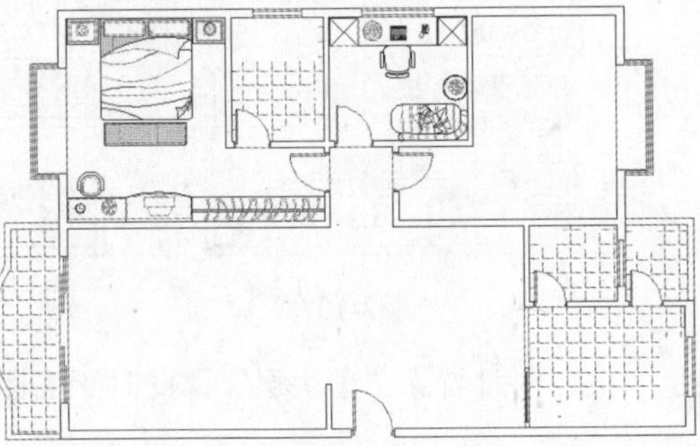

图3-102

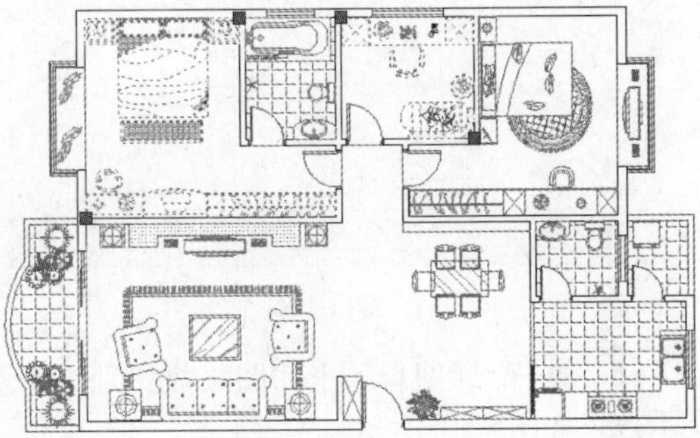

图3-103

(4) 执行菜单栏中的“绘图”|“图案填充”命令，设置填充图案及参数如图3-104所示，为书房填充如图3-105所示的地板图案。

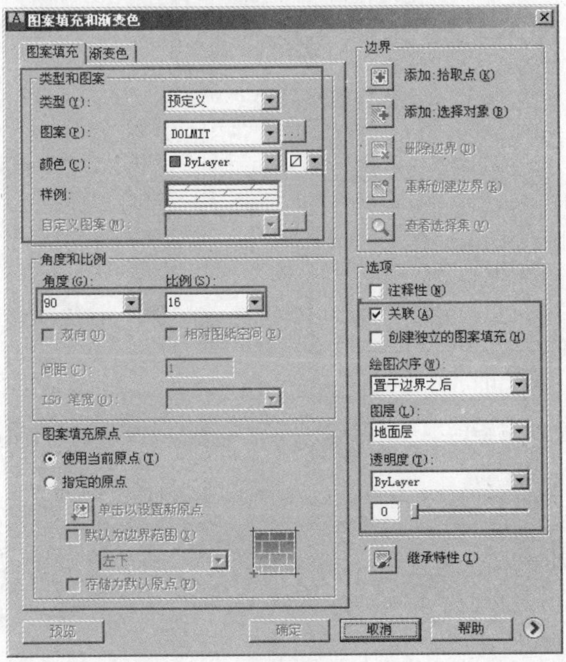

图3-104

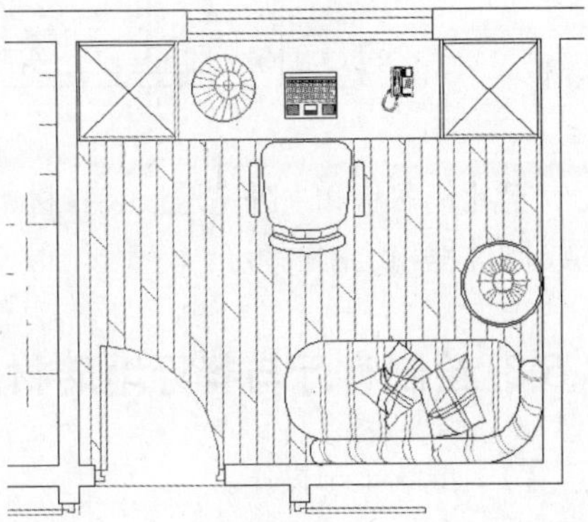

图3-105

(5) 重复执行“图案填充”命令，设置填充图案与参数如图3-106所示，为主卧室填充如图3-107所示的图案。

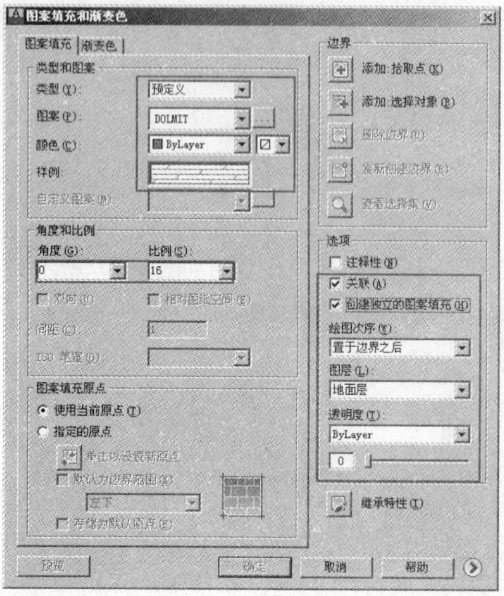

图3-106

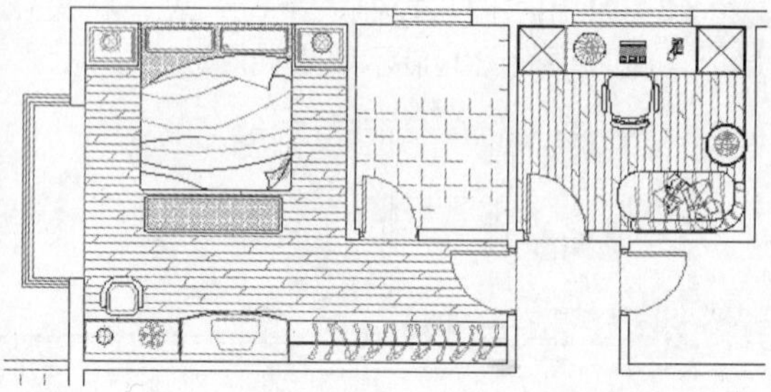

图3-107

(6) 选择"0图层"上的图块放置到"图块层"上，同时解冻"图块层"，此时平面图的显示效果如图3-108所示。

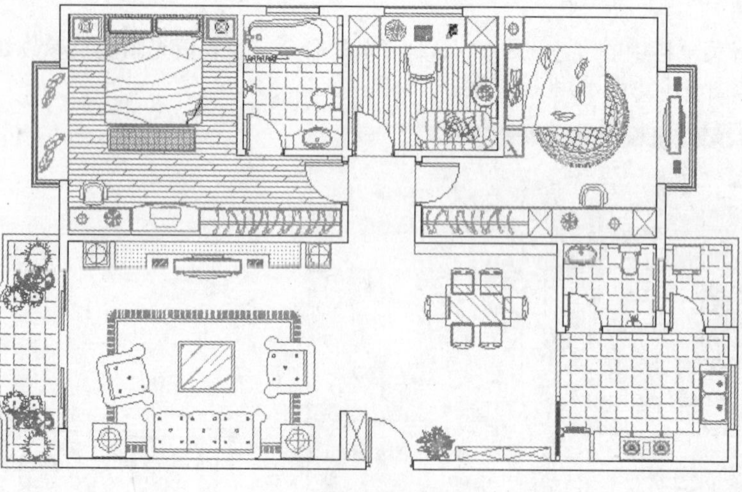

图3-108

至此，书房和主卧室地板装修材质图绘制完毕，下一小节学习客厅与餐厅地砖装修材质图的绘制过程和绘制技巧。

3.5.3 绘制客厅与餐厅地砖材质图

(1) 继续上节操作。

(2) 将"其他层"设置为当前图层，然后使用"多段线"命令，配合最近点捕捉和端点捕捉等功能，分别沿着客厅沙发组合和右侧房间内的双人床图块外边缘绘制闭合的边界，边界的夹点效果如图3-109所示。

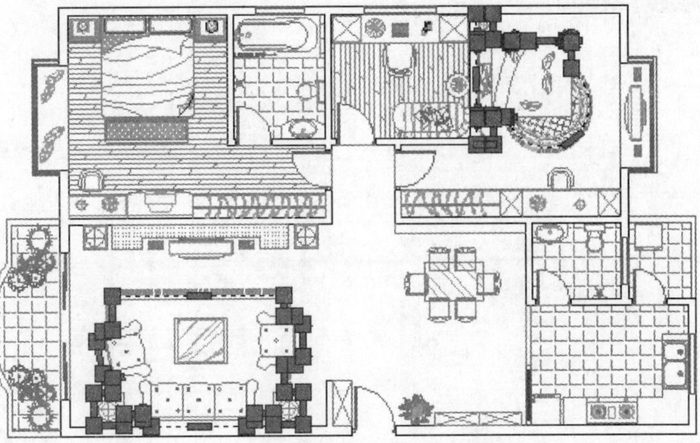

图3-109

③ 在无命令执行的前提下，夹点显示如图3-110所示的对象，将其放到“0图层”上，同时冻结“图块层”，此时平面图显示效果如图3-111所示。

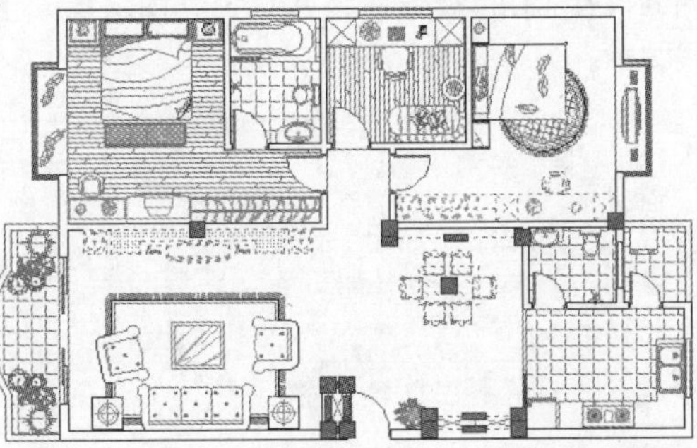

图3-110

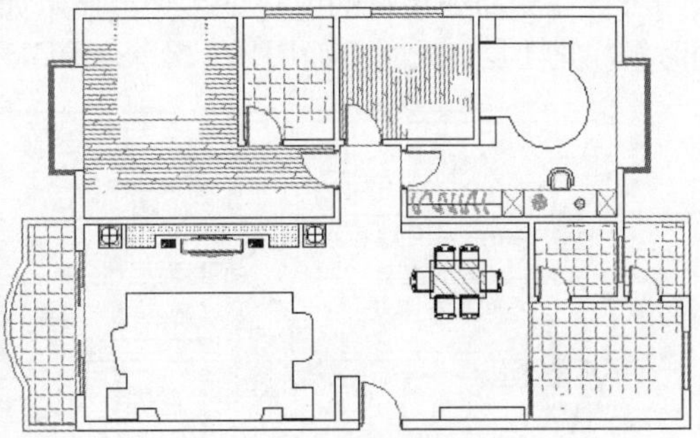

图3-111

④ 将“地面层”设置为当前图层，然后使用命令简写H激活“图案填充”命令，设置填充图案的类型以及填充比例等参数如上图3-106所示。

⑤ 返回绘图区，拾取如图3-112所示的填充区域，为子女房填充如图3-113所示的地板装饰图案。

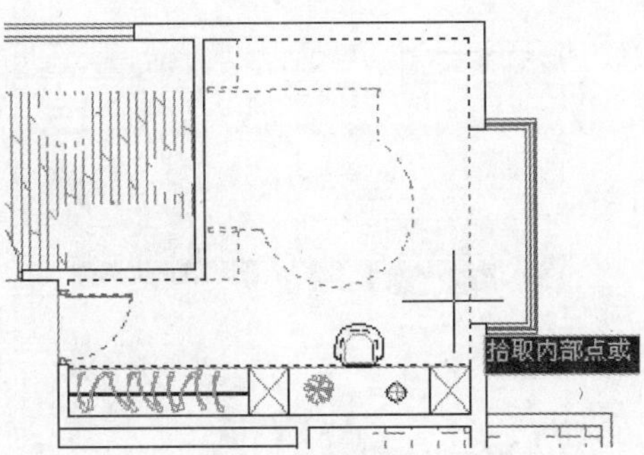

图3-112

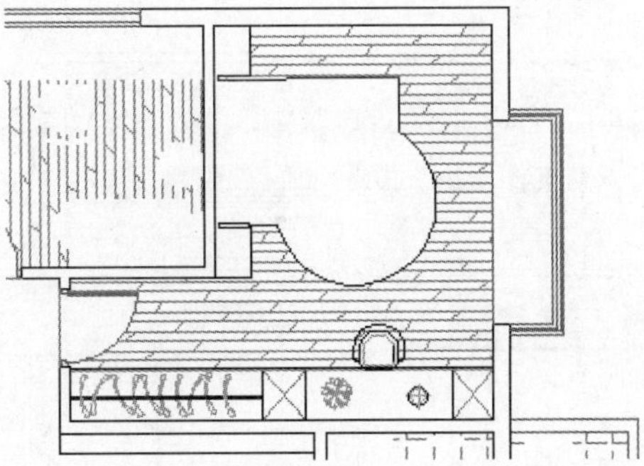

图3-113

⑥ 重复执行“图案填充”命令，设置填充图案的类型以及填充比例等参数如图3-114所示，然后返回绘图区，拾取如图3-115所示的填充区域，填充如图3-116所示的地砖装饰图案。

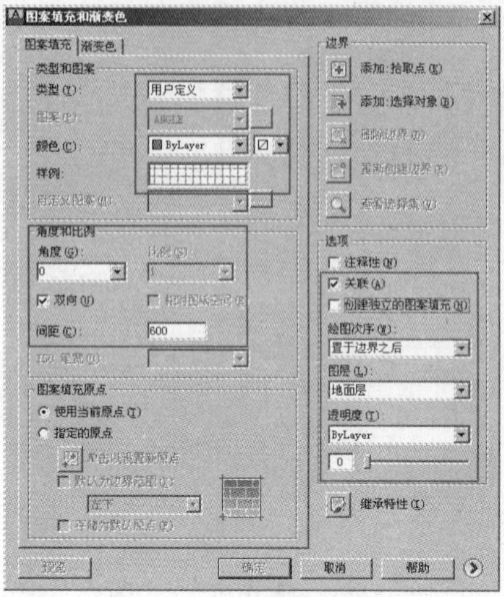

图3-114

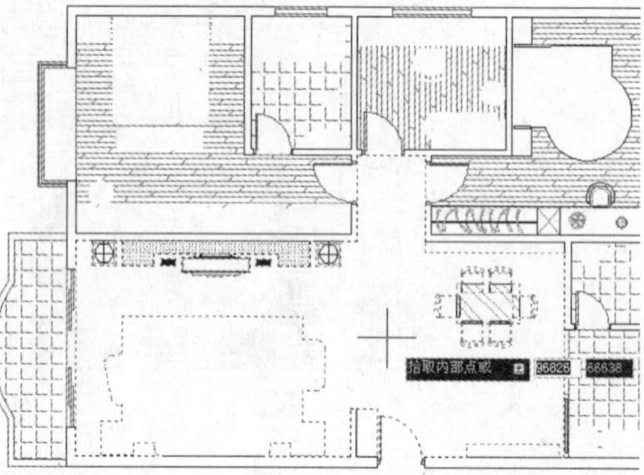

图3-115

⑦ 在无命令执行的前提下，夹点显示如图3-117所示的对象，将其放到“图块层”上，同时解冻此图层，此时平面图显示效果如图3-118所示。

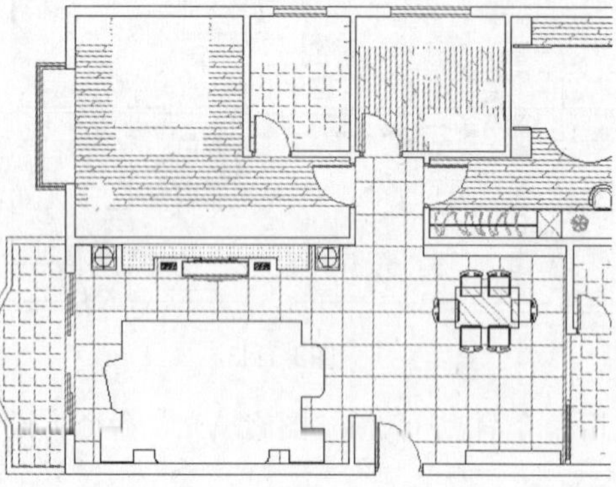

图3-116

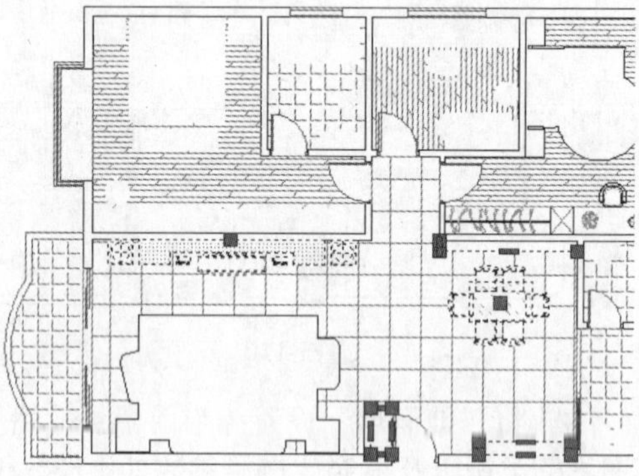

图3-117

⑧ 在客厅地砖填充图案上单击右键，从弹出的快捷菜单中选择“设定原点”命令，如图3-119所示。

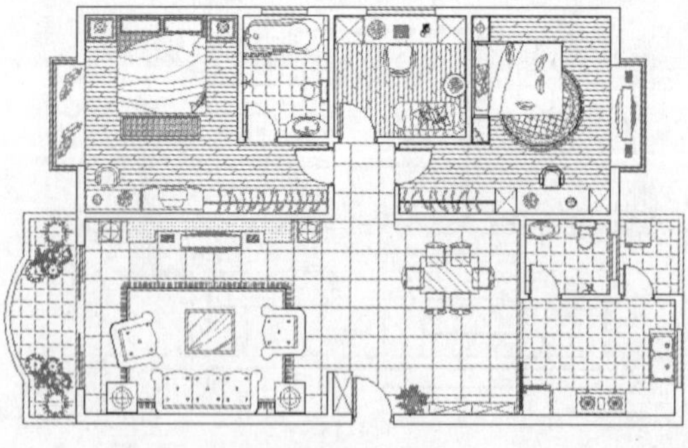

图3-118

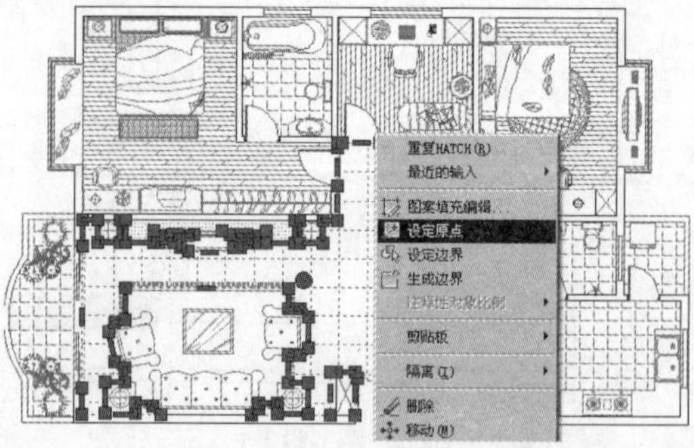

图3-119

⑨ 在命令行“选择新的图案填充原点:”提示下，激活“两点之间的中点”功能。

⑩ 继续在命令行"_m2p 中点的第一点:"提示下捕捉如图3-120所示的端点。

⑪ 在命令行"中点的第二点:"提示下捕捉如图3-121所示的端点，图案原点修改后的效果如图3-122所示。

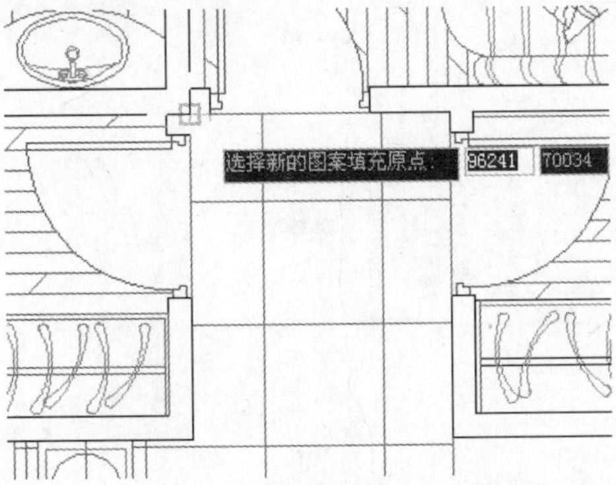

图3-120

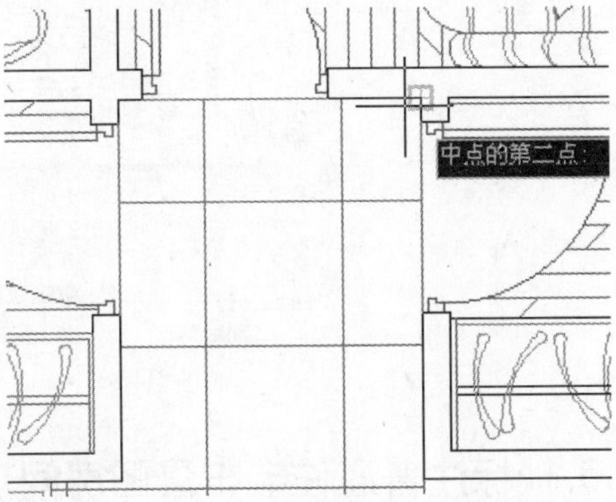

图3-121

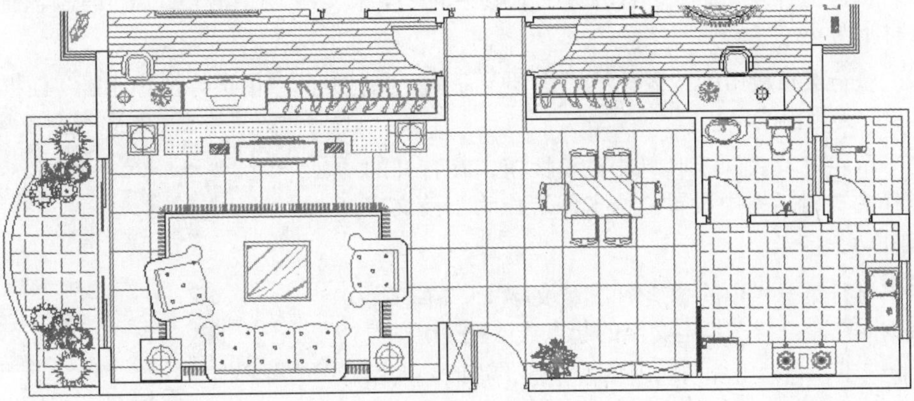

图3-122

⑫ 调整视图，使平面图全部显示，最终结果如上图3-91所示。

⑬ 最后使用"另存为"命令，将图形另名存储为"绘制普通住宅地面装修材质图.dwg"。

3.6 标注普通住宅布置图文字注释

本例主要学习普通住宅装修布置图文字注释的快速标注方法和操作技巧。普通住宅装修布置图文字注释的的最终标注效果如图3-123所示。

在标注普通住宅地面布置图文字注释时，可以参照如下绘图思路。

- 使用"单行文字"、"编辑图案填充"命令标注普通住宅各房间的使用功能性注释。
- 使用"图案填充编辑"命令编辑与完善普通住宅布置图地面材质图案。
- 使用"多重引线样式"命令设置布置图多重引线注释样式。
- 最后使用"多重引线"命令快速标注普通住宅布置图地面材质注解。

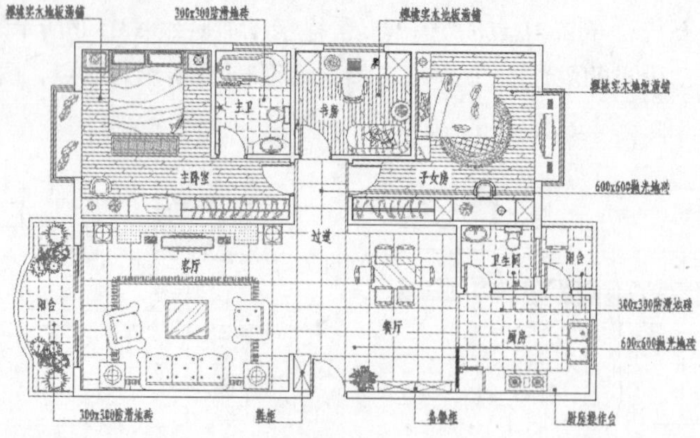

图3-123

3.6.1 标注普通住宅布置图房间功能

(1) 执行“打开”命令，打开随书光盘中的“效果文件”\“第3章”\“绘制普通住宅地面装修材质图.dwg”。

(2) 执行菜单栏中的“格式”|“图层”命令，在打开的“图层特性管理器”面板中设置“文本层”为当前图层。

(3) 单击“样式”工具栏中的A按钮，在打开的“文字样式”对话框中设置“仿宋体”作为当前文字样，如图3-124所示。

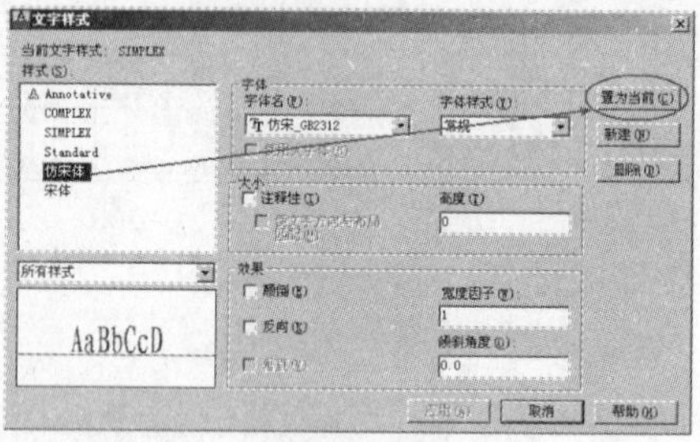

图3-124

(4) 执行菜单栏中的“绘图”|“文字”|“单行文字”命令，在命令行“指定文字的起点或[对正(J)/样式(S)]:”提示下，在左上侧房间内单击左键，拾取一点作为文字的起点。

(5) 继续在命令行“指定高度<2.5>:”提示下，输入260并按Enter键，将当前文字的高度设置为260个绘图单位。

(6) 在命令行“指定文字的旋转角度<0.00>:”提示下按Enter键，此时绘图区会出现一个单行文字输入框，如图3-125所示。

(7) 在命令行内输入“主卧室”，此时所输入的文字会出现在单行文字输入框内，如图3-126所示。

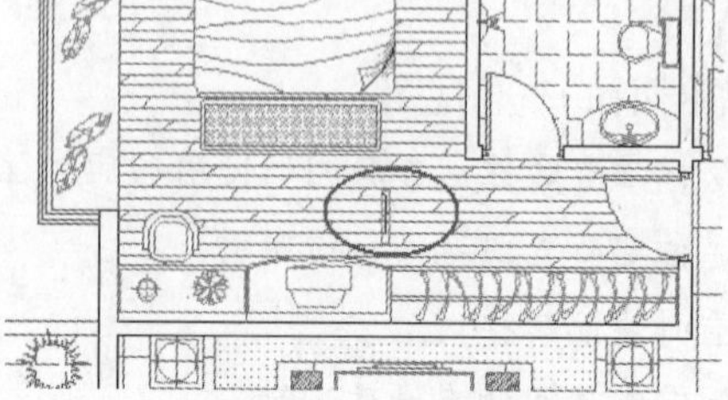

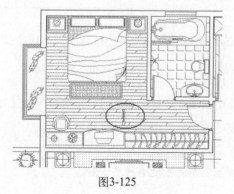

图3-125

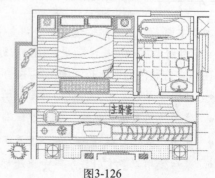

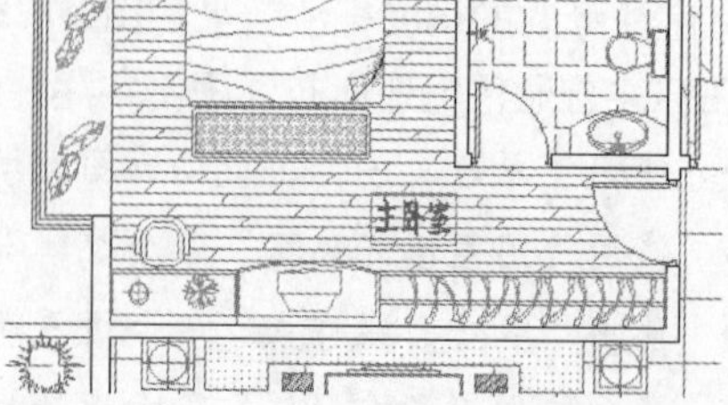

图3-126

(8) 分别将光标移至其他房间内，标注各房间的功能性注释，然后连续两次按Enter键，结束“单行文字”命令，标注结果如图3-127所示。

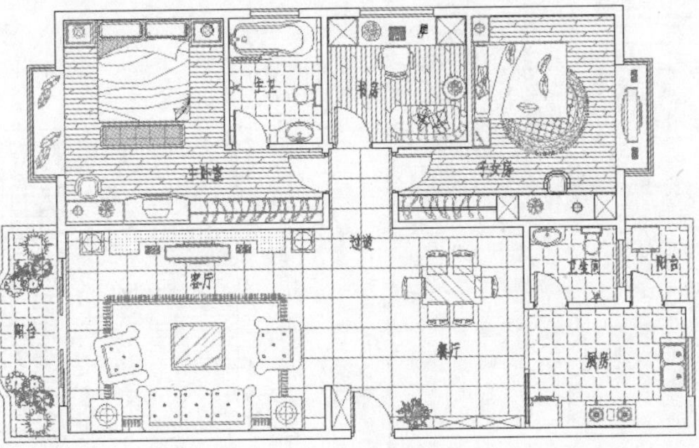

图3-127

至此，地面装修材质图编辑完毕，下一小节将学习普通住宅装修布置图引线注释的快速标注方法和标注技巧。

3.6.2 编辑普通住宅布置图地面材质

(1) 继续上节操作。

(2) 在主卧室房间内的地板填充图案上单击右键，选择快捷菜单中的“图案填充编辑”命令，如图3-128所示。

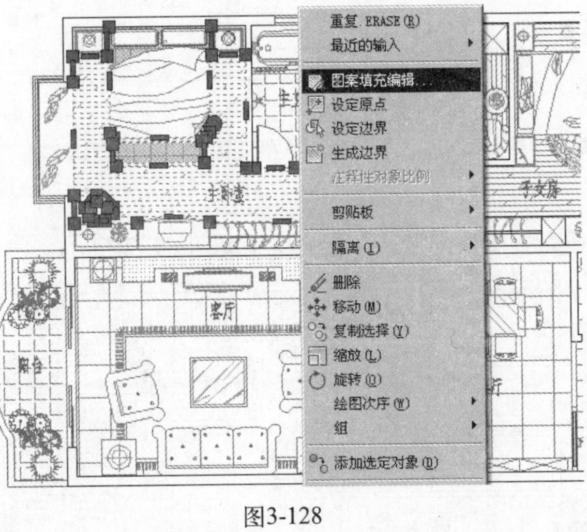

图3-128

(3) 此时系统自动打开“图案填充编辑”对话框，然后在此对话框中单击“添加:选择对象”按钮，如图3-129所示。

(4) 返回绘图区，在命令行“选择对象或[拾取内部点(K)/删除边界(B)]:”提示下，选择“主卧室”文字对象。

(5) 按Enter键，结果被选择文字对象区域的图案被删除，如图3-130所示。

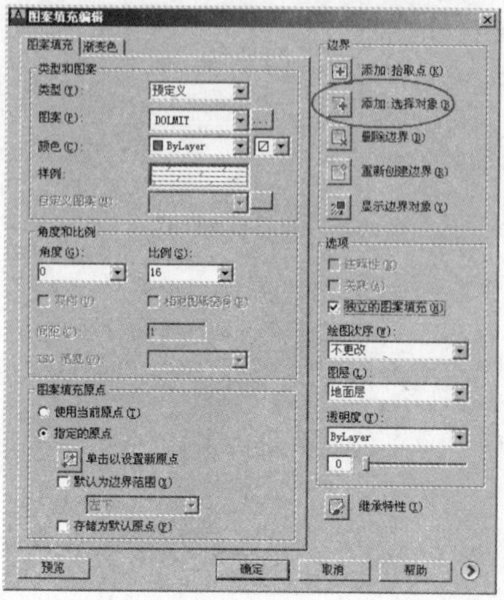

图3-129

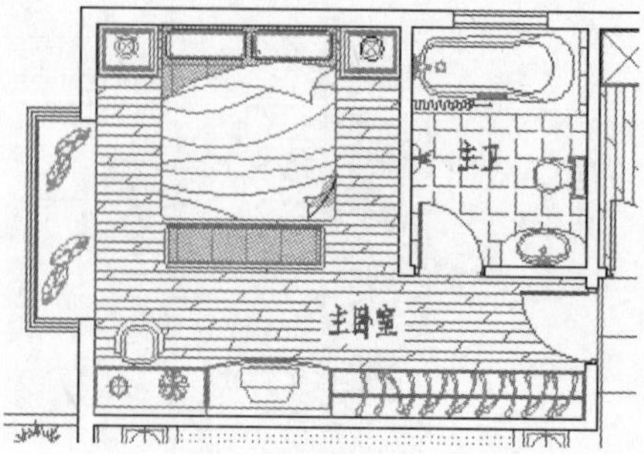

图3-130

⑥ 参照步骤2~5的操作，分别修改其他房间内的填充图案，结果如图3-131所示。

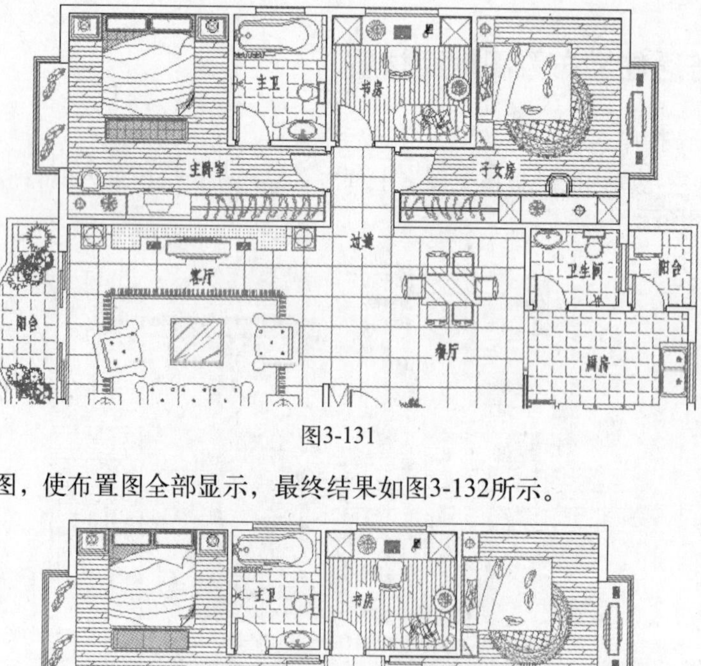

图3-131

⑦ 调整视图，使布置图全部显示，最终结果如图3-132所示。

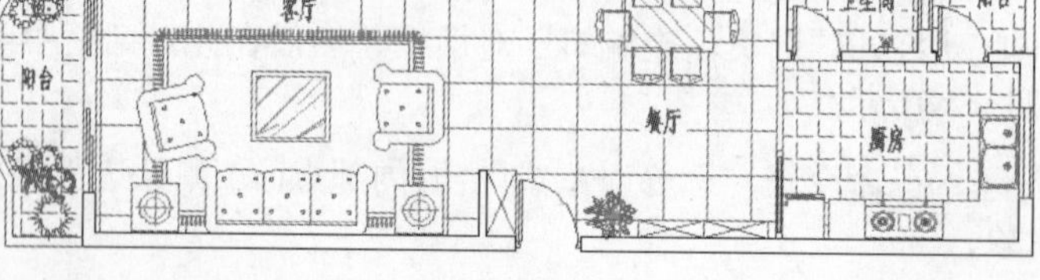

图3-132

至此，普通住宅地面装修材质图编辑完毕，下一小节将学习布置图多重引线注释样式的具体设置过程。

3.6.3 设置布置图多重引线注释样式

(1) 继续上节操作。

(2) 执行菜单栏中的“格式”|“多重引线样式”命令，打开如图3-133所示的“多重引线样式管理器”对话框。

(3) 在“多重引线样式管理器”对话框中单击 新建(N)... 按钮，在打开的“创建新多重引线样式”对话框中为新样式命名，如图3-134所示。

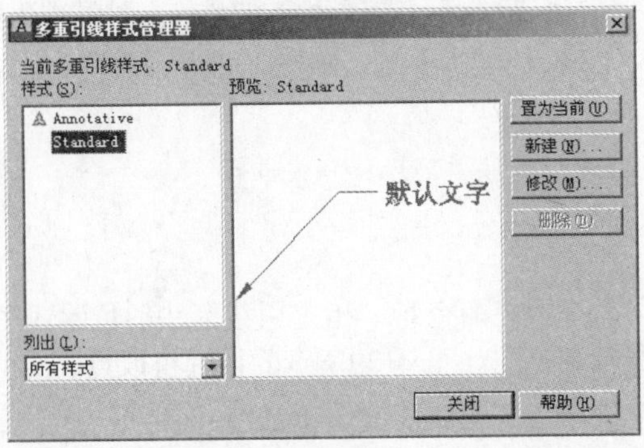

图3-133

图3-134

(4) 在“创建新多重引线样式”对话框中单击 继续(O) 按钮，在打开的“修改多重引线样式:style01”对话框中展开“引线格式”选项卡，然后设置格式参数如图3-135所示。

(5) 在“修改多重引线样式:style01”对话框中展开“引线结构”选项卡，设置引线结构参数如图3-136所示。

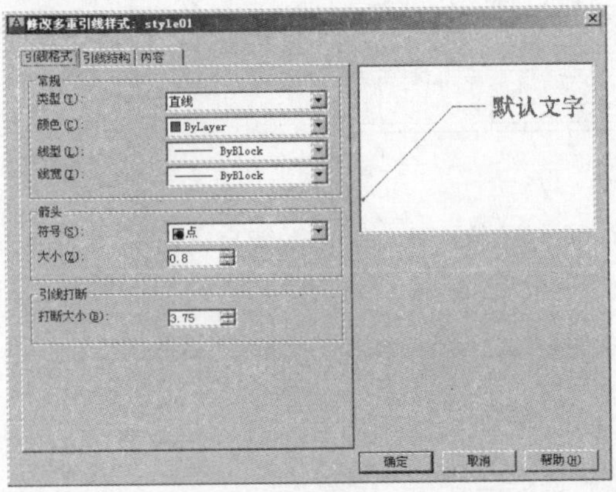

图3-135

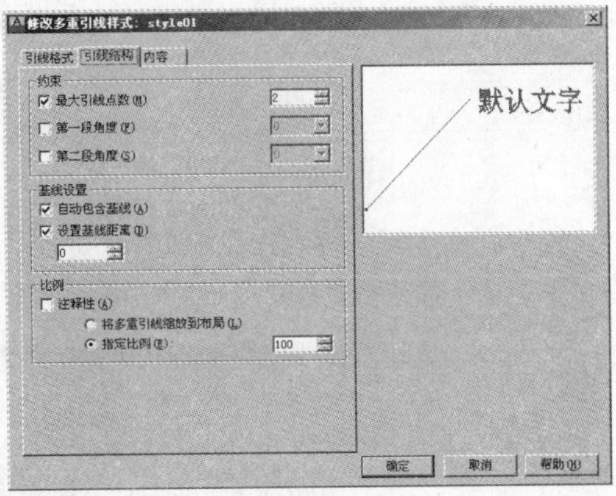

图3-136

(6) 在“修改多重引线样式:style01”对话框中展开“内容”选项卡，设置引线结构参数如图3-137所示。

(7) 单击 确定 按钮返回如图3-138所示的“多重引线样式管理器”对话框，将新样式设置为当前样式，然后单击 关闭 按钮关闭对话框。

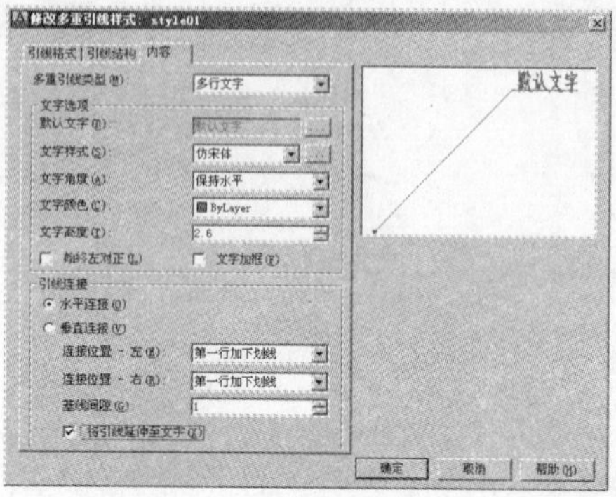

图3-137

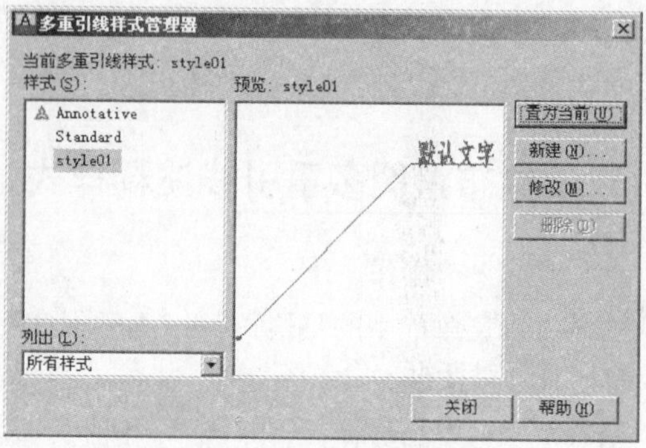

图3-138

至此，布置图多重引线注释样式设置完毕，下一小节将学习普通住宅装修布置图引线注释的快速标注方法和标注技巧。

3.6.4 标注普通住宅布置图引线注释

(1) 继续上节操作。

(2) 执行菜单栏中的“标注”|“多重引线”命令，在命令行“指定引线箭头的位置或[引线基线优先(L)/内容优先(C)/选项(O)] <选项>:”提示下，在如图3-139所示的位置拾取点。

(3) 继续在命令行“指定引线基线的位置:”提示下，水平向左引出如图3-140所示的极轴追踪虚线，然后在适当位置拾取点。

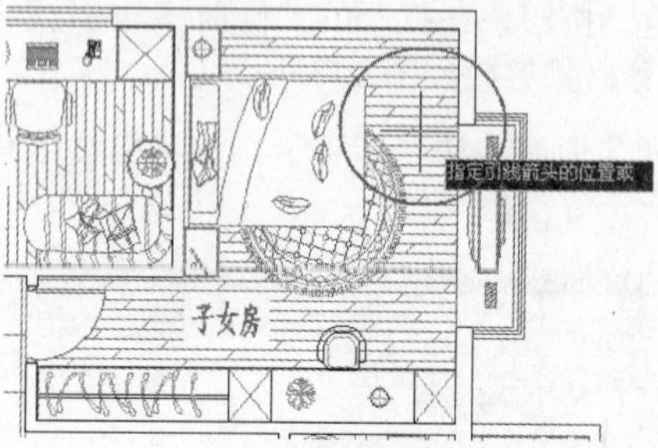

图3-139

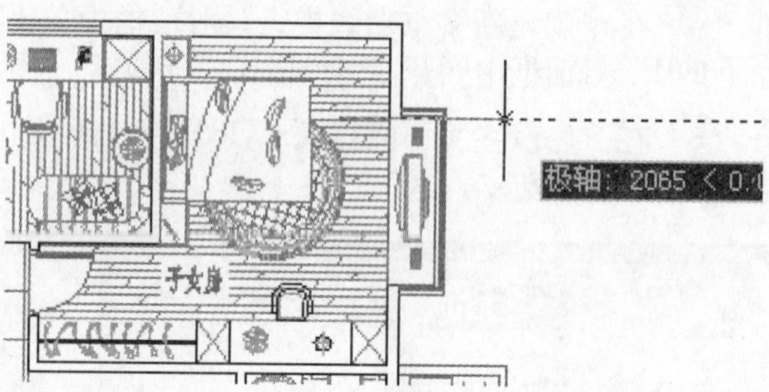

图3-140

(4) 在命令行“指定基线距离<0.0000>:”提示下按Enter键，此时系统自动打开“文字格式”编辑器，然后输入如图3-141所示的注释内容。

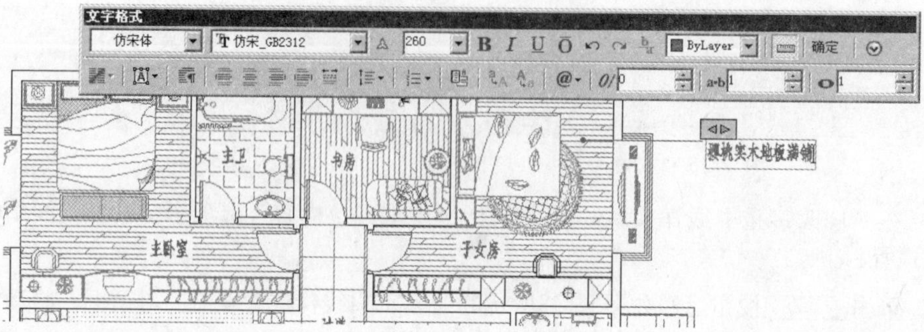

图3-141

(5) 在“文字格式”编辑器中单击确定按钮，标注结果如图3-142所示。

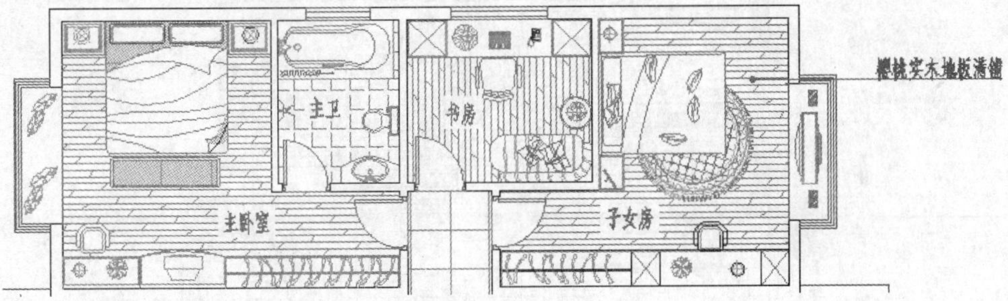

图3-142

(6) 重复执行“多重引线”命令，按照当前的多重引线参数设置，分别标注其他位置的引线注释，结果如图3-143所示。

(7) 重复执行“多重引线”命令，根据命令行的提示绘制如图3-144所示的多重引线。

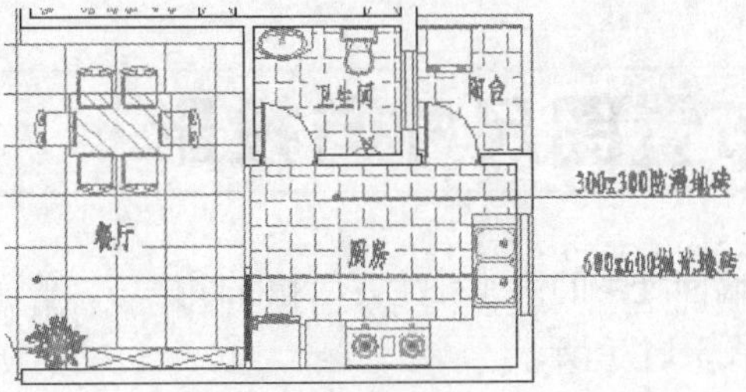

图3-143

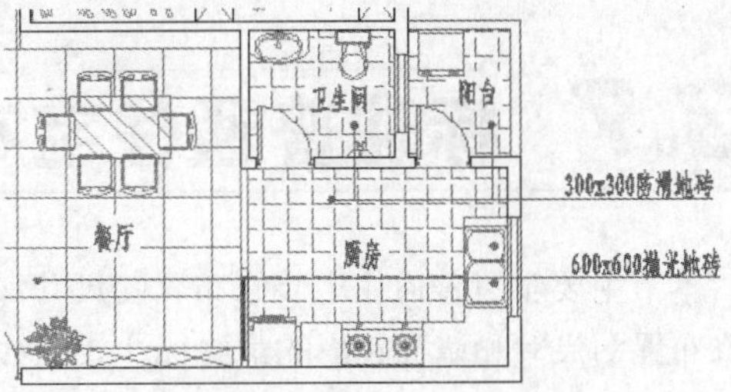

图3-144

(8) 执行菜单栏中的“格式”|“多重引线样式”命令，修改当前引线样式参数如图3-145所示。

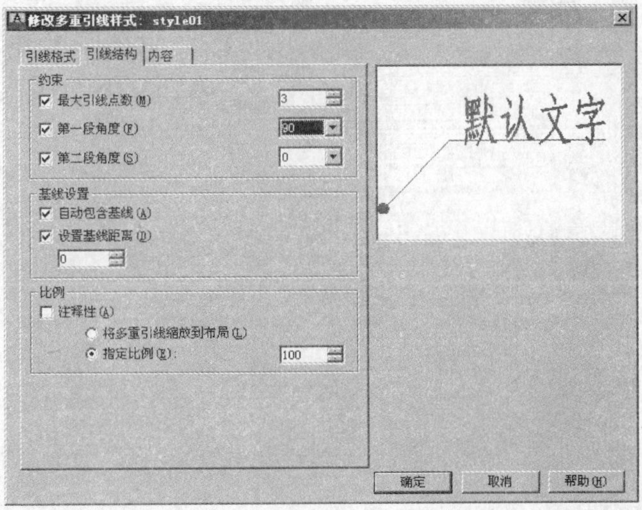

图3-145

(9) 执行菜单栏中的“标注”|“多重引线”命令，标注如图3-146所示的引线注释。

(10) 调整视图，使布置图全部显示，最终结果如上图3-123所示。

(11) 最后使用“另存为”命令，将图形另名存储为“标注普通住宅布置图文字注释.dwg”。

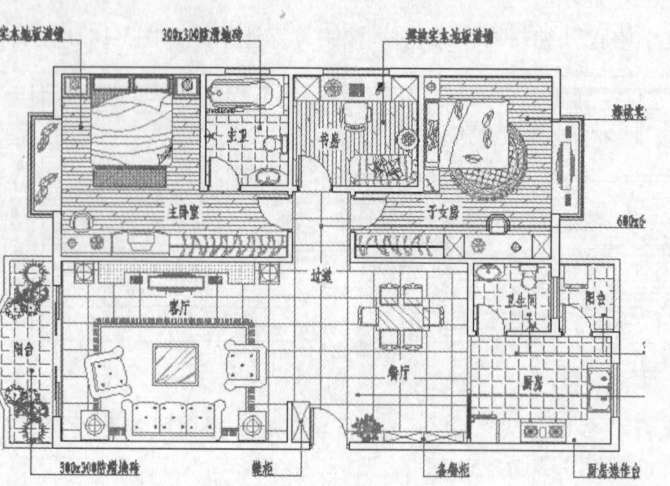

图3-146

3.7 标注普通住宅布置图尺寸与投影

本节主要学习普通住宅装修布置图尺寸和墙面投影的快速标注方法和标注技巧。普通住宅装修布置图尺寸和墙面投影的最终标注效果如图3-147所示。

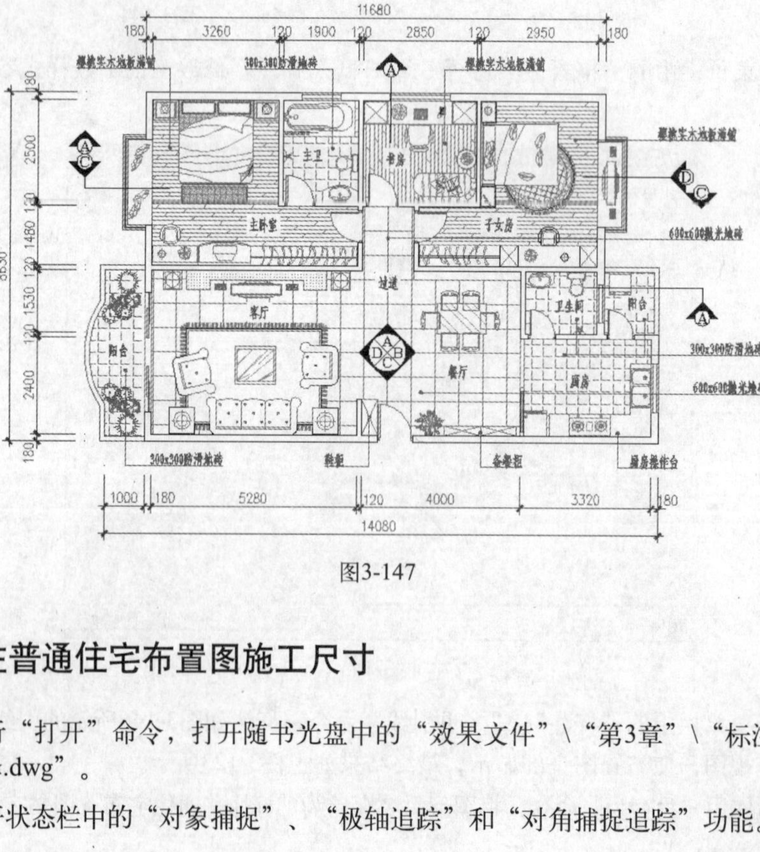

图3-147

3.7.1 标注普通住宅布置图施工尺寸

(1) 执行“打开”命令，打开随书光盘中的“效果文件”\“第3章”\“标注普通住宅布置图文字注释.dwg”。

(2) 打开状态栏中的“对象捕捉”、“极轴追踪”和“对角捕捉追踪”功能。

(3) 使用命令简写LA激活“图层”命令，在打开的“图层特性管理器”面板中设置“尺寸层”作为当前层。

(4) 使用命令简写D激活“标注样式”命令，在打开的“标注样式管理器”对话框中设置“建筑标注”为当前样式，并修改标注比例为80。

(5) 使用命令简写XL激活“构造线”命令，配合端点捕捉功能绘制如图3-148所示的构造线作为尺寸定位辅助线。

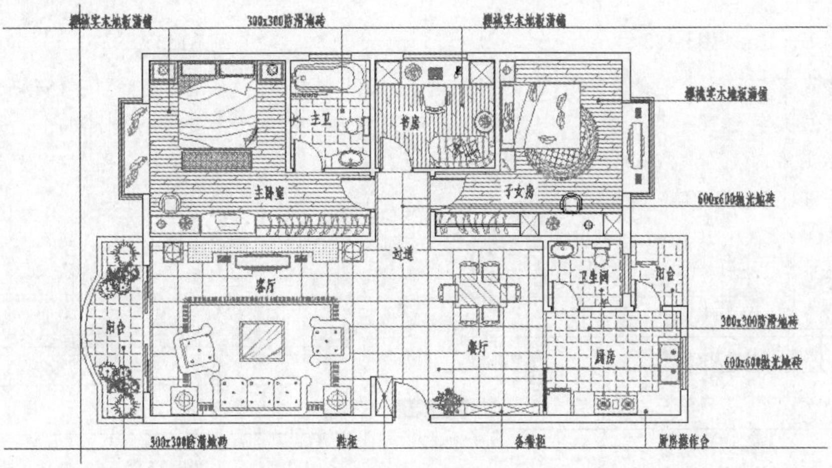

图3-148

(6) 单击“标注”工具栏中的按钮，在“指定第一条尺寸界线原点或<选择对象>:”提示下，捕捉追踪虚线与辅助线的交点作为第一延伸线起点，如图3-149所示。

(7) 在“指定第二条尺寸界线原点:”提示下，捕捉追踪虚线与辅助线的交点作为第二条界线的起点，如图3-150所示。

(8) 在“指定尺寸线位置或[多行文字(M)/文字(T)/角度(A)/水平(H)/垂直(V)/旋转(R)]:”提示下，垂直向下移动光标，在适当位置拾取点，以定位尺寸线的位置，标注结果如图3-151所示。

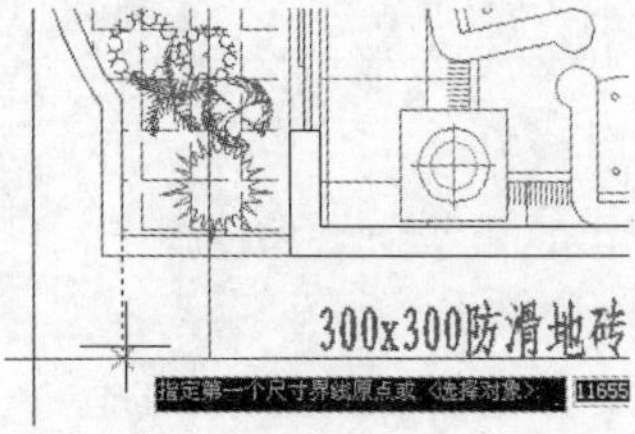

图3-149

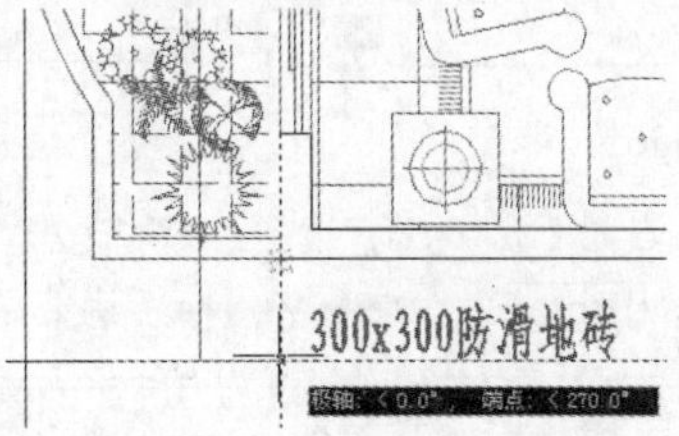

图3-150

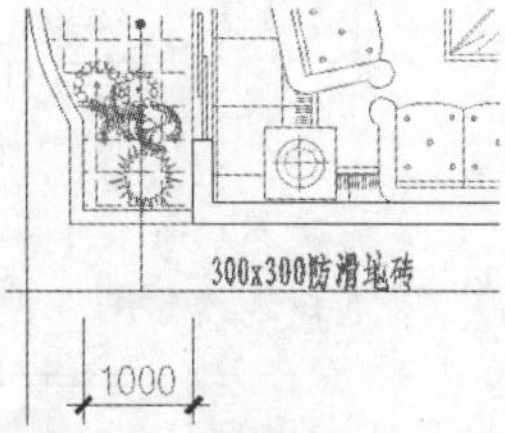

图3-151

(9) 单击“标注”工具栏中的按钮，激活“连续”标注命令，配合捕捉和追踪功能标注细部尺寸，命令行操作如下。

```
命令：_dimcontinue
    指定第二条尺寸界线原点或[放弃(U)/选择(S)]<选择>:      //捕捉如图3-152所示的交点
    标注文字 = 180
    指定第二条尺寸界线原点或[放弃(U)/选择(S)]<选择>:      //捕捉如图3-153所示的交点
    标注文字 = 5280
```

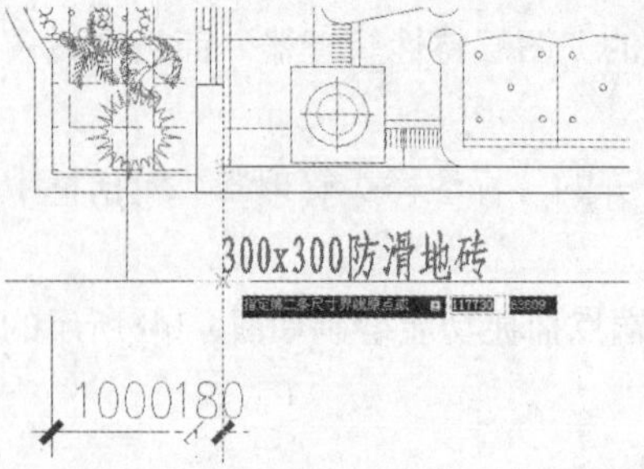

图3-152

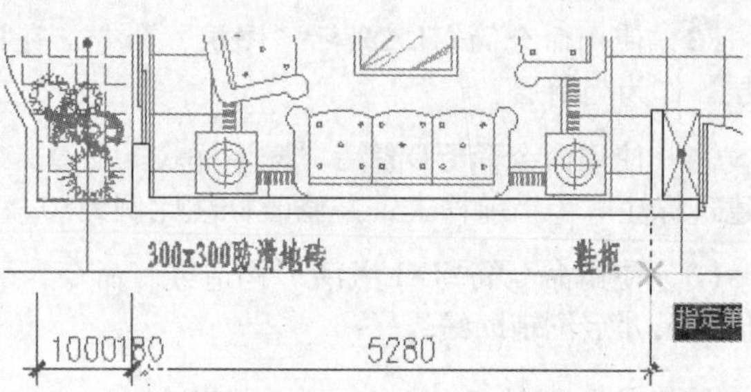

图3-153

指定第二条尺寸界线原点或 [放弃 (U)/ 选择 (S)] < 选择 >: // 捕捉如图 3-154 所示的交点
标注文字 =120
指定第二条尺寸界线原点或 [放弃 (U)/ 选择 (S)] < 选择 >: // 捕捉如图 3-155 所示的交点
标注文字 =4000

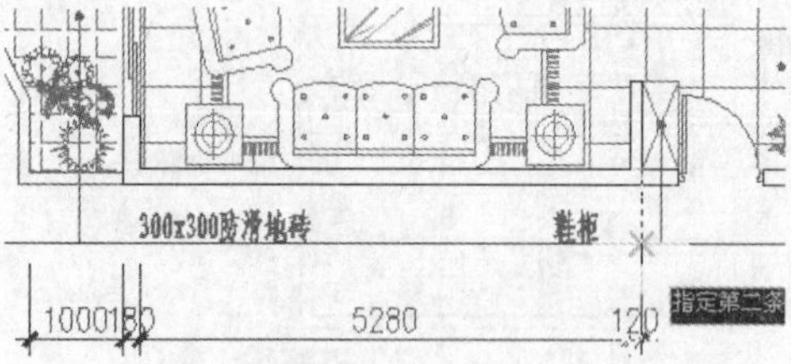

图3-154

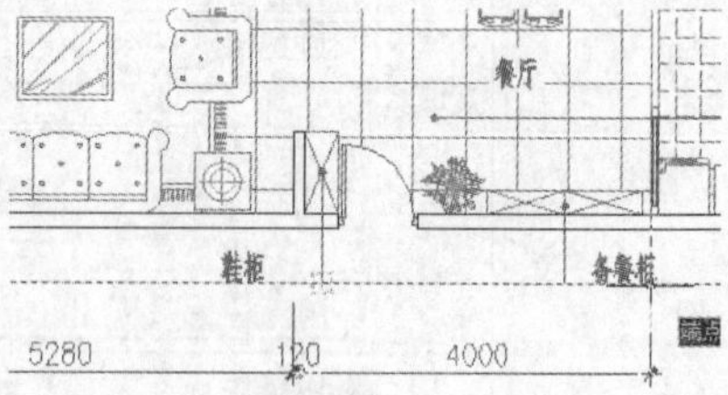

图3-155

指定第二条尺寸界线原点或 [放弃 (U)/ 选择 (S)] < 选择 >: // 捕捉如图 3-156 所示的交点
标注文字 =3320
指定第二条尺寸界线原点或 [放弃 (U)/ 选择 (S)] < 选择 >: // 捕捉如图 3-157 所示的交点
标注文字 =180

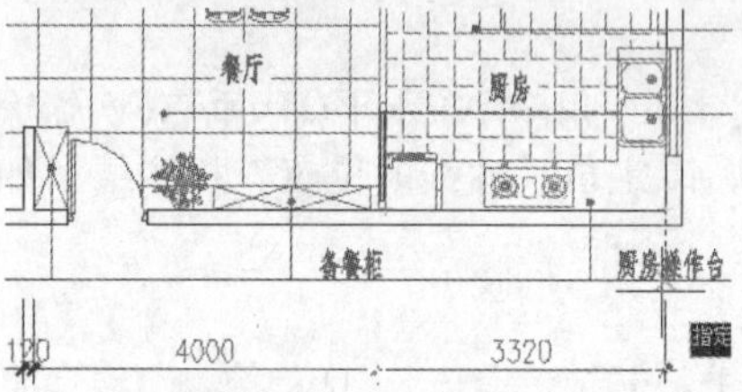

图3-156

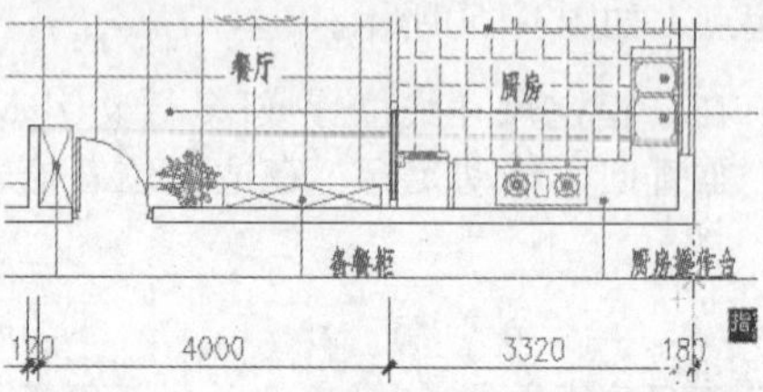

图3-157

指定第二条尺寸界线原点或 [放弃 (U)/ 选择 (S)] < 选择 >: // Enter，结束连续标注
选择连续标注 : // Enter，结束命令，标注结果如图 3-158 所示

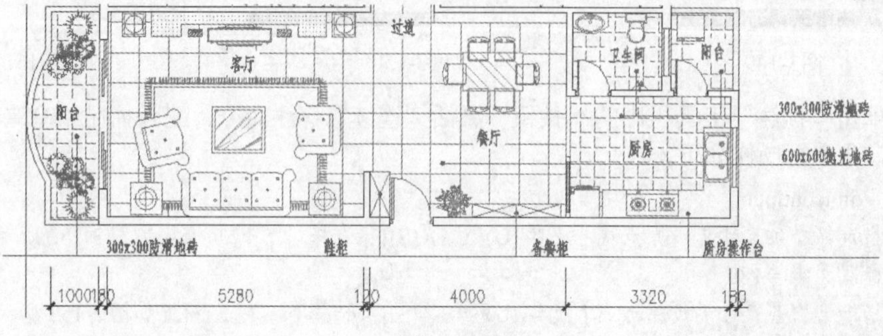

图3-158

⑩ 单击“标注”工具栏中的按钮，激活“编辑标注文字”命令，对尺寸文字的位置进行协调，结果如图3-159所示。

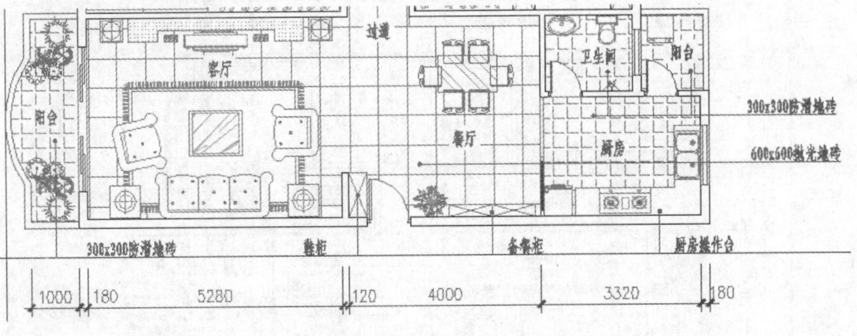

图3-159

⑪ 执行菜单栏中的“标注”|“线性”命令，配合捕捉与追踪功能标注下侧的总尺寸，结果如图3-160所示。

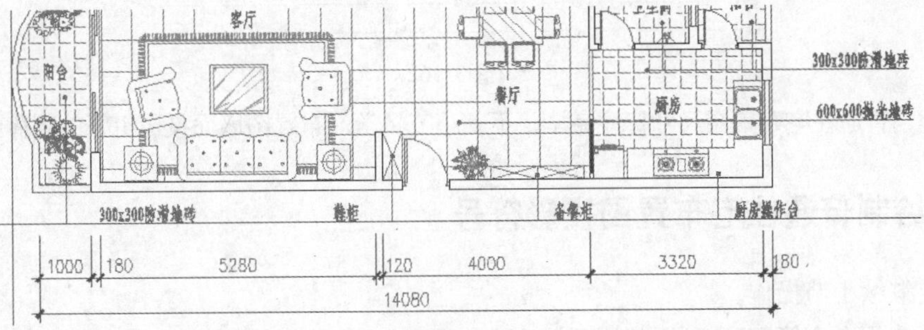

图3-160

⑫ 参照上述操作，综合使用“线性”、“连续”和“编辑标注文字”命令，配合捕捉与追踪功能标注其他侧的尺寸，标注结果如图3-161所示。

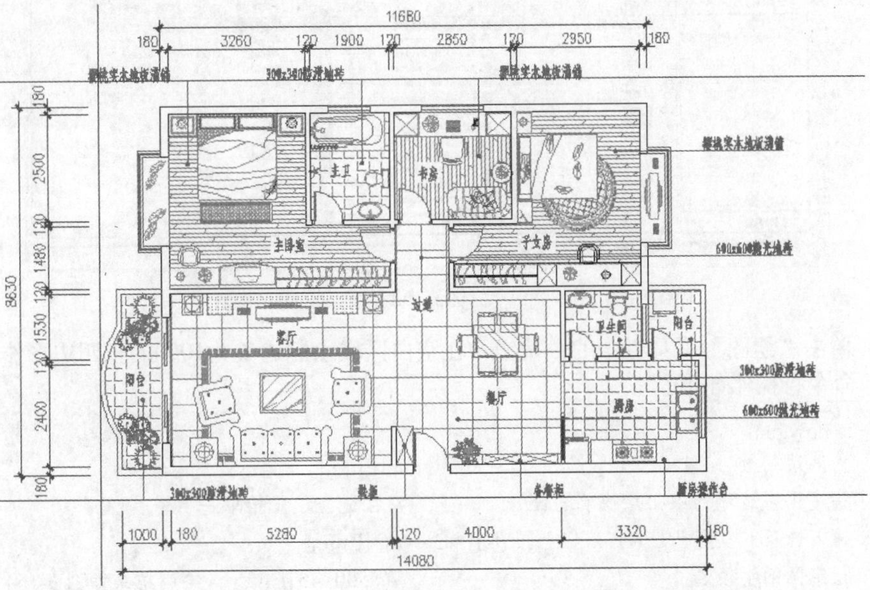

图3-161

⑬ 使用命令简写E激活“删除”命令，删除4条尺寸定位线，最终结果如图3-162所示。

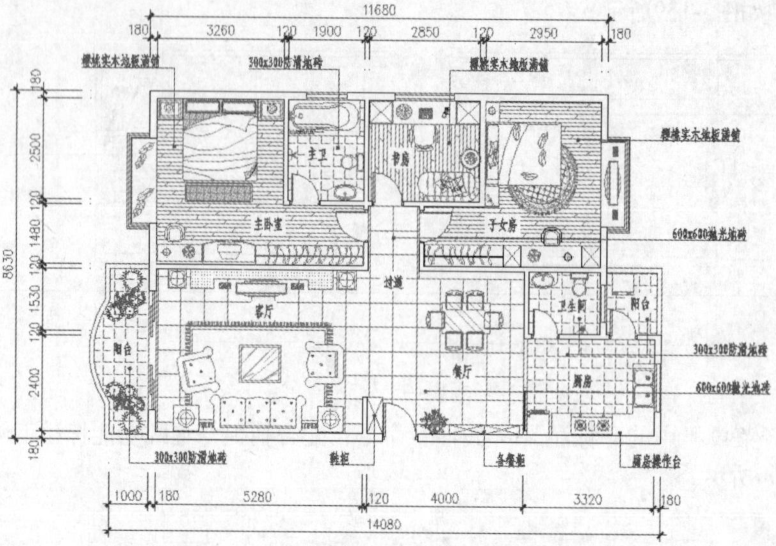

图3-162

至此，普通住宅布置图尺寸标注完毕，下一小节将学习布置图墙面投影符号的具体绘制过程。

3.7.2 绘制普通住宅布置图投影符号

① 继续上节操作。

② 使用命令简写LA激活“图层”命令，在打开的面板中双击“0图层”，将其设置为当前图层，如图3-163所示。

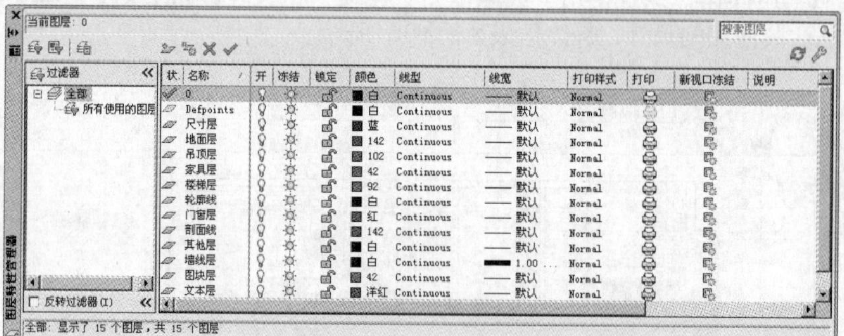

图3-163

③ 单击“绘图”工具栏中的⬠按钮，在空白区域绘制边长为1000的正四边形作为四面投影符号，命令行操作如下。

```
命令 : _polygon
    输入边的数目 <4>:                              // Enter
    指定正多边形的中心点或 [ 边 (E)]:               // 在适当位置拾取一点
    输入选项 [ 内接于圆 (I)/ 外切于圆 (C)] <C>:     //C Enter
    指定圆的半径 :                                  //@500<45 Enter，绘制结果如图 3-164 所示
```

（4）执行菜单栏中的“绘图”|“圆”|“圆心，半径”命令，以正四边形的正中心点作为圆心，绘制半径为470的圆形，命令行操作如下。

```
命令 : _circle
    指定圆的圆心或 [ 三点 (3P)/ 两点 (2P)/ 相切、相切、半径 (T)]:
                                        // 激活“两点之间的中点”捕捉功能
    _m2p 中点的第一点 :                  // 捕捉如图 3-165 所示的端点
    中点的第二点 :                       // 捕捉如图 3-166 所示的端点
    指定圆的半径或 [ 直径 (D)] <400.0>:   //470 Enter，绘制结果如图 3-167 所示
```

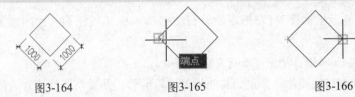

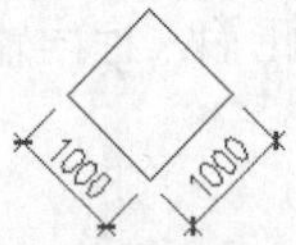

图3-164

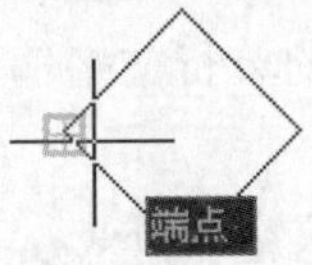

图3-165

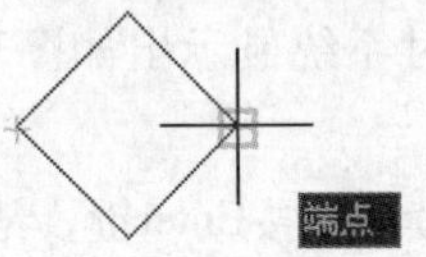

图3-166

（5）执行菜单栏中的“绘图”|“直线”命令，绘制正四边形的两条中线，结果如图3-168所示。

（6）执行菜单栏中的“修改”|“修剪”命令，以圆形作为修剪边界，对两条中线进行修剪，结果如图3-169所示。

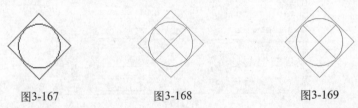

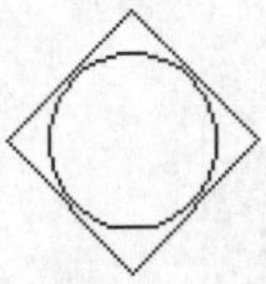

图3-167

图3-168

图3-169

（7）执行菜单栏中的“绘图”|“图案填充”命令，在打开的“图案填充和渐变色”对话框中设置填充的图案类型如图3-170所示。

（8）单击“添加:拾取点”按钮，返回绘图区，在命令行“拾取内部点或[选择对象(S)/删除边界(B)]:”提示下，在正四边形和圆形之间的空白区域拾取一点，指定填充的边界。

（9）按Enter键返回“图案填充和渐变色”对话框，单击 确定 按钮，填充结果如图3-171所示。

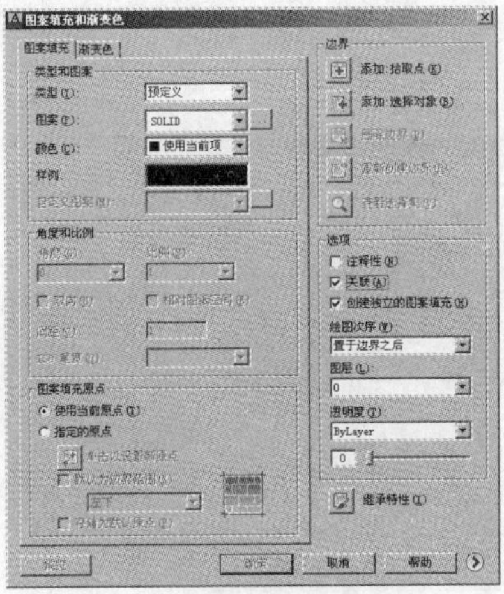

图3-170

图3-171

⑩ 执行菜单栏中的“格式”|“文字样式”命令，新建一种名为“编号”的文字样式，其参数设置如图3-172所示。

⑪ 使用命令简写DT激活“单行文字”命令，为四面投影符号进行编号，命令行操作如下。

```
命令：DT                                         //Enter，激活命令
    TEXT 当前文字样式：编号 当前文字高度：5.0
    指定文字的起点或[对正(J)/样式(S)]:           //在圆的上侧扇形区内拾取一点
    指定高度<5.0>:                               //240 Enter，输入文字的高度
    指定文字的旋转角度<0.00>:                    //Enter，采用默认设置
```

⑫ 此时系统显示出如图3-173所示的单行文字输入框，在此输入框内输入编号A，如图3-174所示。

⑬ 连续两次按Enter键，结束“单行文字”命令。

⑭ 参照步骤11~13的操作，分别为其他位置填写编号，并适当调整编号的位置，结果如图3-175所示。

图3-172

图3-173

图3-174

图3-175

⑮ 修改投影符号的所在层为“其他层”，然后在命令行输入W激活“写块”命令，将四面投影符号创建为外部块，基点为圆的圆心，块名为“投影符号”，其他参数设置如图3-176所示。

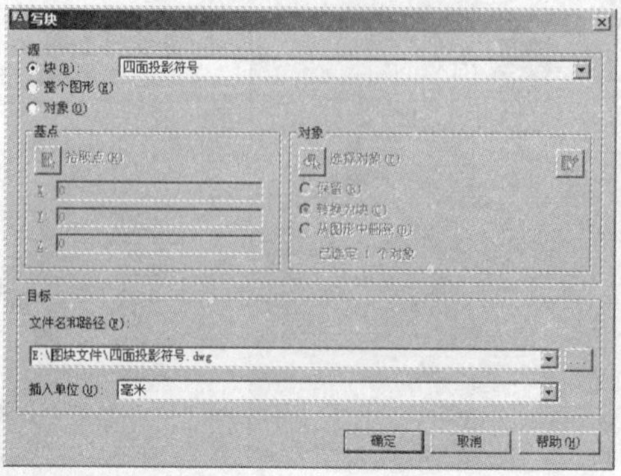

图3-176

至此，布置图墙面投影符号绘制完毕，下一小节将学习布置图墙面投影的具体标注过程和标注技巧。

3.7.3 标注普通住宅布置图墙面投影

(1) 继续上节操作。

(2) 使用命令简写M激活“移动”命令，将投影符号图块移动到如图3-177所示的位置。

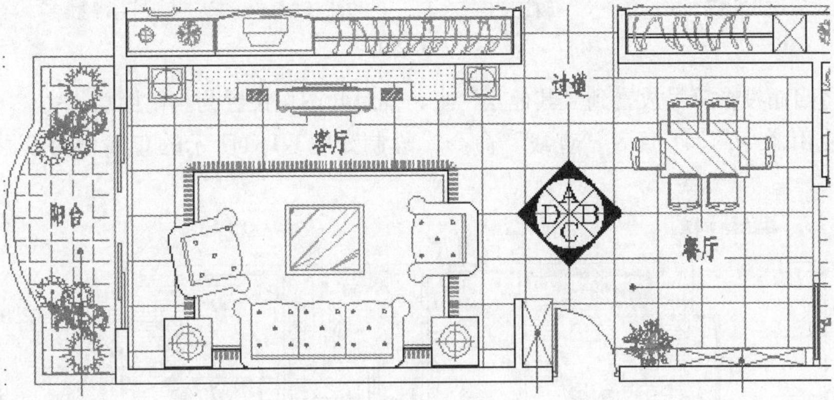

图3-177

(3) 在客厅地砖填充图案上单击右键，选择快捷菜单中的“图案填充编辑”命令，如图3-178所示。

(4) 此时系统自动打开“图案填充编辑”对话框，然后在此对话框中单击“添加:选择对象”按钮，如图3-179所示。

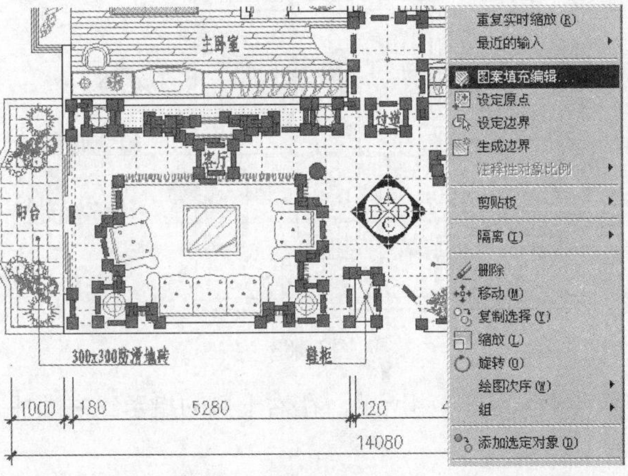

图3-178

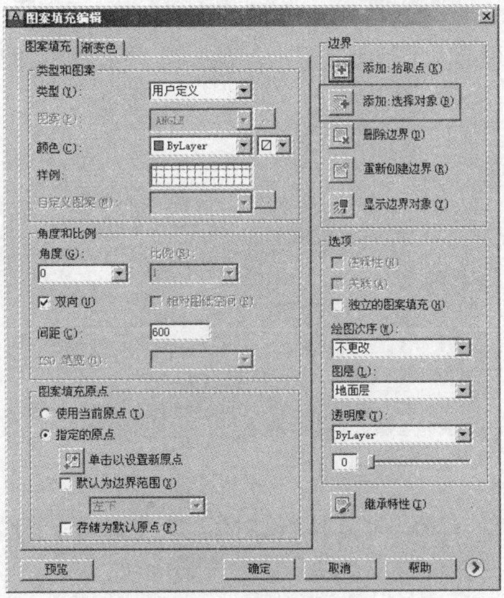

图3-179

(5) 返回绘图区，在命令行“选择对象或[拾取内部点(K)/删除边界(B)]:”提示下，选择投影符号图块。

(6) 按Enter键，结果投影符号底部的填充线被排除在填充区域之外，如图3-180所示。

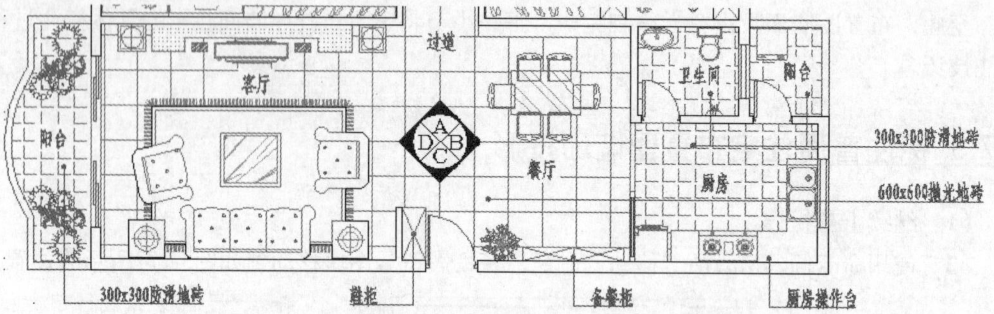

图3-180

⑦ 将四面投影符号放置到“其他层”上，同时此图层设置为当前图层。

⑧ 使用命令简写L激活“直线”命令，绘制如图3-181所示的直线作为投影符号的指示线。

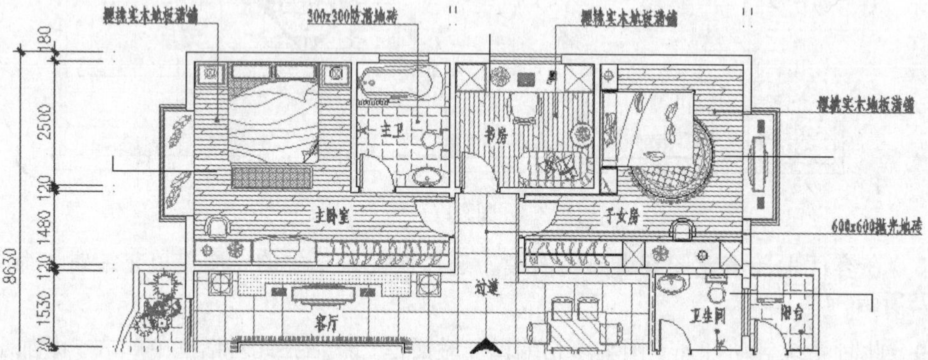

图3-181

⑨ 使用命令简写I激活“插入块”命令，采用默认属性值插入投影符号属性块，块参数设置如图3-182所示，插入结果如图3-183所示。

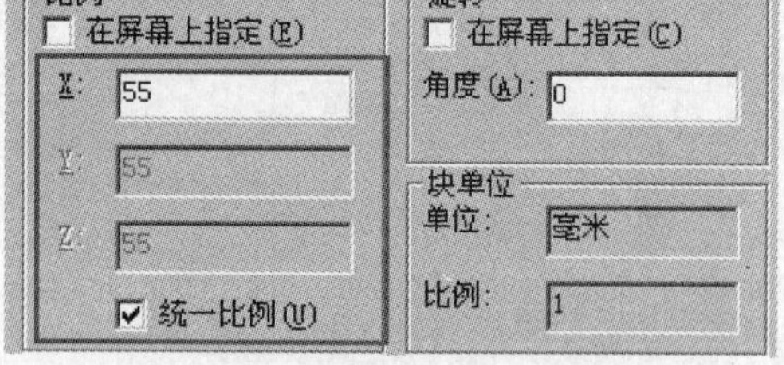

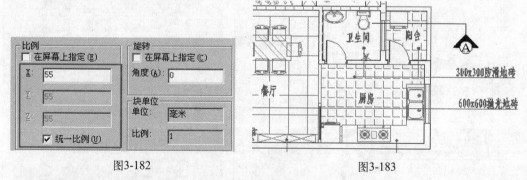

图3-182

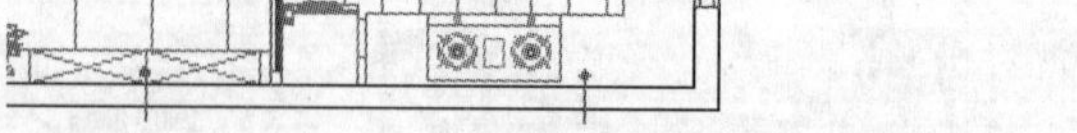

图3-183

⑩ 重复执行“插入块”命令，设置块参数如图3-184所示，在右上侧的指示线末端插入投影符号属性块，命令行操作如下。

命令 : I

INSERT 指定插入点或 [基点 (B)/ 比例 (S)/X/Y/Z/ 旋转 (R)]: // 捕捉子女房指示线的右端点

输入属性值

输入投影符号值 : <A>: //D Enter，插入结果如图 3-185 所示

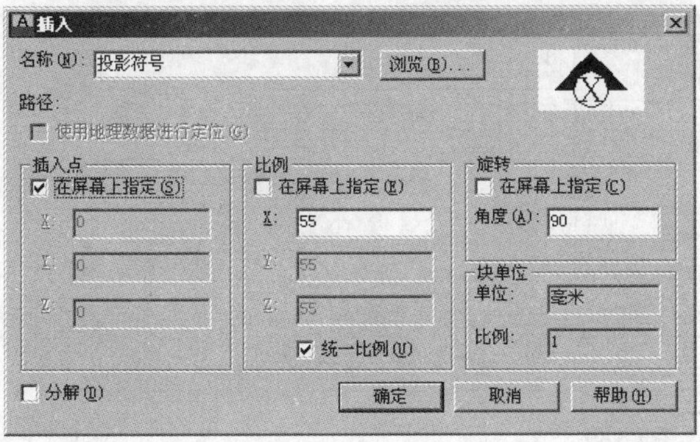

图3-184

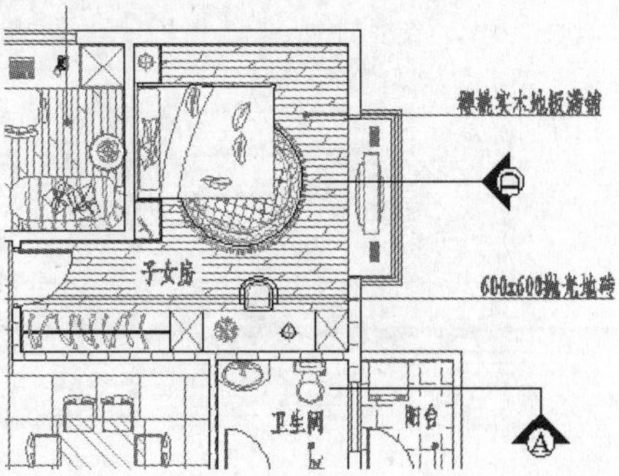

图3-185

⑪ 重复执行“插入块”命令，设置块参数如图3-186所示，在左侧的指示线末端插入投影符号属性块，命令行操作如下。

命令 : I

INSERT 指定插入点或 [基点 (B)/ 比例 (S)/X/Y/Z/ 旋转 (R)]: // 捕捉主卧室指示线的左端点

输入属性值

输入投影符号值 : <A>: //C Enter，插入结果如图 3-187 所示

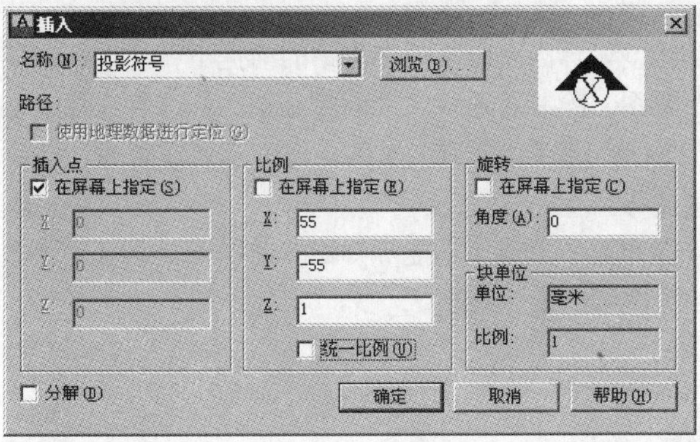

图3-186

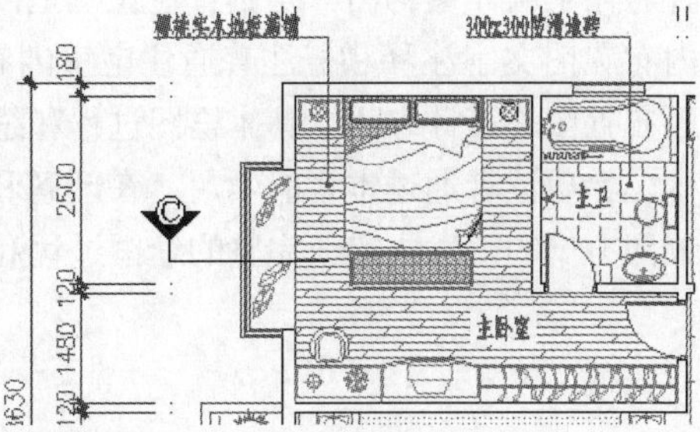

图3-187

⑫ 执行菜单栏中的“修改”|“复制”命令，将插入的投影符号分别复制到其他指示线处，结果如图3-188所示。

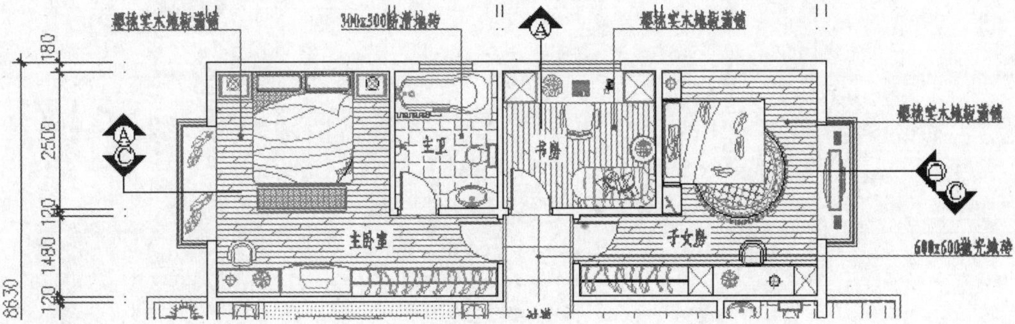

图3-188

⑬ 在D向投影符号属性块上双击左键，打开“增强属性编辑器”对话框，然后修改旋转角度如图3-189所示。

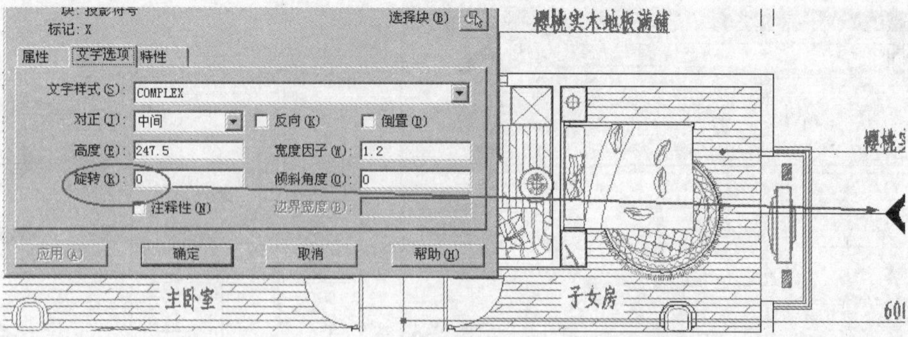

图3-189

⑭ 调整视图，使平面图全部显示，最终结果如上图3-147所示。

⑮ 最后使用“另存为”命令，将图形另名存储为“标注普通住宅布置图尺寸与墙面投影.dwg”。

3.8 本章小结

本章在简述普通住宅平面布置图形成功能、设计内容以及绘图思路的前提下，通过绘制某普通住宅墙体结构图、绘制普通住宅室内布置图、绘制普通住宅地面材质图、标注普通住宅室内布置图文字注释和标注普通住宅室内布置图尺寸投影5个典型实例，详细学习了普通住宅平面布置图的设计方法、具体绘图过程和绘制技巧。

希望读者通过本章的学习，在理解和掌握布置图形成、功能等知识的前提下，掌握平面布置图方案的表达内容、完整的绘图过程和相关图纸的表达技巧。

第4章 普通住宅吊顶设计方案

Chapter 04

- 吊顶图设计理念
- 吊顶图的设计思路
- 绘制普通住宅吊顶墙体图
- 绘制普通住宅房间吊顶图
- 绘制普通住宅吊顶灯具图
- 普通住宅吊顶图的后期标注
- 本章小结

4.1 吊顶图设计理念

吊顶是室内设计中经常采用的一种手法，人们的视线往往与其接触的时间较多，因此吊顶的形状及艺术处理很明显地影响着空间效果。本节主要简述吊顶图的特点、形成以及一些常用的吊顶类型和设计手法。

4.1.1 吊顶图的特点及形成

吊顶也称天棚、顶棚、天花板以及天花等，它是室内装饰的重要组成部分，也是室内空间装饰中最富有变化、最引人注目的界面，吊顶的形状及艺术处理很大程度上影响着空间的整体效果。一般情况下，吊顶的设计常常要从审美要求、物理功能、建筑照明、设备安装管线敷设、防火安全等多方面进行综合考虑。

吊顶平面图一般采用镜像投影法绘制，它主要是根据室内的结构布局进行天花板的设计和灯具的布置，与室内其他内容构成一个有机联系的整体，让人们从光、色、形体等方面感受室内环境。

4.1.2 较为常用的几种吊顶

1. 石膏板吊顶

石膏天花板是以熟石膏为主要原料掺入添加剂与纤维制成，具有质轻、绝热、吸声、阻燃和可锯等性能，多用于商业空间科学，一般采用600×600规格，有明骨和暗骨之分，龙骨常用铝或铁。

2. 轻钢龙骨石膏板吊顶

石膏板与轻钢龙骨相结合，便构成轻钢龙骨石膏板。轻钢龙骨石膏板天花有纸面石膏板、装饰石膏板、纤维石膏板、空心石膏板条多种。从目前来看，使用轻钢龙骨石膏板天花作隔断墙的较多，而用来做造型天花的则比较少。

3. 夹板吊顶

夹板也称胶合板，具有材质轻、强度高、良好的弹性和韧性、耐冲击和振动、易加工和涂饰、绝缘等优点。它还能轻易地创造出弯曲的、圆的、方的等各种各样的造型吊顶。

4. 方形镀漆铝扣吊顶

此种吊顶在厨房、厕所等容易脏污的地方使用，是目前的主流产品。

5. 彩绘玻璃天花

这种吊顶具有多种图形图案，内部可安装照明装置，但一般只用于局部装饰。

4.1.3 吊顶的几种设计手法

归纳起来，吊顶一般可以设计为平板吊顶、异型吊顶、格栅式吊顶、藻井式吊顶、局部吊顶5种。

1. 平板吊顶

此种吊顶一般是以PVC板、铝扣板、石膏板、矿棉吸音板、玻璃纤维板、玻璃等作为主要装修材料，照明灯卧于顶部平面之内或吸于顶上。此种类型的吊顶多适用于卫生间、厨房、阳台和玄关等空间。

2. 异型吊顶

异型吊顶是局部吊顶的一种，使用平板吊顶的形式，把顶部的管线遮挡在吊顶内，顶面可嵌入筒灯或内藏日光灯，使装修后的顶面形成两个层次，不会产生压抑感。此种吊顶比较适用用于卧室、书房等房间。

异型吊顶采用的云型波浪线或不规则弧线一般不超过整体顶面面积的三分之一，超过或小于这个比例，就难以达到较好的效果。

3. 格栅式吊项

此种吊顶需要使用木材作成框架，镶嵌上透光或磨砂玻璃，光源在玻璃上面。这也属于平板吊顶的一种，但是造型要比平板吊顶生动和活泼，装饰的效果比较好。一般适用于餐厅、门厅、中厅或大厅等大空间，它的优点是光线柔和、轻松自然。

4. 藻井式吊顶

藻井式吊顶是在房间的四周进行局部吊顶，可设计成一层或两层，装修后的效果有增加空间高度的感觉，还可以改变室内的灯光照明效果。

这类吊顶需要室内空间具有一定的高度，而且房间面积较大。

5. 局部吊顶

局部吊顶是为了避免室内的顶部有水、暖、气管道，而且空间的高度又不允许进行全部吊顶的情况下采用的一种局部吊顶的方式。

另外，由于城市的住房层高普遍较低，吊顶后会使人感到压抑和沉闷，于是无顶装修开始流行起来。所谓无顶装修就是在房间顶面不加修饰的装修。无吊顶装修的方法是，顶面做简单的平面造型处理，采用现代的灯饰灯具，配以精致的角线，从而给人一种轻松自然的怡人风格。总之，针对不同的室内空间选用相应的吊顶，不但可以弥补室内空间的缺陷，还可以为室内增加个性色彩。

4.2 吊顶图的设计思路

在设计并绘制吊顶图时，具体可以参照如下思路。

- 首先在布置图的基础上初步准备墙体平面图。
- 补画天花图细部构件，具体有门洞、窗洞、窗帘和窗帘盒等细节构件。
- 为吊顶平面图绘制吊顶轮廓、灯池及灯带等内容。
- 为吊顶平面图布置艺术吊顶、吸顶灯以及筒灯等。
- 为吊顶平面图标注尺寸及必要的文字注释。

4.3 绘制普通住宅吊顶墙体图

本节将在上一章绘制的普通住宅布置图的基础上，学习普通住宅吊顶墙体平面图的绘制方法和绘制技巧。本例最终绘制效果如图4-1所示。

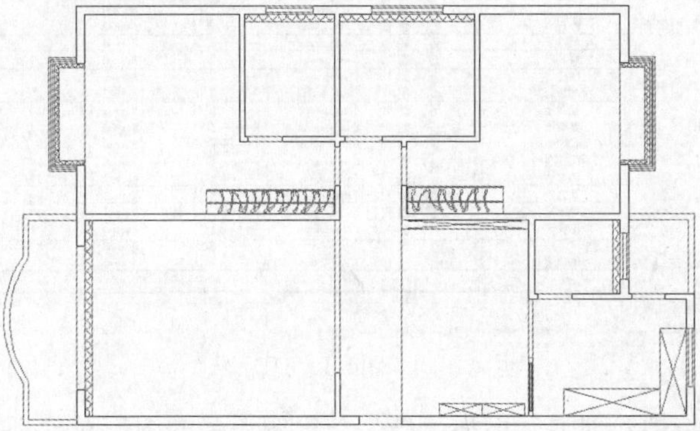

图4-1

在绘制吊顶墙体平面图时，具体可以参照如下绘图思路。

- 首先调用布置图文件，然后使用图层的状态控制功能初步调整平面图。
- 综合使用“删除”、“分解”、“直线”命令，夹点编辑以及图层的控制功能初步完善吊顶墙体图。
- 综合使用“直线”、“线性”、“特性”等命令绘制窗帘盒和窗帘。
- 使用“偏移”、“延伸”、“特性匹配”、“镜像”等命令绘制凸窗窗帘构件。

4.3.1 绘制户型吊顶墙体图

① 执行“打开”命令，打开随书光盘中的“效果文件”\“第3章”\“标注普通住宅布

置图尺寸与墙面投影.dwg”，如图4-2所示。

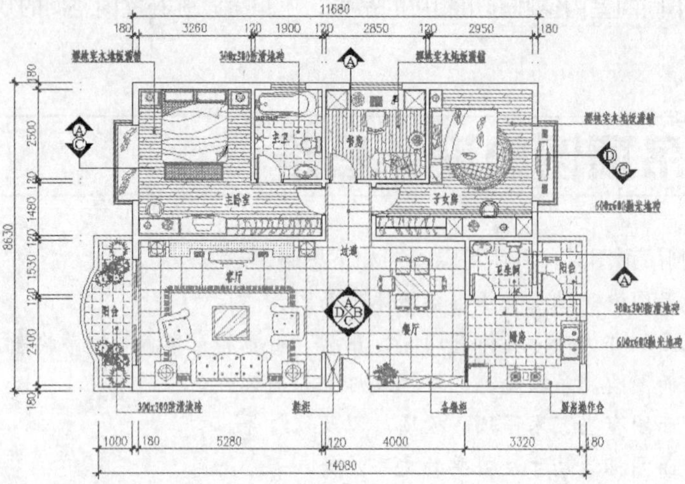

图4-2

(2) 使用命令简写LA激活“图层”命令，在打开的“图层特性管理器”面板中关闭“尺寸层”，冻结“地面层”、“文本层”和“其他层”，并设置“吊顶层”为当前图层，如图4-3所示。

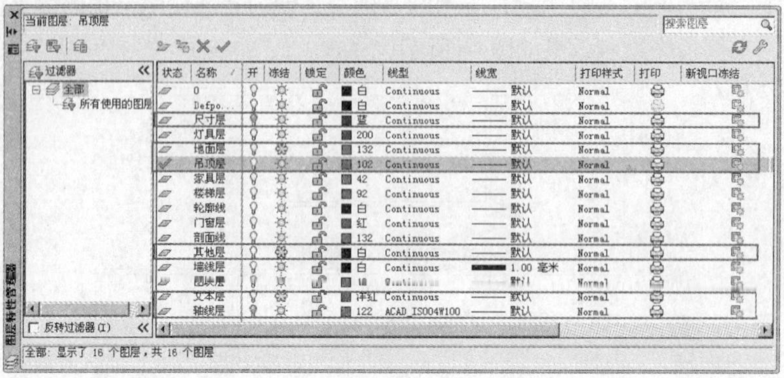

图4-3

(3) 关闭“图层特性管理器”面板，结果与绘图无关的图形对象都被隐藏，图形的显示效果如图4-4所示。

(4) 执行菜单栏中的“修改”|“删除”命令，删除不需要的图块及对象，结果如图4-5所示。

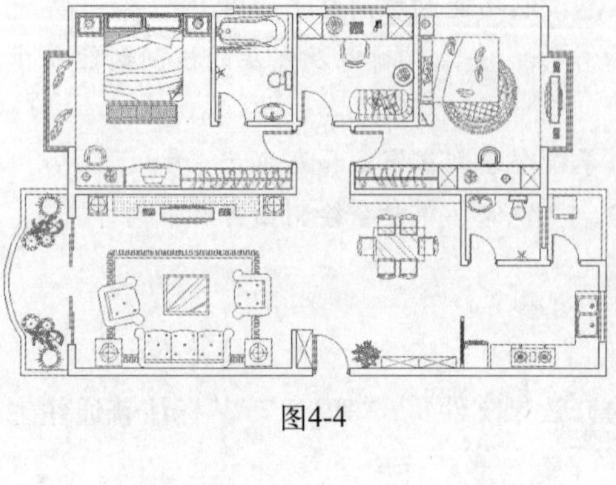

图4-4

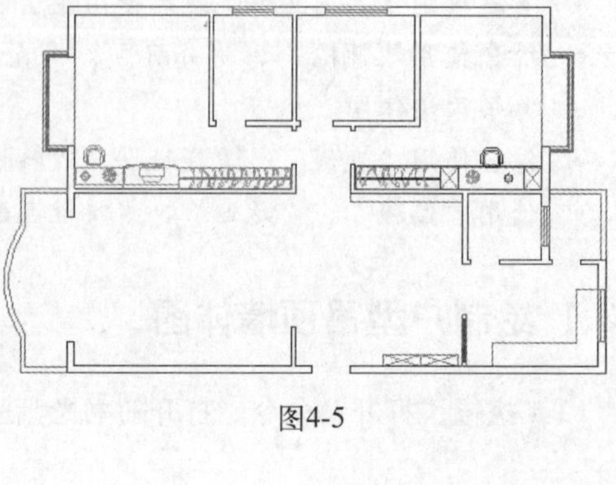

图4-5

(5) 在无命令执行的前提下，夹点显示如图4-6所示的图块和平面窗，然后执行菜单栏中的“修改”|“分解”命令，将图块分解。

(6) 执行菜单栏中的“修改”|“删除”命令，删除多余的图形，并对图线进行修整和完善，结果如图4-7所示。

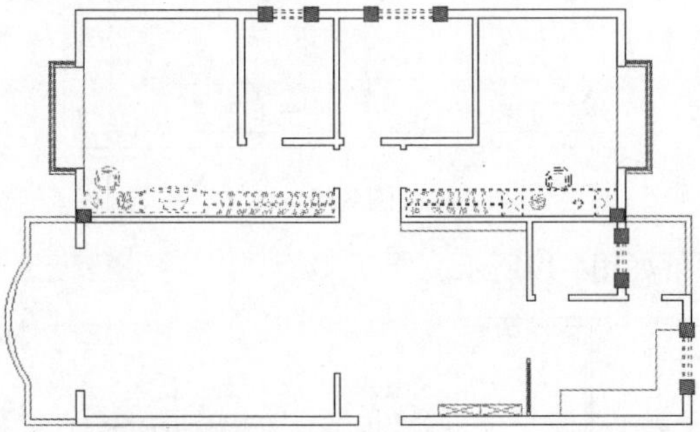

图4-6

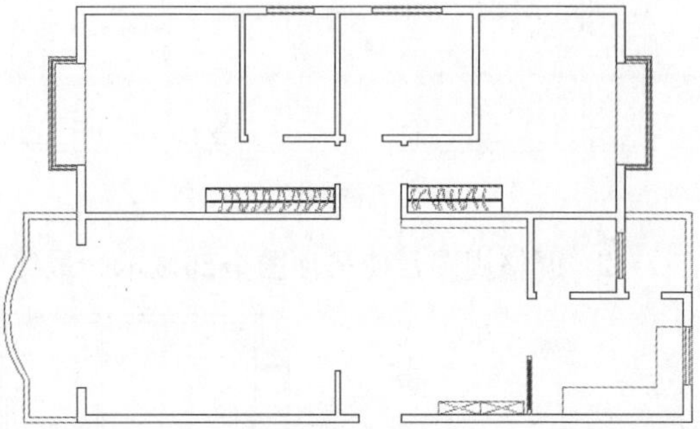

图4-7

(7) 展开“图层控制”下拉列表，暂时关闭“墙线层”，如图4-8所示，此时图形的显示效果如图4-9所示。

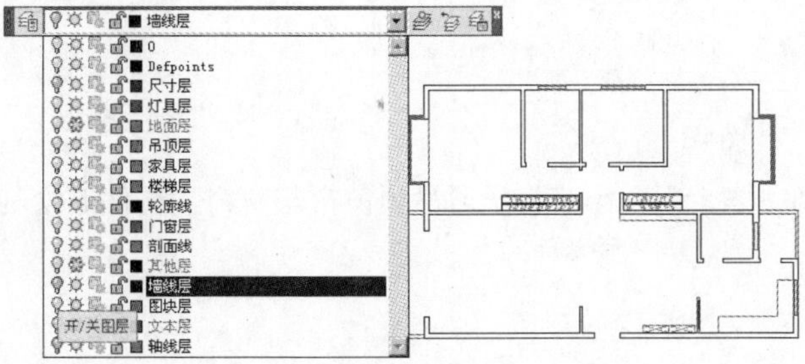

图4-8

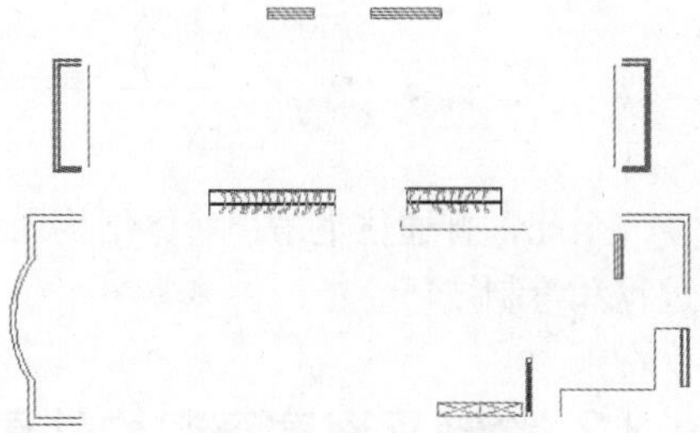

图4-9

(8) 夹点显示如图4-10所示的对象，将其放置到“吊顶层”上，并修改对象的颜色为随层。

(9) 展开“图层控制”下拉列表，打开被关闭的“墙线层”，结果如图4-11所示。

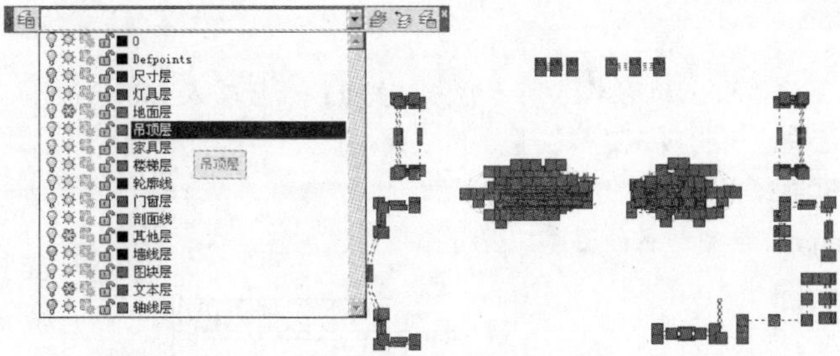

图4-10

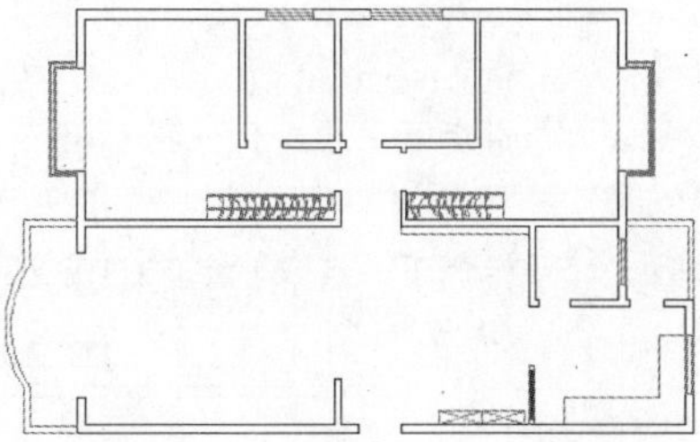

图4-11

(10) 使用命令简写L激活“直线”命令，配合端点捕捉功能和追踪功能，分别连接各门洞两侧的端点，绘制过梁底面的轮廓线，结果如图4-12所示。

(11) 重复执行“直线”命令，配合端点捕捉功能绘制厨房吊柜和餐厅酒水柜示意线，结果如图4-13所示。

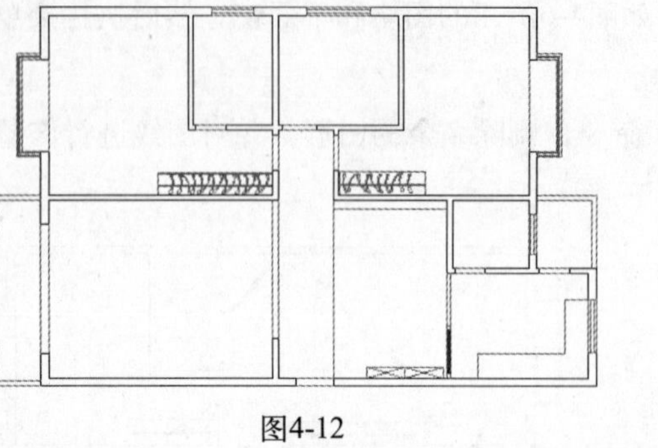

图4-12

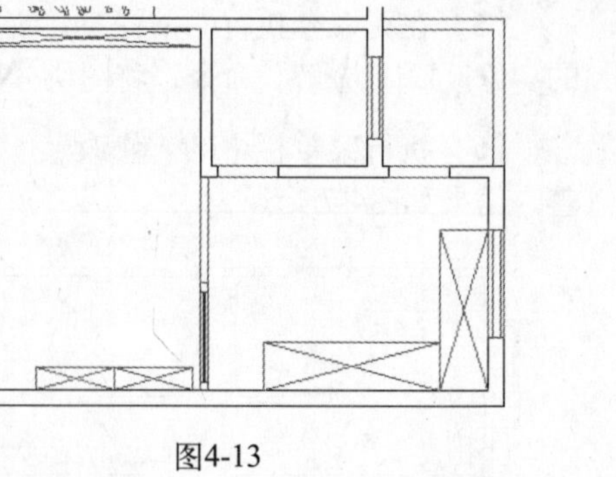

图4-13

⑫ 调整视图，使吊顶图全部显示，最终结果如图4-14所示。

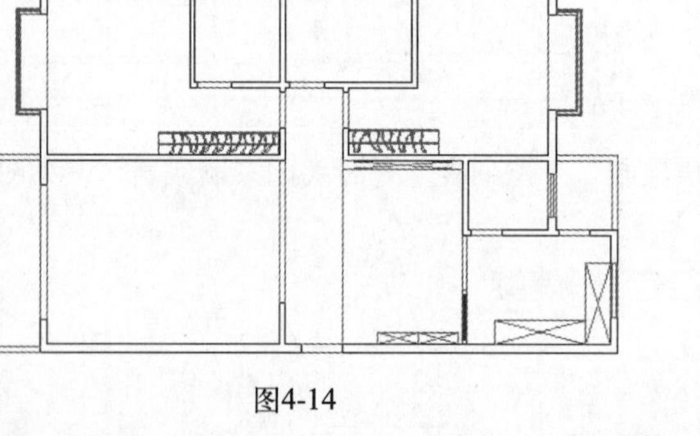

图4-14

至此，普通住宅吊顶墙体结构图绘制完毕，下一小节将学习吊顶窗帘与窗帘盒构件的绘制过程和绘制技巧。

4.3.2 绘制平面窗窗帘构件图

① 继续上节操作。

② 使用命令简写L激活“直线”命令，配合“对象追踪”和“极轴追踪”功能绘制窗帘盒轮廓线，命令行操作如下。

```
命令 : _line
    指定第一点 :                  // 水平向右引出如图 4-15 所示的方向矢量，然后输入 150 Enter
    指定下一点或 [ 放弃 (U)]: // 垂直向上引出极轴追踪矢量，然后捕捉追踪虚线与墙线的交点，
                                   如图 4-16 所示
    指定下一点或 [ 放弃 (U)]: // Enter，绘制结果如图 4-17 所示
```

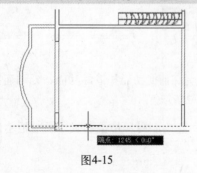

图4-15

图4-16

③ 使用命令简写O激活“偏移”命令，选择刚绘制的窗帘盒轮廓线，将其左下方偏移75个绘图单位，作为窗帘轮廓线，结果如图4-18所示。

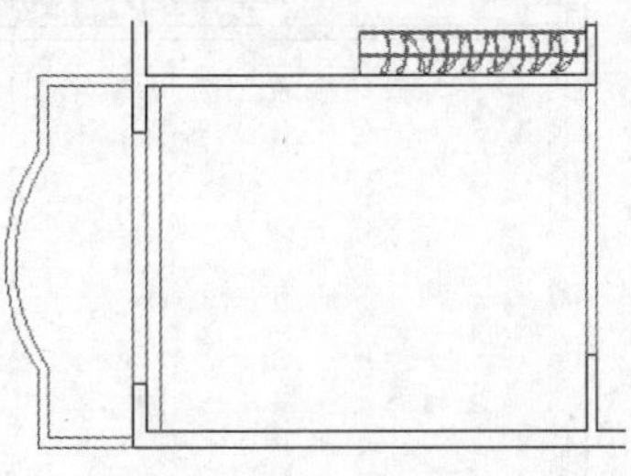

图4-17

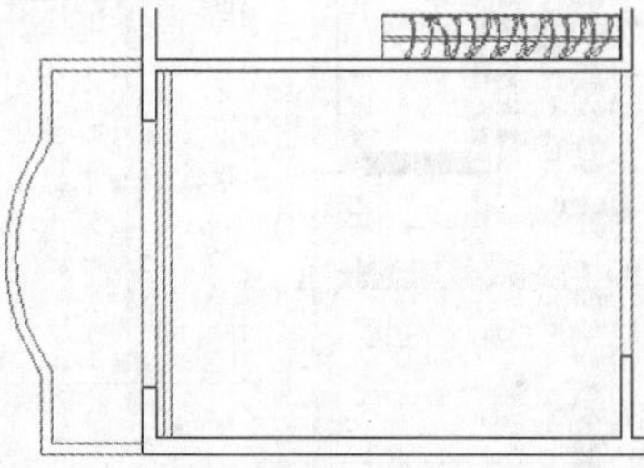

图4-18

④ 执行菜单栏中的“格式”|“线型”命令，打开“线型管理器”对话框，使用此对话框中的“加载”功能，加载如图4-19所示的线型，并设置线型比例如图4-20所示。

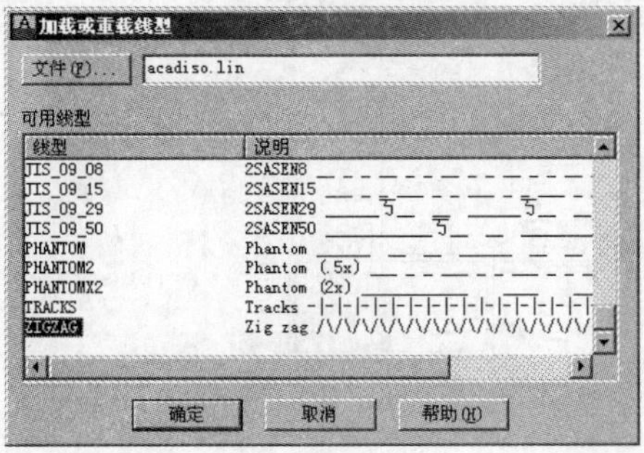

图4-19

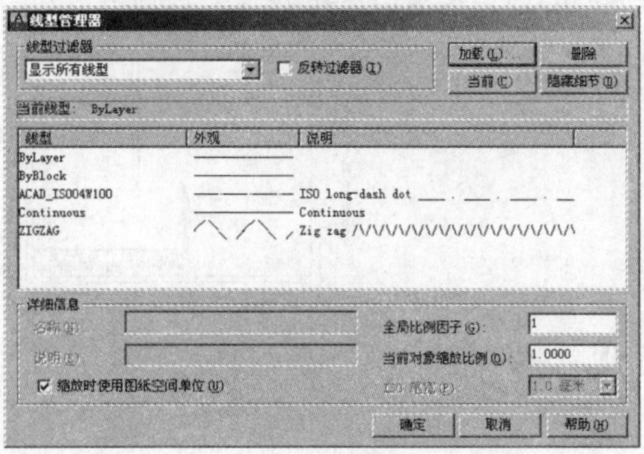

图4-20

⑤ 在无命令执行的前提下，夹点显示窗帘轮廓线，然后按组合键Ctrl+1，激活“特性”命令，在打开的“特性”面板中修改窗帘轮廓线的线型如图4-21所示，修改线型比例为10，如图4-22所示。

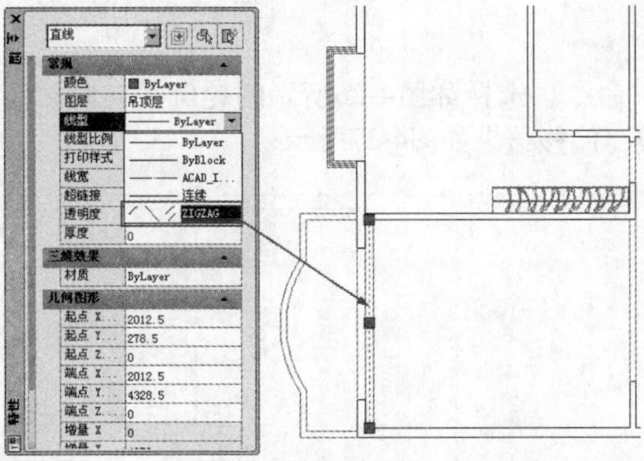

图4-21

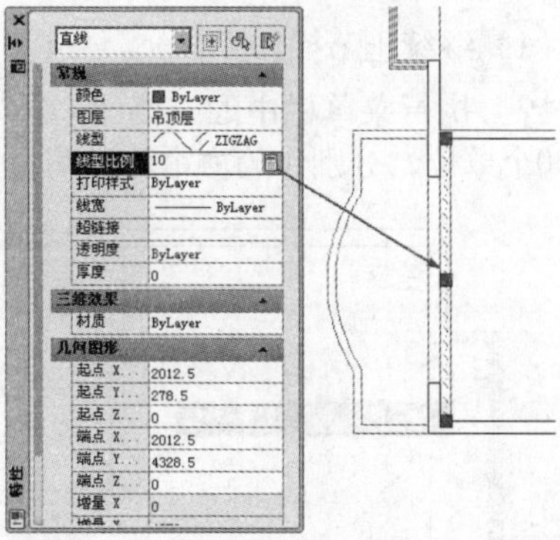

图4-22

⑥ 在“特性”面板中展开“颜色”下拉列表，然后修改窗帘轮廓线的颜色特性，如图4-23所示。

⑦ 按组合键Ctrl+1，关闭“特性”面板。

⑧ 按Esc键，取消对象的夹点显示状态，观看线型特性修改后的效果，如图4-24所示。

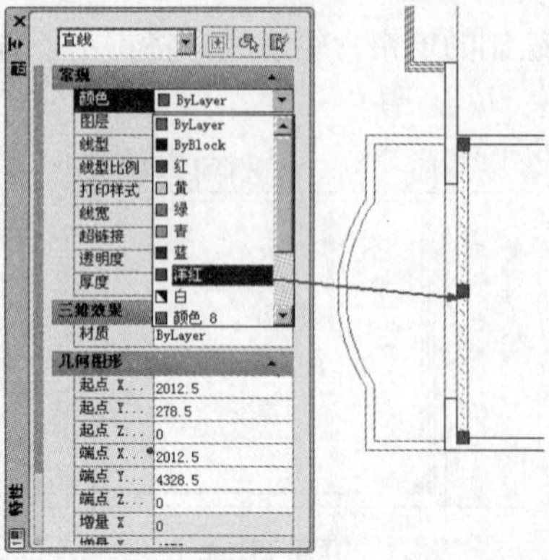

图4-23

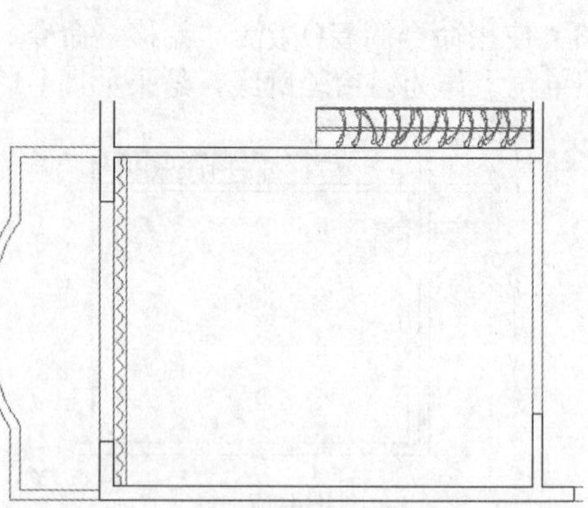

图4-24

(9) 参照步骤2~8的操作，综合使用“直线”、“偏移”、“特性”等命令，分别绘制其他房间内的窗帘及窗帘盒轮廓线，绘制结果如图4-25所示。

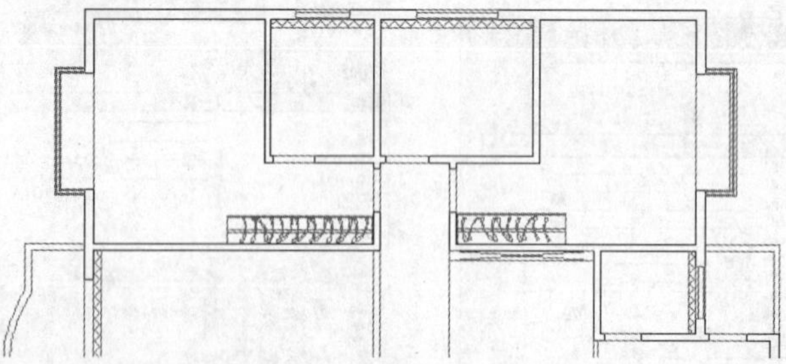

图4-25

至此，普通住宅吊顶平面窗窗帘和窗帘盒构件绘制完毕，下一小节将学习凸窗窗帘和窗帘盒构件图绘制过程和绘图技巧。

4.3.3 绘制凸窗窗帘构件图

(1) 继续上节操作。

(2) 执行菜单栏中的“修改”|“偏移”命令，选择如图4-26所示的轮廓线，向右偏移50和100个单位，分别作为窗帘和窗帘盒轮廓线，偏移结果如图4-27所示。

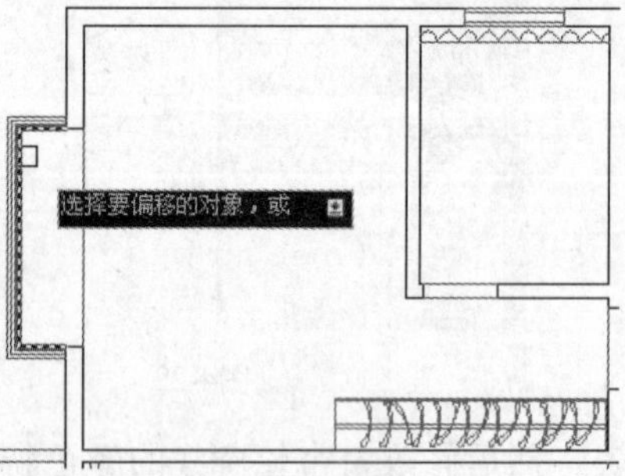

图4-26

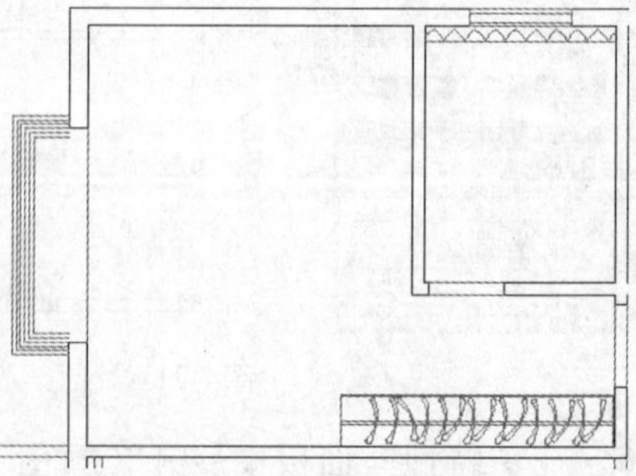

图4-27

(3) 执行菜单栏中的“修改”|“延伸”命令，选择如图4-28所示的轮廓线作为延伸边界，分别对偏移出的两条轮廓线进行延伸，延伸结果如图4-29所示。

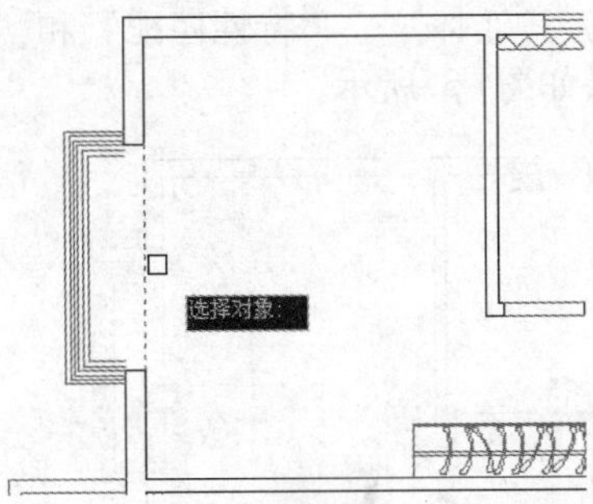

图4-28

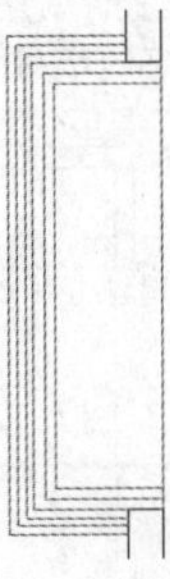

图4-29

(4) 执行菜单栏中的“修改”|“特性匹配”命令，将客厅窗帘轮廓线的线型匹配给卧室窗帘，命令行操作如下。

```
命令 : '_matchprop
    选择源对象 :                              // 选择如图 4-30 所示的窗帘
    当前活动设置 : 颜色 图层 线型 线型比例 线宽 透明度 厚度 打印样式 标注 文字
    图案填充 多段线 视口 表格材质 阴影显示 多重引线
    选择目标对象或 [ 设置 (S)]:                // 选择如图 4-31 所示的窗帘
    选择目标对象或 [ 设置 (S)]:                // Enter，匹配结果如图 4-32 所示
```

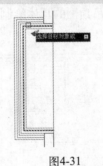

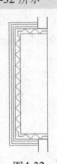

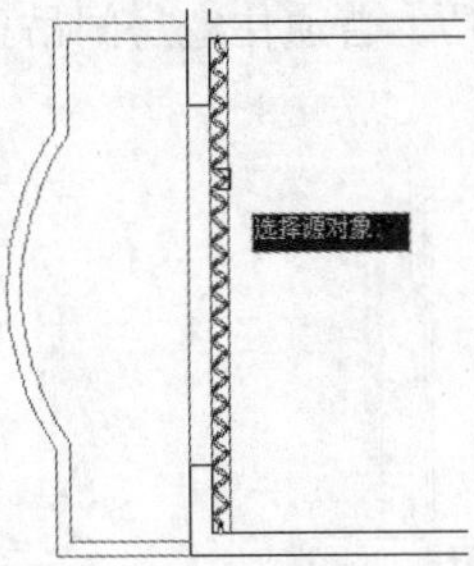

图4-30

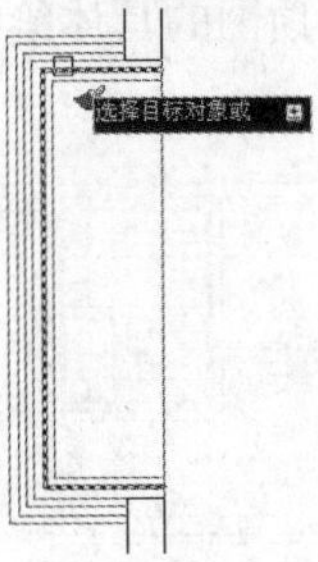

图4-31

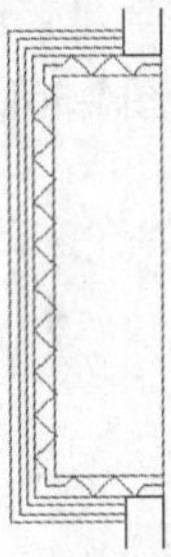

图4-32

(5) 夹点显示匹配后的卧室窗帘轮廓线，然后打开“特性”面板，修改其线型比例如图4-33所示。

(6) 关闭“特性”面板，然后按Esc键取消对象的夹点显示，修改线型比例后的显示效果如图4-34所示。

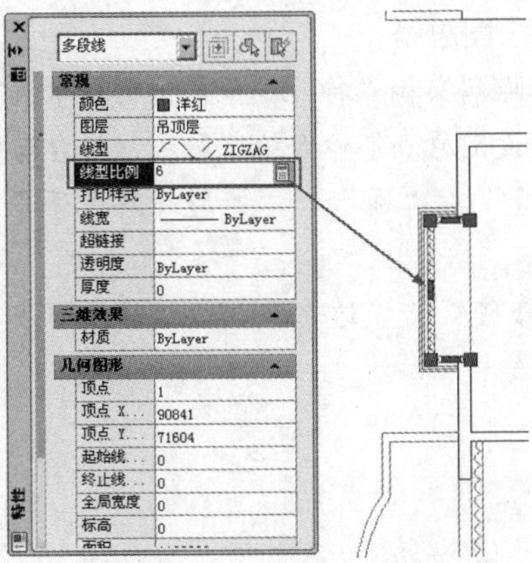

图4-33

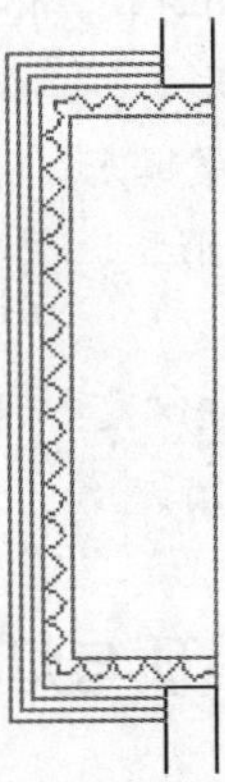

图4-34

⑦ 参照步骤1~6的操作，综合使用“偏移”、“延伸”、“特性匹配”和“特性”命令，绘制右侧子女房内的窗帘及窗帘盒轮廓线，结果如图4-35所示。

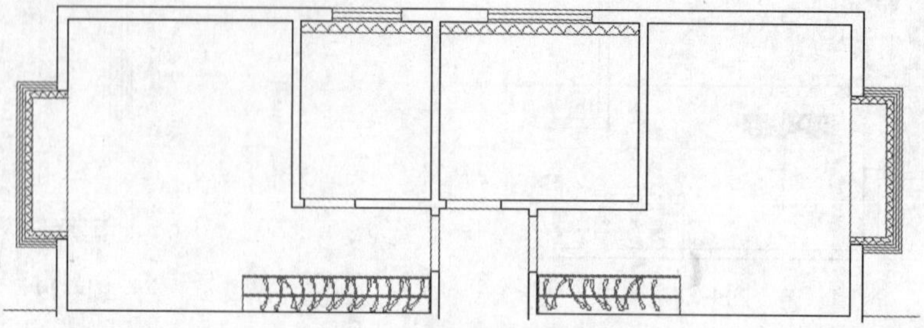

图4-35

⑧ 执行“范围缩放”命令调整视图，使吊顶图全部显示，最终结果如上图4-14所示。

⑨ 最后执行“另存为”命令，将图形另名存储为“绘制普通住宅吊顶墙体图.dwg”。

4.4 绘制普通住宅房间吊顶图

本节主要学习普通住宅房间吊顶图的具体绘制过程和绘制技巧。普通住宅房间吊顶图的最终绘制效果如图4-36所示。

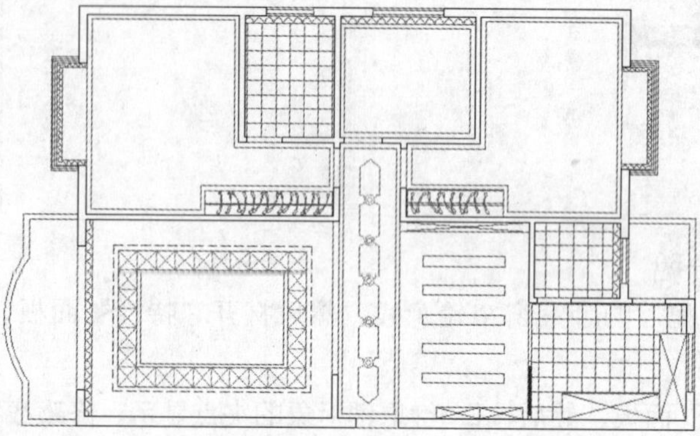

图4-36

在绘制吊顶轮廓图时，具体可以参照如下绘图思路。

- 综合使用“矩形”、“偏移”、“矩形阵列”和“特性”命令绘制客厅吊顶与灯带图。
- 综合使用“图案填充”、“直线”、“设定原点”命令绘制厨房、阳台与卫生间吊顶。
- 综合使用“矩形”、“直线”、“修剪”、“圆”、“矩形阵列”等命令绘制餐厅与过道吊顶。
- 最后使用“矩形”、“构造线”、“修剪”、“边界”、“偏移”等多种命令绘制书房与子女房吊顶。

4.4.1 绘制客厅吊顶与灯带

① 执行“打开”命令，打开随书光盘中的“效果文件”\“第4章”\“绘制普通住宅吊

顶墙体图.dwg”。

② 执行菜单栏中的“绘图”|“矩形”命令，配合“捕捉自”功能绘制客厅矩形吊顶，命令行操作如下。

```
命令：_rectang
    指定第一个角点或 [ 倒角 (C)/ 标高 (E)/ 圆角 (F)/ 厚度 (T)/ 宽度 (W)]:    // 激活“捕捉自”功能
    _from 基点：                                      // 捕捉如图 4-37 所示的端点
    < 偏移 >:                                         //@465,525 Enter
    指定另一个角点或 [ 面积 (A)/ 尺寸 (D)/ 旋转 (R)]:
                                                      //@4200,3000 Enter，绘制结果如图 4-38 所示
```

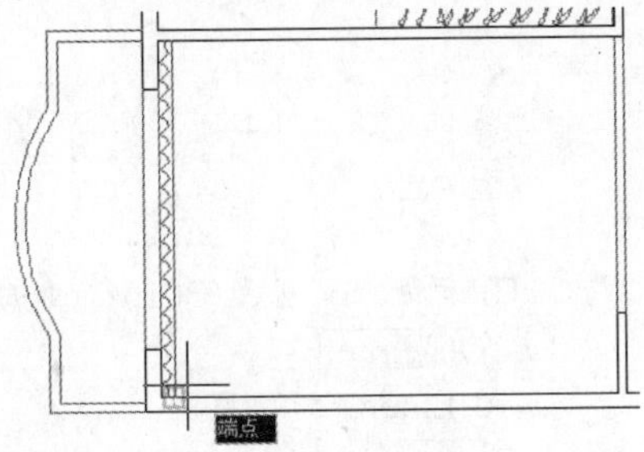

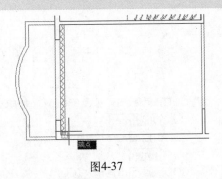

图4-37

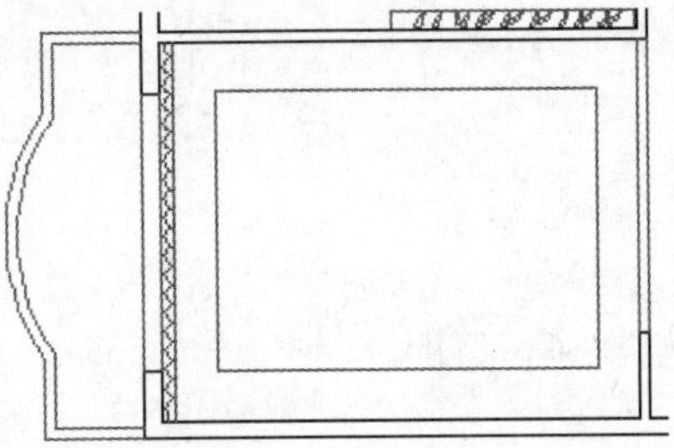

图4-38

③ 执行菜单栏中的“修改”|“偏移”命令，将绘制的矩形向内偏移，命令行操作如下。

```
命令：_offset
    当前设置：删除源 = 否  图层 = 源  OFFSETGAPTYPE=0
    指定偏移距离或 [ 通过 (T)/ 删除 (E)/ 图层 (L)] <500>:  //100 Enter
    选择要偏移的对象，或 [ 退出 (E)/ 放弃 (U)] < 退出 >:  // 选择刚绘制的矩形
    指定要偏移的那一侧上的点，或 [ 退出 (E)/ 多个 (M)/ 放弃 (U)] < 退出 >:
                                                      // 在所选矩形的内侧拾取点
    选择要偏移的对象，或 [ 退出 (E)/ 放弃 (U)] < 退出 >: //Enter
命令：
    OFFSET 当前设置：删除源 = 否  图层 = 源  OFFSETGAPTYPE=0
    指定偏移距离或 [ 通过 (T)/ 删除 (E)/ 图层 (L)] <100>:  //400 Enter
    选择要偏移的对象，或 [ 退出 (E)/ 放弃 (U)] < 退出 >:  // 选择刚偏移出的矩形
    指定要偏移的那一侧上的点，或 [ 退出 (E)/ 多个 (M)/ 放弃 (U)] < 退出 >:
                                                      // 在所选矩形的内侧拾取点
    选择要偏移的对象，或 [ 退出 (E)/ 放弃 (U)] < 退出 >: //Enter
命令：
    OFFSET 当前设置：删除源 = 否  图层 = 源  OFFSETGAPTYPE=0
    指定偏移距离或 [ 通过 (T)/ 删除 (E)/ 图层 (L)] <400>:  //80 Enter
    选择要偏移的对象，或 [ 退出 (E)/ 放弃 (U)] < 退出 >:  // 选择刚偏移出的矩形
    指定要偏移的那一侧上的点，或 [ 退出 (E)/ 多个 (M)/ 放弃 (U)] < 退出 >:
                                                      // 在所选矩形的内侧拾取点
    选择要偏移的对象，或 [ 退出 (E)/ 放弃 (U)] < 退出 >: //Enter，偏移结果如图 4-39 所示
```

④ 使用命令简写L激活“直线”命令，配合端点捕捉功能绘制如图4-40所示的分隔线。

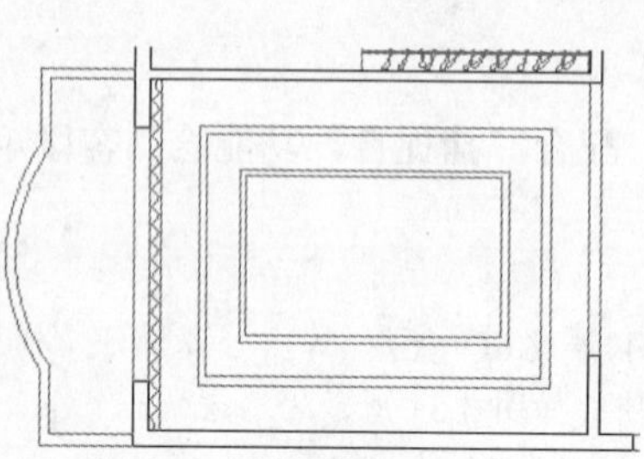

图4-39

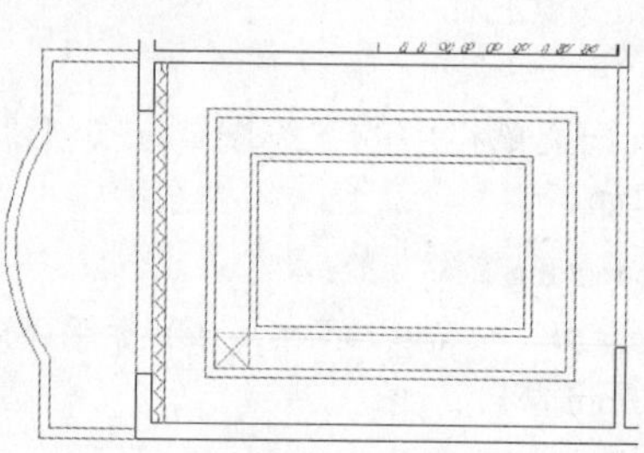

图4-40

⑤ 执行菜单栏中的“修改”|“阵列”|“矩形阵列”命令，将分隔线进行矩形阵列，命令行操作如下。

命令：_arrayrect
选择对象： // 窗口选择如图 4-41 所示的对象
选择对象： // Enter
类型 = 矩形 关联 = 否
选择夹点以编辑阵列或 [关联 (AS)/ 基点 (B)/ 计数 (COU)/ 间距 (S)/ 列数 (COL)/ 行数 (R)/ 层数 (L)/ 退出 (X)] < 退出 >: //COU Enter
输入列数数或 [表达式 (E)] <4>: //10 Enter
输入行数数或 [表达式 (E)] <3>: //7 Enter
选择夹点以编辑阵列或 [关联 (AS)/ 基点 (B)/ 计数 (COU)/ 间距 (S)/ 列数 (COL)/ 行数 (R)/ 层数 (L)/ 退出 (X)] < 退出 >: //S Enter
指定列之间的距离或 [单位单元 (U)] <17375>: //400 Enter
指定行之间的距离 <11811>: //400 Enter
选择夹点以编辑阵列或 [关联 (AS)/ 基点 (B)/ 计数 (COU)/ 间距 (S)/ 列数 (COL)/ 行数 (R)/ 层数 (L)/ 退出 (X)] < 退出 >: //AS Enter
创建关联阵列 [是 (Y)/ 否 (N)] < 否 >: // Enter
选择夹点以编辑阵列或 [关联 (AS)/ 基点 (B)/ 计数 (COU)/ 间距 (S)/ 列数 (COL)/ 行数 (R)/ 层数 (L)/ 退出 (X)] < 退出 >: // Enter，阵列结果如图 4-42 所示

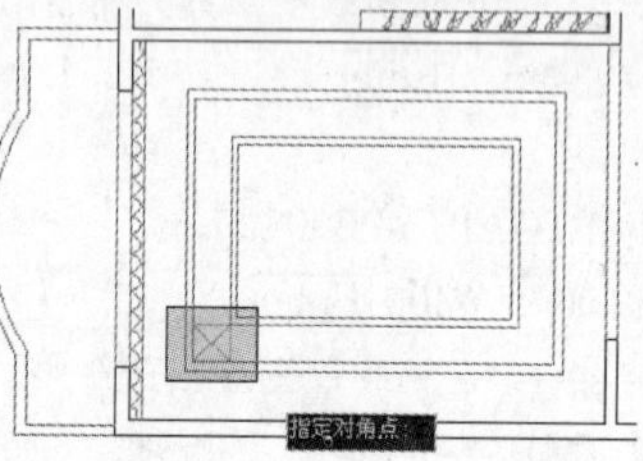

图4-41

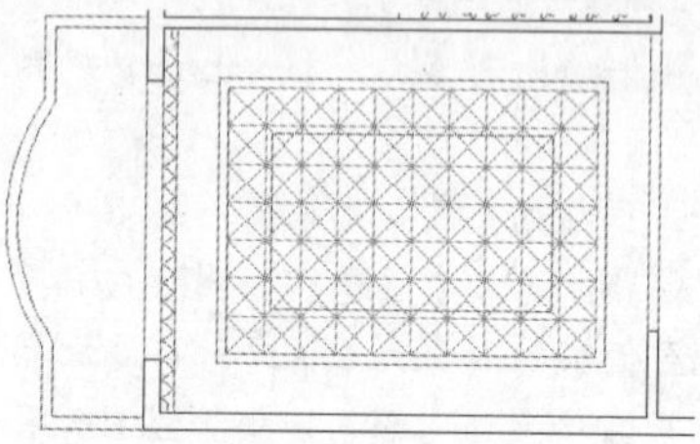

图4-42

⑥ 执行菜单栏中的“修改”|“删除”命令，窗交选择如图4-43所示的对象进行删除，结果如图4-44所示。

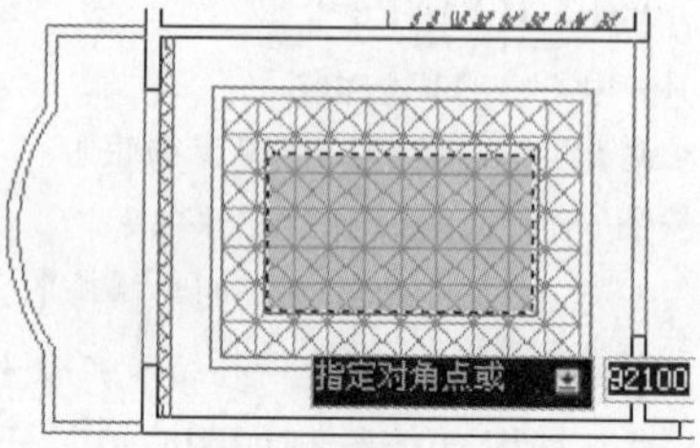

图4-43

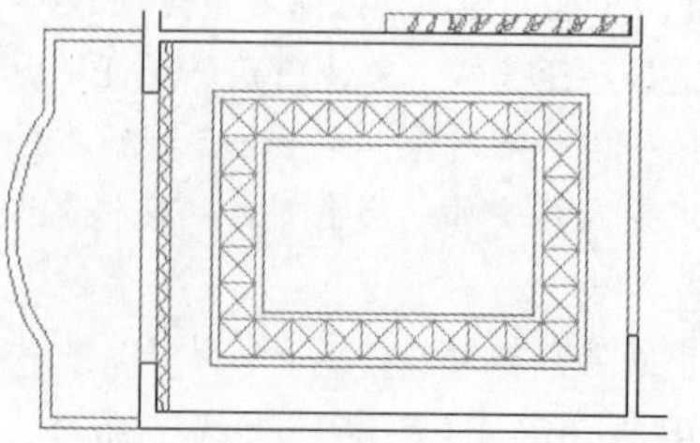

图4-44

(7) 在无命令执行的前提下，分别夹点显示如图4-45和4-46所示的分隔线进行删除，删除后的效果如图4-47所示。

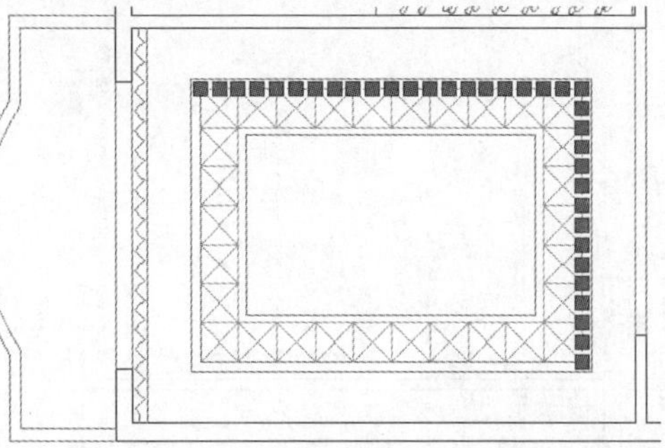

图4-45

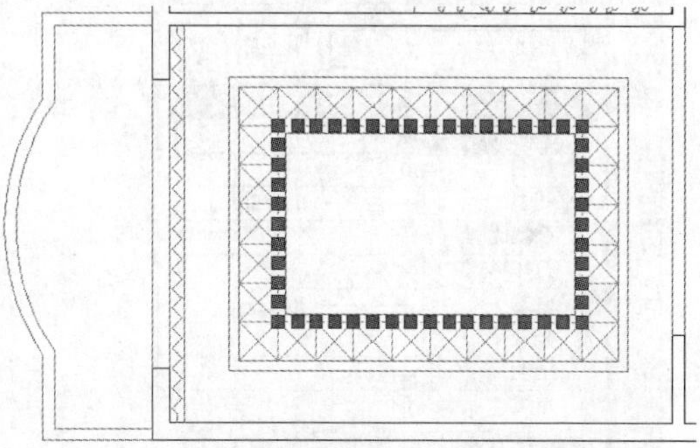

图4-46

(8) 使用命令简写LT激活“线型”命令，打开“线型管理器”对话框，然后单击 加载(L)... 按钮，加载如图4-48所示的线型。

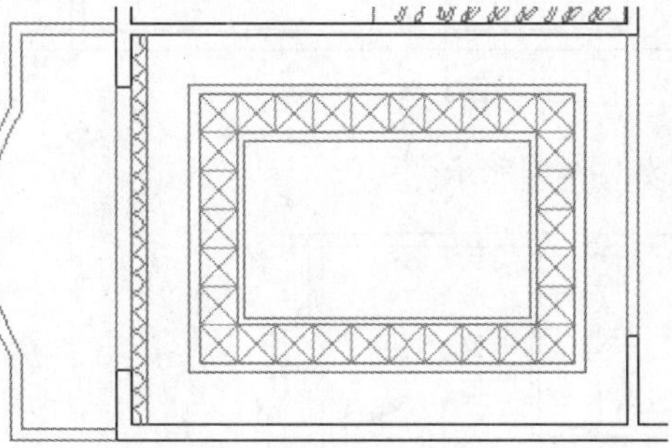

图4-47

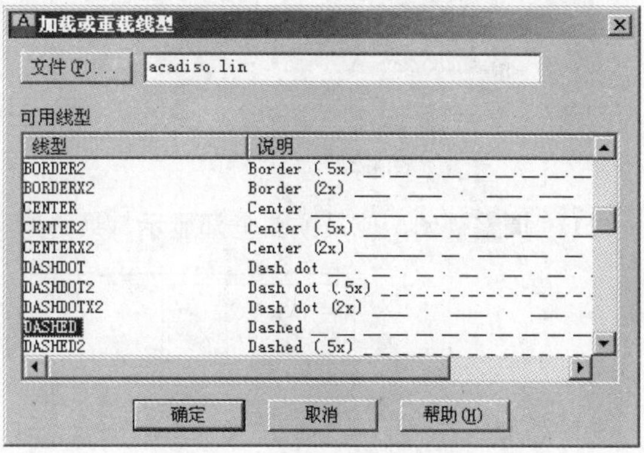

图4-48

(9) 在无命令执行的前提下，夹点显示如图4-49所示的轮廓线，然后打开“特性”面板，修改轮廓线的线型如图4-50所示，修改轮廓线的线型比例如图4-51所示，修改轮廓线颜色如图4-52所示。

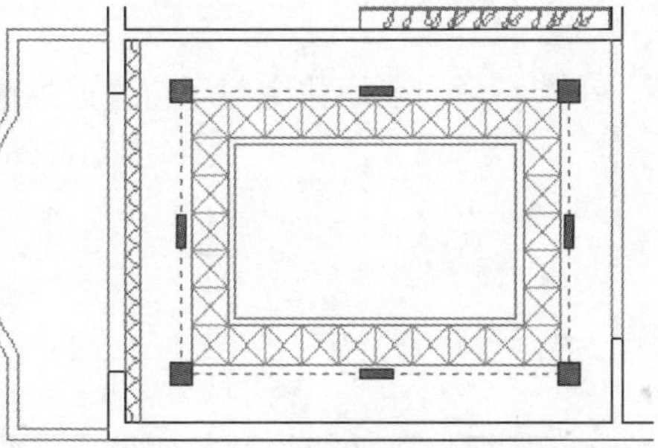

图4-49

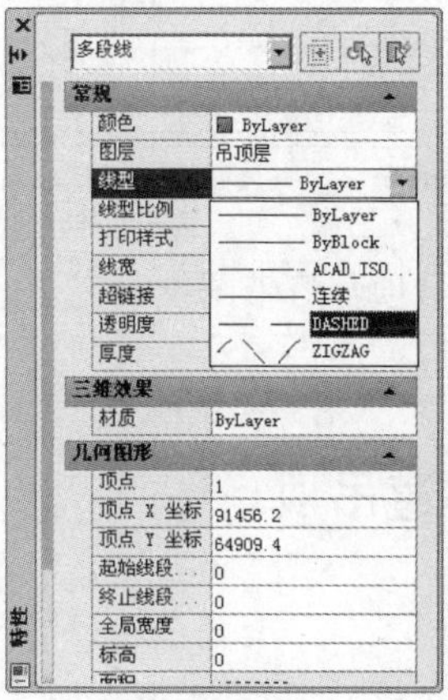

图4-50

图4-51

⑩ 关闭“特性”面板，然后按Esc键取消对象的夹点显示，修改线型比例后的显示效果如图4-53所示。

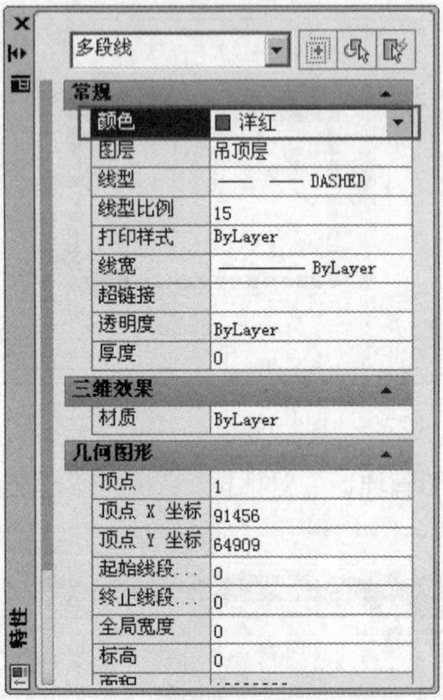

图4-52

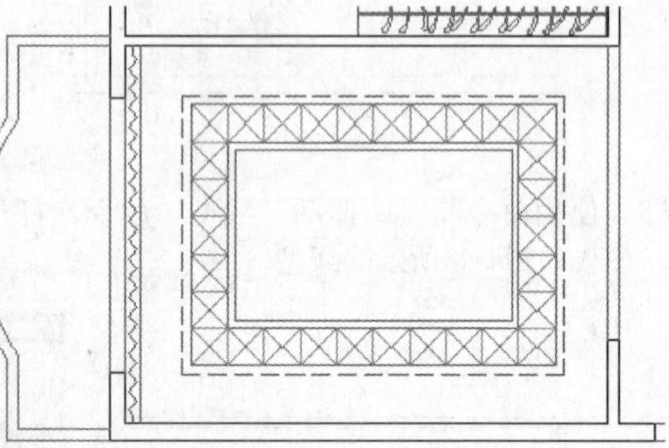
图4-53

⑪ 调整视图，使吊顶图全部显示，最终结果如图4-54所示。

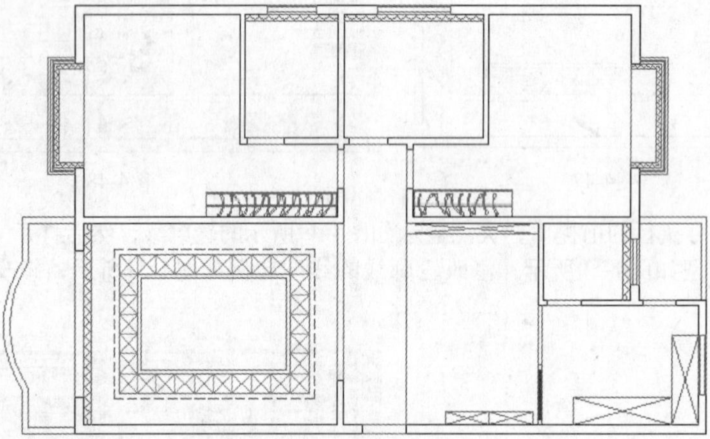
图4-54

至此，普通住宅客厅吊顶与灯带图绘制完毕，下一小节将学习普通住宅餐厅与过道吊顶图的绘制过程和绘图技巧。

4.4.2 绘制餐厅与过道吊顶

① 继续上节操作。

② 执行菜单栏中的“绘图”|“矩形”命令，配合“捕捉自”功能绘制餐厅吊顶，命令行操作如下。

```
命令：_rectang
    指定第一个角点或 [ 倒角 (C)/ 标高 (E)/ 圆角 (F)/ 厚度 (T)/ 宽度 (W)]:    // 激活“捕捉自”功能
    _from 基点：                                   // 捕捉如图 4-55 所示的端点
    < 偏移 >:                                      //@500,-500 Enter
    指定另一个角点或 [ 面积 (A)/ 尺寸 (D)/ 旋转 (R)]:
                                                   //@1700,-200 Enter，绘制结果如图 4-56 所示
```

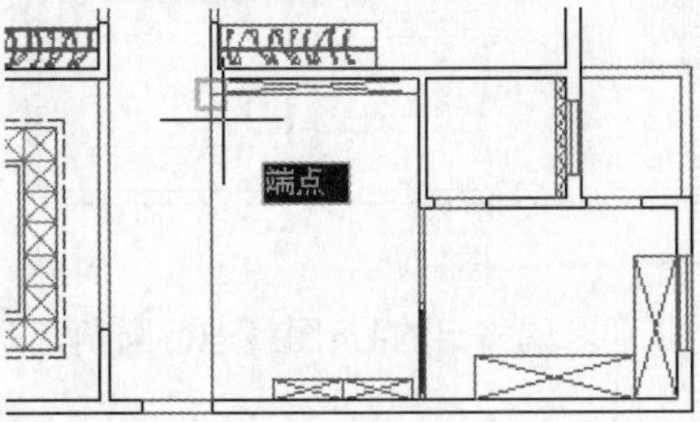

图4-55

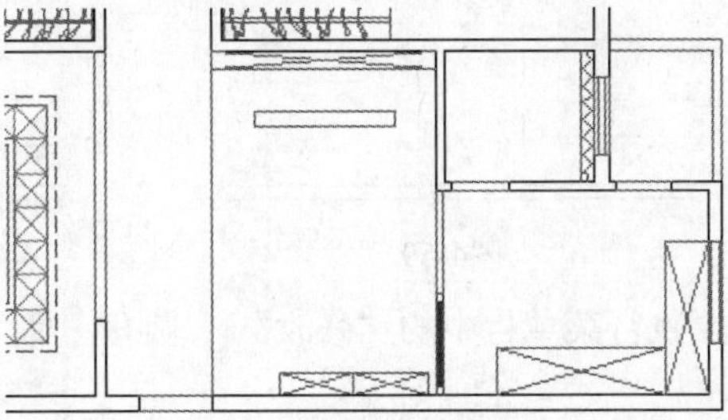

图4-56

3 执行菜单栏中的“修改”|“阵列”|“矩形阵列”命令，将刚绘制的矩形阵列，命令行操作如下。

```
命令：_arrayrect
    选择对象：                                          // 窗口选择如图 4-57 所示的矩形
    选择对象：                                          // Enter
    类型 = 矩形 关联 = 否
    选择夹点以编辑阵列或 [ 关联 (AS)/ 基点 (B)/ 计数 (COU)/ 间距 (S)/ 列数 (COL)/ 行数 (R)/
层数 (L)/ 退出 (X)] < 退出 >:                            //COU Enter
    输入列数数或 [ 表达式 (E)] <4>:                      //1 Enter
    输入行数数或 [ 表达式 (E)] <3>:                      //5 Enter
    选择夹点以编辑阵列或 [ 关联 (AS)/ 基点 (B)/ 计数 (COU)/ 间距 (S)/ 列数 (COL)/ 行数 (R)/
层数 (L)/ 退出 (X)] < 退出 >:                            //S Enter
    指定列之间的距离或 [ 单位单元 (U)] <17375>:           //1 Enter
    指定行之间的距离 <11811>:                            //-600 Enter
    选择夹点以编辑阵列或 [ 关联 (AS)/ 基点 (B)/ 计数 (COU)/ 间距 (S)/ 列数 (COL)/ 行数 (R)/
层数 (L)/ 退出 (X)] < 退出 >:                            // AS Enter
    创建关联阵列 [ 是 (Y)/ 否 (N)] < 否 >:                // Enter
    选择夹点以编辑阵列或 [ 关联 (AS)/ 基点 (B)/ 计数 (COU)/ 间距 (S)/ 列数 (COL)/ 行数 (R)/
层数 (L)/ 退出 (X)] < 退出 >:                            // Enter，阵列结果如图 4-58 所示
```

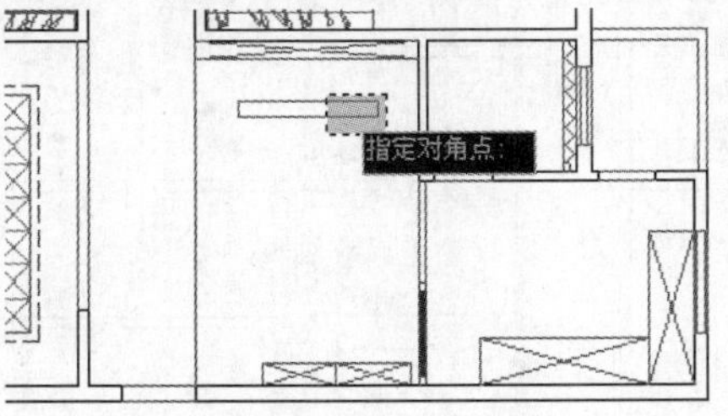

图4-57

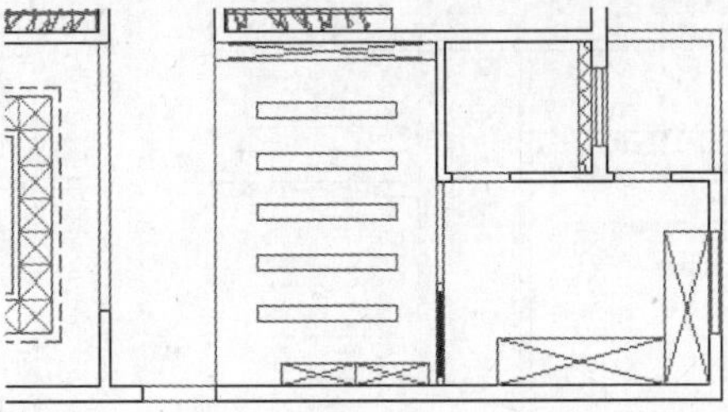

图4-58

4 执行菜单栏中的“修改”|“偏移”命令，分别将如图4-59所示的轮廓线1、2、3和4

向中心偏移100个单位，偏移结果如图4-60所示。

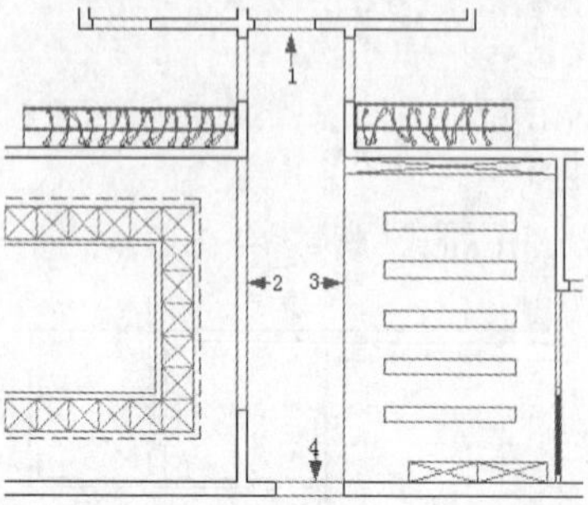

图4-59

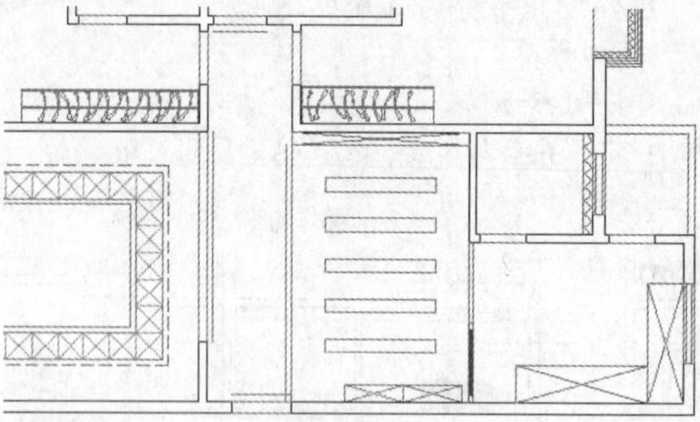

图4-60

⑤ 执行菜单栏中的“修改”|“圆角”命令，分别对偏移出的4条图线进行圆角，命令行操作如下。

```
命令：_fillet
    当前设置：模式 = 修剪，半径 = 0
    选择第一个对象或 [ 放弃 (U)/ 多段线 (P)/ 半径 (R)/ 修剪 (T)/ 多个 (M)]: //M Enter
    选择第一个对象或 [ 放弃 (U)/ 多段线 (P)/ 半径 (R)/ 修剪 (T)/ 多个 (M)]:
                                        // 在如图 4-61 所示轮廓线 1 的左端单击
    选择第二个对象，或按住 Shift 键选择对象以应用角点或 [ 半径 (R)]:
                                        // 在如图 4-61 所示轮廓线 2 的上端单击
    选择第一个对象或 [ 放弃 (U)/ 多段线 (P)/ 半径 (R)/ 修剪 (T)/ 多个 (M)]:
                                        // 在如图 4-61 所示轮廓线 2 的下端单击
    选择第二个对象，或按住 Shift 键选择对象以应用角点或 [ 半径 (R)]:
                                        // 在如图 4-61 所示轮廓线 3 的左端单击
    选择第一个对象或 [ 放弃 (U)/ 多段线 (P)/ 半径 (R)/ 修剪 (T)/ 多个 (M)]:
                                        // 在如图 4-61 所示轮廓线 3 的右端单击
    选择第二个对象，或按住 Shift 键选择对象以应用角点或 [ 半径 (R)]:
                                        // 在如图 4-61 所示轮廓线 4 的下端单击
    选择第一个对象或 [ 放弃 (U)/ 多段线 (P)/ 半径 (R)/ 修剪 (T)/ 多个 (M)]:
                                        // 在如图 4-61 所示轮廓线 4 的上端单击
    选择第二个对象，或按住 Shift 键选择对象以应用角点或 [ 半径 (R)]:
                                        // 在如图 4-61 所示轮廓线 1 的右端单击
    选择第一个对象或 [ 放弃 (U)/ 多段线 (P)/ 半径 (R)/ 修剪 (T)/ 多个 (M)]:
                                        // Enter，圆角结果如图 4-62 所示
```

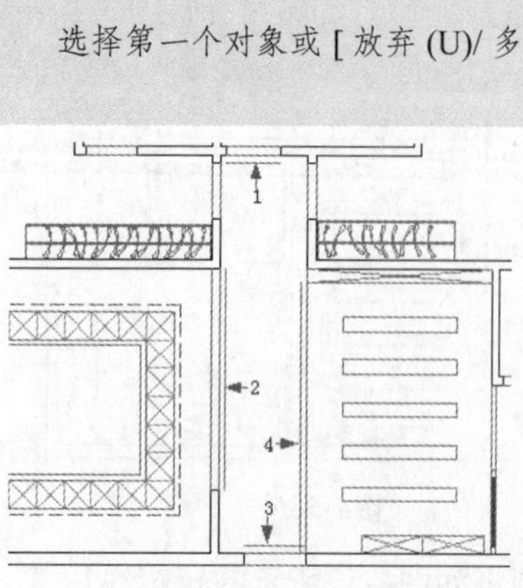

图4-61

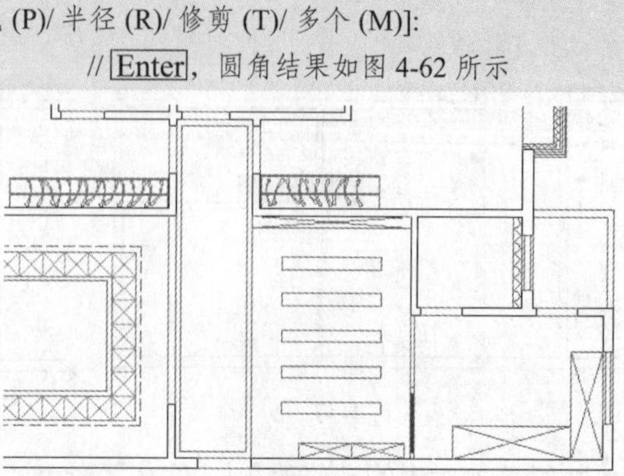

图4-62

(6) 执行“偏移”命令，将圆角后的两条水平轮廓线分别向内侧偏移385和215个单位，将两条垂直的轮廓线向内偏移350个单位，结果如图4-63所示。

(7) 执行菜单栏中的“绘图”|“直线”命令，配合中点捕捉和交点捕捉功能绘制4条倾斜轮廓线，绘制结果如图4-64所示。

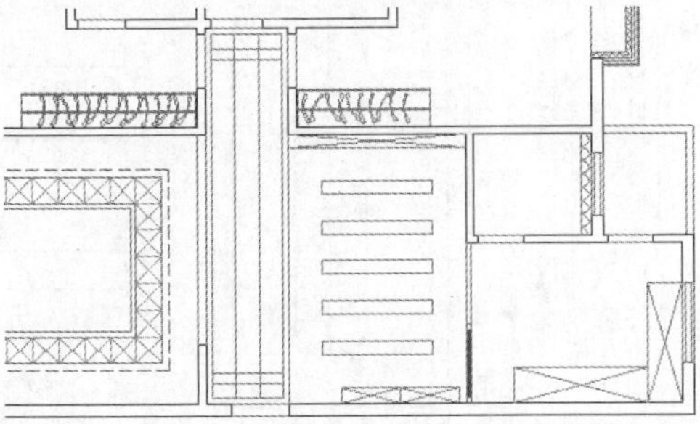

图4-63

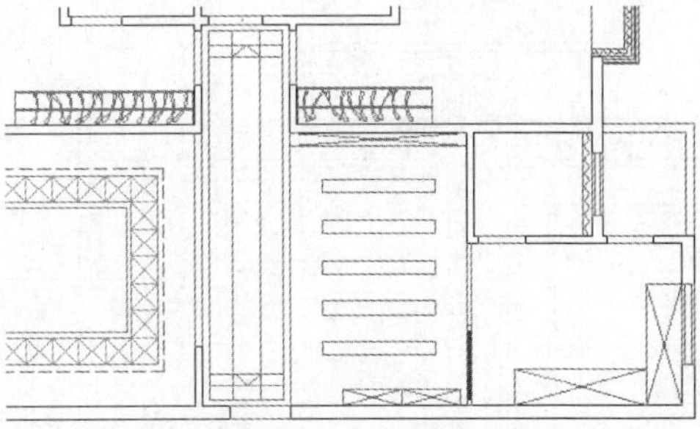

图4-64

(8) 执行菜单栏中的“修改”|“修剪”命令，以4条倾斜轮廓线作为边界，对两条垂直的轮廓线进行修剪，结果如图4-65所示。

(9) 执行菜单栏中的“修改”|“删除”命令，删除4条水平图线，结果如图4-66所示。

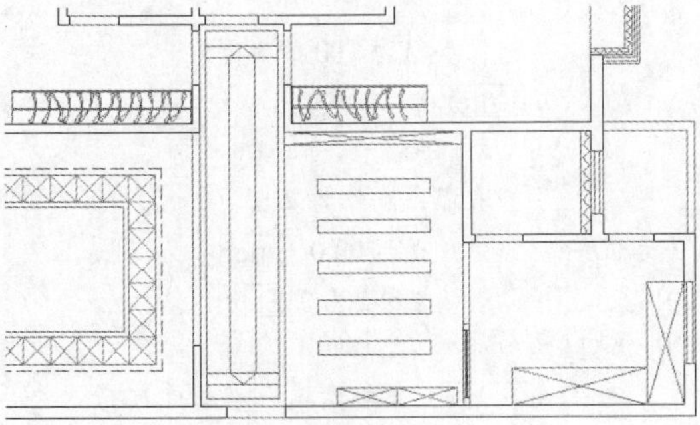

图4-65

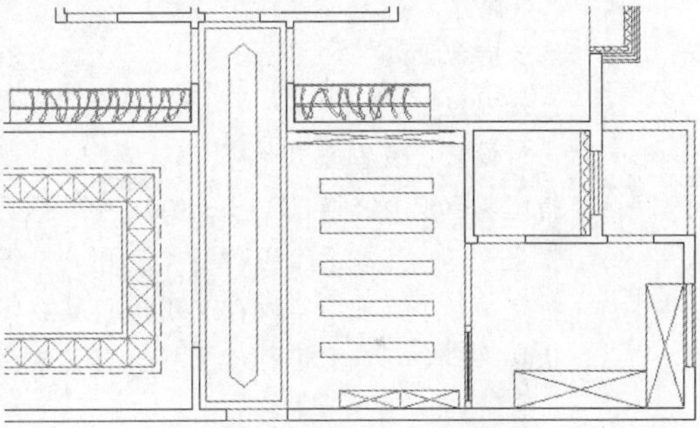

图4-66

(10) 执行菜单栏中的“格式”|“点样式”命令，在打开的“点样式”对话框中设置点的样式及大小，如图4-67所示。

(11) 使用命令简写L激活“直线”命令，配合端点或交点捕捉功能绘制如图4-68所示的垂直直线作为辅助线。

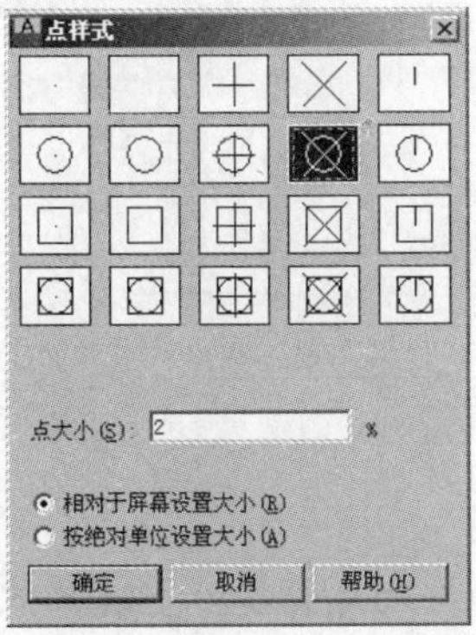

图4-67

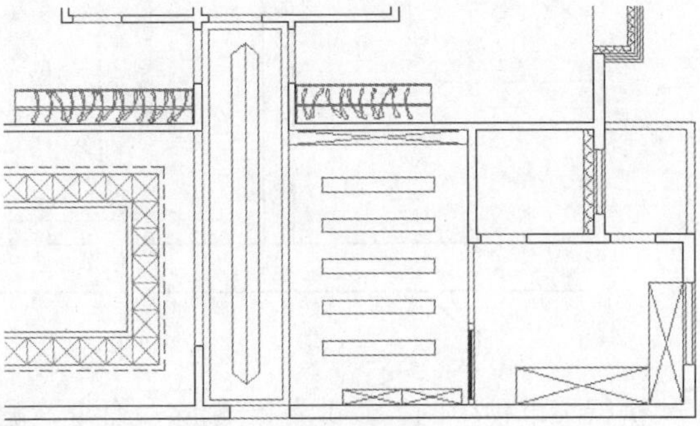

图4-68

⑫ 使用命令简写DIV激活“定数等分”命令，将垂直辅助线等分6份，等分结果如图4-69所示。

⑬ 使用命令简写C激活“圆”命令，以下侧的节点作为圆心，绘制半径为50和100的同心圆，结果如图4-70所示。

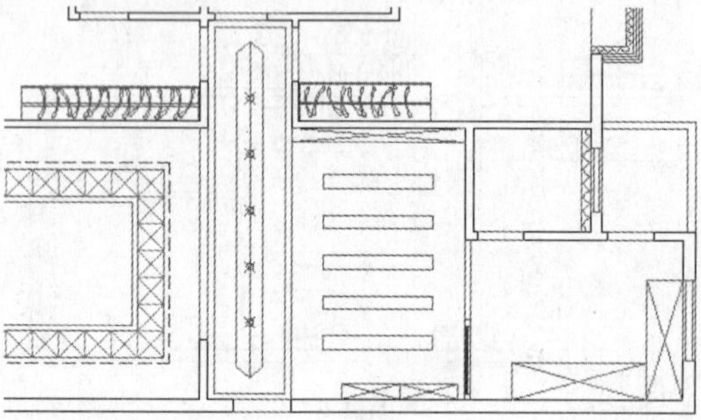

图4-69

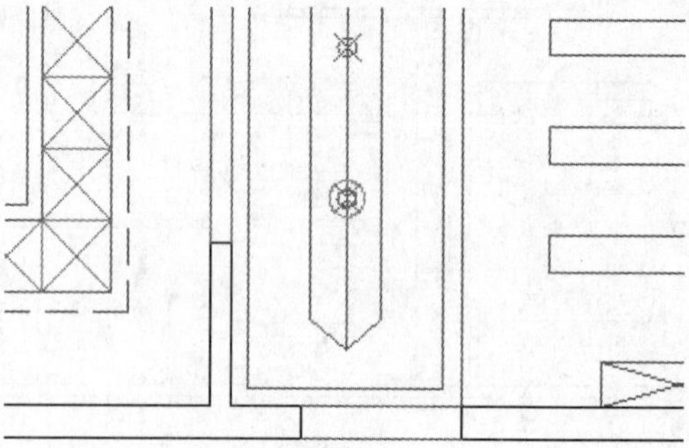

图4-70

⑭ 执行菜单栏中的“修改”|“复制”命令，将外侧的大圆对称复制200个单位，命令行操作如下。

```
命令：_copy
    选择对象：                                                //选择半径为 100 的大圆
    选择对象：                                                //Enter
    当前设置：复制模式 = 多个
    指定基点或 [位移 (D)/ 模式 (O)] < 位移 >:                  //拾取任一点作为基点
    指定第二个点或 [阵列 (A)] < 使用第一个点作为位移 >:            //@200,0 Enter
    指定第二个点或 [阵列 (A)/ 退出 (E)/ 放弃 (U)] < 退出 >:        //@-200,0 Enter
    指定第二个点或 [阵列 (A)/ 退出 (E)/ 放弃 (U)] < 退出 >:
                                                              //Enter，复制结果如图 4-71 所示
```

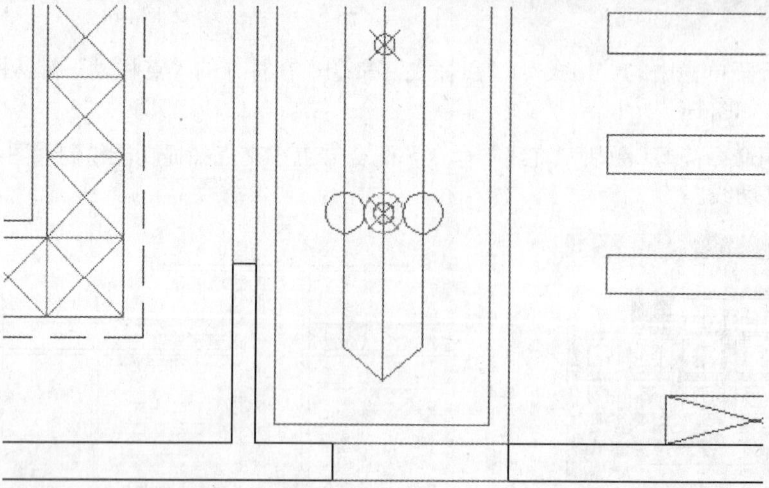

图4-71

⑮ 执行菜单栏中的“修改”|“删除”命令，删除垂直辅助线和等分点，结果如图4-72所示。

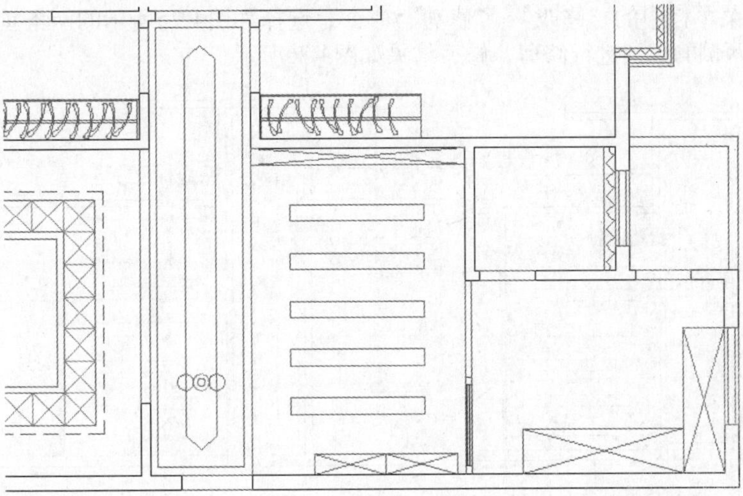

图4-72

⑯ 执行菜单栏中的“修改”|“阵列”|“矩形阵列”命令，对4个圆形进行矩形阵列，命令行操作如下。

命令 : _arrayrect
选择对象 : // 窗口选择如图 4-73 所示的圆
选择对象 : // Enter
类型 = 矩形 关联 = 否
选择夹点以编辑阵列或 [关联 (AS)/ 基点 (B)/ 计数 (COU)/ 间距 (S)/ 列数 (COL)/ 行数 (R)/ 层数 (L)/ 退出 (X)] < 退出 >: //COU Enter
输入列数数或 [表达式 (E)] <4>: //1 Enter
输入行数数或 [表达式 (E)] <3>: //5 Enter
选择夹点以编辑阵列或 [关联 (AS)/ 基点 (B)/ 计数 (COU)/ 间距 (S)/ 列数 (COL)/ 行数 (R)/ 层数 (L)/ 退出 (X)] < 退出 >: //S Enter
指定列之间的距离或 [单位单元 (U)] <17375>: //1 Enter
指定行之间的距离 <11811>: //5020/6 Enter
选择夹点以编辑阵列或 [关联 (AS)/ 基点 (B)/ 计数 (COU)/ 间距 (S)/ 列数 (COL)/ 行数 (R)/ 层数 (L)/ 退出 (X)] < 退出 >: //AS Enter
创建关联阵列 [是 (Y)/ 否 (N)] < 否 >: // Enter
选择夹点以编辑阵列或 [关联 (AS)/ 基点 (B)/ 计数 (COU)/ 间距 (S)/ 列数 (COL)/ 行数 (R)/ 层数 (L)/ 退出 (X)] < 退出 >: // Enter，阵列结果如图 4-74 所示

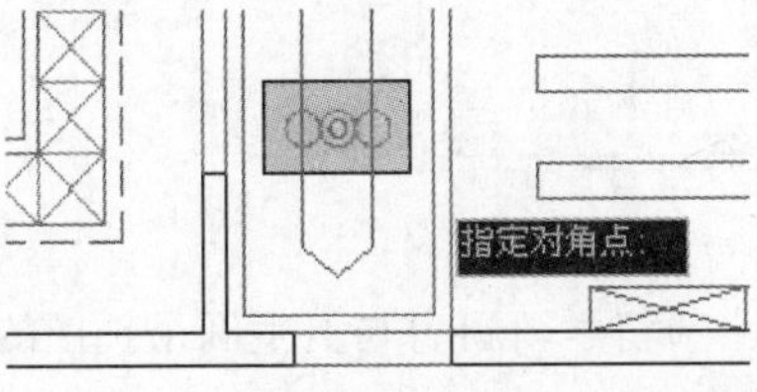

图4-73

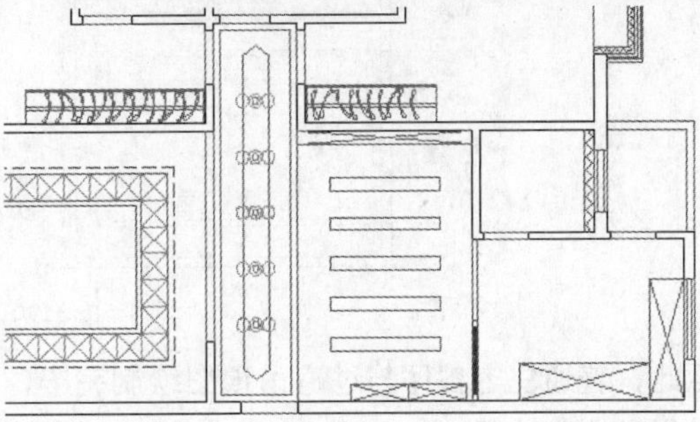

图4-74

⑰ 执行菜单栏中的“修改”|“修剪”命令，选择如图4-75所示的两条垂直轮廓线作为修剪边界，对两侧的大圆进行修剪，修剪结果如图4-76所示。

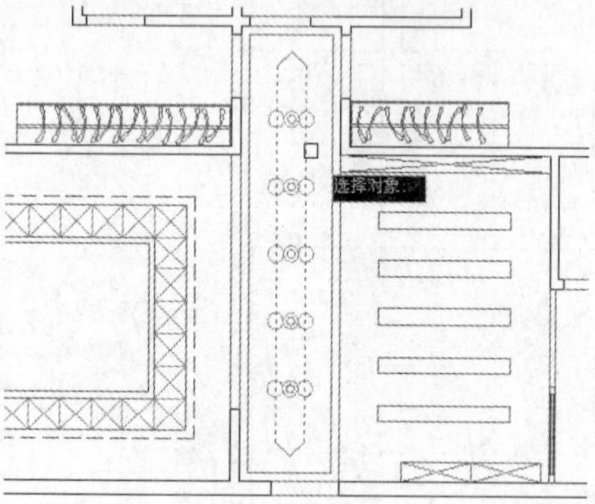

图4-75

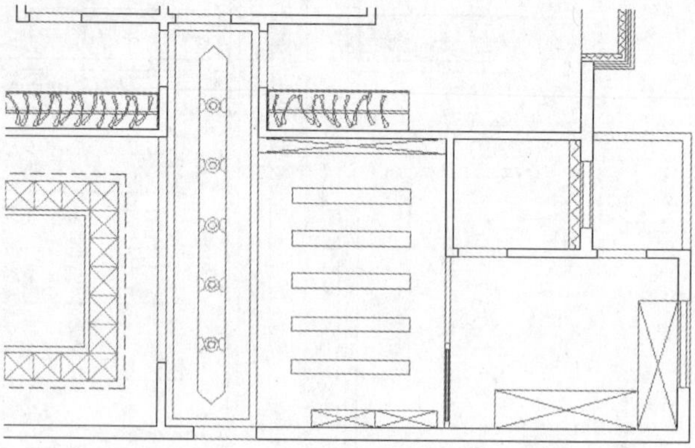

图4-76

⑱ 重复执行“修剪”命令，窗口选择如图4-77所示的图形作为边界，对两条垂直轮廓线进行修剪，修剪结果如图4-78所示。

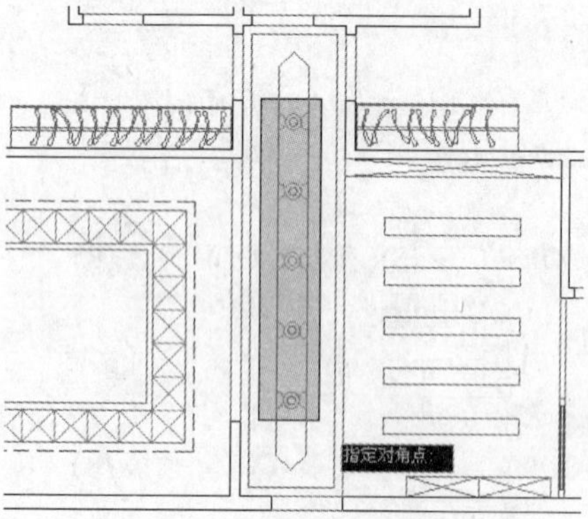

图4-77

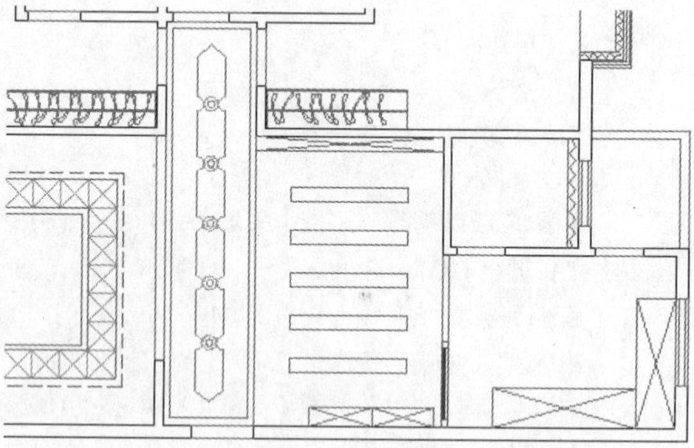

图4-78

⑲ 接下来使用“范围缩放”命令调整视图，使吊顶图全部显示，结果如图4-79所示。

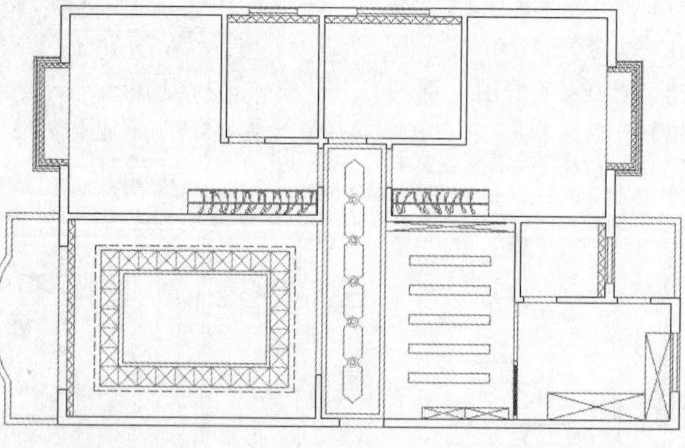

图4-79

至此，普通住宅餐厅与过道吊顶图绘制完毕，下一小节将学习厨房与卫生间吊顶图的具体绘制过程和绘制技巧。

4.4.3 绘制厨房卫生间吊顶

(1) 继续上节操作。

(2) 使用命令简写H激活“图案填充”命令，打开“图案填充和渐变色”对话框。

(3) 在“图案填充和渐变色”对话框中选择“用户定义”图案，同时设置图案的填充角度及填充间距参数，如图4-80所示。

(4) 单击“图案填充和渐变色”对话框中的“添加:拾取点”按钮，返回绘图区，分别在厨房和卫生间内单击左键，拾取填充边界，如图4-81所示。

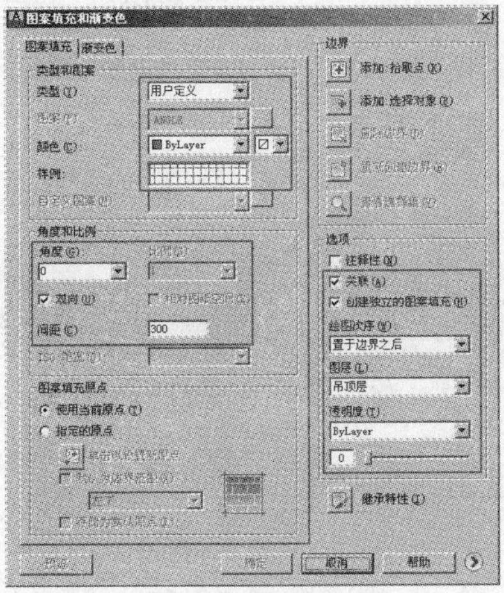

图4-80

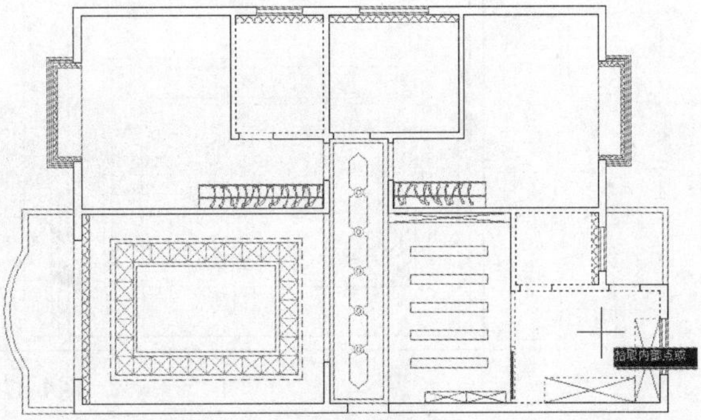

图4-81

(5) 返回“图案填充和渐变色”对话框后单击 确定 按钮，结束命令，填充后的结果如图4-82所示。

(6) 在填充的图案上单击右键，选择快捷菜单中的“设定原点”命令，如图4-83所示，重新设置图案的填充原点。

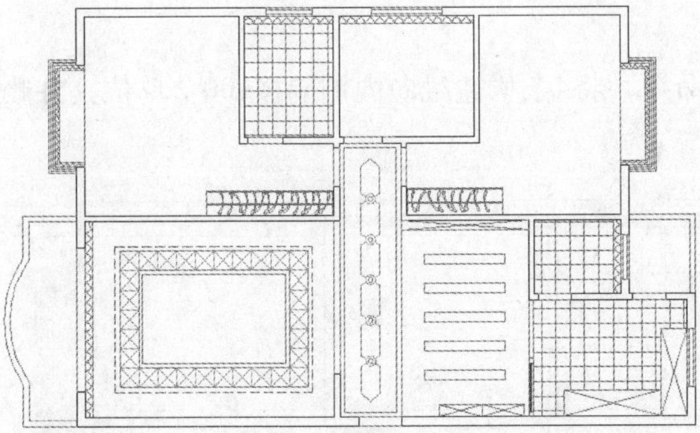

图4-82

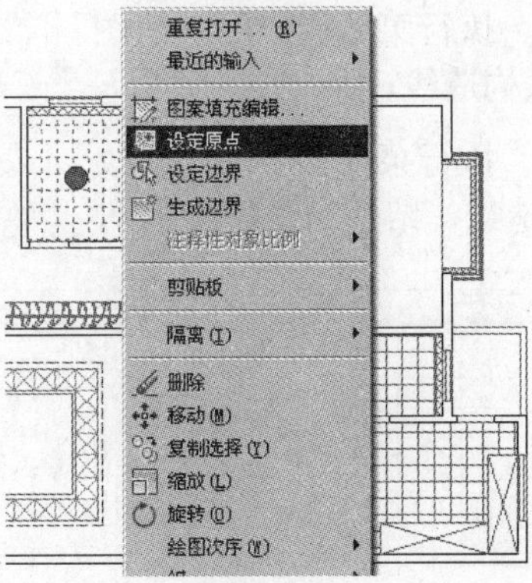

图4-83

(7) 此时在命令行“选择新的图案填充原点:”提示下，激活“两点之间的中点”功能。

(8) 在命令行“_m2p 中点的第一点:”提示下捕捉如图4-84所示的端点。

(9) 在命令行“中点的第二点:”提示下捕捉如图4-85所示的端点，结果图案的填充原点被更改，更改后的效果如图4-86所示。

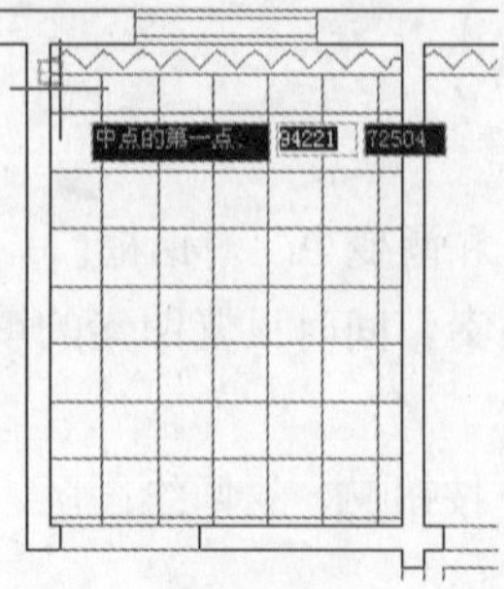

图4-84

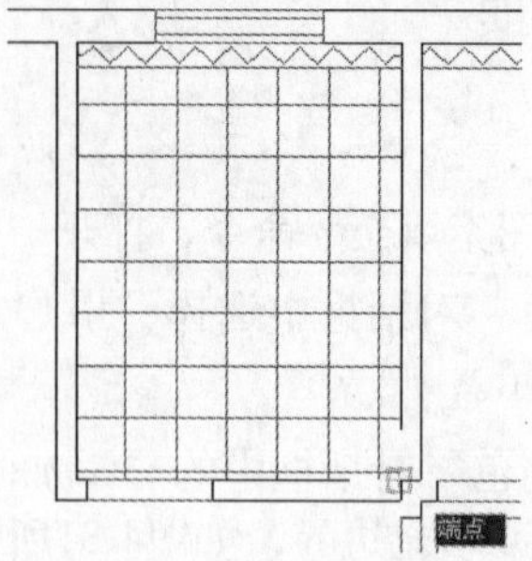

图4-85

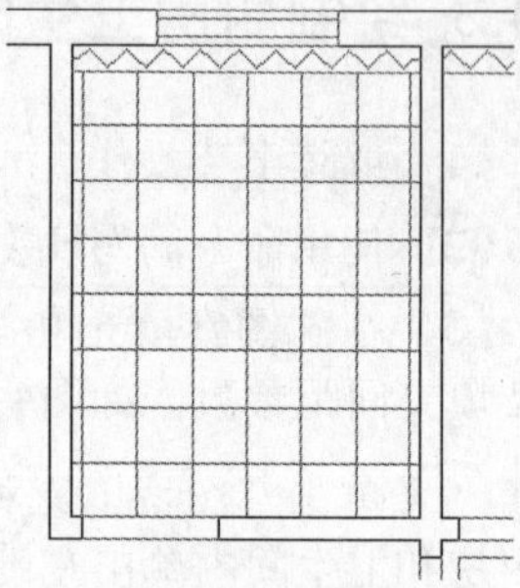

图4-86

⑩ 参照步骤6~9的操作，更改厨房及卫生间内的吊顶图案的原点，结果如图4-87所示。

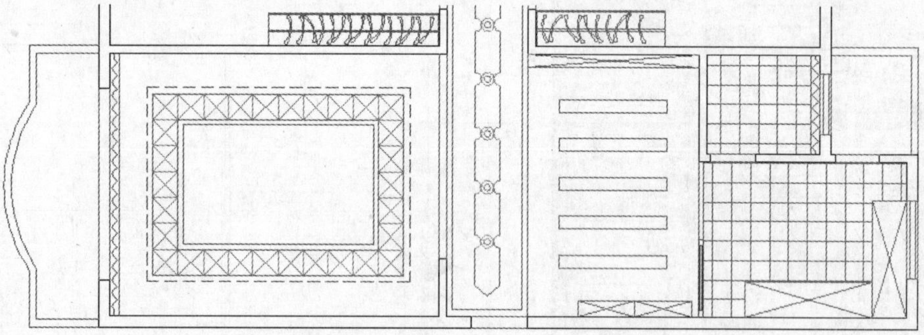

图4-87

至此，厨房与卫生间吊顶绘制完毕，下一小节将学习书房和子女房吊顶图的绘制过程和绘图技巧。

4.4.4 绘制书房与子女房吊顶

① 继续上节操作。

② 执行菜单栏中的“绘图”|“构造线”命令，分别通过书房内侧墙线绘制如图4-88所示的4条构造线。

③ 执行菜单栏中的“修改”|“偏移”命令，将4条构造线向内侧偏移100个单位，并删除源构造线，结果如图4-89所示。

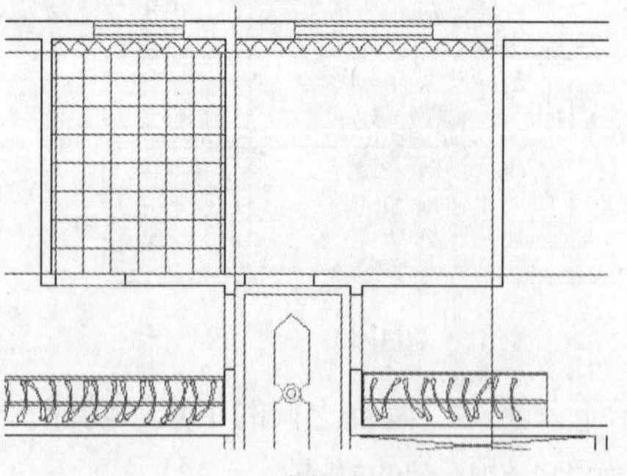

图4-88

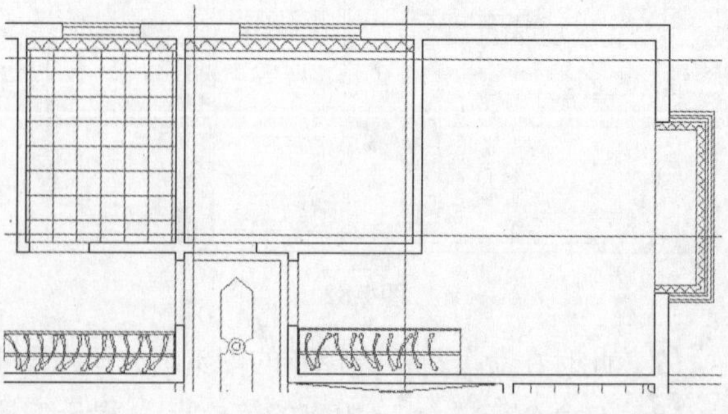

图4-89

④ 执行菜单栏中的“修改”|“修剪”命令，对偏移出的构造线进行修剪，结果如

图4-90所示。

(5) 执行菜单栏中的“绘图”|“边界”命令，在打开的“边界创建”对话框中设置参数如图4-91所示。

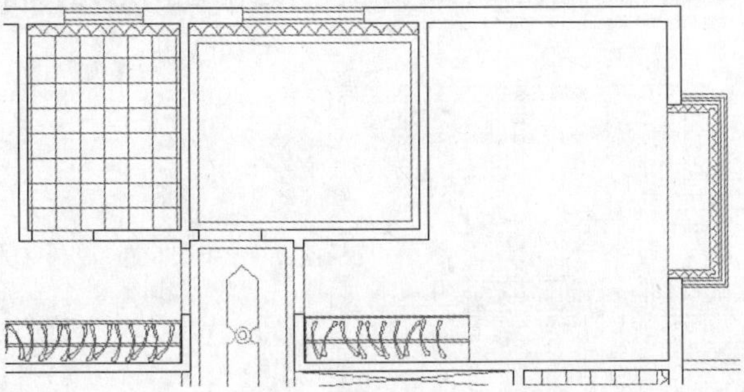

图4-90

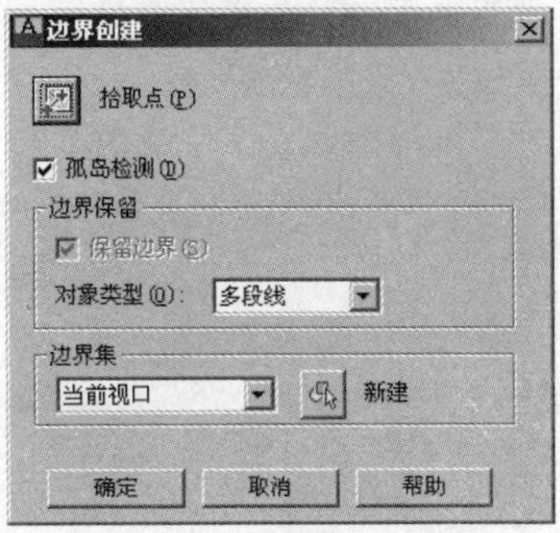

图4-91

(6) 在“边界创建”对话框中单击按钮，返回绘图区，在命令行“拾取内部点:”提示下，在子女房内单击左键，创建一条闭合的多段线边界，边界的虚线效果如图4-92所示，边界的突显效果如图4-93所示。

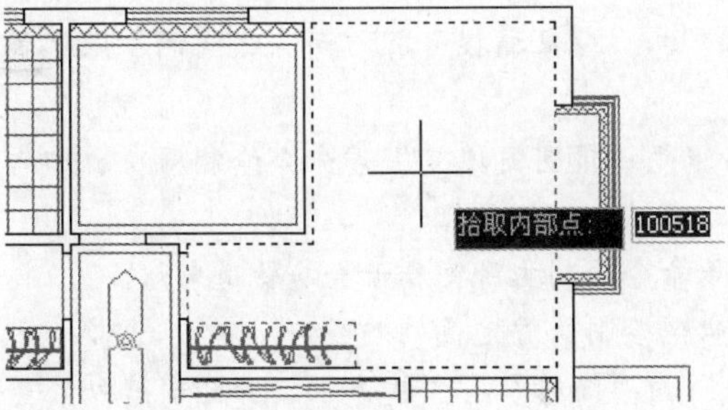

图4-92

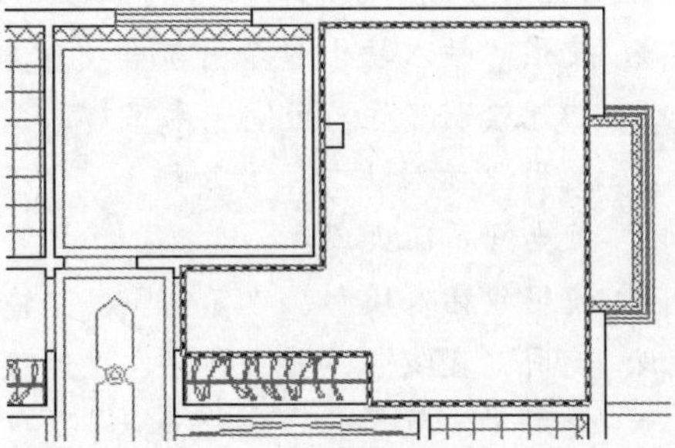

图4-93

(7) 使用命令简写O激活“偏移”命令，将刚创建的多段线边界向内偏移100个单位，结果如图4-94所示。

(8) 参照步骤6~7的操作，综合使用“边界”和“偏移”命令，创建主卧室吊顶，结果如图4-95所示。

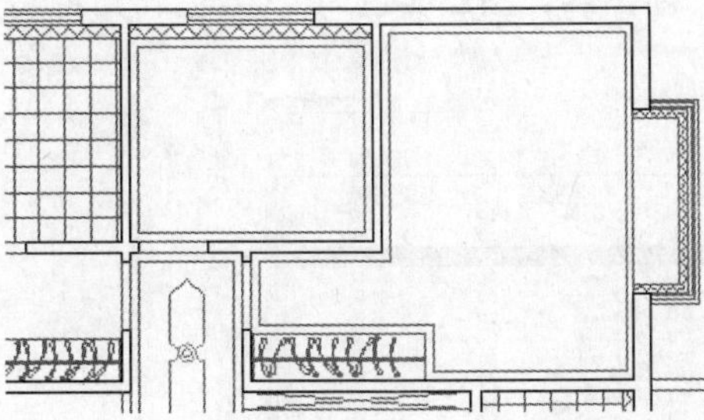

图4-94

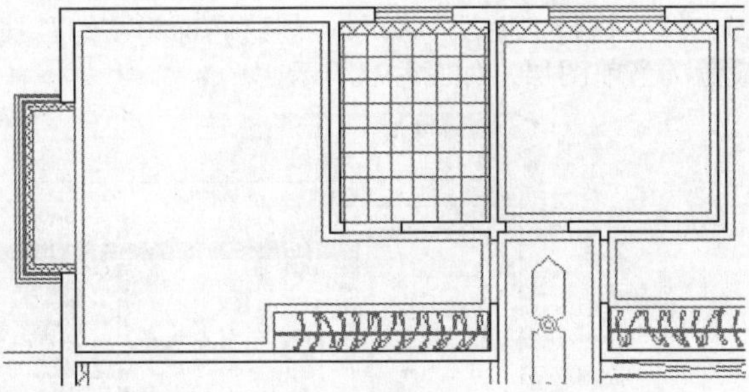

图4-95

(9) 执行“范围缩放”命令调整视图，使图形全部显示，最终结果如上图4-36所示。

(10) 最后执行“另存为”命令，将图形另名存储为“绘制普通住宅房间吊顶图.dwg”。

4.5 绘制普通住宅吊顶灯具图

本节主要学习普通住宅吊顶灯具图的具体绘制过程和绘制技巧。普通住宅吊顶灯具图的最终绘制效果如图4-96所示。

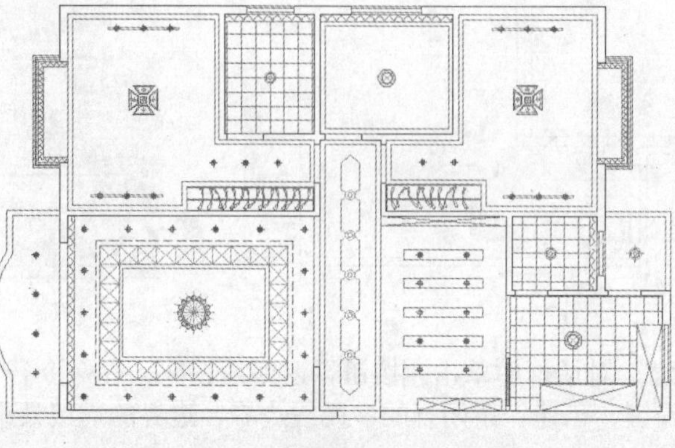

图4-96

在布置吊顶图灯具时，具体可以参照如下思路。

- 使用“插入块”命令并配合“对象追踪”、“对象捕捉”、“两点之间的中点”捕捉功能绘制客厅与卧室艺术吊灯。
- 使用“插入块”、“复制”、“直线”、“编辑图案填充”等命令绘制厨房、阳台与卫生间吊顶吸顶灯。
- 使用“插入块”、“复制”、“镜像”等命令绘制主卧室和子女房轨道射灯。
- 使用“直线”、“分解”、“偏移”等命令绘制筒灯定位辅助线。
- 使用“定数等分”、“多点”、“单点”、“偏移”、“镜像”、“矩形阵列”等命令绘制客厅与餐厅辅助筒灯。

4.5.1 绘制客厅与卧室艺术吊顶

(1) 执行“打开”命令，打开随书光盘中的“效果文件”\“第4章”\“绘制普通住宅房间吊顶图.dwg”。

(2) 执行“图层”命令，创建名称为“灯具层”的新图层，图层颜色为220号色，并将其设置为当前图层，如图4-97所示。

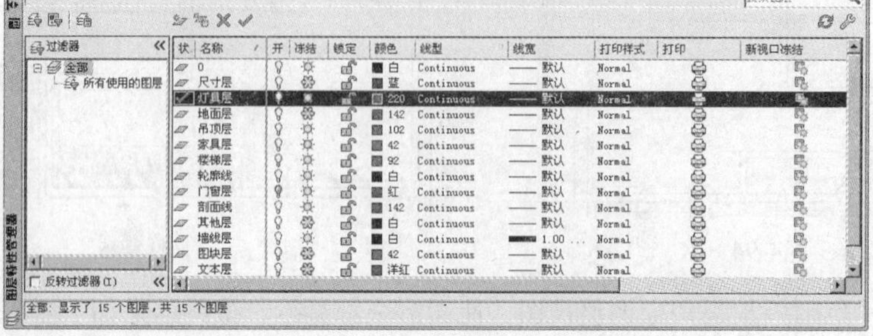

图4-97

③ 打开状态栏中的“对象捕捉”与“对象追踪”功能，然后使用命令简写I激活“插入块”命令，打开“插入”对话框。

④ 在“插入”对话框中单击 浏览(B)... 按钮，在打开的“选择图形文件”对话框中选择随书光盘中的“图块文件”\“艺术吊灯04.dwg”图块，如图4-98所示。

⑤ 返回“插入”对话框，以默认的参数插入到客厅吊顶位置，在命令行“指定插入点或 [基点(B)/比例(S)/旋转(R)]:”提示下，配合“对象捕捉”和“对象追踪”功能，引出如图4-99所示的两条中点追踪矢量。

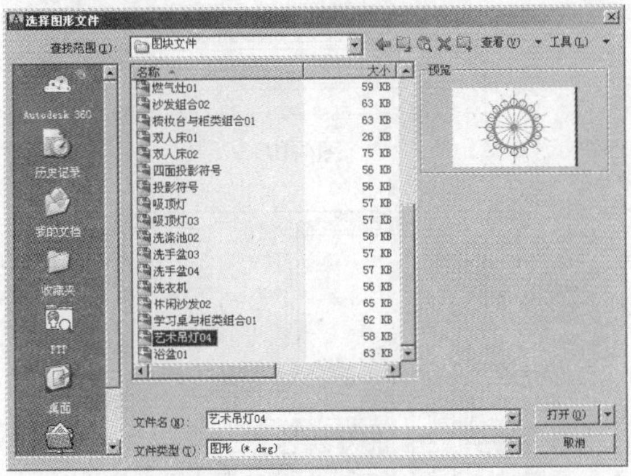

图4-98

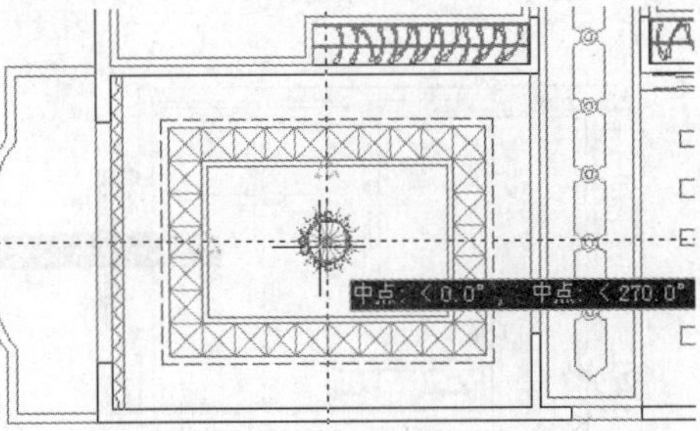

图4-99

⑥ 捕捉两条对象追踪虚线的交点作为插入点，插入结果如图4-100所示。

⑦ 重复执行“插入块”命令，在打开的“插入”对话框中单击 浏览(B)... 按钮，选择随书光盘中的“图块文件”\“工艺吊灯02.dwg”图块，如图4-101所示。

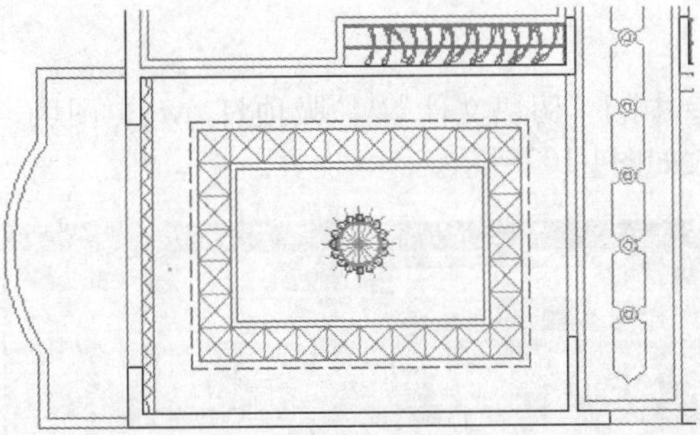

图4-100

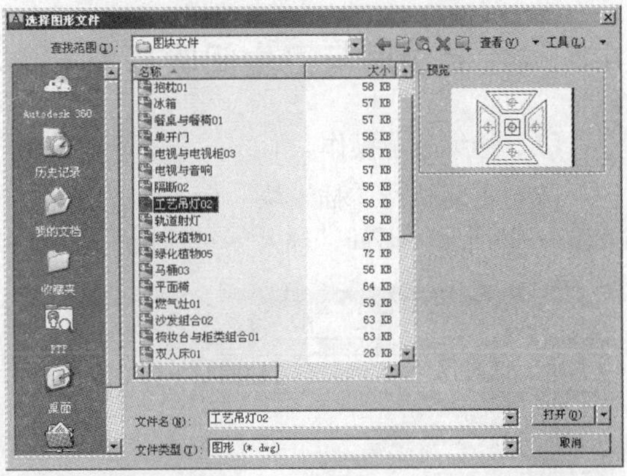

图4-101

⑧ 单击 打开(O) 按钮，返回“插入”对话框，采用默认设置，将此图块插入到主卧室吊顶处。

⑨ 在命令行“指定插入点或[基点(B)/比例(S)/X/Y/Z/旋转(R)]:”提示下，垂直向下引出如图4-102所示的中点追踪虚线，然后输入1700按Enter键，插入结果如图4-103所示。

⑩ 重复执行“插入块”命令，采用默认参数再次插入随书光盘中的“图块文件”\“工艺吊灯02.dwg”图块，在命令行“指定插入点或[基点(B)/比例(S)/X/Y/Z/旋转(R)]:”提示下，垂直

向下引出如图4-104所示的中点追踪虚线，然后输入1675按Enter键，插入结果如图4-105所示。

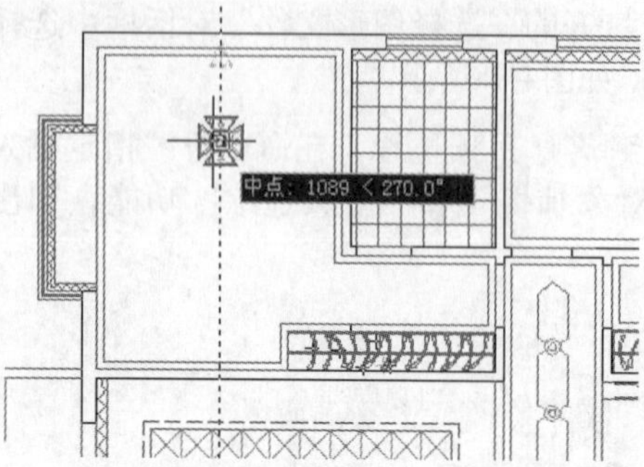

图4-102

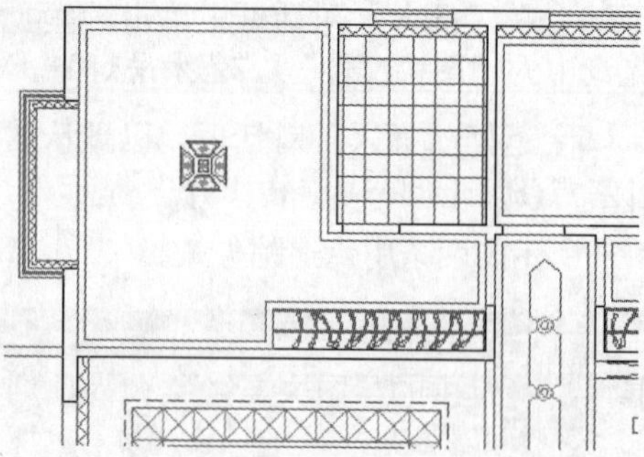

图4-103

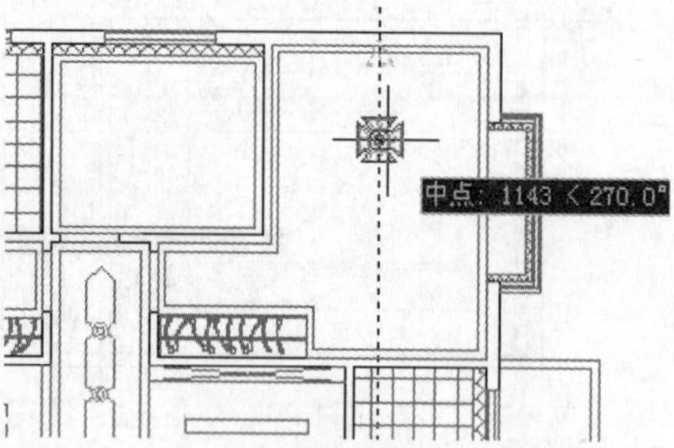

图4-104

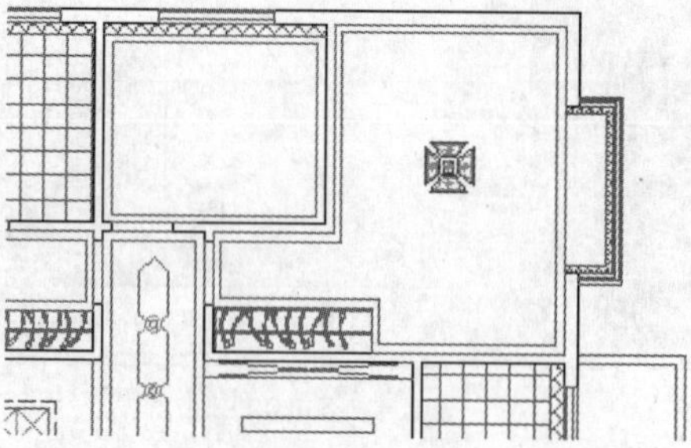

图4-105

至此，客厅与卧室艺术吊灯绘制完毕，下一小节将学习厨房与卫生间吸顶灯具图的具体绘制过程。

4.5.2 绘制厨房与卫生间吸顶灯

① 继续上节操作。

② 重复执行“插入块”命令，选择随书光盘中的“图块文件”\“吸顶灯.dwg”图块，如图4-106所示，返回“插入”对话框，设置块参数如图4-107所示。

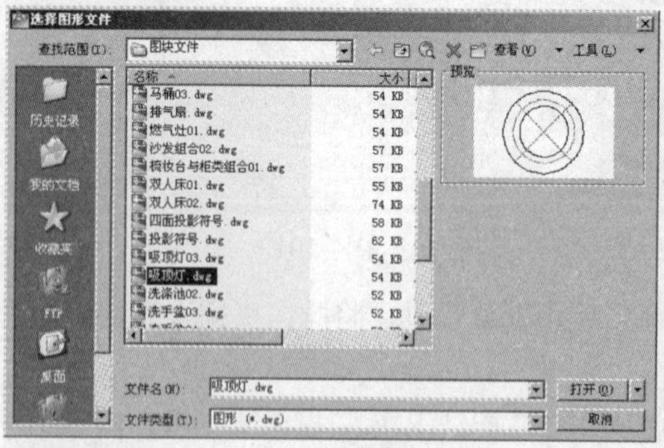

图4-106

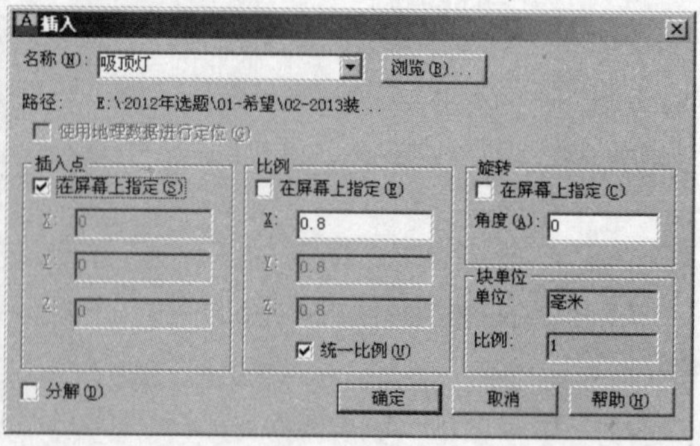

图4-107

③ 返回绘图区，在命令行“指定插入点或 [基点(B)/比例(S)/X/Y/Z/旋转(R)]: ”提示下，垂直向下引出如图4-108所示的中点追踪虚线，然后输入1675按Enter键，插入结果如图4-109所示。

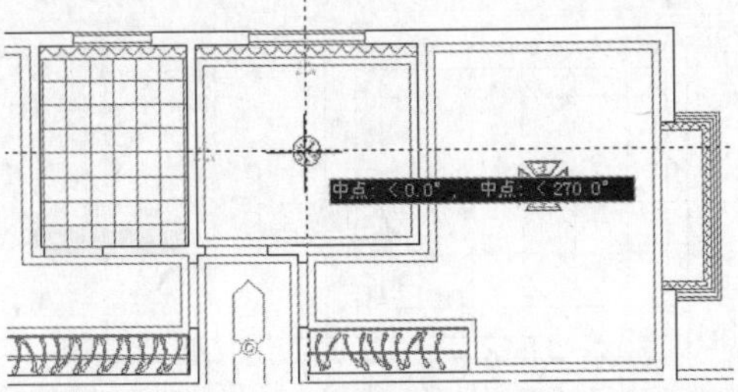

图4-108

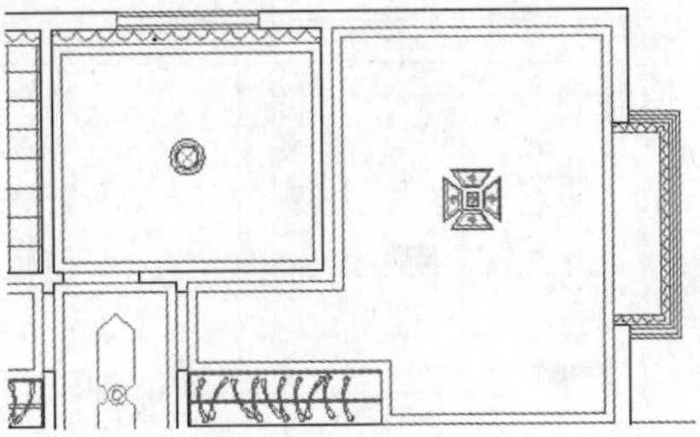

图4-109

(4) 使用命令简写I激活“插入块”命令，在打开的“插入”对话框中单击 浏览(B)... 按钮，选择随书光盘中的“图块文件”\“吸顶灯03.dwg”图块，如图4-110所示。

(5) 返回“插入”对话框，采用默认参数插入此灯具图块，在命令行“指定插入点或[基点(B)/比例(S)/旋转(R)]:”提示下，激活“两点之间的中点”功能，如图4-111所示。

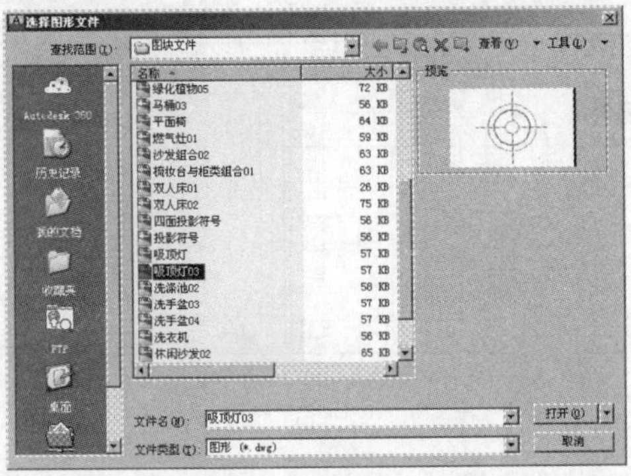

图4-110

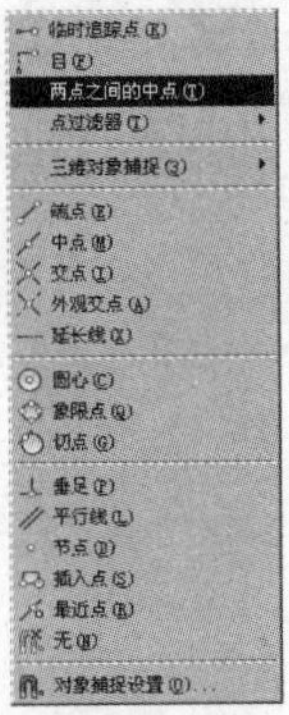

图4-111

(6) 在“_m2p 中点的第一点:”提示下，捕捉如图4-112所示的端点。

(7) 继续在“中点的第二点:”提示下，捕捉如图4-113所示的端点，插入结果如图4-114所示。

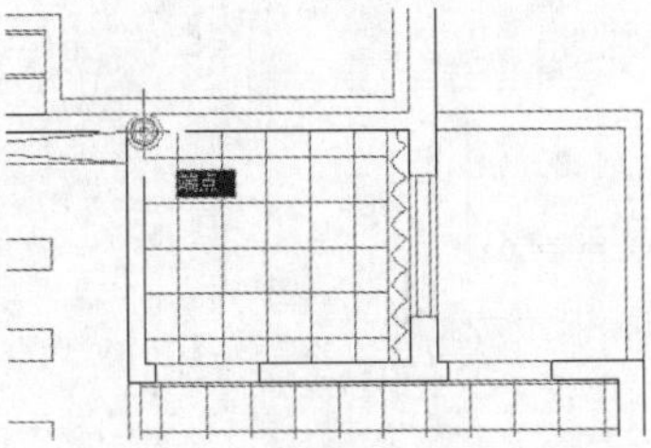

图4-112

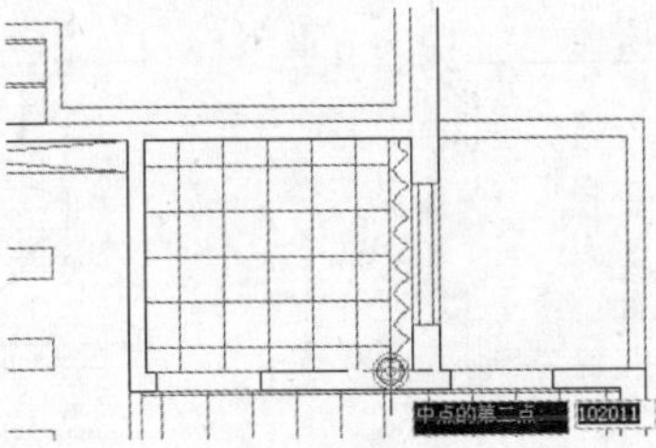

图4-113

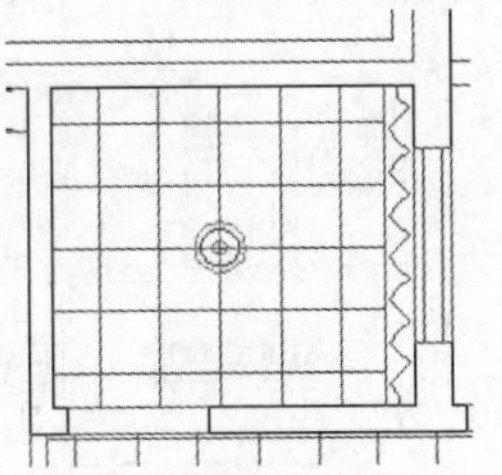

图4-114

(8) 执行菜单栏中的“修改”|“复制”命令，对刚插入的吸顶灯图块进行复制，命令行操作如下。

```
命令: _copy
    选择对象:                                      // 选择刚插入的吸顶灯
    选择对象:                                      // Enter
    当前设置: 复制模式 = 多个
    指定基点或 [位移 (D)/ 模式 (O)] < 位移 >:      // 捕捉如图 4-115 所示的圆心
    指定第二个点或 [阵列 (A)] < 使用第一个点作为位移 >:
                                                   // 捕捉如图 4-116 所示的中点追踪虚线的交点
```

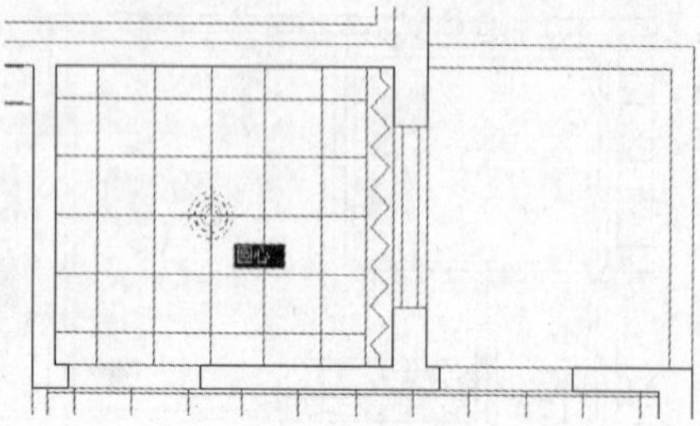

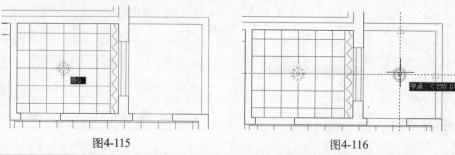

图4-115

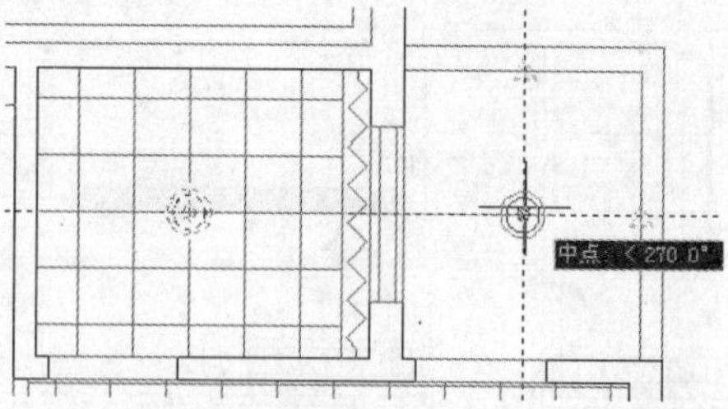

图4-116

指定第二个点或 [阵列 (A)/ 退出 (E)/ 放弃 (U)] < 退出 >:　　// 激活“两点之间的中点”功能
_m2p 中点的第一点 :　　// 捕捉如图 4-117 所示的端点
中点的第二点 :　　// 捕捉如图 4-118 所示的端点
指定第二个点或 [阵列 (A)/ 退出 (E)/ 放弃 (U)] < 退出 >:
　　// Enter，结束命令，复制结果如图 4-119 所示

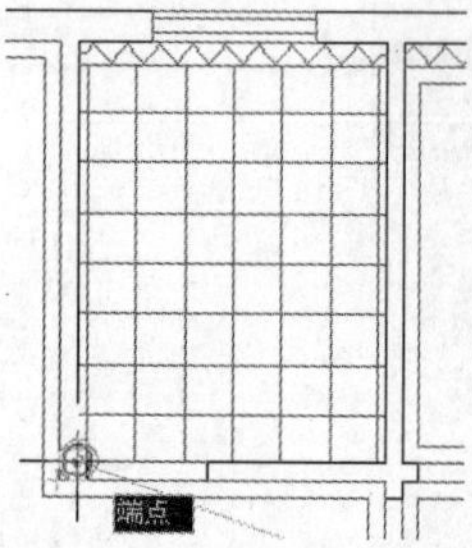

图4-117

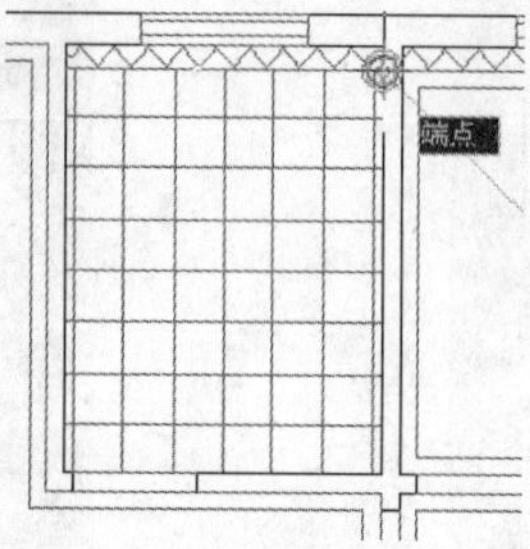

图4-118

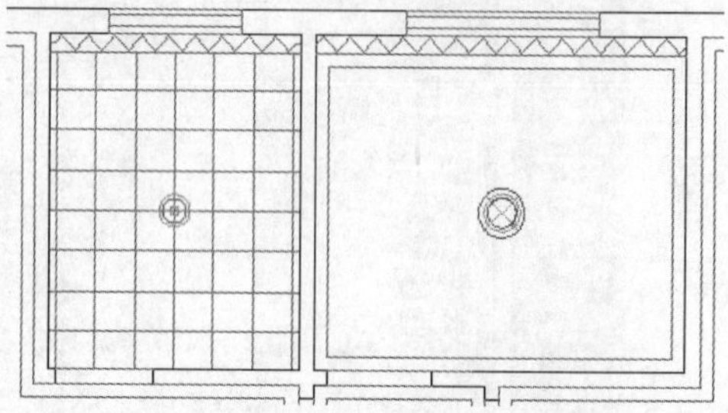

图4-119

(9) 使用命令简写L激活“直线”命令，配合端点捕捉功能绘制如图4-120所示的灯具定位辅助线。

(10) 使用命令简写CO激活“复制”命令，将书房吊顶处的“吸顶灯”图块复制到辅助线的中点处，如图4-121所示。

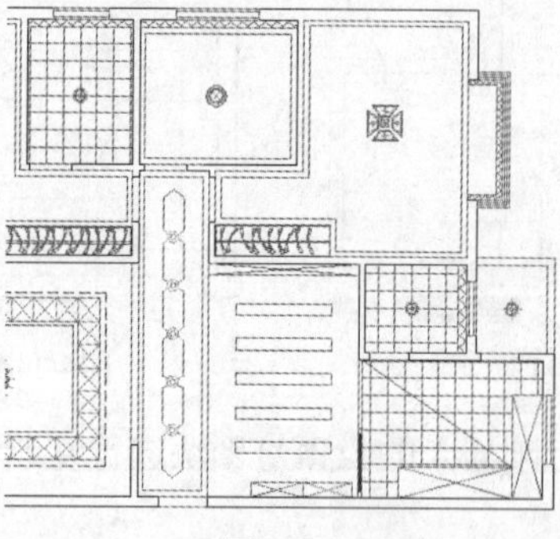

图4-120

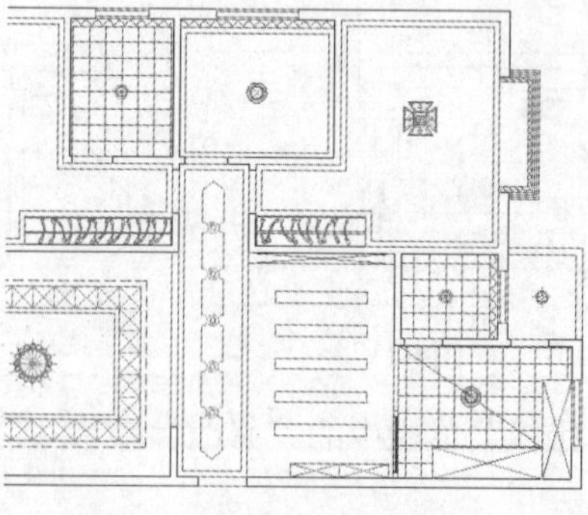

图4-121

至此，厨房、阳台与卫生间吸顶灯具绘制完毕，下一小节将学习厨房卫生间吊顶图案的编辑技能。

4.5.3 编辑厨房卫生间吊顶图案

(1) 继续上节操作。

(2) 在厨房吊顶填充图案上单击右键，选择快捷菜单中的“图案填充编辑”命令，如图4-122所示。

(3) 在打开的“图案填充编辑”对话框中设置填充孤岛的检测样式，如图4-123所示。

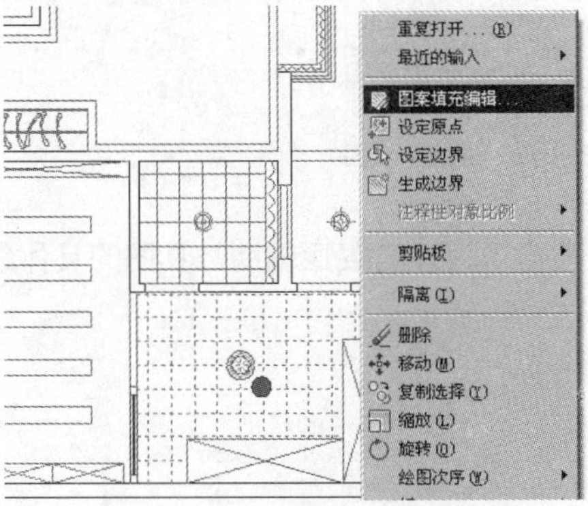

图4-122

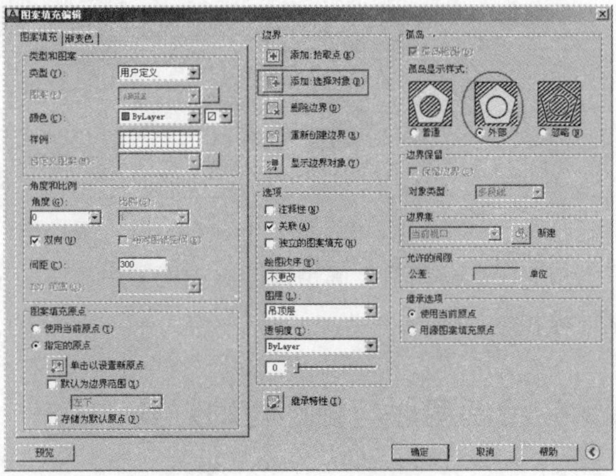

图4-123

(4) 在“图案填充编辑”对话框中单击“添加:拾取对象”按钮，返回绘图区，选择如图4-124所示的吸顶灯图块，编辑后的效果如图4-125所示。

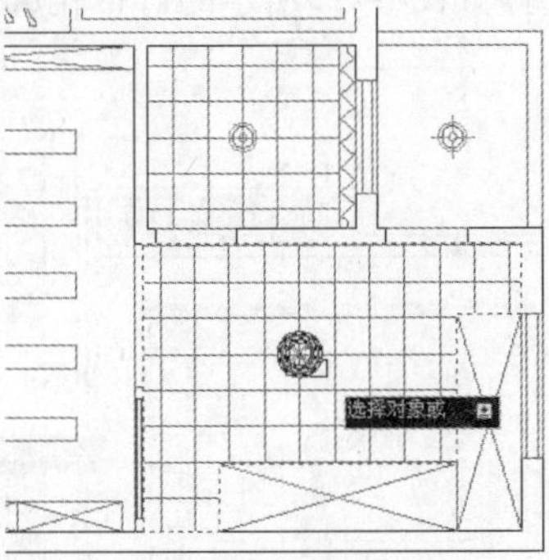

图4-124

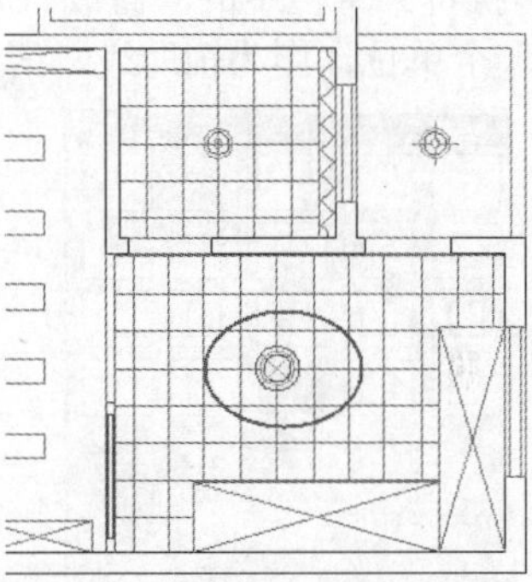

图4-125

(5) 参照步骤2~4的操作，分别对卫生间吊顶填充图案进行编辑，将吊顶内的吸顶灯图块区域以孤岛的形式排除在填充区域之外，编辑结果如图4-126所示。

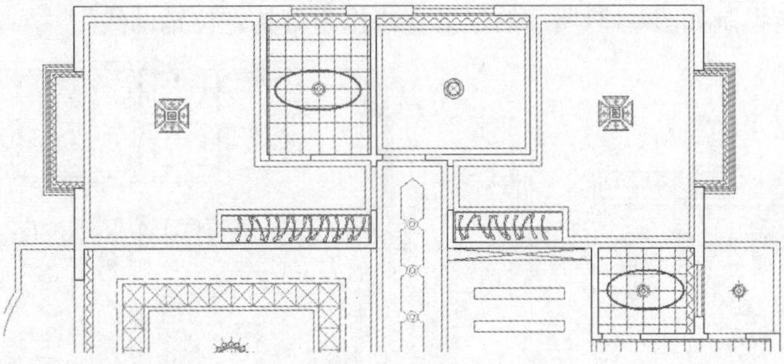

图4-126

(6) 执行“范围缩放”命令调整视图，使吊顶图全部显示，结果如图4-127所示。

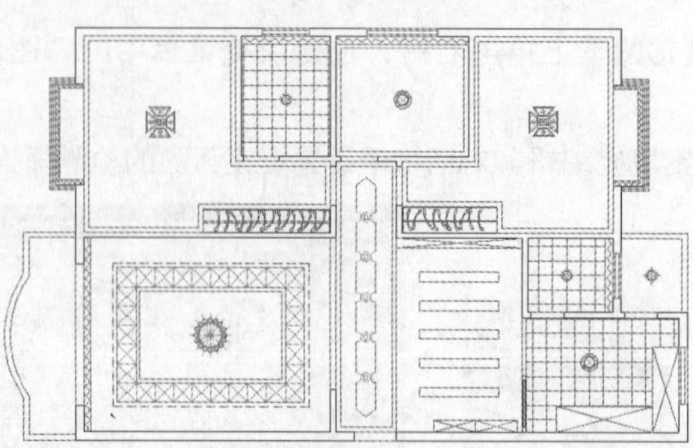

图4-127

至此，厨房与卫生间吊顶图案编辑完毕，下一小节将学习客厅与餐厅辅助灯具图的具体绘制过程和绘制技巧。

4.5.4 绘制客厅与餐厅辅助灯具

(1) 继续上节操作。

(2) 执行菜单栏中的“格式”|“点样式”命令，在打开的“点样式”对话框中，设置当前点的样式和点的大小，如图4-128所示。

(3) 执行菜单栏中的“修改” | “偏移”命令，选择如图4-129所示的灯带轮廓线，向外侧偏移250个单位，作为辅助线，结果如图4-130所示。

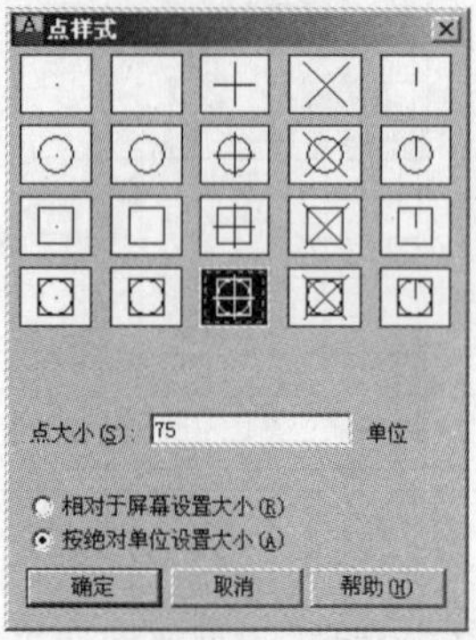

图4-128

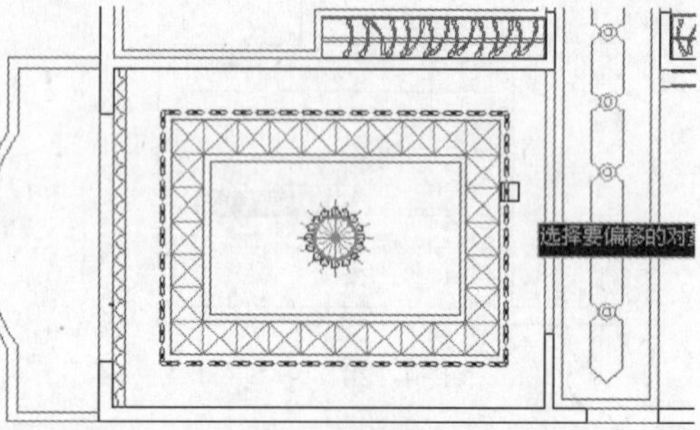

图4-129

(4) 将偏移出的轮廓线分解，然后执行菜单栏中的“绘图”|“直线”命令，配合中点捕捉和延伸捕捉功能绘制如图4-131所示的三条直线作为灯具定位辅助线。

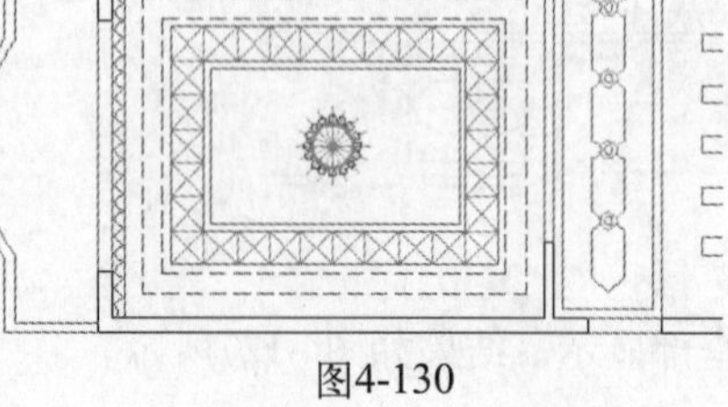

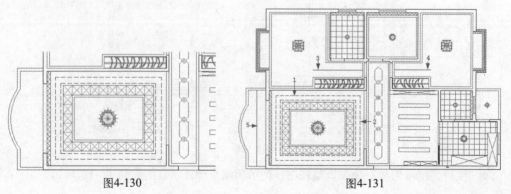

图4-130

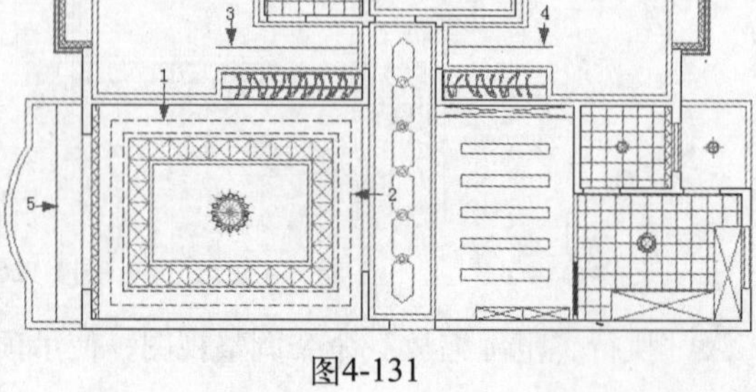

图4-131

⑤ 执行菜单栏中的“绘图”|“点”|“定数等分”命令，为餐厅灯具定位线进行等分，在等分点处放置点标记，代表筒灯，命令行操作如下。

```
命令：_divide
    选择要定数等分的对象：    //选择如图 4-131 所示的辅助线 1
    输入线段数目或 [ 块 (B)]:    //5 Enter，等分结果如图 4-132 所示
```

⑥ 重复执行“定数等分”命令，将辅助线2和3等分5份，将辅助线2等分3份，将辅助线5等分5份，结果如图4-133所示。

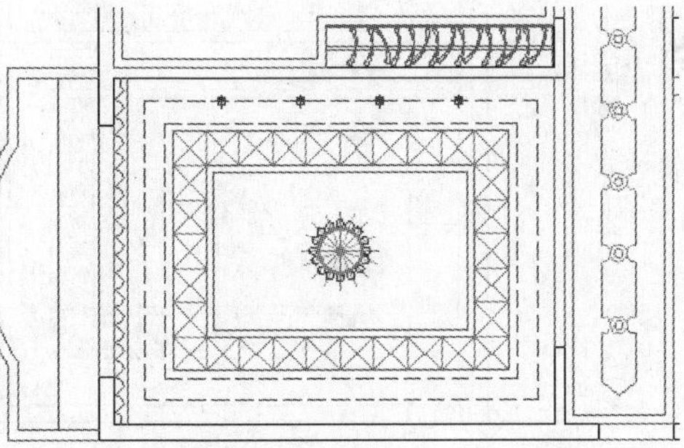

图4-132

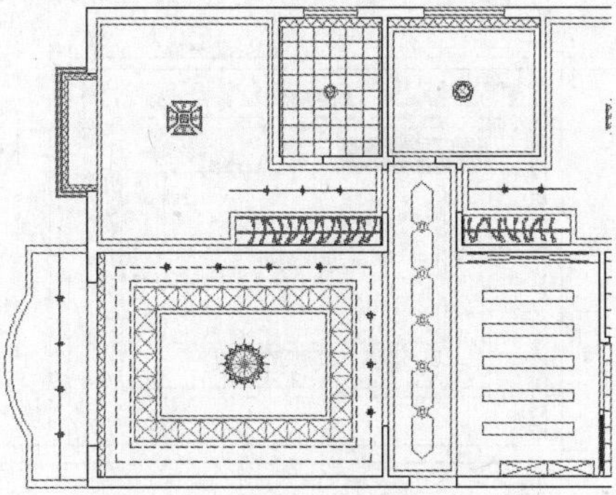

图4-133

⑦ 执行菜单栏中的“绘图”|“点”|“多点”命令，配合端点捕捉功能绘制如图4-134所示的两个点标记，作为筒灯。

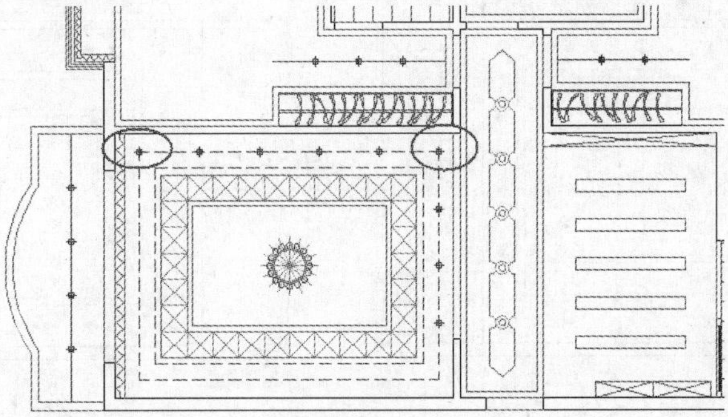

图4-134

⑧ 使用命令简写E激活“删除”命令，删除灯具定位辅助线，结果如图4-135所示。

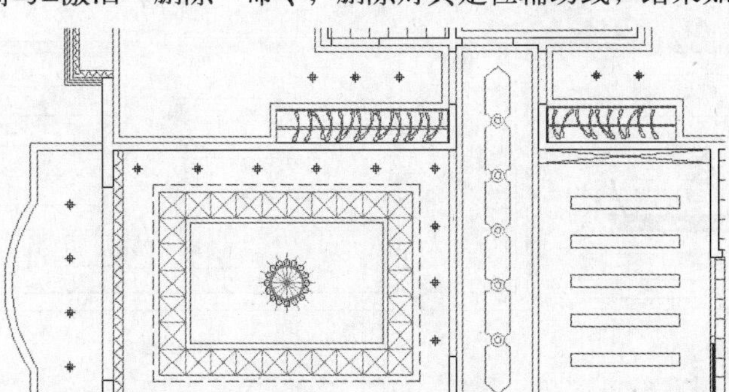

图4-135

⑨ 执行菜单栏中的“修改”|“镜像”命令，窗交选择如图4-136所示的灯具进行镜像，命令行操作如下。

```
命令：_mirror
    选择对象：                                  // 窗交选择如图 4-136 所示的灯具
    选择对象：                                  // Enter
    指定镜像线的第一点：                        // 捕捉如图 4-137 所示的中点
    指定镜像线的第二点：                        //@1,0 Enter
    要删除源对象吗？ [ 是 (Y)/ 否 (N)] <N>:      // Enter，镜像结果如图 4-138 所示
```

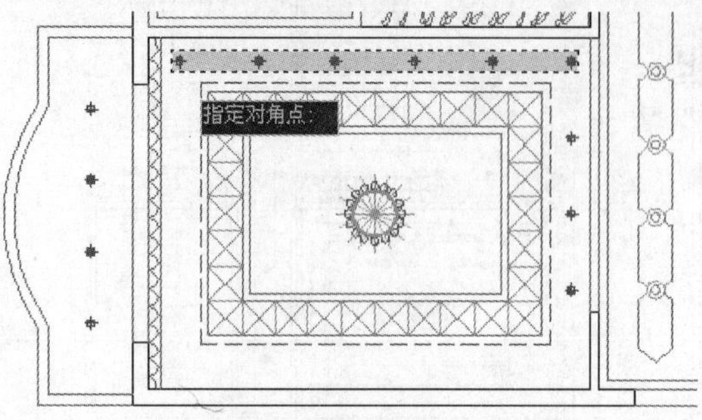

图4-136

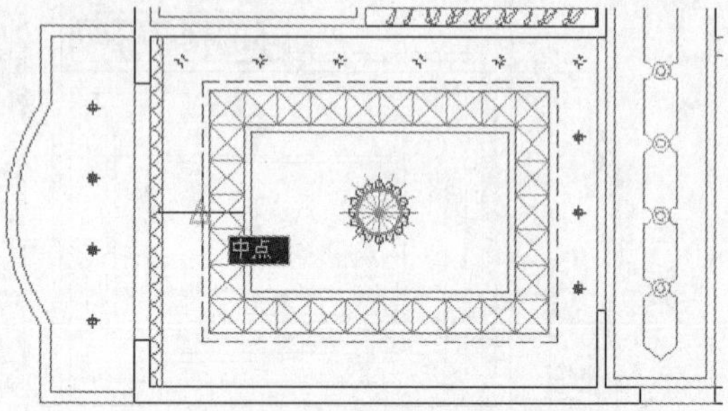

图4-137

⑩ 重复执行“镜像”命令，配合中点捕捉功能对另一侧的灯具进行镜像，镜像结果如图4-139所示。

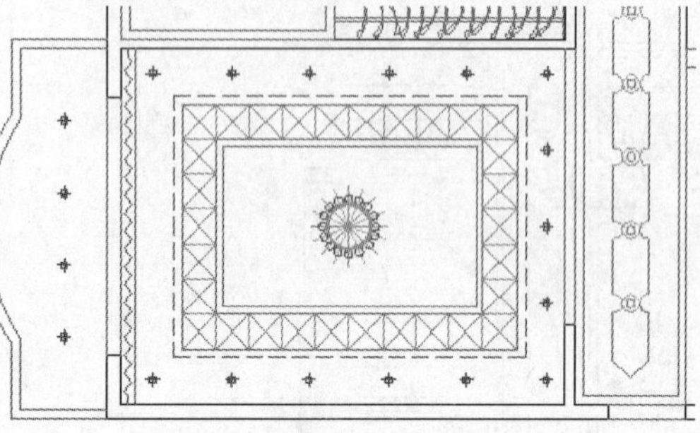

图4-138

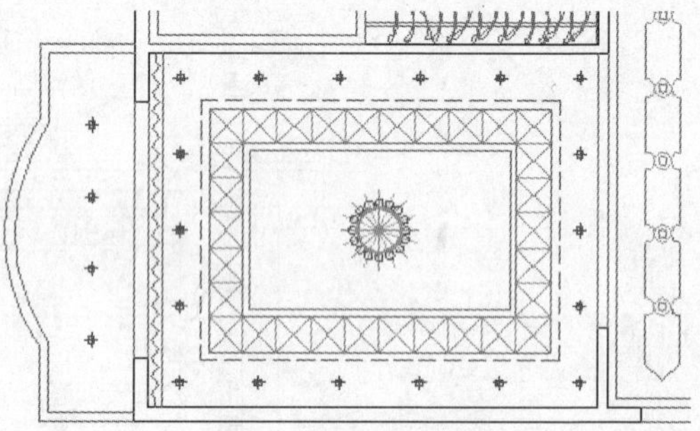

图4-139

⑪ 执行菜单栏中的“绘图”|“点”|“单点”命令，在命令行“指定点:”提示下，向右引出如图4-140所示的中点追踪虚线，输入350按Enter键，绘制结果如图4-141所示。

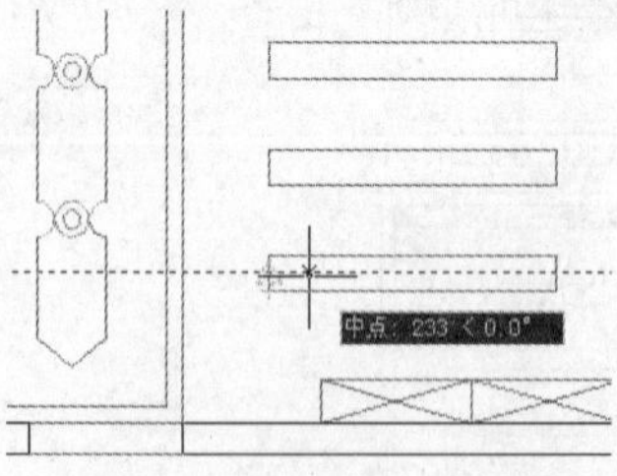

图4-140

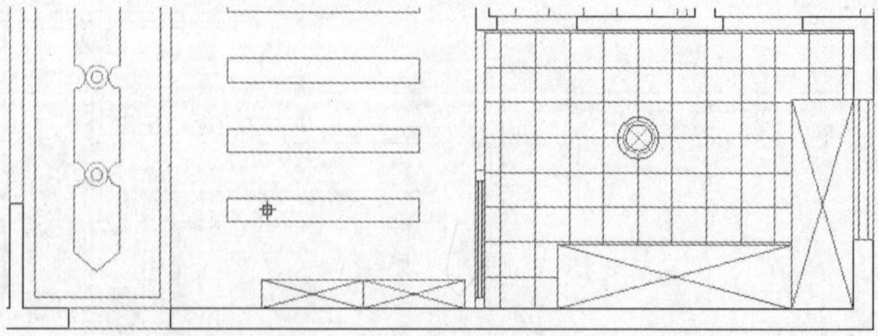

图4-141

⑫ 执行菜单栏中的“修改”|“阵列”|“矩形阵列”命令，对刚绘制的筒灯进行阵列，命令行操作如下。

命令：_arrayrect
选择对象： //窗口选择如图 4-142 所示的筒灯
选择对象： // Enter
类型 = 矩形 关联 = 否
选择夹点以编辑阵列或 [关联 (AS)/ 基点 (B)/ 计数 (COU)/ 间距 (S)/ 列数 (COL)/ 行数 (R)/ 层数 (L)/ 退出 (X)] < 退出 >: //COU Enter
输入列数数或 [表达式 (E)] <4>: //2 Enter
输入行数数或 [表达式 (E)] <3>: //5 Enter
选择夹点以编辑阵列或 [关联 (AS)/ 基点 (B)/ 计数 (COU)/ 间距 (S)/ 列数 (COL)/ 行数 (R)/ 层数 (L)/ 退出 (X)] < 退出 >: //S Enter
指定列之间的距离或 [单位单元 (U)] <17375>: //1000 Enter
指定行之间的距离 <11811>: //600 Enter
选择夹点以编辑阵列或 [关联 (AS)/ 基点 (B)/ 计数 (COU)/ 间距 (S)/ 列数 (COL)/ 行数 (R)/ 层数 (L)/ 退出 (X)] < 退出 >: //AS Enter
创建关联阵列 [是 (Y)/ 否 (N)] < 否 >: // Enter
选择夹点以编辑阵列或 [关联 (AS)/ 基点 (B)/ 计数 (COU)/ 间距 (S)/ 列数 (COL)/ 行数 (R)/ 层数 (L)/ 退出 (X)] < 退出 >: // Enter，阵列结果如图 4-143 所示

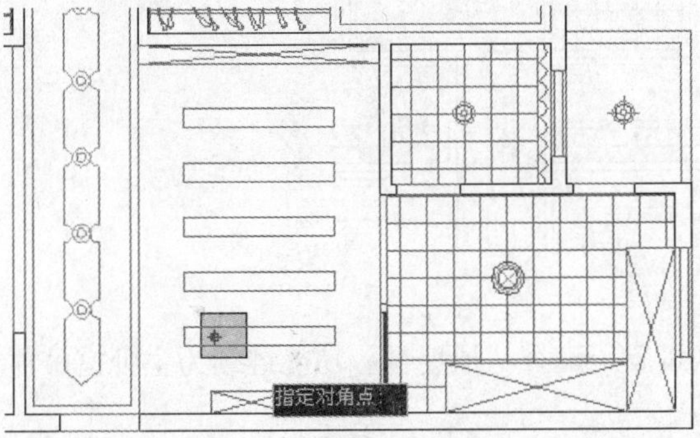

图4-142

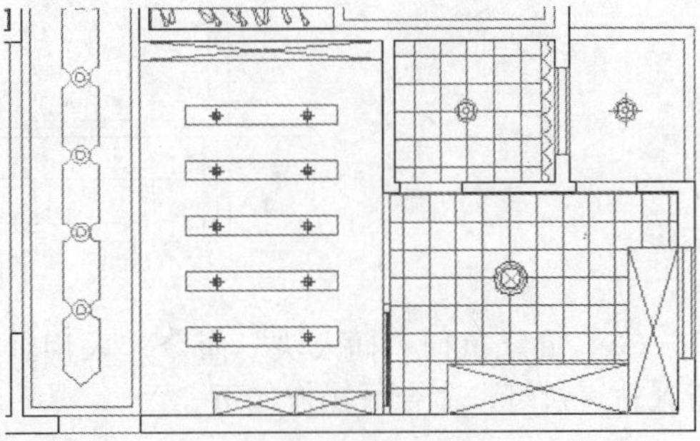

图4-143

至此，客厅与餐厅辅助灯具绘制完毕，下一小节将学习主卧室和子女房轨道射灯的具体绘制过程。

4.5.5 绘制主卧与子女房轨道射灯

(1) 继续上节操作。

(2) 使用命令简写I激活“插入块”命令，在打开的“插入”对话框中单击 浏览(B)... 按钮，选择随书光盘中的“图块文件”\“轨道射灯.dwg”图块，如图4-144所示。

(3) 返回“插入”对话框，采用默认参数插入此灯具图块，在命令行“指定插入点或[基点(B)/比例(S)/旋转(R)]:”提示下激活“捕捉自”功能。

(4) 在命令行“_from 基点:”提示下捕捉如图4-145所示的中点。

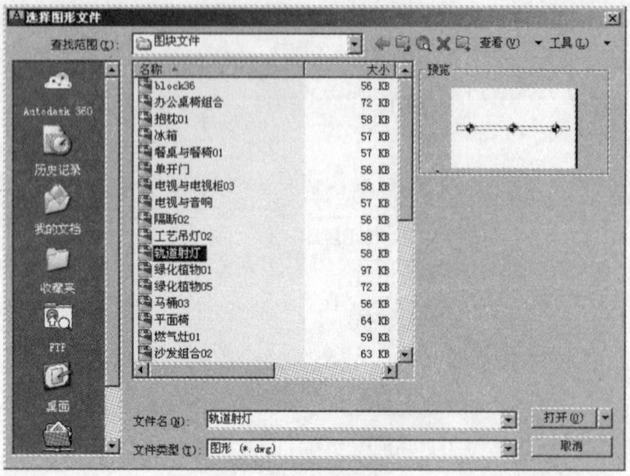

图4-144

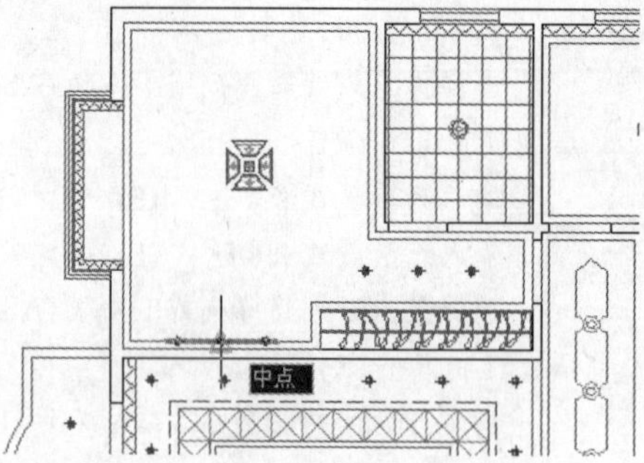

图4-145

(5) 继续在命令行“<偏移>:”提示下，输入“@0,200”后按Enter键，插入结果如图4-146所示。

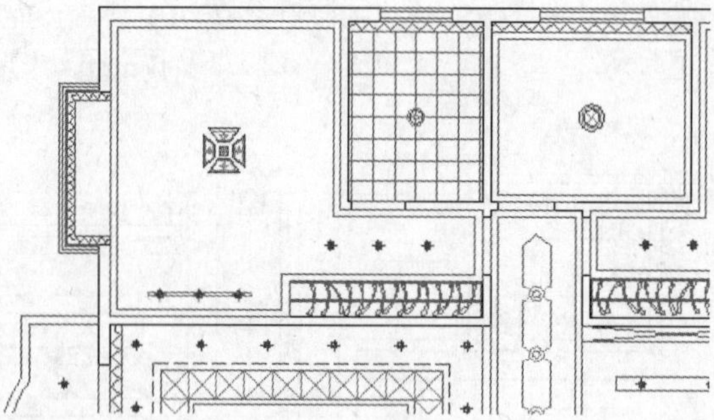

图4-146

(6) 重复执行“插入块”命令，采用默认设置，配合“捕捉自”功能继续为主卧室吊顶布置轨道射灯，命令行操作如下。

命令 : I　　　　　　　　　　　　　　　　　　　　　　// Enter
INSERT 指定插入点或 [基点 (B)/ 比例 (S)/ 旋转 (R)]:　　// 激活“捕捉自”功能
_from 基点 :　　　　　　　　　　　　　　　　　　　　// 捕捉如图 4-147 所示的中点

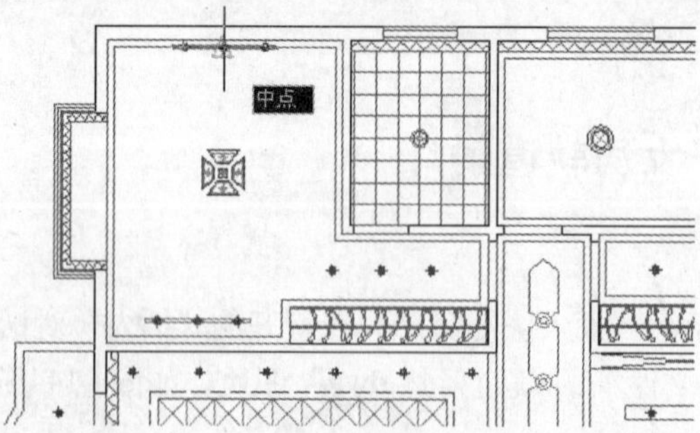

图4-147

< 偏移 >:　　　　　　　　　　　　　　　　//@-200,0 Enter，插入结果如图 4-148 所示

(7) 使用命令简写CO激活“复制”命令，配合中点捕捉功能将两个轨道射灯图块分别复制到子女房吊顶处，结果如图4-149所示。

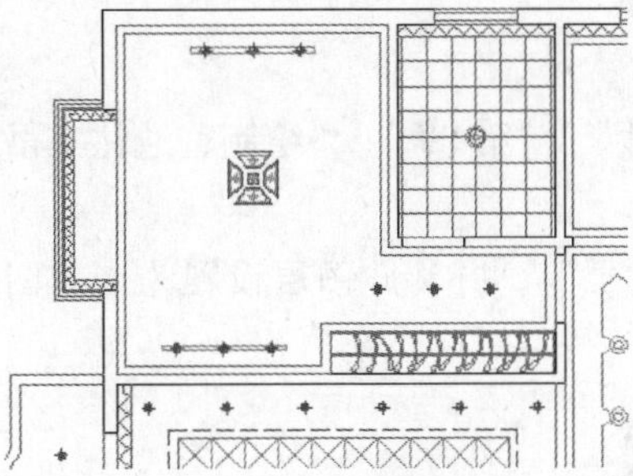

图4-148

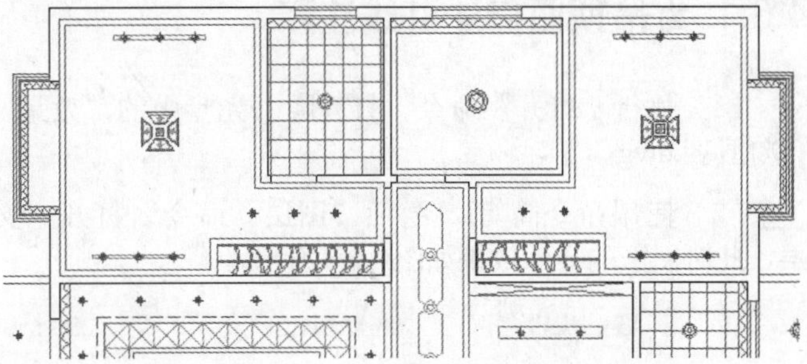

图4-149

⑧ 执行“范围缩放”命令调整视图，使图形全部显示，最终结果如上图4-96所示。

⑨ 最后执行“另存为”命令，将图形另名存储为“绘制普通住宅吊顶灯具图.dwg”。

4.6 普通住宅吊顶图的后期标注

本节通过为普通住宅吊顶图标注文字注释、尺寸标注等内容，主要了解和掌握吊顶图文字及尺寸的快速标注方法和标注技巧。本例最终标注效果如图4-150所示。

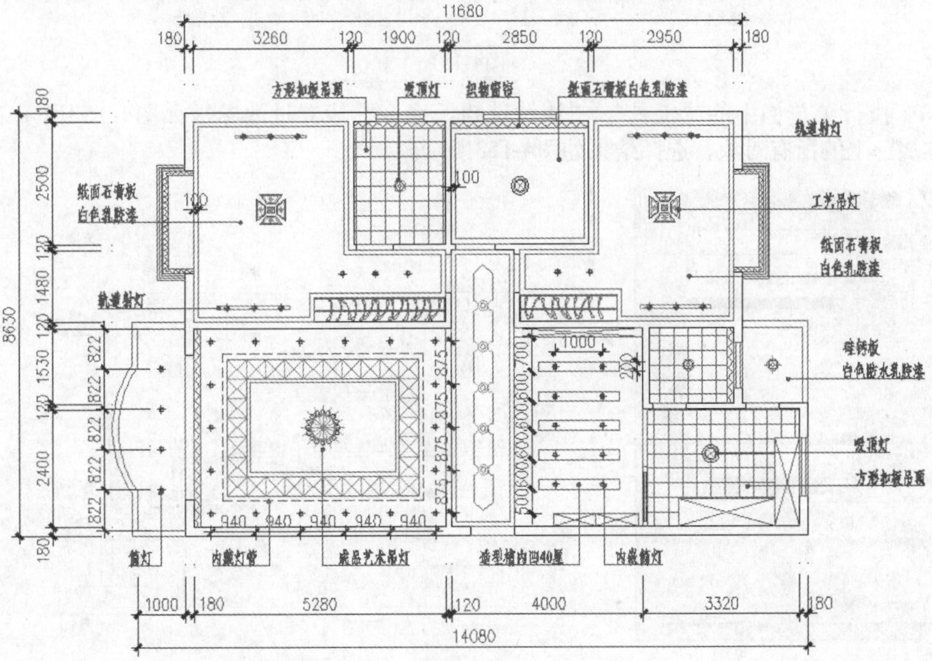

图4-150

在标注普通住宅吊顶图文字及尺寸时，具体可以参照如下思路。

- 调用源文件并设置当前操作层。
- 使用“快速选择”和“删除”命令完善吊顶平面图。
- 使用“多重引线”命令对吊顶图引线注释。
- 使用“线性”、“连续”命令快速标注吊顶图尺寸。

4.6.1 为吊顶图标注引线注释

①执行“打开”命令，打开随书光盘中的“效果文件”\“第4章”\“绘制普通住宅吊顶灯具图.dwg”。

②使用命令简写LA激活“图层”命令，打开“文本层”，并将此图层设置为当前图层，此时图形的显示效果如图4-151所示。

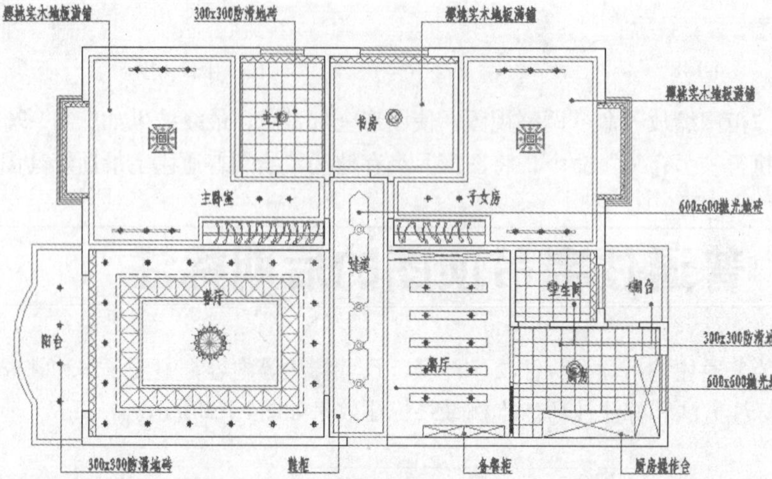

图4-151

③执行菜单栏中的“工具”|“快速选择”命令，设置过滤参数如图4-152所示，选择“文本层”上的所有对象，选择结果如图4-153所示。

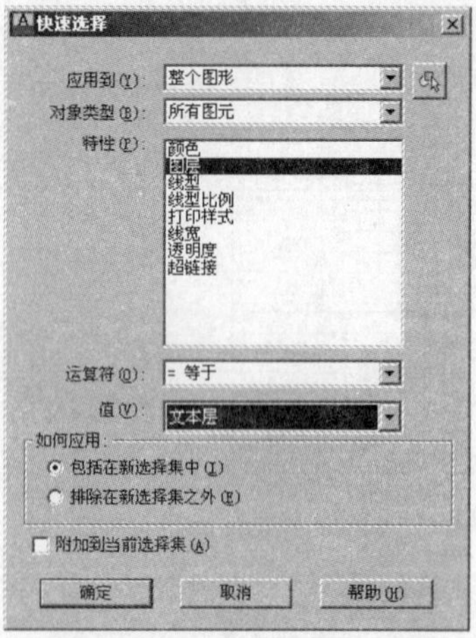

图4-152

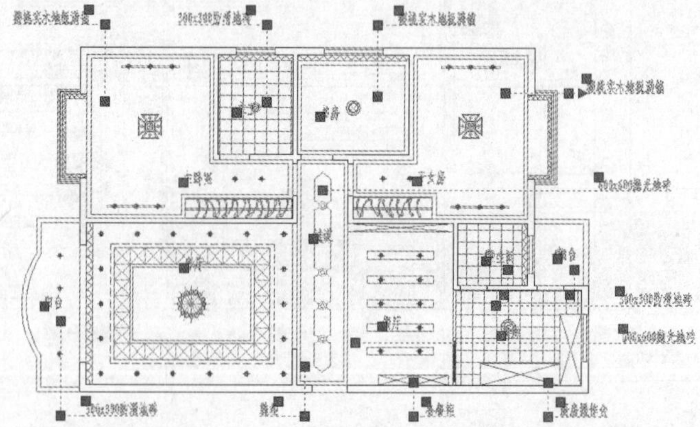

图4-153

④使用命令简写E激活“删除”命令，删除被选择的所有对象，结果如图4-154所示。

⑤按下状态栏上的功能键F3，暂时关闭“对象捕捉”功能。

⑥执行菜单栏中的“标注”|“多重引线”命令，在命令行“指定引线箭头的位置或[引线基线优先(L)/内容优先(C)/选项(O)] <选项>:”提示下，在客厅艺术吊灯图块位置上拾取点，如图4-155所示，以定位引线的箭头。

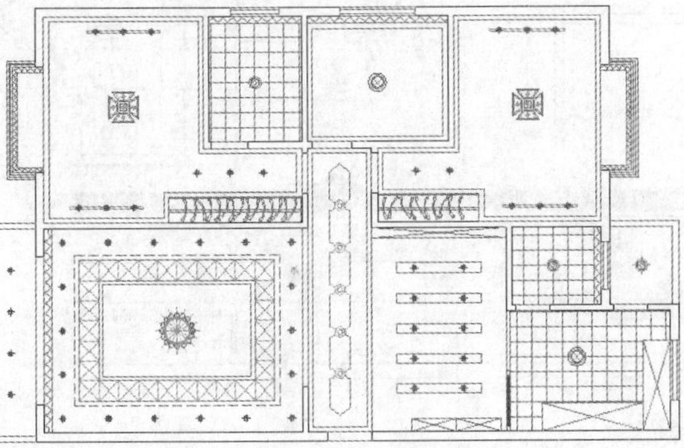
图4-154

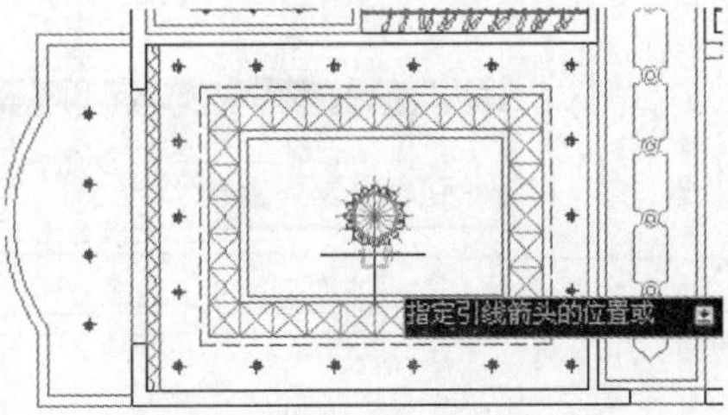

图4-155

⑦ 在命令行“指定下一点:”提示下，引出如图4-156所示的极轴矢量，然后在适当位置拾取点，以定位引线的第二点。

⑧ 在命令行“指定引线基线的位置:”提示下，引出如图4-157所示的极轴矢量，然后在适当位置拾取点，以定位引线基线的位置。

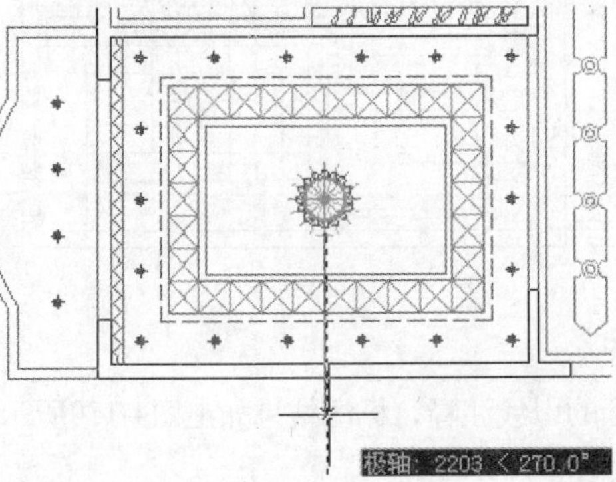

图4-156

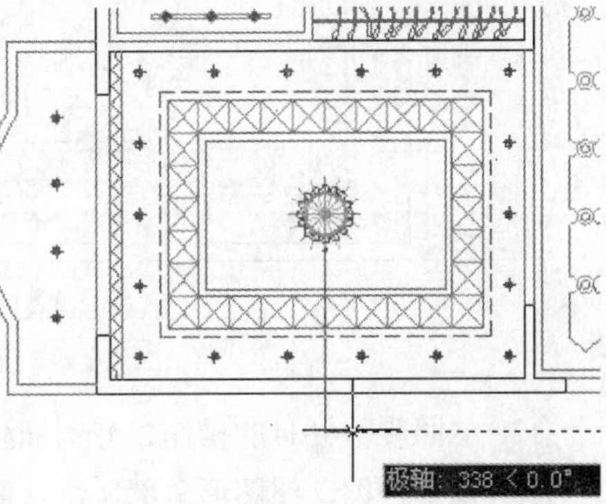

图4-157

⑨ 在命令行“指定基线距离<0.0000>:”提示下，直接按Enter键，打开如图4-158所示的“文字格式”编辑器。

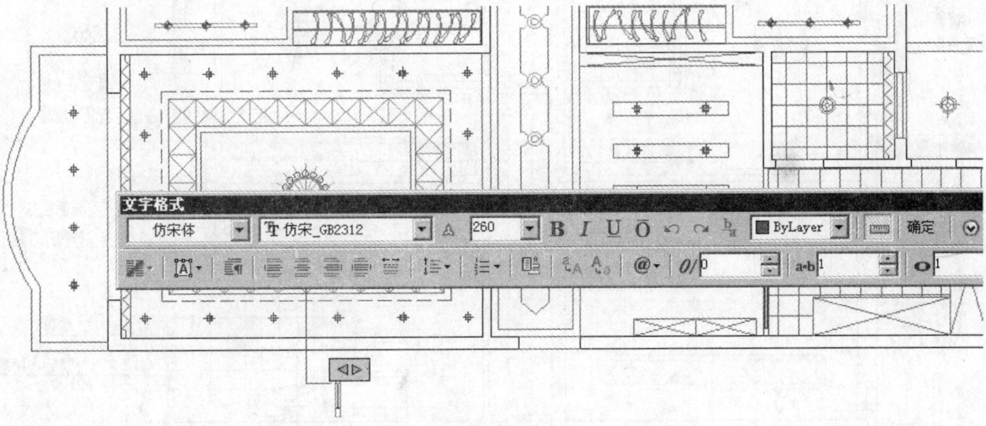

图4-158

⑩ 此时在多行文字输入框内输入“成品艺术吊灯”文本内容，如图4-159所示。

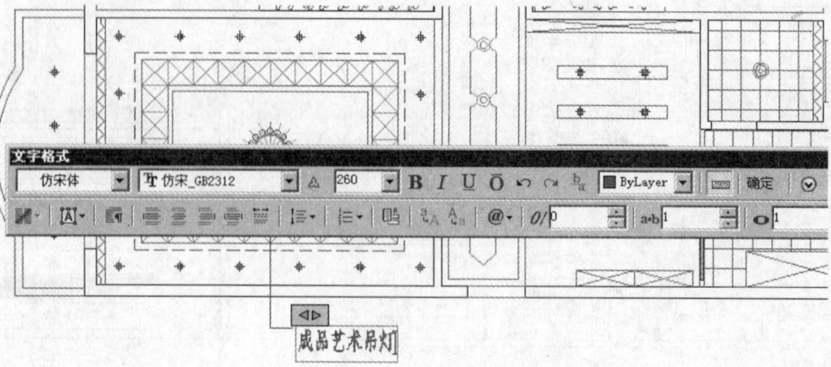

图4-159

⑪ 在“文字格式”编辑器中单击确定按钮，结束命令，标注结果如图4-160所示。

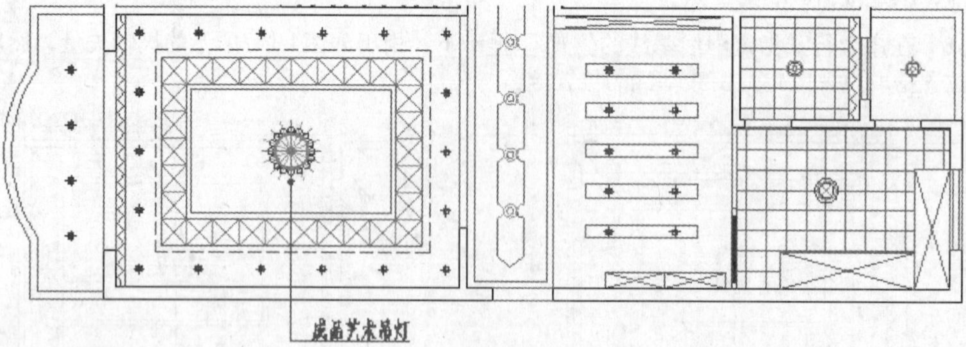

图4-160

⑫ 参照步骤6~11的操作，分别标注其他位置的引线注释，标注结果如上图4-150所示。

⑬ 调整视图，使图形全部显示，最终结果如图4-161所示。

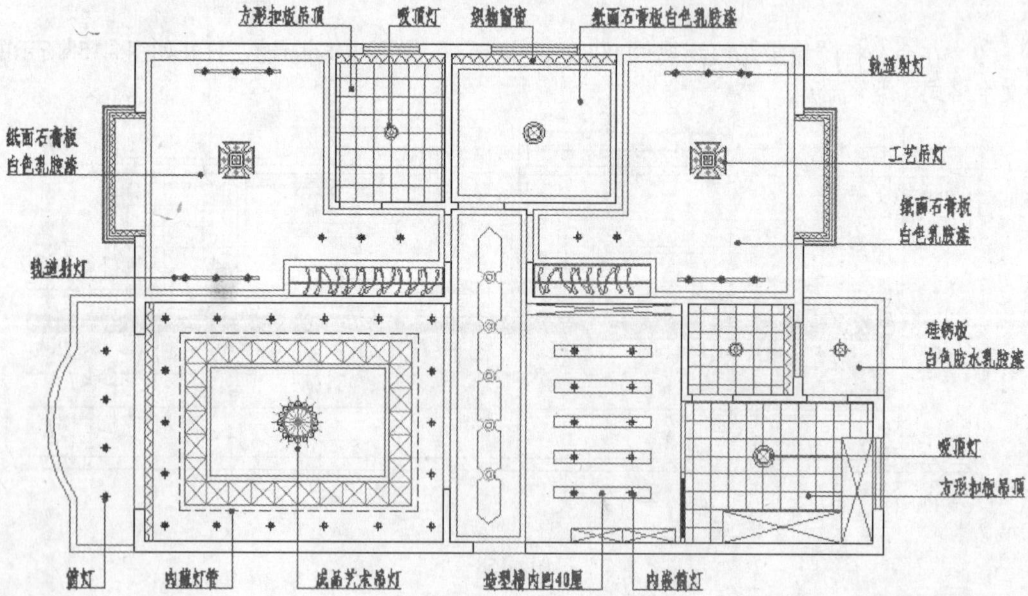

图4-161

接下来主要学习套三厅吊顶图内部尺寸的标注过程和标注技巧。

4.6.2 为吊顶图标注内部尺寸

(1) 继续上节操作。

(2) 展开“图层”工具栏中的“图层控制”下拉列表，在其中解冻“尺寸层”，并将“尺寸层”设置为当前图层，此时图形的显示效果如图4-162所示。

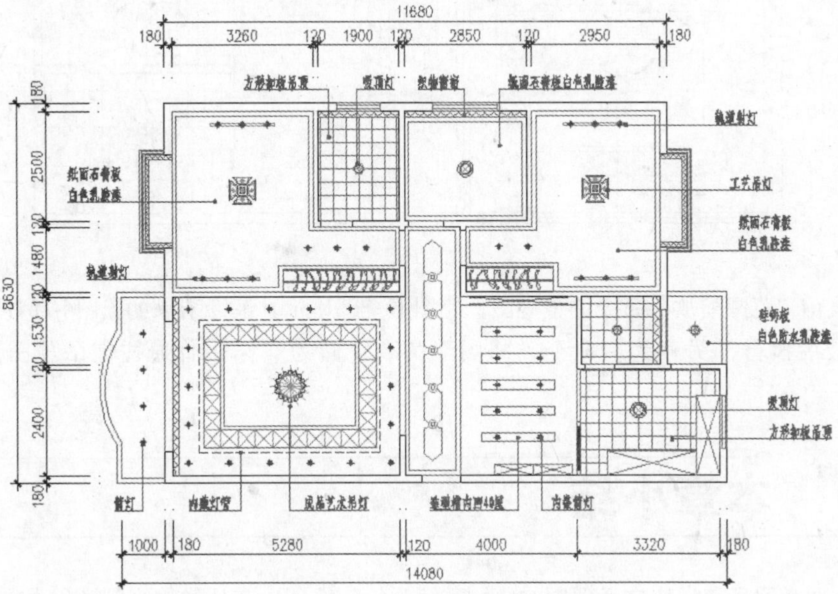

图4-162

(3) 按下功能键F3，打开状态栏中的“对象捕捉”功能。

(4) 执行菜单栏中的“标注”|“线性”命令，配合端点捕捉功能标注如图4-163所示的定位尺寸。

(5) 执行菜单栏中的“标注”|“连续”命令，配合端点捕捉功能标注如图4-164所示的连续尺寸。

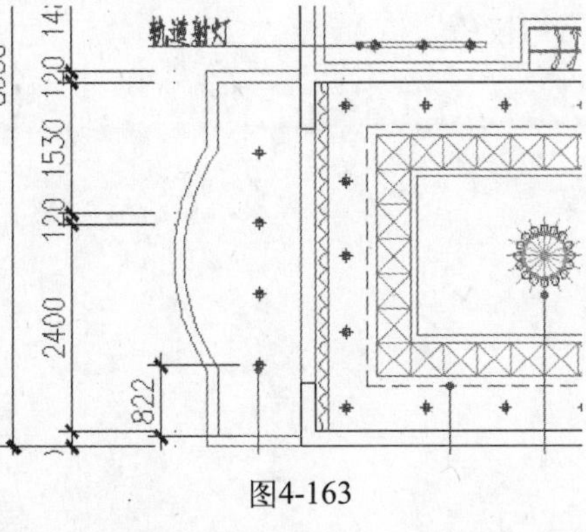

图4-163

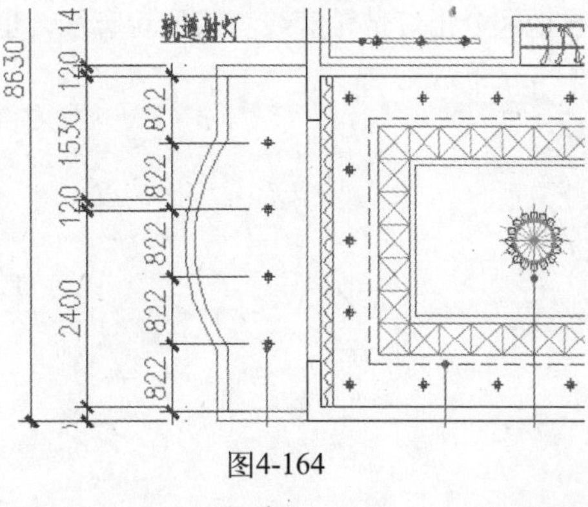

图4-164

(6) 重复使用“线性”、“连续”等命令，分别标注其他位置的内部尺寸，标注结果如图4-165所示。

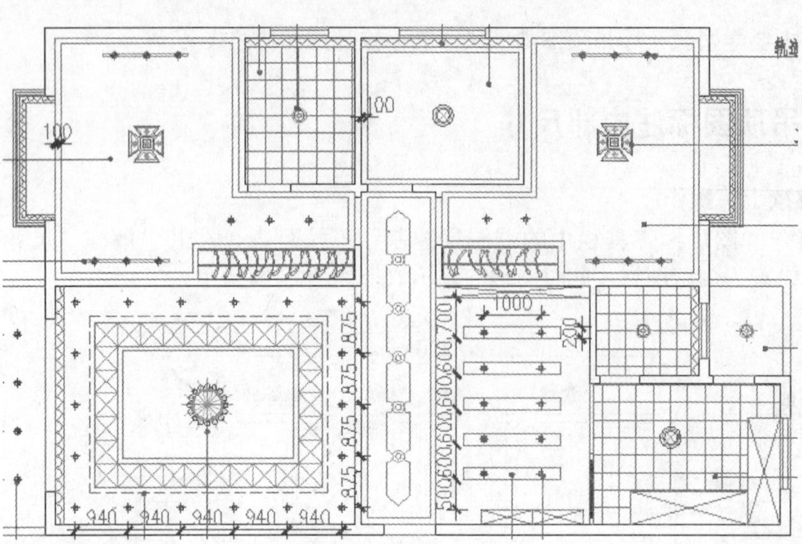

图4-165

⑦ 执行“范围缩放”命令调整视图，使图形全部显示，最终结果如上图4-161所示。

⑧ 最后执行“另存为”命令，将图形另名存储为“标注普通住宅吊顶图尺寸和文字.dwg”。

4.7 本章小结

本章主要学习了普通住宅吊顶图的绘制方法和绘制技巧。在具体的绘制过程中，主要分为绘制普通住宅吊顶墙体图、绘制普通住宅房间吊顶图、绘制普通住宅吊顶灯具图和普通住宅吊顶图的后期标注等操作环节。在绘制吊顶轮廓图时，巧妙使用了“图案填充”工具中的用户定义图案，快速创建出卫生间与厨房内的吊顶图案，此种技巧有极强的代表性；在布置灯具时，则综合使用了“插入块”、“点样式”、“定数等分”、“定距等分”、“复制”、“阵列”等多种命令，以绘制点标记来代表吊顶筒灯，这种操作技法简单直接，巧妙方便。

另外，在绘制灯带轮廓线时，通过加载线型、修改对象特性等工具的巧妙组合，可快速、明显地区分出灯带轮廓线与其他轮廓线，也是一种常用技巧。

第5章 普通住宅立面设计方案

Chapter 05

- 室内立面图设计理念
- 室内立面图设计思路
- 绘制客厅与餐厅A向立面图
- 绘制主卧室A向装修立面图
- 绘制厨房C向装修立面图
- 绘制主卧卫生间B向立面图
- 本章小结

5.1 室内立面图设计理念

5.1.1 室内立面图表达内容

立面装饰详图主要用于表明建筑内部某一装修空间的立面形式、尺寸及室内配套布置等内容，其图示内容如下。

- 在装饰立面图中，具体需要表现出室内立面上的各种装饰品，如壁画、壁挂、金属等的式样、位置和大小尺寸。
- 在装饰立面图上还需要体现出门窗、花格、装修隔断等构件的高度尺寸和安装尺寸，以及家具、室内配套产品的安放位置和尺寸等内容。
- 如果采用剖面图形表示的装饰立面图，还要表明顶棚的选级变化以及相关的尺寸。
- 最后有必要时需配合文字说明其饰面材料的品名、规格、色彩和工艺要求等。

5.1.2 室内立面图形成特点

关于立面装饰图的形成，归纳起来主要有以下三种方式。

（1）假想将室内空间垂直剖开，移去剖切平面前的部分，对余下的部分作正投影而成。这种立面图实质上是带有立面图示的剖面图，它所示图像的进深感比较强，并能同时反映顶棚的选级变化，但此种形式的缺点是剖切位置不明确（在平面布置上没有剖切符号，仅用投影符号表明视向），其剖面图示安排较难与平面布置图和顶棚平面图对应。

（2）假想将室内各墙面沿面与面相交处拆开，移去暂时不予图示的墙面，将剩下的墙面及其装饰布置向铅直投影面作投影而成，这种立面图不出现剖面图像，只出现相邻墙面及其上装饰构件与该墙面的表面交线。

（3）设想将室内各墙面沿某轴阴角拆开，依次展开，直至都平等于同一铅直投影面，形成立面展开图。这种立面图能将室内各墙面的装饰效果连贯地展示在人们眼前，以便人们研究各墙面之间的统一与反差及相互衔接关系，对室内装饰设计与施工有着重要作用。

5.2 室内立面图设计思路

在设计并绘制室内立面图时，具体可以参照如下思路。

- 首先根据地面布置图，定位需要投影的立面，并绘制主体轮廓线。
- 绘制立面内部构件定位线。
- 布置各种装饰图块。
- 填充立面装饰图案。
- 标注文本注释。
- 标注装饰尺寸和各构件的安装尺寸。

5.3 绘制客厅与餐厅A向立面图

本节主要学习客厅与餐厅A向立面图的具体绘制过程和绘制技巧。客厅与餐厅A向立面图的最终绘制效果，如图5-1所示。

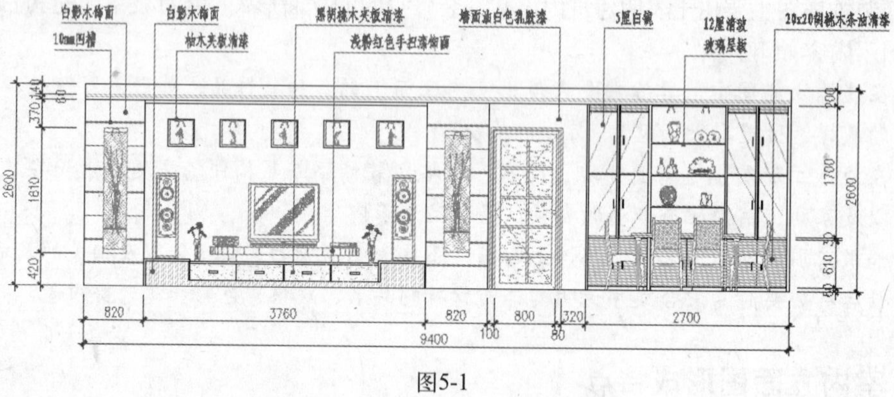

图5-1

在绘制客厅与餐厅A向立面图时，具体可以参照如下思路。

- 首先使用“新建”命令调用制图样板。
- 使用“矩形”、“偏移”、“修剪”等命令绘制A向墙面轮廓线。
- 使用“矩形”、“多段线”、“偏移”、“矩形阵列”和“图案填充”命令绘制客厅电视柜立面图。
- 使用“矩形”、“直线”、“偏移”、“矩形阵列”命令绘制视听墙立面轮廓图。
- 使用“插入块”、“分解”、“修剪”、“删除”命令绘制并完善客厅和餐厅立面构件。
- 使用“编辑标注文字”、“线性”、“连续”命令标注客厅与餐厅A向立面尺寸。
- 使用“标注样式”、“快速引线”命令标注客厅与餐厅A向立面文字注解。

5.3.1 绘制A向墙面轮廓图

(1) 执行“新建”命令，以随书光盘中的文件“样板文件”\“室内设计样板.dwt”作为基础样板，新建文件。

(2) 展开“图层”工具栏中的“图层控制”下拉列表，将“轮廓层”设置为当前图层，如图5-2所示。

(3) 打开状态栏中的“对象捕捉”、“对象追踪”等辅助功能。

(4) 执行菜单栏中的“绘图”|“矩形”命令，绘制长度为9400、宽度为2600的矩形作为立面图的外轮廓线，如图5-3所示。

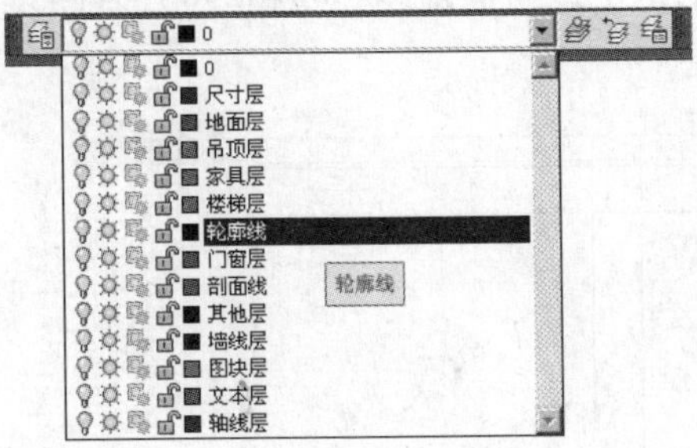

图5-2

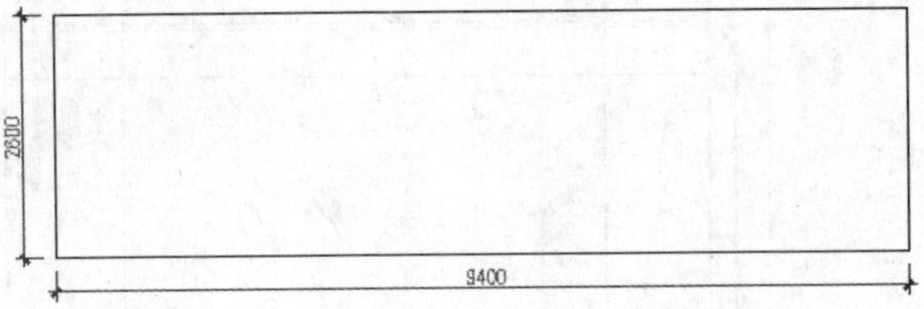

图5-3

(5) 使用命令简写X激活“分解”命令，将矩形分解为4条独立的线段。

(6) 执行菜单栏中的“修改”|“偏移”命令，将矩形左侧的垂直边向右偏移，命令行操作如下。

```
命令：_offset
    当前设置：删除源 = 否  图层 = 源  OFFSETGAPTYPE=0
    指定偏移距离或 [ 通过 (T)/ 删除 (E)/ 图层 (L)] < 通过 >:  //820 Enter
    选择要偏移的对象或 [ 退出 (E)/ 放弃 (U)] < 退出 >:    // 单击矩形左侧垂直边
    指定要偏移的那一侧上的点，或 [ 退出 (E)/ 多个 (M)/ 放弃 (U)] < 退出 >:
                                                      // 在左侧垂直边的右侧单击左键
    选择要偏移的对象，或 [ 退出 (E)/ 放弃 (U)] < 退出 >: // Enter
命令：                                                // Enter
    OFFSET 当前设置：删除源 = 否  图层 = 源  OFFSETGAPTYPE=0
    指定偏移距离或 [ 通过 (T)/ 删除 (E)/ 图层 (L)] <820>: //3760 Enter
    选择要偏移的对象或 [ 退出 (E)/ 放弃 (U)] < 退出 >:    // 单击刚偏移出的线段
    指定要偏移的那一侧上的点，或 [ 退出 (E)/ 多个 (M)/ 放弃 (U)] < 退出 >:
                                                      // 在所选线段的右侧单击左键
    选择要偏移的对象，或 [ 退出 (E)/ 放弃 (U)] < 退出 >: // Enter
命令：                                                // Enter
    OFFSET 当前设置：删除源 = 否  图层 = 源  OFFSETGAPTYPE=0
    指定偏移距离或 [ 通过 (T)/ 删除 (E)/ 图层 (L)] <376>: //820 Enter
    选择要偏移的对象或 [ 退出 (E)/ 放弃 (U)] < 退出 >:    // 单击刚偏移出的线段
    指定要偏移的那一侧上的点，或 [ 退出 (E)/ 多个 (M)/ 放弃 (U)] < 退出 >:
                                                      // 在所选轮廓线的上侧单击左键
    选择要偏移的对象，或 [ 退出 (E)/ 放弃 (U)] < 退出 >: // Enter，偏移结果如图 5-4 所示
```

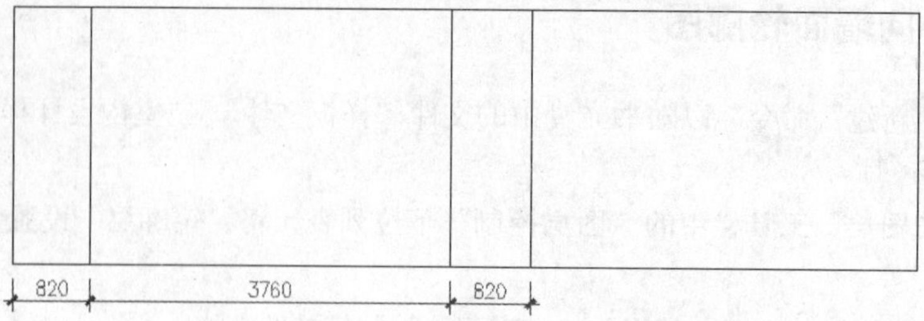

图5-4

⑦ 重复执行“偏移”命令，将矩形右侧的垂直边向左偏移2700、3100和3900；将矩形上侧的水平边向下偏移140、170和200；将矩形下侧的水平边向上偏移2000和2360，结果如图5-5所示。

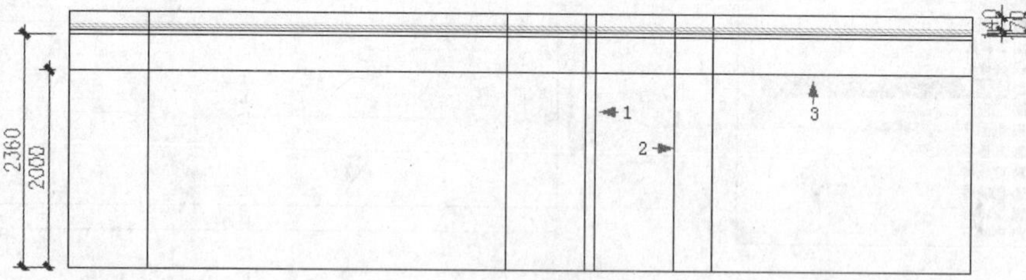

图5-5

⑧ 使用命令简写TR激活“修剪”命令，对偏移出的轮廓线进行修剪，命令行操作如下。

命令 : TR　　// Enter

TRIM 当前设置 : 投影 =UCS，边 = 无

选择剪切边 ...

选择对象或 < 全部选择 >::　　// 选择如图 5-5 所示的垂直轮廓线 1 和 2 作为边界

选择对象 :　　// Enter

选择要修剪的对象，或按住 Shift 键选择要延伸的对象，或 [栏选 (F)/ 窗交 (C)/ 投影 (P)/ 边 (E)/ 删除 (R)/ 放弃 (U)]:　　// 在轮廓线 2 和左端单击左键

选择要修剪的对象，或按住 Shift 键选择要延伸的对象，或 [栏选 (F)/ 窗交 (C)/ 投影 (P)/ 边 (E)/ 删除 (R)/ 放弃 (U)]:　　// 在轮廓线 3 的右端单击左键

选择要修剪的对象，或按住 Shift 键，选择要延伸的对象，或 [栏选 (F)/ 窗交 (C)/ 投影 (P)/ 边 (E)/ 删除 (R)/ 放弃 (U)]:　　// Enter，修剪结果如图 5-6 所示

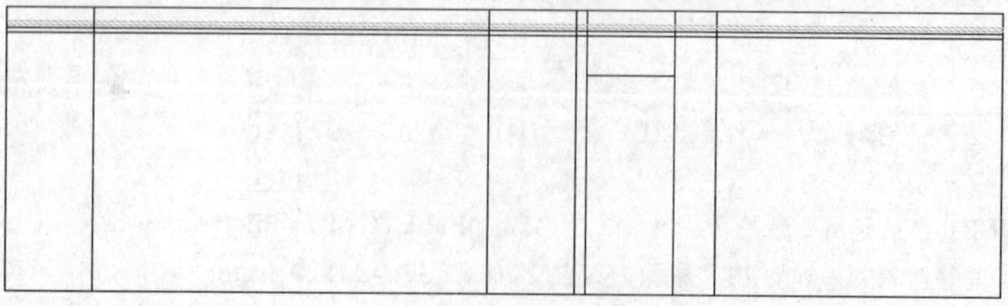

图5-6

⑨ 重复执行“修剪”命令，分别对其他水平和垂直轮廓线进行修剪，并删除多余的垂直线和水平线，结果如图5-7所示。

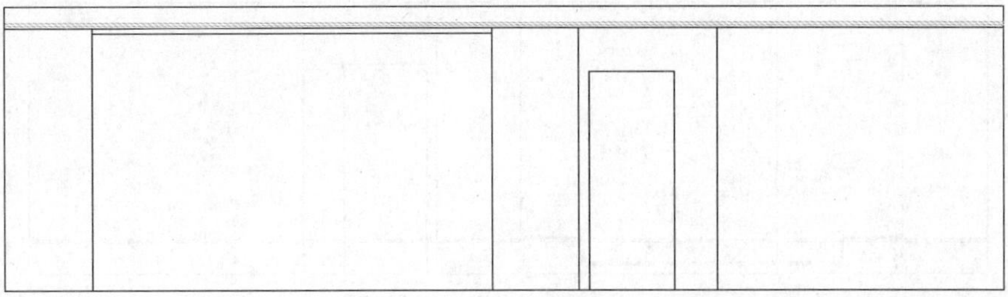

图5-7

至此，客厅与餐厅A向墙面轮廓图绘制完毕，下一小节将学习客厅电视柜立面图的具体绘制过程。

5.3.2 绘制电视柜立面构件图

(1) 继续上节操作。

(2) 激活“极轴追踪”功能，然后执行菜单栏中的“绘图”|“多段线”命令，配合坐标输入功能绘制电视柜轮廓线，命令行操作如下。

```
命令 : _pline
    指定起点 :                                            // 激活“捕捉自”功能
    _from 基点 :                                          // 捕捉下侧水平轮廓线的左端点
    < 偏移 >:                                             //@840,0 Enter
    当前线宽为 0.0
    指定下一个点或 [ 圆弧 (A)/ 半宽 (H)/ 长度 (L)/ 放弃 (U)/ 宽度 (W)]:           //@0,330 Enter
    指定下一点或 [ 圆弧 (A)/ 闭合 (C)/ 半宽 (H)/ 长度 (L)/ 放弃 (U)/ 宽度 (W)]: //@575,0 Enter
    指定下一点或 [ 圆弧 (A)/ 闭合 (C)/ 半宽 (H)/ 长度 (L)/ 放弃 (U)/ 宽度 (W)]: //@0,-250 Enter
    指定下一点或 [ 圆弧 (A)/ 闭合 (C)/ 半宽 (H)/ 长度 (L)/ 放弃 (U)/ 宽度 (W)]: //@2570,0 Enter
    指定下一点或 [ 圆弧 (A)/ 闭合 (C)/ 半宽 (H)/ 长度 (L)/ 放弃 (U)/ 宽度 (W)]: //@0,250 Enter
    指定下一点或 [ 圆弧 (A)/ 闭合 (C)/ 半宽 (H)/ 长度 (L)/ 放弃 (U)/ 宽度 (W)]: //@575,0 Enter
    指定下一点或 [ 圆弧 (A)/ 闭合 (C)/ 半宽 (H)/ 长度 (L)/ 放弃 (U)/ 宽度 (W)]: //@0,-330 Enter
    指定下一点或 [ 圆弧 (A)/ 闭合 (C)/ 半宽 (H)/ 长度 (L)/ 放弃 (U)/ 宽度 (W)]:
                                                          // Enter，绘制结果如图 5-8 所示
```

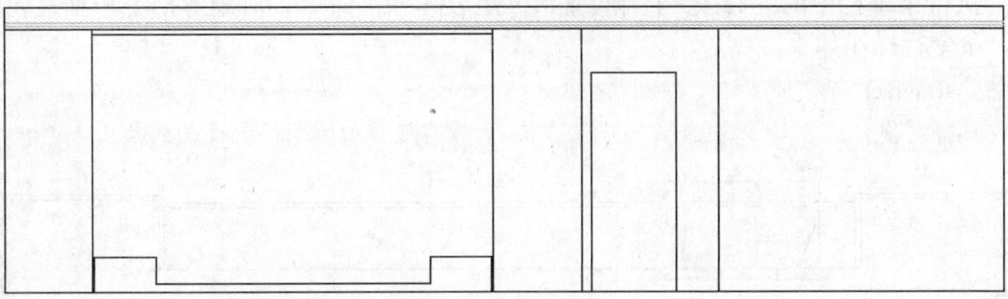

图5-8

(3) 执行菜单栏中的“修改”|“偏移”命令，将刚绘制的多段线向上偏移20；将下侧的水平轮廓线向上偏移320和300；将最左侧的垂直轮廓线向右偏移2060和2070，结果如图5-9所示。

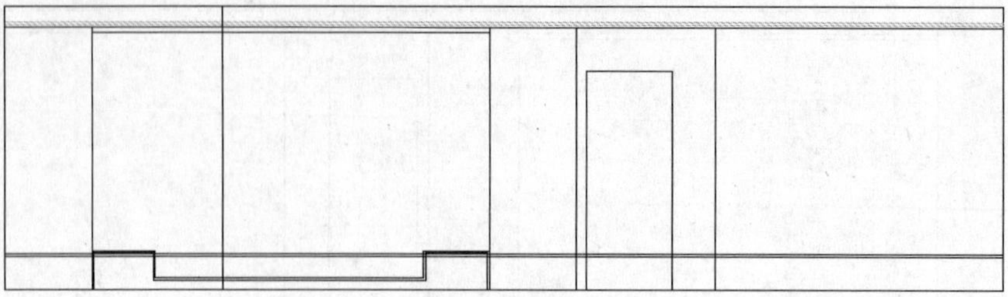

图5-9

(4) 执行菜单栏中的“修改”|“修剪”命令，对偏移出的轮廓线进行修剪和延伸，结果如图5-10所示。

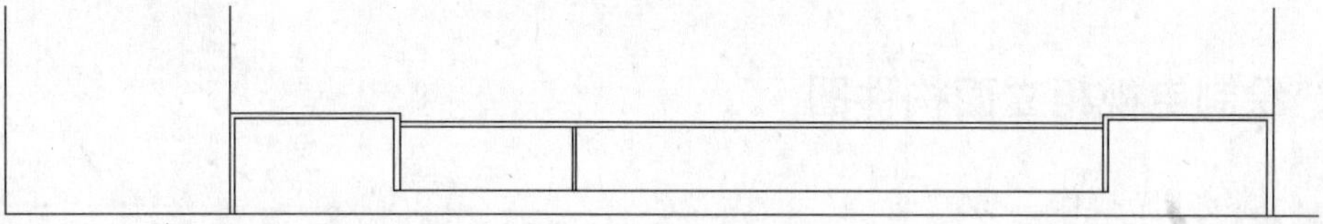

图5-10

(5) 执行菜单栏中的“绘图”|“矩形”命令，配合“捕捉自”功能绘制矩形把手，命令行操作如下。

命令：_rectang
指定第一个角点或 [倒角 (C)/ 标高 (E)/ 圆角 (F)/ 厚度 (T)/ 宽度 (W)]: //激活“捕捉自”功能
_from 基点： //捕捉如图 5-11 所示的端点
<偏移>: //@250,95 Enter
指定另一个角点或 [面积 (A)/ 尺寸 (D)/ 旋转 (R)]:
//@120,25 Enter，绘制结果如图 5-12 所示

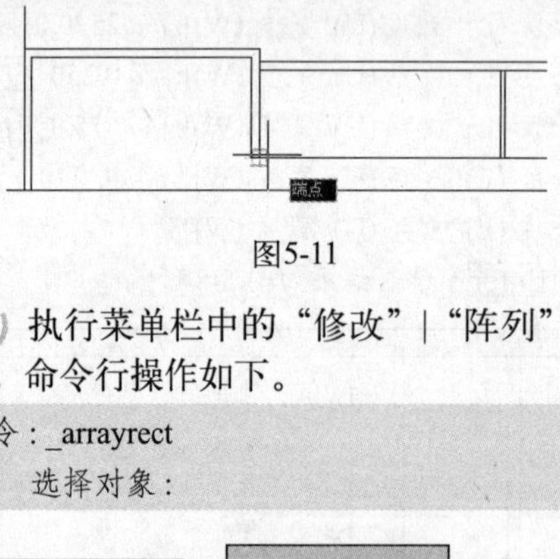

图5-11

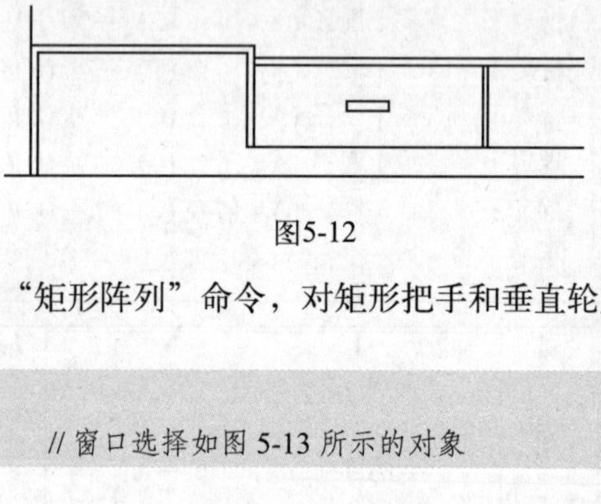

图5-12

(6) 执行菜单栏中的“修改”|“阵列”|“矩形阵列”命令，对矩形把手和垂直轮廓线进行阵列，命令行操作如下。

命令：_arrayrect
选择对象： //窗口选择如图 5-13 所示的对象

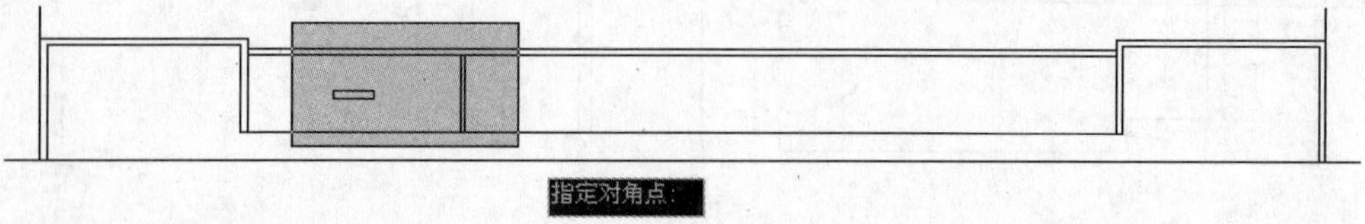

图5-13

选择对象： // Enter
类型 = 矩形 关联 = 是

```
    选择夹点以编辑阵列或 [ 关联 (AS)/ 基点 (B)/ 计数 (COU)/ 间距 (S)/ 列数 (COL)/ 行数 (R)/
层数 (L)/ 退出 (X)] < 退出 >:                         //COU Enter
    输入列数数或 [ 表达式 (E)] <4>:                   //4 Enter
    输入行数数或 [ 表达式 (E)] <3>:                   //1 Enter
    选择夹点以编辑阵列或 [ 关联 (AS)/ 基点 (B)/ 计数 (COU)/ 间距 (S)/ 列数 (COL)/ 行数 (R)/
层数 (L)/ 退出 (X)] < 退出 >:                         //S Enter
    指定列之间的距离或 [ 单位单元 (U)] <17375>:       //635 Enter
    指定行之间的距离 <11811>:                         //1 Enter
    选择夹点以编辑阵列或 [ 关联 (AS)/ 基点 (B)/ 计数 (COU)/ 间距 (S)/ 列数 (COL)/ 行数 (R)/
层数 (L)/ 退出 (X)] < 退出 >:                         //AS Enter
    创建关联阵列 [ 是 (Y)/ 否 (N)] < 否 >:            // Enter
    选择夹点以编辑阵列或 [ 关联 (AS)/ 基点 (B)/ 计数 (COU)/ 间距 (S)/ 列数 (COL)/ 行数 (R)/
层数 (L)/ 退出 (X)] < 退出 >:                         // Enter，阵列结果如图 5-14 所示
```

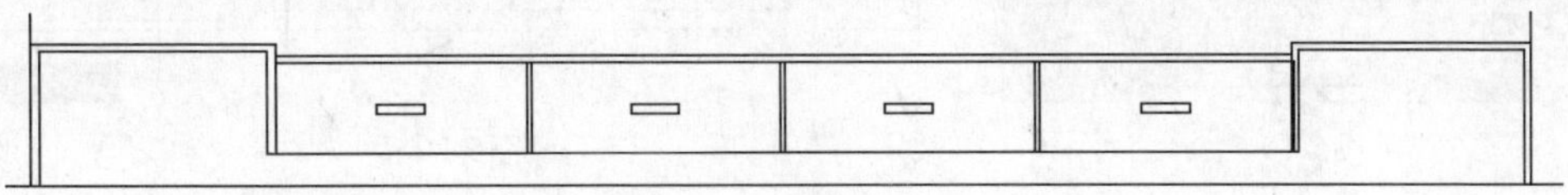

图5-14

⑦ 在右侧夹点显示阵列出的两条垂直轮廓线，如图5-15所示，将其删除。

⑧ 执行菜单栏中的“绘图”|“图案填充”命令，设置填充图案与参数如图5-16所示，拾取如图5-17所示的填充区域，填充结果如图5-18所示。

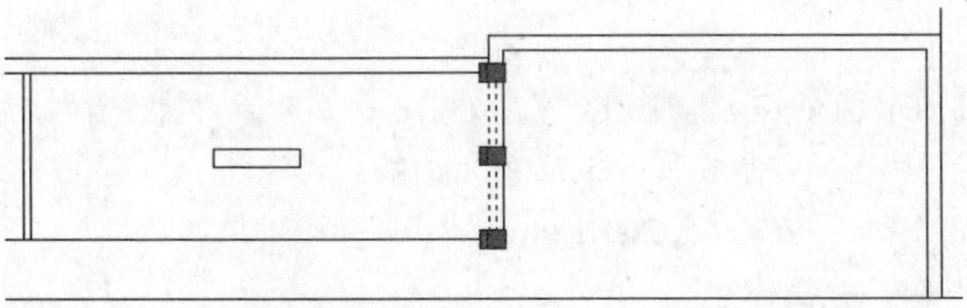

图5-15

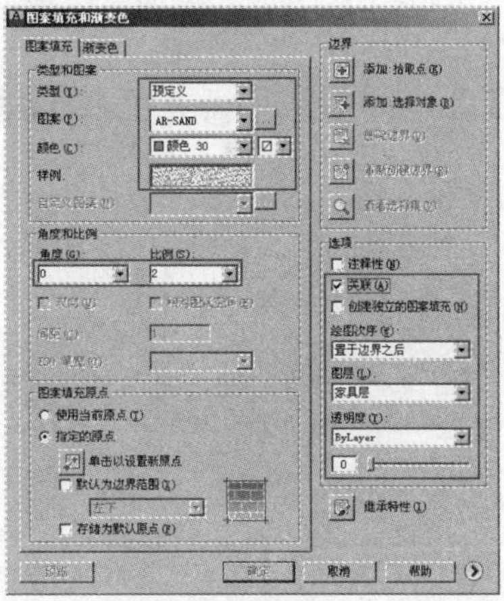

图5-16

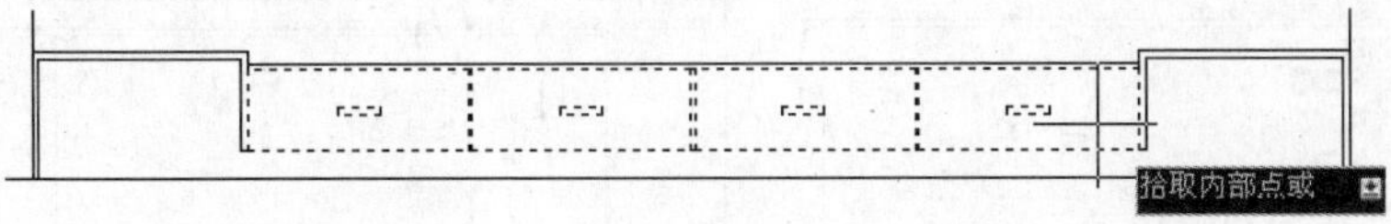

图5-17

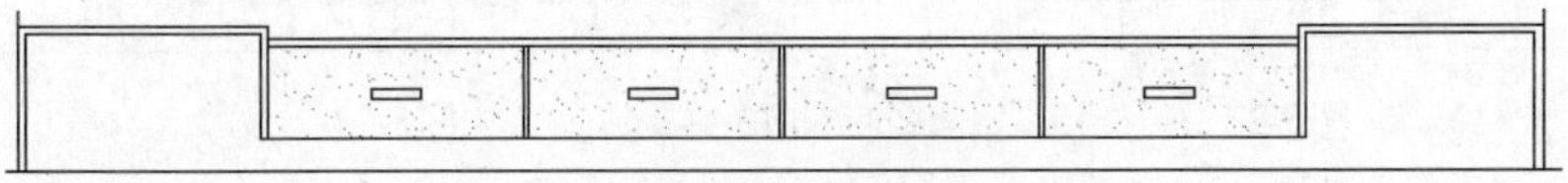

图5-18

(9) 重复执行“图案填充”命令，设置填充图案与参数如图5-19所示，拾取如图5-20所示的填充区域，填充结果如图5-21所示。

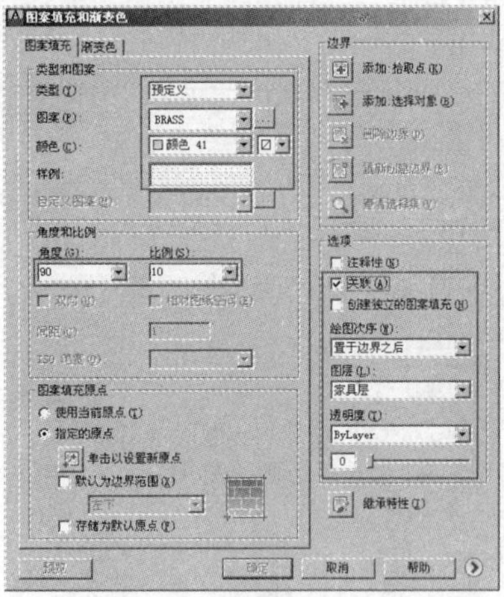

图5-19

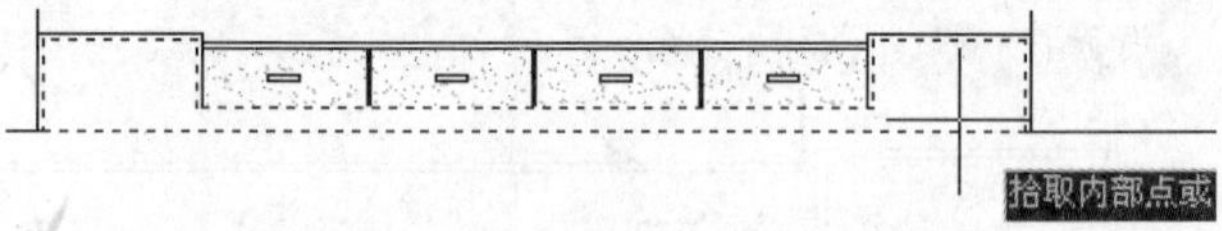

图5-20

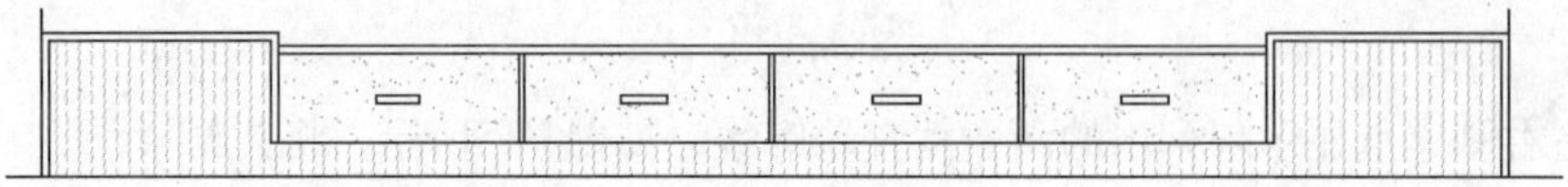

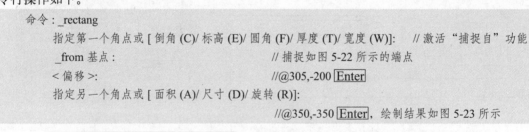

图5-21

至此，客厅电视柜立面图绘制完毕，下一小节将学习客厅视听墙立面图的具体绘制过程。

5.3.3 绘制视听墙立面构件图

(1) 继续上节操作。

(2) 执行菜单栏中的“绘图”|“矩形”命令，配合“捕捉自”功能绘制矩形轮廓线，命令行操作如下。

```
命令 : _rectang
    指定第一个角点或 [ 倒角 (C)/ 标高 (E)/ 圆角 (F)/ 厚度 (T)/ 宽度 (W)]:   // 激活“捕捉自”功能
    _from 基点 :                          // 捕捉如图 5-22 所示的端点
    < 偏移 >:                             //@305,-200 Enter
    指定另一个角点或 [ 面积 (A)/ 尺寸 (D)/ 旋转 (R)]:
                                          //@350,-350 Enter，绘制结果如图 5-23 所示
```

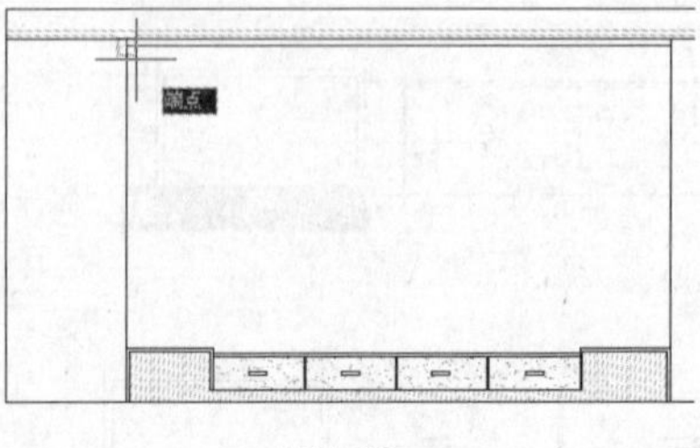

图5-22

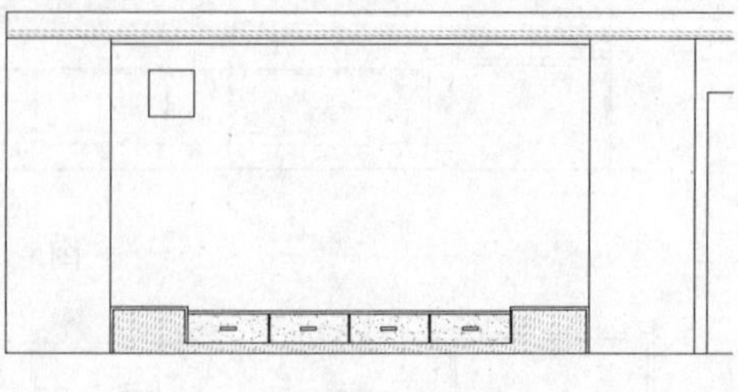

图5-23

(3) 执行菜单栏中的“修改”|“偏移”命令，将刚绘制的矩形向内侧偏移20个单位，结

果如图5-24所示。

4 执行菜单栏中的“修改”|“阵列”|“矩形阵列”命令，对两个矩形进行阵列，命令行操作如下。

```
命令：_arrayrect
    选择对象：                                              //窗口选择两个矩形
    选择对象：                                              //Enter
    类型=矩形 关联=是
    选择夹点以编辑阵列或[关联(AS)/基点(B)/计数(COU)/间距(S)/列数(COL)/行数(R)/
层数(L)/退出(X)]<退出>:                                    //COU Enter
    输入列数数或[表达式(E)]<4>:                             //5 Enter
    输入行数数或[表达式(E)]<3>:                             //1 Enter
    选择夹点以编辑阵列或[关联(AS)/基点(B)/计数(COU)/间距(S)/列数(COL)/行数(R)/
层数(L)/退出(X)]<退出>:                                    //S Enter
    指定列之间的距离或[单位单元(U)]<17375>:                 //700 Enter
    指定行之间的距离<11811>:                                //1 Enter
    选择夹点以编辑阵列或[关联(AS)/基点(B)/计数(COU)/间距(S)/列数(COL)/行数(R)/
层数(L)/退出(X)]<退出>:                                    //AS Enter
    创建关联阵列[是(Y)/否(N)]<否>:                          //N Enter
    选择夹点以编辑阵列或[关联(AS)/基点(B)/计数(COU)/间距(S)/列数(COL)/行数(R)/
层数(L)/退出(X)]<退出>:                                    //Enter，阵列结果如图5-25所示
```

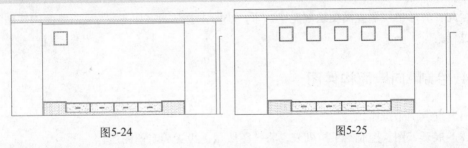

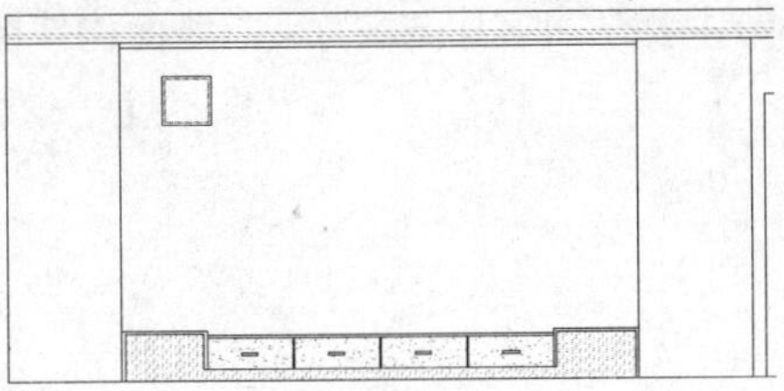

图5-24

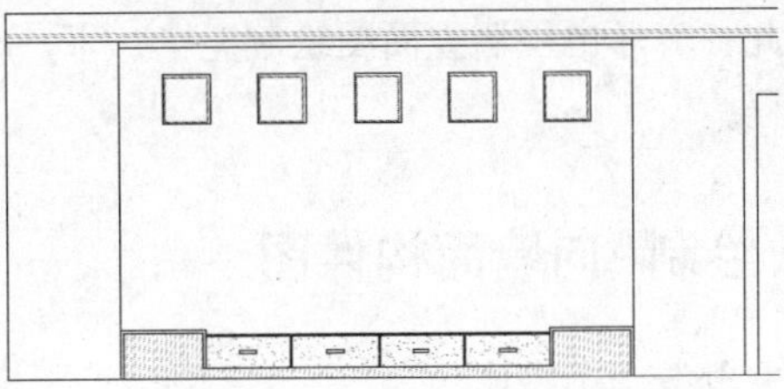

图5-25

5 执行菜单栏中的“绘图”|“直线”命令，配合延伸捕捉和垂足捕捉功能，绘制如图5-26所示的两条水平轮廓线。

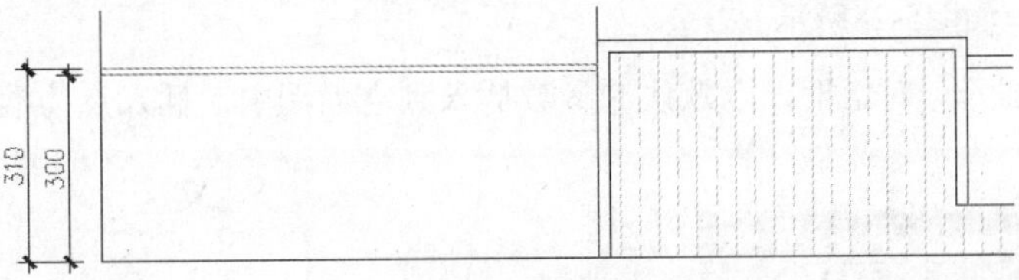

图5-26

6 执行菜单栏中的“修改”|“阵列”|“矩形阵列”命令，对两条水平轮廓线进行阵列，命令行操作如下。

```
命令：_arrayrect
    选择对象：                                  //选择两条水平轮廓线
    选择对象：                                  //Enter
    类型=矩形 关联=是
```

选择夹点以编辑阵列或 [关联 (AS)/ 基点 (B)/ 计数 (COU)/ 间距 (S)/ 列数 (COL)/ 行数 (R)/ 层数 (L)/ 退出 (X)] < 退出 >: //COU Enter

输入列数数或 [表达式 (E)] <4>: //2 Enter

输入行数数或 [表达式 (E)] <3>: //7 Enter

选择夹点以编辑阵列或 [关联 (AS)/ 基点 (B)/ 计数 (COU)/ 间距 (S)/ 列数 (COL)/ 行数 (R)/ 层数 (L)/ 退出 (X)] < 退出 >: //S Enter

指定列之间的距离或 [单位单元 (U)] <17375>: //4580 Enter

指定行之间的距离 <11811>: //300 Enter

选择夹点以编辑阵列或 [关联 (AS)/ 基点 (B)/ 计数 (COU)/ 间距 (S)/ 列数 (COL)/ 行数 (R)/ 层数 (L)/ 退出 (X)] < 退出 >: //AS Enter

创建关联阵列 [是 (Y)/ 否 (N)] < 否 >: // Enter

选择夹点以编辑阵列或 [关联 (AS)/ 基点 (B)/ 计数 (COU)/ 间距 (S)/ 列数 (COL)/ 行数 (R)/ 层数 (L)/ 退出 (X)] < 退出 >: // Enter，阵列结果如图 5-27 所示

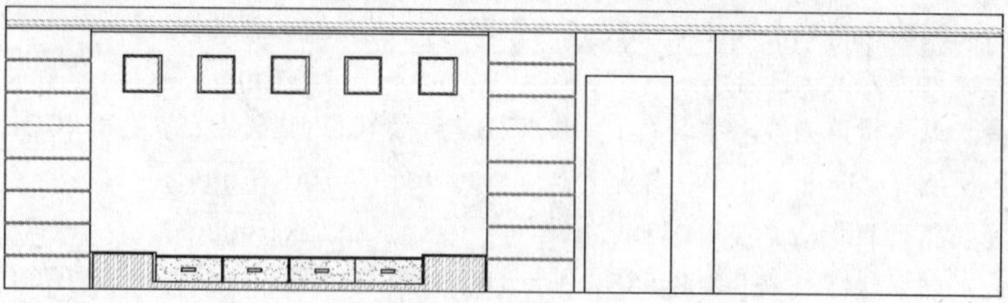

图5-27

至此，客厅电视墙立面图绘制完毕，下一小节主要学习客厅与餐厅A向墙面构件图的具体绘制过程。

5.3.4 绘制A向墙面构件图

(1) 继续上节操作。

(2) 展开“图层控制”下拉列表，将“图块层”设置为当前图层。

(3) 使用命令简写I激活“插入块”命令，打开“插入”对话框，然后单击对话框中的 浏览(B)... 按钮，在打开的“选择图形文件”对话框中选择随书光盘中的“图块文件”\“备餐组合柜.dwg”图块，如图5-28所示。

(4) 返回“插入”对话框，以默认的参数插入到立面图中，插入点为端点A，插入结果如图5-29所示。

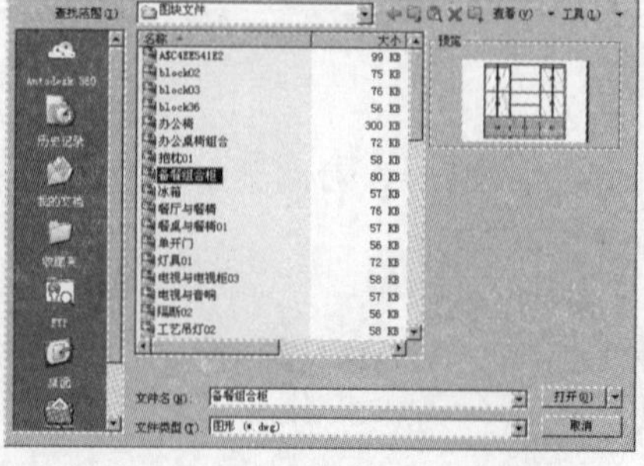

图5-28

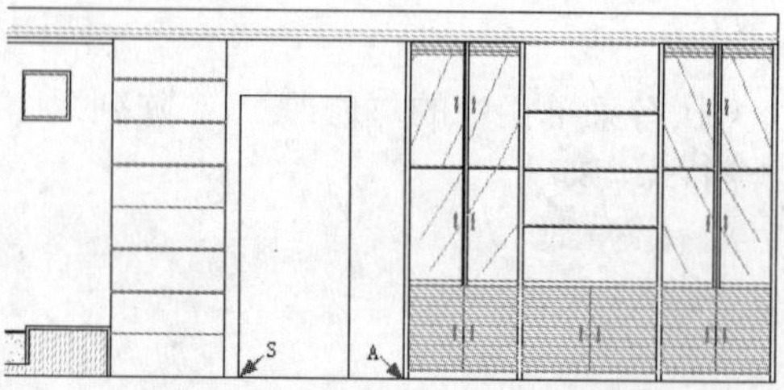

图5-29

(5) 重复执行“插入块”命令，采用默认设值，插入随书光盘中的“图块文件”\“立面门02.dwg”图块，插入点为如图5-29所示的端点S，插入结果如图5-30所示。

(6) 重复执行“插入块”命令，采用默认设值，插入随书光盘中的“图块文件”\“墙面装饰块01.dwg”图块，插入结果如图5-31所示。

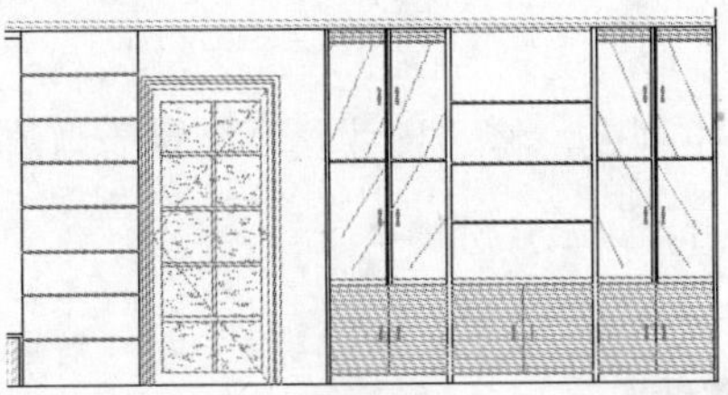

图5-30

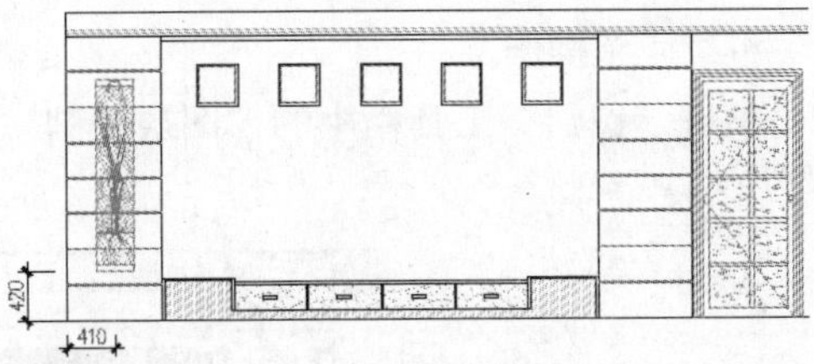

图5-31

(7) 重复执行“插入块”命令，分别插入随书光盘“图块文件”文件夹下的“立面音响.dwg”、“装饰花.dwg”、“立面电视与电视柜.dwg”、“餐厅与餐椅.dwg”、“灯具01.dwg”、“block03.dwg”、“block03.dwg”、“装饰品01”和“装饰品06.dwg”图块，插入结果如图5-32所示。

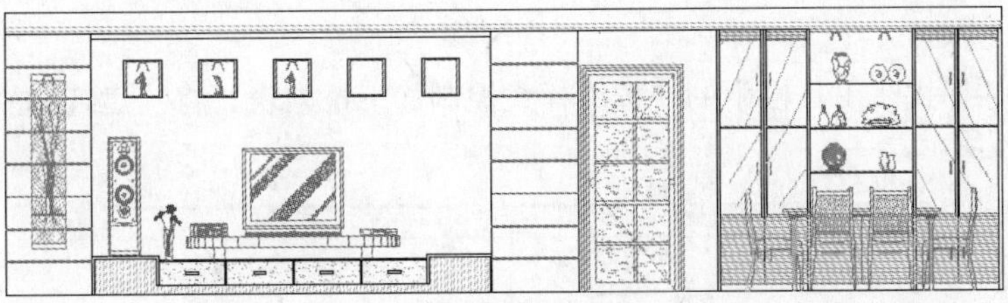

图5-32

(8) 在无命令执行的前提下，夹点显示如图5-33所示的7个图块进行镜像，镜像结果如图5-34所示。

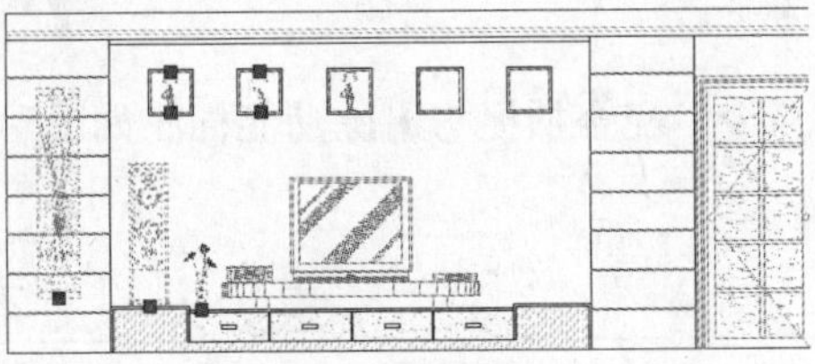

图5-33

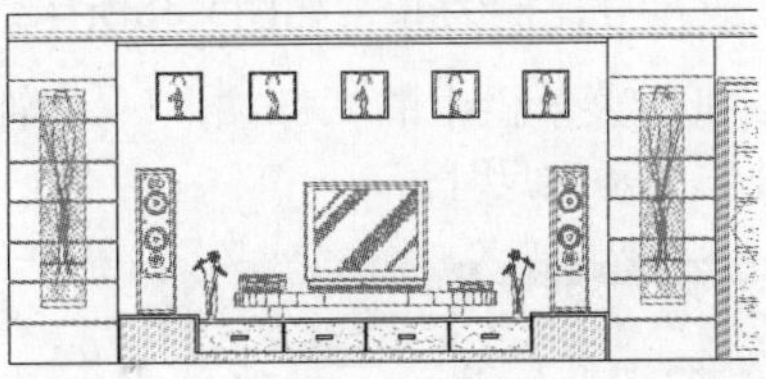

图5-34

(9) 接下来综合使用“分解”、“修剪”、“删除”等命令，对立面图进行修整和完善，删除被遮挡住的图线，结果如图5-35所示。

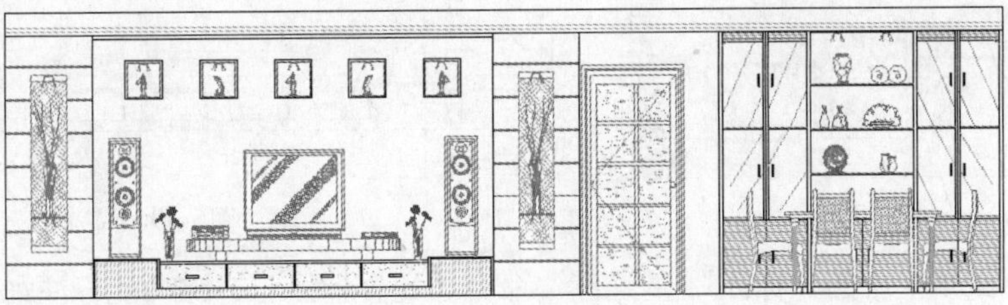

图5-35

至此，客厅与餐厅A向墙面构件图绘制完毕，下一小节将学习客厅与餐厅立面尺寸的具体标注过程。

5.3.5 标注客厅与餐厅立面尺寸

(1) 继续上节操作。

(2) 展开“图层”工具栏中的“图层控制”下拉列表，将“尺寸层”设置为当前图层，如图5-36所示。

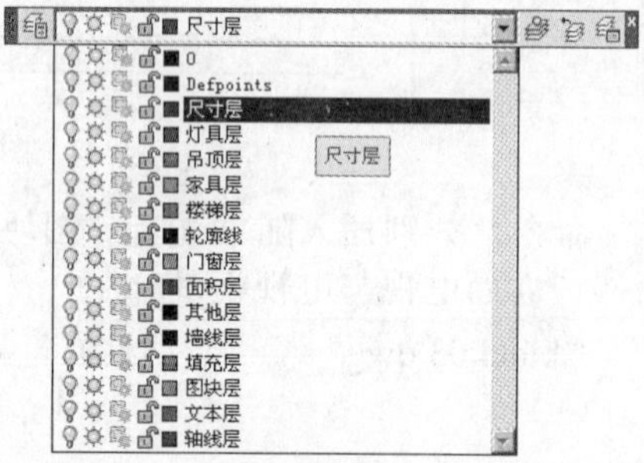

图5-36

(3) 展开“样式”工具栏中的“标注样式控制”下拉列表，将“建筑标注”设置为当前样式，如图5-37所示。

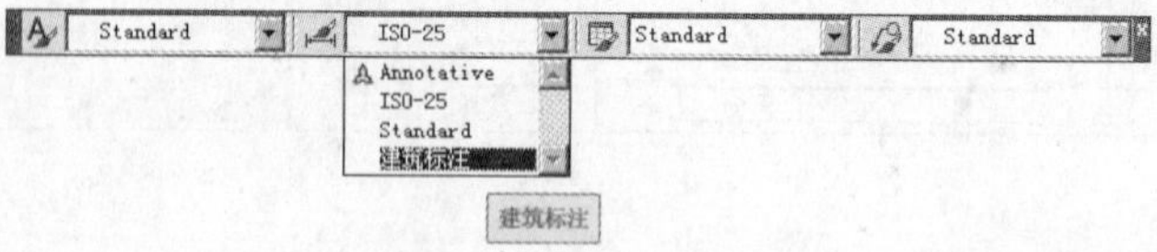

图5-37

(4) 执行菜单栏中的“标注”|“标注样式”命令，将“建筑标注”设置为当前标注样式，并修改尺寸比例为40，如图5-38所示。

(5) 执行菜单栏中的“标注”|“线性”命令，配合捕捉与追踪功能标注如图5-39所示的线性尺寸作为基准尺寸。

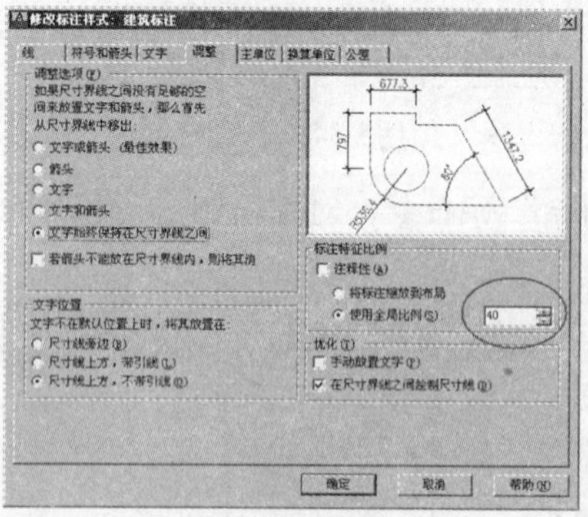

图5-38

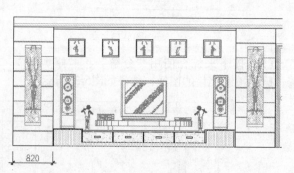

图5-39

(6) 执行菜单栏中的“标注”|“连续”命令，配合捕捉与追踪功能标注如图5-40所示的连续尺寸。

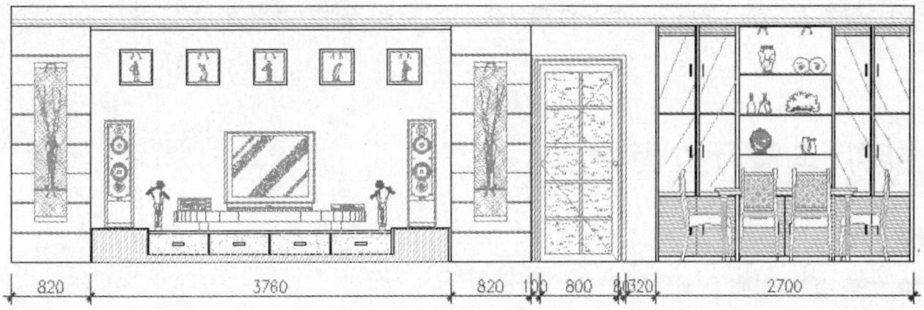

图5-40

⑦ 单击“标注”工具栏中的按钮，激活“编辑标注文字”命令，分别对重叠尺寸进行编辑，结果如图5-41所示。

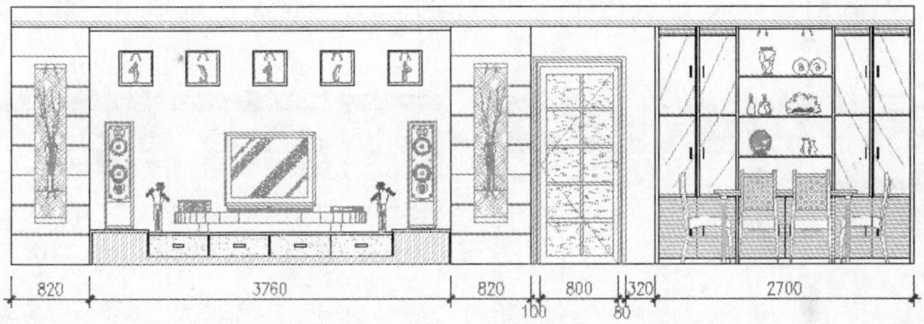

图5-41

⑧ 重复执行“线性”命令，配合捕捉或追踪功能，标注立面图下侧的总尺寸，结果如图5-42所示。

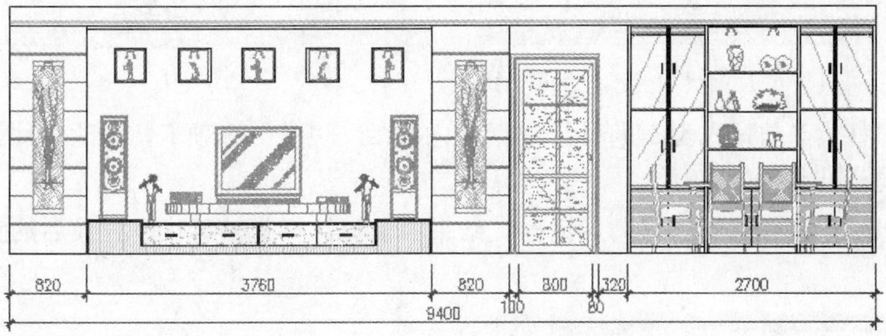

图5-42

⑨ 参照上述操作，综合使用“线性”、“连续”和“编辑标注文字”命令，标注立面图两侧的尺寸，结果如图5-43所示。

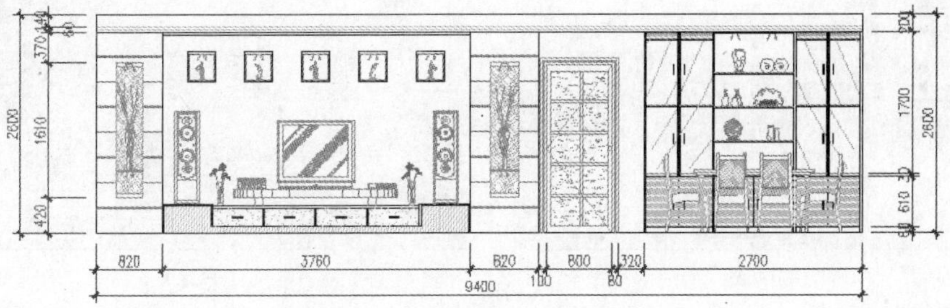

图5-43

至此，客厅与餐厅A向立面尺寸标注完毕，下一小节将学习客厅与餐厅A向立面材质的具体标注过程。

5.3.6 标注客厅与餐厅立面材质

(1) 继续上节操作。

(2) 展开“图层”工具栏中的“图层控制”下拉列表，将“文本层”设置为当前图层。

(3) 使用命令简写D激活“标注样式”命令，在打开的对话框中单击 替代(O)... 按钮，打开“替代当前样式:建筑标注”对话框。

(4) 展开“符号和箭头”选项卡，设置引线箭头和大小参数，如图5-44所示。

(5) 在“替代当前样式:建筑标注”对话框中展开“文字”选项卡，修改文字样式如图5-45所示。

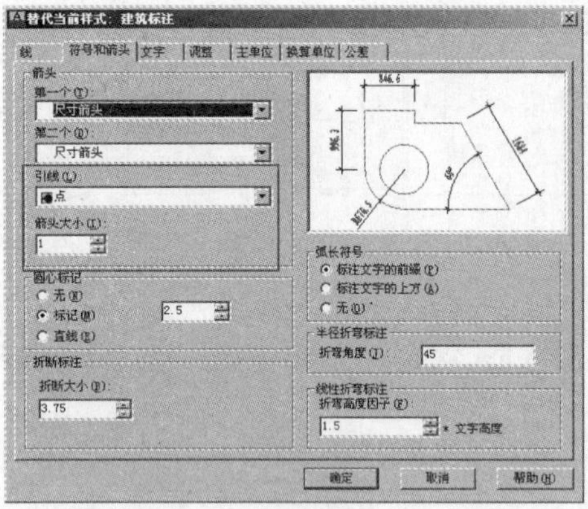

图5-44

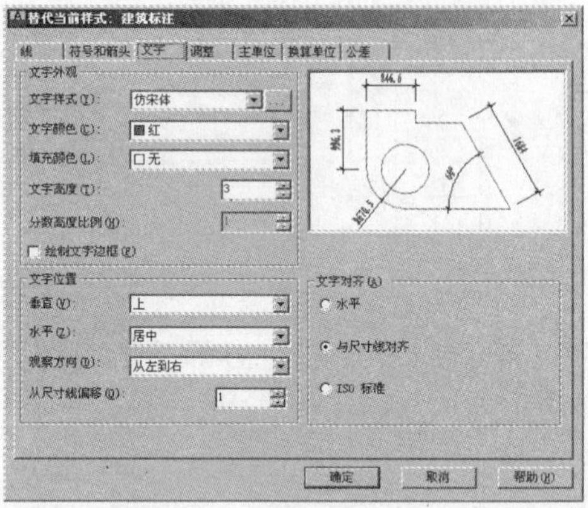

图5-45

(6) 在“替代当前样式:建筑标注”对话框内激活“调整”选项卡，修改尺寸样式的全局比例为45，结果如图5-46所示。

(7) 返回“标注样式管理器”对话框，结果当前标注样式被替代，替代后的预览效果如图5-47所示。

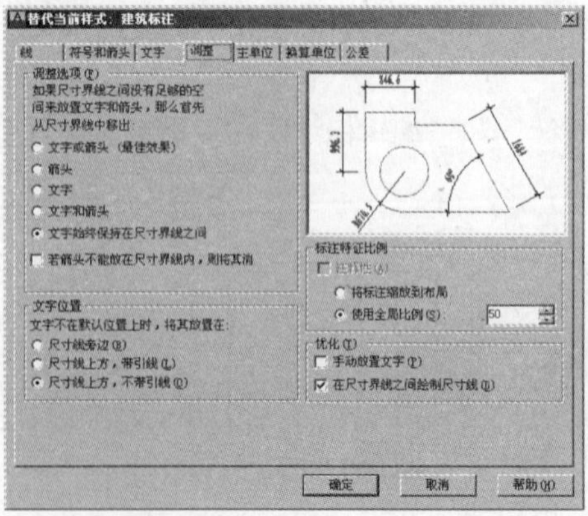

图5-46

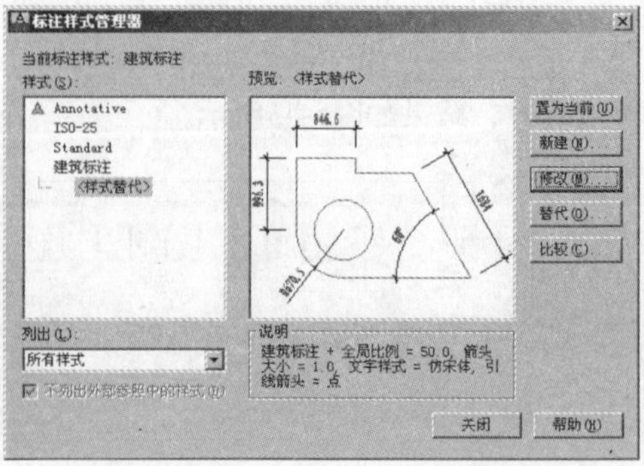

图5-47

(8) 使用命令简写LE激活“快速引线”命令，在命令行“指定第一个引线点或[设置(S)]<

设置>:”提示下，输入S打开“引线设置”对话框，分别设置引线参数如图5-48和图5-49所示。

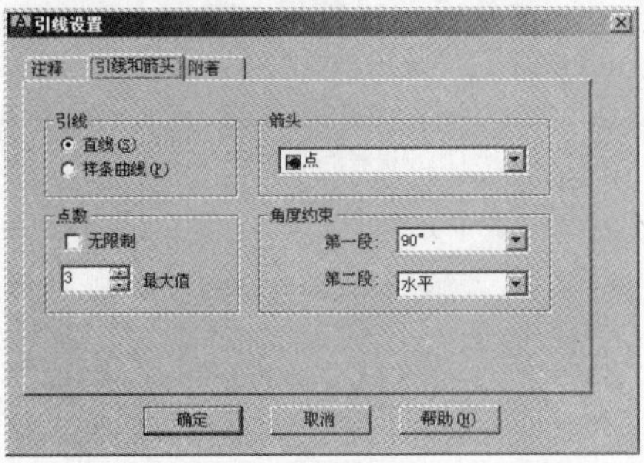

图5-48

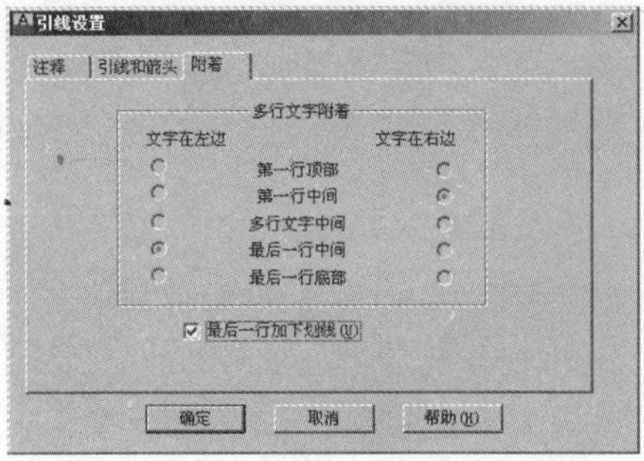

图5-49

(9) 单击 确定 按钮返回绘图区，根据命令行的提示分别在绘图区指定三个引线点，然后输入“20x20胡桃木条油清漆”，标注如图5-50所示的引线注释。

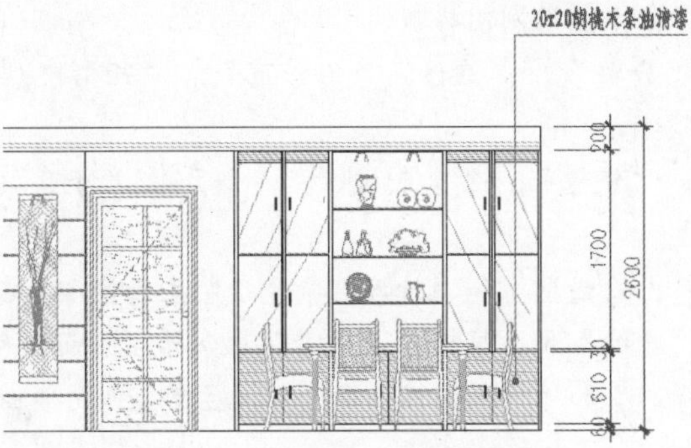

图5-50

(10) 重复执行“快速引线”命令，按照上述的参数设置，分别标注其他位置的引线文本，标注结果如图5-51所示。

图5-51

(11) 调整视图，使立面图全部显示，最终结果如上图5-1所示。

(12) 最后执行“保存”命令，将图形命名存储为“绘制客厅与餐厅A向立面图.dwg”。

5.4 绘制主卧室A向装修立面图

本节主要学习主卧室A向装饰立面图的具体绘制过程和绘制技巧。主卧室A向装饰立面图的最终绘制效果如图5-52所示。

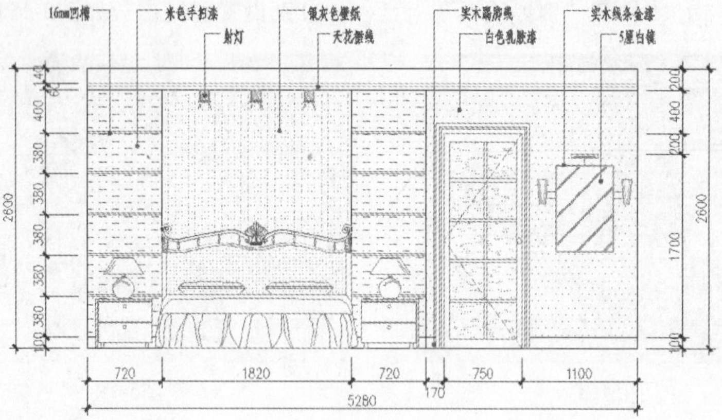

图5-52

在绘制主卧室A向立面图时，具体可以参照如下思路。

- 首先使用“新建”命令调用制图样板。
- 使用“矩形”、“分解”、“偏移”、“修剪”、“矩形阵列”等命令绘制主卧室A向墙面轮廓图。
- 使用“插入块”、“镜像”、“复制”、“分解”、“修剪”等命令绘制主卧室A向墙面构件图。
- 使用“图案填充”、“线型”和“特性”命令绘制主卧室A向墙面材质图。
- 使用“线性”、“连续”和“编辑标注文字”命令标注立面图尺寸。
- 最后使用“标注样式”和“快速引线”命令标注主卧室A向墙面材质注解。

5.4.1 绘制主卧室A向墙面轮廓图

(1) 执行“新建”命令，以随书光盘中的文件“样板文件”\“室内设计样板.dwt”作为基础样板，新建文件。

(2) 使用命令简写LA激活“图层”命令，在打开的“图层特性管理器”面板中双击“轮廓线”，将其设置为当前图层。

(3) 执行菜单栏中的“绘图”|“矩形”命令，绘制长度为5280、宽度为2600的矩形作为立面外轮廓线，如图5-53所示。

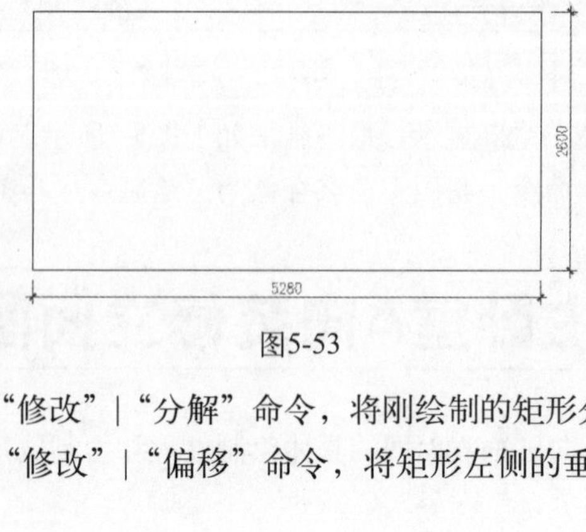

图5-53

(4) 执行菜单栏中的“修改”|“分解”命令，将刚绘制的矩形分解为4条独立的段线。

(5) 执行菜单栏中的“修改”|“偏移”命令，将矩形左侧的垂直边向右偏移，命令行操作如下。

```
命令：_offset
    当前设置：删除源 = 否  图层 = 源  OFFSETGAPTYPE=0
    指定偏移距离或 [ 通过 (T)/ 删除 (E)/ 图层 (L)] < 通过 >:    //720 Enter
    选择要偏移的对象或 [ 退出 (E)/ 放弃 (U)] < 退出 >:        // 单击矩形左侧垂直边
    指定要偏移的那一侧上的点，或 [ 退出 (E)/ 多个 (M)/ 放弃 (U)] < 退出 >:
                                                            // 在左侧垂直边的右侧单击左键
    选择要偏移的对象，或 [ 退出 (E)/ 放弃 (U)] < 退出 >:      // Enter
命令：                                                      // Enter
    OFFSET 当前设置：删除源 = 否  图层 = 源  OFFSETGAPTYPE=0
    指定偏移距离或 [ 通过 (T)/ 删除 (E)/ 图层 (L)] <720>:     //1820 Enter
    选择要偏移的对象或 [ 退出 (E)/ 放弃 (U)] < 退出 >:        // 单击刚偏移出的线段
    指定要偏移的那一侧上的点，或 [ 退出 (E)/ 多个 (M)/ 放弃 (U)] < 退出 >:
        // 在所选线段的右侧单击左键
    选择要偏移的对象，或 [ 退出 (E)/ 放弃 (U)] < 退出 >:      // Enter
命令：                                                      // Enter
    OFFSET 当前设置：删除源 = 否  图层 = 源  OFFSETGAPTYPE=0
    指定偏移距离或 [ 通过 (T)/ 删除 (E)/ 图层 (L)] <1820>:    //720 Enter
    选择要偏移的对象或 [ 退出 (E)/ 放弃 (U)] < 退出 >:        // 单击刚偏移出的线段
    指定要偏移的那一侧上的点，或 [ 退出 (E)/ 多个 (M)/ 放弃 (U)] < 退出 >:
                                                            // 在所选轮廓线的上侧单击左键
    选择要偏移的对象，或 [ 退出 (E)/ 放弃 (U)] < 退出 >:      // Enter，偏移结果如图 5-54 所示
```

⑥ 重复执行“偏移”命令，将最右侧的垂直边向左偏移1100和1850；将最上侧的水平边向下偏移140、170和200；将最下侧的水平边向上偏移100、940和2000，结果如图5-55所示。

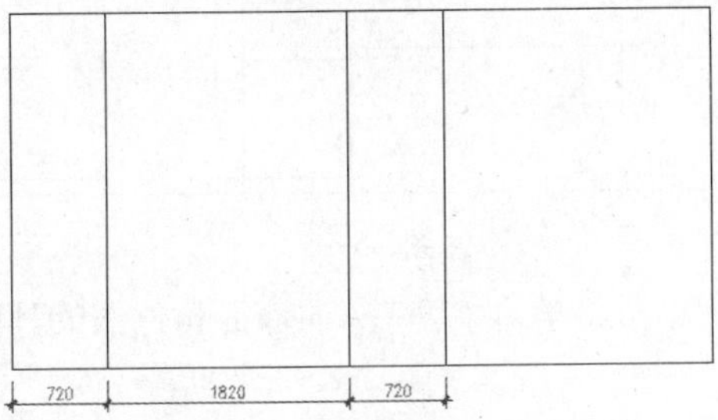

图5-54

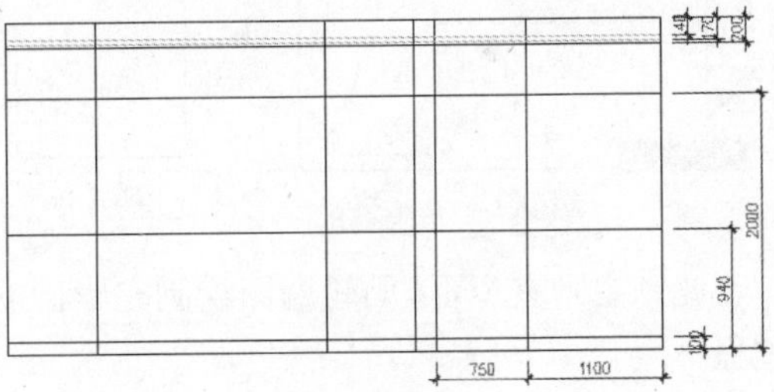

图5-55

⑦ 使用命令简写TR激活“修剪”命令，对偏移出的图线进行修剪，结果如图5-56所示。

⑧ 使用命令简写O激活“偏移”命令，将如图5-56所示的水平轮廓线S向上偏移380和396个单位，结果如图5-57所示。

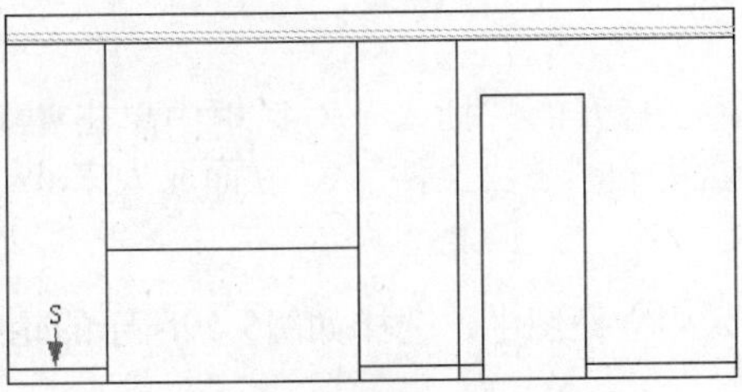

图5-56

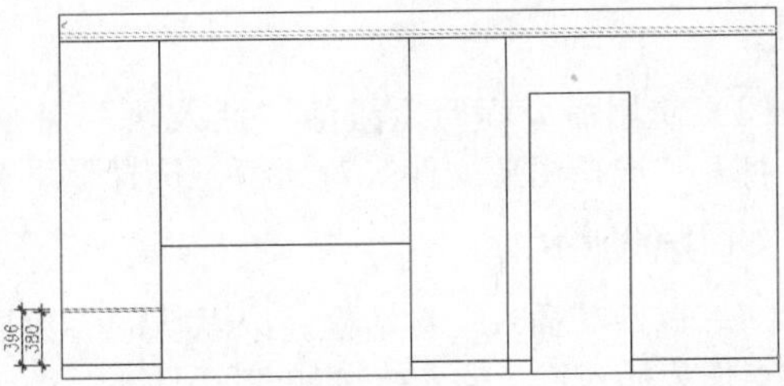

图5-57

⑨ 执行菜单栏中的“修改”|“阵列”|“矩形阵列”命令，对偏移出的两条水平轮廓线进行阵列，命令行操作如下。

```
命令：_arrayrect
    选择对象：                                          // 窗选如图 5-58 所示的对象
    选择对象：                                          // Enter
    类型 = 矩形 关联 = 是
    选择夹点以编辑阵列或 [ 关联 (AS)/ 基点 (B)/ 计数 (COU)/ 间距 (S)/ 列数 (COL)/ 行数 (R)/
层数 (L)/ 退出 (X)] < 退出 >:                            //COU Enter
    输入列数数或 [ 表达式 (E)] <4>:                      //2 Enter
    输入行数数或 [ 表达式 (E)] <3>:                      //5 Enter
    选择夹点以编辑阵列或 [ 关联 (AS)/ 基点 (B)/ 计数 (COU)/ 间距 (S)/ 列数 (COL)/ 行数 (R)/
层数 (L)/ 退出 (X)] < 退出 >:                            //S Enter
    指定列之间的距离或 [ 单位单元 (U)] <17375>:          //2540 Enter
    指定行之间的距离 <11811>:                            //380 Enter
    选择夹点以编辑阵列或 [ 关联 (AS)/ 基点 (B)/ 计数 (COU)/ 间距 (S)/ 列数 (COL)/ 行数 (R)/
层数 (L)/ 退出 (X)] < 退出 >:                            //AS Enter
    创建关联阵列 [ 是 (Y)/ 否 (N)] < 否 >:               //N Enter
    选择夹点以编辑阵列或 [ 关联 (AS)/ 基点 (B)/ 计数 (COU)/ 间距 (S)/ 列数 (COL)/ 行数 (R)/
层数 (L)/ 退出 (X)] < 退出 >:                            // Enter，阵列结果如图 5-59 所示
```

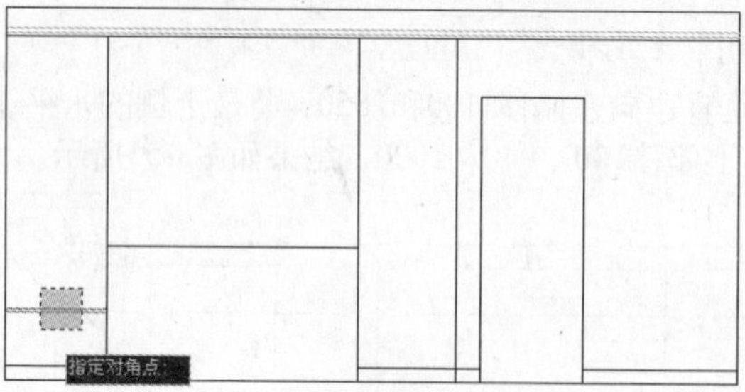

图5-58

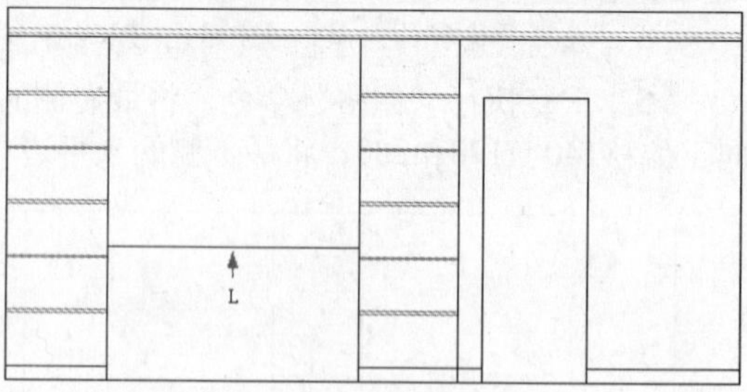

图5-59

至此，主卧室A向墙面轮廓图绘制完毕，下一小节将学习主卧室A向墙面构件图的具体绘制过程。

5.4.2 绘制主卧室A向墙面构件图

① 继续上节操作。

② 使用命令简写LA激活“图层”命令，在打开的面板中设置“图块层”为当前图层。

③ 使用命令简写I激活“插入块”命令，在打开的“插入”对话框中单击 浏览(B)... 按钮，打开“选择图形文件”对话框，选择随书光盘中的“图块文件”\“立面双人床.dwg”图块，如图5-60所示。

④ 返回“插入”对话框，以默认的参数插入到立面图中，选择如图5-59所示的轮廓线L的中点作为插入点，插入结果如图5-61所示。

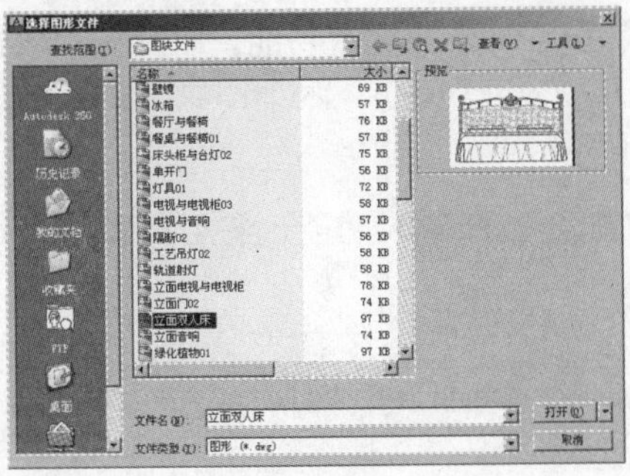

图5-60

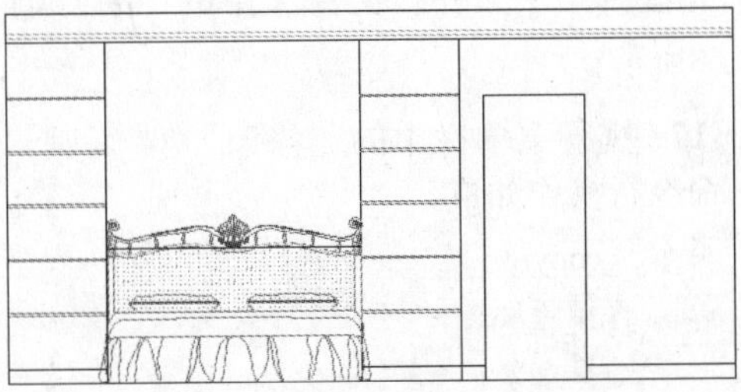

图5-61

(5) 重复执行“插入块”命令，选择随书光盘中的“图块文件”\“床头柜与台灯02.dwg”图块，如图5-62所示。

(6) 在命令行“指定插入点或[基点(B)/比例(S)/X/Y/Z/旋转(R)]:”提示下，引出如图5-63所示的对象追踪虚线，然后输入75后按Enter键，插入结果如图5-64所示。

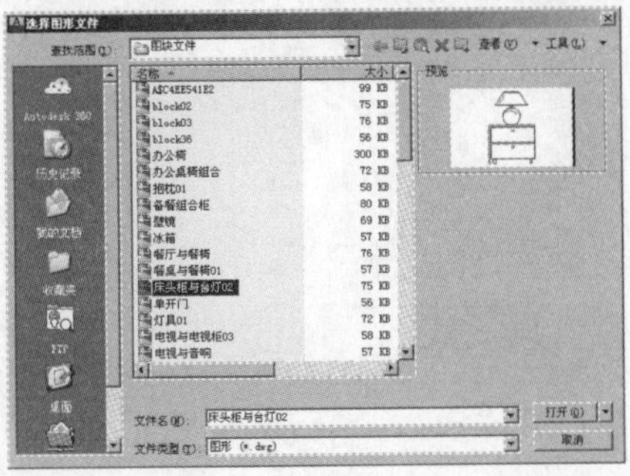

图5-62

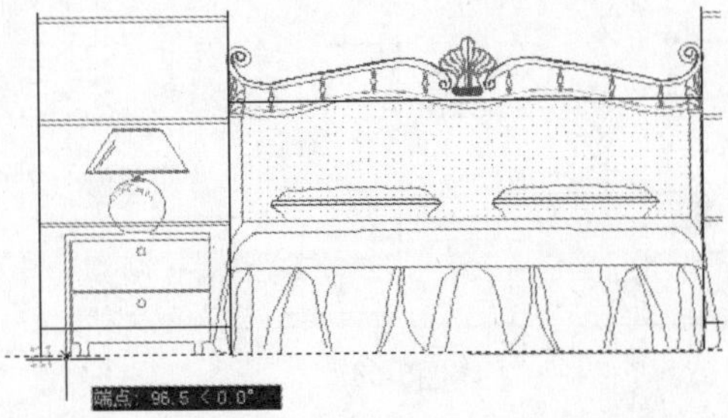

图5-63

(7) 使用命令简写MI激活“镜像”命令，将刚插入的床头柜与台灯图块进行镜像，结果如图5-65所示。

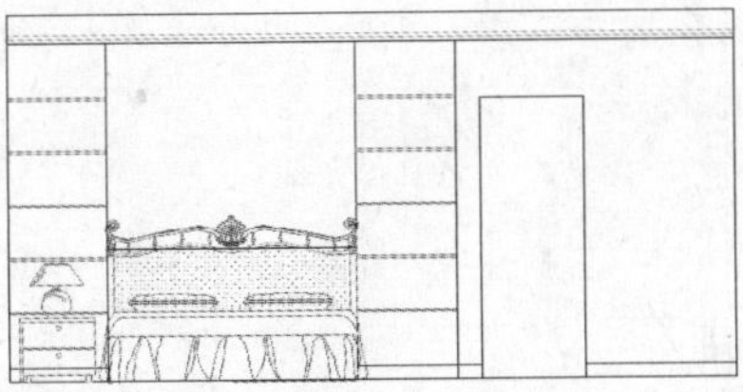

图5-64

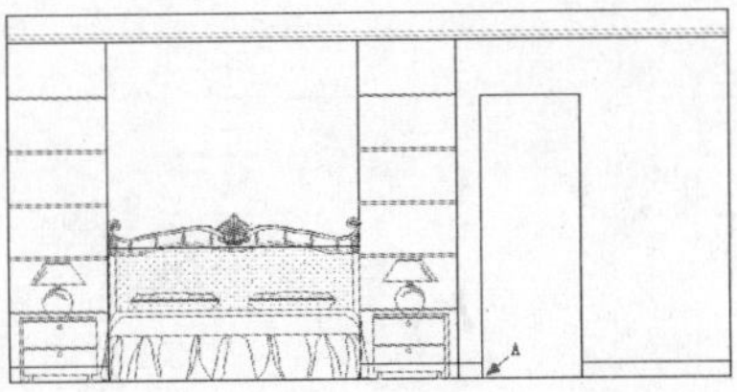

图5-65

(8) 重复执行“插入块”命令，将如图5-65所示的端点A作为插入点，插入随书光盘中的“图块文件”\“立面门02.dwg”图块，插入参数设置如图5-66所示，插入结果如图5-67所示。

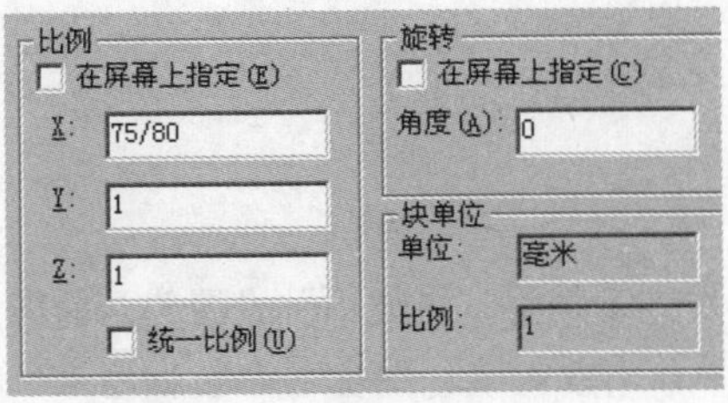

图5-66

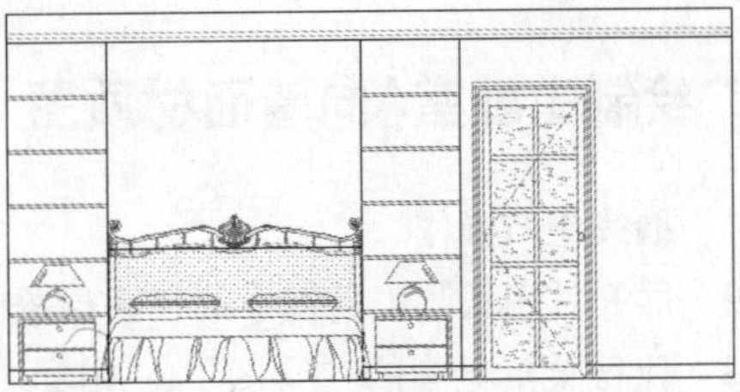

图5-67

⑨ 重复执行“插入块”命令，配合“捕捉自”和“对象捕捉”功能，以默认参数插入随书光盘“图块文件”文件夹下的“射灯01.dwg”和“壁镜.dwg”两个图块，插入结果如图5-68所示。

⑩ 执行菜单栏中的“修改”|“复制”命令，配合坐标输入功能，将射灯图块进行复制，命令行操作如下。

```
命令：_copy
    选择对象：                                    //选择刚插入的射灯图块
    选择对象：                                    //Enter
    当前设置：复制模式 = 多个
    指定基点或 [位移(D)/模式(O)] <位移>:  //Enter
    指定第二个点或 [阵列(A)] <使用第一个点作为位移>:   //@500,0 Enter
    指定第二个点或 [阵列(A)/退出(E)/放弃(U)] <退出>:   //@1000,0 Enter
    指定第二个点或 [阵列(A)/退出(E)/放弃(U)] <退出>:
                                                  //Enter，结束命令，复制结果如图 5-69 所示
```

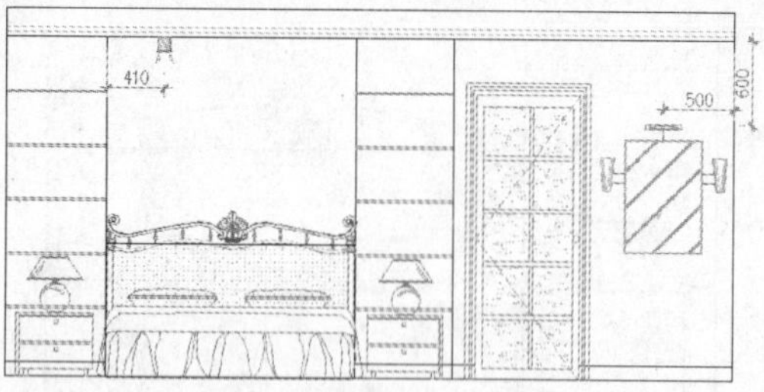

图5-68

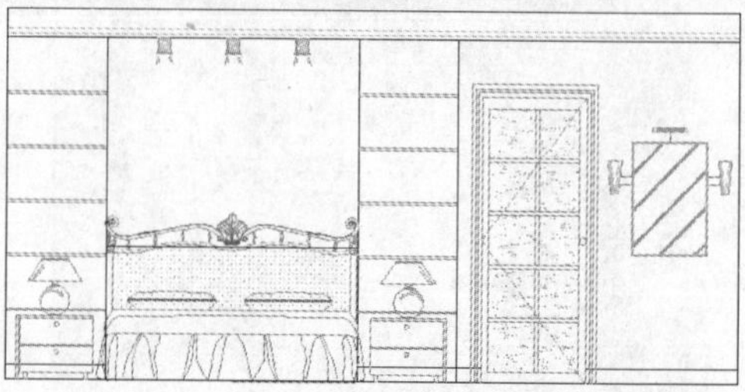
图5-69

⑪ 接下来综合使用“分解”、“修剪”和“删除”命令，对立面图进行编辑完善，删除被遮挡住的图线，结果如图5-70所示。

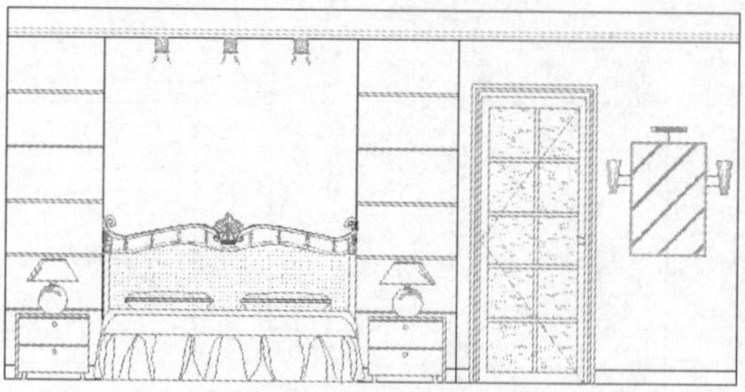
图5-70

至此，主卧室A向墙面构件图绘制完毕，下一小节将学习主卧室A向墙面材质图的具体绘制过程。

5.4.3 绘制主卧室A向墙面材质图

① 继续上节操作。

② 展开“图层”工具栏中的“图层控制”下拉列表，将“填充层”设置为当前图层。

③ 执行菜单栏中的“绘图”|“图案填充”命令，设置填充图案与参数如图5-71所示，

返回绘图区拾取如图5-72所示的填充区域，填充结果如图5-73所示。

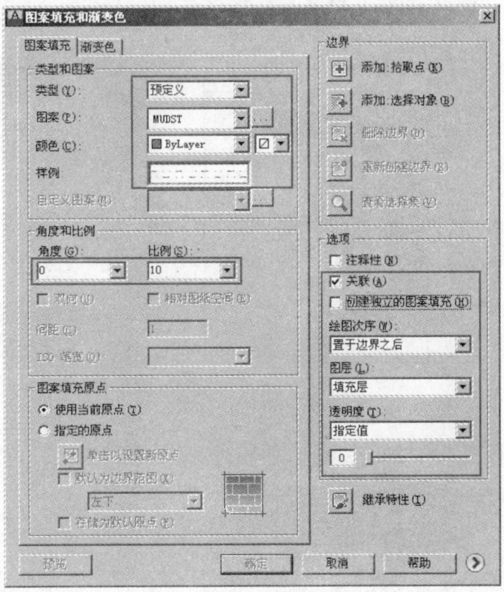

图5-71

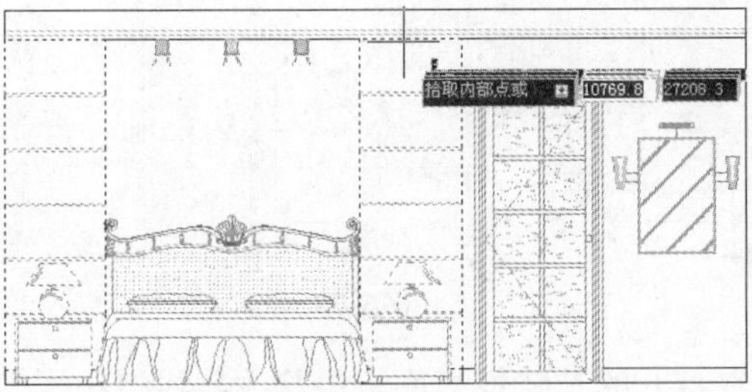

图5-72

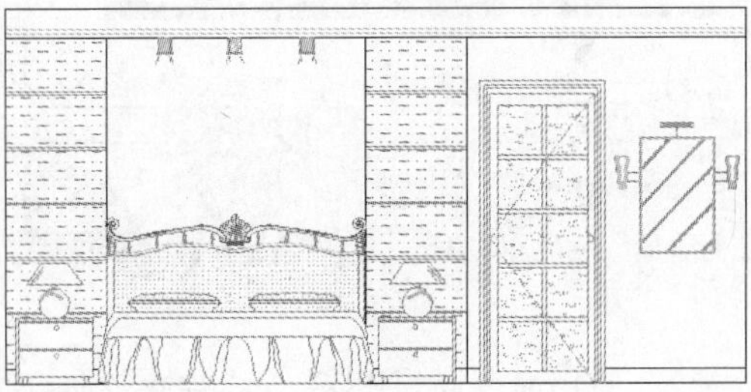

图5-73

(4) 重复执行“图案填充”命令，设置填充图案和填充参数如图5-74所示，返回绘图区拾取如图5-75所示的填充区域，为立面图填充如图5-76所示的图案。

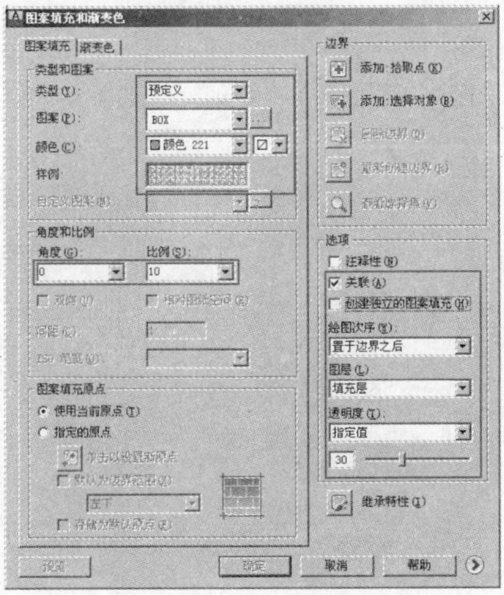

图5-74

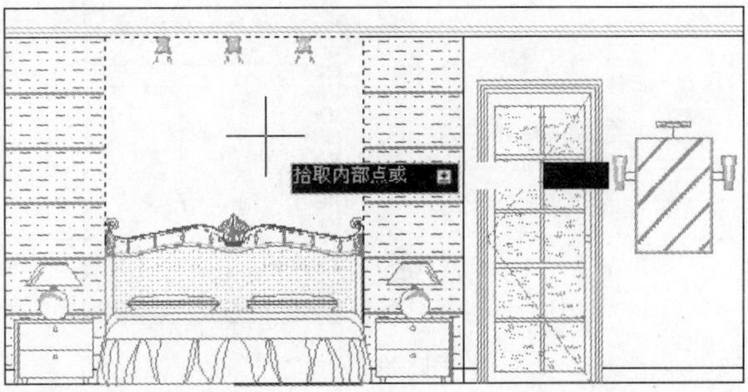

图5-75

(5) 使用命令简写LT激活“线型”命令，选择如图5-77所示的线型进行加载，然后在“线型管理器”对话框中设置线型比例为1，如图5-78所示。

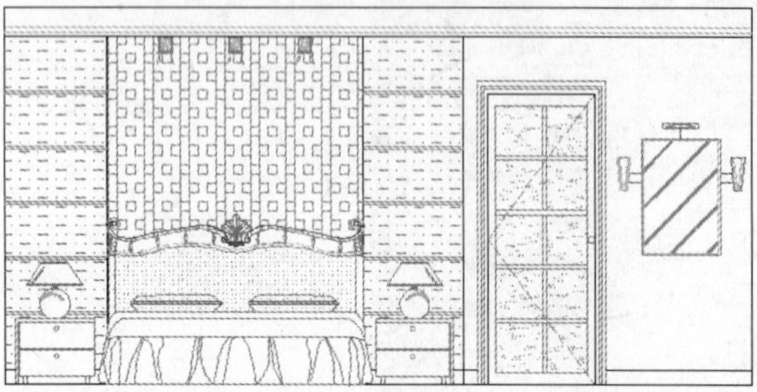

图5-76

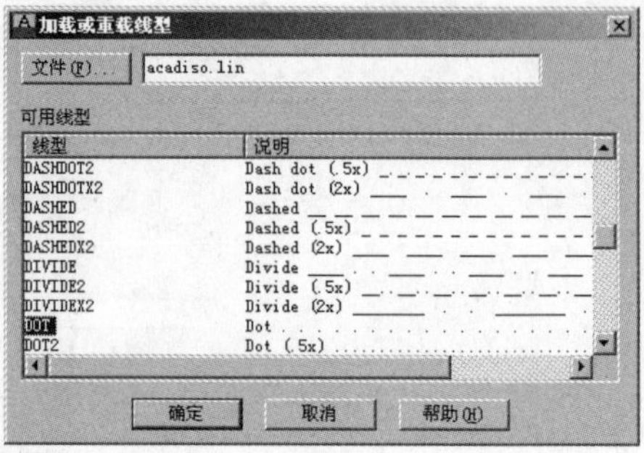

图5-77

(6) 在无命令执行的前提下，夹点显示刚填充的图案，如图5-79所示。

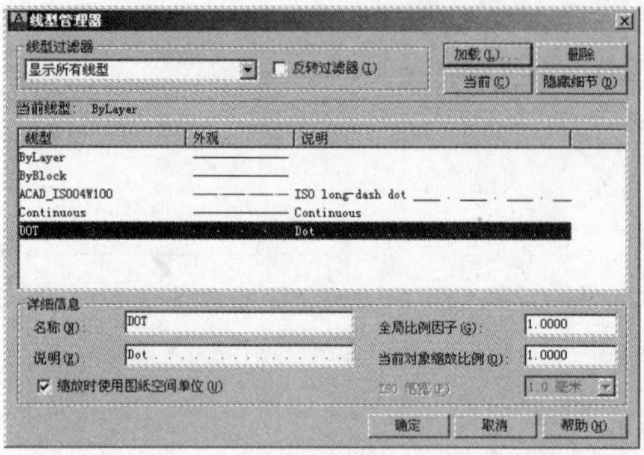

图5-78

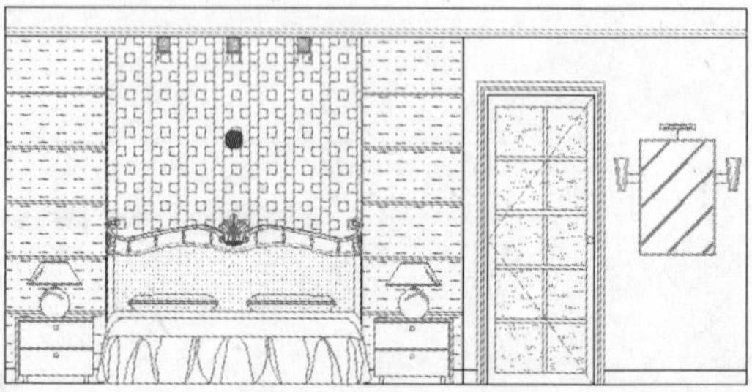

图5-79

(7) 使用命令简写PR激活“特性”命令，在打开的“特性”面板中修改其线型和线型比例如图5-80所示。

(8) 关闭“特性”面板，然后按Esc键取消图案的夹点效果，特性修改后的效果如图5-81所示。

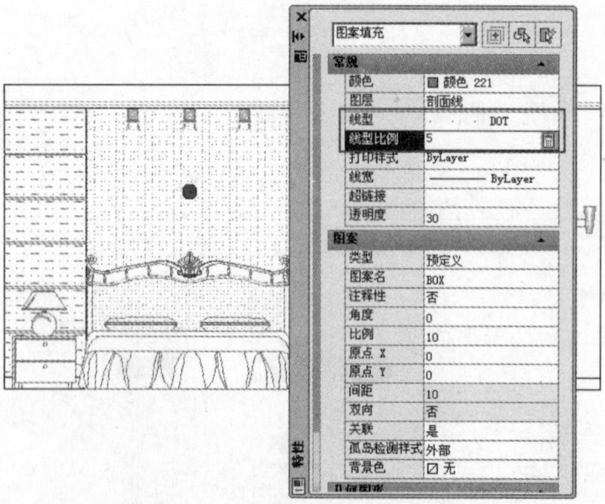

图5-80

图5-81

(9) 使用命令简写H激活“图案填充”命令，设置填充图案和填充参数如图5-82所示，返回绘图区，拾取如图5-83所示的填充区域，填充结果如图5-84所示。

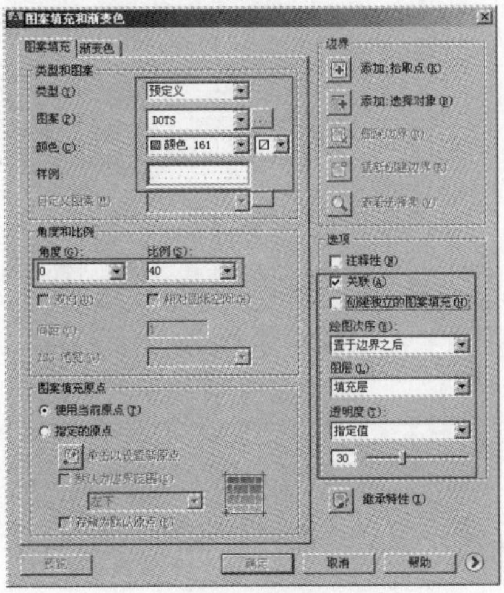

图5-82

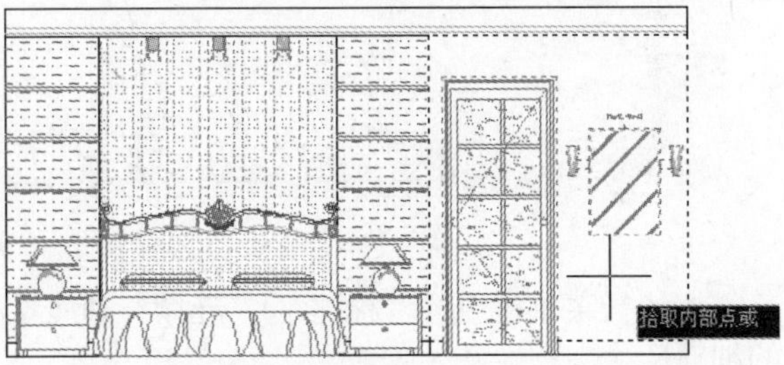

图5-83

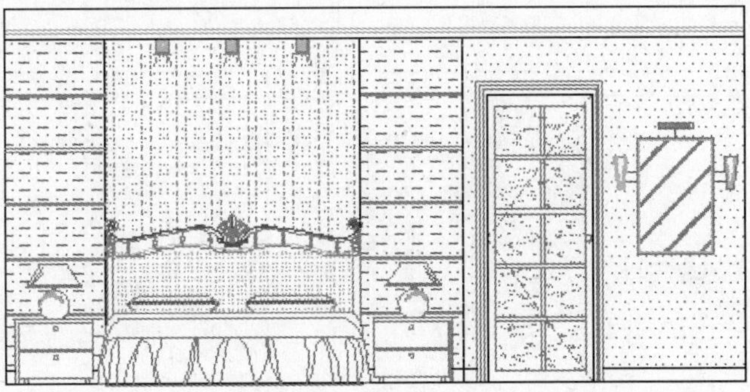

图5-84

至此，主卧室A向墙面材质图绘制完毕，下一小节将学习主卧室A向墙面尺寸的具体标注过程和标注技巧。

5.4.4 标注主卧室A向墙面尺寸

(1) 继续上节操作。

(2) 展开“图层”工具栏中的“图层控制”下拉列表，将“尺寸层”设置为当前图层，如图5-85所示。

图5-85

(3) 使用命令简写D激活“标注样式”命令，设置“建筑标注”为当前尺寸样式，并调整尺寸比例如图5-86所示。

(4) 执行菜单栏中的“标注”|“线性”命令，配合端点捕捉功能标注如图5-87所示的线性尺寸作为基准尺寸。

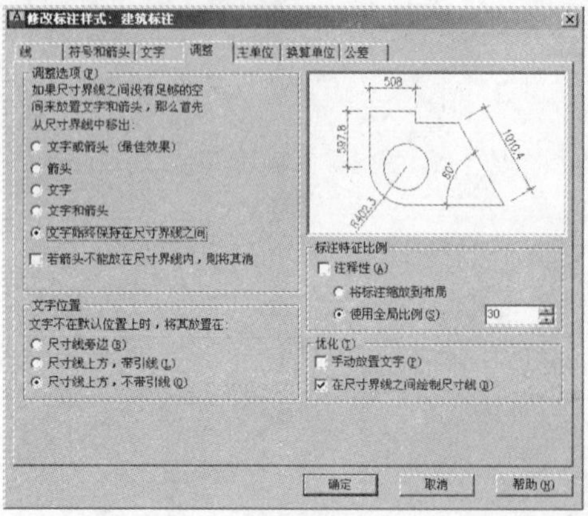

图5-86

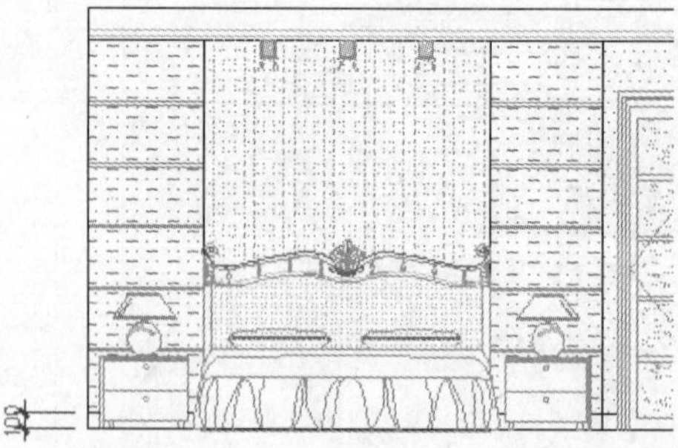

图5-87

⑤ 执行菜单栏中的“标注”|“连续”命令，配合端点或交点捕捉功能标注如图5-88所示的细部尺寸。

⑥ 单击“标注”工具栏中的按钮，激活“编辑标注文字”命令，对重叠尺寸进行编辑，结果如图5-89所示。

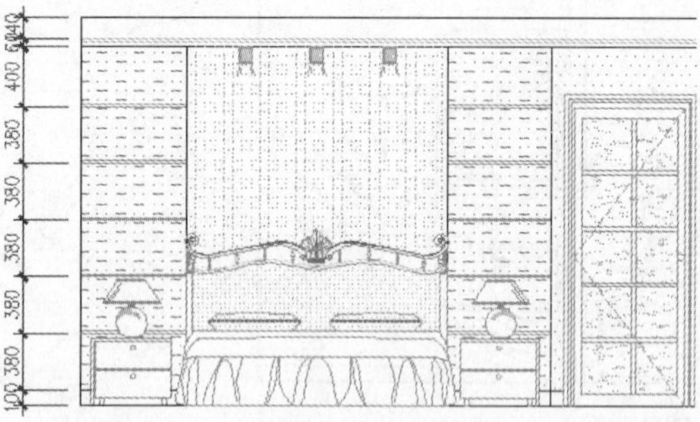

图5-88

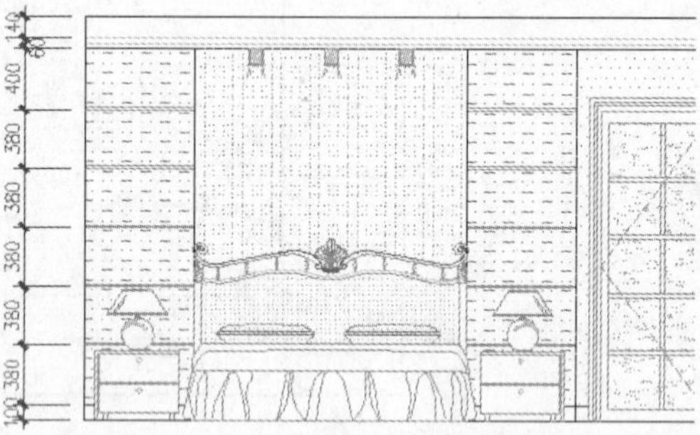

图5-89

⑦ 重复执行“线性”命令，配合端点捕捉功能标注立面图左侧的总尺寸，结果如图5-90所示。

⑧ 参照上述操作，综合使用“线性”、“连续”和“编辑标注文字”命令，分别标注立面图其他侧的尺寸，标注结果如图5-91所示。

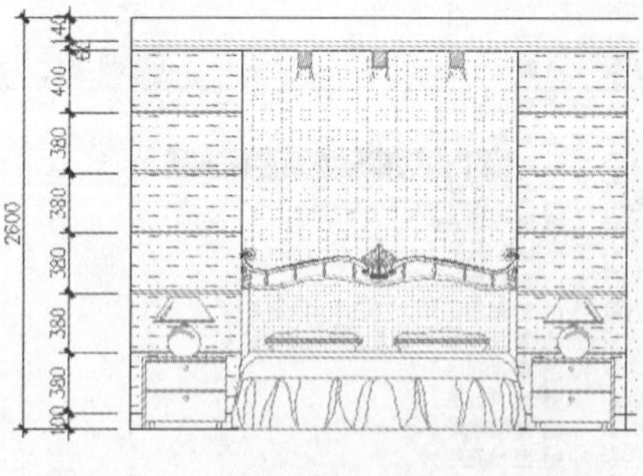

图5-90

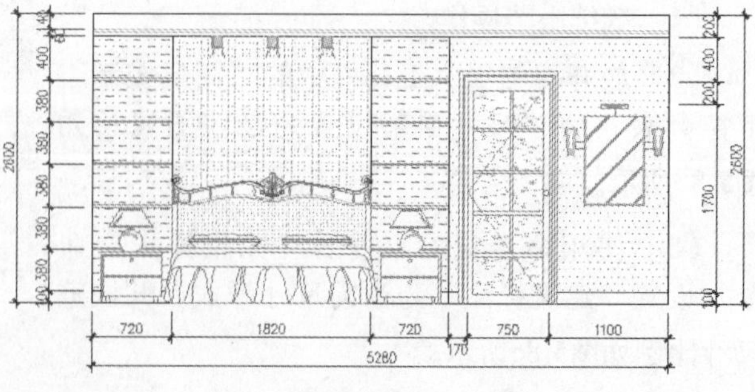

图5-91

至此，主卧室A向墙面尺寸标注完毕，下一小节将学习主卧室A向墙面材质的具体标注过程。

5.4.5 标注主卧室A向墙面材质

(1) 继续上节操作。

(2) 展开“图层”工具栏中的“图层控制”下拉列表，将“文本层”设置为当前图层。

(3) 使用命令简写D激活“标注样式”命令，对当前尺寸样式进行替代，参数设置如图5-92和图5-93所示。

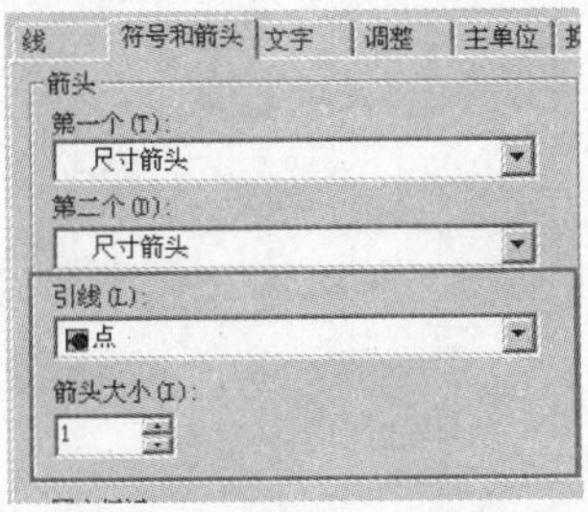

图5-92

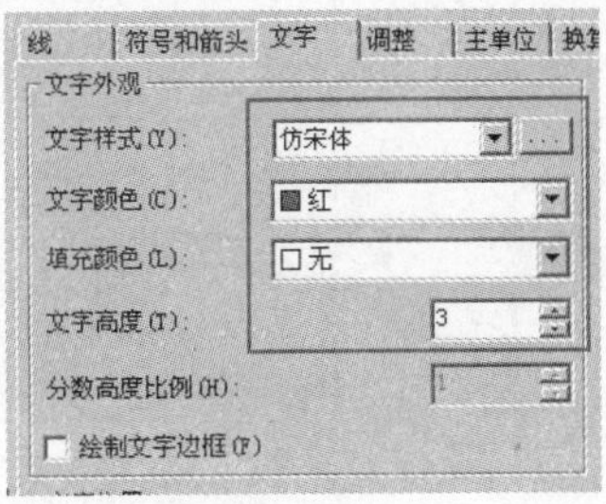

图5-93

(4) 在“修改标注样式:建筑标注”对话框中展开“调整”选项卡，设置标注比例如图5-94所示。

(5) 使用命令简写LE激知“快速引线”命令，设置引线参数如图5-95和5-96所示。

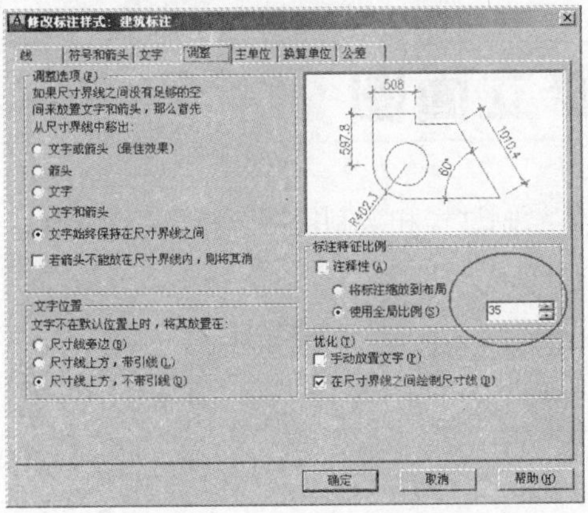

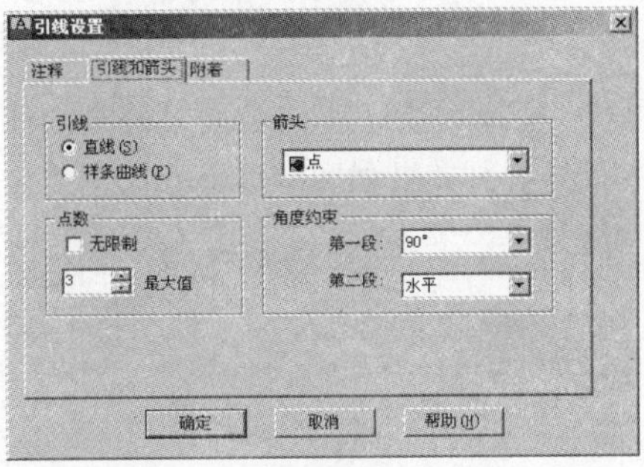

图5-94　　　　图5-95

(6) 返回绘图区，根据命令行的提示绘制引线并标注如图5-97所示的引线注释。

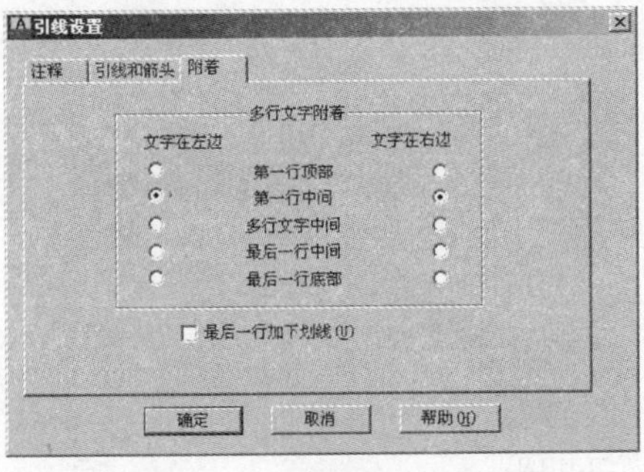

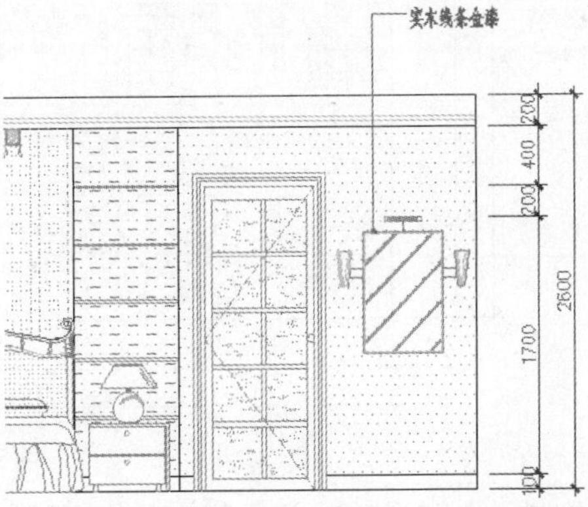

图5-96　　　　图5-97

⑦ 重复执行“快速引线”命令，按照当前的引线参数设置，分别标注其他位置的文字注释，标注结果如图5-98所示。

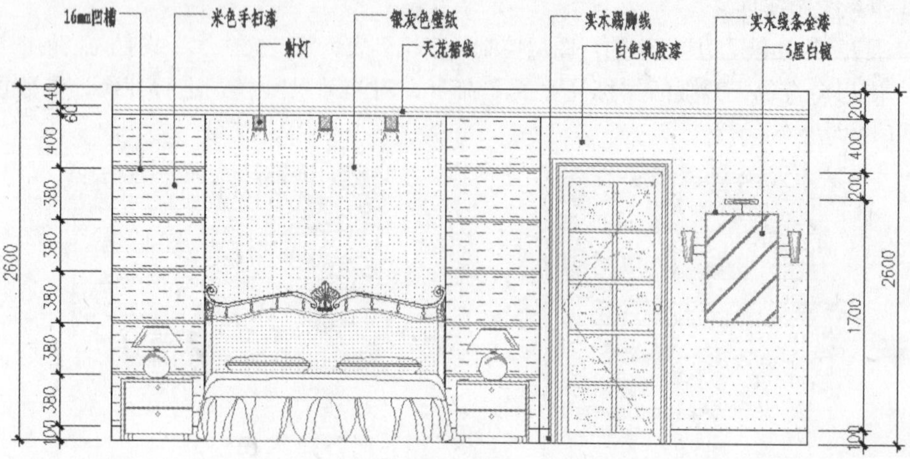

图5-98

⑧ 调整视图，使立面图完全显示，最终效果如上图5-52所示。

⑨ 最后执行“保存”命令，将图形命名存储为“绘制主卧室A向装修立面图.dwg”。

5.5 绘制厨房C向装修立面图

本节主要学习厨房C向墙面装修立面图的具体绘制过程和绘制技巧。厨房C向墙面装修立面图的最终绘制效果如图5-99所示。

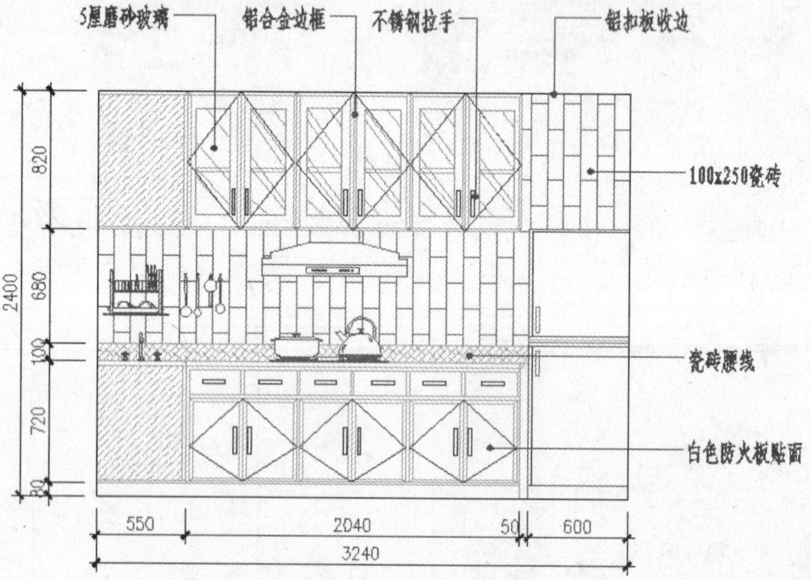

图5-99

在绘制厨房C向装修立面图时，具体可以参照如下思路。

- 首先使用“新建”命令调用制图模板。
- 使用“直线”、“偏移”、“修剪”等命令绘制厨房C向立面轮廓图。
- 使用“插入块”、“修剪”命令绘制厨房C向墙面构件图。
- 使用“图案填充”、“分解”、“修剪”和“删除”命令绘制厨房C向墙面材质图。
- 使用“线性”、“连续”命令标注厨房C向墙面尺寸。
- 最后使用“多重引线样式”和“多重引线”命令标注厨房C向墙装修材质。

5.5.1 绘制厨房C向墙面轮廓图

(1) 执行“新建”命令，以随书光盘中的文件“样板文件”\“室内设计样板.dwt”作为基础样板，新建文件。

(2) 展开“图层”工具栏中的“图层控制”下拉列表，设置“轮廓线”为当前图层。

(3) 执行菜单栏中的“绘图”|“直线”命令，配合点的坐标输入功能，绘制厨房立面外轮廓线，命令行操作如下。

```
命令：_line
    指定第一点：                          //在绘图区拾取一点
    指定下一点或[放弃(U)]:                //@0,2600 Enter
    指定下一点或[放弃(U)]:                //@3240,0 Enter
    指定下一点或[闭合(C)/放弃(U)]:        //@0,-2600 Enter
    指定下一点或[闭合(C)/放弃(U)]:        //C Enter，绘制结果如图5-100所示
```

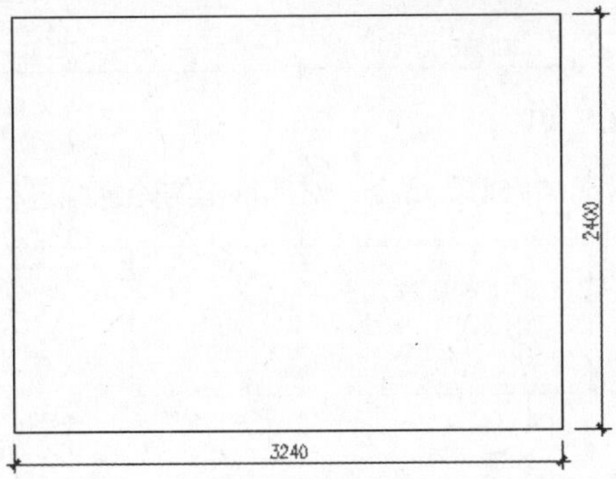

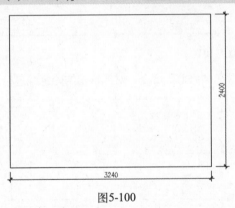

图5-100

(4) 执行菜单栏中的“修改”|“偏移”命令，将下侧的水平轮廓线向上偏移，命令行操作如下。

```
命令：_offset
    当前设置：删除源=否  图层=源  OFFSETGAPTYPE=0
    指定偏移距离或[通过(T)/删除(E)/图层(L)]<通过>:  //800 Enter
    选择要偏移的对象或[退出(E)/放弃(U)]<退出>:      //单击下侧的水平轮廓线
    指定要偏移的那一侧上的点，或[退出(E)/多个(M)/放弃(U)]<退出>:
                                                    //在所选轮廓线的上侧单击左键
    选择要偏移的对象，或[退出(E)/放弃(U)]<退出>:    //Enter
命令：                                              //Enter
    OFFSET当前设置：删除源=否  图层=源  OFFSETGAPTYPE=0
```

指定偏移距离或 [通过 (T)/ 删除 (E)/ 图层 (L)] <800>: //100 Enter
选择要偏移的对象或 [退出 (E)/ 放弃 (U)] < 退出 >: // 单击刚偏移出的线段
指定要偏移的那一侧上的点，或 [退出 (E)/ 多个 (M)/ 放弃 (U)] < 退出 >:
// 在所选轮廓线的上侧单击左键
选择要偏移的对象，或 [退出 (E)/ 放弃 (U)] < 退出 >: // Enter
命令 : // Enter
OFFSET 当前设置 : 删除源 = 否 图层 = 源 OFFSETGAPTYPE=0
指定偏移距离或 [通过 (T)/ 删除 (E)/ 图层 (L)] <100>: //680 Enter
选择要偏移的对象或 [退出 (E)/ 放弃 (U)] < 退出 >: // 单击刚偏移出的线段
指定要偏移的那一侧上的点，或 [退出 (E)/ 多个 (M)/ 放弃 (U)] < 退出 >:
// 在所选轮廓线的上侧单击左键
选择要偏移的对象，或 [退出 (E)/ 放弃 (U)] < 退出 >: // Enter，偏移结果如图 5-101 所示

(5) 重复执行“偏移”命令，将最左侧的垂直边向右偏移2590个单位，结果如图5-102所示。

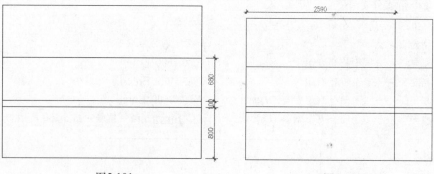

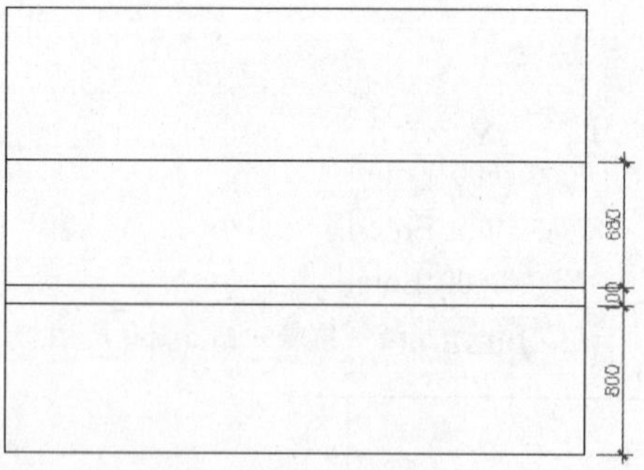

图5-101

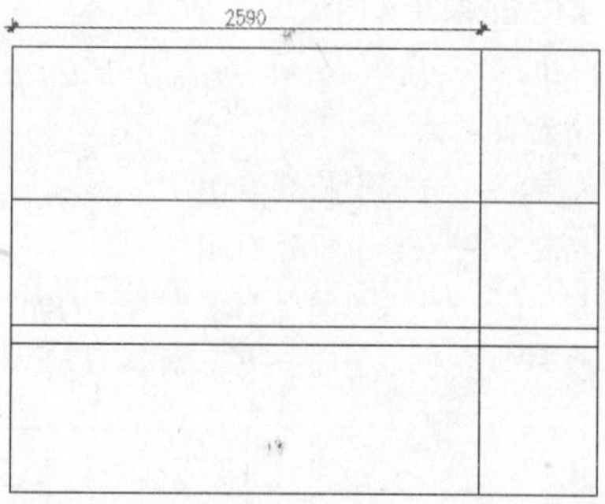

图5-102

(6) 使用命令简写TR激活“修剪”命令，对偏移出的轮廓线进行修剪，结果如图5-103所示。

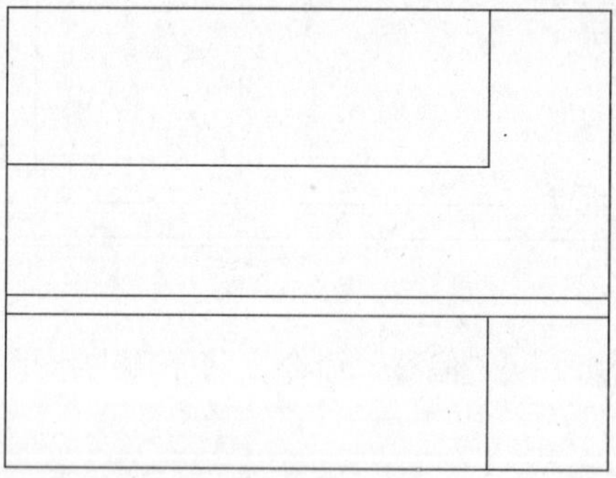

图5-103

至此，厨房C向墙面轮廓图绘制完毕，下一小节将学习厨房C向墙面构件图的具体绘制过程。

5.5.2 绘制厨房C向墙面构件图

(1) 继续上节操作。

(2) 展开“图层”工具栏中的“图层控制”下拉列表，将“图块层”设置为当前图层。

(3) 使用命令简写I激活“插入块”命令，在打开的“插入”对话框中单击浏览(B)...按钮，打开“选择图形文件”对话框，选择随书光盘中的“图块文件”\“橱柜.dwg”图块，如图5-104所示。

图5-104

(4) 返回“插入”对话框，以默认的参数插入到立面图中，插入点为如图5-105所示的端点，插入结果如图5-106所示。

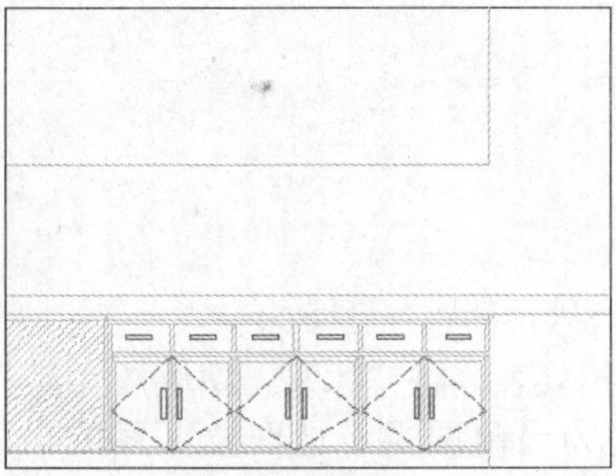

图5-105

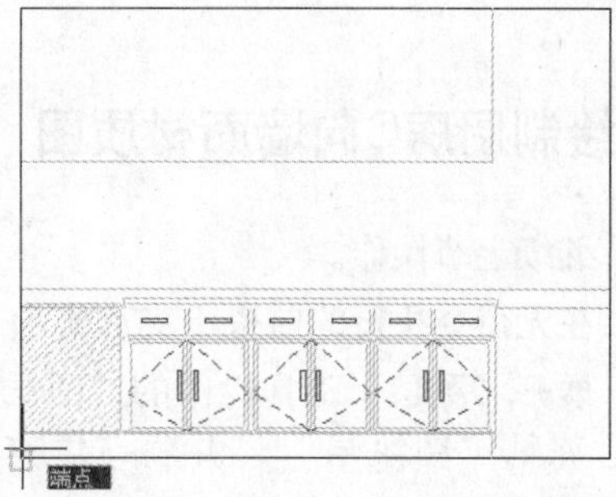

图5-106

(5) 重复执行“插入块”命令，选择随书光盘中的“图块文件”\“吊柜.dwg”图块，如图5-107所示。

(6) 返回绘图区，在命令行“指定插入点或[基点(B)/比例(S)/X/Y/Z/旋转(R)]: ”提示下，捕捉左侧垂直轮廓边的上端点，将此图块以默认参数插入到立面图中，插入结果如图5-108所示。

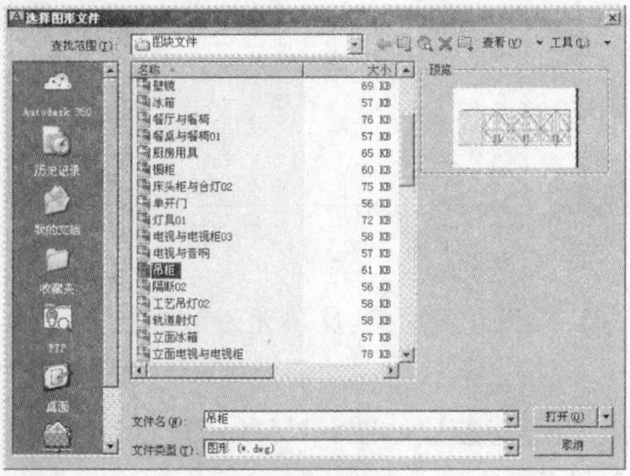

图5-107

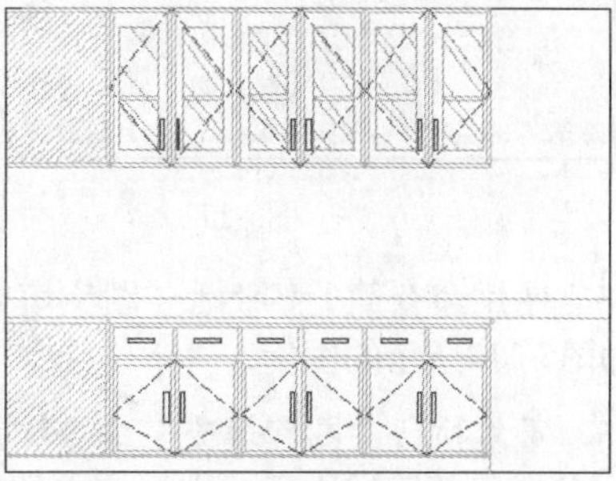

图5-108

⑦ 重复执行“插入块”命令，采用默认参数，分别插入随书光盘“图块文件”文件夹下的“立面冰箱.dwg”、“油烟机.dwg”、“灶具组合.dwg”、“厨房用具.dwg”和“水笼头.dwg”等图块，插入结果如图5-109所示。

⑧ 使用命令简写TR激活“修剪”命令，对立面图线进行修整和完善，删除被遮挡住的图线，结果如图5-110所示。

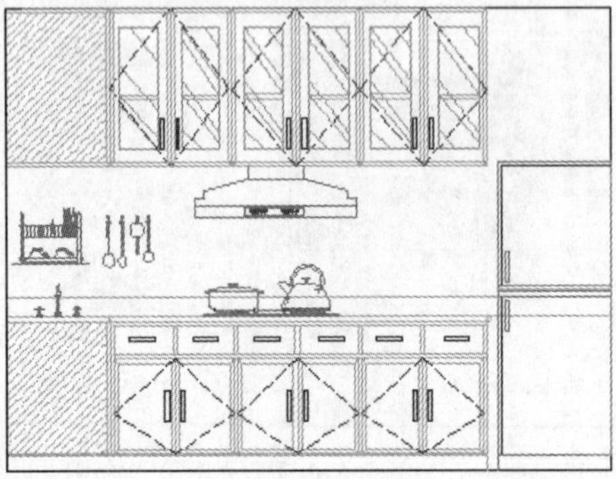
图5-109

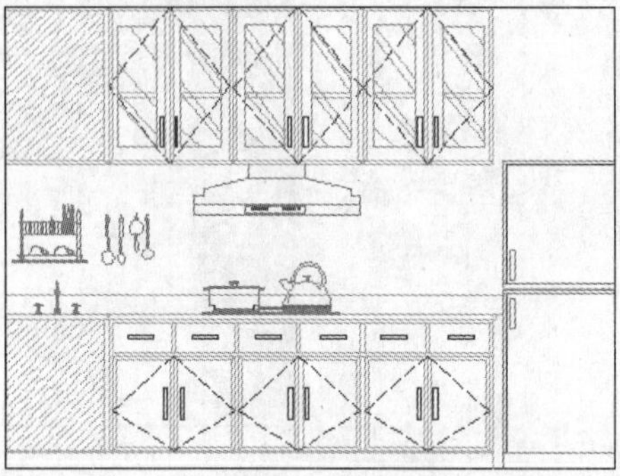
图5-110

至此，厨房C向墙面构件图绘制完毕，下一小节将学习厨房C向墙面材质图的具体绘制过程。

5.5.3 绘制厨房C向墙面材质图

① 继续上节操作。

② 在无命令执行的前提下夹点显示“冰箱”图块，如图5-111所示。

③ 展开“图层”工具栏中的“图层控制”下拉列表，将“冰箱”图块放置到“0图层”上，然后冻结“图块层”，并将“填充层”设置为当前图层，此时立面图的显示效果如图5-112所示。

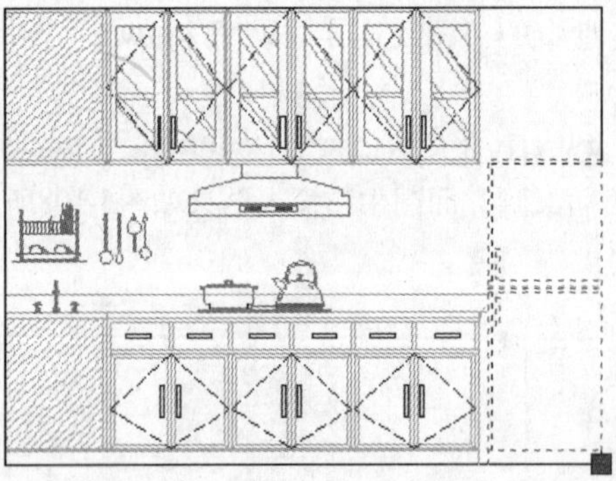
图5-111

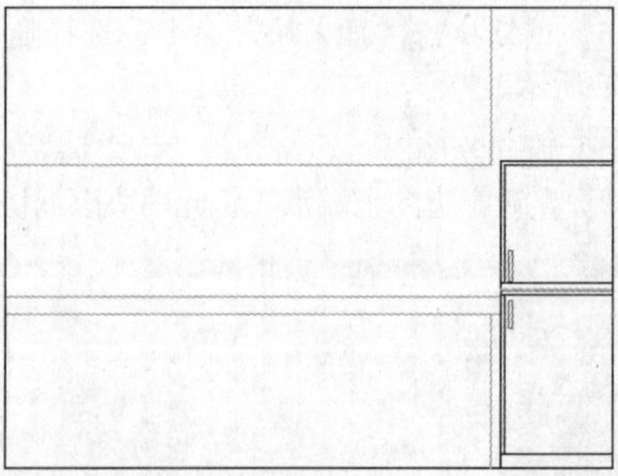
图5-112

④ 使用命令简写H激活“图案填充”命令，设置填充图案及填充参数如图5-113所示，填充如图5-114所示的图案。

⑤ 重复执行“图案填充”命令，设置填充图案与参数如图5-115所示，返回绘图区拾取如图5-116所示的区域进行填充，填充结果如图5-117所示。

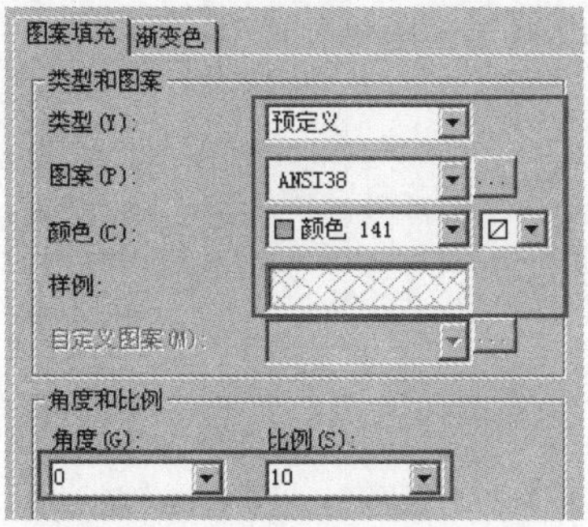

图5-113

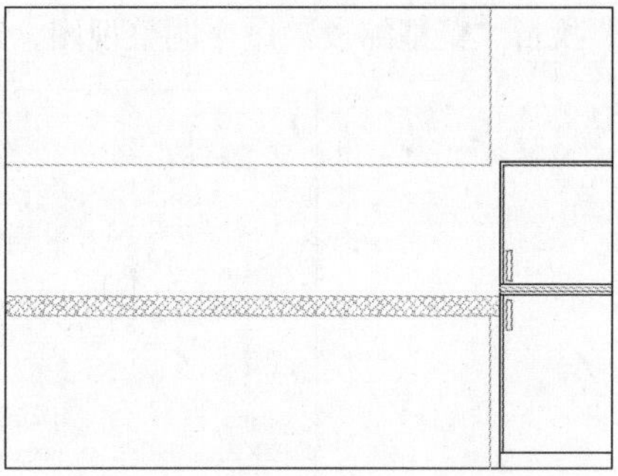

图5-114

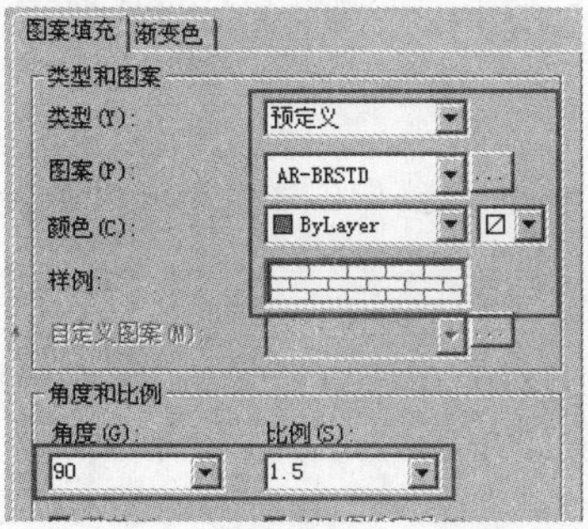

图5-115

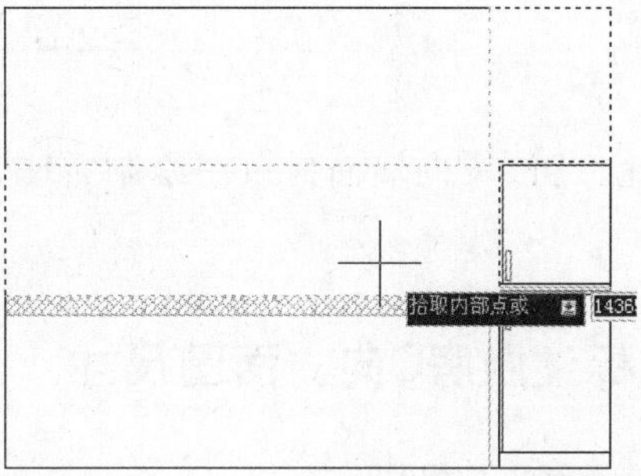

图5-116

6 将“冰箱”图块放到“图块层”上，然后解冻该图层，此时立面图的显示效果如图5-118所示。

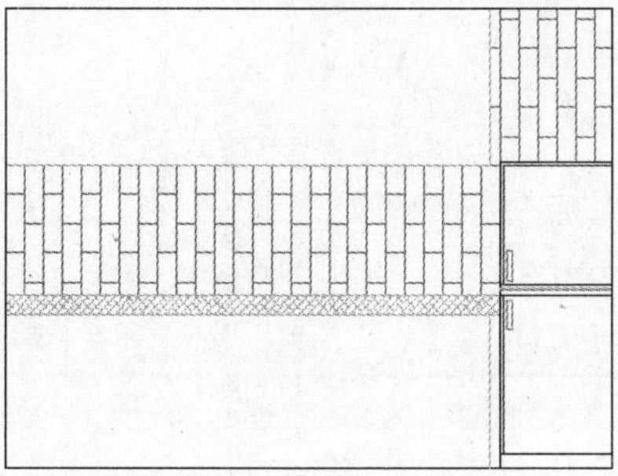

图5-117

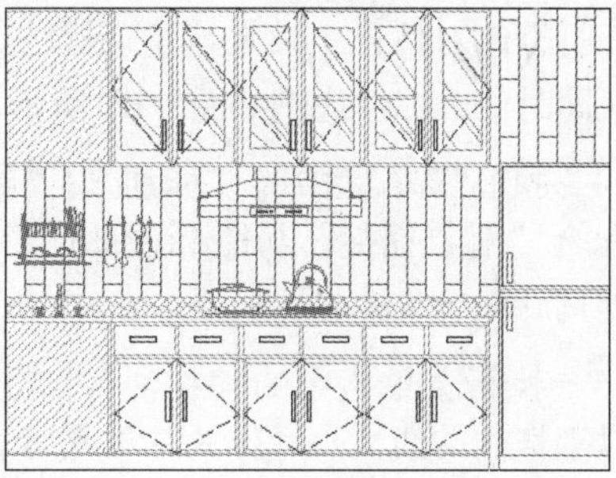

图5-118

7 接下来综合使用“分解”、“修剪”和“删除”命令，对立面图进行完善，删除被遮挡住的填充线，结果如图5-119所示。

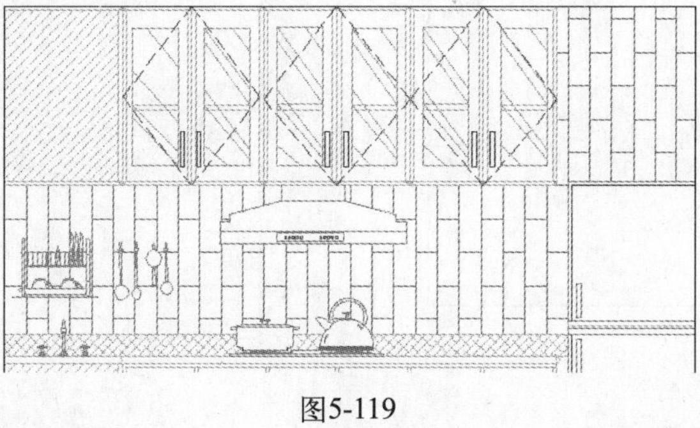

图5-119

8 执行“范围缩放”命令调整视图，使立面图全部显示，结果如图5-120所示。

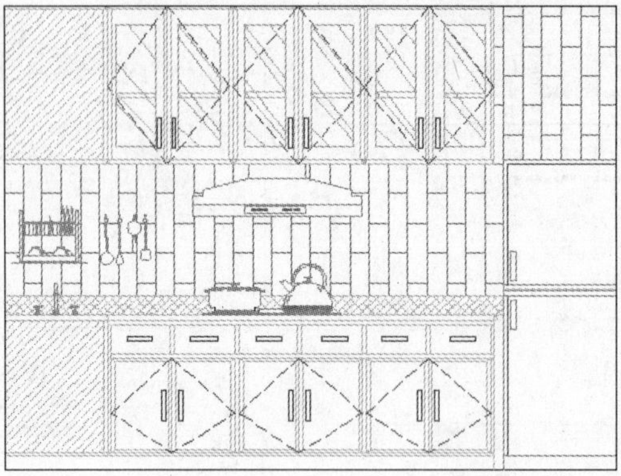

图5-120

至此，厨房C向墙面材质图绘制完毕，下一小节将学习厨房C向墙面尺寸的具体标注过程。

5.5.4 标注厨房C向立面图尺寸

1 继续上节操作。

2 展开“图层”工具栏中的“图层控制”下拉列表，将“尺寸层”设置为当前图层。

3 使用命令简写D激活“标注样式”命令，在打开的对话框中设置“建筑标注”为当前样式，同时修改标注比例如图5-121所示。

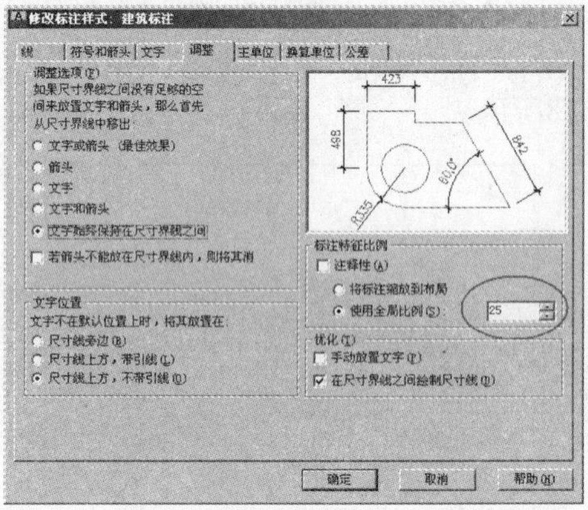

图5-121

4 执行菜单栏中的“标注”|“线性”命令，配合“对象捕捉”功能标注如图5-122所示的线性尺寸作为基准尺寸。

5 执行菜单栏中的“标注”|“连续”命令，以刚标注的线性尺寸作为基准尺寸，标注如图5-123所示的细部尺寸。

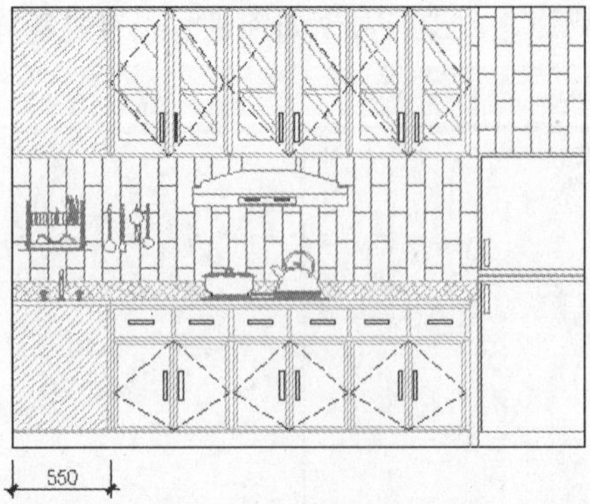

图5-122

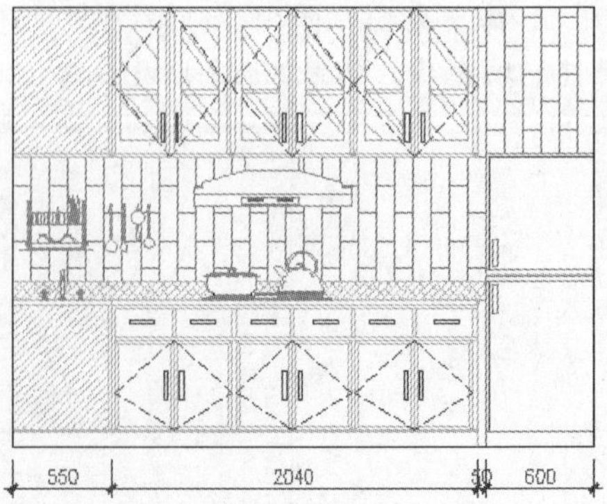

图5-123

⑥ 单击“标注”工具栏中的按钮，激活“编辑标注文字”命令，对重叠尺寸进行编辑，结果如图5-124所示。

⑦ 单击“标注”工具栏中的按钮，激活“线性”命令，标注立面图下侧的总体尺寸，结果如图5-125所示。

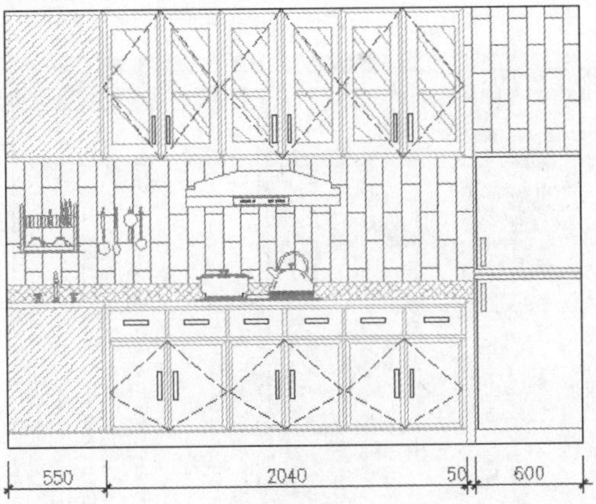

图5-124

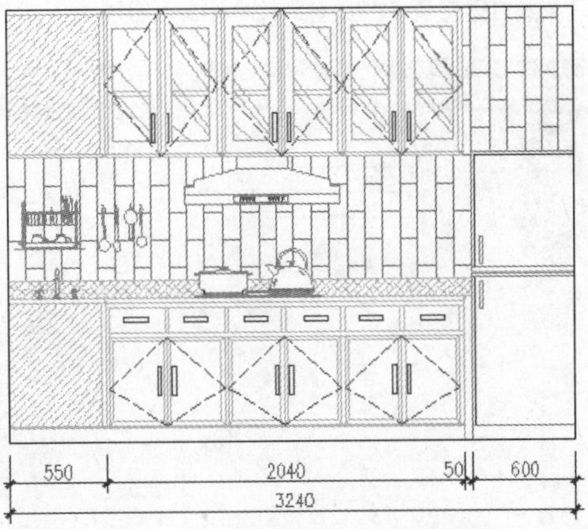

图5-125

⑧ 参照上述操作，综合使用“线性”和“连续”命令，标注立面图左侧的尺寸，结果如图5-126所示。

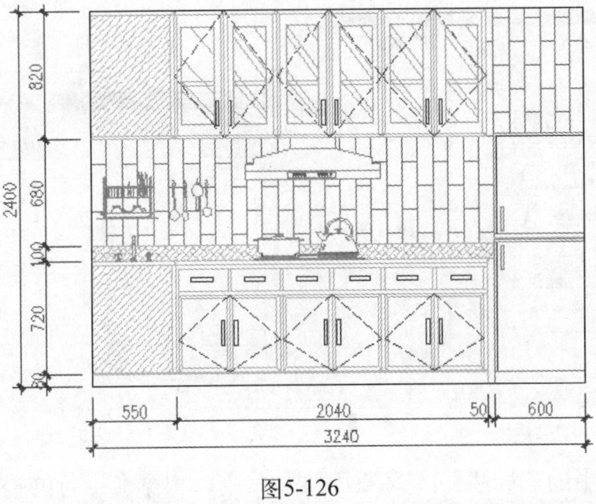

图5-126

至此，厨房C向墙面尺寸标注完毕，下一小节将学习厨房C向墙面材质的具体标注过程。

5.5.5 标注厨房C向立面图材质

① 继续上节操作。

② 展开“图层”工具栏中的“图层控制”下拉列表，将“文本层”设置为当前图层。

③ 执行菜单栏中的“格式”|“多重引线样式”命令，在打开的“多重引线样式管理器”对话框中单击新建(N)...按钮，为新样式命名，如图5-127所示。

④ 在“创建新多重引线样式”对话框中单击继续(O)按钮，在打开的“修改多重引线样

式:多重引线样式”对话框中设置引线格式参数如图5-128所示。

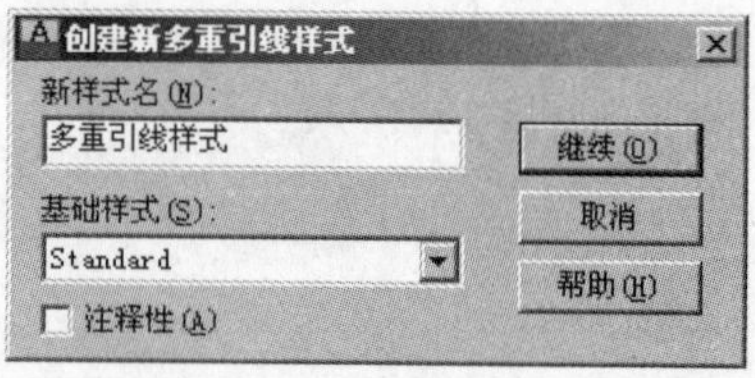

图5-127

(5) 在“修改多重引线样式:多重引线样式”对话框中分别展开“引线结构”和“内容”两个选项卡，然后设置参数如图5-129和5-130所示。

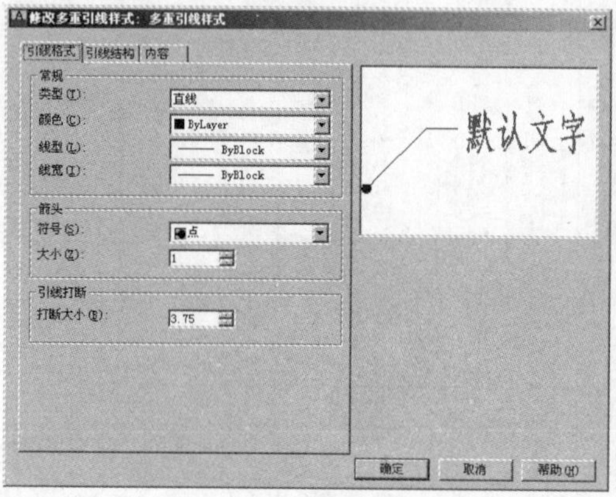

图5-128

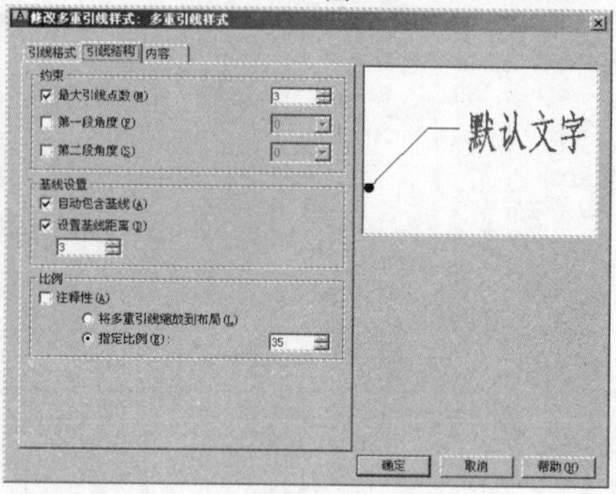

图5-129

(6) 在“修改多重引线样式:多重引线样式”对话框中单击确定按钮，返回“多重引线样式管理器”对话框，并将设置的新样式置为当前样式，如图5-131所示。

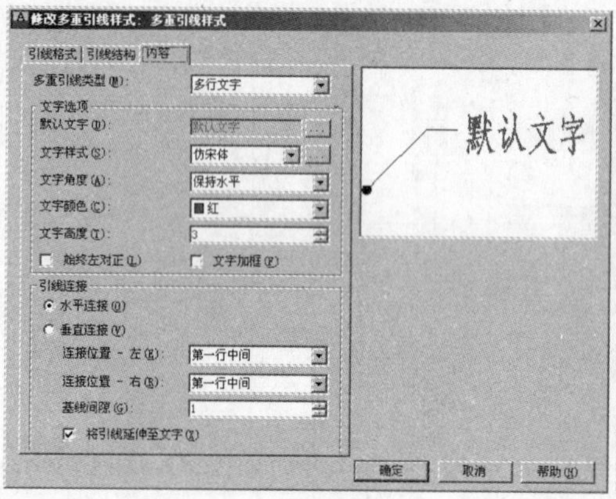

图5-130

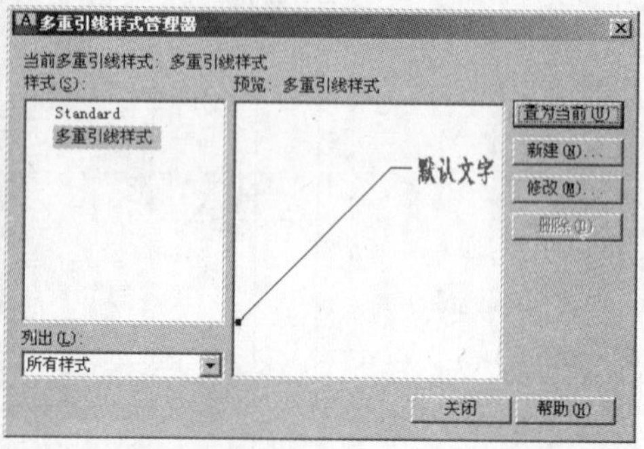

图5-131

(7) 执行菜单栏中的“标注”|“多重引线”命令，根据命令行的提示绘制引线，然后在打开的“文字格式”编辑器中输入“5厘磨砂玻璃”，如图5-132所示。

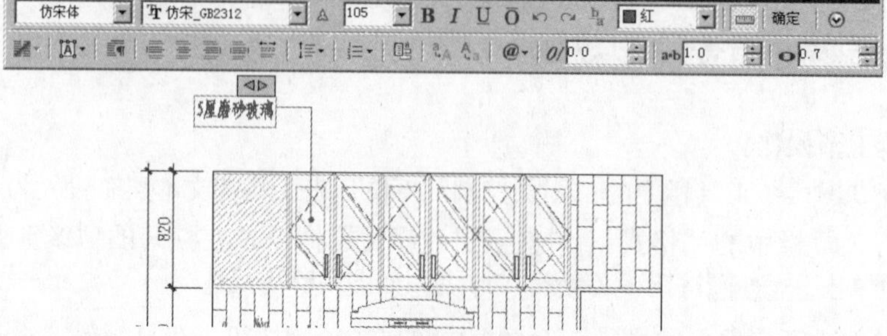

图5-132

(8) 单击 确定 按钮，关闭“文字格式”编辑器，标注结果如图5-133所示。

(9) 重复执行“多重引线”命令，按照当前的引线参数设置，分别标注立面图其他位置的引线注释，结果如图5-134所示。

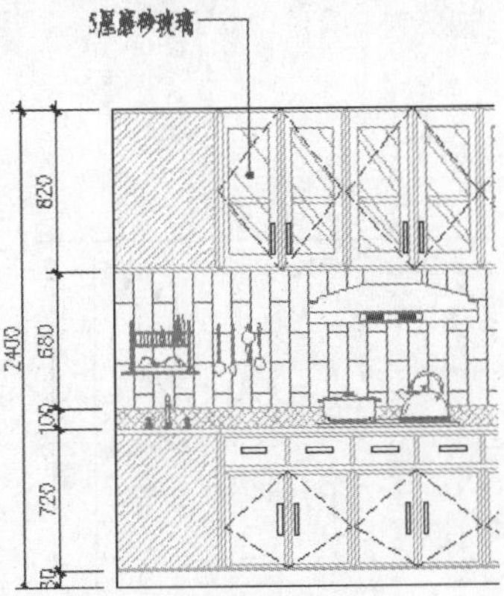

图5-133

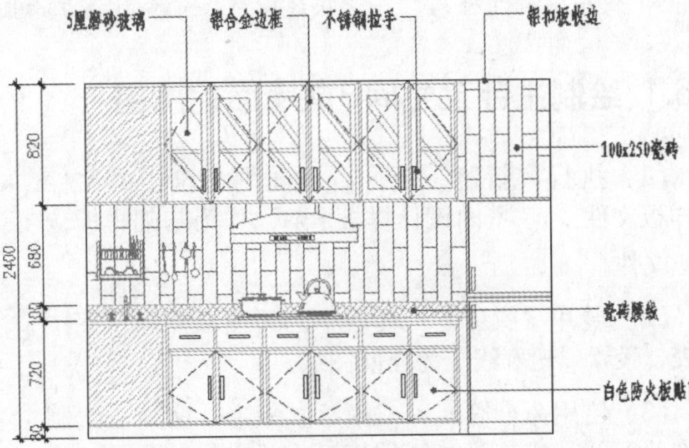

图5-134

(10) 最后执行“保存”命令，将图形命名存储为“绘制厨房C向装修立面图.dwg”。

5.6 绘制主卧卫生间B向立面图

本节主要学习主卧卫生间B向装修立面图的具体绘制过程和绘制技巧。主卧卫生间B向装修立面图最终绘制效果如图5-135所示。

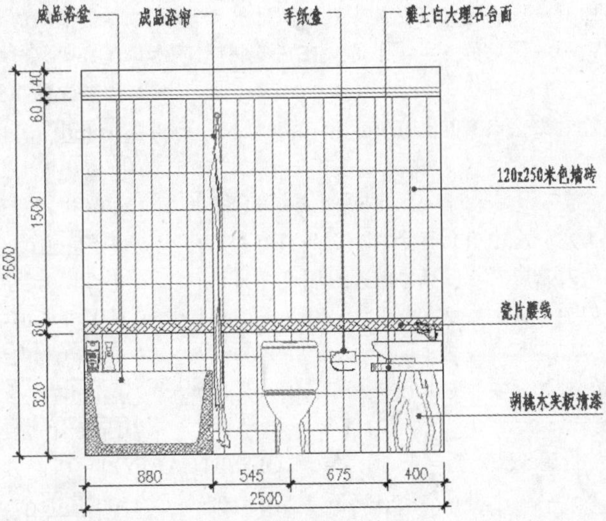

图5-135

在绘制卫生间B向立面图时，具体可以参照如下思路。

- 首先使用“新建”命令调用制图模板。
- 使用“矩形”命令绘制立面图的主体轮廓线。
- 使用“分解”、“偏移”、“颜色”等命令绘制立内部细节的轮廓线。

- 使用“图案填充”命令绘制墙面装饰线。
- 使用“插入块”、“分解”、“修剪”、“删除”等命令绘制立面构件图例。
- 使用“线性”、“连续”和“编辑标注文字”命令标注立面图尺寸。
- 使用“标注样式”、“快速引线”命令标注立面图装修材质。

5.6.1 绘制主卧卫生间B向墙面轮廓图

(1) 执行“新建”命令，以随书光盘中的文件“样板文件”\“室内设计样板.dwt”作为基础样板，新建文件。

(2) 展开“图层”工具栏中的“图层控制”下拉列表，设置“轮廓线”为当前图层。

(3) 使用命令简写REC激活“矩形”命令，绘制长度为2500、宽度为2600的矩形作为主体轮廓线，如图5-136所示。

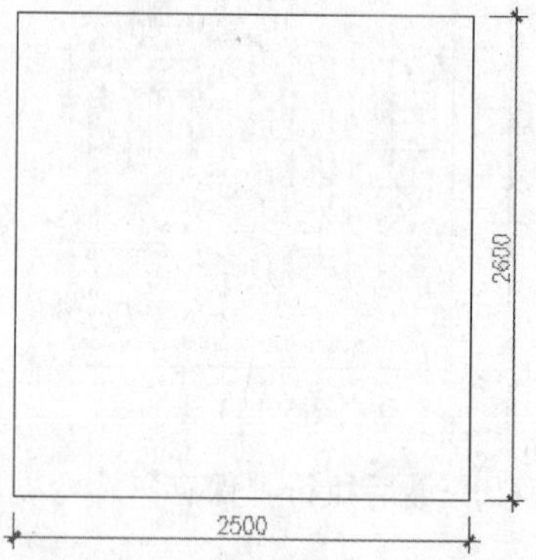

图5-136

(4) 使用命令简写X激活“分解”命令，将刚绘制的矩形分解。

(5) 执行菜单栏中的“修改”|“偏移”命令，将下侧的水平轮廓线向上偏移，命令行操作如下。

```
命令：_offset
    当前设置：删除源＝否  图层＝源  OFFSETGAPTYPE=0
    指定偏移距离或[通过(T)/删除(E)/图层(L)]<通过>: //820 Enter
    选择要偏移的对象或[退出(E)/放弃(U)]<退出>:      //单击下侧的水平轮廓线
    指定要偏移的那一侧上的点，或[退出(E)/多个(M)/放弃(U)]<退出>:
                                                  //在所选轮廓线的上侧单击左键
    选择要偏移的对象，或[退出(E)/放弃(U)]<退出>:    //Enter
命令：                                            //Enter
    OFFSET 当前设置：删除源＝否  图层＝源  OFFSETGAPTYPE=0
    指定偏移距离或[通过(T)/删除(E)/图层(L)]<820>:   //80 Enter
    选择要偏移的对象或[退出(E)/放弃(U)]<退出>:      //单击刚偏移出的线段
    指定要偏移的那一侧上的点，或[退出(E)/多个(M)/放弃(U)]<退出>:
                                                  //在所选轮廓线的上侧单击左键
    选择要偏移的对象，或[退出(E)/放弃(U)]<退出>:    //Enter
命令：                                            //Enter
    OFFSET 当前设置：删除源＝否  图层＝源  OFFSETGAPTYPE=0
    指定偏移距离或[通过(T)/删除(E)/图层(L)]<80>:    //1500 Enter
    选择要偏移的对象或[退出(E)/放弃(U)]<退出>:      //单击刚偏移出的线段
    指定要偏移的那一侧上的点，或[退出(E)/多个(M)/放弃(U)]<退出>:
                                                  //在所选轮廓线的上侧单击左键
    选择要偏移的对象，或[退出(E)/放弃(U)]<退出>:
                                                  //Enter，偏移结果如图5-137所示
```

(6) 重复执行“偏移”命令，将最上侧的水平边向下偏移140和170个绘图单位，结果如图5-138所示。

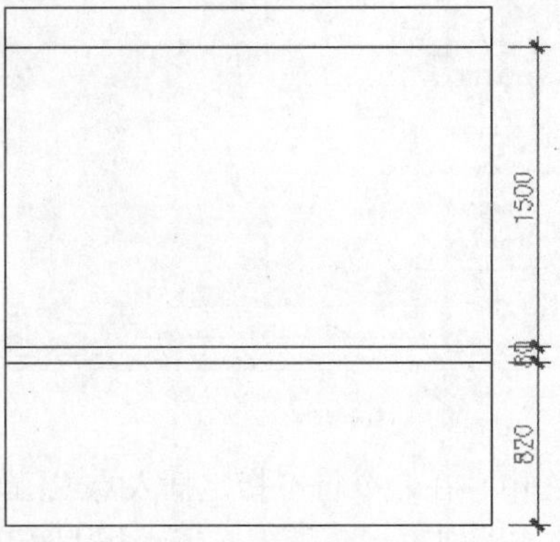

图5-137

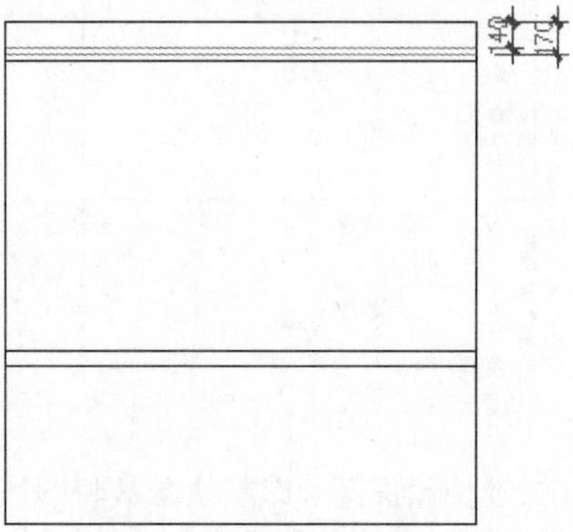

图5-138

至此，主卧卫生间B向墙面轮廓图绘制完毕，下一小节将学习主卧卫生间B向墙面轮廓图的具体绘制过程。

5.6.2 绘制主卧卫生间B向墙面构件图

(1) 继续上节操作。

(2) 展开“图层”工具栏中的“图层控制”下拉列表，将“图块层”设置为当前图层。

(3) 使用命令简写I激活“插入块”命令，在打开的“插入”对话框中单击 浏览(B)... 按钮，打开“选择图形文件”对话框，选择随书光盘中的“图块文件”\“浴盆02.dwg”图块，如图5-139所示。

(4) 返回“插入”对话框，设置参数如图5-140所示，然后以左侧垂直轮廓边的下端点作为插入点，将此图块插入到立面图中，插入结果如图5-141所示。

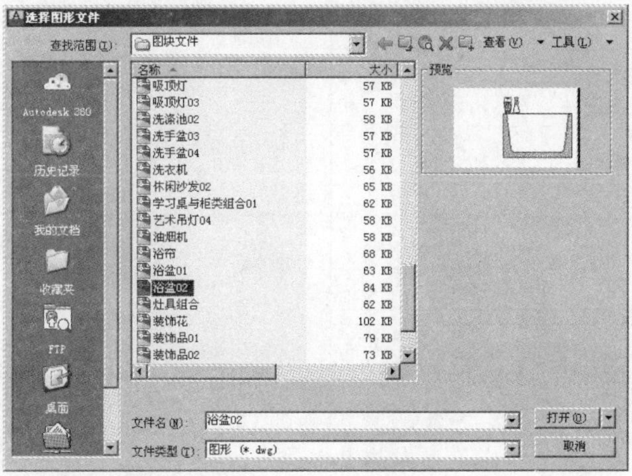

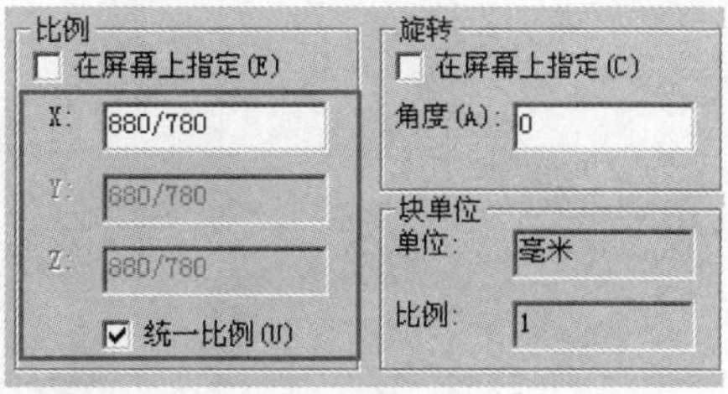

图5-139　　图5-140

(5) 重复执行“插入块”命令，选择随书光盘中的“图块文件”\“立面马桶01.dwg”图块，如图5-142所示。

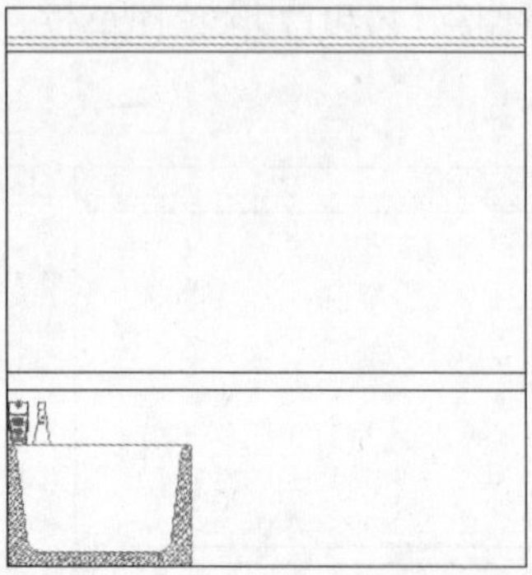

图5-141

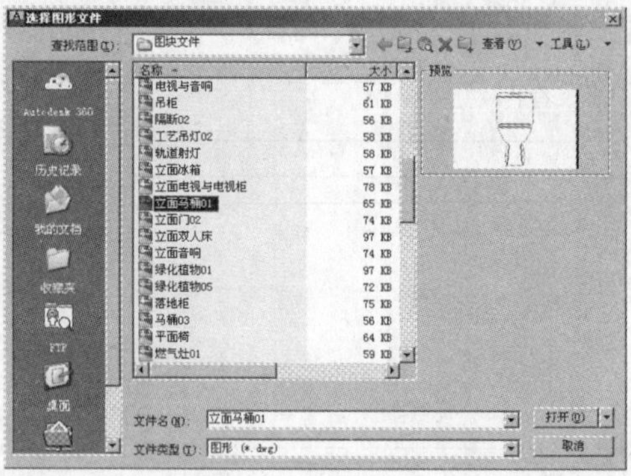

图5-142

(6) 返回绘图区，以默认参数将图块插入到立面图中，在命令行“指定插入点或[基点(B)/比例(S)/旋转(R)]:”提示下，水平向右引出如图5-143所示的对象追踪虚线，输入1400并按Enter键，定位插入点，插入结果如图5-144所示。

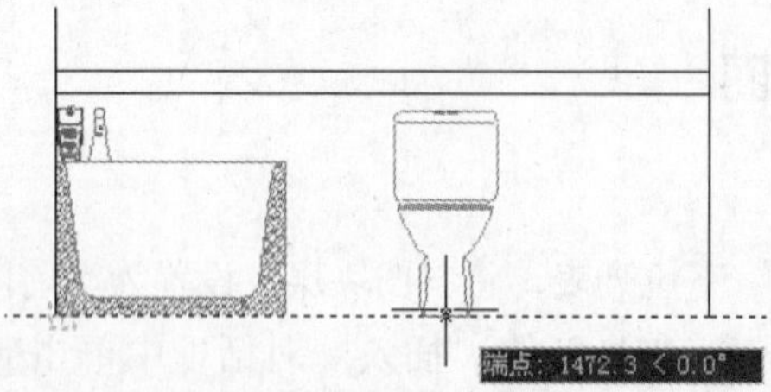

图5-143

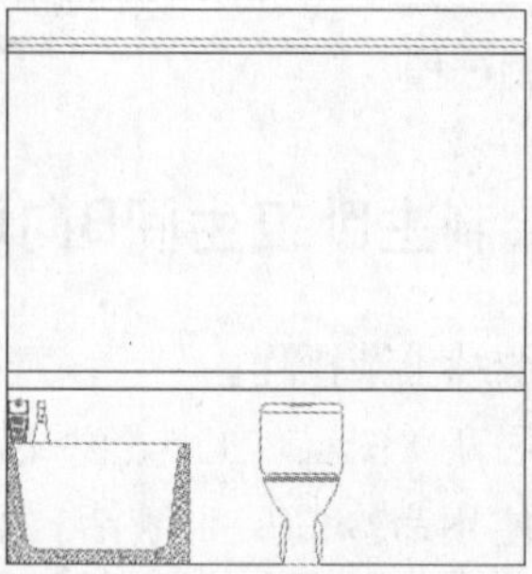

图5-144

(7) 重复执行“插入块”命令，配合捕捉和追踪功能，插入“图块文件”文件夹下的“浴帘.dwg”、“手纸盒.dwg”和“侧面洗手盆.dwg”图块，插入结果如图5-145所示。

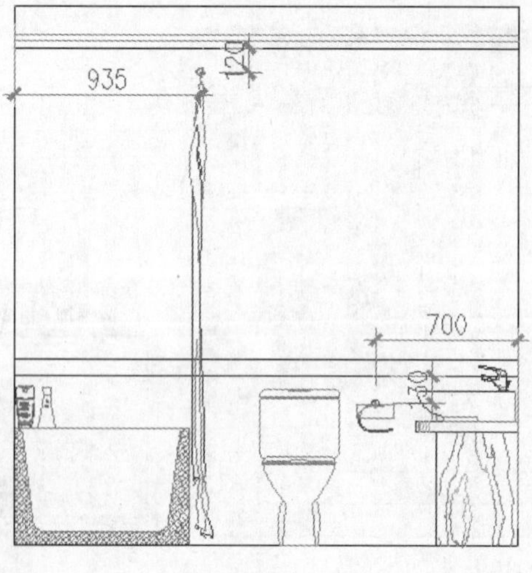

图5-145

至此，主卧卫生间B向墙面构件图绘制完毕，下一小节将学习卫生间B向墙面材质图的具体绘制过程。

5.6.3 绘制主卧卫生间B向墙面材质图

(1) 继续上节操作。

(2) 展开“图层”工具栏中的“图层控制”下拉列表，将“图块层”冻结，并设置“填充层”为当前层，如图5-146所示。

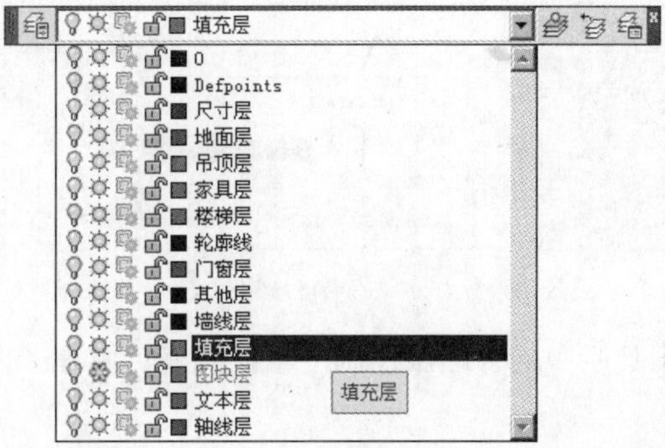

图5-146

(3) 执行菜单栏中的“绘图”|“图案填充”命令，设置填充图案及填充参数如图5-147所示，返回绘图区，拾取如图5-148所示的区域进行填充，填充结果如图5-149所示。

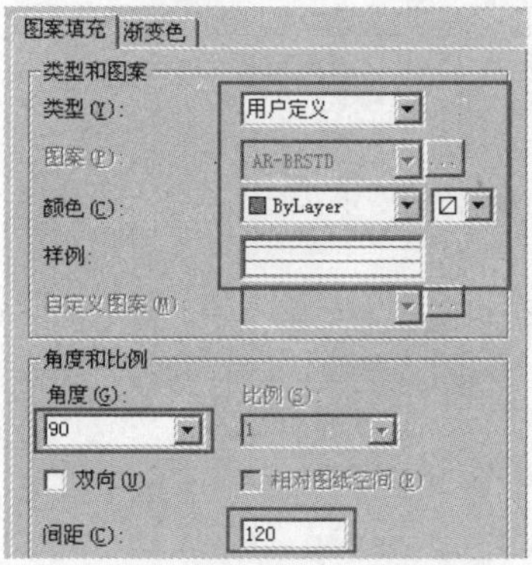

图5-147

图5-148

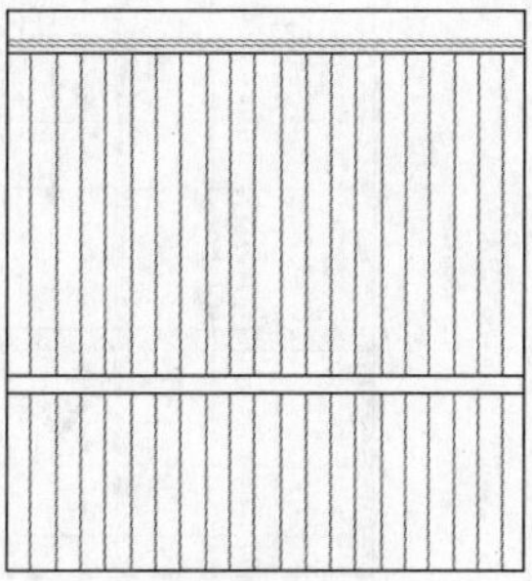

图5-149

(4) 重复执行“图案填充”命令，设置填充图案及填充参数如图5-150所示，返回绘图区拾取如图5-151所示的区域进行填充，填充结果如图5-152所示。

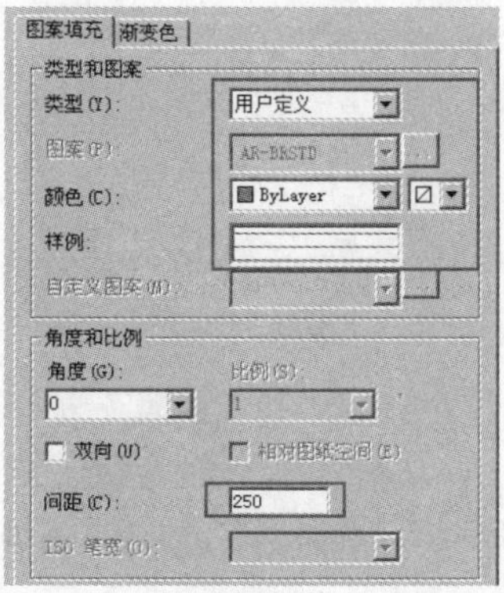

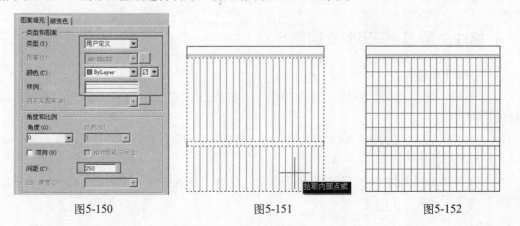

图5-150

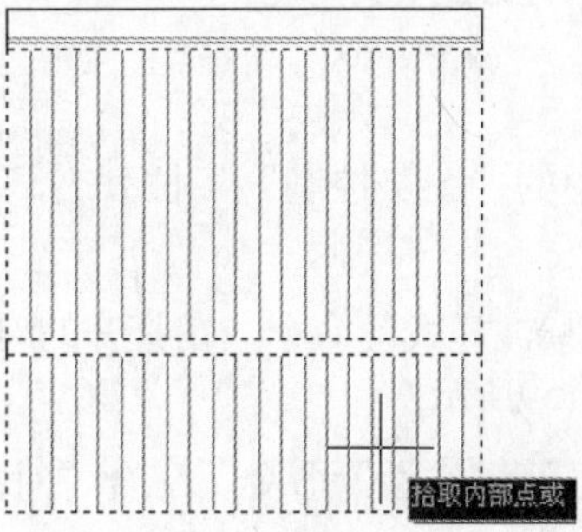

图5-151

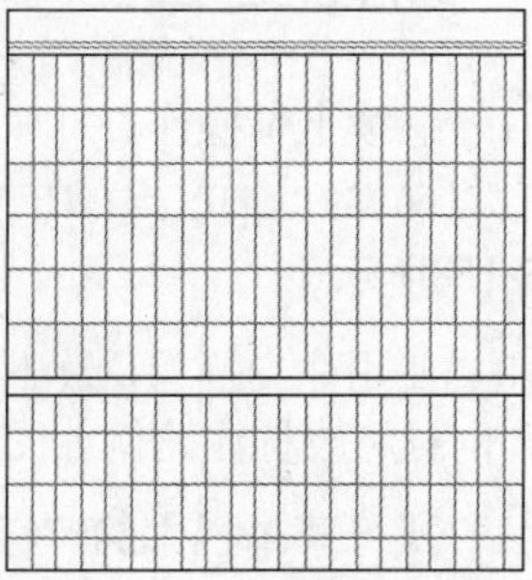

图5-152

(5) 重复执行“图案填充”命令，设置填充图案及填充参数如图5-153所示，返回绘图区拾取如图5-154所示的区域进行填充，填充结果如图5-155所示。

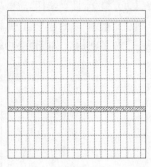

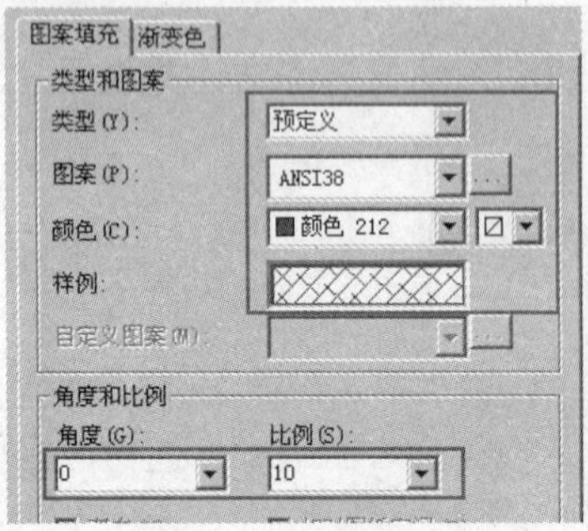

图5-153

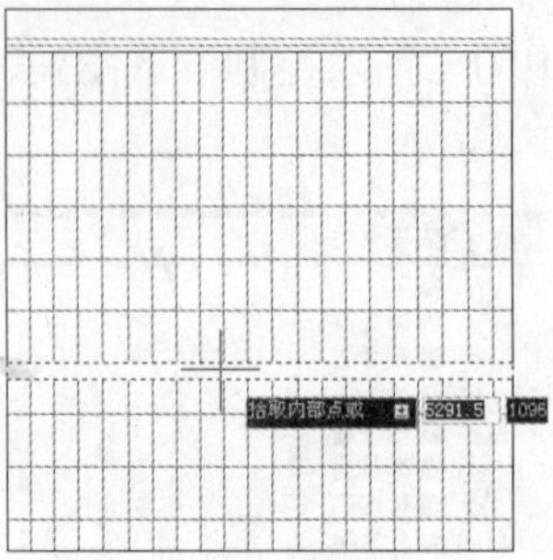

图5-154

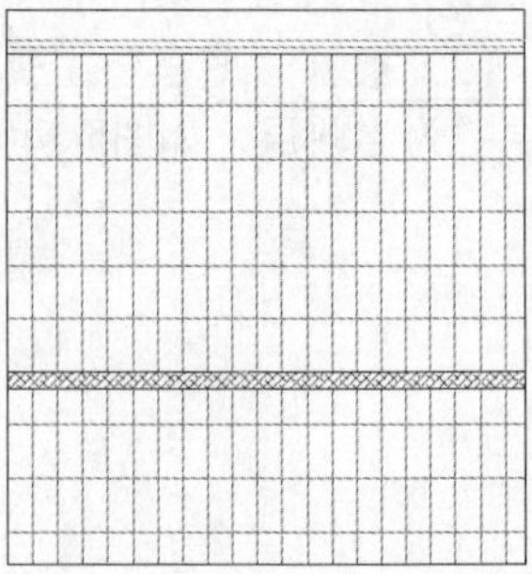

图5-155

(6) 展开“图层”工具栏中的“图层控制”下拉列表，解冻“图块层”，此时立面图的显示效果如图5-156所示。

(7) 使用命令简写X激活“分解”命令，将填充的图案分解。

(8) 接下来综合使用“修剪”和“删除”命令，对立面图进行修整完善，删除被遮挡住的图线，结果如图5-157所示。

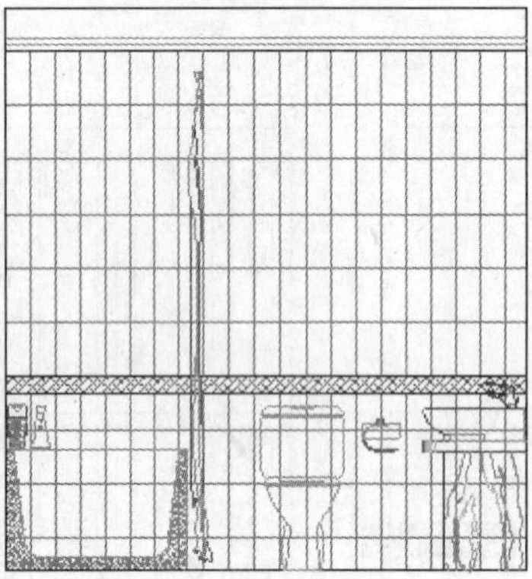

图5-156

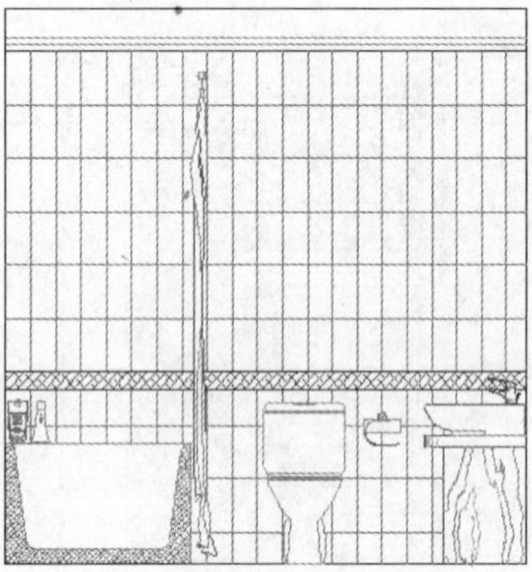

图5-157

至此，主卧卫生间B向墙面材质图绘制完毕，下一小节将学习主卧卫生间B向墙面尺寸的具体标注过程。

5.6.4 标注主卧卫生间B向立面图尺寸

(1) 继续上节操作。

(2) 展开“图层”工具栏中的“图层控制”下拉列表，将“尺寸层”设置为当前图层，如图5-158所示。

(3) 使用命令简写D激活“标注样式”命令，在打开的对话框中设置“建筑标注”为当前样式，同时修改标注比例如图5-159所示。

(4) 执行菜单栏中的“标注”|“线性”命令，配合“对象捕捉”功能标注如图5-160所示的线性尺寸作为基准尺寸。

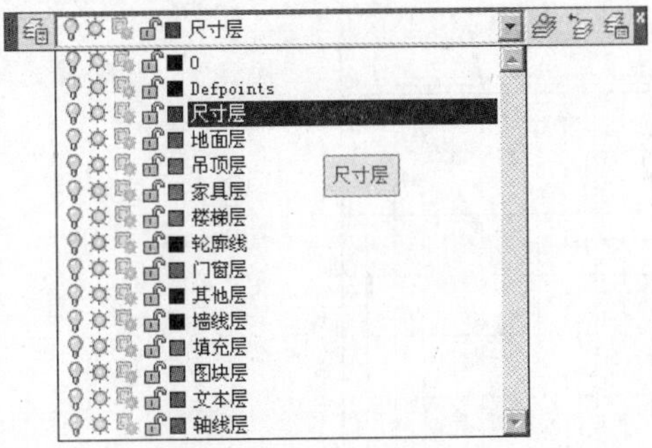

图5-158

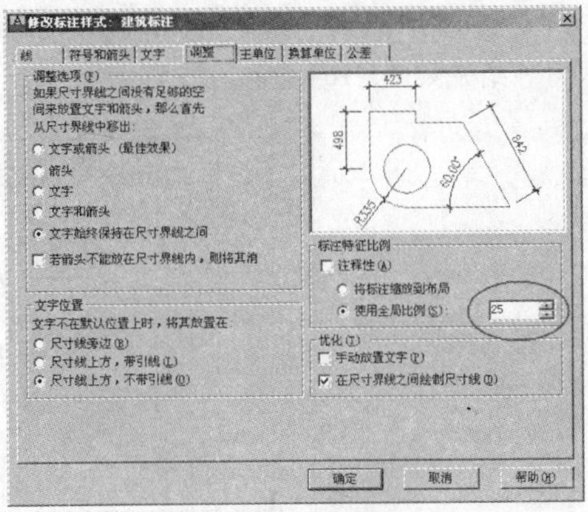

图5-159

(5) 执行菜单栏中的“标注”|“连续”命令，以刚标注的线性尺寸作为基准尺寸，标注如图5-161所示的细部尺寸。

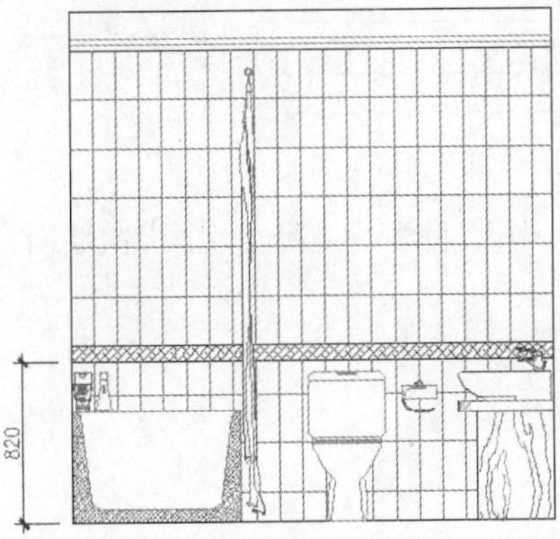

图5-160

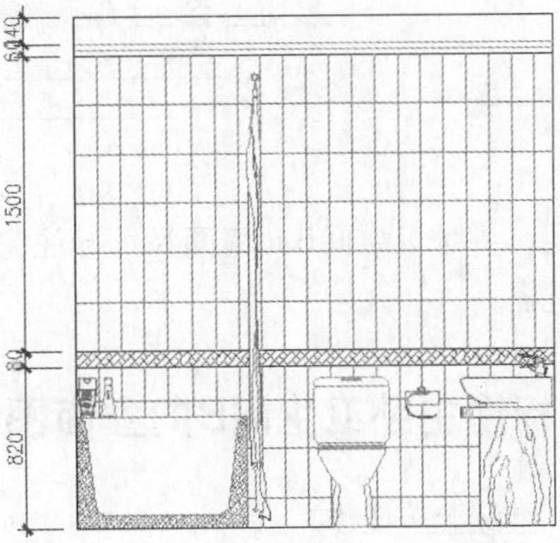

图5-161

(6) 单击“标注”工具栏中的按钮，激活“编辑标注文字”命令，对重叠尺寸进行编辑，结果如图5-162所示。

(7) 单击“标注”工具栏中的按钮，激活“线性”命令，标注立面图左侧的总体尺寸，结果如图5-163所示。

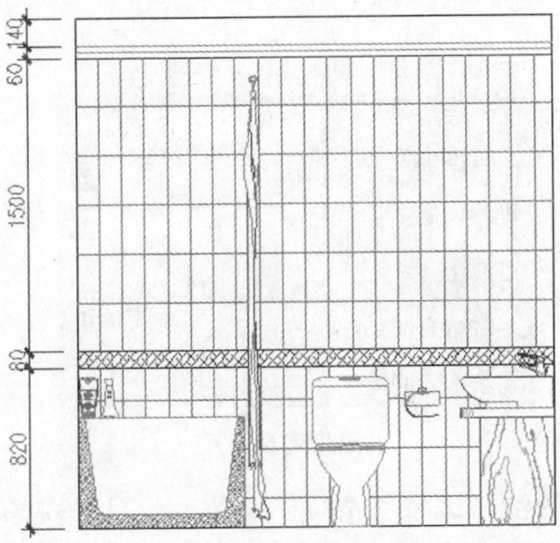

图5-162

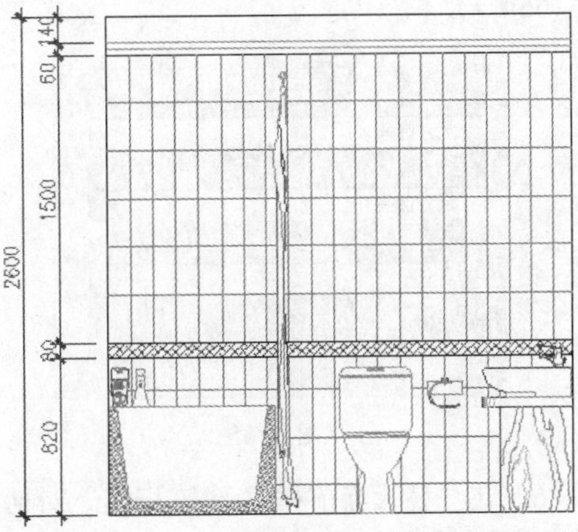

图5-163

(8) 参照上述操作，综合使用“线性”和“连续”命令，标注立面图下侧的细部尺寸和总尺寸，结果如图5-164所示。

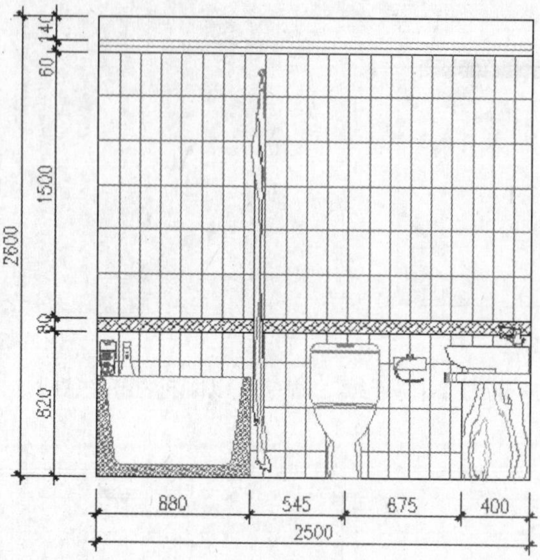

图5-164

至此，主卧卫生间B向墙面尺寸标注完毕，下一小节将学习主卧卫生间B向墙面材质的具体标注过程。

5.6.5 标注主卧卫生间B向立面图材质

(1) 继续上节操作。

(2) 展开“图层”工具栏中的“图层控制”下拉列表，将“文本层”设置为当前图层。

(3) 使用命令简写D激活“标注样式”命令，在打开的对话框中单击 替代(O)... 按钮，打开“替代当前样式:建筑标注”对话框。

(4) 展开“符号和箭头”选项卡，设置引线箭头和大小参数如图5-165所示。

(5) 在“替代当前样式:建筑标注”对话框中展开“文字”选项卡，修改文字样式如图5-166所示。

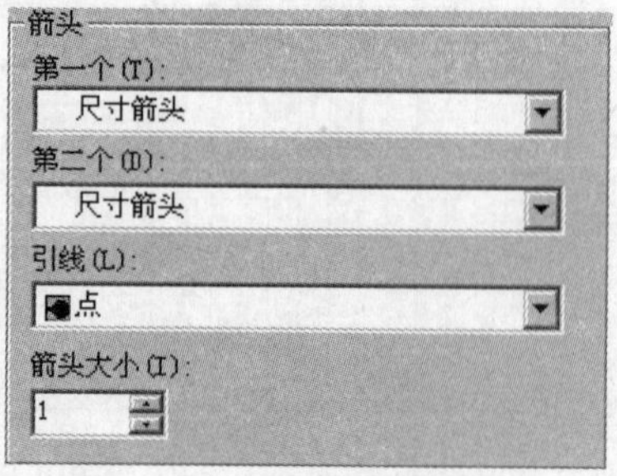

图5-165

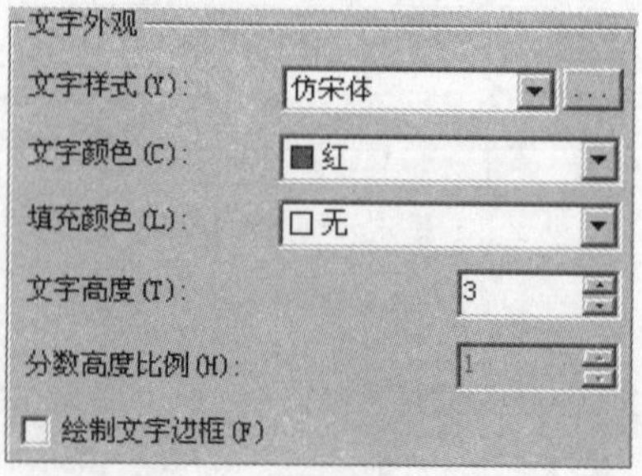

图5-166

(6) 在“替代当前样式:建筑标注”对话框中激活“调整”选项卡，修改尺寸样式的全局比例如图5-167所示。

⑦ 返回“标注样式管理器”对话框，结果当前标注样式被替代，替代后的预览效果如图5-168所示。

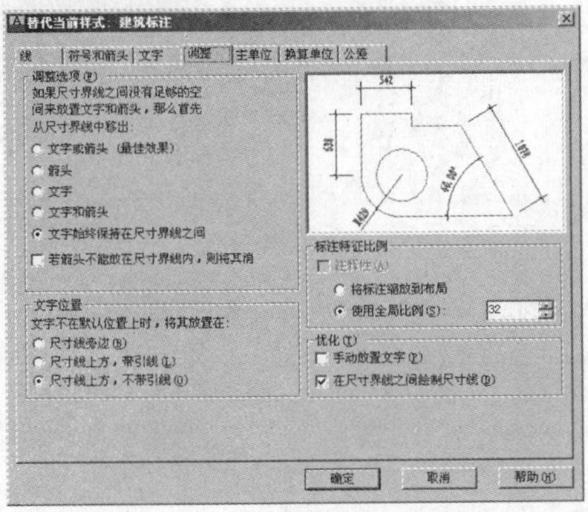

图5-167

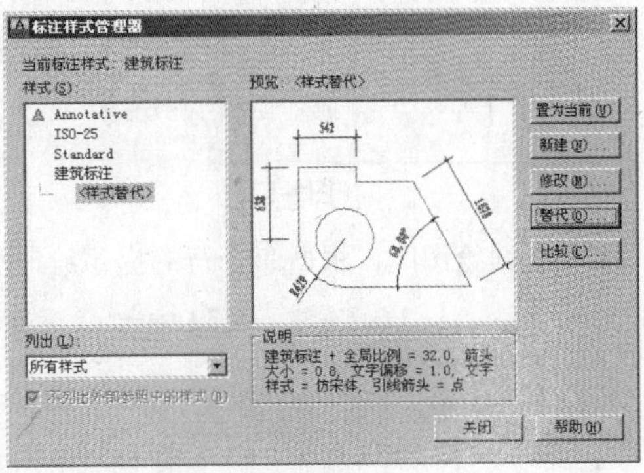

图5-168

⑧ 使用命令简写LE激活“快速引线”命令，在命令行“指定第一个引线点或[设置(S)]<设置>:”提示下，输入S打开“引线设置”对话框，分别设置引线参数如图5-169和图5-170所示。

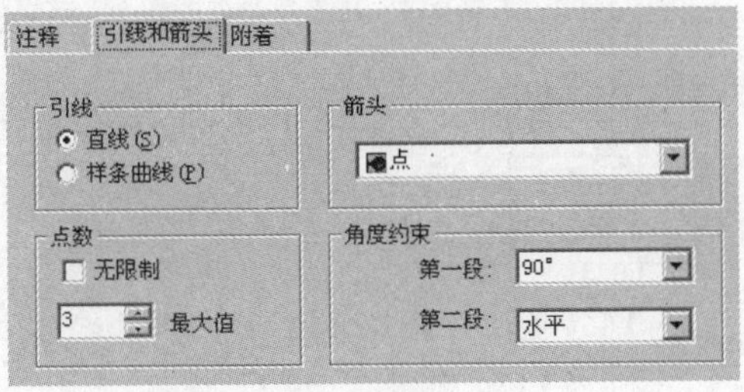

图5-169

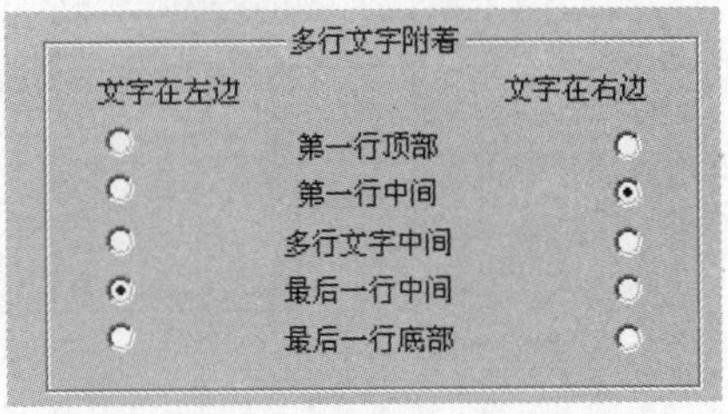

图5-170

⑨ 单击确定按钮返回绘图区，根据命令行的提示分别在绘图区指定三个引线点，然后输入“雅士白大理石台面”，标注如图5-171所示的引线注释。

⑩ 重复执行“快速引线”命令，按照上述的参数设置，分别标注其他位置的引线文本，标注结果如图5-172所示。

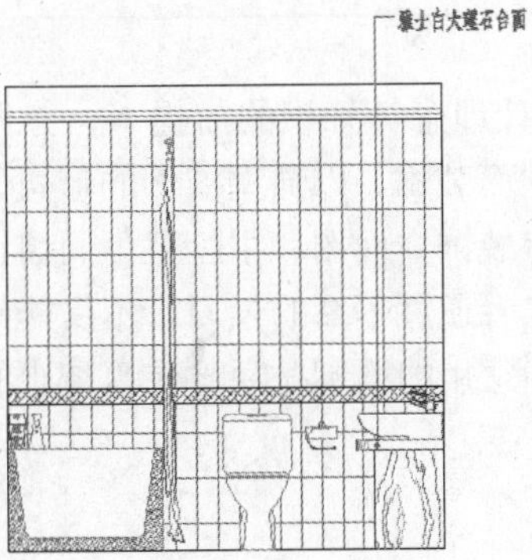

图5-171

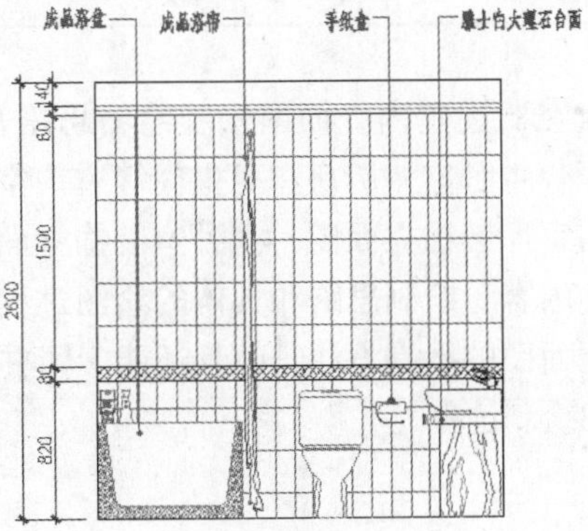

图5-172

⑪ 重复执行“快速引线”命令，修改引线参数和引线注释的附着位置，如图5-173所示和图5-174所示。

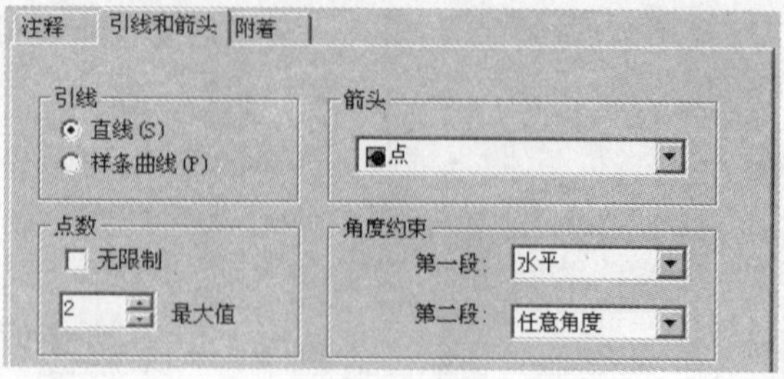

图5-173

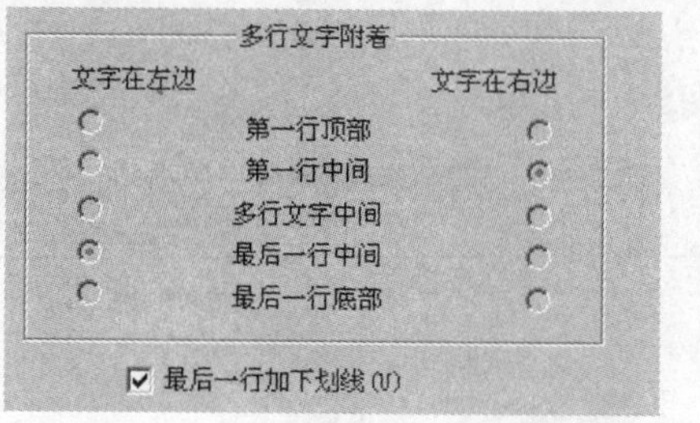

图5-174

⑫ 返回绘图区，根据命令行的提示绘制引线并标注如图5-175所示的引线注释。

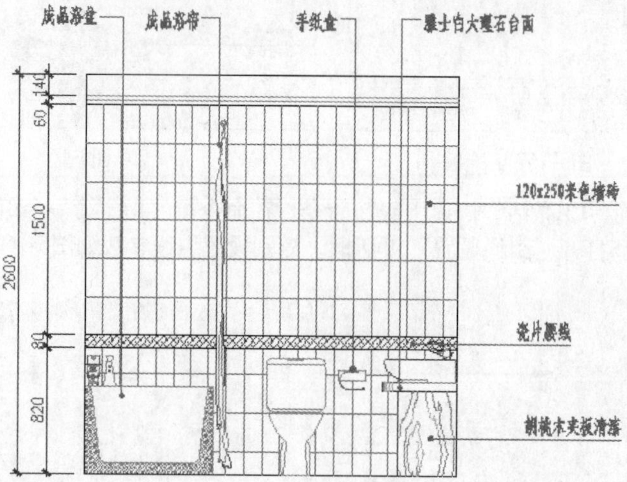

图5-175

⑬ 执行“范围缩放”命令调整视图，将图形全部显示，最终效果如上图5-135所示。

⑭ 最后使用“保存”命令，将图形命名存储为“绘制主卧卫生间B向装修立面图.dwg”。

5.7 本章小结

本章在概述室内立面图宏观绘图思路及相关设计理念等知识的前提下，分别以绘制餐厅、客厅、主卧室、厨房和卫生间等室内空间进行立面装饰，以典型实例的形式，详细讲述了客厅与餐厅装饰立面图、主卧室装饰立面图、厨房装饰立面图和主卧卫生间装饰立面图的一般表达内容、绘制思路和具体的绘图过程，相信读者通过本章的学习，不仅能够轻松学会各装饰立面图的绘制方法，而且还能学习并掌握各种常用的绘制技法，使用最少的时间来完成图形的绘制过程。

第6章 跃层住宅一层设计方案

Chapter 06

- 跃层住宅室内设计理念
- 跃层住宅一层方案设计思路
- 绘制跃层住宅一层墙体结构图
- 绘制跃层住宅一层家具布置图
- 绘制跃层住宅一层地面材质图
- 标注跃层住宅一层装修布置图
- 绘制跃层住宅一层吊顶装修图
- 绘制跃层住宅一层客厅立面图
- 本章小结

6.1 跃层住宅室内设计理念

跃层住宅室内设计更加凸显出跃层的实用功能和跃层空间的独特性，让入住的业主更加考虑和重视功能的实用性，力求创造更为舒适的家居环境。本节主要学习跃层住宅相关的一些理念知识。

6.1.1 什么是跃层住宅

所谓跃层式住宅，一般是占有上下两个楼层，卧室、起居室、客厅、卫生间、厨房及其他辅助用房可以分层布置，上下层之间的交通不能通过公共楼梯，而是采用户内独用小楼梯连接。

跃层的一层一般为公共活动区域，用于家庭用餐、看电视、接待亲朋好友和会见客人；二层为主人的私密区，也就是所谓的静区，布局主要有主人卧房、书房、私人卫浴室等。

6.1.2 跃层住宅的特点

跃层住宅打破了传统的居住结构，是近年来推广的一种新颖的住宅建筑形式，跃层户型之所以受到关注和欢迎主要是因为每户都有较大的采光面，而且通风较好，户内居住面积和辅助面积较大，布局紧凑，功能明确，相互干扰较小。

跃层住宅最大的特点就是把惯用于平层上所展现的设计，恰如其分地甚至更优化地延伸到多层的空间中，这类住宅的内部空间由于是借鉴了欧美小二楼独院住宅的设计手法，颇受海外侨胞和港澳台胞的欢迎，在南方城市建设、买卖较多，近年来在北方城市的一些高级住宅设计中，也开始得到推广。

6.1.3 跃层住宅室内设计概述

从多层到高层再到别墅，从传统的平层到后来的复式再到现在的跃层，人们对居住的需求不再单单是“一个睡觉的地方”，而是开始追求更高品质的高端生活。跃层户型之所以渐渐流行正是因为其宽敞、舒适的特点符合老百姓现在的居住品位。

由于跃层住宅面积较大，房间较多，业主面对跃层住宅的装修问题往往会不知所措。装修风格的选择、空间功能的划分、主材的选用、品牌的考虑和装修总价的控制等，往往是业主们困惑的问题。

与一般的户型不同，跃层户型在设计装修过程中的重点是对功能和风格的把握，要以理解跃层住宅居住群体的生活方式为前提，才能够真正将空间功能划分到位。

在跃层住宅设计中，应该首先了解消费者选择跃层的原因。一般来说，选择跃层的人，都是看重房屋的面积大，希望各个功能分区相对明确。那么在设计时就应该从空间布局入手，优化利用空间，突出实用性和舒适性。比较常见的功能分区是将楼下设计为客厅、餐厅、卫生间、厨房等公共空间，将卧室、书房、起居室等设置在二楼，这样可以保证主人空间的私密性，也便于日常使用。

跃层户型的装修还需要追求创意的理性和灵活性，讲求简洁明朗的色彩和流畅的线条。例如一些设计师认为可以采用现代简约主义风格则能以减法的形式将设计元素、色彩、材料等简化到最低的限度。从表面看，这种风格、材料及色彩可能会比较单一，但由于对色彩及材料的运用非常讲究，更强调质感和立体感，所以能突显出居住者的品位和丰富的内涵，简约而不会简单。

综上所述，一个好的跃层住宅设计方案，其室内空间的设计必须要做到以下几点。

- 功能空间要明确实用。
- 休闲空间要宽松自然。
- 生活空间要以人为本。
- 私密空间满足人性最大程度的空间释放。

6.2 跃层住宅一层方案设计思路

本章所要绘制的装修设计方案即为跃层住宅的第一层设计方案，根据客户的简单要求，在一层装修方案中，将室内空间主要划分成了客厅、餐厅、厨房、卧室、保姆房、卫生间、贮物区等。在设计跃层住宅一层方案时，具体可以参照如下思路。

- 初步准备跃层住宅一层的墙体结构平面图，包括墙、窗、门、楼梯等内容。
- 在跃层住宅一层墙体结构平面图的基础上，合理、科学地绘制规划空间，绘制家具布置图。
- 在跃层住宅一层家具布置图的基础上，绘制其地面材质图，以体现地面的装修概况。
- 在跃层住宅一层布置图中标注必要的尺寸，并以文字的形式表达出装修材质及房间功能；另外，在布置图中还要标注出墙面投影符号。

- 根据跃层住宅一层装修布置图，绘制跃层住宅一层吊顶图，在绘制吊顶结构时，要注意与地面布置图相呼应。
- 最后根据装修布置图绘制墙面立面图，并标注立面尺寸及材质说明等。

6.3 绘制跃层住宅一层墙体结构图

本节主要学习跃层住宅一层墙体结构图的具体绘制过程和绘制技巧。跃层住宅一层墙体结构图的最终绘制效果如图6-1所示。

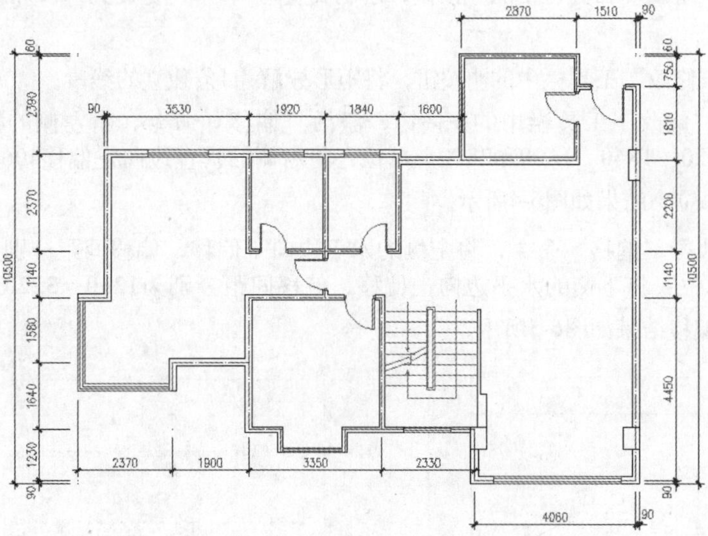

图6-1

在绘制跃层住宅一层墙体结构图时，可以参照如下绘图思路。

- 使用“矩形”、“偏移”、“分解”等命令绘制墙体轴线。
- 使用“修剪”、夹点编辑等命令编辑墙体轴线。
- 使用“打断”、“修剪”、“偏移”、“删除”等命令创建门洞和窗洞。
- 使用“多线”、“多线样式”命令绘制主墙线和次墙线。
- 使用“插入块”、“多线”等命令绘制门、窗、阳台等构件。
- 最后使用“矩形”、“多段线”、“矩形阵列”、“偏移”、“修剪”等命令绘制楼梯。

6.3.1 绘制跃一层定位轴线

(1) 以随书光盘中的文件“样板文件”\“室内设计样板.dwt”作为基础样板，新建空白文件。

(2) 展开“图层控制”下拉列表，将“轴线层”设置为当前图层，如图6-2所示。

(3) 执行菜单栏中的“格式”|“线型”命令，在打开的“线型管理器”对话框中设置线型比例，如图6-3所示。

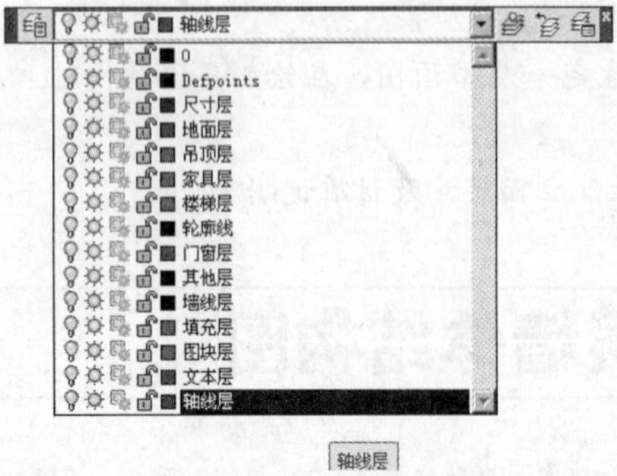

图6-2

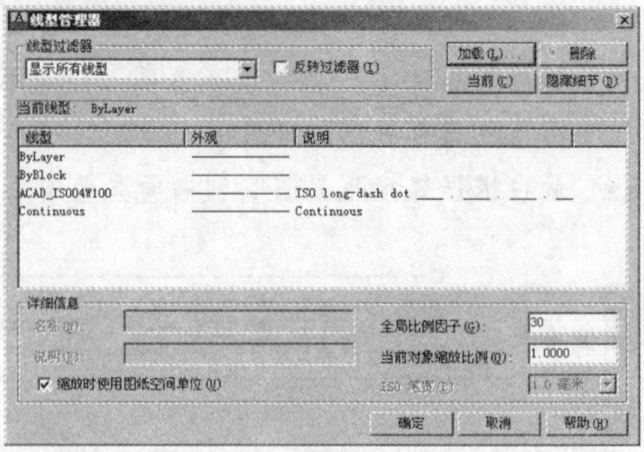

图6-3

4 单击“绘图”工具栏中的□按钮，绘制长度为14010、宽度为10350的矩形，作为基准轴线。

5 单击“修改”工具栏中的按钮，将矩形分解为4条独立的线段。

6 单击“修改”工具栏中的按钮，激活“偏移”命令，将左侧的垂直边向右偏移740、3530、1920、1840、1600和2870个单位；将右侧的垂直边向左偏移4060、2330、940、1620和2690个单位，结果如图6-4所示。

7 重复执行“偏移”命令，将上侧的水平边向下偏移，偏移间距分别为2390、3510、1580和700个单位；将下侧的水平边向上偏移，偏移间距分别为1230、3220、1140、2200和1810 个单位，偏移结果如图6-5所示。

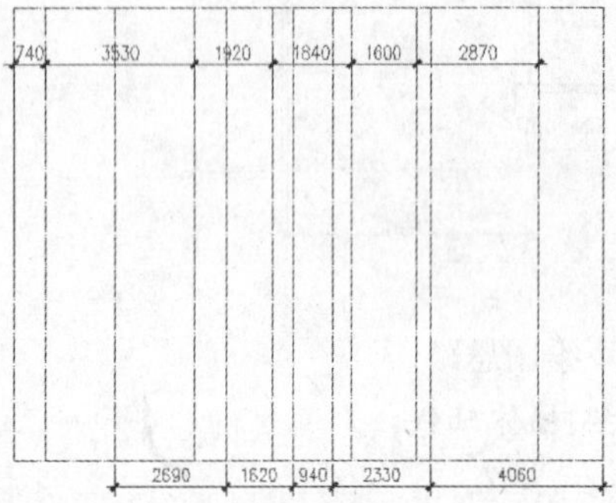

图6-4

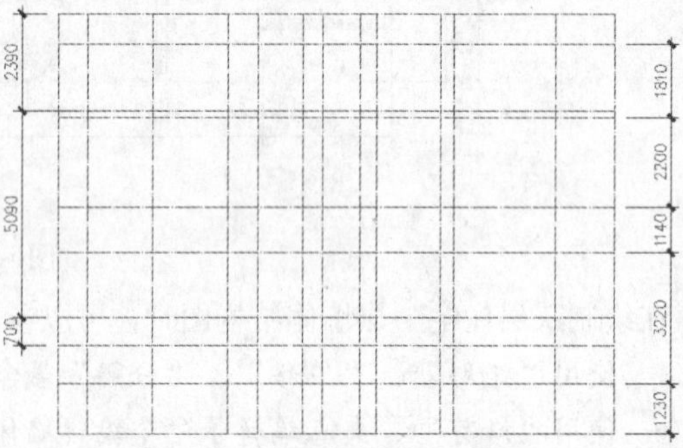

图6-5

8 删除左侧的垂直轴线，然后在无命令执行的前提下，夹点显示如图6-6所示的水平图线。

9 分别以两侧的夹点作为基点，使用夹点拉伸功能对其进行夹点拉伸，结果如图6-7所示。

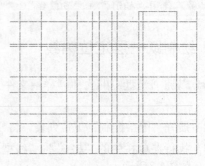

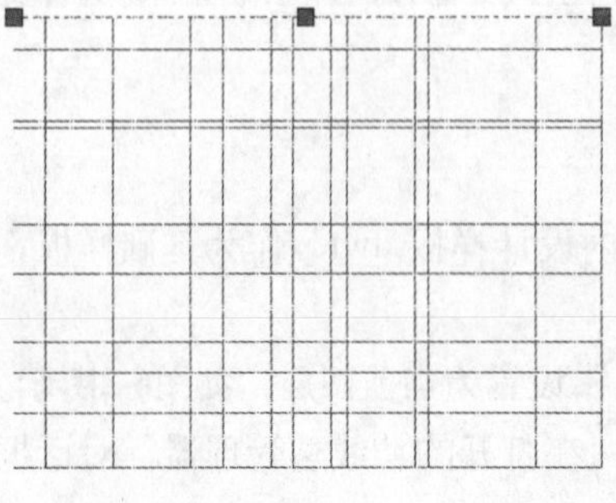

图6-6

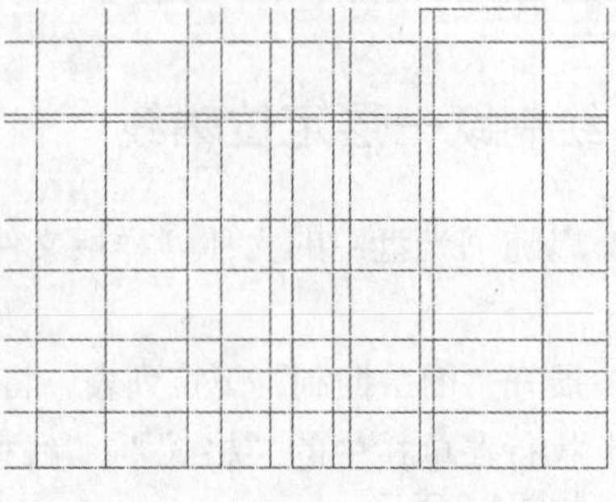

图6-7

⑩ 重复执行夹点拉伸功能，对其他位置的轴线进行夹点拉伸，结果如图6-8所示。

⑪ 删除水平轴线1，然后执行“拉长”命令，分别将垂直轴线2和3向上缩短670个单位，结果如图6-9所示。

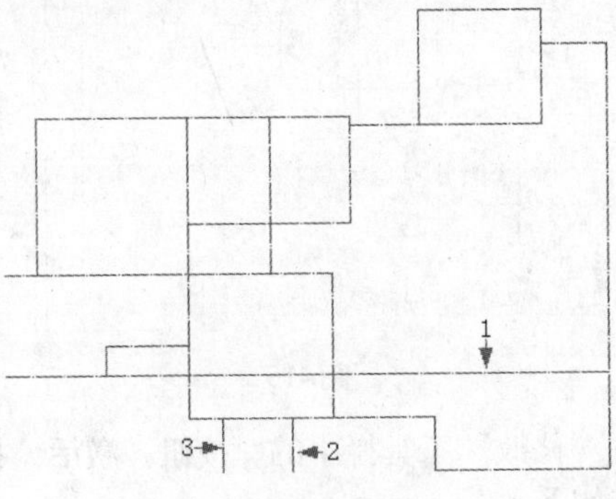

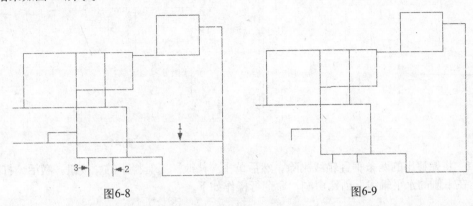

图6-8

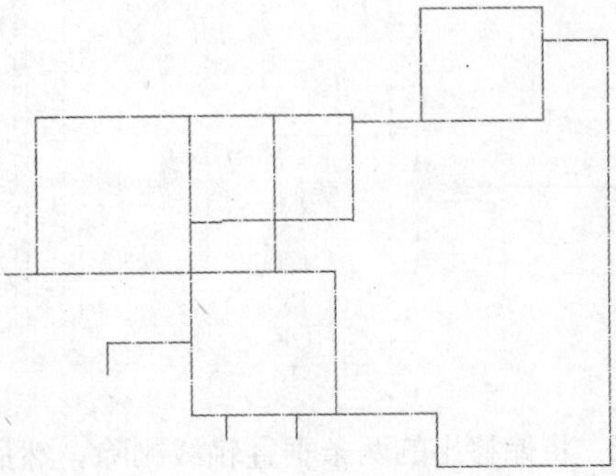

图6-9

⑫ 单击“修改”工具栏中的按钮，激活“修剪”命令，以如图6-10所示的垂直轴线作为边界，对边界之间的水平轴线进行修剪，修剪结果如图6-11所示。

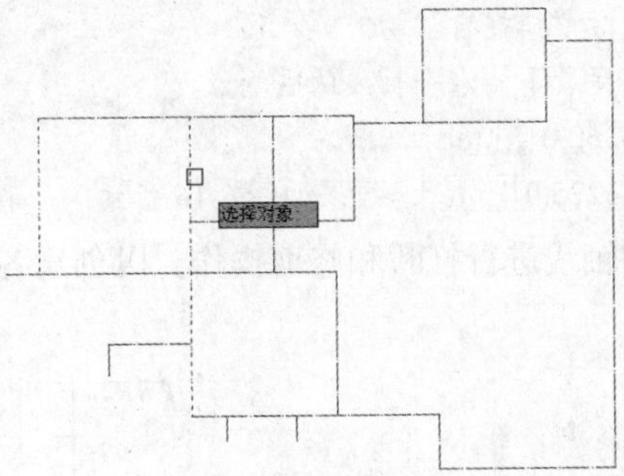

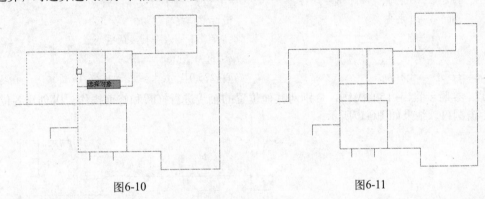

图6-10

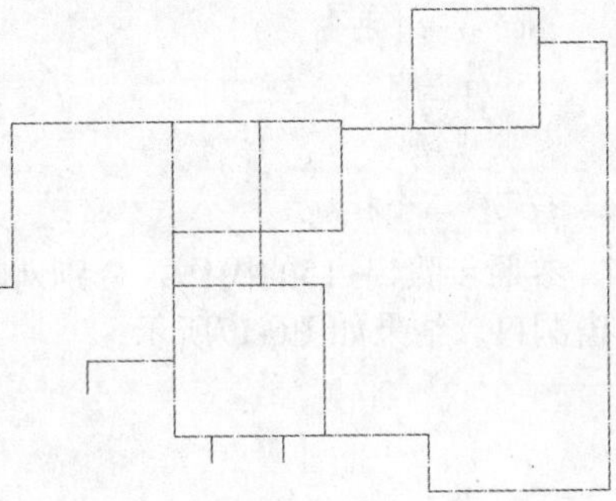

图6-11

⑬ 重复执行“修剪”命令，选择如图6-12所示的4条轴线作为边界，对边界之间的水平轴线进行修剪，修剪结果如图6-13所示。

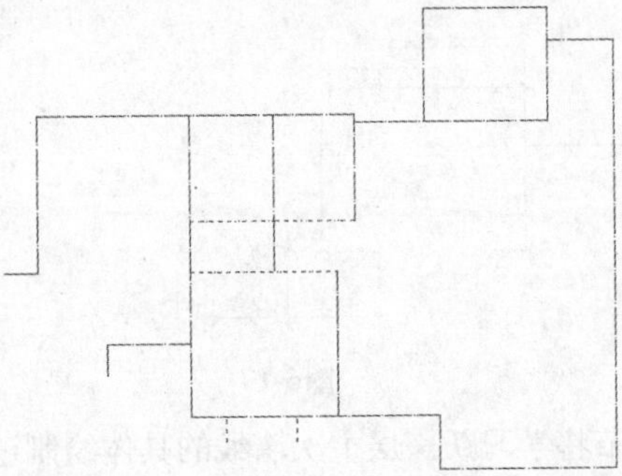

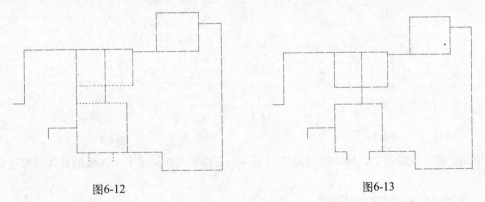

图6-12

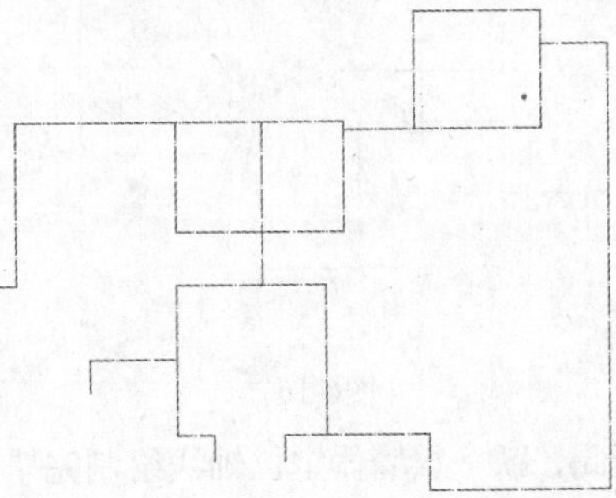

图6-13

⑭ 执行“偏移”命令，将最右侧的垂直轴线向左偏移270和1170个单位作为边界，结果如图6-14所示。

⑮ 单击“修改”工具栏中的按钮，激活“修剪”命令，以偏移出的两条垂直线段作为

修剪边界，对水平轴线进行修剪，以创建宽度为900的门洞，修剪结果如图6-15所示。

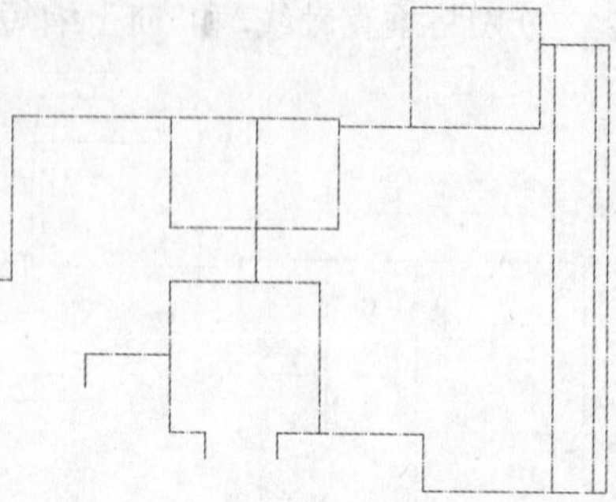

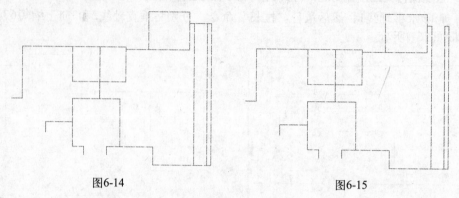

图6-14

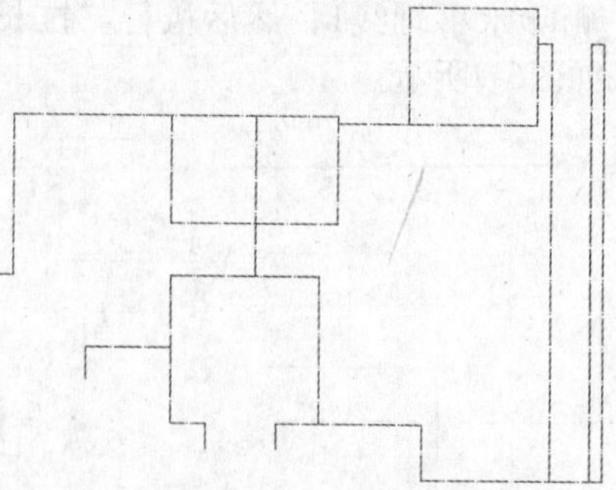

图6-15

⑯ 将偏移出的两条垂直轴线删除，然后单击“修改”工具栏中的□按钮，激活“打断”命令，在下侧的水平轴线上创建窗洞，命令行操作如下。

```
命令：_break
    选择对象：                                  //选择最下侧的水平轴线
    指定第二个打断点 或 [第一点(F)]:              //F Enter，重新指定第一断点
    指定第一个打断点：                            //激活“捕捉自”功能
    _from 基点：                                 //捕捉最下侧水平轴线的右端点
    <偏移>:                                      //@-360,0 Enter
    指定第二个打断点：                            //@-3225,0 Enter，结果如图6-16所示
```

⑰ 参照步骤13~15的操作，分别对其他位置的轴线进行打断和修剪操作，以创建各位置的门、窗洞口，结果如图6-17所示。

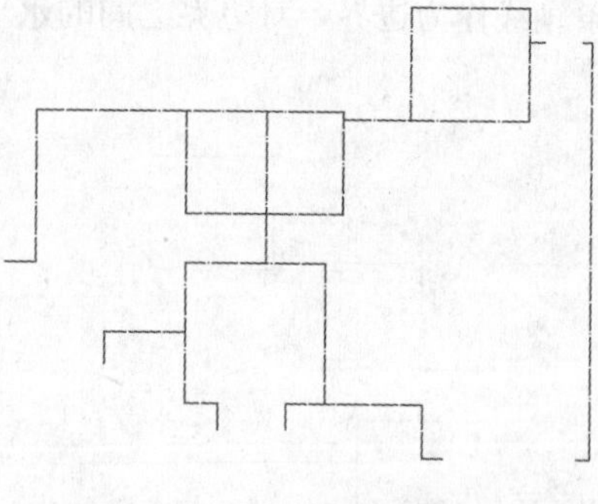

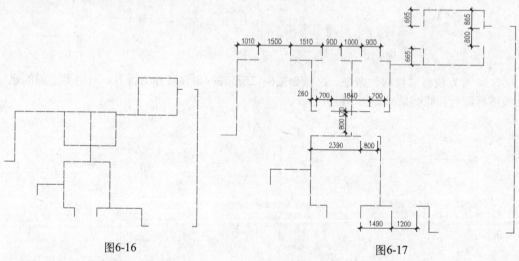

图6-16

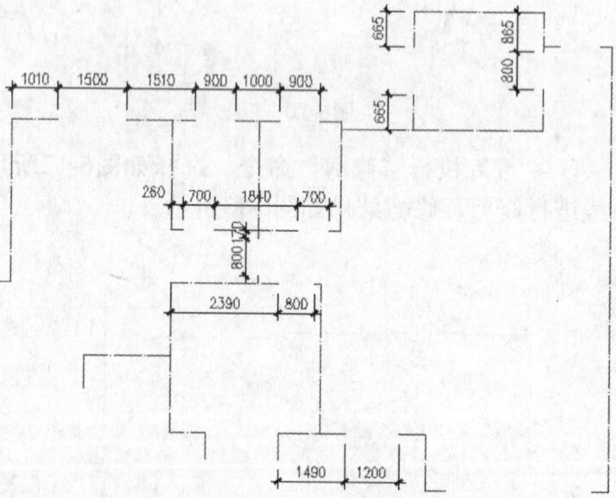

图6-17

至此，跃一层墙体定位轴线绘制完毕，下一小节将学习跃一层主次墙线的具体绘制过程。

6.3.2 绘制跃一层主次墙线

① 继续上节操作。

② 展开“图层控制”下拉列表，将“墙线层”设置为当前图层，如图6-18所示。

(3) 执行菜单栏中的“绘图”|“矩形”命令，配合“捕捉自”功能绘制柱子轮廓线，命令行操作如下。

命令 : _rectang
指定第一个角点或 [倒角 (C)/ 标高 (E)/ 圆角 (F)/ 厚度 (T)/ 宽度 (W)]:
// 激活“捕捉自”功能
_from 基点 : // 捕捉如图 6-19 所示的端点

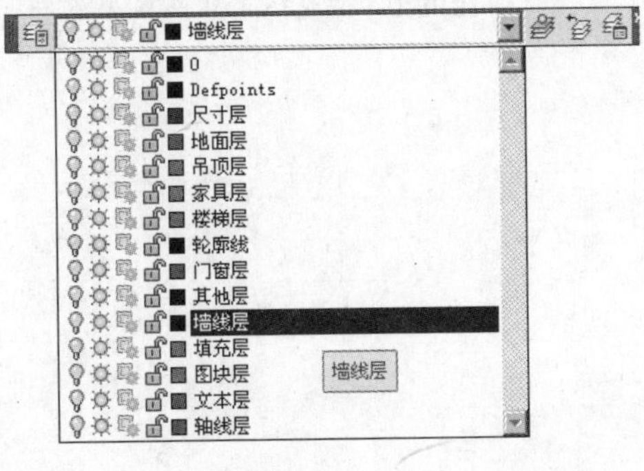

图6-18

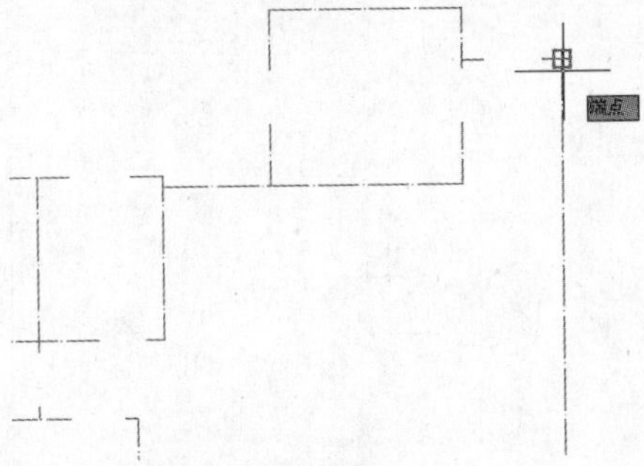

图6-19

< 偏移 >: //@90,-1550 Enter
指定另一个角点或 [面积 (A)/ 尺寸 (D)/ 旋转 (R)]:
//@-290,-730 Enter，绘制结果如图 6-20 所示

(4) 重复执行“矩形”命令，配合“捕捉自”功能绘制下侧的柱子轮廓线，绘制结果如图6-21所示。

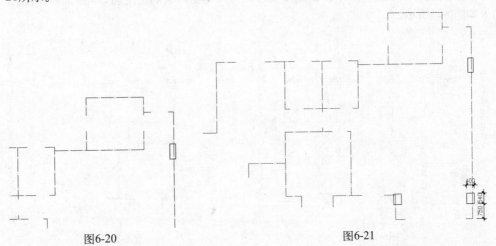

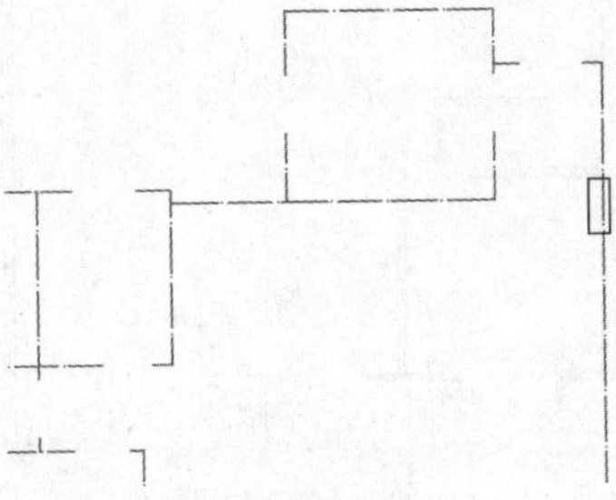

图6-20

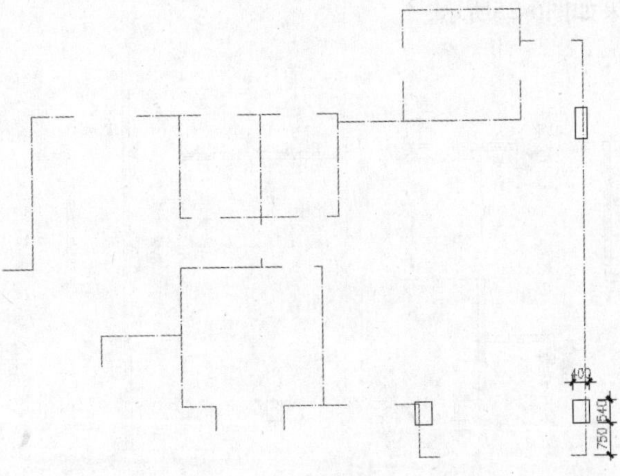

图6-21

(5) 执行菜单栏中的“绘图”|“多线”命令，配合端点捕捉功能绘制主墙线，命令行操作如下。

命令 : _mline
当前设置 : 对正 = 上，比例 = 20.00，样式 = 墙线样式
指定起点或 [对正 (J)/ 比例 (S)/ 样式 (ST)]: //S Enter
输入多线比例 <20.00>: //180 Enter
当前设置 : 对正 = 上，比例 = 240.00，样式 = 墙线样式
指定起点或 [对正 (J)/ 比例 (S)/ 样式 (ST)]: //J Enter

输入对正类型 [上 (T)/ 无 (Z)/ 下 (B)] < 上 >:　　　　　//Z Enter
当前设置 : 对正 = 无，比例 = 240.00，样式 = 墙线样式
指定起点或 [对正 (J)/ 比例 (S)/ 样式 (ST)]:　　　　　// 捕捉如图 6-22 所示的端点 1
指定下一点 :　　　　　// 捕捉如图 6-22 所示的端点 2
指定下一点或 [放弃 (U)]:　　　　　// 捕捉端点 3
指定下一点或 [闭合 (C)/ 放弃 (U)]:　　　　　// 捕捉端点 4
指定下一点或 [闭合 (C)/ 放弃 (U)]:　　　　　// Enter，绘制结果如图 6-23 所示

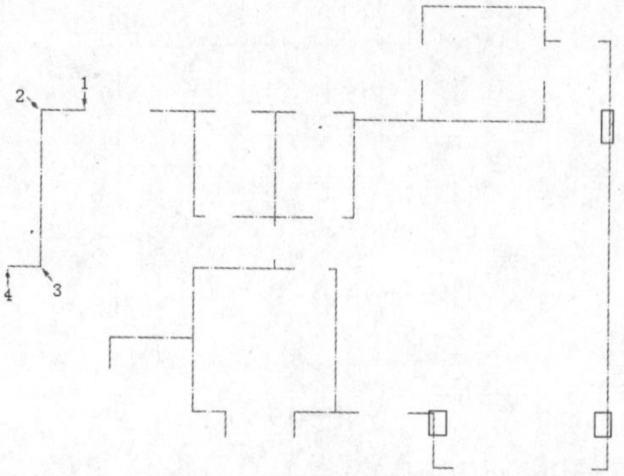

图6-22

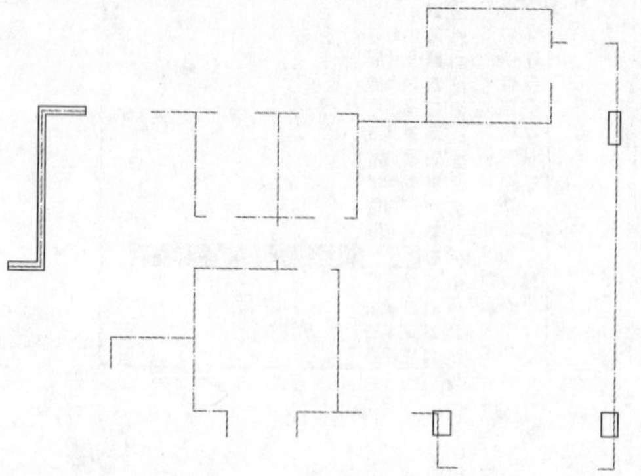

图6-23

(6) 重复执行“多线”命令，设置多线比例和对正方式保持不变，配合端点捕捉和交点捕捉功能绘制其他主墙线，结果如图6-24所示。

(7) 重复执行“多线”命令，设置多线对正方式不变，绘制宽度为120的非承重墙线，绘制结果如图6-25所示。

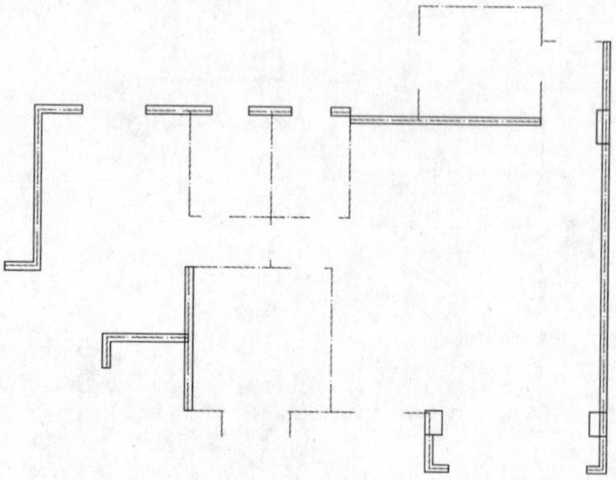

图6-24

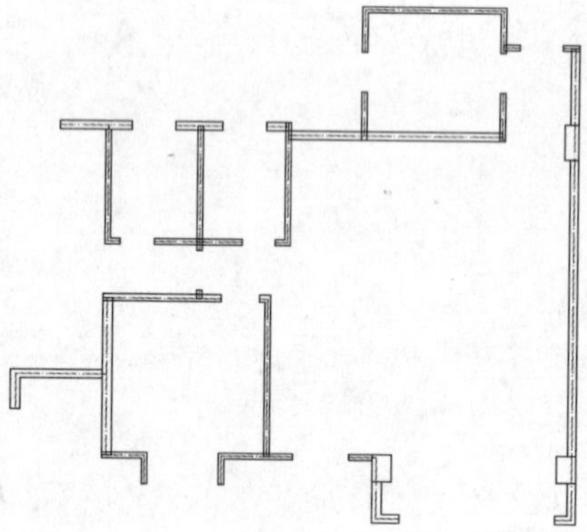

图6-25

(8) 执行菜单栏中的“绘图”|“多段线”命令，配合坐标输入功能绘制隔断，命令行操作如下。

命令 : _pline
指定起点 :　　　　　// 捕捉如图 6-26 所示的端点
当前线宽为 0.0
指定下一个点或 [圆弧 (A)/ 半宽 (H)/ 长度 (L)/ 放弃 (U)/ 宽度 (W)]:
　　　　　//@0,820 Enter
指定下一点或 [圆弧 (A)/ 闭合 (C)/ 半宽 (H)/ 长度 (L)/ 放弃 (U)/ 宽度 (W)]:

//@-160,0 Enter
指定下一点或 [圆弧 (A)/ 闭合 (C)/ 半宽 (H)/ 长度 (L)/ 放弃 (U)/ 宽度 (W)]:
//@0,2050 Enter
指定下一点或 [圆弧 (A)/ 闭合 (C)/ 半宽 (H)/ 长度 (L)/ 放弃 (U)/ 宽度 (W)]:
//@-72,0 Enter
指定下一点或 [圆弧 (A)/ 闭合 (C)/ 半宽 (H)/ 长度 (L)/ 放弃 (U)/ 宽度 (W)]:
//@0,-2870 Enter
指定下一点或 [圆弧 (A)/ 闭合 (C)/ 半宽 (H)/ 长度 (L)/ 放弃 (U)/ 宽度 (W)]:
// Enter，绘制结果如图 6-27 所示

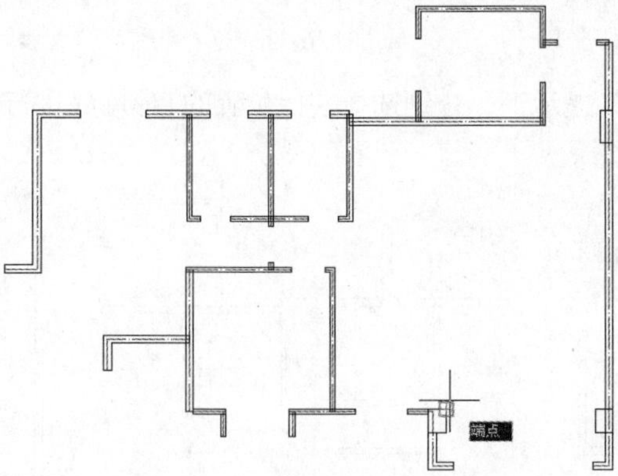

图6-26

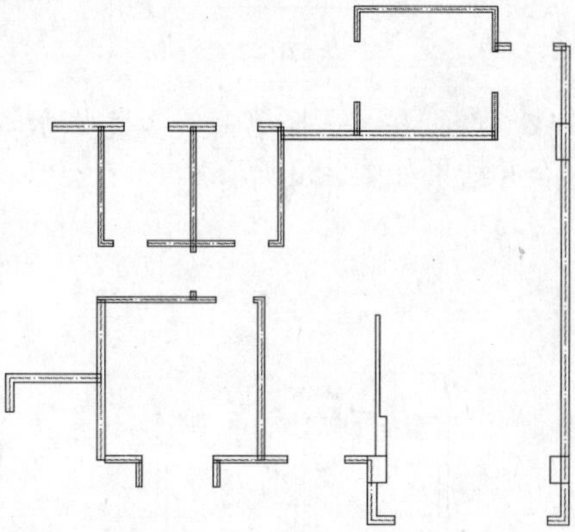

图6-27

至此，跃一层主次墙线绘制完毕，下一小节将学习跃一层主次墙线的快速编辑过程。

6.3.3 编辑跃一层主次墙线

(1) 继续上节操作。

(2) 展开“图层控制”下拉列表，关闭“轴线层”，图形的显示结果如图6-28所示。

(3) 执行菜单栏中的“修改”|“对象”|“多线”命令，在打开的“多线编辑工具”对话框中单击按钮，激活“T形合并”功能，如图6-29所示。

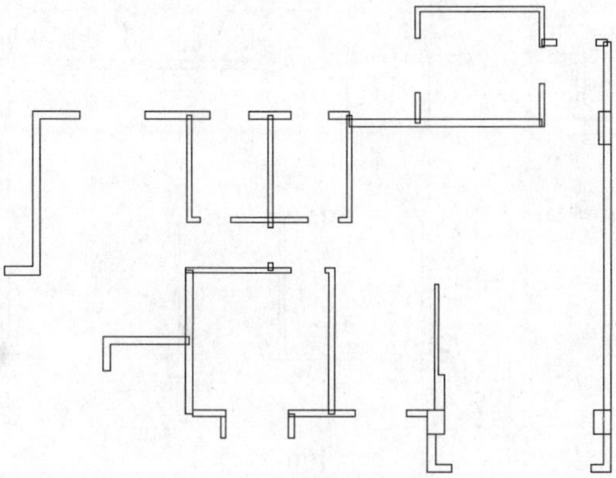

图6-28

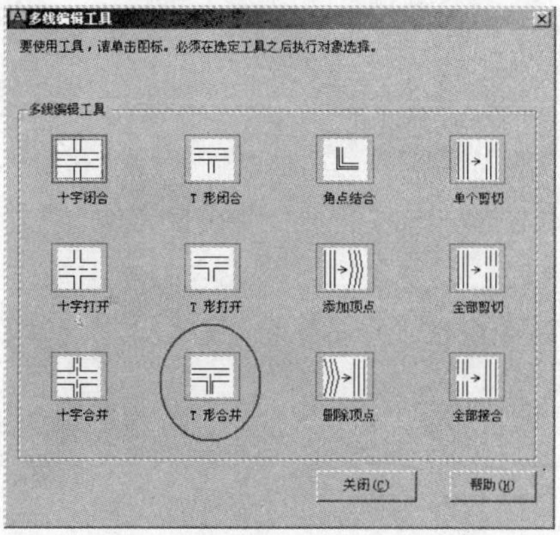

图6-29

(4) 返回绘图区，在命令行“选择第一条多线:”提示下选择如图6-30所示的墙线。

(5) 在“选择第二条多线:”提示下，选择如图6-31所示的墙线，结果这两条T形相交的多线被合并，如图6-32所示。

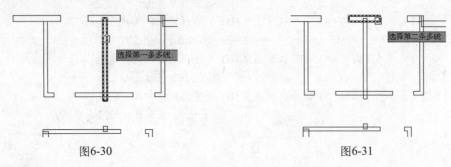

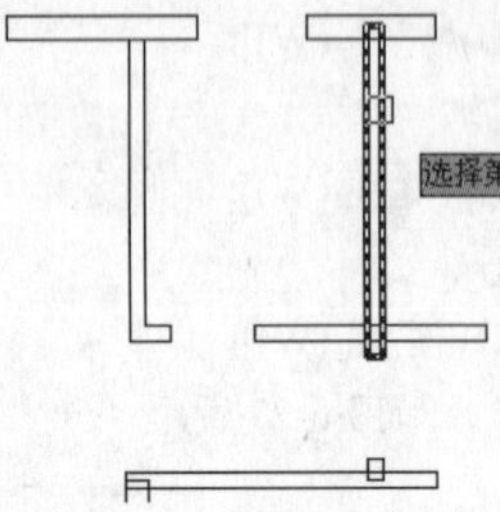

图6-30

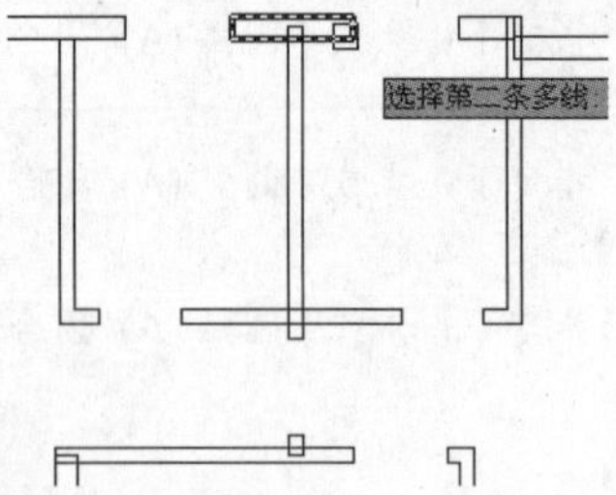

图6-31

(6) 继续在“选择第一条多线或[放弃(U)]:”提示下，分别选择其他位置的T形墙线进行合并，合并结果如图6-33所示。

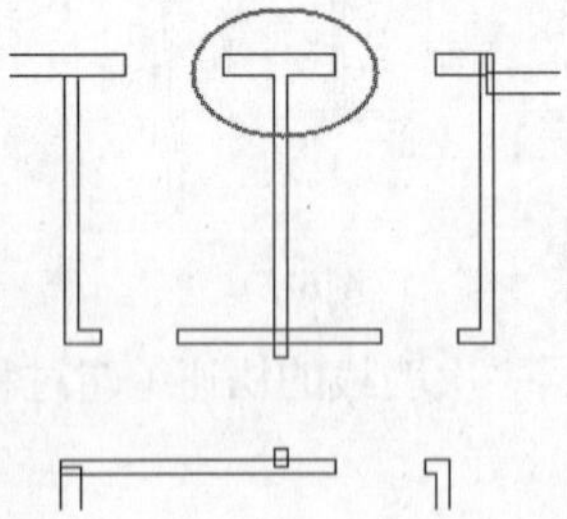

图6-32

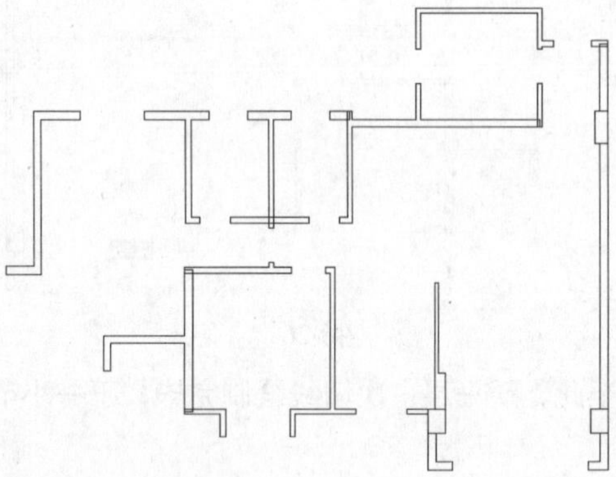

图6-33

(7) 在墙线上双击鼠标左键，从打开的“多线编辑工具”对话框中单击如图6-34所示的“角点结合”按钮，对拐角处的墙线进行角点结合，编辑结果如图6-35所示。

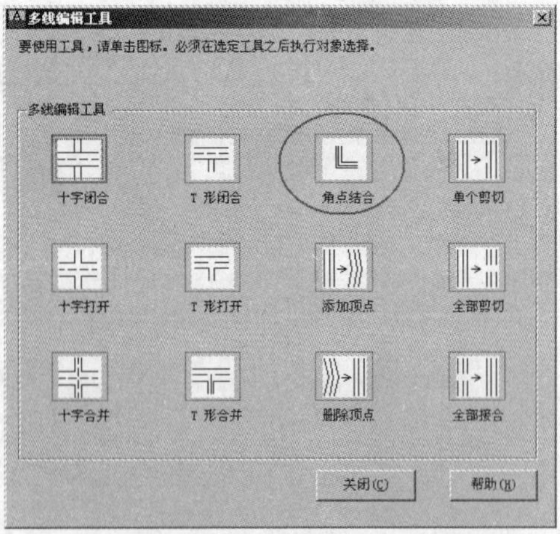

图6-34

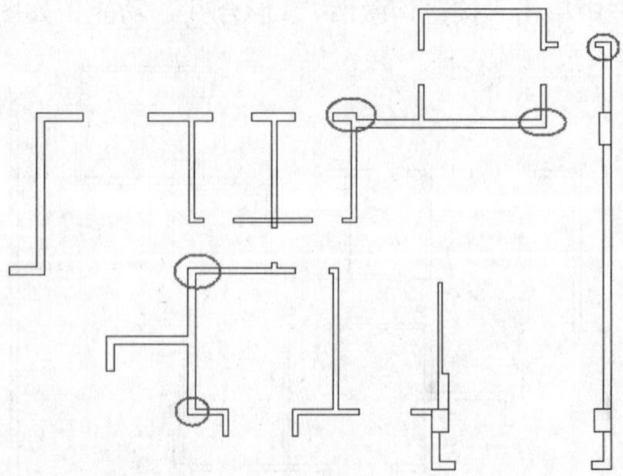

图6-35

(8) 在墙线上双击左键，从打开的“多线编辑工具”对话框中单击如图6-36所示的“十字合并”按钮，对十字相交的墙线进行合并，结果如图6-37所示。

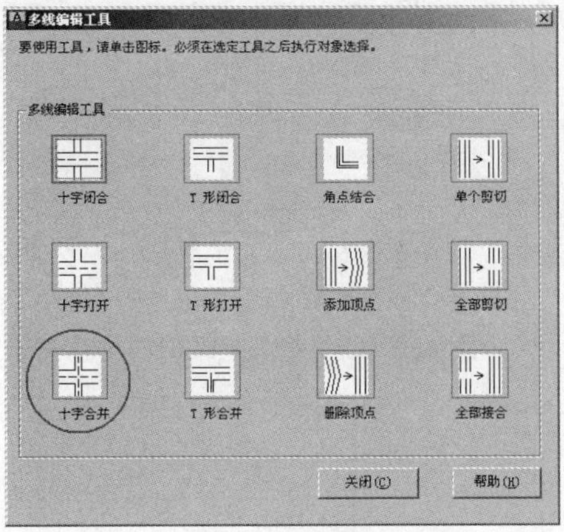

图6-36

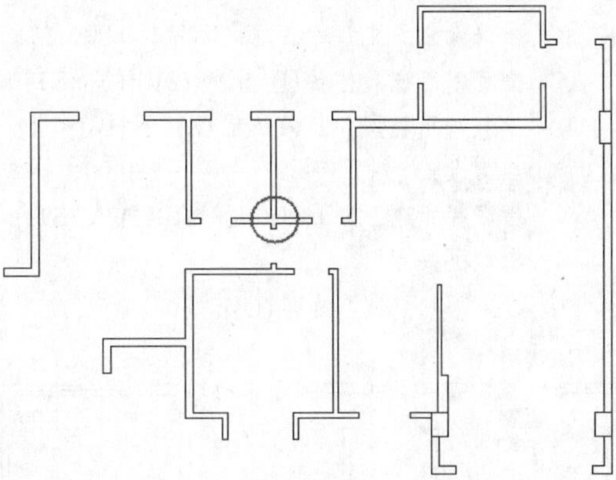

图6-37

至此，跃一层主次墙线编辑完毕，下一小节将学习跃一层平面窗和单开门等建筑构件的具体绘制过程。

6.3.4 绘制跃一层门窗构件

(1) 继续上节操作。

(2) 展开“图层控制”下拉列表，将“门窗层”设置为当前图层。

(3) 执行菜单栏中的“格式”|“多线样式”命令，在打开的“多线样式”对话框中设置“窗线样式”为当前样式，如图6-38所示。

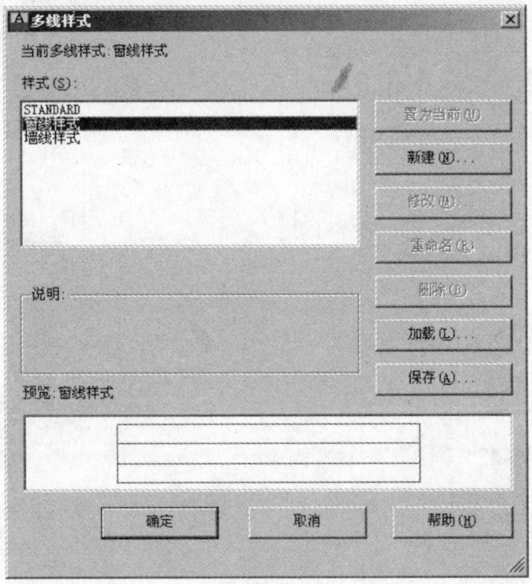

图6-38

(4) 绘制窗线。执行菜单栏中的“绘图”|“多线”命令，配合中点捕捉功能绘制窗线，命令行操作如下。

```
命令：_mline
    当前设置：对正 = 上，比例 = 120.00，样式 = 窗线样式
    指定起点或 [ 对正 (J)/ 比例 (S)/ 样式 (ST)]:    // S Enter
```

输入多线比例 <20.00>: //180 Enter
当前设置 : 对正 = 上，比例 = 180.00，样式 = 窗线样式
指定起点或 [对正 (J)/ 比例 (S)/ 样式 (ST)]: //J Enter
输入对正类型 [上 (T)/ 无 (Z)/ 下 (B)] < 上 >: //Z Enter
当前设置 : 对正 = 无，比例 = 180.00，样式 = 窗线样式
指定起点或 [对正 (J)/ 比例 (S)/ 样式 (ST)]: // 捕捉如图 6-39 所示的中点
指定下一点 : // 捕捉如图 6-40 所示的中点
指定下一点或 [放弃 (U)]: // Enter，绘制结果如图 6-41 所示

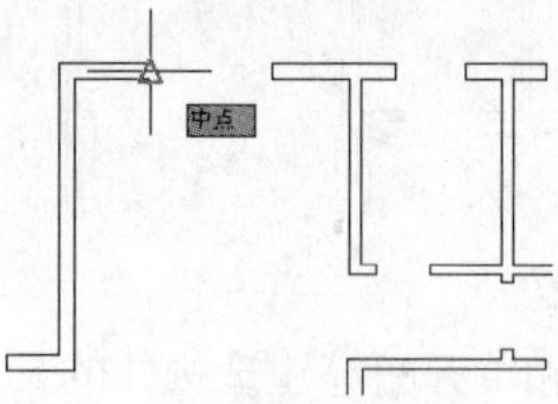

图6-39

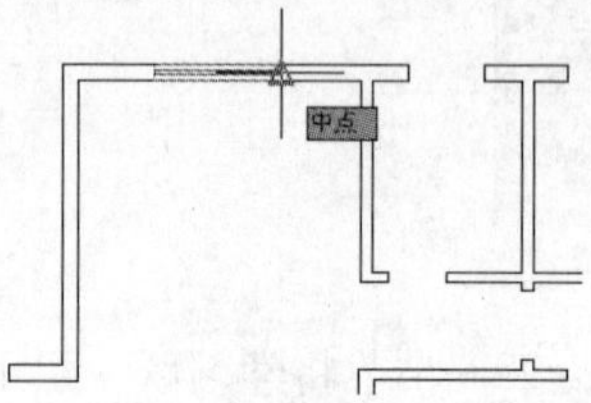

图6-40

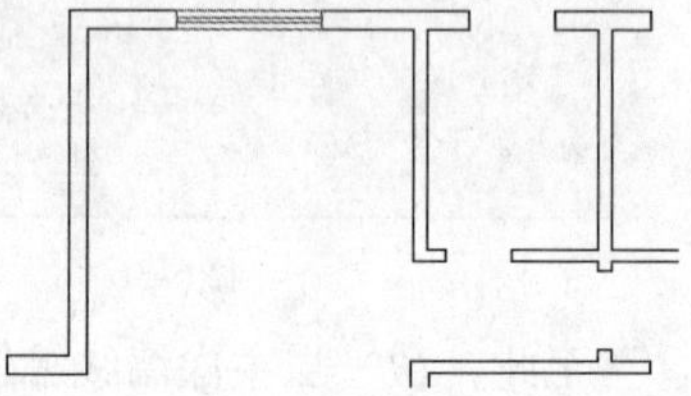

图6-41

5 重复执行“多线”命令，配合捕捉与追踪功能绘制下侧的窗线，命令行操作如下。

命令 : _mline
当前设置 : 对正 = 无，比例 = 180.00，样式 = 窗线样式
指定起点或 [对正 (J)/ 比例 (S)/ 样式 (ST)]: //J Enter
输入对正类型 [上 (T)/ 无 (Z)/ 下 (B)] < 无 >: //B Enter
当前设置 : 对正 = 下，比例 = 180.00，样式 = 窗线样式
指定起点或 [对正 (J)/ 比例 (S)/ 样式 (ST)]: // 捕捉如图 6-42 所示的端点
指定下一点 : // 捕捉如图 6-43 所示的追踪虚线的交点
指定下一点或 [放弃 (U)]: // 捕捉如图 6-44 所示的端点
指定下一点或 [闭合 (C)/ 放弃 (U)]: // Enter，绘制结果如图 6-45 所示

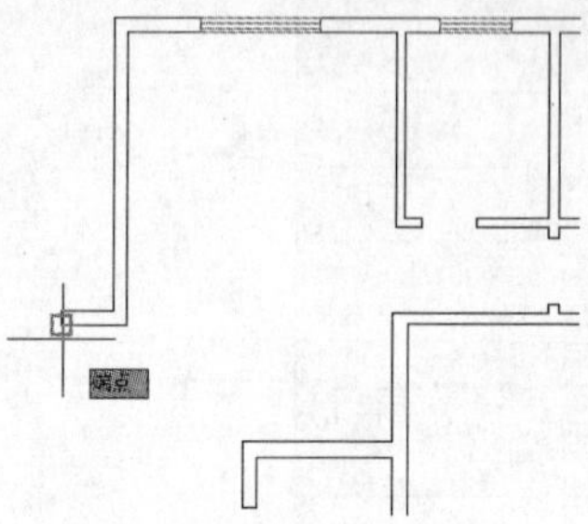

图6-42

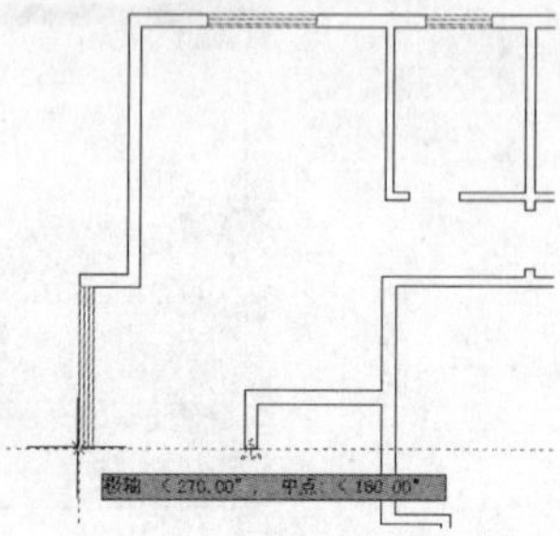

图6-43

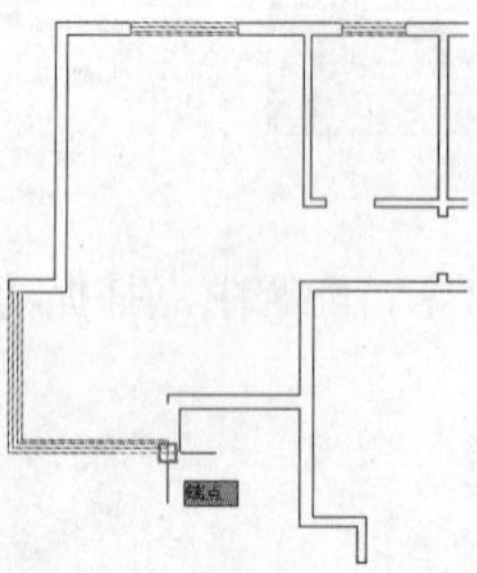

图6-44

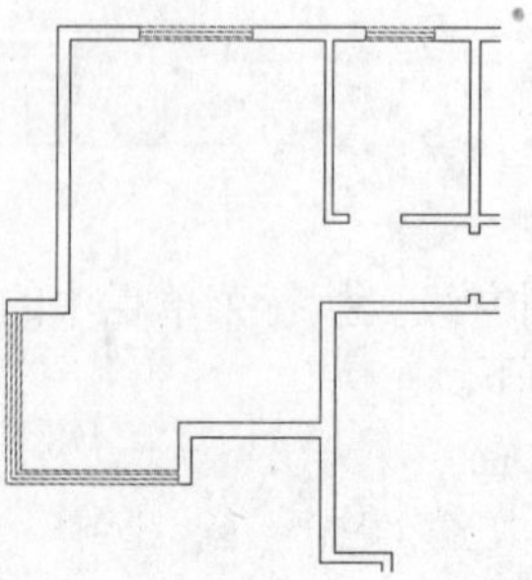

图6-45

(6) 重复执行“多线”命令，配合中点捕捉功能绘制其他位置的窗线，绘制结果如图6-46所示。

(7) 重复执行“多线”命令，设置多线宽度为120，配合中点捕捉功能绘制如图6-47所示的窗线。

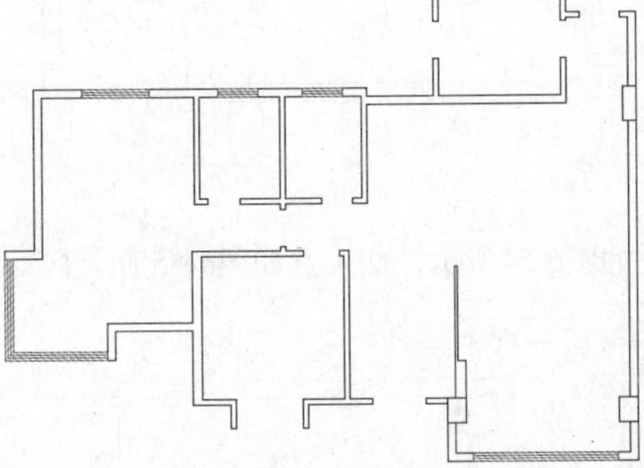

图6-46

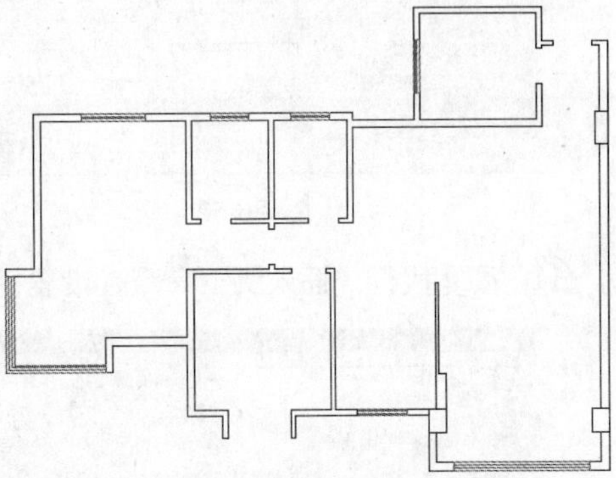

图6-47

(8) 重复执行“多线”命令，设置多线宽度为120、设置对正方式为下对正，捕捉如图6-48所示的端点作为第一点，绘制如图6-49所示的窗线。

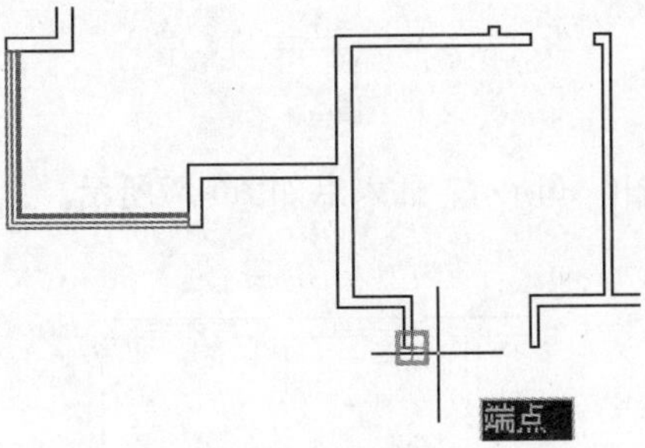

图6-48

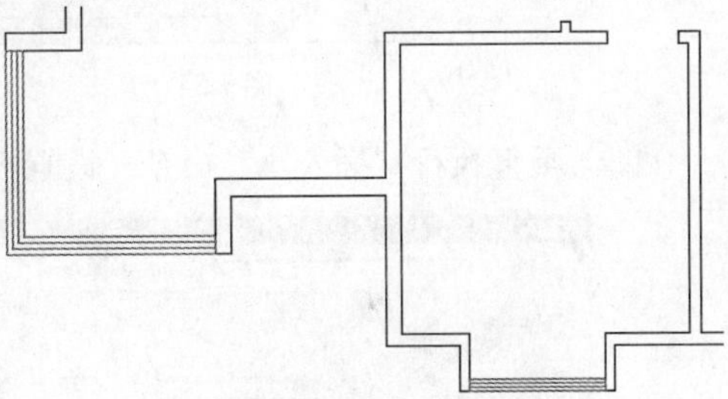

图6-49

(9) 绘制单开门。单击“绘图”工具栏中的按钮，插入随书光盘中的“图块文件”\“单开门.dwg”图块，块参数设置如图6-50所示，插入点如图6-51所示。

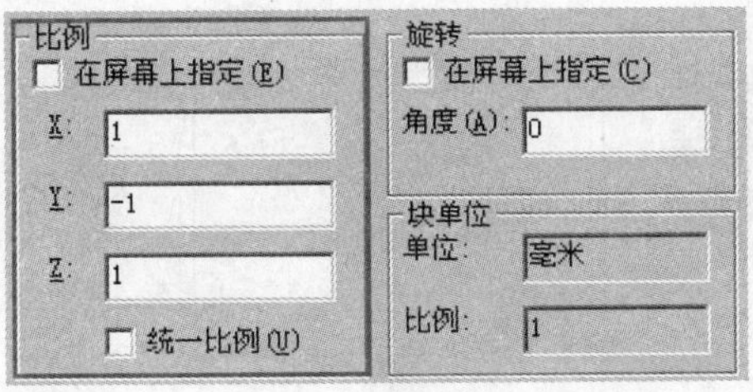

图6-50

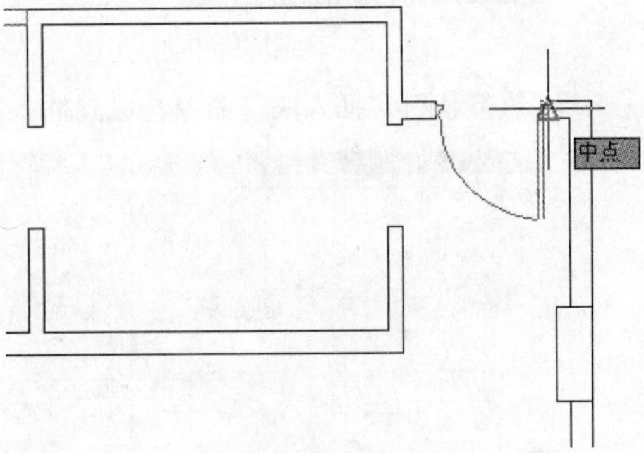

图6-51

(10) 重复执行“插入块”命令，设置块参数如图6-52所示，插入点如图6-53所示。

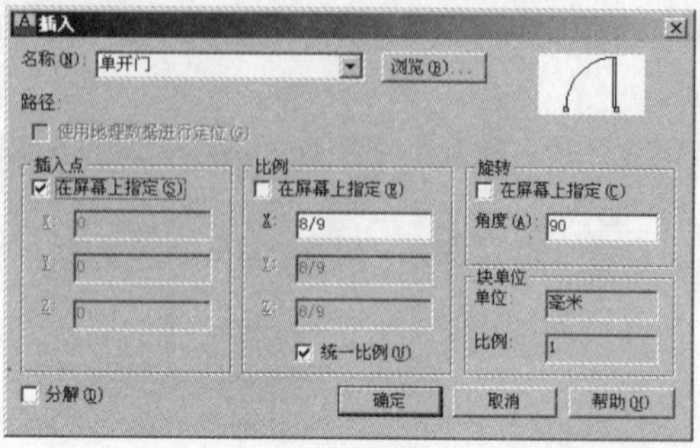

图6-52

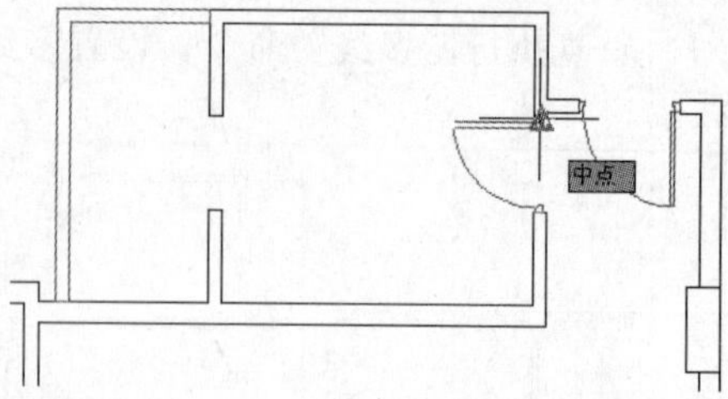

图6-53

⑪ 重复执行“插入块”命令，设置插入参数如图6-54所示，插入点如图6-55所示。

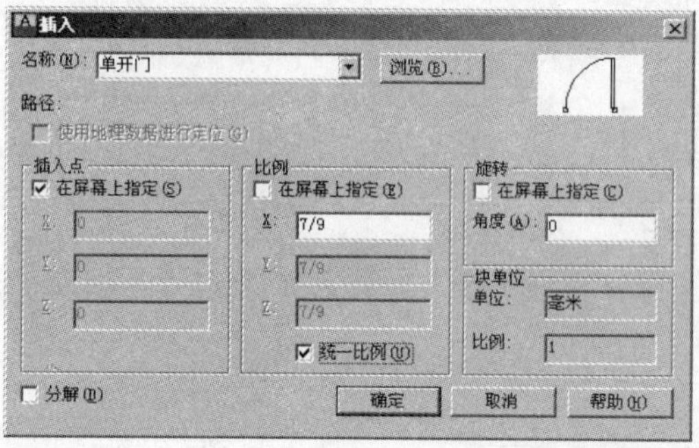

图6-54

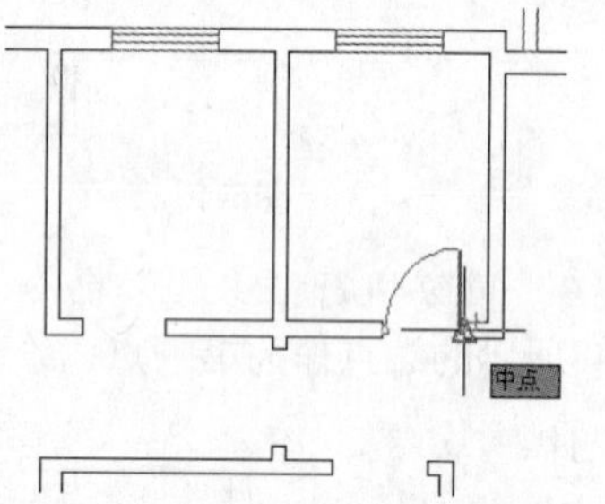

图6-55

⑫ 重复执行“插入块”命令，设置插入参数如图6-56所示，插入点如图6-57所示。

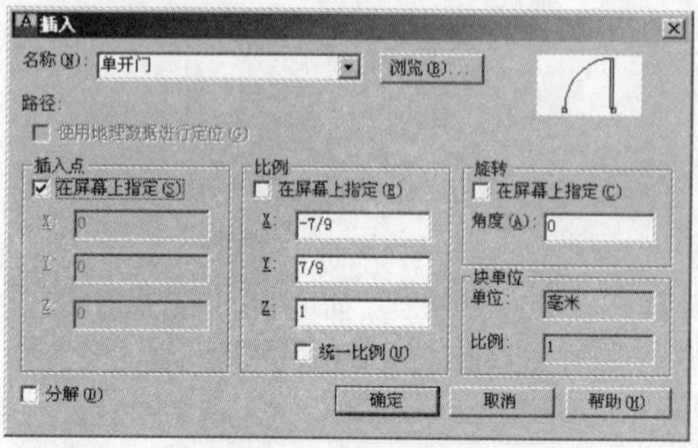

图6-56

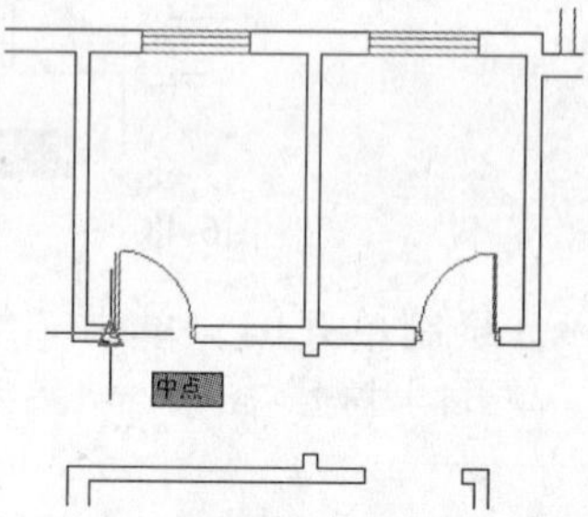

图6-57

⑬ 重复执行“插入块”命令，设置插入参数如图6-58所示，插入点如图6-59所示。

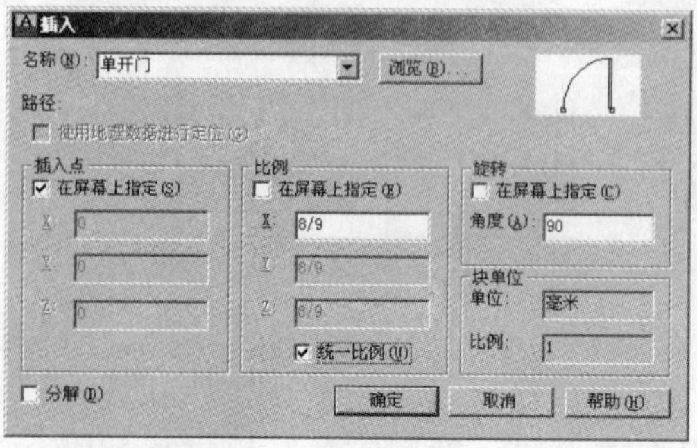

图6-58

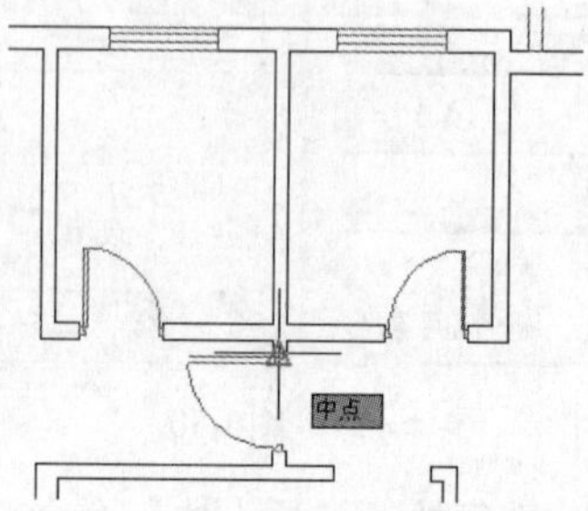

图6-59

⑭ 重复执行“插入块”命令，设置插入参数如图6-60所示，插入点如图6-61所示。

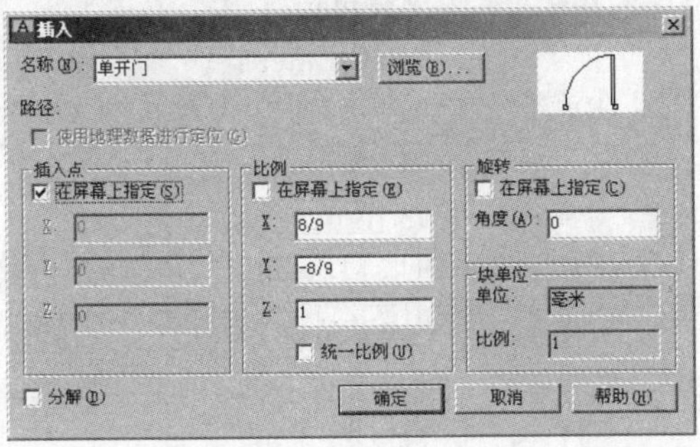

图6-60

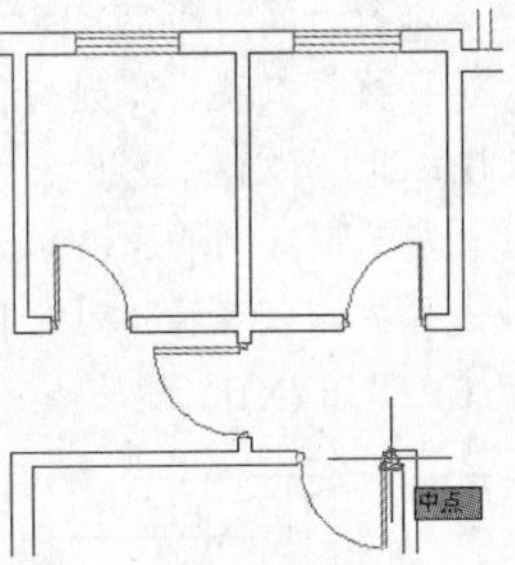

图6-61

⑮ 使用命令简写CO激活“复制”命令，选择如图6-62所示的单开门，配合中点捕捉功能进行复制，结果如图6-63所示。

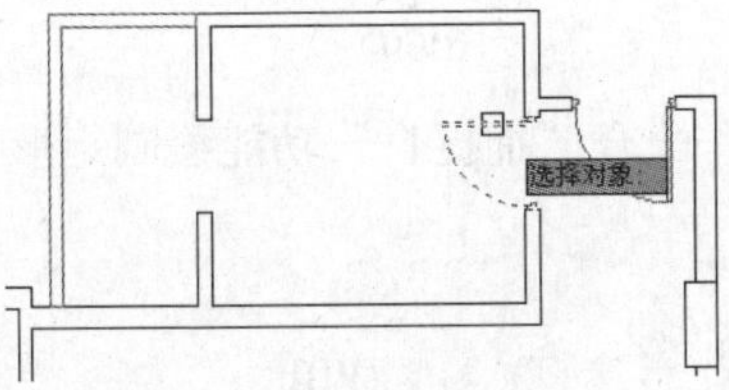

图6-62

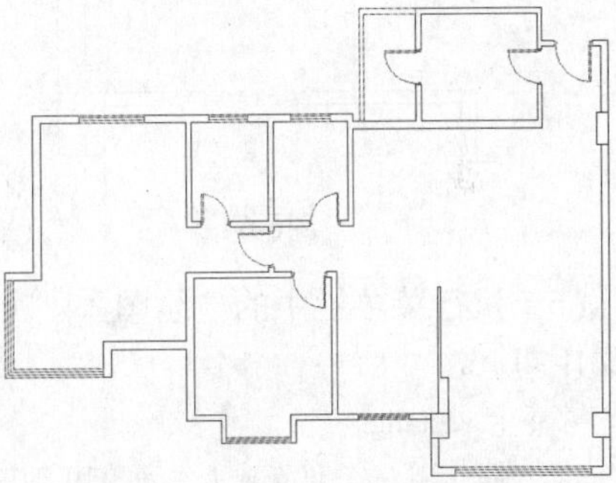

图6-63

至此，跃一层门窗构件绘制完毕，下一小节将学习跃一层楼梯平面构件的具体绘制过程。

6.3.5 绘制跃一层楼梯构件

① 继续上节操作。

② 展开“图层控制”下拉列表，将“楼梯层”设置为当前图层。

③ 使用命令简写L激活“直线”命令，配合端点捕捉和“极轴追踪”功能，绘制如图6-64所示的楼梯台阶轮廓线。

④ 执行菜单栏中的“修改”|“阵列”|“矩形阵列”命令，对台阶轮廓线进行阵列，命令行操作如下。

```
命令 : _arrayrect
    选择对象 :                                  // 选择如图 6-65 所示的轮廓线
    选择对象 :                                  // Enter
    类型 = 矩形  关联 = 是
    选择夹点以编辑阵列或 [ 关联 (AS)/ 基点 (B)/ 计数 (COU)/ 间距 (S)/ 列数 (COL)/ 行数 (R)/
层数 (L)/ 退出 (X)] < 退出 >:                    //COU Enter
    输入列数数或 [ 表达式 (E)] <4>:              //1 Enter
    输入行数数或 [ 表达式 (E)] <3>:              //8 Enter
    选择夹点以编辑阵列或 [ 关联 (AS)/ 基点 (B)/ 计数 (COU)/ 间距 (S)/ 列数 (COL)/ 行数 (R)/
```

层数 (L)/ 退出 (X)] < 退出 >: //S Enter
指定列之间的距离或 [单位单元 (U)] <3522>: //1 Enter
指定行之间的距离 <1>: //-260 Enter
选择夹点以编辑阵列或 [关联 (AS)/ 基点 (B)/ 计数 (COU)/ 间距 (S)/ 列数 (COL)/ 行数 (R)/
层数 (L)/ 退出 (X)] < 退出 >: //AS Enter
创建关联阵列 [是 (Y)/ 否 (N)] < 否 >: //N Enter
选择夹点以编辑阵列或 [关联 (AS)/ 基点 (B)/ 计数 (COU)/ 间距 (S)/ 列数 (COL)/ 行数 (R)/
层数 (L)/ 退出 (X)] < 退出 >: // Enter，阵列结果如图 6-66 所示

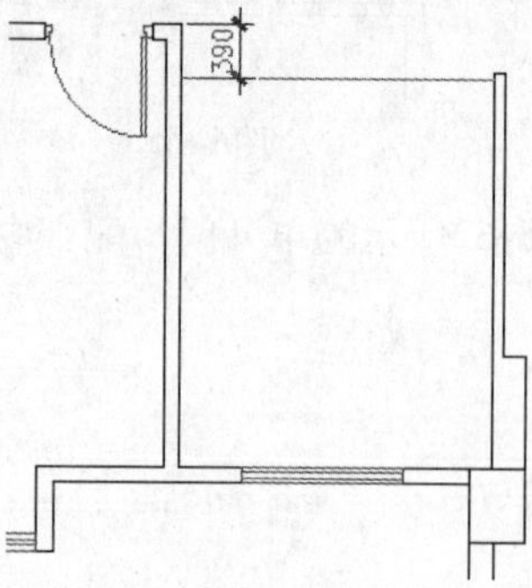

图6-64

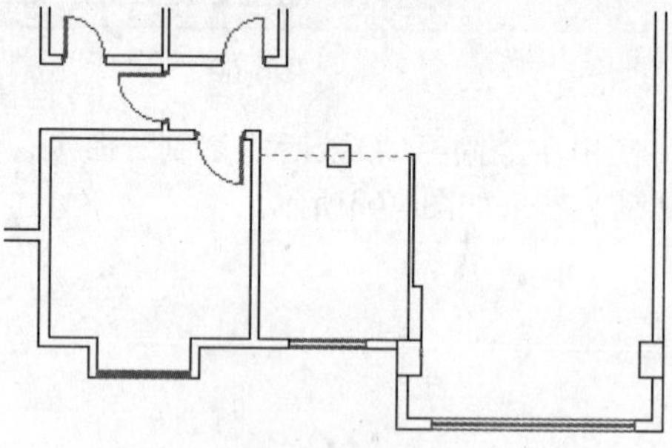

图6-65

(5) 执行菜单栏中的“绘图”|“矩形”命令，配合“捕捉自”功能绘制矩形扶手，命令行操作如下。

命令 : _rectang
指定第一个角点或 [倒角 (C)/ 标高 (E)/ 圆角 (F)/ 厚度 (T)/ 宽度 (W)]:
// 激活“捕捉自”功能
_from 基点 : // 捕捉如图 6-67 所示的墙线端点
< 偏移 >: //@1070,-295 Enter
指定另一个角点或 [面积 (A)/ 尺寸 (D)/ 旋转 (R)]:
//@200,-2010 Enter，绘制结果如图 6-68 所示

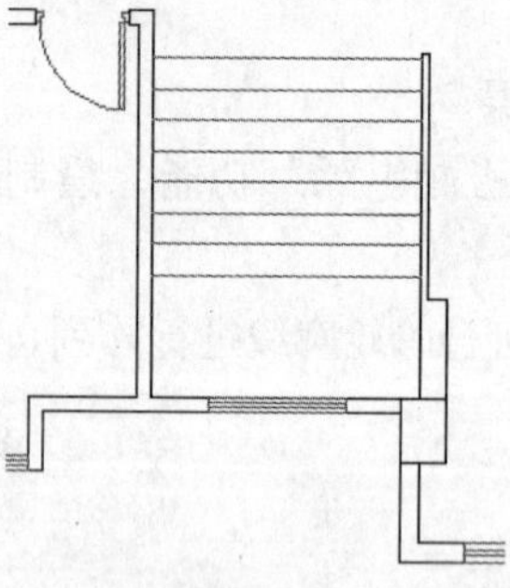

图6-66

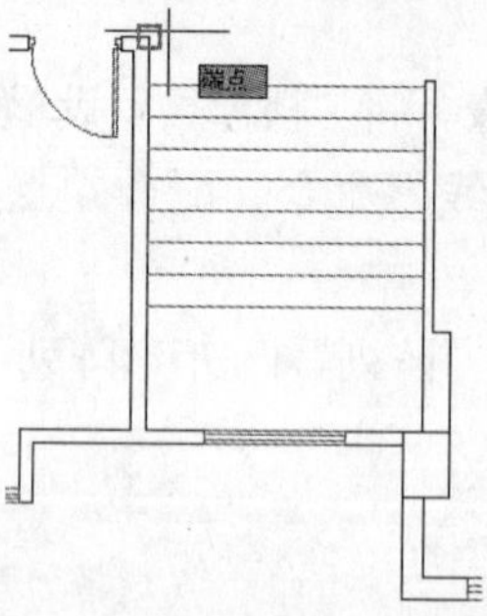

图6-67

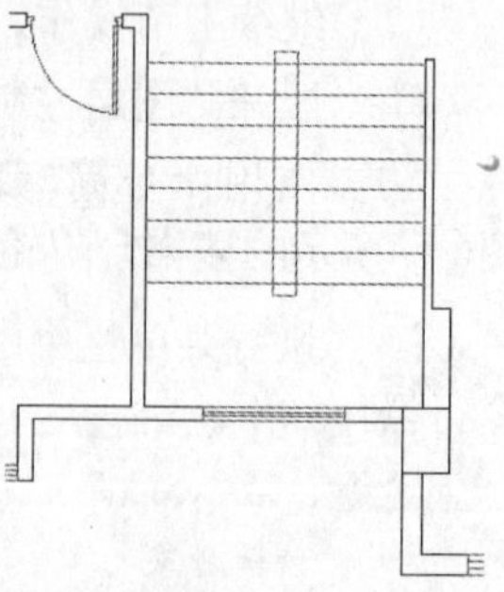

图6-68

(6) 使用命令简写O激活“偏移”命令，将矩形向内偏移40个单位，偏移结果如图6-69所示。

(7) 使用命令简写PL激活“多段线”命令，绘制如图6-70所示的折断线和方向线。

(8) 使用命令简写TR激活“修剪”命令，对台阶轮廓线进行修剪，结果如图6-71所示。

(9) 执行“范围缩放”命令调整视图，使平面图全部显示，最终结果如上图6-1所示。

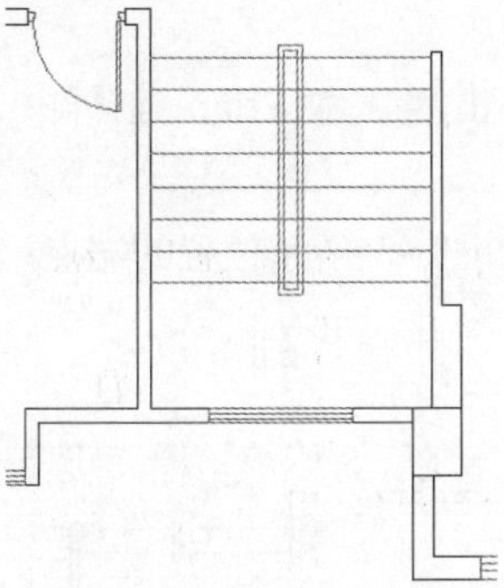

图6-69

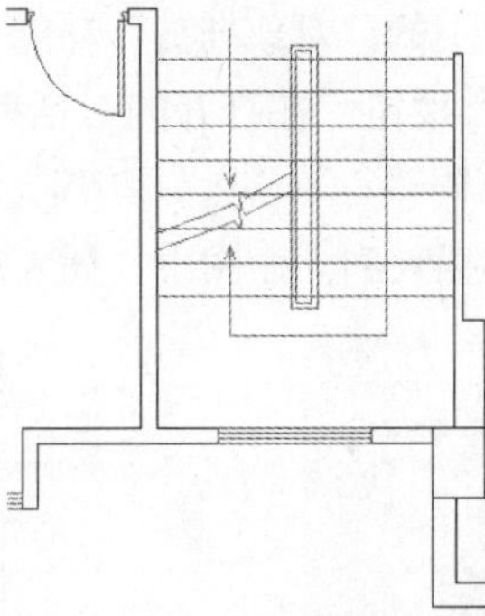

图6-70

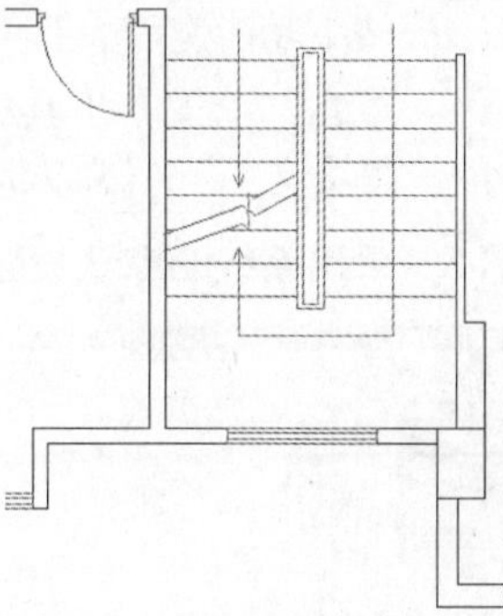

图6-71

⑩ 最后执行“保存”命令，将图形命名存储为“绘制跃一层墙体结构图.dwg”。

6.4 绘制跃层住宅一层家具布置图

本节主要学习跃层住宅一层室内装修家具布置图的具体绘制过程和绘制技巧。跃一层室内装修家具布置图的最终绘制效果如图6-72所示。

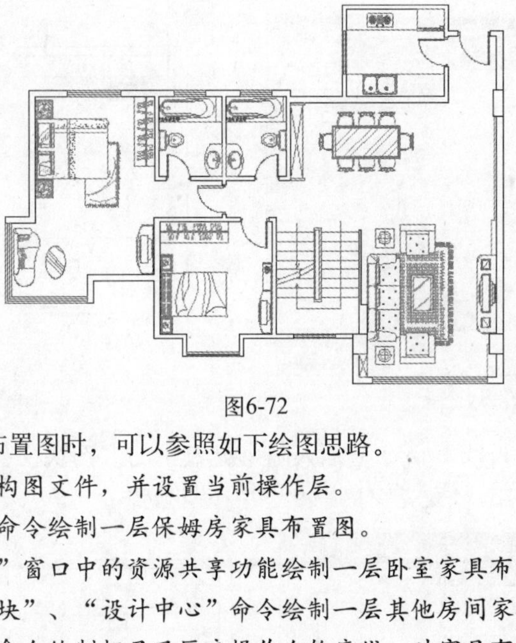

图6-72

在绘制跃一层住宅布置图时，可以参照如下绘图思路。

- 首先调用墙体结构图文件，并设置当前操作层。
- 使用“插入块”命令绘制一层保姆房家具布置图。
- 使用“设计中心”窗口中的资源共享功能绘制一层卧室家具布置图。
- 综合使用“插入块”、“设计中心”命令绘制一层其他房间家具布置图。
- 使用“多段线”命令绘制柜子及厨房操作台轮廓线，对家具布置图进行完善。

6.4.1 绘制跃一层保姆房布置图

① 执行“打开”命令，打开随书光盘中的“效果文件”\“第6章”\“绘制跃一层墙体结构图.dwg”。

② 执行菜单栏中的“格式”|“图层”命令，在打开的面板中双击“家具层”，将此图层设为当前层。

(3) 按下功能键F3，打开状态栏上的“对象捕捉”功能。

(4) 单击“绘图”工具栏中的按钮，在打开的对话框中单击浏览(B)...按钮，选择随书光盘中的“图块文件”\“单人床.dwg”图块，如图6-73所示。

(5) 采用系统的默认设置，将其插入到立面图中，插入点为如图6-74所示位置的端点。

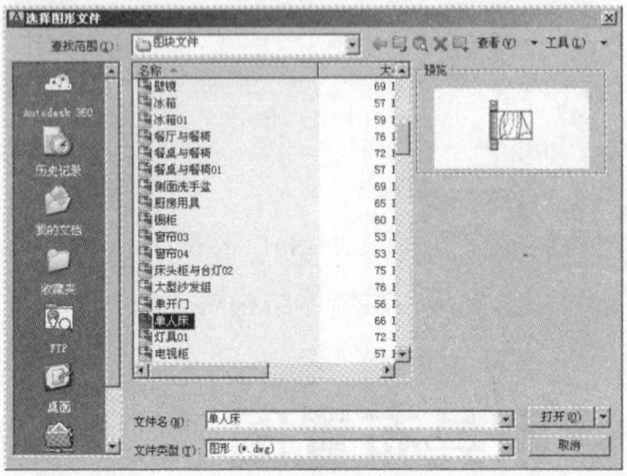
图6-73

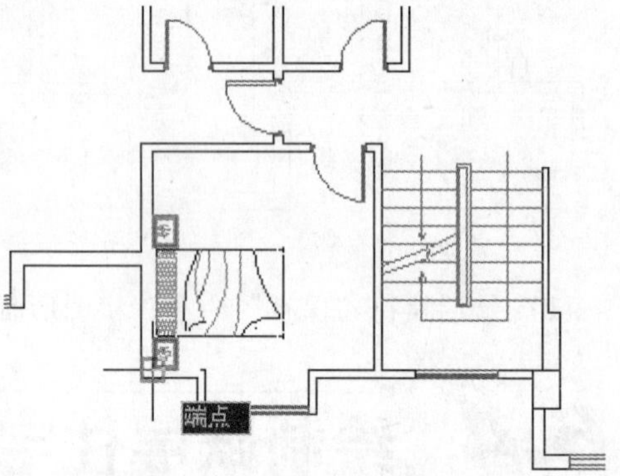

图6-74

(6) 重复执行“插入块”命令，插入随书光盘中的“图块文件”\“衣柜02.dwg”图块，如图6-75所示，插入点为如图6-76所示的端点。

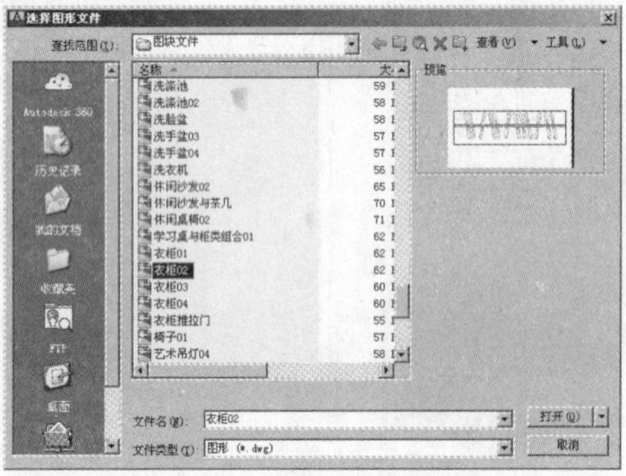
图6-75

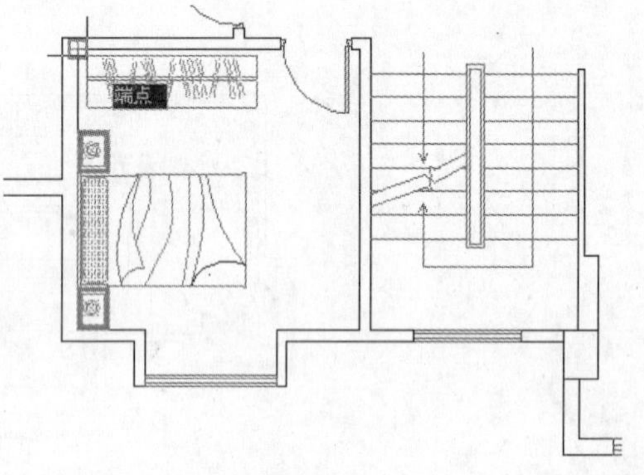

图6-76

(7) 重复执行“插入块”命令，插入随书光盘中的“图块文件”\“电视柜与梳妆台.dwg”图块，如图6-77所示，插入点为如图6-78所示的端点。

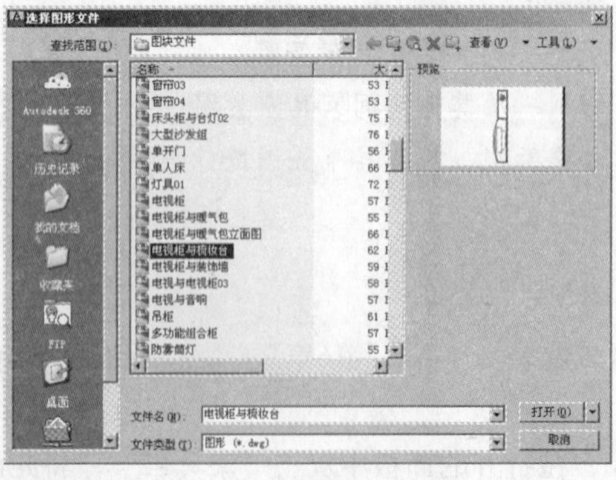
图6-77

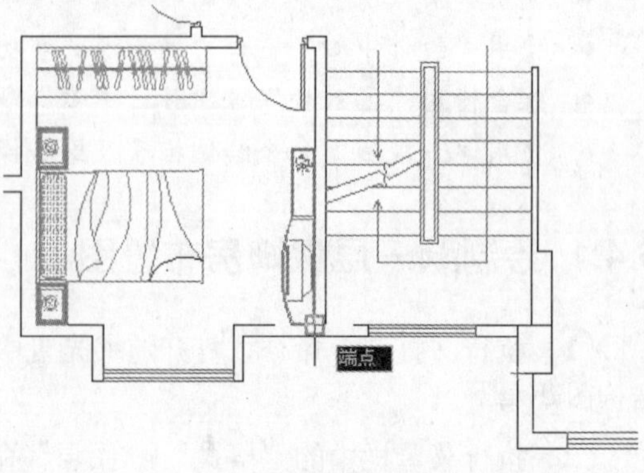

图6-78

至此，跃一层保姆房家具布置图绘制完毕，下一小节将学习跃一层卧室家具布置图的具体绘制过程。

6.4.2 绘制跃一层卧室布置图

(1) 继续上节操作。

(2) 单击“标准”工具栏中的按钮，打开“设计中心”窗口，然后在左侧的树状资源管理器一栏中定位随书光盘中的“图块文件”文件夹，如图6-79所示。

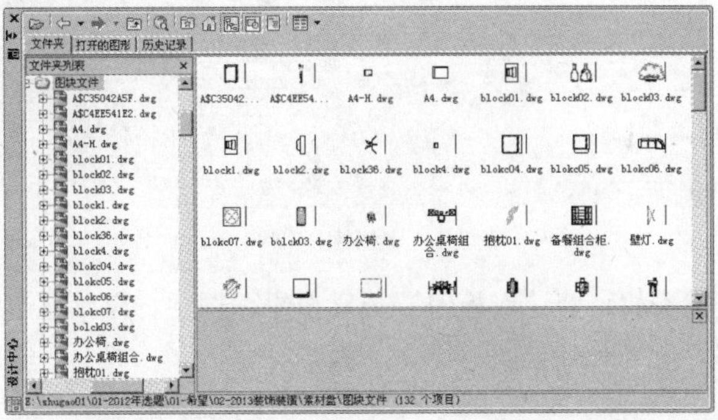

图6-79

(3) 在右侧的窗口中选择“双人床1.dwg”文件，然后单击右键，选择快捷菜单中的“插入为块”命令，如图6-80所示，将此图形以块的形式共享到平面图中。

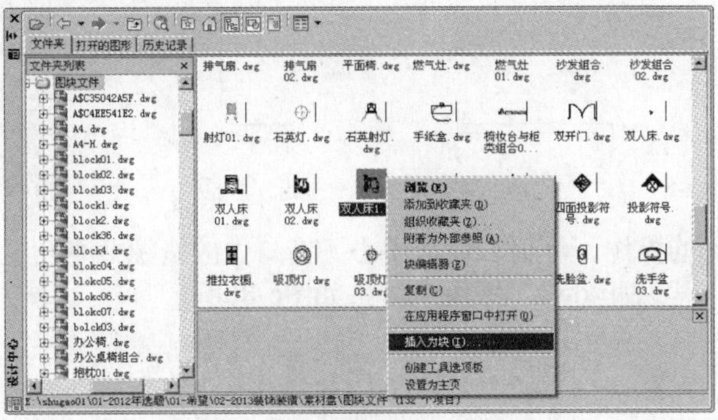

图6-80

(4) 此时系统弹出“插入”对话框，在此对话框内设置块的插入参数如图6-81所示，将其插入到平面图中，插入结果如图6-82所示。

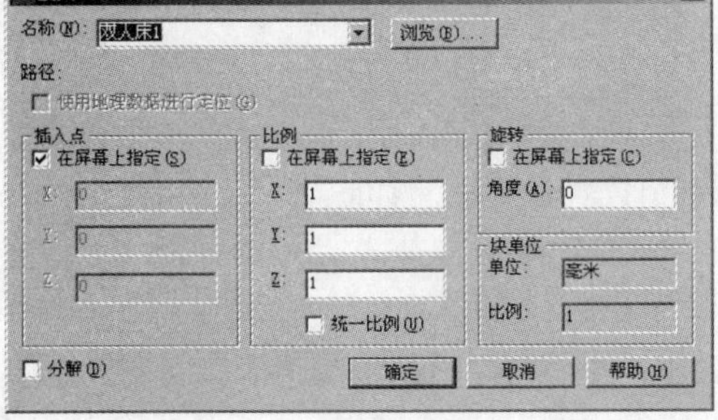

图6-81

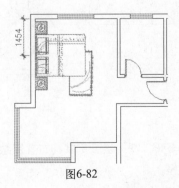

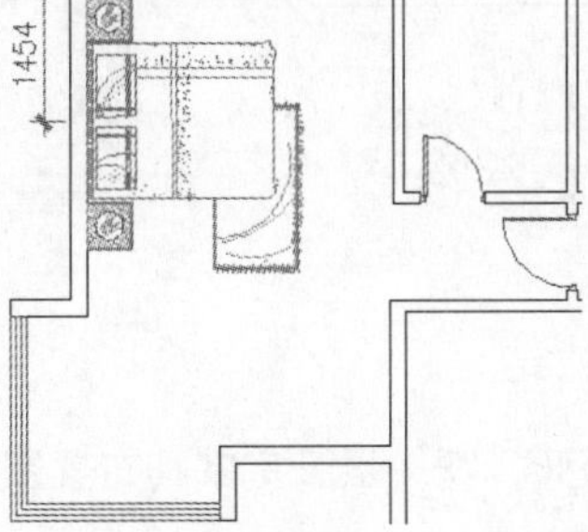

图6-82

⑤ 在“设计中心”右侧的窗口中向下移动滑块，找到“衣柜01.dwg”文件并选择，如图6-83所示。

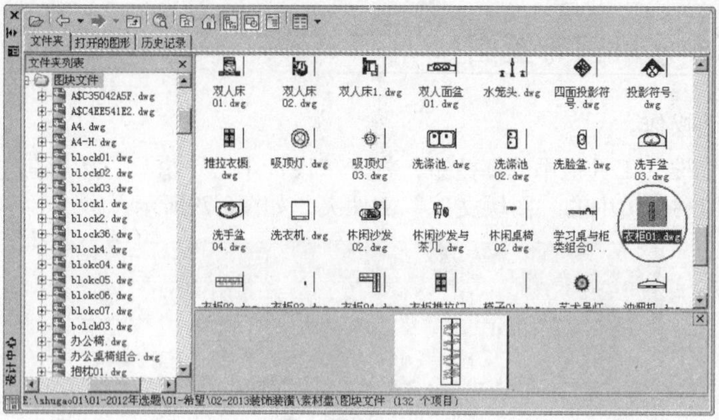

图6-83

⑥ 按住鼠标左键不放，将“衣柜01”拖动至平面图中，以默认参数共享此图形，插入点为如图6-84所示的端点，插入结果如图6-85所示。

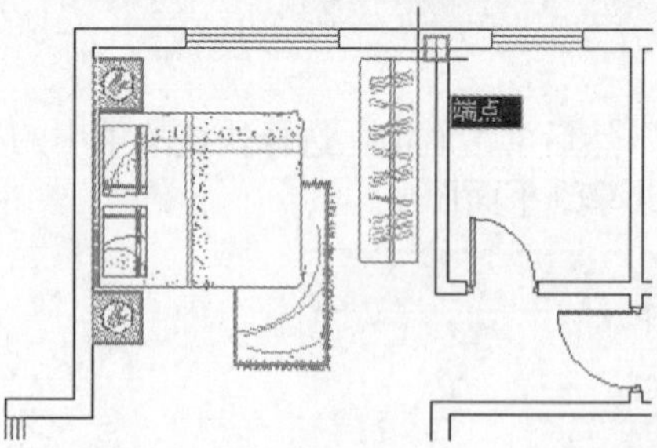

图6-84

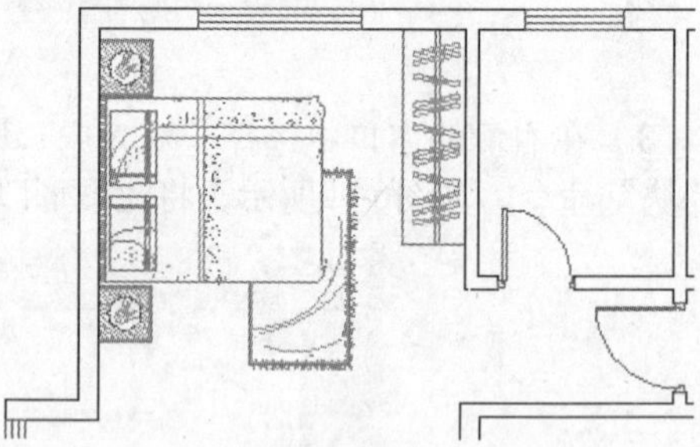
图6-85

⑦ 参照步骤2~6的操作，使用“设计中心”窗口中的资源共享功能，为卧室布置“休闲沙发与茶几.dwg”和“电视柜.dwg”图块，结果如图6-86所示。

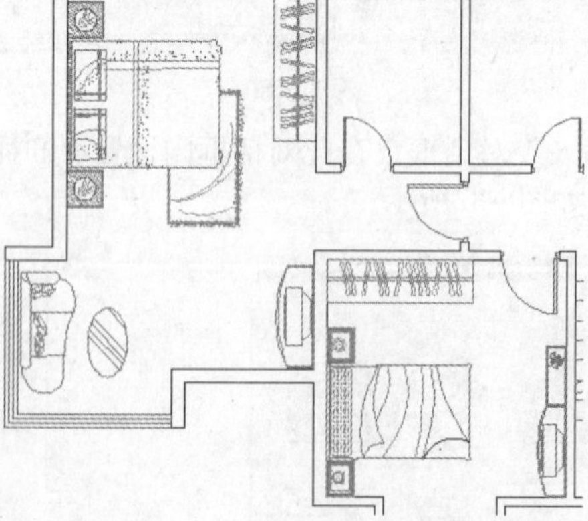
图6-86

至此，跃一层卧室家具布置图绘制完毕，下一小节将学习跃一层其他房间布置图的具体绘制过程。

6.4.3 绘制跃一层其他房间布置图

(1) 继续上节操作。

(2) 使用命令简写I激活“插入块”命令，插入随书光盘中的“图块文件”\“浴盆01.dwg”图块，块参数设置如图6-87所示，插入点为如图6-88所示的端点，插入结果如图6-89所示。

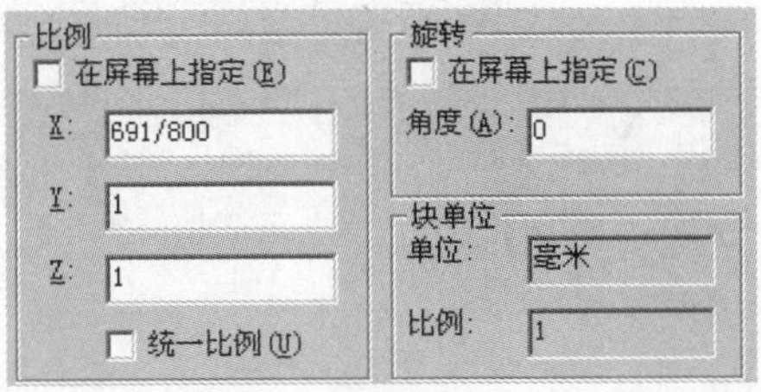

图6-87

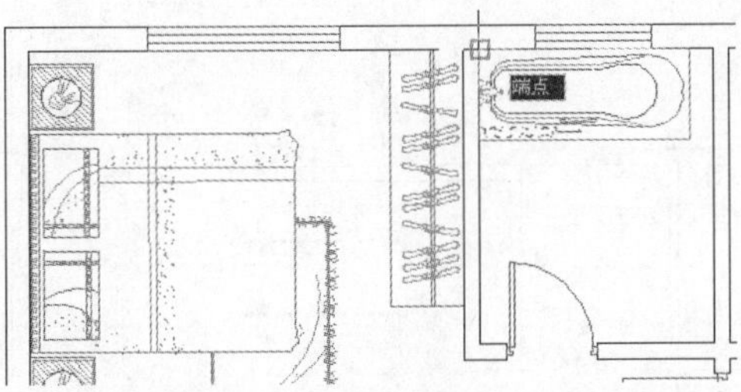

图6-88

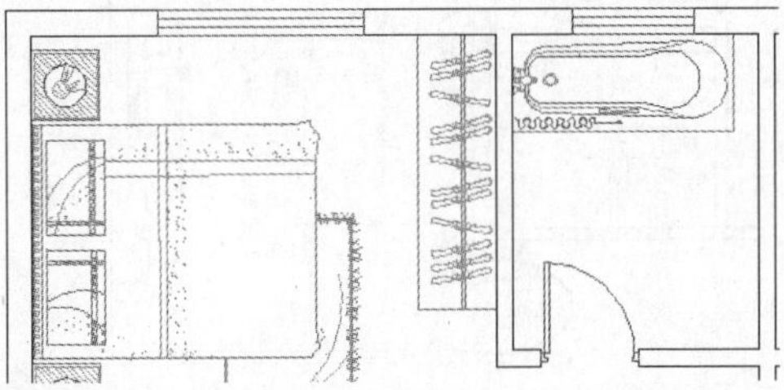

图6-89

(3) 重复执行“插入块”命令，为卫生间布置随书光盘“图块文件”文件夹下的“马桶02.dwg”和“洗脸盘.dwg”图块，并适当调整其位置，结果如图6-90所示。

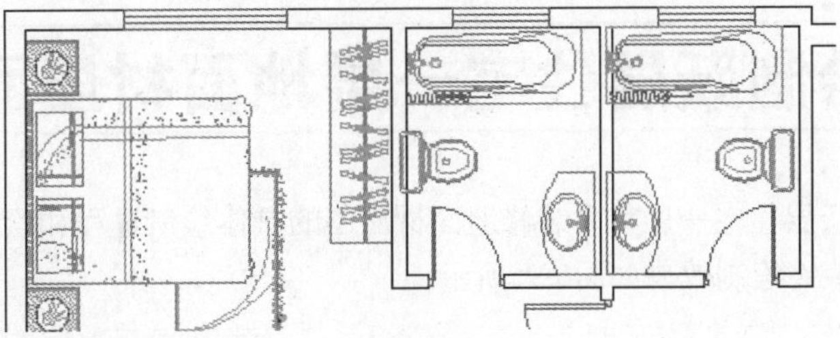

图6-90

(4) 重复执行“插入块”命令，为客厅和餐厅布置随书光盘“图块文件”文件夹下的“酒水柜.dwg”、“餐桌与餐椅.dwg”、“沙发组合.dwg”和“电视柜与装饰墙dwg”图块，并适当调整其位置，结果如图6-91所示。

(5) 执行“设计中心”命令，使用“设计中心”窗口的资源共享功能，为厨房布置随书光盘“图块文件”文件夹下的“燃气灶.dwg”、“冰箱.dwg”和“洗涤池.dwg”图块，并适当调整大小及位置，结果如图6-92所示。

(6) 使用命令简写PL激活“多段线”命令，配合端点捕捉、交点捕捉和追踪功能，绘制如图6-93所示的衣柜轮廓线。

(7) 重复执行“多段线”命令，配合捕捉与追踪功能绘制厨房操作台轮廓线，操作台宽度为600个单位，绘制结果如图6-94所示。

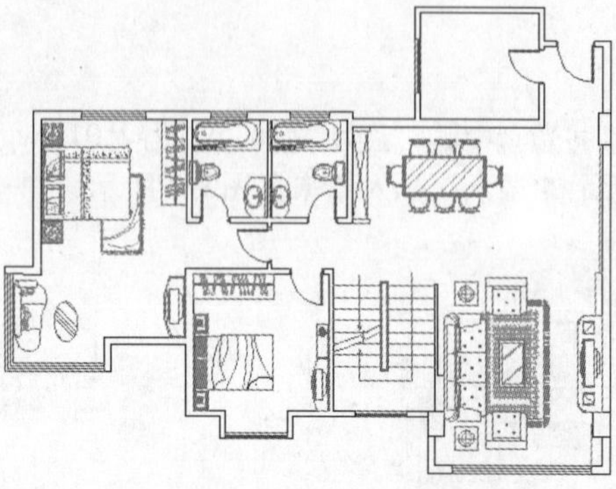

图6-91

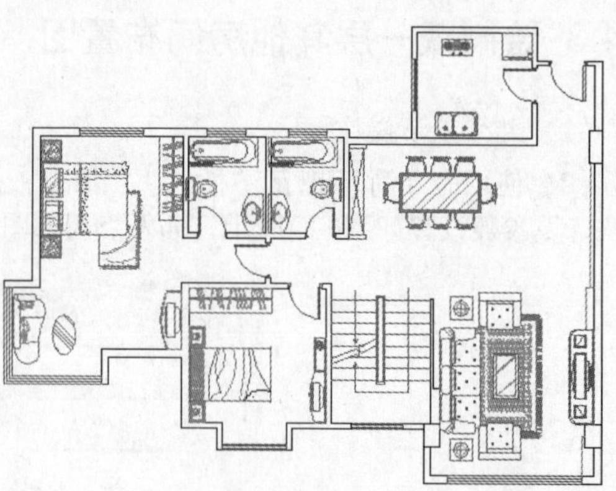

图6-92

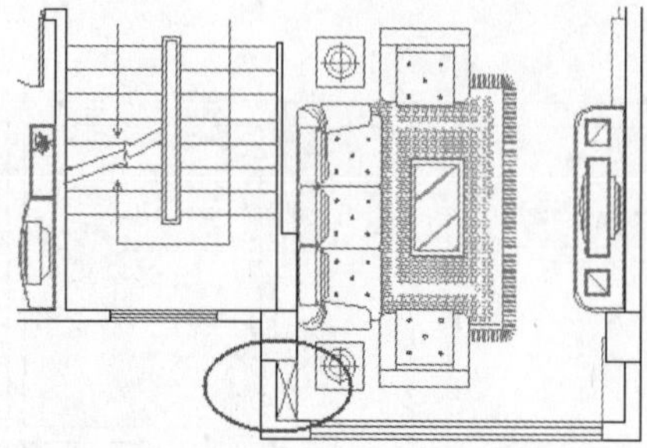

图6-93

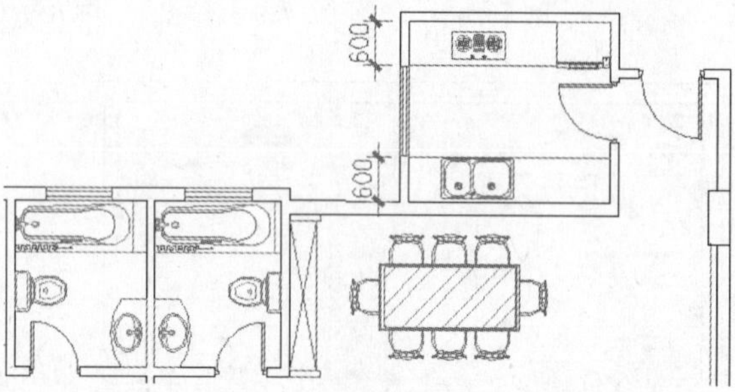

图6-94

(8) 执行“范围缩放”命令调整视图，使平面图全部显示，最终结果如上图6-72所示。

(9) 最后执行“另存为”命令，将图形另名存储为“绘制跃一层家具布置图”。

6.5 绘制跃层住宅一层地面材质图

本节主要学习跃层住宅一层室内装修地面材质图的具体绘制过程和绘制技巧。跃一层室内装修地面材质图的最终绘制效果如图6-95所示。

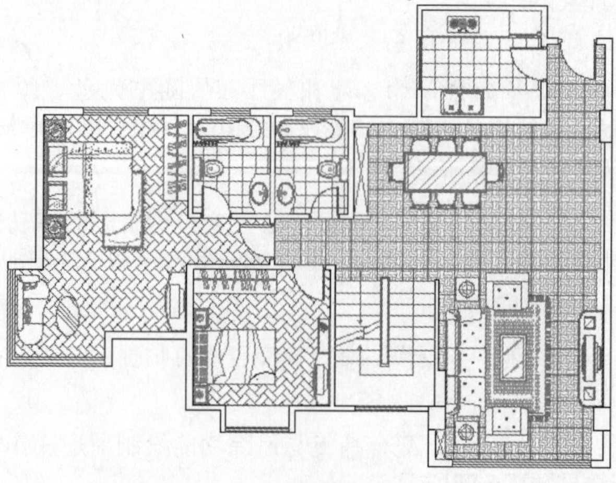

图6-95

在绘制跃一层住宅布置图时，可以参照如下绘图思路。

- 首先调用源文件并设置当前操作层。
- 使用“直线”命令配合端点捕捉功能封闭每个房间的门洞。
- 使用“图案填充”、“快速选择”以及图层的状态控制功能绘制厨房和卫生间防滑地砖材质图。
- 使用“多段线”、“图案填充”以及图层的状态控制功能绘制卧室和保姆房地板材质图。
- 最后使用“多段线”、“删除”、“图案填充”、“设定原点”以及图层的状态控制功能绘制客厅和餐厅抛光砖材质图。

6.5.1 绘制跃一层防滑砖材质图

(1) 执行“打开”命令，打开随书光盘中的“效果文件”\“第6章”\“绘制跃一层家具布置图.dwg”。

(2) 执行菜单栏中的“格式”|“图层”命令，在打开的面板中双击“地面层”，将其设置为当前层。

(3) 使用命令简写L激活“直线”命令，配合捕捉功能封闭每个房间位置的门洞，然后夹点显示如图6-96所示的图块与操作台轮廓线。

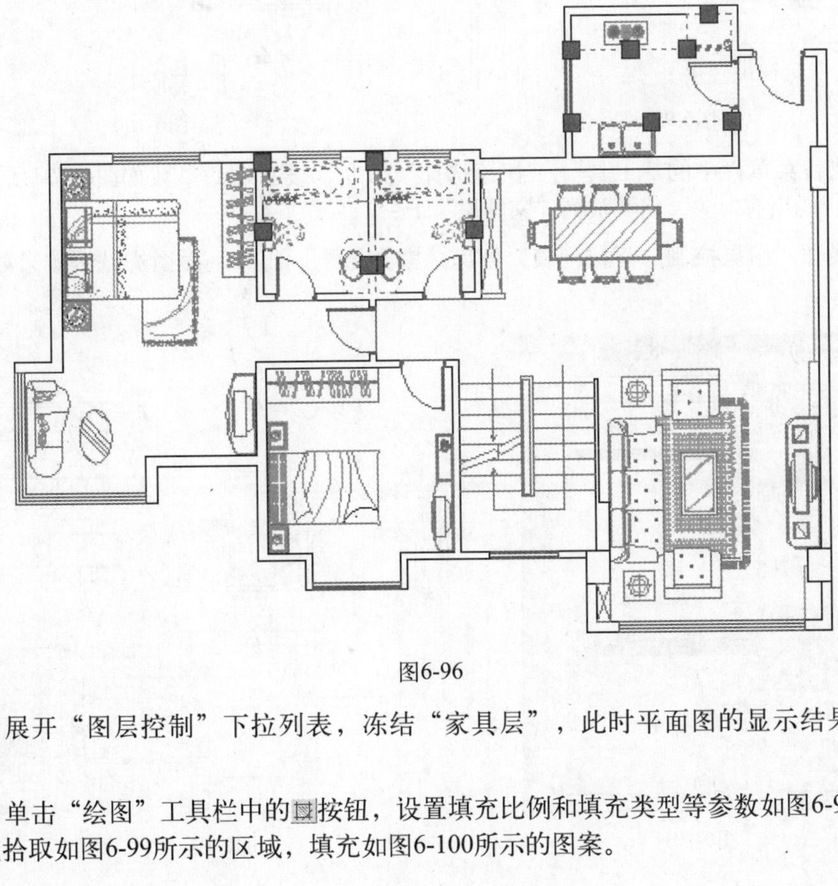

图6-96

(4) 展开“图层控制”下拉列表，冻结“家具层”，此时平面图的显示结果如图6-97所示。

(5) 单击“绘图”工具栏中的▥按钮，设置填充比例和填充类型等参数如图6-98所示，返回绘图区拾取如图6-99所示的区域，填充如图6-100所示的图案。

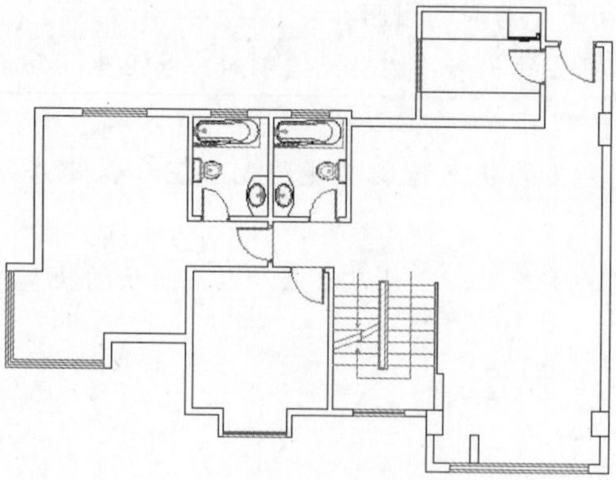

图6-97

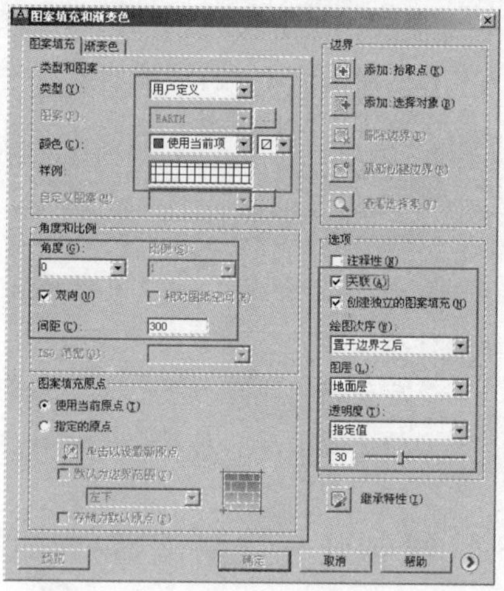

图6-98

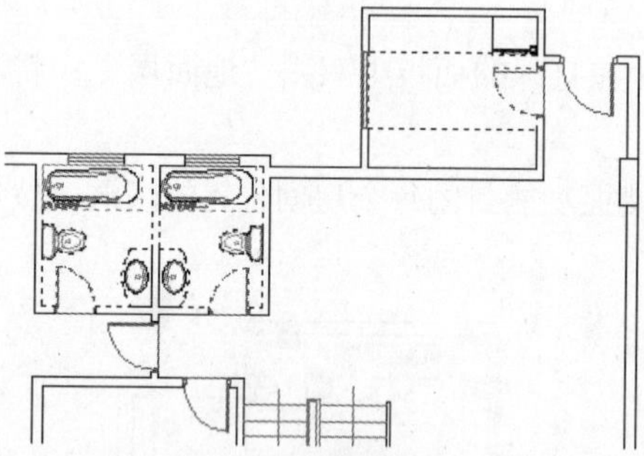

图6-99

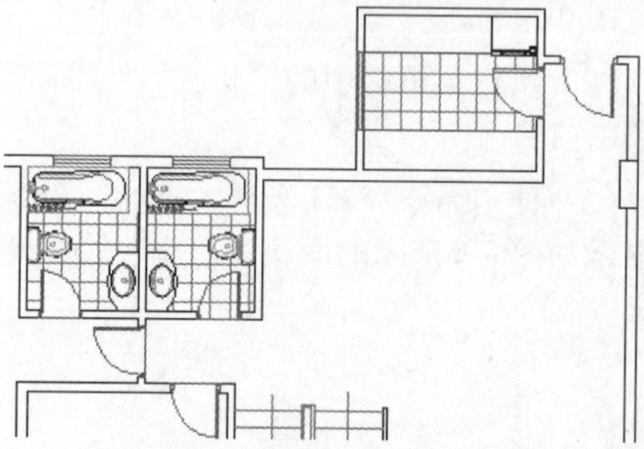

图6-100

(6) 执行菜单栏中的“工具”|“快速选择”命令，设置过滤参数如图6-101所示，选择“0图层”上的所有对象，将其放到“家具层”上。

(7) 展开“图层控制”下拉列表，解冻“家具层”，此时平面图的显示效果如图6-102所示。

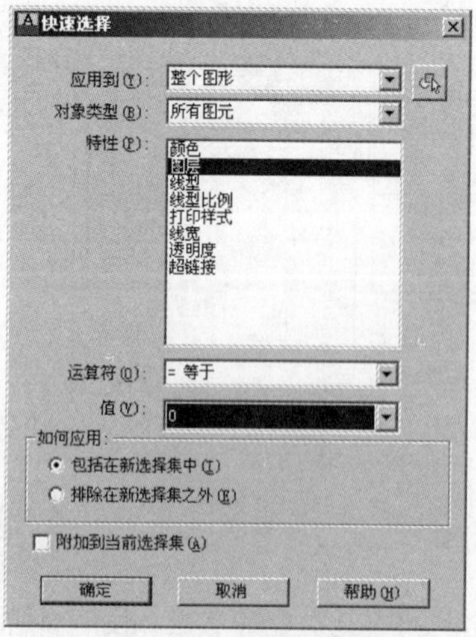

图6-101

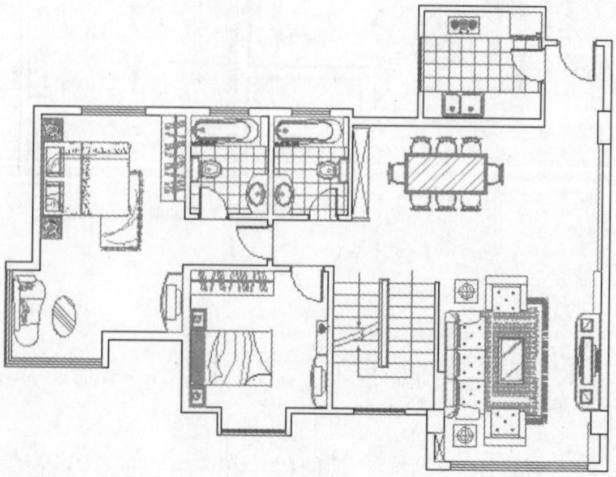

图6-102

至此，跃一层厨房卫生间防滑地砖材质图绘制完毕，下一小节将学习跃一层保姆房和卧室地板材质图的具体绘制过程。

6.5.2 绘制跃一层地板材质图

(1) 继续上节操作。

(2) 在无命令执行的前提下，夹点显示如图6-103所示的家具图块，将其放置到“0图层”上，并冻结“家具层”，平面图的显示效果如图6-104所示。

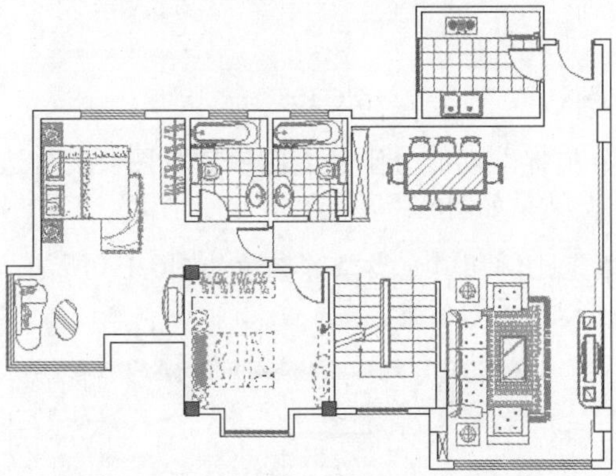

图6-103

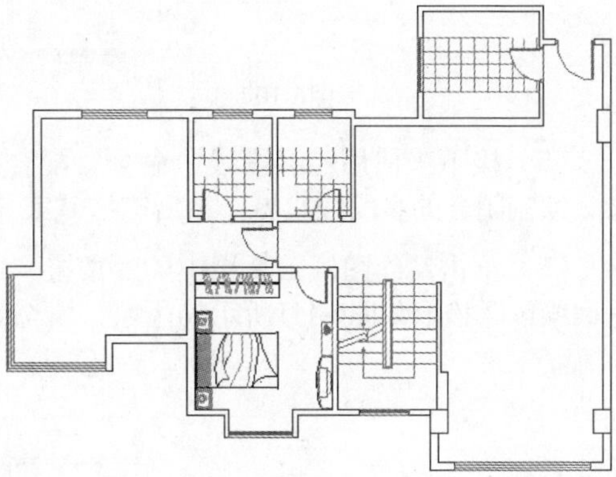

图6-104

(3) 单击“绘图”工具栏中的按钮，设置填充比例和填充类型等参数如图6-105所示，返回绘图区拾取如图6-106所示的区域，填充如图6-107所示的图案。

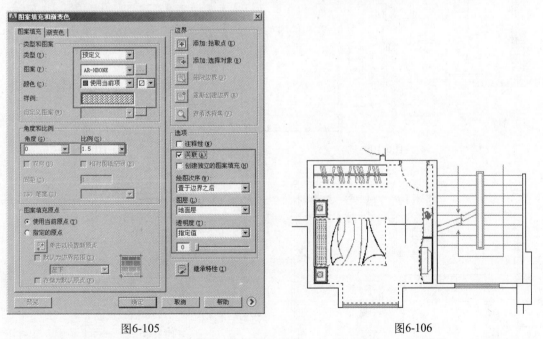

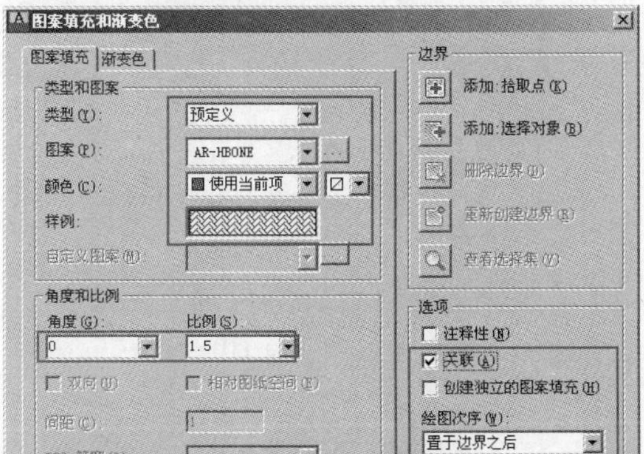

图6-105

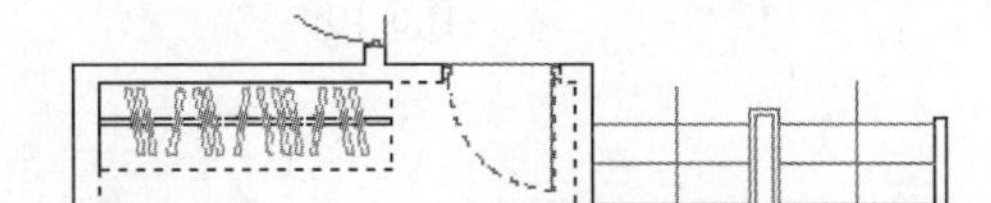

图6-106

(4) 将保姆房内的三个家具图层放到“家具层”上，同时解冻“家具层”，此时平面图的显示效果如图6-108所示。

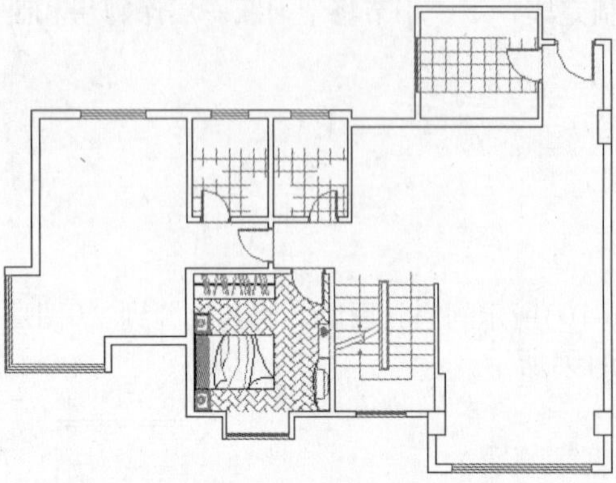

图6-107

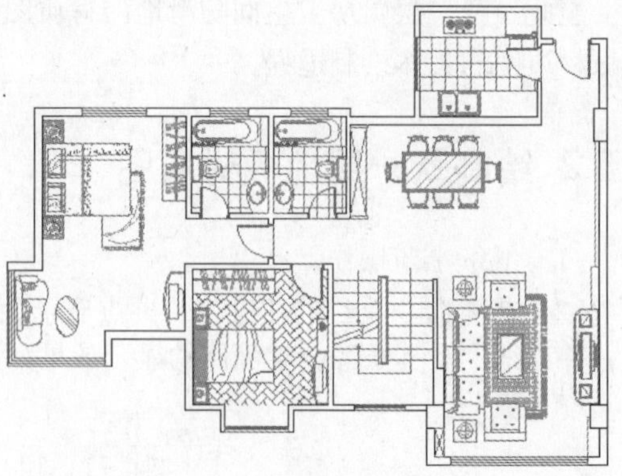

图6-108

(5) 接下来使用“多段线”命令，配合“对象捕捉”功能分别沿着卧室家具图块的外边缘，绘制闭合的多段线边界，然后冻结“家具层”，结果如图6-109所示。

(6) 单击“绘图”工具栏中的▦按钮，设置填充比例和填充类型等参数如图6-110所示，返回绘图区拾取如图6-111所示的区域，填充如图6-112所示的图案。

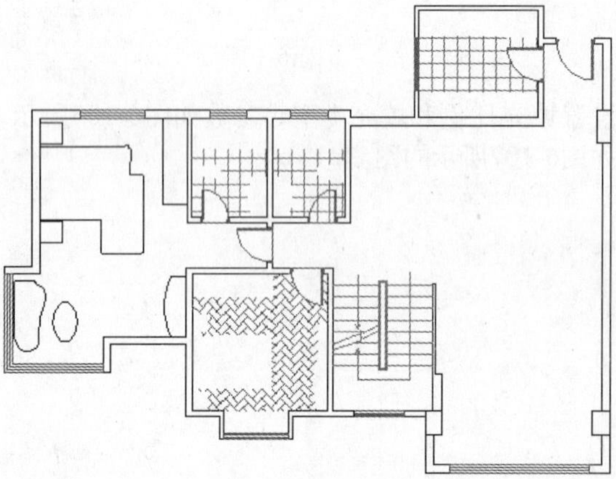

图6-109

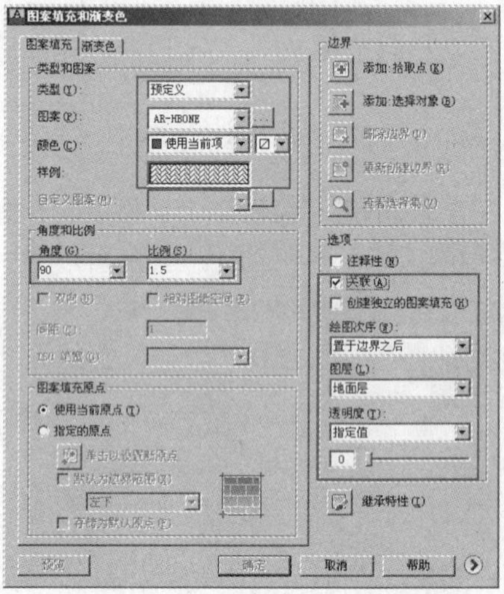

图6-110

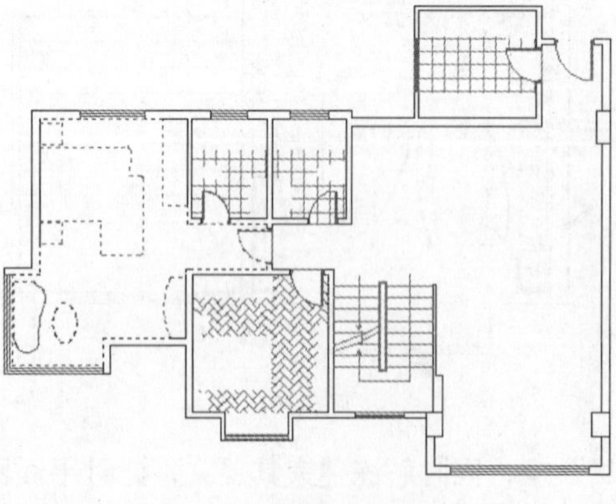

图6-111

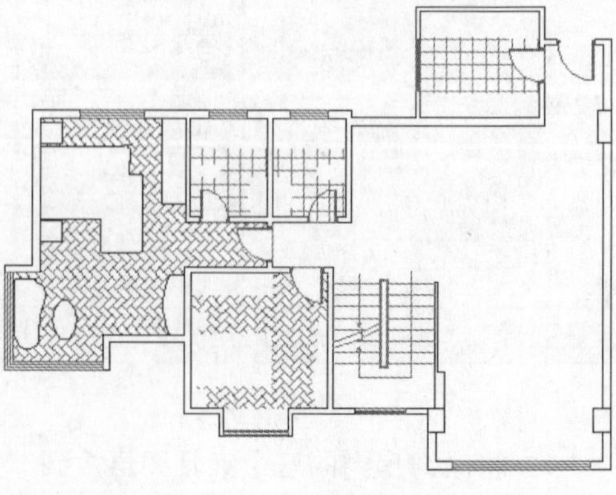

图6-112

(7) 在无命令执行的前提下，夹点显示如图6-113所示的多段线边界，然后执行“删除”命令将其删除。

(8) 展开“图层控制”下拉列表，解冻“家具层”，结果如图6-114所示。

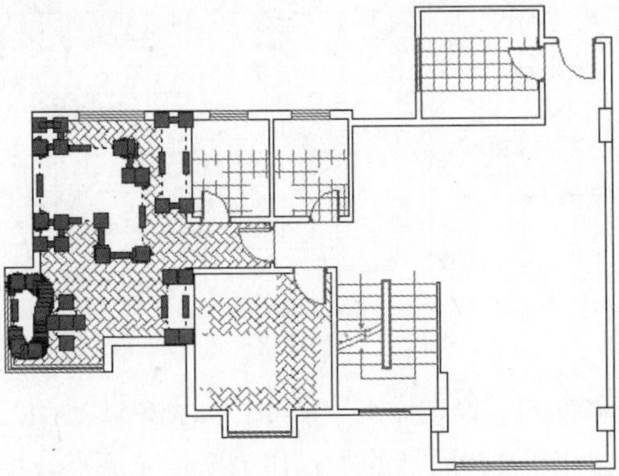

图6-113

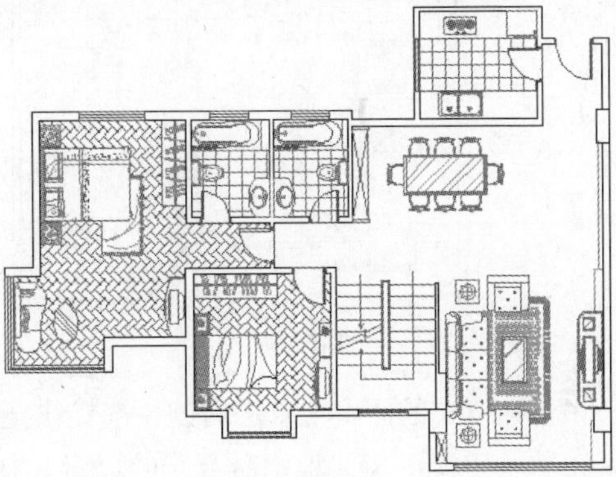

图6-114

至此，跃一层卧室和保姆房地板材质图绘制完毕，下一小节将学习跃一层客厅与餐厅抛光砖材质图的具体绘制过程。

6.5.3 绘制跃一层抛光砖材质图

(1) 继续上节操作。

(2) 使用“多段线”命令，配合“对象捕捉”功能分别沿着客厅和餐厅家具图块的外边缘，绘制闭合的多段线边界，然后冻结“家具层”，结果如图6-115所示。

(3) 单击“绘图”工具栏中的▦按钮，设置填充比例和填充类型等参数如图6-116所示，返回绘图区拾取如图6-117所示的区域，填充如图6-118所示的图案。

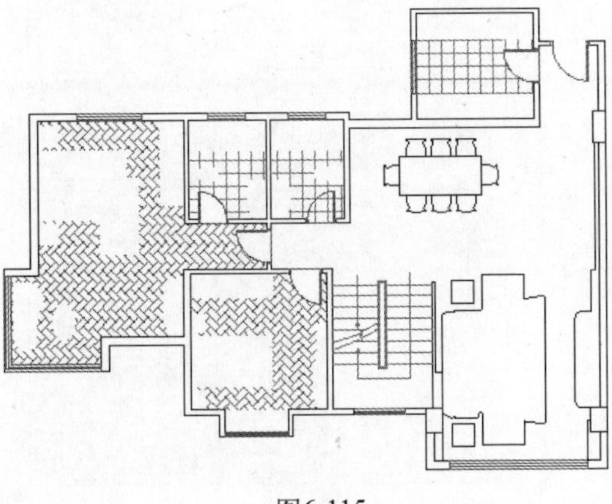

图6-115

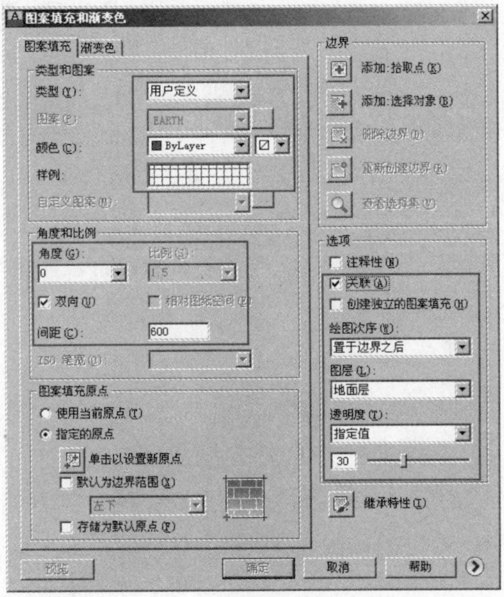

图6-116

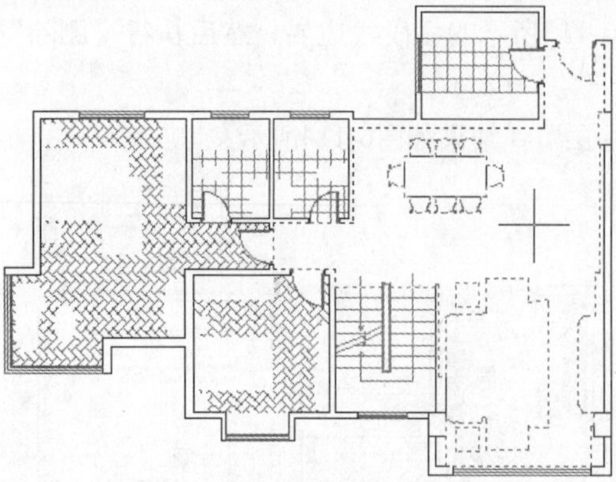

图6-117

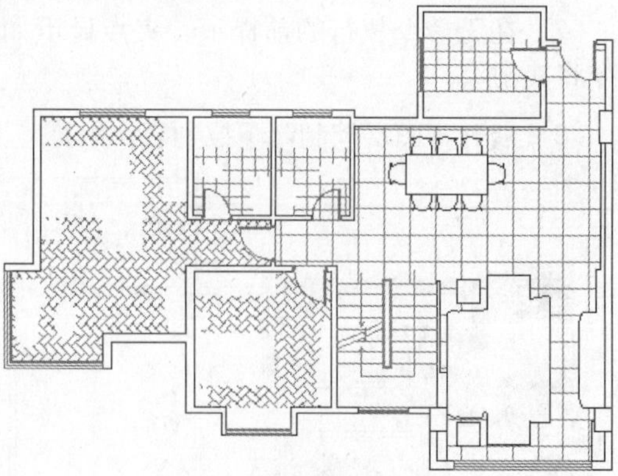

图6-118

④ 在填充的图案上单击右键，选择快捷菜单中的“设定原点”命令，如图6-119所示。

⑤ 返回绘图区，根据命令行的提示，捕捉如图6-120所示的中点作为新填充原点，结果如图6-121所示。

⑥ 单击“绘图”工具栏中的按钮，设置填充比例和填充类型等参数如图6-122所示，返回绘图区拾取如图6-123所示的区域，填充如图6-124所示的图案。

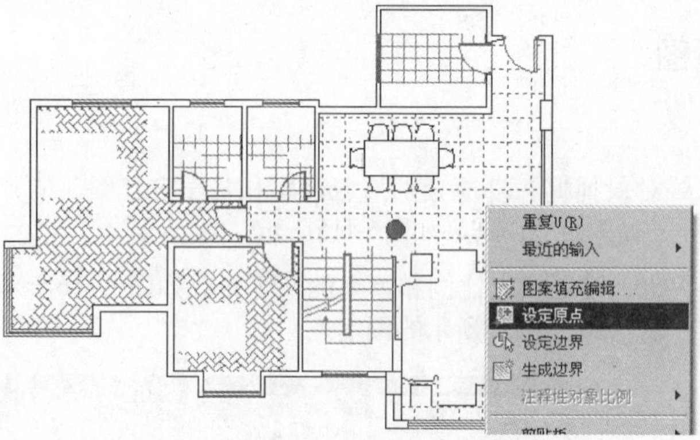

图6-119

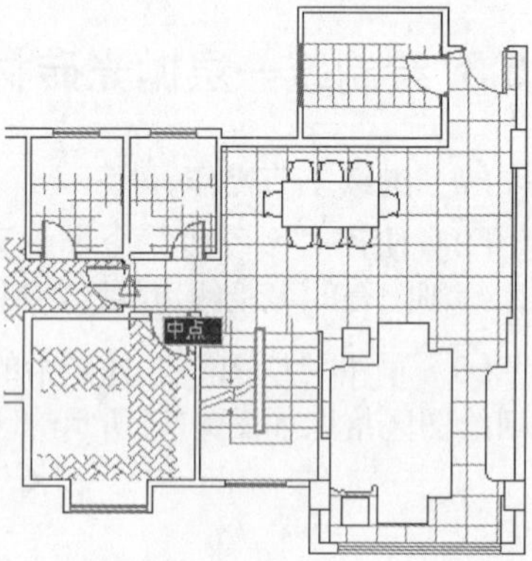

图6-120

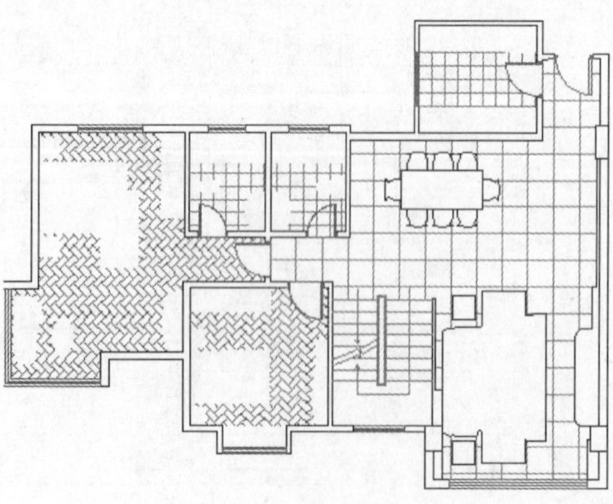

图6-121

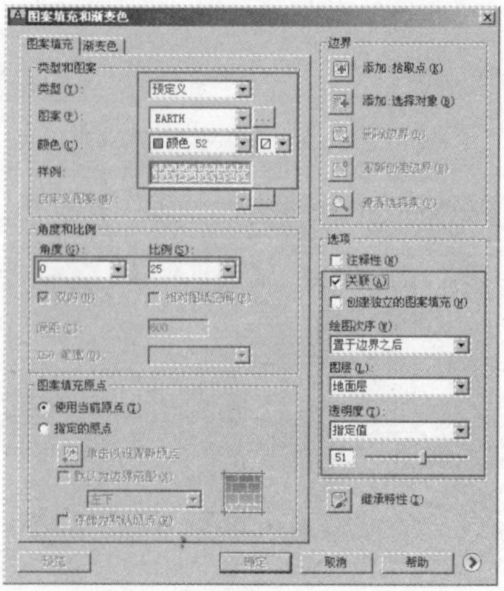

图6-122

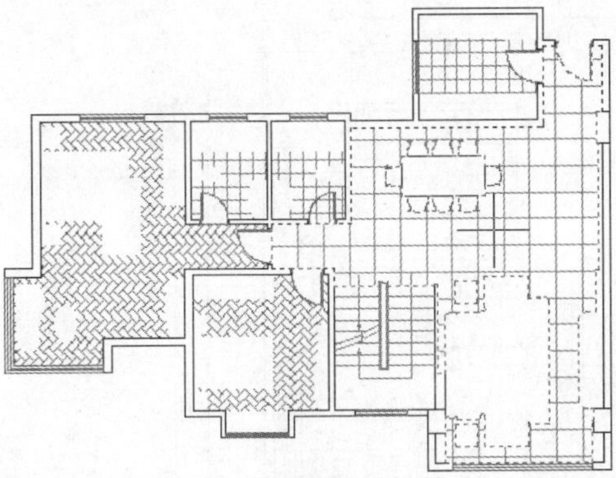

图6-123

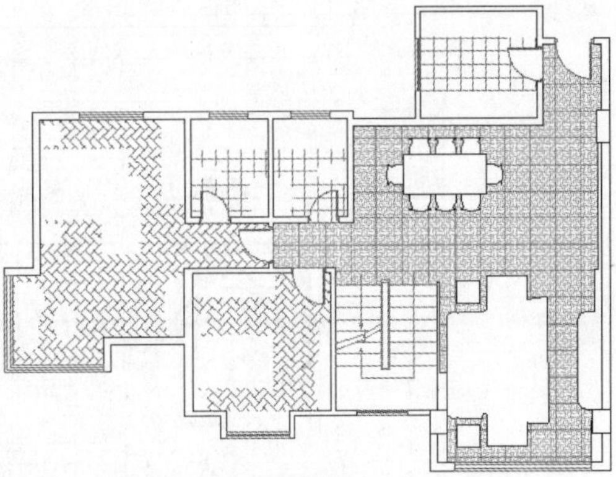

图6-124

(7) 在无命令执行的前提下，夹点显示如图6-125所示的多段线边界，然后执行“删除”命令将其删除，删除结果如图6-126所示。

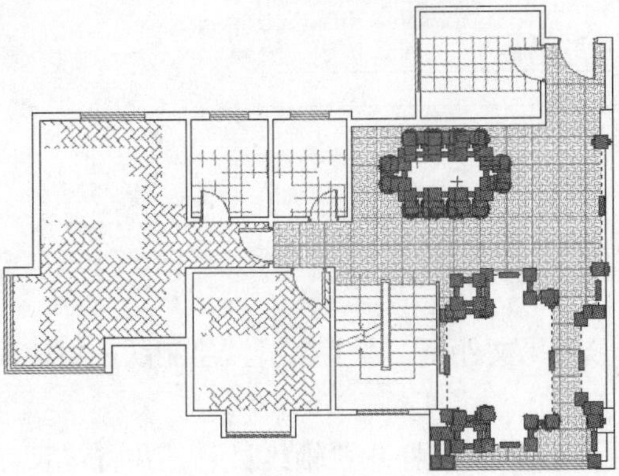

图6-125

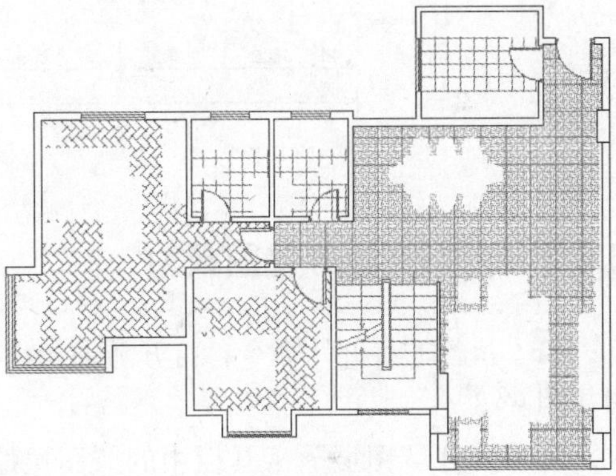

图6-126

(8) 展开“图层控制”下拉列表，解冻“家具层”，最终结果如上图6-114所示。

(9) 最后执行“另存为”命令，将图形另名存储为“绘制跃一层地面材质图.dwg”。

6.6 标注跃层住宅一层装修布置图

本节主要学习跃层住宅一层室内装修布置图尺寸、文字和墙面投影等内容的具体标注过程和标注技巧。跃一层室内装修布置图的最终标注效果如图6-127所示。

在标注跃一层住宅装修布置图时，可以参照如下绘图思路。

- 首先调用布置图源文件并设置当前操作层和标注样式。
- 使用“构造线”、“线性”、“连续”、“编辑标注文字”等命令标注布置图尺寸。
- 使用“单行文字”、“图案填充编辑”命令标注布置图的房间功能。
- 使用“多段线”、“单行文字”和“移动”命令标注布置图地面材质注解。
- 最后综合使用“插入块”、“镜像”、“编辑属性”和“图案填充编辑”命令标注一层布置图墙面投影。

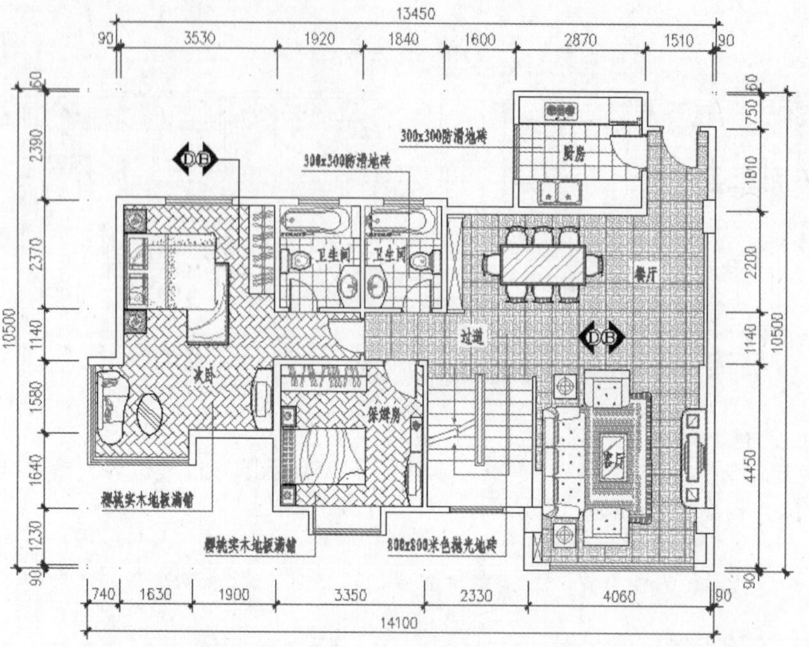

图6-127

6.6.1 标注一层布置图尺寸

(1) 执行“打开”命令，打开随书光盘中的“效果文件”\“第6章”\“绘制跃一层地面材质图.dwg”。

(2) 展开“图层”工具栏中的“图层控制”下拉列表，打开“轴线层”，并将“尺寸层”设置为当前图层。

(3) 执行菜单栏中的“标注”|“标注样式”命令，打开“标注样式管理器”对话框，修改“建筑标注”样式的标注比例如图6-128所示，同时将此样式设置当前尺寸样式，如图6-129所示。

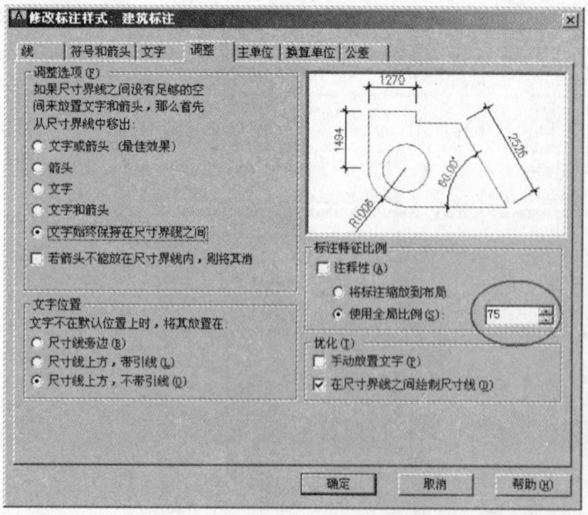

图6-128

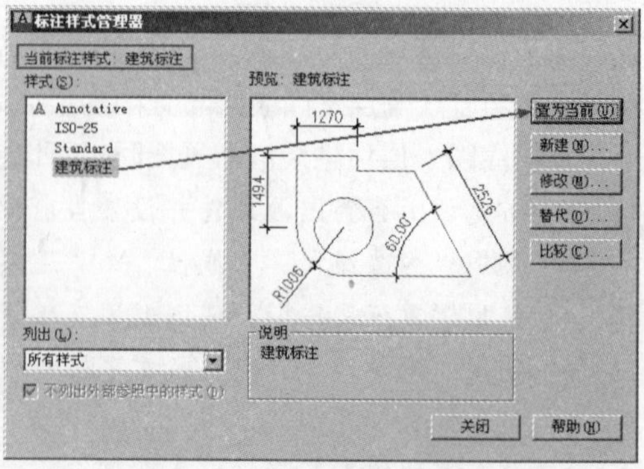

图6-129

(4) 打开状态栏上的“对象捕捉”、“极轴追踪”和“对象追踪”功能，并在平面图的四侧绘制4条构造线作为尺寸定位辅助线，如图6-130所示。

(5) 单击“标注”工具栏中的按钮，激活“线性”命令，在命令行“指定第一条尺寸界线原点或<选择对象>:”提示下，配合捕捉与追踪功能，捕捉追踪虚线与外墙的交点作为第一条标注界线的起点，如图6-131所示。

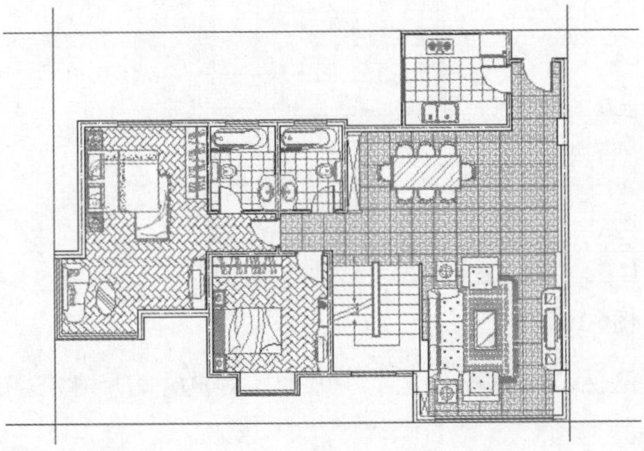

图6-130

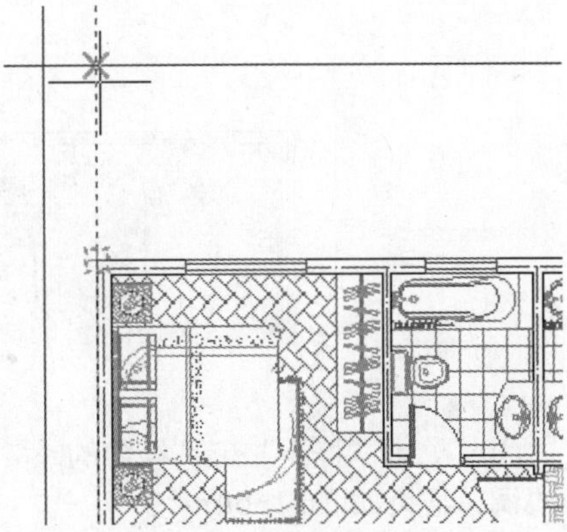

图6-131

(6) 在“指定第二条尺寸界线原点:”提示下，捕捉追踪虚线与外墙线的交点作为第二条标注界线的起点，如图6-132所示。

(7) 在“指定尺寸线位置或[多行文字(M)/文字(T)/角度(A)/水平(H)/垂直(V)/旋转(R)]:”提示下，在适当位置指定尺寸线位置，结果如图6-133所示。

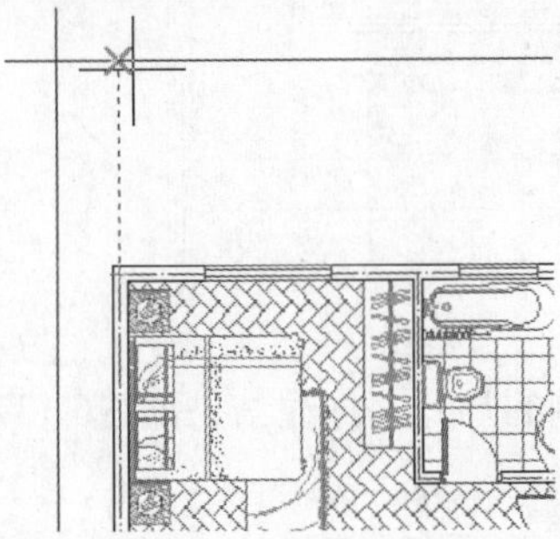

图6-132

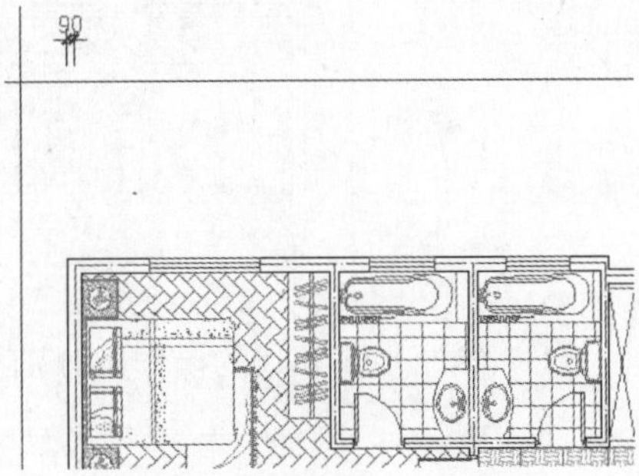

图6-133

(8) 单击“标注”工具栏中的按钮，激活“连续”命令，系统自动以刚标注的线型尺寸作为连续标注的第一条尺寸界线，标注如图6-134所示的连续尺寸作为细部尺寸。

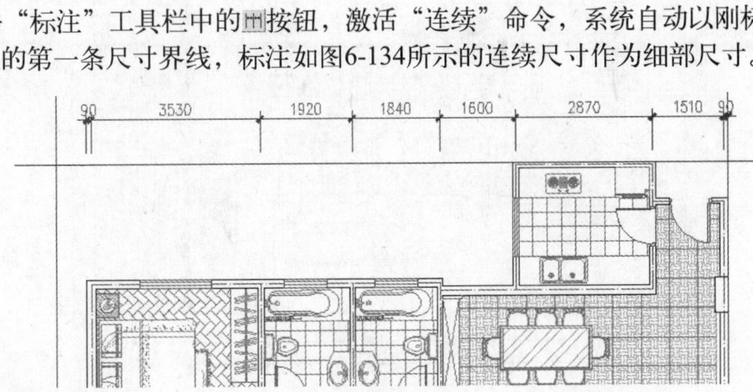

图6-134

⑨ 执行菜单栏中的“标注”|“线性”命令，配合捕捉与追踪功能标注如图6-135所示的总尺寸。

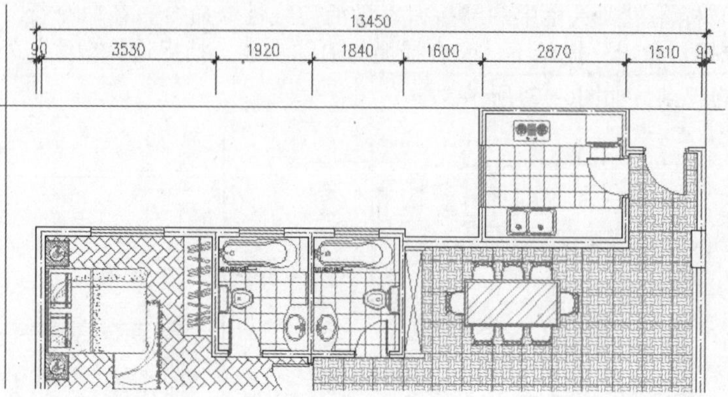

图6-135

⑩ 单击“标注”工具栏中的A按钮，激活“编辑标注文字”命令，对重叠的尺寸文字进行协调，结果如图6-136所示。

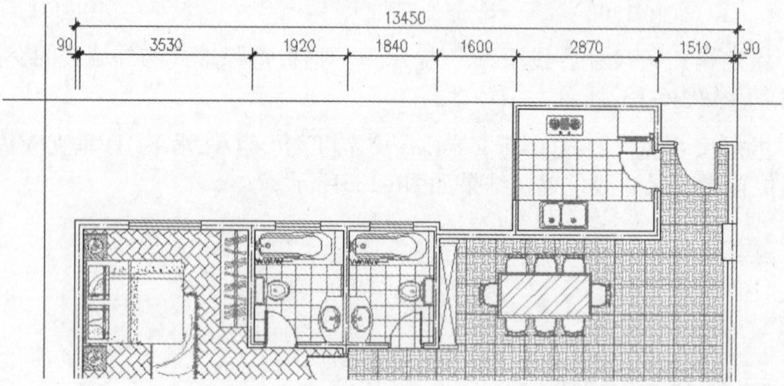

图6-136

⑪ 参照步骤5~10的操作，分别标注平面图其他三侧的尺寸，标注结果如图6-137所示。

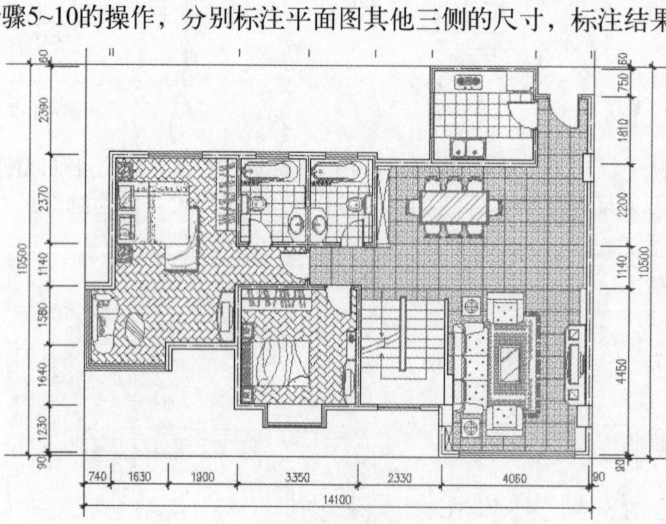

图6-137

⑫ 关闭“轴线层”，然后执行“删除”命令，删除4条尺寸定位辅助线，尺寸的最终标注结果如图6-138所示。

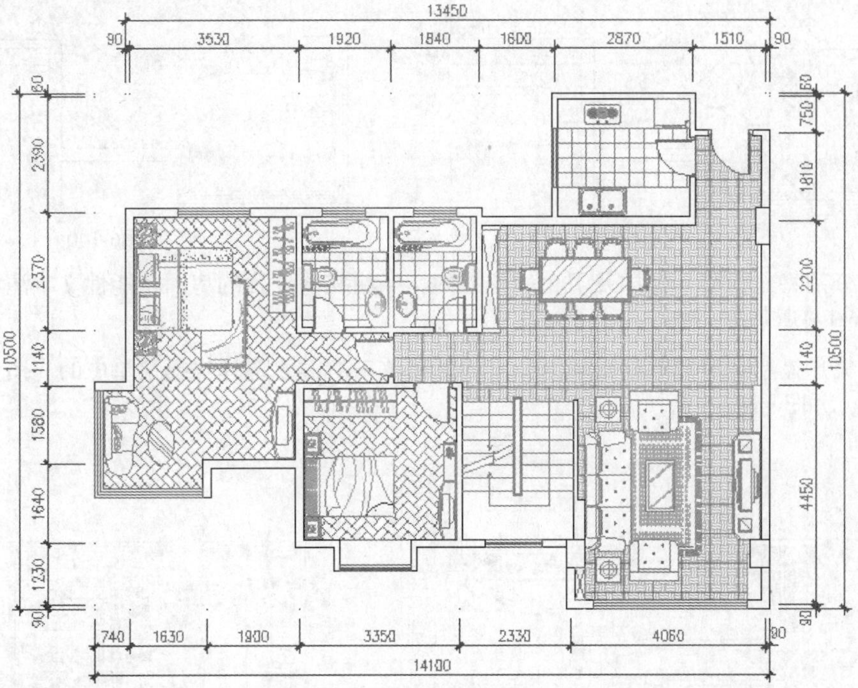

图6-138

至此，跃一层住宅布置图的尺寸标注完毕，下一小节将学习跃一层住宅布置图房间功能注释的具体标注过程。

6.6.2 标注一层布置图房间功能

① 继续上节操作。

② 执行菜单栏中的“格式”|“图层”命令，在打开的“图层特性管理器”面板中双击“文本层”，将其设置为当前图层。

③ 单击“样式”工具栏中的A按钮，在打开的“文字样式”对话框中设置“仿宋体”为当前文字样式。

④ 执行菜单栏中的“绘图”|“文字”|“单行文字”命令，在命令行“指定文字的起点或[对正(J)/样式(S)]:”提示下，在卧室内的适当位置上单击左键，拾取一点作为文字的起点。

⑤ 继续在命令行“指定高度<2.5>:”提示下，输入270并按Enter键，将当前文字的高度设置为270个绘图单位。

⑥ 在“指定文字的旋转角度<0.00>:”提示下，直接按Enter键，表示不旋转文字，此时绘图区会出现一个单行文字输入框，如图6-139所示。

⑦ 在单行文字输入框内输入“卧室”，此时所输入的文字会出现在单行文字输入框内，如图6-140所示。

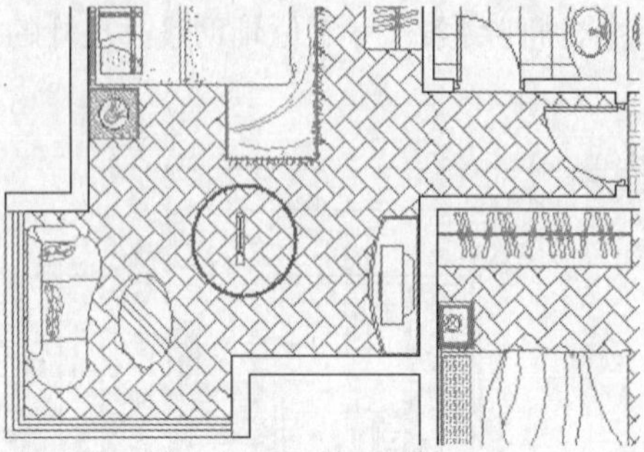

图6-139

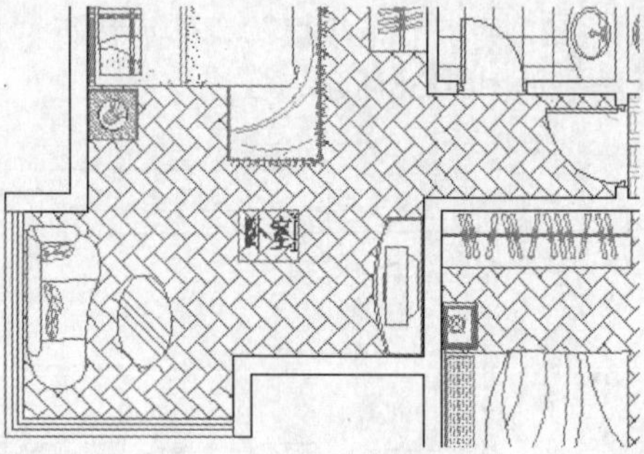

图6-140

⑧ 分别将光标移至楼梯及卫生间位置内，标注其他位置的房间功能性文字注解，标注结果如图6-141所示。

⑨ 夹点显示卧室内的地板填充图案，然后单击右键，选择快捷菜单中的“图案填充编辑”命令，如图6-142所示。

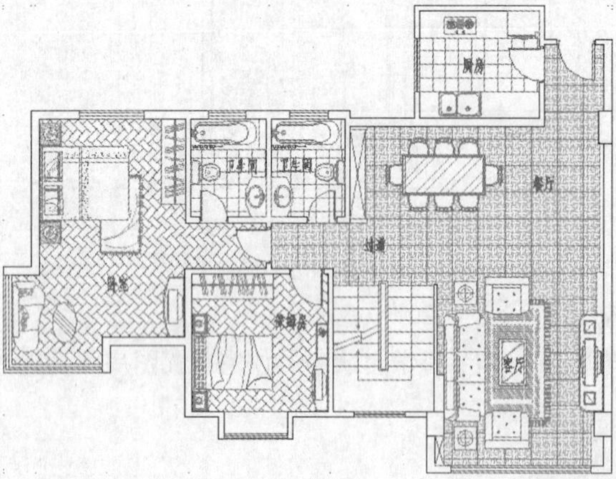

图6-141

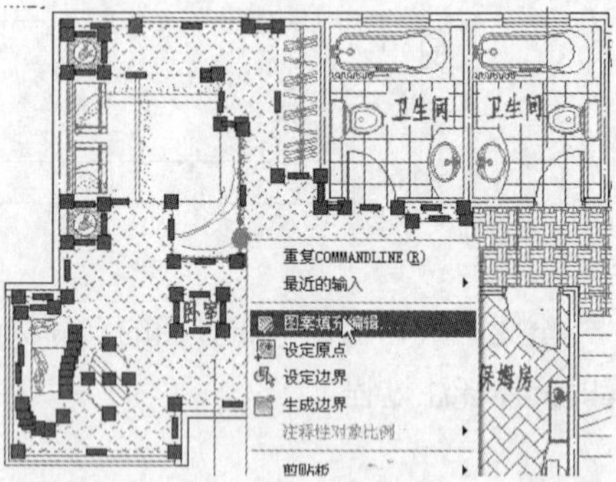

图6-142

⑩ 此时在打开的“图案填充编辑”对话框中单击“添加:选择对象”按钮，返回绘图区分别选择“卧室”文字对象，将其以孤岛的形式进行隔离，编辑结果如图6-143所示。

⑪ 参照步骤9、10的操作，分别对其他房间内的填充图案进行编辑，结果如图6-144所示。

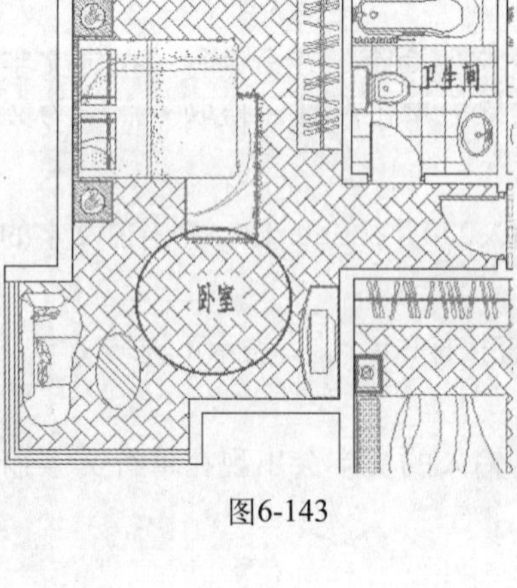

图6-143

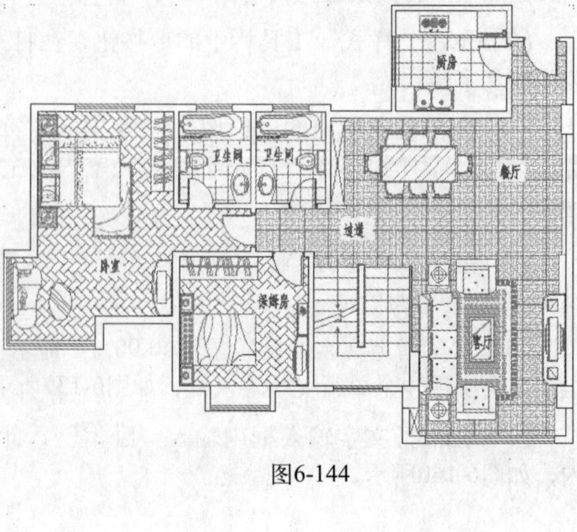

图6-144

至此，跃一层住宅布置图房间功能标注完毕，下一小节将学习一层布置图地面材质注释的具体标注过程。

6.6.3 标注一层布置图装修材质

(1) 继续上节操作。

(2) 使用命令简写PL激活“多段线”命令，绘制如图6-145所示的直线作为文本注释的指示线。

(3) 执行“单行文字”命令，在命令行“指定文字的起点或[对正(J)/样式(S)]:”提示下，输入J并按Enter键。

(4) 在“输入选项 [对齐(A)/布满(F)/居中(C)/中间(M)/右对齐(R)/左上(TL)/中上(TC)/右上(TR)/左中(ML)/正中(MC)/右中(MR)/左下(BL)/中下(BC)/右下(BR)]:”提示下，输入BL并按Enter键，设置为“左下”对正方式。

(5) 在“指定文字的左中点:”提示下，捕捉如图6-146所示的指示线的外端点。

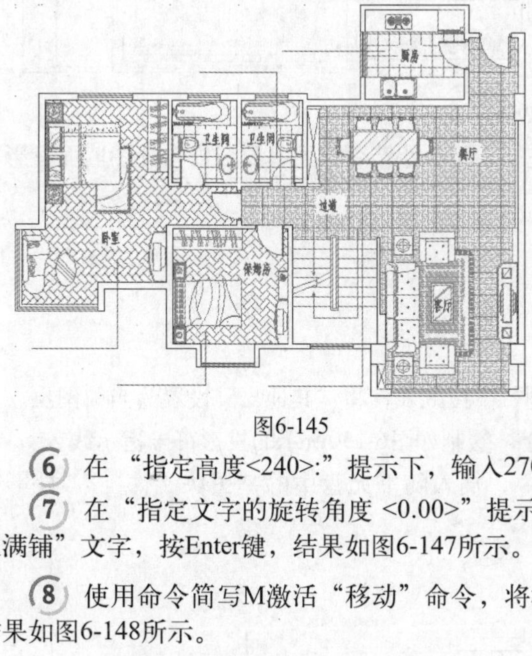

图6-145

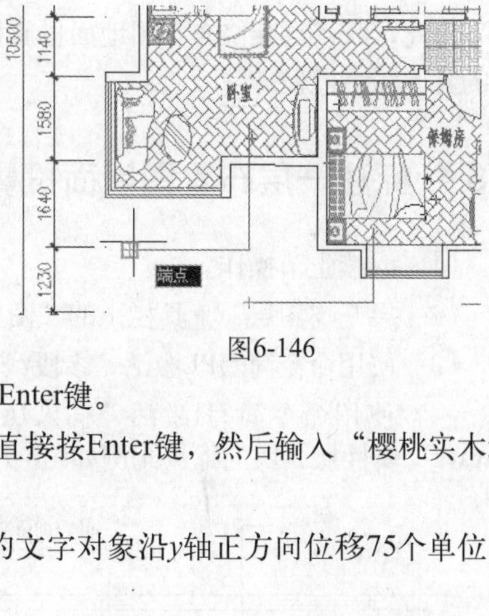

图6-146

(6) 在“指定高度<240>:”提示下，输入270并按Enter键。

(7) 在“指定文字的旋转角度 <0.00>”提示下，直接按Enter键，然后输入“樱桃实木地板满铺”文字，按Enter键，结果如图6-147所示。

(8) 使用命令简写M激活“移动”命令，将标注的文字对象沿y轴正方向位移75个单位，结果如图6-148所示。

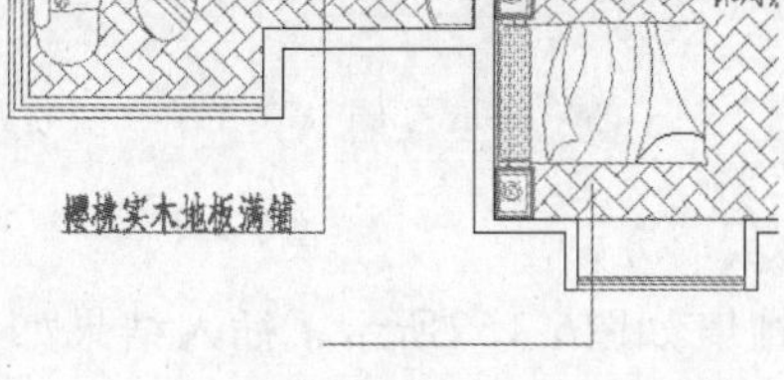

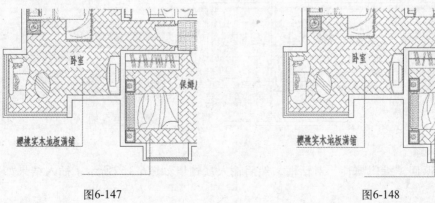

图6-147

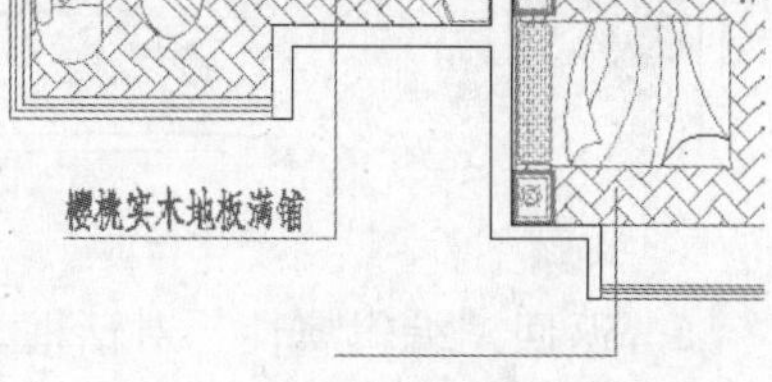

图6-148

(9) 重复执行步骤3~8的操作，分别标注其他指示线文字，结果如图6-149所示。

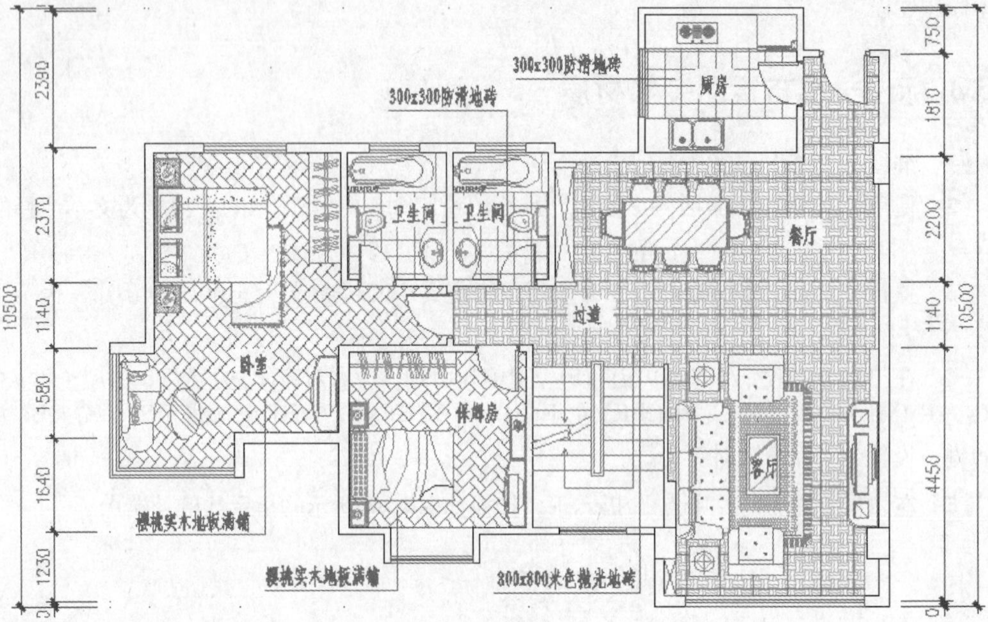

图6-149

至此，跃一层装修布置图地面材质标注完毕，下一小节将学习一层装修布置图墙面投影符号的具体标注过程。

6.6.4 标注一层布置图墙面投影

(1) 继续上节操作。

(2) 展开“图层”工具栏上的“图层控制”下拉列表，将“其他层”设置为当前图层。

(3) 使用命令简写PL激活“多段线”命令，绘制如图6-150所示的投影符号指示线。

(4) 使用命令简写I激活“插入块”命令，插入随书光盘中的“图块文件”\“投影符号.dwg”属性块，块的缩放比例如图6-151所示。

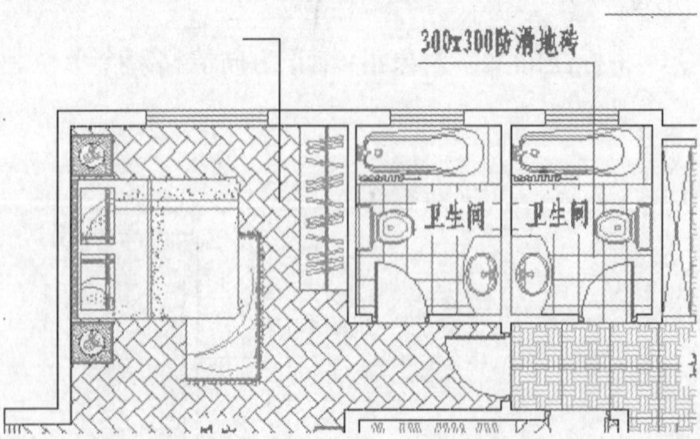

图6-150

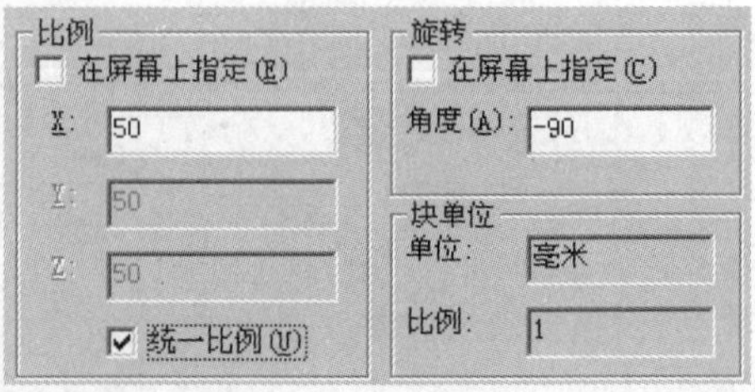

图6-151

(5) 返回“编辑属性”对话框，然后输入属性值如图6-152所示，插入结果如图6-153所示。

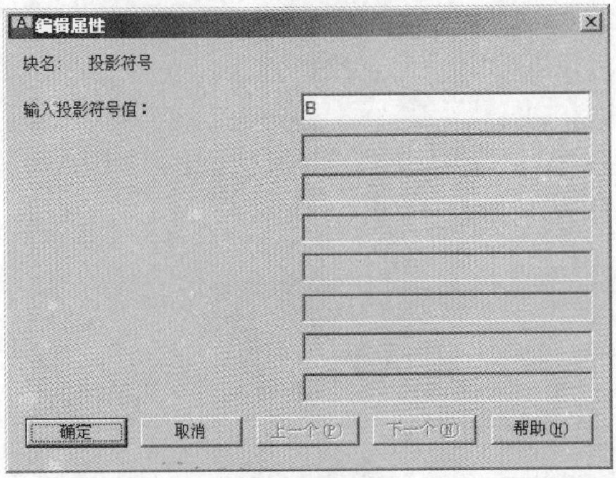

图6-152

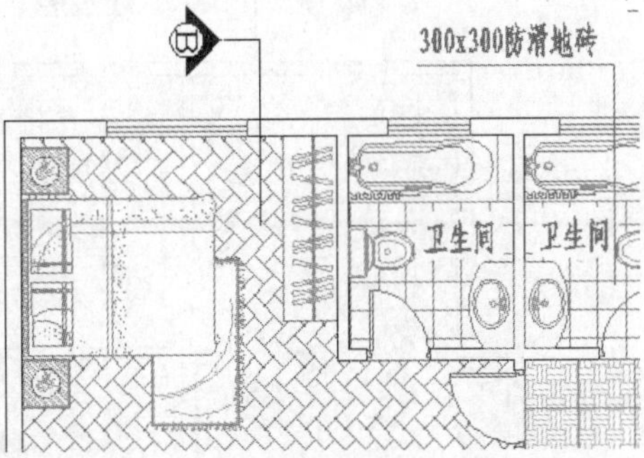

图6-153

(6) 在插入的投影符号属性块上双击左键，打开“增强属性编辑器”对话框，然后修改属性文本的旋转角度，如图6-154所示。

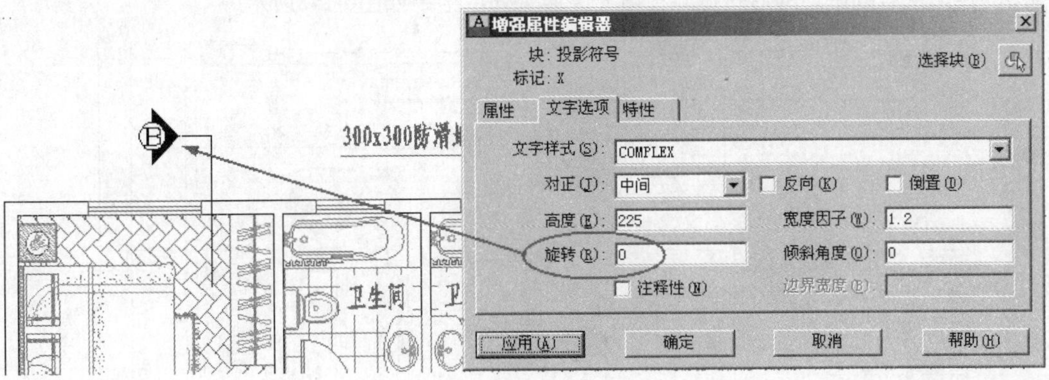

图6-154

(7) 执行“镜像”命令，配合象限点捕捉功能对投影符号进行垂直镜像，结果如图6-155所示。

(8) 在镜像出的投影符号属性块上双击左键，打开“增强属性编辑器”对话框，然后修改属性值如图6-156所示。

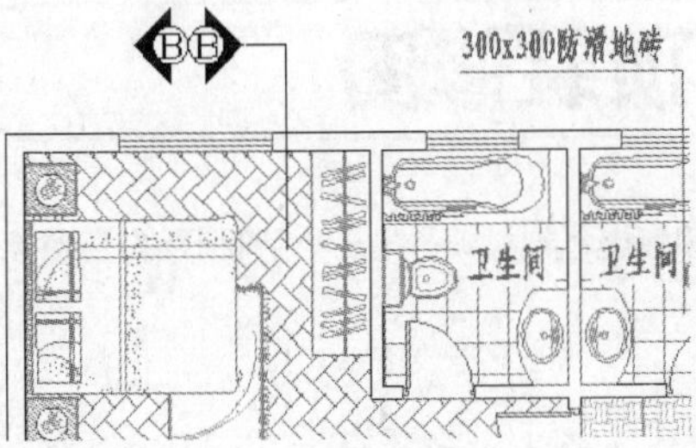

图6-155

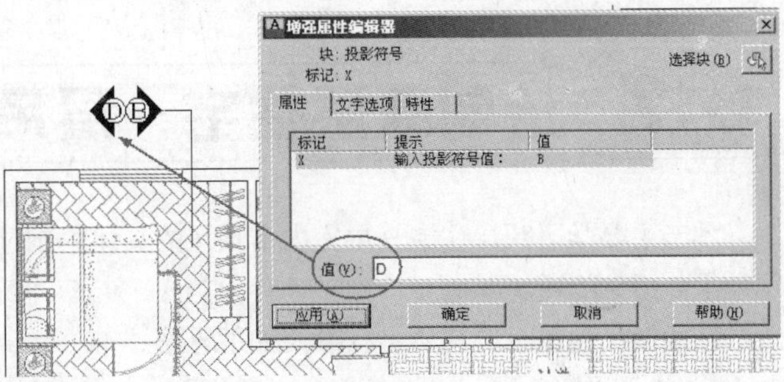

图6-156

(9) 使用命令简写CO激活“复制”命令，将两个投影符号属性块复制到客厅房间内，结果如图6-157所示。

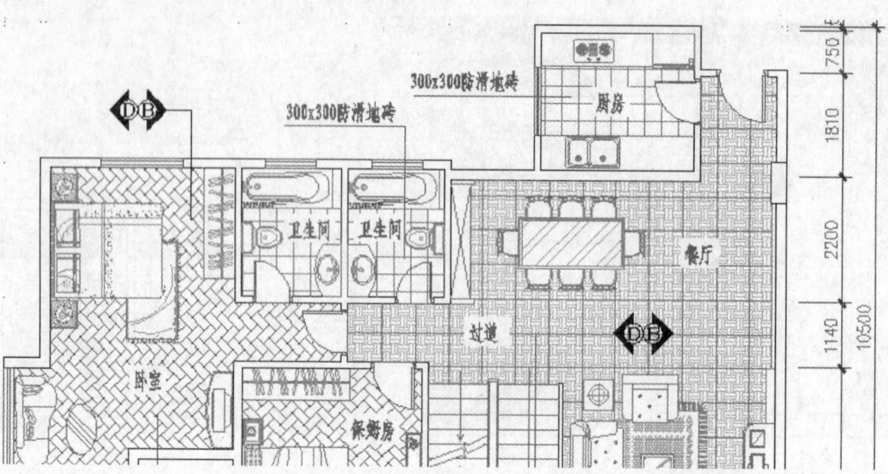

图6-157

⑩ 在客厅地砖填充图案上单击右键，选择快捷菜单中的“图案填充编辑”命令，将复制出的投影符号以孤岛的形式排除在填充区域之外，结果如图6-158所示。

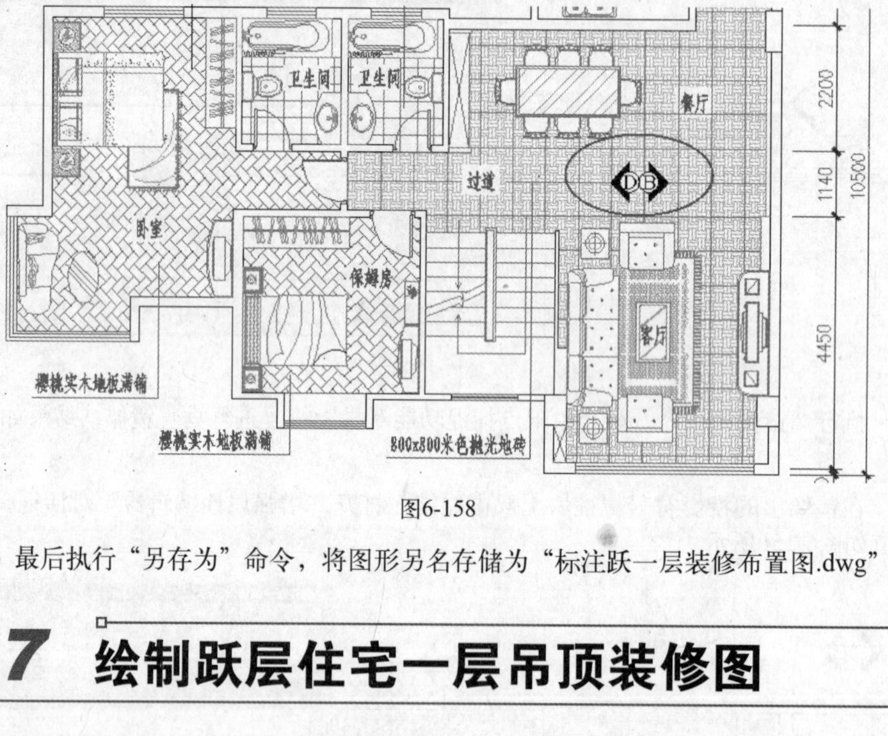

图6-158

⑪ 最后执行“另存为”命令，将图形另名存储为“标注跃一层装修布置图.dwg”。

6.7 绘制跃层住宅一层吊顶装修图

本节主要学习跃层住宅一层室内吊顶图的具体绘制过程和绘制技巧。一层吊顶图的最终绘制效果如图6-159所示。

在绘制吊顶图时，具体可以参照如下思路。

- 使用“删除”、“直线”、“延伸”、“矩形”等命令绘制吊顶轮廓图。
- 使用“直线”、“偏移”、“线型”、“特性”命令绘制窗帘和窗帘盒。
- 为吊顶平面图绘制吊顶轮廓、灯池及灯带等内容。
- 使用“插入块”命令为吊顶平面图布置艺术吊顶。

◆ 使用“点样式”、“定数等分”命令布置射灯。

◆ 综合使用“移动”、“线性”和“连续”命令标注一层吊顶平面图尺寸。

◆ 综合使用“直线”、“单行文字”命令标注一层吊顶装修图文字注解。

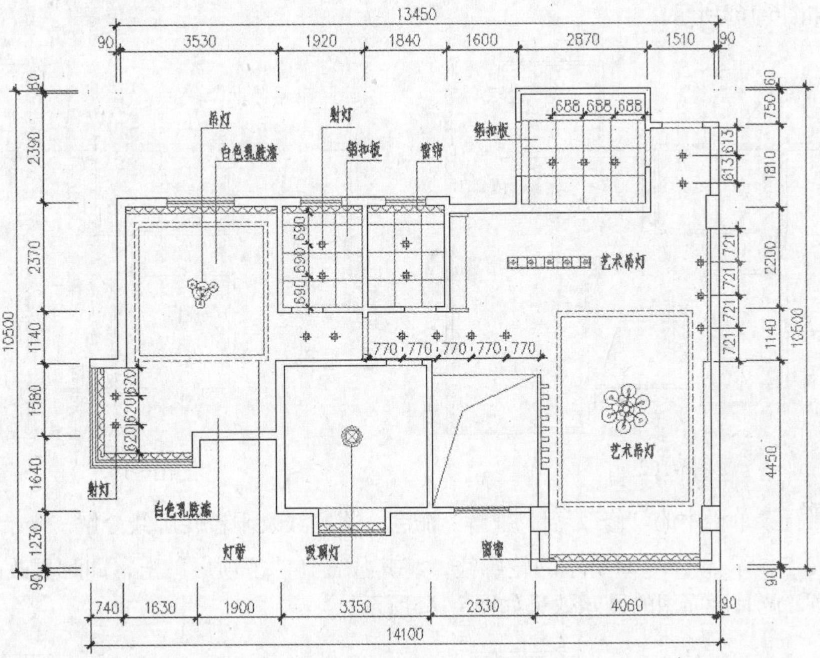

图6-159

6.7.1 绘制一层吊顶墙体图

(1) 执行“打开”命令，打开随书光盘中的“效果文件”\“第6章”\“标注跃一层装修布置图.dwg”。

(2) 展开“图层控制”下拉列表，关闭“尺寸层”，并将“吊顶层”设置为当前图层。

(3) 执行“删除”命令，删除与当前操作无关的图形对象，结果如图6-160所示。

(4) 在无命令执行的前提下，夹点显示如图6-161所示的柜子、墙面装饰柜等三个对象，并进行分解。

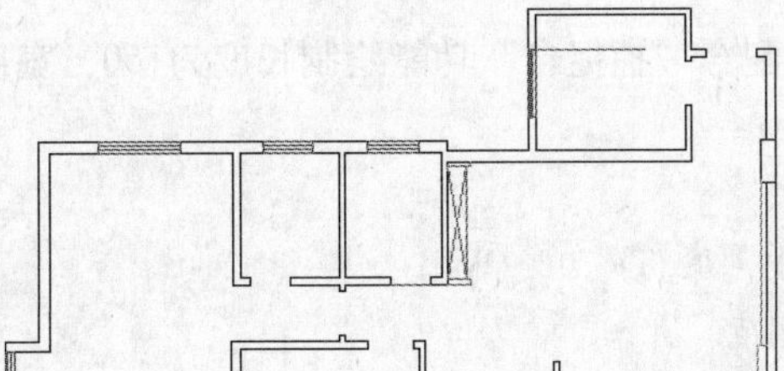

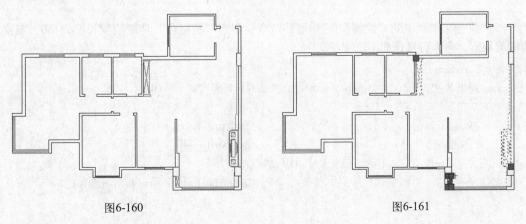

图6-160

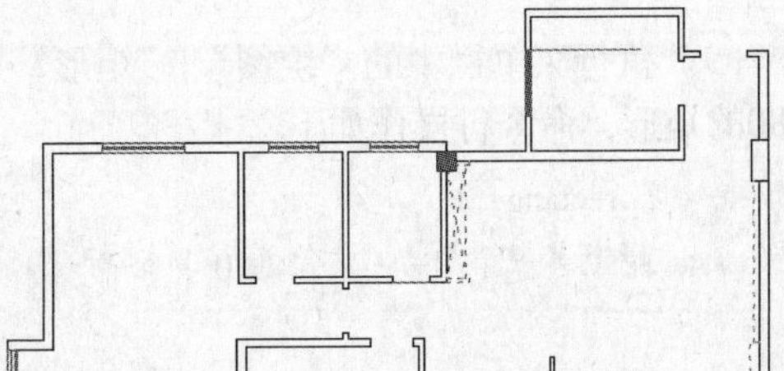

图6-161

⑤ 执行“删除”和“延伸”命令，删除多余的图线，并将厨房吊柜与装饰墙位置的轮廓线进行延伸，操作结果如图6-162所示。

⑥ 使用命令简写L激活“直线”命令，配合端点捕捉功能绘制门洞及楼梯间位置的轮廓线，结果如图6-163所示。

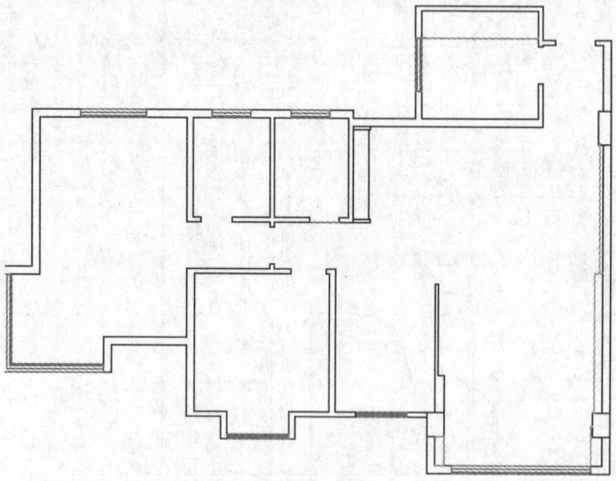

图6-162

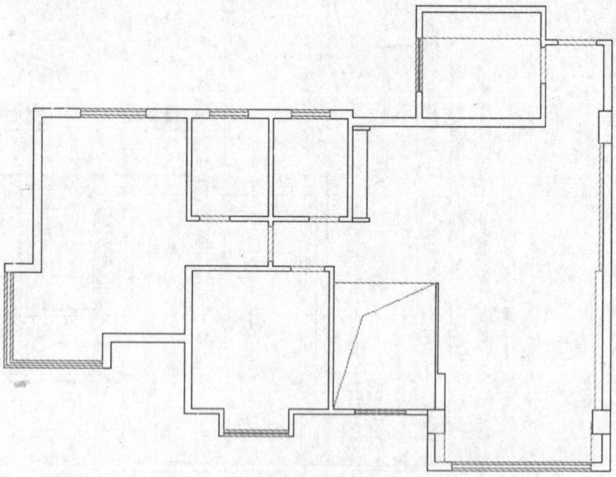

图6-163

⑦ 执行菜单栏中的“修改”|“分解”命令，将窗线及阳台轮廓线分解。

⑧ 夹点显示如图6-164所示的轮廓线，将其放置到“吊顶层”上，同时更改夹点图线的颜色为随层，此时平面图的显示效果如图6-165所示。

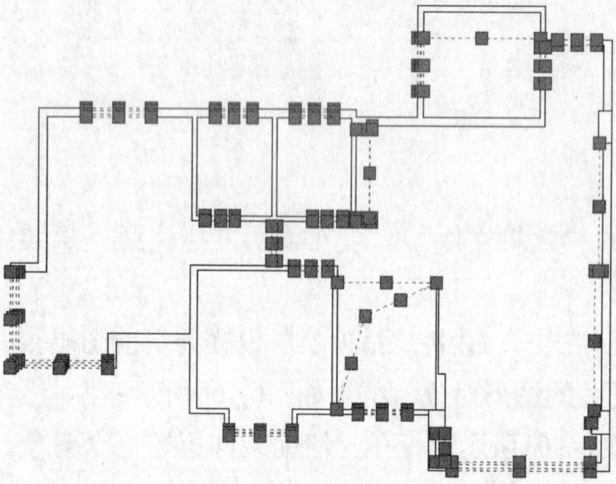

图6-164

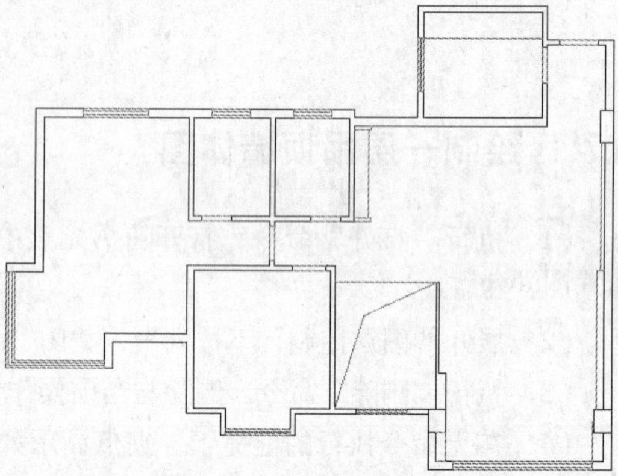

图6-165

⑨ 执行菜单栏中的“绘图”|“矩形”命令，配合“捕捉自”功能绘制长度为160、宽度为80的矩形，命令行操作如下。

```
命令：_rectang
    指定第一个角点或[倒角(C)/标高(E)/圆角(F)/厚度(T)/宽度(W)]:
                                        //激活“捕捉自”功能
    _from 基点：                         //捕捉如图6-166所示的端点
    <偏移>:                              //@0,150 Enter
    指定另一个角点或[面积(A)/尺寸(D)/旋转(R)]:
                                        //@-160,80 Enter，绘制结果如图6-167所示
```

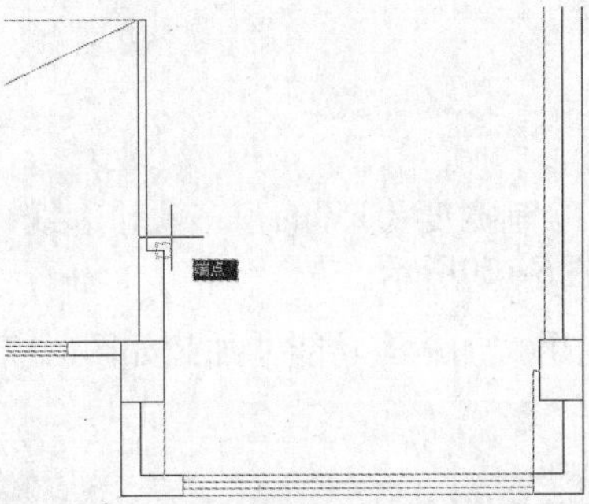

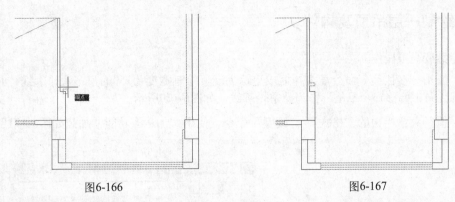

图6-166

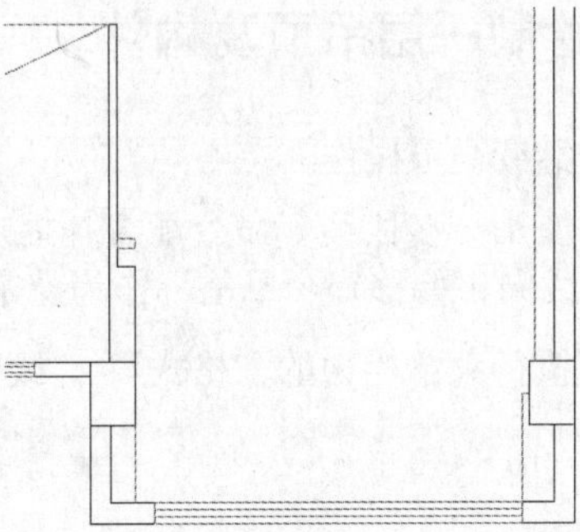

图6-167

⑩ 执行菜单栏中的“修改”|“阵列”|“矩形阵列”命令，对刚绘制的矩形进行阵列，命令行操作如下。

```
命令：_arrayrect
    选择对象：                                    // 窗口选择如图 6-168 所示的对象
    选择对象：                                    // Enter
    类型 = 矩形 关联 = 否
    选择夹点以编辑阵列或 [ 关联 (AS)/ 基点 (B)/ 计数 (COU)/ 间距 (S)/ 列数 (COL)/ 行数 (R)/
层数 (L)/ 退出 (X)] < 退出 >:                       //COU Enter
    输入列数数或 [ 表达式 (E)] <4>:                  //1 Enter
    输入行数数或 [ 表达式 (E)] <3>:                  //8 Enter
    选择夹点以编辑阵列或 [ 关联 (AS)/ 基点 (B)/ 计数 (COU)/ 间距 (S)/ 列数 (COL)/ 行数 (R)/
层数 (L)/ 退出 (X)] < 退出 >:                       //S Enter
    指定列之间的距离或 [ 单位单元 (U)] <240>:         //1 Enter
    指定行之间的距离 <120>:                          //230 Enter
    选择夹点以编辑阵列或 [ 关联 (AS)/ 基点 (B)/ 计数 (COU)/ 间距 (S)/ 列数 (COL)/ 行数 (R)/
层数 (L)/ 退出 (X)] < 退出 >:                       //AS Enter
    创建关联阵列 [ 是 (Y)/ 否 (N)] < 否 >:            //N Enter
    选择夹点以编辑阵列或 [ 关联 (AS)/ 基点 (B)/ 计数 (COU)/ 间距 (S)/ 列数 (COL)/ 行数 (R)/
层数 (L)/ 退出 (X)] < 退出 >:                       // Enter，阵列结果如图 6-169 所示
```

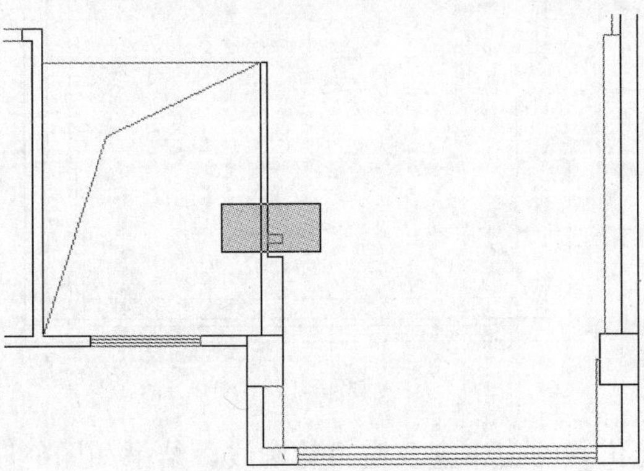

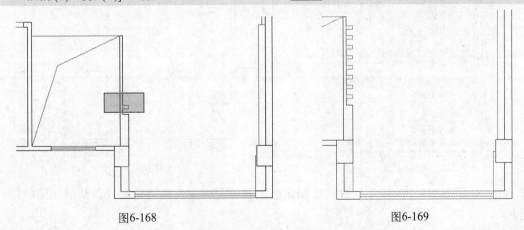

图6-168

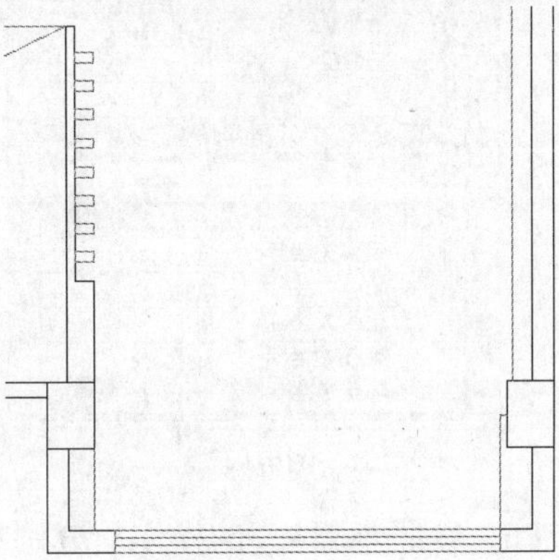

图6-169

至此，跃一层吊顶墙体结构图绘制完毕，下一小节将学习一层吊顶及吊顶构件图的具体绘制过程。

6.7.2 绘制一层吊顶及构件

① 继续上节操作。

② 使用“多段线”命令配合捕捉或追踪功能，绘制宽度为150的窗帘盒轮廓线，并将窗帘盒轮廓线向下偏移75个单位，作为窗帘轮廓线，如图6-170所示。

③ 执行菜单栏中的“格式”|“线型”命令，使用“加载”功能，加载如图6-171所示的线型。

图6-170

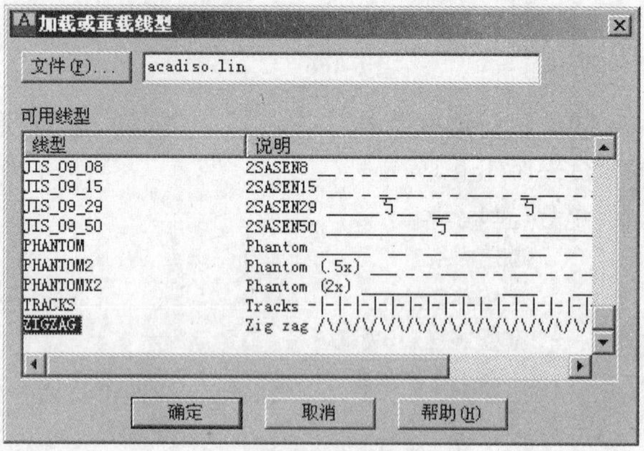

图6-171

④ 夹点显示窗帘轮廓线，然后激活“特性”命令，在打开的“特性”面板中修改窗帘轮廓线的线型及颜色，如图6-172所示。

⑤ 关闭“特性”面板，并取消对象的夹点显示，观看操作后的效果，如图6-173所示。

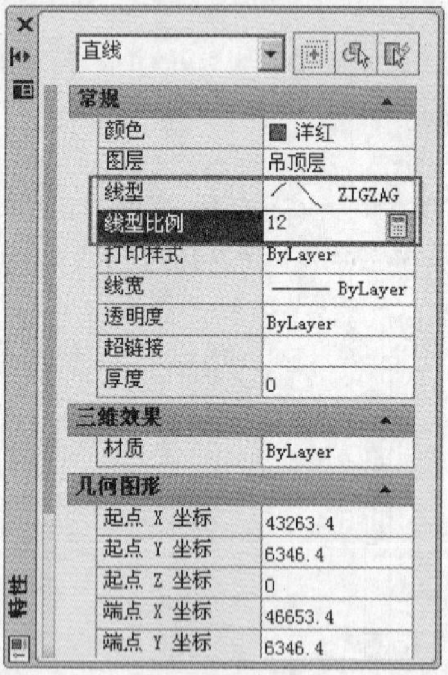

图6-172

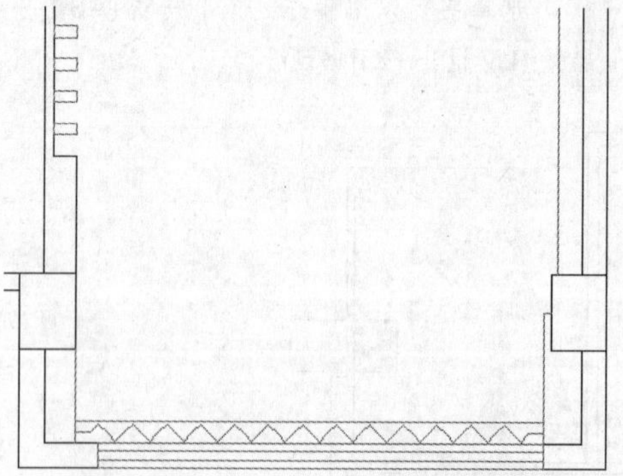

图6-173

⑥ 参照步骤1~5的操作，分别绘制其他位置的窗帘盒及窗帘轮廓线，结果如图6-174所示。

⑦ 执行菜单栏中的“绘图”|“矩形”命令，配合“捕捉自”功能绘制卧室和客厅内的矩形吊顶，如图6-175所示。

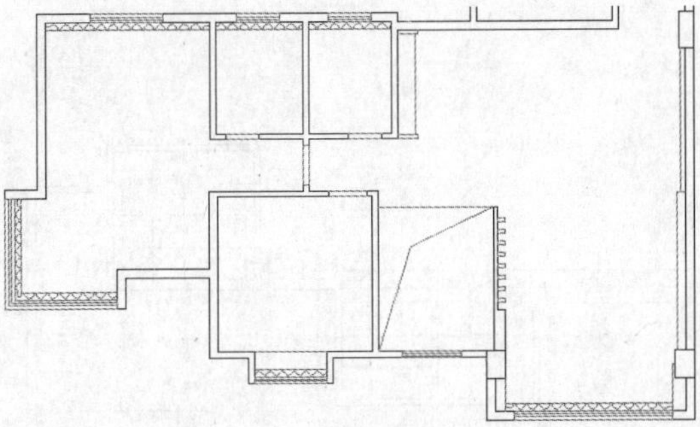

图6-174

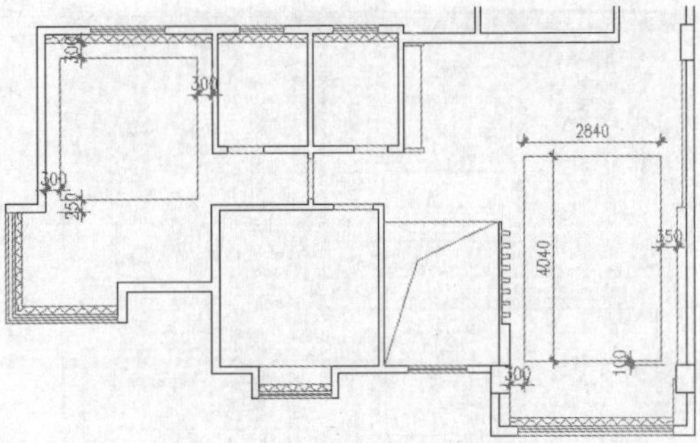

图6-175

8 执行菜单栏中的“修改”|“偏移”命令，将两个矩形吊顶分别向外偏移100个单位作为灯带，结果如图6-176所示。

9 使用命令简写LT激活“线型”命令，加载如图6-177所示的DASHED线型。

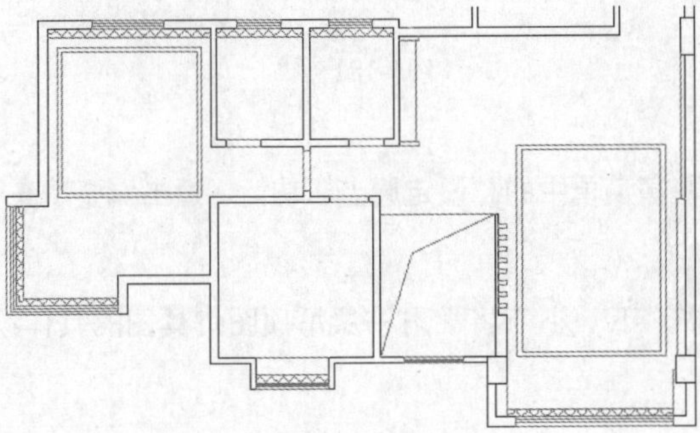

图6-176

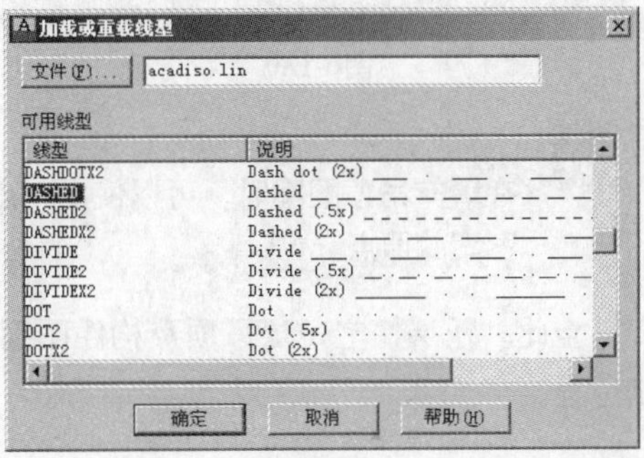

图6-177

10 选择偏移出的两个矩形，在“特性”面板中更改其线型及比例，如图6-178所示。特性编辑后的显示效果如图6-179所示。

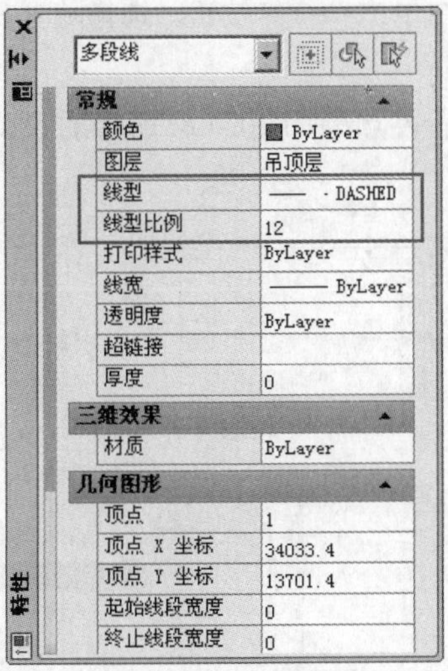

图6-178

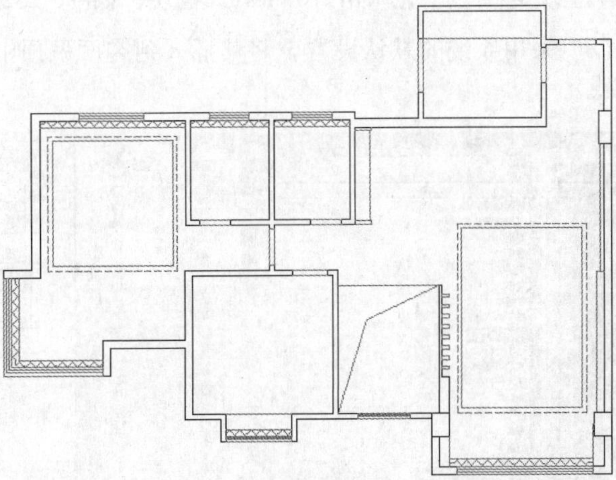

图6-179

11 使用命令简写H激活“图案填充”命令，设置填充参数和填充图案如图6-180所示，为厨房和卫生间填充铝扣板吊顶图案，填充结果如图6-181所示。

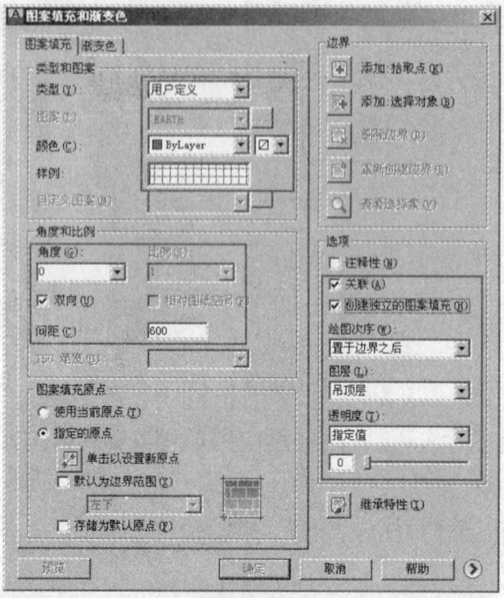

图6-180

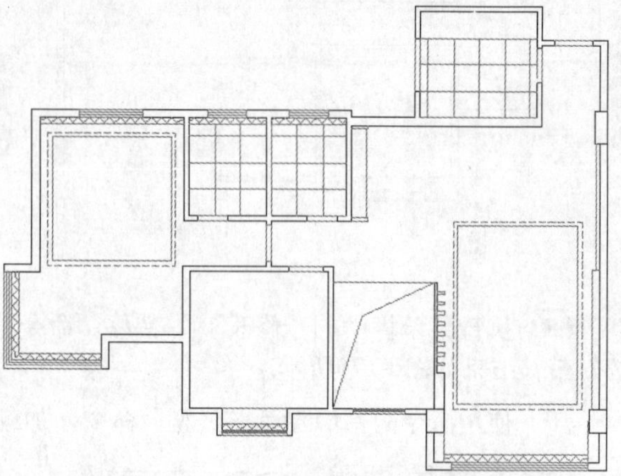

图6-181

提示

在填充吊顶图案时，可以使用夹点图案快捷菜单中的“设定原点”功能，适当调整填充图案的原点。

至此，跃层住宅一层吊顶及构件图绘制完毕，下一小节将学习一层吊顶图灯具图的具体绘制过程。

6.7.3 绘制一层吊顶主灯具

(1) 继续上节操作。

(2) 单击“绘图”工具栏中的按钮，在打开的对话框中单击浏览(B)...按钮，选择随书光盘中的“图块文件”\“艺术吊灯01.dwg”图块，如图6-182所示。

(3) 采用系统的默认设置，将其插入到客厅吊顶中，插入点为如图6-183所示的追踪虚线交点。

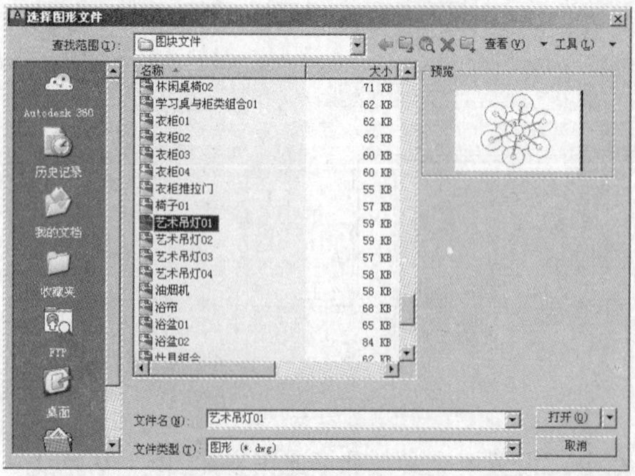

图6-182

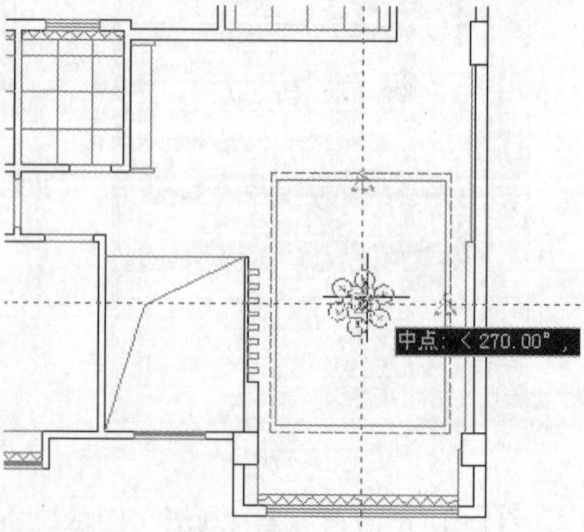

图6-183

④ 重复执行“插入块”命令，插入随书光盘中的“图块文件”\“工艺吊灯02.dwg”图块，如图6-184所示，插入点为如图6-185所示的两条追踪虚线的交点。

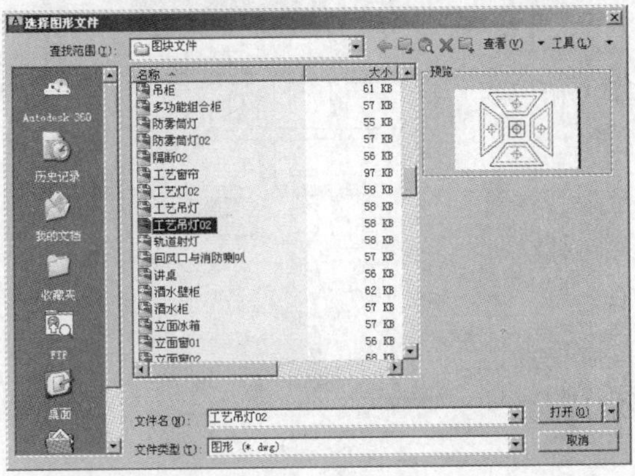

图6-184

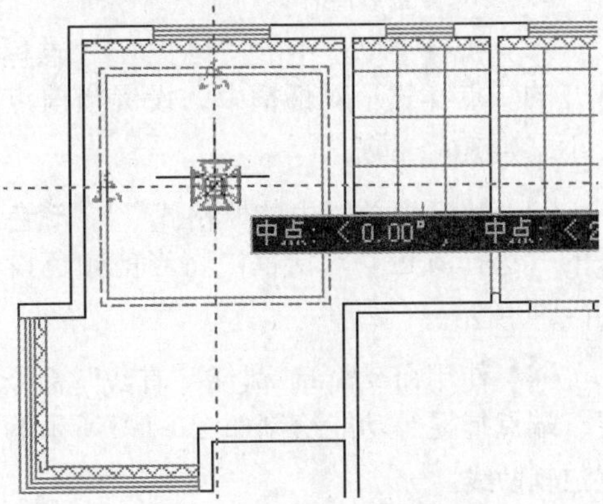

图6-185

⑤ 重复执行“插入块”命令，插入随书光盘中的“图块文件”\“艺术吊灯03.dwg”图块，块参数设置如图6-186所示，插入点为如图6-187所示的两条追踪虚线的交点。

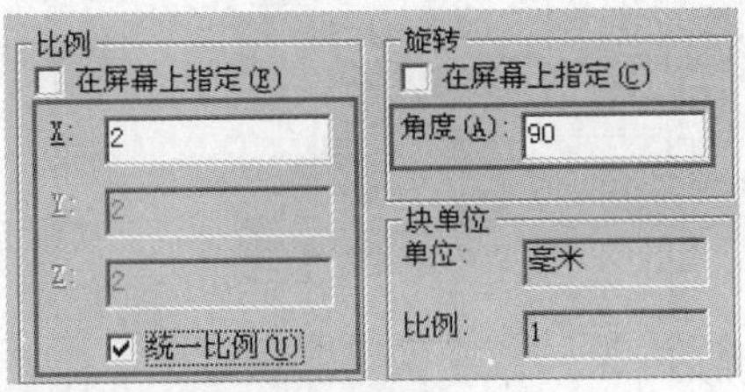

图6-186

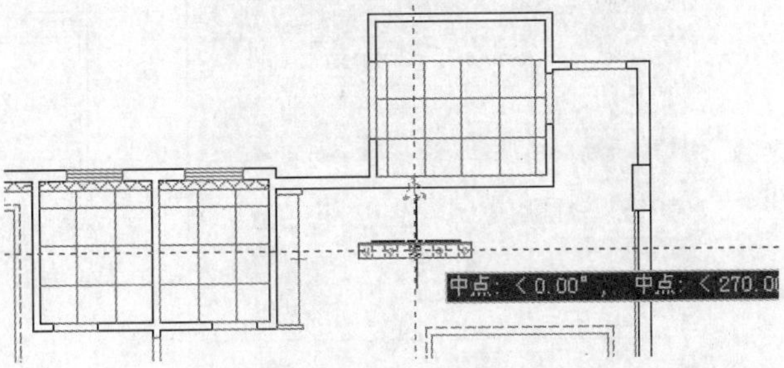

图6-187

⑥ 重复执行“插入块”命令，配合中点捕捉和“对象追踪”功能，以默认参数插入随书光盘中的“图块文件”\“吸顶灯.dwg”图块，为保姆房吊顶布置吸顶灯，结果如图6-188所示。

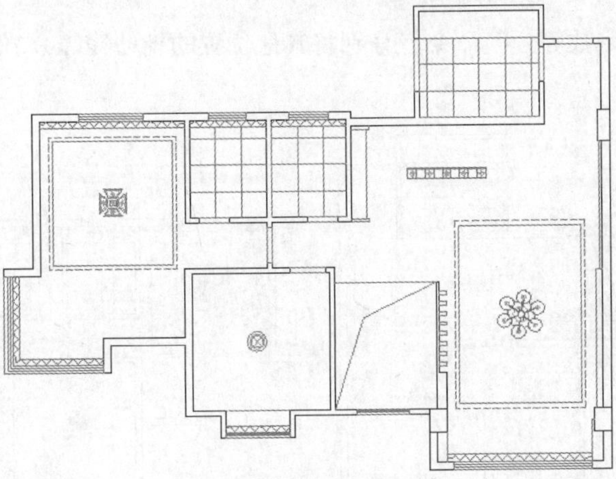

图6-188

至此，跃一层吊顶灯具图绘制完毕，下一小节将学习跃一层辅助灯具图的具体绘制过程。

6.7.4 绘制一层吊顶辅助灯具

(1) 继续上节操作。

(2) 执行菜单栏中的“格式”|“点样式”命令，在打开的“点样式”对话框中，设置当前点的样式和点的大小，如图6-189所示。

(3) 执行菜单栏中的“格式”|“颜色”命令，在打开的“选择颜色”对话框中将当前颜色设置为洋红，如图6-190所示。

(4) 使用命令简写L激活“直线”命令，配合中点捕捉、端点捕捉等功能绘制如图6-191所示的直线作为射灯定位辅助线。

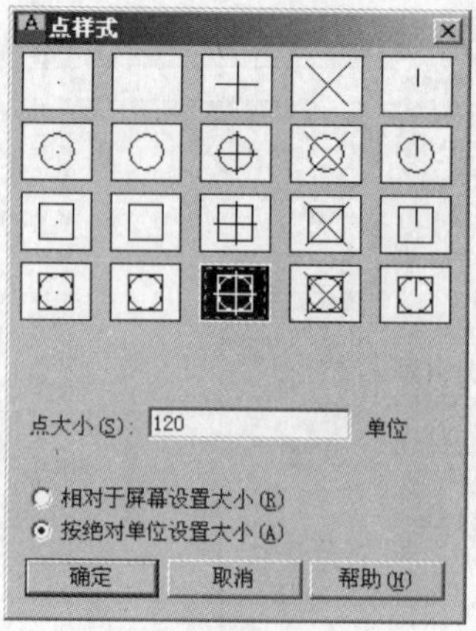

图6-189

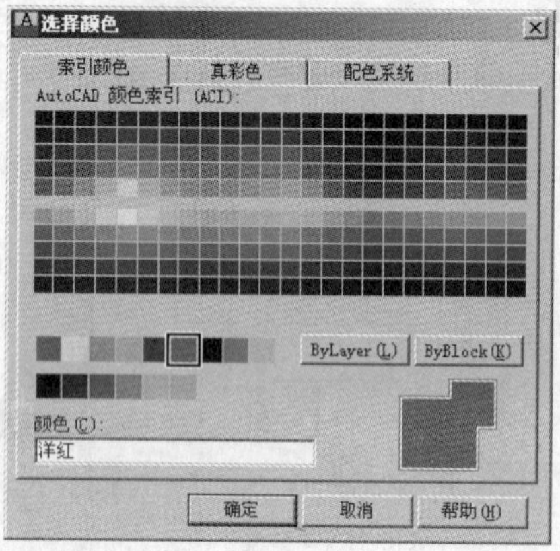

图6-190

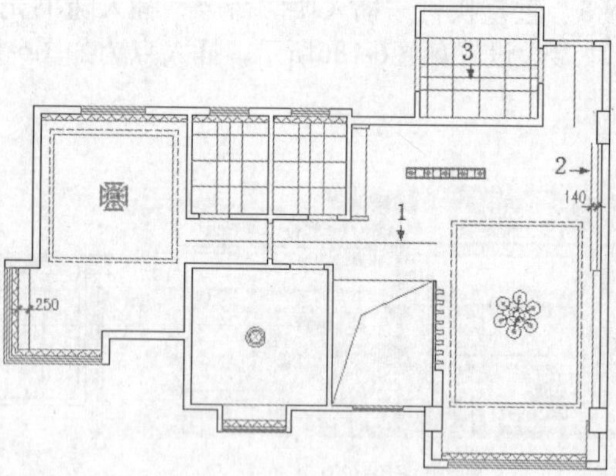

图6-191

(5) 执行菜单栏中的“绘图”|“点”|“定数等分”命令，将如图6-191所示的辅助线1等分5份，将辅助线2和3等分4份，结果如图6-192所示。

(6) 重复执行“定数等分”命令，分别将其他位置的辅助线等分3份，结果如图6-193所示。

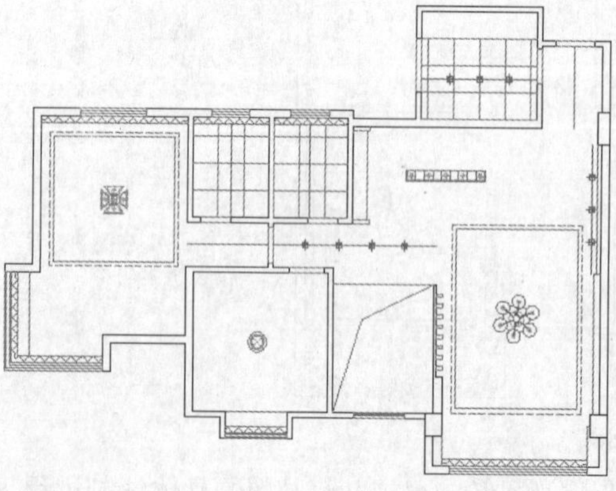

图6-192

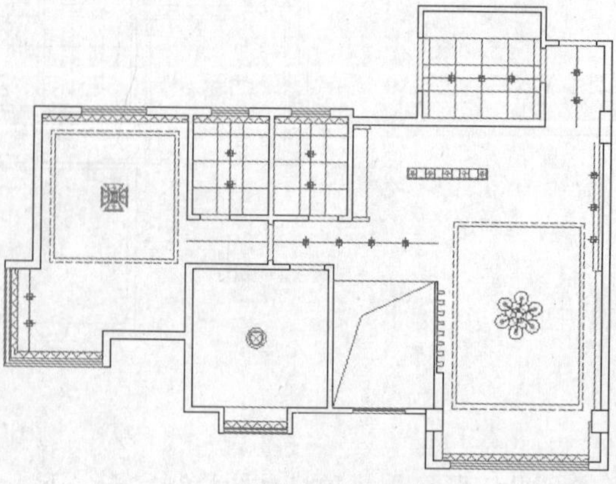

图6-193

⑦ 接下来执行“删除”命令，删除各位置的定位辅助线，结果如图6-194所示。

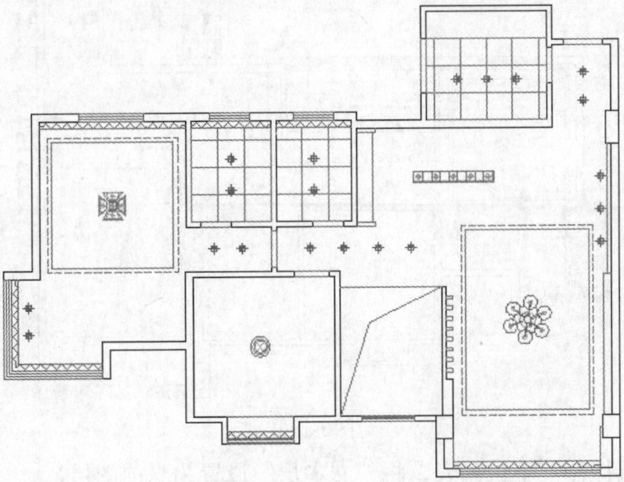

图6-194

至此，跃一层吊顶辅助灯具图绘制完毕，下一小节将学习跃一层吊顶图尺寸和文字的具体标注过程。

6.7.5 标注吊顶图尺寸和文字

① 继续上节操作。

② 展开“图层控制”下拉列表，解冻“尺寸层”，并设置其为当前图层，此时图形的显示结果如图6-195所示。

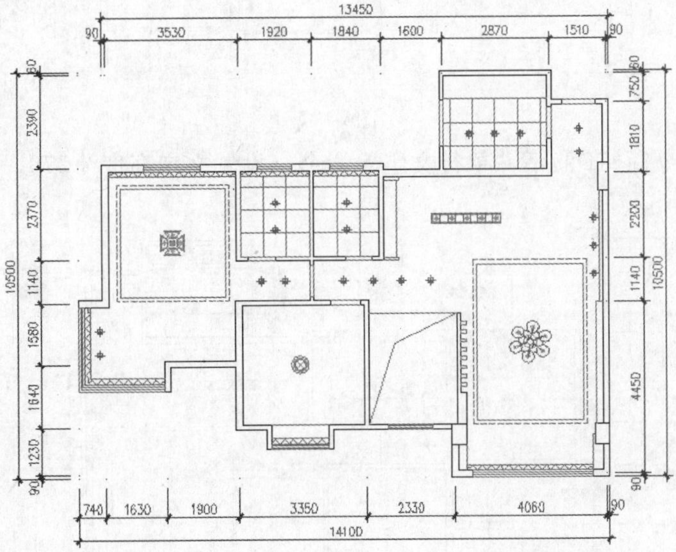

图6-195

③ 将右侧的尺寸进行外移，然后综合执行“线性”和“连续”命令，配合节点捕捉等功能，标注如图6-196所示的内部尺寸。

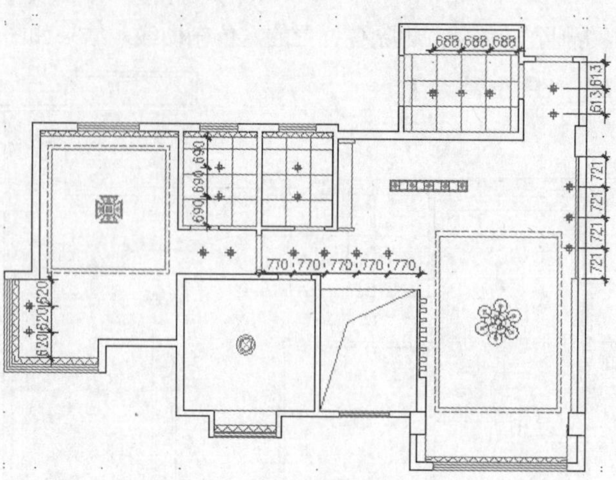

图6-196

④ 展开“图层控制”下拉列表，将“文本层”设置为当前图层。

⑤ 展开“文字样式控制”下拉列表，将“仿宋体”设置为当前文字样式。

⑥ 使用命令简写L激活“直线”命令，绘制如图6-197所示的文字指示线。

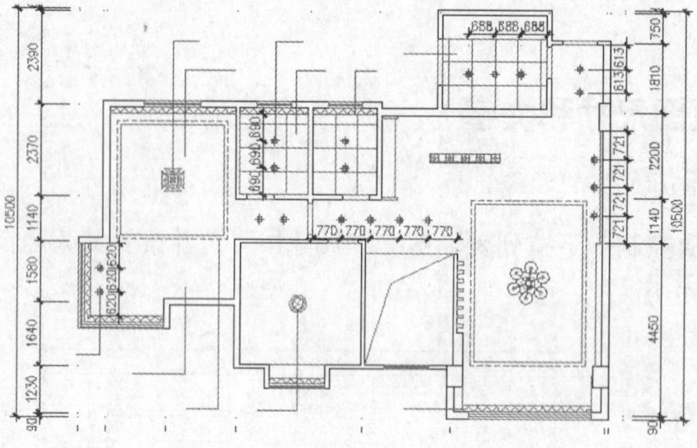

图6-197

⑦ 使用命令简写D激活“单行文字”命令，设置文字高度为270，为吊顶图标注如图6-198所示的文字注释。

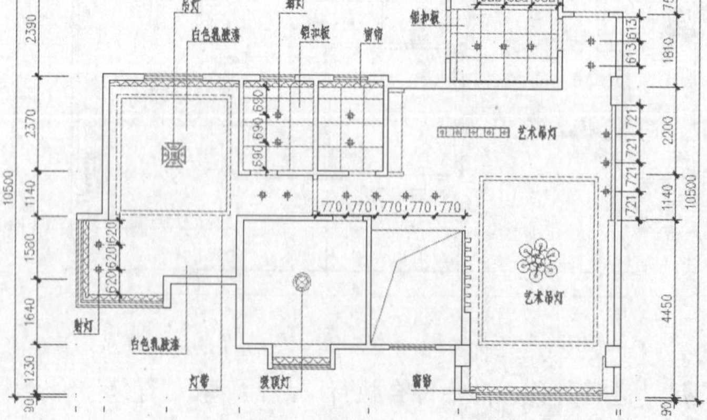

图6-198

(8) 最后执行“另存为”命令，将图形另名存储为“绘制跃一层吊顶装修图.dwg”。

6.8 绘制跃层住宅一层客厅立面图

本节主要学习跃层住宅一层客厅D向立面图的绘制过程和相关技巧。客厅D向立面图的最终绘制效果如图6-199所示。

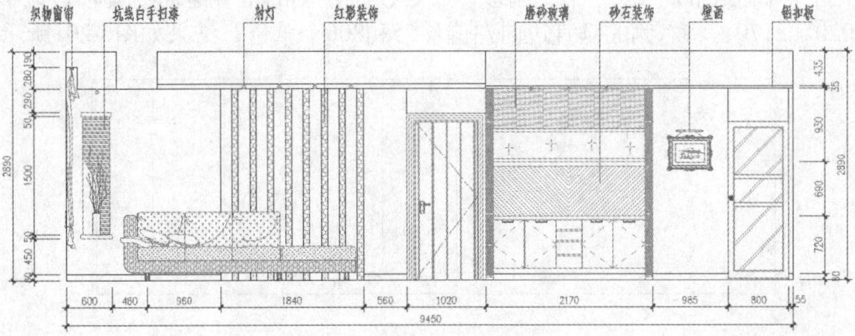

图6-199

在绘制一层客厅D向立面图时，可以参照如下思路。

- 首先调用样板文件，然后使用“直线”命令绘制主体轮廓线。
- 使用“偏移”、“修剪”和“延伸”命令绘制内部轮廓结构。
- 使用“插入块”、“复制”和“阵列”命令布置立面图内部构件及装饰图块。
- 使用“修剪”、“图案填充”、“图层”命令绘制和完善墙面装饰线。
- 综合“线性”、“连续”和“编辑标注文字”命令标注立面图尺寸。
- 使用“直线”、“单行文字”、“复制”和“编辑文字”命令标注材质。

6.8.1 绘制一层客厅立面轮廓图

(1) 以随书光盘中的文件“样板文件”\“室内设计样板.dwt”作为基础样板，新建文件。

(2) 展开“图层”工具栏中的“图层控制”下拉列表，将“轮廓线”设置为当前图层。

(3) 执行菜单栏中的“绘图”|“直线”命令，配合坐标输入功能绘制客厅D向外轮廓线，命令行操作如下。

```
命令 : _line
    指定第一点 :                           // 在绘图区拾取一点
    指定下一点或 [ 放弃 (U)]:              //@-9450,0 Enter
    指定下一点或 [ 放弃 (U)]:              //@0,2890 Enter
    指定下一点或 [ 闭合 (C)/ 放弃 (U)]:    //@660,0 Enter
    指定下一点或 [ 闭合 (C)/ 放弃 (U)]:    //@0,-470 Enter
    指定下一点或 [ 闭合 (C)/ 放弃 (U)]:    //@540,0 Enter
    指定下一点或 [ 闭合 (C)/ 放弃 (U)]:    //@0,470 Enter
    指定下一点或 [ 闭合 (C)/ 放弃 (U)]:    //@8250,0 Enter
    指定下一点或 [ 闭合 (C)/ 放弃 (U)]:    //C Enter，绘制结果如图 6-200 所示
```

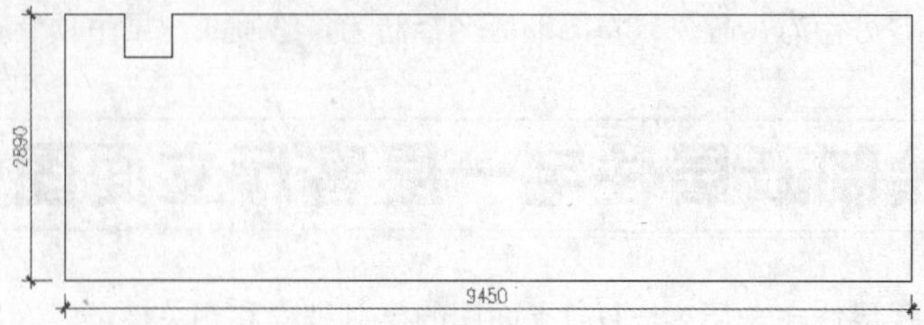

图6-200

④ 执行菜单栏中的“修改”|“偏移”命令，将左侧的垂直边向右偏移，偏移间距分别为4420、1020和2170；将右侧的垂直边向左偏移55和800个单位，结果如图6-201所示。

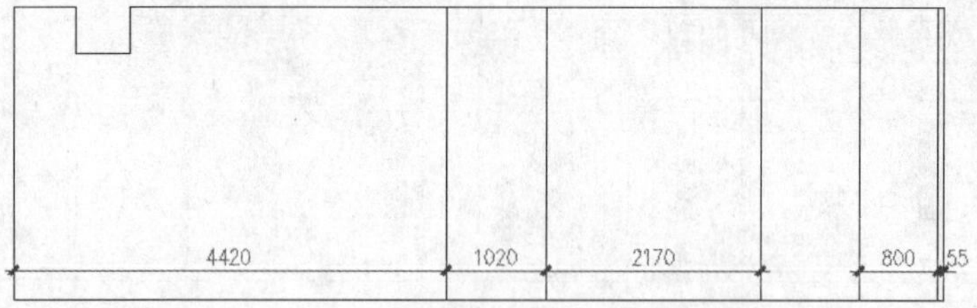

图6-201

⑤ 执行菜单栏中的“绘图”|“直线”命令，配合“捕捉自”功能绘制内部轮廓线，命令行操作如下。

```
命令 : _line
    指定第一点 :                          // 激活“捕捉自”功能
    _from 基点 :                          // 捕捉如图 6-202 所示的端点
    < 偏移 >:                             //@0,-190 Enter
    指定下一点或 [ 放弃 (U)]:              //@150,0 Enter
    指定下一点或 [ 放弃 (U)]:              // 捕捉如图 6-203 所示的虚线交点
    指定下一点或 [ 闭合 (C)/ 放弃 (U)]:     //@510,0 Enter
    指定下一点或 [ 闭合 (C)/ 放弃 (U)]:     // Enter，结果如图 6-204 所示
```

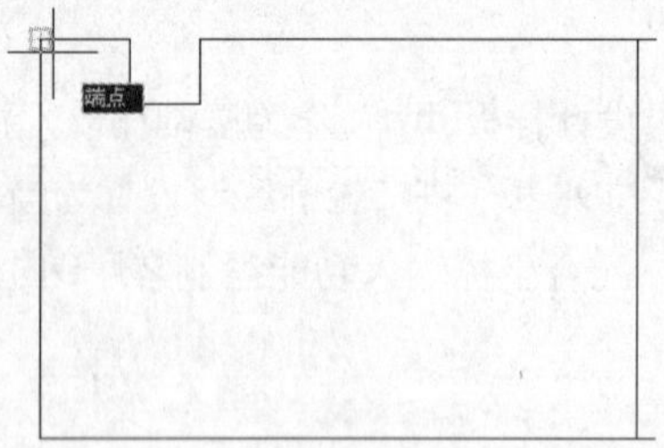

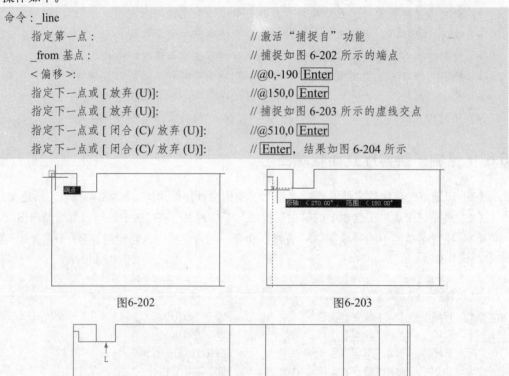

图6-202

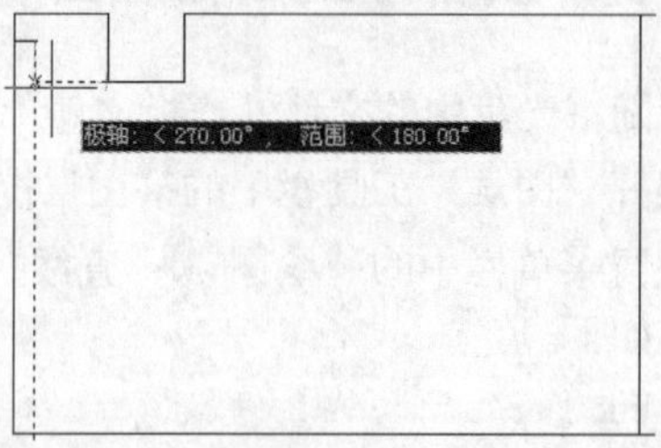

图6-203

图6-204

⑥ 执行菜单栏中的“修改”|“延伸”命令，以最右侧的垂直边作为边界，对如图6-204所示的水平轮廓线L进行延伸，延伸结果如图6-205所示。

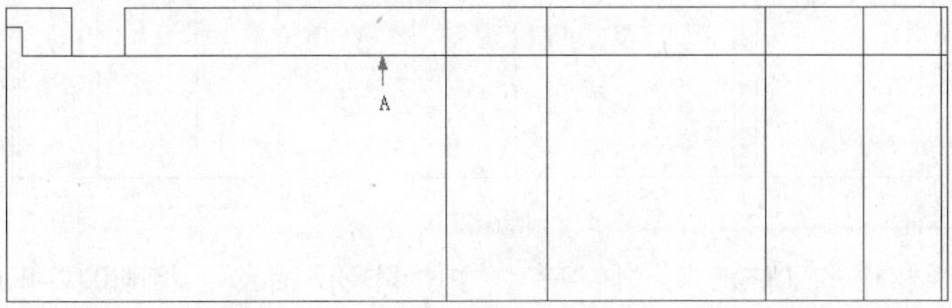

图6-205

⑦ 使用命令简写O激活“偏移”命令，将如图6-205所示的水平轮廓线A向上偏移35和60个单位，结果如图6-206所示。

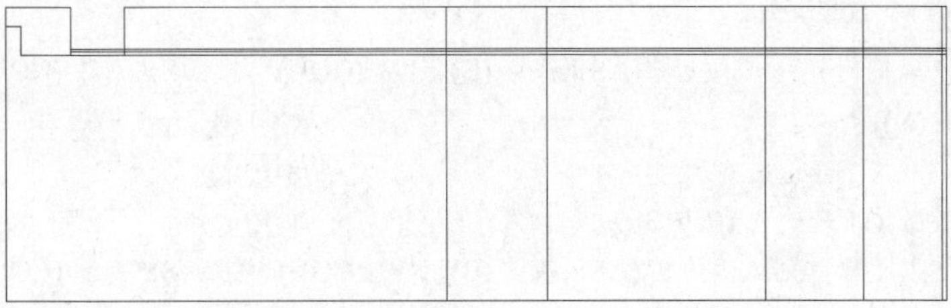

图6-206

⑧ 使用命令简写TR激活“修剪”命令，分别对偏移出的纵横向轮廓线进行修剪编辑，修剪掉多余的轮廓线，结果如图6-207所示。

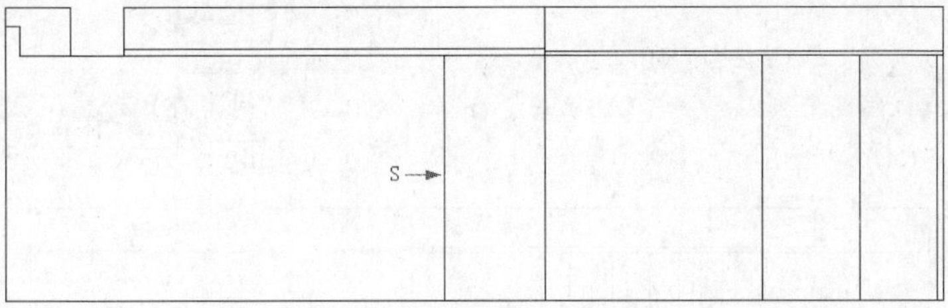

图6-207

⑨ 使用命令简写O激活“偏移”命令，将如图6-207所示的垂直轮廓线S向左偏移350和2400个单位，结果如图6-208所示。

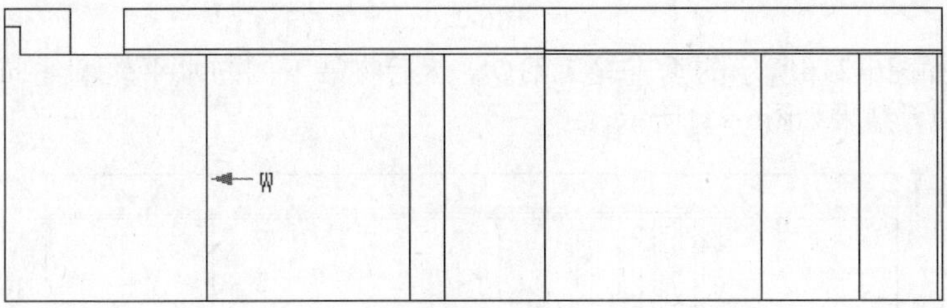

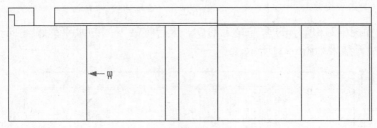

图6-208

⑩ 重复执行“偏移”命令，将如图6-208所示的垂直轮廓线W向右偏移150和230个单位，结果如图6-209所示。

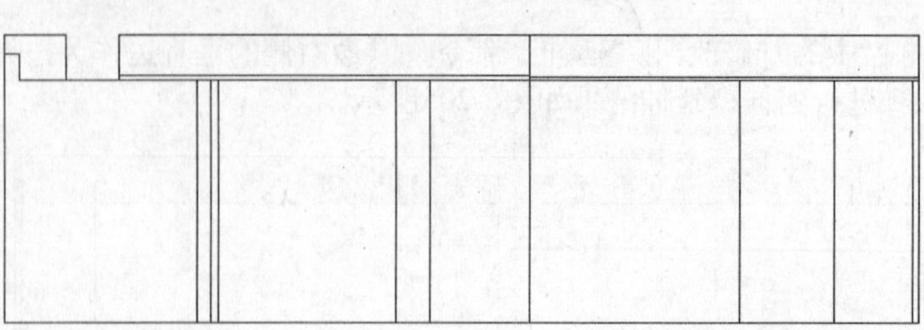

图6-209

⑪ 执行菜单栏中的“修改”|“阵列”|“矩形阵列”命令，将刚偏移出的两条垂直轮廓线向右阵列，命令行操作如下。

命令：_arrayrect
选择对象： //选择刚偏移出的两条垂直轮廓线
选择对象： // Enter
类型＝矩形 关联＝是
选择夹点以编辑阵列或 [关联(AS)/基点(B)/计数(COU)/间距(S)/列数(COL)/行数(R)/层数(L)/退出(X)]＜退出＞: //COU Enter
输入列数数或 [表达式(E)] <4>: //8 Enter
输入行数数或 [表达式(E)] <3>: //1 Enter
选择夹点以编辑阵列或 [关联(AS)/基点(B)/计数(COU)/间距(S)/列数(COL)/行数(R)/层数(L)/退出(X)]＜退出＞: //S Enter
指定列之间的距离或 [单位单元(U)] <3522>: //230 Enter
指定行之间的距离 <1>: //1 Enter
选择夹点以编辑阵列或 [关联(AS)/基点(B)/计数(COU)/间距(S)/列数(COL)/行数(R)/层数(L)/退出(X)]＜退出＞: //AS Enter
创建关联阵列 [是(Y)/否(N)]＜否＞: //N Enter
选择夹点以编辑阵列或 [关联(AS)/基点(B)/计数(COU)/间距(S)/列数(COL)/行数(R)/层数(L)/退出(X)]＜退出＞: // Enter，阵列结果如图6-210所示

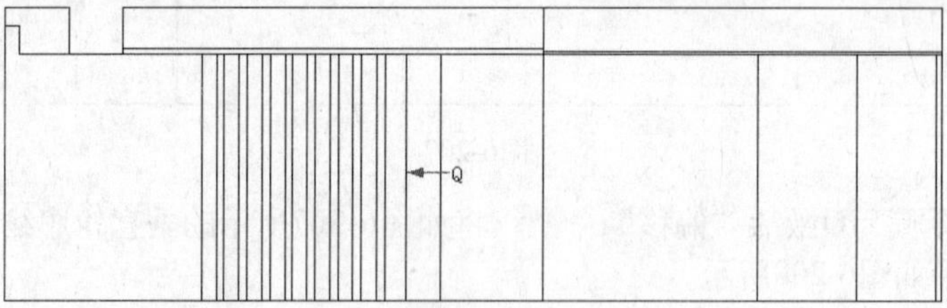

图6-210

⑫ 删除如图6-210所示的垂直轮廓线Q，然后将最下侧的水平轮廓线向上偏移80个单位，作为踢脚线，结果如图6-211所示。

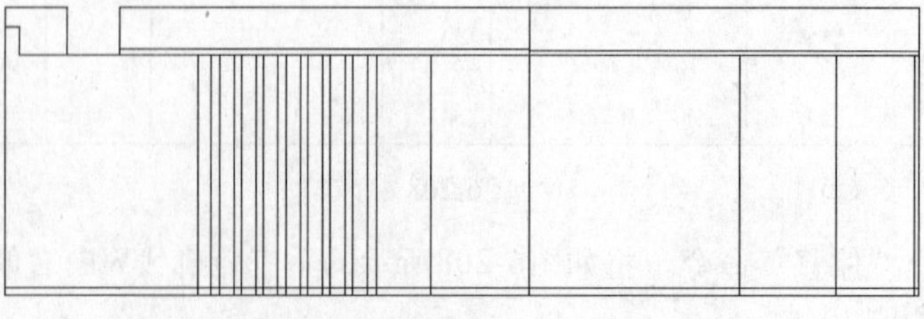

图6-211

⑬ 使用命令简写TR激活“修剪”命令，对偏移出的踢脚线进行修剪，结果如图6-212所示。

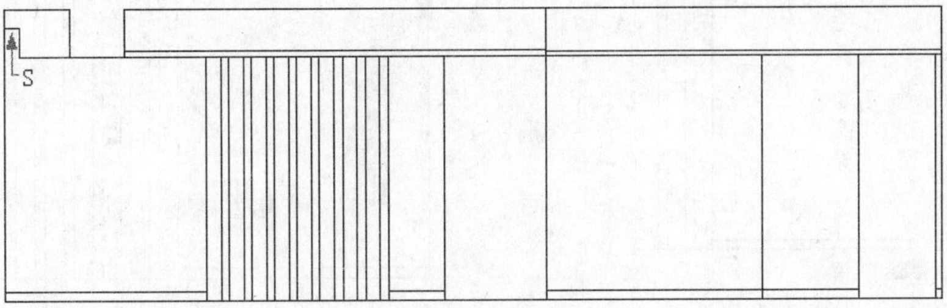

图6-212

至此，一层客厅D向墙面轮廓图绘制完毕，下一小节将学习一层客厅D向构件图的绘制过程。

6.8.2 绘制一层客厅立面构件图

① 继续上节操作，将“家具层”设为当前层。

② 执行菜单栏中的“插入”|“块”命令，或使用命令简写I激活“插入块”命令，打开“插入”对话框。

③ 在对话框中单击 浏览(B)... 按钮，从弹出的“选择图形文件”对话框中打开随书光盘中的“图块文件”\“窗帘01.dwg”图块，如图6-213所示。

④ 采用系统的默认设置，将其插入到立面图中，插入点为上图6-212所示的线S中点，插入结果如图6-214所示。

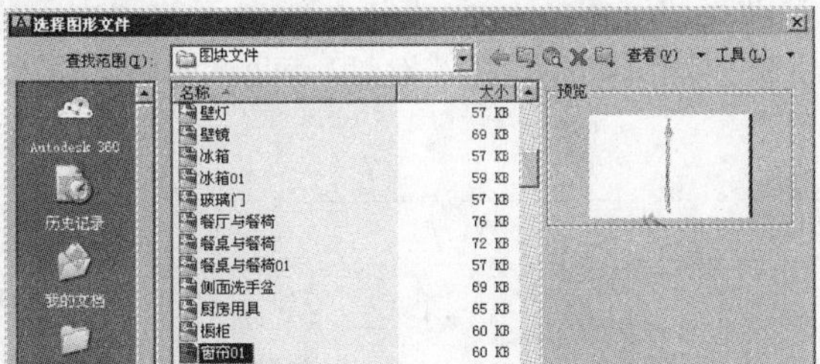

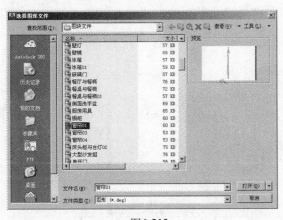

图6-213

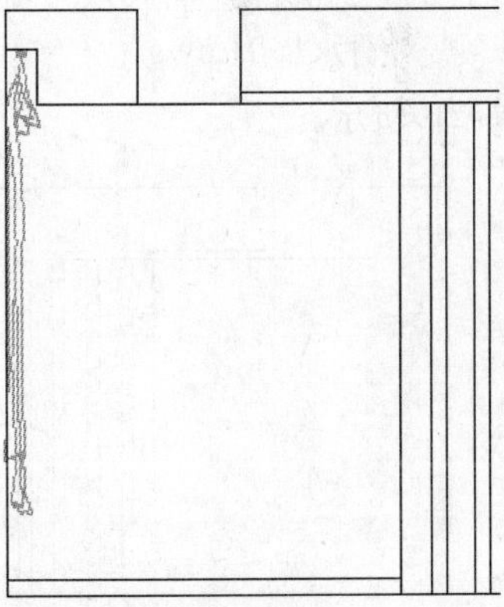

图6-214

⑤ 重复执行“插入块”命令，采用默认参数，插入随书光盘中的“图块文件”\“block3.dwg”图块，命令行操作如下。

```
命令：I                                    //Enter
    INSERT
    指定插入点或 [基点(B)/比例(S)/旋转(R)]:   //激活“捕捉自”功能
    _from 基点:                           //捕捉如图6-215所示的端点
    <偏移>:                               //@395,530 Enter，插入结果如图6-216所示
```

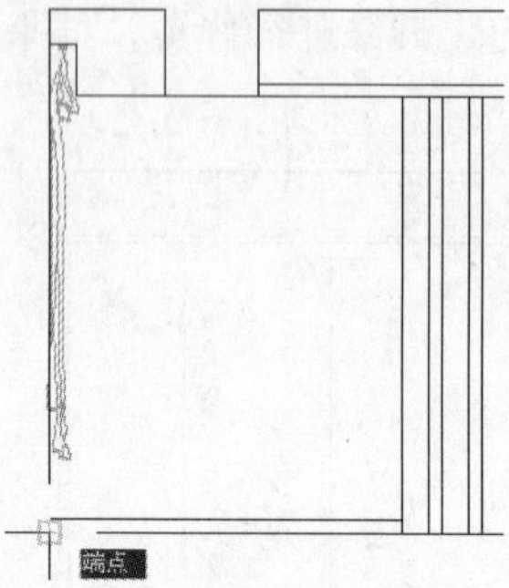

图6-215

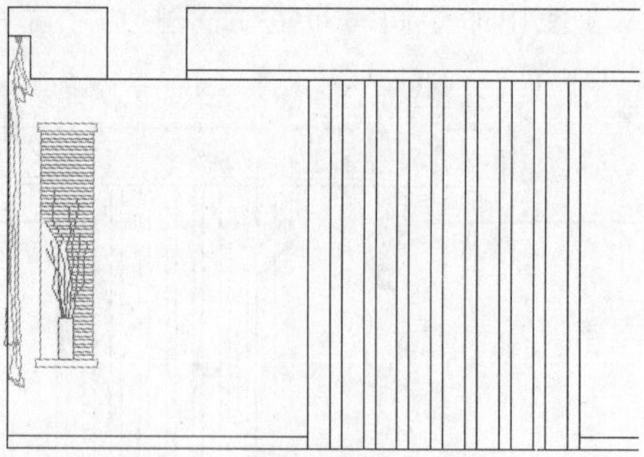

图6-216

(6) 重复执行“插入块”命令，采用默认参数，插入随书光盘中的“图块文件”\“立面沙发组01.dwg”图块，如图6-217所示，插入结果如图6-218所示。

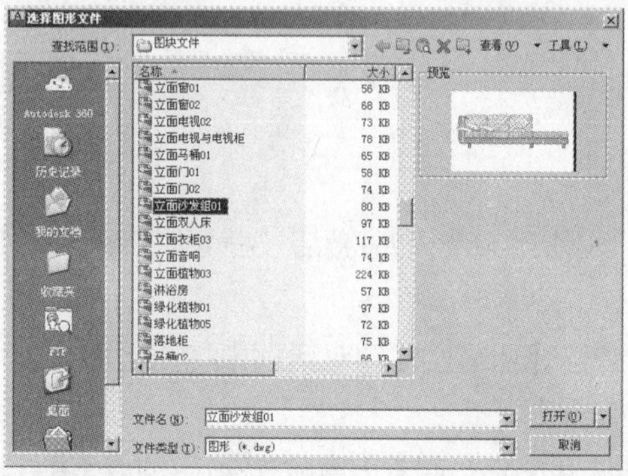

图6-217

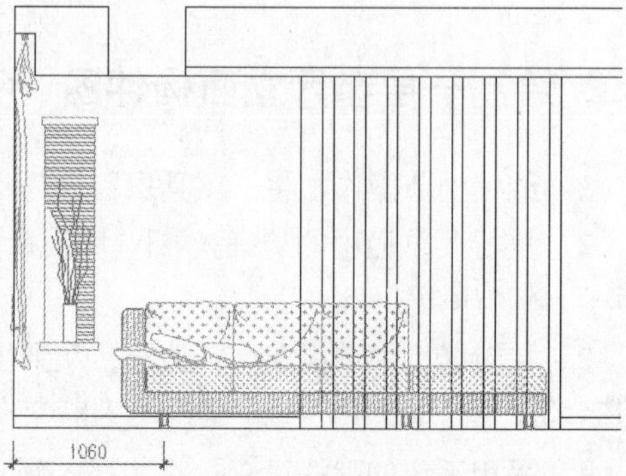

图6-218

(7) 重复执行“插入块”命令，插入随书光盘“图块文件”文件夹下的“立面门01.dwg”、“酒水柜01.dwg”、“画.dwg”、“玻璃门.dwg”和“射灯1.dwg”图块，插入结果如图6-219所示。

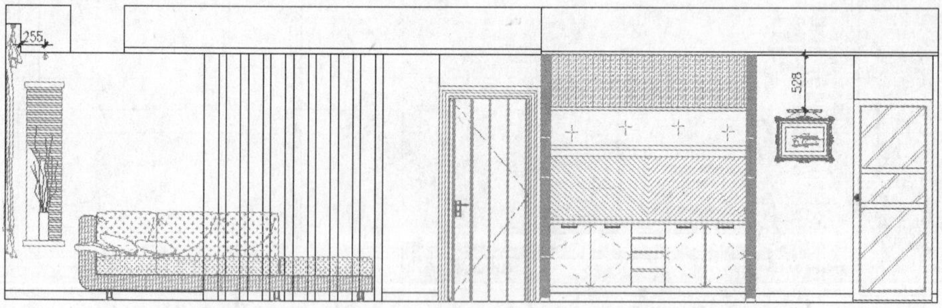

图6-219

至此，跃一层客厅立面构件图绘制完毕，下一小节将对客厅墙面立面图进行修整和完善。

6.8.3 完善一层客厅立面轮廓图

(1) 继续上节操作。

(2) 执行菜单栏中的“修改”|“复制”命令，对射灯图块进行复制，命令行操作如下。

```
命令：_copy
    选择对象：                                      // 选择插入的射灯图块
    选择对象：                                      // Enter
    当前设置：复制模式 = 多个
    指定基点或 [ 位移 (D)/ 模式 (O)] < 位移 >:  // 拾取任一点
    指定第二个点或 [ 阵列 (A)] < 使用第一个点作为位移 >:  // @1920,-60 Enter
    指定第二个点或 [ 阵列 (A)/ 退出 (E)/ 放弃 (U)] < 退出 >:  // @3708,-25 Enter
    指定第二个点或 [ 阵列 (A)/ 退出 (E)/ 放弃 (U)] < 退出 >:
                                    // Enter，结束命令，复制结果如图 6-220 所示
```

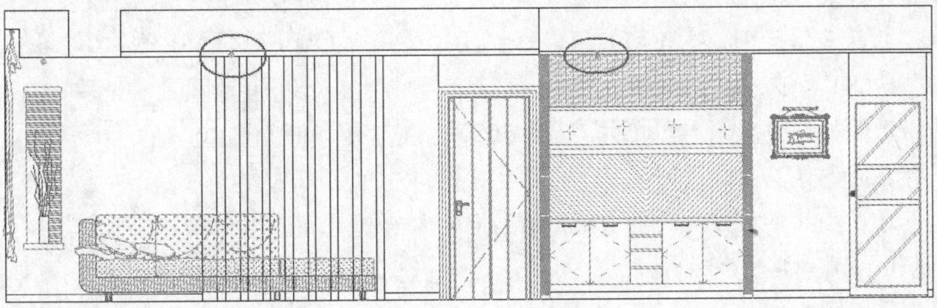

图6-220

③ 执行菜单栏中的“修改”|“阵列”|“矩形阵列”命令，对客厅位置的射灯图块进行阵列，命令行操作如下。

```
命令：_arrayrect
    选择对象：                                      // 选择客厅位置的射灯
    选择对象：                                      // Enter
    类型 = 矩形  关联 = 是
    选择夹点以编辑阵列或 [ 关联 (AS)/ 基点 (B)/ 计数 (COU)/ 间距 (S)/ 列数 (COL)/ 行数 (R)/
层数 (L)/ 退出 (X)] < 退出 >:                     //COU Enter
    输入列数数或 [ 表达式 (E)] <4>:                 //4 Enter
    输入行数数或 [ 表达式 (E)] <3>:                 //1 Enter
    选择夹点以编辑阵列或 [ 关联 (AS)/ 基点 (B)/ 计数 (COU)/ 间距 (S)/ 列数 (COL)/ 行数 (R)/
层数 (L)/ 退出 (X)] < 退出 >:                     //S Enter
    指定列之间的距离或 [ 单位单元 (U)] <3522>://460 Enter
    指定行之间的距离 <1>:                           //1 Enter
    选择夹点以编辑阵列或 [ 关联 (AS)/ 基点 (B)/ 计数 (COU)/ 间距 (S)/ 列数 (COL)/ 行数 (R)/
层数 (L)/ 退出 (X)] < 退出 >:                     //AS Enter
    创建关联阵列 [ 是 (Y)/ 否 (N)] < 否 >:          //N Enter
    选择夹点以编辑阵列或 [ 关联 (AS)/ 基点 (B)/ 计数 (COU)/ 间距 (S)/ 列数 (COL)/ 行数 (R)/
层数 (L)/ 退出 (X)] < 退出 >:                     // Enter，阵列结果如图 6-221 所示
```

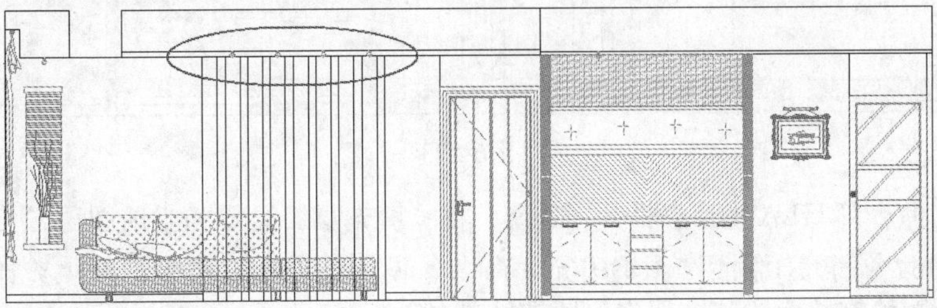

图6-221

④ 重复执行“矩形阵列”命令，对餐厅位置的射灯图块进行阵列，命令行操作如下。

```
命令：_arrayrect
    选择对象：                                              //选择客厅位置的射灯
    选择对象：                                              //Enter
    类型＝矩形 关联＝是
    选择夹点以编辑阵列或[关联(AS)/基点(B)/计数(COU)/间距(S)/列数(COL)/行数(R)/
层数(L)/退出(X)]<退出>:                                       //COU Enter
    输入列数数或[表达式(E)]<4>:                                //3 Enter
    输入行数数或[表达式(E)]<3>:                                //1 Enter
    选择夹点以编辑阵列或[关联(AS)/基点(B)/计数(COU)/间距(S)/列数(COL)/行数(R)/
层数(L)/退出(X)]<退出>:                                       //S Enter
    指定列之间的距离或[单位单元(U)]<3522>:                      //493 Enter
    指定行之间的距离<1>:                                      //1 Enter
    选择夹点以编辑阵列或[关联(AS)/基点(B)/计数(COU)/间距(S)/列数(COL)/行数(R)/
层数(L)/退出(X)]<退出>:                                       //AS Enter
    创建关联阵列[是(Y)/否(N)]<否>:                            //N Enter
    选择夹点以编辑阵列或[关联(AS)/基点(B)/计数(COU)/间距(S)/列数(COL)/行数(R)/
层数(L)/退出(X)]<退出>:                                       //Enter，阵列结果如图6-222所示
```

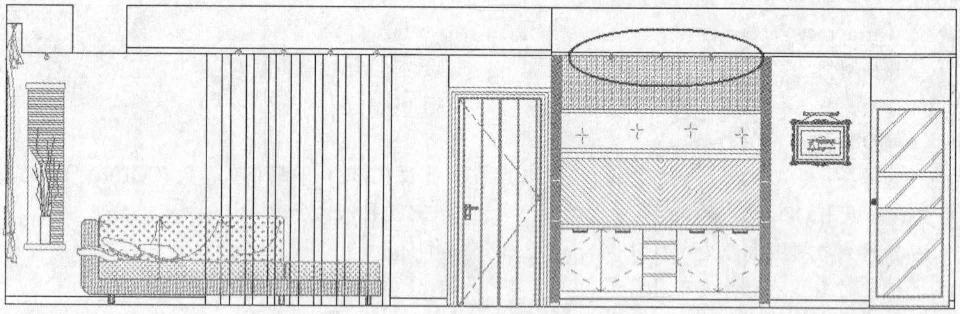

图6-222

⑤ 使用命令简写TR激活“修剪”命令，对立面图进行修剪，结果如图6-223所示。

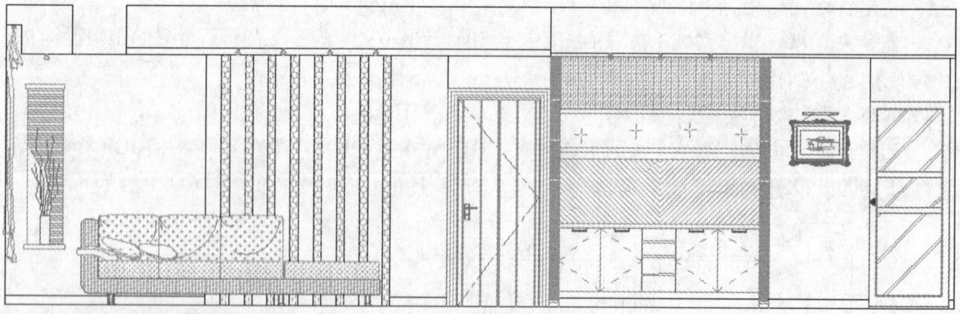

图6-223

⑥ 使用命令简写LA激活“图层”命令，将“填充层”设置为当前图层。

⑦ 使用命令简写H激活“图案填充”命令，设置填充图案类型以及填充比例如图6-224所示，为立面图填充墙面的装饰图案，填充结果如图6-225所示。

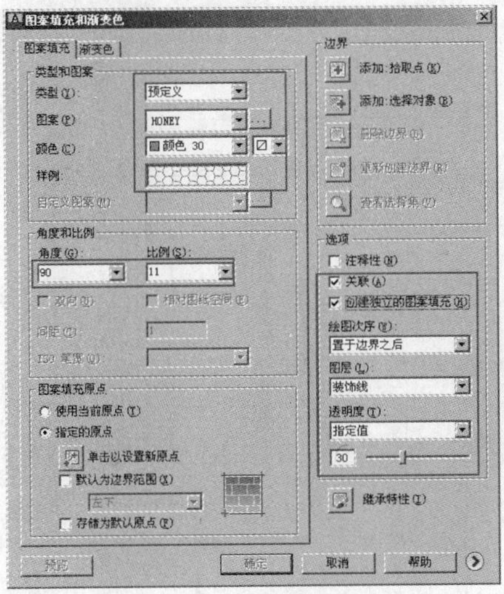

图6-224

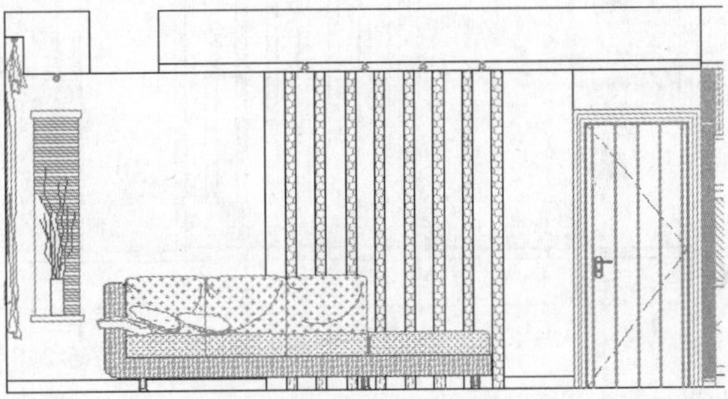
图6-225

至此，跃一层D向客厅立面图绘制完毕，下一小节将学习一层客厅立面图尺寸的具体标注过程。

6.8.4 标注一层客厅立面图尺寸

(1) 继续上节操作。

(2) 展开“样式”工具栏上的“标注样式控制”下拉列表，将“建筑标注”设置为当前样式，如图6-226所示。

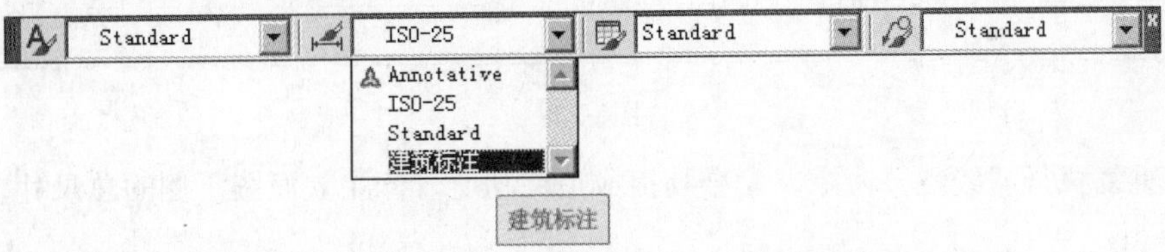

图6-226

(3) 执行菜单栏中的“标注”|“标注样式”命令，修改当前标注样式的全局比例为30。

(4) 执行菜单栏中的“标注”|“线性”命令，标注如图6-227所示的线性尺寸作为基准尺寸。

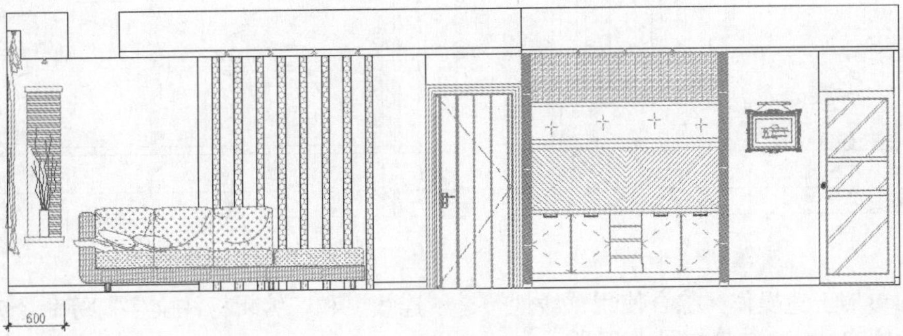

图6-227

⑤ 执行菜单栏中的“标注”|“连续”命令，配合捕捉与追踪功能，标注如图6-228所示的连续尺寸。

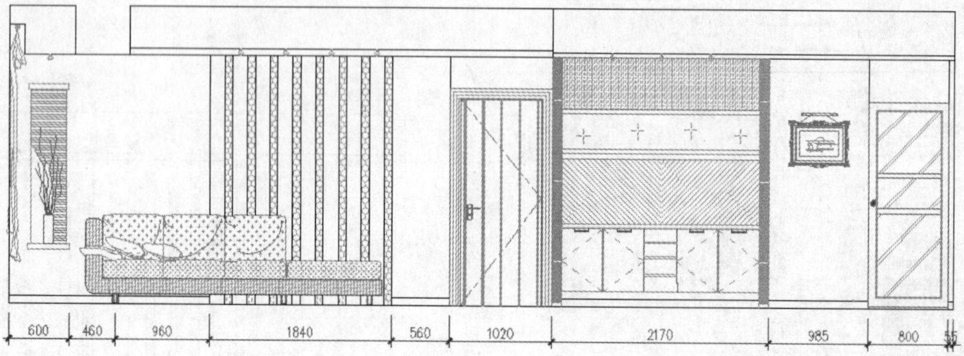

图6-228

⑥ 单击“标注”工具栏中的A按钮，激活“编辑标注文字”命令，对重叠尺寸进行编辑，结果如图6-229所示。

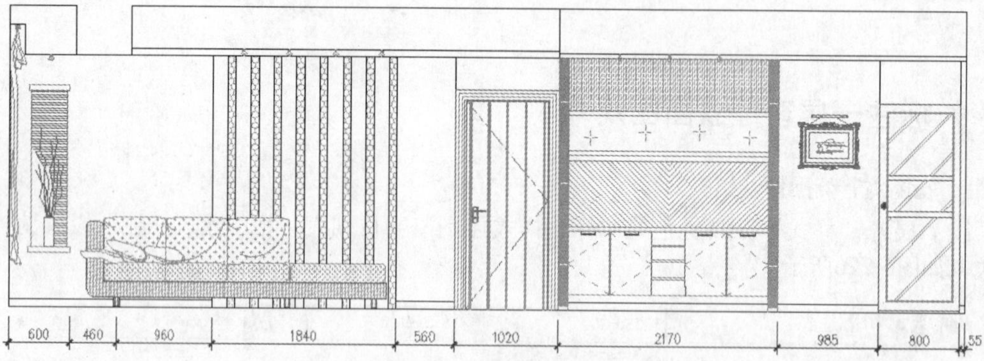

图6-229

⑦ 重复执行“线性”命令，配合捕捉或追踪功能，标注立面图下侧的总尺寸，结果如图6-230所示。

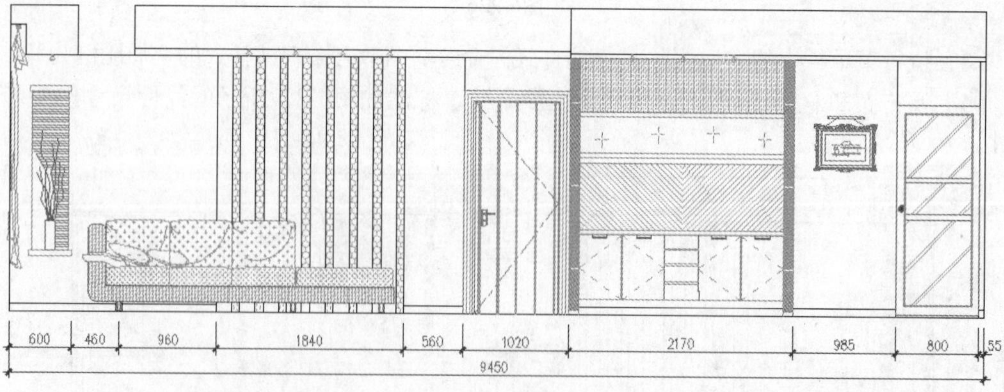

图6-230

⑧ 参照上述操作，综合使用“线性”、“连续”和“编辑标注文字”等命令分别标注立面图两侧的尺寸，结果如图6-231所示。

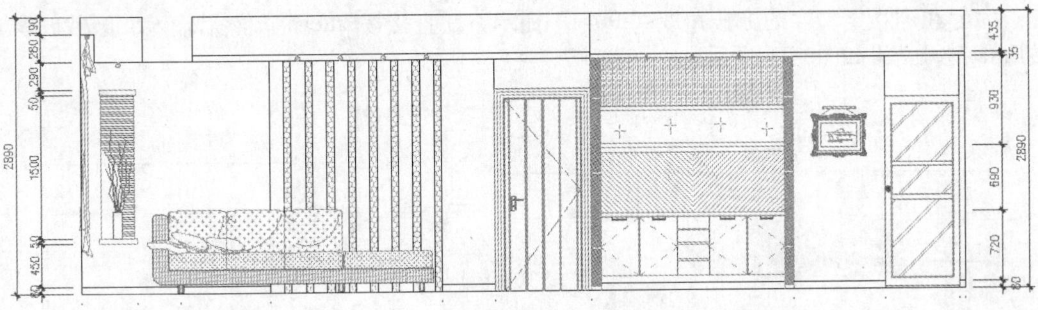

图6-231

至此，一层客厅立面图尺寸标注完毕，下一小节将学习一层客厅立面图引线注释的具体标注过程。

6.8.5 标注一层客厅立面图材质

(1) 继续上节操作。

(2) 展开“图层控制”下拉列表，将“文本层”设置为当前图层。

(3) 单击“样式”工具栏中的“文字样式控制”下拉按钮，在展开的下拉列表中，设置“仿宋体”为当前文字样式。

(4) 使用命令简写PL激活“多段线”命令，绘制如图6-232所示的直线作为文本注释的指示线。

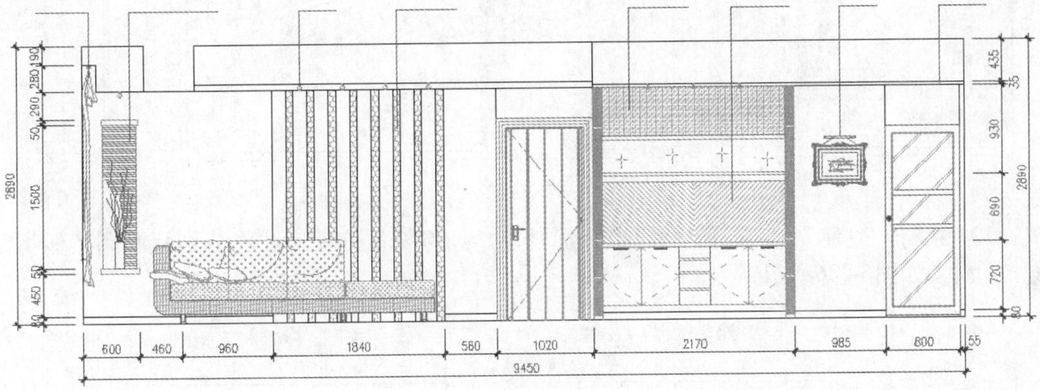

图6-232

(5) 展开“颜色控制”下拉列表，将当前颜色设置为“红色”。

(6) 使用命令简写DT激活“单行文字”命令，在命令行“指定文字的起点或[对正(J)/样式(S)]:”提示下，输入J并按Eenter键。

(7) 在“输入选项[对齐(A)/布满(F)/居中(C)/中间(M)/右对齐(R)/左上(TL)/中上(TC)/右上(TR)/左中(ML)/正中(MC)/右中(MR)/左下(BL)/中下(BC)/右下(BR)]:”提示下，输入BR并按Enter键，设置文字的对正方式。

(8) 在“指定文字的左中点:”提示下，捕捉如图6-233所示的端点。

(9) 在“指定高度<3>:”提示下，输入150并按Enter键，设置文字的高度为150个绘图单位。

⑩ 在“指定文字的旋转角度<0.00>:”提示下，直接按Enter键，然后输入“磨砂玻璃”按Enter键，结果如图6-234所示。

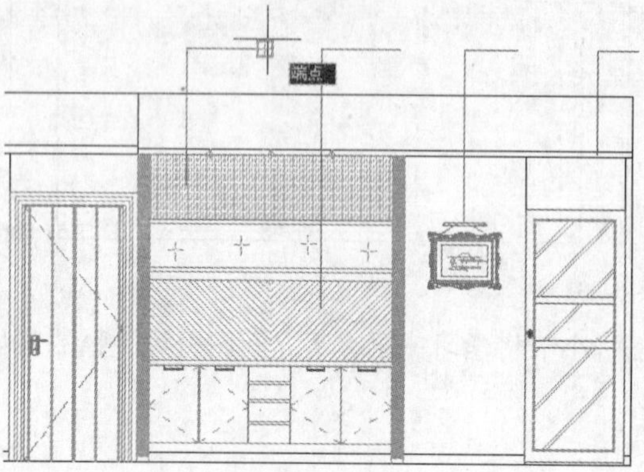

图6-233

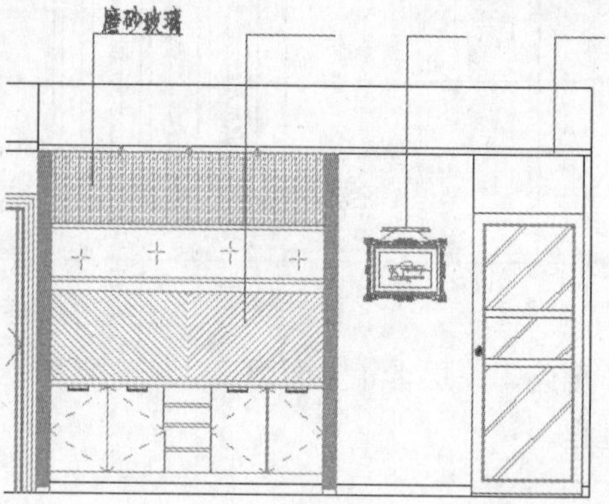

图6-234

⑪ 使用命令简写M激活“移动”命令，将刚标注的文字注释沿y轴正方向位移50个绘图单位，结果如图6-235所示。

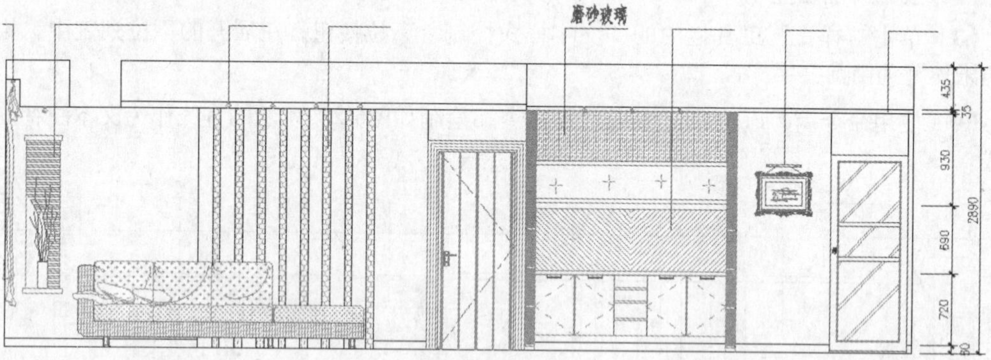

图6-235

⑫ 执行“复制”命令，配合端点捕捉功能，将刚标注的文字注释分别复制到其他指示线上，结果如图6-236所示。

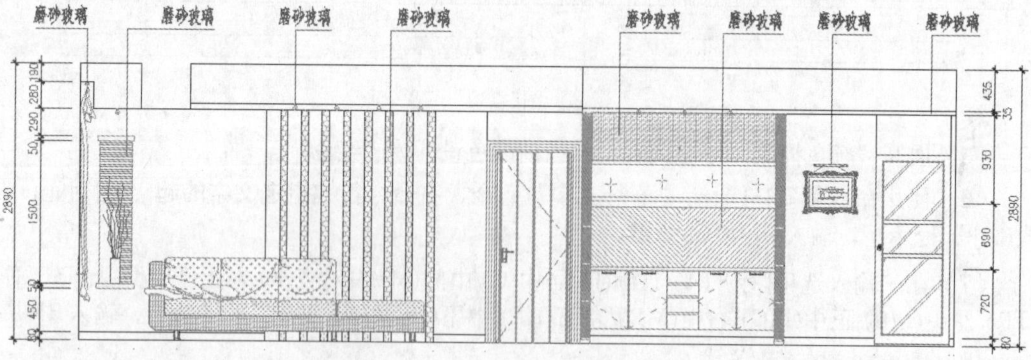

图6-236

⑬ 使用命令简写ED激活“编辑文字”命令，分别对复制出的文字注释进行编辑，输入正确的文字内容，并适当调整文字的位置，结果如图6-237所示。

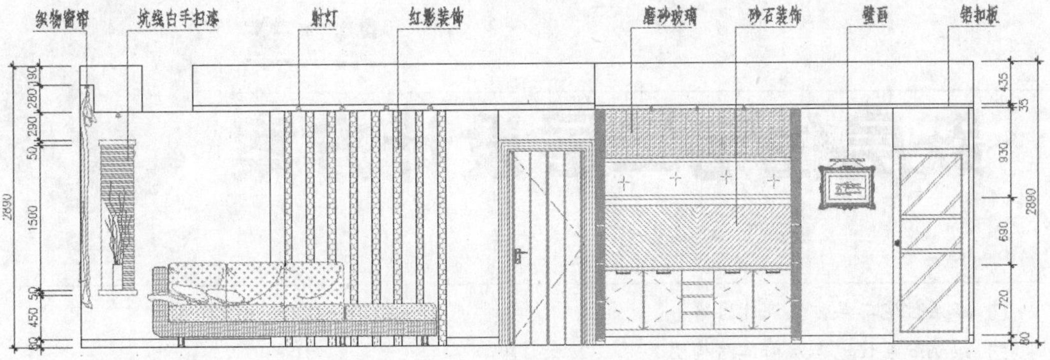

图6-237

⑭ 最后执行“保存”命令，将图形命名存储为“绘制跃一层客厅装修立面图.dwg”。

6.9 本章小结

本章在概述跃层住宅装修设计理念的前提下，以绘制某跃层住宅底层装修设计方案为例，按照实际设计流程，详细而系统地讲述了跃层住宅一层装修的设计方法、设计思路、绘图技巧以及具体的绘图过程，具体分为绘制跃层住宅一层墙体结构图、绘制跃层住宅一层家具布置图、绘制跃层住宅一层地面材质图、绘制跃层住宅一层装修布置图、绘制跃层住宅一层吊顶装修图、绘制跃层住宅一层客厅立面图等操作案例。

希望读者通过本章的学习，对跃层住宅装修知识有所了解和认知，通过本章装修案例的系统学习，能够掌握相关的设计流程、设计方法和具体的绘图技能。

第7章 跃层住宅二层设计方案

Chapter 07

7.1 跃层住宅二层方案设计思路

本章绘制的装修设计方案是跃层住宅的第二层设计方案，其空间功能主要划分为主卧室、书房、起居室、主浴、衣帽间等。在设计跃层住宅二层方案时，具体可以参照如下思路。

- 首先根据事先测量的数据，初步绘制跃层住宅二层的墙体结构平面图，包括墙、窗、门、楼梯等内容。
- 在二层墙体平面图基础上，合理、科学地绘制规划空间，绘制家具布置图。
- 在二层家具布置图的基础上，绘制其地面材质图，以体现地面的装修概况。
- 在二层布置图中标注必要的尺寸，以文字的形式表达出装修材质及墙面投影。
- 根据跃层住宅二层布置图绘制跃层住宅二层吊顶图，具体有吊顶轮廓的绘制以及主辅灯具的布置等。
- 最后根据布置图绘制墙面立面图，并标注立面尺寸及材质说明。

7.2 绘制跃层住宅二层墙体结构图

本节主要讲解跃层住宅二层墙体结构图的具体绘制过程和绘制技巧。跃层住宅二层墙体结构图的最终绘制效果如图7-1所示。

在绘制跃层住宅二层墙体结构图时，可以参照如下绘图思路。

- 使用“矩形”、“偏移”、“分解”等命令绘制墙体轴线。
- 使用“修剪”、夹点编辑等命令编辑墙体轴线。
- 使用“打断”、“修剪”、“偏移”等命令创建门洞和窗洞。

◆ 使用“多线”、“多线样式”命令绘制主墙线和次墙线。
◆ 使用“插入块”、“矩形”等命令绘制平面门窗构件。
◆ 使用“插入块”命令绘制楼梯。

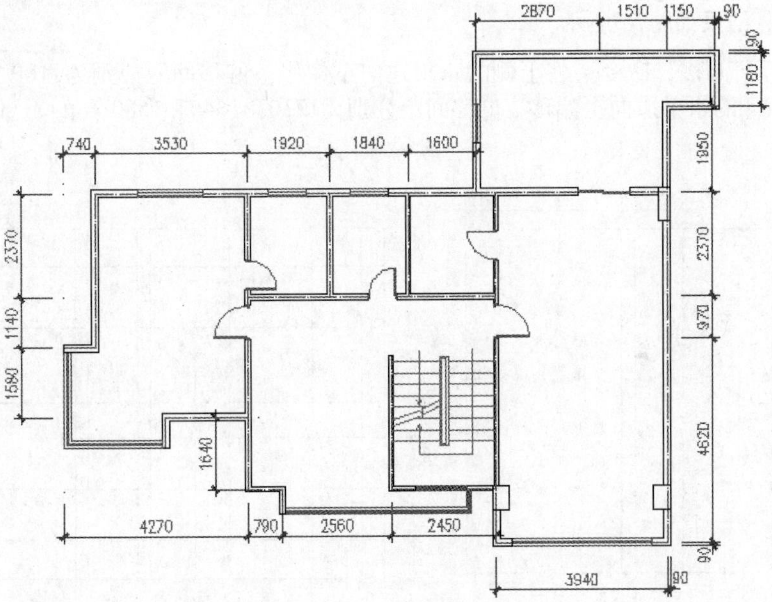

图7-1

7.2.1 绘制二层轴线

(1) 以随书光盘中的文件“样板文件”\“室内设计样板.dwt”作为基础样板，新建文件。

(2) 在命令行中设置系统变量LTSCALE的值为1，然后将“轴线层”设置为当前图层。

(3) 单击“绘图”工具栏中的□按钮，绘制长度为15160、宽度为11090的矩形，作为基准轴线，如图7-2所示。

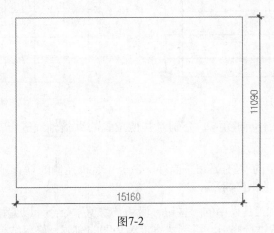

图7-2

(4) 单击"修改"工具栏中的按钮，激活"分解"命令，将矩形分解为4条独立的线段。

(5) 单击"修改"工具栏中的按钮，激活"偏移"命令，将左侧的垂直边向右偏移740、1630、1900、790、1130、1430和2010个单位；将右侧的垂直边向左偏移1150、3940、440和1600个单位，结果如图7-3所示。

(6) 重复执行"偏移"命令，将上侧的水平边向下偏移，偏移间距分别为1180、1950和2370个单位；将下侧的水平边向上偏移，偏移间距分别为1230、1640和1580个单位，偏移结果如图7-4所示。

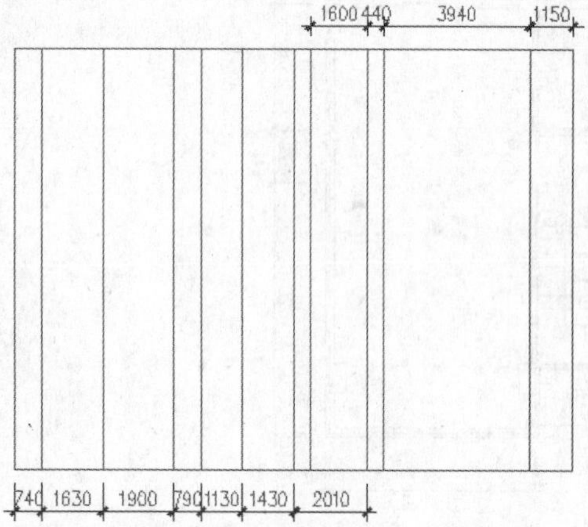

图7-3

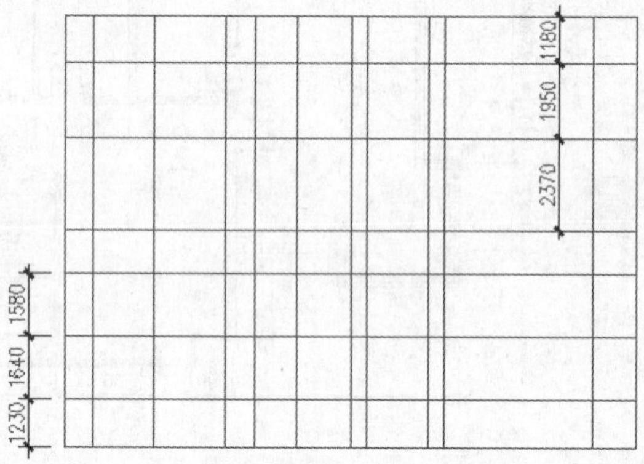

图7-4

(7) 在无命令执行的前提下，夹点显示如图7-5所示的水平图线，然后使用夹点拉伸功能对其进行夹点编辑，编辑结果如图7-6所示。

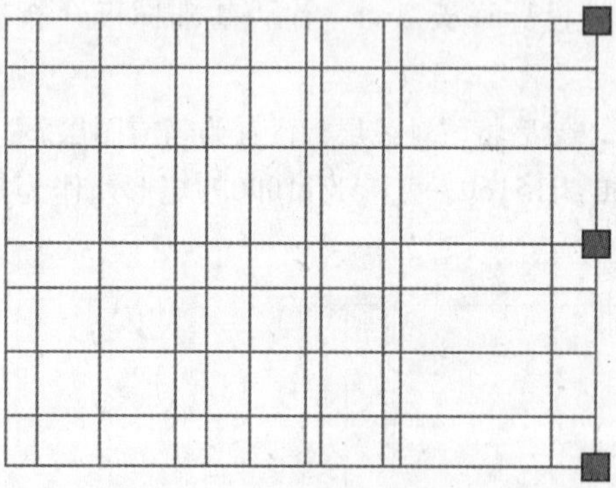
图7-5

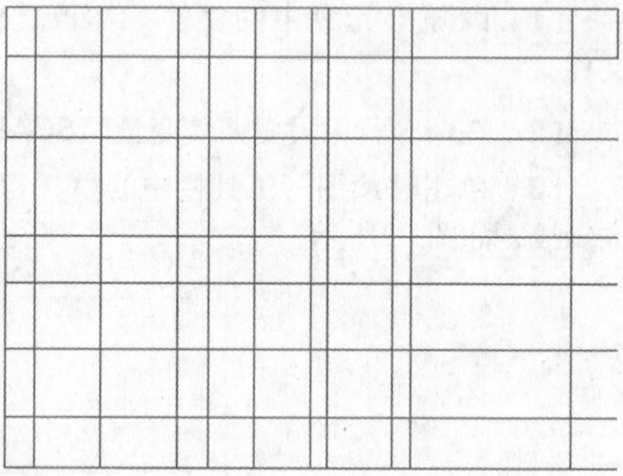
图7-6

(8) 重复执行夹点拉伸功能，分别对其他位置的纵横轴线进行夹点编辑，结果如图7-7所示。

(9) 执行菜单栏中的"修改"|"偏移"命令，将最左侧的垂直轴线向右偏移1010和2510个单位，作为辅助线，如图7-8所示。

(10) 单击"修改"工具栏中的按钮，激活"修剪"命令，以偏移出的两条垂直线段作为修剪边界，对水平轴线进行修剪，以创建宽度为1500的窗洞，修剪结果如图7-9所示。

⑪ 使用命令简写E激活“删除”命令，将偏移出的两条垂直轴线删除，结果如图7-10所示。

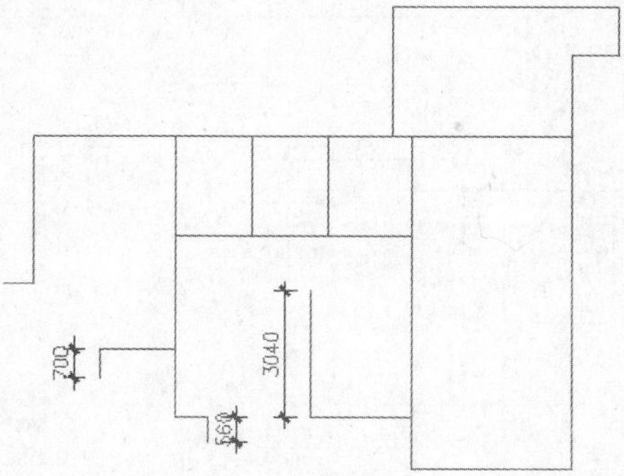

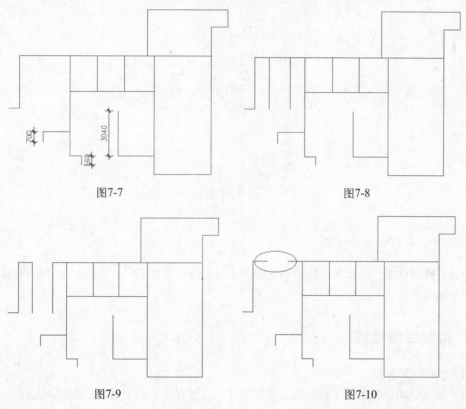

图7-7

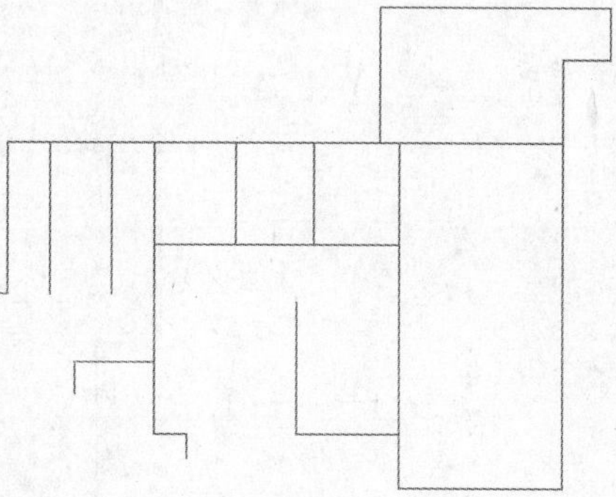

图7-8

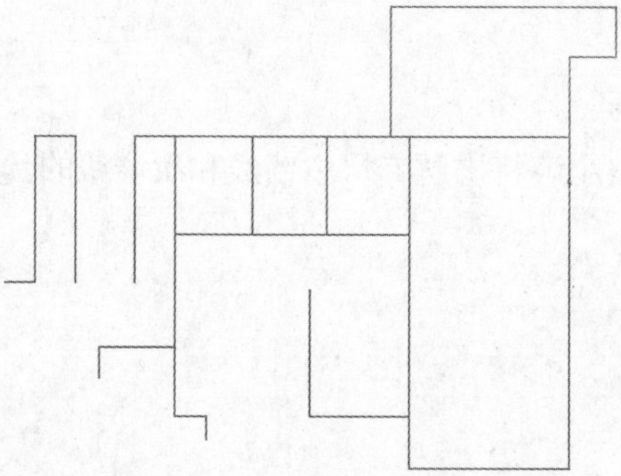

图7-9

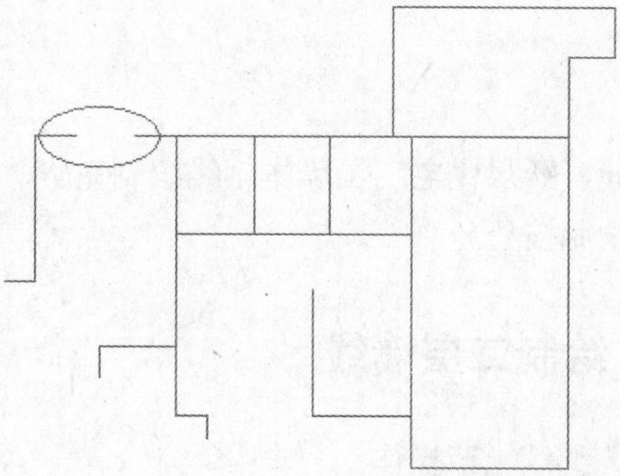

图7-10

⑫ 单击“修改”工具栏中的按钮，激活“打断”命令，在下侧的水平轴线上创建宽度为3225的窗洞，命令行操作如下。

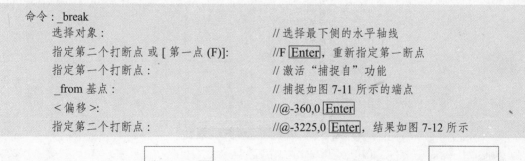

```
命令：_break
    选择对象：                          //选择最下侧的水平轴线
    指定第二个打断点 或 [第一点(F)]:    //F Enter，重新指定第一断点
    指定第一个打断点：                  //激活“捕捉自”功能
    _from 基点：                        //捕捉如图7-11所示的端点
    <偏移>:                             //@-360,0 Enter
    指定第二个打断点：                  //@-3225,0 Enter，结果如图7-12所示
```

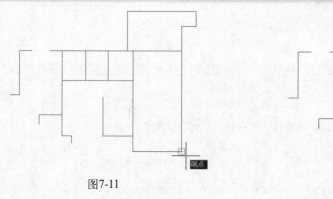

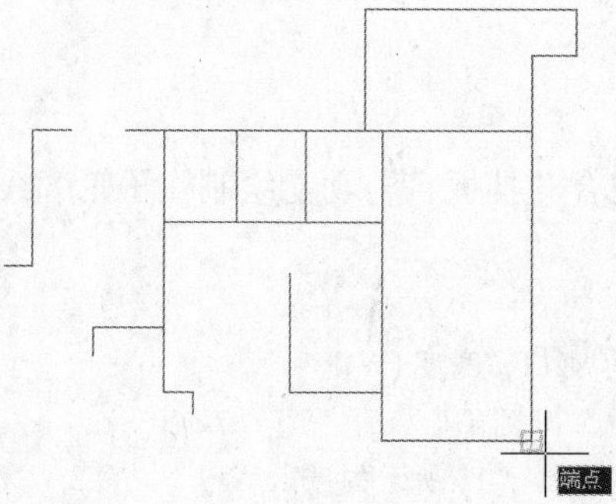

图7-11

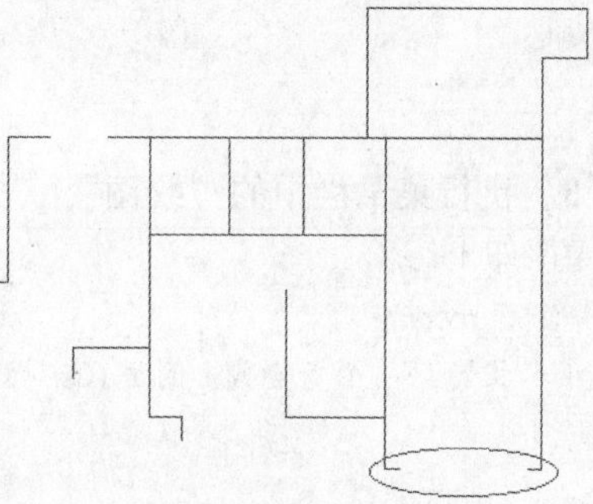

图7-12

⑬ 参照步骤11和12的操作，综合使用“偏移”、“修剪”、“打断”等命令，分别创建其他位置的门洞和窗洞，操作结果如图7-13所示。

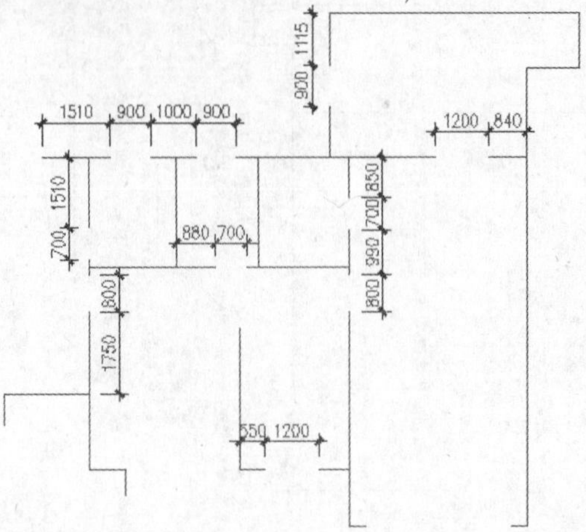

图7-13

至此，跃层住宅二层墙体轴线绘制完毕，下一小节将讲解二层主墙线和次墙线的具体绘制过程和绘制技巧。

7.2.2 绘制二层墙线

① 继续上节操作。

② 展开“图层控制”下拉列表，将“墙线层”设置为当前图层，如图7-14所示。

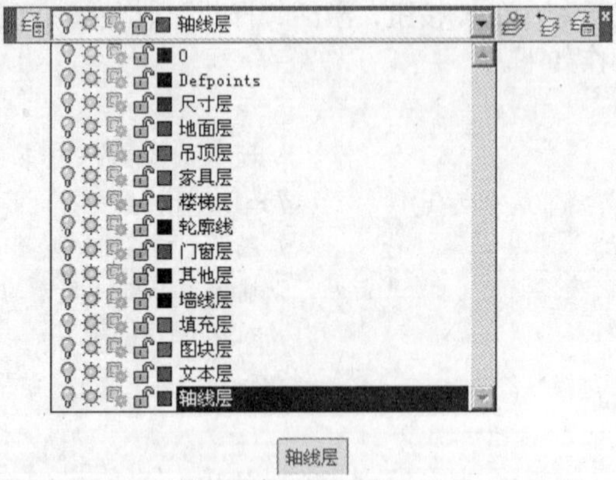

图7-14

③ 执行菜单栏中的“绘图”|“矩形”命令，配合“捕捉自”功能绘制柱子轮廓线，命令行操作如下。

```
命令：_rectang
    指定第一个角点或 [ 倒角 (C)/ 标高 (E)/ 圆角 (F)/ 厚度 (T)/ 宽度 (W)]:
                                              // 激活“捕捉自”功能
    _from 基点：                               // 捕捉如图 7-15 所示的端点 A
    < 偏移 >:                                  //@-310,750 Enter
```

指定另一个角点或 [面积 (A)/ 尺寸 (D)/ 旋转 (R)]:
//@400,540 Enter，绘制结果如图 7-15 所示

④ 重复执行“矩形”命令，配合“捕捉自”功能绘制下侧的柱子轮廓线，绘制结果如图7-16所示。

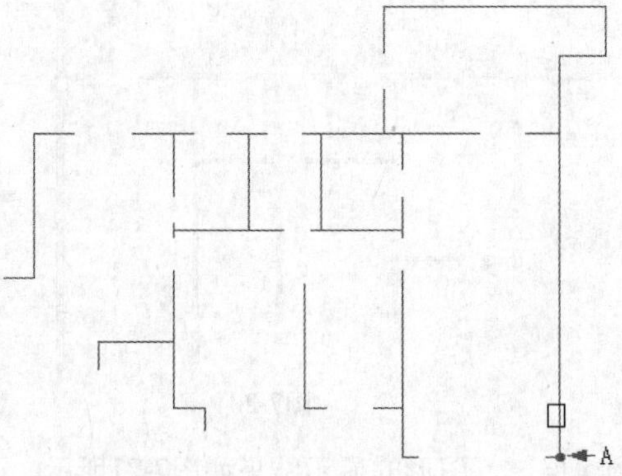

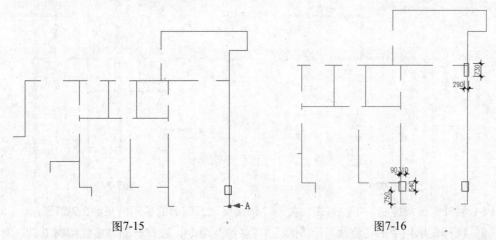

图7-15

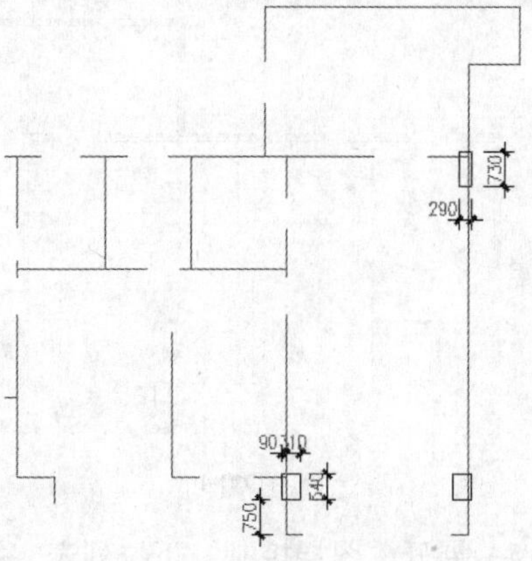

图7-16

⑤ 执行菜单栏中的“绘图”|“多线”命令，配合端点捕捉功能绘制二层主墙线，命令行操作如下。

命令 : _mline
当前设置 : 对正 = 上，比例 = 20.00，样式 = 墙线样式
指定起点或 [对正 (J)/ 比例 (S)/ 样式 (ST)]: //S Enter
输入多线比例 <20.00>: //180 Enter
当前设置 : 对正 = 上，比例 = 180.00，样式 = 墙线样式
指定起点或 [对正 (J)/ 比例 (S)/ 样式 (ST)]: //J Enter
输入对正类型 [上 (T)/ 无 (Z)/ 下 (B)] < 上 >: //Z Enter
当前设置 : 对正 = 无，比例 = 180.00，样式 = 墙线样式样式
指定起点或 [对正 (J)/ 比例 (S)/ 样式 (ST)]: // 捕捉如图 7-17 所示的端点 1
指定下一点 : // 捕捉端点 2
指定下一点或 [放弃 (U)]: // 捕捉端点 3
指定下一点或 [闭合 (C)/ 放弃 (U)]: // 捕捉端点 4
指定下一点或 [闭合 (C)/ 放弃 (U)]: // Enter，绘制结果如图 7-18 所示

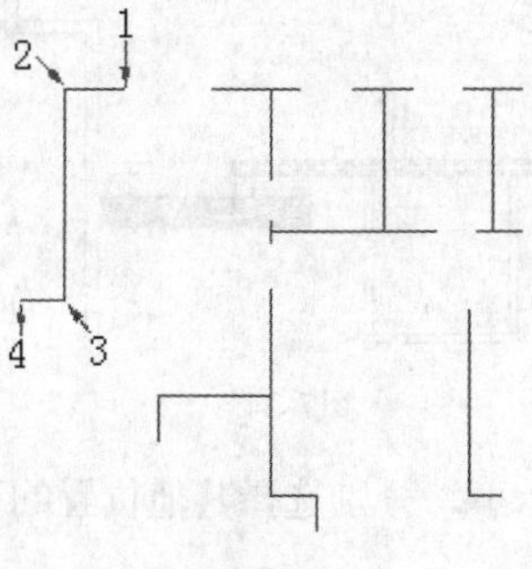

图7-17

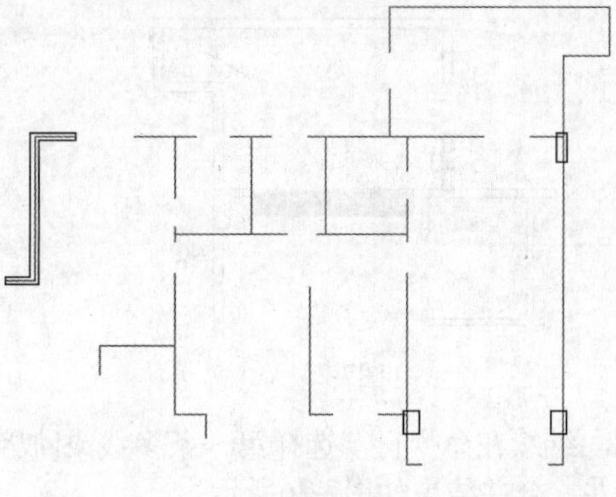

图7-18

(6) 重复执行“多线”命令，设置多线比例和对正方式保持不变，配合端点捕捉功能绘制其他主墙线，结果如图7-19所示。

(7) 重复执行“多线”命令，设置多线对正方式不变，绘制宽度为120的次墙线，绘制结果如图7-20所示。

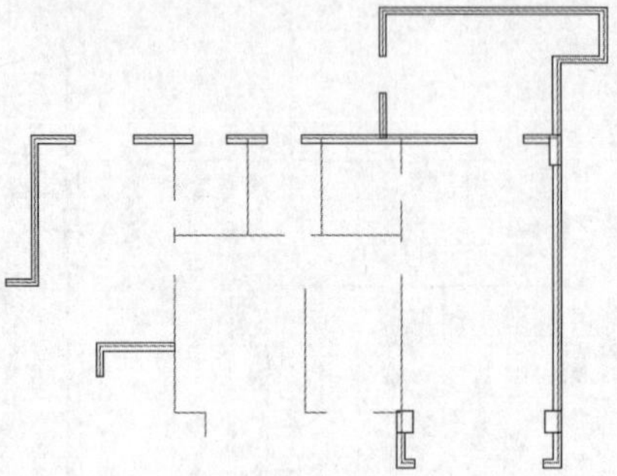
图7-19

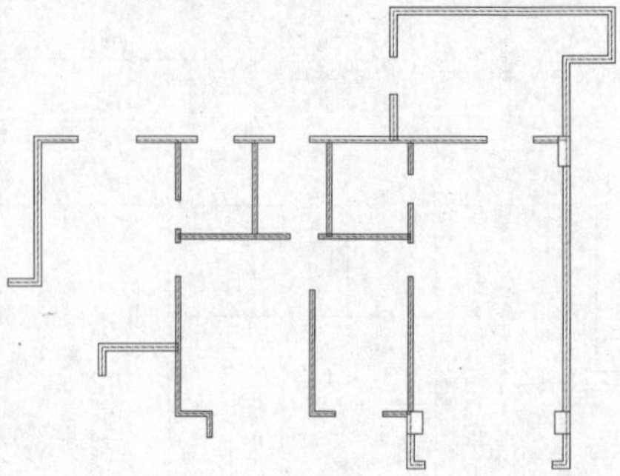
图7-20

(8) 展开“图层控制”下拉列表，关闭“轴线层”，图形的显示结果如图7-21所示。

(9) 执行菜单栏中的“修改”|“对象”|“多线”命令，在打开的“多线编辑工具”对话框内单击按钮，激活“T形合并”功能，如图7-22所示。

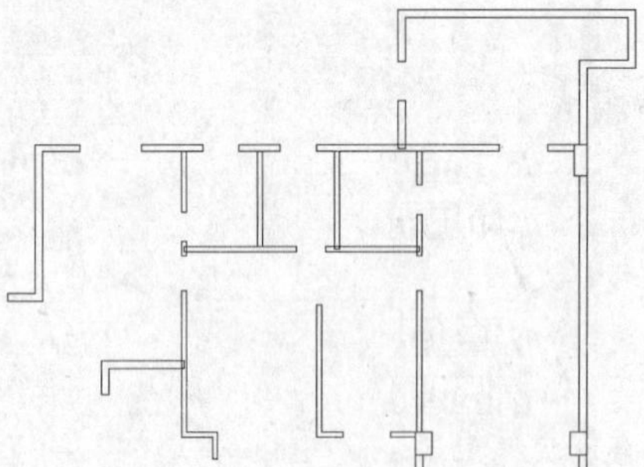
图7-21

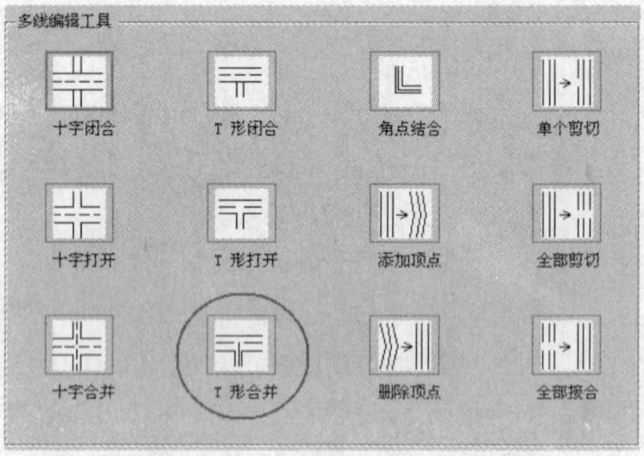

图7-22

(10) 返回绘图区，在命令行“选择第一条多线:”提示下选择如图7-23所示的墙线。

(11) 在命令行“选择第二条多线:”提示下，选择如图7-24所示的墙线，结果这两条T形相交的多线被合并，如图7-25所示。

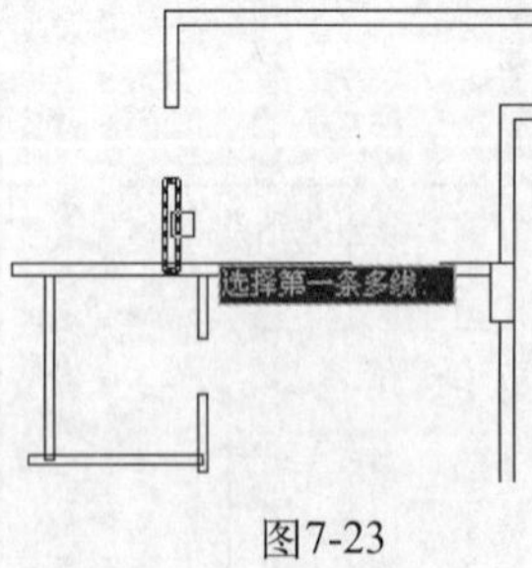

图7-23

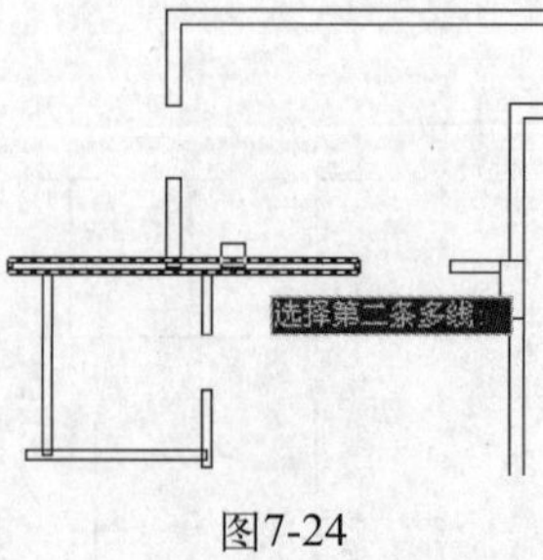

图7-24

(12) 继续在命令行“选择第一条多线或[放弃(U)]:”提示下，分别选择其他位置的T形墙线进行合并，合并结果如图7-26所示。

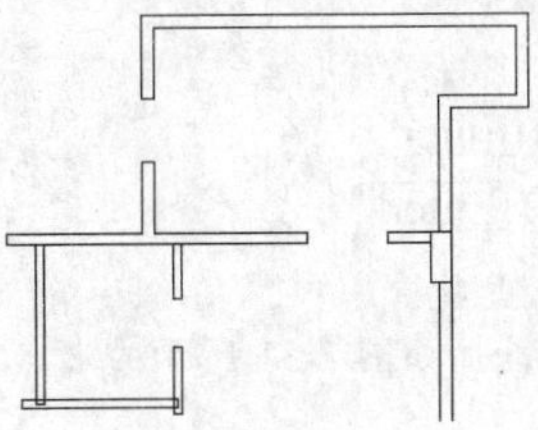

图7-25

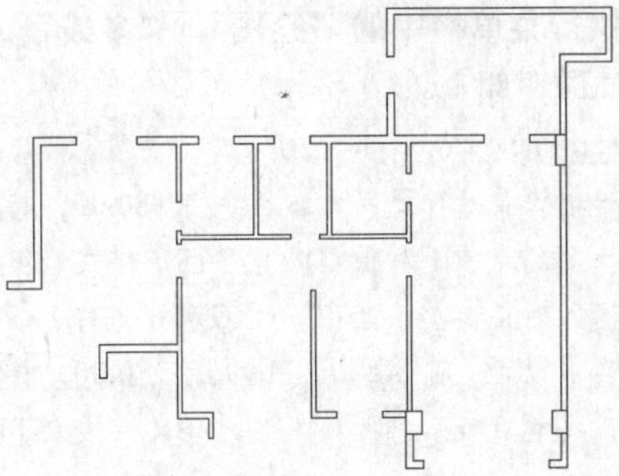

图7-26

至此，跃层住宅二层墙线绘制完毕，下一小节将绘制跃层住宅二层平面图中的窗子构件。

7.2.3 绘制平面窗构件

(1) 继续上节操作。

(2) 展开“图层控制”下拉列表，将“门窗层”设置为当前图层。

(3) 执行菜单栏中的“格式”|“多线样式”命令，在打开的“多线样式”对话框中设置“窗线样式”为当前样式。

(4) 执行菜单栏中的“绘图”|“多线”命令，配合中点捕捉功能绘制窗线，命令行操作如下。

```
命令 : _mline
    当前设置 : 对正 = 上，比例 = 20.00，样式 = 窗线样式
    指定起点或 [ 对正 (J)/ 比例 (S)/ 样式 (ST)]:          //S Enter
    输入多线比例 <20.00>:                                 //240 Enter
    当前设置 : 对正 = 上，比例 = 240.00，样式 = 窗线样式
    指定起点或 [ 对正 (J)/ 比例 (S)/ 样式 (ST)]:          //J Enter
    输入对正类型 [ 上 (T)/ 无 (Z)/ 下 (B)] < 上 >:         //Z Enter
    当前设置 : 对正 = 无，比例 = 240.00，样式 = 窗线样式
    指定起点或 [ 对正 (J)/ 比例 (S)/ 样式 (ST)]:          // 捕捉如图 7-27 所示的中点
    指定下一点 :                                          // 捕捉如图 7-28 所示的中点
    指定下一点或 [ 放弃 (U)]:                             // Enter，绘制结果如图 7-29 所示
```

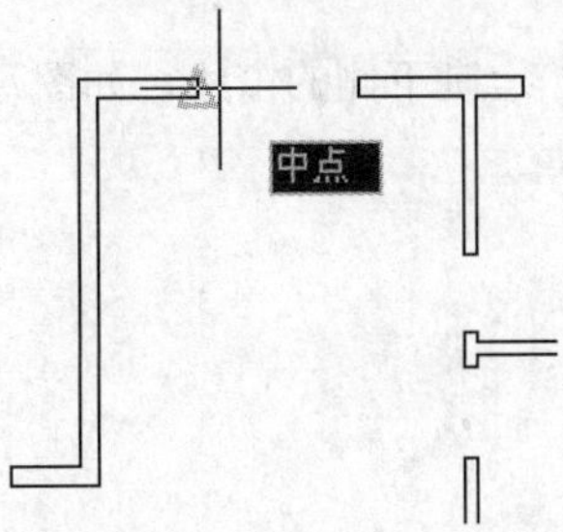

图7-27

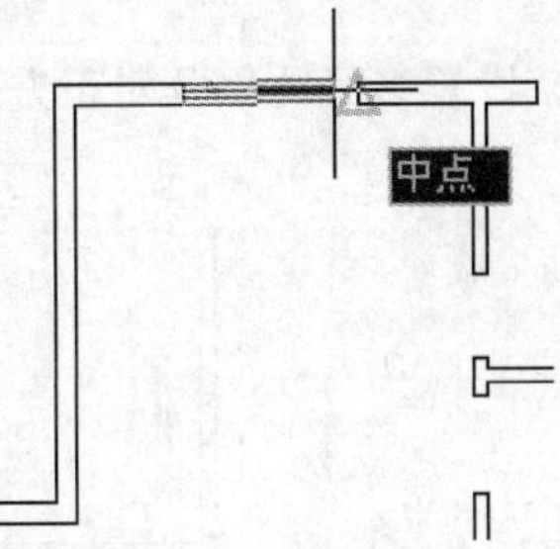

图7-28

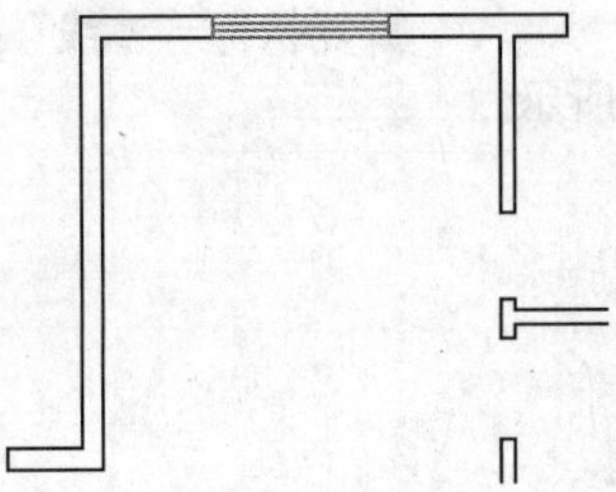

图7-29

(5) 重复上一步骤，设置多线比例和对正方式保持不变，配合中点捕捉功能绘制上侧窗线，结果如图7-30所示。

⑥ 执行菜单栏中的“绘图”|“多线”命令，配合“捕捉自”功能绘制下侧的窗子轮廓线，命令行操作如下。

命令：_mline
当前设置：对正 = 无，比例 = 180.00，样式 = 窗线样式
指定起点或 [对正 (J)/ 比例 (S)/ 样式 (ST)]: //J Enter
输入对正类型 [上 (T)/ 无 (Z)/ 下 (B)] < 无 >: //B Enter
当前设置：对正 = 下，比例 = 180.00，样式 = 窗线样式
指定起点或 [对正 (J)/ 比例 (S)/ 样式 (ST)]: // 捕捉如图 7-31 所示的端点

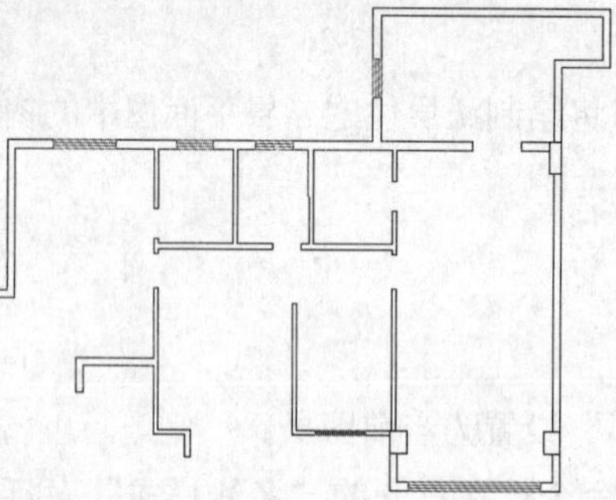

图7-30

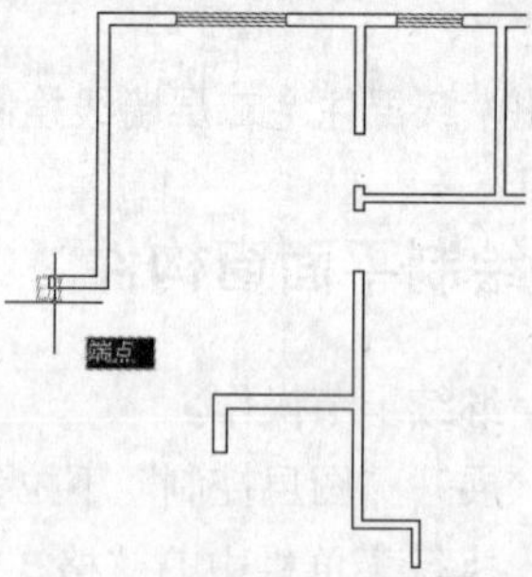

图7-31

指定下一点： // 捕捉如图 7-32 所示的虚线交点
指定下一点或 [放弃 (U)]: // 捕捉如图 7-33 所示的端点
指定下一点或 [闭合 (C)/ 放弃 (U)]:
// Enter，结束命令，绘制结果如图 7-34 所示

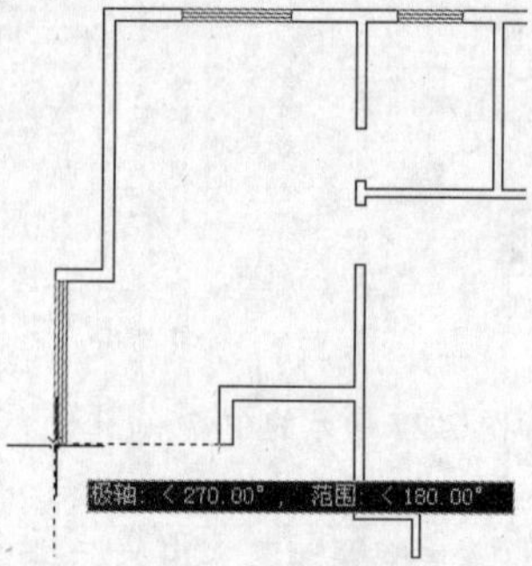

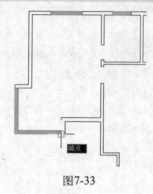

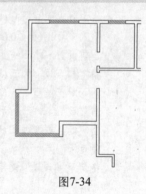

图7-32

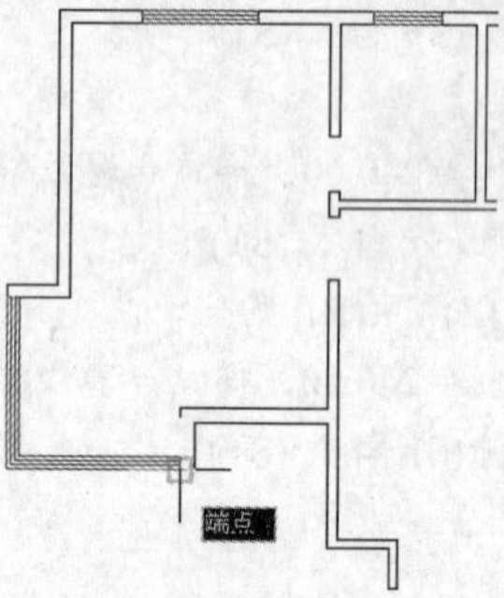

图7-33

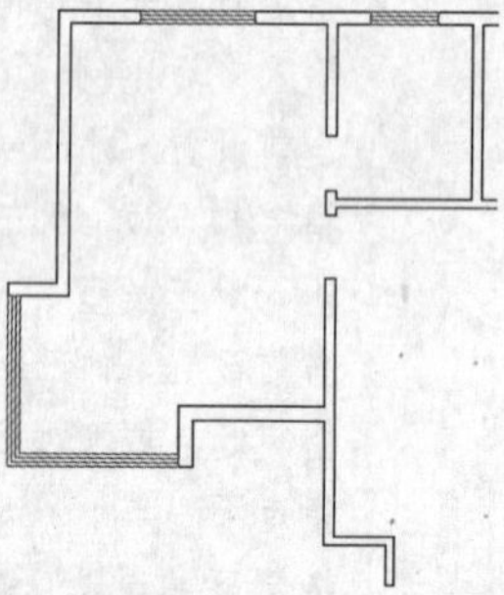

图7-34

⑦ 重复执行“多线”命令，设置多线比例及对正方式不变，绘制下侧的窗线，如图7-35所示。

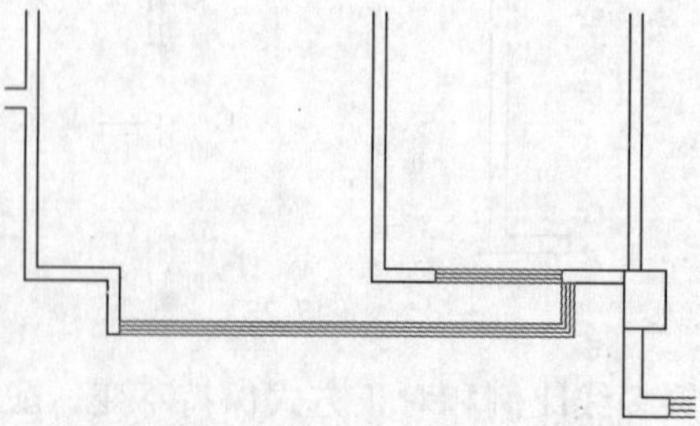

图7-35

至此，二层平面图中的窗子构件绘制完毕 ，下一小节将学习二层平面图中的单开门、推拉门、楼梯等构件的绘制过程。

7.2.4 绘制门楼梯构件

(1) 继续上节操作。

(2) 打开状态栏上的“对象捕捉”功能，并设置捕捉模式如图7-36所示。

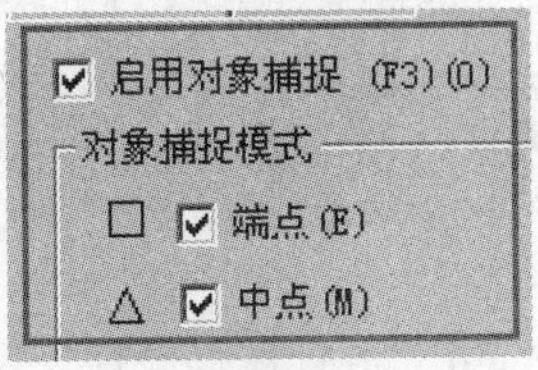

图7-36

(3) 单击“绘图”工具栏中的按钮，插入随书光盘中的“图块文件”\“单开门.dwg”图块，块参数设置如图7-37所示，插入点如图7-38所示。

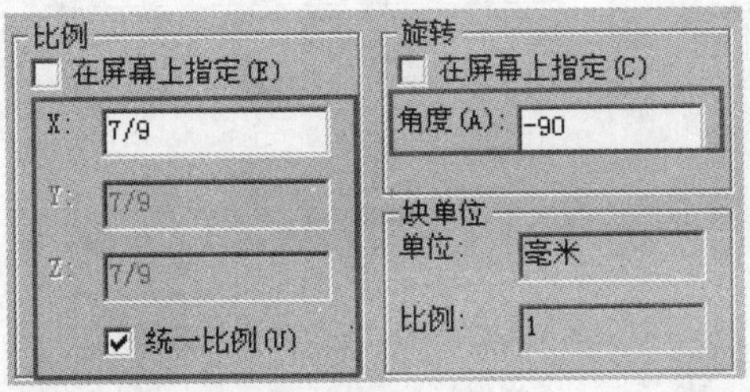

图7-37

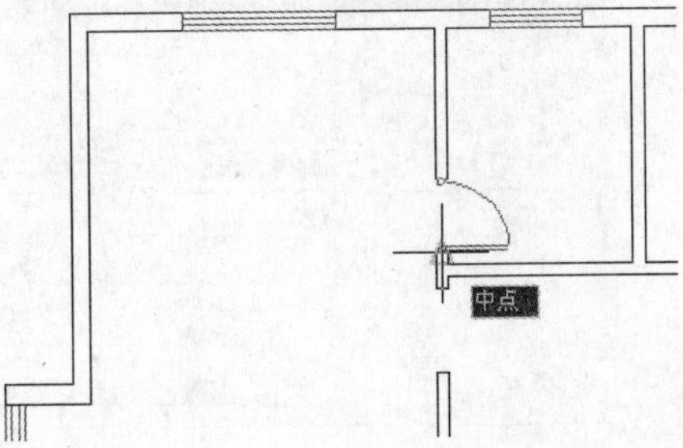

图7-38

(4) 重复执行“插入块”命令，设置插入参数如图7-39所示，插入点如图7-40所示。

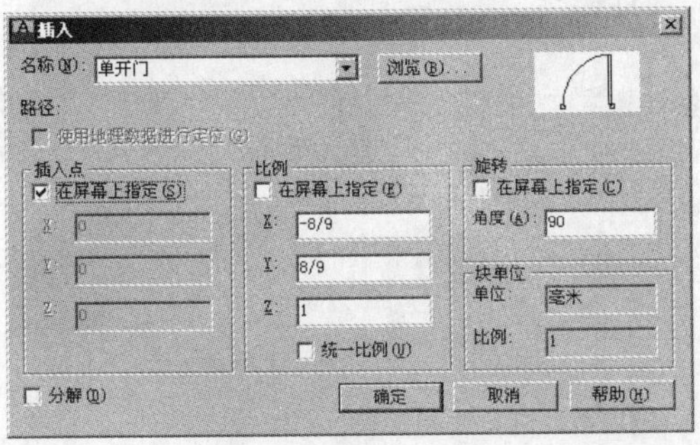

图7-39

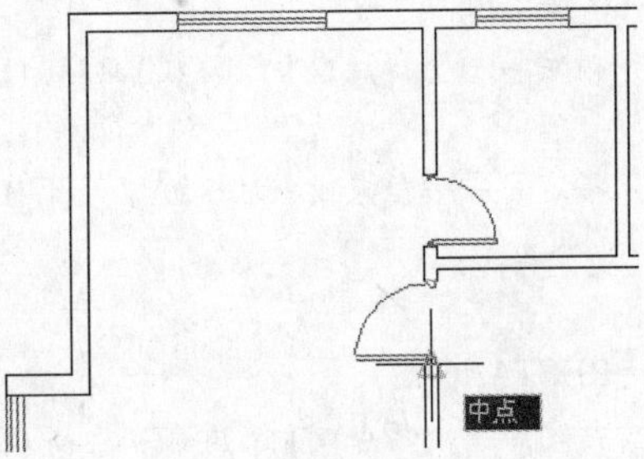

图7-40

(5) 重复执行“插入块”命令，设置插入参数如图7-41所示，插入点如图7-42所示。

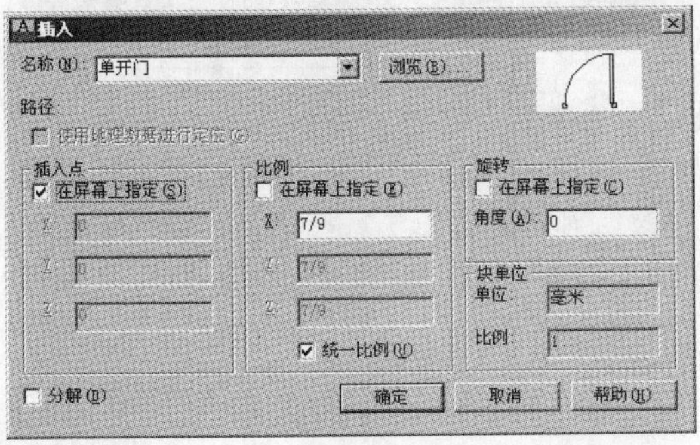

图7-41

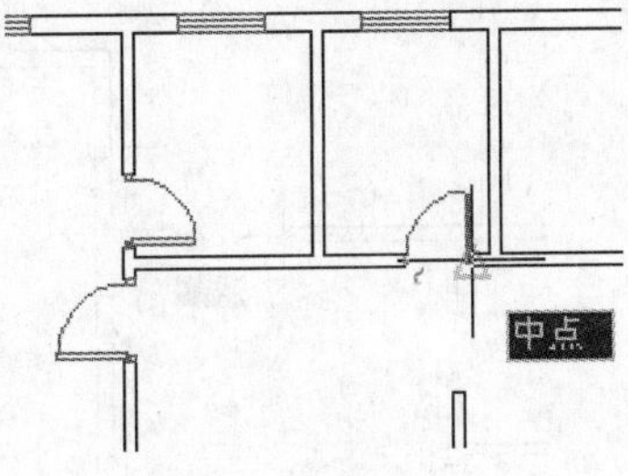

图7-42

(6) 重复执行“插入块”命令，设置插入参数如图7-43所示，插入点如图7-44所示。

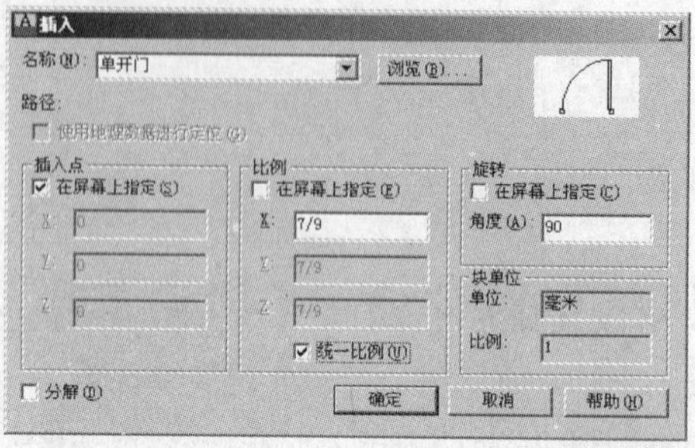

图7-43

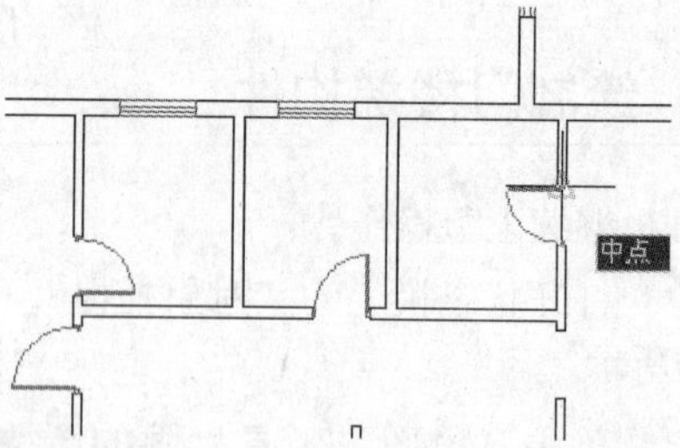

图7-44

(7) 重复执行“插入块”命令，设置插入参数如图7-45所示，插入点如图7-46所示。

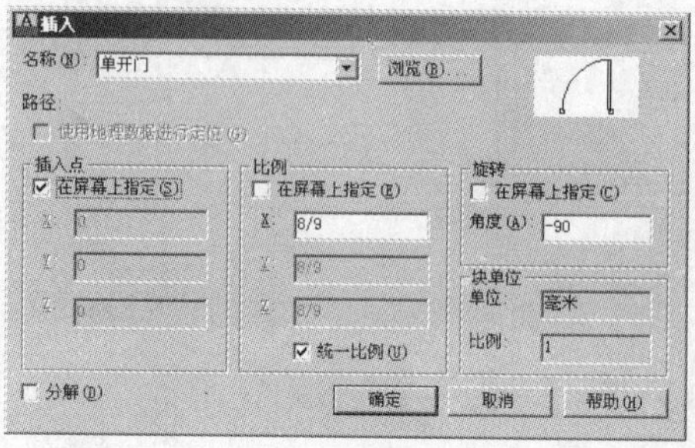

图7-45

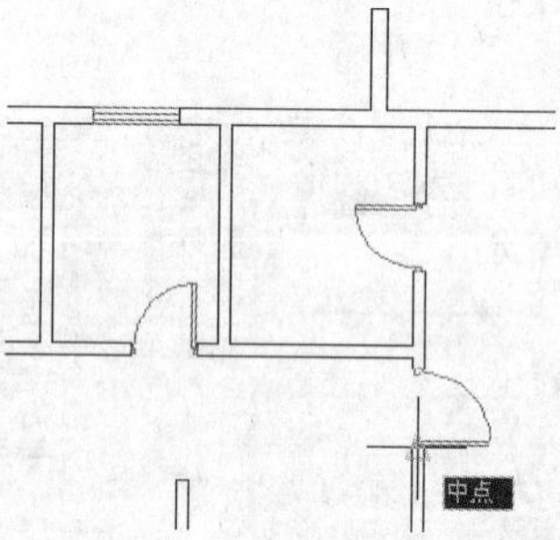

图7-46

(8) 执行菜单栏中的“绘图”|“矩形”命令，配合中点捕捉和端点捕捉功能绘制推拉门，命令行操作如下。

命令 : _rectang

指定第一个角点或 [倒角 (C)/ 标高 (E)/ 圆角 (F)/ 厚度 (T)/ 宽度 (W)]:

// 捕捉如图 7-47 所示的中点

指定另一个角点或 [面积 (A)/ 尺寸 (D)/ 旋转 (R)]:

//@600,40 Enter

命令 :

RECTANG

指定第一个角点或 [倒角 (C)/ 标高 (E)/ 圆角 (F)/ 厚度 (T)/ 宽度 (W)]:

// 捕捉刚绘制的矩形右下角点

指定另一个角点或 [面积 (A)/ 尺寸 (D)/ 旋转 (R)]:

//@600,-40 Enter，绘制结果如图 7-48 所示

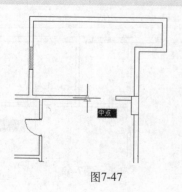

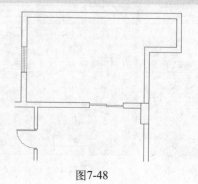

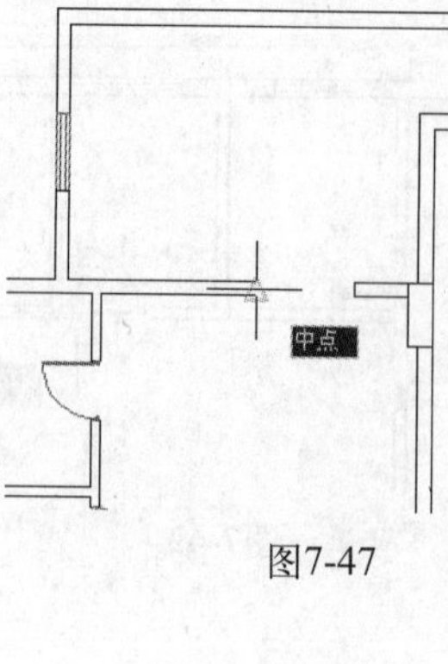

图7-47

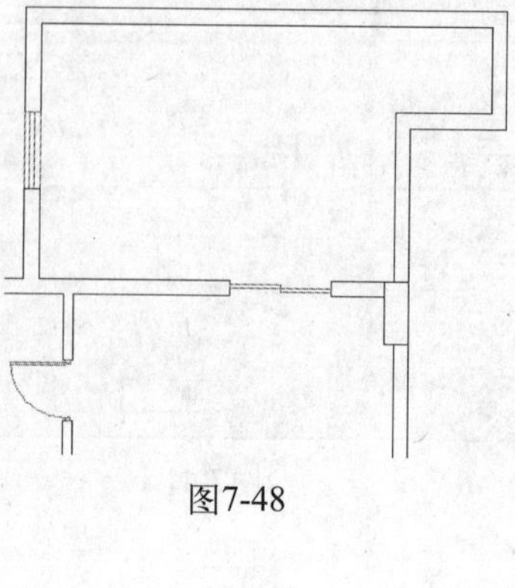

图7-48

⑨ 展开“图层控制”下拉列表，将“楼梯层”设置为当前图层。

⑩ 执行“插入块”命令，选择随书光盘中的“图块文件”\“楼梯03.dwg”图块插入到平面图中，如图7-49所示，块参数为默认设置，插入点为如图7-50所示的中点。

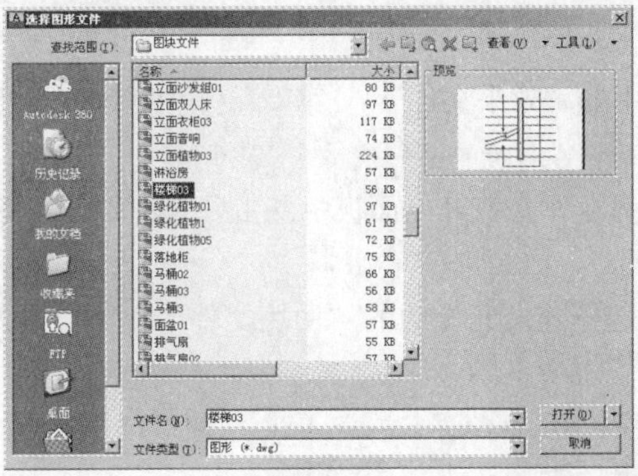

图7-49

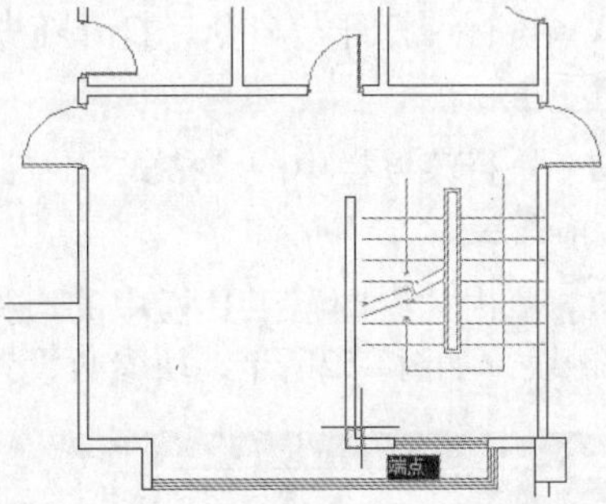

图7-50

⑪ 最后执行“保存”命令，将图形命名存储为“绘制跃二层墙体结构图.dwg”。

7.3 绘制跃层住宅二层家具布置图

本节主要讲解跃层住宅二层室内布置图的具体绘制过程和绘制技巧。跃层住宅二层布置图的最终绘制效果如图7-51所示。

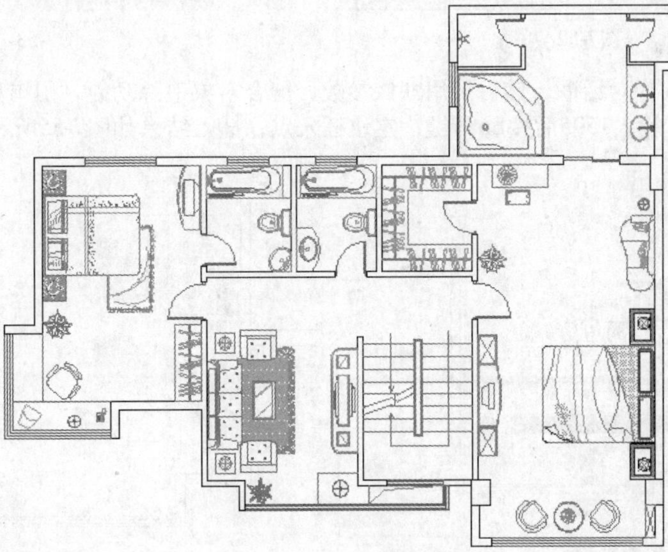

图7-51

在具体绘制跃层住宅二层室内布置图时，可以参照如下绘图思路。

- 使用“插入块”命令为起居室布置沙发组合、电视、电视柜、绿化植物等。
- 使用“设计中心”命令的资源共享功能为主卧室布置双人床、电视柜、梳妆台、休闲桌椅等。

- 使用“插入块”、“设计中心”等命令绘制其他房间内的布置图。
- 最后综合使用“多线”、“插入块”命令绘制主浴布置图。

7.3.1 绘制二层起居室布置图

(1) 执行“打开”命令，打开随书光盘中的“效果文件”\“第7章”\“绘制跃二层墙体结构图.dwg”。

(2) 执行菜单栏中的“格式”|“图层”命令，在打开的面板中双击“家具层”，将其设置为当前图层。

(3) 单击“绘图”工具栏中的按钮，选择随书光盘中的“图块文件”\“沙发组合01.dwg”图块，如图7-52所示，块参数设置如图7-53所示。

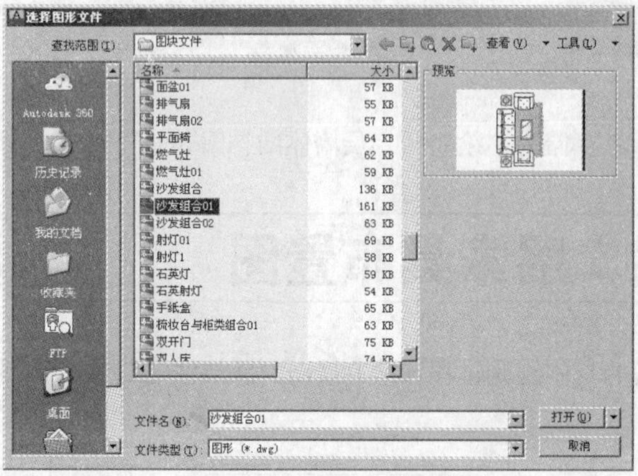

图7-52

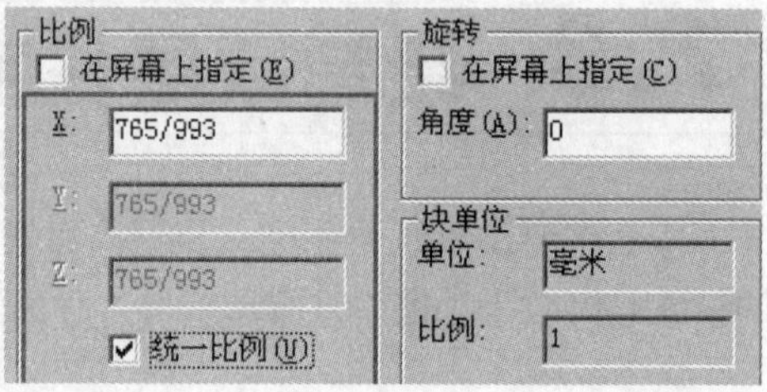

图7-53

(4) 返回“插入”对话框，然后采用默认参数，配合对象追踪功能，引出如图7-54所示的对象追踪虚线，然后输入1595后按Enter键，定位插入点，插入结果如图7-55所示。

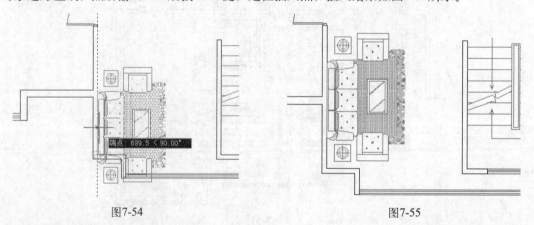

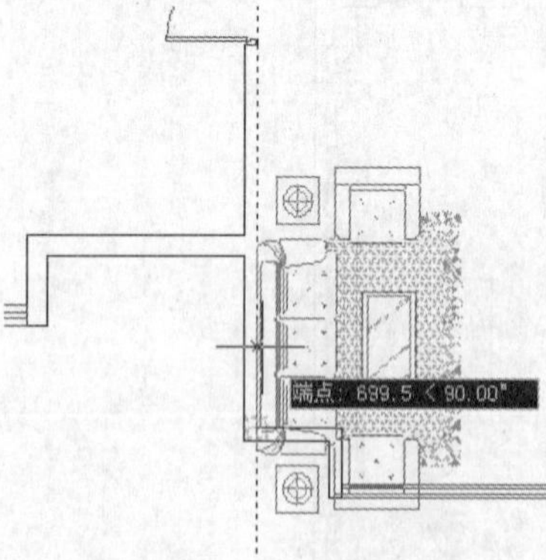

图7-54

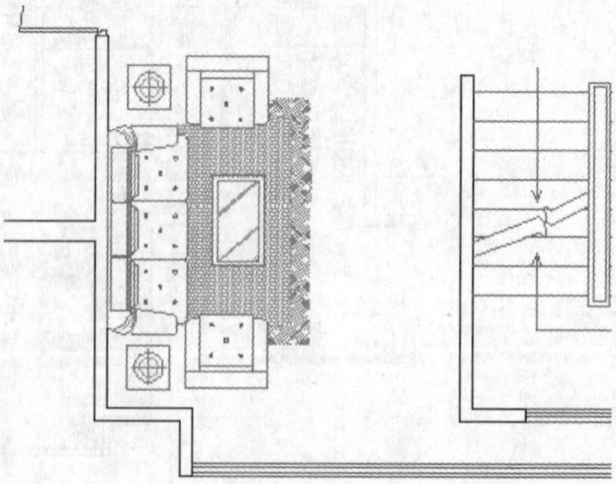

图7-55

(5) 重复执行“插入块”命令，采用默认参数，插入随书光盘中的“图块文件”\“电视柜02.dwg”图块。

(6) 在命令行“指定插入点或[基点(B)/比例(S)/X/Y/Z/旋转(R)]:”提示下，引出如图7-56所示的对象追踪虚线，然后输入1325后按Enter键定位插入点，插入结果如图7-57所示。

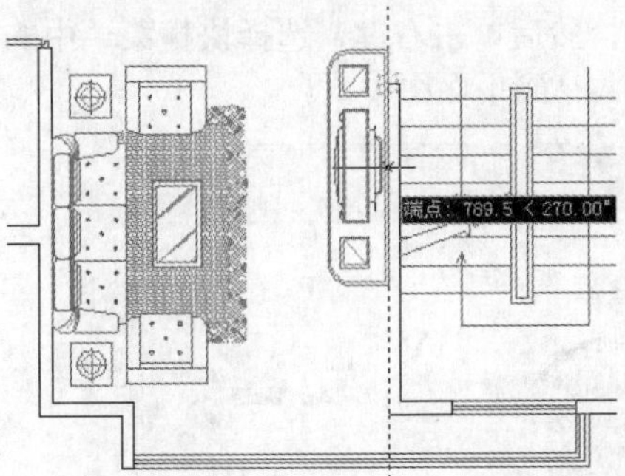

图7-56

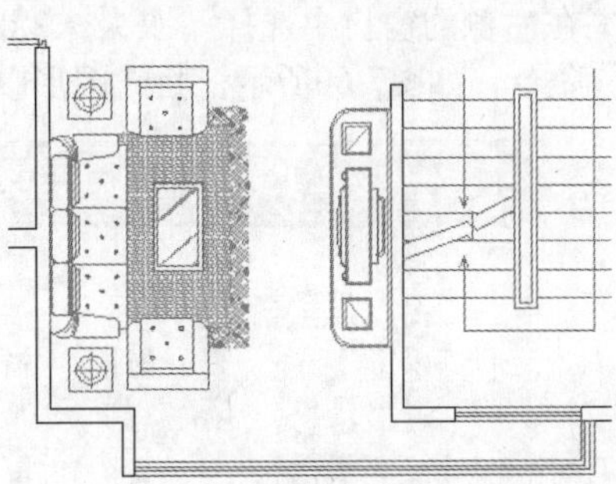

图7-57

(7) 重复执行“插入块”命令，采用默认参数，插入随书光盘“图块文件”文件夹下的“绿化植物-02.dwg”和“矮柜.dwg”图块，插入结果如图7-58所示。

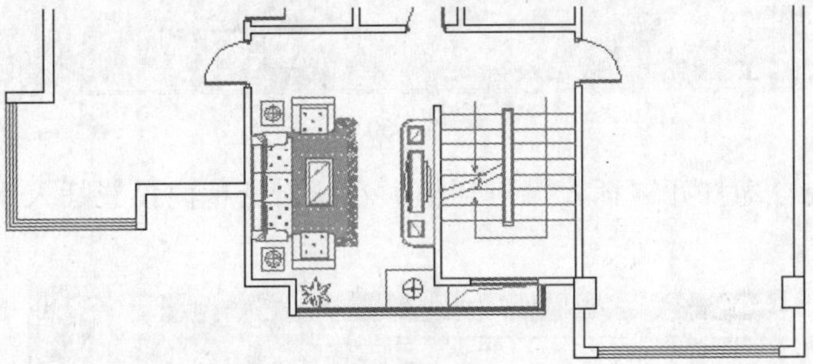

图7-58

至此，跃二层起居室布置图完毕，下一小节将学习跃二层主卧室布置图的具体绘制过程和绘制技巧。

7.3.2 绘制二层主卧室布置图

(1) 继续上节操作。

(2) 单击“标准”工具栏中的按钮，激活“设计中心”命令，打开“设计中心”窗口。

(3) 在左侧的树状资源管理器一栏中，定位随书光盘中的“图块文件”文件夹，如图7-59所示。

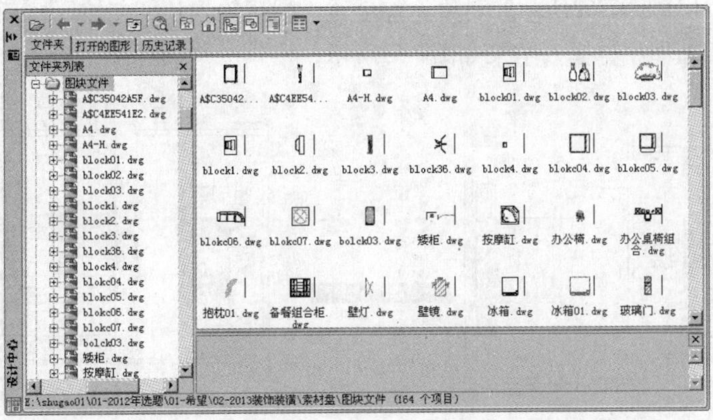

图7-59

(4) 在右侧的窗口中选择"双人床2.dwg"文件，然后单击右键，选择快捷菜单中的"插入为块"命令，如图7-60所示，将此图形以块的形式共享到平面图中。

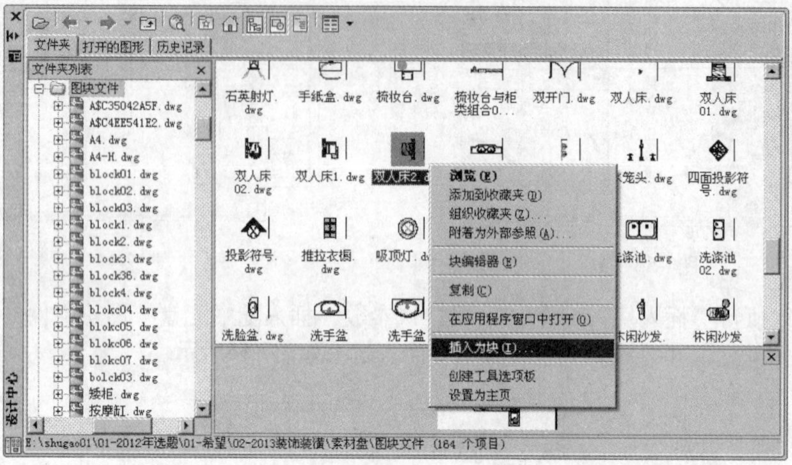

图7-60

(5) 此时系统自动打开"插入"对话框，在此对话框内设置插入块的缩放比例，如图7-61所示。

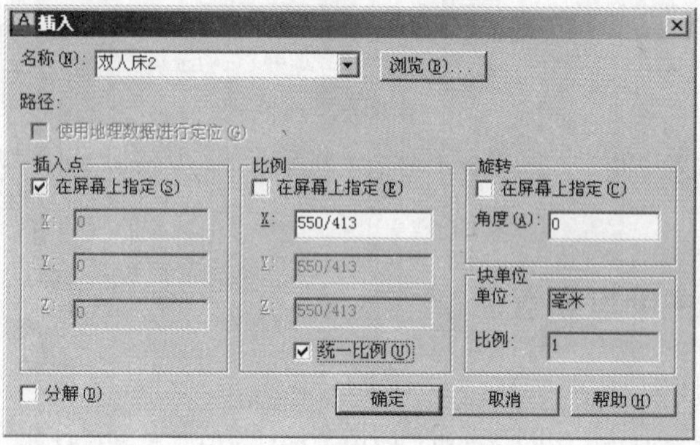

图7-61

(6) 单击确定按钮，返回绘图区，在命令行"指定插入点或[基点(B)/比例(S)/旋转(R)]:"提示下，引出如图7-62所示的对象追踪虚线，然后输入1780并按Enter键，定位插入点，将双人床插入到平面图中，插入结果如图7-63所示。

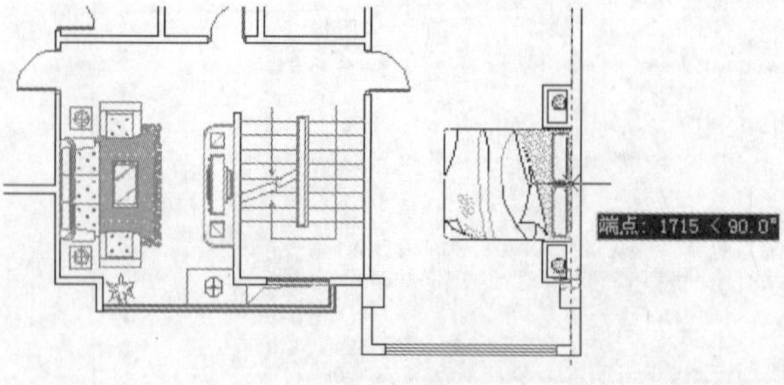

图7-62

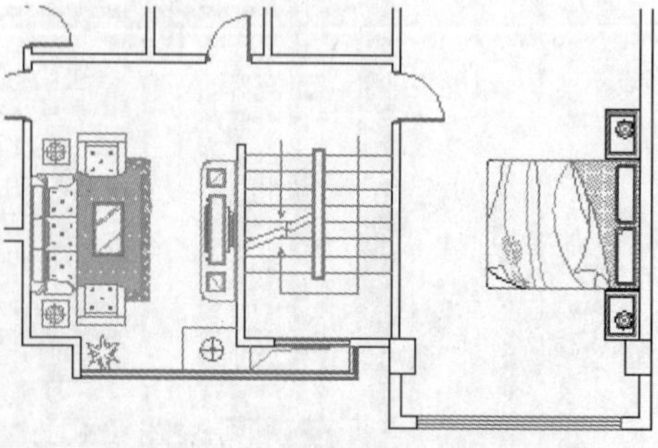

图7-63

(7) 在“设计中心”右侧的窗口中向下移动滑块，定位“电视及电视柜.dwg”文件，然后在此文件图标上单击右键，选择快捷菜单中的“复制”命令，如图7-64所示。

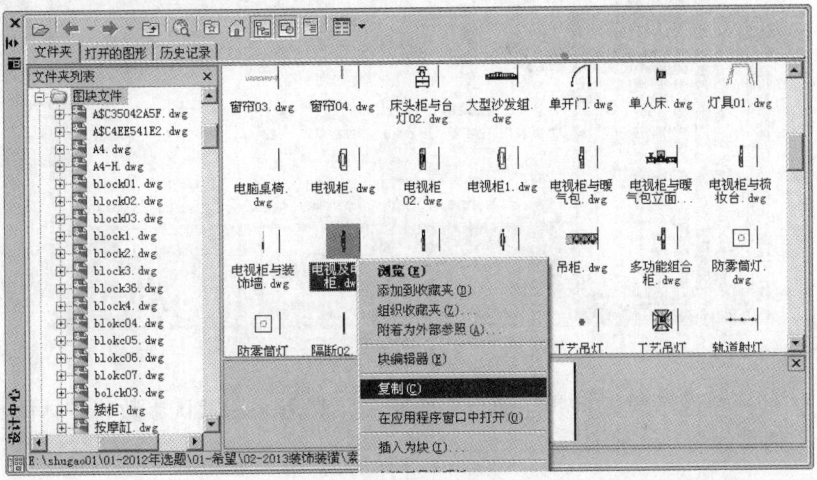

图7-64

(8) 返回绘图区，执行菜单栏中的“编辑”|“粘贴”命令，将该图块粘贴到当前文件中，命令行操作如下。

命令：_pasteclip

命令：_-INSERT 输入块名或 [?]:

单位：毫米 转换： 1

指定插入点或 [基点 (B)/ 比例 (S)/X/Y/Z/ 旋转 (R)]: // X Enter

指定 X 比例因子 <1>: //-1 Enter

指定插入点或 [基点 (B)/ 比例 (S)/X/Y/Z/ 旋转 (R)]:

// 引出如图 7-65 所示的对象追踪虚线，输入 1575 后按 Enter 键，定位插入点

指定旋转角度 <0.0>: // Enter，结束命令，粘贴结果如图 7-66 所示

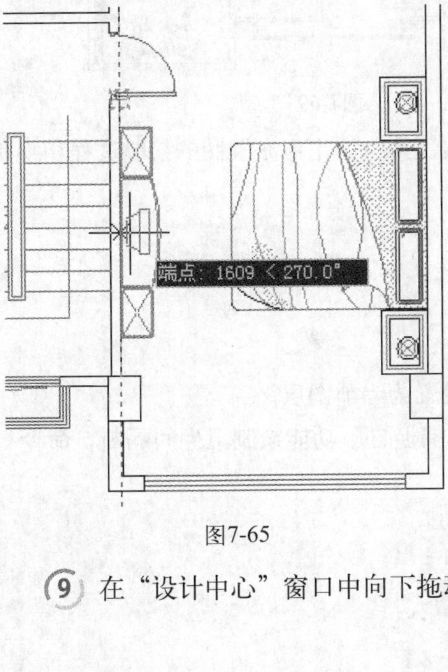

图7-65

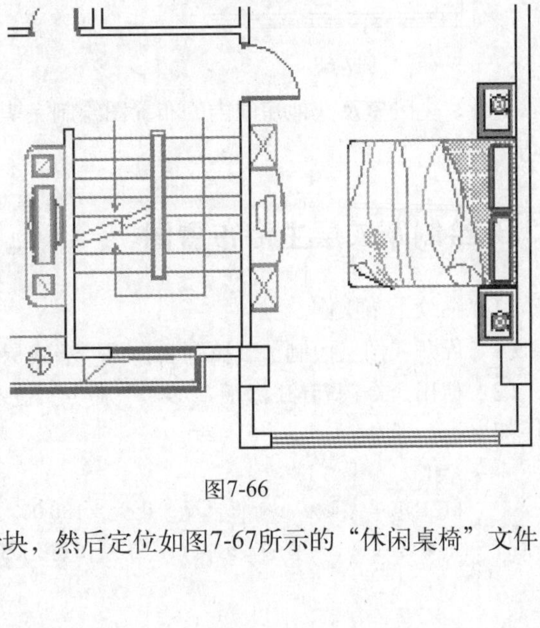

图7-66

(9) 在“设计中心”窗口中向下拖动滑块，然后定位如图7-67所示的“休闲桌椅”文件。

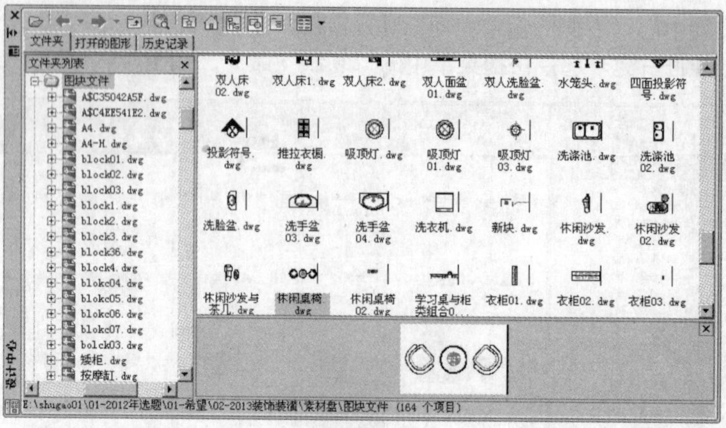

图7-67

⑩ 按住鼠标左键不放，将其拖动至平面图中，然后采用默认参数将“休闲桌椅”插入到平面图中，结果如图7-68所示。

⑪ 参照上述操作，综合使用“插入块”命令以及“设计中心”的资源共享功能，分别为卧室及其他房间布置家具图例，结果如图7-69所示。

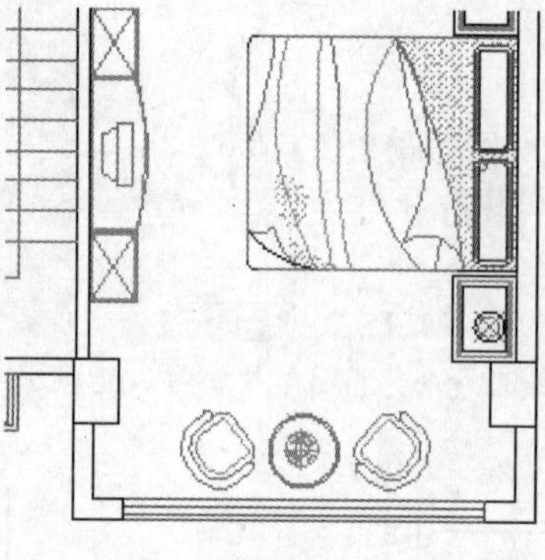

图7-68

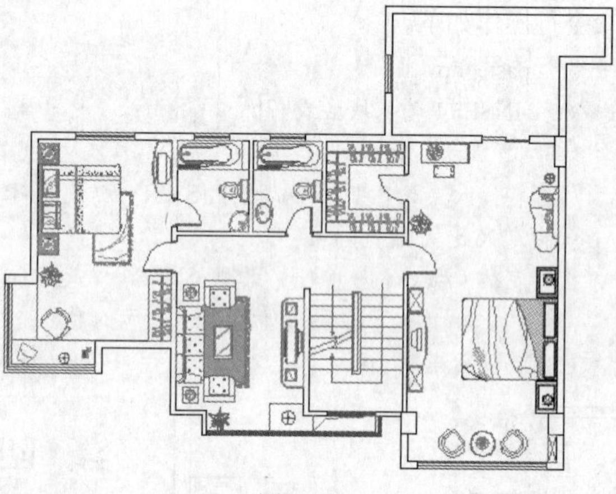

图7-69

至此，主卧室及其他房间内的布置图绘制完毕，接下来学习主浴布置图的绘制过程和绘制技巧。

7.3.3 绘制跃二层主浴布置图

① 继续上节操作。

② 展开“图层控制”下拉列表，将“墙线层”设置为当前图层。

③ 使用命令简写ML激活“多线”命令，配合“捕捉自”功能绘制卫生间隔断，命令行操作如下。

```
命令 : ML                                    // Enter
    MLINE 当前设置 : 对正 = 无，比例 = 180.00，样式 = 墙线样式
    指定起点或 [ 对正 (J)/ 比例 (S)/ 样式 (ST)]: //S Enter
```

```
    输入多线比例 <180.00>:                          //60 Enter
    当前设置 : 对正 = 无，比例 = 60.00，样式 = 墙线样式
    指定起点或 [ 对正 (J)/ 比例 (S)/ 样式 (ST)]:      //J Enter
    输入对正类型 [ 上 (T)/ 无 (Z)/ 下 (B)] < 无 >:    //B Enter
    当前设置 : 对正 = 下，比例 = 60.00，样式 = 墙线样式
    指定起点或 [ 对正 (J)/ 比例 (S)/ 样式 (ST)]:      // 捕捉如图 7-70 所示的端点
    指定下一点 :                                    //@-540,0 Enter
    指定下一点或 [ 放弃 (U)]:                        //@0,300 Enter
    指定下一点或 [ 闭合 (C)/ 放弃 (U)]:              // Enter
命令 :                                              // Enter
    MLINE 当前设置 : 对正 = 下，比例 = 60.00，样式 = 墙线样式
    指定起点或 [ 对正 (J)/ 比例 (S)/ 样式 (ST)]:      // 激活“捕捉自”功能
    _from 基点 :                                    // 捕捉如图 7-71 所示的中点
    < 偏移 >:                                       //@0,700 Enter
    指定下一点 :                                    //@0,100 Enter
    指定下一点或 [ 放弃 (U)]:                        // Enter，绘制结果如图 7-72 所示
```

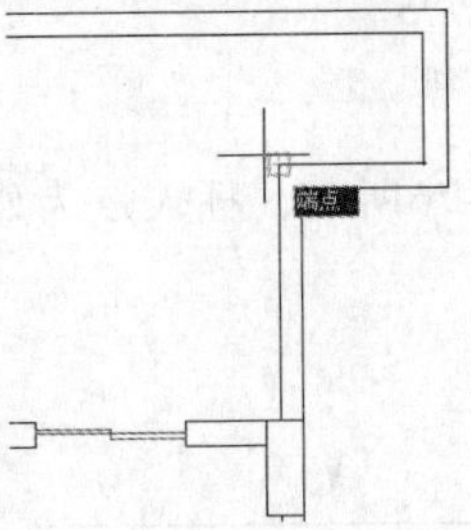

图7-70

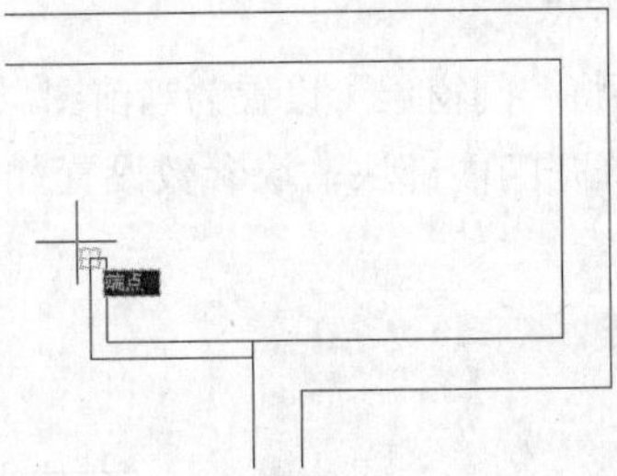

图7-71

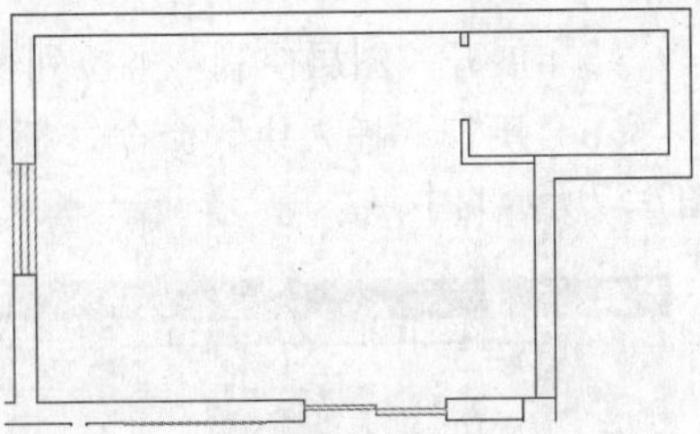
图7-72

④ 使用命令简写ML激活“多线”命令，配合“捕捉自”功能绘制淋浴房隔断，命令行操作如下。

```
命令 : ML                                           // Enter
    MLINE
    当前设置 : 对正 = 下，比例 = 60.00，样式 = 墙线样式
    指定起点或 [ 对正 (J)/ 比例 (S)/ 样式 (ST)]:      //J Enter
    输入对正类型 [ 上 (T)/ 无 (Z)/ 下 (B)] < 下 >:    //T Enter
    当前设置 : 对正 = 上，比例 = 60.00，样式 = 墙线样式
    指定起点或 [ 对正 (J)/ 比例 (S)/ 样式 (ST)]:      // 激活“捕捉自”功能
    _from 基点 :                                    // 捕捉如图 7-73 所示的端点
    < 偏移 >:                                       //@0,-1110 Enter
    指定下一点 :                                    //@1365,0 Enter
    指定下一点或 [ 放弃 (U)]:                        //@0,410 Enter
    指定下一点或 [ 闭合 (C)/ 放弃 (U)]:              // Enter
命令 :                                              // Enter
    MLINE
    当前设置 : 对正 = 上，比例 = 60.00，样式 = 墙线样式
    指定起点或 [ 对正 (J)/ 比例 (S)/ 样式 (ST)]:      //J Enter
```

输入对正类型 [上 (T)/ 无 (Z)/ 下 (B)] < 上 >: //Z Enter
当前设置 : 对正 = 无，比例 = 60.00，样式 = 墙线样式
指定起点或 [对正 (J)/ 比例 (S)/ 样式 (ST)]: // 激活“捕捉自”功能
_from 基点 : // 捕捉如图 7-74 所示的端点
< 偏移 >: //@0,600 Enter
指定下一点 : //@0,100 Enter
指定下一点或 [放弃 (U)]: // Enter，绘制结果如图 7-75 所示

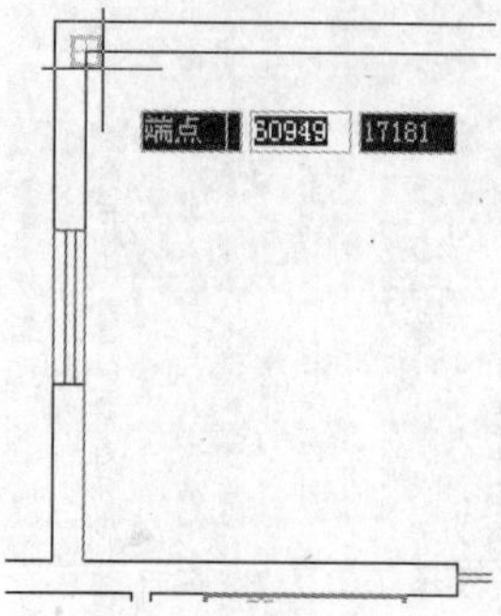

图7-73

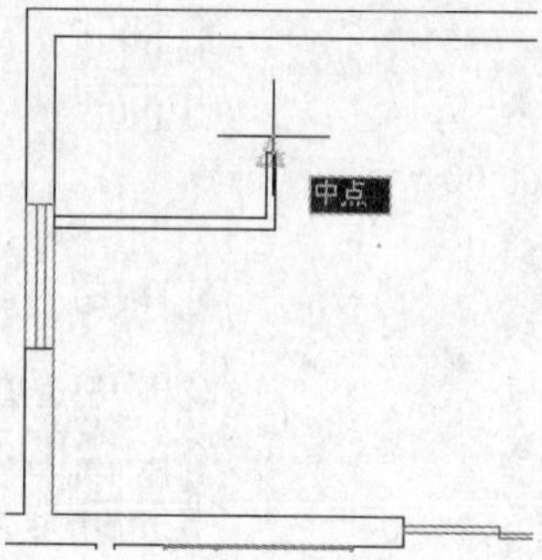

图7-74

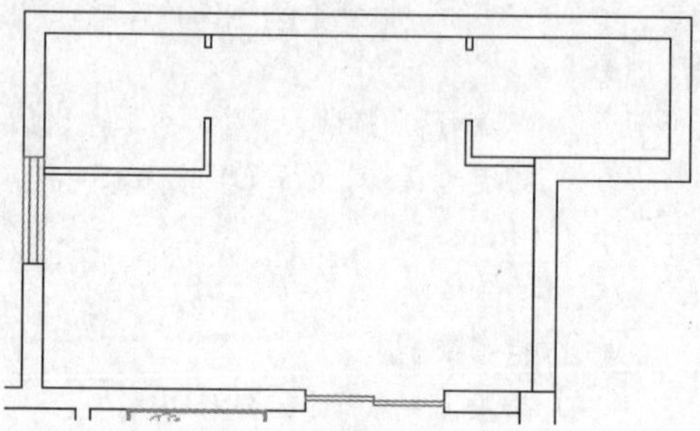

图7-75

5 展开“图层控制”下拉列表，将“门窗层”设置为当前图层。

6 执行“插入块”命令，插入单开门内部块，块参数设置如图7-76所示，插入点为如图7-77所示的中点。

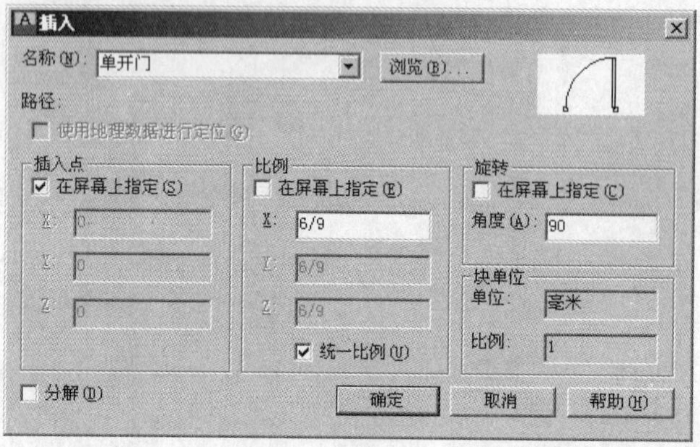

图7-76

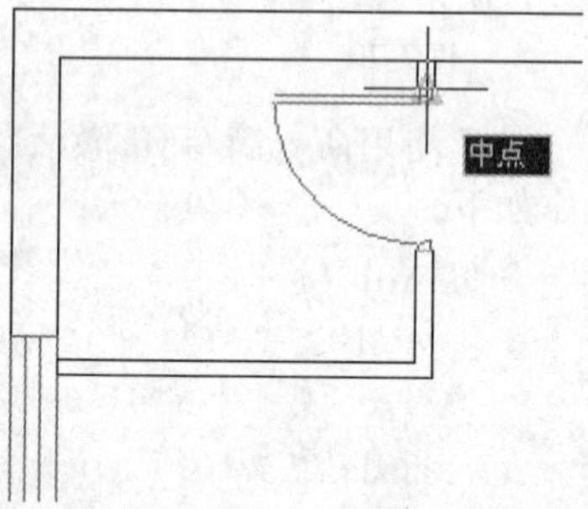

图7-77

7 执行菜单栏中的“修改”|“镜像”命令，配合“两点之间的中点”捕捉功能对单开门进行镜像，命令行操作如下。

命令 : _mirror
选择对象 : // 选择刚插入的单开门
选择对象 : // Enter
指定镜像线的第一点 : // 激活“两点之间的中点”功能
_m2p 中点的第一点 : // 捕捉如图 7-78 所示的端点
中点的第二点 : // 捕捉如图 7-79 所示的端点
指定镜像线的第二点 : // @0,1 Enter
要删除源对象吗？ [是 (Y)/ 否 (N)] <N>: // Enter，镜像结果如图 7-80 所示

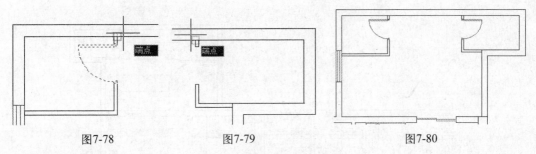

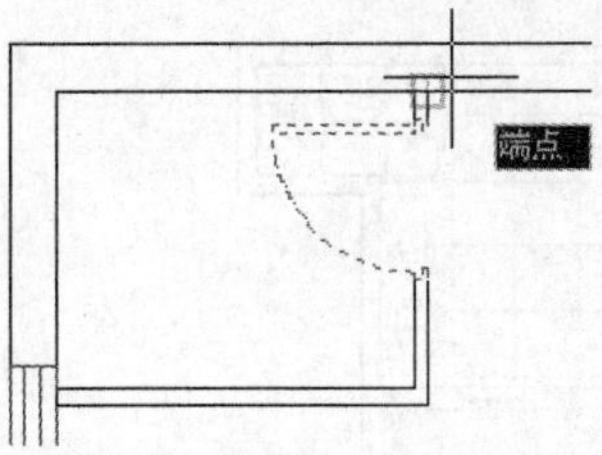

图7-78

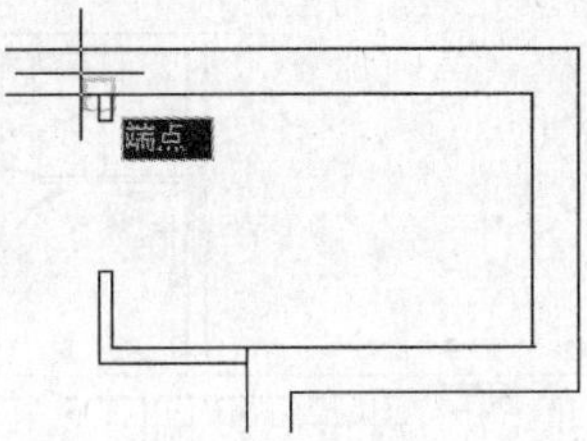

图7-79

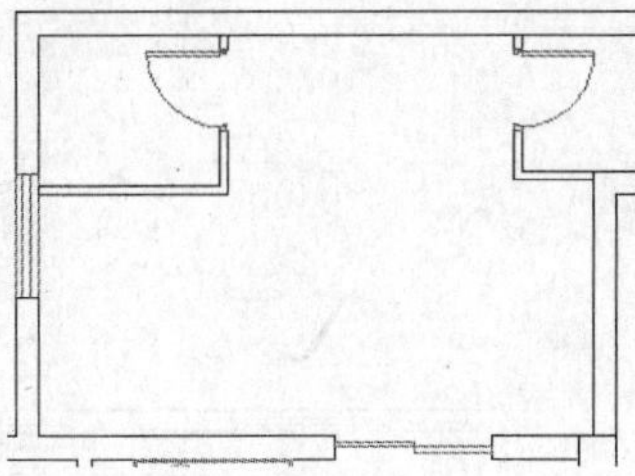

图7-80

(8) 执行“插入块”命令，设置参数如图7-81所示，插入“马桶02”内部块，插入点为如图7-82所示的中点。

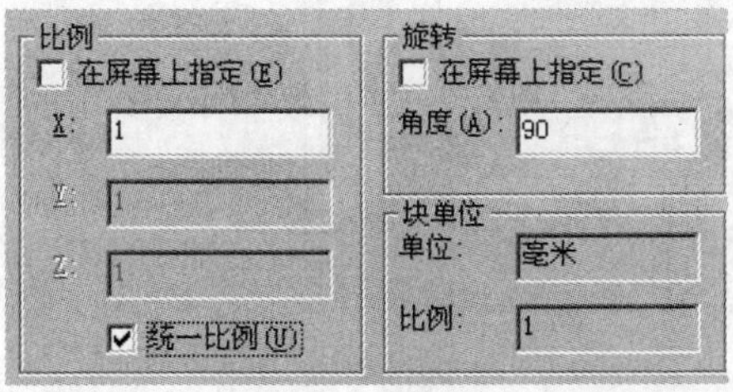

图7-81

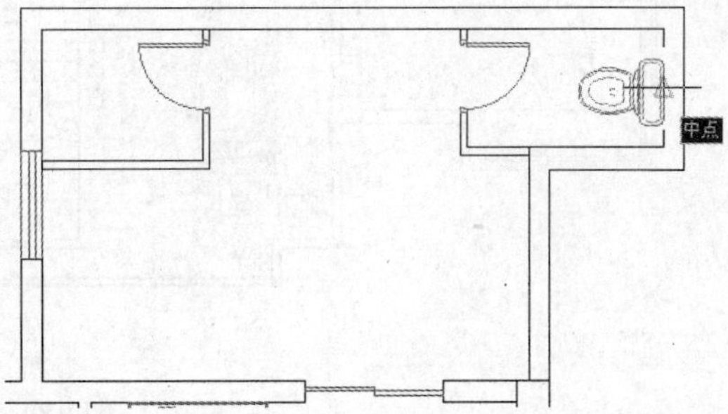

图7-82

(9) 重复执行“插入块”命令，采用默认参数，插入随书光盘“图块文件”文件夹下的“双人洗脸盆.dwg”、“按摩缸.dwg”和“淋浴器.dwg”图块，插入结果如图7-83所示。

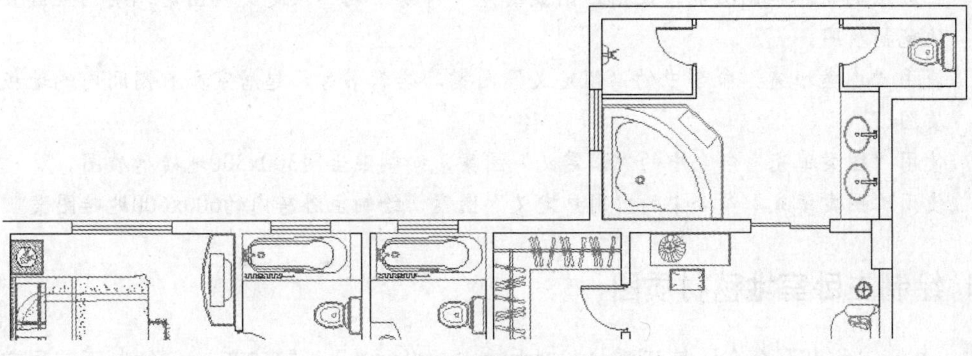

图7-83

(10) 调整视图使平面图全部显示，最终结果如上图7-51所示。

(11) 最后执行“另存为”命令，将图形另名存储为“绘制跃二层家具布置图.dwg”。

7.4 绘制跃层住宅二层地面材质图

本节主要讲解跃层住宅二层地面材质图的具体绘制过程和绘制技巧。跃层住宅二层材质图的最终绘制效果如图7-84所示。

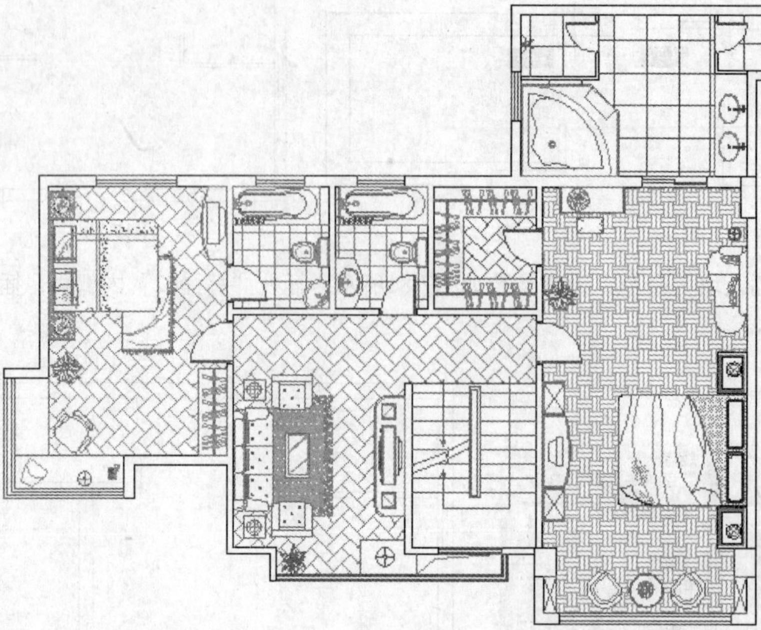

图7-84

在绘制跃层住宅二层地面材质图时，可以参照如下绘图思路。

- 使用“直线”命令封闭各房间位置的门洞。
- 使用“多段线”、“矩形”、“圆”等命令绘制各家具图例的外边缘边界。
- 配合层的状态控制功能，使用“图案填充”命令中的“预定义”图案，绘制主卧室的地毯材质图。
- 使用“图案填充”命令中的“预定义”图案，绘制书房、起居室和衣帽间内的地板材质图。
- 使用“图案填充”命令中的“预定义”图案，绘制卫生间300x300地砖材质图。
- 使用“图案填充”命令中的“用户定义”图案，绘制主浴房内的600x600地砖图案。

7.4.1 绘制主卧室地毯材质图

(1) 执行“打开”命令，打开随书光盘中的“效果文件”\“第7章”\“绘制跃二层家具布置图.dwg”。

(2) 执行菜单栏中的“格式”|“图层”命令，在打开的“图层特性管理器”面板中，双击“地面层”，将其设置为当前层。

(3) 使用命令简写L激活“直线”命令，配合捕捉功能分别将各房间两侧的门洞连接起来，以形成封闭区域，如图7-85所示。

(4) 将“0图层”设置为当前图层，然后综合使用“多段线”、“圆”等命令，分别沿着主卧室双人床、沙发以及绿化植物等图块的外边缘绘制闭合边界。

(5) 在无命令执行的前提下，夹点显示主卧室房间内的电视柜、梳妆台、休闲桌椅等对象，如图7-86所示。

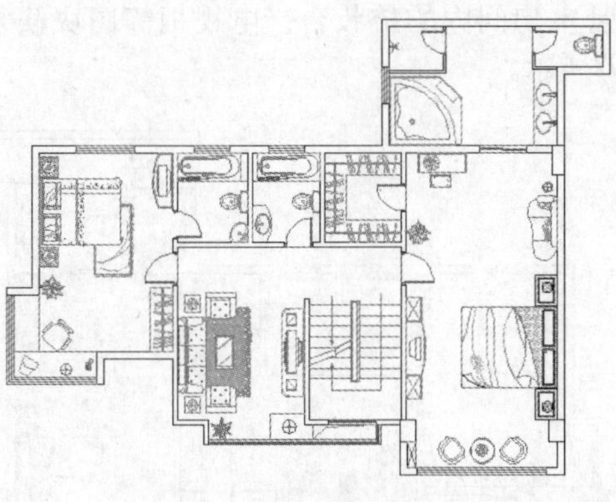

图7-85

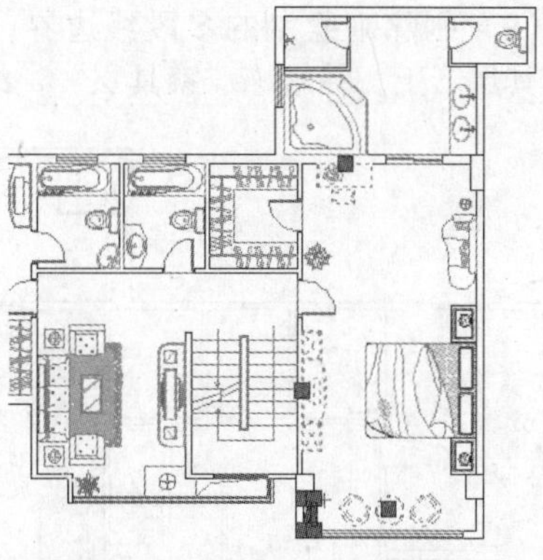

图7-86

(6) 展开“图层控制”下拉列表，将夹点显示的对象放置到“0图层”上，然后冻结“家具层”，此时平面图的显示结果如图7-87所示。

(7) 使用命令简写LT激活“线型”命令，加载如图7-88所示的线型并设置线型比例。

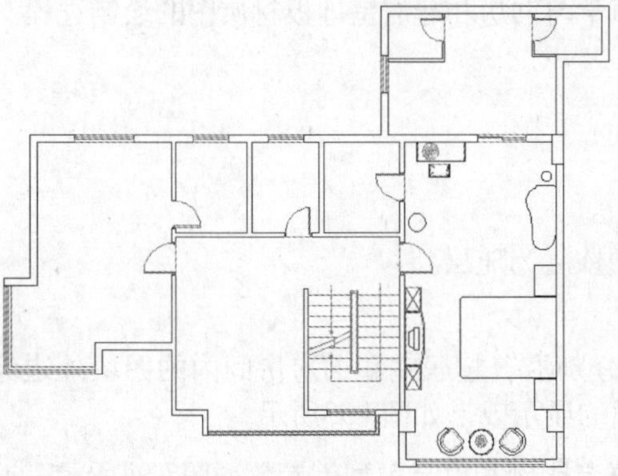

图7-87

图7-88

(8) 将加载的线型设置为当前线型，然后单击“绘图”工具栏中的按钮，设置填充比例和填充类型等参数如图7-89所示，返回绘图区，拾取如图7-90所示的区域，为主卧室填充地毯材质图案，填充结果如图7-91所示。

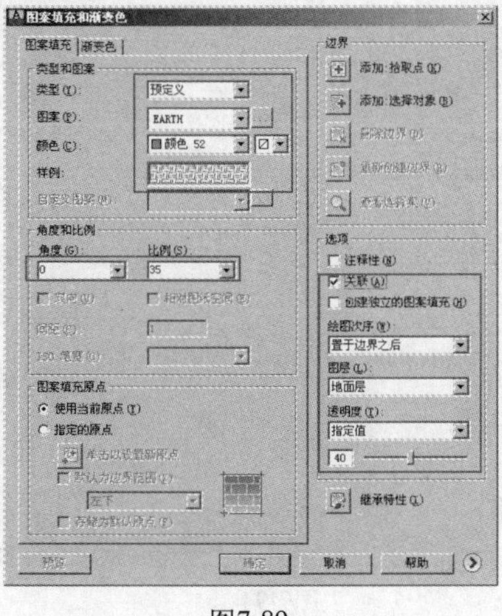

图7-89

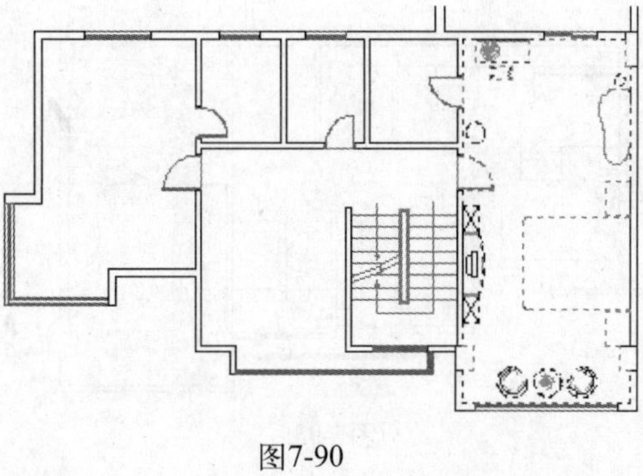

图7-90

⑨ 删除刚绘制的多段线边界，然后将主卧室房间内的梳妆台、电视柜等图块恢复到“家具层”上，并解冻“家具层”，结果如图7-92所示。

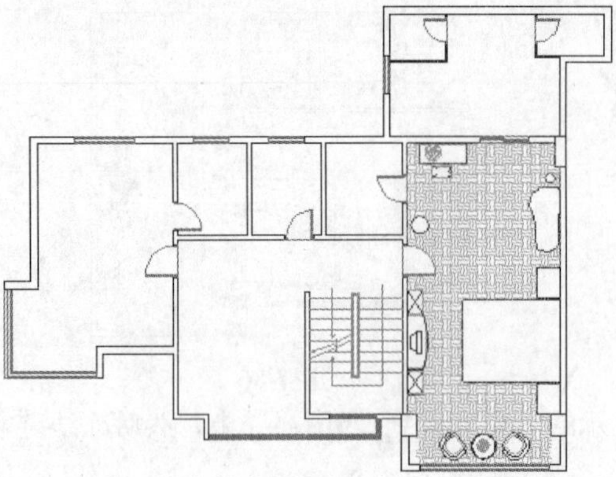

图7-91

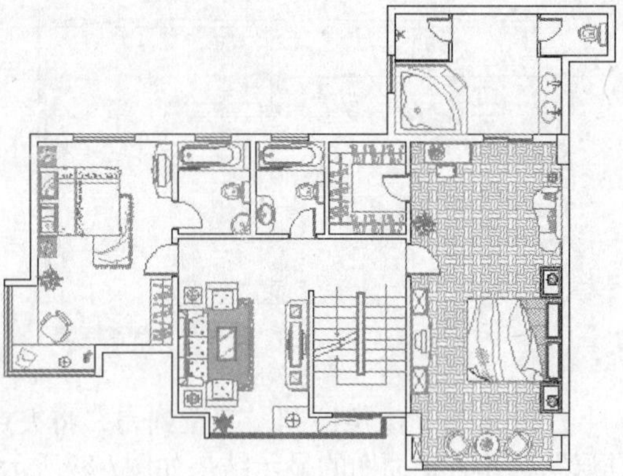

图7-92

至此，主卧室地毯材质图绘制完毕，下一小节学习书房和起居室地板材质图的绘制过程。

7.4.2 绘制书房和起居室材质图

① 继续上节操作。

② 展开“线型控制”下拉列表，将当前线型恢复为随层。

③ 打开状态栏上的透明度显示功能。

④ 综合使用“多段线”或“矩形”命令，分别沿着起居室和书房房间内的图块外边缘绘制闭合边界，然后冻结“家具层”，此时平面图的显示效果如图7-93所示。

⑤ 单击“绘图”工具栏中的▦按钮，设置填充比例和填充类型等参数如图7-94所示，返回绘图区拾取如图7-95所示的区域，为主卧室填充地毯材质图案，填充结果如图7-96所示。

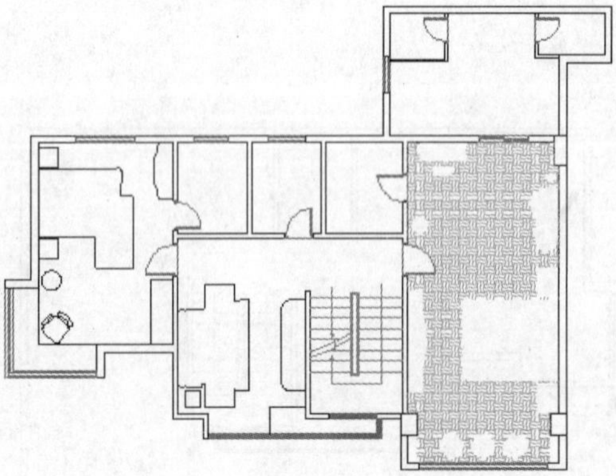

图7-93

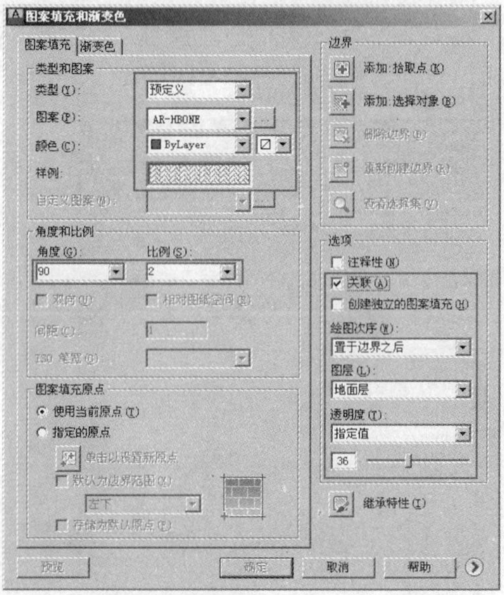

图7-94

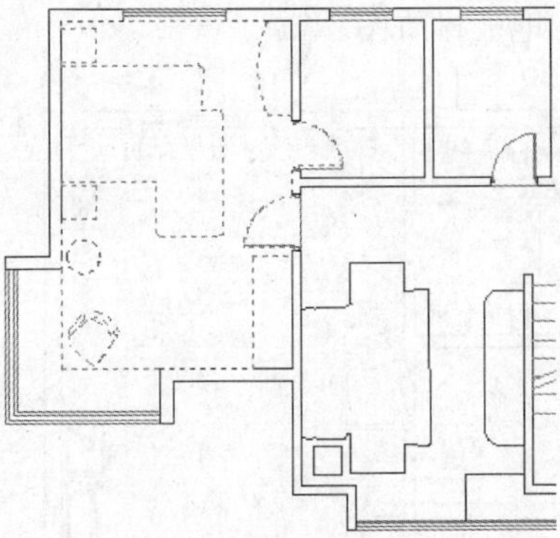

图7-95

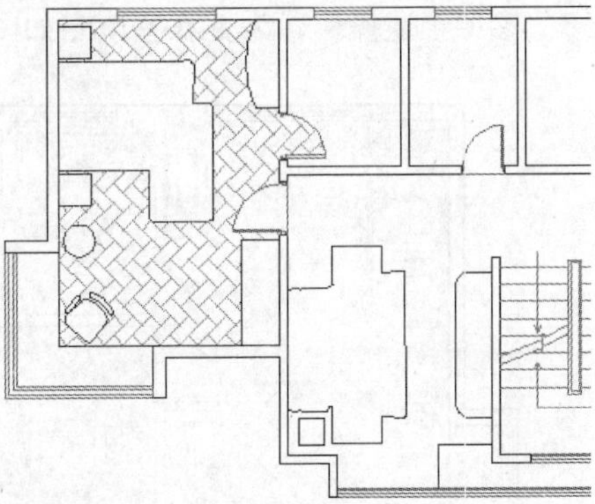

图7-96

(6) 重复执行“图案填充”命令，设置填充比例和填充类型等参数如图7-97所示，返回绘图区拾取如图7-98所示的区域，为主卧室填充地毯材质图案，填充结果如图7-99所示。

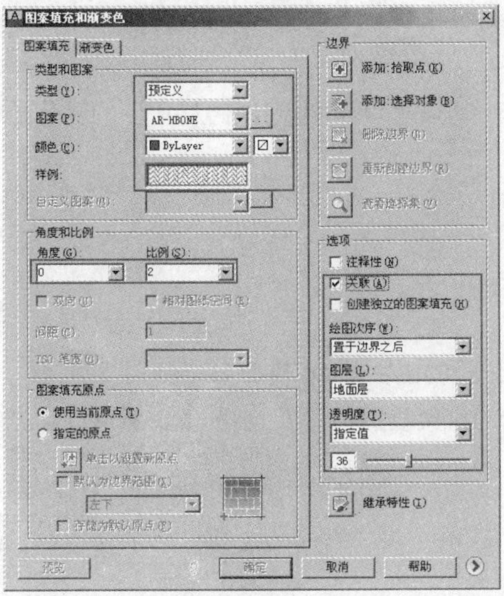

图7-97

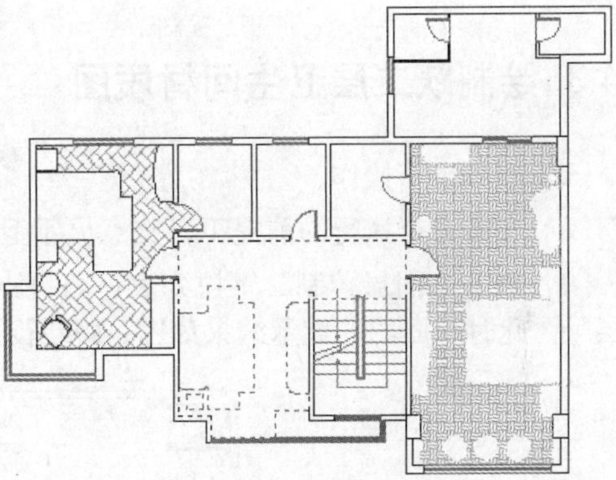

图7-98

(7) 删除起居室和书房内的多段线边界，然后解冻“家具层”，结果如图7-100所示。

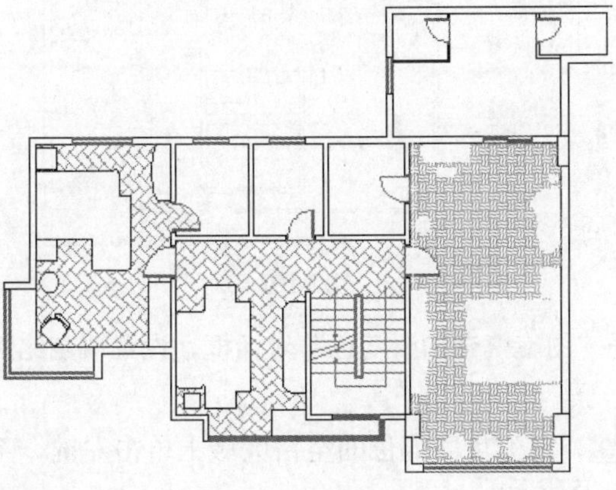

图7-99

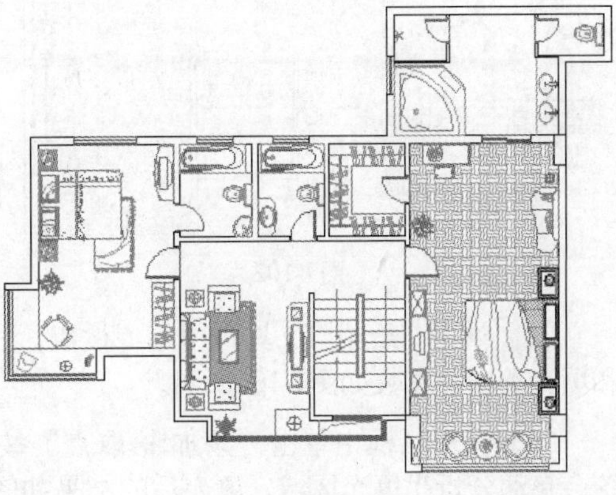

图7-100

⑧ 参照上述操作，为更衣室填充如图7-101所示的地板材质图。

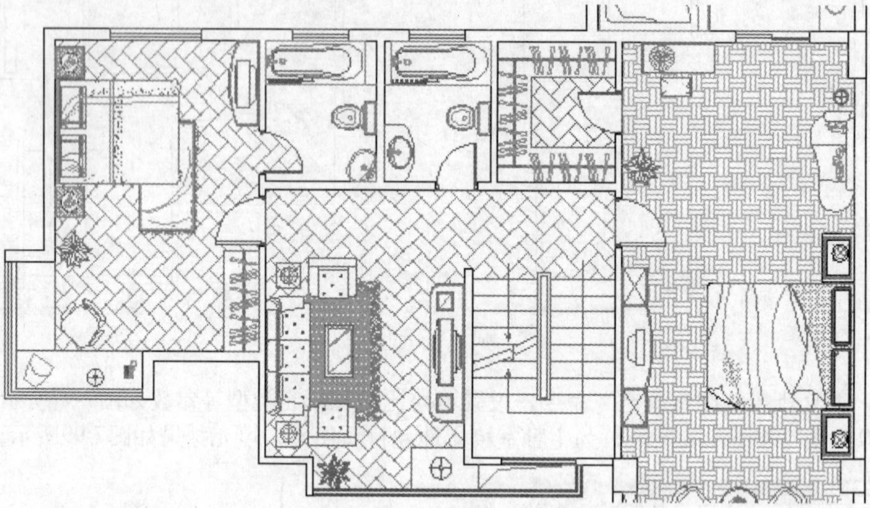

图7-101

至此，起居室和书房地板材质图绘制完毕，下一小节学习卫生间地砖材质图的具体绘制过程。

7.4.3 绘制跃二层卫生间材质图

① 继续上节操作。

② 在无命令执行的前提下，夹点显示卫生间位置的图块，如图7-102所示。

③ 展开“图层控制”下拉列表，将夹点显示的对象放置到“0图层”上，然后冻结“家具层”，此时平面图的显示结果如图7-103所示。

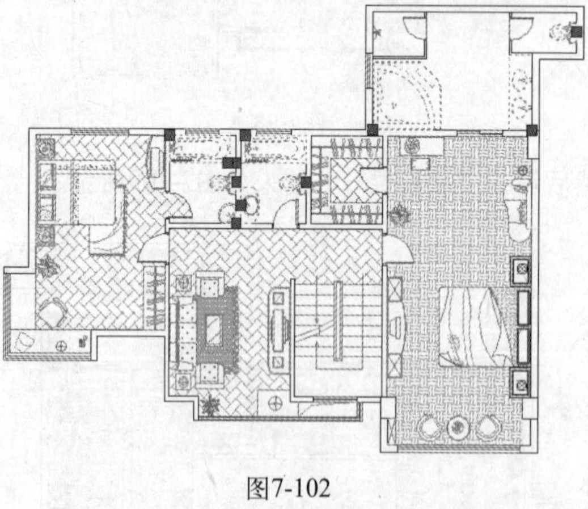

图7-102

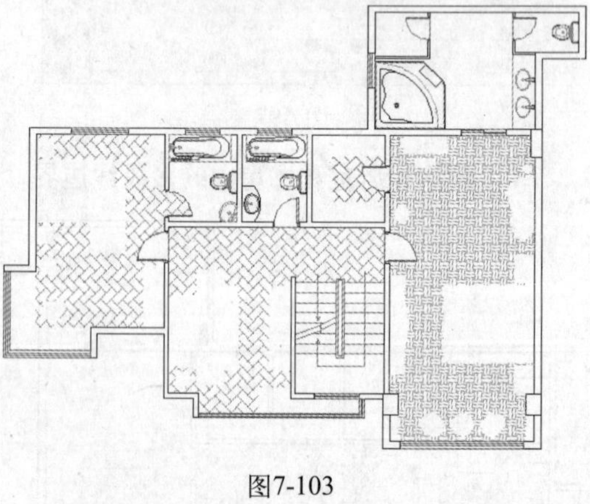

图7-103

④ 单击“绘图”工具栏中的▦按钮，打开“图案填充和渐变色”对话框，设置填充比例和填充类型等参数如图7-104所示。

⑤ 在对话框中单击“添加:拾取点”按钮▣，在卫生间部位的空白区域上单击左键，系统会自动分析出填充区域，填充后的结果如图7-105所示。

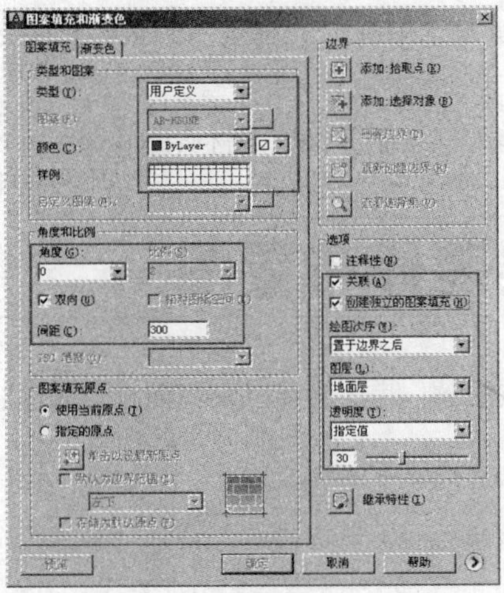

图7-104

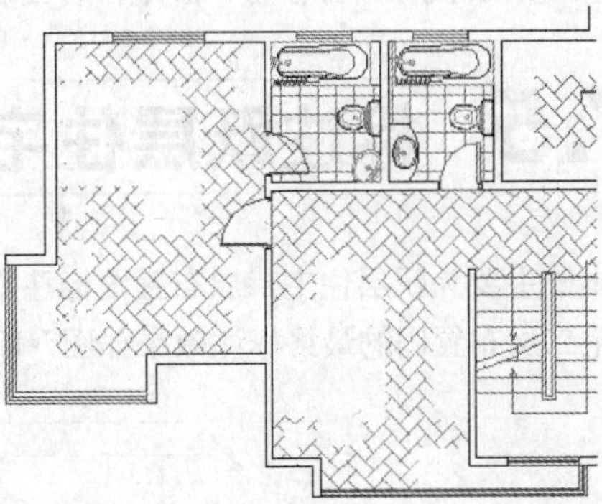

图7-105

(6) 重复执行“图案填充”命令，设置填充图案及参数如图7-106所示，为主浴室填充如图7-107所示的地砖图案。

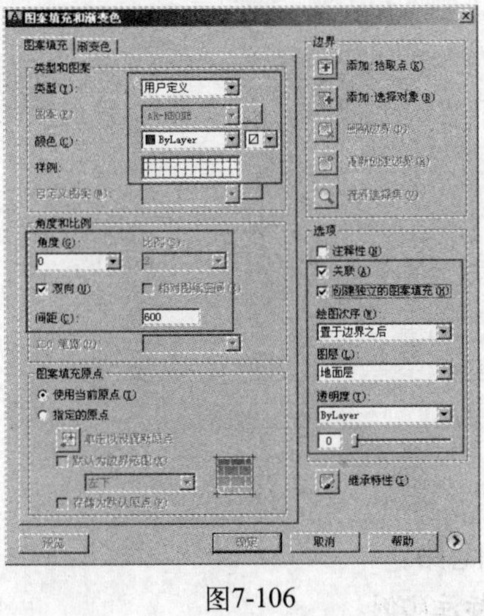

图7-106

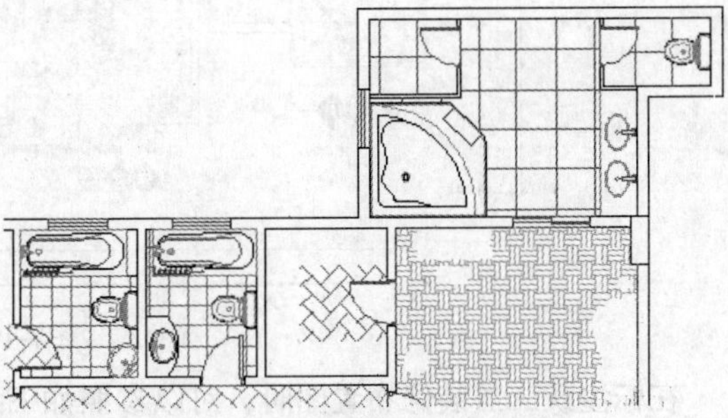

图7-107

(7) 使用“全部缩放”功能调整视图，使平面图完全显示，结果如图7-108所示。

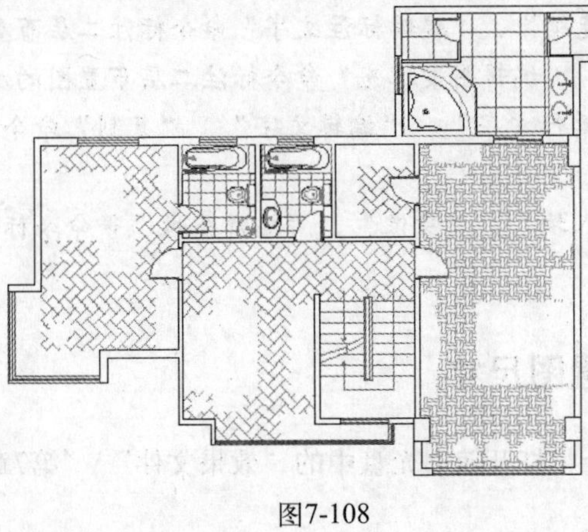

图7-108

⑧ 展开“图层控制”下拉列表，关闭“0图层”，解冻“家具层”，最终结果如上图7-84所示。

⑨ 最后执行“另存为”命令，将图形另名存储为“绘制二层地面材质图.dwg”。

7.5 标注跃层住宅二层装修布置图

本节主要为跃层住宅二层布置图标注尺寸、材质注解、房间功能以及墙面投影等内容。跃层住宅二层布置图的最终标注效果如图7-109所示。

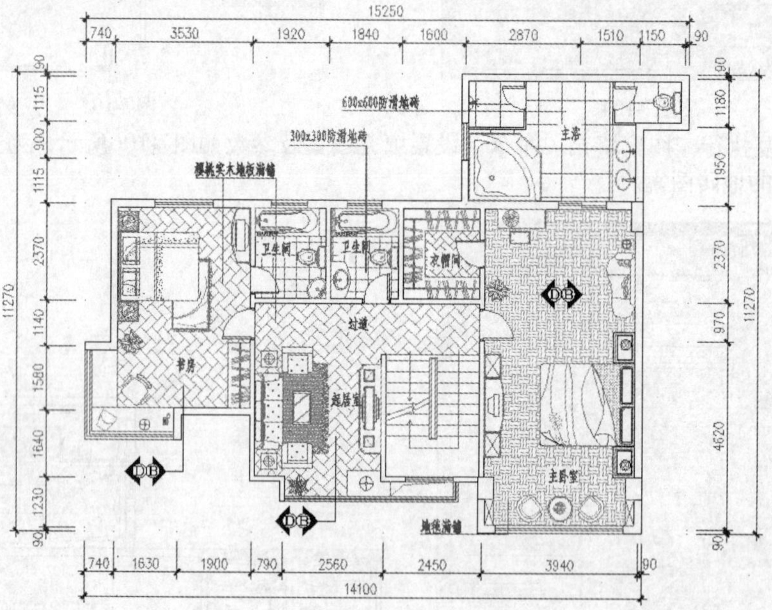

图7-109

在标注跃二层装修布置图时，可以参照如下绘图思路。

- 使用“标注样式”命令设置当前尺寸样式及标注比例。
- 使用“构造线”、“偏移”命令绘制尺寸定位辅助线。
- 使用“线性”、“连续”、“编辑标注文字”命令标注二层布置图尺寸。
- 使用“单行文字”、“编辑图案填充”命令标注二层布置图的房间使用功能性注释。
- 使用“直线”、“单行文字”、“编辑文字”、“复制”命令标注二层布置图的材质注解。
- 最后综合使用“插入块”、“镜像”、“编辑属性”等命令标注跃二层布置图的墙面投影符号。

7.5.1 标注跃二层布置图尺寸

① 执行“打开”命令，打开随书光盘中的“效果文件”\“第7章”\“绘制二层地面材质图.dwg”。

(2) 展开“图层”工具栏中的“图层控制”下拉列表，将“尺寸层”设置为当前图层，并打开“轴线层”。

(3) 执行菜单栏中的“标注”|“标注样式”命令，修改“建筑标注”样式的标注比例为80，同时将此样式设置为当前尺寸样式。

(4) 执行菜单栏中的“绘图”|“构造线”命令，在平面图的四侧绘制4条构造线作为尺寸定位辅助线，如图7-110所示。

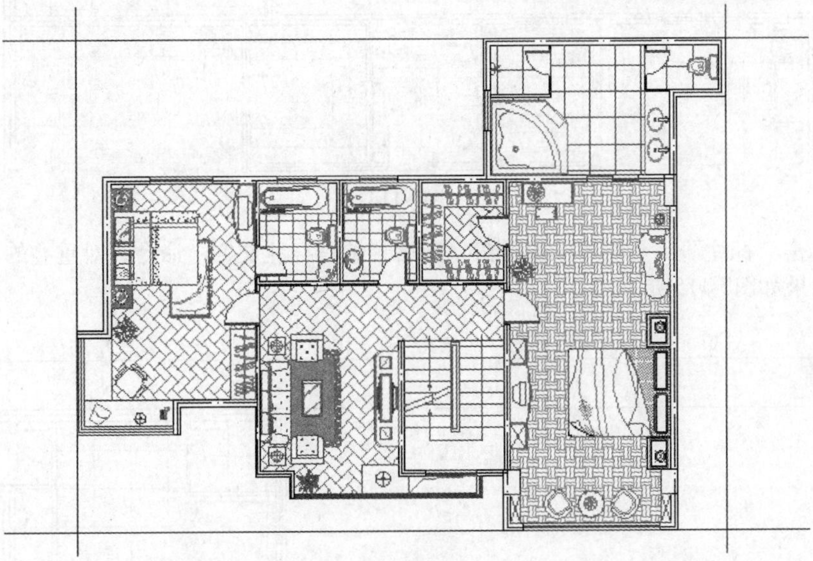

图7-110

(5) 打开“轴线层”，然后单击“标注”工具栏中的按钮，在“指定第一条尺寸界线原点或<选择对象>:”提示下，捕捉如图7-111所示的交点。

(6) 在“指定第二条尺寸界线原点:”提示下，捕捉追踪虚线与外墙线的交点，如图7-112所示。

(7) 在“指定尺寸线位置或[多行文字(M)/文字(T)/角度(A)/水平(H)/垂直(V)/旋转(R)]:”提示下，在适当位置指定尺寸线位置，结果如图7-113所示。

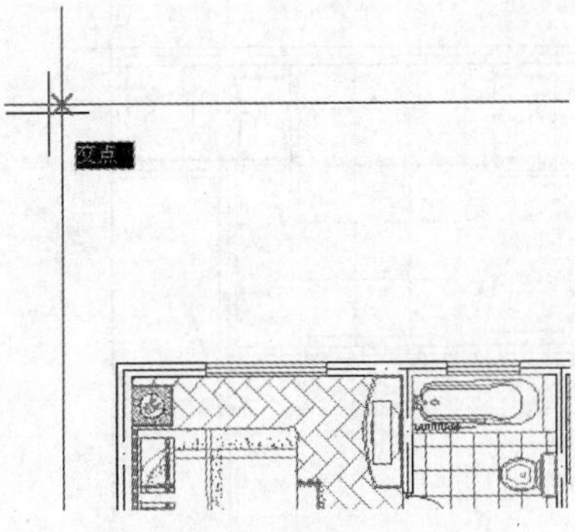

图7-111

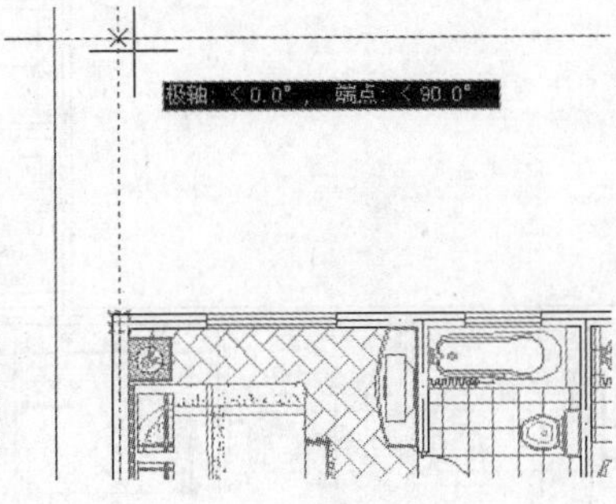

图7-112

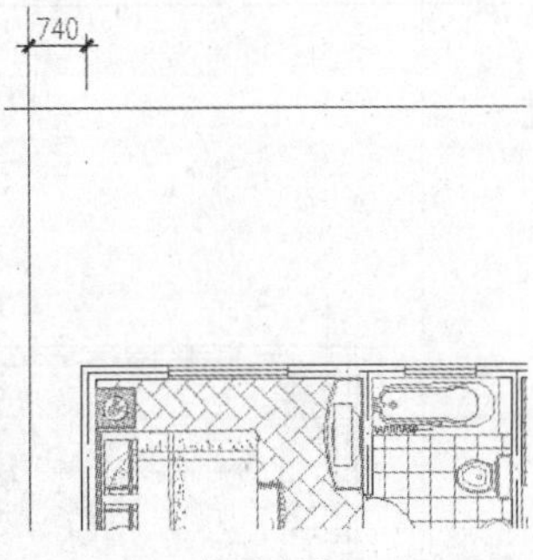

图7-113

(8) 单击“标注”工具栏中的按钮，配合捕捉或追踪功能，标注如图7-114所示的连续尺寸作为细部尺寸。

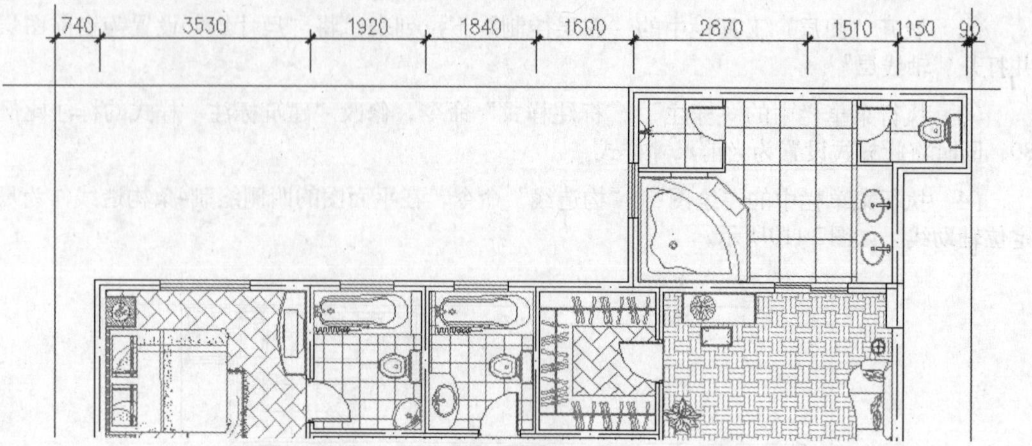

图7-114

(9) 单击“标注”工具栏中的A按钮，激活“编辑标注文字”命令，对重叠的尺寸文字进行协调，结果如图7-115所示。

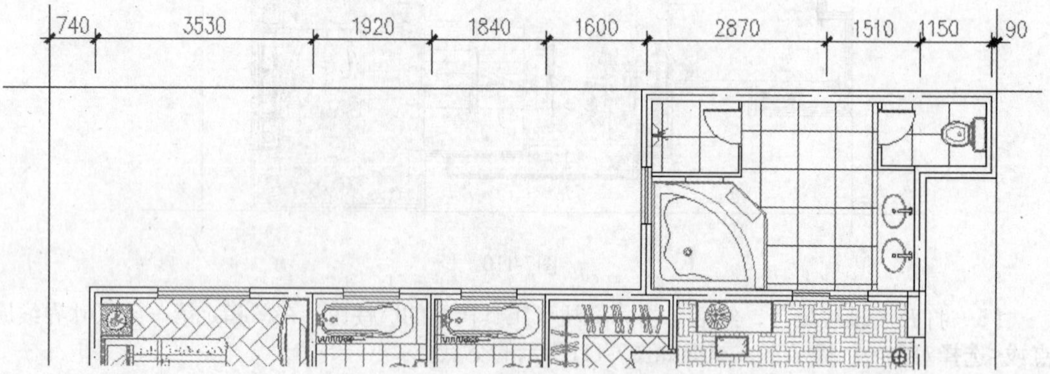

图7-115

(10) 重复执行“线性”命令，标注平面图下侧的总尺寸，标注结果如图7-116所示。

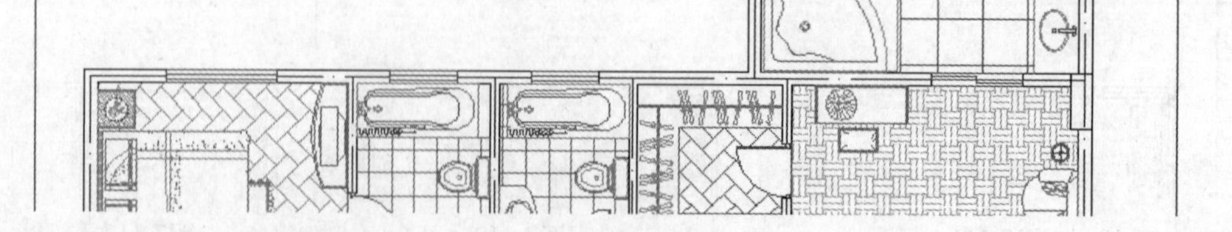

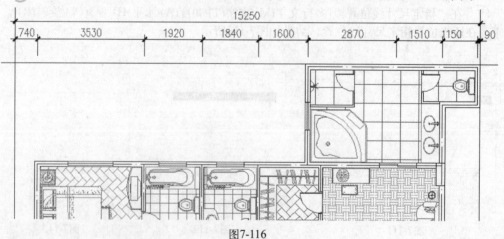

图7-116

(11) 参照步骤5~10的操作，分别标注平面图其他三侧的尺寸，并删除尺寸定位辅助线，结果如图7-117所示。

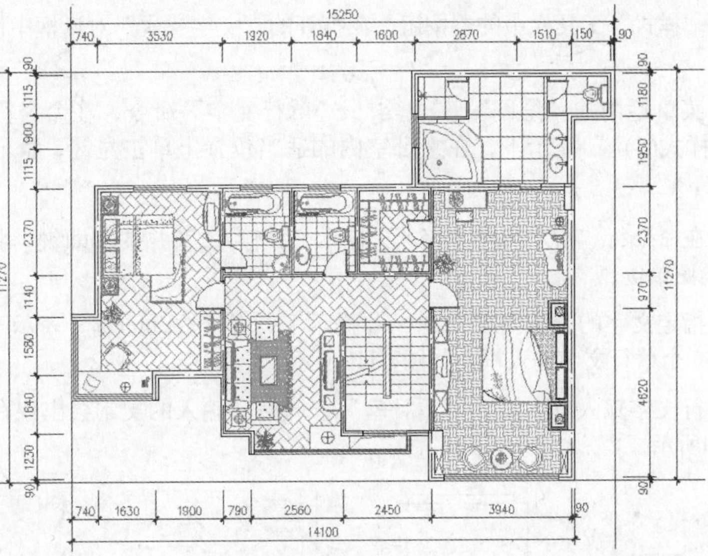

图7-117

⑫ 关闭“轴线层”，然后使用命令简写E激活“删除”命令，删除4条构造线，结果如图7-118所示。

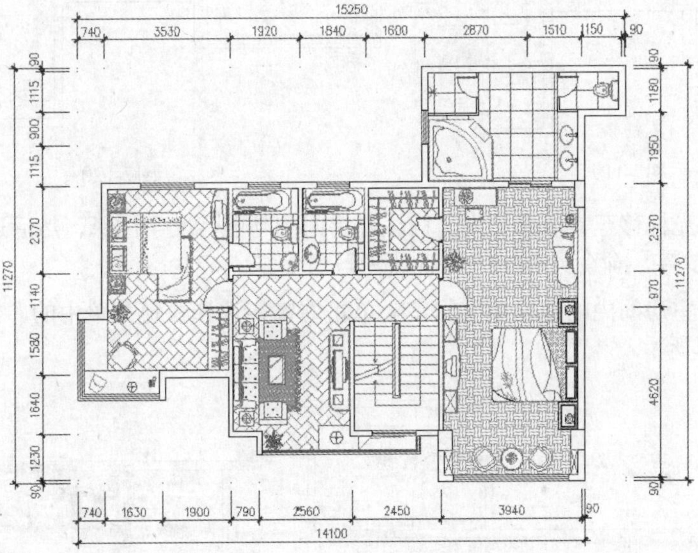

图7-118

至此，跃二层装修布置图的尺寸标注完毕，下一小节将为二层布置图标注房间功能性注解。

7.5.2 标注二层布置图房间功能

① 继续上节操作。

② 执行菜单栏中的“格式”|“图层”命令，在打开的“图层特性管理器”面板中双击“文字层”，将其设置为当前图层。

(3) 单击“样式”工具栏中的A按钮，在打开的“文字样式”对话框中设置“仿宋体”为当前文字样式。

(4) 执行菜单栏中的“绘图”|“文字”|“单行文字”命令，在命令行“指定文字的起点或[对正(J)/样式(S)]:”提示下，在主卧室内的适当位置上单击左键，拾取一点作为文字的起点。

(5) 继续在命令行“指定高度 <2.5>:”提示下，输入270并按Enter键，将当前文字的高度设置为270个绘图单位。

(6) 在“指定文字的旋转角度<0.00>:”提示下，直接按Enter键，表示不旋转文字，此时绘图区会出现一个单行文字输入框，如图7-119所示。

(7) 在单行文字输入框内输入“主卧室”，此时所输入的文字会出现在单行文字输入框内，如图7-120所示。

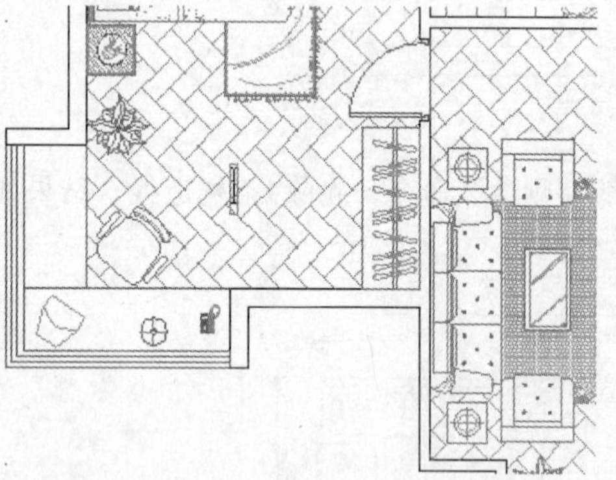

图7-119

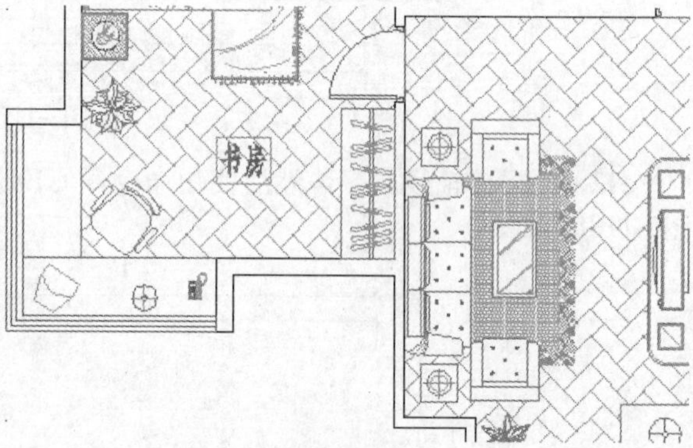

图7-120

(8) 分别将光标移至其他房间内，标注各房间的功能性文字注释，然后连续两次按Enter键，结束“单行文字”命令，标注结果如图7-121所示。

(9) 在主卧室房间内的地毯填充图案上单击右键，选择快捷菜单中的“图案填充编辑”命令，如图7-122所示。

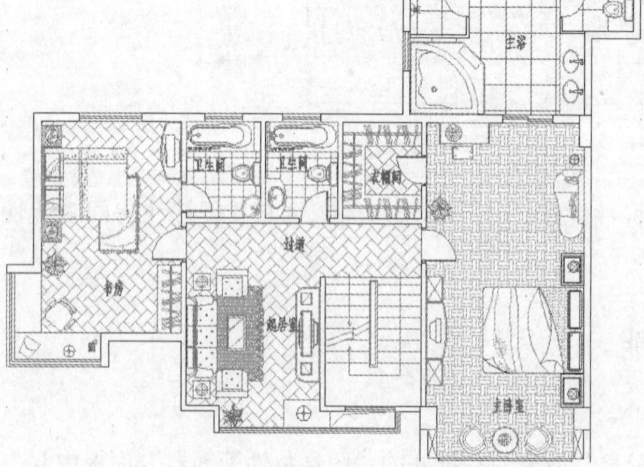

图7-121

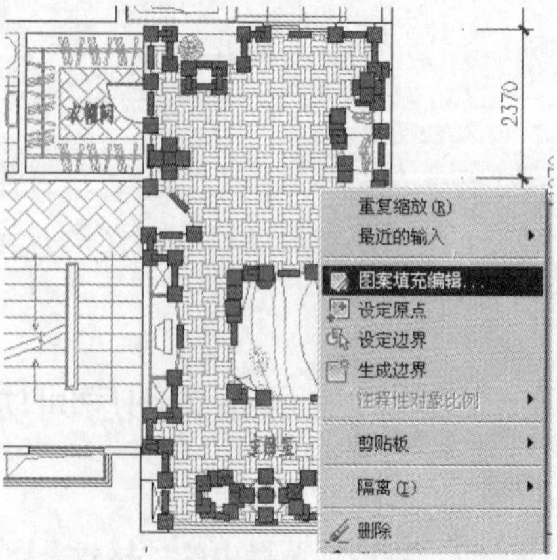

图7-122

⑩ 此时系统自动打开“图案填充编辑”对话框，然后在此对话框中单击“添加:选择对象”按钮。

⑪ 返回绘图区，在命令行“选择对象或[拾取内部点(K)/删除边界(B)]:”提示下，选择“主卧室”文字对象，如图7-123所示。

⑫ 按Enter键，结果被选择文字对象区域的图案被删除，如图7-124所示。

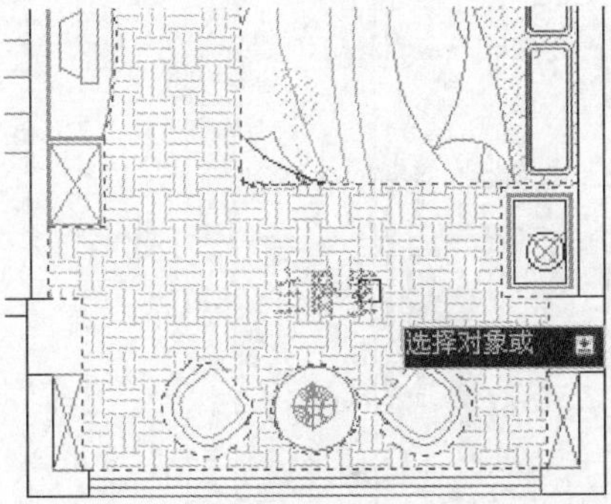

图7-123

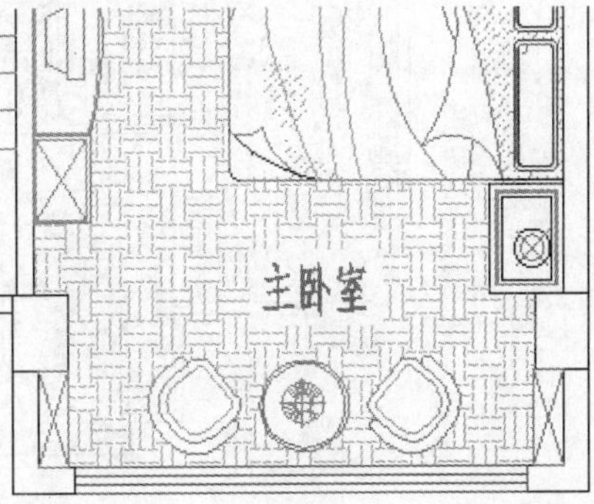

图7-124

⑬ 参照步骤9~12的操作，分别修改书房、卫生间、起居室、过道以及主浴内的填充图案，结果如图7-125所示。

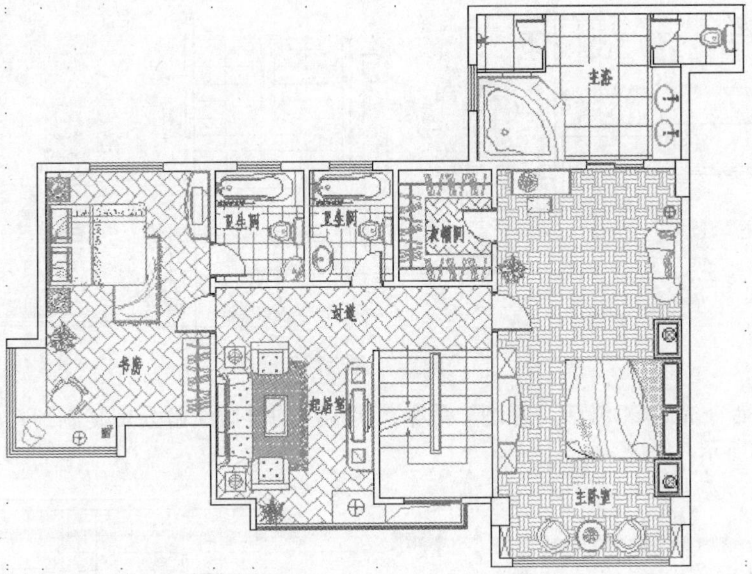

图7-125

至此，跃层住宅二层布置图的房间功能性注释标注完毕，下一小节将学习地面材质注解的标注过程。

7.5.3 标注二层布置图材质注解

① 继续上节的操作。

② 暂时关闭状态栏上的“对象捕捉”功能。

③ 使用命令简写L激活“直线”命令，绘制如图7-126所示的文字指示线。

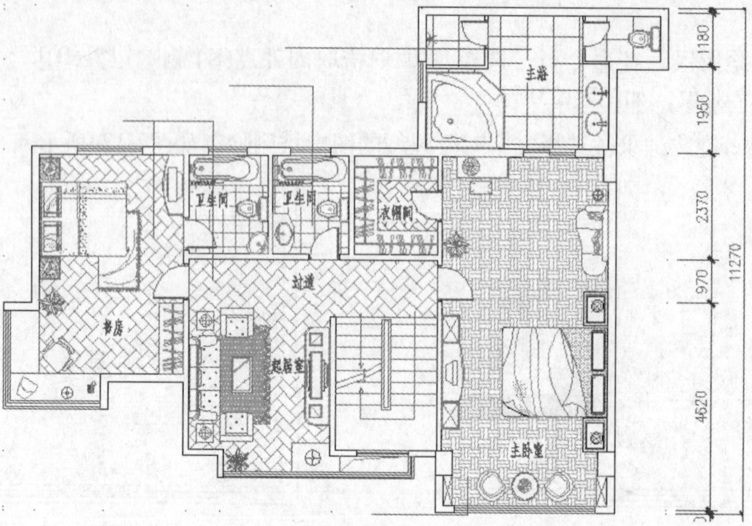

图7-126

④ 执行菜单栏中的“绘图”|“文字”|“单行文字”命令，按照当前的文字样式及字体高度，在指示线上标注如图7-127所示的材质注解。

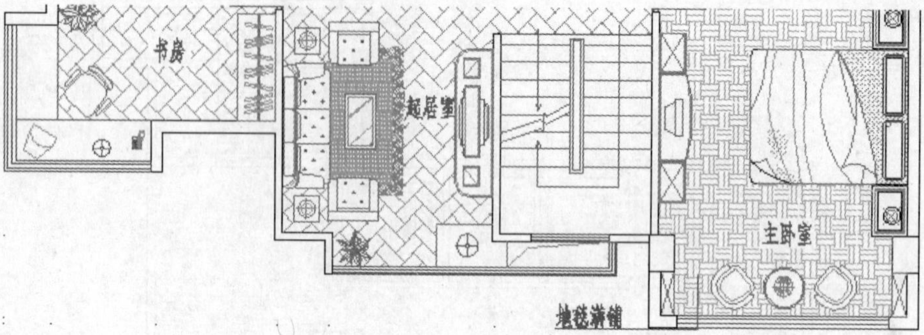

图7-127

⑤ 使用命令简写CO激活“复制”命令，将标注的材质注解分别复制到其他指示线上，结果如图7-128所示。

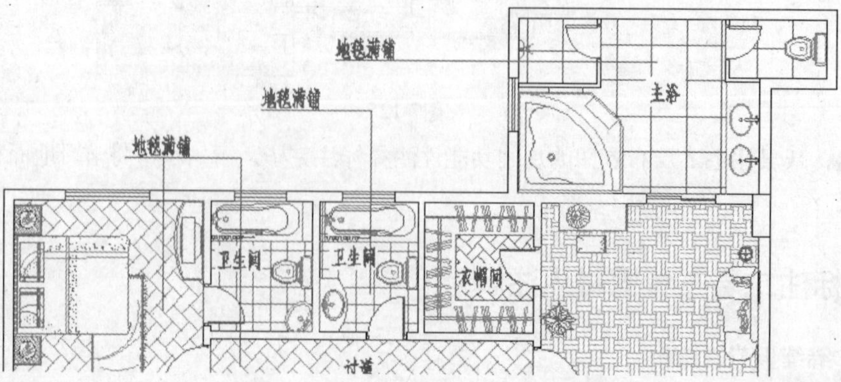

图7-128

⑥ 使用命令简写ED激活“编辑文字”命令，在复制出的文字上双击左键，输入正确的文字内容，结果如图7-129所示。

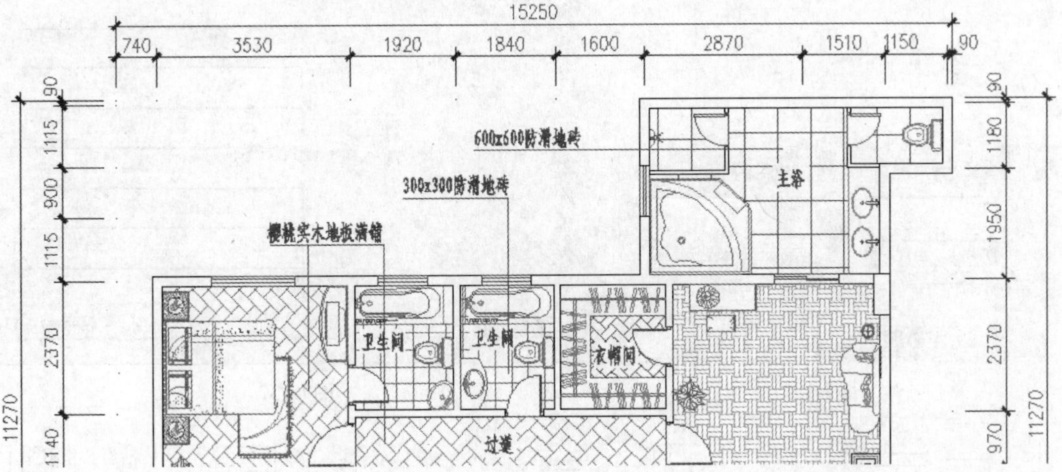

图7-129

至此，跃二层地面材质注解标注完毕，下一小节将学习跃二层墙面投影符号的具体标注过程。

7.5.4 标注二层布置图墙面投影

① 继续上节操作。

② 展开“图层”工具栏上的“图层控制”下拉列表，将“其他层”设置为当前图层。

③ 使用命令简写PL激活“多段线”命令，绘制如图7-130所示的投影符号指示线。

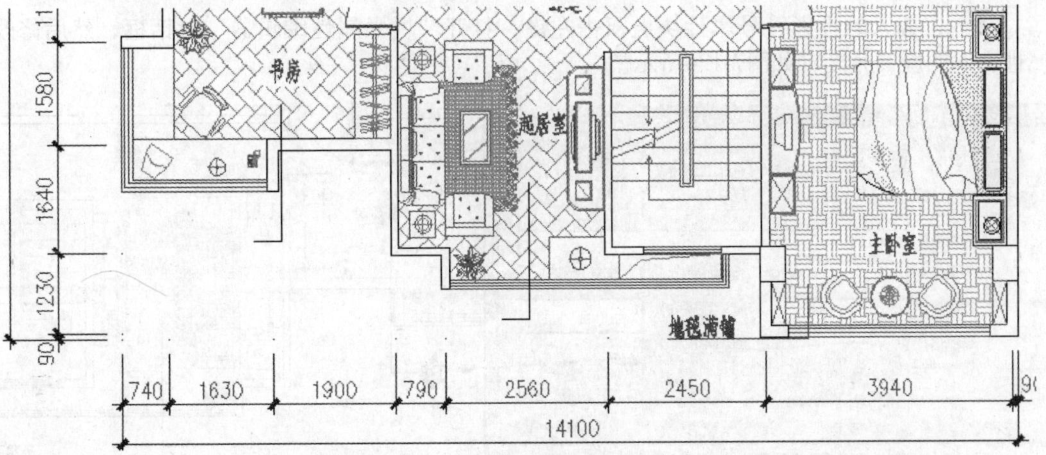

图7-130

④ 使用命令简写I激活“插入块”命令，插入随书光盘中的“图块文件”\“投影符号.dwg”属性块，块的缩放比例如图7-131所示。

⑤ 返回“编辑属性”对话框，然后输入属性值如图7-132所示，插入结果如图7-133所示。

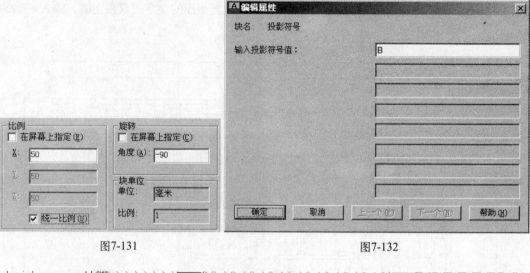

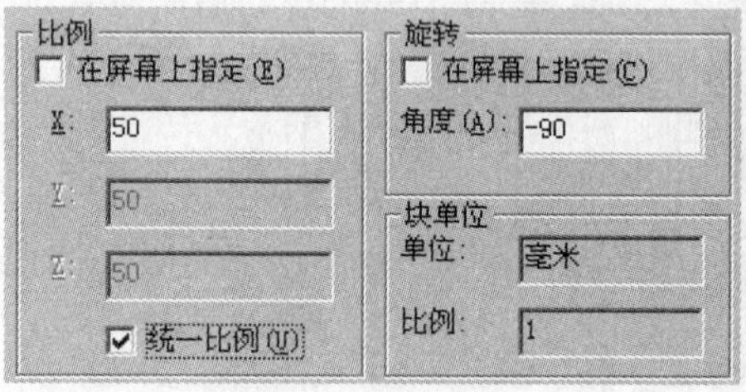

图7-131

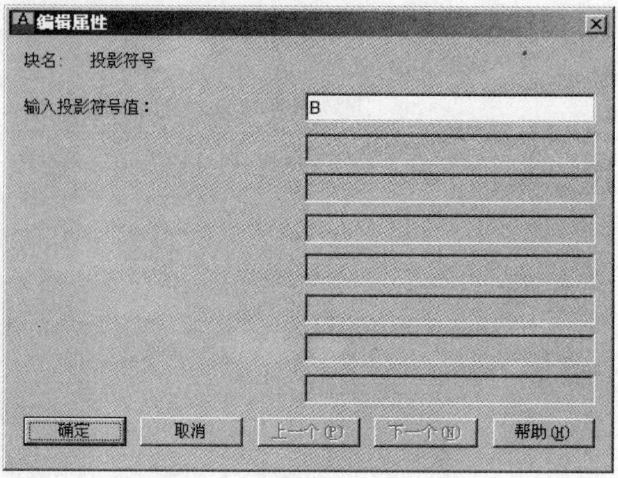

图7-132

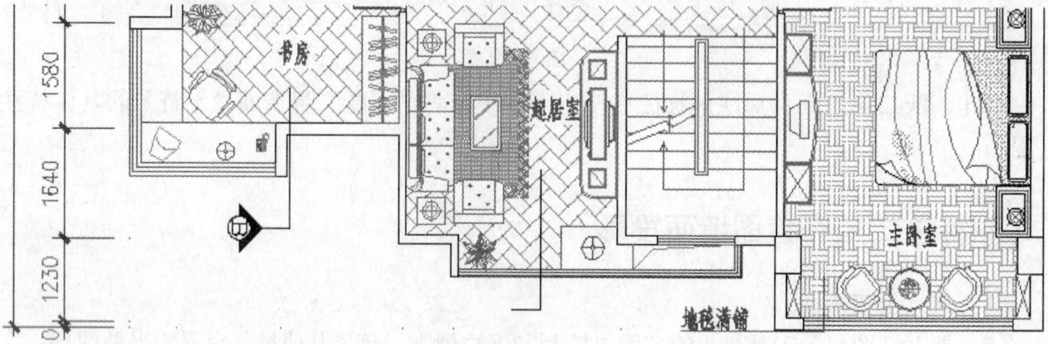

图7-133

6 在插入的投影符号属性块上双击左键，打开“增强属性编辑器”对话框，然后修改属性文本的旋转角度，如图7-134所示。

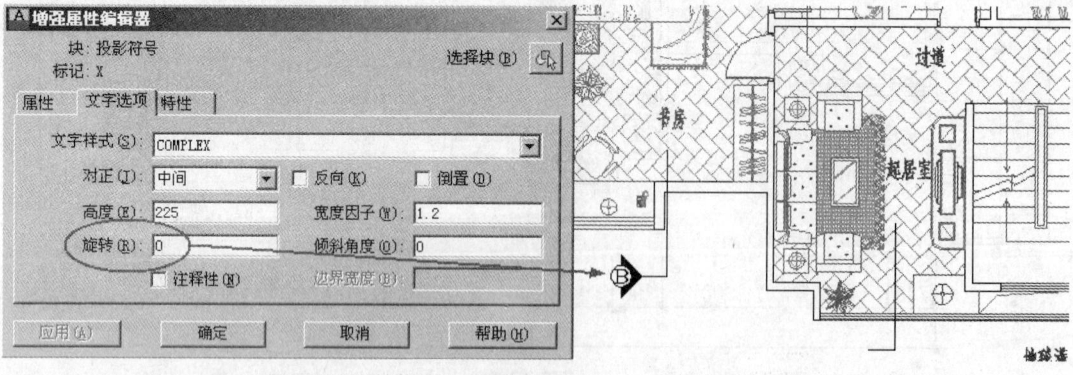

图7-134

7 执行“镜像”命令，配合象限点捕捉功能对投影符号进行垂直镜像，结果如图7-135所示。

8 在镜像出的投影符号属性块上双击左键，打开“增强属性编辑器”对话框，然后修改属性值如图7-136所示。

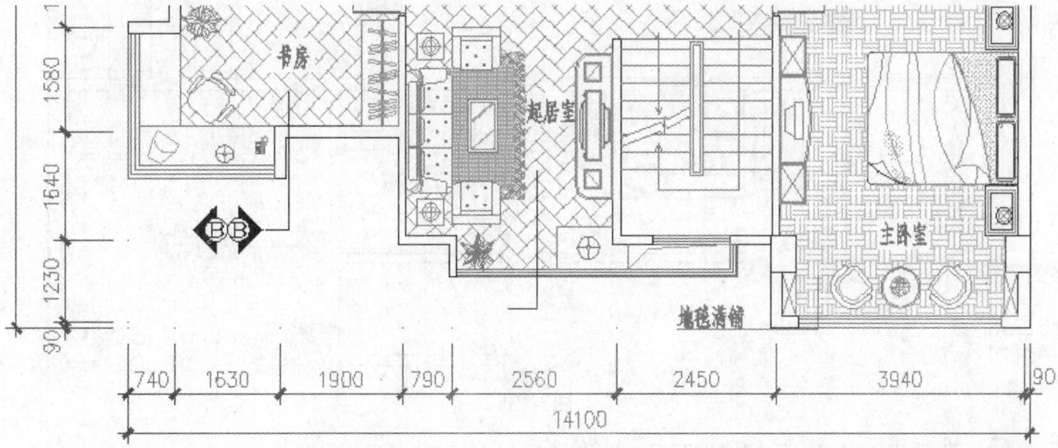

图7-135

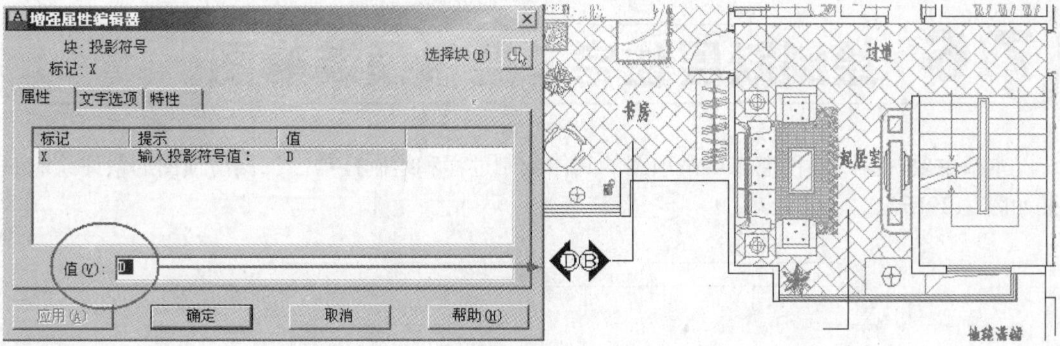

图7-136

⑨ 使用命令简写CO激活“复制”命令，将两个投影符号属性块复制到客厅房间内，结果如图7-137所示。

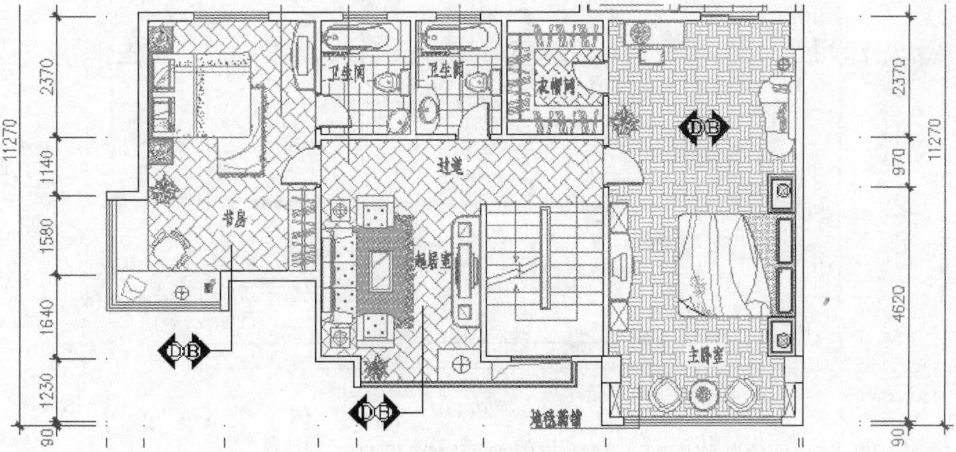

图7-137

⑩ 在主卧室填充图案上单击右键，选择快捷菜单中的“图案填充编辑”命令，将复制出的投影符号以孤岛的形式排除在填充区域之外，结果如图7-138所示。

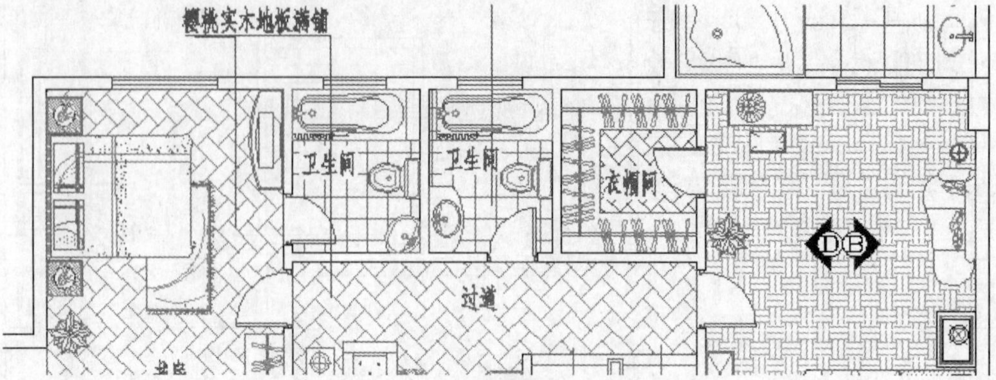

图7-138

⑪ 调整视图使平面图全部显示，最终结果如上图7-109所示。

⑫ 最后执行“另存为”命令，将图形另名存储为“标注跃二层装修布置图.dwg”。

7.6 绘制跃层住宅二层吊顶装修图

本节主要讲解跃层住宅二层吊顶图的具体绘制过程和绘制技巧。二层吊顶图的最终绘制效果如图7-139所示。

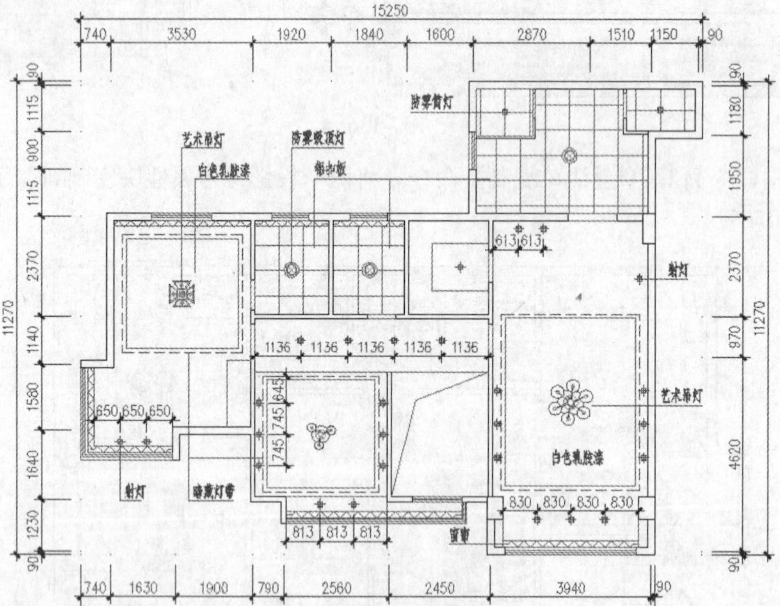

图7-139

在绘制跃二层吊顶装修图时，具体可以参照如下思路。

- 使用“删除”、“多段线”、“直线”、“图层”等命令绘制吊顶墙体图。
- 使用“直线”、“偏移”、“线性”、“特性”命令绘制窗帘和窗帘盒。
- 使用“插入块”命令为吊顶平面图布置艺术吊顶及吸顶灯。

- 使用“点样式”、“定数等分”、“多点”、“直线”等命令绘制辅助灯具。
- 使用“线性”、“图层”命令标注吊顶图尺寸。
- 使用“直线”、“单行文字”命令为吊顶平面图标注文字注释。

7.6.1 绘制二层吊顶墙体结构图

(1) 执行“打开”命令，打开随书光盘中的“效果文件”\“第7章”\“标注跃二层装修布置图.dwg”。

(2) 执行菜单栏中的“格式”|“图层”命令，在打开的面板中关闭“尺寸层”，并将“吊顶层”设置为当前图层。

(3) 执行菜单栏中的“修改”|“删除”命令，删除与当前操作无关的图形对象，删除结果如图7-140所示。

(4) 执行菜单栏中的“绘图”|“多段线”命令，分别绘制衣柜、饰柜外轮廓线，并删除衣柜和饰柜图块，操作结果如图7-141所示。

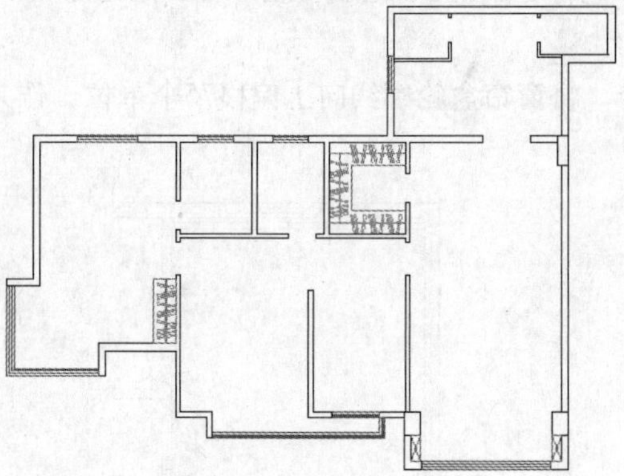

图7-140

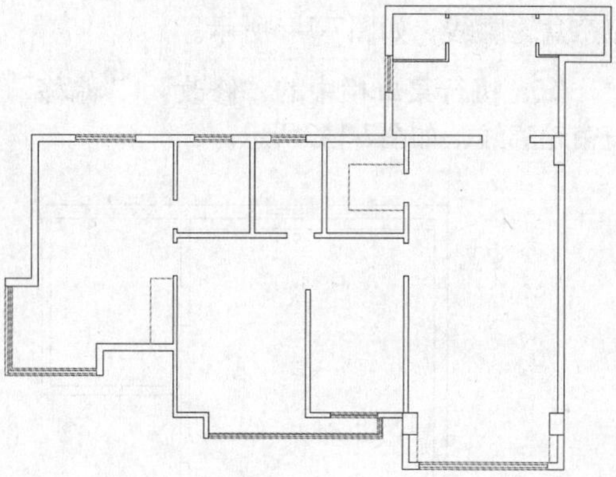

图7-141

(5) 使用命令简写L激活“直线”命令，配合端点捕捉功能绘制门洞位置的轮廓线，结果如图7-142所示。

(6) 重复执行“直线”命令，配合捕捉与追踪功能，绘制楼梯及起居室位置的轮廓线，结果如图7-143所示。

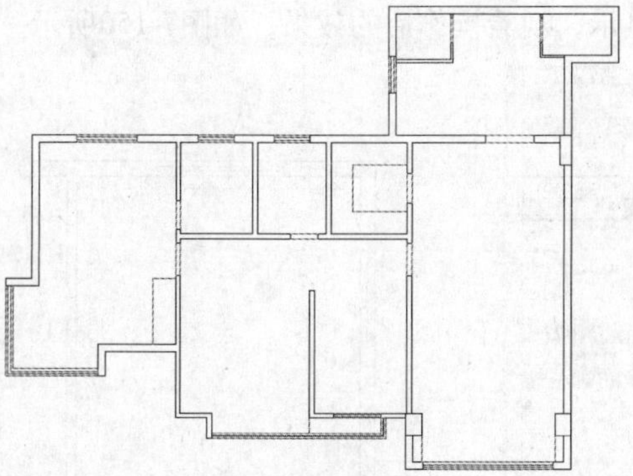

图7-142

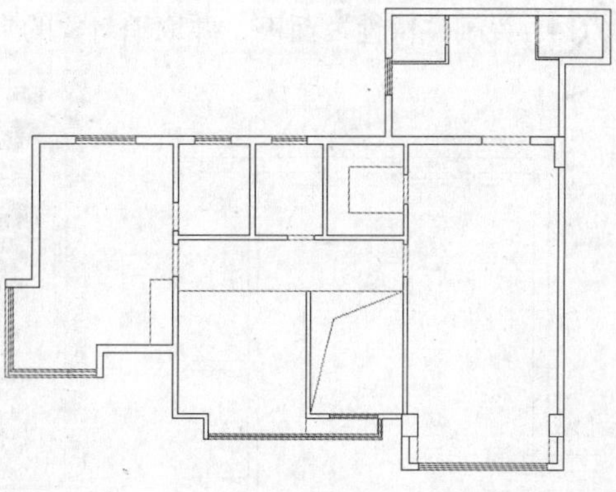

图7-143

(7) 执行菜单栏中的“修改”|“分解”命令，将窗线及阳台轮廓线分解。

(8) 夹点显示如图7-144所示的窗轮廓线，将其放置到“吊顶层”上，同时更改夹点图线的颜色为随层，此时平面图的显示效果如图7-145所示。

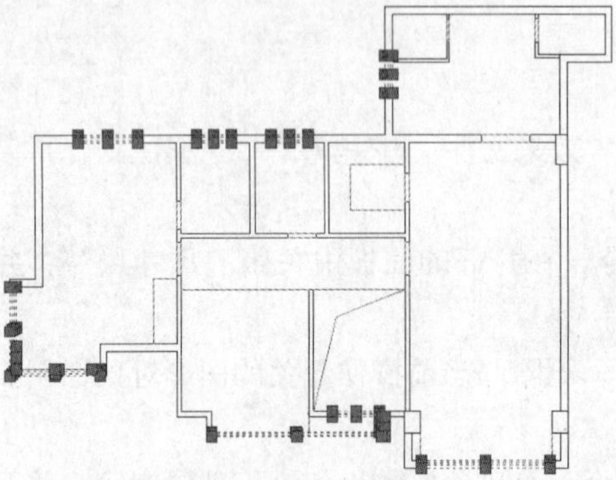

图7-144

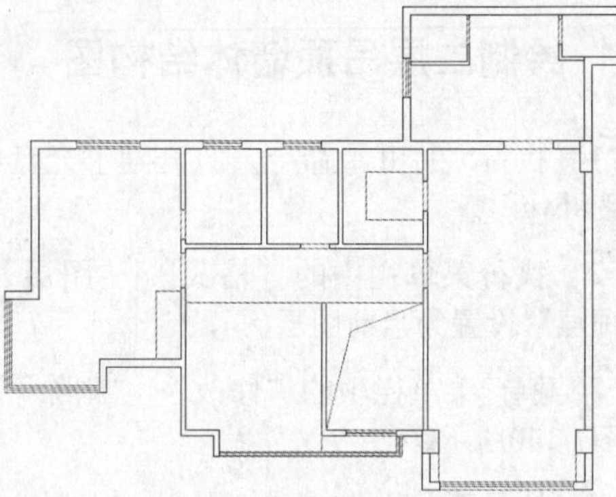

图7-145

(9) 执行菜单栏中的“绘图”|“多段线”命令，配合捕捉和追踪功能，绘制宽度为150的窗帘盒轮廓线，如图7-146所示。

(10) 执行菜单栏中的“修改”|“偏移”命令，将窗帘盒轮廓线向上偏移75个单位，作为窗帘轮廓线，如图7-147所示。

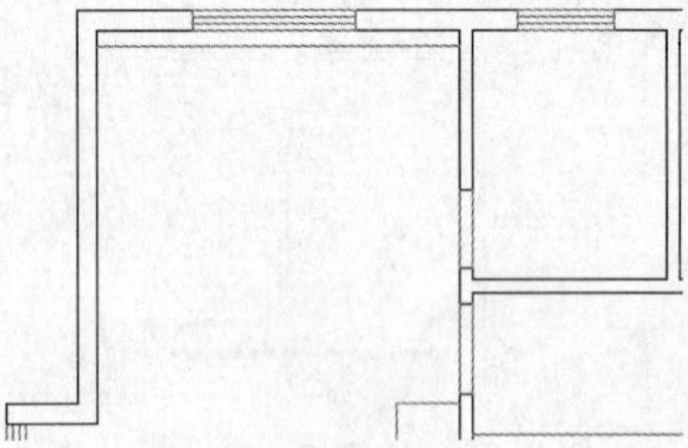

图7-146

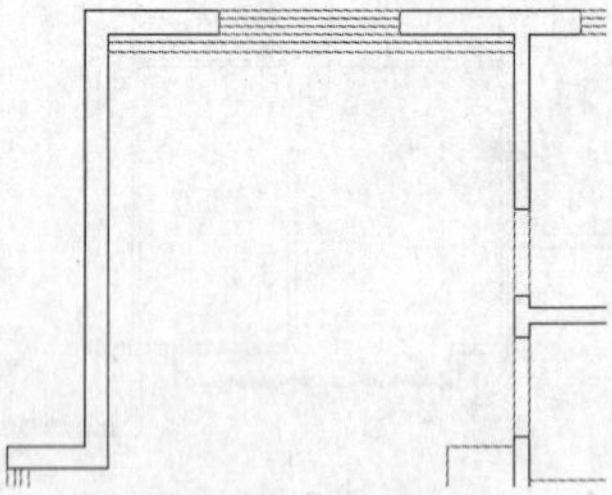

图7-147

(11) 执行菜单栏中的“格式”|“线型”命令，使用“加载”功能，加载ZIGZAG线型。

(12) 在无命令执行的前提下，夹点显示窗帘轮廓线，如图7-148所示。

(13) 执行“特性”命令，在打开的“特性”面板中修改窗帘轮廓线的线型及颜色，如图7-149所示。

(14) 关闭“特性”面板，并取消对象的夹点显示，观看操作后的效果，如图7-150所示。

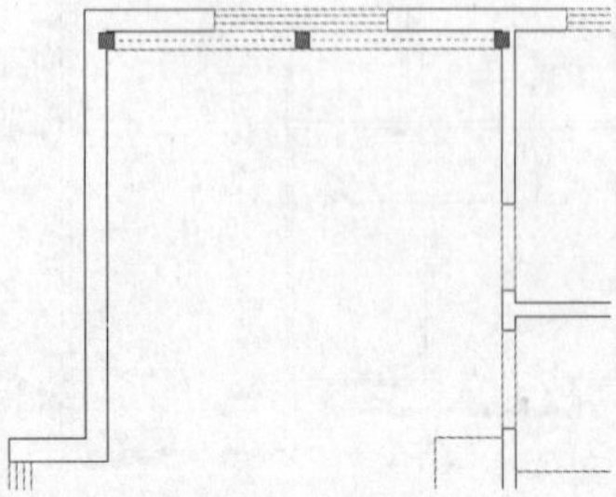

图7-148

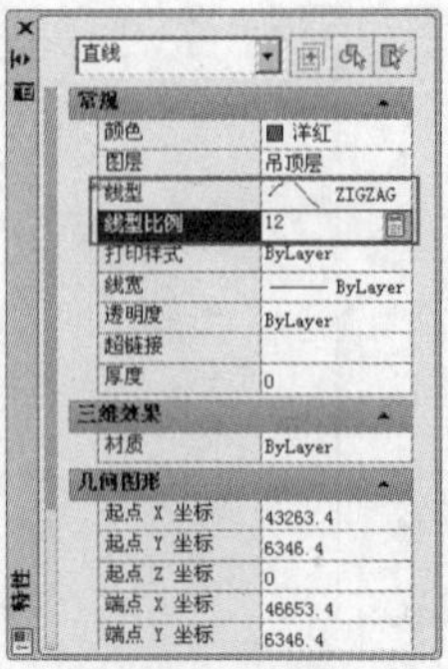

图7-149

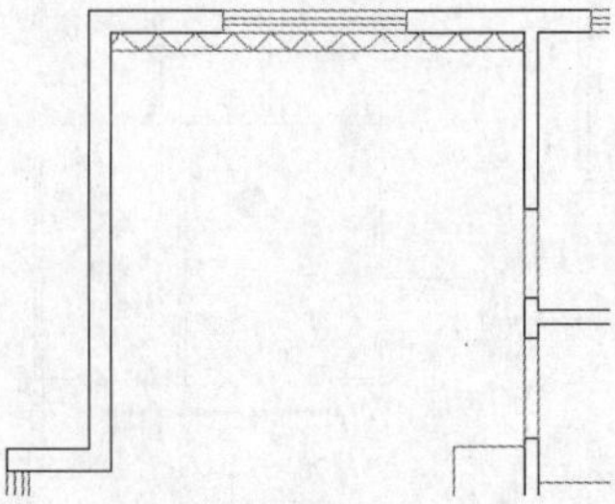

图7-150

⑮ 参照上述操作步骤，综合使用“直线”、“偏移”、“特性”命令，分别绘制其他位置的窗帘盒及窗帘轮廓线，绘制结果如图7-151所示。

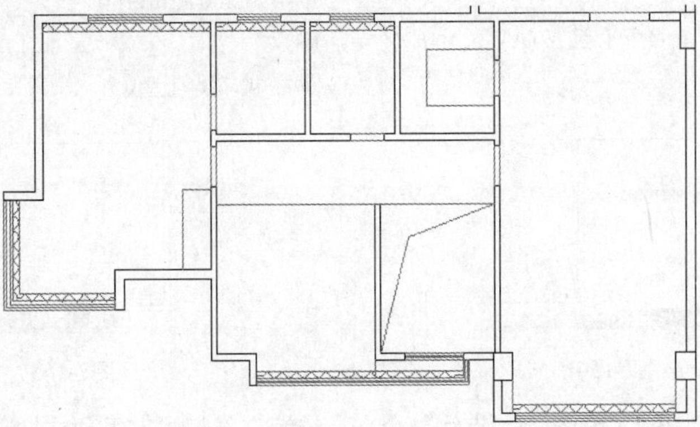

图7-151

至此，跃层住宅二层吊顶结构图绘制完毕，下一小节将为吊顶结构图绘制选级吊顶及灯带。

7.6.2 绘制二层选级吊顶及灯带

① 继续上节操作。

② 执行菜单栏中的“绘图”|“矩形”命令，配合“捕捉自”功能绘制主卧室吊顶，命令行操作如下。

```
命令：_rectang
    指定第一个角点或 [ 倒角 (C)/ 标高 (E)/ 圆角 (F)/ 厚度 (T)/ 宽度 (W)]:
                                          // 激活“捕捉自”功能
    _from 基点：                          // 捕捉如图 7-152 所示的端点
    < 偏移 >:                             //@50,250 Enter
    指定另一个角点或 [ 面积 (A)/ 尺寸 (D)/ 旋转 (R)]:
                                          //@3190,4010 Enter，绘制结果如图 7-153 所示
```

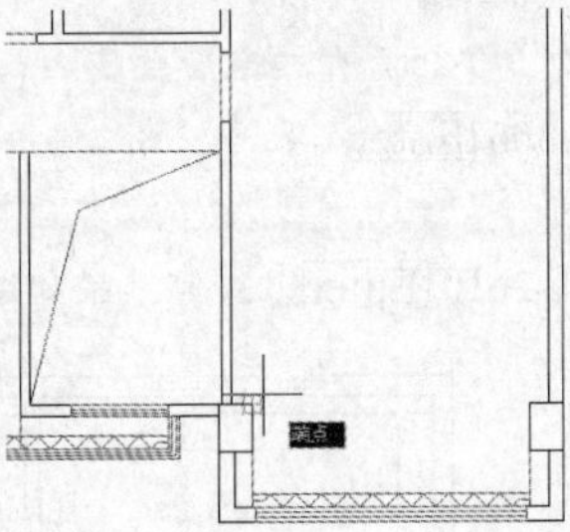

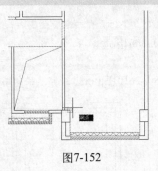

图7-152

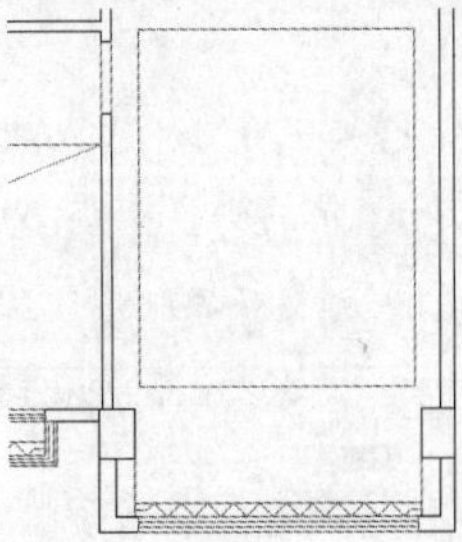

图7-153

③ 重复执行“矩形”命令，配合“捕捉自”和端点捕捉功能，绘制起居室矩形吊顶，命令行操作如下。

```
命令：_rectang
    指定第一个角点或 [ 倒角 (C)/ 标高 (E)/ 圆角 (F)/ 厚度 (T)/ 宽度 (W)]:
```

```
                                        //激活"捕捉自"功能
    _from 基点:                          //捕捉如图 7-154 所示的端点
    <偏移>:                              //@-490,200 Enter
    指定另一个角点或 [面积 (A)/ 尺寸 (D)/ 旋转 (R)]:
                                        //@2630,2580 Enter，绘制结果如图 7-155 所示
```

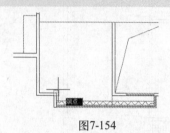

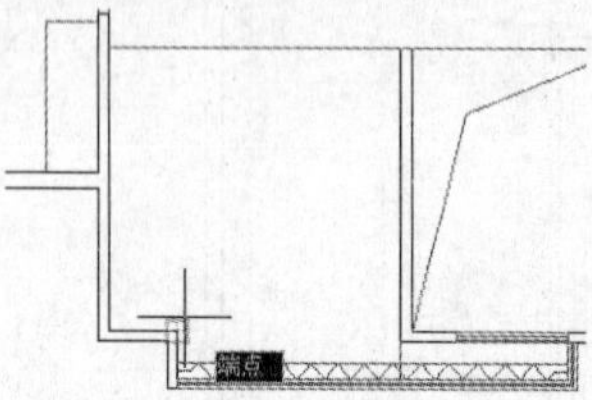

图7-154

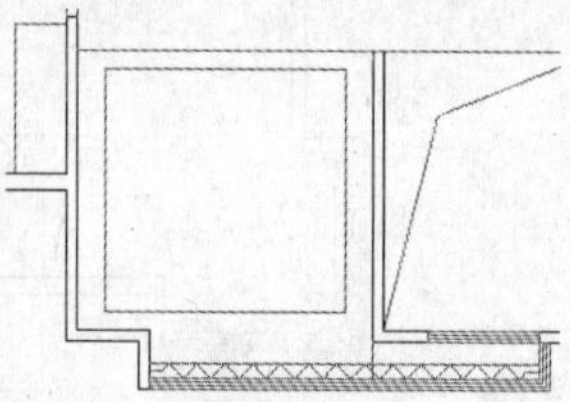

图7-155

(4) 执行菜单栏中的"绘图"|"直线"命令，继续完善起居室吊顶结构，命令行操作如下。

```
命令: _line
    指定第一点:                          //捕捉上图 7-154 所示的端点
    指定下一点或 [放弃 (U)]:             //@2440,0 Enter
    指定下一点或 [放弃 (U)]:             //Enter，绘制结果如图 7-156 所示
```

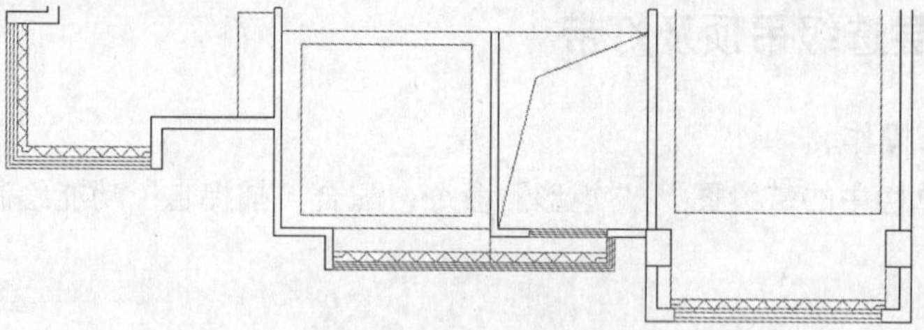

图7-156

(5) 重复执行"矩形"命令，配合"捕捉自"和端点捕捉功能，绘制起居室矩形吊顶，命令行操作如下。

```
命令: _rectang
    指定第一个角点或 [倒角 (C)/ 标高 (E)/ 圆角 (F)/ 厚度 (T)/ 宽度 (W)]:
                                        //激活"捕捉自"功能
    _from 基点:                          //捕捉如图 7-157 所示的端点
    <偏移>:                              //@300,-300 Enter
    指定另一个角点或 [面积 (A)/ 尺寸 (D)/ 旋转 (R)]:
                                        //@2780,-2610 Enter，绘制结果如图 7-158 所示
```

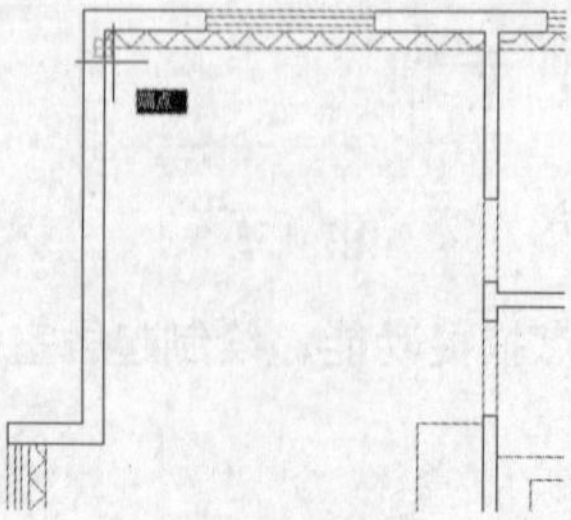

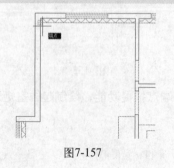

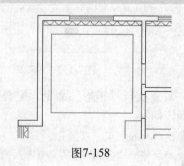

图7-157

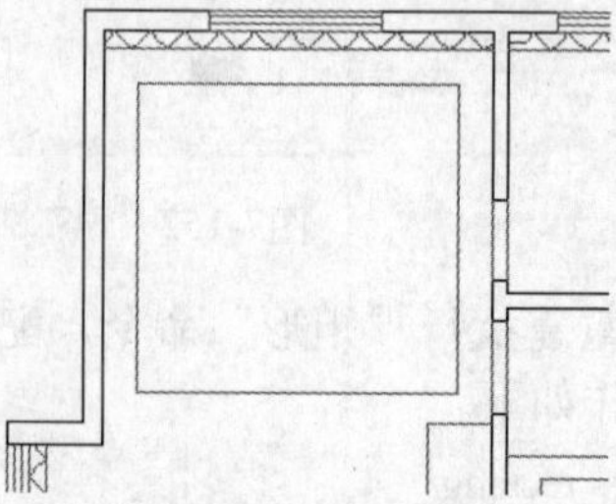

图7-158

⑥ 执行菜单栏中的“修改”|“偏移”命令，将三个矩形吊顶分别向外偏移100个单位作为灯带，偏移结果如图7-159所示。

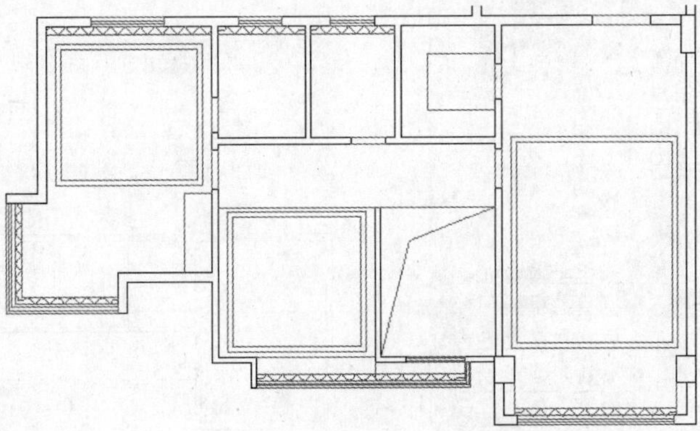

图7-159

⑦ 使用命令简写LT激活“线型”命令，加载DASHED线型，然后在无命令执行的前提下夹点显示如图7-160所示的三个矩形。

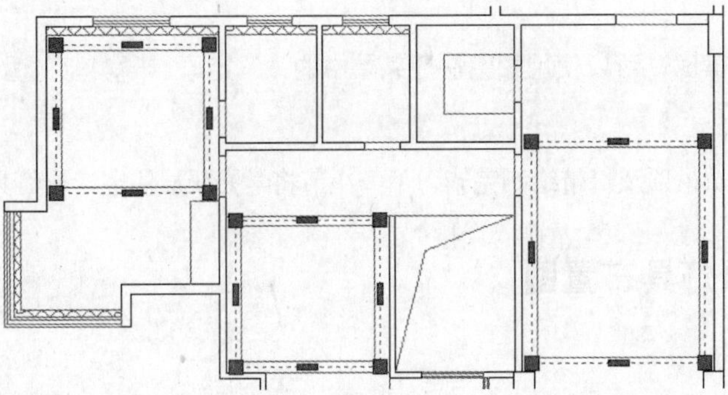

图7-160

⑧ 执行“特性”命令，在打开的“特性”面板中更改夹点矩形的颜色为“洋红”，更改夹点矩形的线型及比例如图7-161所示，特性编辑后的显示效果如图7-162所示。

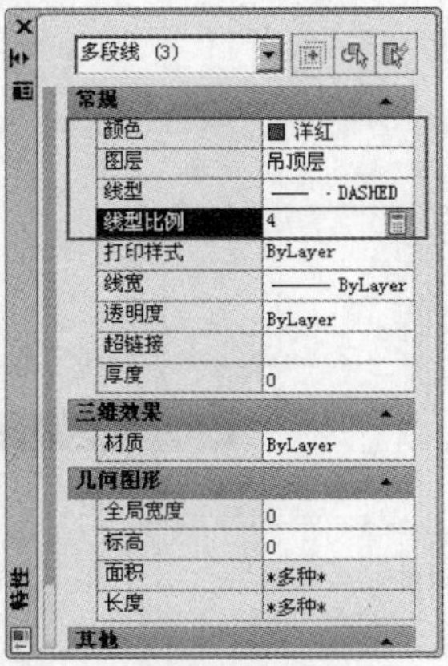

图7-161

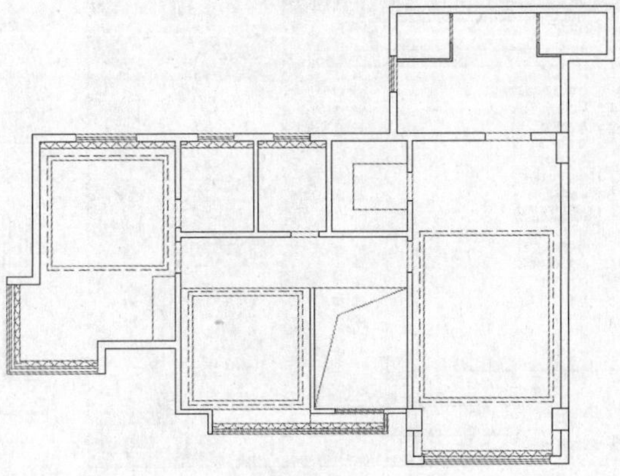

图7-162

(9) 使用命令简写H激活“图案填充”命令，设置填充参数和填充图案如图7-163所示，为卫生间填充铝扣板吊顶图案，填充结果如图7-164所示。

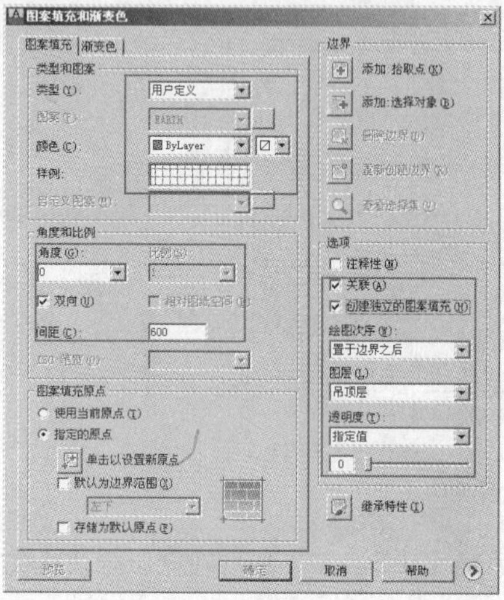

图7-163

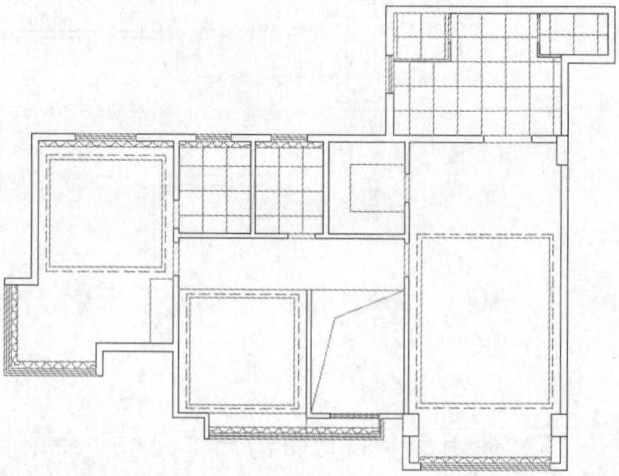
图7-164

技巧

在填充吊顶图案时，可以使用图案快捷菜单中的“设定原点”功能，适当调整填充图案的原点。

至此，跃层住宅二层吊顶及灯带绘制完毕，下一小节将学习跃层住宅二层灯具图的绘制过程。

7.6.3 绘制跃二层灯具布置图

(1) 继续上节操作。

(2) 单击“绘图”工具栏中的按钮，在打开的“插入”对话框中单击 浏览(B)... 按钮，选择随书光盘中的“图块文件”\“艺术吊灯01.dwg”图块，如图7-165所示。

(3) 采用系统的默认设置，将其插入到主卧室吊顶中，插入点为如图7-166所示的追踪虚线交点。

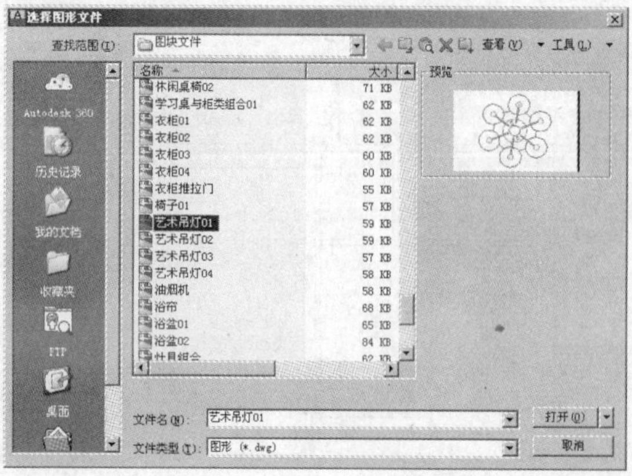

图7-165

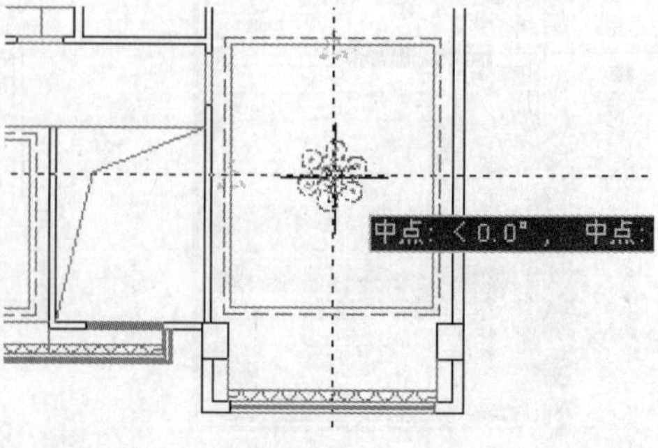

图7-166

(4) 重复执行“插入块”命令，插入随书光盘中的“图块文件”\“艺术吊灯02.dwg”图块，块参数设置如图7-167所示，插入点为如图7-168所示的两条追踪虚线的交点。

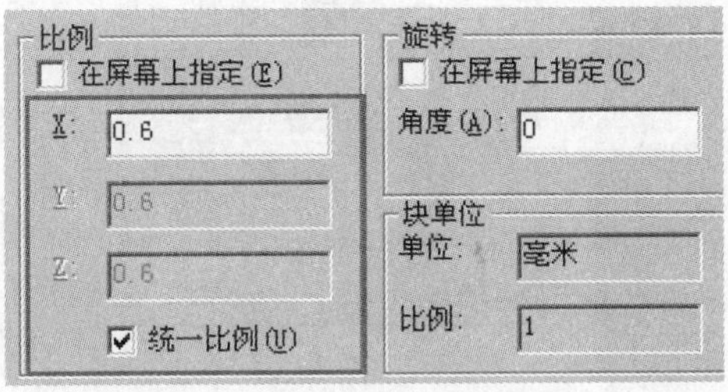

图7-167

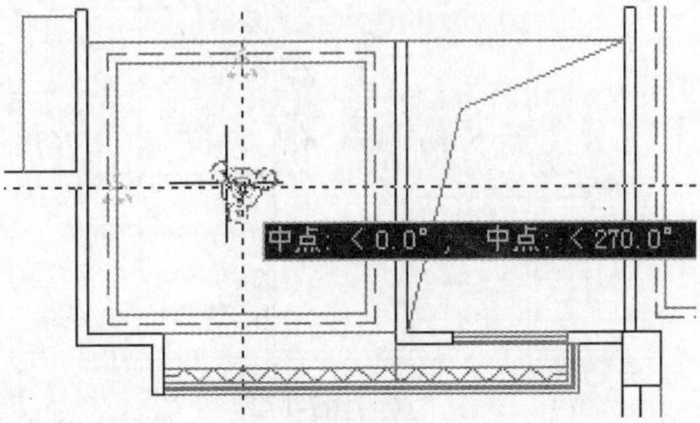

图7-168

(5) 重复执行“插入块”命令，以默认参数插入随书光盘中的“图块文件”\“工艺吊灯02.dwg”图块，插入点为如图7-169所示的两条追踪虚线的交点。

(6) 重复执行“插入块”命令，插入随书光盘中的“图块文件”\“吸顶灯.dwg”图块，参数设置如图7-170所示，插入结果如图7-171所示。

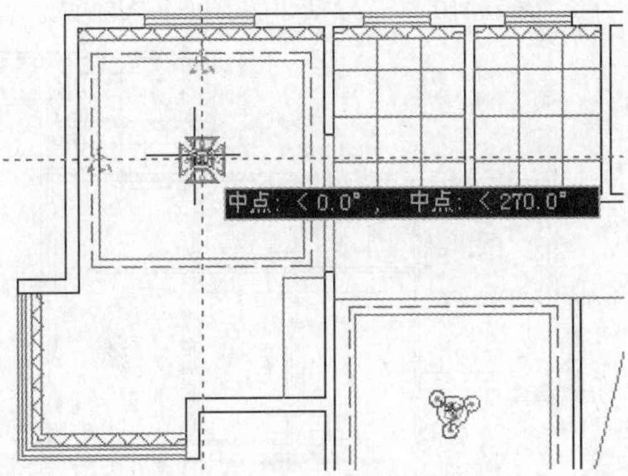

图7-169

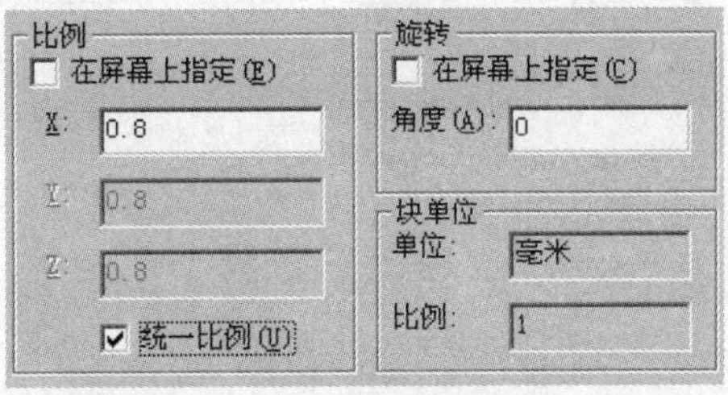

图7-170

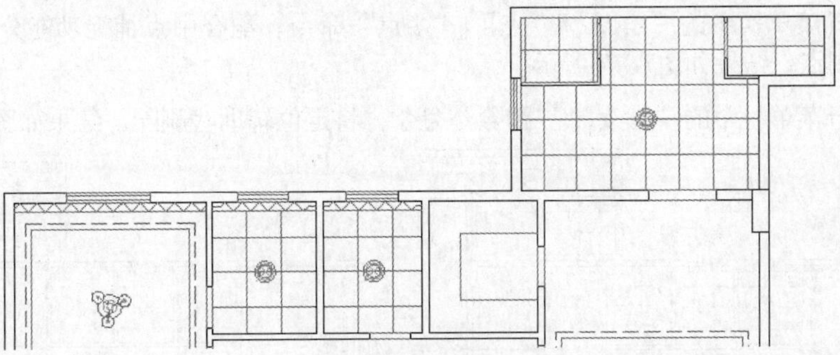

图7-171

(7) 执行“图案填充编辑”命令，分别对卫生间吊顶图案进行编辑，编辑结果如图7-172所示。

(8) 执行菜单栏中的“格式”|“点样式”命令，在打开的“点样式”对话框中，设置当前点的样式和点的大小，如图7-173所示。

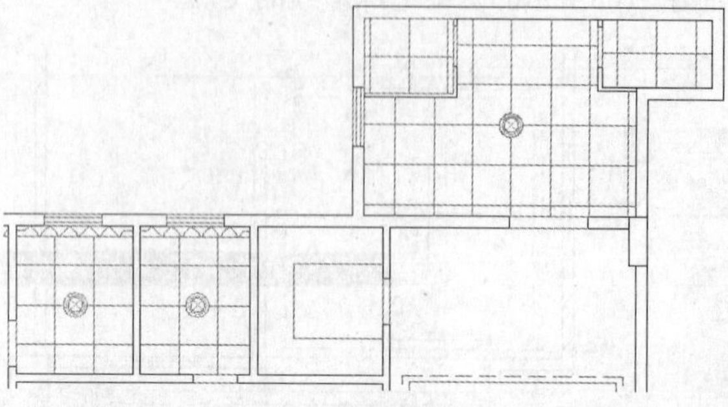

图7-172

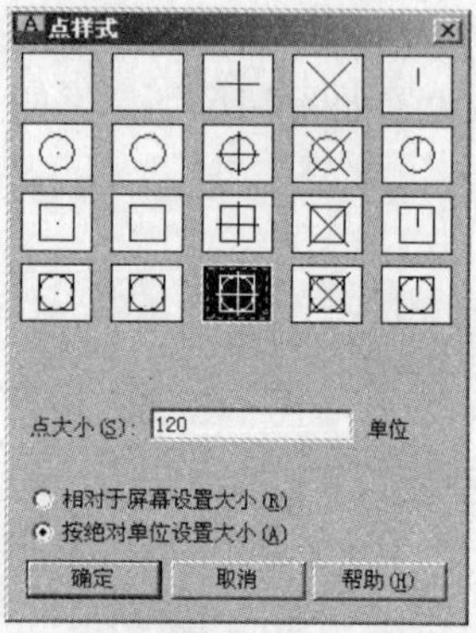

图7-173

⑨ 执行菜单栏中的“格式”|“颜色”命令，在打开的“选择颜色”对话框中将当前颜色设置为洋红。

⑩ 使用命令简写L激活“直线”命令，配合中点捕捉、端点捕捉等功能绘制如图7-174所示的直线作为射灯定位辅助线。

⑪ 执行菜单栏中的“绘图”|“点”|“定数等分”命令，将如图7-174所示的辅助线1、2、4等分4份；将辅助线3等分5份；将辅助线3、5、7等分3份，等分结果如图7-175所示。

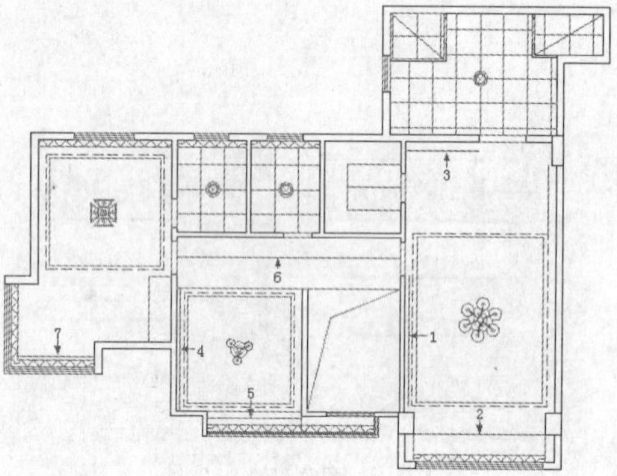

图7-174

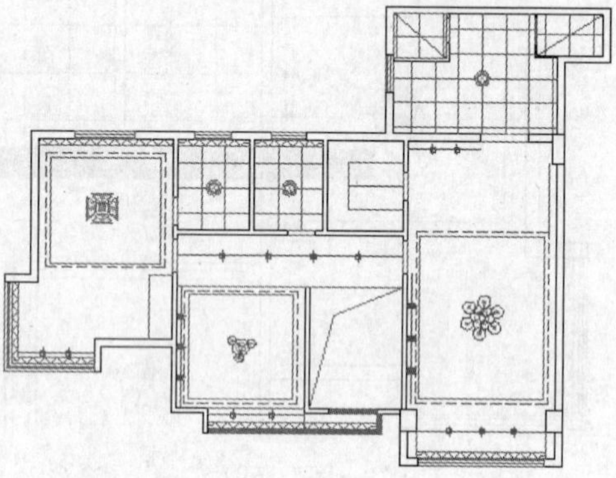

图7-175

⑫ 执行菜单栏中的“绘图”|“点”|“多点”命令，配合中点捕捉功能分别在其他位置的中点处绘制点，结果如图7-176所示。

⑬ 执行菜单栏中的“修改”|“删除”命令，将定位辅助线删除，结果如图7-177所示。

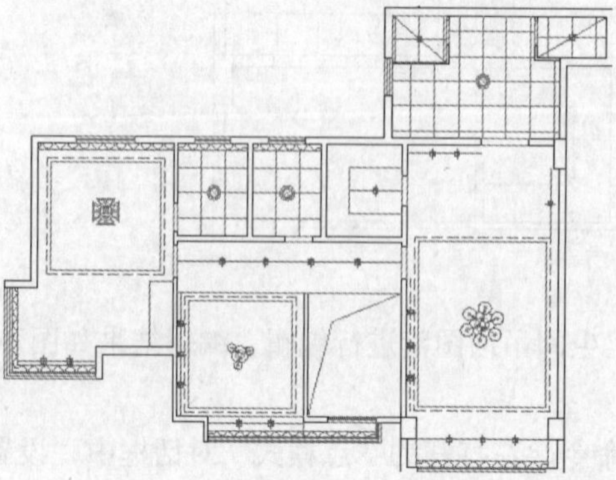

图7-176

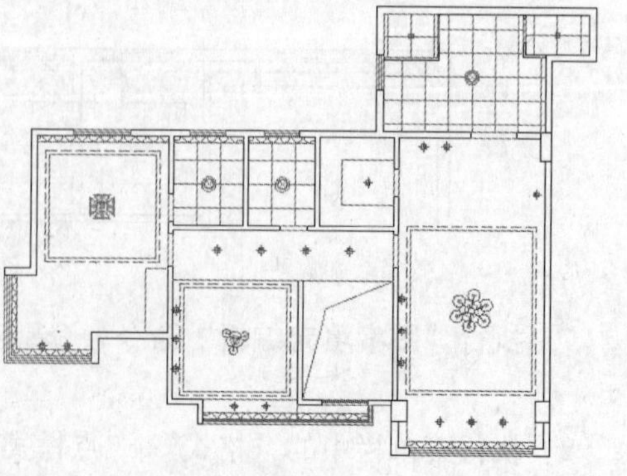

图7-177

⑭ 执行菜单栏中的“修改”|“镜像”命令，配合中点捕捉功能，对起居室和主卧室吊顶内的辅助灯具进行镜像，结果如图7-178所示。

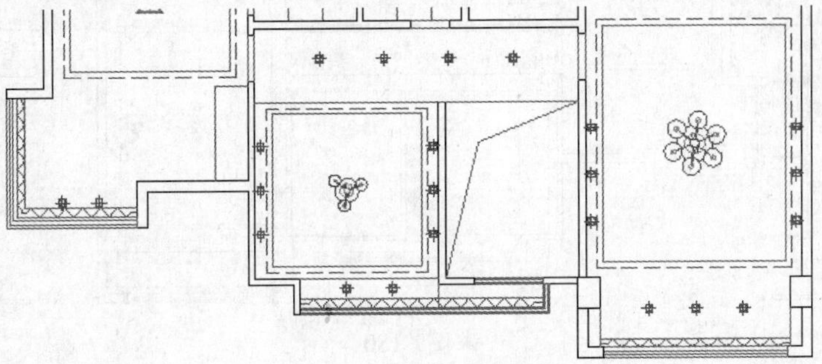

图7-178

至此，二层吊顶灯具图绘制完毕，下一小节将学习二层吊顶图尺寸和文字的具体标注过程。

7.6.4 标注跃二层吊顶尺寸和文字

① 继续上节操作。

② 展开“图层控制”下拉列表，解冻“尺寸层”，并将其设置为当前图层，此时图形的显示结果如图7-179所示。

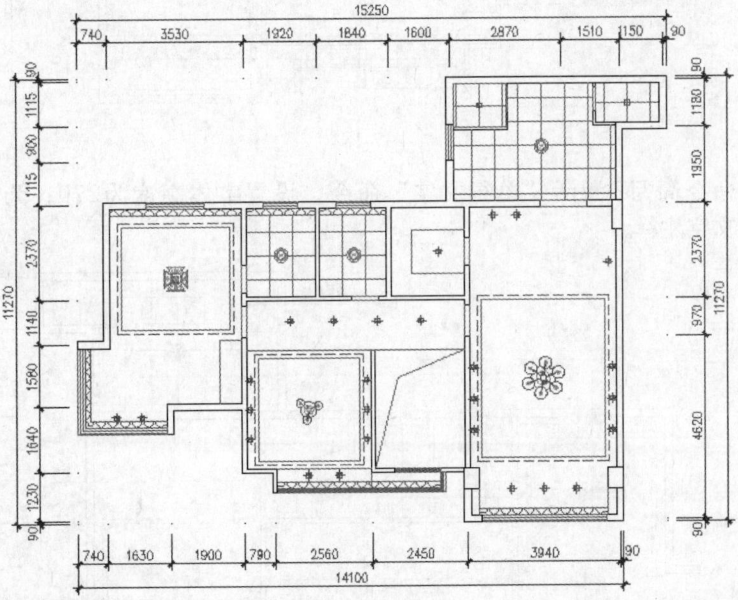

图7-179

③ 执行菜单栏中的“标注”|“线性”命令，配合交点捕捉和节点捕捉功能，标注吊顶图内部的尺寸，结果如图7-180所示。

④ 展开“图层控制”下拉列表，将“文本层”设置为当前图层。

⑤ 使用命令简写L激活“直线”命令，绘制如图7-181所示的文字指示线。

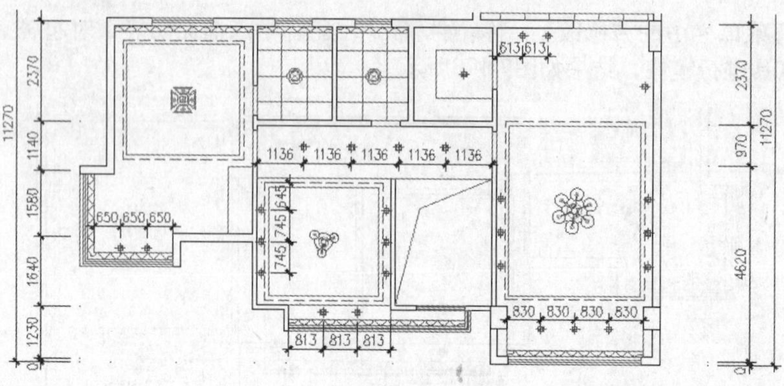

图7-180

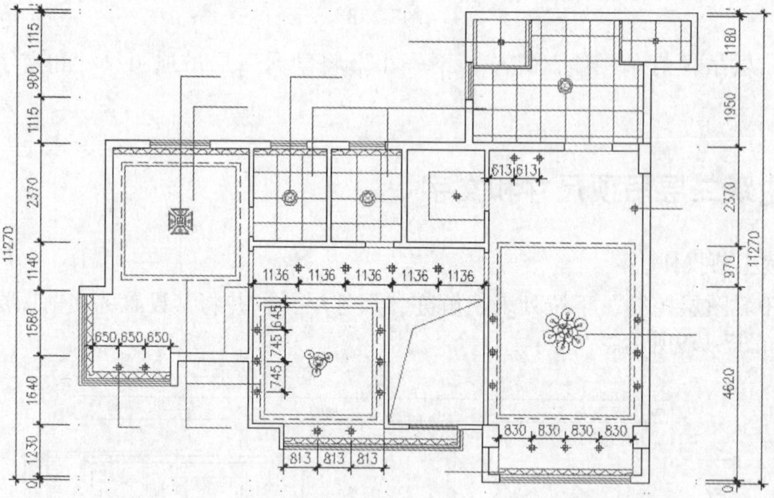

图7-181

⑥ 使用命令简写D激活“单行文字”命令，设置字体高度为270，为吊顶图标注如图7-182所示的文字注释。

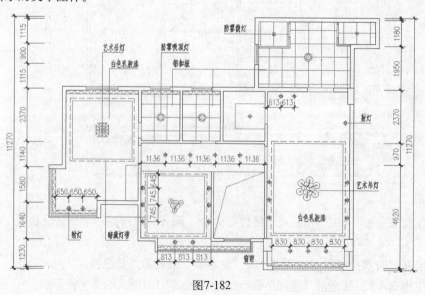

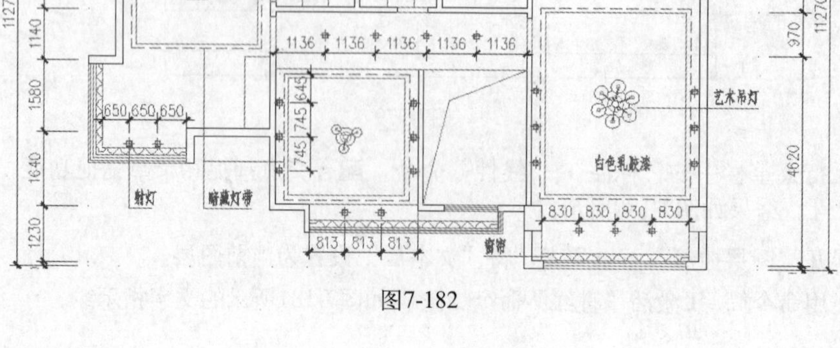

图7-182

⑦ 最后执行“另存为”命令，将图形另名存储为“绘制跃二层吊顶装修图.dwg”。

7.7 绘制跃层住宅二层主卧立面图

本节主要讲解跃层住宅二层主卧室B向装饰立面图的具体绘制过程和绘制技巧。主卧室B向立面图的最终绘制效果如图7-183所示。

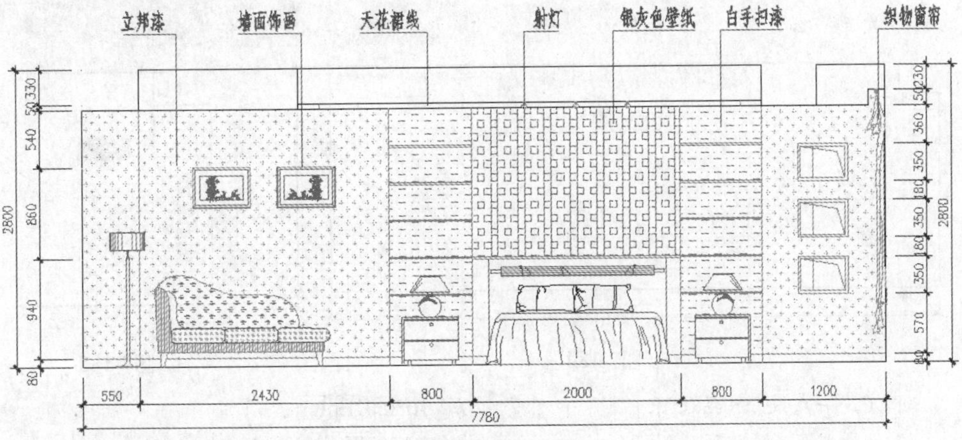

图7-183

在绘制跃二层主卧室B向立面图时，可以参照如下思路。

- 首先调用样板文件并使用“直线”命令配合坐标输入功能绘制主体轮廓线。
- 使用“偏移”、“修剪”、“阵列”等命令绘制立面图内部轮廓线。
- 使用“插入块”、“阵列”、“镜像”等命令布置立面图内部构件。
- 使用“图案填充”、“线型”命令绘制墙面装饰线。
- 使用“线性”、“连续”和“编辑标注文字”命令标注立面图尺寸。
- 使用“多段线”、“单行文字”、“编辑文字”命令标注立面图材质说明。

7.7.1 绘制二层主卧室墙面轮廓图

① 以随书光盘中的文件“样板文件”\“室内设计样板.dwt”作为基础样板，新建空白文件。

② 展开“图层”工具栏中的“图层控制”下拉列表，将“轮廓线”设置为当前图层。

③ 执行菜单栏中的“绘图”|“直线”命令，配合坐标输入功能绘制主卧室外轮廓线，命令行操作如下。

```
命令：_line
    指定第一点：                              //在绘图区拾取一点
    指定下一点或[放弃(U)]:                    //@2420<90 Enter
    指定下一点或[放弃(U)]:                    //@550,0 Enter
    指定下一点或[闭合(C)/放弃(U)]:            //@380<90 Enter
    指定下一点或[闭合(C)/放弃(U)]:            //@6030,0 Enter
```

指定下一点或 [闭合 (C)/ 放弃 (U)]: //@380<-90 Enter
指定下一点或 [闭合 (C)/ 放弃 (U)]: //@540,0 Enter
指定下一点或 [闭合 (C)/ 放弃 (U)]: //@380<90 Enter
指定下一点或 [闭合 (C)/ 放弃 (U)]: //@660,0 Enter
指定下一点或 [闭合 (C)/ 放弃 (U)]: //@2800<-90 Enter
指定下一点或 [闭合 (C)/ 放弃 (U)]: //C Enter，绘制结果如图 7-184 所示

(4) 重复执行“直线”命令，配合坐标输入功能绘制内部的轮廓线，命令行操作如下。

命令：_line
指定第一点： // 捕捉如图 7-185 所示的端点

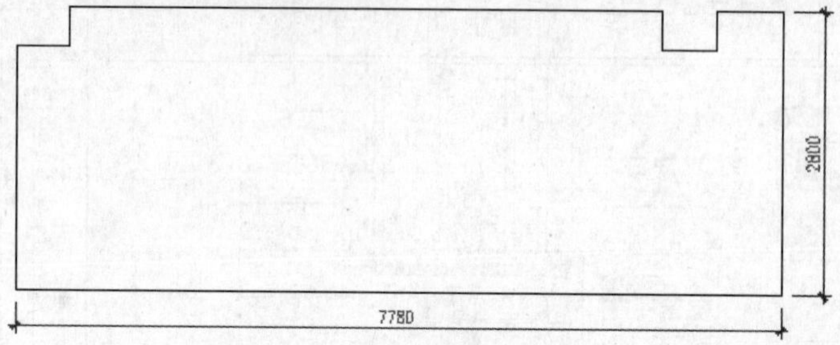

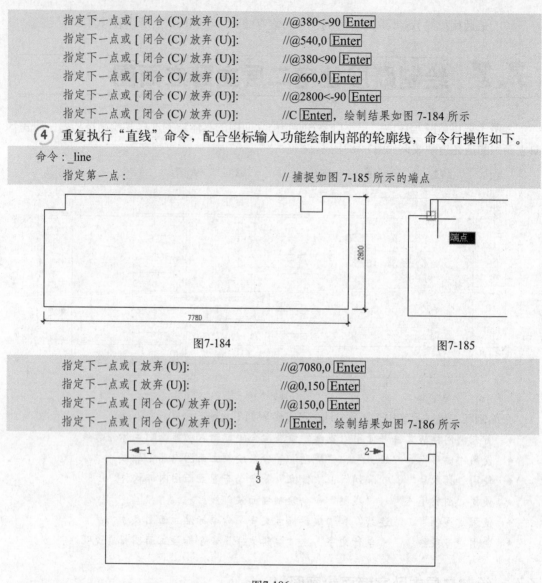

图7-184

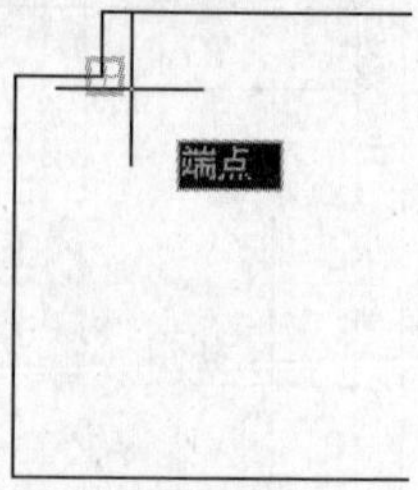

图7-185

指定下一点或 [放弃 (U)]: //@7080,0 Enter
指定下一点或 [放弃 (U)]: //@0,150 Enter
指定下一点或 [闭合 (C)/ 放弃 (U)]: //@150,0 Enter
指定下一点或 [闭合 (C)/ 放弃 (U)]: // Enter，绘制结果如图 7-186 所示

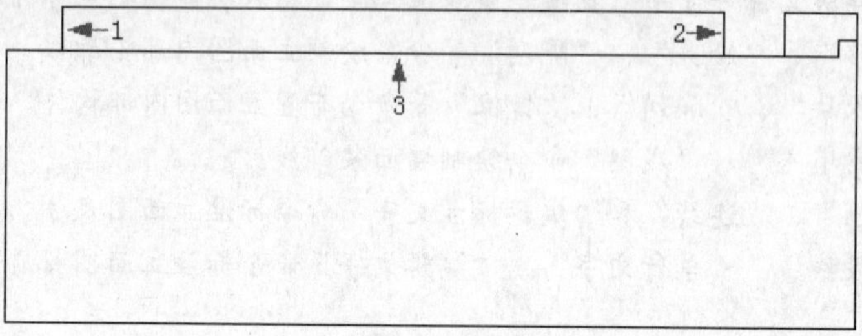

图7-186

(5) 使用命令简写O激活“偏移”命令，将如图7-186所示的轮廓线1向右偏移1550和1750个单位；将轮廓线2向左偏移200个单位，将轮廓线3向上偏移50个单位；将最下侧的水平轮廓线向上偏移80个单位，结果如图7-187所示。

图7-187

(6) 使用命令简写TR激活“修剪”命令，对偏移出的轮廓线进行修剪编辑，结果如图7-188所示。

(7) 执行菜单栏中的“格式”|“颜色”命令，将当前颜色设置为30号色，如图7-189所示。

图7-188

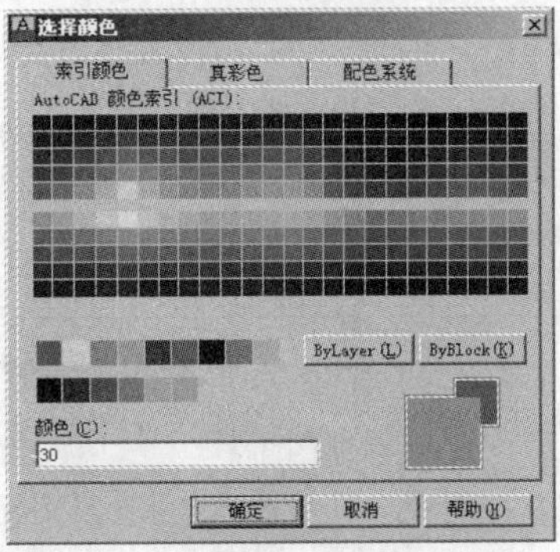

图7-189

(8) 使用命令简写L激活“直线”命令，配合端点捕捉和垂足捕捉功能绘制如图7-190所示的两条垂直轮廓线。

图7-190

(9) 使用命令简写O激活“偏移”命令，将如图7-190所示的垂直轮廓线1向右偏移2430个单位；将垂直轮廓线2向左偏移800和2800个单位；将最下侧的水平轮廓线向上偏移1000和1020个单位，结果如图7-191所示。

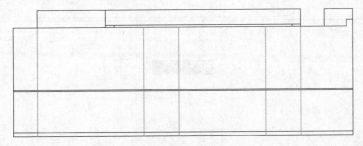

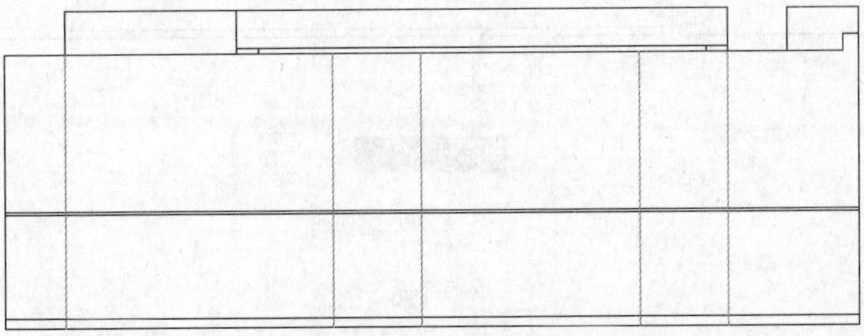

图7-191

(10) 使用命令简写TR激活“修剪”命令，对偏移出的两条水平轮廓线进行修剪，并分别更改两条水平图线的颜色为30号色和140号色，结果如图7-192所示。

(11) 执行菜单栏中的“绘图”|“直线”命令，配合“捕捉自”功能绘制墙面分隔线，命令行操作如下。

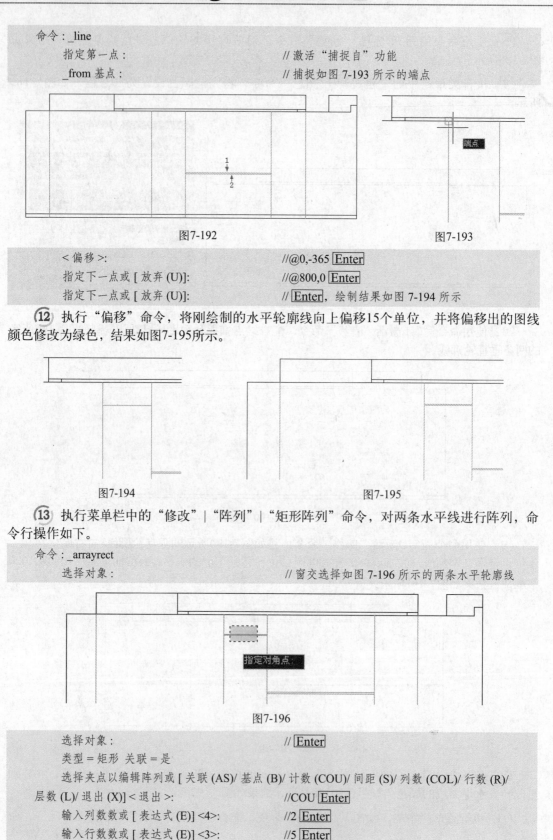

命令：_line
指定第一点：　　　　//激活“捕捉自”功能
_from 基点：　　　　//捕捉如图 7-193 所示的端点

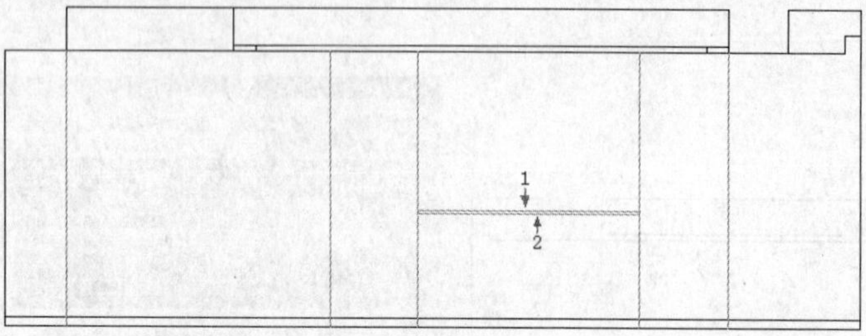

图7-192

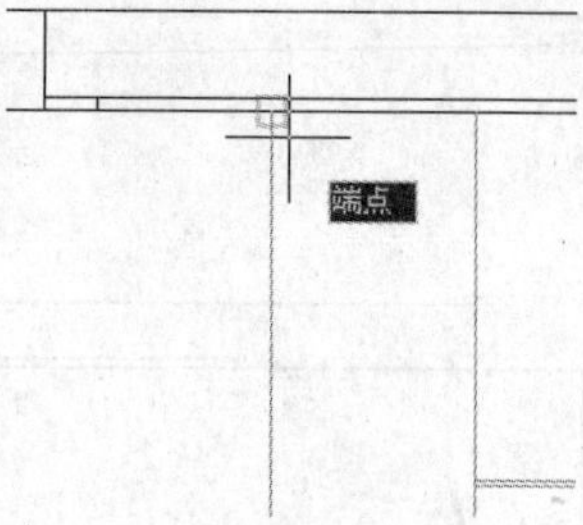

图7-193

<偏移>:　　　　//@0,-365 Enter
指定下一点或 [放弃 (U)]:　　　　//@800,0 Enter
指定下一点或 [放弃 (U)]:　　　　// Enter，绘制结果如图 7-194 所示

⑫ 执行“偏移”命令，将刚绘制的水平轮廓线向上偏移15个单位，并将偏移出的图线颜色修改为绿色，结果如图7-195所示。

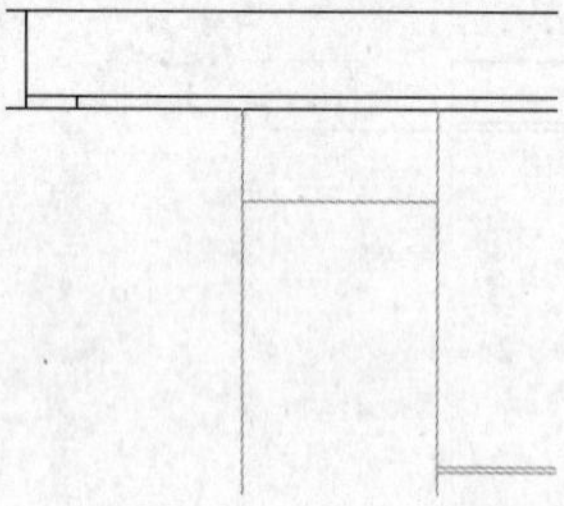

图7-194

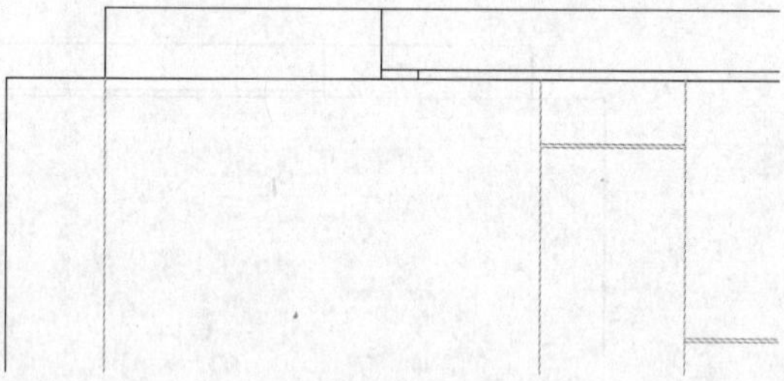

图7-195

⑬ 执行菜单栏中的“修改”|“阵列”|“矩形阵列”命令，对两条水平线进行阵列，命令行操作如下。

命令：_arrayrect
选择对象：　　　　// 窗交选择如图 7-196 所示的两条水平轮廓线

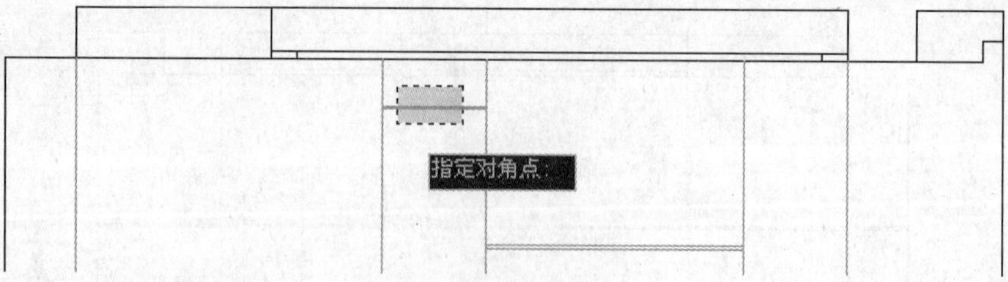

图7-196

选择对象：　　　　// Enter
类型 = 矩形 关联 = 是
选择夹点以编辑阵列或 [关联 (AS)/ 基点 (B)/ 计数 (COU)/ 间距 (S)/ 列数 (COL)/ 行数 (R)/ 层数 (L)/ 退出 (X)] <退出>:　　　　//COU Enter
输入列数数或 [表达式 (E)] <4>:　　　　//2 Enter
输入行数数或 [表达式 (E)] <3>:　　　　//5 Enter

选择夹点以编辑阵列或 [关联 (AS)/ 基点 (B)/ 计数 (COU)/ 间距 (S)/ 列数 (COL)/ 行数 (R)/ 层数 (L)/ 退出 (X)] < 退出 >:　　//S Enter

指定列之间的距离或 [单位单元 (U)] <3522>:　　//2800 Enter

指定行之间的距离 <1>:　　//-350 Enter

选择夹点以编辑阵列或 [关联 (AS)/ 基点 (B)/ 计数 (COU)/ 间距 (S)/ 列数 (COL)/ 行数 (R)/ 层数 (L)/ 退出 (X)] < 退出 >:　　//AS Enter

创建关联阵列 [是 (Y)/ 否 (N)] < 否 >:　　//N Enter

选择夹点以编辑阵列或 [关联 (AS)/ 基点 (B)/ 计数 (COU)/ 间距 (S)/ 列数 (COL)/ 行数 (R)/ 层数 (L)/ 退出 (X)] < 退出 >:　　// Enter，阵列结果如图 7-197 所示

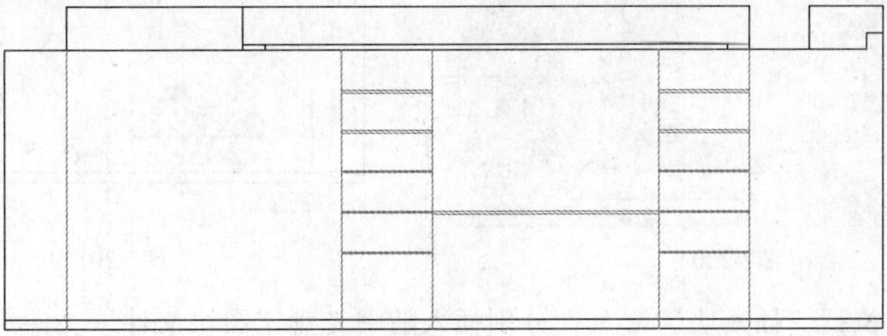

图7-197

至此，跃二层主卧室B向墙面轮廓图绘制完毕，下一小节将学习主卧室立面构件图的绘制过程。

7.7.2 绘制二层主卧室墙面构件图

(1) 继续上节操作。

(2) 展开“图层控制”下拉列表，将“家具层”设置为当前图层。

(3) 执行菜单栏中的“插入”|“块”命令，或使用命令简写I激活“插入块”命令，打开“插入”对话框。

(4) 在对话框中单击 浏览(B)... 按钮，从弹出的“选择图形文件”对话框中打开随书光盘中的“图块文件”\“立面灯.dwg”图块，如图7-198所示。

(5) 返回“插入”对话框，采用系统的默认设置，将其插入到立面图中，插入结果如图7-199所示。

图7-198

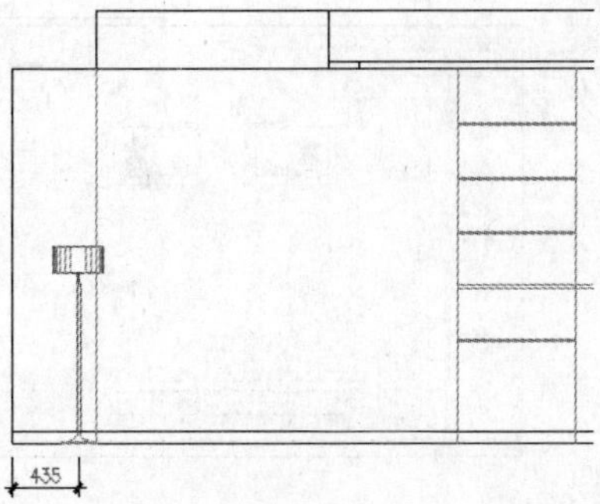

图7-199

⑥ 重复执行“插入块”命令，选择随书光盘中的“图块文件”\“立面沙发01.dwg”图块，如图7-200所示。

⑦ 配合捕捉或追踪功能，采用默认参数，将立面沙发图块插入到立面图中，插入结果如图7-201所示。

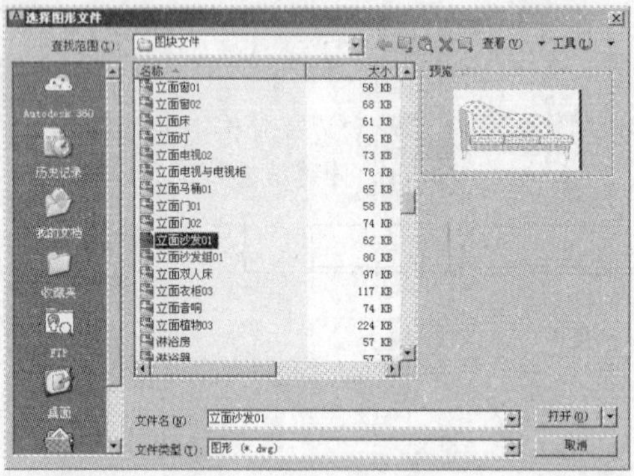

图7-200

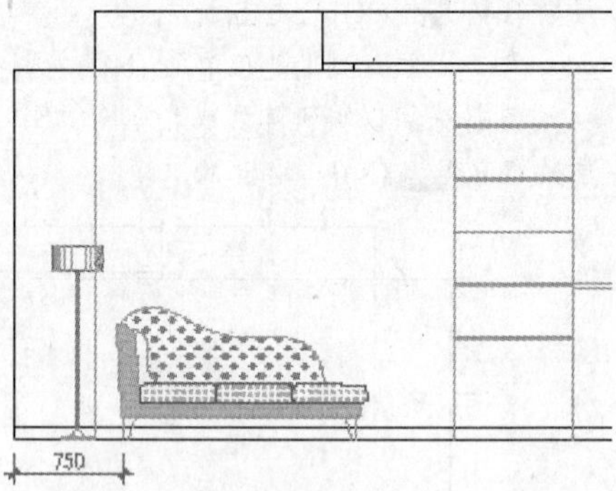

图7-201

⑧ 重复执行“插入块”命令，分别插入随书光盘“图块文件”文件夹下的“饰画02.dwg”、“台灯.dwg”、“床头柜.dwg”、“立面床.dwg”、“装饰01.dwg”、“窗帘01.dwg”和“射灯01.dwg”图块，结果如图7-202所示。

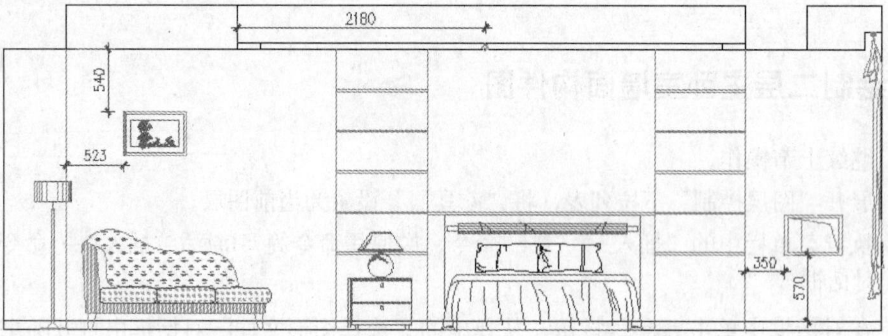

图7-202

⑨ 执行菜单栏中的“修改”|“镜像”命令，配合“两点之间的中点”功能对装饰画、台灯和床头柜三个图块进行镜像，结果如图7-203所示。

图7-203

⑩ 执行菜单栏中的“修改”|“阵列”|“矩形阵列”命令，对射灯进行阵列，命令行操作如下。

```
命令：_arrayrect
    选择对象：                                          //选择射灯图块
    选择对象：                                          //Enter
    类型=矩形 关联=是
    选择夹点以编辑阵列或[关联(AS)/基点(B)/计数(COU)/间距(S)/列数(COL)/行数(R)/
层数(L)/退出(X)]<退出>:                                 //COU Enter
    输入列数数或[表达式(E)]<4>:                          //3 Enter
    输入行数数或[表达式(E)]<3>:                          //1 Enter
    选择夹点以编辑阵列或[关联(AS)/基点(B)/计数(COU)/间距(S)/列数(COL)/行数(R)/
层数(L)/退出(X)]<退出>:                                 //S Enter
    指定列之间的距离或[单位单元(U)]<3522>:              //500 Enter
    指定行之间的距离<1>:                                //1 Enter
    选择夹点以编辑阵列或[关联(AS)/基点(B)/计数(COU)/间距(S)/列数(COL)/行数(R)/
层数(L)/退出(X)]<退出>:                                 //AS Enter
    创建关联阵列[是(Y)/否(N)]<否>:                      //N Enter
    选择夹点以编辑阵列或[关联(AS)/基点(B)/计数(COU)/间距(S)/列数(COL)/行数(R)/
层数(L)/退出(X)]<退出>:                                 //Enter，阵列结果如图7-204所示
```

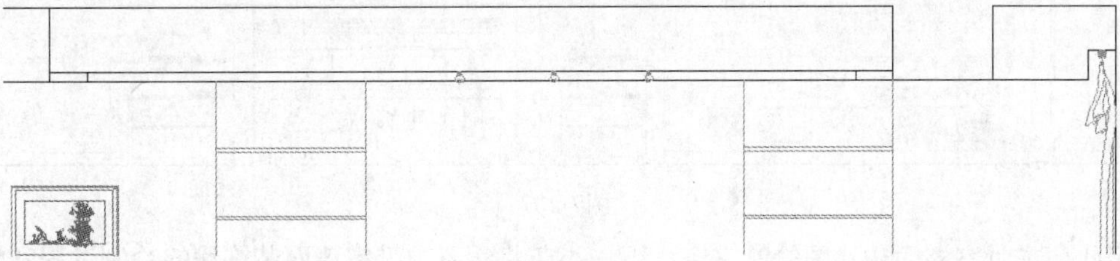

图7-204

⑪ 重复执行“矩形阵列”命令，继续对立面构件图块进行阵列，命令行操作如下。

```
命令：_arrayrect
    选择对象：                                          //窗口选择如图7-205所示的对象
    选择对象：                                          //Enter
    类型=矩形 关联=是
    选择夹点以编辑阵列或[关联(AS)/基点(B)/计数(COU)/间距(S)/列数(COL)/行数(R)/
层数(L)/退出(X)]<退出>:                                 //COU Enter
    输入列数数或[表达式(E)]<4>:                          //1 Enter
    输入行数数或[表达式(E)]<3>:                          //3 Enter
    选择夹点以编辑阵列或[关联(AS)/基点(B)/计数(COU)/间距(S)/列数(COL)/行数(R)/
层数(L)/退出(X)]<退出>:                                 //S Enter
    指定列之间的距离或[单位单元(U)]<3522>:              //1 Enter
    指定行之间的距离<1>:                                //530 Enter
    选择夹点以编辑阵列或[关联(AS)/基点(B)/计数(COU)/间距(S)/列数(COL)/行数(R)/
层数(L)/退出(X)]<退出>:                                 //AS Enter
    创建关联阵列[是(Y)/否(N)]<否>:                      //N Enter
```

选择夹点以编辑阵列或 [关联 (AS)/ 基点 (B)/ 计数 (COU)/ 间距 (S)/ 列数 (COL)/ 行数 (R)/ 层数 (L)/ 退出 (X)] < 退出 >: // Enter，阵列结果如图 7-206 所示

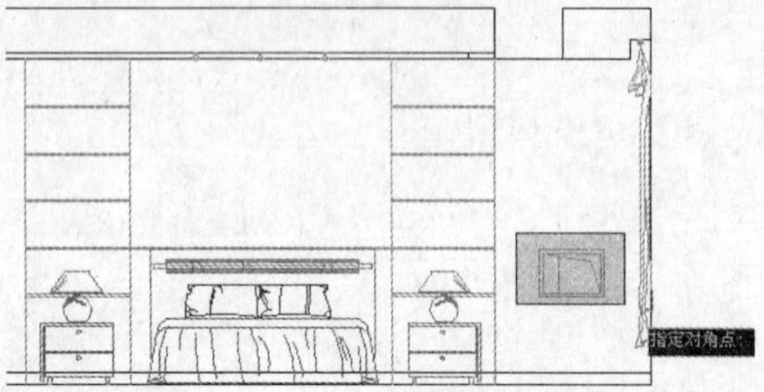

图7-205

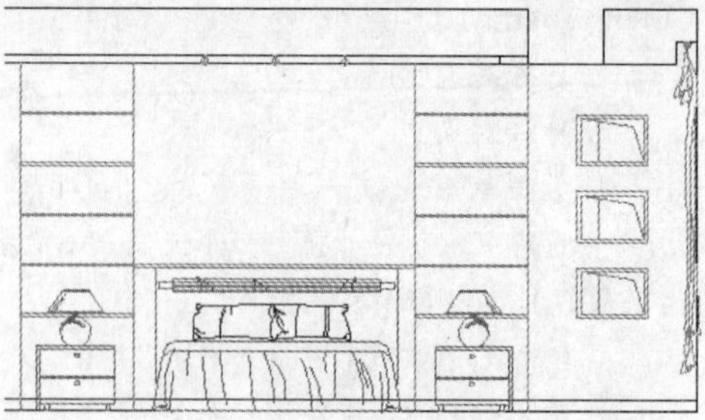

图7-206

⑫ 使用命令简写TR激活“修剪”命令，对立面图进行编辑，将遮挡住的轮廓线修剪掉，编辑结果如图7-207所示。

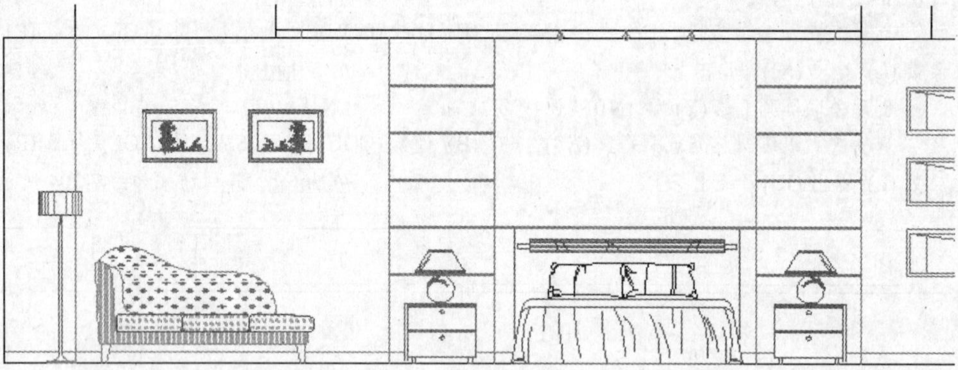

图7-207

至此，主卧室立面构件图绘制完毕，下一小节将学习主卧室墙面装饰线的绘制过程和绘制技巧。

7.7.3 绘制主卧室墙面装饰线

① 继续上节操作。

② 使用命令简写LA激活“图层”命令，将“填充层”设置为当前操作层。

③ 使用命令简写LT激活“线型”命令，加载名为“DOT”的线型，并设置线型比例为3。

④ 展开“特性”工具栏上的“线型控制”下拉列表，将“DOT”线型设置为当前线型。

⑤ 展开“特性”工具栏上的“颜色控制”下拉列表，将当前颜色设置为随层。

⑥ 使用命令简写H激活“图案填充”命令，设置填充图案类型以及填充比例如图7-208所示，为墙面填充装饰壁纸图案，填充结果如图7-209所示。

⑦ 展开“特性”工具栏上的“线型控制”下拉列表，将当前线型设置为随层。

⑧ 重复执行“图案填充”命令，设置填充图案类型以及填充比例如图7-210所示，继续为墙面填充装饰壁纸图案，填充结果如图7-211所示。

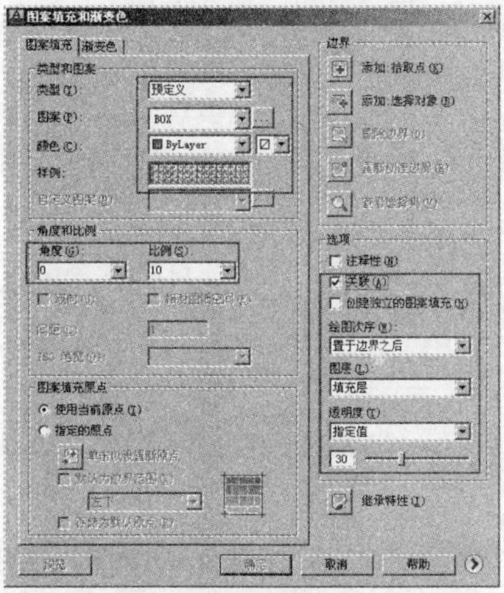

图7-208

图7-209

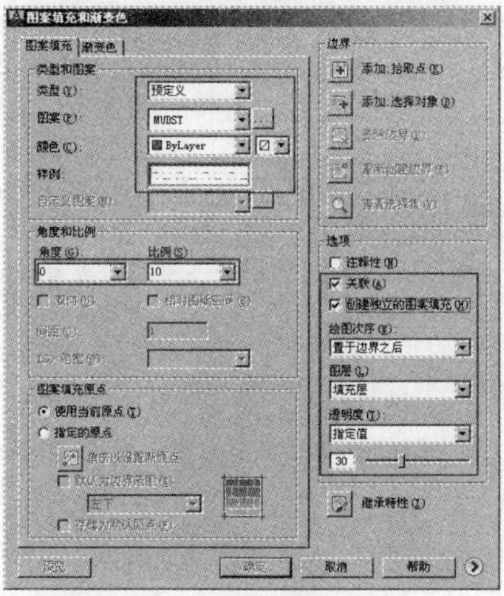

图7-210

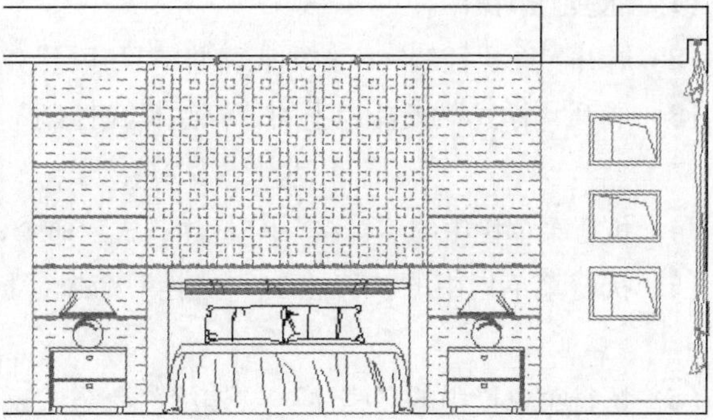
图7-211

⑨ 重复执行“图案填充”命令，选择如图7-212所示的图案，然后设置填充参数如图7-213所示，继续为墙面填充装饰壁纸图案，填充结果如图7-214所示。

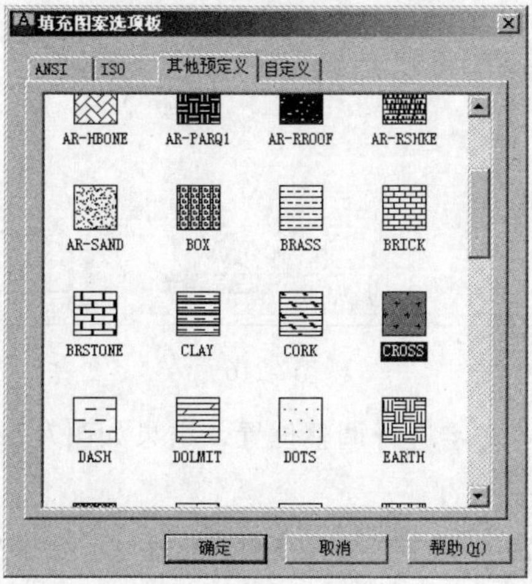

图7-212

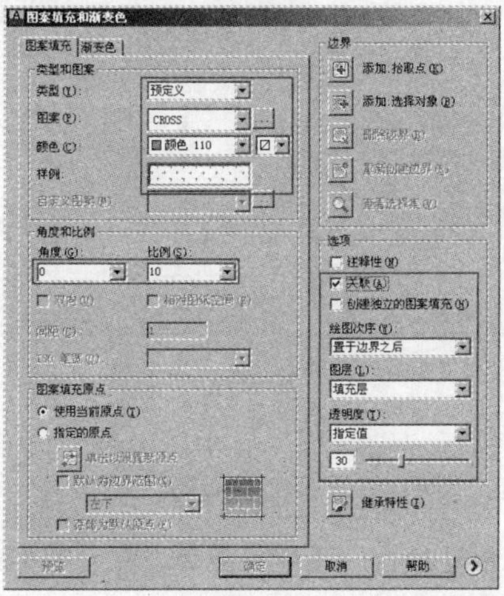

图7-213

图7-214

至此，二层主卧室墙面装修材质图绘制完毕，下一小节将学习主卧室立面图尺寸的具体标注过程。

7.7.4 标注主卧室立面图尺寸

(1) 继续上节操作。

(2) 展开“图层控制”下拉列表，将“尺寸层”设置为当前图层。

(3) 展开“样式”工具栏上的“标注样式控制”下拉列表，将“建筑标注”设置为当前样式。

(4) 执行菜单栏中的“标注”|“标注样式”命令，修改当前标注样式的全局比例为30。

(5) 执行菜单栏中的“标注”|“线性”命令，标注如图7-215所示的线性尺寸作为基准尺寸。

(6) 执行菜单栏中的“标注”|“连续”命令，配合捕捉与追踪功能，标注如图7-216所示的连续尺寸。

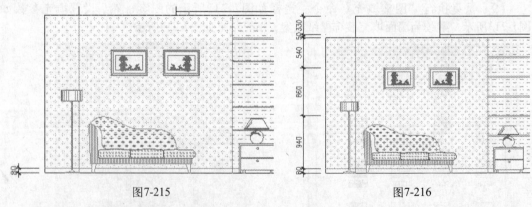

图7-215

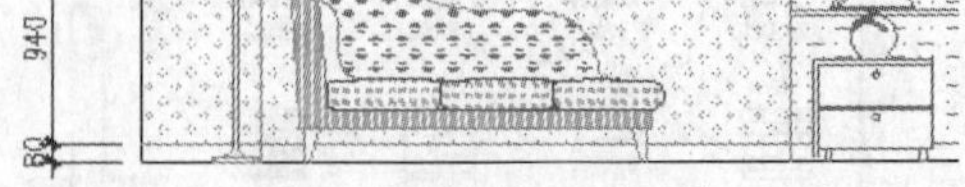

图7-216

(7) 执行“编辑标注文字”命令，对下侧的尺寸文字进行调整位置，结果如图7-217所示。

(8) 重复执行“线性”命令，配合捕捉或追踪功能，标注立面图左侧的总尺寸，结果如图7-218所示。

图7-217

图7-218

⑨ 参照上述操作，综合使用“线性”和“连续”命令，分别标注立面图其他侧的尺寸，结果如图7-219所示。

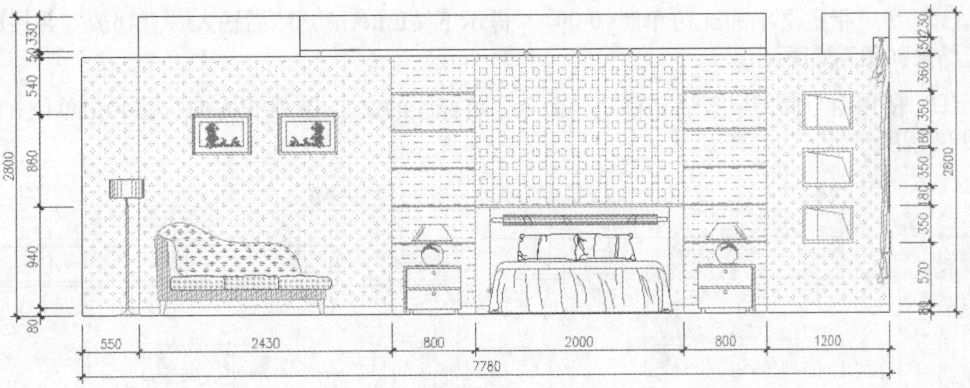

图7-219

至此，二层主卧室立面图尺寸标注完毕，下一小节将学习二层主卧室立面图墙面材质的具体标注过程。

7.7.5 标注主卧室装修材质说明

① 继续上节操作。

② 展开“图层控制”下拉列表，将“文本层”设置为当前图层。

③ 单击“样式”工具栏中的“文字样式控制”下拉按钮，在展开的下拉列表中，设置“仿宋体”为当前文字样式。

④ 使用命令简写PL激活“多段线”命令，绘制如图7-220所示的直线作为文本注释的指示线。

⑤ 展开“颜色控制”下拉列表，将当前的颜色设置为“红色”。

⑥ 使用命令简写DT激活“单行文字”命令，在命令行“指定文字的起点或[对正(J)/样式(S)]:”提示下，输入J并按Enter键。

⑦ 在“输入选项[对齐(A)/布满(F)/居中(C)/中间(M)/右对齐(R)/左上(TL)/中上(TC)/右上(TR)/左中(ML)/正中(MC)/右中(MR)/左下(BL)/中下(BC)/右下(BR)]:”提示下，输入BL并按Enter键，设置文字的对正方式。

图7-220

(8) 在"指定文字的左中点:"提示下，捕捉左侧指示线的右端点。

(9) 在"指定高度<3>:"提示下，输入150并按Enter键。

(10) 在"指定文字的旋转角度<0.00>"提示下按Enter键，然后输入"立邦漆"并按Enter键，结果如图7-221所示。

(11) 使用命令简写M激活"移动"命令，将标注的文字沿y轴正方向位移40个单位，结果如图7-222所示。

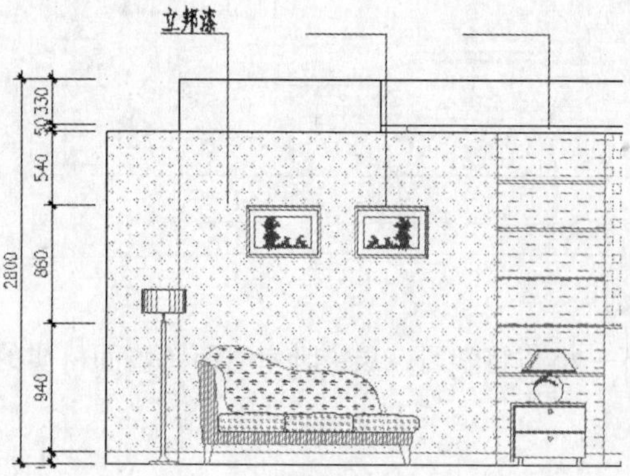

图7-221

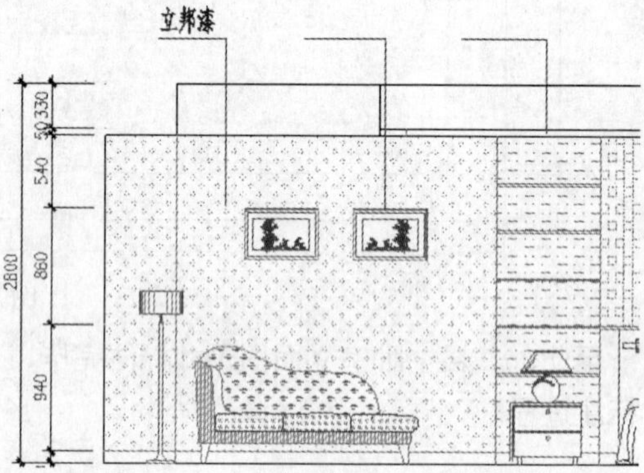

图7-222

(12) 使用命令简写CO激活"复制"命令，将标注的文字分别复制到其他指示线位置上，结果如图7-223所示。

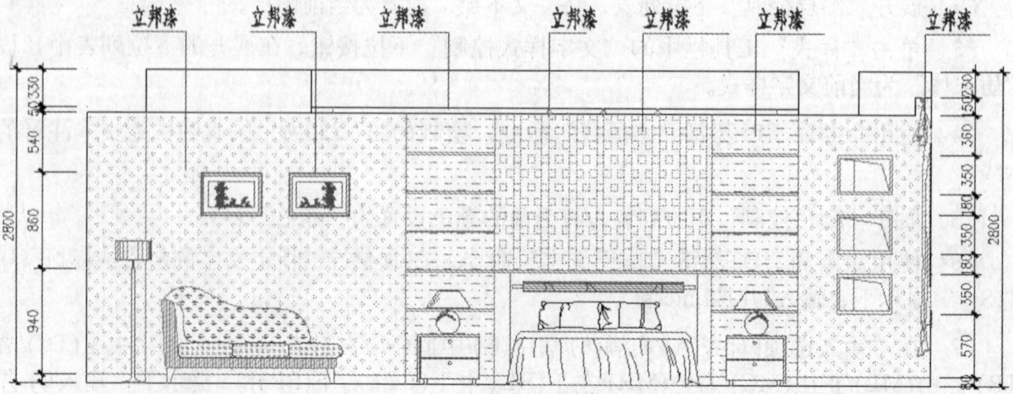

图7-223

⑬ 执行菜单栏中的“修改”|“对象”|“文字”|“编辑”命令，对复制出的单行文字进行修改，输入正确的文字注释，如图7-224所示。

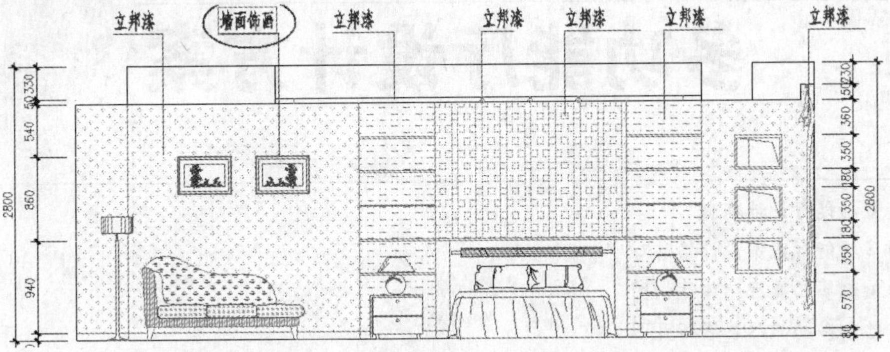

图7-224

⑭ 重复执行“编辑文字”命令，分别对其他位置的文字进行编辑，并适当调整文字的位置，结果如图7-225所示。

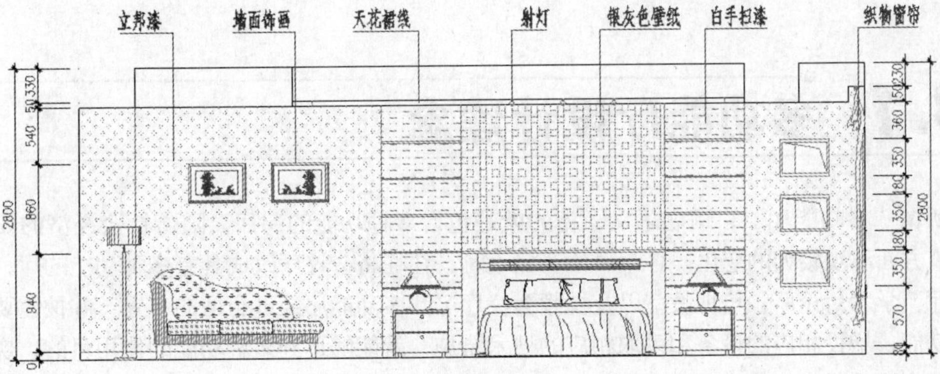

图7-225

⑮ 最后执行“保存”命令，将图形命名存储为“绘制二层主卧立面图.dwg”。

7.8 本章小结

本章主要按照实际的设计流程，详细而系统地讲述了跃层住宅二层装修方案图的设计思路、绘图过程以及绘图技巧，具体分为绘制跃层住宅二层墙体结构图、绘制跃层住宅二层家具布置图、绘制跃层住宅二层地面材质图、标注跃层住宅二层布置图、绘制跃层住宅二层吊顶图以及绘制跃层住宅主卧室立面图等操作案例。

在绘制二层墙体结构图时，由于纵横墙体交错，其宽度不一，最好事先绘制出墙体的定位轴线，然后再使用“多线”及“多线编辑工具”等命令快速绘制。

在绘制地面材质图时，使用频率最高的就是“图案填充”命令，不过有时需要使用“图层”命令中的状态控制功能，以加快图案的填充速度。另外，在绘制吊顶图时，要注意窗帘及窗帘盒的快速表达技巧以及吊顶灯具的布置技巧。

第8章 多功能厅设计方案

Chapter 08

- □ 多功能厅设计理念
- □ 多功能厅方案设计思路
- □ 绘制多功能厅墙体结构图
- □ 绘制多功能厅装修布置图
- □ 标注多功能厅装修布置图
- □ 绘制多功能厅立面装修图
- □ 本章小结

8.1 多功能厅设计理念

所谓“多功能厅”，顾名思义，指的就是包含多种功能的房厅。随着社会经济的发展，在建筑方面出现较大的变化，各个单位在建设时，往往将会议厅改成具有多种功能的厅，兼顾报告厅、学术讨论厅、培训教室以及视频会议厅等。多功能厅经过合理的布置，并按需要增添各种功能，增设相应的设备和采取相应的技术措施，就能够达到多种功能的使用目的，实现现代化的会议、教学、培训和学术讨论。现在许多宾馆、酒店、会议展览中心，及大剧院、图书馆、博览中心，甚至学校都设有多功能厅。

多功能厅具有灵活多变的特点，在空间设计的过程中，必须对空间分割的合理性和科学性进行不断的分析，尽量利用开阔的空间，进行合理布局，使其具有较强的序列、秩序和变化，突出开阔、简洁、大方和朴素的设计理念。

另外，在规划与设计多功能厅时，还需要兼顾以下几个系统。

- 多媒体显示系统。多媒体显示系统由高亮度、高分辨率的液晶投影机和电动屏幕构成，完成对各种图文信息的大屏幕显示，以让各个位置的人都能够更清楚地观看。
- A/V系统。A/V系统由计算机、摄像机、DVD、VCR、MD机、实物展台、调音台、话筒、功放、音箱、数字硬盘录像机等A/V设备构成，完成对各种图文信息的播放功能，实现多功能厅的现场扩音、播音，配合大屏幕投影系统，提供优良的视听效果。
- 会议室环境系统。会议室环境系统由会议室的灯光（包括白炽灯、日光灯）、窗帘等设备构成，完成对整个会议室环境、气氛的改变，以自动适应当前的需要。例如播放DVD时，灯光会自动变暗，窗帘自动关闭。
- 智能型多媒体中央控制系统。采用目前业内档次最高、技术最成熟、功能最齐全、用途最广的中央控制系统，实现多媒体电子教室各种电子设备的集中控制。

8.2 多功能厅方案设计思路

在绘制并设计多功能厅方案图时，可以参照如下思路。

- 首先根据提供的测量数据，绘制出多功能厅的建筑结构平面图。
- 根据绘制的多功能厅建筑结构图以及需要发挥的多种使用功能，进行建筑空间的规划与布置，科学合理地绘制出多功能厅的平面布置图。
- 根据绘制的多功能厅平面布置图，在其基础上快速绘制其天花装修图，重点在天花吊顶的表达以及天花灯具定位和布局。
- 根据实际情况及需要，绘制出多功能厅的墙面装饰投影图，必要时附着文字说明。

8.3 绘制多功能厅墙体结构图

本节主要学习多功能厅户型墙体结构图的具体绘制过程和绘制技巧。多功能厅户型墙体结构图的最终绘制效果如图8-1所示。

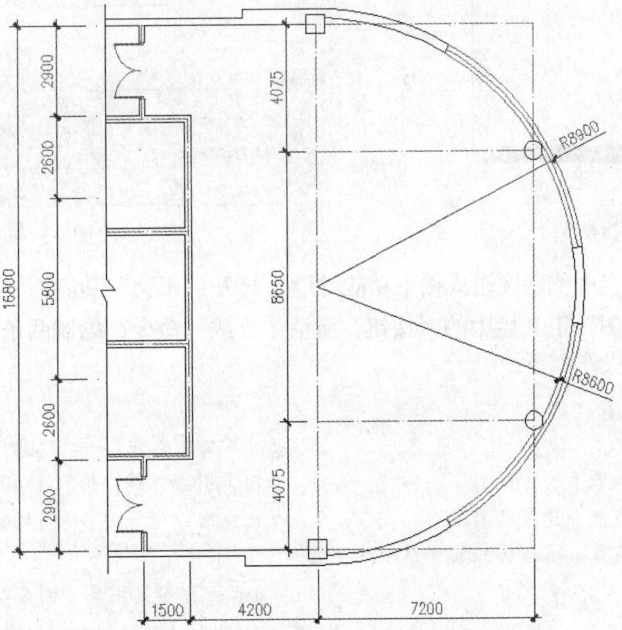

图8-1

在绘制墙体结构平面图时，具体可以参照如下绘图思路。

- 使用“直线”、“偏移”命令绘制多功能厅墙体定位轴线。
- 使用“修剪”、夹点编辑命令编辑和完善多功能厅定位轴线。
- 使用“多线”、“圆”、“分解”、“修剪”命令绘制多功能厅墙线。
- 使用“构造线”、“打断于点”、“偏移”命令绘制窗子构件。
- 使用“圆”、“正多边形”和“图案填充”命令绘制柱子构件。

◆ 最后使用“插入块”、“镜像”命令绘制多功能厅门构件。

8.3.1 绘制多功能厅定位轴线

(1) 执行“新建”命令，选择随书光盘中的文件“样板文件”\“室内设计样板.dwt”作为基础样板，新建空白文件。

提示

为了方便以后调用该样板文件夹，用户可以直接将随书光盘中的“室内设计样板.dwt”拷贝至AutoCAD安装目录下的“Templat”文件夹下。

(2) 展开“图层控制”下拉列表，将“轴线层”设置为当前图层，如图8-2所示。

(3) 使用命令简写LT激活“线型”命令，在打开的“线型管理器”对话框中设置线型比例如图8-3所示。

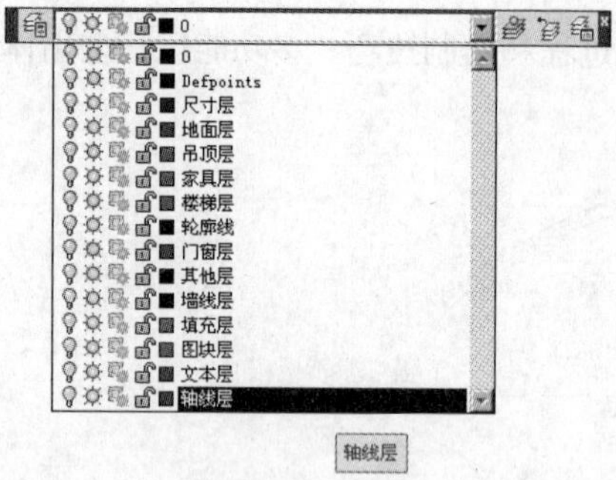

图8-2

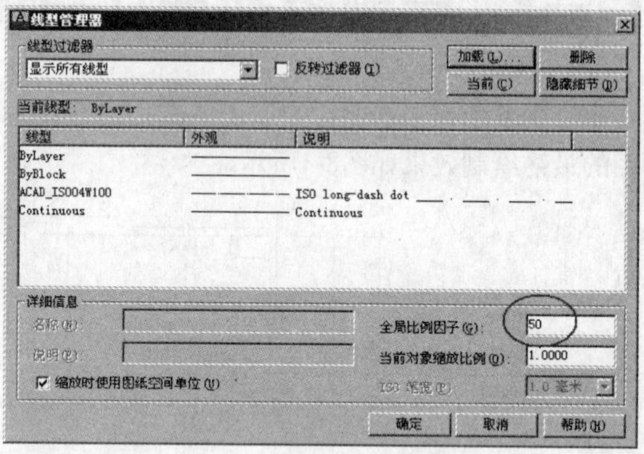

图8-3

(4) 单击状态栏中的按钮或按下功能键F8，打开“正交”功能。

(5) 单击“绘图”工具栏中的按钮，激活“直线”命令，绘制两条垂直相交的直线作为基准轴线，命令行操作如下。

```
命令：_line
    指定第一点：                              // 在绘图区指定起点
    指定下一点或 [ 放弃 (U)]:                  // 向下引导光标，输入 16800 Enter
    指定下一点或 [ 放弃 (U)]:                  // 向左引导光标，输入 14040 Enter
    指定下一点或 [ 闭合 (C)/ 放弃 (U)]:
                                              // Enter，绘制结果如图 8-4 所示
```

(6) 单击“修改”工具栏中的按钮，激活“偏移”命令，将垂直基准轴线向左偏移，命令行操作如下。

```
命令：_offset
    当前设置 : 删除源 = 否  图层 = 源  OFFSETGAPTYPE=0
    指定偏移距离或 [ 通过 (T)/ 删除 (E)/ 图层 (L)] < 通过 >:        //7200 Enter
    选择要偏移的对象，或 [ 退出 (E)/ 放弃 (U)] < 退出 >:           // 选择垂直基准轴线
    指定要偏移的那一侧上的点，或 [ 退出 (E)/ 多个 (M)/ 放弃 (U)] < 退出 >:
                                                              // 在所选轴线的左侧拾取点
```

选择要偏移的对象，或 [退出 (E)/ 放弃 (U)] < 退出 >: // Enter，结束命令
命令 :
OFFSET 当前设置 : 删除源 = 否 图层 = 源 OFFSETGAPTYPE=0
指定偏移距离或 [通过 (T)/ 删除 (E)/ 图层 (L)] <7200.0>: //4200 Enter
选择要偏移的对象，或 [退出 (E)/ 放弃 (U)] < 退出 >:
// 选择刚偏移出的垂直轴线
指定要偏移的那一侧上的点，或 [退出 (E)/ 多个 (M)/ 放弃 (U)] < 退出 >:
// 在所选轴线的左侧拾取点
选择要偏移的对象，或 [退出 (E)/ 放弃 (U)] < 退出 >: // Enter，结束命令
命令 :
OFFSET 当前设置 : 删除源 = 否 图层 = 源 OFFSETGAPTYPE=0
指定偏移距离或 [通过 (T)/ 删除 (E)/ 图层 (L)] <4200.0>: //1500 Enter
选择要偏移的对象，或 [退出 (E)/ 放弃 (U)] < 退出 >:
// 选择刚偏移出的垂直轴线
指定要偏移的那一侧上的点，或 [退出 (E)/ 多个 (M)/ 放弃 (U)] < 退出 >:
// 在所选轴线的左侧拾取点
选择要偏移的对象，或 [退出 (E)/ 放弃 (U)] < 退出 >:
// Enter，偏移结果如图 8-5 所示

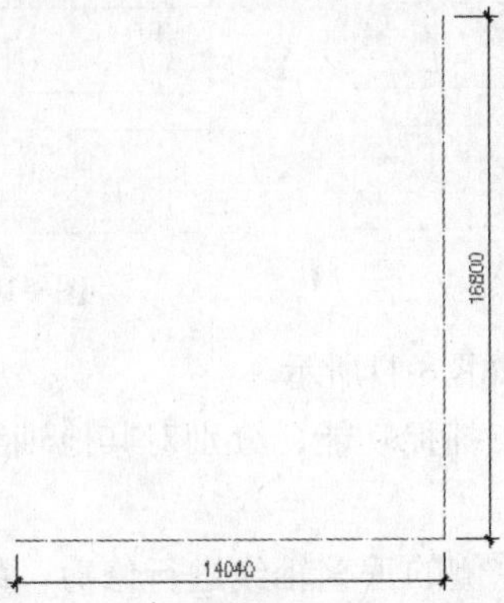

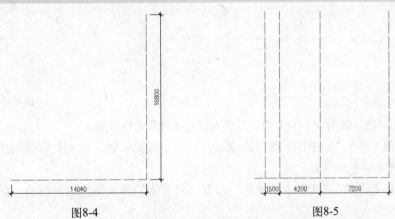

图8-4

图8-5

7 重复执行“偏移”命令，将下侧的水平定位轴线向上侧偏移，结果如图8-6所示。
8 重复执行“偏移”命令，将上侧的水平定位线向下侧偏移，结果如图8-7所示。

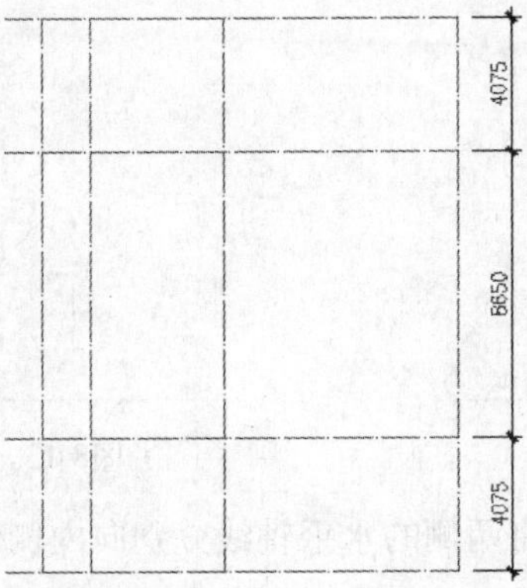

图8-6

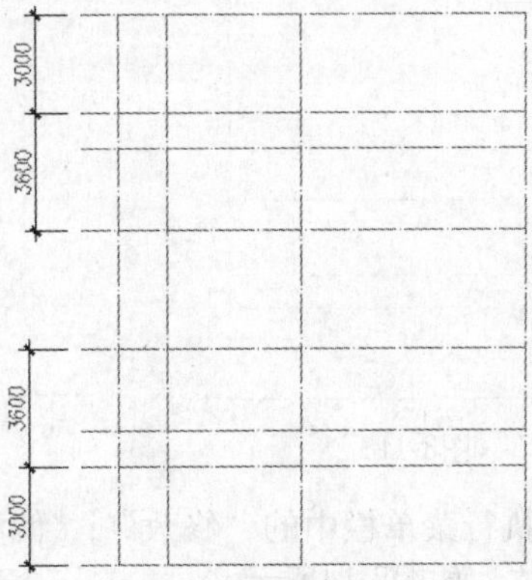

图8-7

至此，多功能厅定位轴线图绘制完毕，下一小节将学习定位轴线的快速编辑过程和编辑技巧。

8.3.2 编辑多功能厅定位轴线

(1) 继续上节操作。

(2) 在无命令执行的前提下，选择上侧第二条水平轴线，使其呈现夹点显示状态，如图8-8所示。

(3) 在上侧的夹点上单击左键，使其变为夹基点（也称热点），此时该点变为红色。

(4) 在命令行“** 拉伸 ** 指定拉伸点或[基点(B)/复制(C)/放弃(U)/退出(X)]:”提示下捕捉如图8-9所示的交点，对其进行夹点拉伸，结果如图8-10所示。

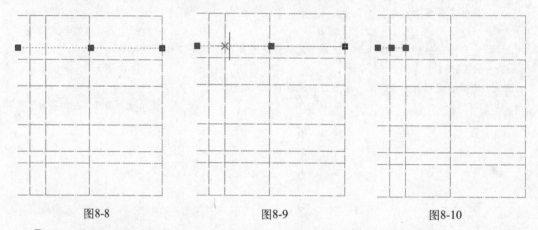

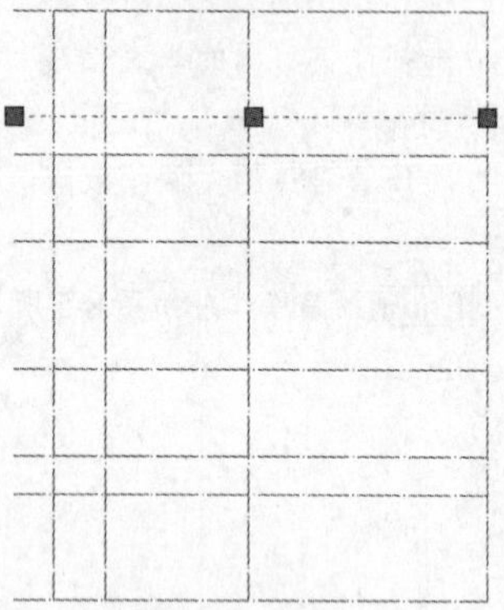

图8-8

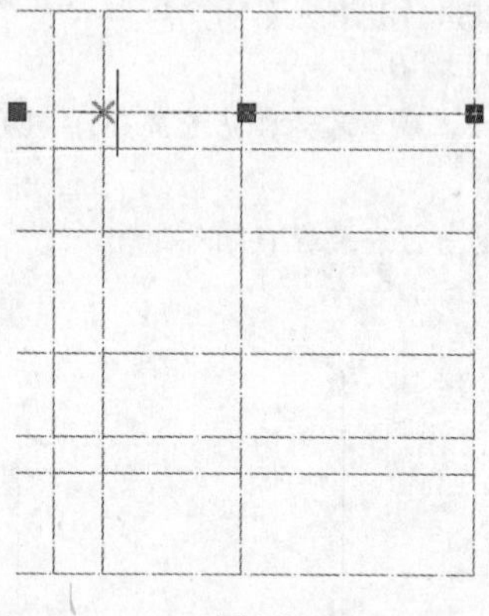

图8-9

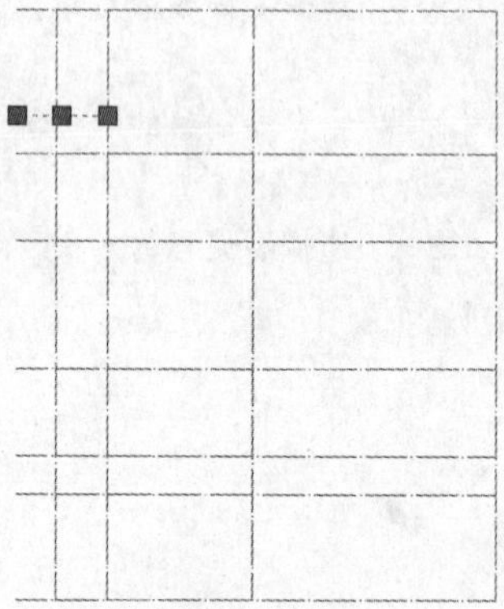

图8-10

(5) 按Esc键，取消对象的夹点显示状态，结果如图8-11所示。

(6) 参照步骤2~5的操作，配合端点捕捉和交点捕捉功能，分别对其他轴线进行夹点拉伸，编辑结果如图8-12所示。

(7) 使用命令简写TR激活“修剪”命令，对左侧的垂直轴线进行修剪，结果如图8-13所示。

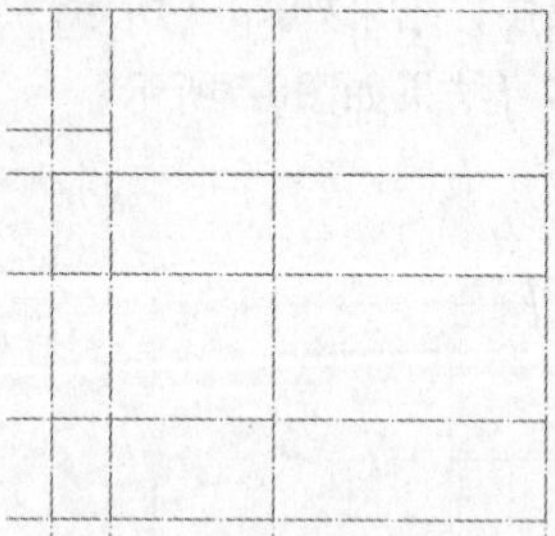

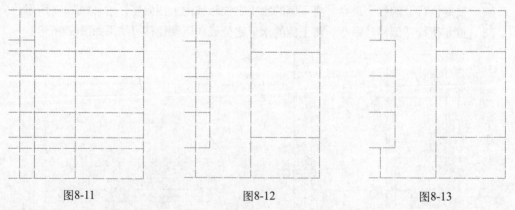

图8-11

图8-12

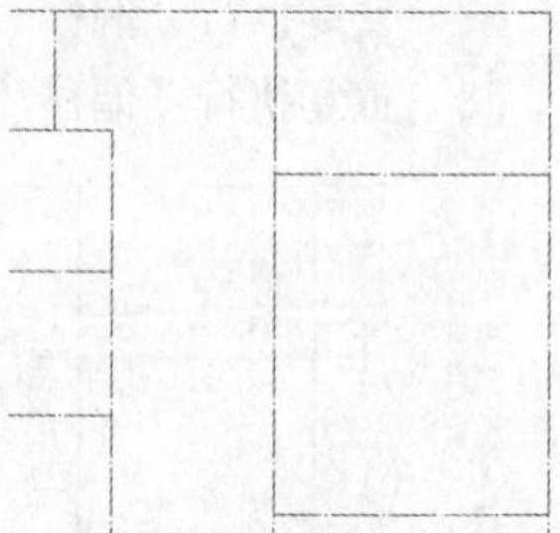

图8-13

(8) 执行菜单栏中的“修改”|“偏移”命令，将两侧的水平轴线分别向内侧偏移550和2350个单位，如图8-14所示。

⑨ 单击“修改”工具栏中的 按钮，以刚偏移出的4条辅助轴线作为边界，对左侧的垂直轴线进行修剪，以创建宽度为1800的门洞，修剪结果如图8-15所示。

⑩ 执行菜单栏中的“修改”|“删除”命令，删除刚偏移出的4条水平辅助线，结果如图8-16所示。

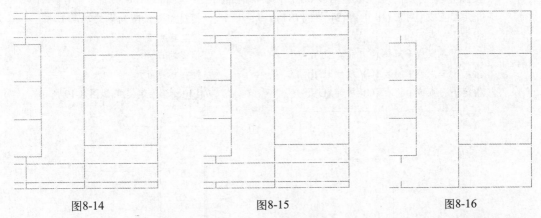

图8-14

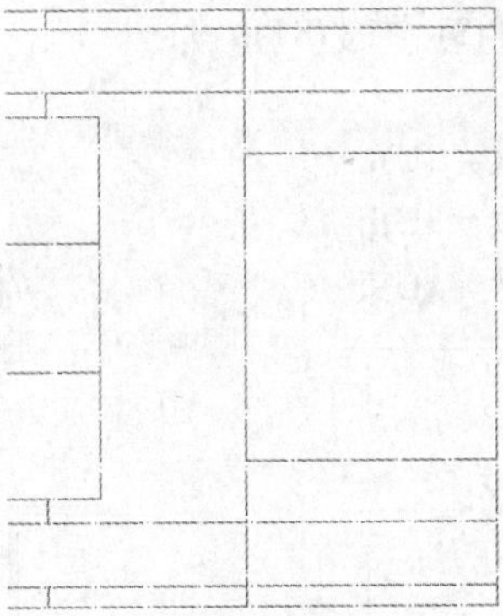

图8-15

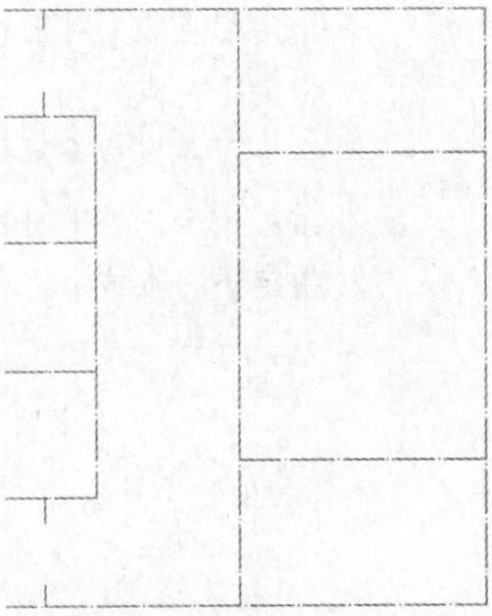

图8-16

至此，多功能厅定位轴线编辑完毕，下一小节主要学习多功能厅户型墙线和窗线的具体绘制过程和操作技巧。

8.3.3 绘制多功能厅墙体结构图

① 继续上节操作。

② 执行菜单栏中的“格式”|“图层”命令，在打开的“图层特性管理器”面板中双击“墙线层”，将其设置为当前图层，如图8-17所示。

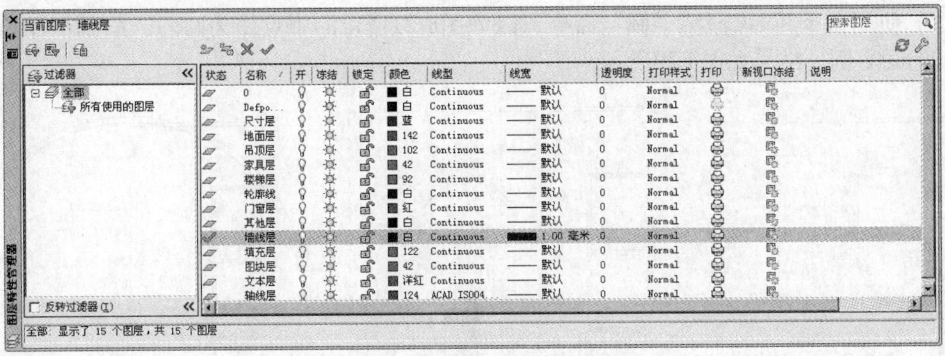

图8-17

③ 执行菜单栏中的“格式”|“多线样式”命令，设置“墙线样式”为当前样式。

④ 打开“对象捕捉”功能，并设置捕捉模式为端点捕捉和交点捕捉。

⑤ 执行菜单栏中的“绘图”|“多线”命令，配合端点捕捉功能绘制主墙线，命令行操作如下。

```
命令：_mline
    当前设置：对正 = 上，比例 = 20.00，样式 = 墙线样式
    指定起点或 [ 对正 (J)/ 比例 (S)/ 样式 (ST)]:            //S Enter
```

```
输入多线比例 <20.00>:                           //200 Enter
当前设置：对正 = 上，比例 = 180.00，样式 = 墙线样式
指定起点或 [ 对正 (J)/ 比例 (S)/ 样式 (ST)]:       //J Enter
输入对正类型 [ 上 (T)/ 无 (Z)/ 下 (B)] < 上 >:     //Z Enter
当前设置：对正 = 无，比例 = 180.00，样式 = 墙线样式
指定起点或 [ 对正 (J)/ 比例 (S)/ 样式 (ST)]:       // 捕捉如图 8-18 所示的端点 1
指定下一点：                                   // 捕捉端点 2
指定下一点或 [ 闭合 (C)/ 放弃 (U)]:              // 捕捉端点 3
指定下一点或 [ 闭合 (C)/ 放弃 (U)]:              // 捕捉端点 4
指定下一点或 [ 闭合 (C)/ 放弃 (U)]:              // Enter，绘制结果如图 8-19 所示
```

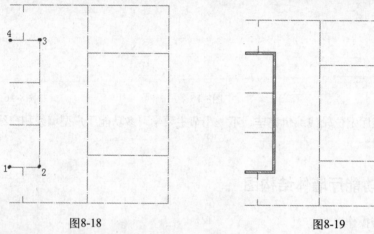

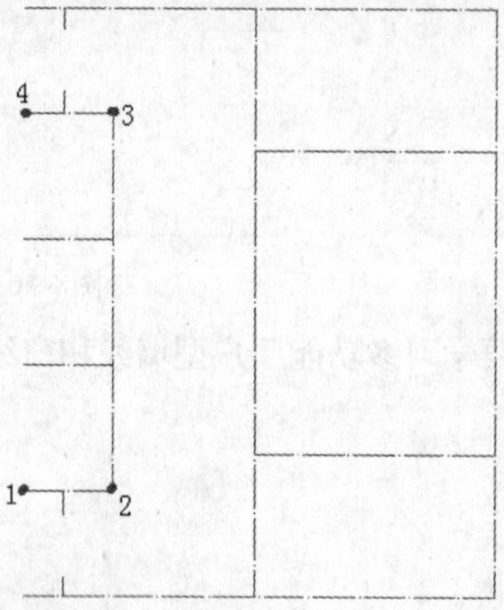

图8-18

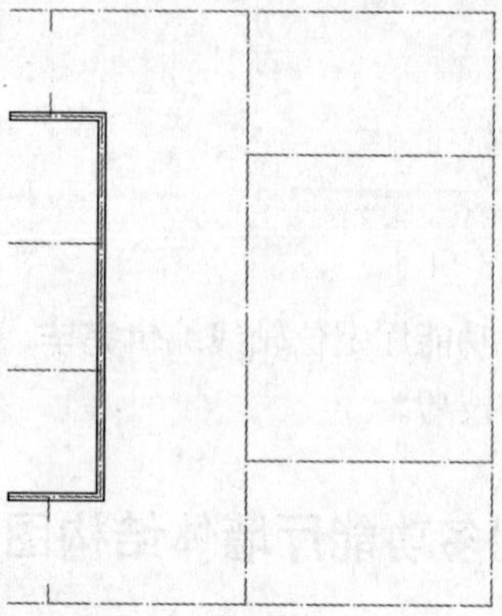

图8-19

(6) 重复执行“多线”命令，设置多线对正方式为上，配合端点捕捉和交点捕捉功能绘制其他主墙线，结果如图8-20所示。

(7) 使用命令简写C激活“圆”命令，以如图8-21所示的中点作为圆心，绘制半径为8600和8900的同心圆，结果如图8-22所示。

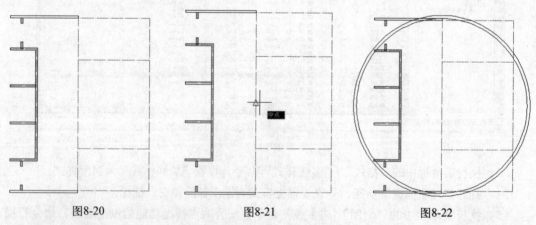

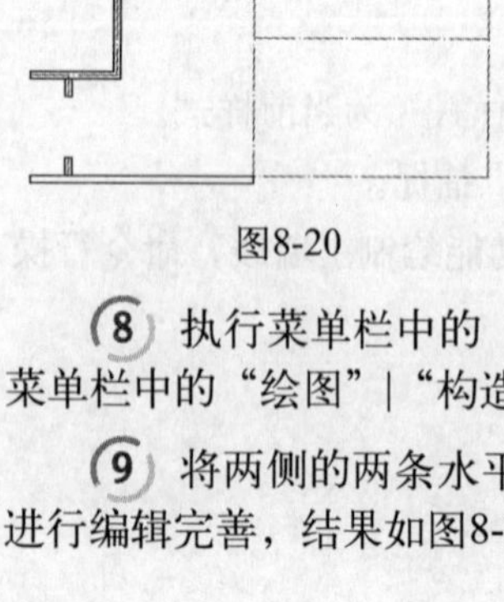

图8-20

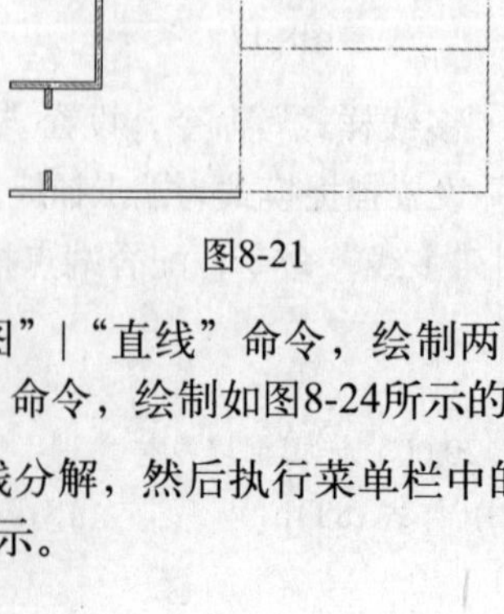

图8-21

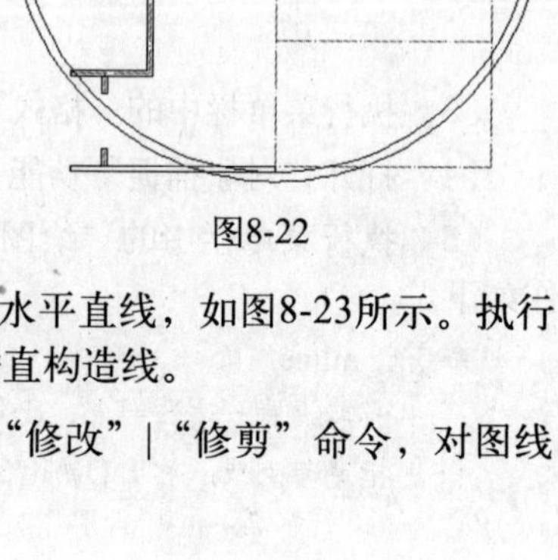

图8-22

(8) 执行菜单栏中的“绘图”|“直线”命令，绘制两条水平直线，如图8-23所示。执行菜单栏中的“绘图”|“构造线”命令，绘制如图8-24所示的垂直构造线。

(9) 将两侧的两条水平墙线分解，然后执行菜单栏中的“修改”|“修剪”命令，对图线进行编辑完善，结果如图8-25所示。

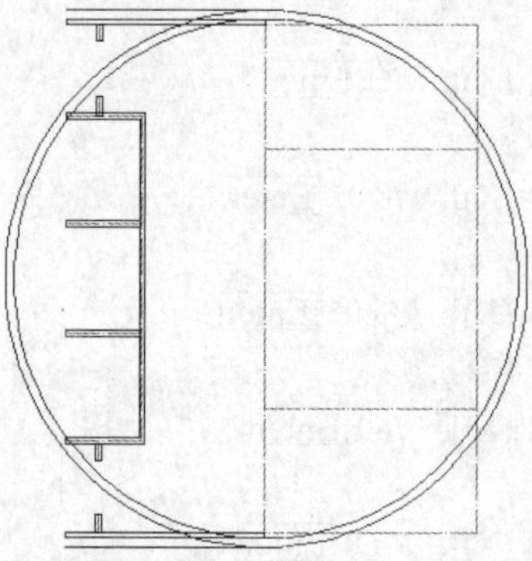

图8-23

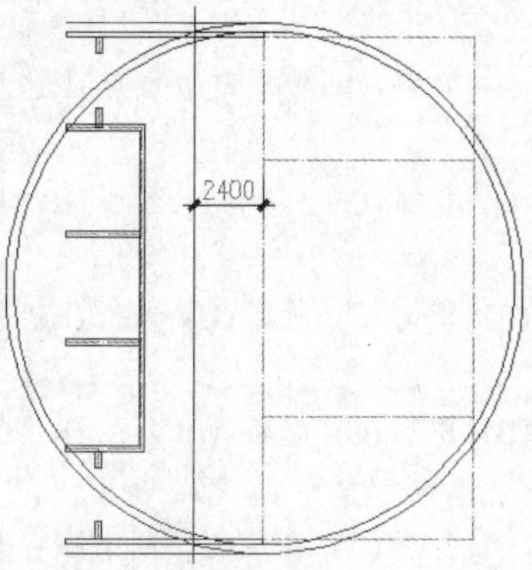

图8-24

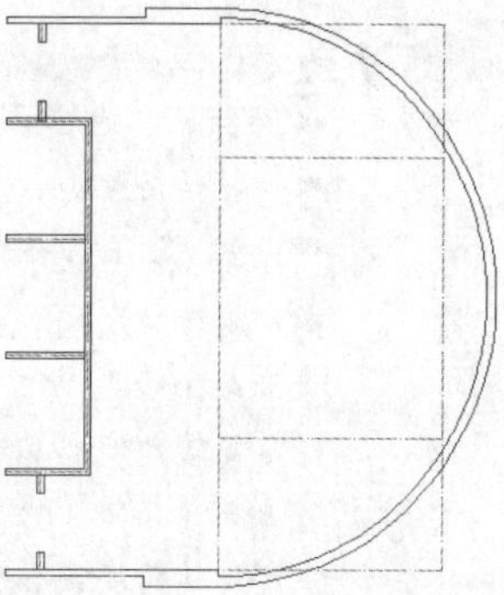

图8-25

(10) 展开“图层”工具栏中的“图层控制”下拉列表，关闭“轴线层”，结果如图8-26所示。

(11) 执行“编辑多线工具”命令，对内侧的墙线进行编辑完善，结果如图8-27所示。

(12) 使用命令简写L激活“直线”命令，配合捕捉或追踪功能绘制如图8-28所示的折断线。

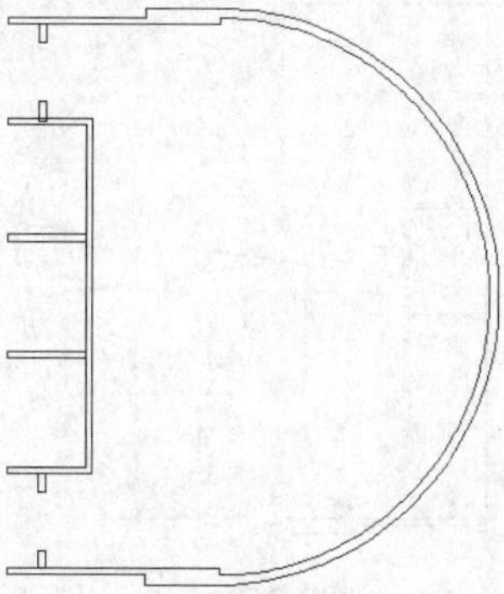

图8-26

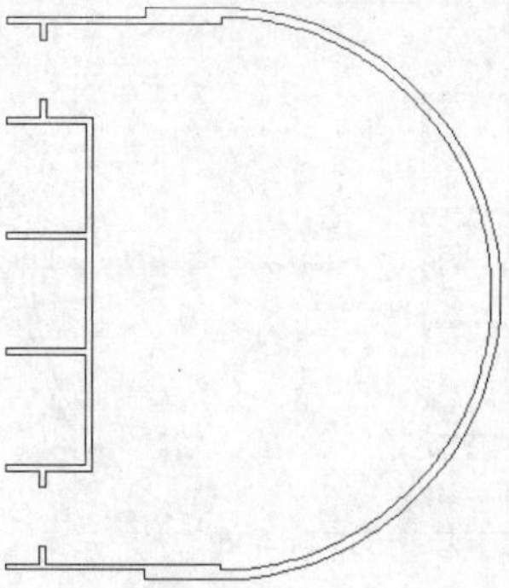

图8-27

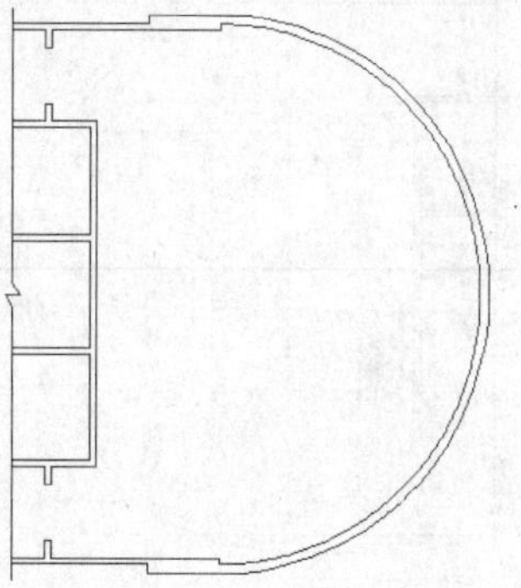

图8-28

至此，多功能厅墙体结构图绘制完毕，下一小节将学习多功能厅门窗柱构件的具体绘制过程和相关技巧。

8.3.4 编辑多功能厅门窗柱构件图

(1) 继续上节操作。

(2) 展开“图层”工具栏中的“图层控制”下拉列表，将“门窗层”设置为当前图层，并打开“轴线层”。

(3) 执行菜单栏中的“绘图”|“构造线”命令，配合中点捕捉功能绘制如图8-29所示的水平构造线。

(4) 夹点显示刚绘制的水平构造线，然后使用夹点编辑功能对其进行旋转并复制，命令行操作如下。

```
命令：
    ** 拉伸 **
    指定拉伸点或 [ 基点 (B)/ 复制 (C)/ 放弃 (U)/ 退出 (X)]:
                                    // 单击右键，选择快捷菜单中的“旋转”命令
```

** 旋转 **
指定旋转角度或 [基点 (B)/ 复制 (C)/ 放弃 (U)/ 参照 (R)/ 退出 (X)]: //C Enter
** 旋转 (多重) **
指定旋转角度或 [基点 (B)/ 复制 (C)/ 放弃 (U)/ 参照 (R)/ 退出 (X)]: //8.05 Enter
** 旋转 (多重) **
指定旋转角度或 [基点 (B)/ 复制 (C)/ 放弃 (U)/ 参照 (R)/ 退出 (X)]: //-8.05 Enter
** 旋转 (多重) **
指定旋转角度或 [基点 (B)/ 复制 (C)/ 放弃 (U)/ 参照 (R)/ 退出 (X)]: //60 Enter
** 旋转 (多重) **
指定旋转角度或 [基点 (B)/ 复制 (C)/ 放弃 (U)/ 参照 (R)/ 退出 (X)]: //-60 Enter
** 旋转 (多重) **
指定旋转角度或 [基点 (B)/ 复制 (C)/ 放弃 (U)/ 参照 (R)/ 退出 (X)]:
// Enter，编辑结果如图 8-30 所示

(5) 接下来执行“删除”命令，删除夹点显示的水平构造线，结果如图8-31所示。

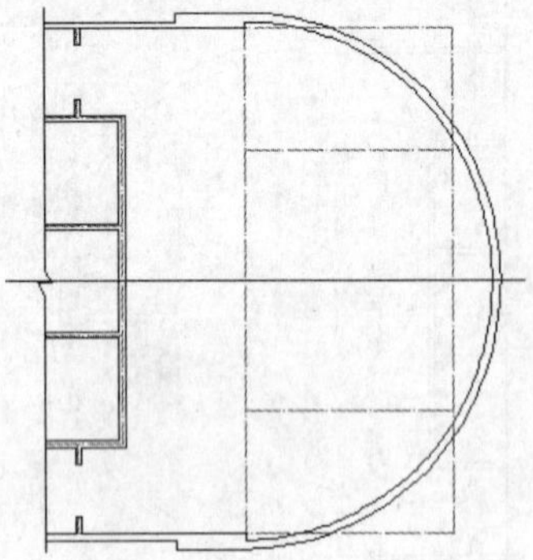
图8-29

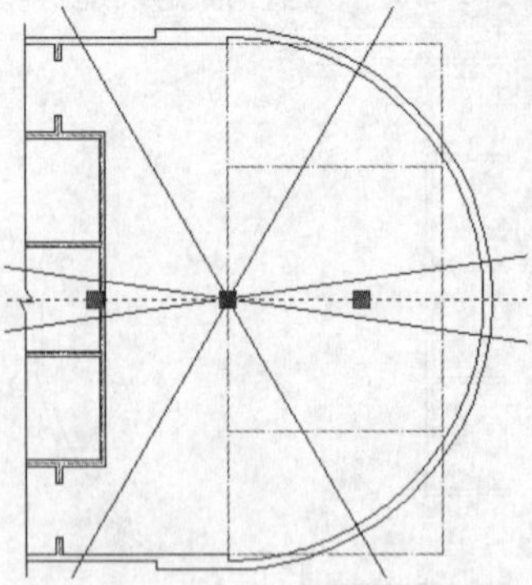
图8-30

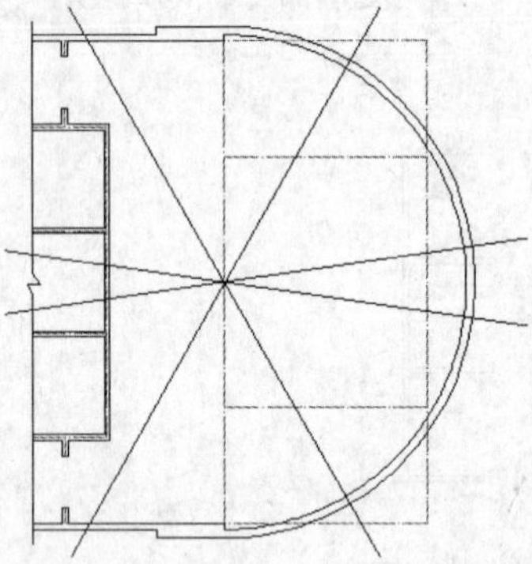
图8-31

(6) 执行菜单栏中的“修改”|“修剪”命令，以同心圆弧作为边界，对构造线进行修剪，结果如图8-32所示。

(7) 执行“打断于点”命令，分别以修剪后产生的4条直线的端点作为端点，对同心圆弧进行打断，然后夹点显示打断后的4条圆弧，如图8-33所示。

(8) 展开“图层控制”下拉列表，将圆弧放置到“门窗层”上，同时将外侧的圆弧向内侧偏移150个单位，结果如图8-34所示。

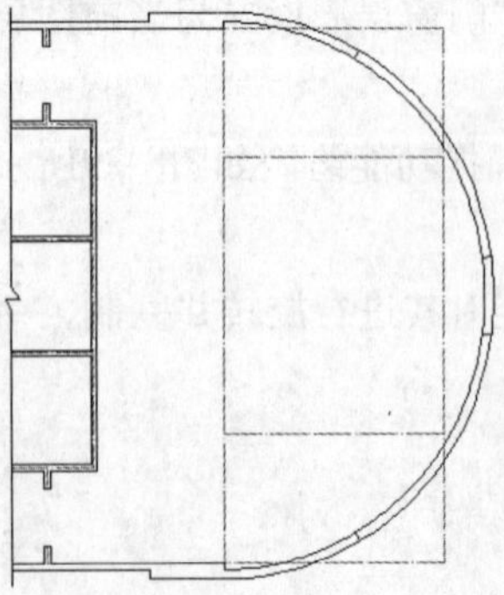
图8-32

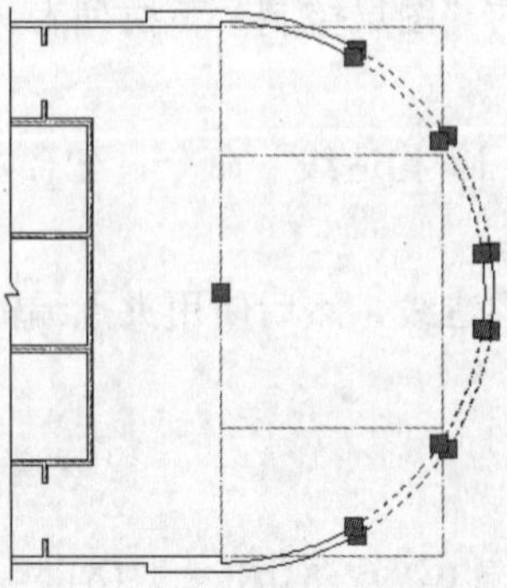
图8-33

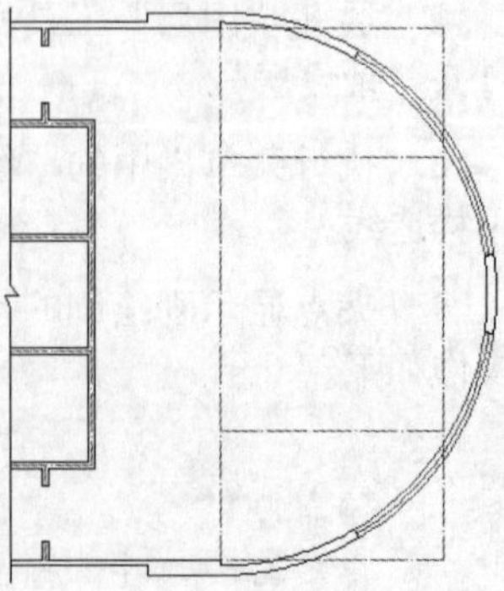
图8-34

⑨ 执行“圆”命令，配合端点捕捉或交点捕捉功能，绘制如图8-35所示的两个圆，作为柱子外轮廓，其中圆的直径为600。

⑩ 执行“正多边形”命令，配合交点捕捉功能绘制内切圆半径为300的两个正四边形柱，如图8-36所示。

⑪ 使用命令简写H激活“图案填充”命令，为柱子填充实体图案，结果如图8-37所示。

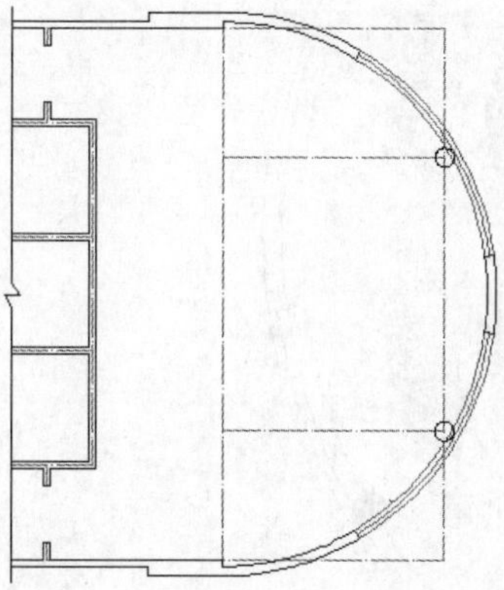

图8-35

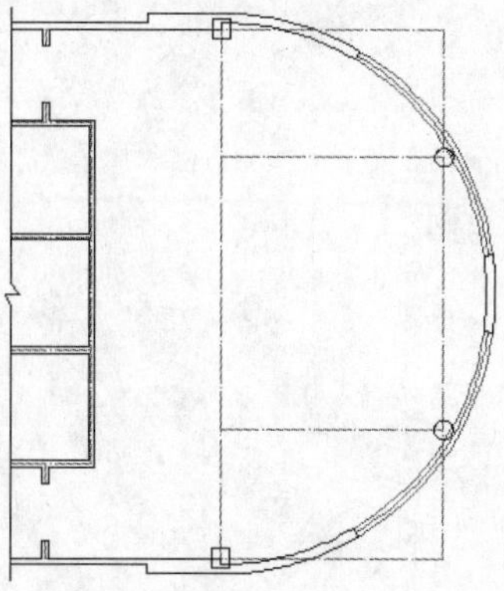

图8-36

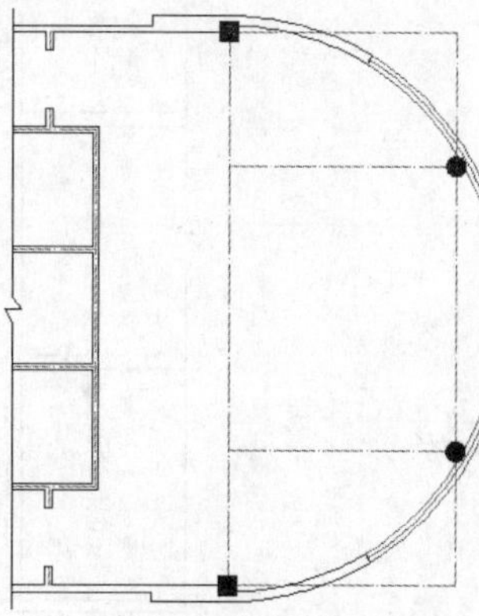

图8-37

⑫ 使用命令简写I激活“插入块”命令，设置块参数如图8-38所示，插入随书光盘中的“图块文件”\“双开门.dwg”图块，插入结果如图8-39所示。

⑬ 使用命令简写MI激活“镜像”命令，配合中点捕捉功能对双开门进行镜像，结果如图8-40所示。

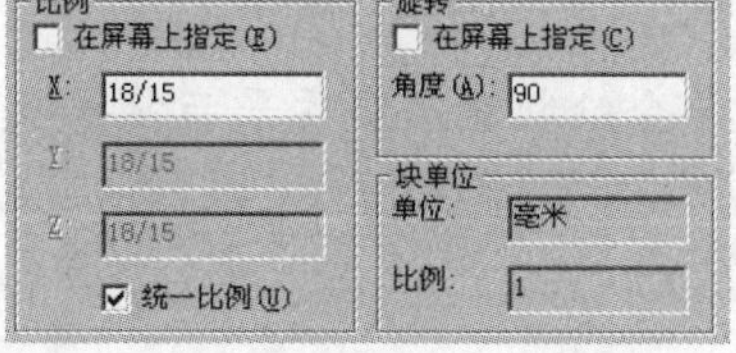

图8-38

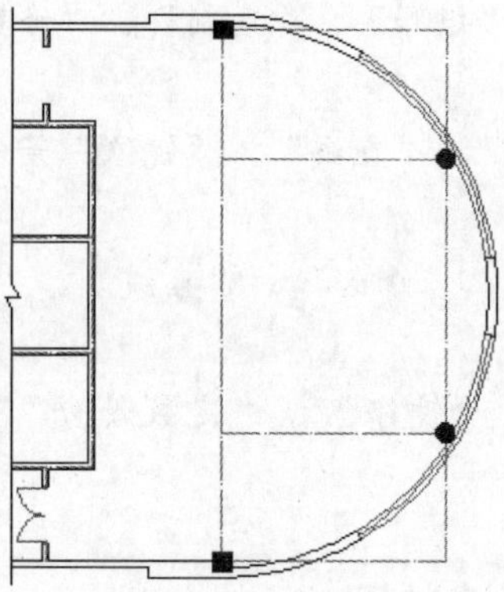

图8-39

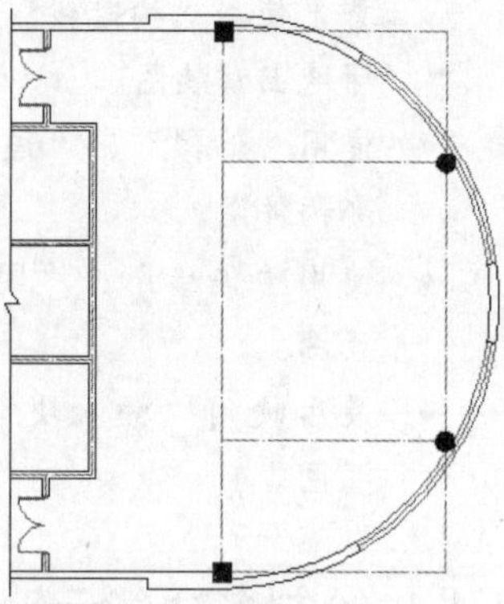

图8-40

⑭ 最后执行“保存”命令，将图形命名存储为“绘制多功能厅墙体结构图.dwg”。

8.4 绘制多功能厅装修布置图

本节主要学习多功能厅装修布置图的绘制方法和具体绘制过程。多功能厅布置图的最终绘制效果如图8-41所示。

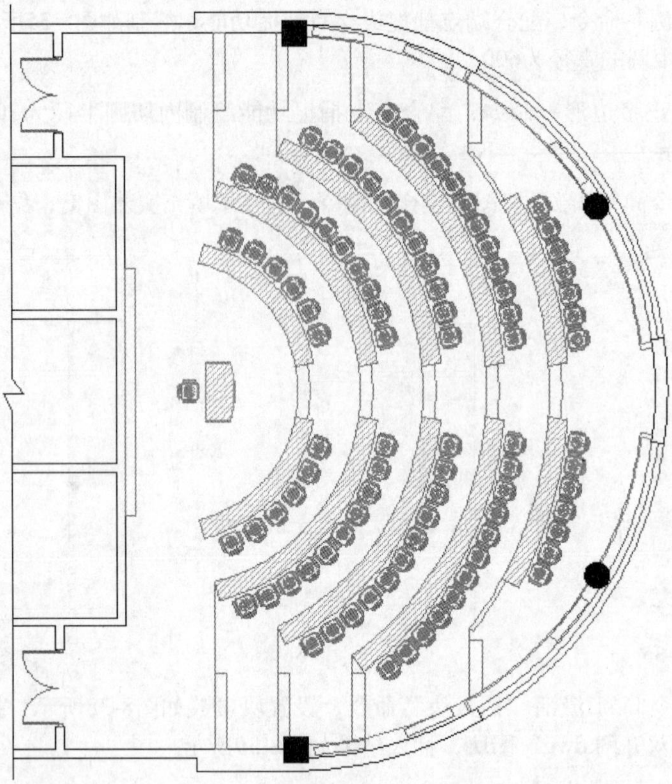

图8-41

在绘制多功能厅装修布置图时，具体可以参照如下绘图思路。

- 首先使用“构造线”、“矩形”、“复制”、“修剪”、“镜像”等命令绘制多功能厅地面铺装图。
- 使用“偏移”、“矩形”、“直线”、“镜像”等命令绘制栏杆、暖气等多功能厅内部构件图。
- 使用“偏移”、“圆”、“修剪”、“直线”、“图案填充”等命令绘制条形桌布置图。
- 最后使用“插入块”、“镜像”、“定数等分”等命令绘制多功能厅平面装修布置图。

8.4.1 绘制多功能厅地面铺装图

(1) 执行“打开”命令，打开随书光盘中的“效果文件”\“第8章”\“绘制多功能厅墙体结构图.dwg”。

(2) 展开“图层”工具栏中的“图层控制”下拉列表，将“地面层”设置为当前图层。

(3) 执行菜单栏中的“绘图”|“构造线”命令，根据命令行的提示水平向右引出如图8-42所示的水平追踪虚线，输入2150后按Enter键，绘制如图8-43所示的垂直构造线。

(4) 执行菜单栏中的“绘图”|“矩形”命令，配合交点捕捉和坐标输入功能绘制长度为300、宽度为1800的矩形，如图8-44所示。

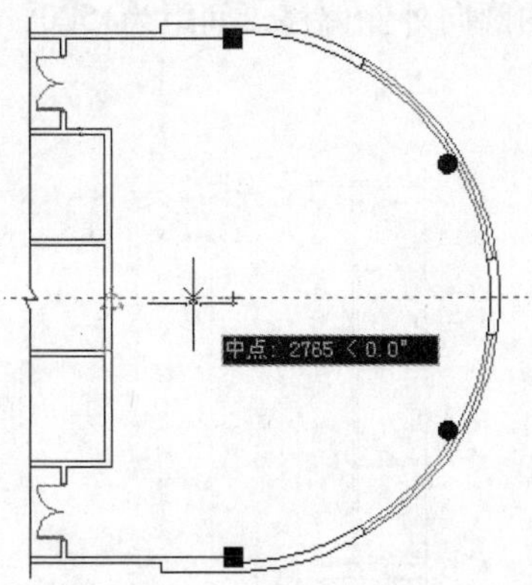

图8-42

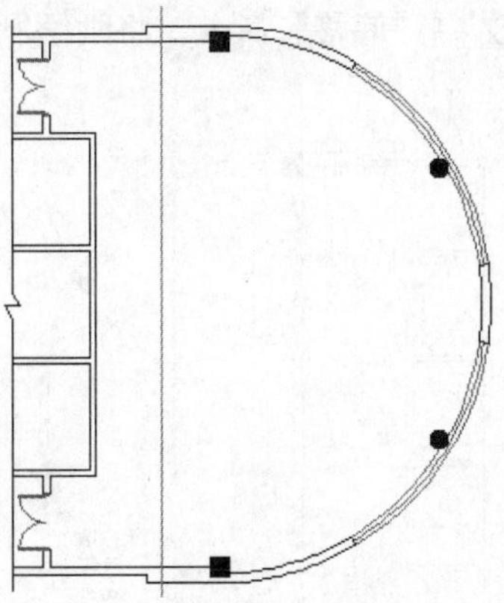

图8-43

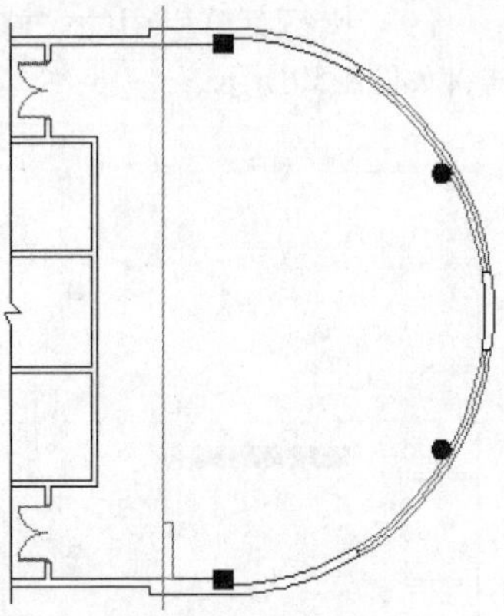

图8-44

(5) 执行菜单栏中的“修改”|“复制”命令，对构造线和矩形进行复制，命令行操作如下。

```
命令：_copy
    选择对象：                                              // 选择构造线和矩形
    选择对象：                                              // Enter
    当前设置：复制模式 = 多个
    指定基点或 [ 位移 (D)/ 模式 (O)] < 位移 >:                 // 拾取任一点
    指定第二个点或 [ 阵列 (A)] < 使用第一个点作为位移 >: //@1500,0 Enter
    指定第二个点或 [ 阵列 (A)/ 退出 (E)/ 放弃 (U)] < 退出 >: //@3300,0 Enter
    指定第二个点或 [ 阵列 (A)/ 退出 (E)/ 放弃 (U)] < 退出 >: //@6100,0 Enter
    指定第二个点或 [ 阵列 (A)/ 退出 (E)/ 放弃 (U)] < 退出 >:
                                                            // Enter，复制结果如图 8-45 所示
```

(6) 使用命令简写M激活“移动”命令，将最右侧的矩形垂直向上移动775个单位，结果如图8-46所示。

(7) 执行菜单栏中的“修改”|“镜像”命令，配合中点捕捉功能对4个矩形进行镜像，结果如图8-47所示。

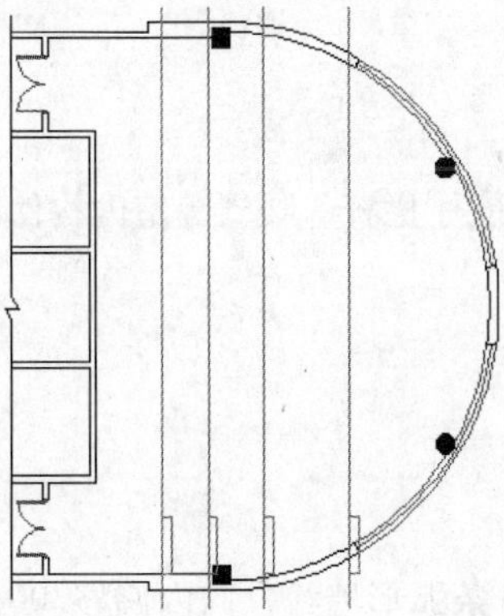

图8-45

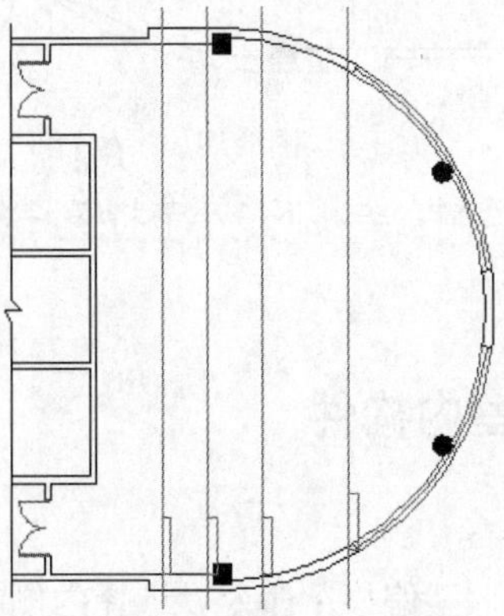

图8-46

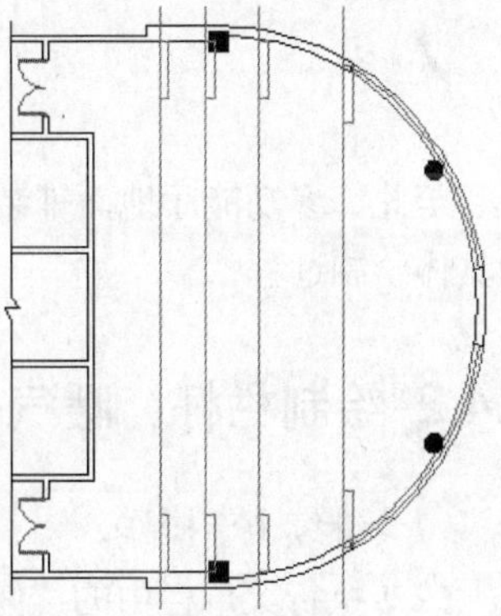

图8-47

(8) 使用命令简写C激活“圆”命令，根据命令行的提示水平向右引出如图8-48所示的中点追踪虚线，输入1052.5并按Enter键，定位圆心，绘制半径为4600的圆形，结果如图8-49所示。

(9) 执行菜单栏中的“修改”|“偏移”命令，将刚绘制的圆向外侧偏移，间距为1500，结果如图8-50所示。

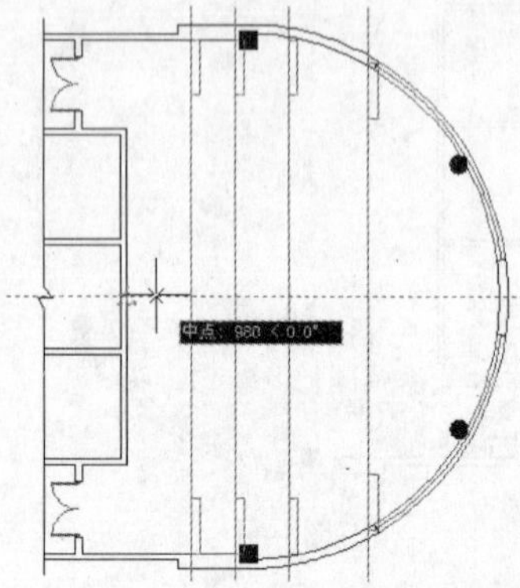

图8-48

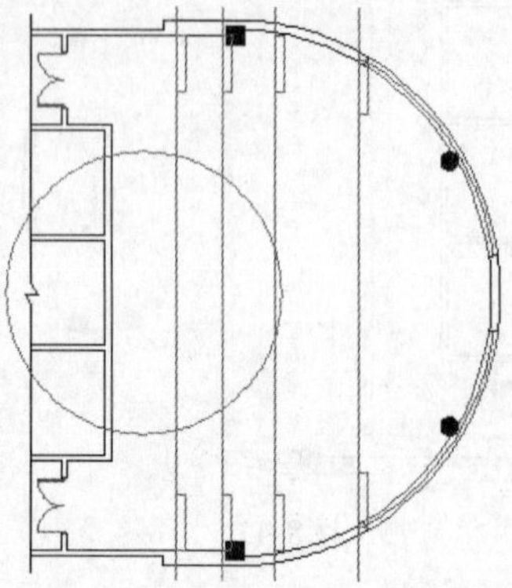

图8-49

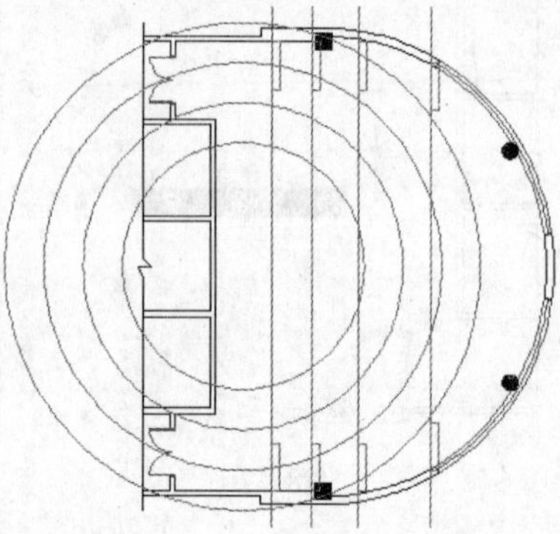

图8-50

(10) 执行菜单栏中的“修改”|“修剪”命令，对图线进行编辑完善，结果如图8-51所示。

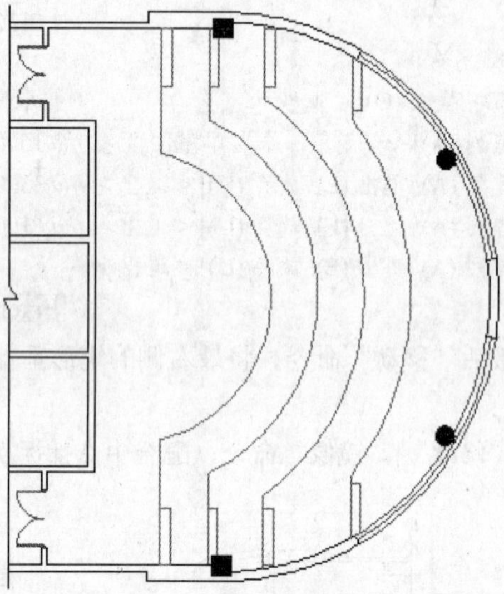

图8-51

至此，多功能厅地面铺装图绘制完毕，下一小节将学习多功能厅栏杆、暖气等室内构件图的具体绘制过程。

8.4.2 绘制栏杆、暖气等室内构件

(1) 继续上节操作。

(2) 执行菜单栏中的“修改”|“偏移”命令，选择内侧的一条弧形墙线，向内偏移300，并将偏移出的圆弧放置到“地面层”上，结果如图8-52所示。

(3) 执行菜单栏中的“修改”|“延伸”命令，以下侧的矩形柱作为边界，对偏移出的圆弧进行延伸，结果如图8-53所示。

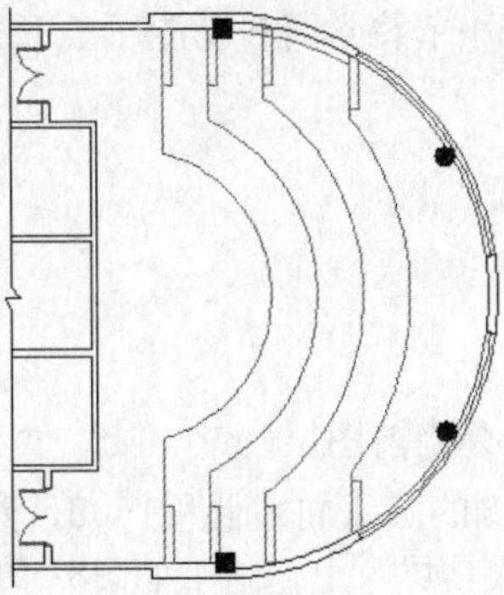
图8-52

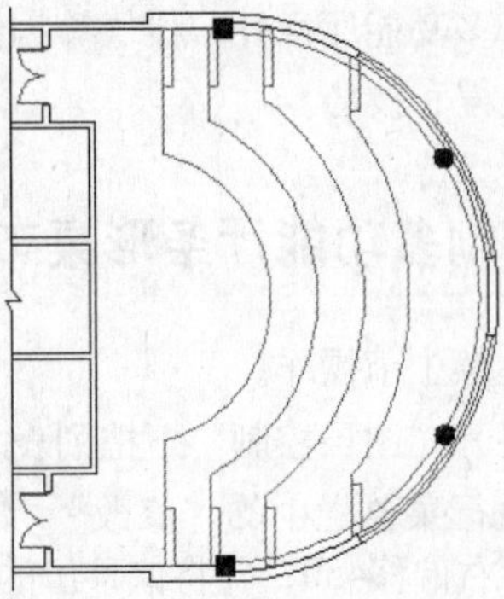
图8-53

(4) 执行菜单栏中的“修改”|“修剪”命令，以偏移出的圆弧作为边界，对地面铺装轮廓进行修整和完善，结果如图8-54所示。

(5) 执行菜单栏中的“修改”|“偏移”命令，将偏移出的圆弧向外侧偏移40个单位，作为栏杆轮廓线，然后使用画线命令绘制窗子两侧的轮廓线，结果如图8-55所示。

(6) 执行菜单栏中的“修改”|“修剪”命令，对圆弧进行修剪编辑，结果如图8-56所示。

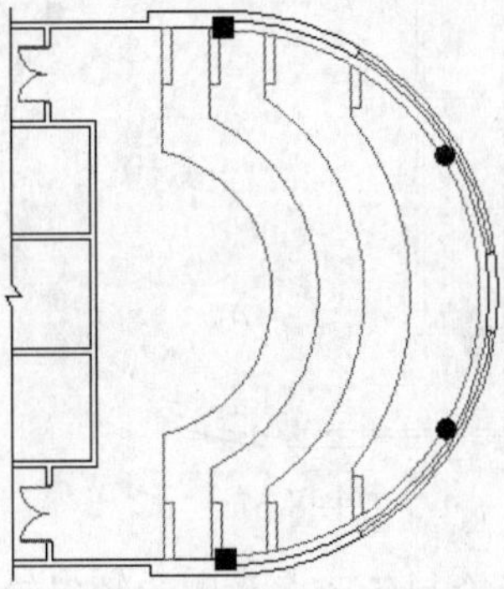
图8-54

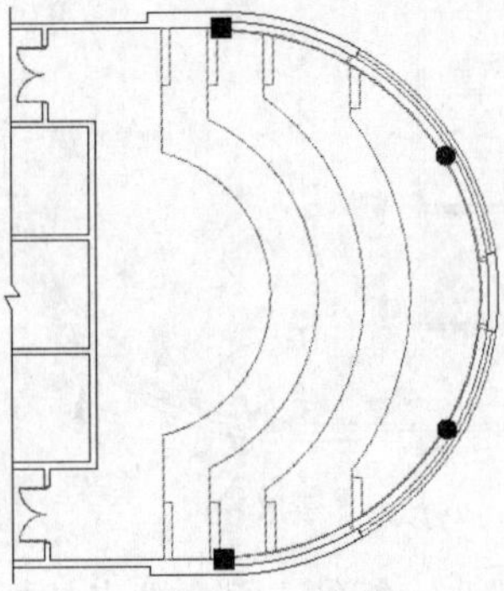
图8-55

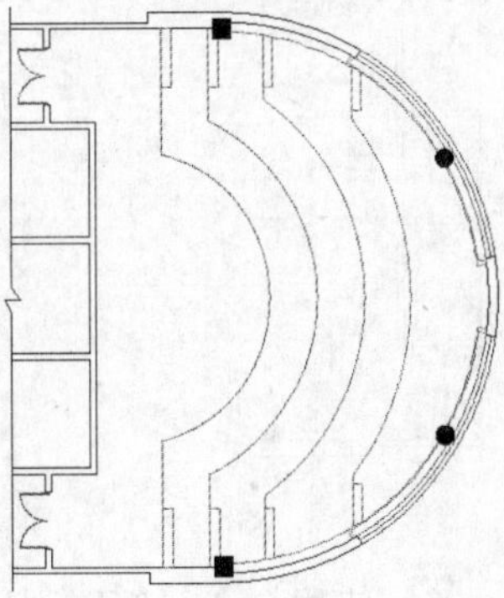
图8-56

(7) 使用命令简写REC激活“矩形”命令，绘制长度为1200、宽度为200的三个矩形作为暖气片，如图8-57所示。

(8) 执行菜单栏中的“修改”|“镜像”命令，配合中点捕捉功能对三个矩形进行镜像，结果如图8-58所示。

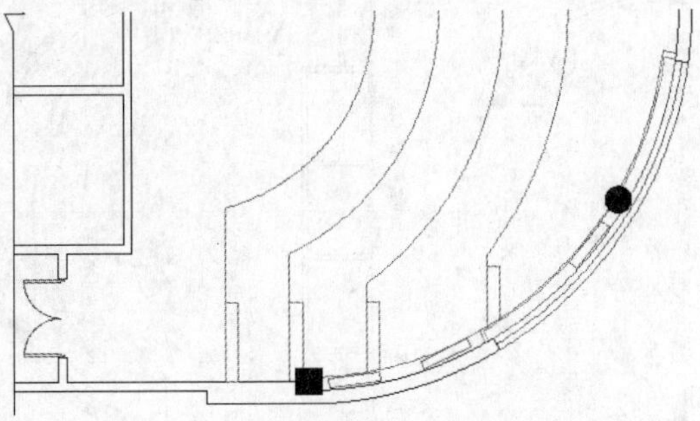
图8-57

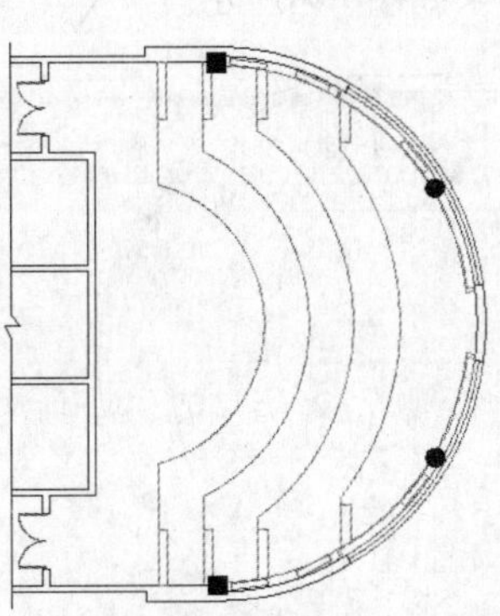
图8-58

至此，多功能厅栏杆、暖气等构件图绘制完毕，下一小节将学习多功能厅条形桌布置图的具体绘制过程和技巧。

8.4.3 绘制多功能厅条形桌布置图

(1) 继续上节操作。

(2) 展开“图层控制”下拉列表，将“家具层”设置为当前图层。

(3) 执行菜单栏中的“修改”|“偏移”命令，将左侧的圆弧向左偏移1500，然后将偏移出的圆弧向右偏移450，并将偏移出的两条圆弧放置到“家具层”上，结果如图8-59所示。

(4) 使用命令简写L激活“直线”命令，配合端点捕捉功能绘制条形桌两侧的倾斜轮廓线，结果如图8-60所示。

(5) 执行“偏移”命令，将右侧的4条同心圆弧分别向右偏移450个单位，并修改圆弧所在层为“家具层”，结果如图8-61所示。

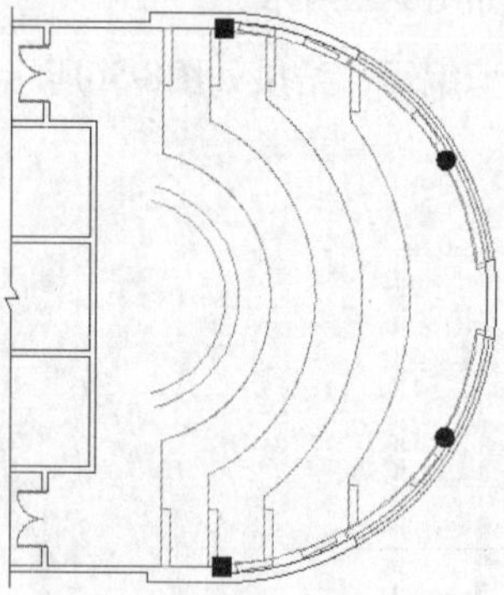
图8-59

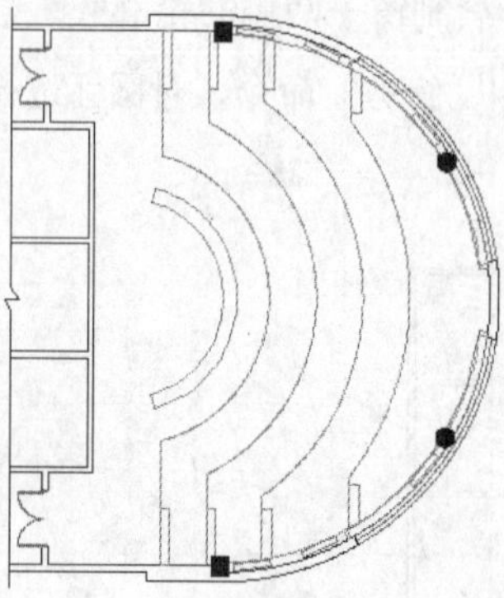
图8-60

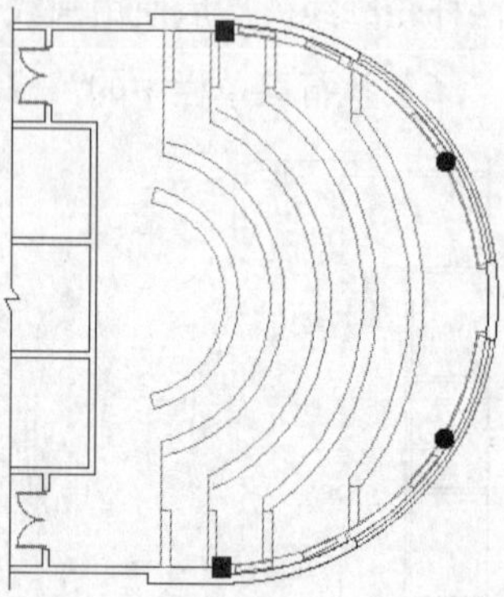
图8-61

(6) 使用命令简写L激活“直线”命令，配合端点捕捉功能绘制条形桌两侧的倾斜轮廓线，结果如图8-62所示。

(7) 执行“偏移”命令，将最右侧的圆弧向左偏移350个单位，并使用“直线”命令绘制两条的倾斜轮廓线，结果如图8-63所示。

(8) 使用命令简写XL激活“构造线”命令，通过同心圆弧的圆心绘制一条水平的构造线，结果如图8-64所示。

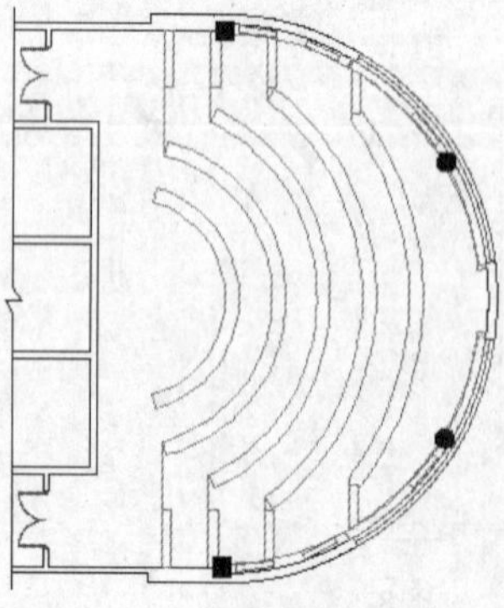
图8-62

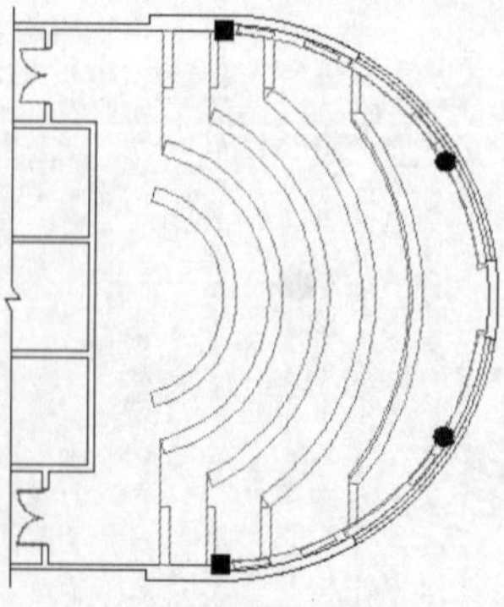
图8-63

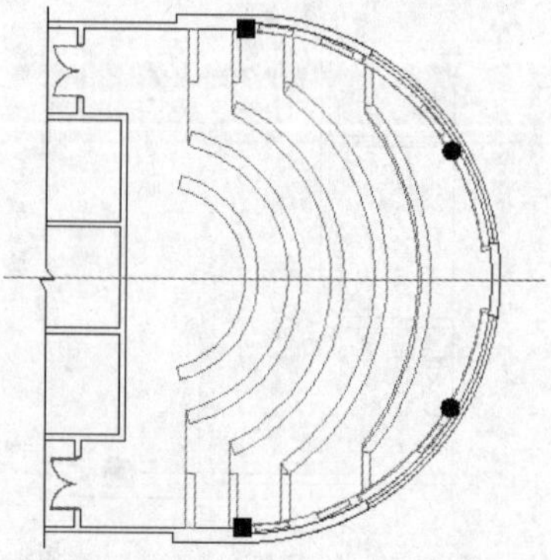
图8-64

⑨ 执行菜单栏中的“修改”|“偏移”命令，将水平的构造线对称偏移600个单位，结果如图8-65所示。

⑩ 夹点显示中间的水平构造线，然后使用夹点旋转并复制功能对其进行旋转复制，旋转角度为29°和-29°，结果如图8-66所示。

⑪ 删除中间的水平构造线，然后执行“修剪”命令，对构造线和圆弧进行修剪编辑，结果如图8-67所示。

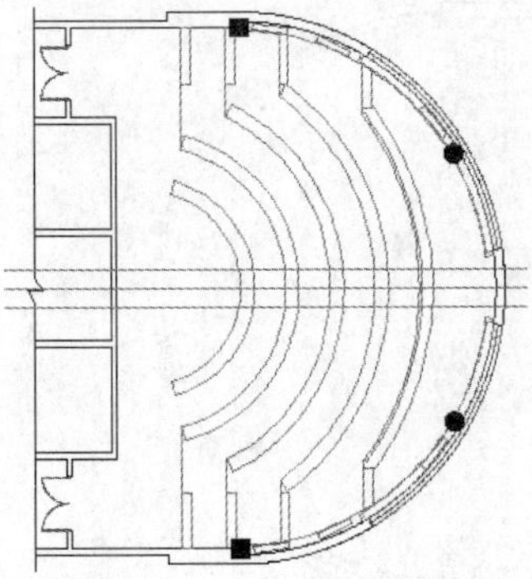

图8-65

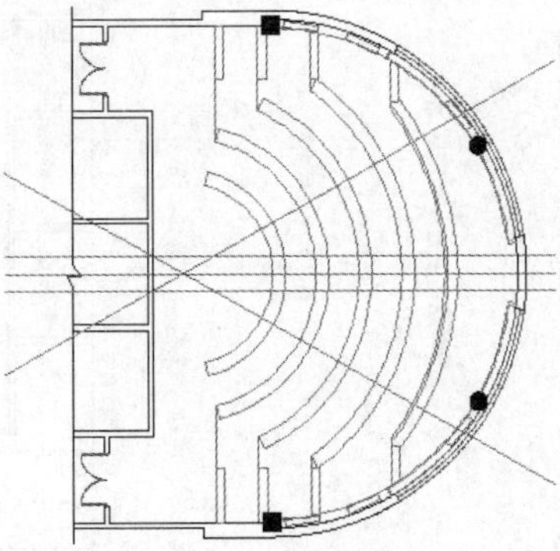

图8-66

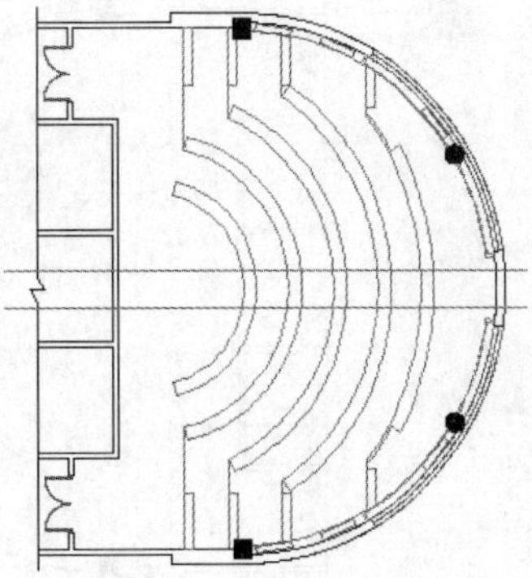

图8-67

⑫ 执行“偏移”命令，分别将条形桌的内侧圆弧边向右偏移300个单位，结果如图8-68所示。

⑬ 重复执行“偏移”命令，将两条水平构造线分别向两侧偏移60个单位，结果如图8-69所示。

⑭ 执行菜单栏中的“修改”|“修剪”命令，以刚偏移出的两条水平构造线作为边界，对条形桌的外轮廓边进行修剪，并删除偏移出的两条水平构造线，结果如图8-70所示。

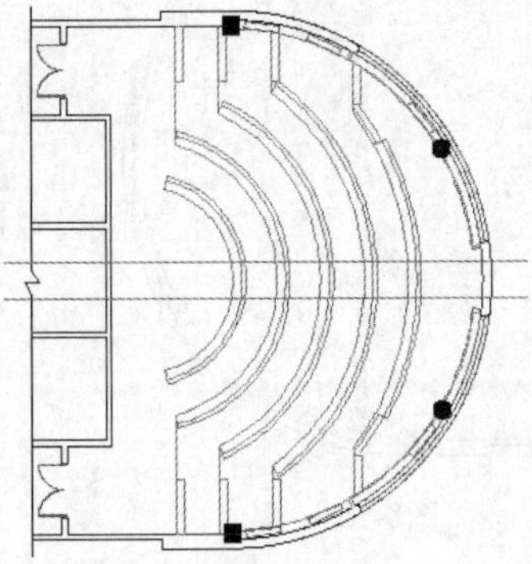

图8-68

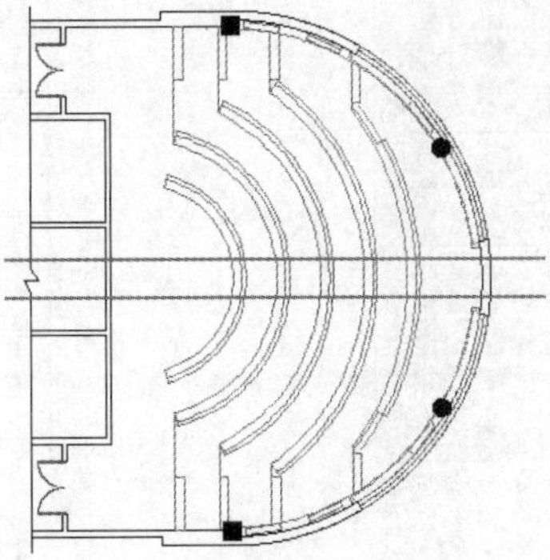

图8-69

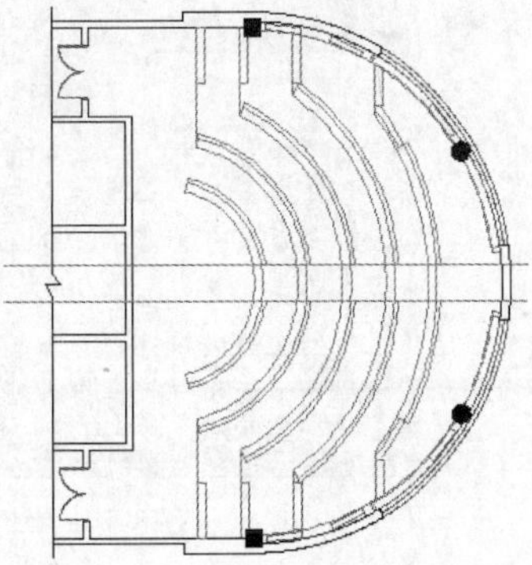

图8-70

⑮ 使用命令简写L激活“直线”命令，配合交点捕捉功能绘制如图8-71所示的倾斜轮廓线。

⑯ 使用命令简写E激活“删除”命令，删除两条水平的构造线，结果如图8-72所示。

⑰ 使用命令简写TR激活“修剪”命令，对圆弧进行修剪，结果如图8-73所示。

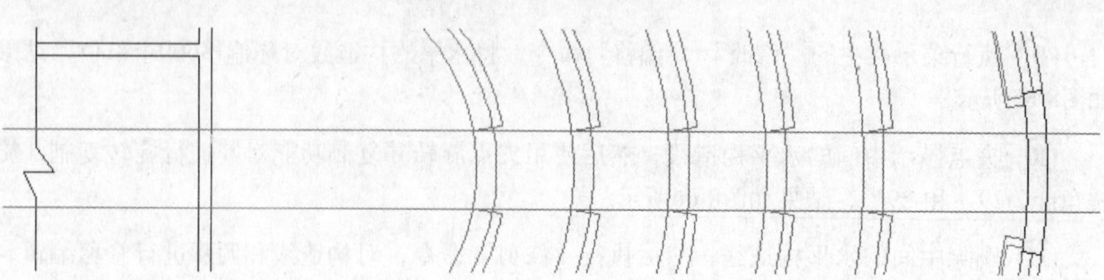

图8-71

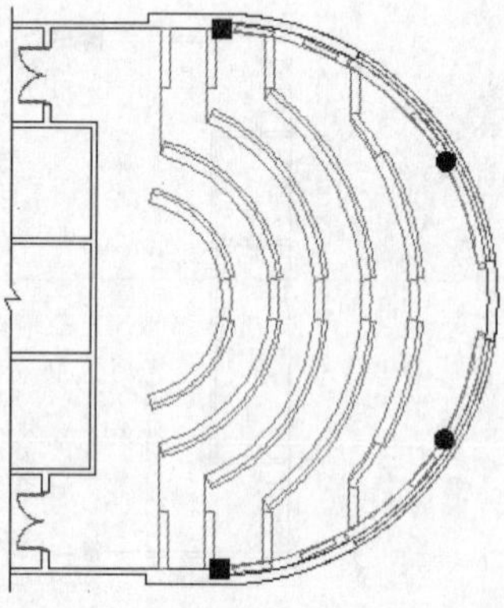

图8-72

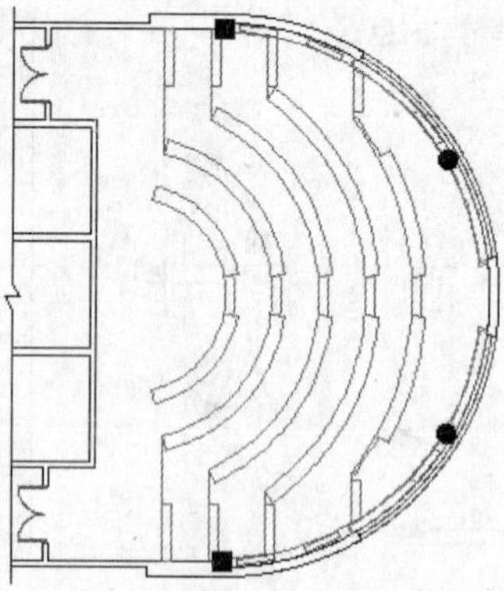

图8-73

⑱ 使用命令简写H激活“图案填充”命令，设置填充图案与参数如图8-74所示，为条形桌布置图填充如图8-75所示的图案。

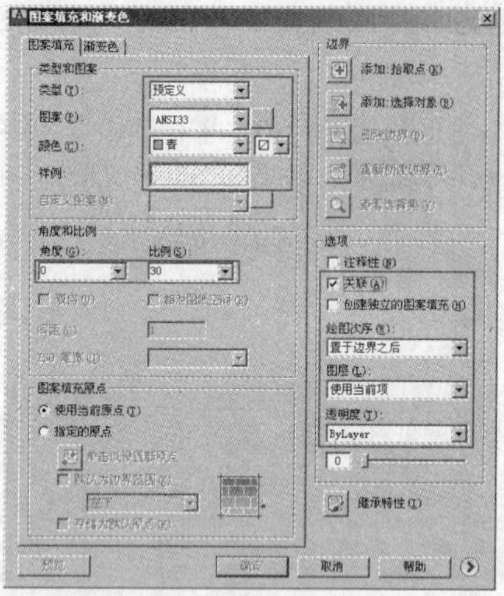

图8-74

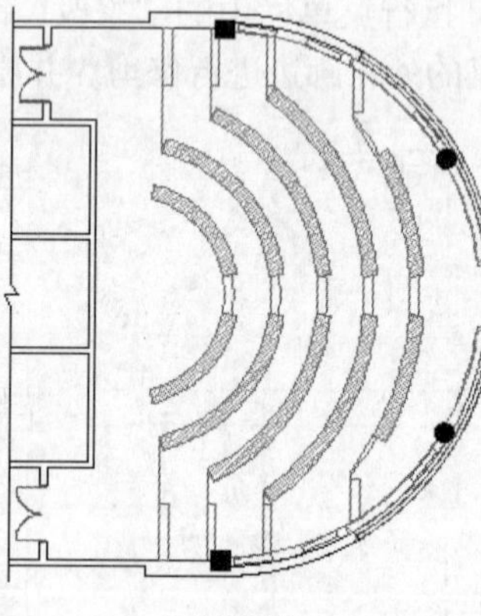

图8-75

至此，多功能厅条形桌布置图绘制完毕，下一小节将学习多功能厅其他构件布置图的具体绘制过程和绘制技巧。

8.4.4 绘制多功能厅平面布置图

① 继续上节操作。

2 执行菜单栏中的“绘图”|“矩形”命令，绘制长度为250、宽度为5800的矩形，如图8-76所示。

3 使用命令简写I激活“插入块”命令，以默认参数插入随书光盘中的“图块文件”\“讲桌.dwg”图块，在命令行“指定插入点:”提示下，水平向右引出如图8-77所示的中点追踪虚线，输入1700并按Enter键，插入结果如图8-78所示。

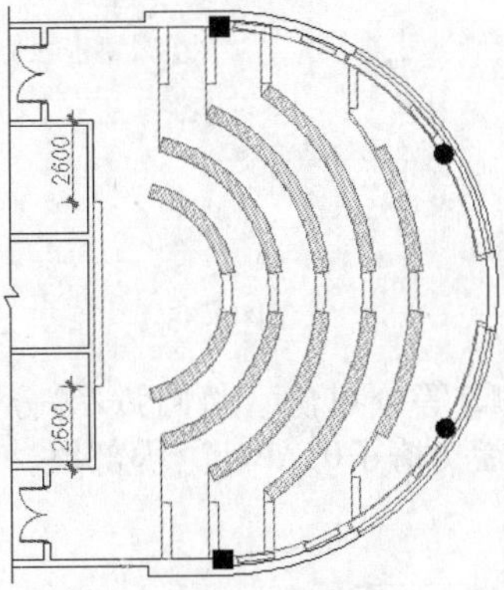

图8-76

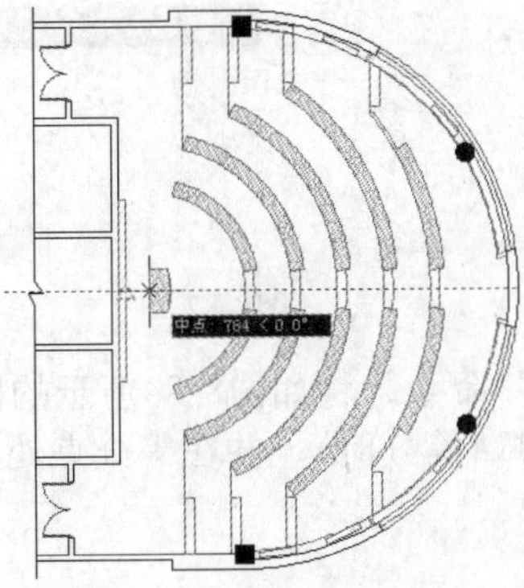

图8-77

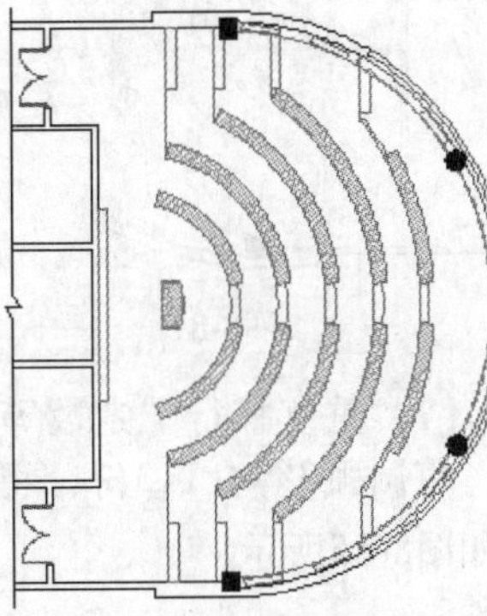
图8-78

4 重复执行“插入块”命令，设置块参数如图8-79所示，插入随书光盘中的“图块文件”\“椅子01.dwg”图块，插入结果如图8-80所示。

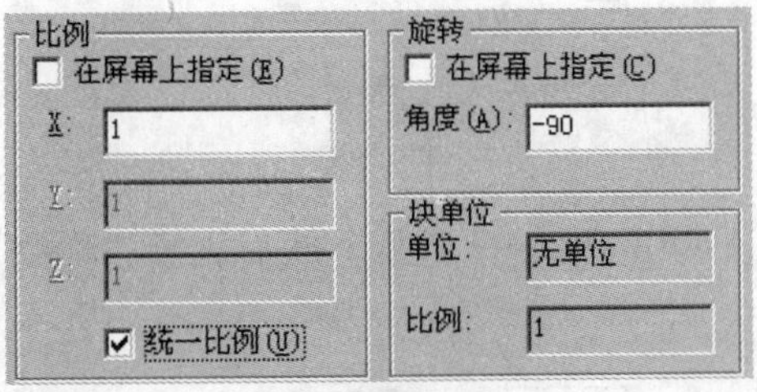

图8-79

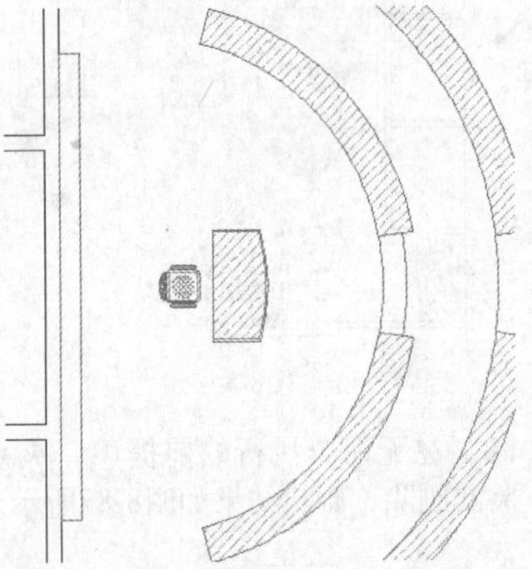
图8-80

5 执行菜单栏中的“修改”|“偏移”命令，将条形桌外侧轮廓线向右侧偏移290个单位，结果如图8-81所示。

6 使用命令简写DIV激活“定数等分”命令，对偏移出的轮廓线进行定数等分，命令行操作如下。

命令 : DIV	// Enter
DIVIDE 选择要定数等分的对象 :	// 选择如图 8-82 所示的圆弧
输入线段数目或 [块 (B)]:	// B Enter
输入要插入的块名 :	// 椅子 01 Enter
是否对齐块和对象？ [是 (Y)/ 否 (N)] <Y>:	// Enter
输入线段数目 :	//7 Enter，结束命令，等分结果如图 8-83 所示

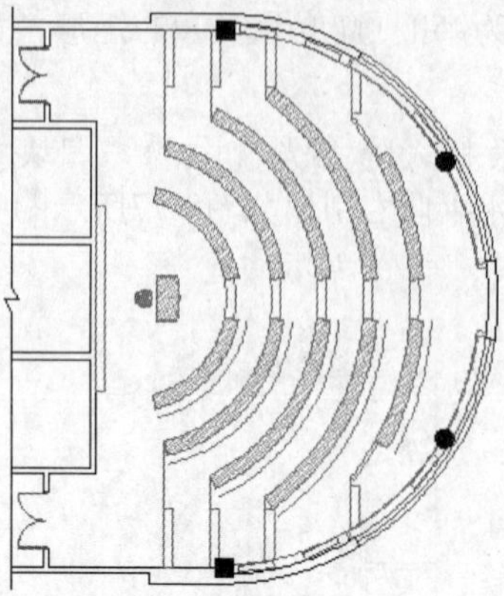

图8-81

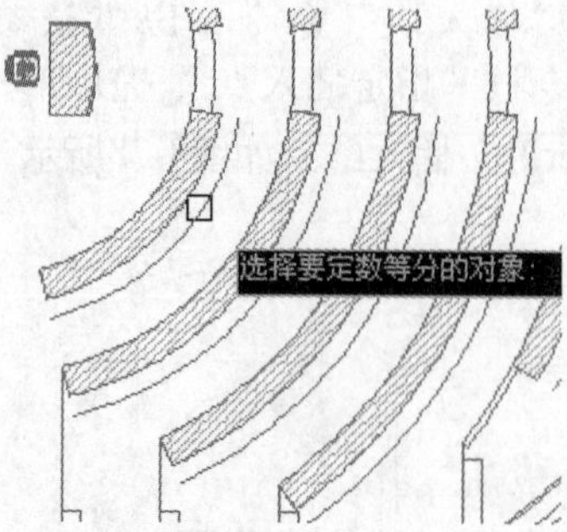

图8-82

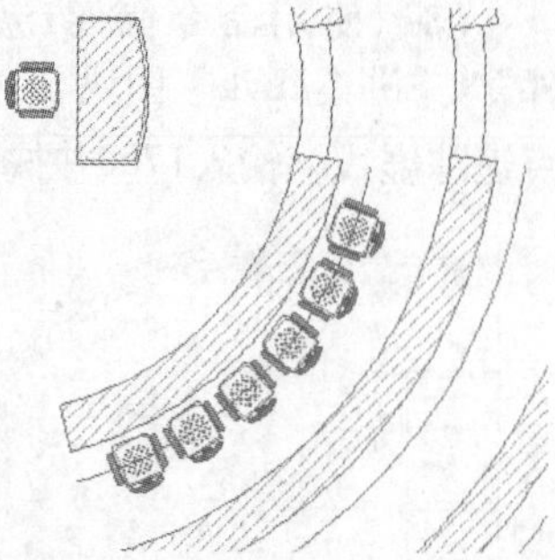

图8-83

(7) 重复执行“定数等分”命令，将如图8-84所示的圆弧1等分11份、将圆弧2等分12份、将圆弧3等分113份、将圆弧4等分8份，并在等分点处放置“椅子01.dwg”内部块，结果如图8-85所示。

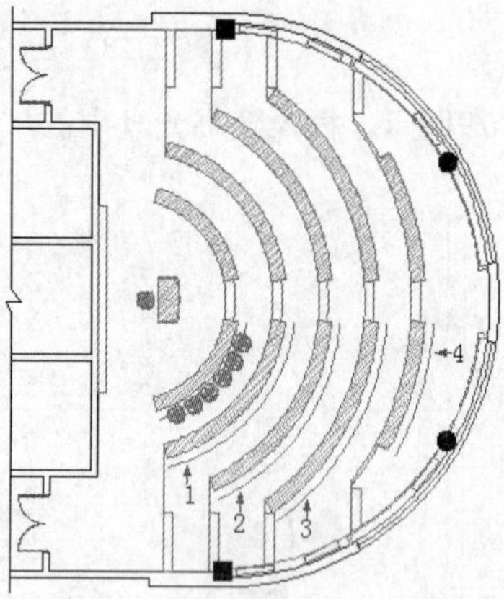

图8-84

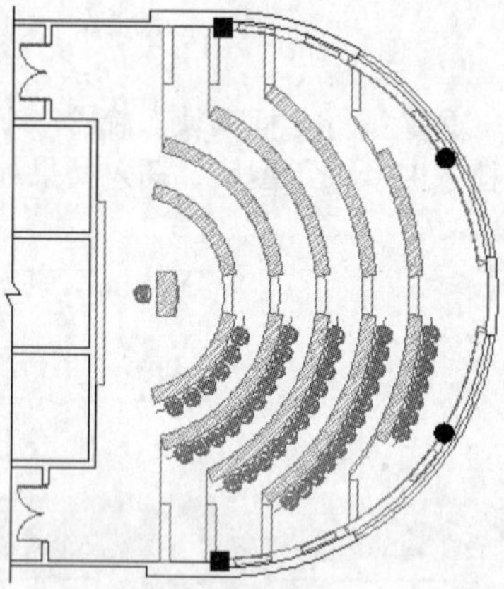

图8-85

(8) 在无命令执行的前提下，夹点显示如图8-86所示的4条圆弧，然后执行“删除”命令，将其删除，删除结果如图8-87所示。

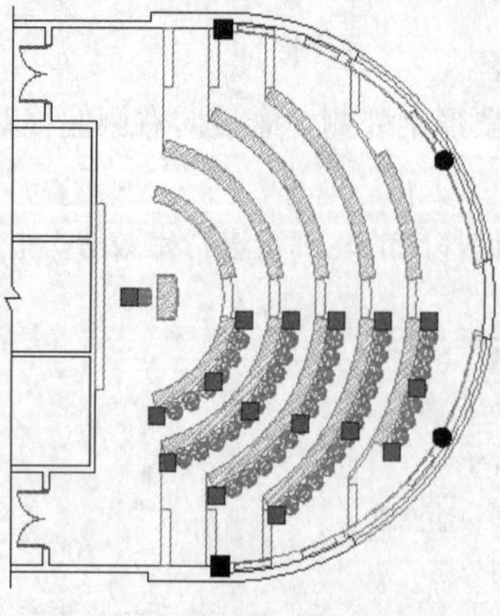

图8-86

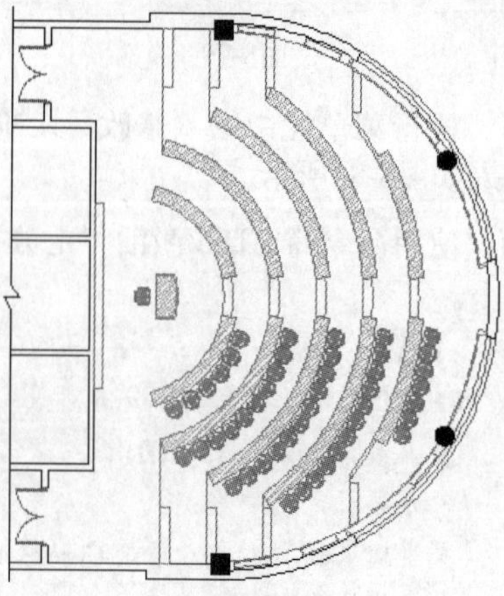

图8-87

⑨ 在无命令执行的前提下，分别单击等分后的所有椅子图块，使其夹点显示，如图8-88所示。

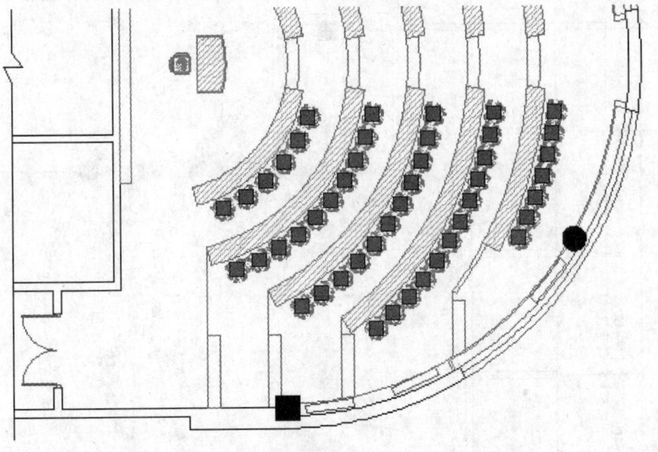

图8-88

⑩ 执行菜单栏中的“修改”|“镜像”命令，对夹点显示的图块进行镜像，命令行操作如下。

```
命令 : _mirror 找到 46 个
    指定镜像线的第一点 :                    // 捕捉如图 8-89 所示的中点
    指定镜像线的第二点 :                    // 捕捉如图 8-90 所示的中点
    要删除源对象吗？ [ 是 (Y)/ 否 (N)] <N>:
                                            // Enter，结束命令，镜像效果如上图 8-41 所示
```

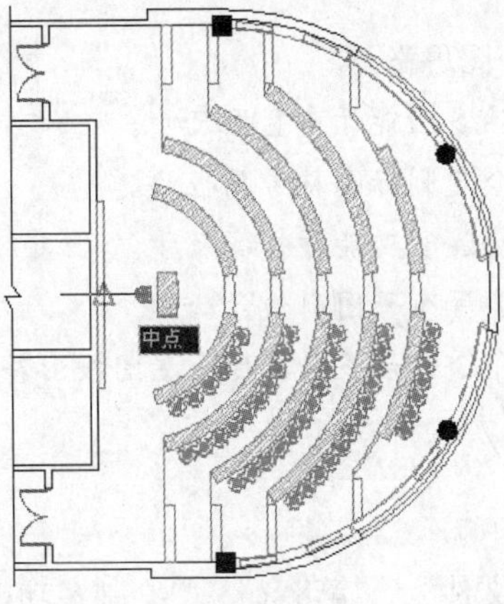

图8-89

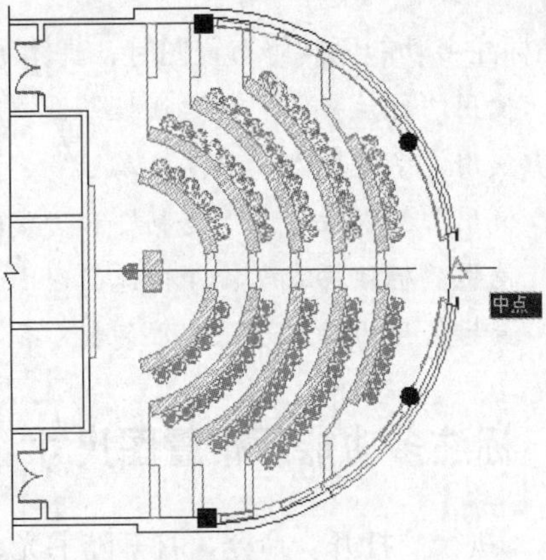

图8-90

⑪ 最后执行“保存”命令，将图形命名存储为“绘制多功能厅装修布置图.dwg”。

8.5 标注多功能厅装修布置图

本节主要学习多功能厅装修布置图的后期标注过程和标注技巧，具体有尺寸、标高、文字和墙面投影等标注内容。多功能厅装修布置图的最终标注效果如图8-91所示。

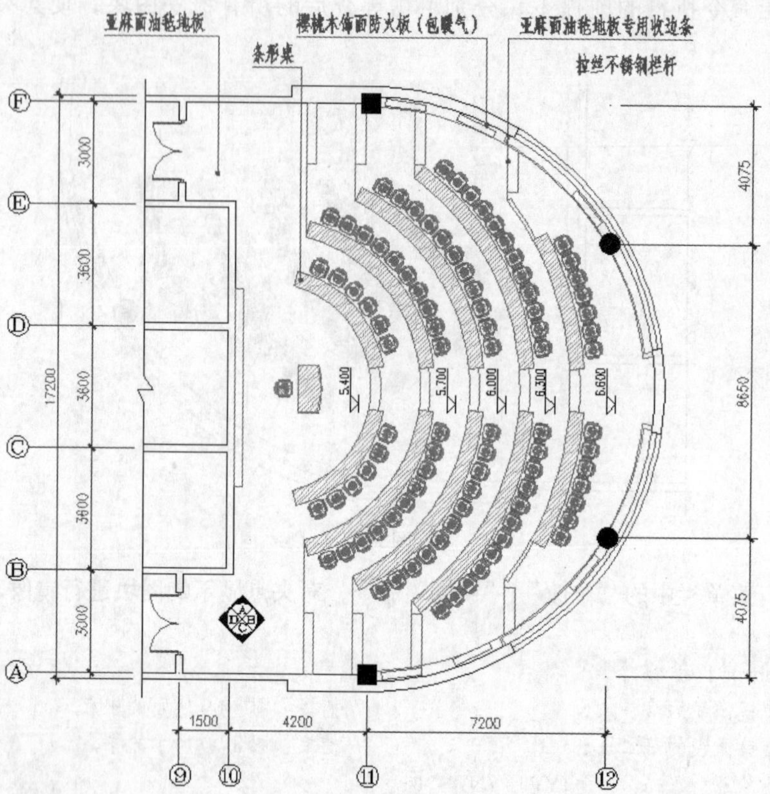

图8-91

在标注多功能厅装修布置图时，具体可以参照如下绘图思路。

- 使用“标注样式”、“线性”、“连续”命令标注多功能厅布置图尺寸。
- 使用“多段线”、“定义属性”、“创建块”命令定制标高符号属性块。
- 使用“插入块”、“复制”和“编辑属性”命令标注多功能厅标高尺寸。
- 使用“标注样式”、“快速引线”命令标注多功能厅布置图引线注释。
- 最后使用“插入块”、“复制”和“编辑属性”命令标注多功能厅布置图投影符号。

8.5.1 标注多功能厅布置图尺寸

(1) 执行“打开”命令，打开随书光盘中的“效果文件”\“第8章”\“绘制多功能厅装修布置图.dwg”。

(2) 展开“图层”工具栏中的“图层控制”下拉列表，将“尺寸层”设置为当前图层，并打开“轴线层”。

(3) 执行菜单栏中的“标注”|“标注样式”命令，修改“建筑标注”样式的标注比例为100，同时将此样式设置为当前尺寸样式，如图8-92所示。

(4) 单击“标注”工具栏中的按钮，在“指定第一条尺寸界线原点或<选择对象>:”提示下，配合捕捉与追踪功能捕捉如图8-93所示的虚线交点作为第一条延界线的起点。

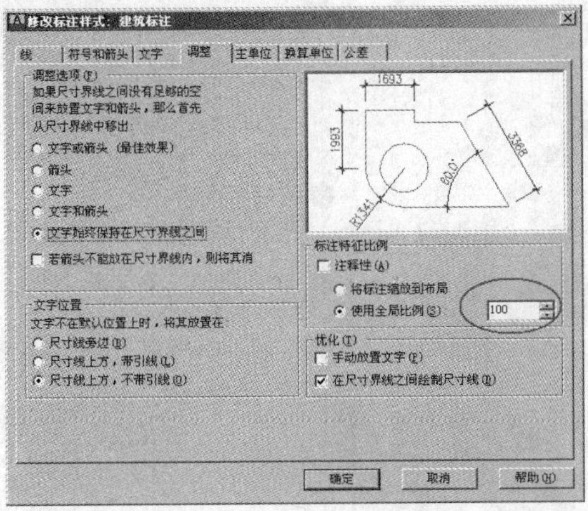

图8-92

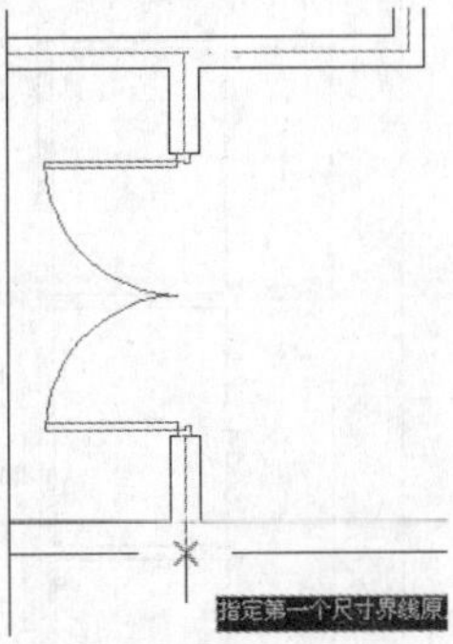

图8-93

5 在“指定第二条尺寸界线原点:”提示下，捕捉如图8-94所示的追踪虚线的交点。

6 在“指定尺寸线位置或[多行文字(M)/文字(T)/角度(A)/水平(H)/垂直(V)/旋转(R)]:”提示下，在适当位置指定尺寸线位置，标注结果如图8-95所示。

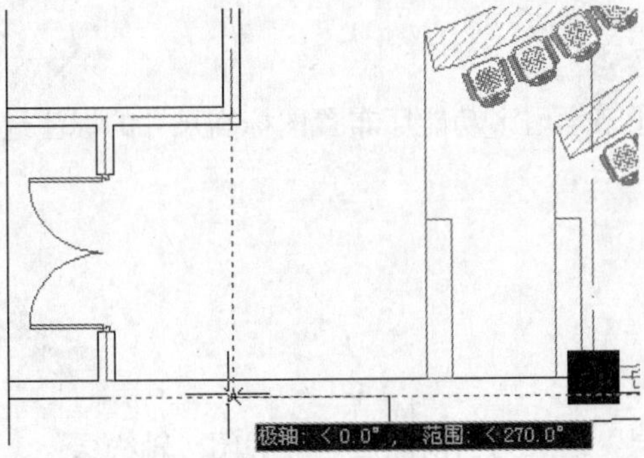

图8-94

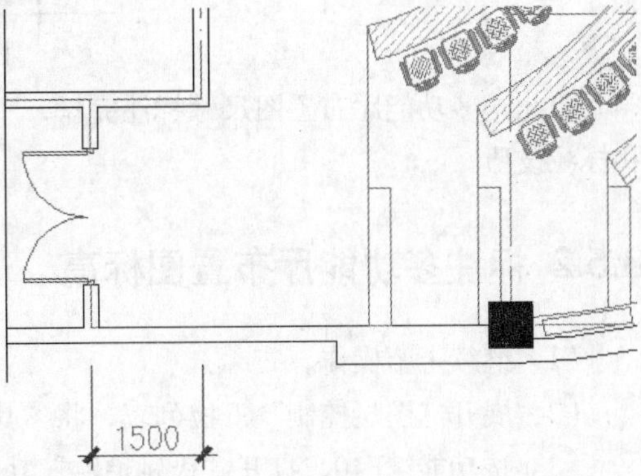

图8-95

7 单击“标注”工具栏中的按钮，激活“连续”命令，系统自动以刚标注的线型尺寸作为连续标注的第一条尺寸界线，标注如图8-96所示的连续尺寸作为细部尺寸。

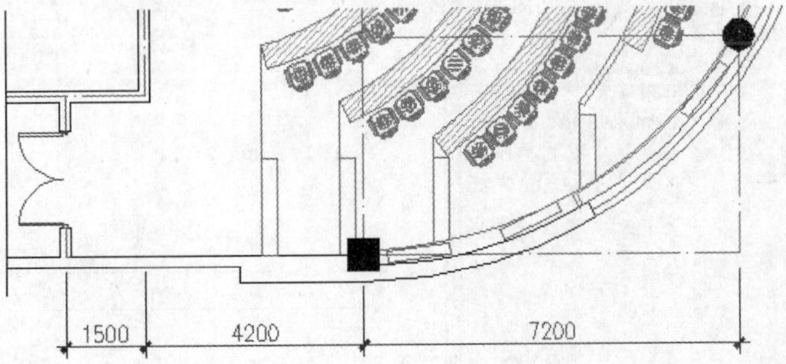

图8-96

8 参照上述操作，重复使用“线性”和“连续”命令，标注其他两侧位置的尺寸，结果如图8-97所示。

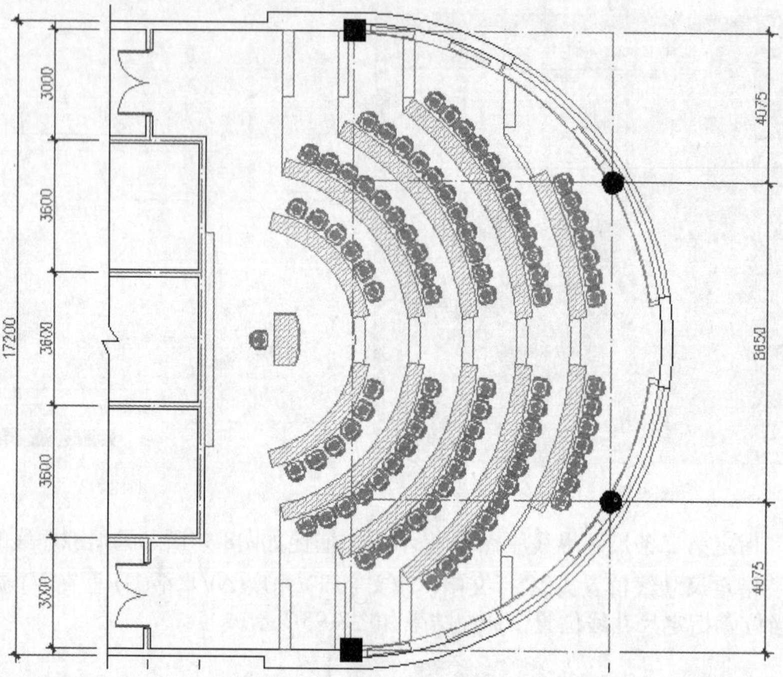

图8-97

至此，多功能厅布置图尺寸标注完毕，下一小节学习多功能厅布置图标高尺寸的标注过程和标注技巧。

8.5.2 标注多功能厅布置图标高

(1) 继续上节操作。

(2) 展开“图层控制”下拉列表，将“其他层”设置为当前图层，并关闭“轴线层”。

(3) 按功能键F10，打开“极轴追踪”功能，并设置极轴角如图8-98所示。

(4) 使用命令简写PL激活“多段线”命令，配合“极轴追踪”功能绘制如图8-99所示的标高符号。

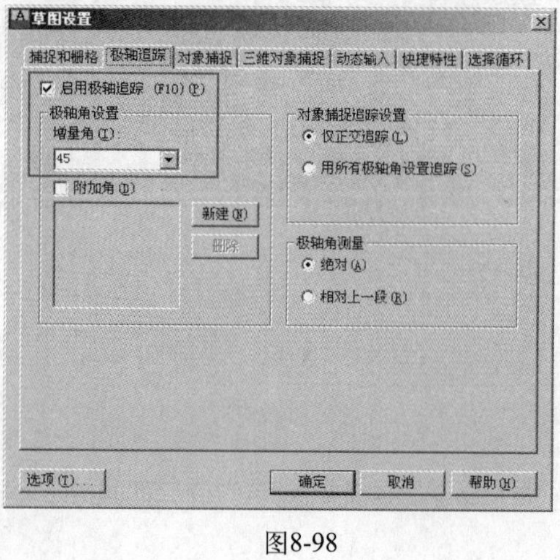

图8-98

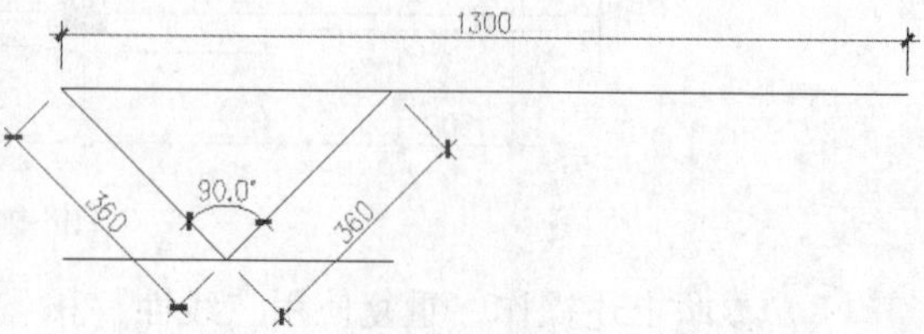

图8-99

(5) 使用命令简写ATT激活“属性”命令，为标高符号定义文字属性，如图8-100所示。

(6) 返回绘图区捕捉标高符号的右端点，属性的定义结果如图8-101所示。

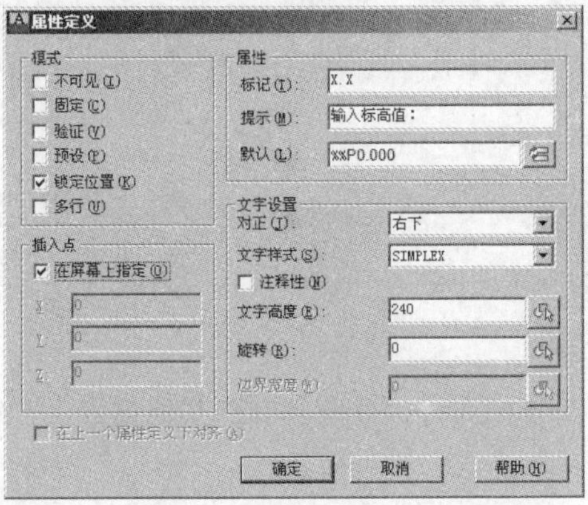

图8-100

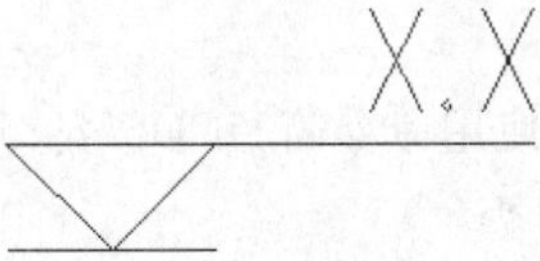

图8-101

(7) 执行“移动”命令，将定义的文字属性沿y轴负方向移动30个单位，然后使用命令简写B激活“创建块”命令，设置块参数如图8-102所示，将标高符号和定义的属性一起创建为属性块，块的基点为如图8-103所示的中点。

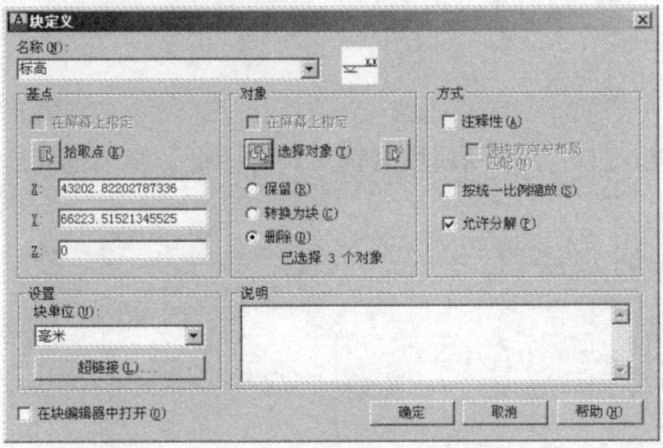

图8-102

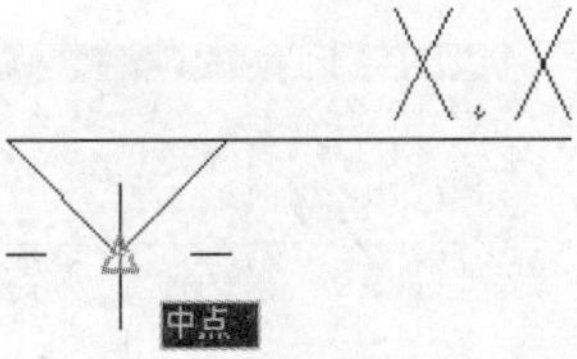

图8-103

(8) 使用命令简写I激活“插入块”命令，设置块参数如图8-104所示，插入刚定义的标高属性块，属性值如图8-105所示，插入结果如图8-106所示。

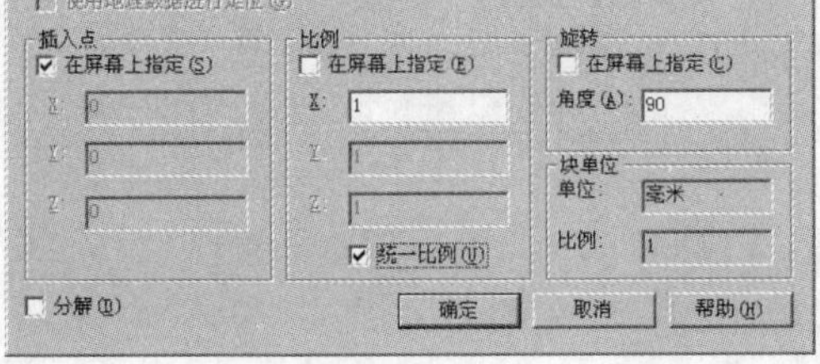

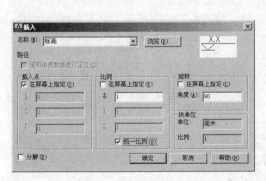

图8-104

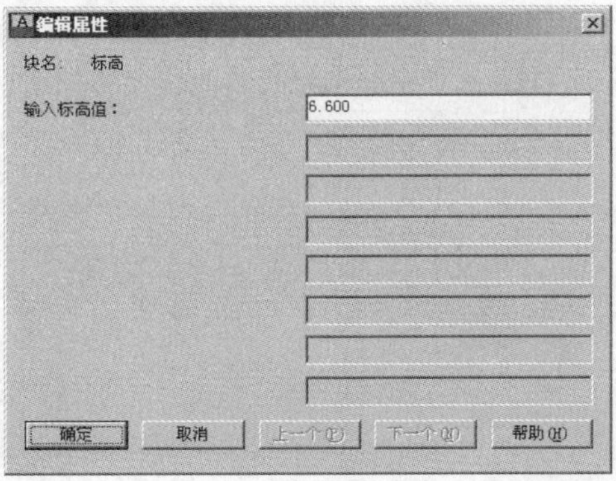

图8-105

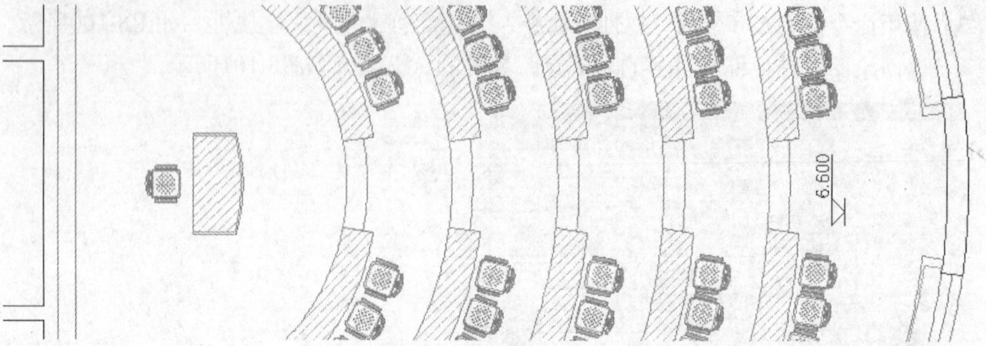

图8-106

9 使用命令简写CO激活“复制”命令，将标高符号分别复制到其他位置上，结果如图8-107所示。

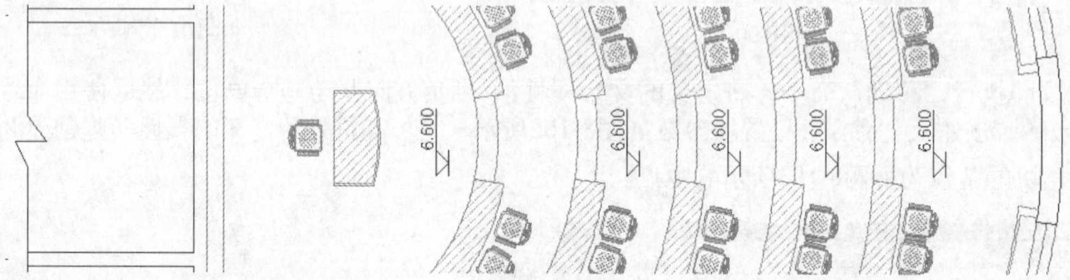

图8-107

10 在复制出的标高符号上双击左键，打开“增强属性编辑器”对话框，修改标高属性值如图8-108所示。

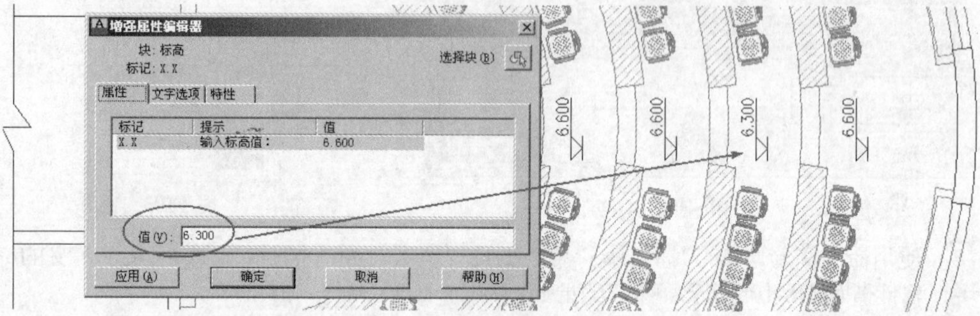

图8-108

11 接下来分别修改其他位置的标高属性块，修改标高的属性值，结果如图8-109所示。

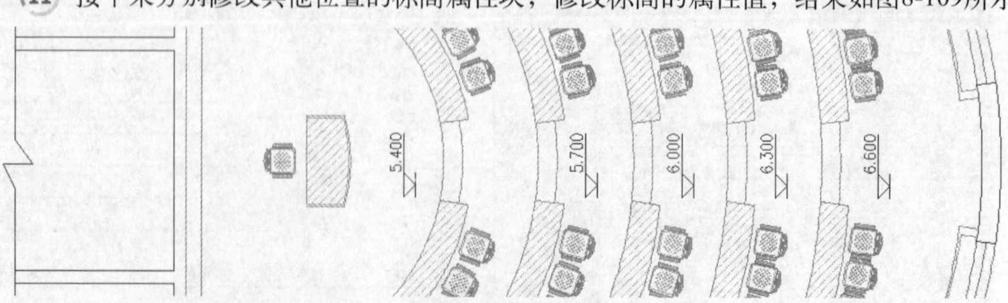

图8-109

至此，多功能厅布置图标高标注完毕，下一小节为多功能厅布置图标注引线注释的快速标注过程。

8.5.3 标注多功能厅布置图引线注释

① 继续上节操作。

② 展开“图层控制”下拉列表，将“文本层”设置为当前图层。

③ 使用命令简写D激活“标注样式”命令，在打开的对话框中单击 替代(O)... 按钮，打开“替代当前样式:建筑标注”对话框。

④ 展开“符号和箭头”选项卡，设置引线箭头和大小参数，如图8-110所示。

⑤ 在“替代当前样式:建筑标注”对话框中展开“文字”选项卡，修改文字样式如图8-111所示。

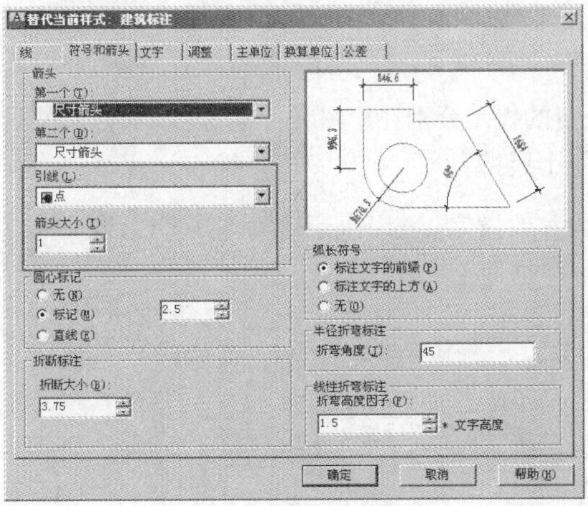

图8-110

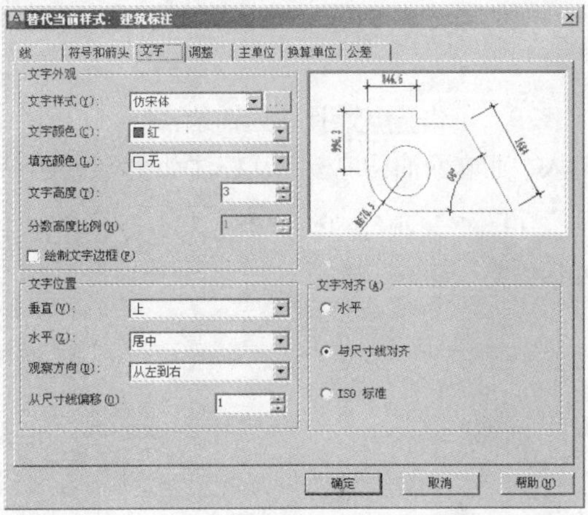

图8-111

⑥ 在“替代当前样式:建筑标注”对话框中激活“调整”选项卡，修改尺寸样式的全局比例如图8-112所示。

⑦ 返回“标注样式管理器”对话框，结果当前标注样式被替代，替代后的预览效果如图8-113所示。

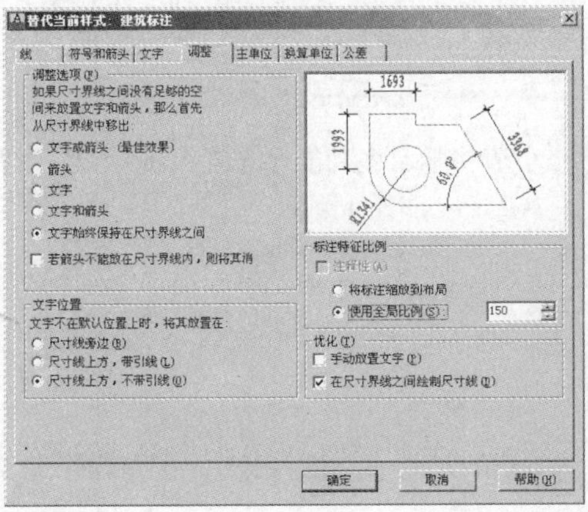

图8-112

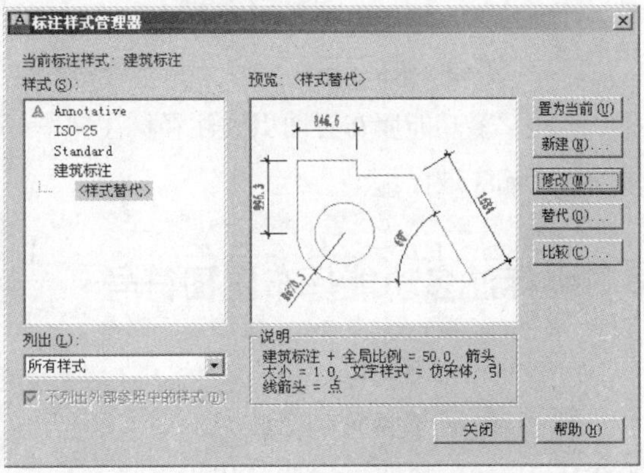

图8-113

⑧ 使用命令简写LE激活“快速引线”命令，在命令行“指定第一个引线点或[设置(S)]<设置>:”提示下，输入S打开“引线设置”对话框，分别设置引线参数如图8-114和图8-115所示。

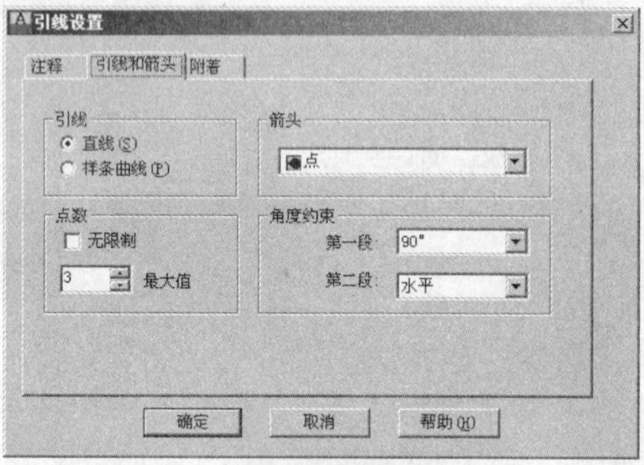

图8-114

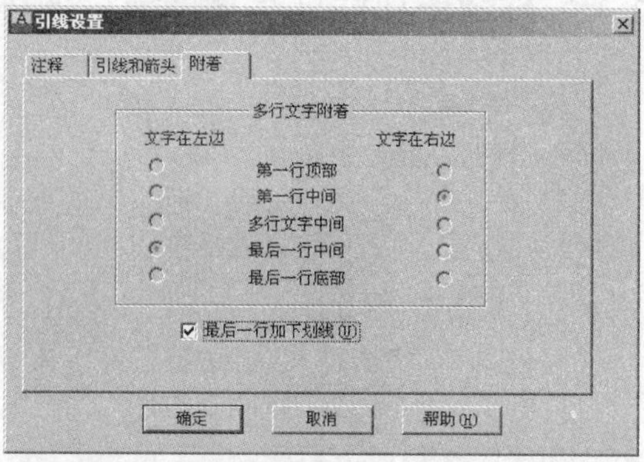

图8-115

⑨ 单击 确定 按钮返回绘图区，根据命令行的提示分别在绘图区指定三个引线点，然后输入“亚麻面油毡地板”，标注如图8-116所示的引线注释。

⑩ 重复执行“快速引线”命令，按照上述参数设置，分别标注其他位置的引线文本，标注结果如图8-117所示。

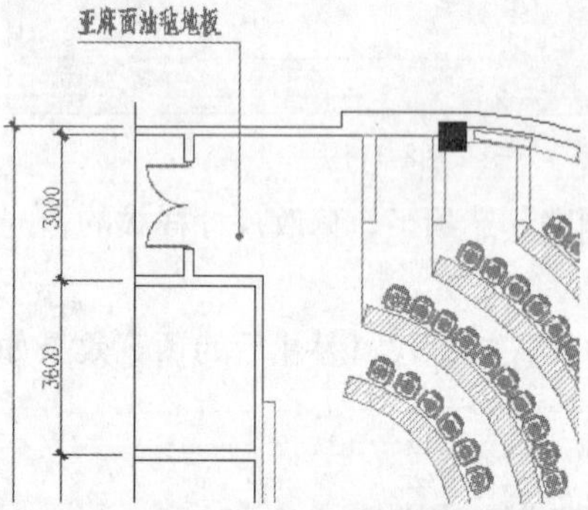

图8-116

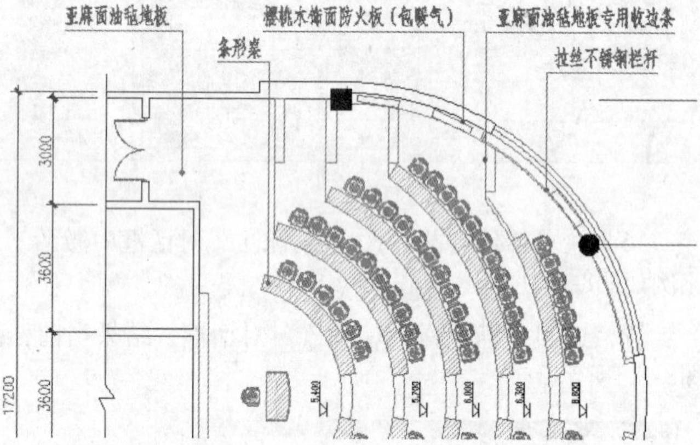

图8-117

至此，多功能厅布置图引线注释标注完毕，下一小节将学习多功能厅布置图轴号和投影符号的快速标注过程。

8.5.4 标注多功能厅布置图符号

① 继续上节操作。

② 在无命令执行的前提下夹点显示如图8-118所示的尺寸，然后打开“特性”面板，修改其尺寸界线的特性，如图8-119所示。

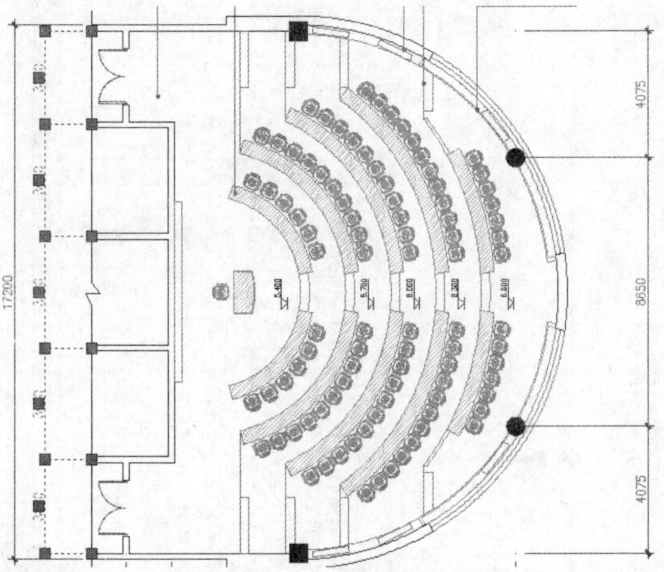

图8-118

图8-119

(3) 关闭“特性”面板，并取消尺寸的夹点显示，结果如图8-120所示。

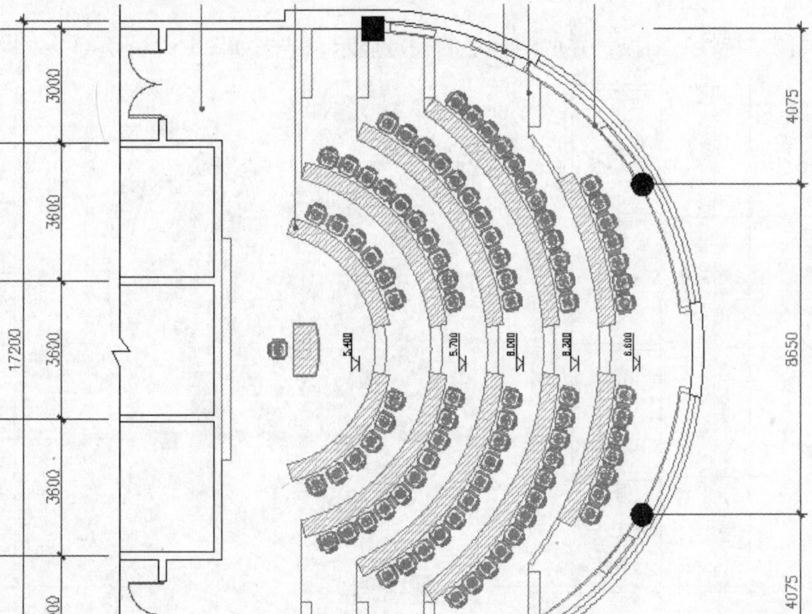

图8-120

(4) 在无命令执行的前提下，夹点显示如图8-121所示的尺寸，然后打开“特性”面板，修改其尺寸界线的特性，如图8-122所示。

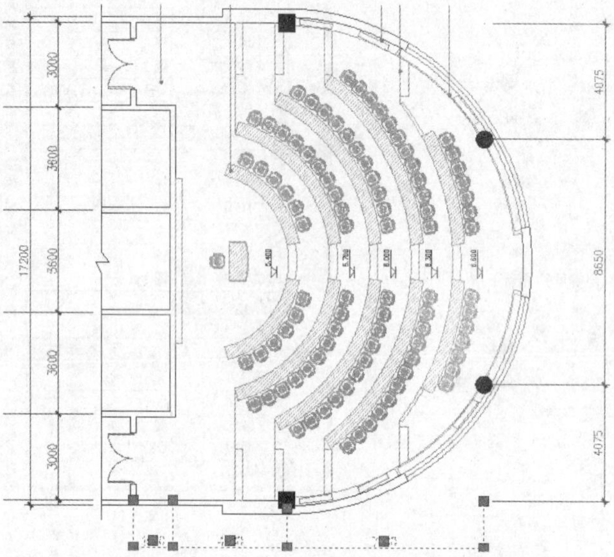

图8-121

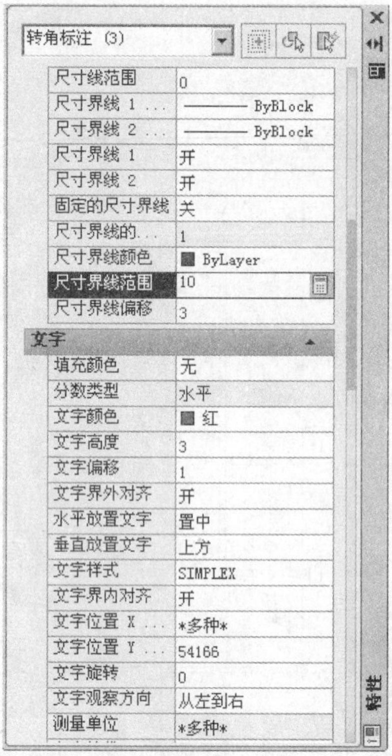

图8-122

5 关闭“特性”面板，并取消尺寸的夹点显示，结果如图8-123所示。

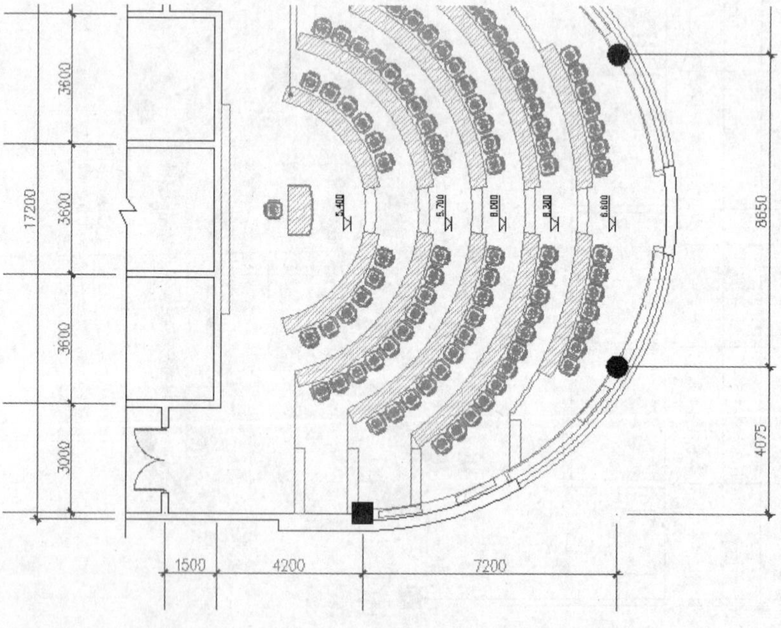

图8-123

6 使用命令简写I激活“插入块”命令，设置块参数如图8-124所示，插入随书光盘中的“图块文件”\“轴标号.dwg”图块，属性值如图8-125所示，插入结果如图8-126所示。

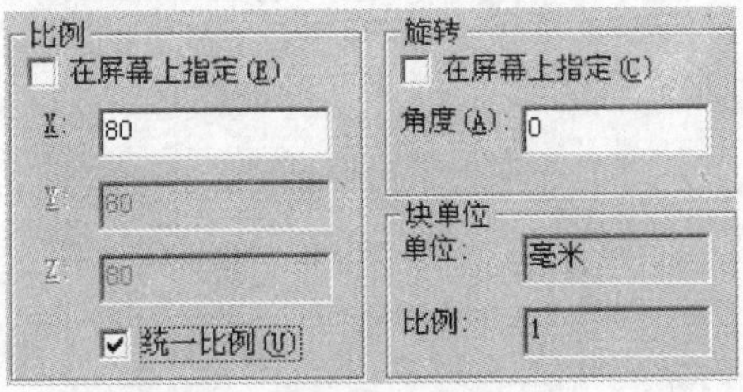

图8-124

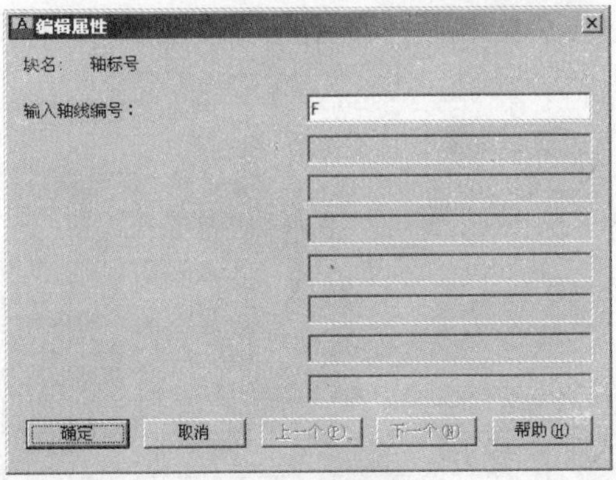

图8-125

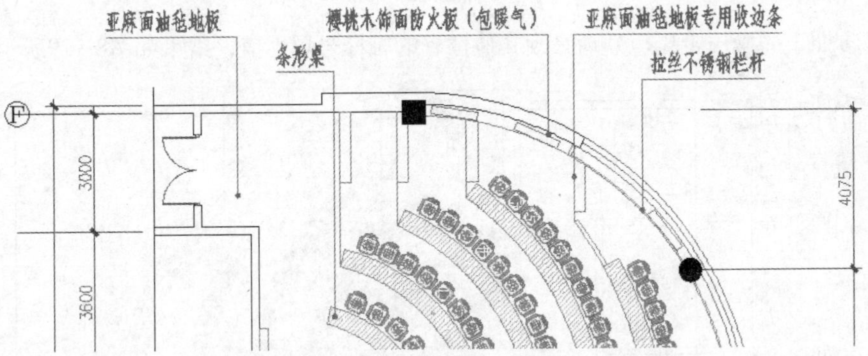

图8-126

(7) 使用命令简写CO激活“复制”命令，将刚插入的轴标号分别复制到其他位置上，结果如图8-127所示。

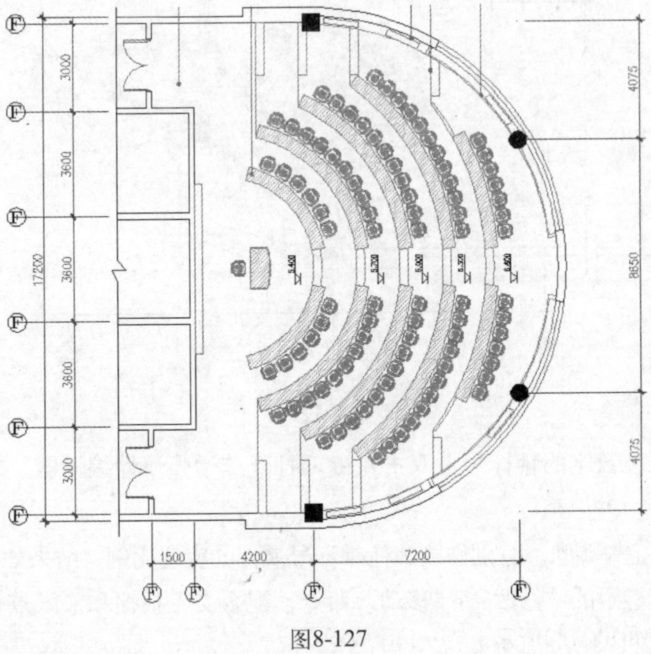

图8-127

⑧ 在复制出的轴标号上双击左键，打开“增强属性编辑器”对话框，然后修改属性值，如图8-128所示。

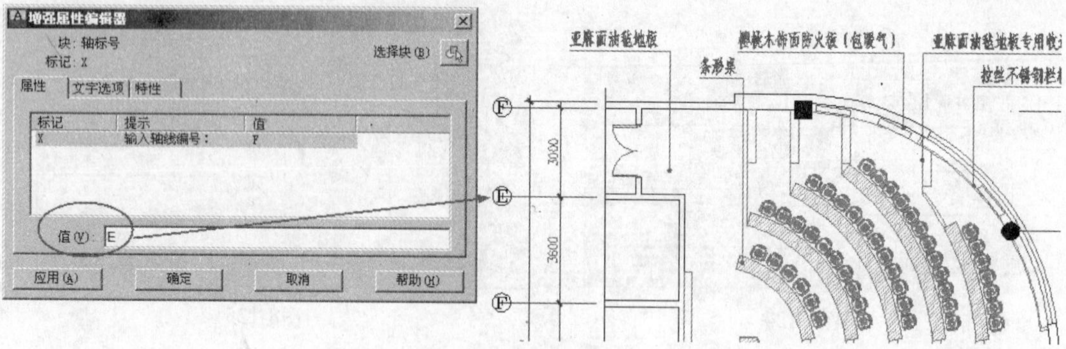

图8-128

⑨ 参照上一操作步骤，分别修改其他位置的轴标号属性值，结果如图8-129所示。

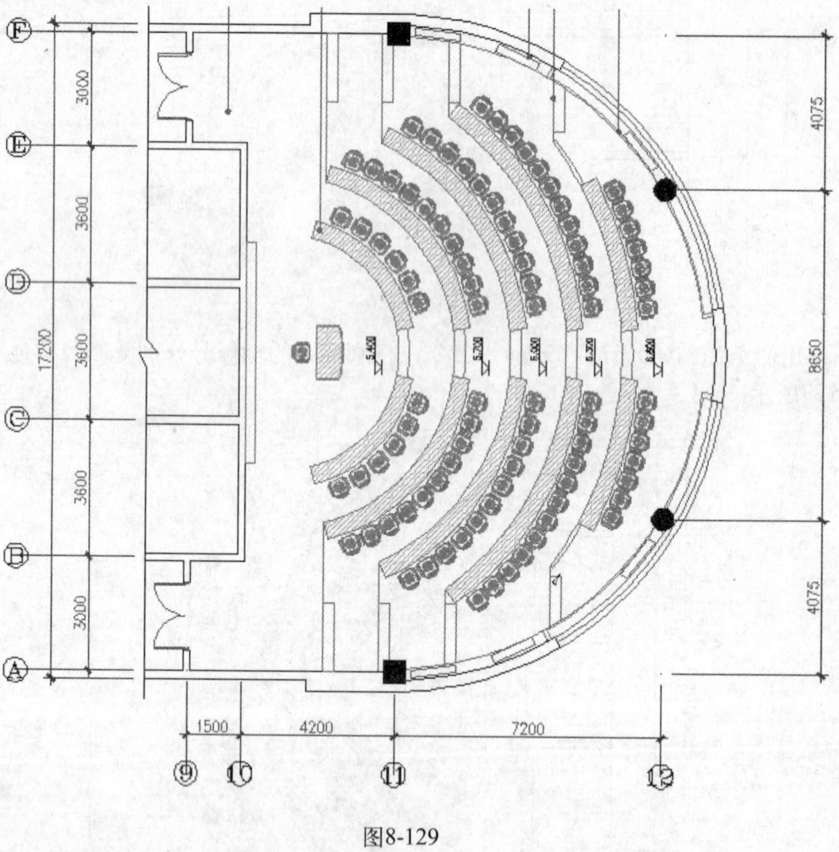

图8-129

⑩ 在下侧双位数字的轴标号上双击左键，打开“增强属性编辑器”对话框，修改属性的宽度比例，如图8-130所示。

⑪ 重复执行上一步骤，分别修改其他轴标号属性的宽度比例，结果如图8-131所示。

⑫ 执行菜单栏中的“修改”|“移动”命令，配合交点捕捉和象限点捕捉功能，将轴标号进行外移，结果如图8-132所示。

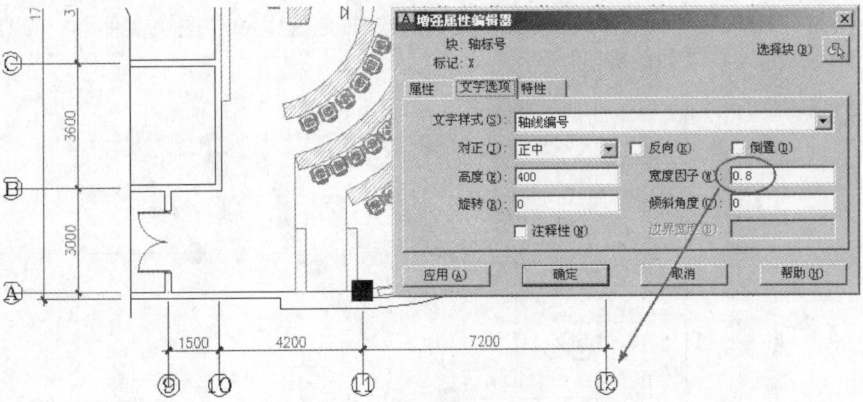

图8-130

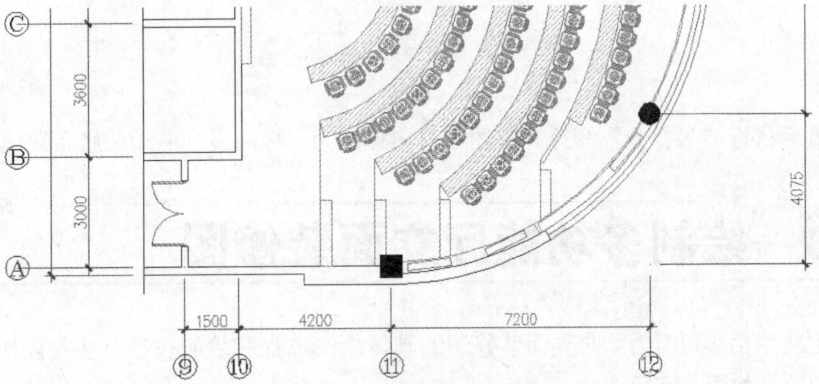

图8-131

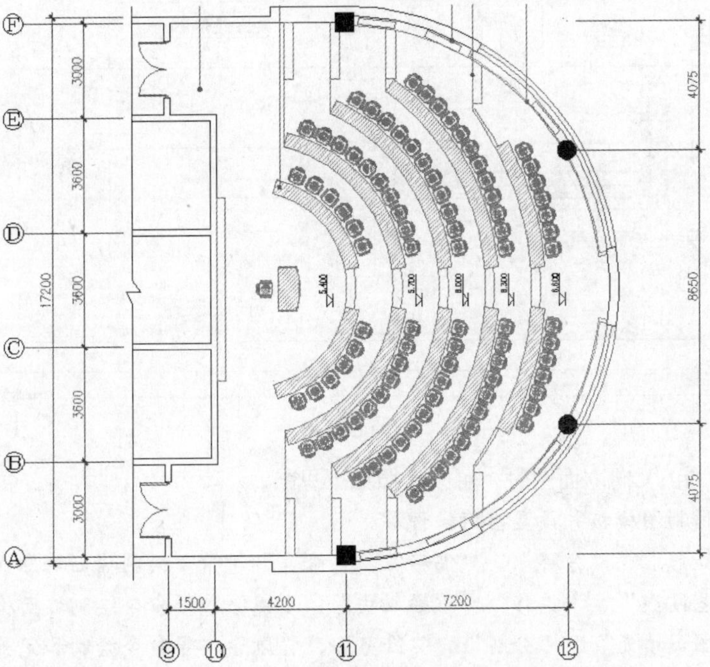

图8-132

⑬ 执行“插入块”命令，以默认参数插入随书光盘中的“图块文件”\“四面投影符号.dwg”图块，插入结果如图8-133所示。

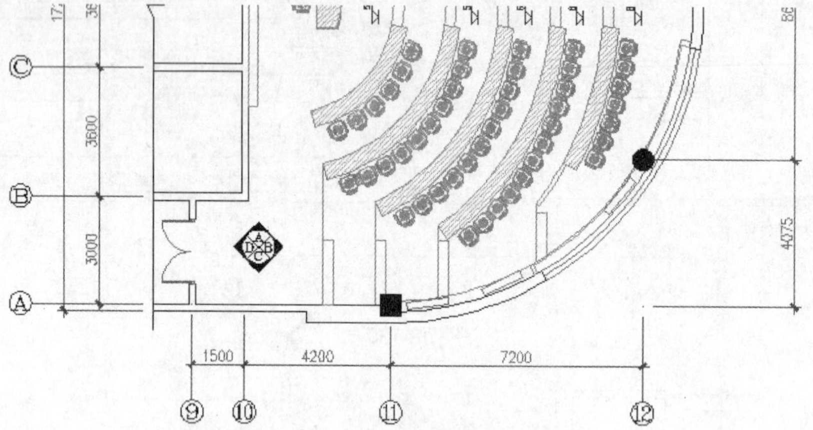

图8-133

⑭ 最后执行“另存为”命令，将图形另名存储为“标注多功能厅装修布置图.dwg”。

8.6 绘制多功能厅立面装修图

本节主要学习多功能厅C向立面装修图的具体绘制过程和绘制技巧。多功能厅C向立面图的最终绘制效果如图8-134所示。

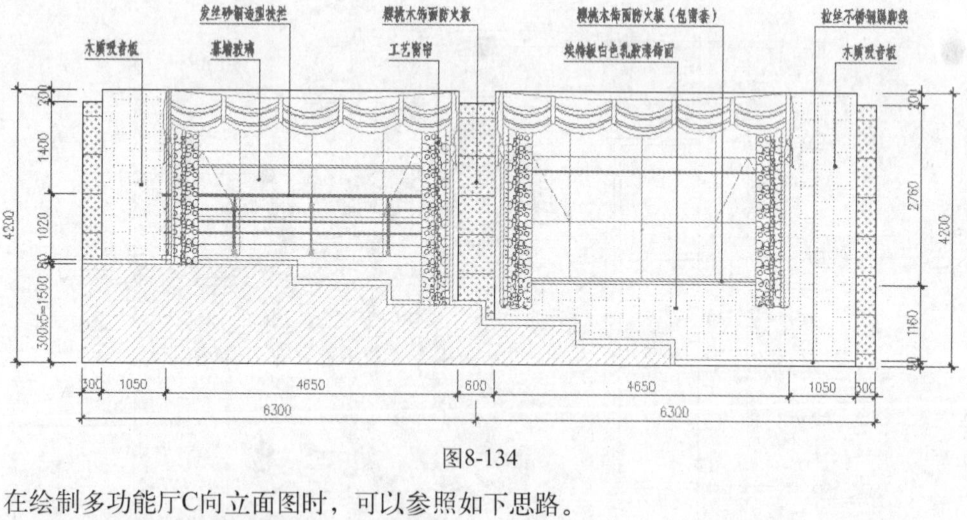

图8-134

在绘制多功能厅C向立面图时，可以参照如下思路。

- 首先调用制图模板并设置当前操作层。
- 使用“矩形”、“分解”、“偏移”、“修剪”等命令绘制墙面轮廓线。
- 使用“多段线”、“偏移”、“插入块”、“镜像”等命令绘制墙面构件图。
- 使用“图案填充”、“分解”、“修剪”、“删除”等命令绘制和完善墙面装饰线。
- 使用“线性”、“连续”、“编辑文字”命令标注多功能厅立面图尺寸。

◆ 使用“标注样式”、“快速引线”命令标注多功能厅立面图材质注解。

8.6.1 绘制多功能厅墙面轮廓图

(1) 以随书光盘中的文件“样板文件”\“室内设计样板.dwt”作为基础样板，创建空白文件。

(2) 展开“图层”工具栏中的“图层控制”下拉列表，设置“轮廓线”为当前图层。

(3) 执行菜单栏中的“绘图”|“矩形”命令，绘制长度为12600、宽度为4200的矩形作为立面外轮廓线，如图8-135所示。

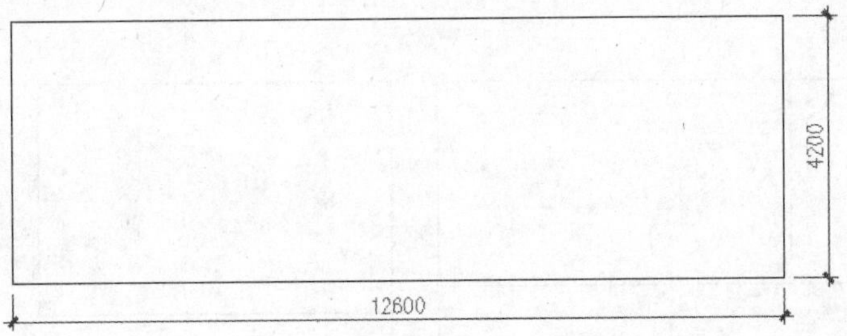

图8-135

(4) 执行菜单栏中的“修改”|“分解”命令，将绘制的矩形分解为4条独立的线段。

(5) 执行菜单栏中的“修改”|“偏移”命令，将两侧的垂直边向内偏移，将上侧的水平边向下偏移，偏移结果如图8-136所示。

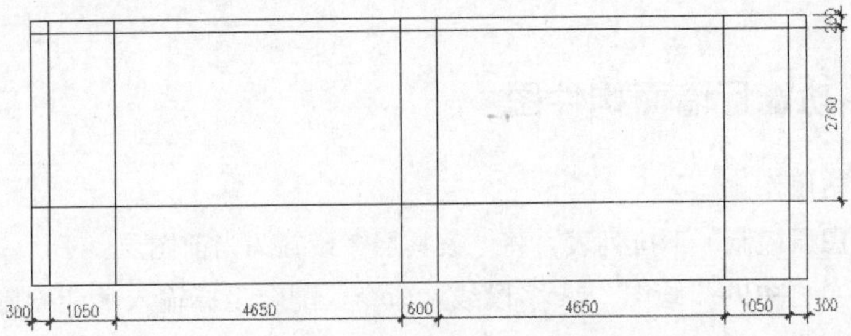

图8-136

(6) 执行菜单栏中的“修改”|“修剪”命令，对偏移的各图线进行修剪，结果如图8-137所示。

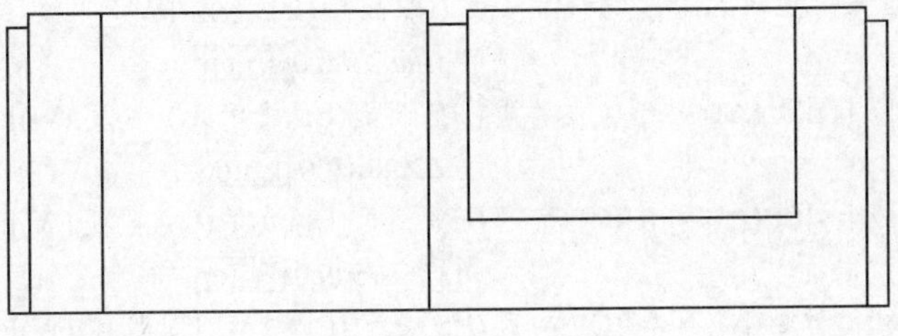

图8-137

(7) 执行“偏移”命令，将下侧的水平轮廓线向上偏移80、1500和1580个单位，结果如图8-138所示。

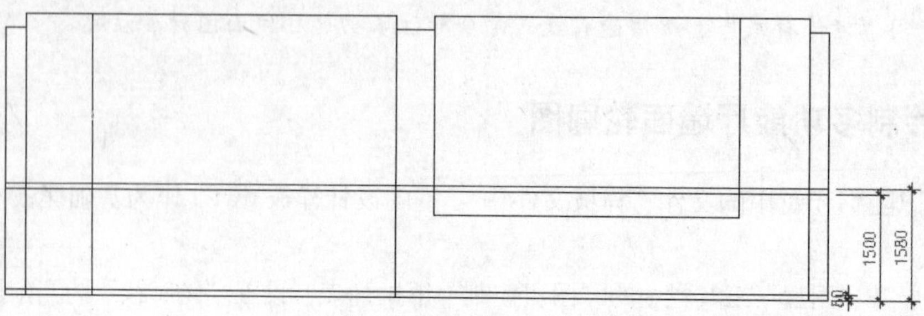

图8-138

(8) 执行菜单栏中的"修改"|"修剪"命令，对偏移的各图线以及内部图线进行修剪，结果如图8-139所示。

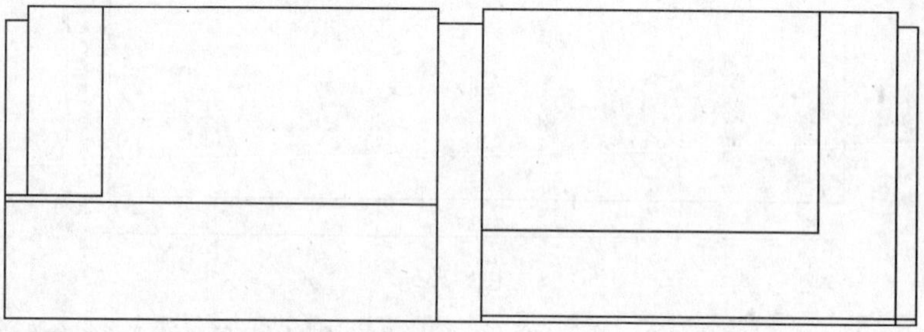

图8-139

至此，多功能厅C向立面轮廓图绘制完毕，下一小节将学习C向立面构件图的绘制过程和绘制技巧。

8.6.2 绘制多功能厅墙面构件图

(1) 继续上节操作。

(2) 展开"图层控制"下拉列表，将"家具层"设置为当前图层。

(3) 执行菜单栏中的"绘图"|"多段线"命令，配合坐标输入功能绘制台阶轮廓线，命令行操作如下。

```
命令：_pline
    指定起点：                                   // 捕捉如图 8-140 所示的端点
    当前线宽为 0.0
    指定下一个点或 [ 圆弧 (A)/ 半宽 (H)/ 长度 (L)/ 放弃 (U)/ 宽度 (W)]:
                                                 //@3380,0 Enter
    指定下一点或 [ 圆弧 (A)/ 闭合 (C)/ 半宽 (H)/ 长度 (L)/ 放弃 (U)/ 宽度 (W)]:
                                                 //@0,-300 Enter
    指定下一点或 [ 圆弧 (A)/ 闭合 (C)/ 半宽 (H)/ 长度 (L)/ 放弃 (U)/ 宽度 (W)]:
                                                 //@1500,0 Enter
    指定下一点或 [ 圆弧 (A)/ 闭合 (C)/ 半宽 (H)/ 长度 (L)/ 放弃 (U)/ 宽度 (W)]:
                                                 //@0,-300 Enter
    指定下一点或 [ 圆弧 (A)/ 闭合 (C)/ 半宽 (H)/ 长度 (L)/ 放弃 (U)/ 宽度 (W)]:
                                                 //@1500,0 Enter
```

指定下一点或 [圆弧 (A)/ 闭合 (C)/ 半宽 (H)/ 长度 (L)/ 放弃 (U)/ 宽度 (W)]:
//@0,-300 Enter
指定下一点或 [圆弧 (A)/ 闭合 (C)/ 半宽 (H)/ 长度 (L)/ 放弃 (U)/ 宽度 (W)]:
//@1500,0 Enter
指定下一点或 [圆弧 (A)/ 闭合 (C)/ 半宽 (H)/ 长度 (L)/ 放弃 (U)/ 宽度 (W)]:
//@0,-300 Enter
指定下一点或 [圆弧 (A)/ 闭合 (C)/ 半宽 (H)/ 长度 (L)/ 放弃 (U)/ 宽度 (W)]:
//@1500,0 Enter
指定下一点或 [圆弧 (A)/ 闭合 (C)/ 半宽 (H)/ 长度 (L)/ 放弃 (U)/ 宽度 (W)]:
//@0,-300 Enter
指定下一点或 [圆弧 (A)/ 闭合 (C)/ 半宽 (H)/ 长度 (L)/ 放弃 (U)/ 宽度 (W)]:
// Enter，绘制结果如图 8-141 所示

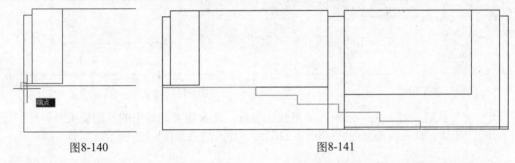

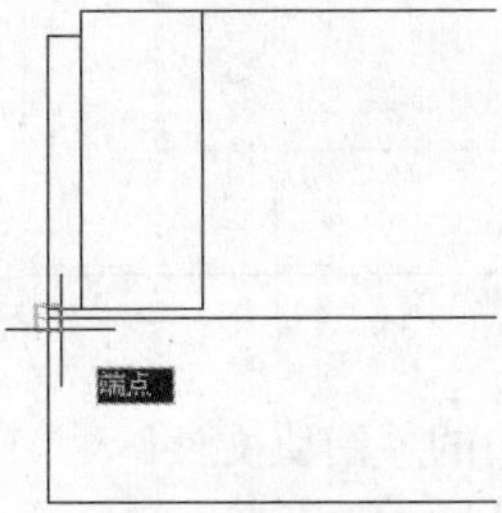

图8-140

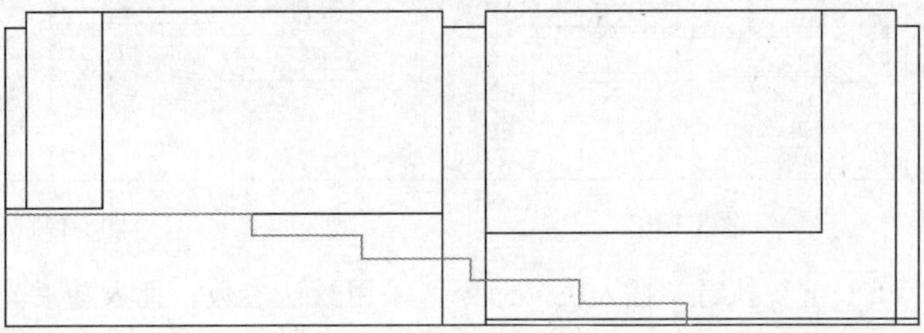
图8-141

4 执行菜单栏中的“修改”|“偏移”命令，将绘制的多段线向上偏移80个单位，作为踢脚线，如图8-142所示。

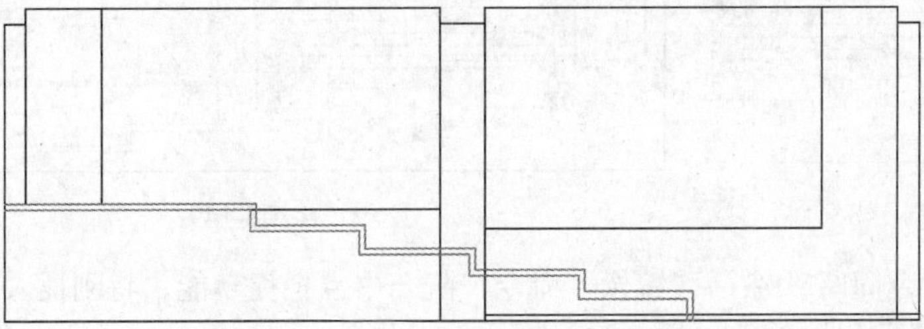
图8-142

5 执行“删除”和“修剪”命令，对图形进行修剪编辑，结果如图8-143所示。

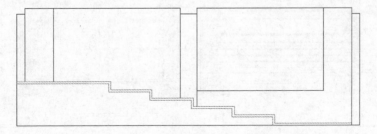

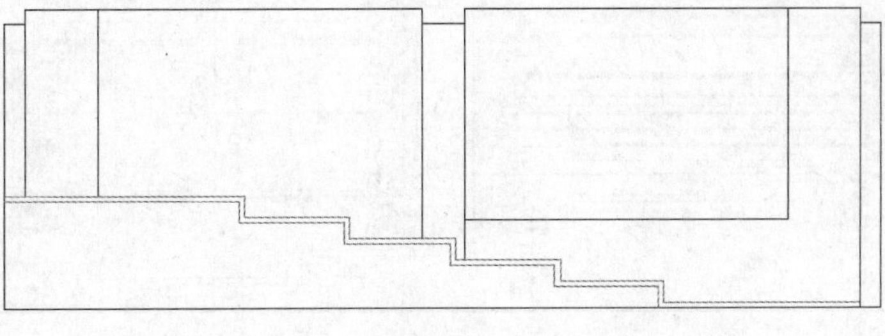
图8-143

6 使用命令简写I激活“插入块”命令，采用默认参数，插入随书光盘中的“图块文件”\“立面窗01.dwg”图块，插入点为如图8-144所示的端点，插入结果如图8-145所示。

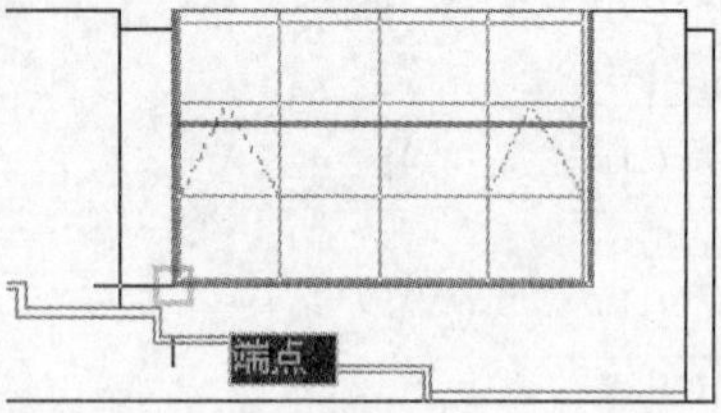

图8-144

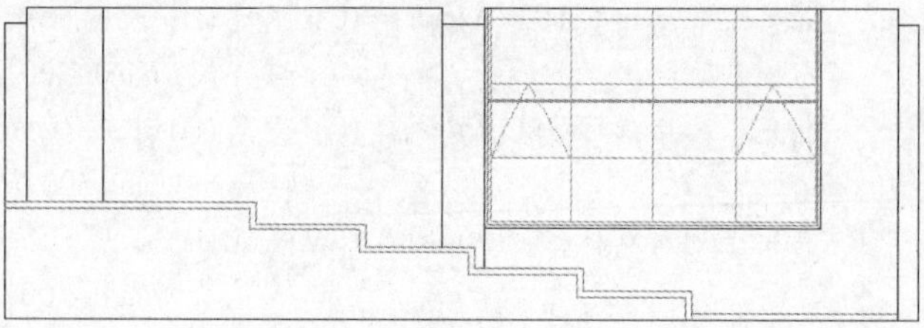

图8-145

(7) 重复执行"插入块"命令，采用默认参数，插入随书光盘中的"图块文件"\"立面窗02.dwg"图块，插入点为如图8-146所示的端点，插入结果如图8-147所示。

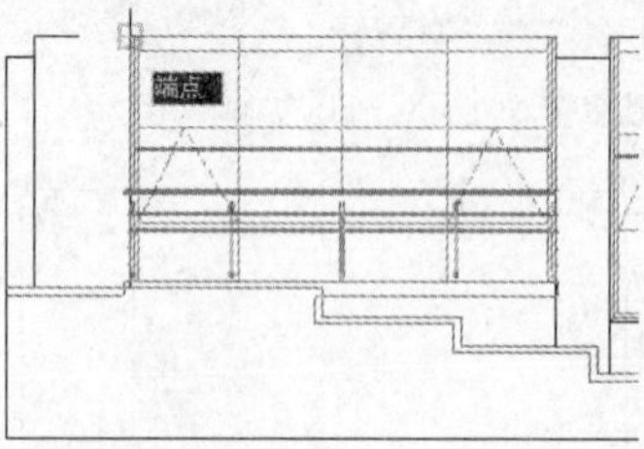

图8-146

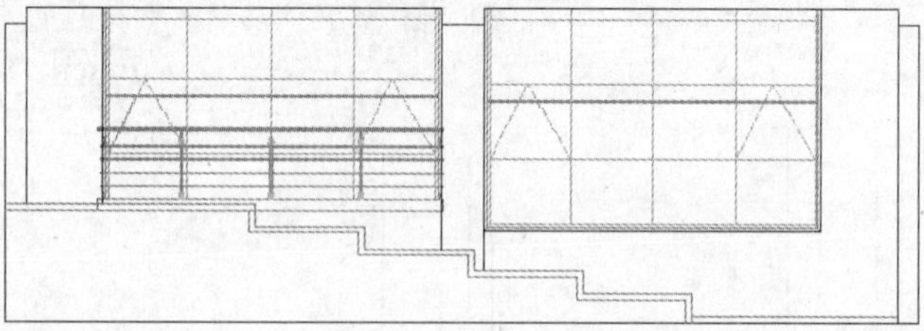

图8-147

(8) 重复执行"插入块"命令，采用默认参数，插入随书光盘中的"图块文件"\"工艺窗帘.dwg"图块，插入点为如图8-148所示的端点，插入结果如图8-149所示。

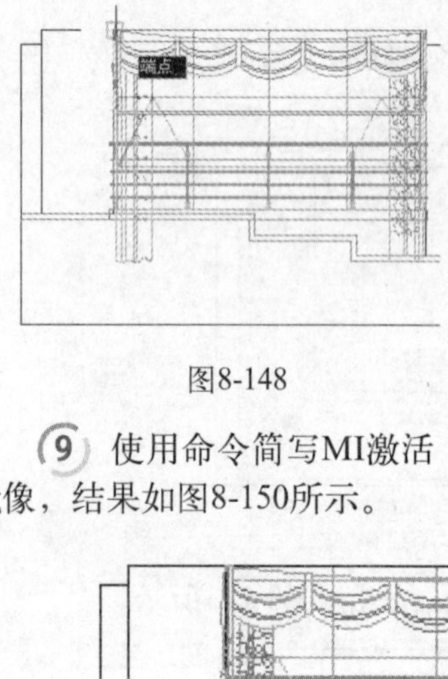

图8-148

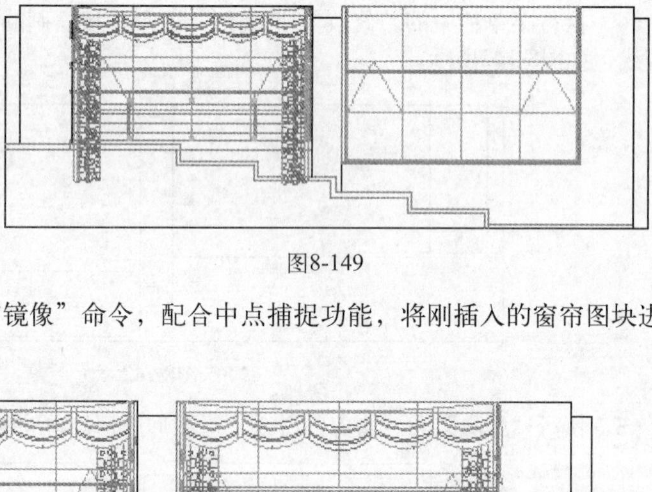

图8-149

(9) 使用命令简写MI激活"镜像"命令，配合中点捕捉功能，将刚插入的窗帘图块进行镜像，结果如图8-150所示。

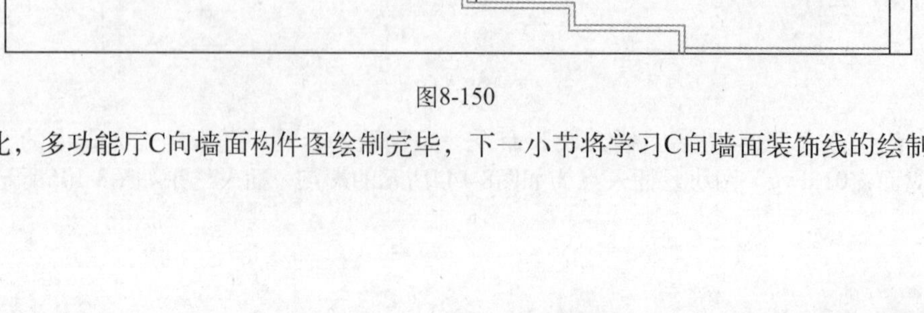

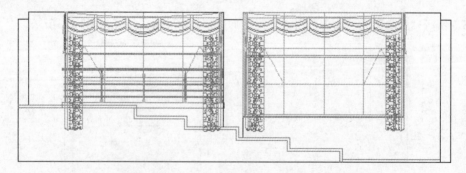

图8-150

至此，多功能厅C向墙面构件图绘制完毕，下一小节将学习C向墙面装饰线的绘制过程和技巧。

8.6.3 绘制多功能厅墙面材质图

(1) 继续上节操作。

(2) 执行“图层”命令，新建名为“装饰线”的新图层，图层颜色为52号色，并将此图层设置为当前图层。

(3) 展开“图层控制”下拉列表，将“家具层”冻结。

(4) 使用命令简写H激活“图案填充”命令，设置填充图案与填充参数如图8-151所示，为台阶填充如图8-152所示的图案。

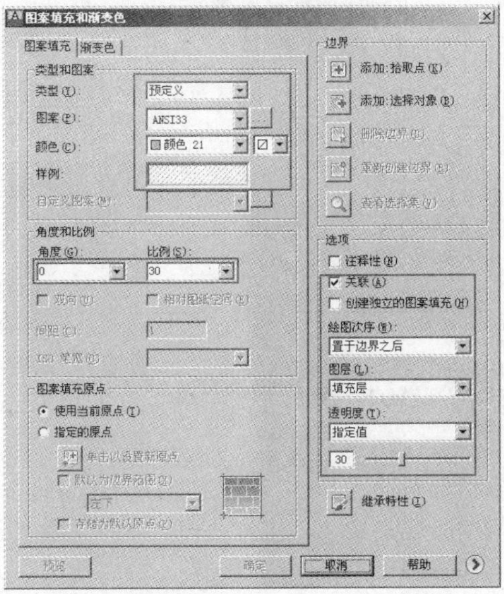

图8-151

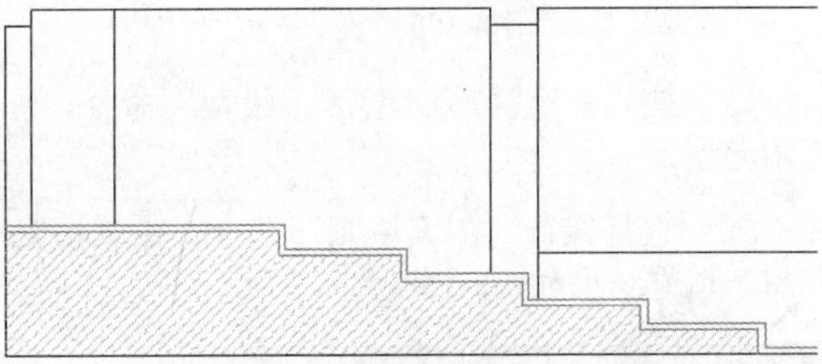

图8-152

(5) 重复执行“图案填充”命令，设置填充图案与参数如图8-153所示，为柱子填充如图8-154所示的图案。

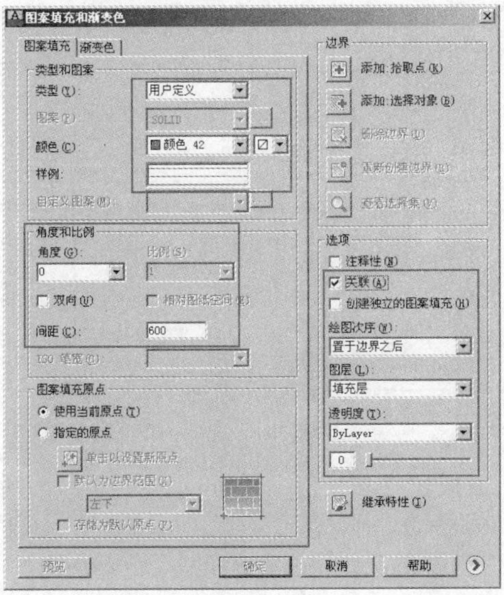

图8-153

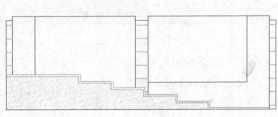

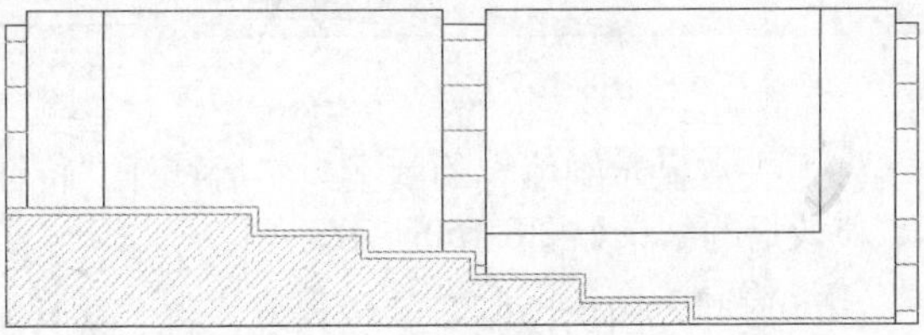

图8-154

⑥ 重复执行“图案填充”命令，设置填充图案与参数如图8-155所示，继续为柱子填充图案，填充结果如图8-156所示。

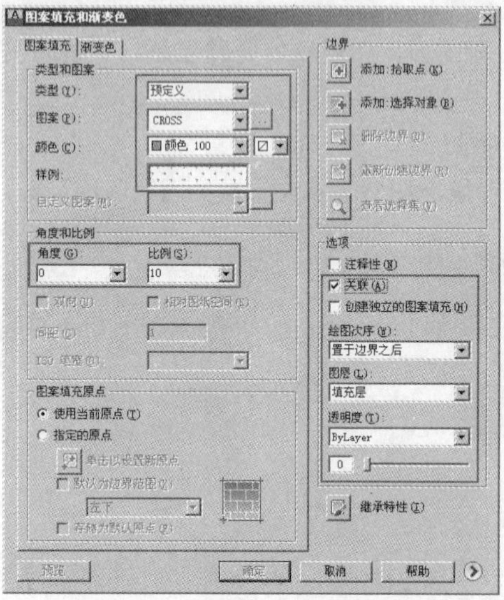

图8-155

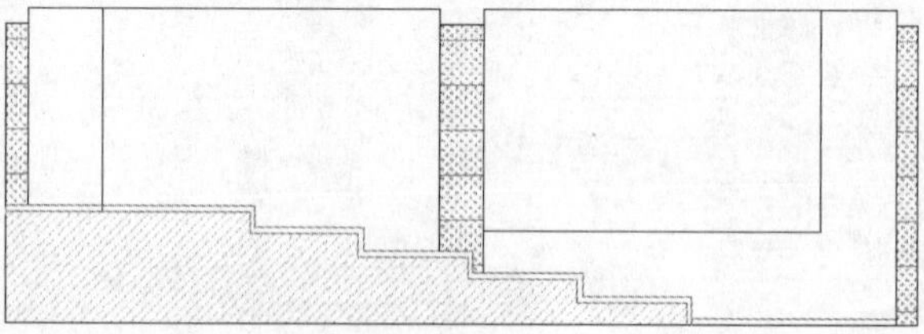

图8-156

⑦ 使用命令简写LT激活“线型”命令，加载名为“DOT”的线型，并将此线型设置为当前线型。

⑧ 重复执行“图案填充”命令，设置填充图案与参数如图8-157所示，继续为墙面填充图案，填充结果如图8-158所示。

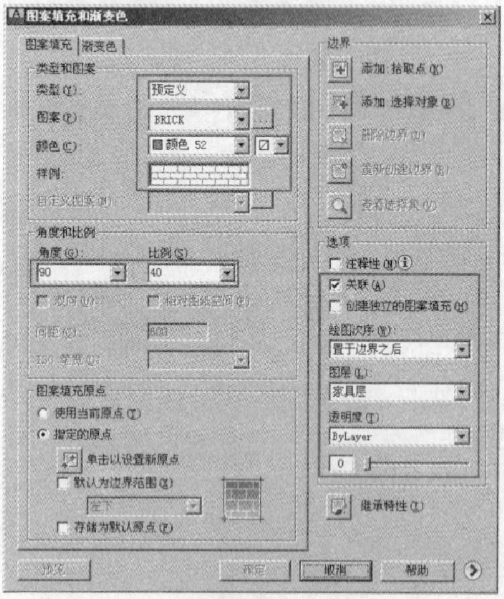

图8-157

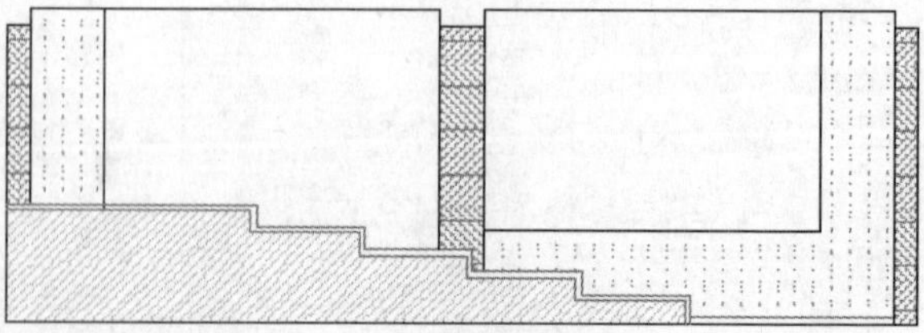

图8-158

⑨ 夹点显示刚填充的图案，然后打开“特性”面板，修改线型比例为0.4，如图8-159所示，修改后的结果如图8-160所示。

⑩ 展开“图层控制”下拉列表，将“家具层”解冻，此时立面图的显示效果如图8-161所示。

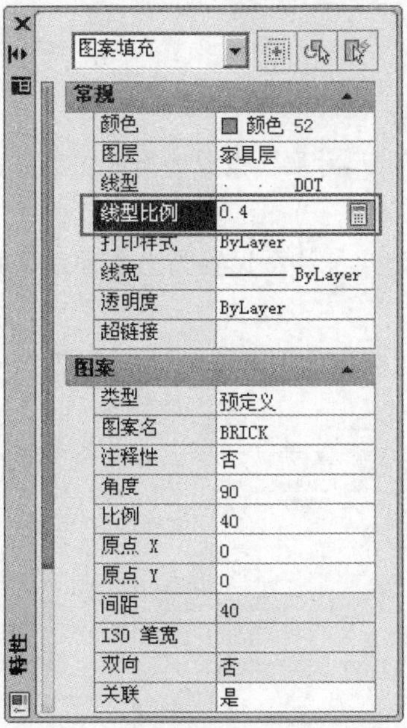

图8-159

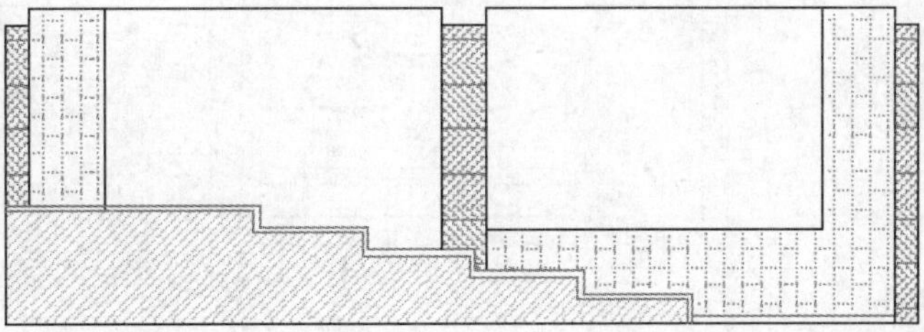

图8-160

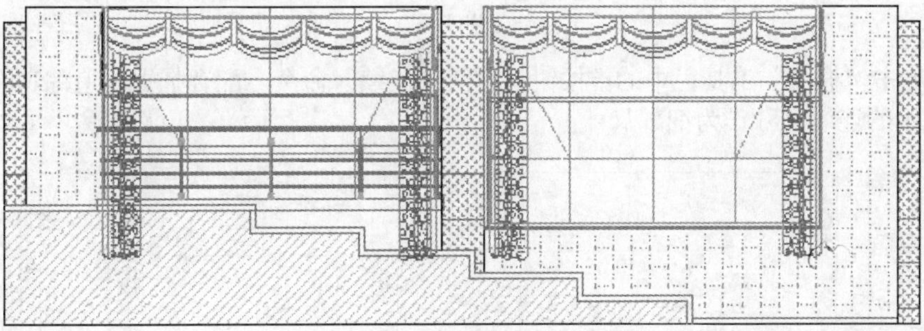

图8-161

⑪ 使用命令简写X激活“分解”命令，将左侧的窗帘和两个立面窗图块分解。

⑫ 使用命令简写TR激活“修剪”命令，对立面图进行修剪，并删除多余的图线，结果如图8-162所示。

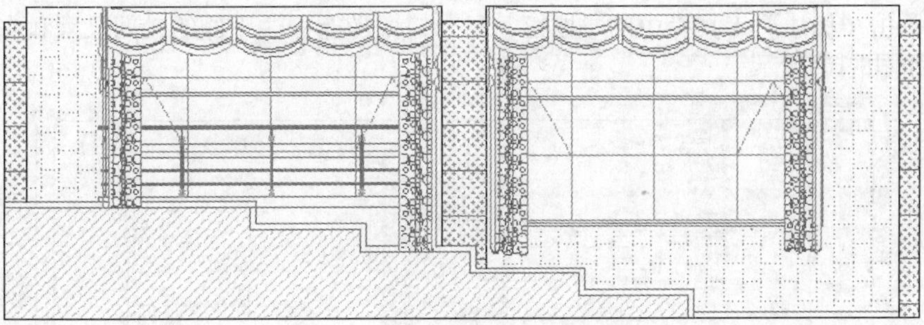

图8-162

至此，多功能厅C向墙面材质图绘制完毕，下一小节将学习多功能厅立面图尺寸的标注过程和技巧。

8.6.4 标注多功能厅立面图尺寸

(1) 继续上节操作。

(2) 展开“图层”工具栏中的“图层控制”下拉列表，将“尺寸层”设置为当前图层。

(3) 展开“颜色控制”下拉列表，将颜色设置为随层。

(4) 执行菜单栏中的“标注”|“标注样式”命令，将“建筑标注”设置为当前样式，并修改标注比例为50。

(5) 单击“标注”工具栏中的⊟按钮，配合端点捕捉功能标注如图8-163所示的线性尺寸作为基准尺寸。

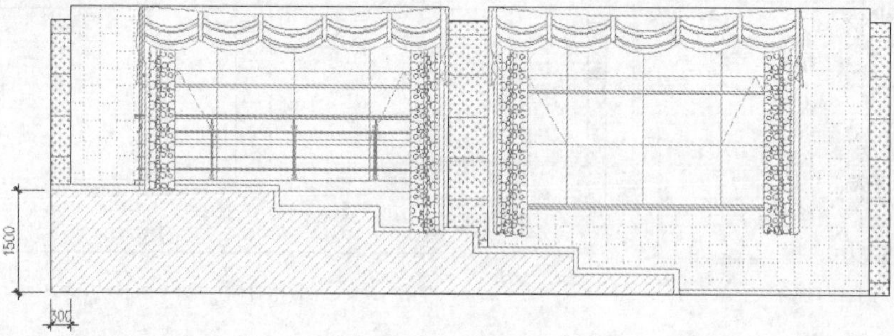

图8-163

(6) 单击“标注”工具栏中的⊞按钮，激活“连续”命令，配合捕捉和追踪功能，标注如图8-164所示的连续尺寸作为细部尺寸。

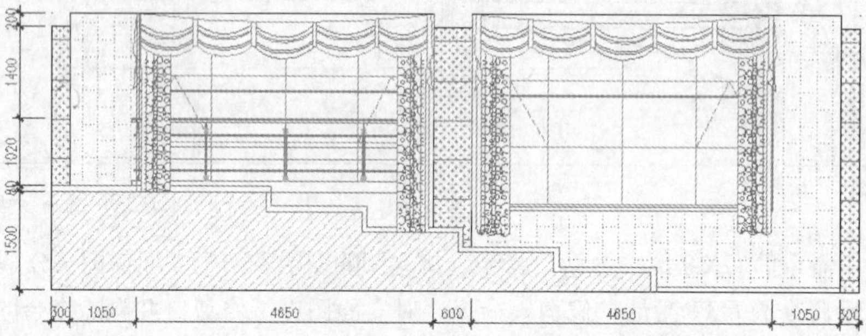

图8-164

(7) 单击“标注”工具栏中的⊟按钮，配合捕捉功能标注下侧的轴间尺寸和左侧的总尺寸，结果如图8-165所示。

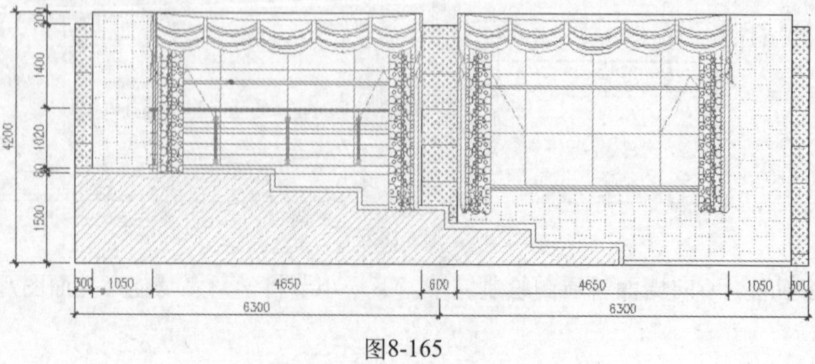

图8-165

⑧ 参照上述操作，综合使用“线性”、“连续”命令，分别标注右侧的尺寸，标注结果如图8-166所示。

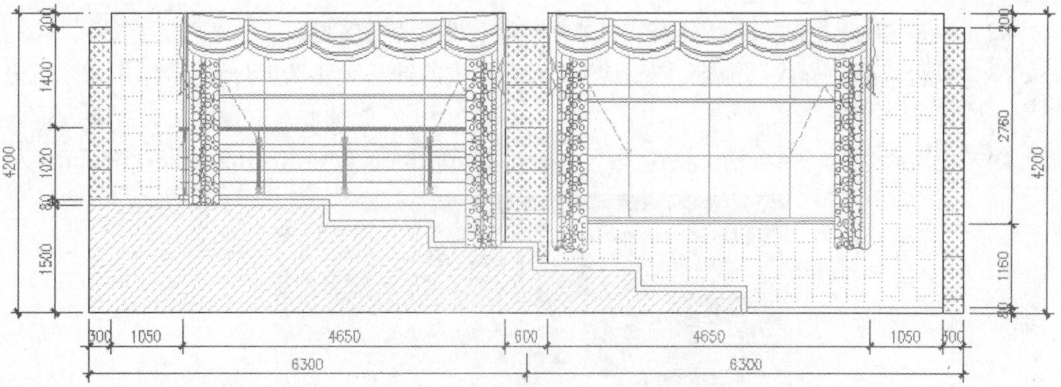

图8-166

⑨ 使用命令简写ED激活“编辑文字”命令，在标注文字为1500的对象上双击左键，打开“文字格式”编辑器，然后输入正确的文字内容，如图8-167所示。

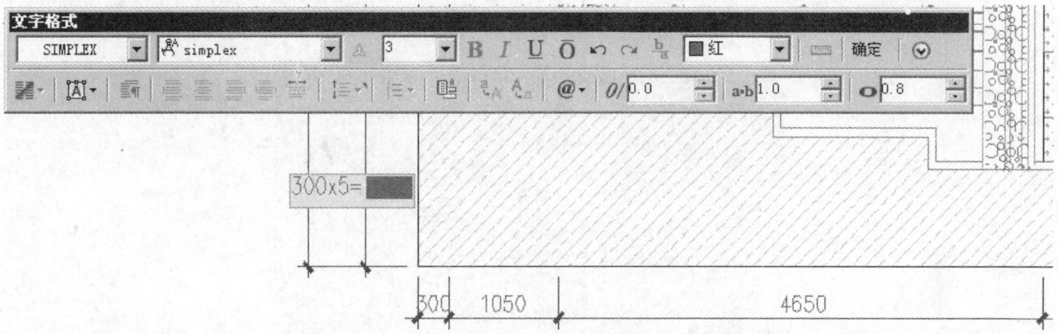

图8-167

⑩ 在“文字格式”编辑器中单击确定按钮，结束命令，编辑后的结果如图8-168所示。

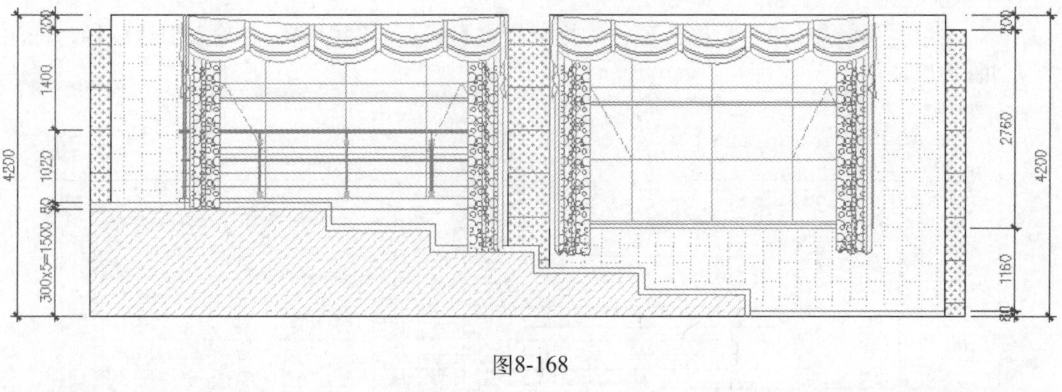

图8-168

至此，多功能厅立面图尺寸标注完毕，下一小节将学习多功能厅立面材质的标注过程和标注技巧。

8.6.5 标注多功能厅墙面材质注解

(1) 继续上节操作。

(2) 展开“图层控制”下拉列表，将“文本层”设置为当前图层。

(3) 执行“标注样式”命令，替代当前尺寸样式的箭头大小为0.8、文字样式为“仿宋体”、尺寸比例为60。

(4) 使用命令简写LE激活“快速引线”命令，设置引线参数如图8-169和图8-170所示。

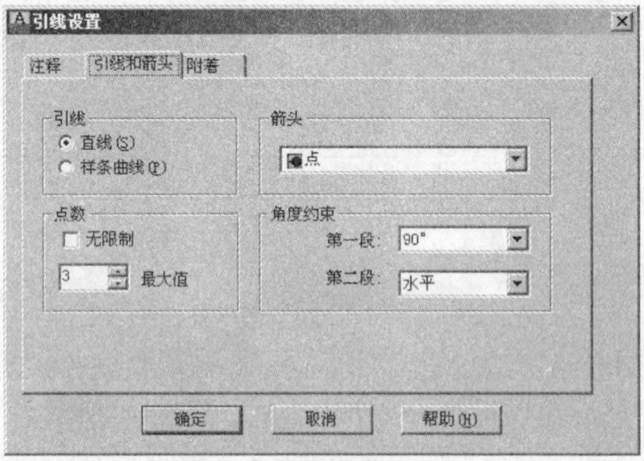

图8-169

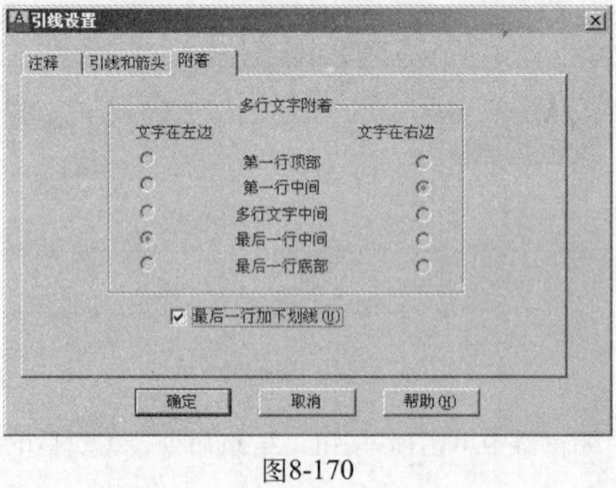

图8-170

(5) 单击 确定 按钮，根据命令行的提示指定引线点绘制引线，并输入引线注释，标注结果如图8-171所示。

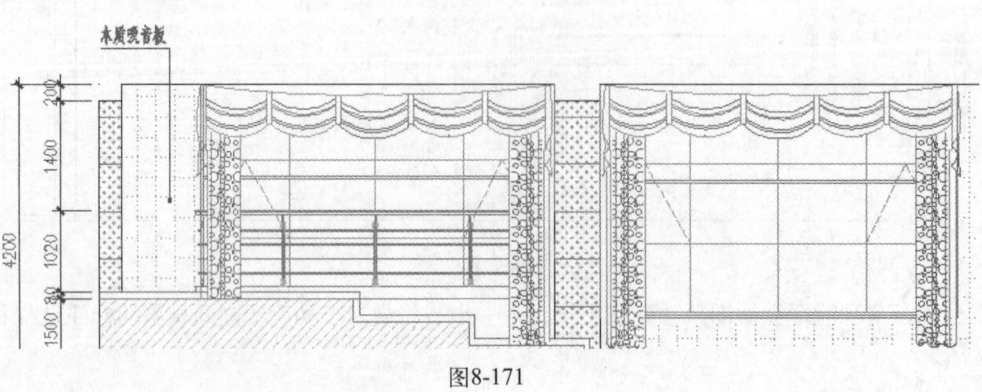

图8-171

⑥ 重复执行“快速引线”命令，按照当前的引线参数设置，标注其他位置的引线注释，结果如图8-172所示。

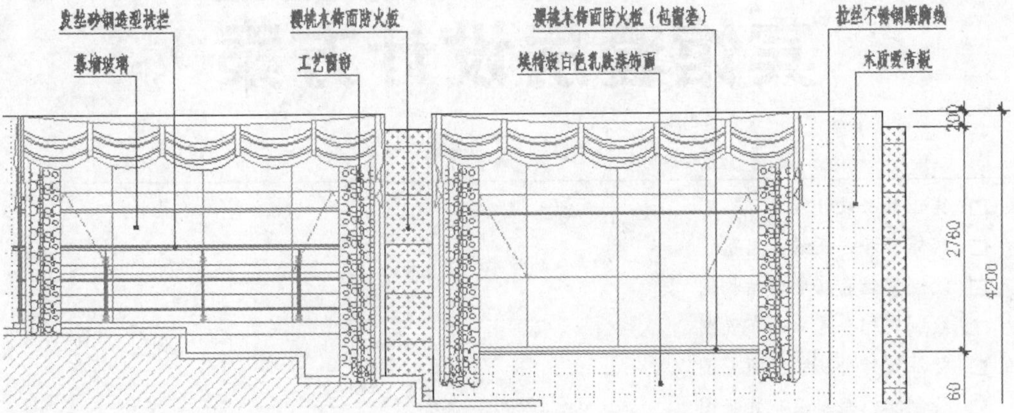

图8-172

⑦ 执行“范围缩放”命令调整视图，使立面图全部显示，最终结果如上图8-134所示。

⑧ 最后执行“保存”命令，将图形命名存储为“绘制多功能厅立面装修图.dwg”。

8.7 本章小结

多功能厅是时代的产物，是一种空间设计的拓新。本章在简单了解多功能厅功能特点等理论知识的前提下，通过绘制多功能厅墙体结构图、绘制多功能厅装修布置图、标注多功能厅装修布置图、绘制多功能厅立面装修图4个典型实例，系统讲述了多功能厅装修方案图的绘制思路、表达内容、具体绘制过程以及绘制技巧。

希望读者通过本章的学习，在理解和掌握相关设计理念和设计技巧的前提下，能够了解和掌握多功能厅设计方案需要表达的内容、表达思路及具体设计过程等。

第9章 宾馆套房设计方案

Chapter 09

- 宾馆套房设计理念
- 宾馆套房方案设计思路
- 绘制宾馆套房墙体结构图
- 绘制宾馆套房平面布置图
- 标注宾馆套房装修布置图
- 绘制宾馆套房天花装修图
- 绘制宾馆套房客厅B向立面图
- 本章小结

9.1 宾馆套房设计理念

宾馆套房的装修不像家庭装修那么功能齐全，宾馆套房的功能分区一般包括几个部分，即入口通道区、客厅区、就寝区、卫生间等，这些功能分区可视套房空间的实际大小单独安排或者交叉安排。在进行宾馆套房的装修设计时，要兼顾以下几点。

1. 套房设计的人性化

宾馆套房设计如何才能使顾客有宾至如归的感觉呢？这要靠套房环境来实现，在进行套房设计时除了考虑大的功能以外，还必须注意细节上的详细和周到，具体体现在以下几个方面。

- 入口通道。一般情况下，入口通道部分都设有衣柜、酒柜、穿衣镜等，在设计时要注意，柜门应选配高质量、低噪音的滑道或合页，降低噪音对客人的影响；保险箱在衣柜里不宜设计得太高，以方便客人使用为宜；天花上的灯最好选用带磨砂玻璃罩的节能筒灯，这样不会产生眩光。
- 卫生间设计。最好选用抽水力大的静音马桶，淋浴的设施不要太复杂；淋浴房要选用安全玻璃；镜子要防雾且镜面要大，因为卫生间一般较小，由于镜面反射的缘故会使空间显得宽敞；卫生间地砖要防滑、耐污；镜前灯要有防眩光的装置，天花中间的筒灯最好选用有磨砂玻璃罩的；淋浴房的地面要做防滑设计，还可选择有防滑设计的浴缸、防滑垫等。
- 房间内设计。套房家具的角最好都是钝角或圆角的，这样不会给年龄小或个子不高的客人带来伤害；电视机应下设可旋转的隔板，因为很多客人看电视时需要调整电视角度；床头灯的选择要精心，要防眩光；电脑上网线路的布置要考虑周到，其插座的位置不要离写字台太远。

2. 套房设计的文化性

套房空间设计、色彩设计、材质设计、布艺设计、家具设计、灯具设计以及陈设设计，均可产生一定的文化内涵，达到其一定的隐喻性、暗示性及叙述性。其中，陈设设计是最具表达性和感染力的。陈设主要是指墙壁上悬挂的书画、图片、壁挂等，或者家具上陈设和摆设的瓷器、陶罐、青铜、玻璃器皿、木雕等。这类陈设品从视觉形象上最具有完整性，既可表达一定的民族性、地域性、历史性，又有极好的审美价值。

3. 套房设计的风格处理

有人认为，宾馆套房一般都是标准大小，很难做出各种风格的造型，这种观念是不对的，风格可以体现在有代表性的装饰构件上，或有明显风格的灯具、家具以及图案、色彩上等。从风格的从属性上讲，由于宾馆套房既是宾馆整体的一个重要的组成部分，又具有相对的独立性，所以在风格的选择上就有很大的余地，既可以延续整体宾馆的风格，又可以创造属于客房本身的风格，这样还有助于接待来自不同国家和地区的客人。

总而言之，套房设计是一个比较精细而复杂的工程，只有用心体会，才会有所创新。

9.2 宾馆套房方案设计思路

在绘制并设计宾馆套房方案图时，可以参照如下思路。

- 首先根据原有建筑平面图或测量数据，绘制并规划套房各功能区平面图。
- 根据绘制出的套房平面图，绘制各功能区的平面布置图和地面材质图。
- 根据套房平面布置图绘制各功能区的天花吊顶方案图，要注意各功能区的协调。
- 根据套房的平面布置图，绘制墙面的投影图，具体有墙面装饰轮廓的表达、立面构件的配置以及文字尺寸的标注等内容。

9.3 绘制宾馆套房墙体结构图

本节主要学习某星级宾馆套房墙体结构图的绘制方法和具体绘制过程。宾馆套房墙体结构图的最终绘制效果如图9-1所示。

在绘制宾馆套房墙体结构图时，可以参照如下绘图思路。

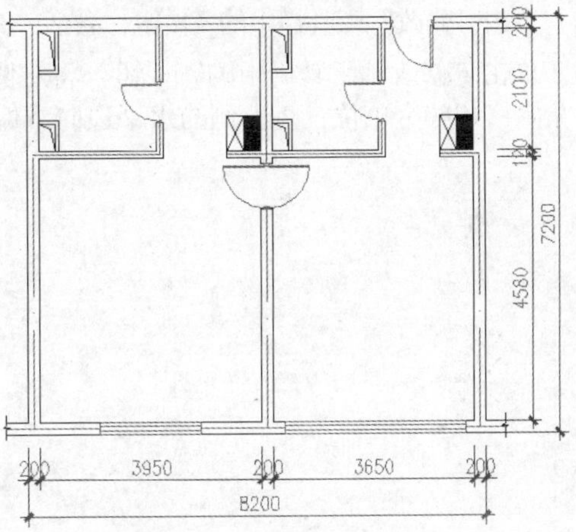

图9-1

- 调用样板并设置绘图环境。
- 使用“矩形”、“偏移”、“分解”、“修剪”等命令绘制墙体轴线。
- 使用“多线”、“多线编辑工具”、夹点编辑等绘制主次墙体。
- 最后综合使用“多线”、“插入块”、“复制”、“镜像”等命令绘制门、窗等构件。

9.3.1 绘制宾馆套房定位轴线

(1) 以随书光盘中的文件“样板文件”\“室内绘图样板.dwt”作为基础样板，新建空白文件。

(2) 执行菜单栏中的“格式”|“图层”命令，将“轴线层”设置为当前图层。

(3) 执行菜单栏中的“格式”|“线型”命令，在打开的对话框中设置线型比例，如图9-2所示。

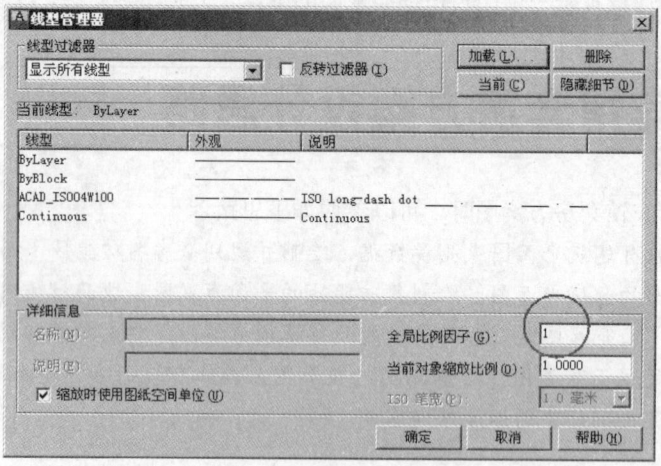

图9-2

(4) 单击“绘图”工具栏中的□按钮，绘制长度为8000、宽度为7000的矩形作为基准轴线，如图9-3所示。

(5) 单击“修改”工具栏中的按钮，激活“分解”命令，将矩形分解为4条独立的线段。

(6) 单击“修改”工具栏中的按钮，将左侧的垂直边向右偏移2240和4150；将右侧的垂直边向左偏移1760个单位；将上侧的水平边向下偏移2260个单位，结果如图9-4所示。

图9-3

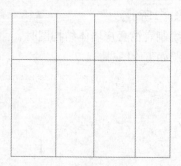

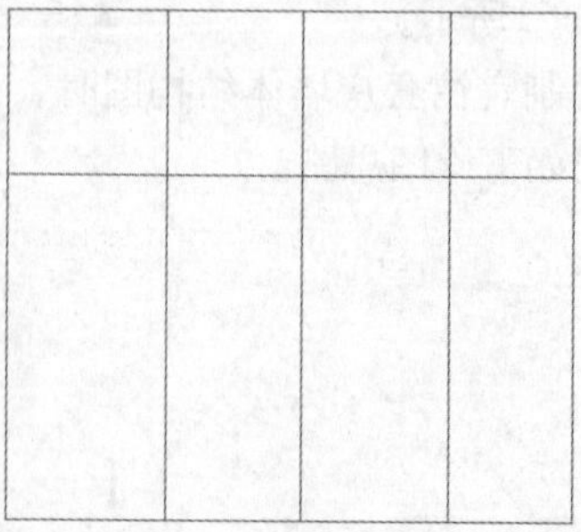

图9-4

(7) 在无命令执行的前提下，夹点显示如图9-5所示的两条垂直图线，然后使用夹点拉伸功能对其进行夹点拉伸，编辑结果如图9-6所示。

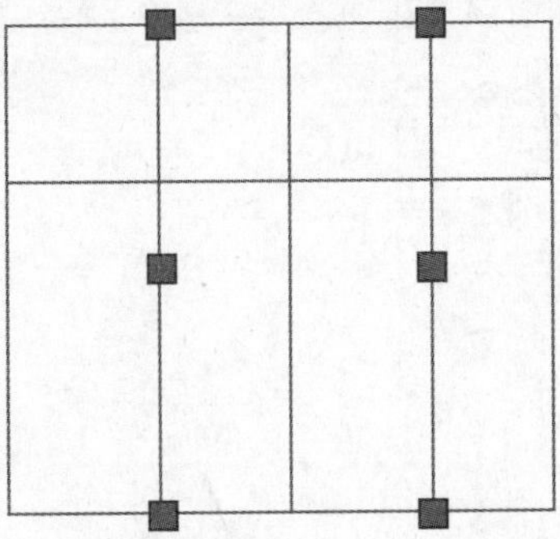

图9-5

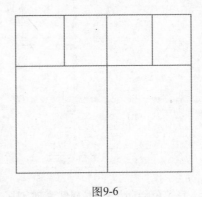

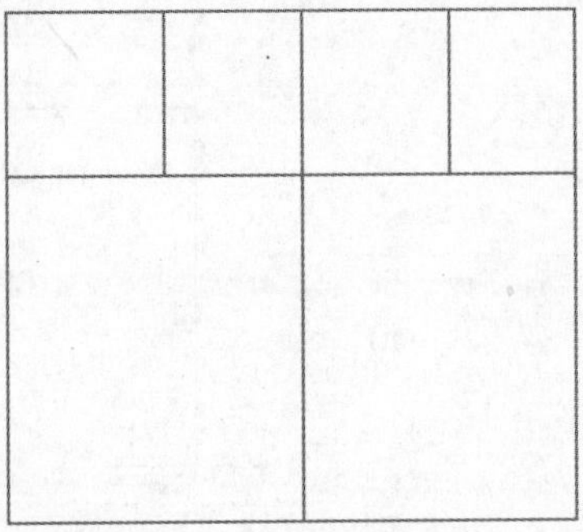

图9-6

(8) 单击“修改”工具栏中的按钮，将最左侧的垂直边向右偏移，偏移间距及偏移结果如图9-7所示。

(9) 单击“修改”工具栏中的按钮，激活“修剪”命令，以偏移出的垂直轴线作为边界，对下侧的水平轴线进行修剪，以创建窗洞，修剪结果如图9-8所示。

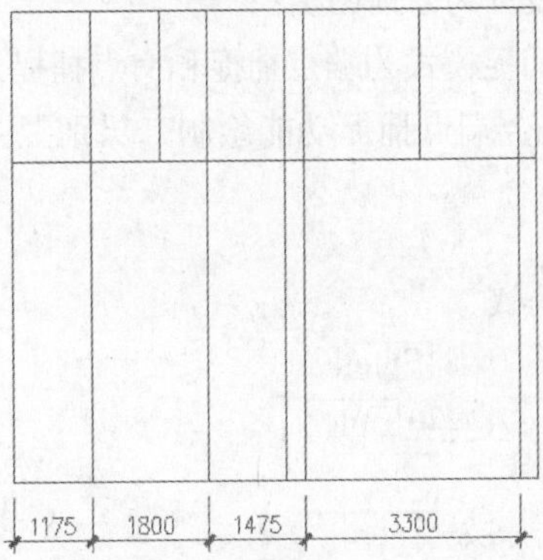

图9-7

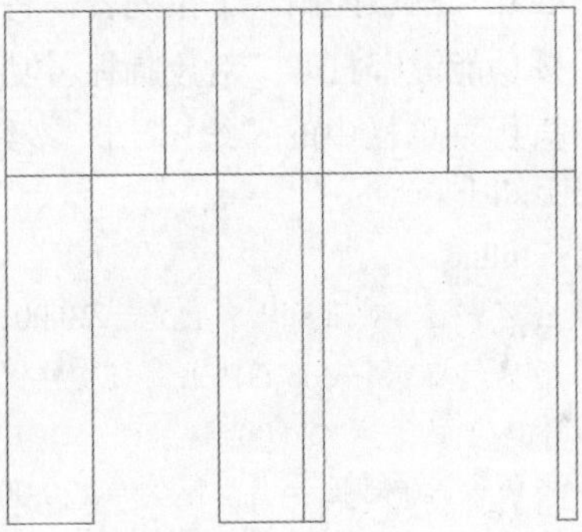

图9-8

(10) 使用命令简写E激活“删除”命令，删除所偏移出的4条垂直轴线，结果如图9-9所示。

(11) 参照上面的操作步骤，综合使用“修剪”、“偏移”和“删除”等命令，分别创建其他位置的洞口，结果如图9-10所示。

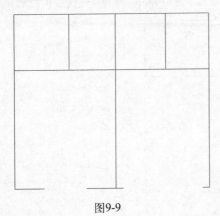

图9-9

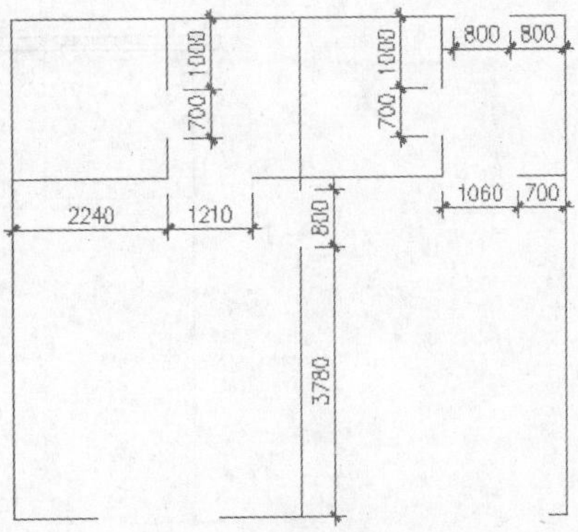

图9-10

⑫ 最后使用夹点拉伸功能，将外侧的轴线向外适当地拉长，结果如图9-11所示。

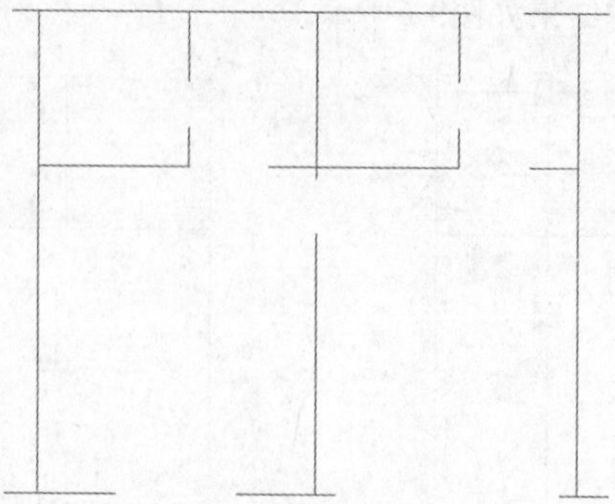

图9-11

至此，宾馆套房的墙体定位轴线绘制完毕，下一小节将学习宾馆套房主次墙线的具体绘制过程。

9.3.2 绘制宾馆套房主次墙线

① 继续上节操作。

② 展开“图层控制”下拉列表，将“墙线层”设置为当前图层。

③ 按功能键F3打开“对象捕捉”功能，并设置捕捉模式为端点捕捉和交点捕捉。

④ 执行菜单栏中的“绘图”|“多线”命令，配合端点捕捉功能绘制二层别墅主墙线，命令行操作如下。

```
命令 : _mline
    当前设置 : 对正 = 上，比例 = 20.00，样式 = 墙线样式
    指定起点或 [ 对正 (J)/ 比例 (S)/ 样式 (ST)]:        //S Enter
    输入多线比例 <20.00>:                              //220 Enter
    当前设置 : 对正 = 上，比例 = 220.00，样式 = 墙线样式
    指定起点或 [ 对正 (J)/ 比例 (S)/ 样式 (ST)]:        //J Enter
    输入对正类型 [ 上 (T)/ 无 (Z)/ 下 (B)] < 上 >:      //Z Enter
    当前设置 : 对正 = 无，比例 = 220.00，样式 = 墙线样式
    指定起点或 [ 对正 (J)/ 比例 (S)/ 样式 (ST)]:        // 捕捉上侧水平轴线的左端点
    指定下一点 :                                       // 捕捉上侧水平轴线的左端点
    指定下一点或 [ 闭合 (C)/ 放弃 (U)]:                 // Enter，绘制结果如图 9-12 所示
```

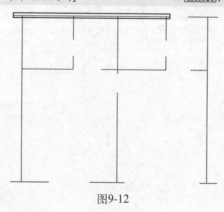

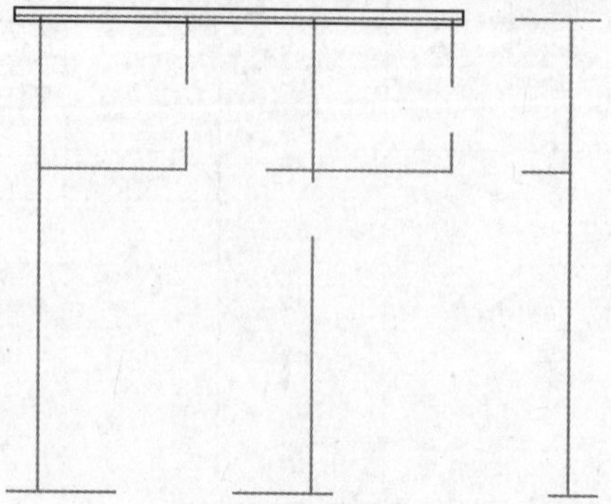

图9-12

⑤ 重复执行“多线”命令，设置多线比例和对正方式保持不变，配合端点捕捉功能绘制其他主墙线，结果如图9-13所示。

⑥ 重复执行“多线”命令，设置多线对正方式不变，绘制宽度为120的非承重墙线，绘制结果如图9-14所示。

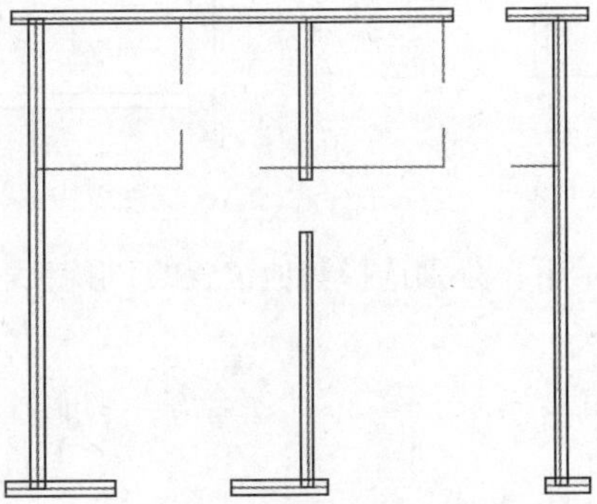

图9-13

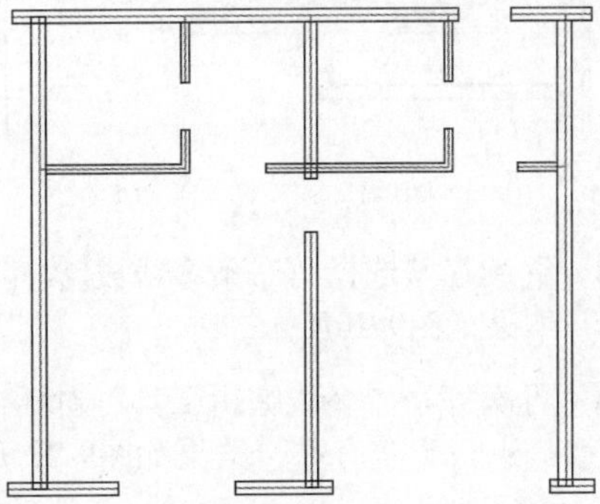

图9-14

⑦ 展开“图层控制”下拉列表，关闭“轴线层”，图形的显示结果如图9-15所示。

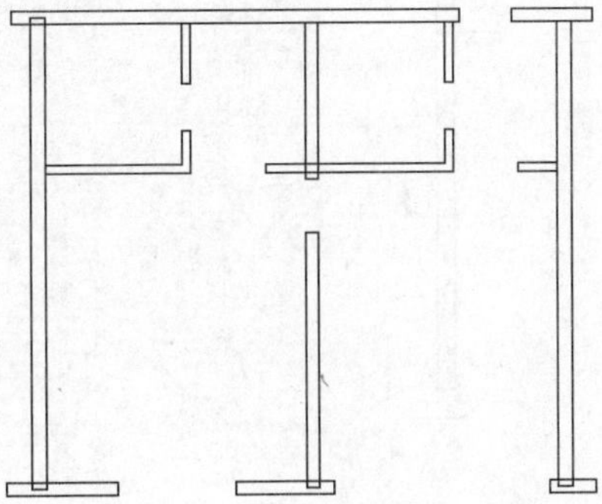

图9-15

至此，宾馆套房主次墙线绘制完毕，下一小节将学习宾馆套房主次墙线的快速编辑过程。

9.3.3 编辑宾馆套房主次墙线

① 继续上节操作。

② 执行菜单栏中的“修改”|“对象”|“多线”命令，在打开的“多线编辑工具”对话框内单击按钮，激活“T形合并”功能，如图9-16所示。

③ 返回绘图区，在命令行“选择第一条多线:”提示下选择如图9-17所示的墙线。

④ 在“选择第二条多线:”提示下，选择如图9-18所示的墙线，结果这两条T形

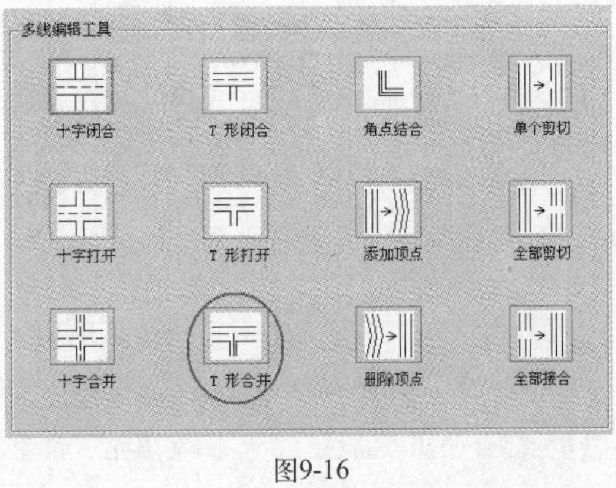

图9-16

相交的多线被合并，如图9-19所示。

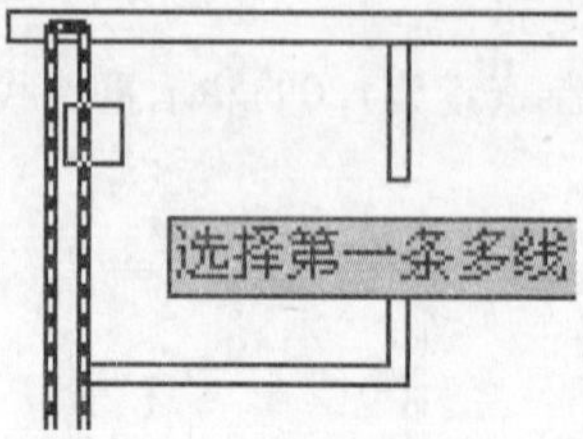

图9-17

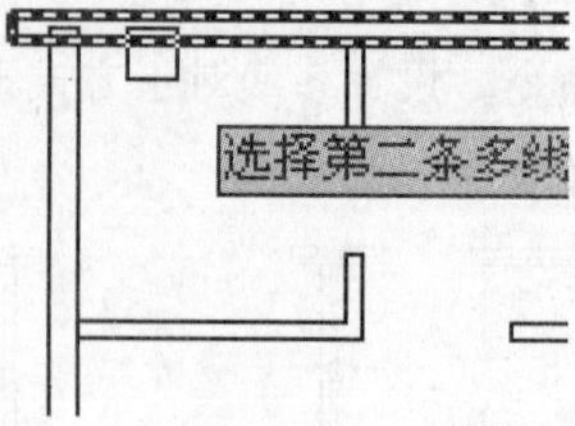

图9-18

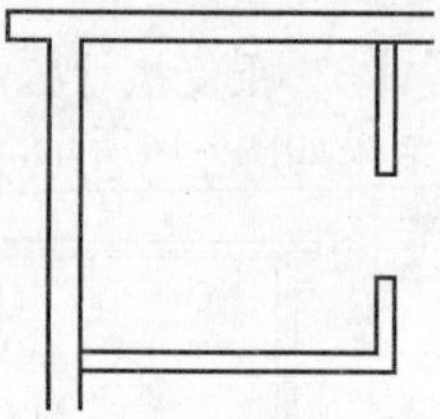

图9-19

(5) 继续在“选择第一条多线或[放弃(U)]:”提示下，分别选择其他位置的T形墙线进行合并，合并结果如图9-20所示。

(6) 再次打开“多线编辑工具”对话框，选择如图9-21所示的“十字合并”功能，对中间的两条墙线进行十字合并，结果如图9-22所示。

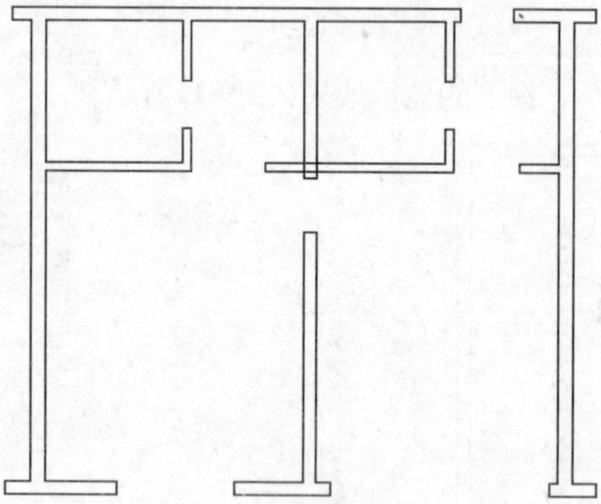

图9-20

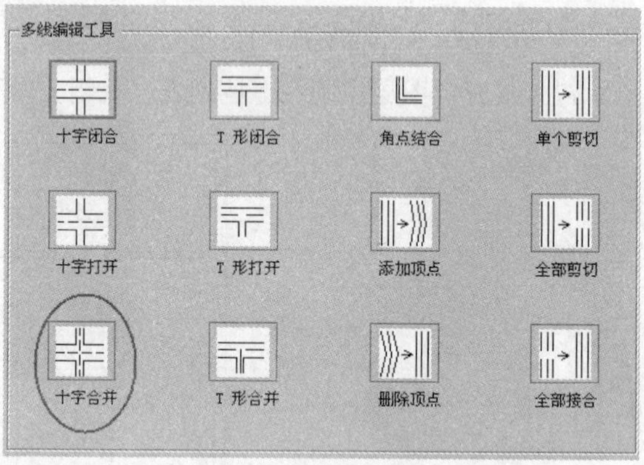

图9-21

(7) 将上下两侧的水平墙线分解，使用画线命令绘制如图9-23所示的折断线，并删除多余的图线。

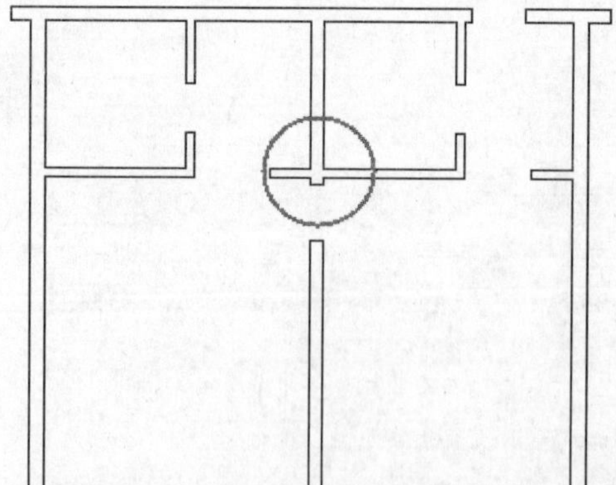

图9-22

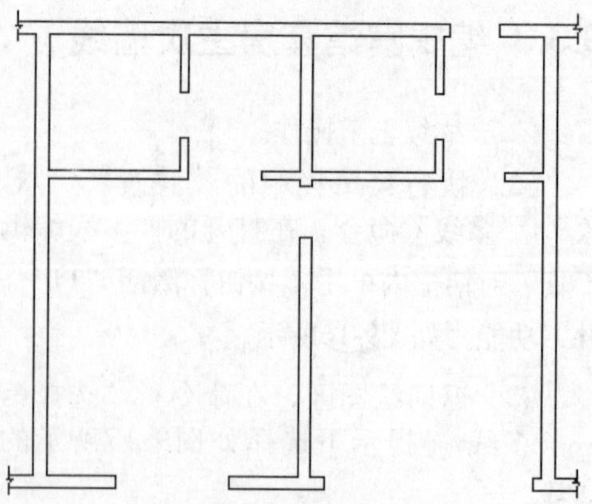

图9-23

(8) 综合使用“直线”、“图案填充”命令，绘制如图9-24所示的轮廓线及示意线。

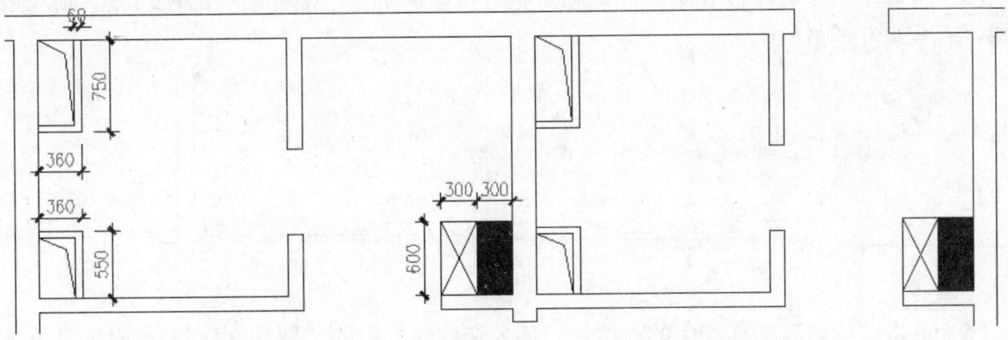

图9-24

至此，宾馆套房主次墙线编辑完毕，下一小节将学习宾馆套房门窗构件图的具体绘制过程。

9.3.4 绘制宾馆套房门窗构件

1 继续上节操作。

2 展开“图层控制”下拉列表，将“门窗层”设置为当前图层。

3 执行菜单栏中的“格式”|“多线样式”命令，在打开的对话框中设置“窗线样式”为当前样式。

4 执行菜单栏中的“绘图”|“多线”命令，配合中点捕捉功能绘制窗线，命令行操作如下。

```
命令: _mline
    当前设置: 对正 = 上，比例 = 20.00，样式 = 窗线样式
    指定起点或 [ 对正 (J)/ 比例 (S)/ 样式 (ST)]:          //S Enter
    输入多线比例 <20.00>:                              //200 Enter
    当前设置: 对正 = 上，比例 = 200.00，样式 = 窗线样式
    指定起点或 [ 对正 (J)/ 比例 (S)/ 样式 (ST)]:          //J Enter
    输入对正类型 [ 上 (T)/ 无 (Z)/ 下 (B)] < 上 >:        //Z Enter
    当前设置: 对正 = 无，比例 = 200.00，样式 = 窗线样式
    指定起点或 [ 对正 (J)/ 比例 (S)/ 样式 (ST)]:          // 捕捉如图 9-25 所示的中点
    指定下一点:                                      // 捕捉如图 9-26 所示的中点
    指定下一点或 [ 放弃 (U)]:                          // Enter
```

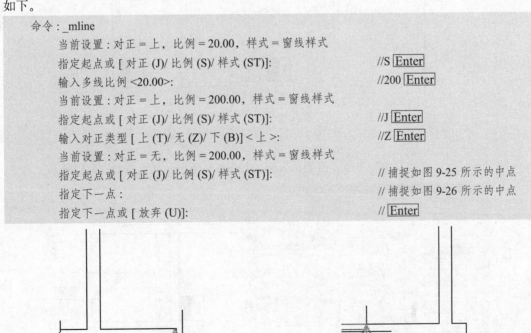

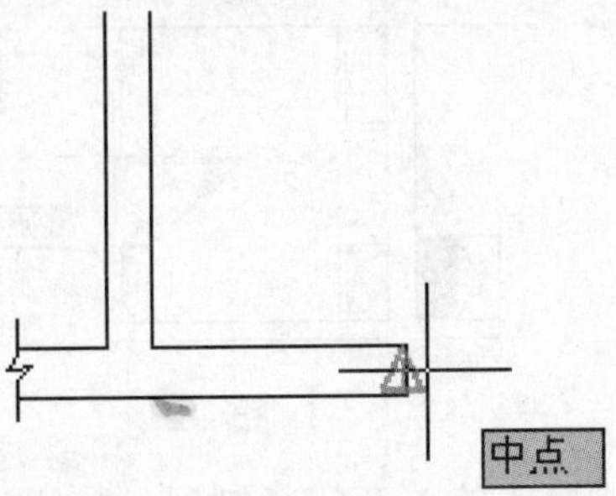

图9-25

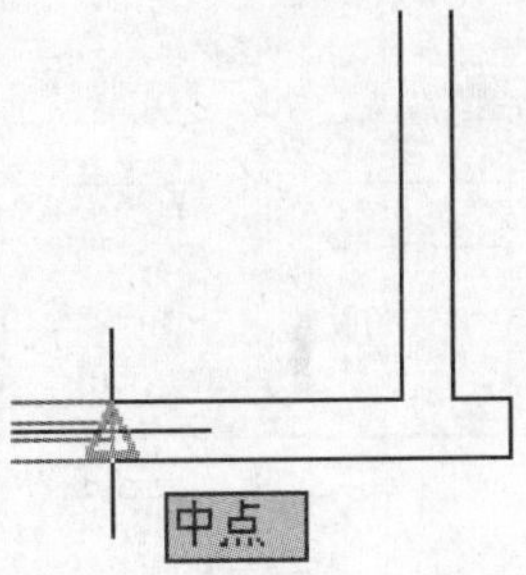

图9-26

(5) 重复上一步骤，设置多线比例和对正方式保持不变，配合中点捕捉功能绘制右侧的窗线，结果如图9-27所示。

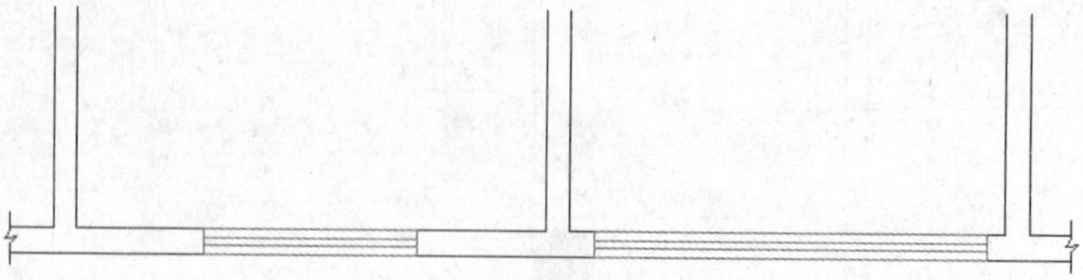

图9-27

(6) 单击“绘图”工具栏中的按钮，插入随书光盘中的“图块文件”\“单开门.dwg”图块，块参数设置如图9-28所示，插入点如图9-29所示。

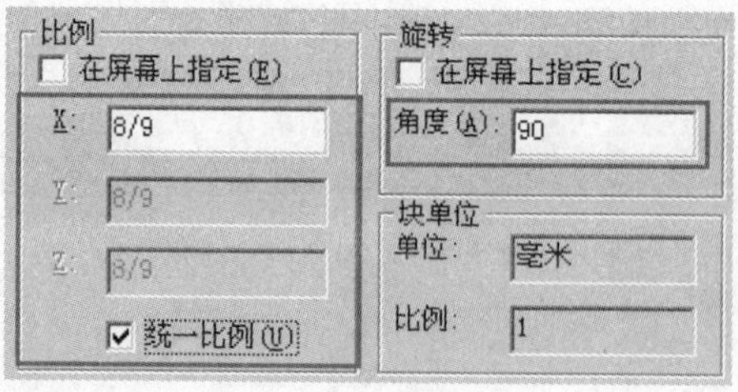

图9-28

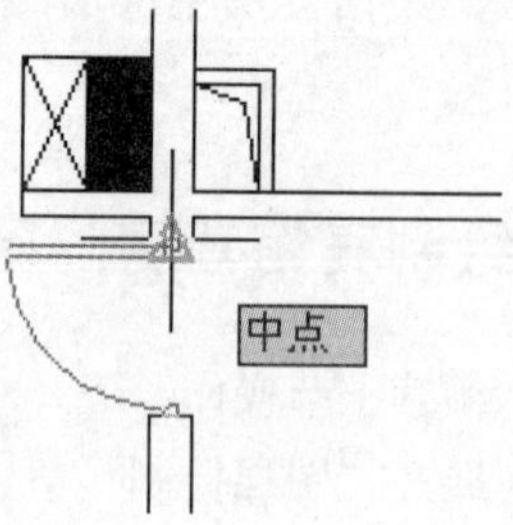

图9-29

(7) 使用命令简写MI激活“镜像”命令，将插入的单开门进行镜像，结果如图9-30所示。

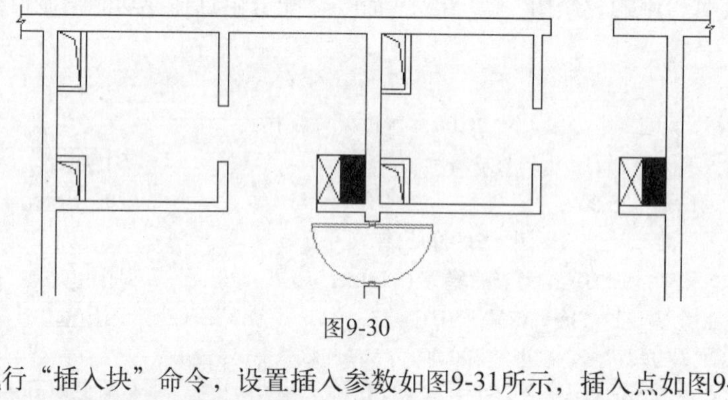

图9-30

(8) 重复执行“插入块”命令，设置插入参数如图9-31所示，插入点如图9-32所示。

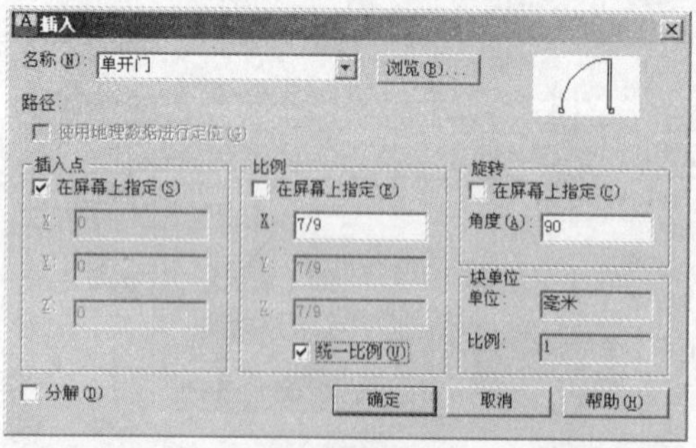

图9-31

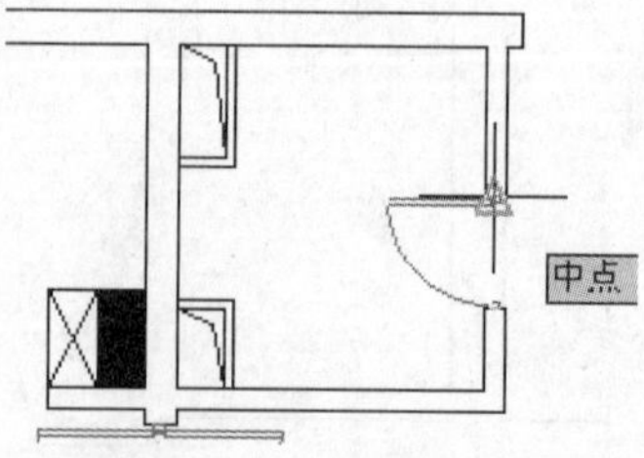

图9-32

(9) 使用命令简写XO激活“复制”命令，将刚插入的单开门复制到另一侧，结果如图9-33所示。

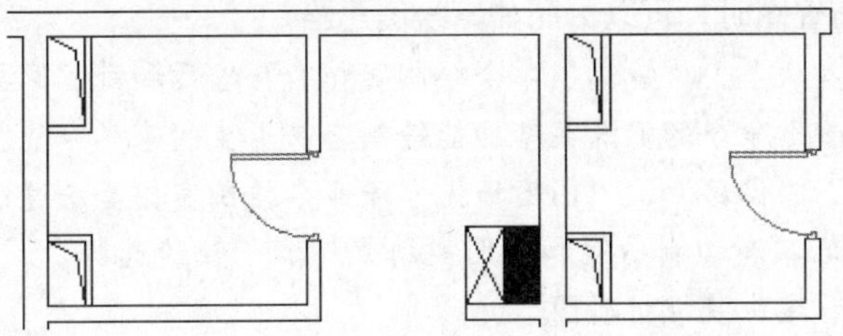

图9-33

⑩ 重复执行“插入块”命令，设置插入参数如图9-34所示，插入点如图9-35所示。

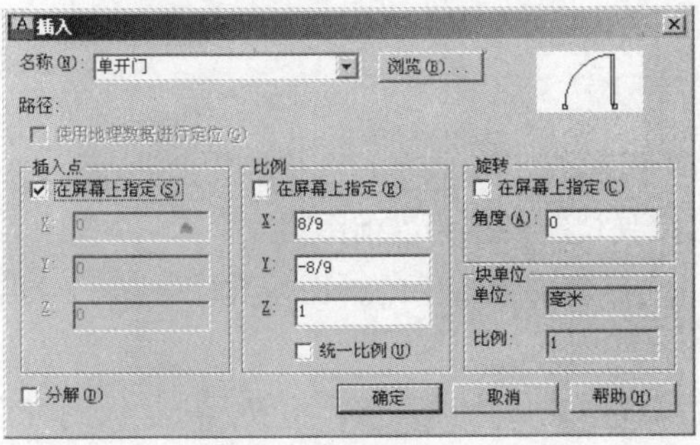

图9-34

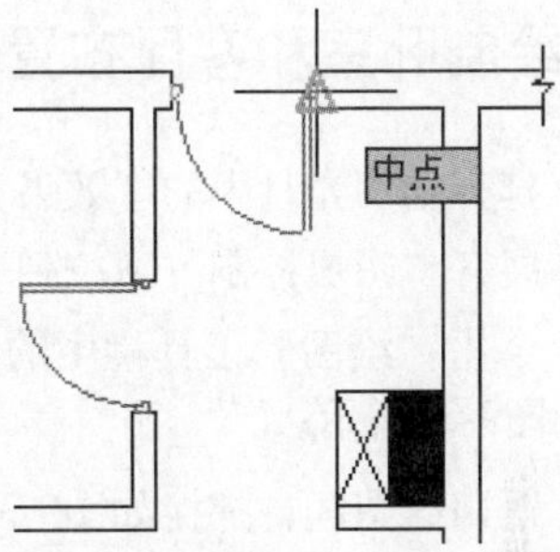

图9-35

⑪ 执行“范围缩放”命令调整视图，使平面图全部显示，最终结果如上图9-1所示。

⑫ 最后执行“保存”命令，将图形命名存储为“绘制宾馆套房墙体图.dwg”。

9.4 绘制宾馆套房平面布置图

本节主要学习某宾馆套房平面布置图的绘制方法和具体绘制过程。宾馆套房布置图的最终绘制效果如图9-36所示。

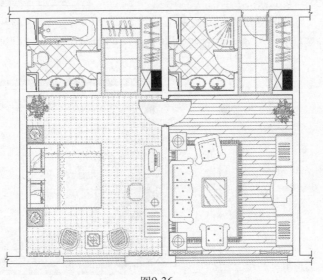

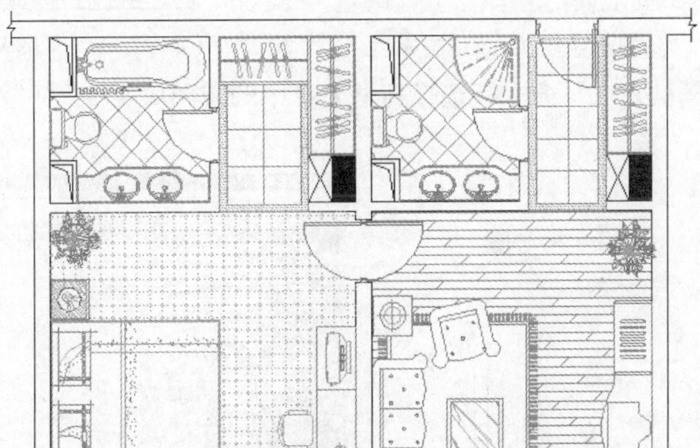

图9-36

在绘制宾馆套房布置图时，可以参照如下绘图思路。

- 首先使用“插入块”、“镜像”命令绘制宾馆套房客厅和卧室家具布置图。
- 使用“设计中心”命令的资源共享功能绘制套房卫生间家具布置图。
- 使用“直线”、“偏移”、“图案填充”等命令绘制宾馆套房过道地面装修材质图。
- 使用“图层”的状态控制功能和“图案填充”、“快速选择”、“多段线”命令绘制宾馆套房地砖和地板装修材质图。
- 最后使用“图层”的状态控制功能和“线型”、“图案填充”、“特性”命令绘制宾馆套房卧室地毯材质图。

9.4.1 绘制卧室和客厅布置图

(1) 打开随书光盘中的“效果文件”\“第9章”\“绘制宾馆套房墙体图.dwg”。

(2) 展开“图层控制”下拉列表，将“家具层”设置为当前图层。

(3) 单击“绘图”工具栏中的按钮，选择随书光盘中的“图块文件”\“双人床.dwg”图块，如图9-37所示。

(4) 返回绘图区，捕捉如图9-38所示的墙线中点作为插入点，将双人床插入到卧室中，插入结果如图9-39所示。

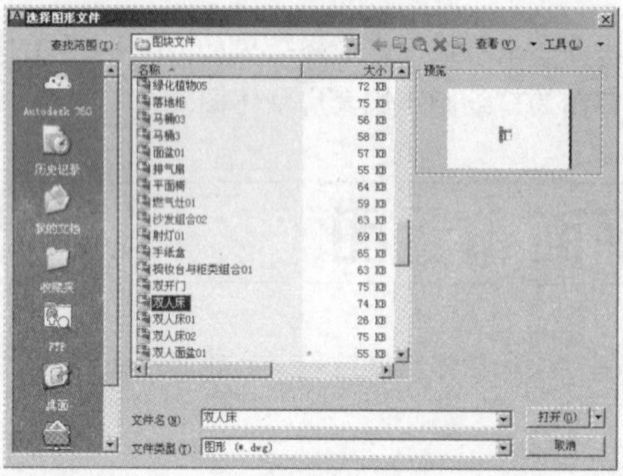

图9-37

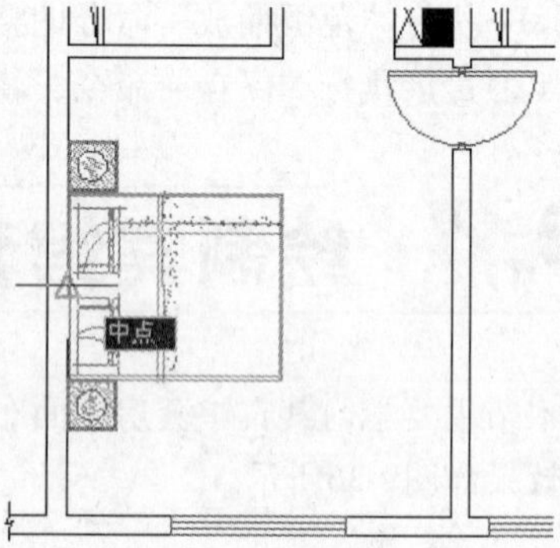

图9-38

(5) 重复执行“插入块”命令，选择随书光盘中的“图块文件”\“沙发组合02.dwg”图块，如图9-40所示。

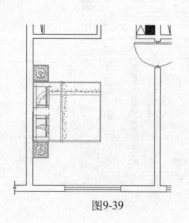

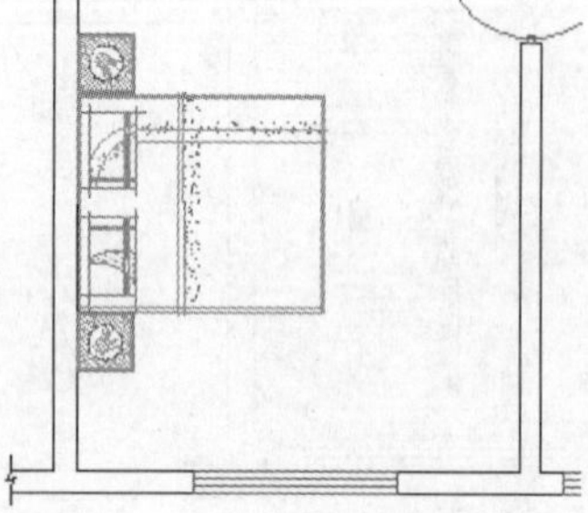

图9-39

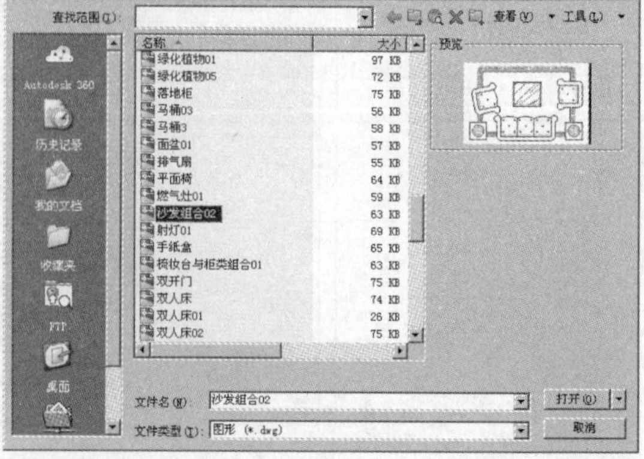

图9-40

⑥ 返回“插入”对话框，然后设置块的插入参数如图9-41所示。

⑦ 返回绘图区，捕捉如图9-42所示的墙线中点作为插入点，将其插入到卧室中，插入结果如图9-43所示。

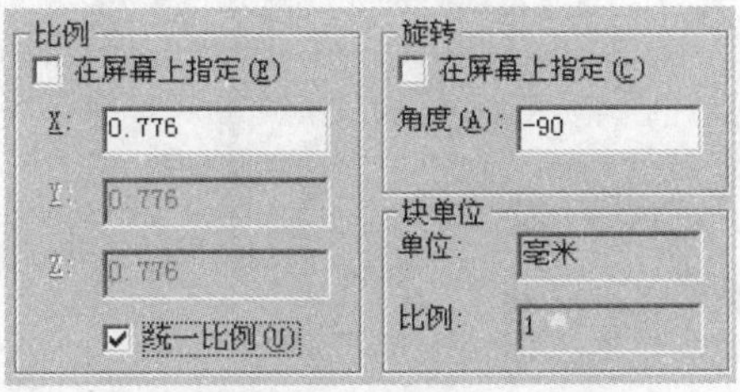

图9-41

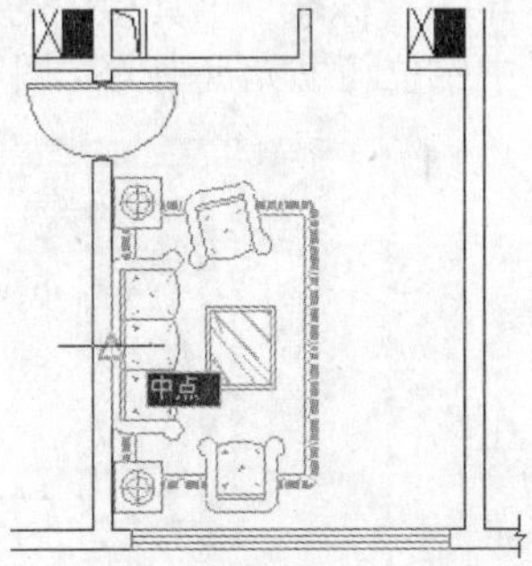

图9-42

⑧ 接下来重复执行“插入块”命令，以默认参数分别插入随书光盘“图块文件”文件夹下的“休闲桌椅02.dwg”、“多功能组合柜.dwg”、“绿化植物05.dwg”、“窗帘03.dwg”和“电视柜与暖气包.dwg”图块，结果如图9-44所示。

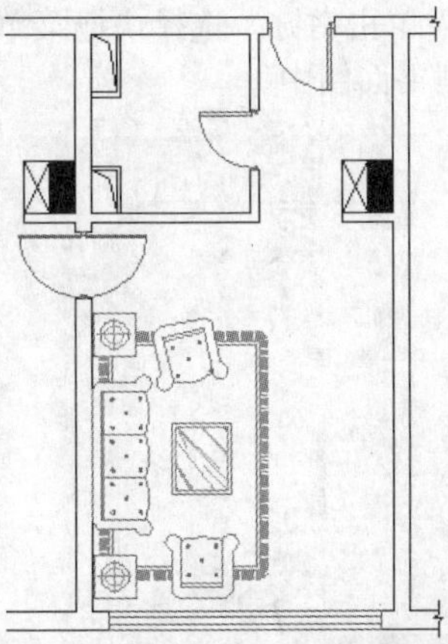

图9-43

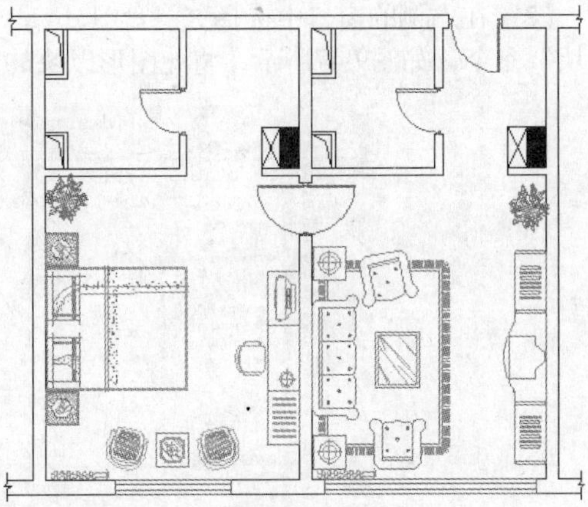

图9-44

⑨ 使用命令简写MI激活“镜像”命令，配合中点捕捉功能对下侧的窗帘图块进行镜像，结果如图9-45所示。

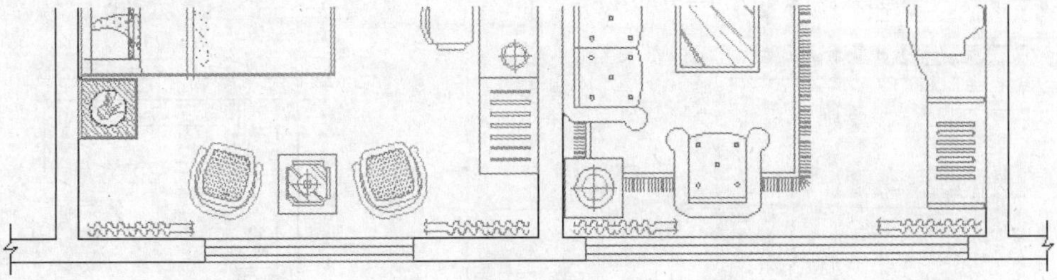

图9-45

至此，宾馆套房卧室和客厅布置图绘制完毕，下一小节将学习宾馆卫生间布置图的具体绘制过程。

9.4.2 绘制宾馆卫生间布置图

(1) 继续上节操作。

(2) 单击“标准”工具栏中的▦按钮，打开“设计中心”窗口，然后在左侧的树状资源管理器一栏中定位随书光盘中的“图块文件”文件夹，如图9-46所示。

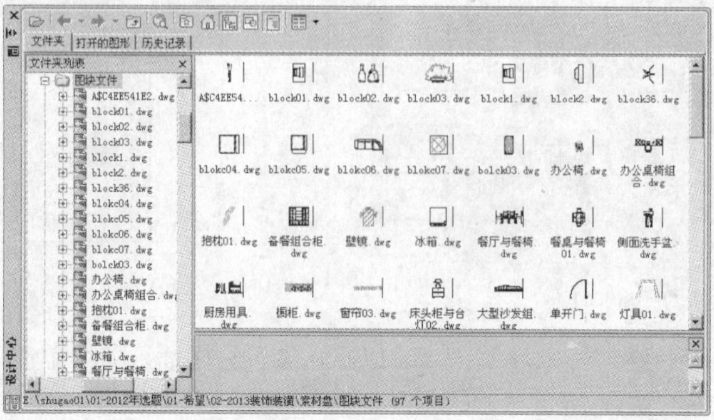

图9-46

(3) 在右侧的窗口中选择“浴盆01.dwg”文件，然后单击右键，选择快捷菜单中的“插入为块”命令，如图9-47所示，将此图形以块的形式共享到平面图中。

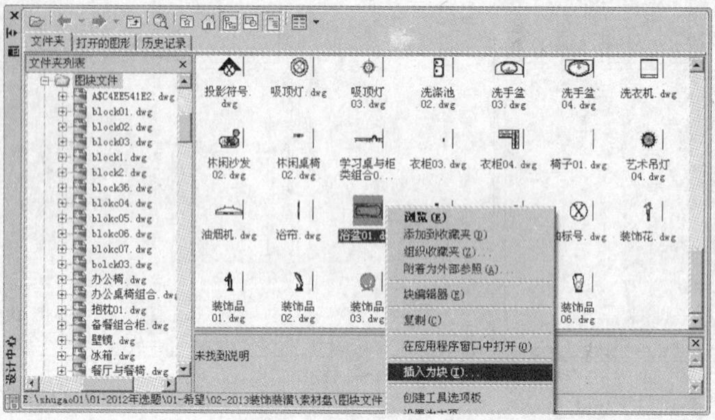

图9-47

(4) 此时系统弹出“插入”对话框，在此对话框内设置块的插入参数如图9-48所示，将其插入到平面图中，插入结果如图9-49所示。

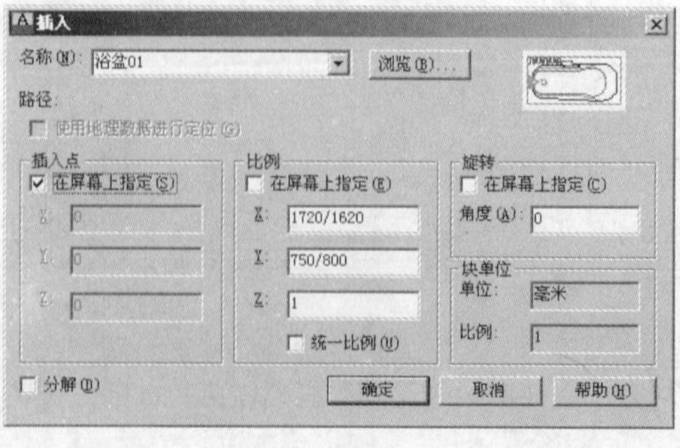

图9-48

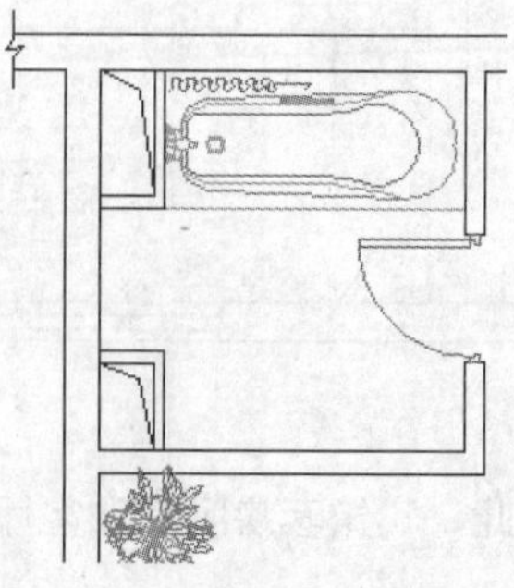

图9-49

(5) 在“设计中心”右侧的窗口中向下移动滑块，找到“双人面盆01.dwg”文件并选择，如图9-50所示。

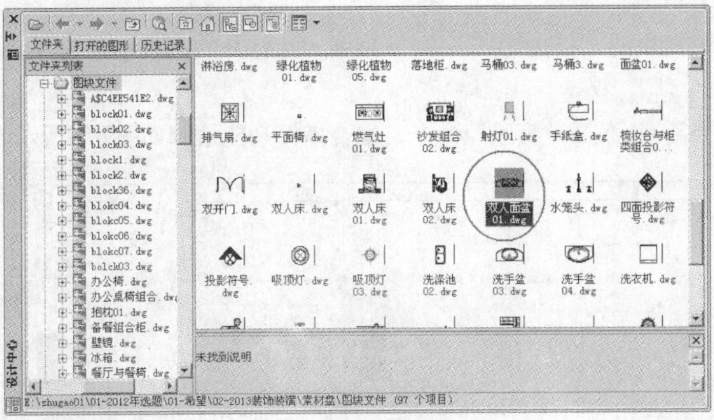

图9-50

(6) 按住鼠标左键不放，将“双人面盆01”拖动至平面图中，以默认参数共享此图形，插入点为如图9-51所示的端点，插入结果如图9-52所示。

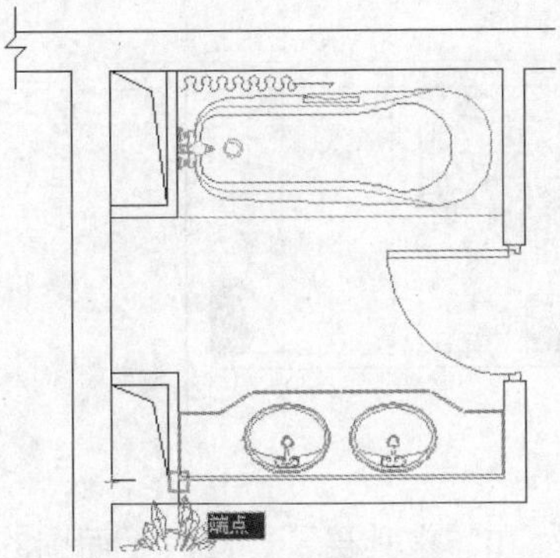

图9-51

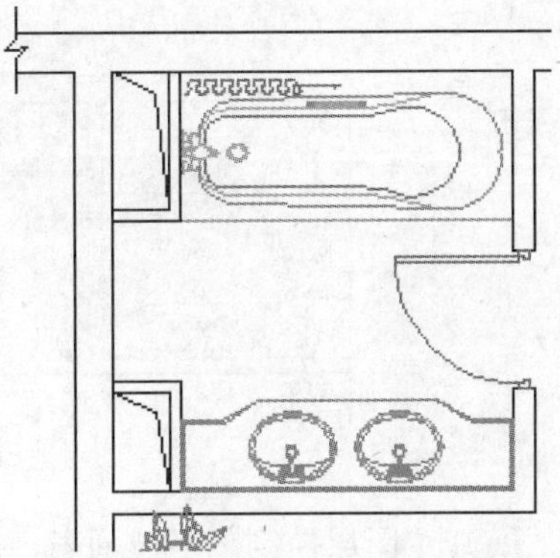
图9-52

(7) 参照步骤2~6的操作，使用“设计中心”窗口中的资源共享功能，分别布置其他图块，结果如图9-53所示。

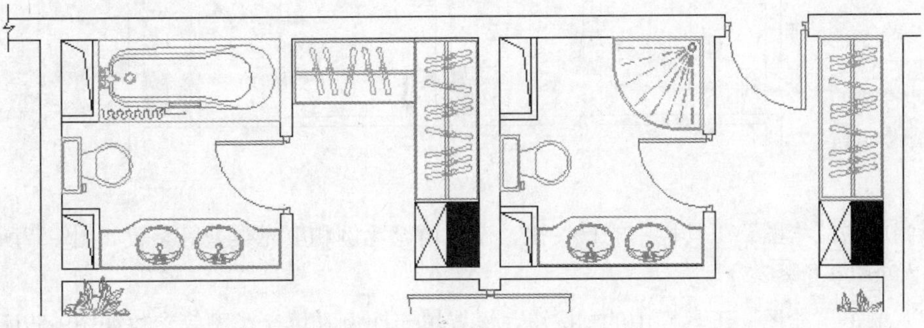
图9-53

至此，宾馆套房卫生间布置图绘制完毕，下一小节学习宾馆套房过道材质图的具体绘制过程。

9.4.3 绘制过道微晶石材质图

(1) 继续上节操作。

(2) 执行菜单栏中的“格式”|“图层”命令，在打开的面板中双击“地面层”，将其设置为当前层。

(3) 使用命令简写L激活“直线”命令，配合捕捉功能绘制如图9-54所示的直线。

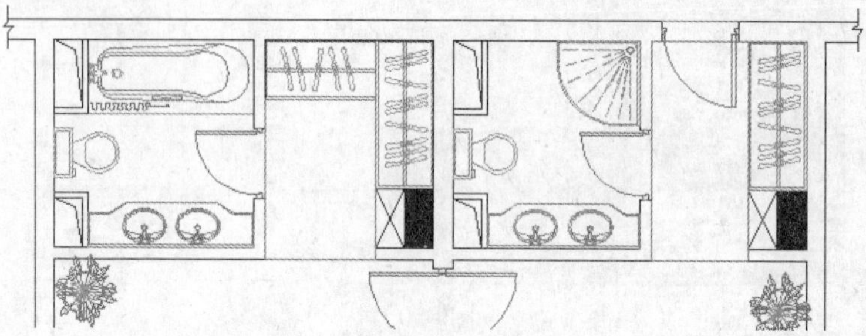

图9-54

(4) 将绘制的图线向内偏移100个单位，并对偏移出的图线进行修剪，结果如图9-55所示。

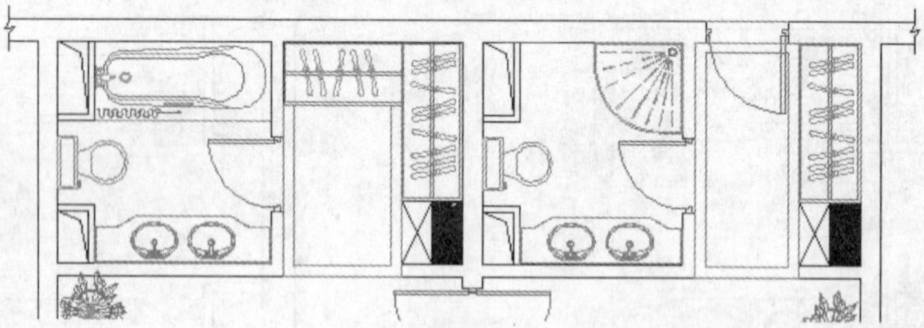

图9-55

(5) 展开“图层控制”下拉列表，冻结“图块层”和“家具层”，此时平面图的显示结果如图9-56所示。

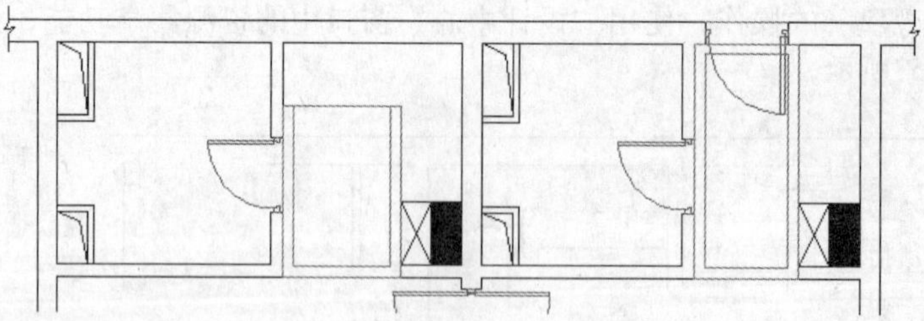

图9-56

(6) 单击“绘图”工具栏中的▦按钮，设置填充比例和填充类型等参数如图9-57所示，填充如图9-58所示的图案。

(7) 单击“绘图”工具栏中的▦按钮，设置填充比例和填充类型等参数如图9-59所示，填充如图9-60所示的图案。

(8) 单击“绘图”工具栏中的▦按钮，设置填充比例和填充类型等参数如图9-61所示，填充如图9-62所示的图案。

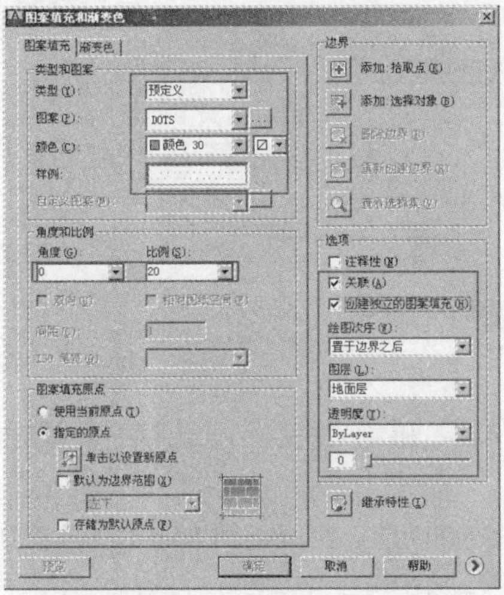

图9-57

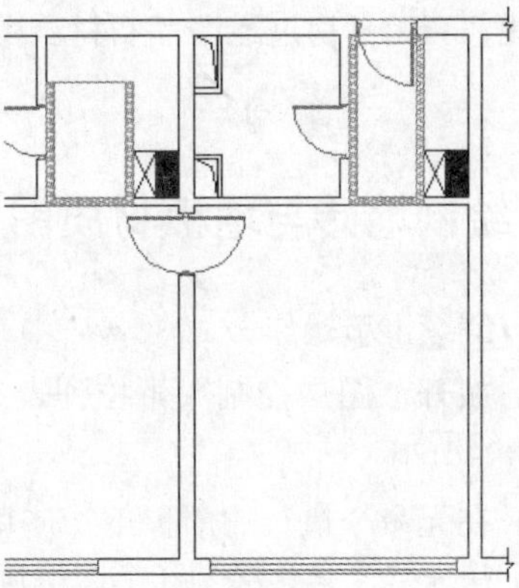

图9-58

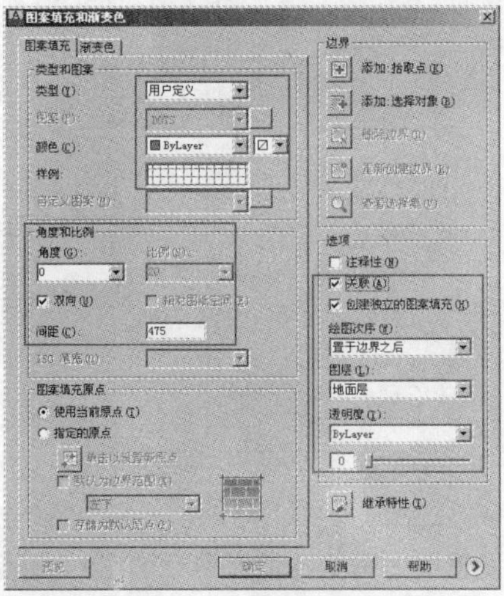

图9-59

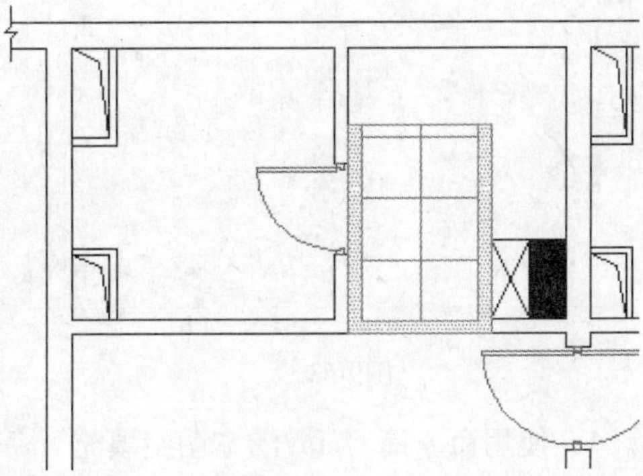

图9-60

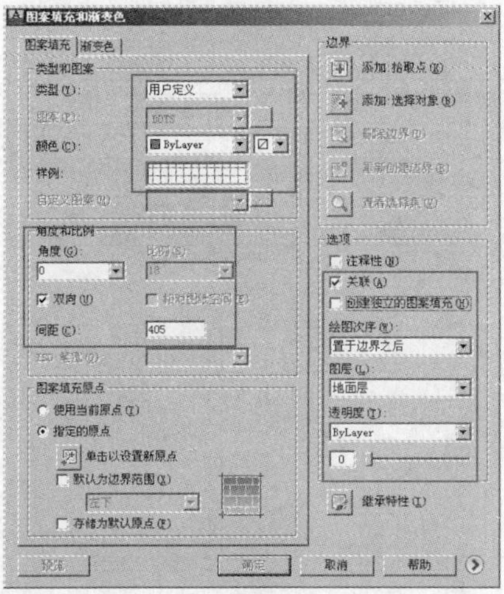

图9-61

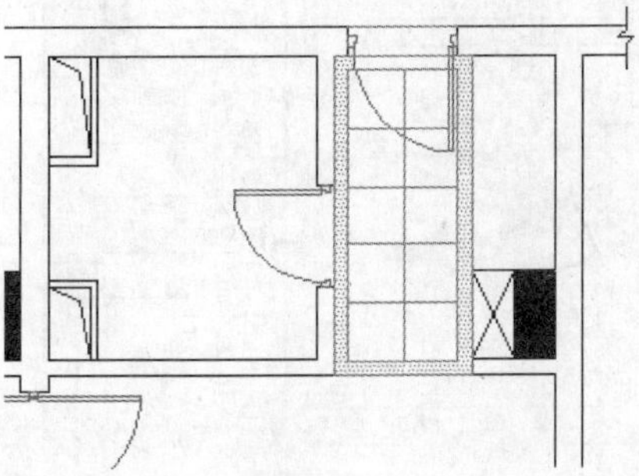

图9-62

提示

如果填充图案达不到所需效果，可以修改填充图案的原点。

至此，宾馆套房过道微晶石材质图绘制完毕，下一小节将学习宾馆套房地砖材质和地毯材质图。

9.4.4 绘制地砖与地板材质图

① 继续上节操作。

② 展开“图层控制”下拉列表，解冻“家具层”和“图块层”，此时平面图的显示效果如图9-63所示。

③ 在无命令执行的前提下，使用图层的状态控制功能，将卫生间内的图块放置到“0图层”上，并冻结“家具层”和“图块层”，平面图的显示如图9-64所示。

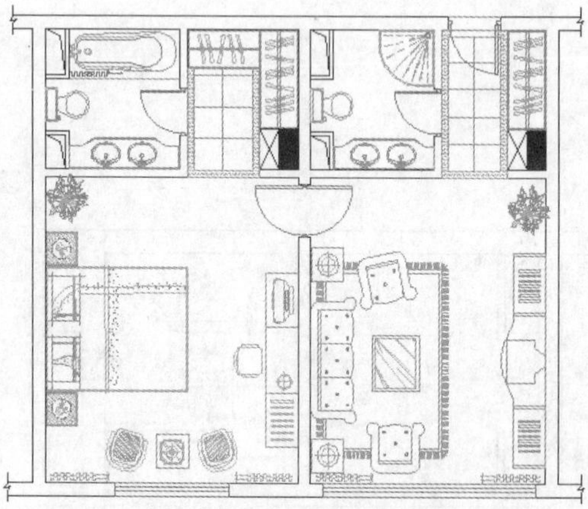

图9-63

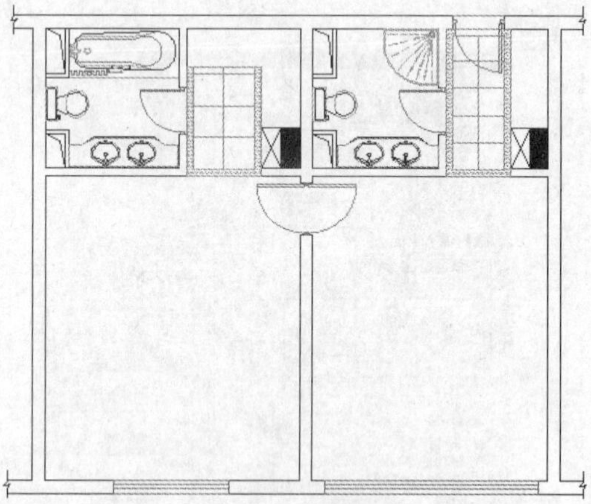

图9-64

④ 使用命令简写H激活“图案填充”命令，设置填充图案及填充参数如图9-65所示，为卫生间填充如图9-66所示的地砖材质。

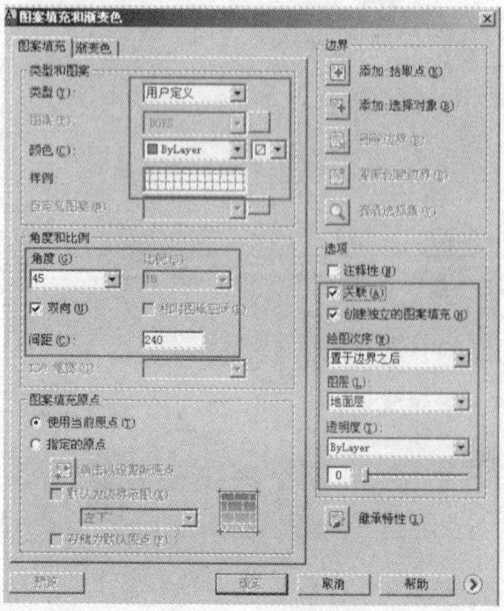

图9-65

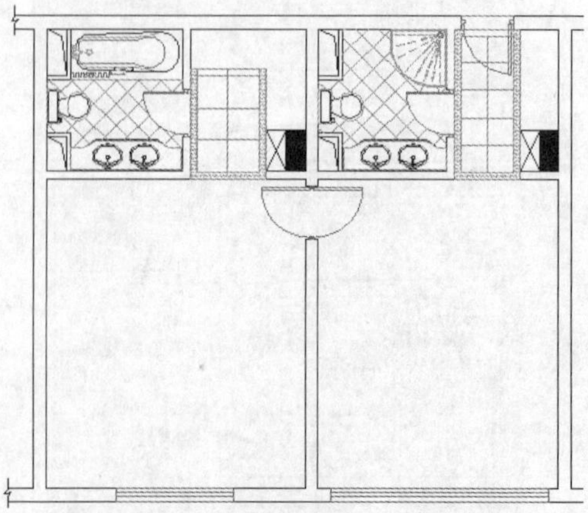

图9-66

(5) 执行菜单栏中的“工具”|“快速选择”命令，设置过滤参数如图9-67所示，选择“0图层”上的所有图块，如图9-68所示。

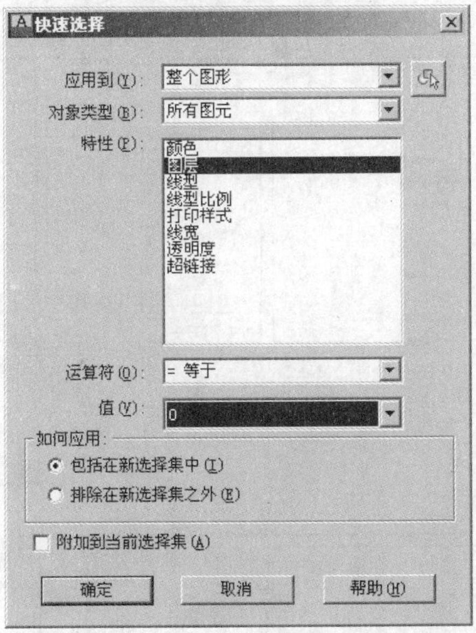

图9-67

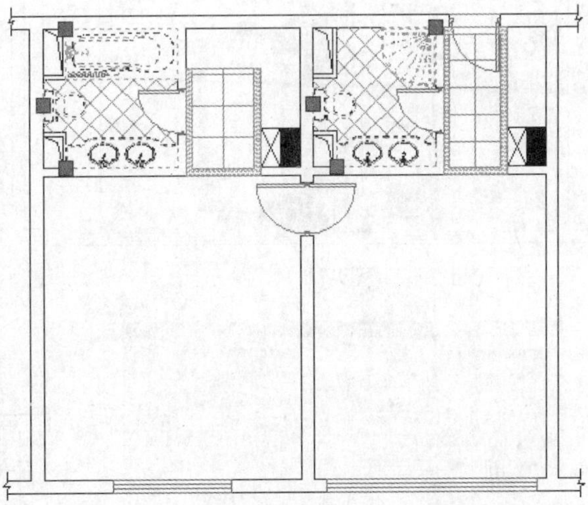

图9-68

(6) 展开“图层控制”下拉列表，将选择的图块放置到“图块层”上，并解冻“图块层”和“家具层”，图形的显示效果如图9-69所示。

(7) 使用命令简写PL激活“多段线”命令，配合“对象捕捉”功能沿着客厅沙发组合外轮廓，绘制一条闭合的多段线，其夹点效果如图9-70所示。

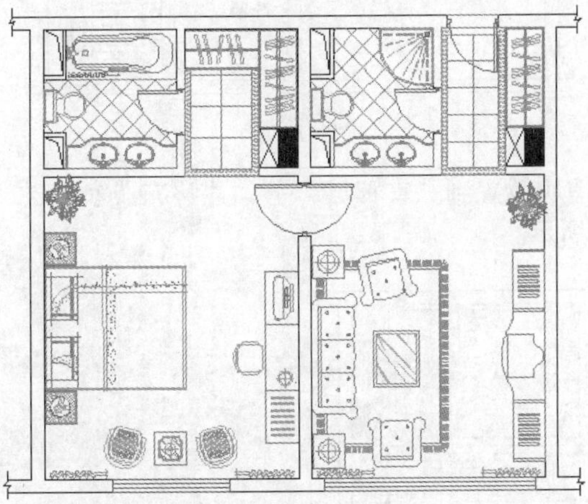

图9-69

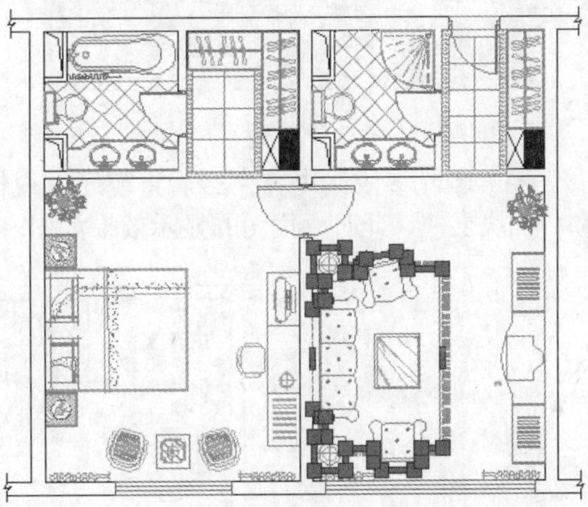

图9-70

(8) 夹点显示刚绘制的闭合多段线边界和电视柜图块，如图9-71所示。

(9) 展开“图层控制”下拉列表，冻解“图块层”和“家具层”，此时平面图的显示效果如图9-72所示。

(10) 使用命令简写H激活“图案填充”命令，设置填充图案及填充参数如图9-73所示，为卫生间填充如图9-74所示的地砖材质。

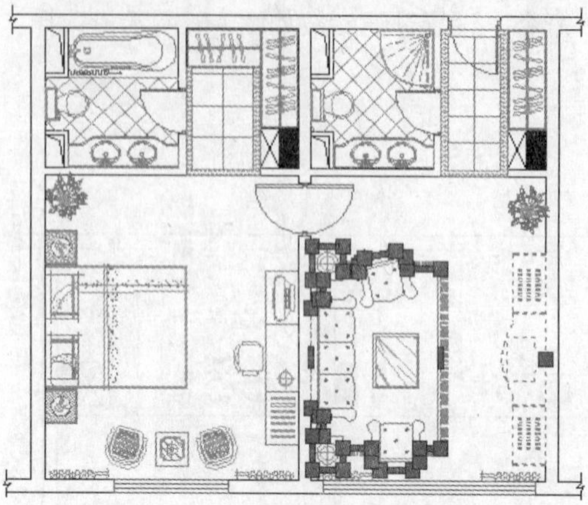

图9-71

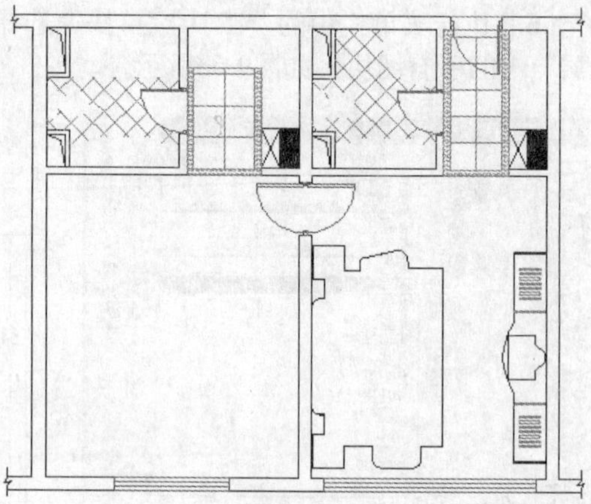

图9-72

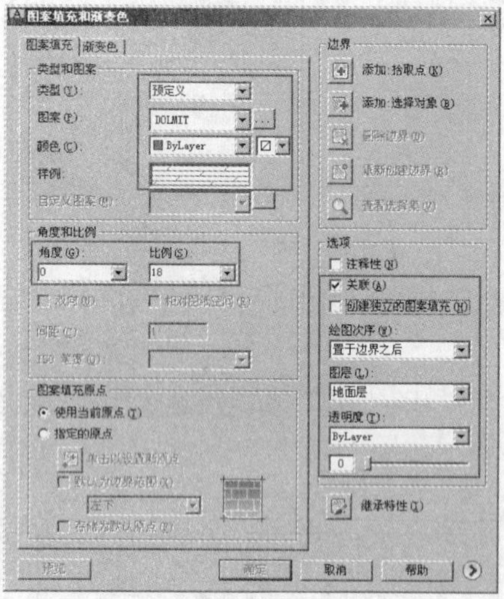

图9-73

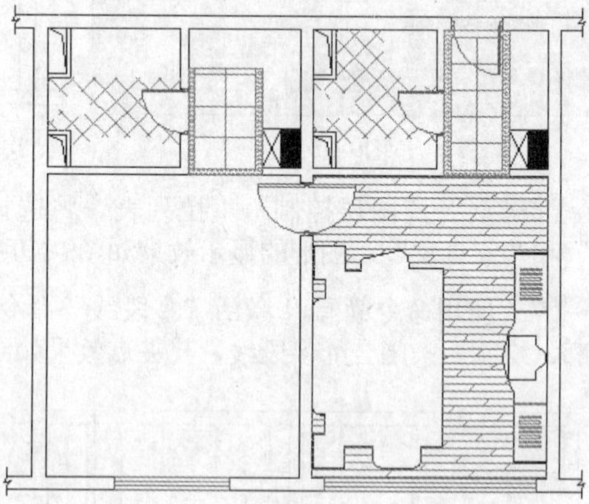

图9-74

(11) 删除多段线边界，然后将客厅电视柜图块放置到“家具层”上，并解冻“家具层”和“图块层”，此时平面图的显示效果如图9-75所示。

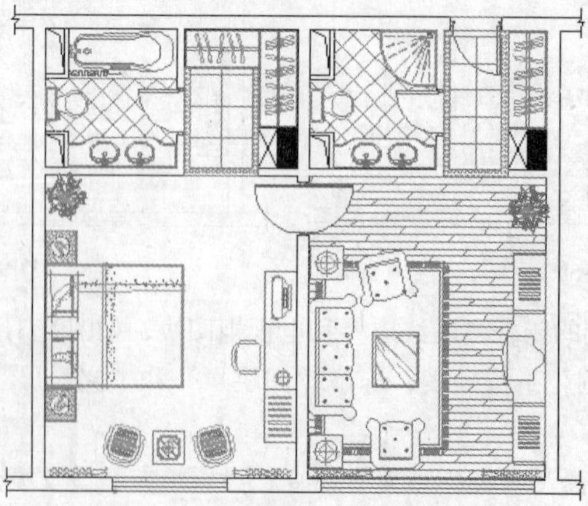

图9-75

至此，卫生间地砖和客厅地板材质图绘制完毕，下一小节将学习宾馆套房卧室材质图的具体绘制过程。

9.4.5 绘制宾馆卧室地毯材质图

① 继续上节操作。

② 使用命令简写LT激活“线型”命令，在打开的“线型管理器”对话框中加载一种名为DOT的线型，如图9-76所示。

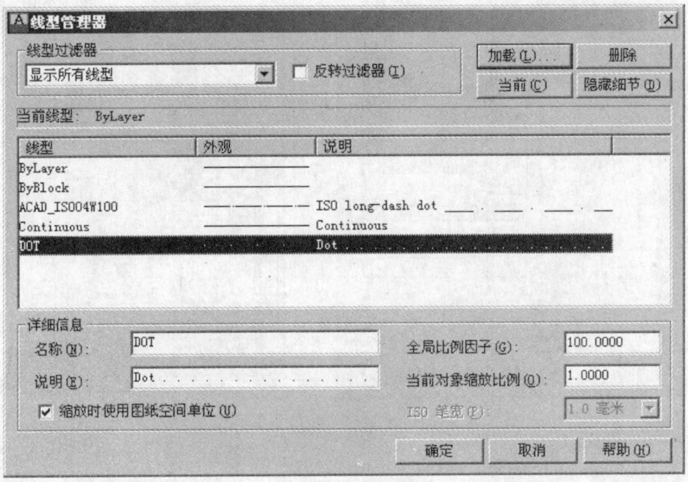

图9-76

③ 在无命令执行的前提下，分别单击套房卧室内的家具图块，使其呈现夹点显示状态，如图9-77所示。

④ 展开“图层控制”下拉列表，将夹点图块放置到“0图层”上，并冻结“家具层”和“图块层”，平面图的显示如图9-78所示。

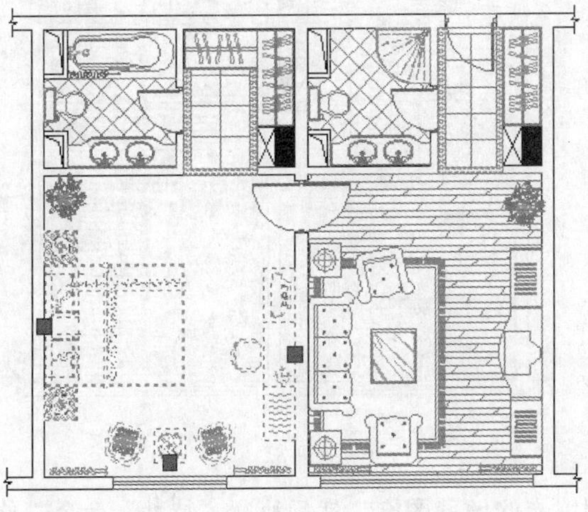

图9-77

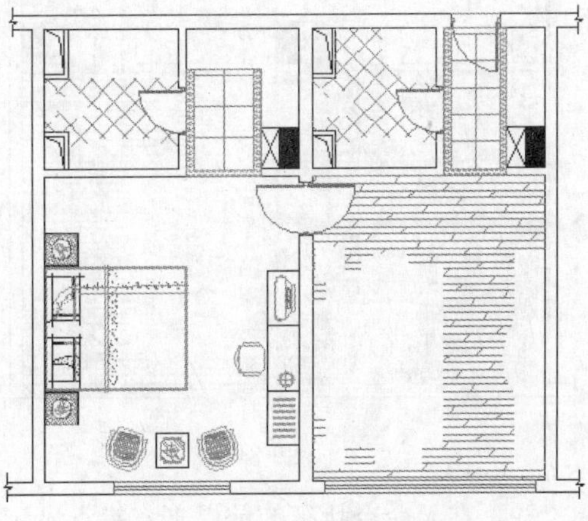

图9-78

⑤ 单击“绘图”工具栏中的按钮，打开“图案填充和渐变色”对话框，设置填充比例和填充类型等参数如图9-79所示。

⑥ 在对话框中单击“添加:拾取点”按钮，在空白区域上单击左键，填充如图9-80所示的图案。

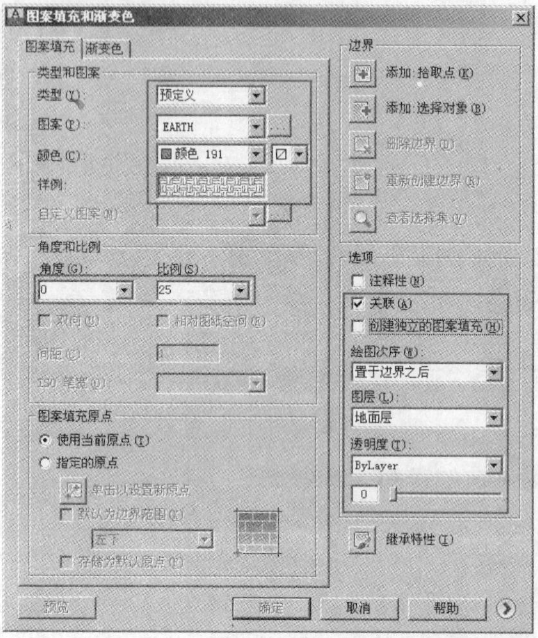

图9-79

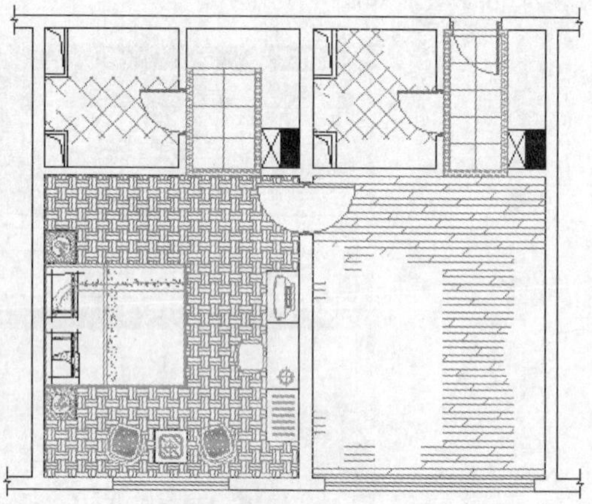

图9-80

⑦ 执行菜单栏中的“工具”|“快速选择”命令，选择“0图层”上的所有图块，如图9-81所示。

⑧ 展开“图层控制”下拉列表，将选择的图块放置到“家具层”上，并解冻“图块层”和“家具层”，图形的显示效果如图9-82所示。

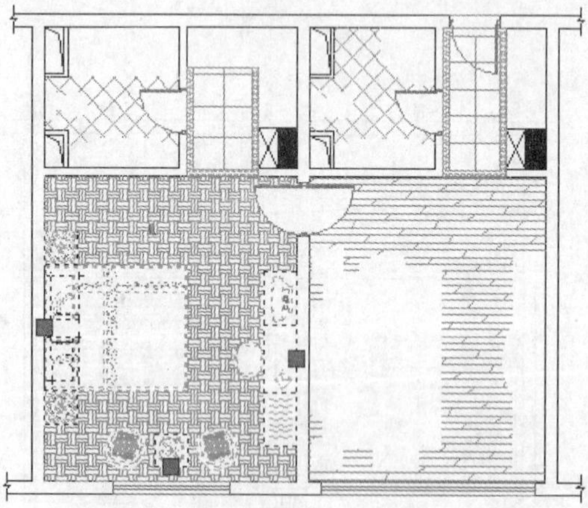

图9-81

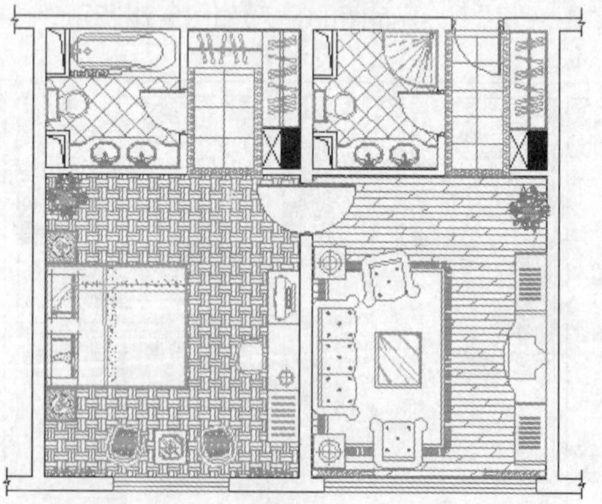

图9-82

⑨ 在无命令执行的前提下，夹点显示刚填充的地毯图案，然后执行“特性”命令，修改其线型如图9-83所示。

⑩ 关闭“特性”面板，并取消图案的夹点显示，图案的修改结果如图9-84所示。

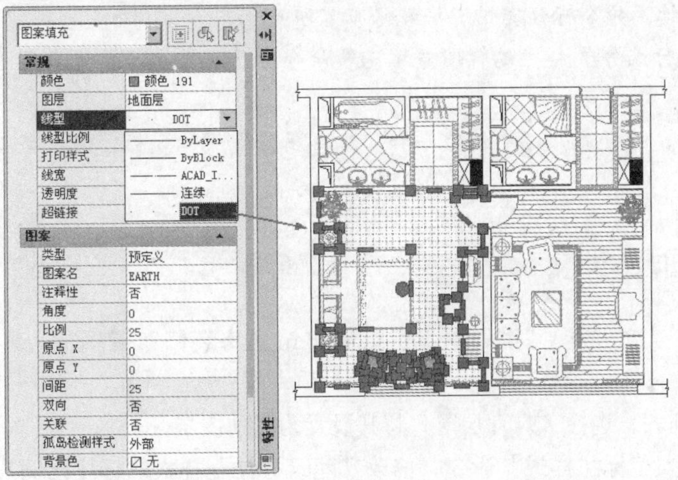

图9-83

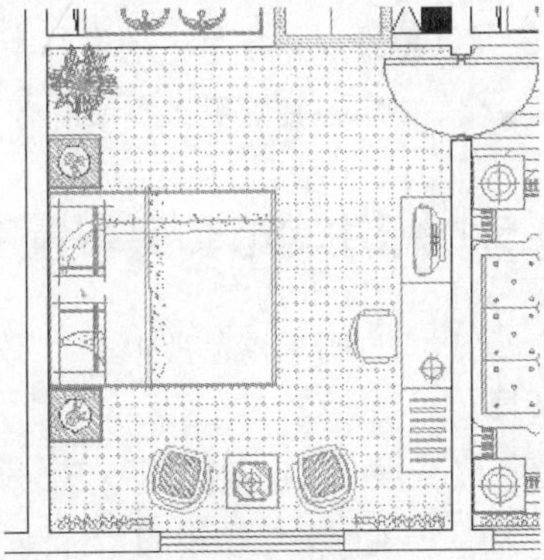

图9-84

⑪ 执行“范围缩放”命令调整视图，使平面图全部显示，最终结果如上图9-36所示。

⑫ 最后执行“另存为”命令，将图形另名存储为“绘制宾馆套房装修布置图.dwg”。

9.5 标注宾馆套房装修布置图

本节主要学习宾馆套房装修布置图尺寸、文字和墙面投影等内容的具体标注过程和标注技巧。宾馆套房装修布置图的最终标注效果如图9-85所示。

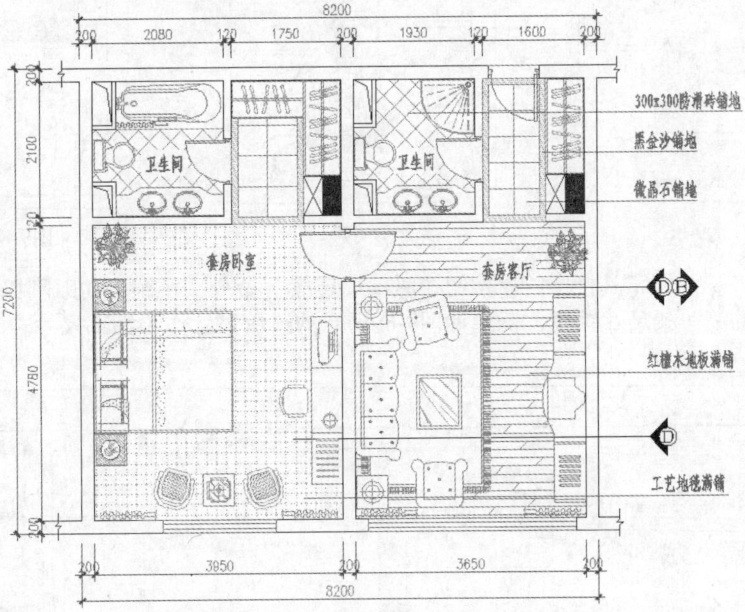

图9-85

在标注宾馆套房装修布置图时，可以参照如下绘图思路。

◆ 首先调用源文件并设置当前操作层和标注样式。

- 综合使用“线性”、“连续”命令标注宾馆套房装修布置图尺寸。
- 综合使用“直线”、“单行文字”和“编辑图案填充”命令标注宾馆套房装修布置图文字。
- 最后综合使用“插入块”、“复制”、“镜像”和“编辑属性”等命令标注宾馆套房装修布置图墙面投影符号。

9.5.1 标注宾馆套房布置图尺寸

(1) 打开随书光盘中的“效果文件”\“第9章”\“绘制宾馆套房装修布置图.dwg”文件。

(2) 展开“图层控制”下拉列表，选择“尺寸层”，将其设置为当前图层。

(3) 执行菜单栏中的“标注”|“标注样式”命令，修改“建筑标注”样式的标注比例为50，并将此样式设置为当前尺寸样式。

(4) 单击“标注”工具栏中的按钮，在“指定第一条尺寸界线原点或<选择对象>:”提示下，配合捕捉与追踪功能，捕捉如图9-86所示的交点作为第一条尺寸界线的起点。

(5) 在“指定第二条尺寸界线原点:”提示下，捕捉如图9-87所示的交点。

(6) 在“指定尺寸线位置或[多行文字(M)/文字(T)/角度(A)/水平(H)/垂直(V)/旋转(R)]:”提示下，在适当位置指定尺寸线位置，标注结果如图9-88所示。

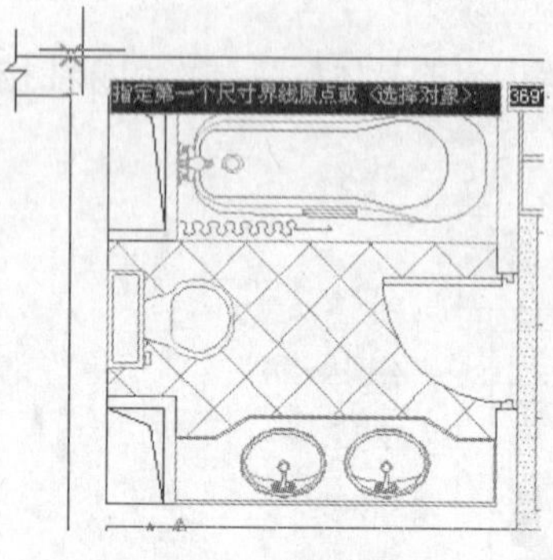

图9-86

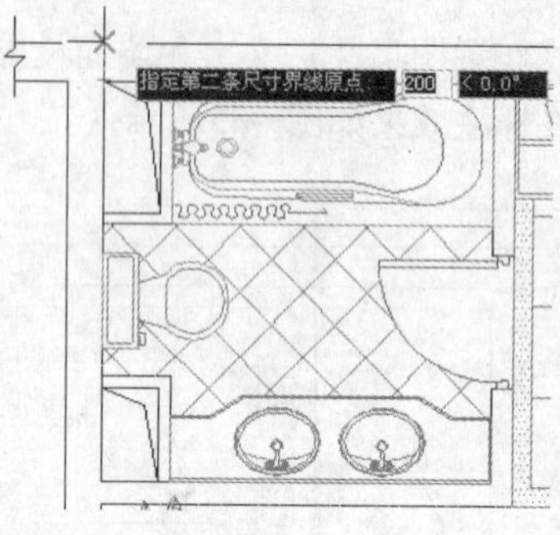

图9-87

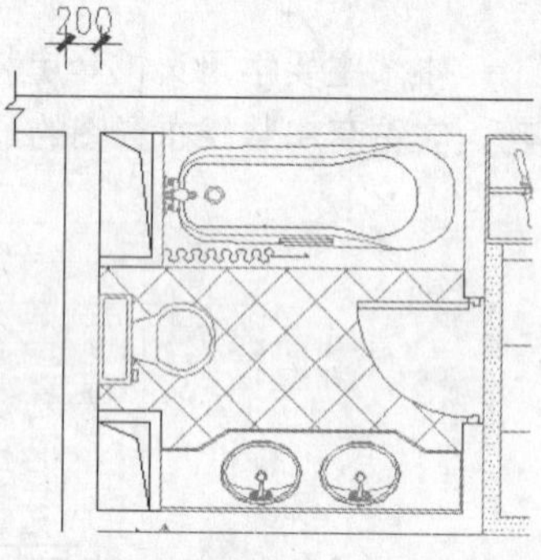

图9-88

(7) 单击“标注”工具栏中的按钮，激活“连续”命令，系统自动以刚标注的线型尺寸作为连续标注的第一条尺寸界线，标注如图9-89所示的连续尺寸作为细部尺寸。

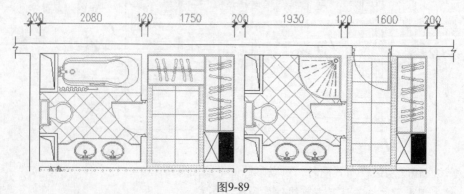

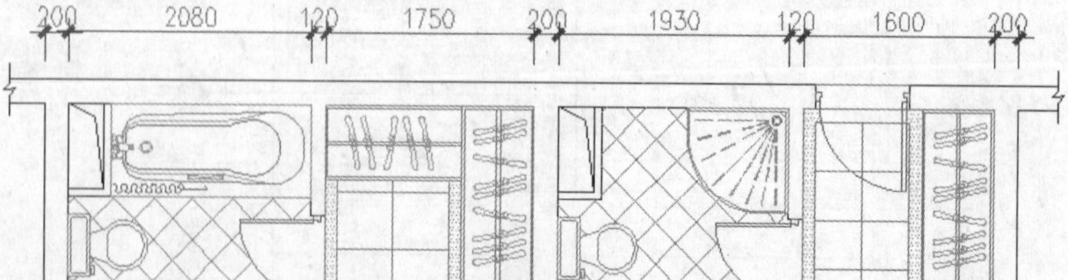

图9-89

(8) 单击“标注”工具栏中的按钮，配合端点捕捉功能标注房间的总长尺寸，如图9-90所示。

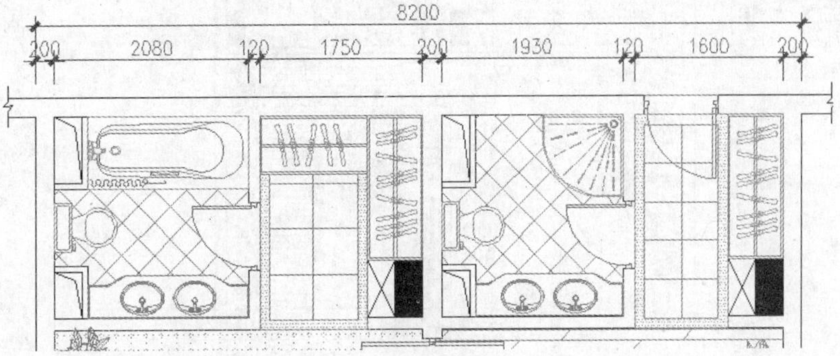

图9-90

(9) 参照上述操作，综合使用“线性”、“连续”、“编辑标注文字”命令，标注其他侧的尺寸，结果如图9-91所示。

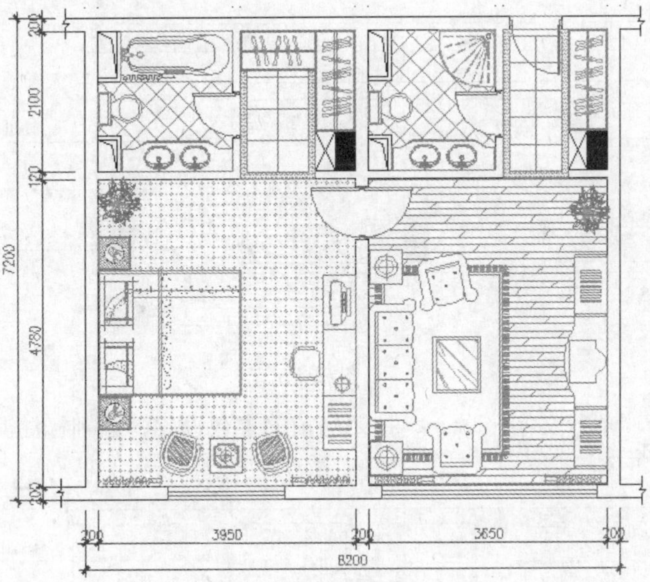

图9-91

至此，宾馆套房布置图尺寸标注完毕，下一小节将学习宾馆套房布置图标注文字的具体标注过程。

9.5.2 标注宾馆套房布置图文字

(1) 继续上节操作。

(2) 展开“图层控制”下拉列表，将“文本层”设置为当前图层。

(3) 展开“文字样式控制”下拉列表，将“仿宋体”设置为当前样式。

(4) 暂时关闭“对象捕捉”功能，然后使用命令简写L激活“直线”命令，绘制如图9-92所示的文字指示线。

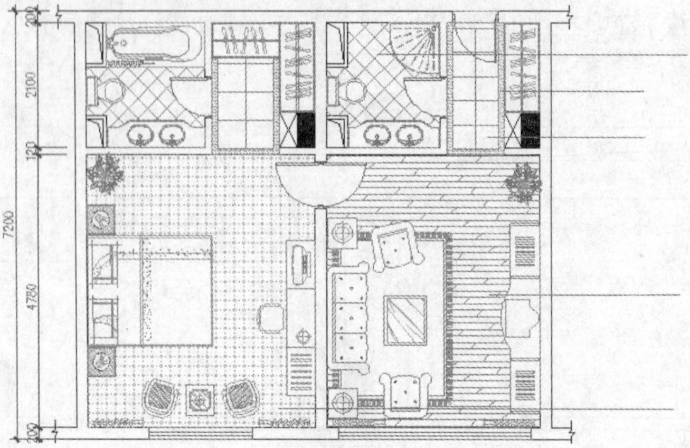

图9-92

(5) 使用命令简写DT激活“单行文字”命令，设置字高为210，标注如图9-93所示的文字注释。

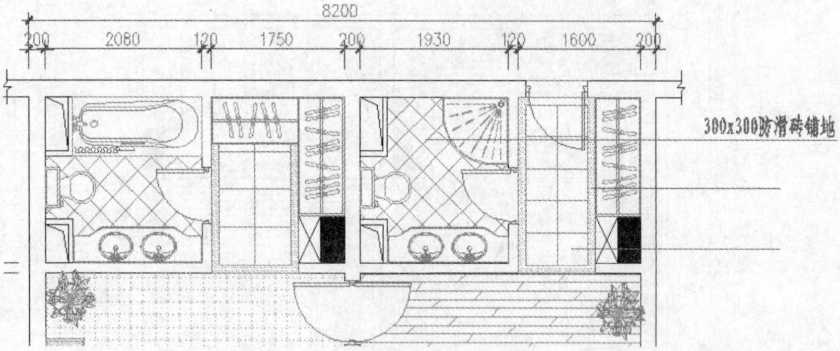

图9-93

(6) 重复执行“单行文字”命令，按照当前的参数设置，分别标注其他位置的文字注释，结果如图9-94所示。

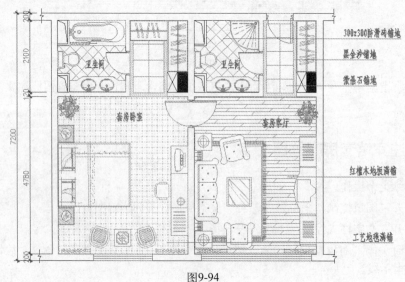

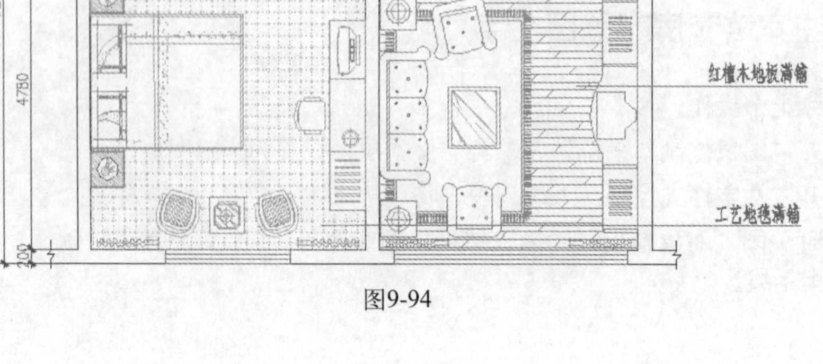

图9-94

⑦ 在地板填充图案上双击左键，在打开的“图案填充编辑”对话框中单击“添加:选择对象”按钮，如图9-95所示。

⑧ 返回绘图区，在“选择对象或[拾取内部点(K)/删除边界(B)]:”提示下，选择“套房客厅”对象，如图9-96所示。

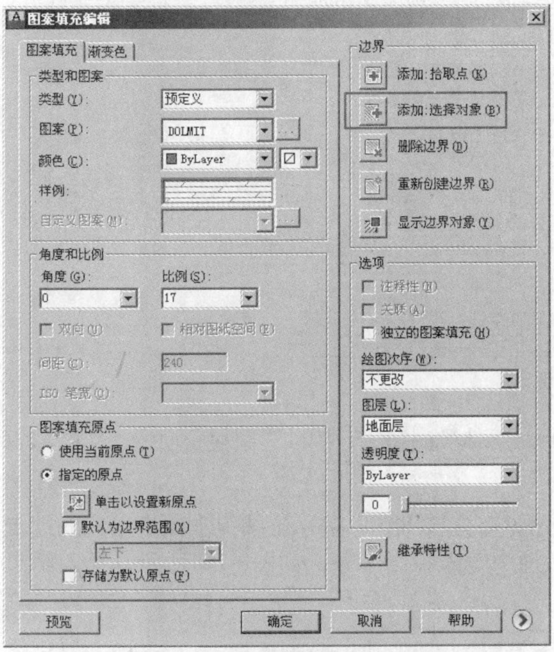

图9-95

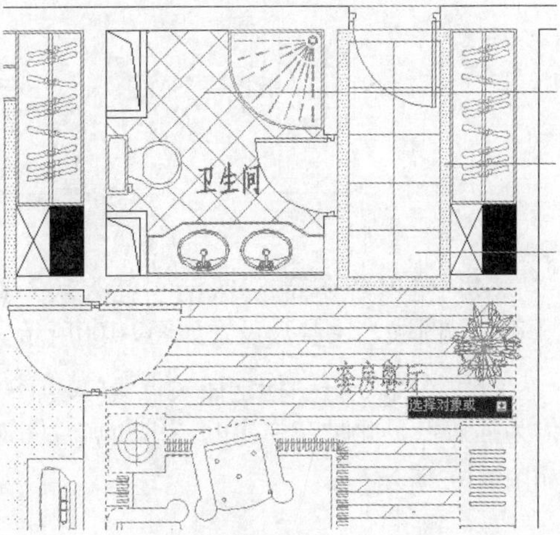

图9-96

⑨ 按Enter键，结果文字后面的填充图案被删除，如图9-97所示。

⑩ 参照步骤7~9的操作，分别修改其他房间内的填充图案，结果如图9-98所示。

图9-97

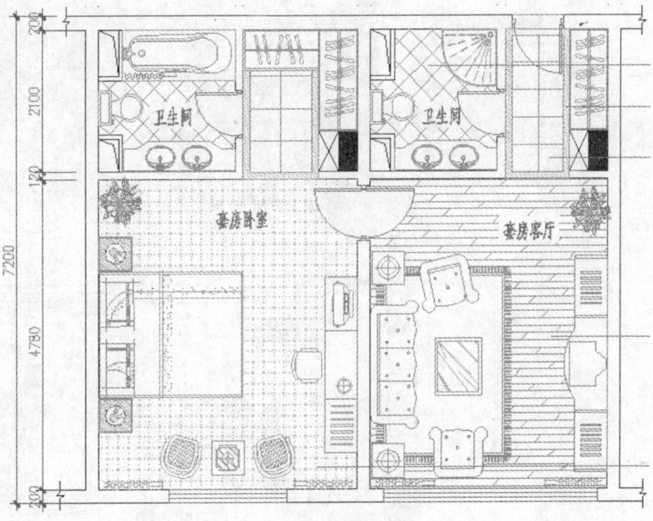

图9-98

至此，宾馆套房装修布置图文字标注完毕，下一小节将学习套房布置图墙面投影符号的具体标注过程。

9.5.3 标注宾馆套房布置图投影

(1) 继续上节操作。

(2) 展开“图层控制”下拉列表，将“其他层”设置为当前图层。

(3) 使用命令简写L激活“直线”命令，绘制如图9-99所示的直线作为投影符号指示线。

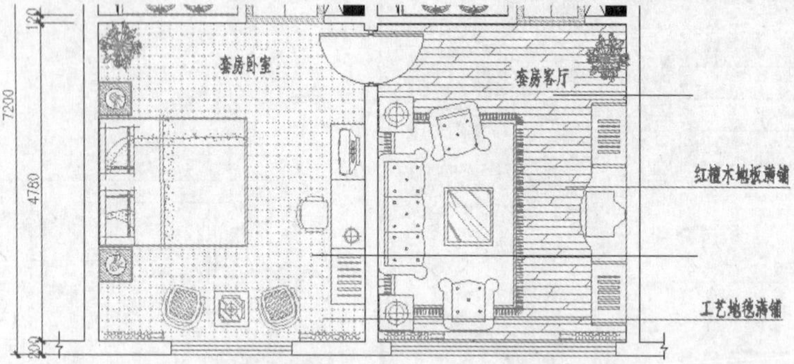

图9-99

(4) 使用命令简写I激活“插入块”命令，插入随书光盘中的“图块文件”\“投影符号.dwg”图块，块参数设置如图9-100所示。

(5) 在命令行“指定插入点或[基点(B)/比例(S)/旋转(R)]:”提示下捕捉上侧指示线的端点作为插入点，此时在弹出的“编辑属性”对话框中输入投影编号，如图9-101所示，插入结果如图9-102所示。

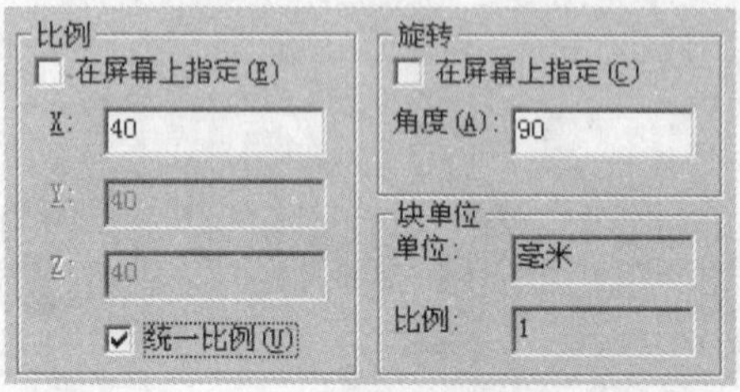

图9-100

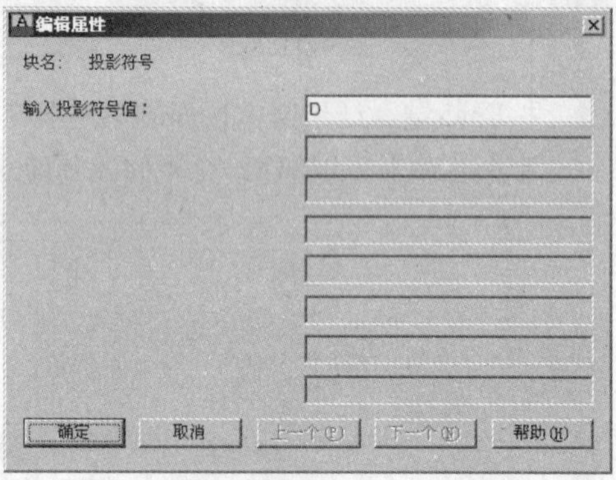

图9-101

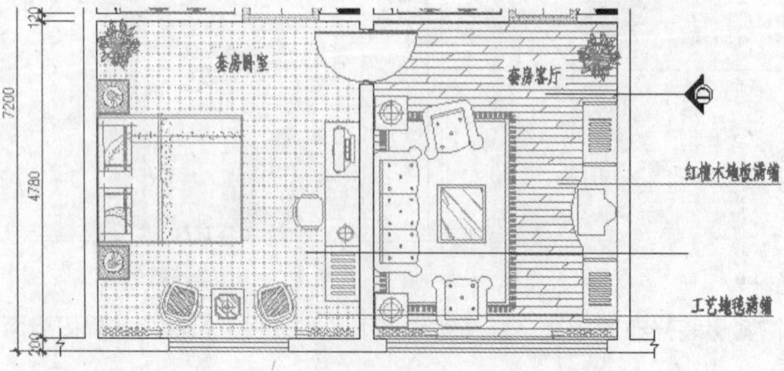

图9-102

(6) 接下来综合使用“复制”和“镜像”命令，对投影符号进行复制和镜像，结果如图9-103所示。

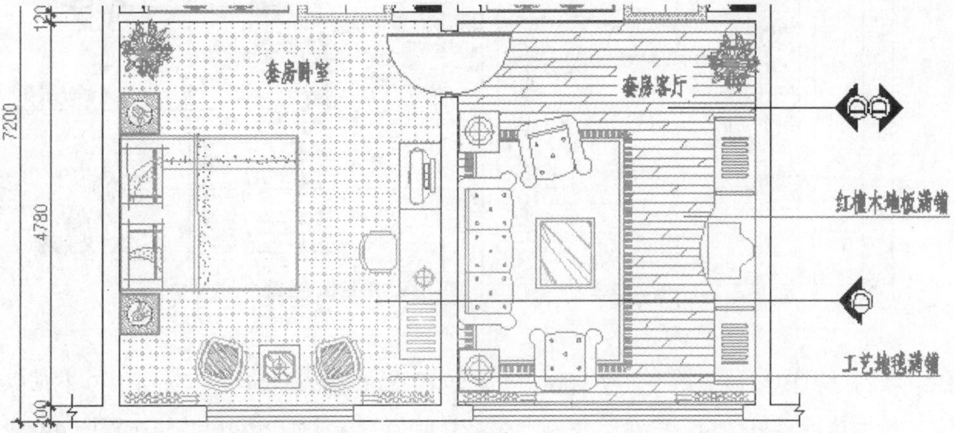

图9-103

(7) 在投影符号上双击左键，打开“增强属性编辑器”对话框，然后修改属性值如图9-104所示。

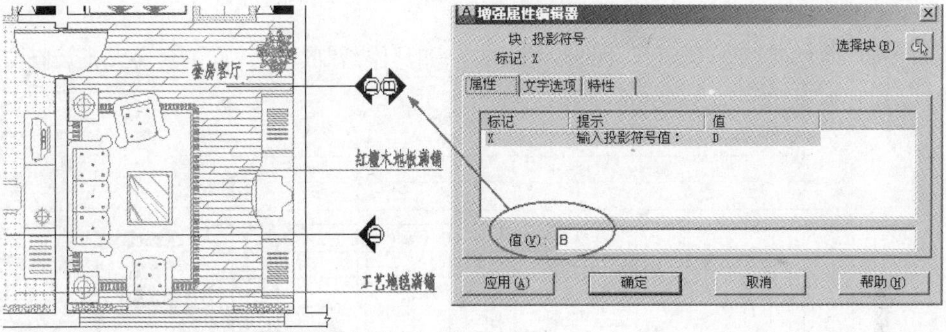

图9-104

(8) 在“增强属性编辑器”对话框中展开“文字选项”选项卡，修改属性的旋转角度如图9-105所示。

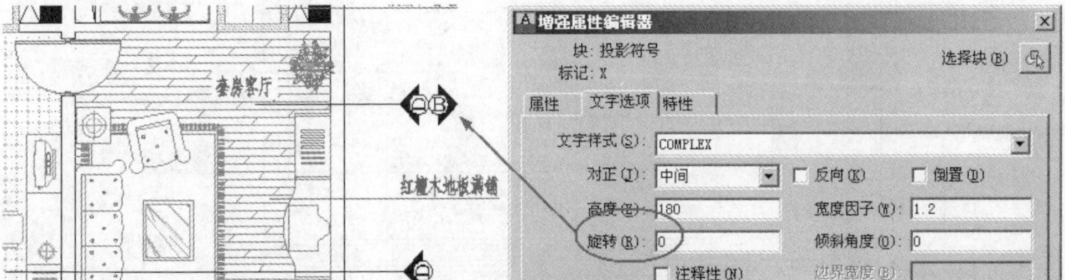

图9-105

(9) 参照上一操作步骤，分别修改其他投影符号属性值的旋转角度，结果如图9-106所示。

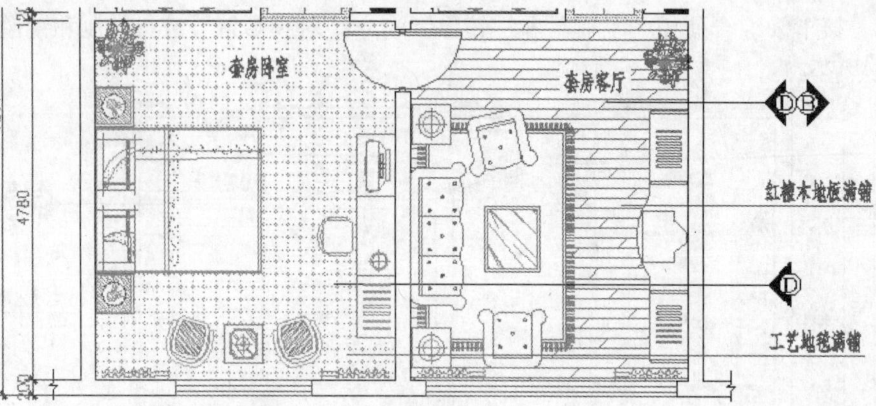

图9-106

⑩ 执行“范围缩放”命令调整视图，使平面图全部显示，最终结果如上图9-85所示。

⑪ 最后执行“另存为”命令，将图形另名存储为“标注宾馆套房装修布置图.dwg”。

9.6 绘制宾馆套房天花装修图

本节主要学习宾馆套房天花装修图的绘制方法和具体绘制过程。宾馆套房天花装修图的最终绘制效果如图9-107所示。

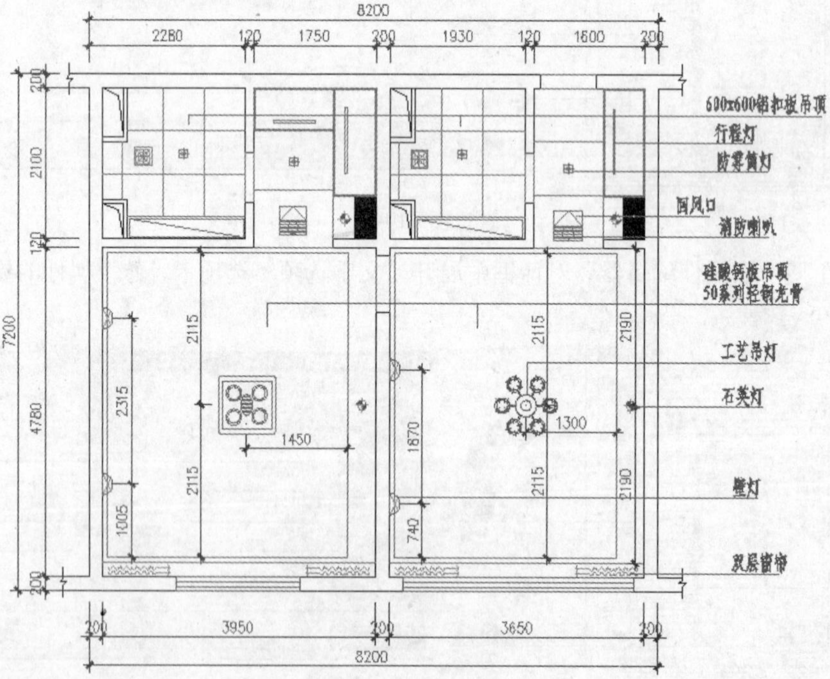

图9-107

在绘制宾馆套房天花图时，具体可以参照如下思路。

◆ 使用“图层”、“直线”、“复制”、“偏移”等命令初步绘制天花轮廓图。

◆ 使用“图案填充”、“偏移”、“矩形”等命令绘制吊顶轮廓线。
◆ 使用“插入块”、“复制”等命令布置天花灯具。
◆ 使用“线性”、“连续”命令标注天花图尺寸。
◆ 使用“多段线”、“单行文字”命令标注天花图文字。

9.6.1 绘制宾馆套房天花图

(1) 打开随书光盘中的“效果文件”\“第9章”\“标注宾馆套房装修布置图.dwg”文件。

(2) 执行菜单栏中的“格式”|“图层”命令，在打开的面板中双击“吊顶层”，然后关闭“尺寸层”。

(3) 使用命令简写E激活“删除”命令，删除与当前操作无关的对象，结果如图9-108所示。

(4) 在无命令执行的前提下，分别夹点显示如图9-109所示的衣柜、窗、窗帘等构件，并将其放置到“吊顶层”上。

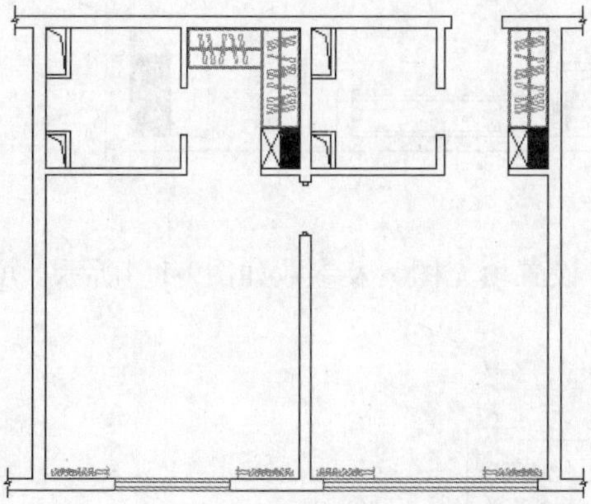

图9-108

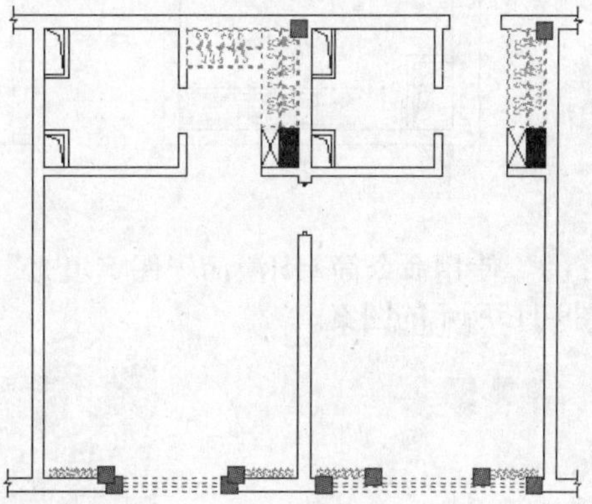

图9-109

(5) 使用命令简写L激活“直线”命令，配合端点捕捉功能绘制门洞位置的轮廓线，结果如图9-110所示。

(6) 执行“删除”命令，删除不需要的对象，结果如图9-111所示。

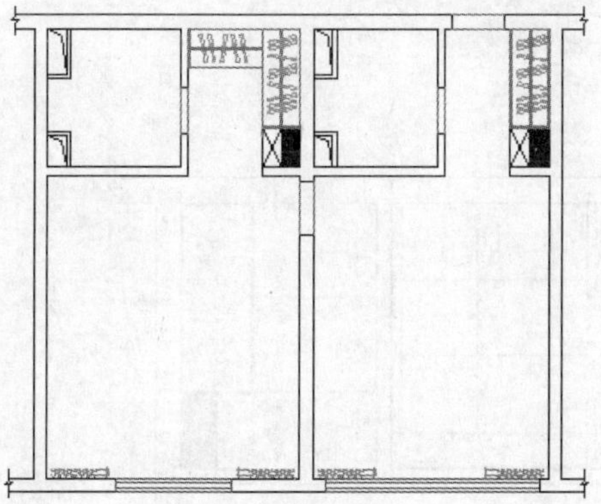

图9-110

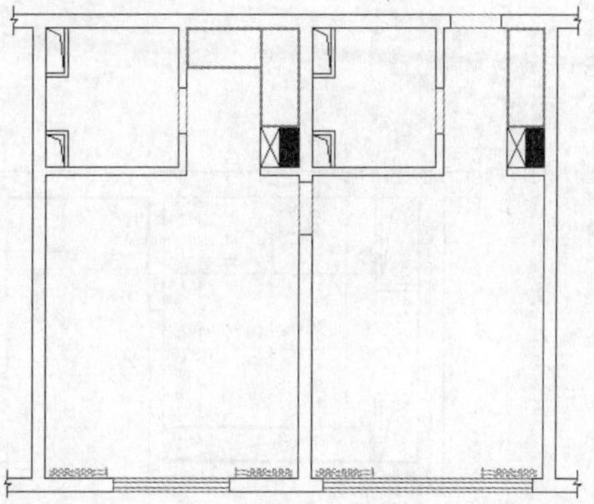

图9-111

⑦ 使用“直线”和“矩形”命令，根据图示尺寸，绘制如图9-112所示的矩形和示意线。

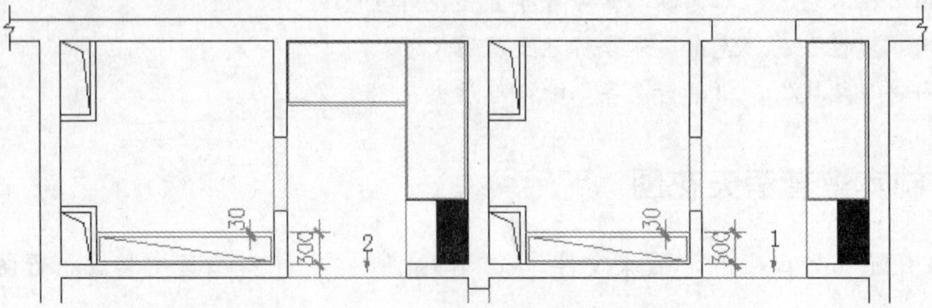

图9-112

⑧ 执行菜单栏中的“修改”|“偏移”命令，将如图9-112所示的水平轮廓线1向上偏移740和1480，将水平轮廓线2向上偏移810，作为吊顶轮廓线，结果如图9-113所示。

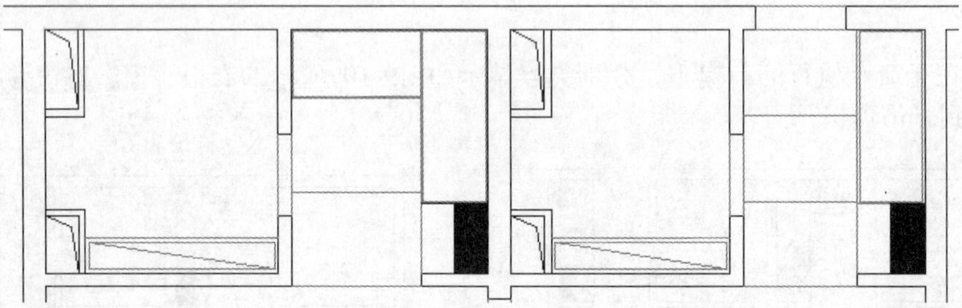

图9-113

⑨ 使用命令简写H激活“图案填充”命令，设置填充图案及参数如图9-114所示，填充如图9-115所示的图案。

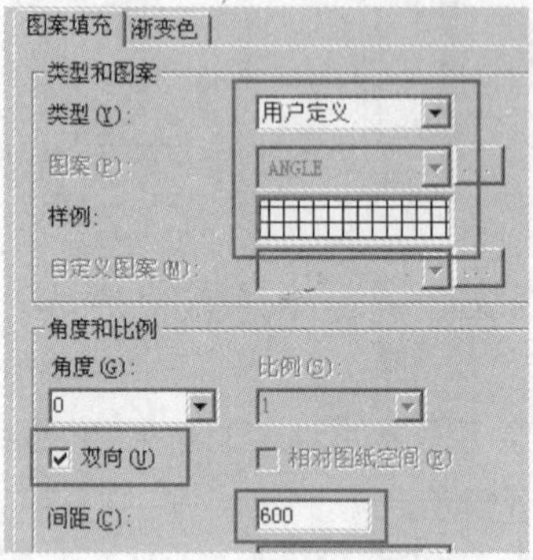

图9-114

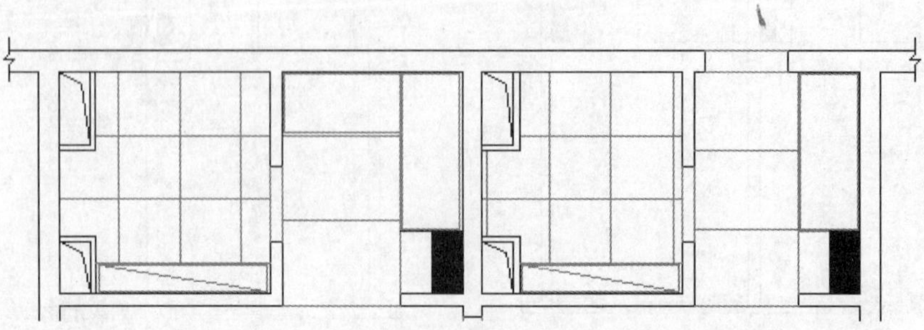

图9-115

⑩ 在填充的图案上双击左键，适当调整填充图案的原点，调整结果如图9-116所示。

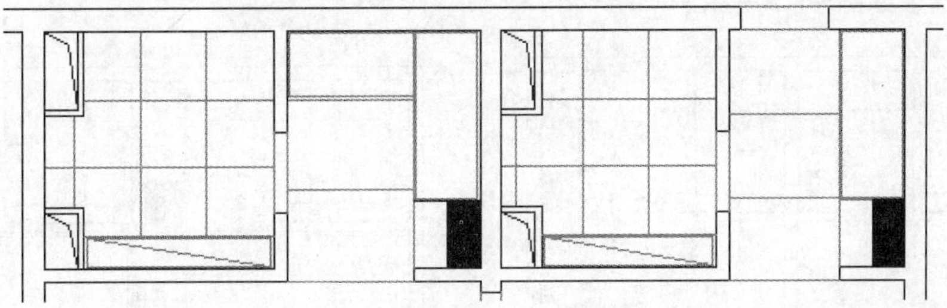

图9-116

⑪ 执行菜单栏中的“绘图”|“构造线”命令，绘制如图9-117所示的水平构造线，其中构造线距离内墙线200个单位。

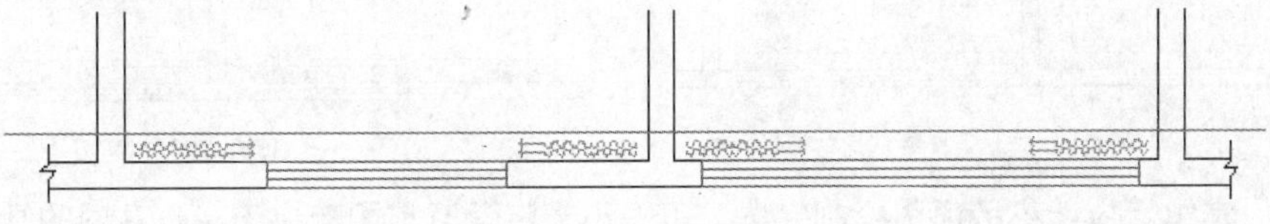

图9-117

⑫ 执行菜单栏中的“修改”|“修剪”命令，对构造线进行修剪，将其编辑为窗帘盒轮廓线，结果如图9-118所示。

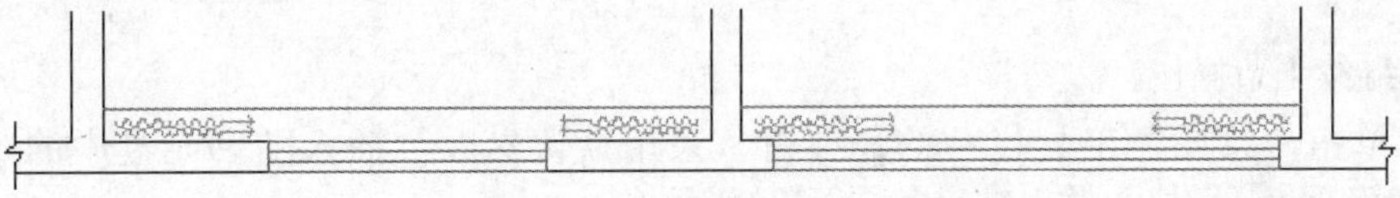

图9-118

⑬ 执行菜单栏中的“绘图”|“矩形”命令，配合“捕捉自”功能绘制卧室内的矩形吊顶，命令行操作如下。

```
命令 : _rectang
    指定第一个角点或 [ 倒角 (C)/ 标高 (E)/ 圆角 (F)/ 厚度 (T)/ 宽度 (W)]:
                                        // 激活“捕捉自”功能
    _from 基点 :                         // 捕捉如图 9-119 所示的端点
    < 偏移 >:                            //@75,75 Enter
    指定另一个角点或 [ 面积 (A)/ 尺寸 (D)/ 旋转 (R)]:
                                        // 激活“捕捉自”功能
    _from 基点 :                         // 捕捉如图 9-120 所示的端点
    < 偏移 >:                       //@-400,-75 Enter，结束命令，绘制结果如图 9-121 所示
```

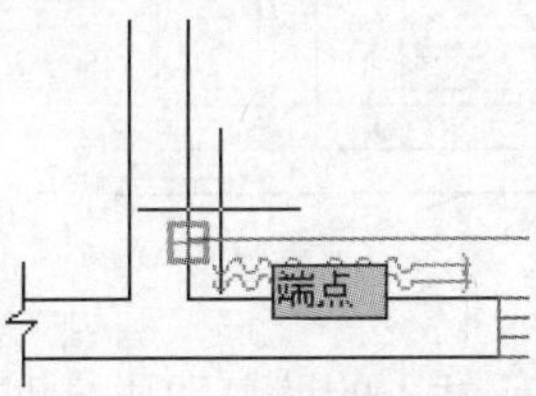

图9-119

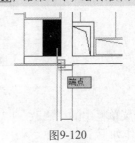

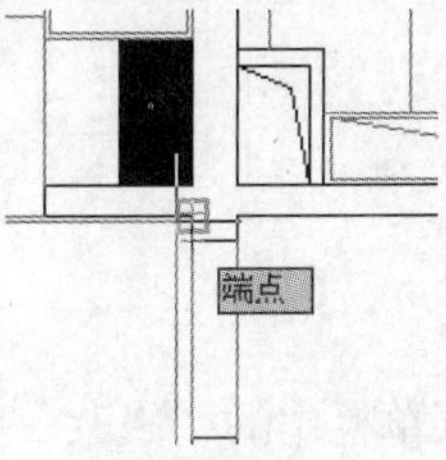

图9-120

⑭ 重复上一步骤的操作，使用“矩形”命令并配合“捕捉自”功能绘制客厅内的矩形吊顶，绘制结果如图9-122所示。

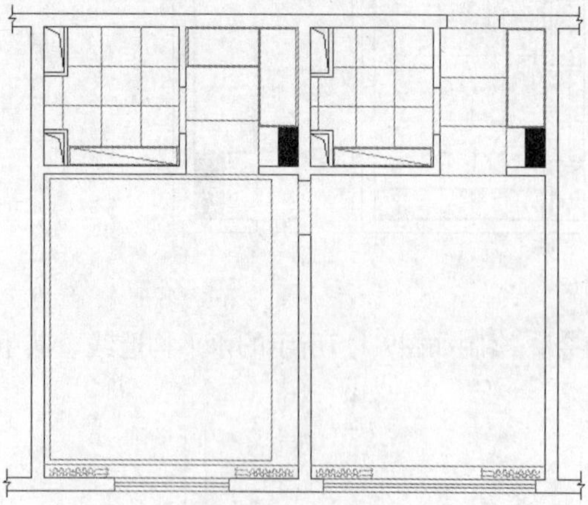

图9-121

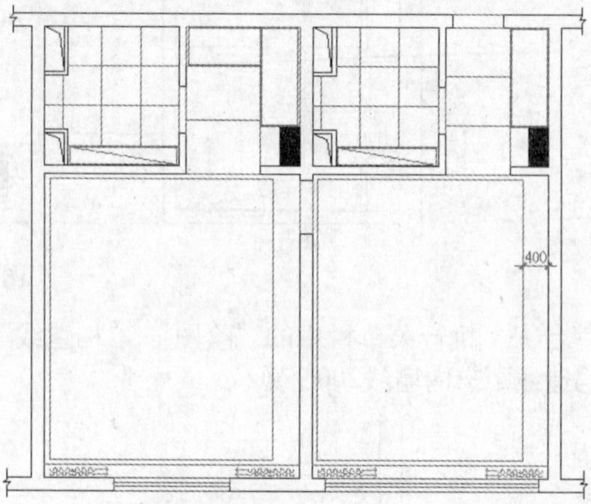

图9-122

至此，宾馆套房天花吊顶图绘制完毕，下一小节将学习宾馆套房天花灯具图的具体绘制过程和绘图技巧。

9.6.2 绘制宾馆套房灯具图

① 继续上节操作。

② 单击“绘图”工具栏中的按钮，采用默认参数，插入随书光盘中的“图块文件”\“壁灯.dwg”图块，插入结果如图9-123所示。

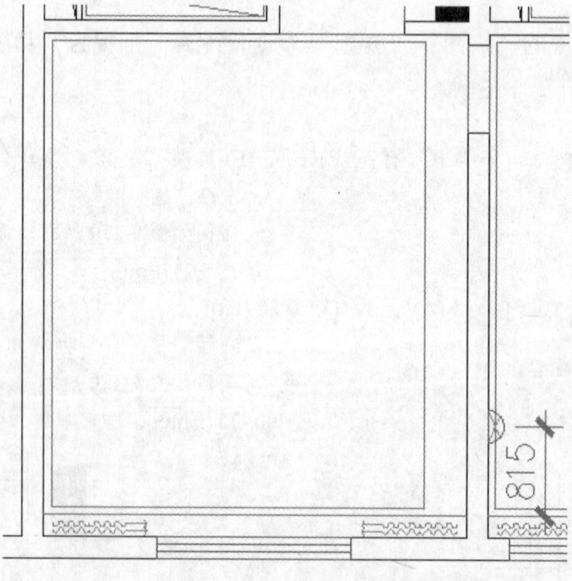

图9-123

③ 执行菜单栏中的“修改”|“复制”命令，将刚插入的壁灯图块分别复制到其他位置上，命令行操作如下。

```
命令：_copy
    选择对象：                                              //选择壁灯图块
    选择对象：                                              //Enter，结束选择
    当前设置：复制模式 = 多个
    指定基点或 [ 位移 (D)/ 模式 (O)] < 位移 >:                //拾取任意一点
    指定第二个点或 < 阵列 (A)] 使用第一个点作为位移 >:         //@0,1870 Enter
    指定第二个点或 [ 阵列 (A)/ 退出 (E)/ 放弃 (U)] < 退出 >:   //@-4150,265 Enter
    指定第二个点或 [ 阵列 (A)/ 退出 (E)/ 放弃 (U)] < 退出 >:   //@-4150,2580 Enter
    指定第二个点或 [ 阵列 (A)/ 退出 (E)/ 放弃 (U)] < 退出 >:
                                    //Enter，结束命令，复制结果如图 9-124 所示
```

(4) 单击“绘图”工具栏中的按钮，采用默认参数，插入随书光盘中的“图块文件”\“石英灯.dwg”图块，插入结果如图9-125所示。

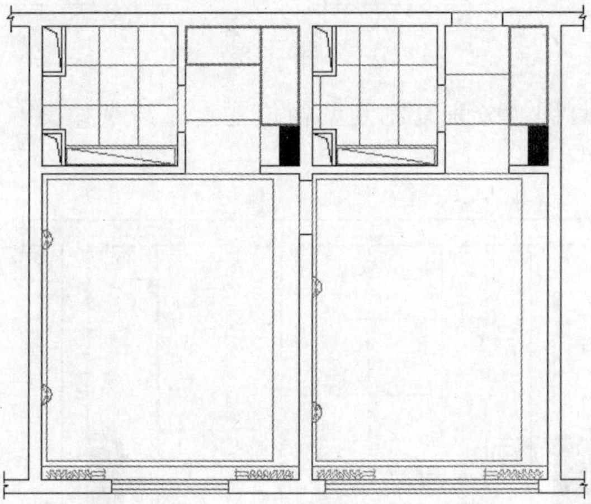

图9-124

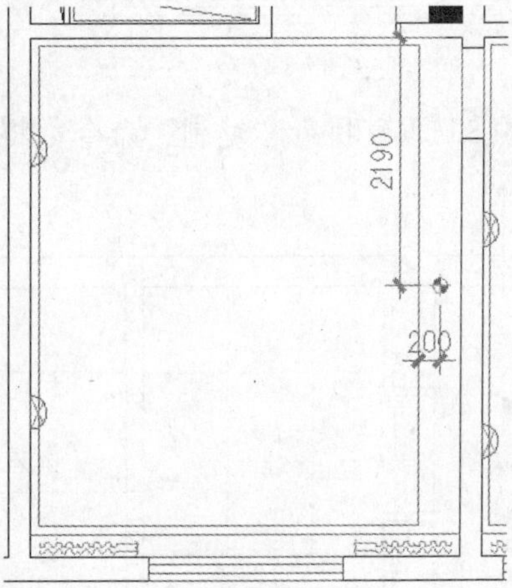

图9-125

(5) 执行菜单栏中的“修改”|“复制”命令，将刚插入的石英灯图块水平向右复制3850个单位，结果如图9-126所示。

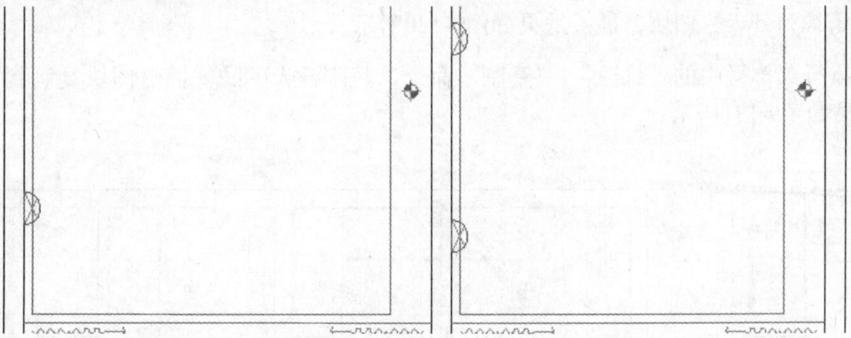

图9-126

(6) 单击“绘图”工具栏中的按钮，采用默认参数插入随书光盘中的“图块文件”\“烟感探头.dwg”图块，插入结果如图9-127所示。

(7) 执行菜单栏中的“修改”|“复制”命令，将刚插入的烟感探头图块水平向左复制4000个单位，结果如图9-128所示。

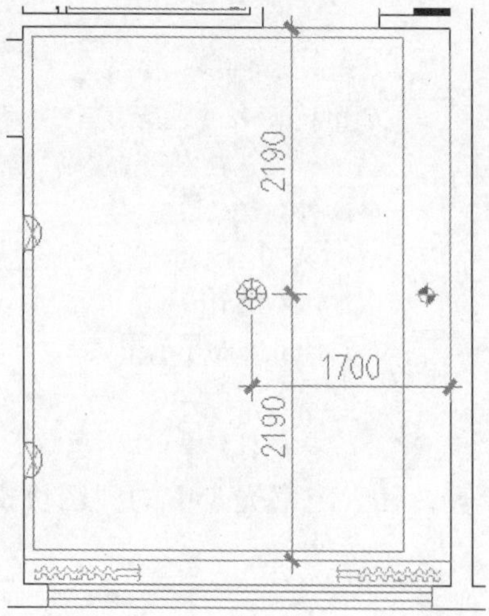

图9-127

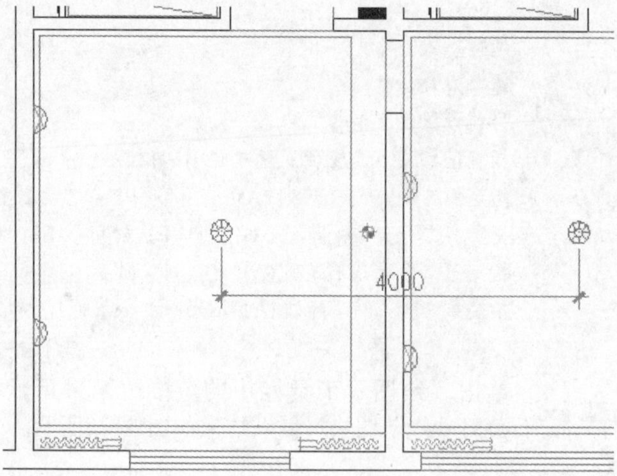

图9-128

⑧ 重复执行“复制”命令，将石英灯图块分别复制到壁柜位置上，结果如图9-129所示。

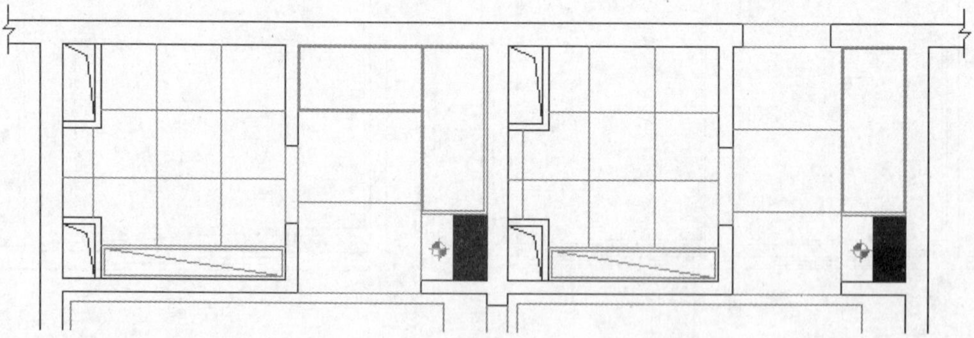

图9-129

⑨ 单击“绘图”工具栏中的按钮，采用默认参数，插入随书光盘中的“图块文件”\“防雾筒灯.dwg”图块，插入结果如图9-130所示。

⑩ 执行菜单栏中的“修改”|“复制”命令，将刚插入的防雾筒灯图块复制到卫生间吊顶上，结果如图9-131所示。

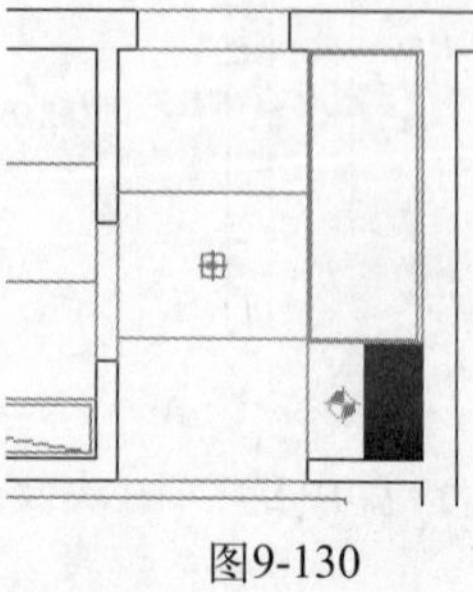

图9-130

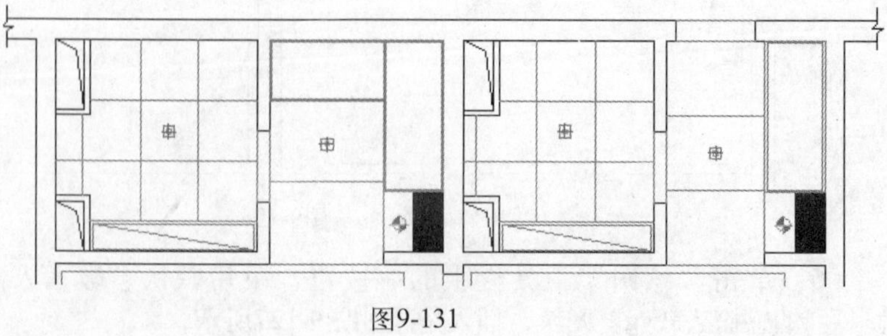

图9-131

⑪ 单击“绘图”工具栏中的按钮，采用默认参数，插入随书光盘中的“图块文件”\“排气扇.dwg”图块，插入结果如图9-132所示。

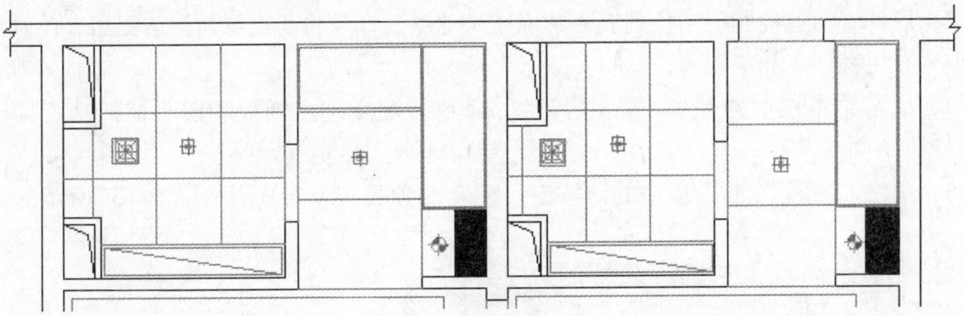

图9-132

⑫ 单击“绘图”工具栏中的按钮，采用默认参数，插入随书光盘中的“图块文件”\“回风口与消防喇叭.dwg”图块，插入结果如图9-133所示。

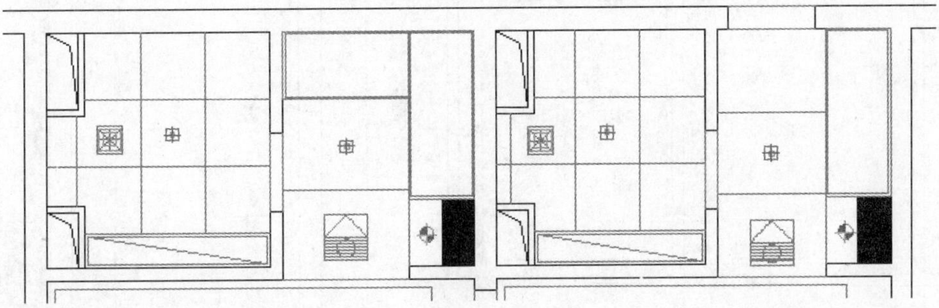

图9-133

⑬ 执行菜单栏中的“绘图”|“矩形”命令，在衣柜内部绘制宽度为30的矩形，作为行程灯轮廓线，结果如图9-134所示。

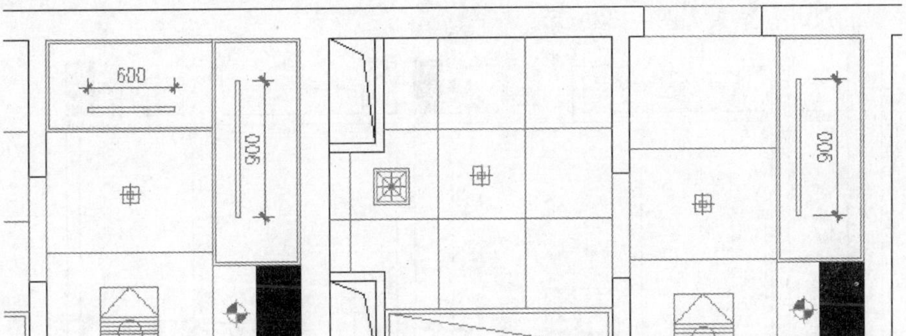

图9-134

至此，宾馆套房天花灯具图绘制完毕，下一小节将学习宾馆套房天花图尺寸的具体标注过程。

9.6.3 标注套房天花图尺寸

① 继续上节操作。

② 按下功能键F3，打开“对象捕捉”功能。

③ 展开“图层控制”下拉列表，解冻“尺寸层”，并将其设置为当前图层，此时图形的显示结果如图9-135所示。

④ 执行菜单栏中的“标注”|“线性”命令，配合端点捕捉和圆心捕捉功能标注如图9-136所示的尺寸。

⑤ 单击“标注”工具栏中的按钮，配合对象捕捉功能标注如图9-137所示的连续尺寸。

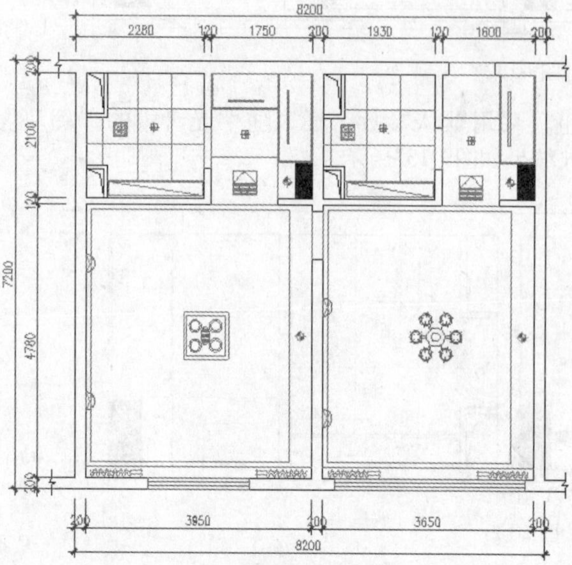

图9-135

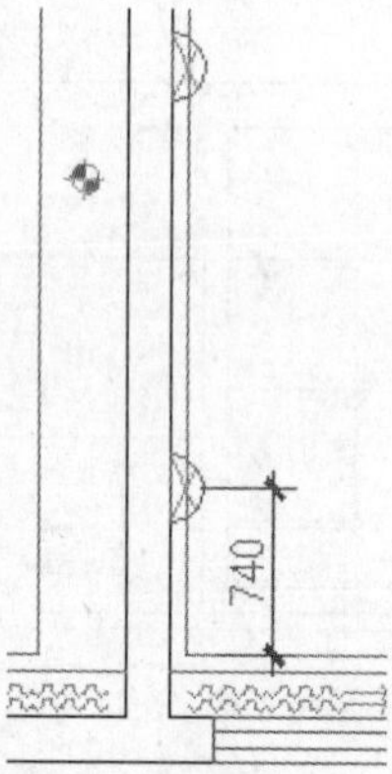

图9-136

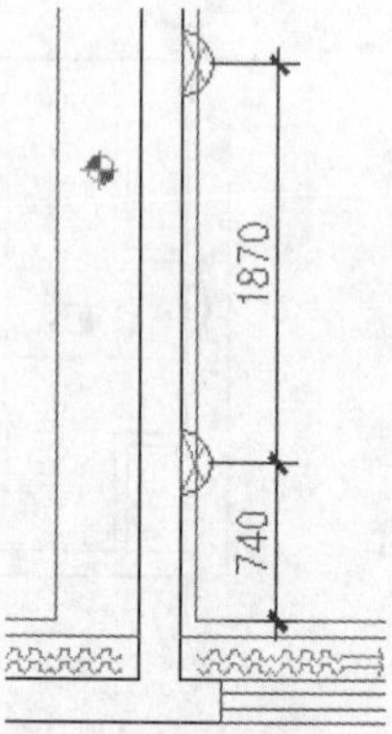

图9-137

⑥ 重复使用“线性”和“连续”命令，配合“对象捕捉”、“极轴追踪”功能分别标注其他位置的尺寸，结果如图9-138所示。

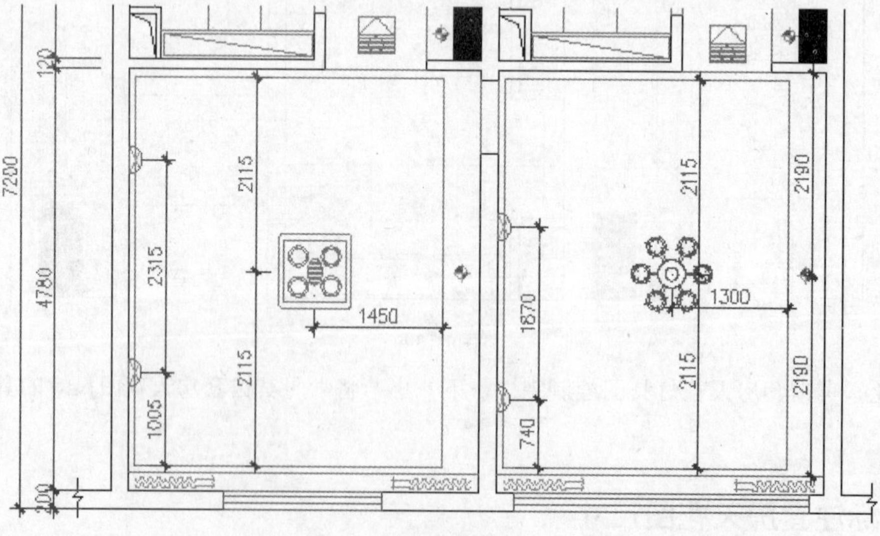

图9-138

至此，宾馆套房天花图尺寸标注完毕，下一小节将学习宾馆套房天花图文字的具体标注过程。

9.6.4 标注套房天花图文字

(1) 继续上节操作。

(2) 展开“图层控制”下拉列表，解冻“文本层”，将其设置为当前图层，并删除布置图中的文字对象。

(3) 展开“文字样式控制”下拉列表，将“仿宋体”设置为当前样式。

(4) 更改当前对象的颜色为242号色，然后关闭状态栏中的“对象捕捉”功能。

(5) 使用命令简写PL激活“多段线”命令，绘制如图9-139所示的文字指示线。

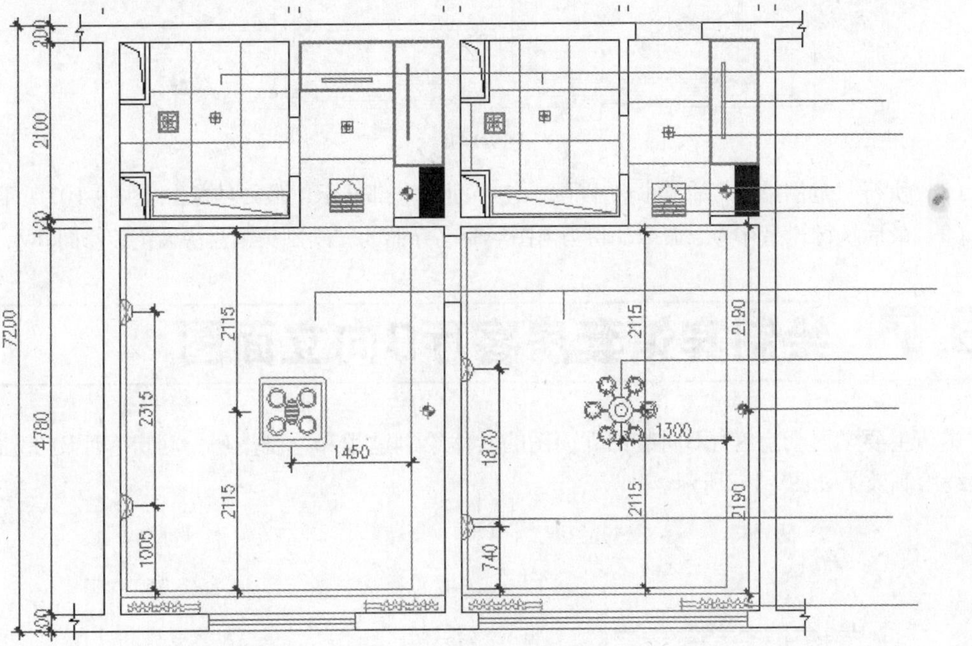

图9-139

(6) 使用命令简写DT激活“单行文字”命令，设置字高为210，标注如图9-140所示的文字注释。

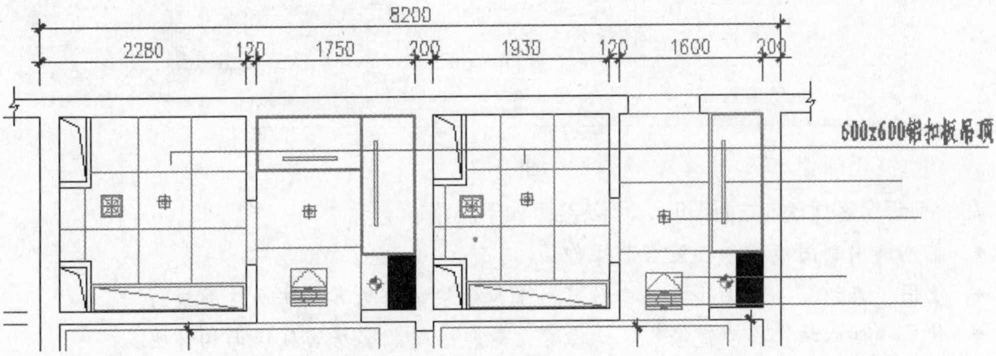

图9-140

(7) 重复执行“单行文字”命令，按照当前的参数设置，分别标注其他位置的文字注释，标注结果如图9-141所示。

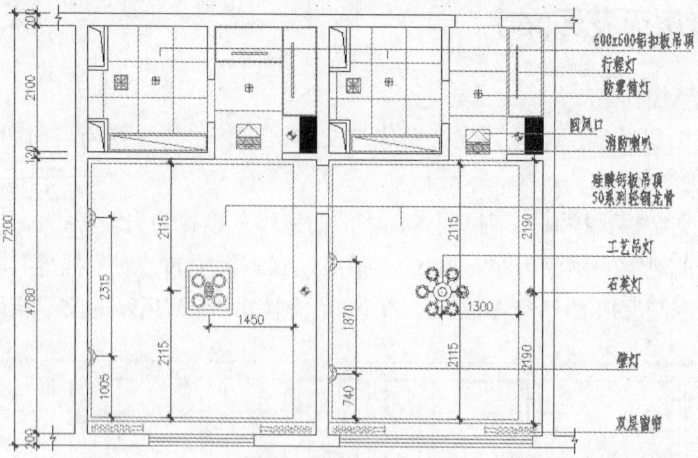

图9-141

8. 执行“范围缩放”命令调整视图，使平面图全部显示，最终结果如上图9-107所示。
9. 最后执行“另存为”命令，将当前图形命名存储为“绘制宾馆套房天花装修图.dwg”。

9.7 绘制宾馆套房客厅B向立面图

本节主要学习套房客厅B向装饰立面图的具体绘制过程和绘制技巧。套房客厅B向立面图的最终绘制效果如图9-142所示。

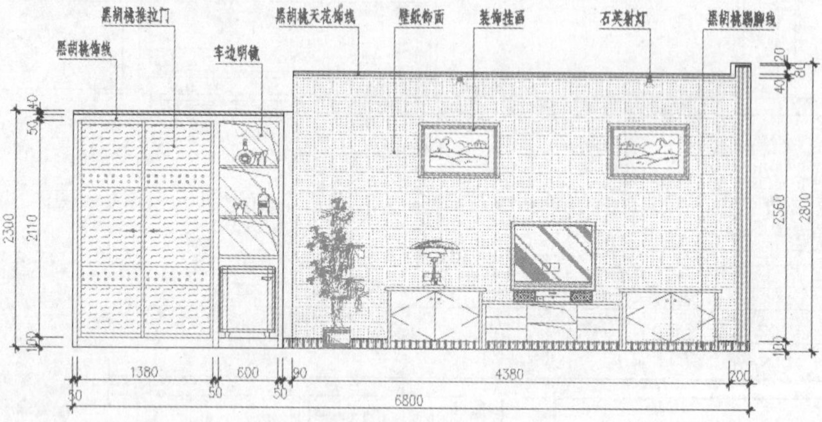

图9-142

在绘制套房客厅B向立面图时，可以参照如下思路。

- 首先调用制图模板并设置当前操作层。
- 使用“直线”、“偏移”、“修剪”等命令绘制套房客厅立面轮廓线。
- 使用“插入块”、“镜像”、“修剪”等命令绘制套房客厅墙面构件图。
- 使用“图案填充”、“分解”、“修剪”、“矩形”和“删除”命令绘制客厅墙面材质图。
- 使用“线性”、“连续”、“编辑标注文字”命令标注立面图尺寸。

◆ 使用“标注样式”、“快速引线”命令标注套房客厅立面图材质注解。

9.7.1 绘制客厅B向墙面轮廓图

(1) 以随书光盘中的文件“样板文件”\“室内绘图样板.dwt”作为基础样板，新建空白文件。

(2) 展开“图层控制”下拉列表，设置“轮廓线”为当前图层。

(3) 执行菜单栏中的“绘图”|“直线”命令，配合坐标输入功能绘制B向墙面的外轮廓线，命令行操作如下。

```
命令：_line
    指定第一点：                              //在绘图区拾取一点
    指定下一点或 [放弃(U)]:                   //@0,2300 Enter
    指定下一点或 [放弃(U)]:                   //@2220,0 Enter
    指定下一点或 [闭合(C)/放弃(U)]:           //@0,400 Enter
    指定下一点或 [闭合(C)/放弃(U)]:           //@4380,0 Enter
    指定下一点或 [闭合(C)/放弃(U)]:           //@0,100 Enter
    指定下一点或 [闭合(C)/放弃(U)]:           //@200,0 Enter
    指定下一点或 [闭合(C)/放弃(U)]:           //@0,-2800 Enter
    指定下一点或 [闭合(C)/放弃(U)]:
                                              //C Enter，结束命令，绘制结果如图 9-143 所示
```

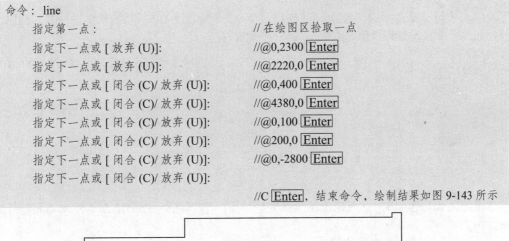

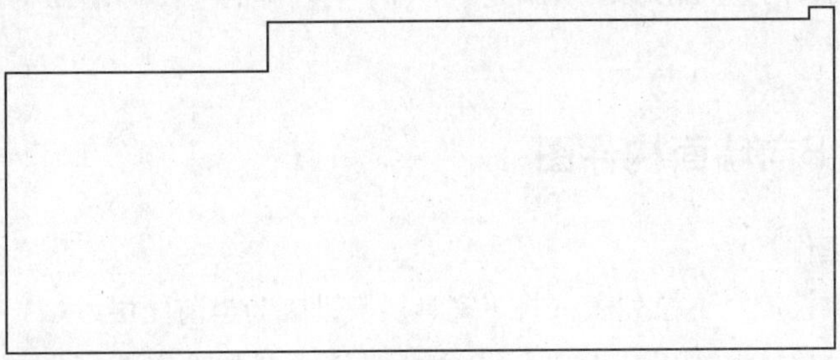

图9-143

(4) 执行菜单栏中的“修改”|“偏移”命令，将最左侧的垂直轮廓线向右偏移2130、2220，将右侧的垂直边向左偏移160，将最上侧的两条长水平边向下偏移40，将右上侧的短水平边向下偏移20，将最下侧的水平边向上偏移100，结果如图9-144所示。

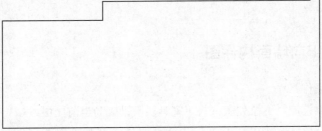

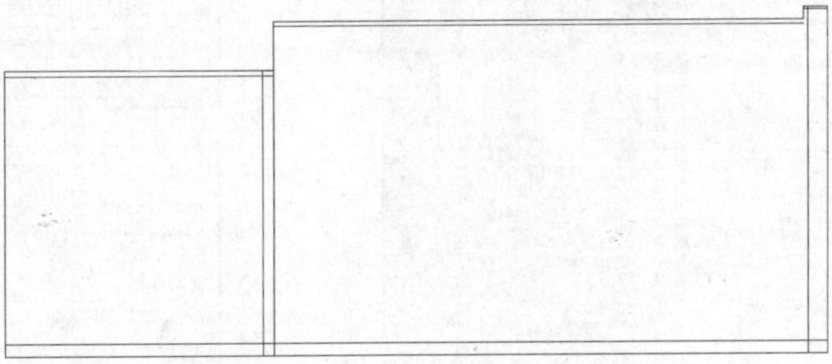

图9-144

(5) 执行菜单栏中的“修改”|“修剪”命令，对偏移的各图线进行修剪，结果如图9-145所示。

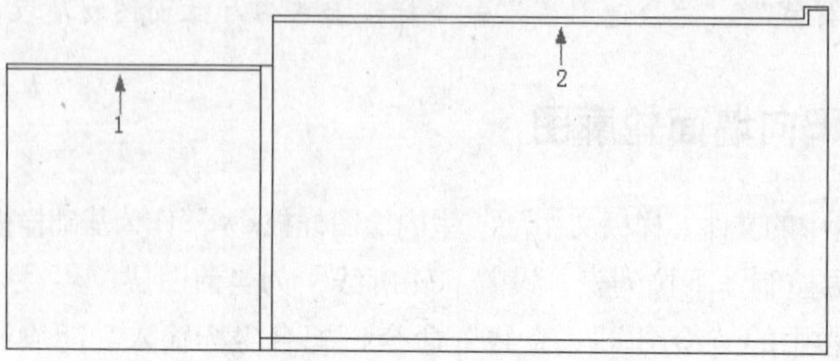

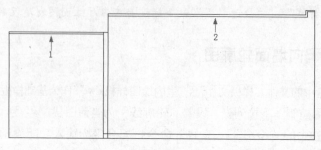

图9-145

⑥ 执行菜单栏中的“修改”|“偏移”命令，将如图9-145所示的水平边1和2分别向上偏移15和30个单位，作为线角示意线。

⑦ 夹点显示所偏移出的4条示意线，修改其颜色为254号色，其局部效果如图9-146所示。

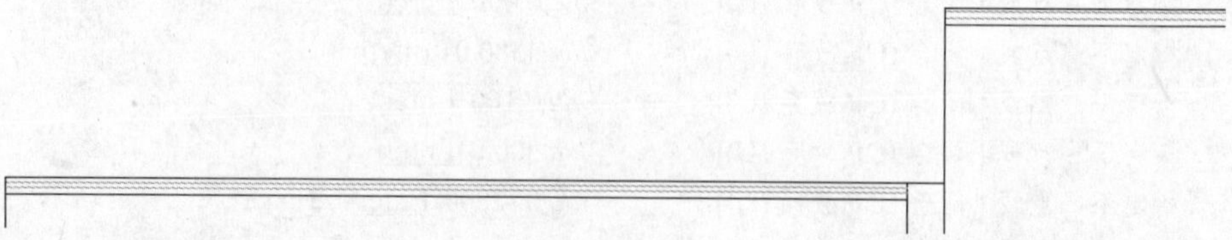

图9-146

至此，套房客厅B向立面轮廓图绘制完毕，下一小节将学习B向墙面构件及墙面壁纸的绘制过程。

9.7.2 绘制客厅B向墙面构件图

① 继续上节操作。

② 展开“图层控制”下拉列表，将“家具层”设置为当前图层。

③ 使用命令简写I激活“插入块”命令，选择随书光盘中的“图块文件”\“推拉衣橱.dwg”图块，如图9-147所示。

④ 返回“插入”对话框，采用默认参数，将图块插入到立面图中，插入结果如图9-148所示。

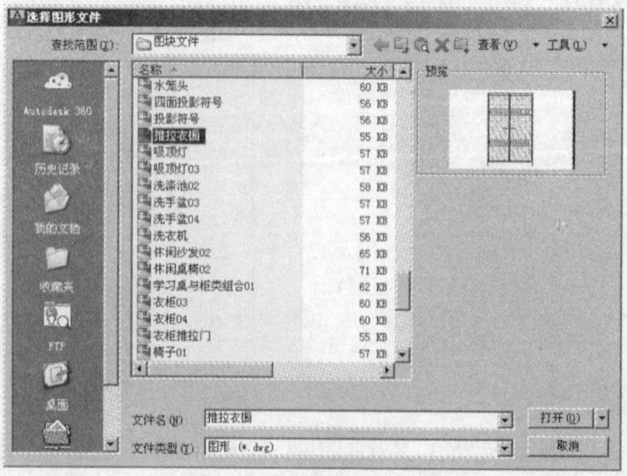

图9-147

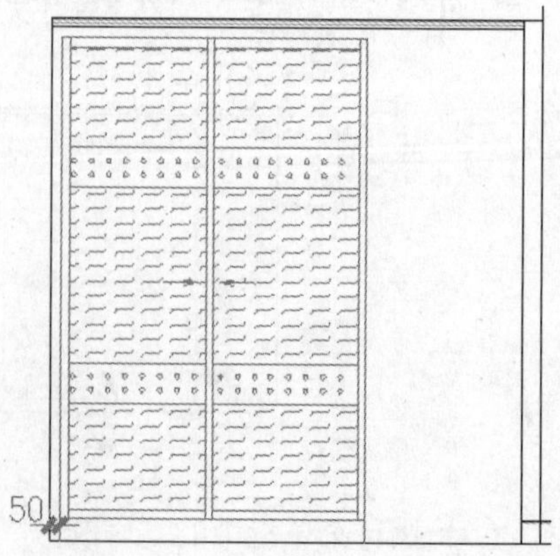

图9-148

(5) 重复执行“插入块”命令，插入随书光盘中的“图块文件”\“酒水壁柜.dwg”图块，插入结果如图9-149所示。

(6) 重复执行“插入块”命令，插入随书光盘中的“图块文件”\“电视柜与暖气包立面图.dwg”图块，插入结果如图9-150所示。

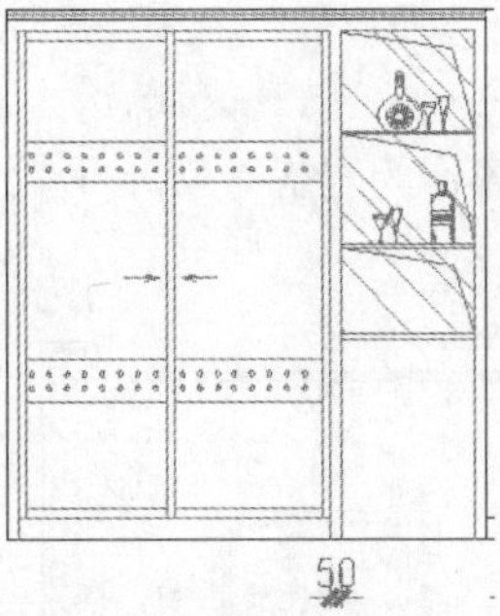

图9-149

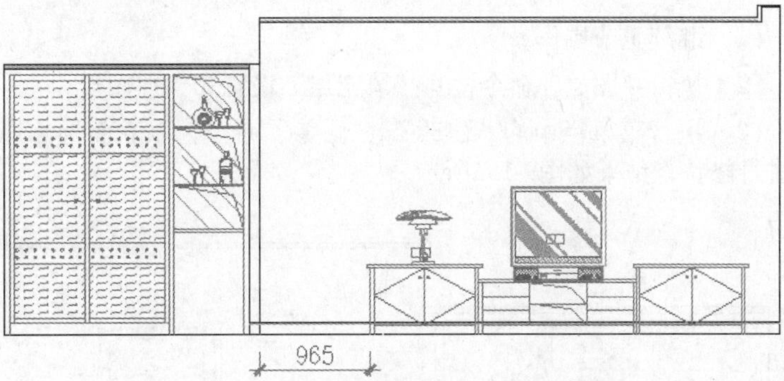

图9-150

(7) 重复执行“插入块”命令，分别插入随书光盘“图块文件”文件夹下的“立面植物03.dwg”、“装饰画01.dwg”、“block4.dwg”、“石英射灯.dwg和“窗帘04.dwg”图块，插入结果如图9-151所示。

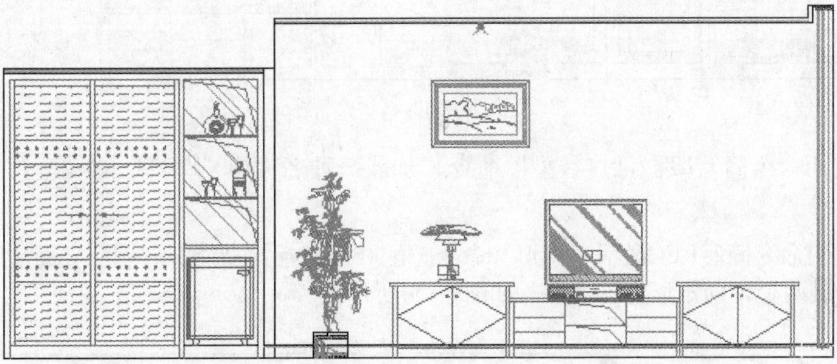

图9-151

(8) 执行菜单栏中的“修改”|“镜像”命令，将石英射灯和装饰画图块进行垂直镜像，结果如图9-152所示。

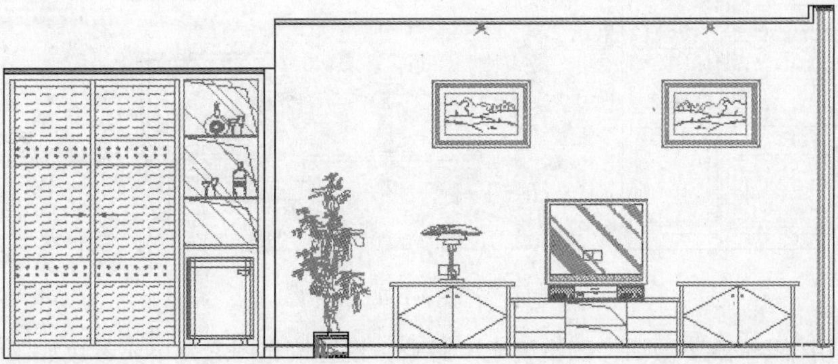

图9-152

至此，宾馆套房客厅立面构件图绘制完毕，下一小节将学习客厅墙面材质图的具体绘制过程和相关技巧。

9.7.3 绘制客厅B向墙面材质图

(1) 继续上节操作。

(2) 执行“图层”命令，将“填充层”设置为当前图层。

(3) 执行菜单栏中的“修改”|“修剪”命令，以立面构件外轮廓作为边界，对水平轮廓线进行修整，结果如图9-153所示。

图9-153

(4) 使用命令简写LT激活“线型”命令，加载一种名称为“DOT”的线型，并将此线型设置为当前线型。

(5) 使用命令简写REC激活“矩形”命令，配合端点捕捉功能，分别在立面墙及下侧踢脚线位置上绘制两个辅助矩形作为边界，如图9-154所示。

图9-154

(6) 使用命令简写H激活“图案填充”命令，设置填充图案及填充参数如图9-155所示，为上侧的矩形边界填充如图9-156所示的图案。

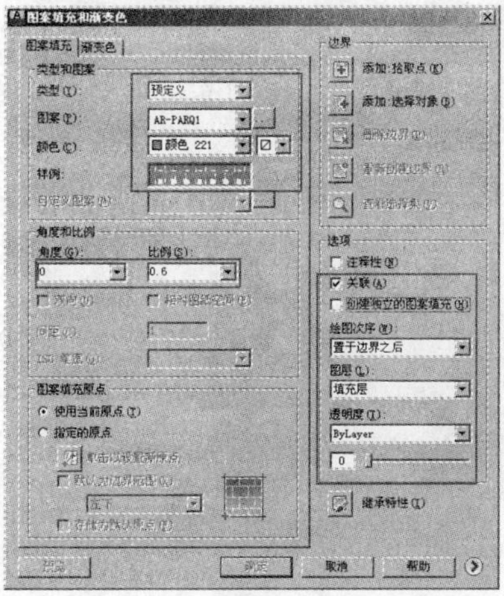

图9-155

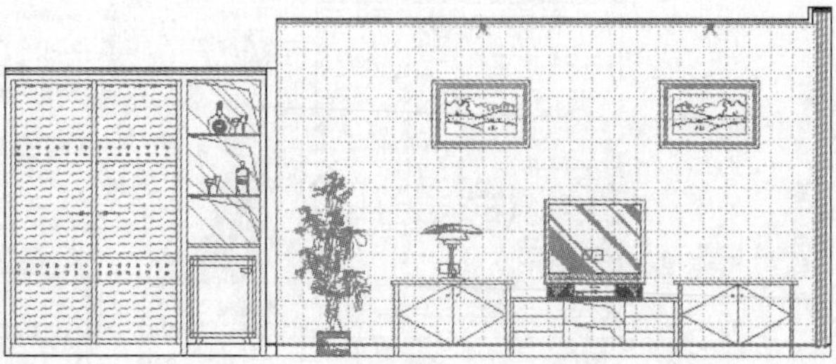

图9-156

⑦ 设置系统变量LTSCALE的值为5，调整线型比例，结果如图9-157所示。

图9-157

⑧ 将当前线型设置为随层，然后再次执行“图案填充”命令，设置填充图案及填充参数如图9-158所示，为下侧的矩形边界填充如图9-159所示的图案。

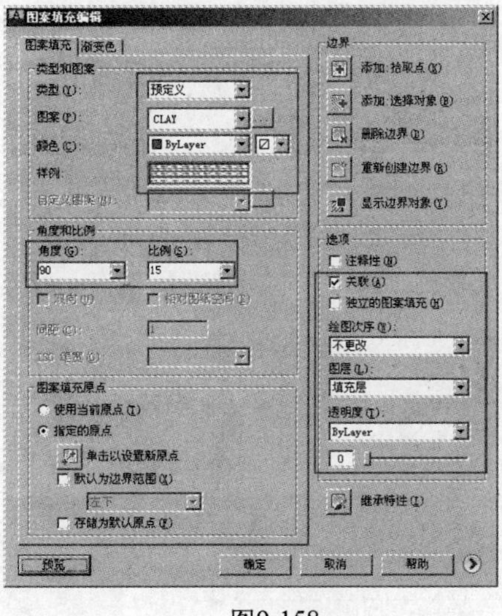

图9-158

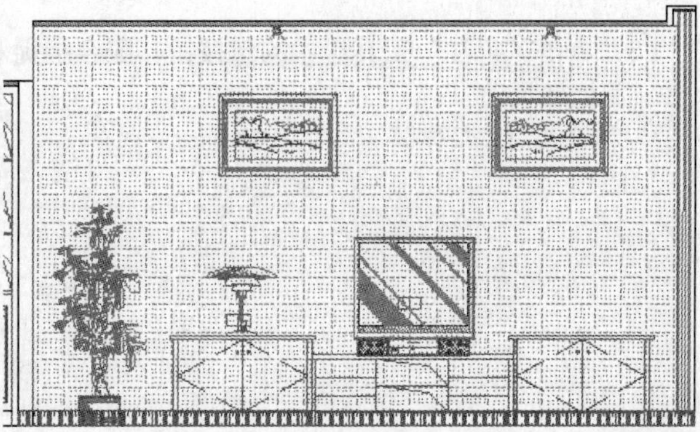

图9-159

⑨ 使用命令简写X激活“分解”命令，将填充的图案分解。

⑩ 综合使用“修剪”和“删除”命令，对墙面填充线进行编辑，删除被遮挡住的图线，结果如图9-160所示。

图9-160

至此，套房客厅B向墙面材质图绘制完毕，下一小节将学习客厅B向墙面尺寸的具体标注过程和标注技巧。

9.7.4 标注套房客厅B向墙面尺寸

① 继续上节操作。

② 展开“图层”工具栏中的“图层控制”下拉列表，将“尺寸层”设置为当前图层。

③ 执行菜单栏中的“标注”|“标注样式”命令，将“建筑标注”设置为当前样式，并修改标注比例为32。

④ 单击“标注”工具栏中的按钮，配合端点捕捉功能标注如图9-161所示的线性尺寸作为基准尺寸。

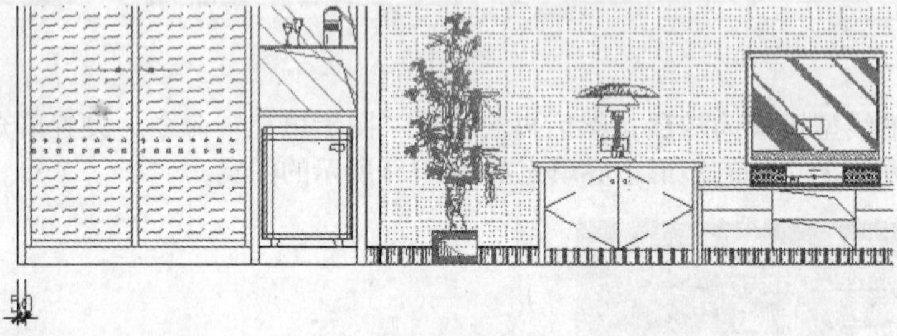

图9-161

⑤ 单击“标注”工具栏中的按钮，配合捕捉和追踪功能，标注如图9-162所示的连续尺寸作为细部尺寸。

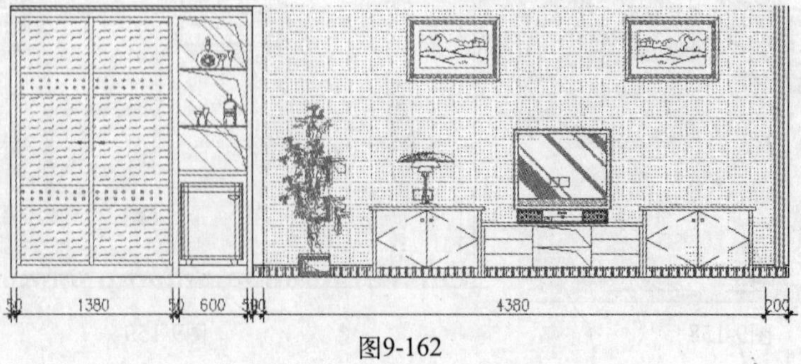

图9-162

⑥ 执行“编辑标注文字”命令，对重叠的尺寸文字进行协调，结果如图9-163所示。

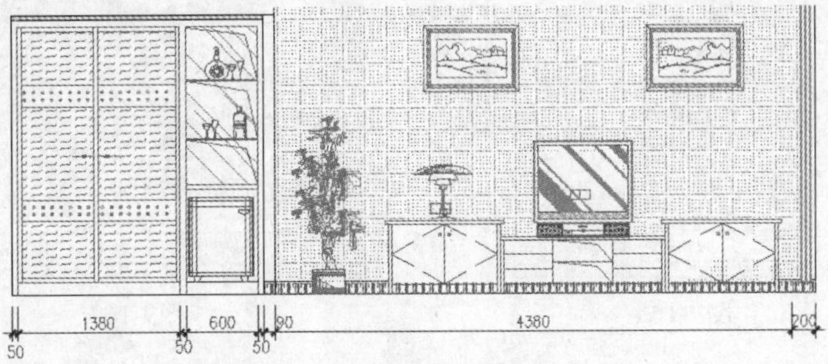

图9-163

⑦ 单击“标注”工具栏中的按钮，配合捕捉功能标注如图9-164所示的总尺寸。

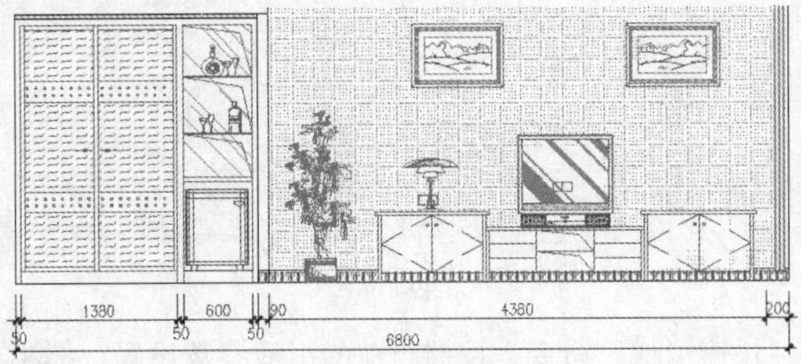

图9-164

⑧ 参照上述操作，综合使用“线性”、“连续”、“编辑标注文字”等命令，分别标注其他位置的尺寸，标注结果如图9-165所示。

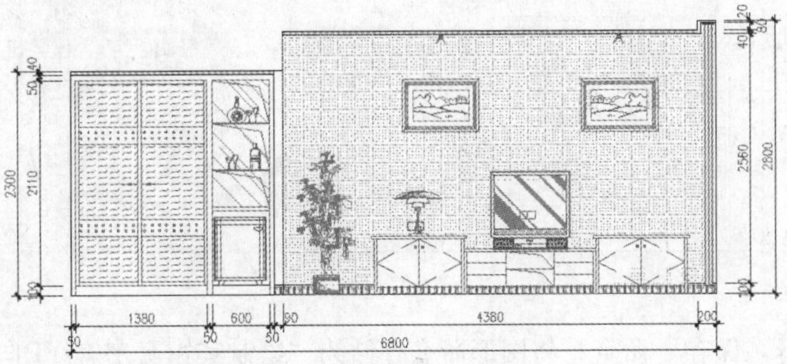

图9-165

至此，套房客厅B向立面图尺寸标注完毕，下一小节将为客厅B向立面图墙面材质注解。

9.7.5 标注套房客厅B向墙面材质

① 继续上节操作。

② 使用命令简写LA激活“图层”命令，设置“文本层”为当前图层。

③ 使用命令简写D激活“标注样式”命令，替代当前尺寸样式的箭头大小为0.8、文字样式为“仿宋体”、尺寸比例为40。

④ 使用命令简写LE激活“快速引线”命令，设置引线参数如图9-166和图9-167所示。

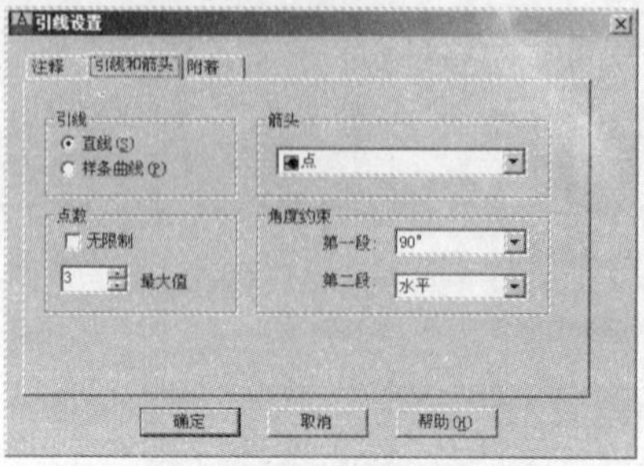

图9-166

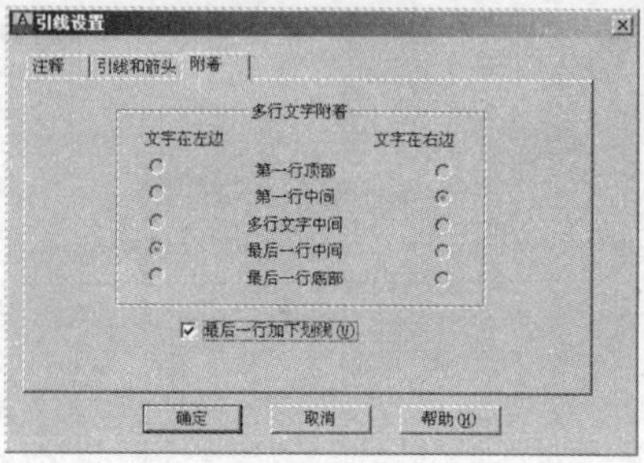

图9-167

(5) 根据命令行的提示指定引线点，绘制引线并输入文字，标注如图9-168所示的引线注释。

图9-168

(6) 重复执行“快速引线”命令，按照当前的引线参数设置，标注其他位置的引线注释，结果如图9-169所示。

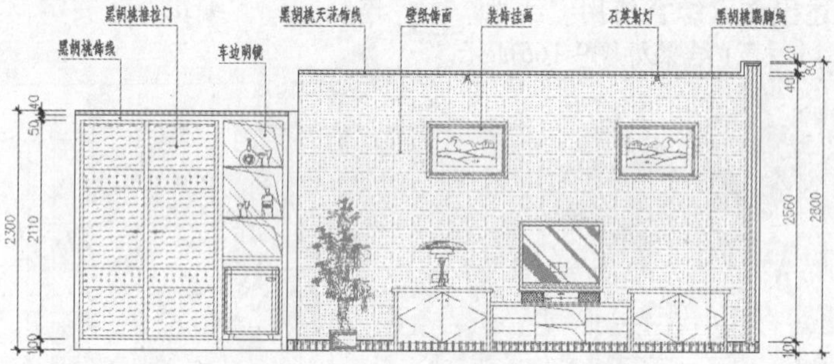

图9-169

(7) 最后执行“保存”命令，将图形命名存储为“绘制宾馆套房客厅B向立面图.dwg”。

9.8 本章小结

本章在概述宾馆套房装修理论知识的前提下，通过绘制某宾馆标准套房墙体结构图、绘制宾馆套房平面布置图、标注宾馆套房装修布置图、绘制宾馆套房天花装修图、绘制宾馆套房客厅B向立面图5个典型实例，完整而系统地讲述了宾馆套房装修图的绘制思路、表达内容、具体绘制过程以及绘制技巧。

希望读者通过本章的学习，在理解和掌握相关设计理念和设计技巧的前提下，了解和掌握宾馆套房装修方案需要表达的内容、表达思路及具体的设计过程等。

第10章 某航空市场部办公空间设计方案

Chapter 10

- □ 办公空间设计的要求
- □ 办公空间设计的特点
- □ 办公空间设计的目标
- □ 办公空间方案设计思路
- □ 绘制某航空市场部墙体平面图
- □ 绘制某航空市场部屏风工作位
- □ 绘制某航空市场部办公资料柜造型
- □ 绘制某航空市场部办公家具布置图
- □ 标注某航空市场部办公家具布置图
- □ 本章小结

10.1 办公空间设计的要求

一个完整、统一、美观的办公室环境，不但可以增加客户的信任感，同时也是企业整体形象的体现。对于企业管理人员、行政人员、技术人员而言，办公室是其主要的工作场所。办公室装修、布置得怎样，对置身其中的工作人员从生理到心理都有一定的影响，并会在某种程序上直接影响企业决策、管理效果和工作效率。因此，在现代办公装修设计中，应符合下列基本要求。

- 符合企业实际。不要一味追求办公室的高档、豪华、气派。
- 符合行业特点。例如，五星级饭店和校办科技企业由于分属不同的行业，因而办公室在装修、家具、用品、装饰品、声光效果等方面都应有显著的不同。
- 符合使用要求。例如，总经理（厂长）办公室在楼层安排、使用面积、室内装修、配套设备等方面都与一般职员的办公室不同，这并非他们与一般职员身份不同，而是取决于他们的办公室具有不同的使用要求。
- 符合工作性质。例如，技术部门的办公室需要配备计算机、绘图仪器、书架（柜）等技术工作必需的设备，而公共关系部门则显然更需要电话、传真机、沙发、茶几等与对外联系和接待工作相应的设备和家具。

10.2 办公空间设计的特点

从办公空间的特征和使用功能要求来看，办公空间有以下几个基本设计特点。

10.2.1 秩序感

秩序感指的是形的反复、形的节奏、形的完整和形的简洁。办公室设计也正是运用这一特点来创造一种安静、平和与整洁的办公环境，这种特点在办公室设计中起着最为关键性的作用。要达到办公室秩序设计的目的，主要涉及到以下几个方面。

- 家具样式与色彩的统一。
- 平面布置的规整性。
- 隔断高低尺寸与色彩材料的统一。
- 天花的平整性与墙面不花哨的装饰。
- 合理的室内色调及人流的导向。

10.2.2 明快感

办公环境的明快感指的就是办公环境的色调干净明亮、灯光布置合理、有充足的光线等，这是办公设计的一种基本要求。在装饰中明快的色调可给人一种愉快的心情和洁净之感，同时明快的色调也可在白天增加室内的采光度。

目前，有许多设计师将明度较高的绿色引入办公室，这类设计往往给人一种良好的视觉冲击效果，从而创造一种春意，这也是一种明快感在室内的创意手段。

10.2.3 现代感

目前，在我国许多企业的办公室设计中，为了便于思想交流，加强民主管理，往往采用共享空间——开敞式设计，这种设计已成为现代新型办公室的特征，它形成了现代办公室新空间的概念。

现代办公室设计还注重于办公环境的研究，将自然环境引入室内，绿化室内外的环境，给办公环境带来一派生机，这也是现代办公室的另一特征。现代人机学的出现，使办公设备在适合人机学的要求下日益增多与完善，办公的科学化、自动化给人们工作带来了极大方便。在设计中应充分利用人机学的知识，按特定的功能与尺寸要求来进行设计，这些都是设计的基本要素。

10.3 办公空间设计的目标

办公设计主要包括办公用房的规划、装修、室内色彩及灯光音响的设计、办公用品及装饰品的配备和摆设等内容，主要有三个层次的目标。

- 经济实用，一方面要满足实用要求，给办公人员的工作带来方便；另一方面要尽量低费用，追求最佳的功能费用比。
- 美观大方，能够充分满足人的生理和心理需要，创造出一个赏心悦目的良好工作环境。
- 独具品位，办公室是企业文化的物质载体，要努力体现企业物质文化和精神文化，反映企业的特色和形象，对置身其中的工作人员产生积极的、和谐的影响。这三个层次的目标虽然由低到高、由易到难，但它们不是孤立的，而是有着紧密的内在联系，出色的办公室设计应该努力同时实现这三个目标。

10.4 办公空间方案设计思路

本章需要绘制的某航空市场部办公家具布置图方案如图10-1所示，市场部办公家具立体图方案如图10-2所示。

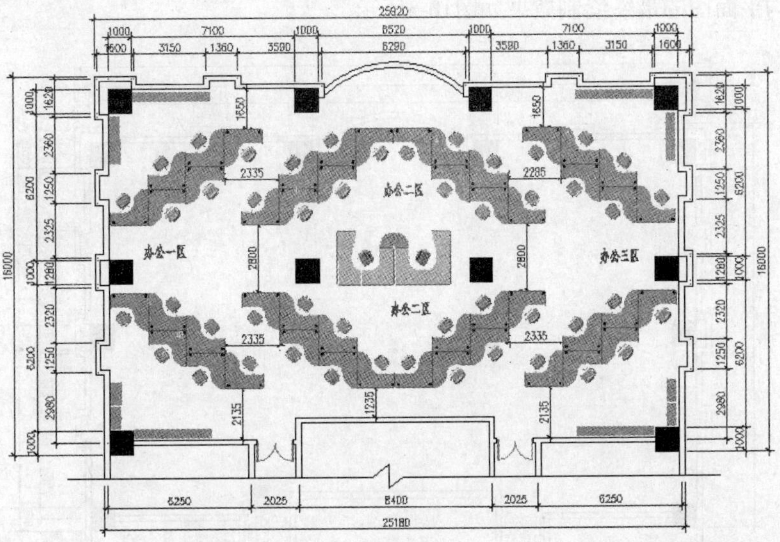

图10-1

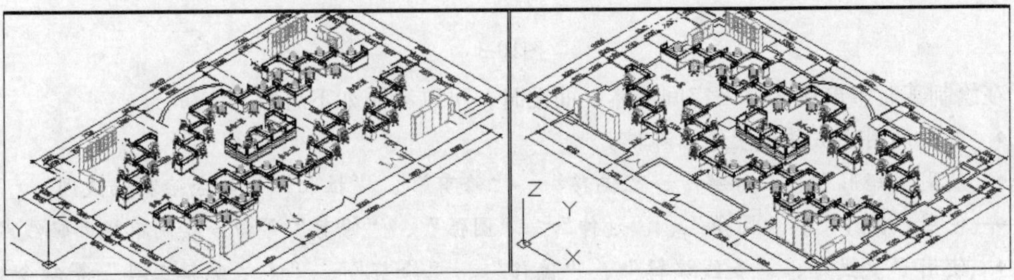
图10-2

在设计并绘制办公类方案图纸时，可以参照如下思路。

- 调用绘图模板，并简单设置绘图环境。
- 绘制定位轴线。使用“矩形”、“偏移”、“修剪”等命令绘制纵横向定位线。
- 绘制墙体结构图。使用“多线”、“多线编辑”等命令绘制墙线，使用“插入块”、“多线”等命令绘制门、窗构件。
- 制作办公家具立体造型。使用“多段线”、“拉伸”、“长方体”、“圆柱体”等命令制作办公家具立体造型。
- 办公家具的合理布局。使用“镜像”、“复制”、“插入块”、“移动”等命令布局办公家具。

◆ 标注房间功能。使用“单行文字”、“复制”、“编辑文字”等命令为图形标注房间功能。

◆ 标注内外尺寸。使用“线性”、“连续”等命令标注外部尺寸和内部尺寸。

10.5 绘制某航空市场部墙体平面图

本节主要学习某航空市场部办公空间墙体结构平面图的绘制过程和绘制技巧。市场部办公空间墙体结构平面图的最终绘制效果如图10-3所示。

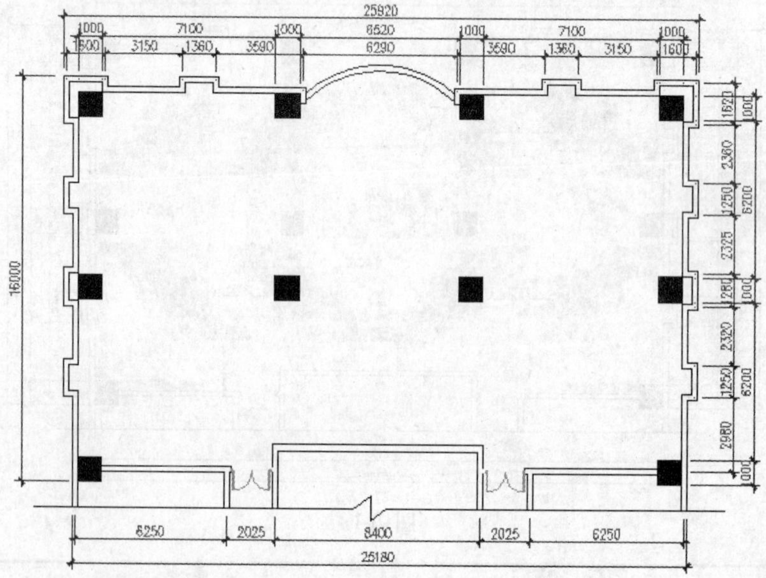

图10-3

在绘制某航空市场部办公空间墙体平面图时，可以参照如下思路。

◆ 首先调用样板并设置绘图环境。

◆ 使用“矩形”、“分解”、“偏移”、“修剪”、“拉长”等命令绘制轴线网。

◆ 使用“偏移”、“圆角”、“延伸”、“圆弧”、“修剪”等命令绘制市场部轴线网。

◆ 使用“多线”、“多线编辑”、“偏移”、“修剪”、“多线编辑工具”等命令绘制市场部办公空间纵横墙线。

◆ 最后使用“插入块”、“矩形”、“图案填充”、“阵列”、“镜像”等命令绘制双开门和柱网平面图。

10.5.1 绘制市场部墙体轴线图

(1) 以随书光盘中的文件“样板文件”\“室内绘图样板.dwt”作为基础样板，新建空白文件。

(2) 执行菜单栏中的“格式”|“图层”命令，在弹出的“图层特性管理器”面板中双击“轴线层”，将其设置为当前图层。

(3) 使用命令简写LT激活“线型”命令，将线型比例设置为40，如图10-4所示。

(4) 单击“绘图”工具栏中的□按钮，激活“矩形”命令，绘制长度为24950、宽度为16515的矩形，作为基准轴线，如图10-5所示。

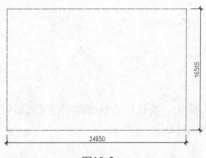

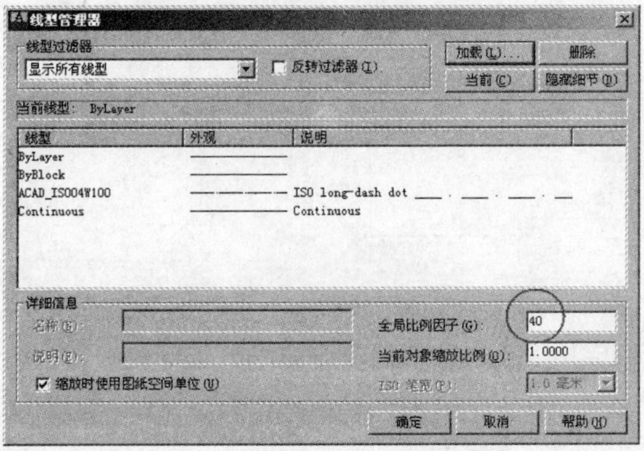

图10-4

图10-5

(5) 使用命令简写X激活“分解”命令，将矩形分解为4条独立的线段。

(6) 单击“修改”工具栏中的按钮，将分解后的矩形两条垂直边向内侧偏移6250和8275个绘图单位，将矩形下侧的水平边向上偏移1500和2400个单位，结果如图10-6所示。

(7) 使用命令简写TR激活“修剪”命令，对偏移出的轴线进行修剪，并删除最下侧的水平轴线，结果如图10-7所示。

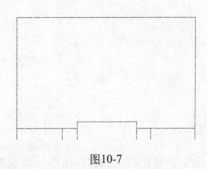

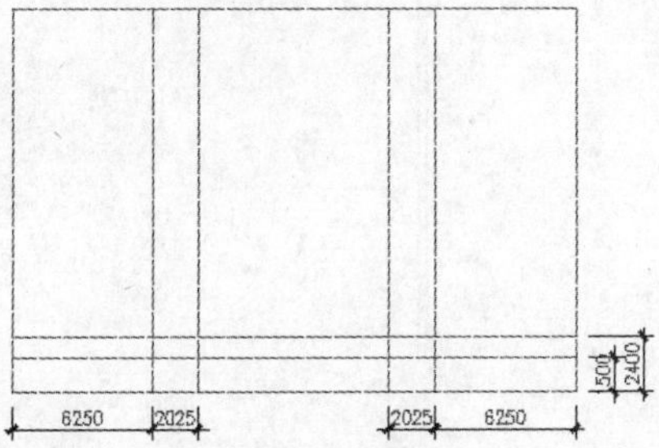

图10-6

图10-7

(8) 重复执行“偏移”命令，将两侧的矩形垂直边向内侧偏移6462.5和8062.5个单位，结果如图10-8所示。

(9) 使用命令简写TR激活“修剪”命令，以偏移出的轴线作为边界，对水平轴线进行修剪，创建宽度为1600的门洞，结果如图10-9所示。

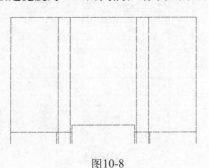

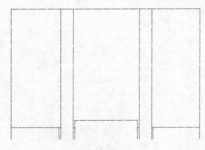

图10-8

图10-9

⑩ 使用命令简写E激活“删除”命令，删除偏移出的4条垂直轴线，结果如图10-10所示。

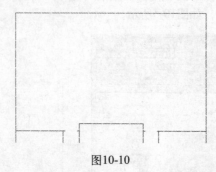

图10-10

至此，某航空市场部墙体定位轴线图绘制完毕，下一小节将学习市场部细部轴线图的绘制过程和技巧。

10.5.2 绘制市场部细部轴线图

① 继续上节操作。

② 使用命令简写O激活“偏移”命令，将上侧的水平轴线和两侧的垂直轴线分别向外侧偏移370个单位，结果如图10-11所示。

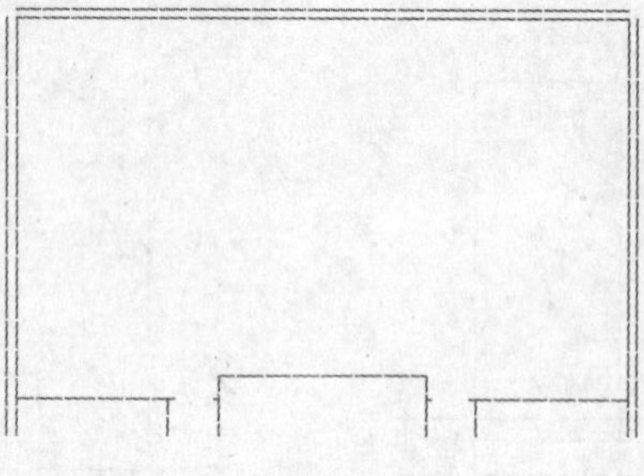

图10-11

③ 重复执行“偏移”命令，根据图示尺寸，对水平轴线进行多次偏移，结果如图10-12所示。

④ 重复执行“偏移”命令，根据图示尺寸，对两侧的垂直轴线进行多次偏移，结果如图10-13所示。

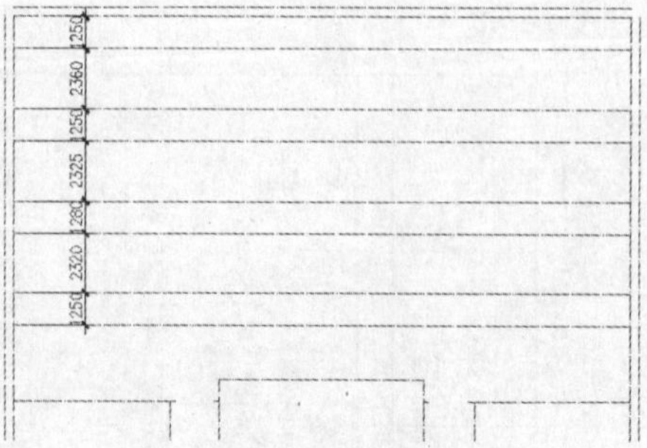

图10-12

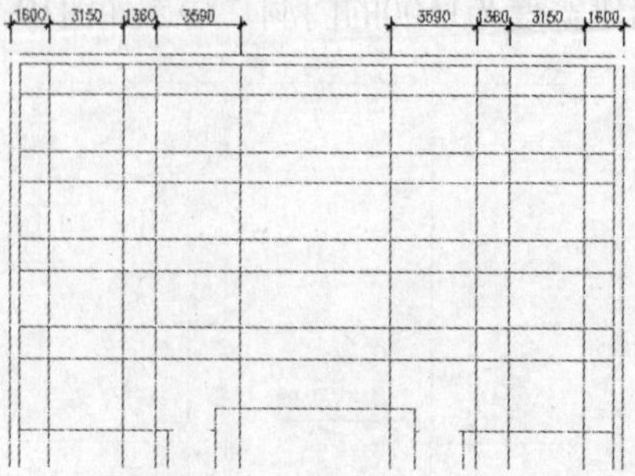

图10-13

(5) 执行菜单栏中的“修改”|“延伸”命令，选择如图10-14所示的轴线作为边界，对内部的轴线进行延伸，结果如图10-15所示。

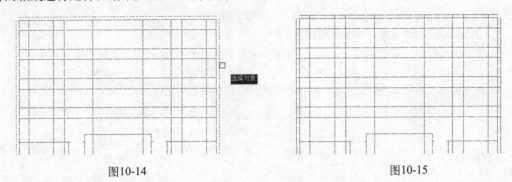

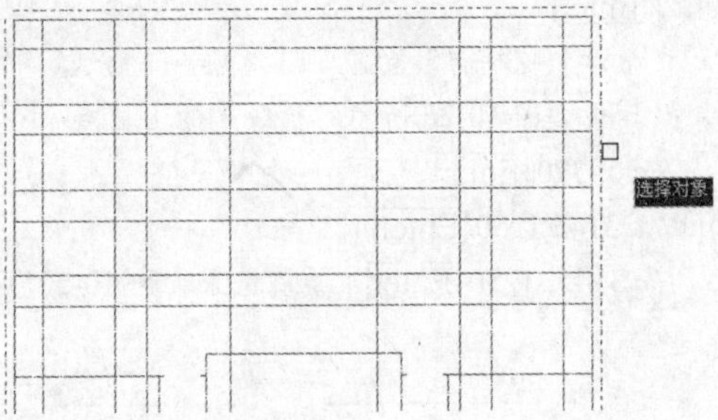

图10-14

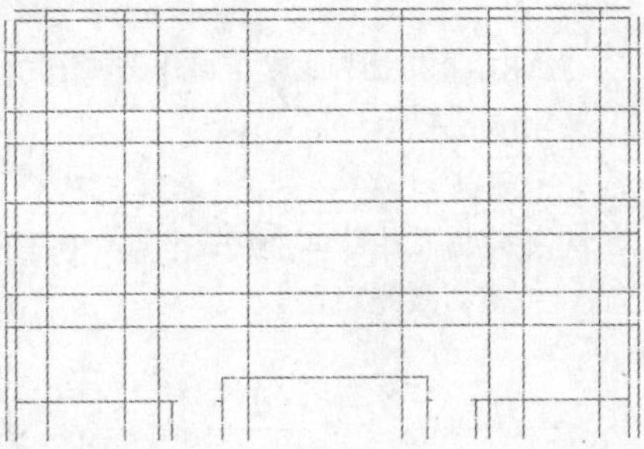

图10-15

(6) 执行菜单栏中的“修改”|“修剪”命令，对纵横轴线进行编辑，结果如图10-16所示。

(7) 执行菜单栏中的“修改”|“圆角”命令，将圆角半径设置为0，创建左上和右上位置的倒直角，结果如图10-17所示。

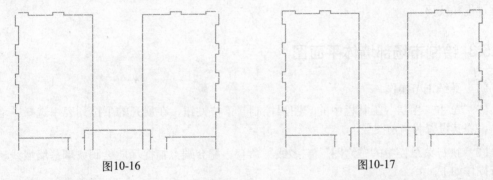

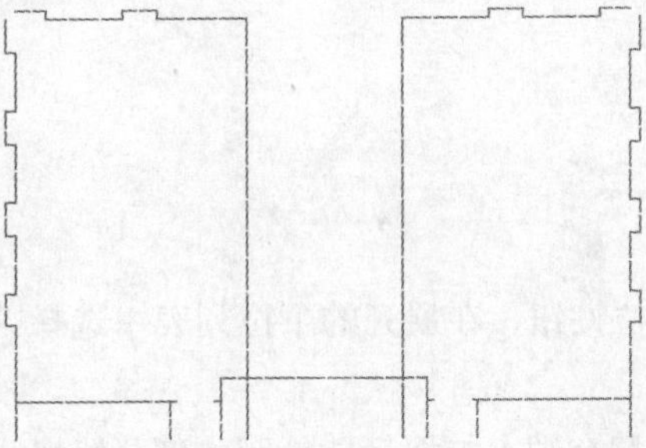

图10-16

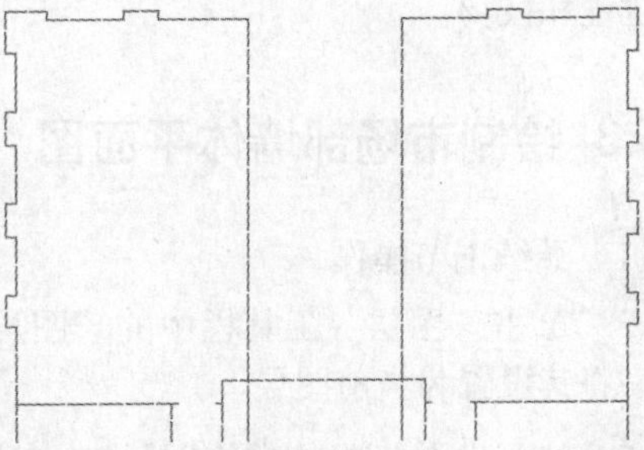

图10-17

(8) 执行菜单栏中的“修改”|“拉长”命令，将内部的两条垂直轴线缩短为500，命令行操作如下。

```
命令 : _lengthen
    选择对象或 [ 增量 (DE)/ 百分数 (P)/ 全部 (T)/ 动态 (DY)]: //T Enter
    指定总长度或 [ 角度 (A)] <0.0)>:          //500 Enter
    选择要修改的对象或 [ 放弃 (U)]:           // 在如图 10-18 所示轴线 1 的下端单击
    选择要修改的对象或 [ 放弃 (U)]:           // 在如图 10-18 所示轴线 2 的下端单击
    选择要修改的对象或 [ 放弃 (U)]:
                                             // Enter，结束命令，拉长结果如图 10-19 所示
```

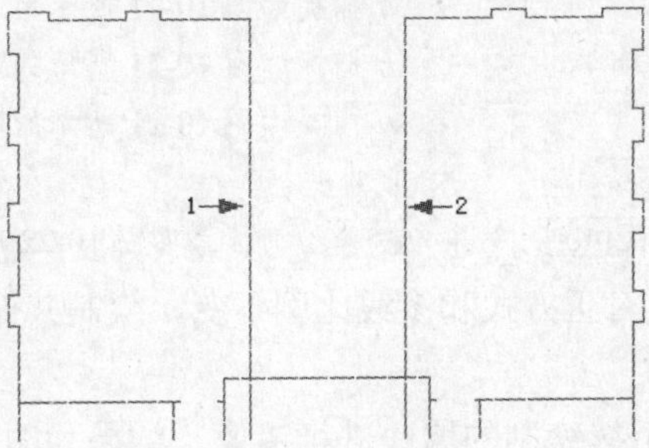

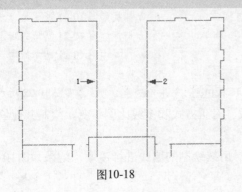

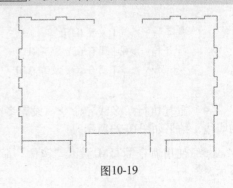

图10-18

图10-19

⑨ 使用命令简写A激活“圆弧”命令，配合“捕捉自”功能绘制弧形轴线，命令行操作如下。

```
命令 : A                                        // Enter
    ARC 指定圆弧的起点或 [ 圆心 (C)]:              // 激活“捕捉自”功能
    _from 基点 :                                // 捕捉如图 10-20 所示的轴线 1 的上端点
    < 偏移 >:                                   //@0,-370 Enter
    指定圆弧的第二个点或 [ 圆心 (C)/ 端点 (E)]:     //@3145,1250 Enter
    指定圆弧的端点 :                              //@3145,-1250 Enter，绘制结果如图 10-20 所示
```

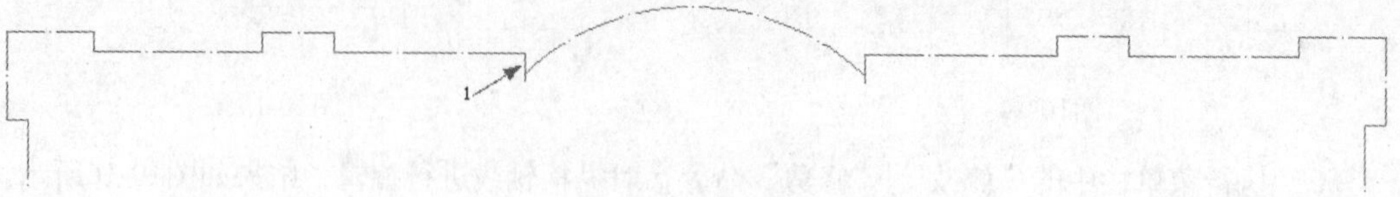

图10-20

至此，某航空市场部细部墙体定位轴线图绘制完毕，下一小节将学习市场部墙体平面图的绘制过程和技巧。

10.5.3 绘制市场部墙体平面图

① 继续上节操作。

② 单击“图层”工具栏中的“图层控制”下拉按钮，在展开的下拉列表中选择“墙线层”，将其设置为当前图层。

③ 执行菜单栏中的“绘图”|“多线”命令，配合端点捕捉功能绘制玻璃幕墙墙线，命令行操作如下。

```
命令 : _mline
    当前设置 : 对正 = 上，比例 = 20.00，样式 = 墙线样式
    指定起点或 [ 对正 (J)/ 比例 (S)/ 样式 (ST)]:              //J Enter
    输入对正类型 [ 上 (T)/ 无 (Z)/ 下 (B)] < 上 >:            //Z Enter
    当前设置 : 对正 = 无，比例 = 20.00，样式 = 墙线样式
    指定起点或 [ 对正 (J)/ 比例 (S)/ 样式 (ST)]:              //S Enter
    输入多线比例 <20.00>:                                   //230 Enter
    当前设置 : 对正 = 无，比例 = 230.00，样式 = 墙线样式
    指定起点或 [ 对正 (J)/ 比例 (S)/ 样式 (ST)]:              // 捕捉如图 10-21 所示的端点 1
    指定下一点 :                                           // 捕捉如图 10-21 所示的端点 2
    指定下一点或 [ 放弃 (U)]:                               // 捕捉如图 10-21 所示的端点 3
    指定下一点或 [ 闭合 (C)/ 放弃 (U)]:                      // 捕捉如图 10-21 所示的端点 4
    指定下一点或 [ 闭合 (C)/ 放弃 (U)]:
                                   //C Enter，结束命令，绘制结果如图 10-22 所示
```

④ 重复执行“多线”命令，设置多线样式、对正方式和多线比例不变，绘制其他位置的墙线，结果如图10-23所示。

⑤ 使用命令简写MI激活“镜像”命令，对后续绘制的墙线进行镜像，结果如图10-24所示。

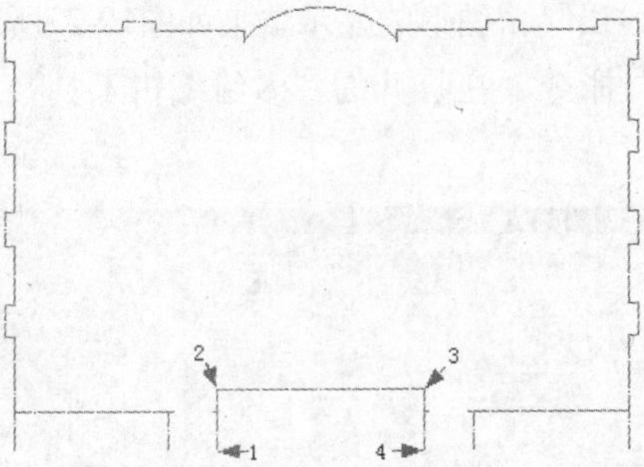

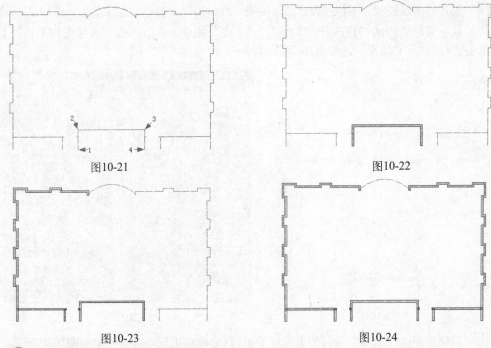

图10-21

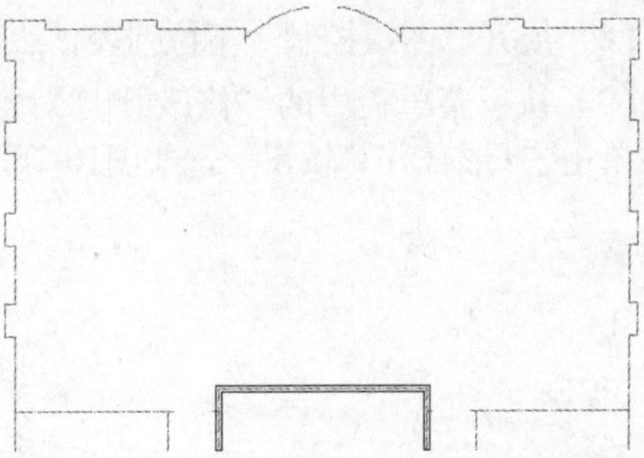

图10-22

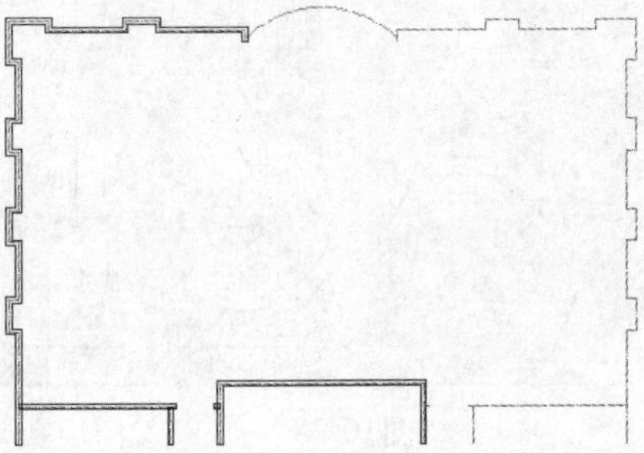

图10-23

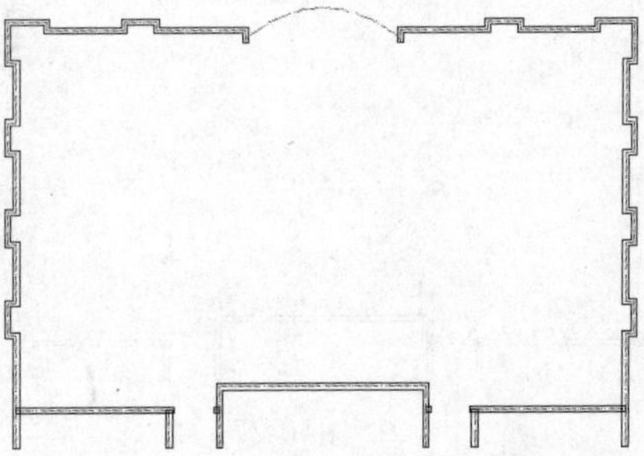

图10-24

⑥ 执行菜单栏中的“修改”|“偏移”命令，创建弧形墙线，命令行操作如下。

```
命令 : _offset
    当前设置 : 删除源 = 否  图层 = 源  OFFSETGAPTYPE=0
    指定偏移距离或 [ 通过 (T)/ 删除 (E)/ 图层 (L)] <1250.0>:   //l Enter
    输入偏移对象的图层选项 [ 当前 (C)/ 源 (S)] < 源 >:          //C Enter
    指定偏移距离或 [ 通过 (T)/ 删除 (E)/ 图层 (L)] <1250.0>:  //115 Enter
    选择要偏移的对象，或 [ 退出 (E)/ 放弃 (U)] < 退出 >:      // 选择弧形轴线
    指定要偏移的那一侧上的点，或 [ 退出 (E)/ 多个 (M)/ 放弃 (U)] < 退出 >:
                                                    // 在弧形轴线的上侧拾取点
    选择要偏移的对象，或 [ 退出 (E)/ 放弃 (U)] < 退出 >:     // 选择弧形轴线
    指定要偏移的那一侧上的点，或 [ 退出 (E)/ 多个 (M)/ 放弃 (U)] < 退出 >:
                                                 // 在弧形轴线的下侧拾取点
    选择要偏移的对象，或 [ 退出 (E)/ 放弃 (U)] < 退出 >:
                                                 // Enter，结果如图 10-25 所示
```

⑦ 使用命令简写TR激活“修剪”命令，对偏移出的墙线进行修剪，结果如图10-26所示。

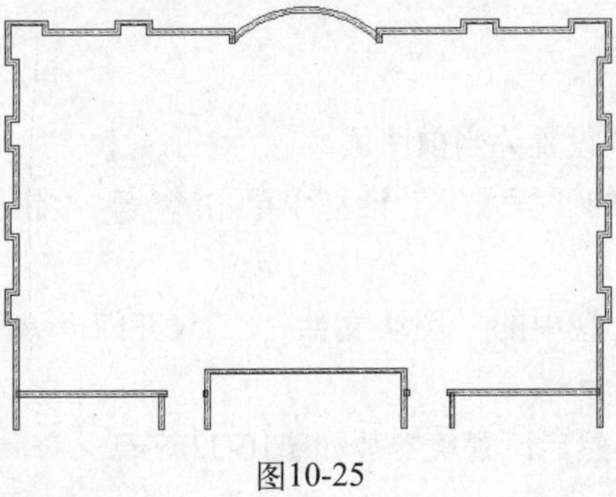

图10-25

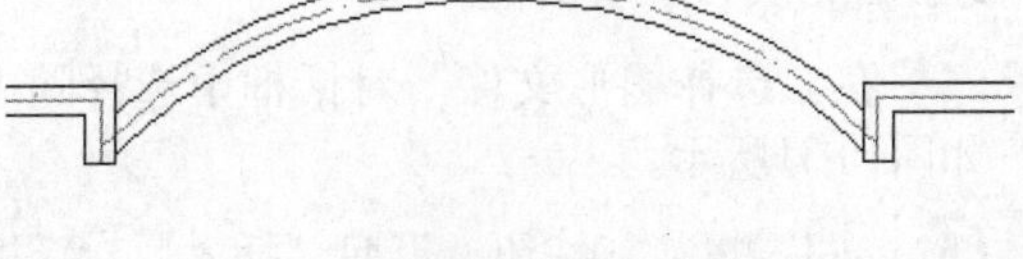

图10-26

(8) 展开“图层控制”下拉列表，然后关闭“轴线层”，图形的显示结果如图10-27所示。

(9) 执行菜单栏中的“修改”|“对象”|“多线”命令，在打开的“多线编辑工具”对话框中单击“T形合并”按钮，如图10-28所示。

图10-27

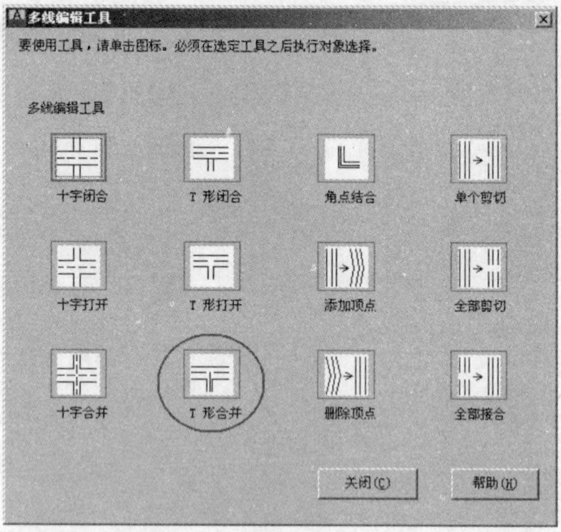

图10-28

(10) 返回绘图区，根据命令行的提示对下侧的T形墙线进行合并，结果如图10-29所示。

(11) 使用命令简写PL激活“多段线”命令，配合平行线捕捉功能或极轴追踪功能绘制如图10-30所示的折断线。

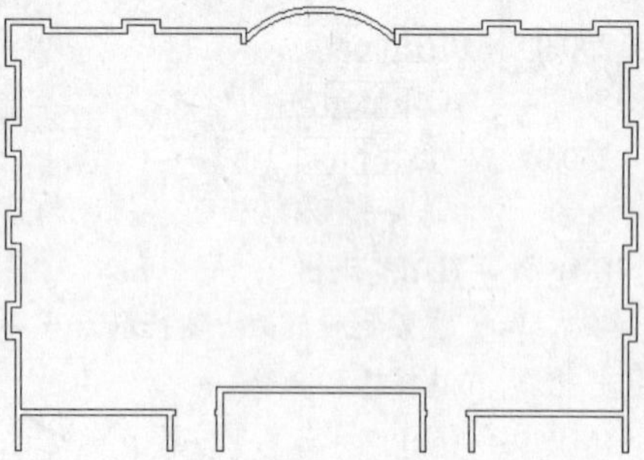

图10-29

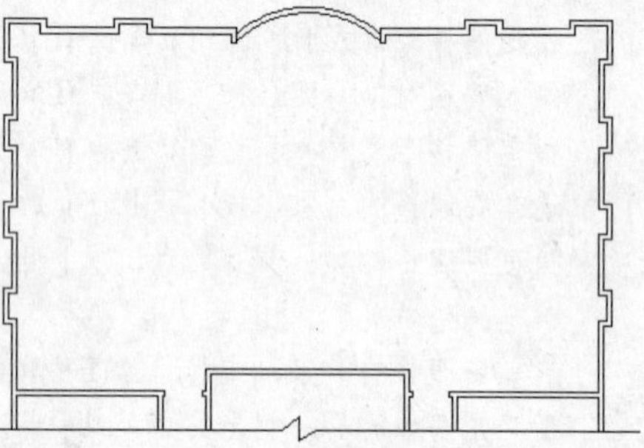

图10-30

至此，某航空市场部纵横墙线绘制完毕，下一小节将学习双开门构件的快速绘制过程和技巧。

10.5.4 绘制市场部双开门构件

(1) 继续上节操作。

(2) 展开“图层控制”下拉列表，将“门窗层”设置为当前图层。

(3) 单击“绘图”工具栏中的按钮，在打开的“插入”对话框中单击 浏览(B)... 按钮，打开“选择图形文件”对话框。

(4) 在“选择图形文件”对话框中选择随书光盘中的“图块文件”\“双开门.dwg”图块，如图10-31所示。

(5) 单击 打开(O) 按钮，返回“插入”对话框，然后设置块参数如图10-32所示。

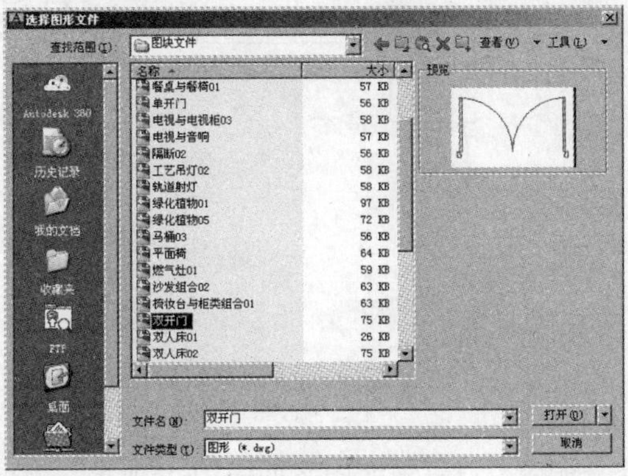

图10-31

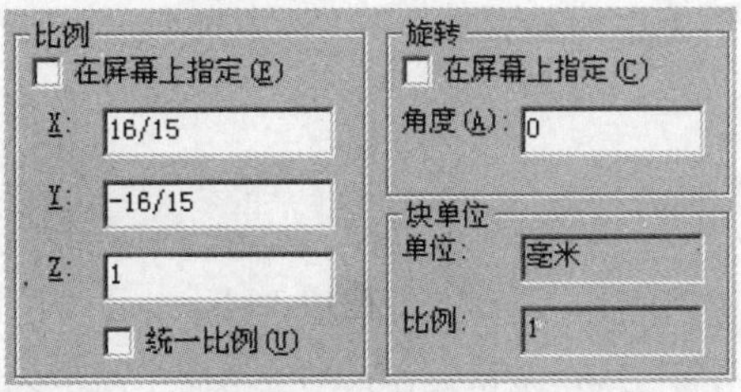

图10-32

(6) 在命令行“指定插入点或[基点(B)/比例(S)/X/Y/Z/旋转(R)]:”提示下，捕捉如图10-33所示的中点，插入结果如图10-34所示。

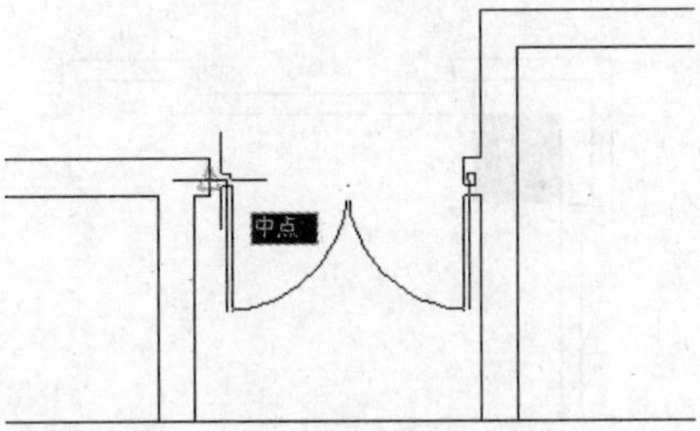

图10-33

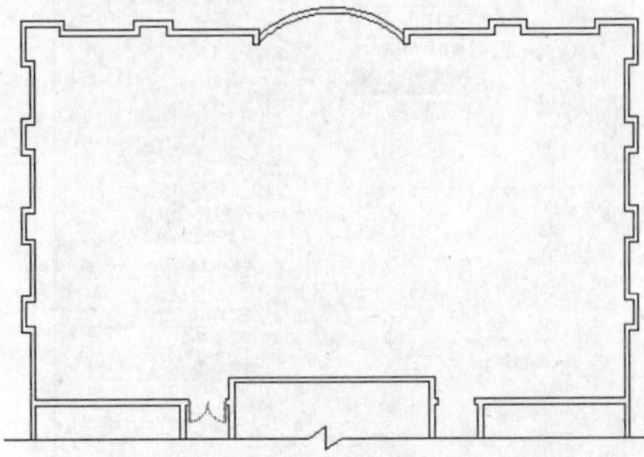

图10-34

(7) 使用命令简写MI激活“镜像”命令，配合中点捕捉功能将刚插入的双开门镜像到右侧的洞口处，结果如图10-35所示。

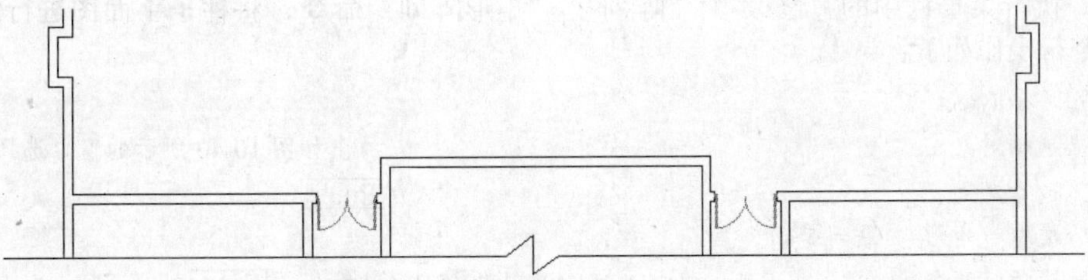

图10-35

至此，某航空市场部双开门构件绘制完毕，下一小节将学习市场部柱网平面图的绘制过程和技巧。

10.5.5 绘制市场部柱网平面图

(1) 继续上节操作。

(2) 展开“图层控制”下拉列表，将“其他层”设置为当前图层。

(3) 执行菜单栏中的“绘图”|“矩形”命令，捕捉如图10-36所示的端点作为矩形右上角点，绘制边长为1000的正四边形作为柱子外轮廓，绘制结果如图10-37所示。

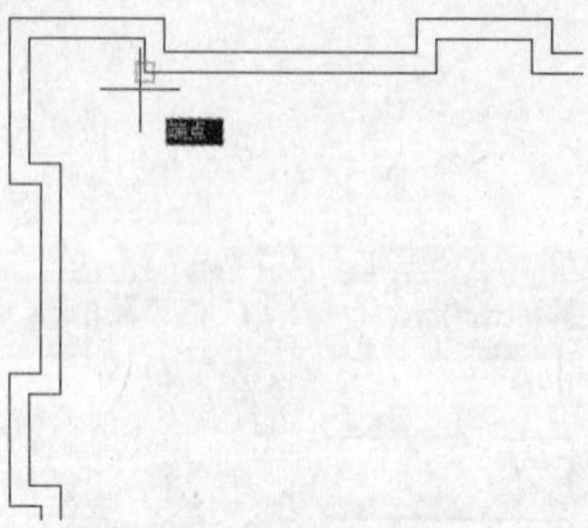

图10-36

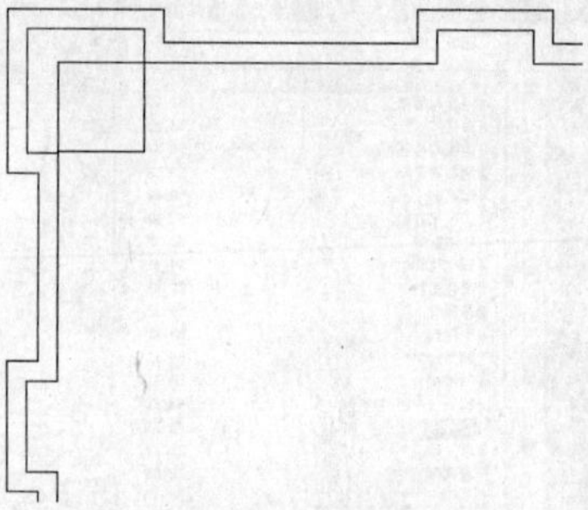

图10-37

④ 执行菜单栏中的“绘图”|“图案填充”命令，设置填充图案如图10-38所示，为正四边形填充如图10-39所示的实体图案。

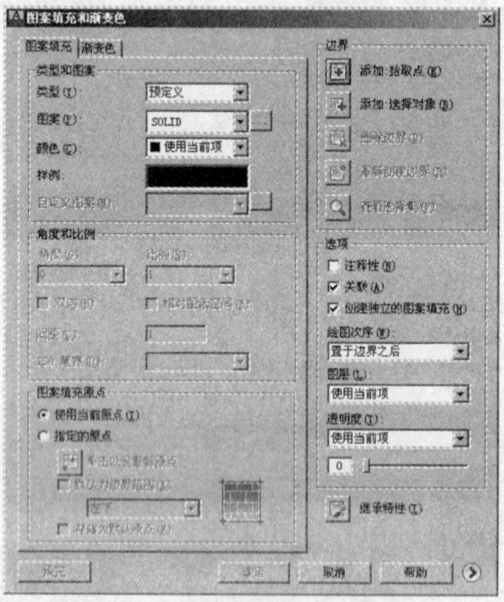

图10-38

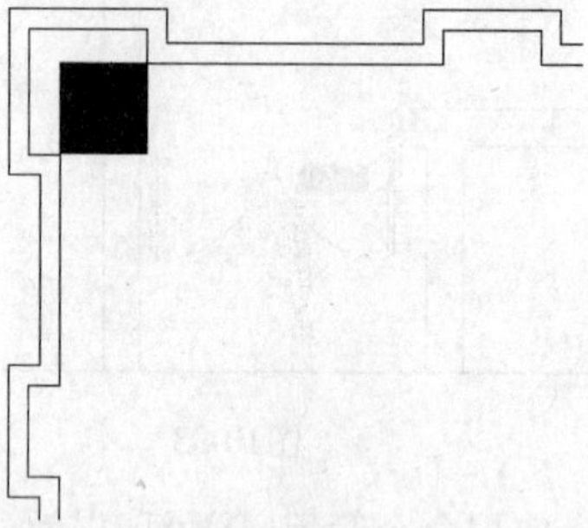

图10-39

⑤ 执行菜单栏中的“修改”|“阵列”|“矩形阵列”命令，将柱子平面图进行矩形阵列，命令行操作如下。

命令：_arrayrect
选择对象：　　　　// 拉出如图 10-40 所示的窗口选择框
选择对象：　　　　// Enter
类型 = 矩形 关联 = 是
为项目数指定对角点或 [基点 (B)/ 角度 (A)/ 计数 (C)] < 计数 >: // Enter
输入行数或 [表达式 (E)] <4>:　　　　//3 Enter
输入列数或 [表达式 (E)] <4>:　　　　//2 Enter
指定对角点以间隔项目或 [间距 (S)] < 间距 >:　　　　// Enter
指定行之间的距离或 [表达式 (E)] <1500>:　　　　//-7200 Enter
指定列之间的距离或 [表达式 (E)] <1500>:　　　　//8100 Enter
按 Enter 键接受或 [关联 (AS)/ 基点 (B)/ 行 (R)/ 列 (C)/ 层 (L)/ 退出 (X)] < 退出 >:
　　　　//AS Enter
创建关联阵列 [是 (Y)/ 否 (N)] < 是 >:　　　　//N Enter
按 Enter 键接受或 [关联 (AS)/ 基点 (B)/ 行 (R)/ 列 (C)/ 层 (L)/ 退出 (X)] < 退出 >:
　　　　// Enter，阵列结果如图 10-41 所示

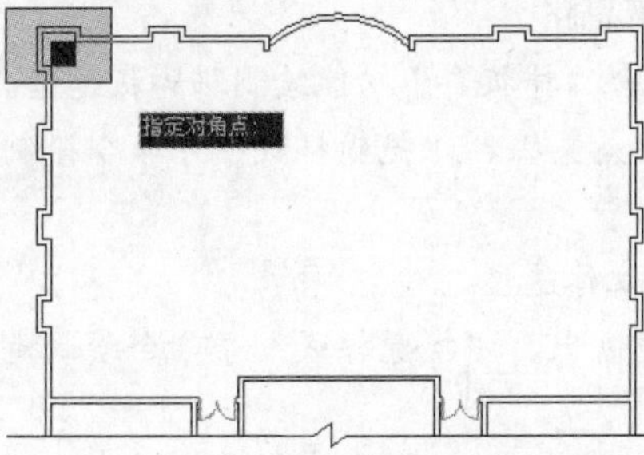

图10-40

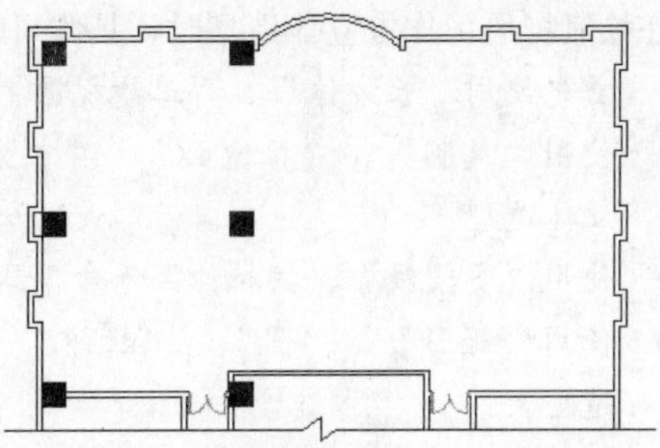

图10-41

(6) 使用命令简写E激活“删除”命令，删除右下侧的柱子平面图，结果如图10-42所示。

(7) 使用命令简写MI激活“镜像”命令，配合中点捕捉功能对其他5个柱子平面图进行镜像，镜像结果如图10-43所示。

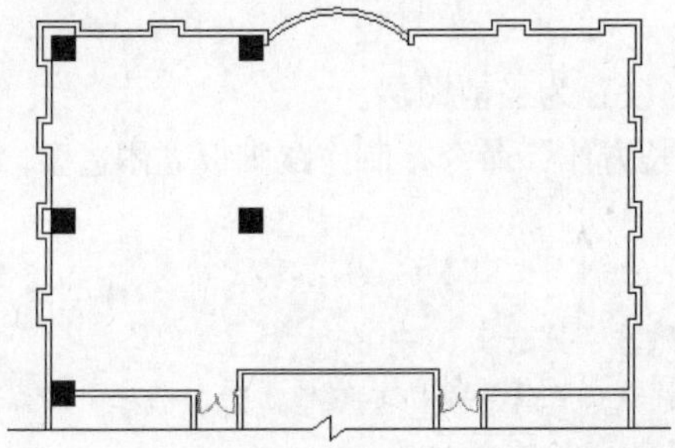

图10-42

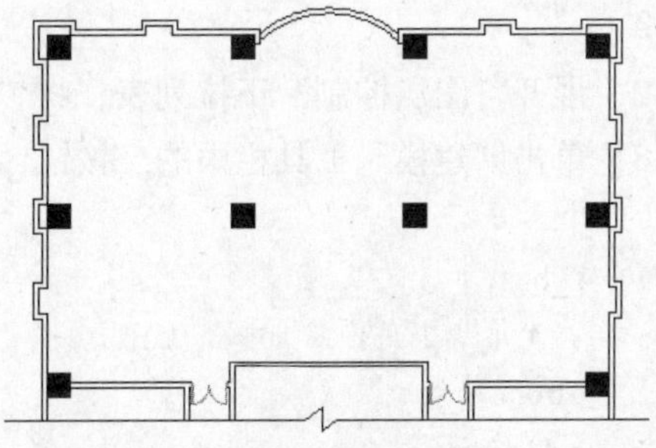

图10-43

(8) 最后使用“保存”命令，将图形命名存储为“某航空市场部办公空间墙体平面图.dwg”。

10.6 绘制某航空市场部屏风工作位

本节主要学习屏风工作位立体造型的绘制过程和绘制技巧。屏风工作位的平面效果如图10-44所示，立体效果如图10-45所示。

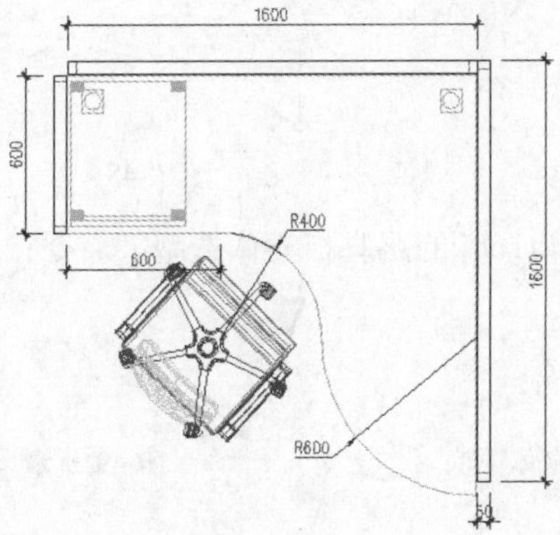

图10-44

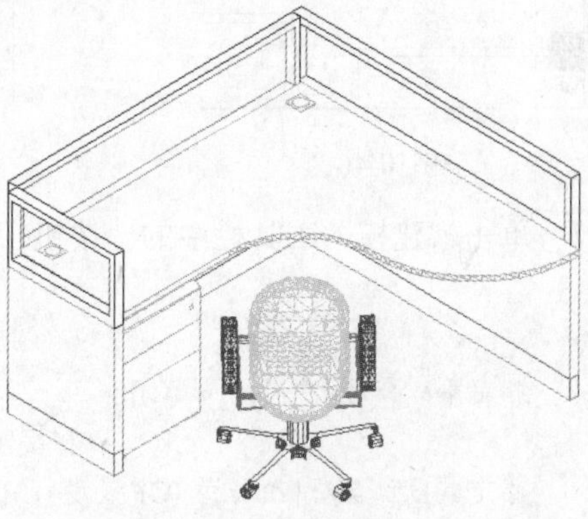

图10-45

在绘制屏风工作位立体造型时，具体可以参照如下思路。

- 首先使用“长方体”、“三维视图”等命令配合“捕捉自”功能绘制踢脚板造型。
- 使用“复制”、“拉伸面”、“长方体”、“差集”、“视觉样式”等命令绘制屏风立体造型。
- 使用“多段线”、“拉伸”等命令绘制桌面板立体造型。
- 使用“矩形”、“圆”、“拉伸”、“三维镜像”、“视觉样式”等命令绘制走线孔造型。
- 最后使用“插入块”、“消隐”、“视觉样式”等命令绘制落地柜和办公椅造型。

10.6.1 绘制踢脚板立体造型

(1) 打开随书光盘中的“效果文件”\“第10章”\“某航空市场部办公空间墙体平面图.dwg”。

(2) 展开“图层控制”下拉列表，将“0图层”设置为当前图层。

(3) 单击“建模”工具栏中的按钮，激活“长方体”命令，制作踢脚板立体造型，命令行操作如下。

```
命令：_box
    指定第一个角点或 [ 中心 (C)]:                //激活“捕捉自”功能
    _from 基点：                                 //捕捉如图 10-46 所示的柱子平面图左下角点
    < 偏移 >:                                    //@50,-400 Enter
    指定其他角点或 [ 立方体 (C)/ 长度 (L)]:
                                                 //@50,-600,100 Enter，绘制结果如图 10-47 所示
```

(4) 单击“视图”工具栏中的按钮，激活“西南等轴测”命令，将视图切换为西南视图，结果如图10-48所示。

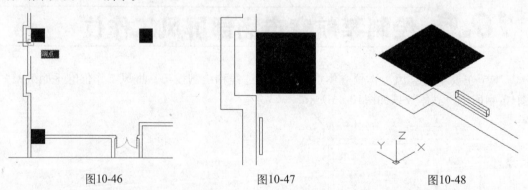

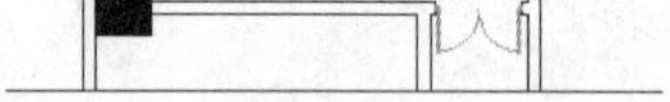

图10-46

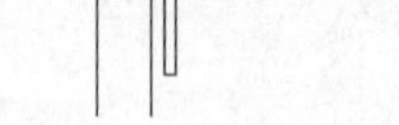

图10-47

图10-48

(5) 单击“建模”工具栏中的按钮，制作长度为1600的踢脚板立体造型，命令行操作如下。

```
命令：_box
    指定第一个角点或 [ 中心 (C)]:
                                   //捕捉刚绘制的长方体下底面右上角点，如图 10-49 所示
    指定其他角点或 [ 立方体 (C)/ 长度 (L)]:
                                   //@1600,50,100 Enter，绘制结果如图 10-50 所示
```

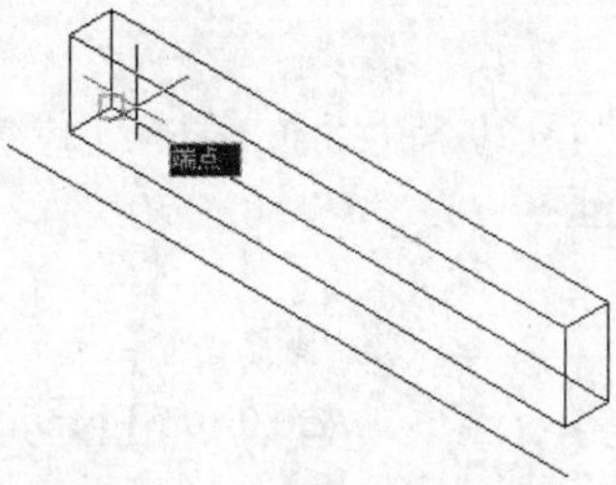

图10-49

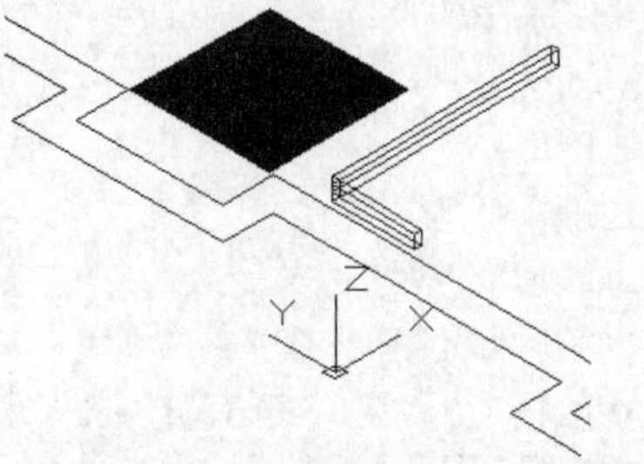

图10-50

(6) 重复执行“长方体”命令，捕捉端点捕捉和坐标输入功能继续绘制踢脚板立体造型，命令行操作如下。

```
命令 : _box
    指定第一个角点或 [ 中心 (C)]:
                        // 捕捉刚绘制的长方体下底面左上角点，如图 10-51 所示
    指定其他角点或 [ 立方体 (C)/ 长度 (L)]:
                        //@50,-1600,100 Enter，绘制结果如图 10-52 所示
```

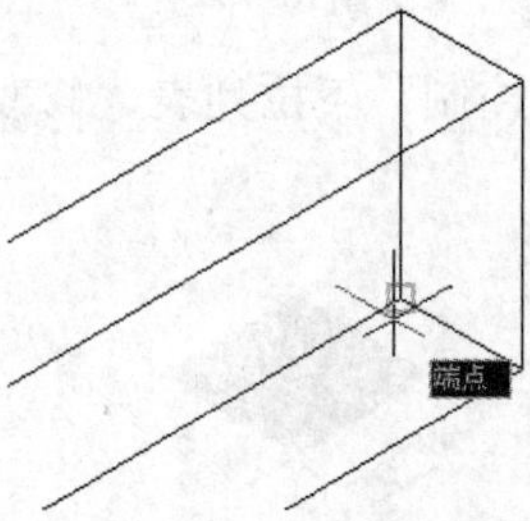

图10-51

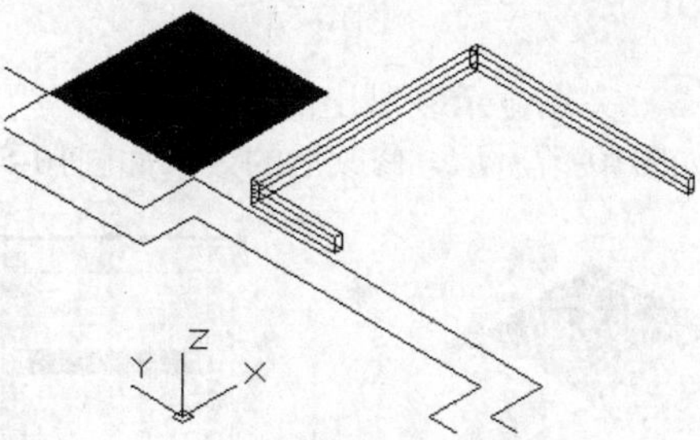

图10-52

(7) 在无命令执行的前提下，夹点显示踢脚板造型，然后展开“颜色控制”下拉列表，修改其颜色为红色，如图10-53所示，修改后的效果如图10-54所示。

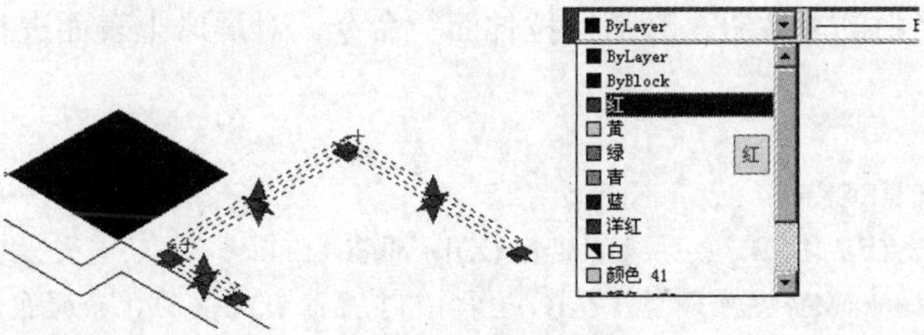

图10-53

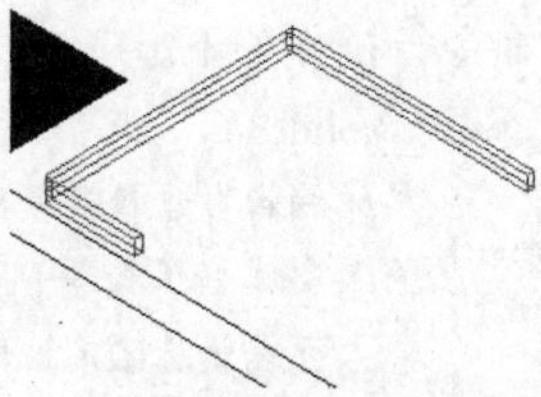

图10-54

至此，屏风工作位踢脚板立体造型绘制完毕，下一小节将学习屏风工作位立体造型的绘制过程和技巧。

10.6.2 绘制屏风工作位造型

(1) 继续上节操作。

(2) 执行菜单栏中的“修改”|“复制”命令，将踢脚板造型沿z轴正方向复制，作为屏风

造型，命令行操作如下。

```
命令：_copy
    选择对象：                                    // 选择如图 10-55 所示的屏风工作位造型
    选择对象：                                    // Enter
    当前设置：复制模式 = 多个
    指定基点或 [ 位移 (D)/ 模式 (O)] < 位移 >:                  // 捕捉任意一点
    指定第二个点或 [ 阵列 (A)] < 使用第一个点作为位移 >:          //@0,0,100 Enter
    指定第二个点或 [ 阵列 (A)/ 退出 (E)/ 放弃 (U)] < 退出 >:
                                                  // Enter，结束命令，复制结果如图 10-56 所示
```

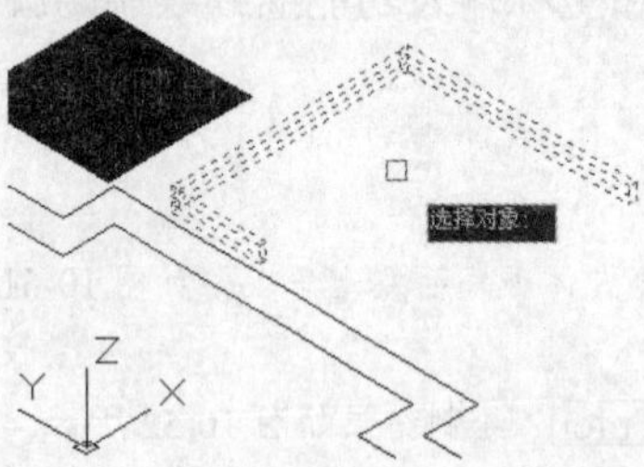

图10-55

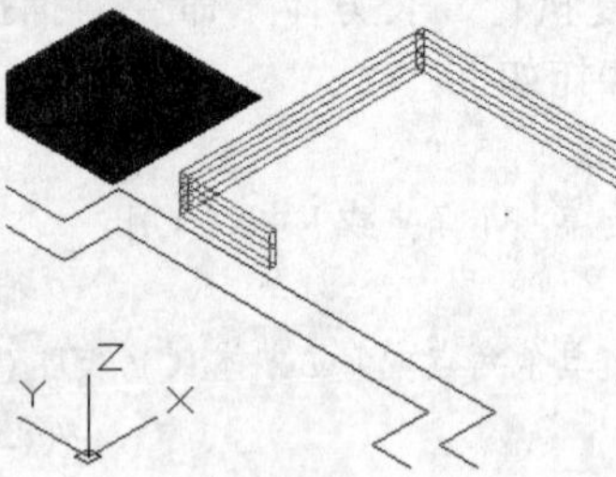

图10-56

(3) 夹点显示复制出的屏风造型，然后展开“颜色控制”下拉列表，修改其颜色为青色，如图10-57所示，修改后的效果如图10-58所示。

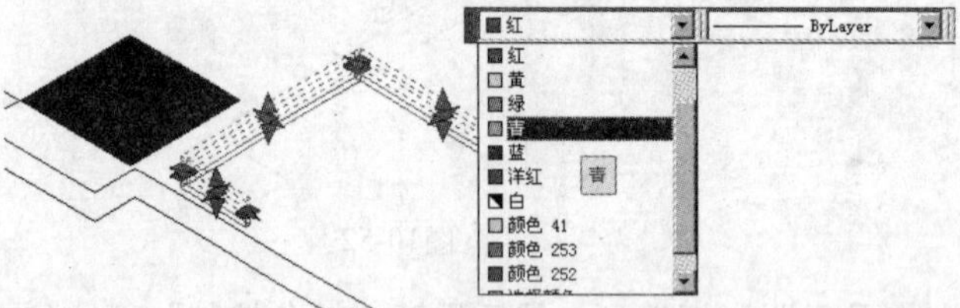

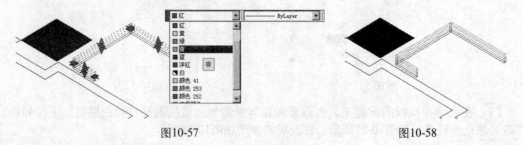

图10-57

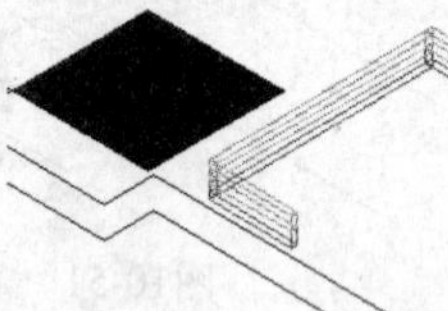

图10-58

(4) 单击“实体编辑”工具栏中的按钮，激活“拉伸面”命令，对屏风上表面进行拉伸，命令行操作如下。

```
命令：_solidedit
    实体编辑自动检查：SOLIDCHECK=1
    输入实体编辑选项 [ 面 (F)/ 边 (E)/ 体 (B)/ 放弃 (U)/ 退出 (X)] < 退出 >: _face
    输入面编辑选项 [ 拉伸 (E)/ 移动 (M)/ 旋转 (R)/ 偏移 (O)/ 倾斜 (T)/ 删除 (D)/ 复制 (C)/ 颜色 (L)/
材质 (A)/ 放弃 (U)/ 退出 (X)] < 退出 >: _extrude
    选择面或 [ 放弃 (U)/ 删除 (R)]:                         // 选择如图 10-59 所示的屏风上表面
    选择面或 [ 放弃 (U)/ 删除 (R)/ 全部 (ALL)]:              // Enter
    指定拉伸高度或 [ 路径 (P)]:                             //550 Enter
    指定拉伸的倾斜角度 <0.0>:                               // Enter
    已开始实体校验。
    已完成实体校验。
    输入面编辑选项 [ 拉伸 (E)/ 移动 (M)/ 旋转 (R)/ 偏移 (O)/ 倾斜 (T)/ 删除 (D)/ 复制 (C)/ 颜色 (L)/
材质 (A)/ 放弃 (U)/ 退出 (X)] < 退出 >:                     // Enter
```

实体编辑自动检查：SOLIDCHECK=1
输入实体编辑选项 [面 (F)/ 边 (E)/ 体 (B)/ 放弃 (U)/ 退出 (X)] < 退出 >:
//Enter，拉伸结果如图 10-60 所示

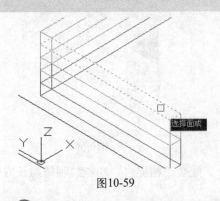

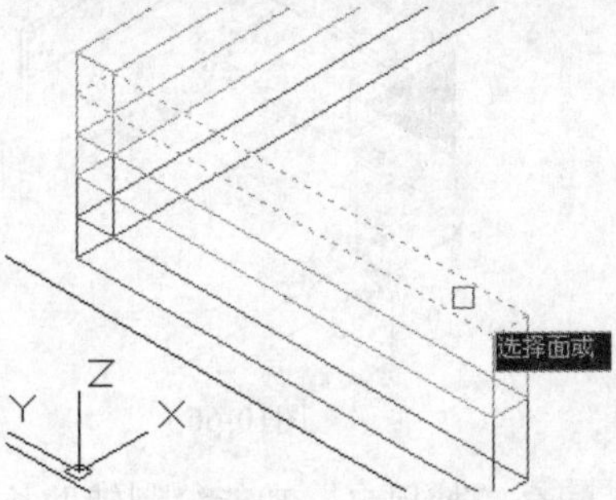

图10-59

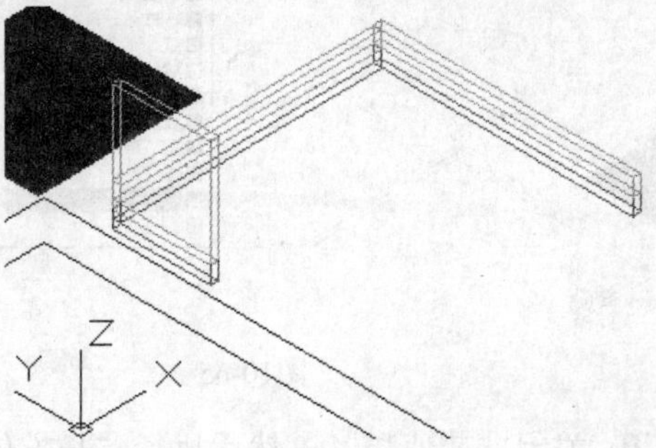

图10-60

5 重复执行“拉伸面”命令，将两个屏风沿z轴正方向拉伸550个单位，结果如图10-61所示。

6 使用命令简写VS激活“视觉样式”命令，对拉伸实体进行真实着色，效果如图10-62所示。

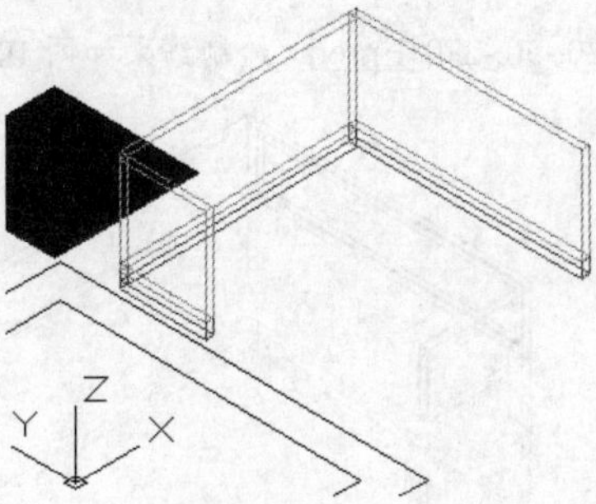

图10-61

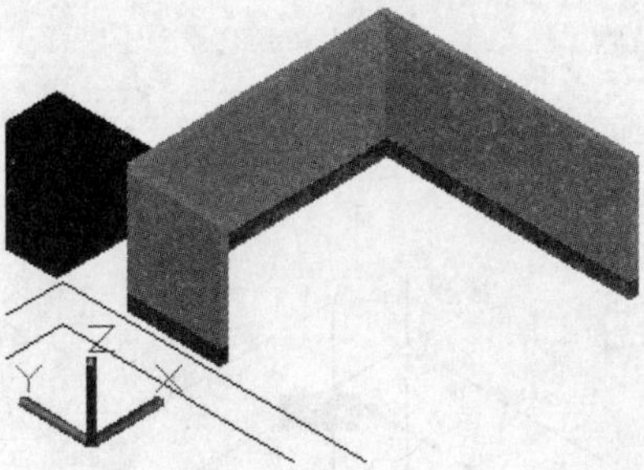

图10-62

7 使用命令简写CO激活“复制”命令，将屏风造型沿z轴正方向复制并移动650个单位，结果如图10-63所示。

8 单击“实体编辑”工具栏中的按钮，激活“拉伸面”命令，将复制出的屏风造型上表面沿z轴负方向拉伸300个单位，结果如图10-64所示。

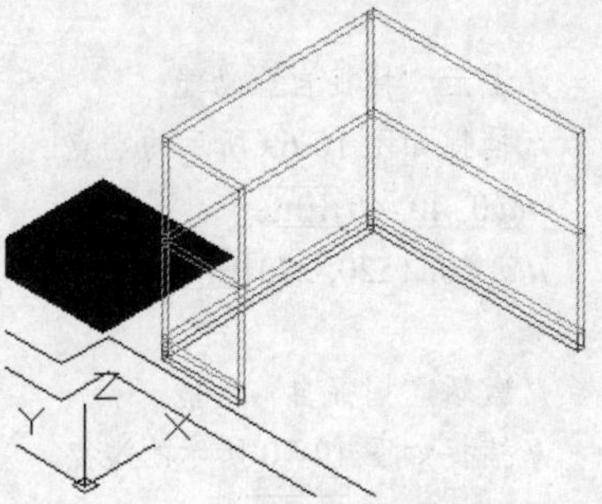

图10-63

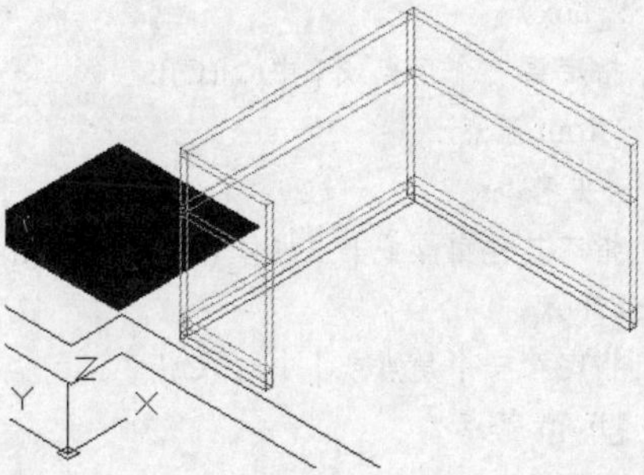

图10-64

9 夹点显示拉伸后的三个屏风造型，然后展开“颜色控制”下拉列表，修改其颜色如

图10-65所示，修改后的效果如图10-66所示。

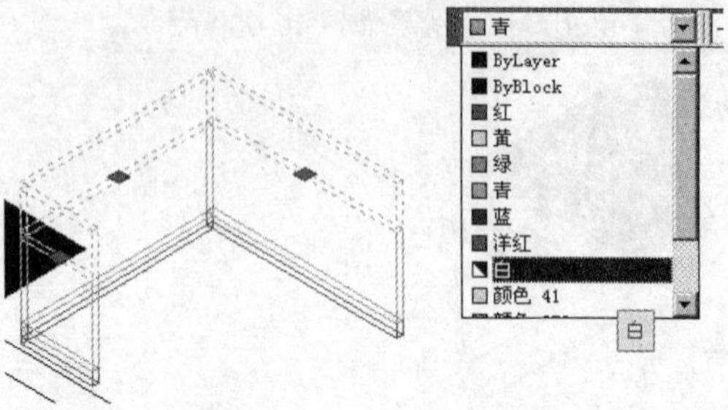

图10-65

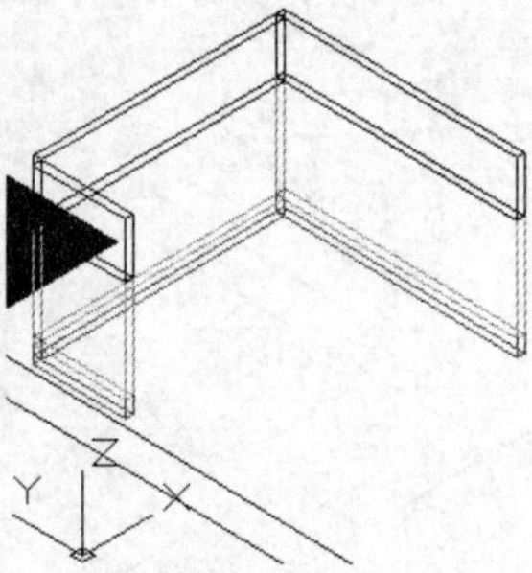

图10-66

⑩ 关闭“其他层”，然后执行“长方体”命令，配合“捕捉自”功能绘制辅助长方体造型，命令行操作如下。

```
命令 : _box
    指定第一个角点或 [ 中心 (C)]:                 // 激活“捕捉自”功能
    _from 基点 :                                 // 捕捉如图 10-67 所示的端点
    < 偏移 >:                                    //@-40,0,-40 Enter
    指定其他角点或 [ 立方体 (C)/ 长度 (L)]:
                                  //@-1520,-50,-270 Enter，绘制结果如图 10-68 所示
```

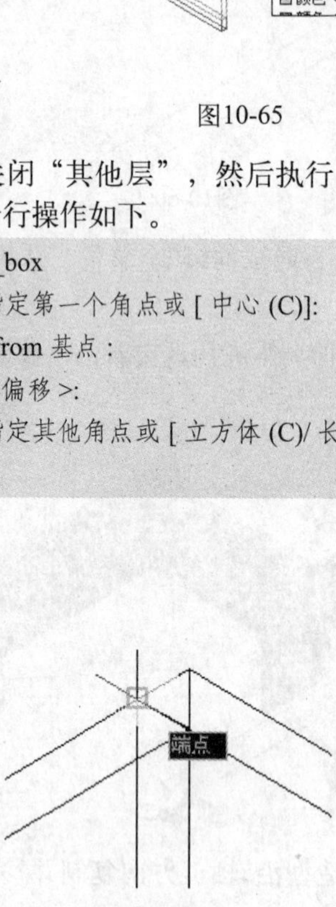

图10-67

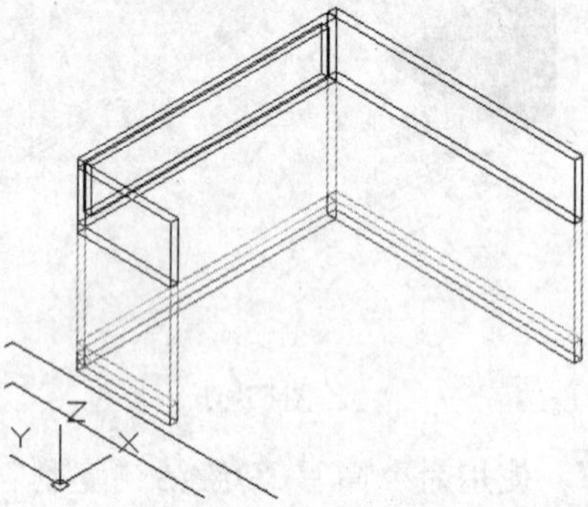

图10-68

⑪ 重复执行“长方体”命令，配合“捕捉自”功能分别绘制其他位置的长方体，命令行操作如下。

```
命令 : _box
    指定第一个角点或 [ 中心 (C)]:                 // 激活“捕捉自”功能
    _from 基点 :                                 // 捕捉如图 10-69 所示的端点
    < 偏移 >:                                    //@0,-40,-40 Enter
    指定其他角点或 [ 立方体 (C)/ 长度 (L)]:        //@-50,-1520,-270 Enter
命令 : _box
    指定第一个角点或 [ 中心 (C)]:                 // 激活“捕捉自”功能
    _from 基点 :                                 // 捕捉如图 10-70 所示的端点
    < 偏移 >:                                    //@0,40,-40 Enter
    指定其他角点或 [ 立方体 (C)/ 长度 (L)]:
                                  //@50,520,-270 Enter，绘制结果如图 10-71 所示
```

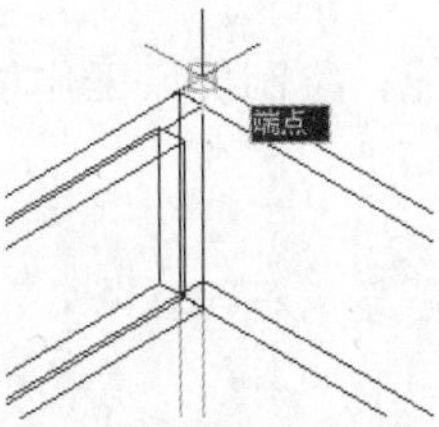

图10-69

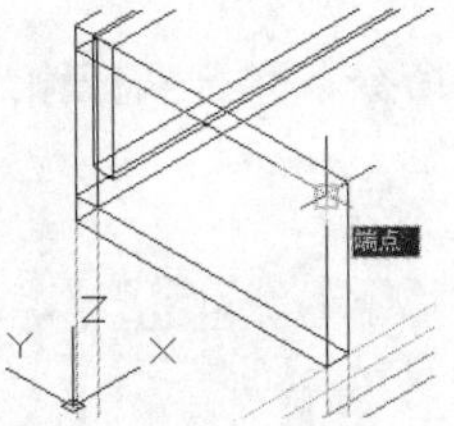

图10-70

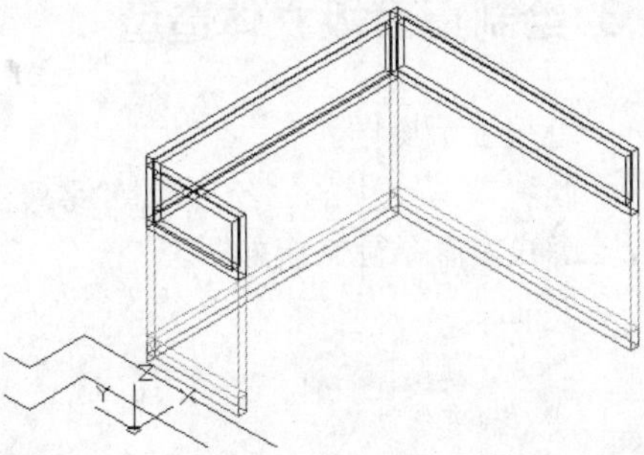

图10-71

⑫ 使用命令简写SU激活“差集”命令，对屏风工作位进行差集运算，命令行操作如下。

```
命令 : SU
    SUBTRACT 选择要从中减去的实体、曲面和面域 ...
    选择对象 :                          // 选择如图 10-72 所示的长方体
    选择对象 :                          // Enter
    选择要减去的实体、曲面和面域 ...
    选择对象 :                          // 选择如图 10-73 所示的长方体
    选择对象 :                          // Enter，差集后的灰度着色效果如图 10-74 所示
```

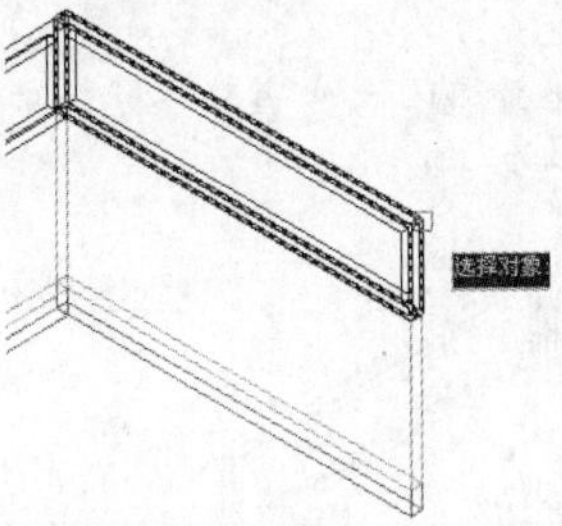

图10-72

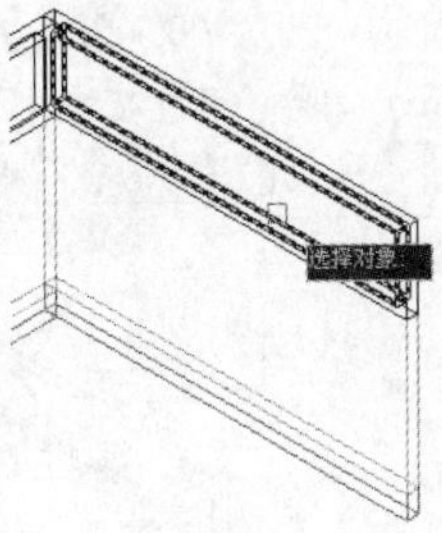

图10-73

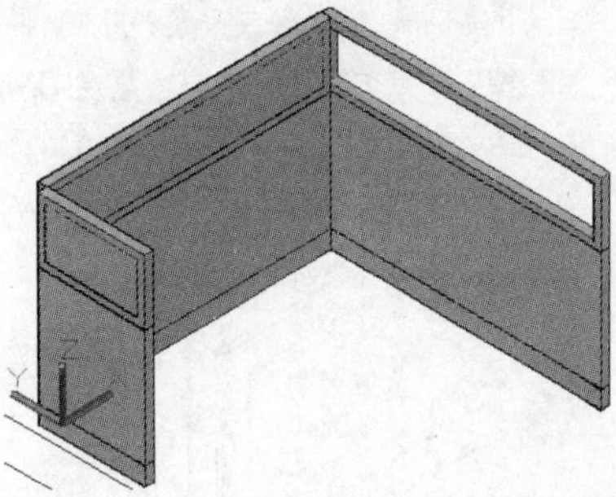

图10-74

⑬ 接下来重复使用“差集”命令，分别对另外两侧的屏风进行差集，差集后的视图消隐效果如图10-75所示，灰度着色效果如图10-76所示。

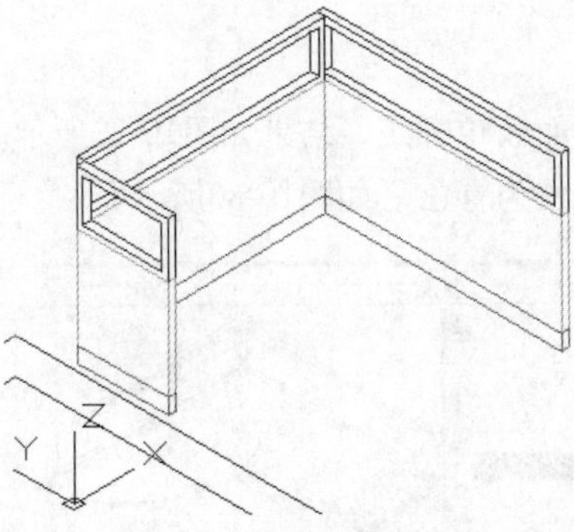

图10-75

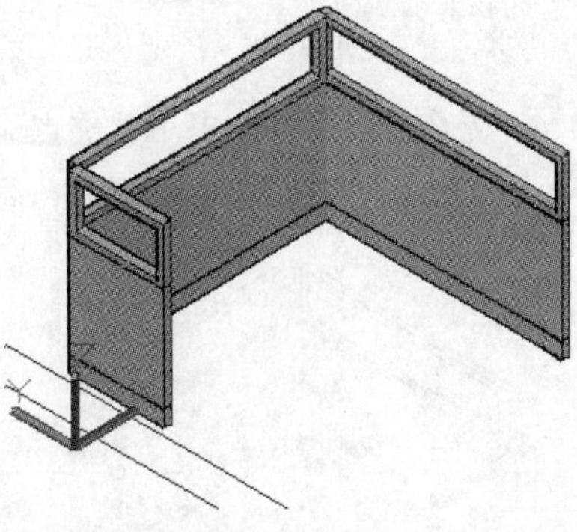

图10-76

至此，屏风工作位立体造型绘制完毕，下一小节将学习桌面板立体造型的绘制过程和技巧。

10.6.3 绘制桌面板立体造型

① 继续上节操作。

② 执行菜单栏中的“绘图”|“多段线”命令，配合坐标输入功能，绘制屏风工作位的桌面板轮廓线，命令行操作如下。

```
命令：_pline
    指定起点：                                    //捕捉如图10-77所示的端点
    当前线宽为0.0
    指定下一个点或[圆弧(A)/半宽(H)/长度(L)/放弃(U)/宽度(W)]:
                                                  //@0,1600 Enter
    指定下一点或[圆弧(A)/闭合(C)/半宽(H)/长度(L)/放弃(U)/宽度(W)]:
                                                  //@-1600,0 Enter
    指定下一点或[圆弧(A)/闭合(C)/半宽(H)/长度(L)/放弃(U)/宽度(W)]:
                                                  //@0,-600 Enter
    指定下一点或[圆弧(A)/闭合(C)/半宽(H)/长度(L)/放弃(U)/宽度(W)]:
                                                  //@600,0 Enter
    指定下一点或[圆弧(A)/闭合(C)/半宽(H)/长度(L)/放弃(U)/宽度(W)]:
                                                  //A Enter
    指定圆弧的端点或[角度(A)/圆心(CE)/闭合(CL)/方向(D)/半宽(H)/直线(L)/半径(R)/
    第二个点(S)/放弃(U)/宽度(W)]:                  //@400,-400 Enter
    指定圆弧的端点或[角度(A)/圆心(CE)/闭合(CL)/方向(D)/半宽(H)/直线(L)/半径(R)/
    第二个点(S)/放弃(U)/宽度(W)]:                  //CL Enter，绘制结果如图10-78所示
```

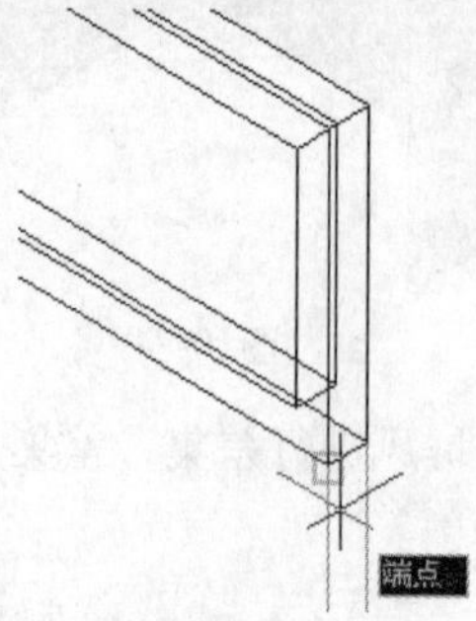

图10-77

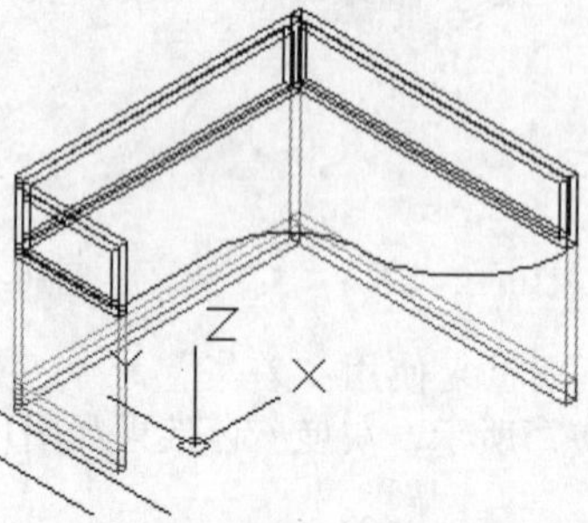

图10-78

③ 在无命令执行的前提下，夹点显示刚绘制的桌面板轮廓线，结果如图10-79所示。

④ 展开“颜色控制”下拉列表，修改轮廓线的颜色为青色，如图10-80所示。

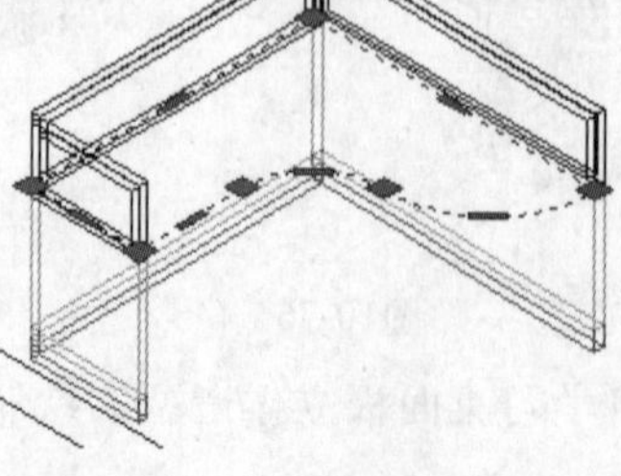

图10-79

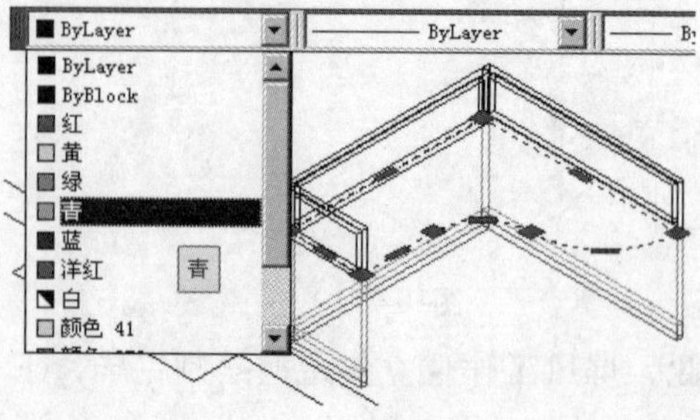

图10-80

⑤ 单击“建模”工具栏中的按钮，激活“拉伸”命令，将刚绘制的多段线拉伸为三维实体，命令行操作如下。

```
命令 : _extrude
    当前线框密度 : ISOLINES=4，闭合轮廓创建模式 = 实体
    选择要拉伸的对象或 [ 模式 (MO)]: _MO 闭合轮廓创建模式 [ 实体 (SO)/ 曲面 (SU)] < 实体 >: _SO
    选择要拉伸的对象或 [ 模式 (MO)]:          // 选择桌面板轮廓线，如图 10-81 所示
    选择要拉伸的对象或 [ 模式 (MO)]:          // Enter
    指定拉伸的高度或 [ 方向 (D)/ 路径 (P)/ 倾斜角 (T)/ 表达式 (E)] <-270.0>:
                                             //@0,0,-25 Enter，拉伸结果如图 10-82 所示
```

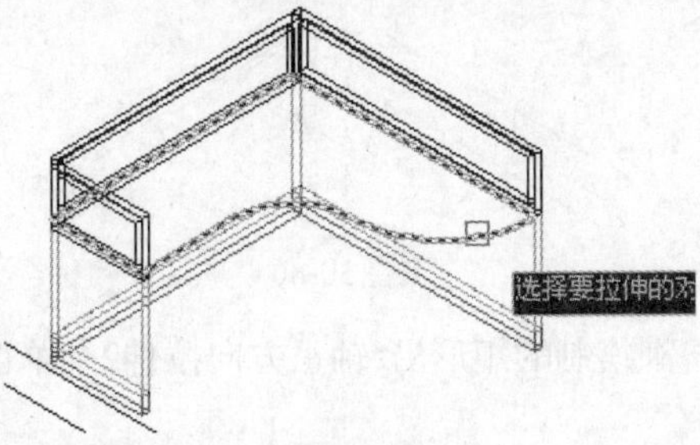

图10-81

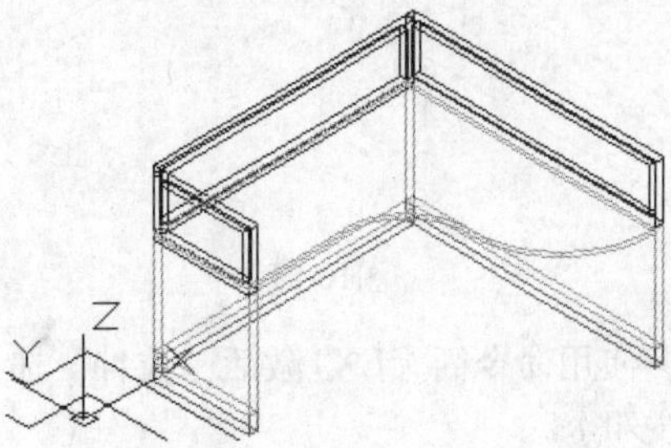

图10-82

⑥ 在命令行输入系统变量FACETRES，设置该变量的值为10。

⑦ 执行菜单栏中的“视图”|“消隐”命令，对其进行消隐显示，观看其消隐效果，如图10-83所示。

⑧ 使用命令简写VS激活“视觉样式”命令，对屏风工作位立体造型进行着色显示，效果如图10-84所示。

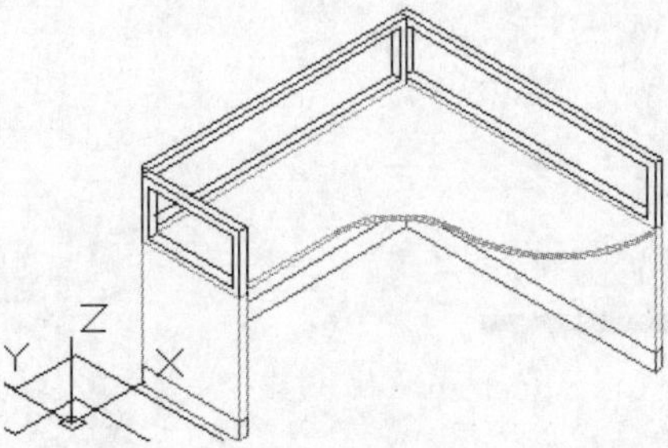

图10-83

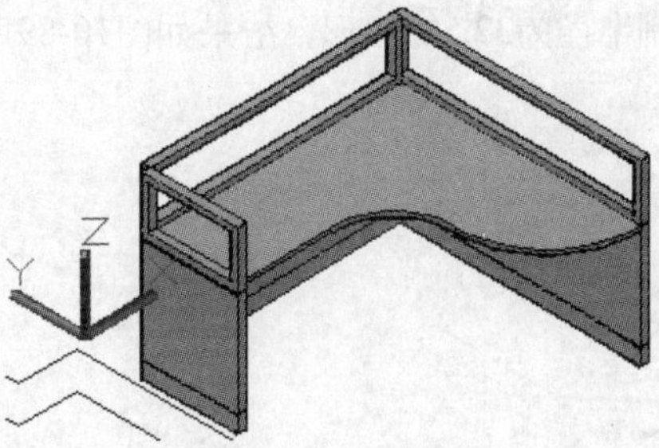

图10-84

至此，屏风工作位立体造型绘制完毕，下一小节将学习走线孔、办公椅、落地柜等配件的绘制过程和技巧。

10.6.4 绘制走线孔立体造型

① 继续上节操作。

② 执行菜单栏中的“绘图”|“矩形”命令，配合“捕捉自”功能绘制走线孔，命令行操作如下。

```
命令 : _rectang
    指定第一个角点或 [ 倒角 (C)/ 标高 (E)/ 圆角 (F)/ 厚度 (T)/ 宽度 (W)]:
```

```
                                              // 激活“捕捉自”功能
    _from 基点：                               // 捕捉如图 10-85 所示的端点
    <偏移>:                                    //@-60,-55 Enter
    指定另一个角点或 [面积 (A)/ 尺寸 (D)/ 旋转 (R)]:
                                              //@-90,-90 Enter，绘制结果如图 10-86 所示
```

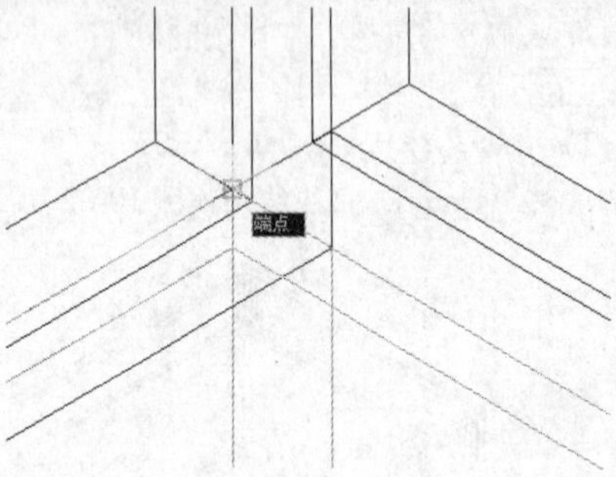

图10-85

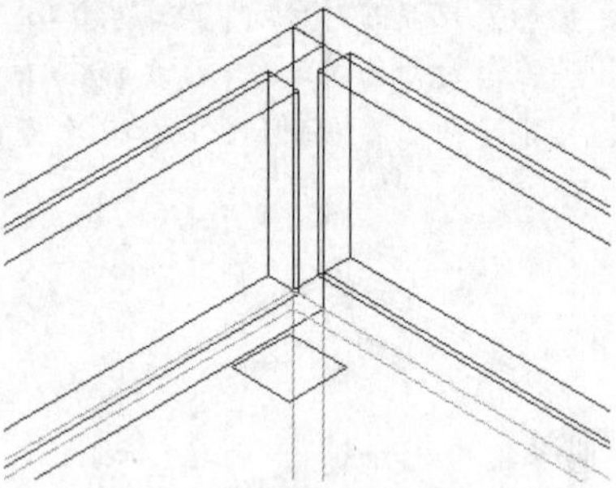

图10-86

③ 使用命令简写EXT激活“拉伸”命令，将刚绘制的矩形沿z轴正方向拉伸2个单位，命令行操作如下。

```
命令：EXT                                      // Enter
    EXTRUDE 当前线框密度：ISOLINES=4，闭合轮廓创建模式 = 实体
    选择要拉伸的对象或 [模式 (MO)]:              // 选择刚绘制的矩形
    选择要拉伸的对象或 [模式 (MO)]:              // Enter
    指定拉伸的高度或 [方向 (D)/ 路径 (P)/ 倾斜角 (T)/ 表达式 (E)] <-25.0>:
                                              //@0,0,2 Enter，拉伸结果如图 10-87 所示
```

④ 使用命令简写C激活“圆”命令，以如图10-88所示的中点追踪虚线的交点作为圆心，绘制半径为32.5的圆形，结果如图10-89所示。

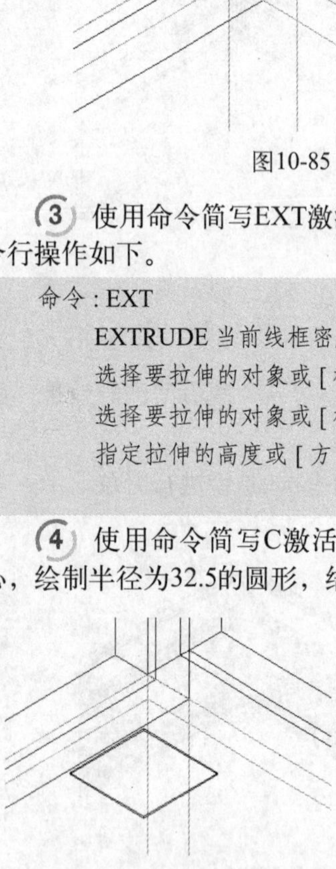

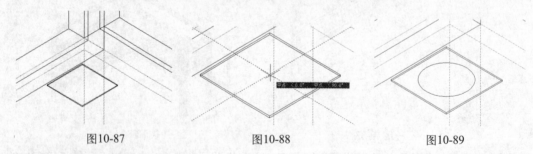

图10-87

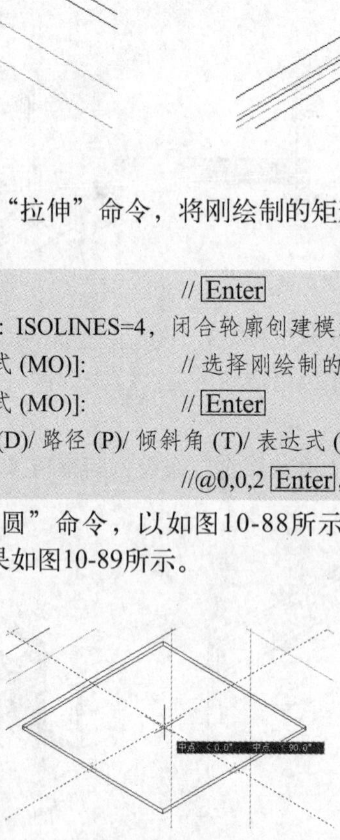

图10-88

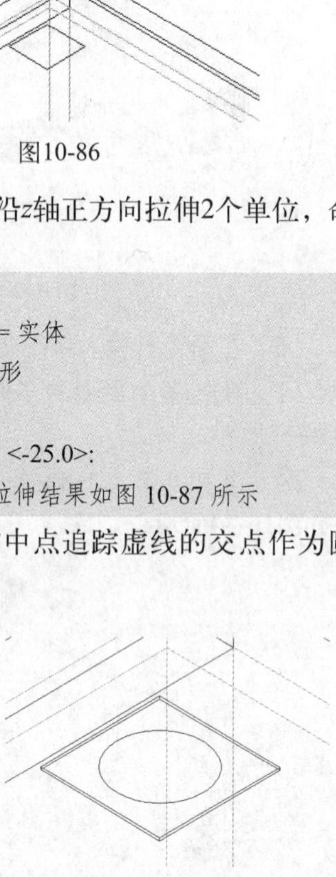

图10-89

⑤ 执行菜单栏中的“修改”|“三维操作”|“三维镜像”命令，对走线孔造型进行镜像，命令行操作如下。

```
命令：_mirror3d
    选择对象：                                  // 选择如图 10-90 所示的走线孔
    选择对象：                                  // Enter
    指定镜像平面 ( 三点 ) 的第一个点或 [对象 (O)/ 最近的 (L)/Z 轴 (Z)/ 视图 (V)/XY 平面 (XY)/
YZ 平面 (YZ)/ZX 平面 (ZX)/ 三点 (3)] <三点>: //YZ Enter
    指定 YZ 平面上的点 <0,0,0>:                 // 捕捉如图 10-91 所示的中点
    是否删除源对象？ [是 (Y)/ 否 (N)] <否>:
                                              // Enter，结束命令，镜像结果如图 10-92 所示
```

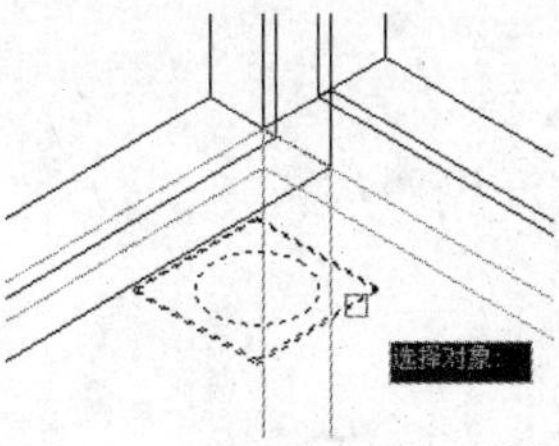

图10-90

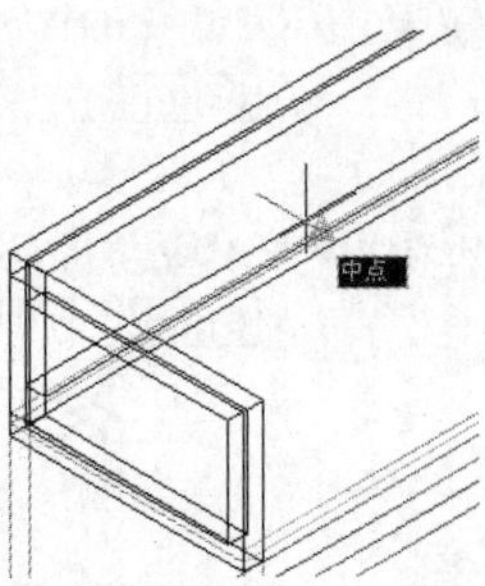

图10-91

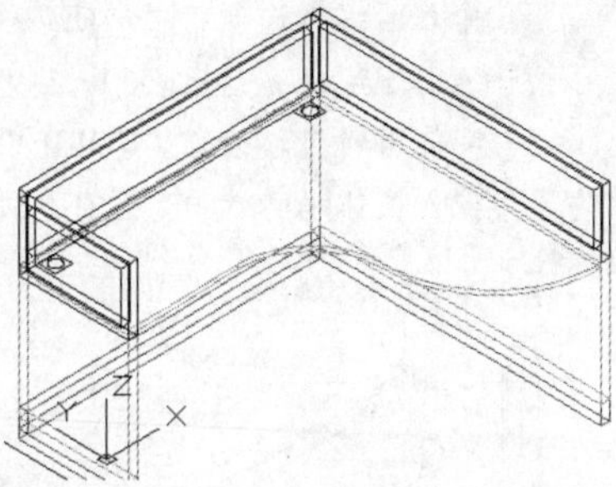

图10-92

⑥ 使用命令简写M激活“移动”命令，选择两个走线孔造型，沿y轴负方向位移50个单位，命令行操作如下。

命令：M // Enter
MOVE 选择对象： // 选择两个走线孔造型
选择对象： // Enter
指定基点或 [位移 (D)] < 位移 >: // 拾取任意一点
指定第二个点或 < 使用第一个点作为位移 >:
//@0,-50,0 Enter，移动结果如图 10-93 所示，灰度着色效果如图 10-94 所示

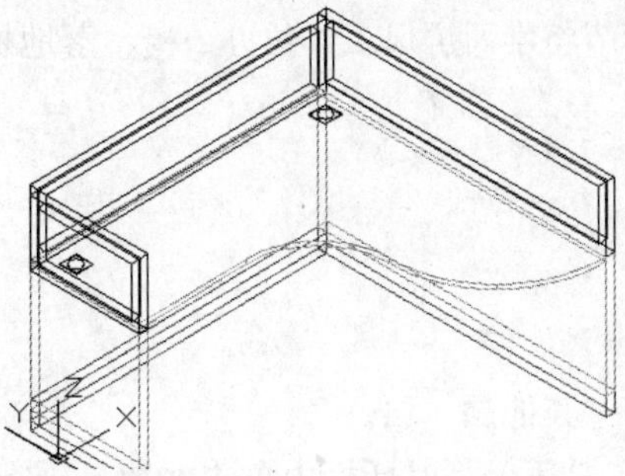

图10-93

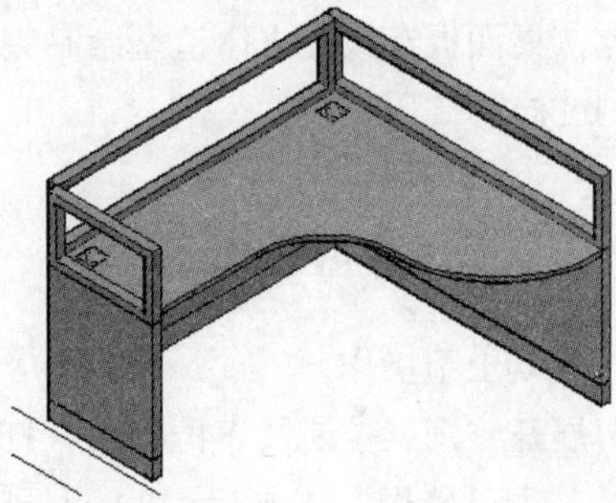

图10-94

⑦ 执行菜单栏中的“视图”|“三维视图”|“西北等轴测”命令，将当前视图切换到西北视图。

⑧ 执行菜单栏中的“修改”|“实体编辑”|“拉伸面”命令，对桌面板侧面进行拉伸，命令行操作如下。

命令：_solidedit
实体编辑自动检查：SOLIDCHECK=1
输入实体编辑选项 [面 (F)/ 边 (E)/ 体 (B)/ 放弃 (U)/ 退出 (X)] < 退出 >: _face
输入面编辑选项 [拉伸 (E)/ 移动 (M)/ 旋转 (R)/ 偏移 (O)/ 倾斜 (T)/ 删除 (D)/ 复制 (C)/ 颜色 (L)/ 材质 (A)/ 放弃 (U)/ 退出 (X)] < 退出 >: _extrude
选择面或 [放弃 (U)/ 删除 (R)]: // 选择如图 10-95 所示的表面
选择面或 [放弃 (U)/ 删除 (R)/ 全部 (ALL)]: // Enter
指定拉伸高度或 [路径 (P)]: //-50 Enter
指定拉伸的倾斜角度 <0.0>: // Enter
已开始实体校验。
已完成实体校验。

输入面编辑选项 [拉伸 (E)/ 移动 (M)/ 旋转 (R)/ 偏移 (O)/ 倾斜 (T)/ 删除 (D)/ 复制 (C)/ 颜色 (L)/ 材质 (A)/ 放弃 (U)/ 退出 (X)] < 退出 >: // Enter

实体编辑自动检查：SOLIDCHECK=1

输入实体编辑选项 [面 (F)/ 边 (E)/ 体 (B)/ 放弃 (U)/ 退出 (X)] < 退出 >:

// Enter，拉伸结果如图 10-96 所示

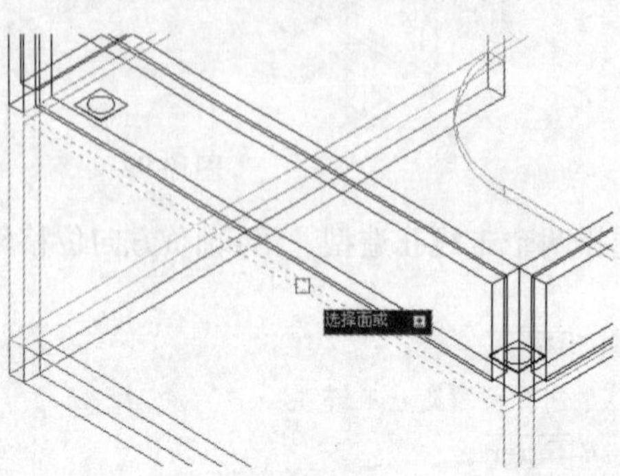

图10-95

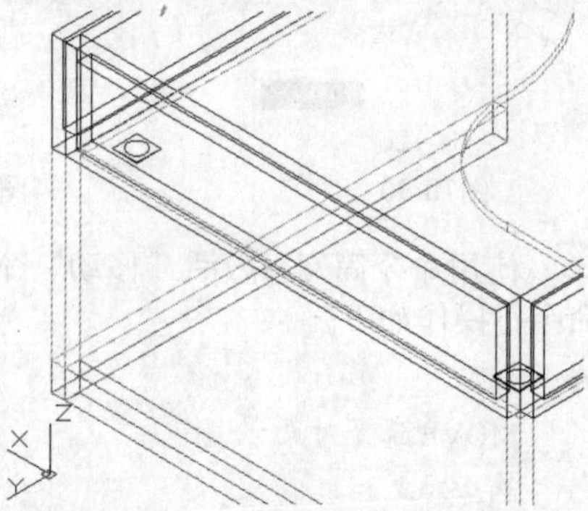

图10-96

(9) 执行菜单栏中的"视图"|"三维视图"|"西南等轴测"命令，将当前视图切换到南北视图。

至此，桌面板走线孔立体造型绘制完毕，下一小节将学习屏风工作位办公椅、落地柜等配件的绘制过程和技巧。

10.6.5 绘制办公椅与落地柜

(1) 继续上节操作。

(2) 展开"图层控制"下拉列表，打开被关闭的"其他层"层。

(3) 单击"绘图"工具栏中的按钮，在打开的"插入"对话框中单击 浏览(B)... 按钮，打开"选择图形文件"对话框。

(4) 在"选择图形文件"对话框中选择随书光盘中的"图块文件"\"落地柜.dwg"图块，如图10-97所示。

(5) 单击 打开(O) 按钮，返回"插入"对话框，采用默认参数将其插入到平面图中，插入点为如图10-98所示的端点，插入结果如图10-99所示。

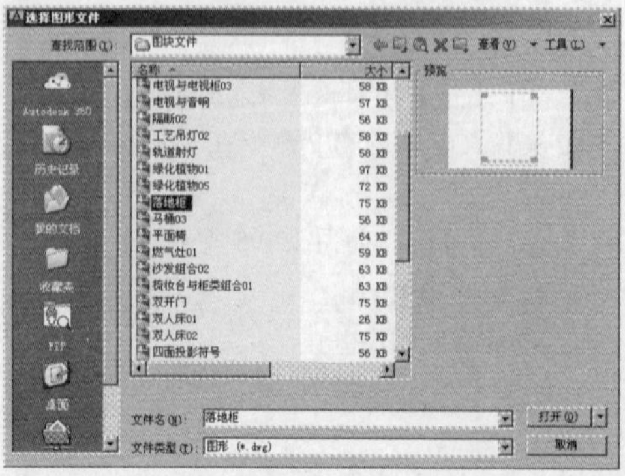

图10-97

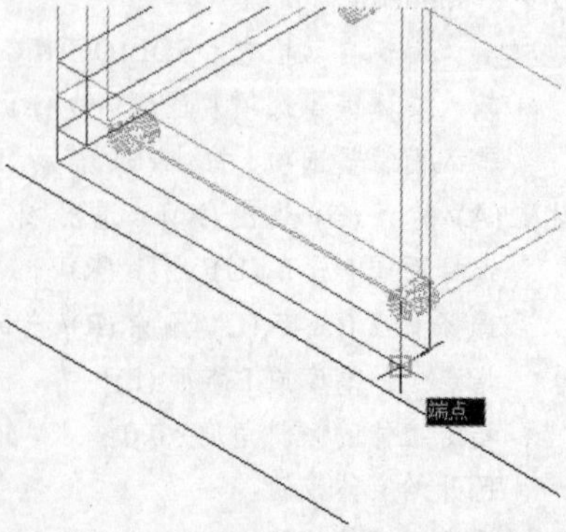

图10-98

⑥ 重复执行“插入块”命令，以默认参数插入随书光盘中的“图块文件”\“办公椅.dwg”图块，如图10-100所示，插入点为如图10-98所示的端点，插入结果如图10-101所示。

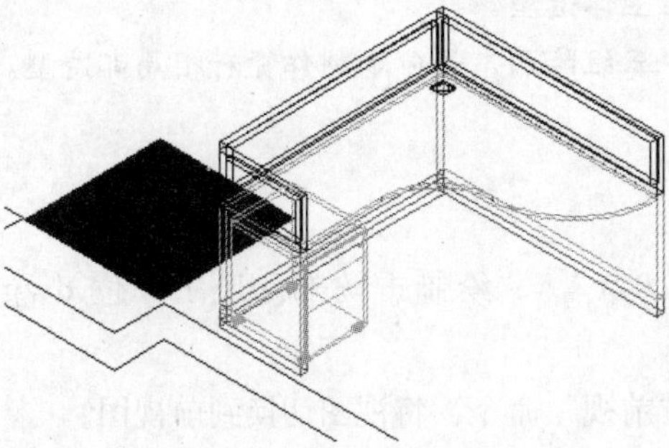

图10-99

图10-100

⑦ 使用命令简写H激活“消隐”命令，对视图进行消隐着色，结果如图10-102所示。

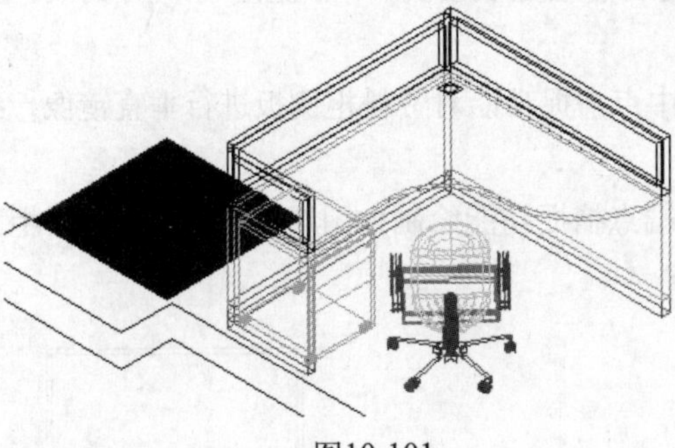

图10-101

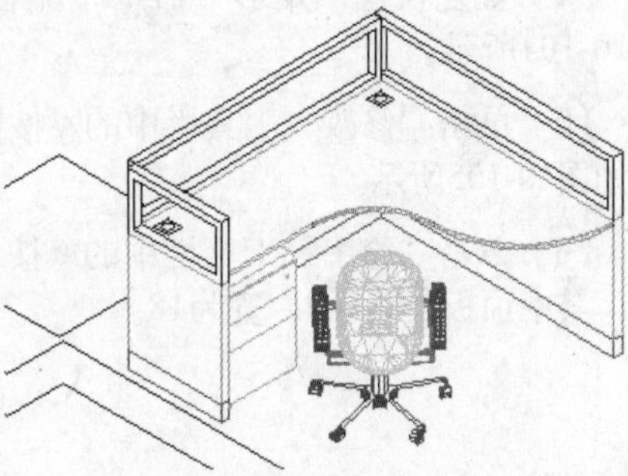

图10-102

⑧ 最后执行“另存为”命令，将图形另名存储为“绘制市场部屏风工作位.dwg”。

10.7 绘制某航空市场部办公资料柜造型

本节主要学习某航空市场部办公资料柜立体造型的具体制作过程和相关技巧。市场部办公资料柜立体造型的最终制作效果如图10-103所示。

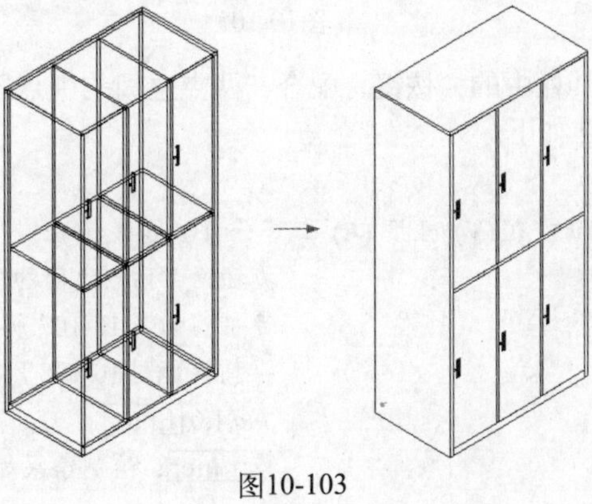

图10-103

在绘制办公资料柜立体造型时，具体可以参照如下思路。

- 首先使用“矩形”、“镜像”等命令配合“捕捉自”功能绘制资料柜立面图。
- 使用“矩形”、“圆”、“矩形阵列”等命令绘制柜门与把手。
- 使用“拉伸”、“长方体”命令制作资料柜主体造型。
- 使用“拉伸”、“圆柱体”、“差集”、“三维阵列”等命令制作资料柜局部造型。

10.7.1 绘制办公资料柜立面图

(1) 打开随书光盘中的“效果文件”\“第10章”\“绘制市场部屏风工作位.dwg”文件。

(2) 执行菜单栏中的“视图”|“三维视图”|“前视”命令，将视图切换到前视图。

(3) 单击“绘图”工具栏中的□按钮，绘制长度为18、宽度为1782的矩形，作为资料柜一侧的侧板。

(4) 重复执行“矩形”命令，配合端点捕捉功能绘制长度为864、宽度为40的底板，如图10-104所示。

(5) 单击“修改”工具栏中的▲按钮，配合中点捕捉功能对资料柜侧板进行垂直镜像，结果如图10-105所示。

(6) 单击“绘图”工具栏中的□按钮，配合端点捕捉功能绘制如图10-106所示的资料柜顶板，其中顶板长为900、宽为18。

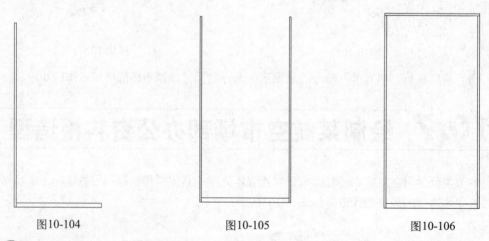

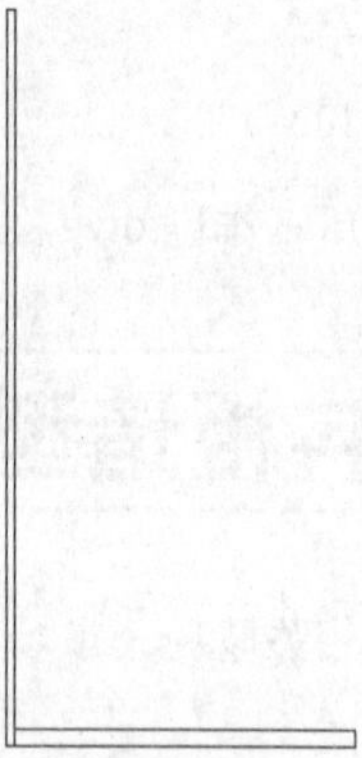
图10-104

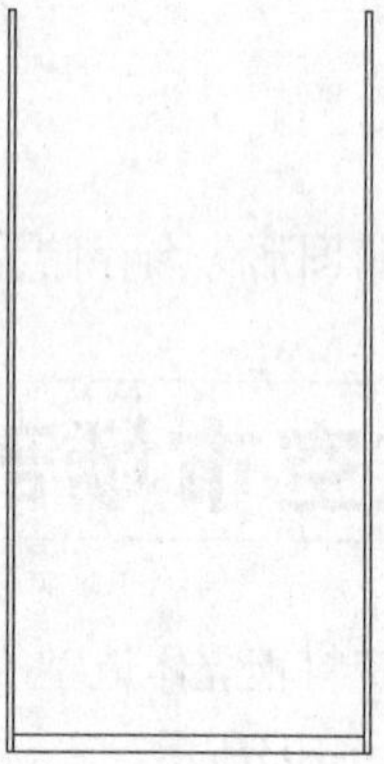
图10-105

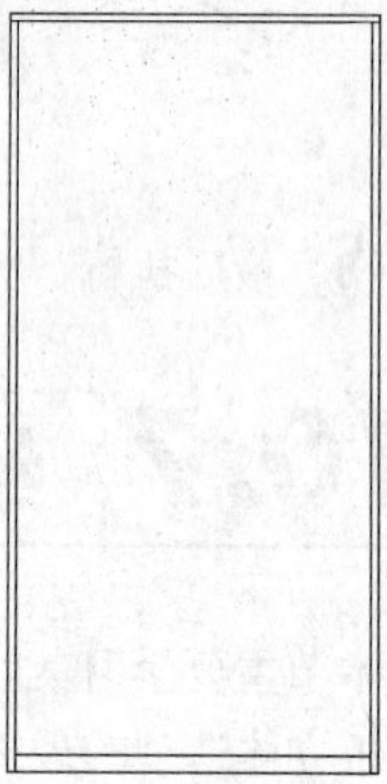
图10-106

(7) 单击“绘图”工具栏中的↗按钮，配合“两点之间的中点”捕捉功能，绘制水平构造线作为辅助线，命令行操作如下。

```
命令 : _xline
    指定点或 [ 水平 (H)/ 垂直 (V)/ 角度 (A)/ 二等分 (B)/ 偏移 (O)]:
                                        // 激活“两点之间的中点”功能
    _m2p 中点的第一点 :                  // 捕捉如图 10-107 所示的端点
    中点的第二点 :                       // 捕捉如图 10-108 所示的端点
    指定通过点 :                         //@1,0 Enter
    指定通过点 :                         // Enter，绘制结果如图 10-109 所示
```

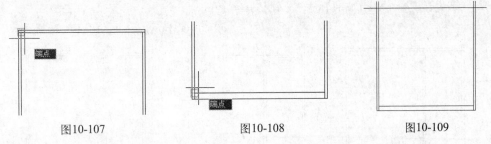

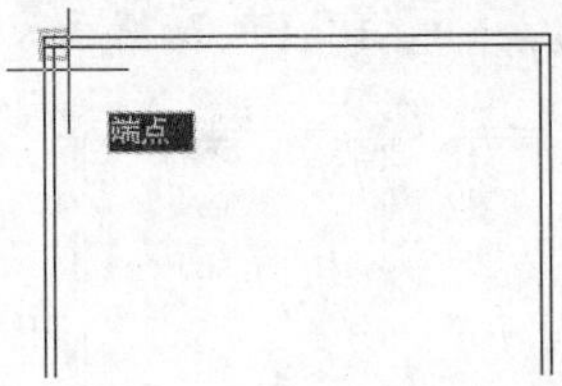

图10-107

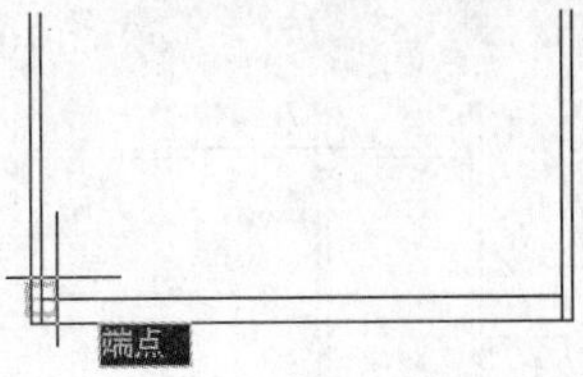

图10-108

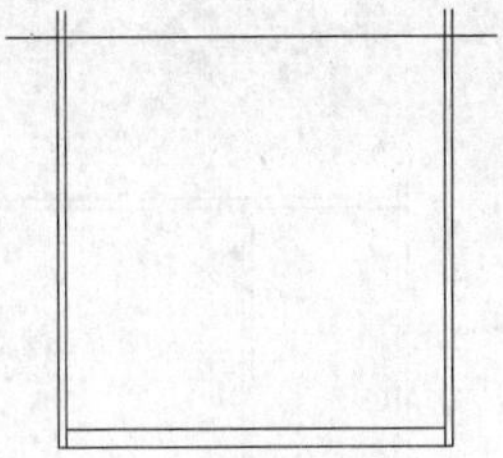

图10-109

(8) 将水平的构造线垂直下移9个单位，然后使用“矩形”命令，绘制如图10-110所示的资料柜横板，长度为864、宽度为18。

(9) 将水平构造线删除，然后使用“矩形”命令，配合“捕捉自”功能绘制隔板，命令行操作如下。

```
命令 : _rectang
    指定第一个角点或 [ 倒角 (C)/ 标高 (E)/ 圆角 (F)/ 厚度 (T)/ 宽度 (W)]:
                                            // 激活“捕捉自”功能
    _from 基点 :                            // 捕捉如图 10-111 所示的端点
    < 偏移 >:                               //@276,0 Enter
    指定另一个角点或 [ 面积 (A)/ 尺寸 (D)/ 旋转 (R)]:
                                            //@18,862 Enter，绘制结果如图 10-112 所示
```

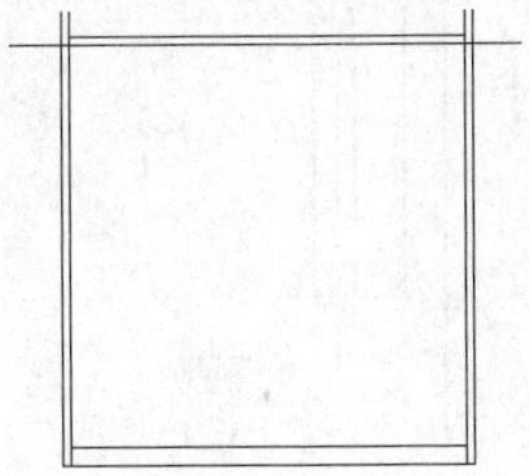

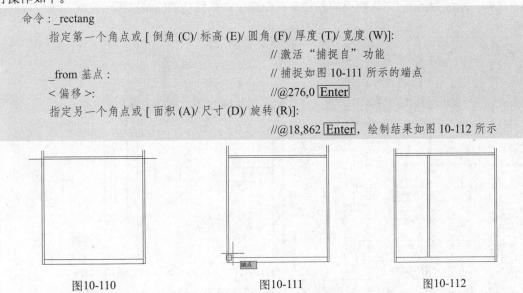

图10-110

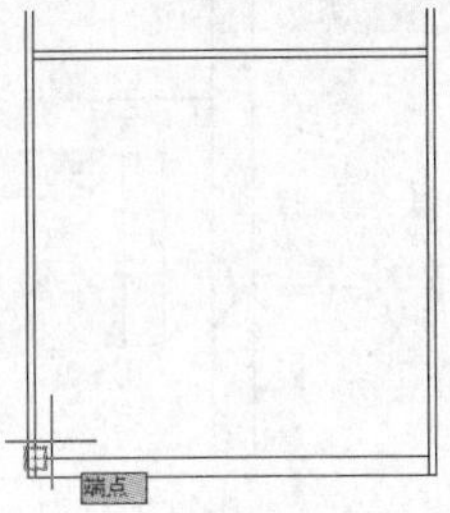

图10-111

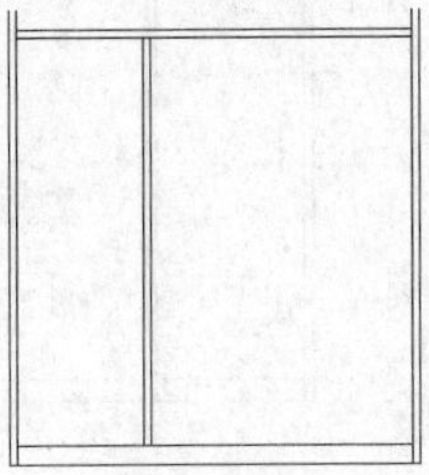

图10-112

至此，资料柜立面图主体造型绘制完毕，下一小节将学习资料柜柜门及把手的快速绘制过程。

10.7.2 绘制资料柜柜门及把手

(1) 继续上节操作。

(2) 单击“绘图”工具栏中的□按钮，分别捕捉如图10-113和图10-114所示的两个端点，绘制柜门。

(3) 使用命令简写RRC激活“矩形”命令，配合“捕捉自”功能绘制矩形把手，命令行操作如下。

```
命令 : REC                                  // Enter
    RECTANG 指定第一个角点或 [ 倒角 (C)/ 标高 (E)/ 圆角 (F)/ 厚度 (T)/ 宽度 (W)]:
                                            // 激活“捕捉自”功能
    _from 基点 :                            // 捕捉如图 10-115 所示的端点
    < 偏移 >:                               //@22,381 Enter
```

指定另一个角点或 [面积 (A)/ 尺寸 (D)/ 旋转 (R)]:

//@18.8,100 Enter，结果如图 10-116 所示

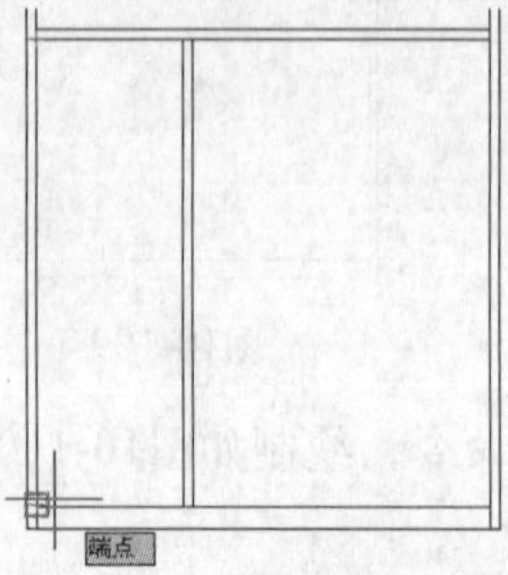

图10-113

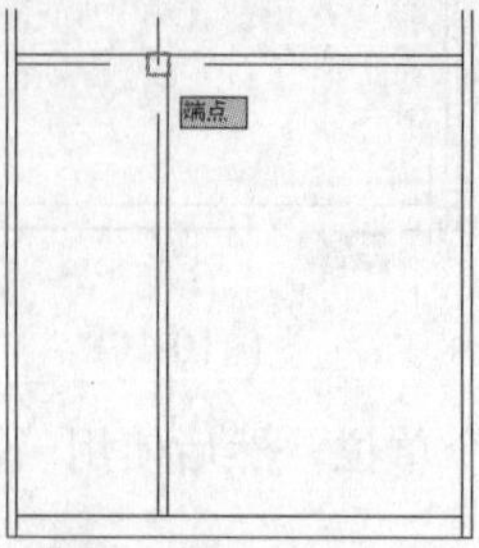

图10-114

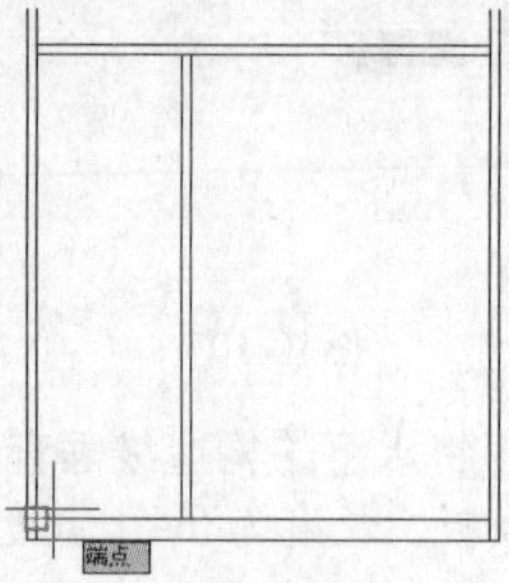

图10-115

(4) 单击“绘图”工具栏中的按钮，配合中点捕捉功能绘制把手示意线，命令行操作如下。

命令 : _line
指定第一点 : // 捕捉如图 10-117 所示的中点
指定下一点或 [放弃 (U)]: // 捕捉如图 10-118 所示的中点
指定下一点或 [放弃 (U)]: // Enter，绘制结果如图 10-119 所示

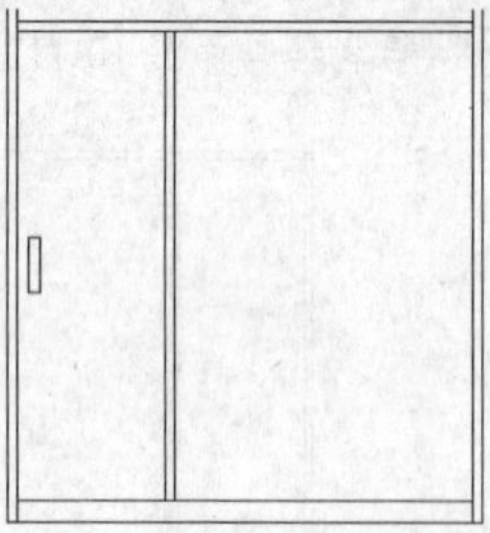

图10-116

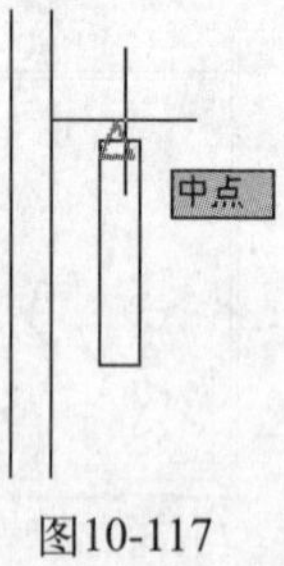

图10-117

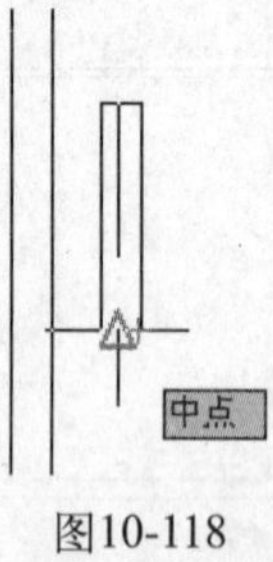

图10-118

(5) 执行“圆”命令，配合“捕捉自”功能绘制锁示意轮廓图，命令行操作如下。

命令 : _circle
指定圆的圆心或 [三点 (3P)/ 两点 (2P)/ 切点、切点、半径 (T)]:
// 激活“捕捉自”功能
_from 基点 : // 捕捉如图 10-120 所示的端点
< 偏移 >: //@-12,50 Enter
指定圆的半径或 [直径 (D)]: _d 指定圆的直径 :
//13 Enter，绘制结果如图 10-121 所示

图10-119

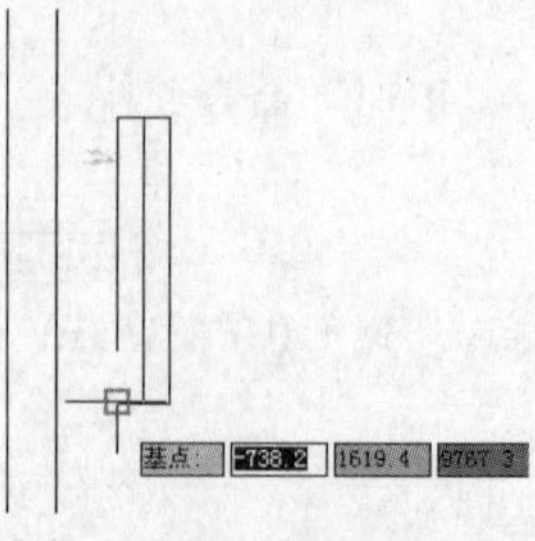

图10-120

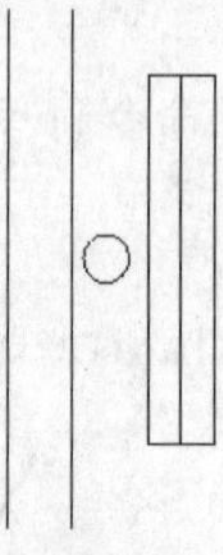

图10-121

⑥ 单击“修改”工具栏中的按钮，对柜门与把手进行矩形阵列，命令行操作如下。

```
命令：_arrayrect
    选择对象：                                          // 窗口选择如图 10-122 所示的对象
    选择对象：                                          // Enter
    类型 = 矩形  关联 = 否
    选择夹点以编辑阵列或 [ 关联 (AS)/ 基点 (B)/ 计数 (COU)/ 间距 (S)/ 列数 (COL)/ 行数 (R)/
层数 (L)/ 退出 (X)] < 退出 >:                           //COU Enter
    输入列数数或 [ 表达式 (E)] <4>:                     //3 Enter
    输入行数数或 [ 表达式 (E)] <3>:                     //2 Enter
    选择夹点以编辑阵列或 [ 关联 (AS)/ 基点 (B)/ 计数 (COU)/ 间距 (S)/ 列数 (COL)/ 行数 (R)/
层数 (L)/ 退出 (X)] < 退出 >:                           //S Enter
    指定列之间的距离或 [ 单位单元 (U)] <17375>:          //294 Enter
    指定行之间的距离 <11811>:                           //880 Enter
    选择夹点以编辑阵列或 [ 关联 (AS)/ 基点 (B)/ 计数 (COU)/ 间距 (S)/ 列数 (COL)/ 行数 (R)/
层数 (L)/ 退出 (X)] < 退出 >:                           //AS Enter
    创建关联阵列 [ 是 (Y)/ 否 (N)] < 否 >:              // Enter
    选择夹点以编辑阵列或 [ 关联 (AS)/ 基点 (B)/ 计数 (COU)/ 间距 (S)/ 列数 (COL)/ 行数 (R)/
层数 (L)/ 退出 (X)] < 退出 >:                           // Enter，阵列结果如图 10-123 所示
```

⑦ 在无命令执行的前提下，夹点显示如图10-124所示的两个多余矩形，将其删除。

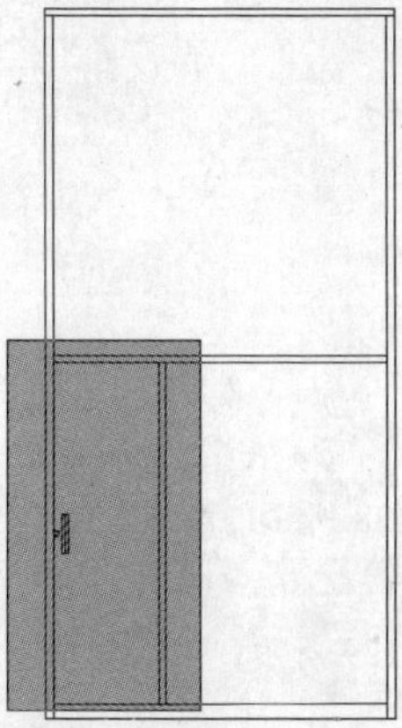

图10-122

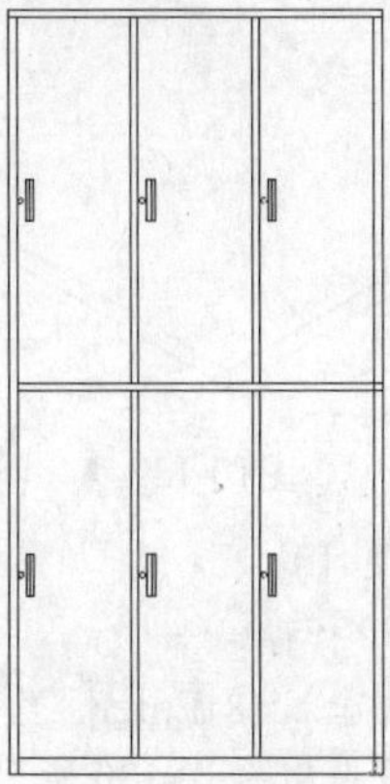

图10-123

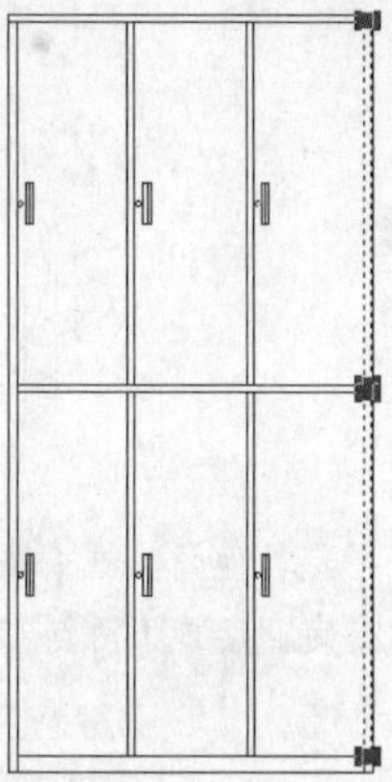

图10-124

至此，资料柜柜门及把手绘制完毕，下一小节将学习资料柜立体造型的具体制作过程和相关技巧。

10.7.3 绘制办公资料柜立体造型

① 继续上节操作。

② 单击“建模”工具栏中的按钮，激活“拉伸”命令，分别选择衣柜侧板、顶板和底板等外框，将其沿z轴负方向拉伸500个单位。

③ 执行“西南等轴测”命令，将视图切换为西南视图，拉伸结果如图10-125所示，概念着色效果如图10-126所示。

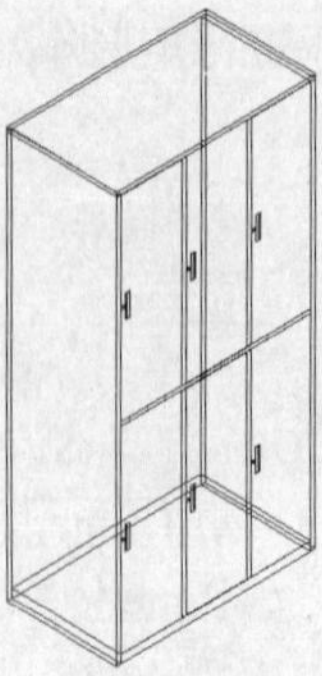

图10-125

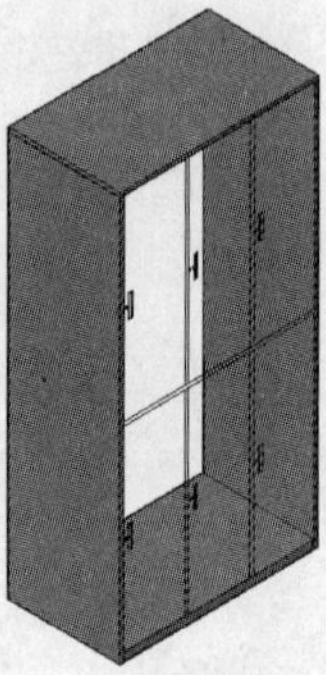

图10-126

④ 单击“建模”工具栏中的按钮，配合端点捕捉功能制作资料柜后侧挡板，命令行操作如下。

命令：_box
指定第一个角点或 [中心 (C)]:　　// 捕捉如图 10-127 所示的端点

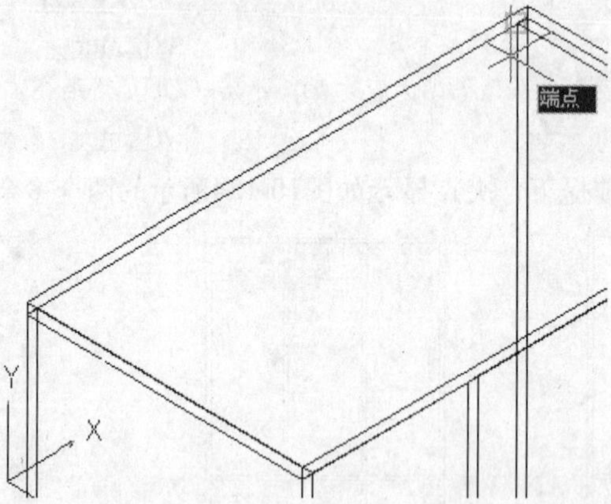

图10-127

指定其他角点或 [立方体 (C)/ 长度 (L)]:　　// 捕捉如图 10-128 所示的端点
指定高度或 [两点 (2P)] <-500.0000>:
// 沿 z 轴正方向输入 18 Enter，结果如图 10-129 所示，
其概念着色效果如图 10-130 所示

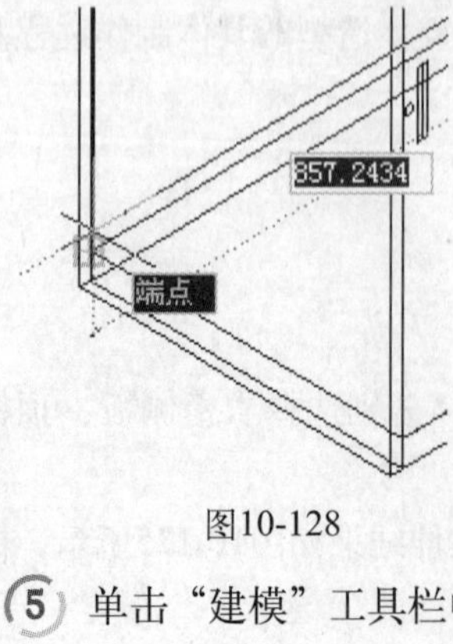

图10-128

图10-129

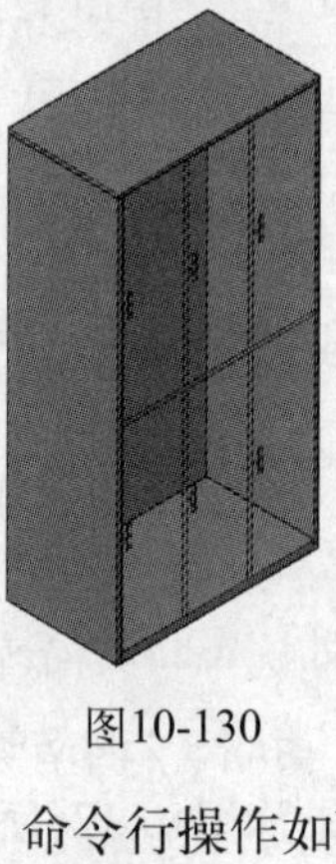

图10-130

⑤ 单击“建模”工具栏中的按钮，创建资料柜内部的隔板模型，命令行操作如下。

命令 : _extrude

当前线框密度 : ISOLINES=4，闭合轮廓创建模式 = 实体

选择要拉伸的对象或 [模式 (MO)]: _MO 闭合轮廓创建模式 [实体 (SO)/ 曲面 (SU)] < 实体 >: _SO

选择要拉伸的对象或 [模式 (MO)]: // 选择如图 10-131 所示的矩形

选择要拉伸的对象或 [模式 (MO)]: // 选择如图 10-132 所示的矩形

选择要拉伸的对象或 [模式 (MO)]: // 选择如图 10-133 所示的矩形

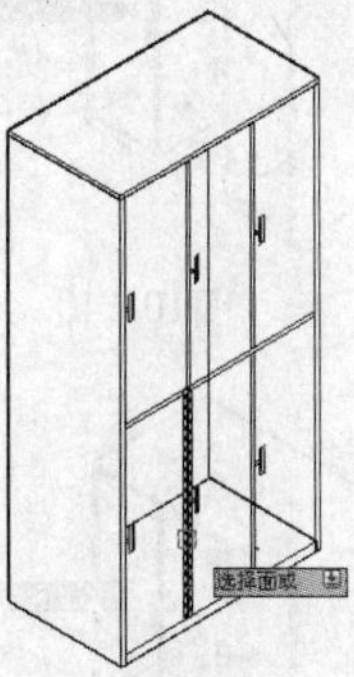

图10-131

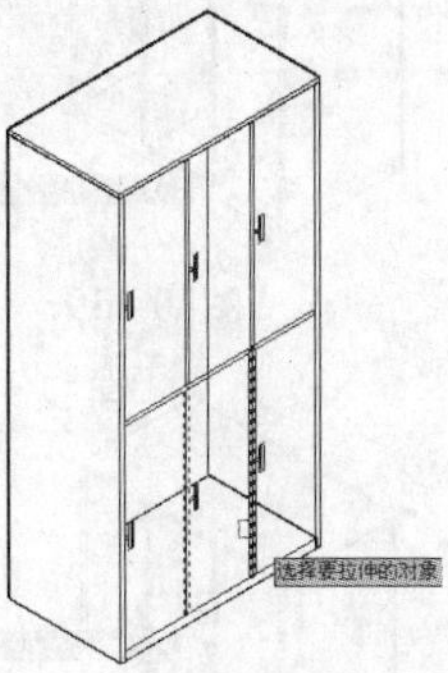

图10-132

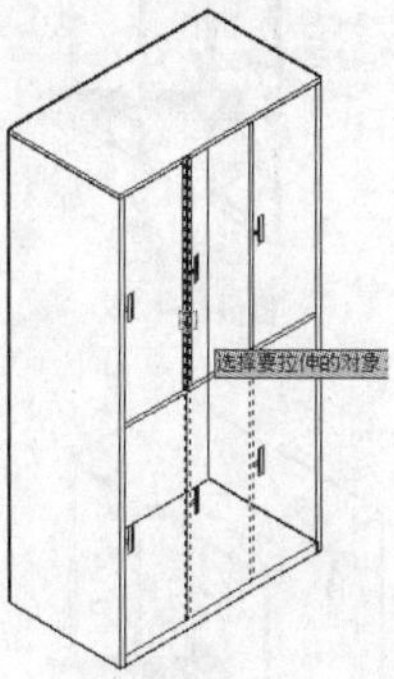

图10-133

选择要拉伸的对象或 [模式 (MO)]: // 选择如图 10-134 所示的矩形

选择要拉伸的对象或 [模式 (MO)]: // 选择如图 10-135 所示的矩形

选择要拉伸的对象或 [模式 (MO)]: // Enter，结束选择

指定拉伸的高度或 [方向 (D)/ 路径 (P)/ 倾斜角 (T)/ 表达式 (E)] <18.0000>:

//-482 Enter，拉伸结果如图 10-136 所示，其概念着色效果如图 10-137 所示

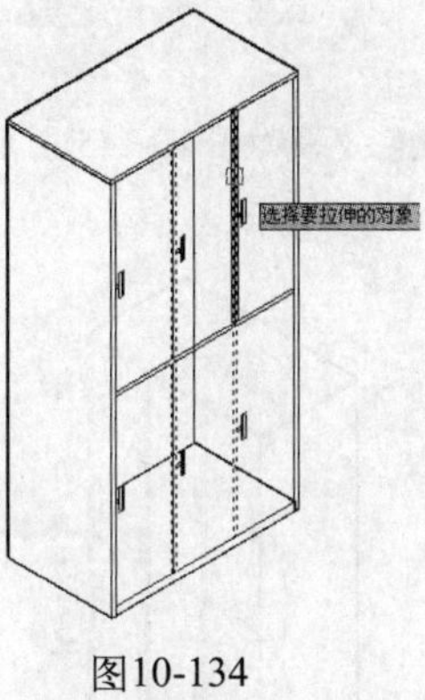

图10-134

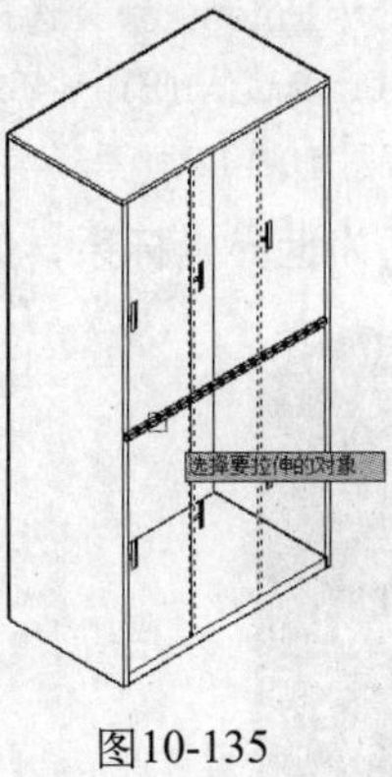

图10-135

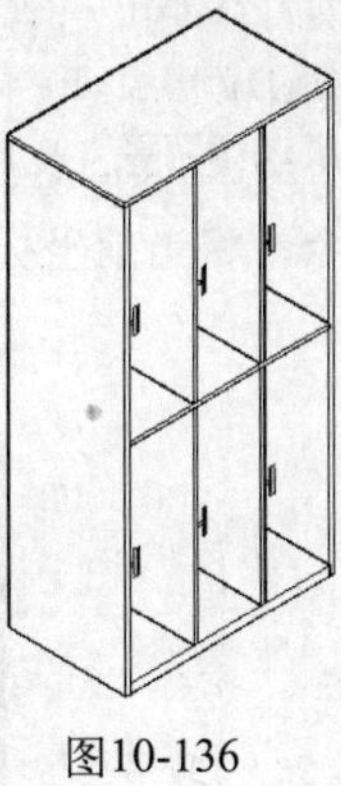
图10-136

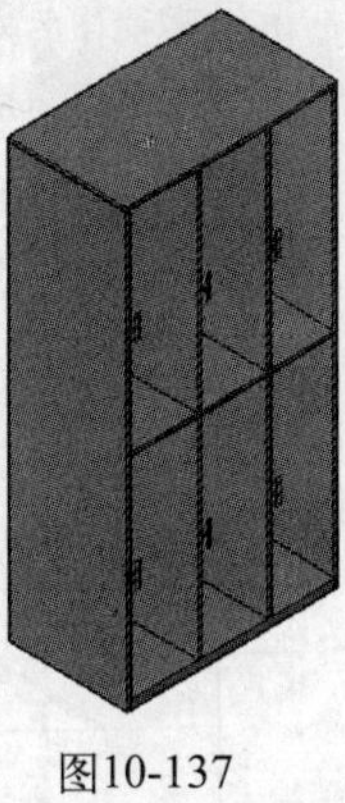
图10-137

6 重复执行“拉伸”命令，创建资料柜各位置的门模型，命令行操作如下。

命令 : _extrude

当前线框密度 : ISOLINES=4，闭合轮廓创建模式 = 实体

选择要拉伸的对象或 [模式 (MO)]: _MO 闭合轮廓创建模式 [实体 (SO)/ 曲面 (SU)] < 实体 >: _SO

选择要拉伸的对象或 [模式 (MO)]: // 选择如图 10-138 所示的矩形

选择要拉伸的对象或 [模式 (MO)]: // 选择如图 10-139 所示的矩形

选择要拉伸的对象或 [模式 (MO)]: // 选择如图 10-140 所示的矩形

选择要拉伸的对象或 [模式 (MO)]: // 选择如图 10-141 所示的矩形

选择要拉伸的对象或 [模式 (MO)]: // 选择如图 10-142 所示的矩形

选择要拉伸的对象或 [模式 (MO)]: // 选择如图 10-143 所示的矩形

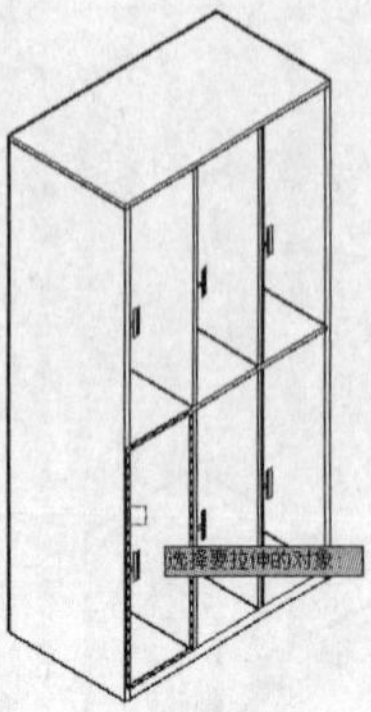

图10-138

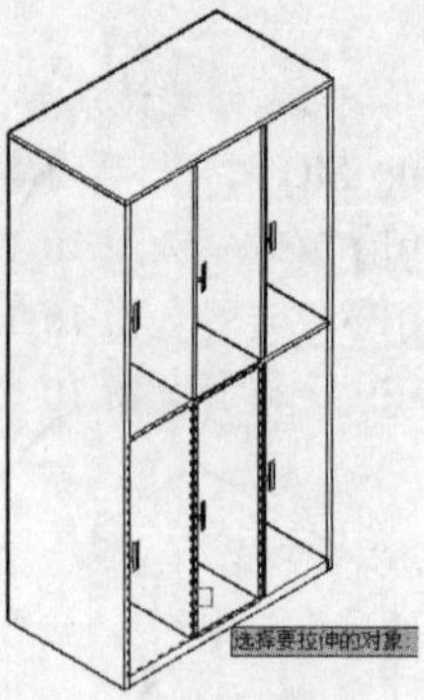

图10-139

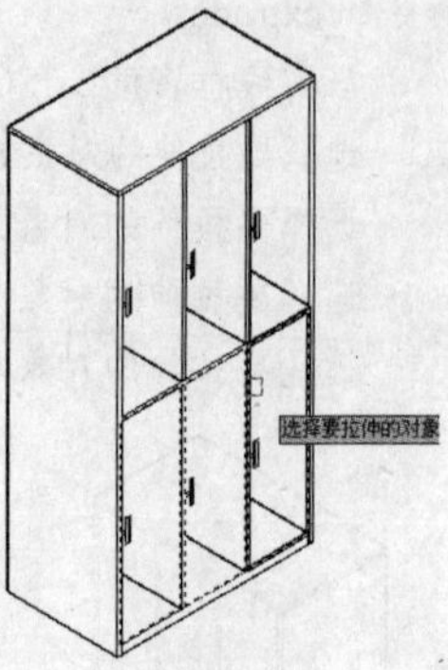

图10-140

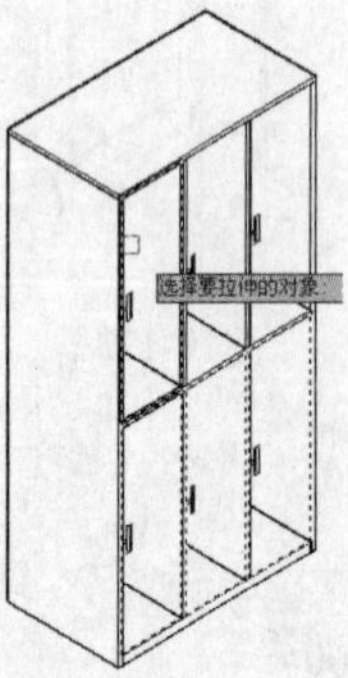

图10-141

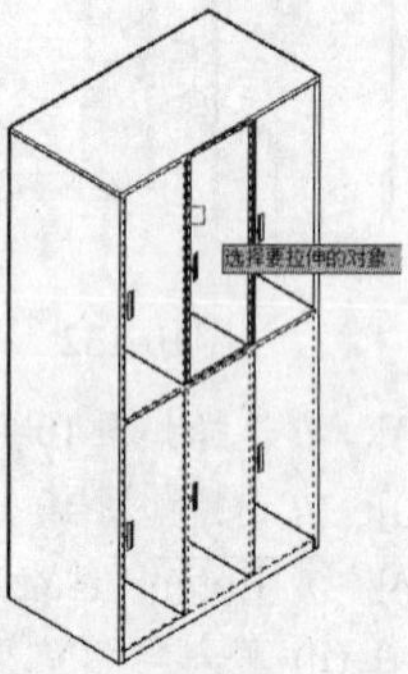

图10-142

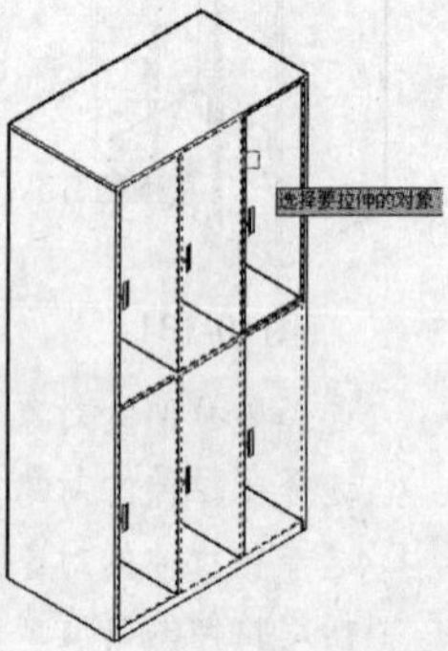

图10-143

选择要拉伸的对象或 [模式 (MO)]: // Enter，结束选择
指定拉伸的高度或 [方向 (D)/ 路径 (P)/ 倾斜角 (T)/ 表达式 (E)] <-482.0000>:
//-18 Enter，拉伸结果如图 10-144 所示，其概念着色效果如图 10-145 所示

(7) 执行“UCS”命令，将当前坐标系恢复为世界坐标系，如图10-146所示。

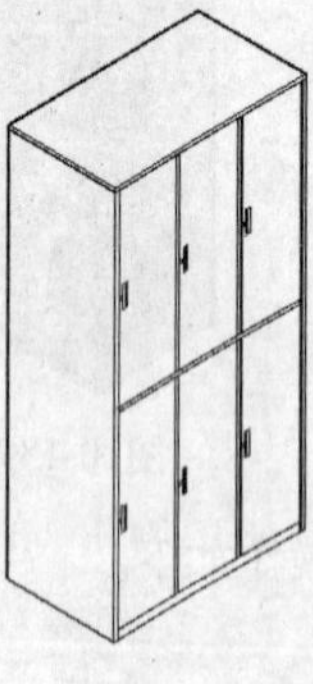

图10-144

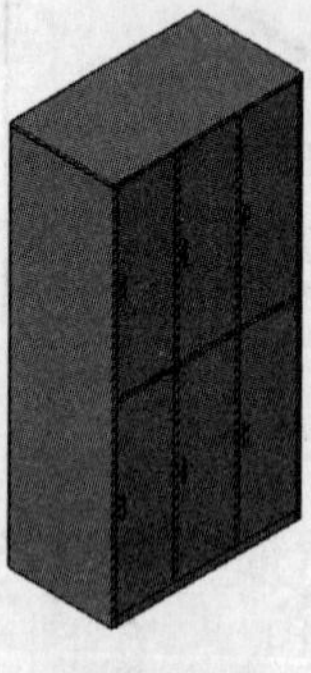

图10-145

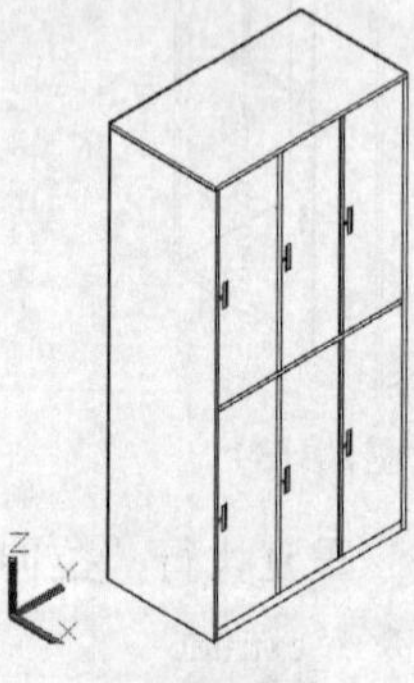

图10-146

(8) 单击“建模”工具栏中的按钮，配合端点捕捉功能创建圆柱体，命令行操作如下。

命令 : _cylinder
指定底面的中心点或 [三点 (3P)/ 两点 (2P)/ 切点、切点、半径 (T)/ 椭圆 (E)]:
// 捕捉如图 10-147 所示的端点
指定底面半径或 [直径 (D)]: // 捕捉如图 10-148 所示的端点
指定高度或 [两点 (2P)/ 轴端点 (A)] <-18.0000>: // 捕捉如图 10-149 所示的端点

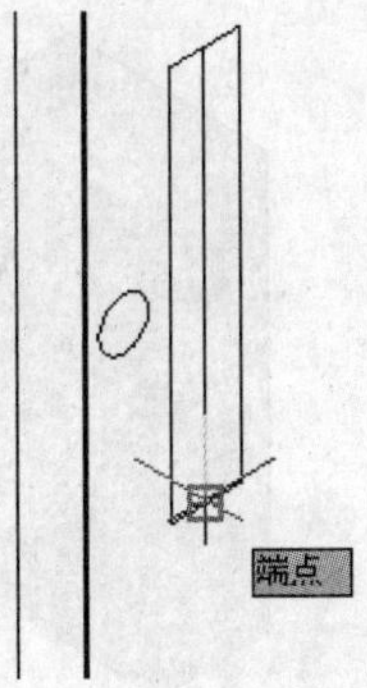

图10-147

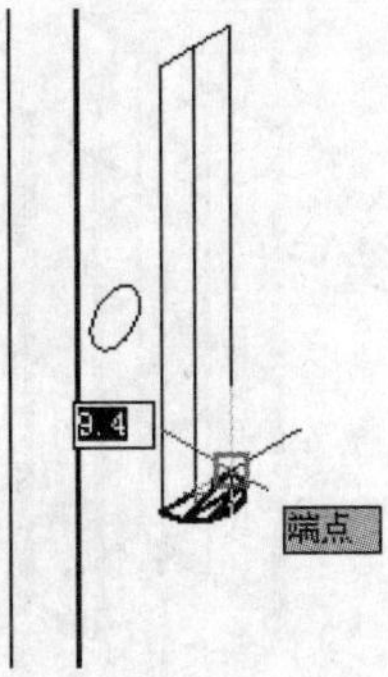

图10-148

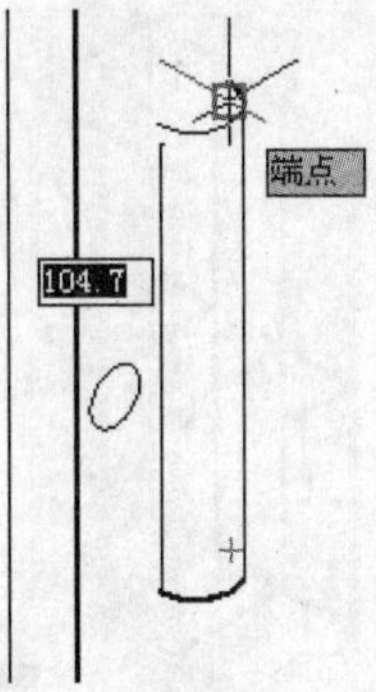

图10-149

(9) 执行菜单栏中的“修改”|“三维操作”|“三维阵列”命令，对刚创建的圆柱体进行三维阵列，命令行操作如下。

```
命令：_3darray
    选择对象：                                  //选择如图10-150所示的圆柱体
    选择对象：                                  //Enter，结束选择
    输入阵列类型[矩形(R)/环形(P)]<矩形>://R Enter
    输入行数(---)<1>:                           //Enter
    输入列数(|||)<1>:                           //3 Enter
    输入层数(...)<1>:                           //2 Enter
    指定列间距(|||):                             //294 Enter
    指定层间距(...):                             //880 Enter，阵列结果如图10-151所示
```

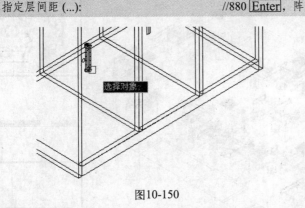

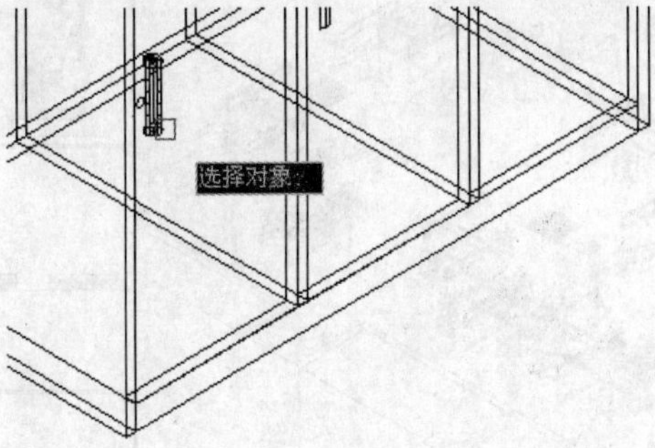

图10-150

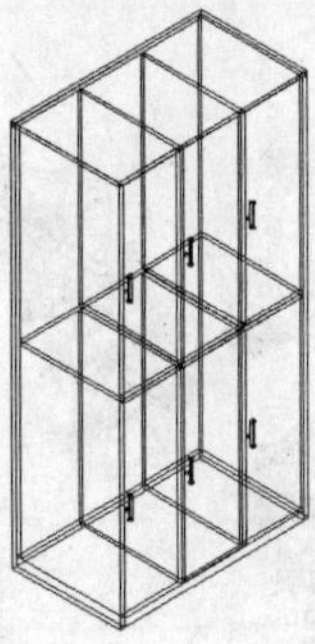

图10-151

(10) 单击“实体编辑”工具栏中的按钮，对资料柜门拉伸实体和圆柱体进行差集运算，命令行操作如下。

```
命令：_subtract
    选择要从中减去的实体或面域...
    选择对象：          //选择如图10-152所示的6个柜门拉伸实体
    选择对象：          //Enter，结束选择
    选择要减去的实体或面域..
    选择对象：          //选择如图10-153所示的6个圆柱体
    选择对象：          //Enter，结束命令
```

(11) 使用命令简写VS激活“视觉样式”命令，对模型进行灰度着色，效果如图10-154所示。

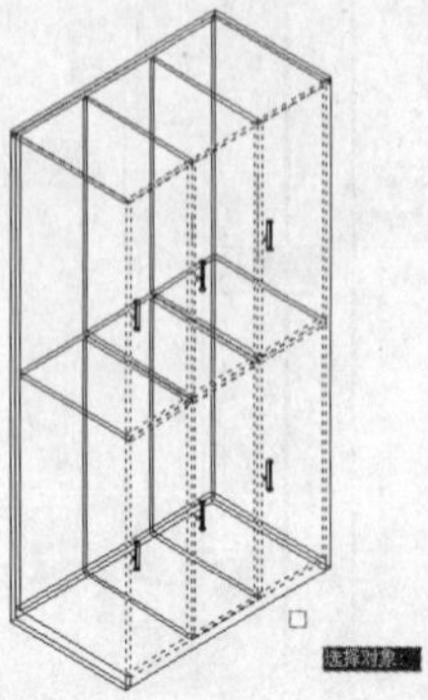

图10-152

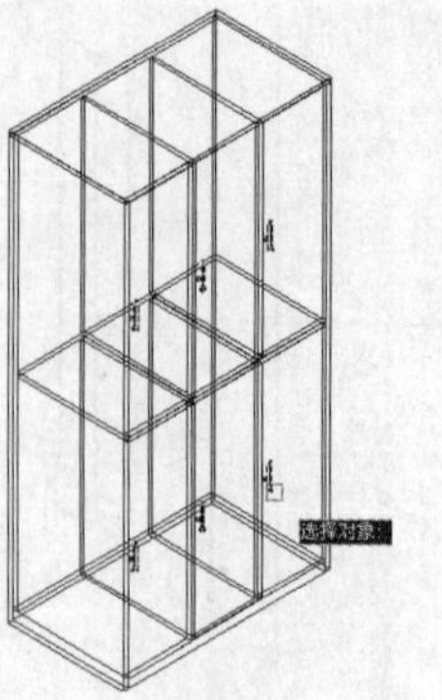

图10-153

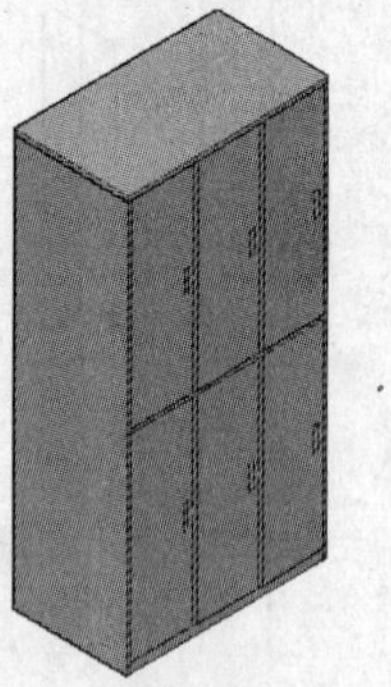

图10-154

⑫ 更改资料柜造型的颜色为青色，然后执行“另存为”命令，将图形命名存储为“绘制市场部办公资料柜立体造型.dwg”。

10.8 绘制某航空市场部办公家具布置图

本节主要学习某航空市场部办公家具布置图的绘制过程和绘制技巧。市场部办公空间家具布置图的平面效果和立体效果如图10-155所示。

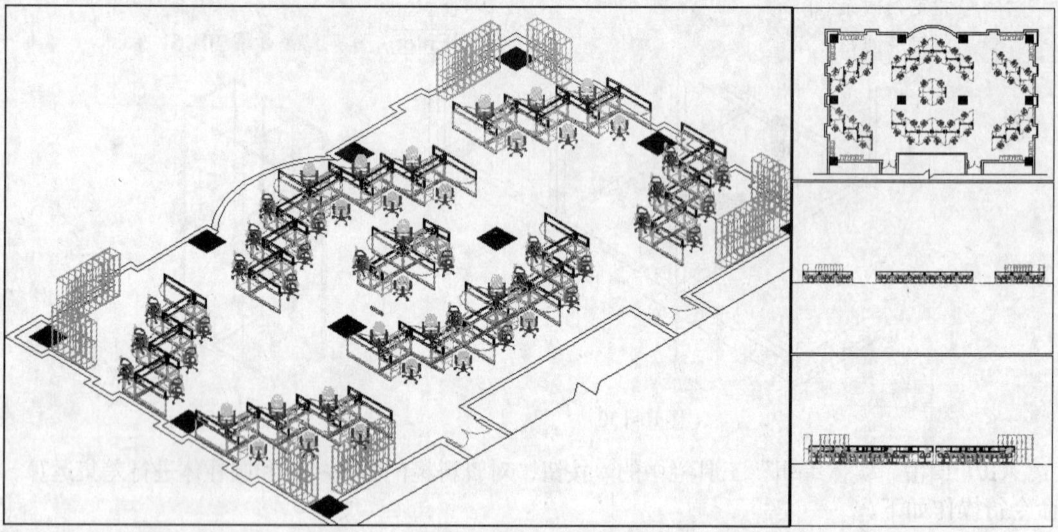

图10-155

在绘制某航空市场部办公家具布置图时，具体可以参照如下思路。

- 首先使用“复制”、“镜像”、“移动”等命令绘制市场部一区联排屏风工作位组合布置图。
- 使用“构造线”、“镜像”、“三维视图”、“消隐”、“视觉样式”等命令绘制市场部二区联排屏风工作位组合布置图。
- 使用“复制”、“镜像”、“视觉样式”等命令绘制市场部三区联排屏风工作位组合布置图。

◆ 使用“插入块”、“三维阵列”、“镜像”、“三维视图”等命令绘制市场部资料柜布置图。
◆ 最后使用“视觉样式”、“三维视图”、“新建视口”等命令创建多种视图和多种视口。

10.8.1 绘制市场部资料柜布置图

① 打开随书光盘中的“效果文件”\“第10章”\“绘制市场部办公资料柜立体造型.dwg”。

② 执行菜单栏中的“视图”|“三维视图”|“俯视”命令，将视图切换到俯视图，结果如图10-156所示。

③ 执行“复制”命令，将资料柜立体造型复制一份，然后将复制出的造型旋转90°，结果如图10-157所示。

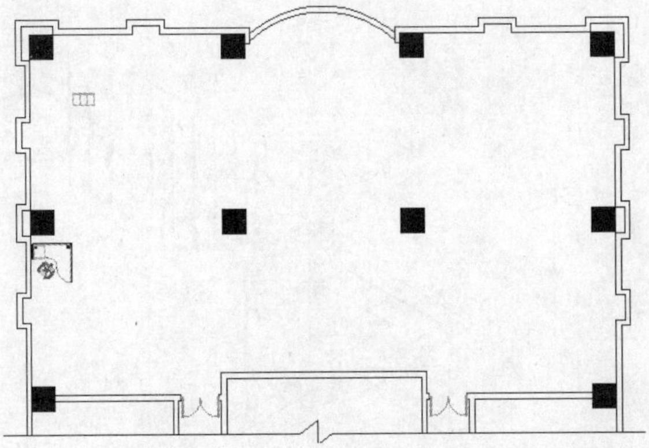
图10-156

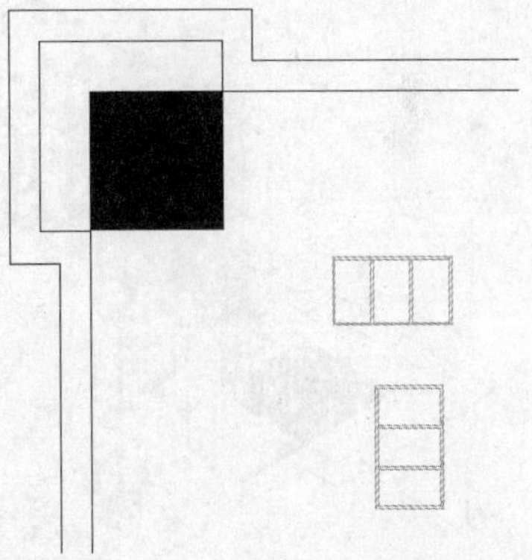
图10-157

④ 使用命令简写MI激活“镜像”命令，将旋转后的资料柜造型进行镜像，结果如图10-158所示。

⑤ 使用命令简写AR激活“矩形阵列”命令，将左上侧的资料柜造型向右侧阵列三份，结果如图10-159所示。

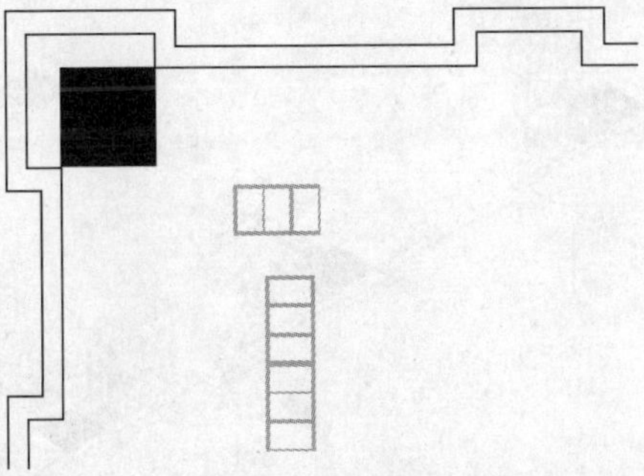
图10-158

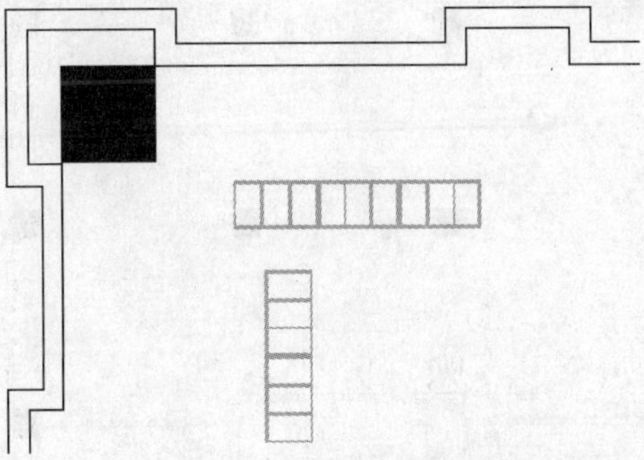
图10-159

⑥ 使用“移动”命令，配合捕捉和坐标输入功能，分别对两组柜子造型进行位移，结果如图10-160所示。

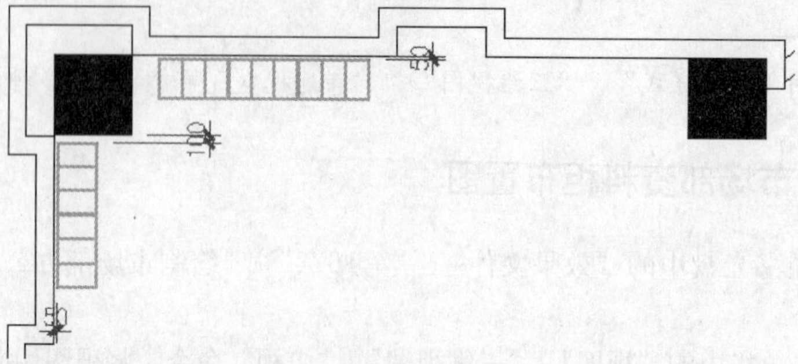

图10-160

⑦ 执行“西南等轴测”命令，将视图切换到西南视图，结果如图10-161所示。

⑧ 使用命令简写HI激活“消隐”命令，观看消隐后的效果，如图10-162所示。

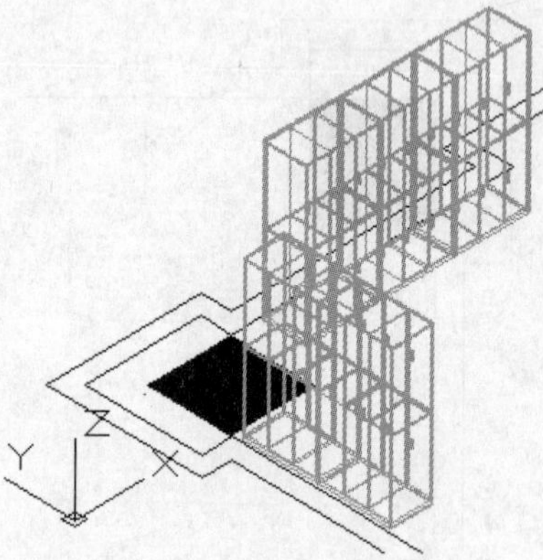

图10-161

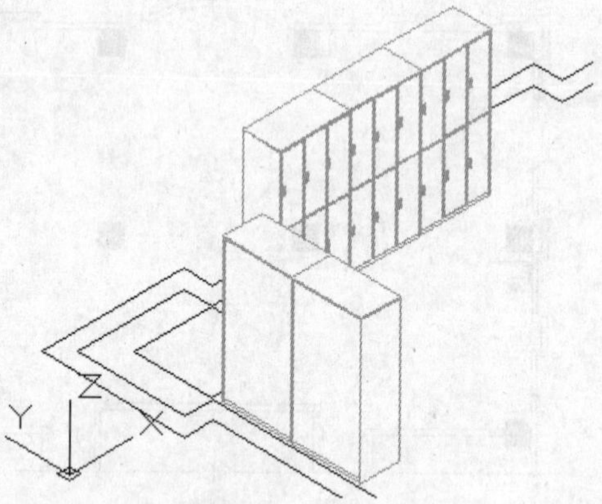

图10-162

⑨ 将视图恢复到俯视图，然后单击“修改”工具栏中的按钮，配合“两点之间的中点”捕捉功能，分别对两组资料柜造型进行镜像，结果如图10-163所示。

⑩ 执行“西南等轴测”命令，将视图切换到西南视图，观看其立体效果，如图10-164所示。

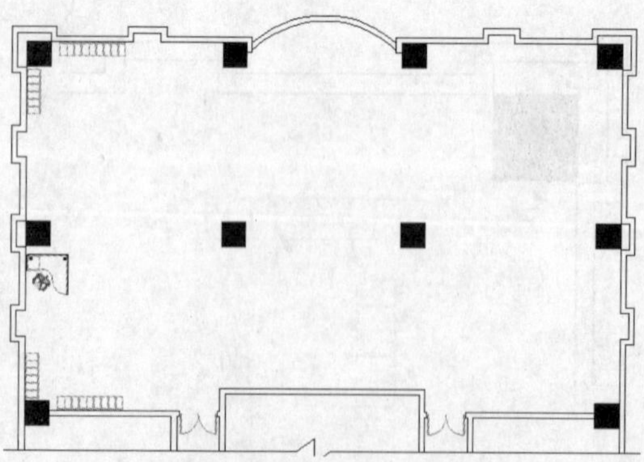

图10-163

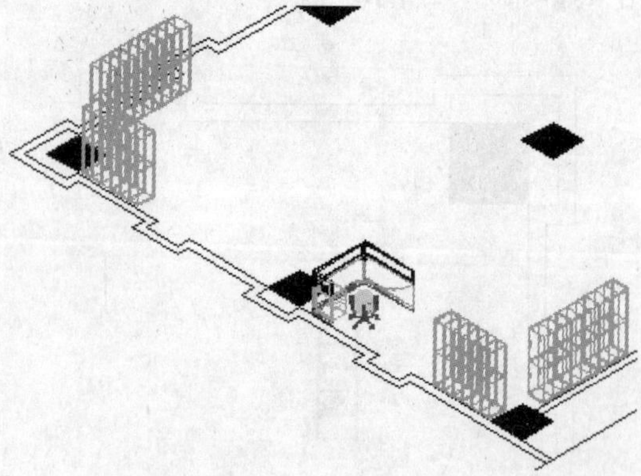

图10-164

至此，某航空市场部资料柜布置图绘制完毕，下一小节将学习航空市场部一区办公家具布置图的绘制技能。

10.8.2 绘制一区办公家具布置图

(1) 继续上节操作。

(2) 单击“修改”工具栏中的按钮，窗口选择如图10-165所示的工作位造型，沿y轴负方向移动1500个单位，结果如图10-166所示。

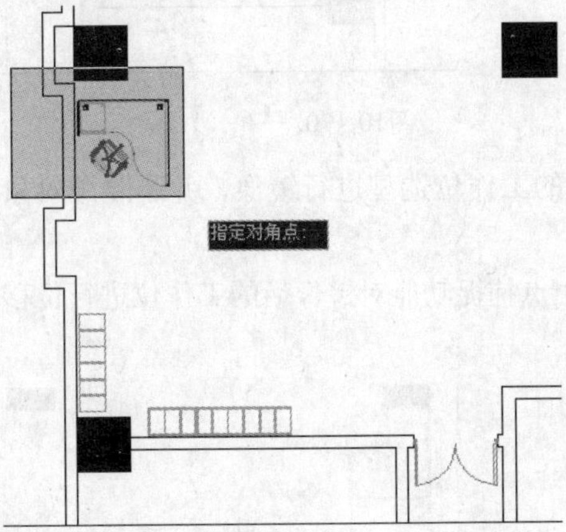

图10-165

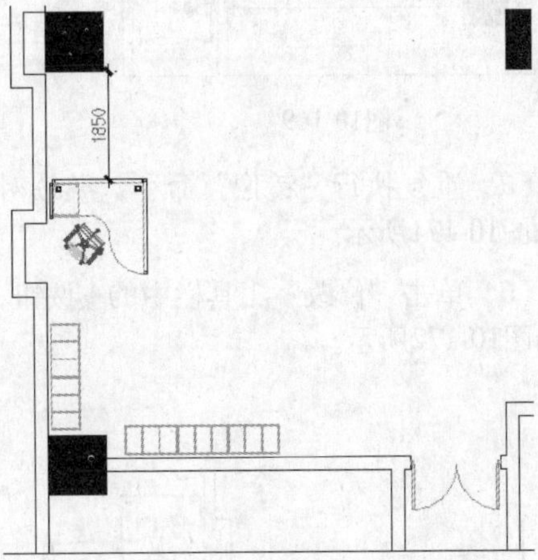

图10-166

(3) 单击“修改”工具栏中的按钮，选择工作位进行复制，命令行操作如下。

```
命令：_copy
    选择对象：                                              // 选择如图 10-167 所示的工作位造型
    选择对象：                                              // Enter，结束选择
    当前设置：复制模式 = 多个
    指定基点或 [ 位移 (D)/ 模式 (O)] < 位移 >:                 // 拾取任意一点
    指定第二个点或 [ 阵列 (A)] < 使用第一个点作为位移 >: //@1650,-950 Enter
    指定第二个点或 [ 阵列 (A)/ 退出 (E)/ 放弃 (U)] < 退出 >://@3300,-1900 Enter
    指定第二个点或 [ 阵列 (A)/ 退出 (E)/ 放弃 (U)] < 退出 >:
                                                            // Enter，结果如图 10-168 所示
```

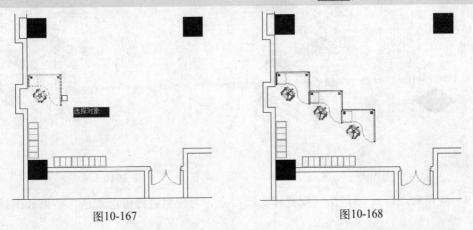

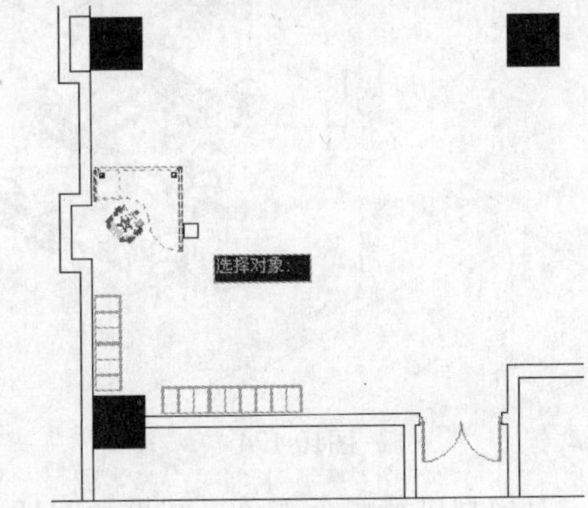

图10-167

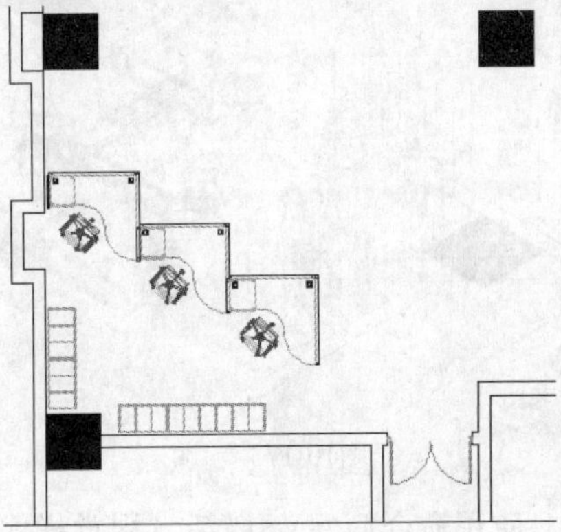

图10-168

(4) 单击“修改”工具栏中的按钮，选择如图10-169所示的屏风工作位进行镜像，结果如图10-170所示。

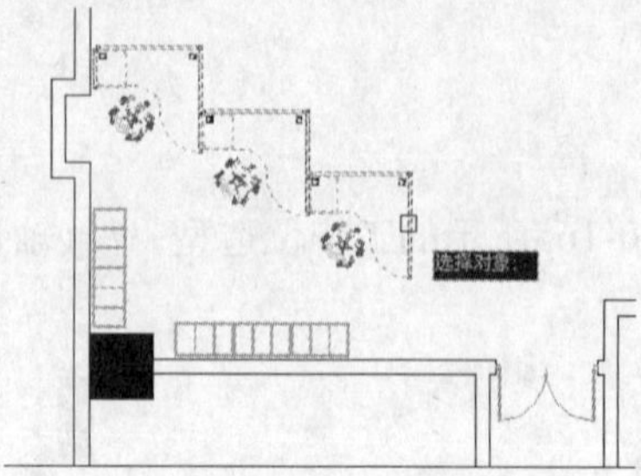

图10-169

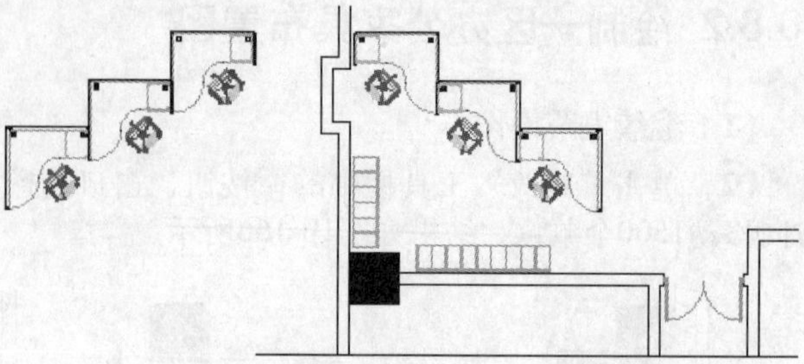

图10-170

(5) 重复执行“镜像”命令，继续对镜像出的工作位造型进行镜像，并删除源对象，结果如图10-171所示。

(6) 单击“修改”工具栏中的按钮，配合中点捕捉功能对镜像后的工作位进行位移，结果如图10-172所示。

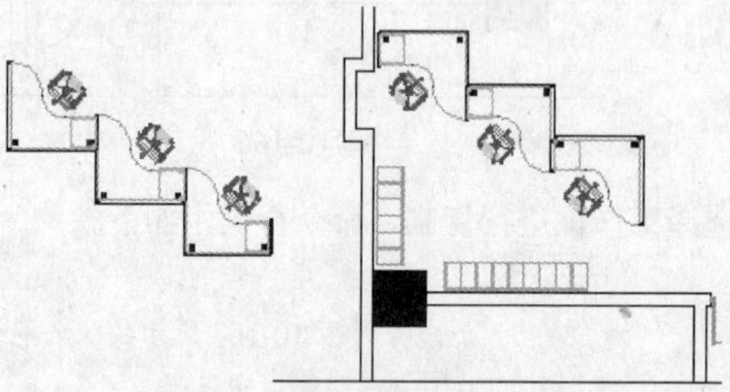

图10-171

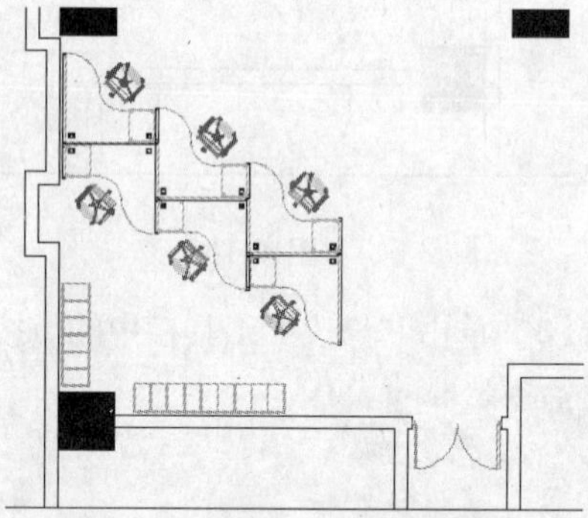

图10-172

(7) 执行“东南等轴测”命令，将当前视图切换到东南视图，结果如图10-173所示。

(8) 使用命令简写HI激活“消隐”命令，观看消隐后的效果，如图10-174所示。

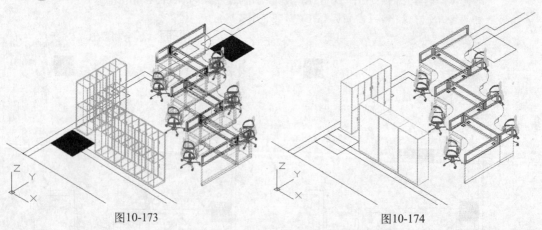

图10-173

图10-174

(9) 使用命令简写VS激活“视觉样式”命令，对模型进行概念着色，结果如图10-175所示。

(10) 执行菜单栏中的“修改”|“三维操作”|“三维镜像”命令，选择所有屏风工作位进行镜像，命令行操作如下。

命令：_mirror3d

选择对象：　　　　　　　　　　　　　　　　　　　　//选择所有屏风工作位

选择对象：　　　　　　　　　　　　　　　　　　　　//Enter

指定镜像平面（三点）的第一个点或 [对象(O)/最近的(L)/Z 轴(Z)/视图(V)/XY 平面(XY)/YZ 平面(YZ)/ZX 平面(ZX)/三点(3)] <三点>: //ZX Enter

指定 ZX 平面上的点 <0,0,0>:　　　　　　　　　　　//捕捉如图 10-176 所示的中点

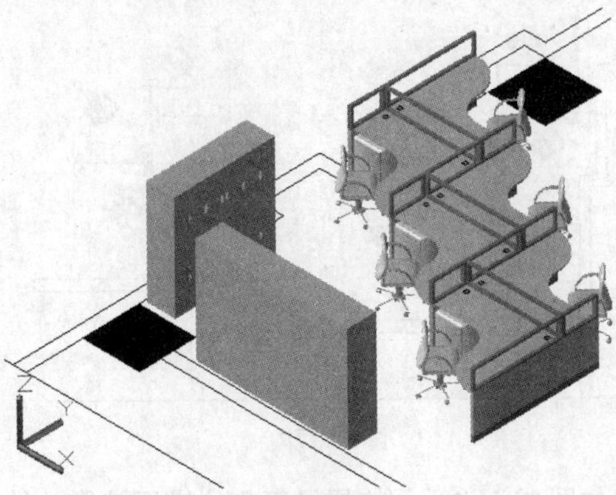

图10-175

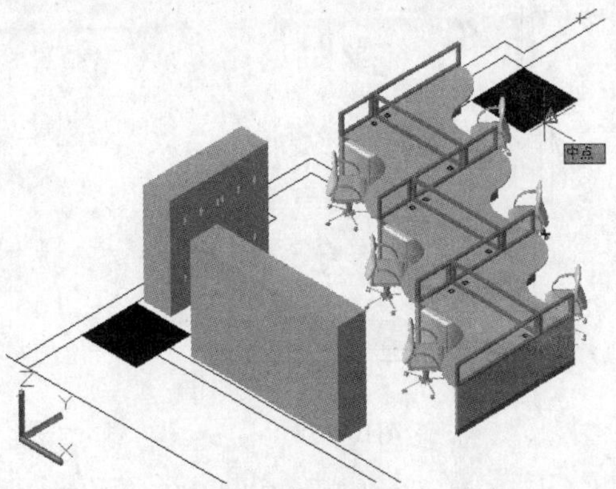

图10-176

是否删除源对象？ [是(Y)/否(N)] <否>:

//Enter，镜像结果如图 10-177 所示

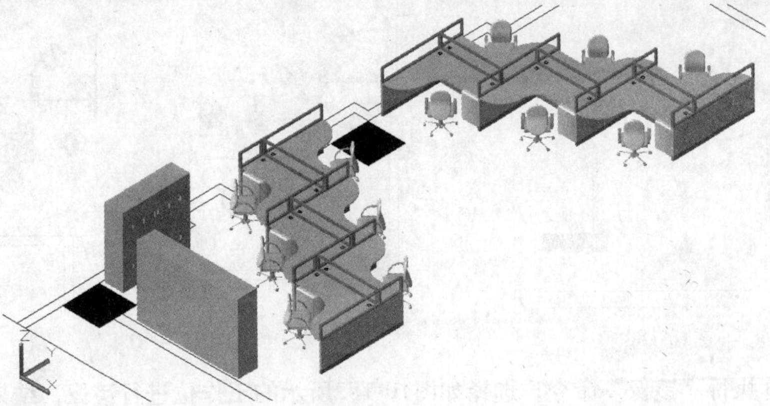

图10-177

至此，某航空市场部一区办公家具布置图绘制完毕，下一小节将学习市场部二区办公家具布置图的绘制过程和技巧。

10.8.3 绘制二区办公家具布置图

① 继续上节操作。

② 将视图切换到俯视图，将着色方式恢复到二维线框着色。

③ 单击“修改”工具栏中的按钮，选择工作位进行复制，命令行操作如下。

命令：_copy

选择对象：　　　　　　　　　　　　　　　　//选择如图 10-178 所示的工作位造型

选择对象： // Enter，结束选择
当前设置：复制模式 = 多个
指定基点或 [位移 (D)/ 模式 (O)] < 位移 >: // 拾取任意一点
指定第二个点或 [阵列 (A)] < 使用第一个点作为位移 >: //@5710,550 Enter
指定第二个点或 [阵列 (A)/ 退出 (E)/ 放弃 (U)] < 退出 >:
// Enter，结束如图 10-179 所示

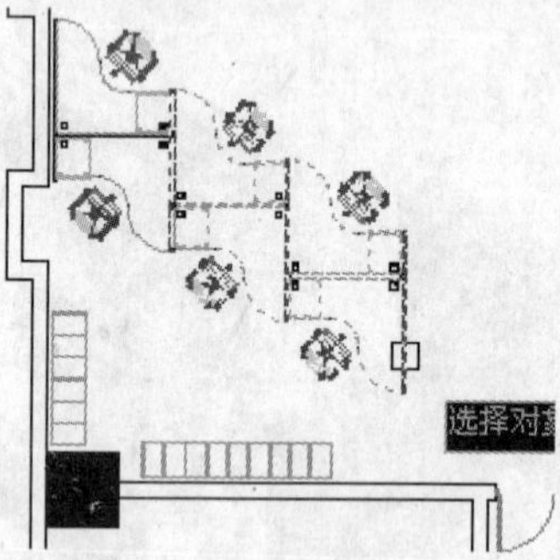

图10-178

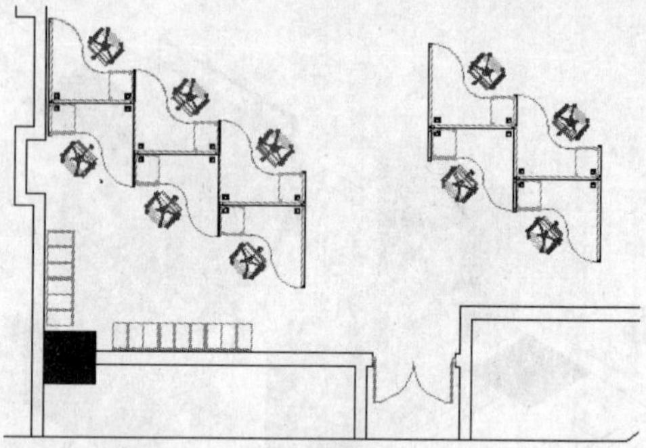

图10-179

④ 单击“修改”工具栏中的按钮，选择如图10-180所示的屏风工作位进行镜像，结果如图10-181所示。

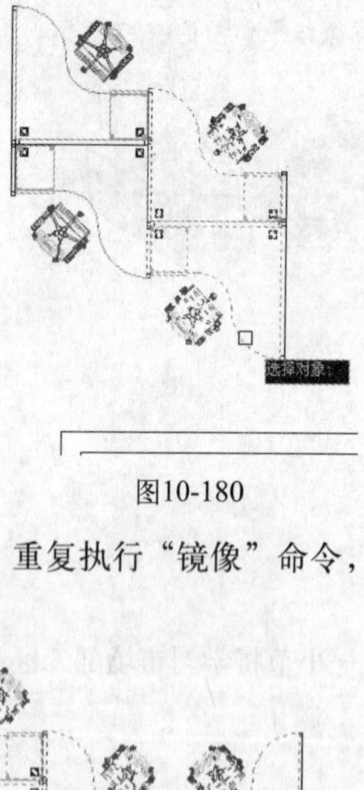

图10-180

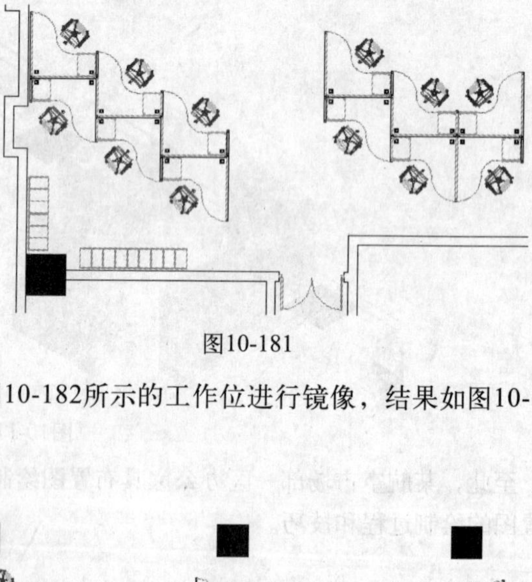

图10-181

⑤ 重复执行“镜像”命令，选择如图10-182所示的工作位进行镜像，结果如图10-183所示。

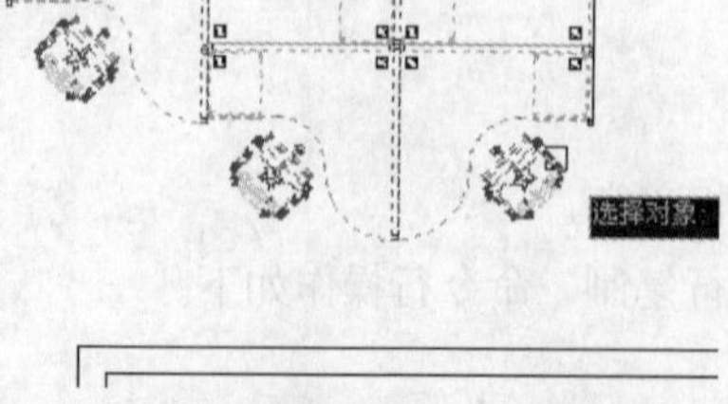

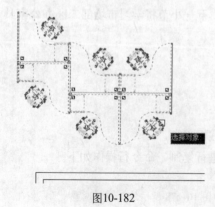

图10-182

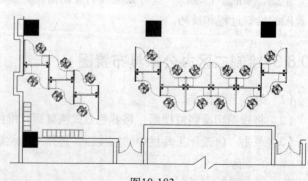

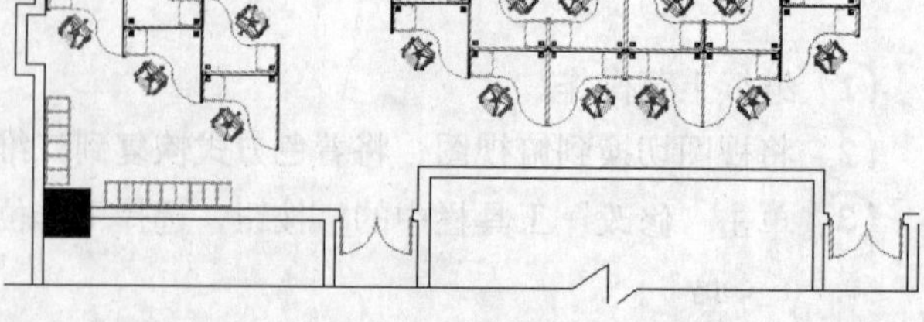

图10-183

⑥ 单击“修改”工具栏中的按钮，选择一区的工作位进行复制，命令行操作如下。

```
命令：_copy
    选择对象：                                        // 选择如图 10-184 所示的工作位造型
    选择对象：                                        // Enter，结束选择
    当前设置：复制模式 = 多个
    指定基点或 [ 位移 (D)/ 模式 (O)] < 位移 >:          // 拾取任意一点
    指定第二个点或 [ 阵列 (A)] < 使用第一个点作为位移 >: //@7360,1500 Enter
    指定第二个点或 [ 阵列 (A)/ 退出 (E)/ 放弃 (U)] < 退出 >:
                                                      // Enter，结果如图 10-185 所示
```

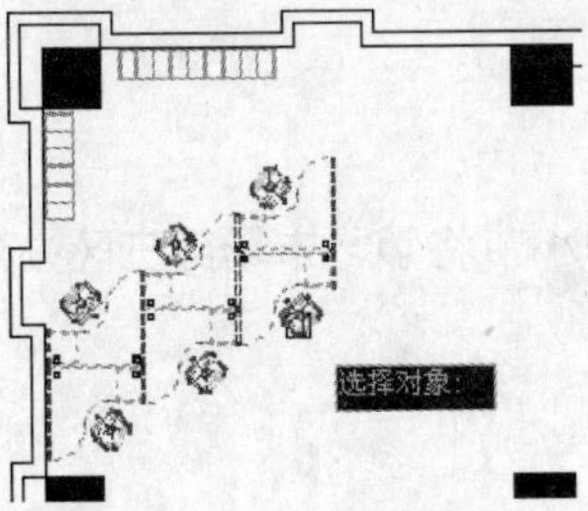

图10-184

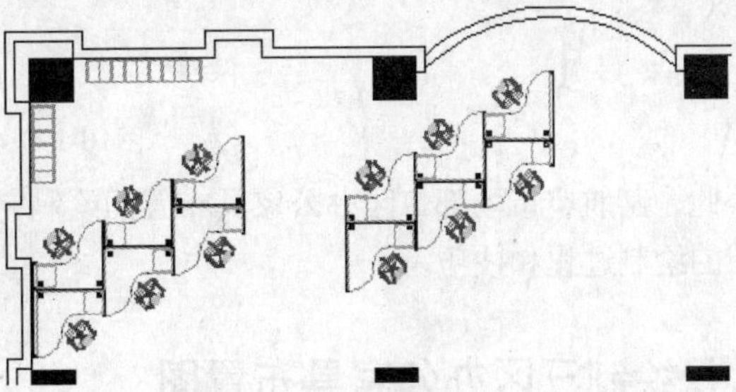
图10-185

⑦ 单击“修改”工具栏中的按钮，选择如图10-186所示的屏风工作位进行镜像，结果如图10-187所示。

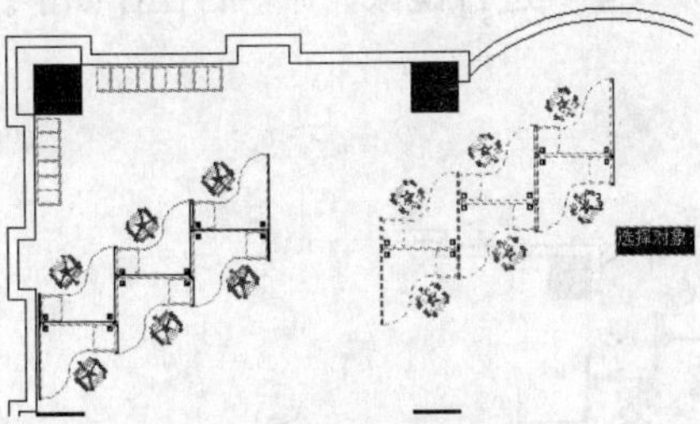

图10-186

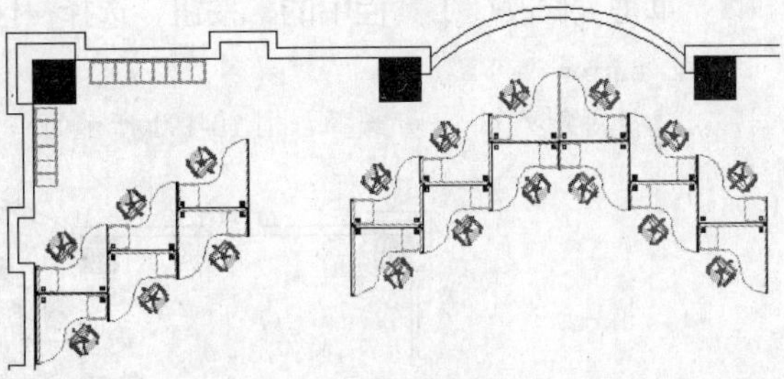
图10-187

⑧ 执行“东北等轴测”命令，将当前视图切换到东北视图，结果如图10-188所示。

⑨ 使用命令简写HI激活“消隐”命令，对视图进行消隐显示，结果如图10-189所示。

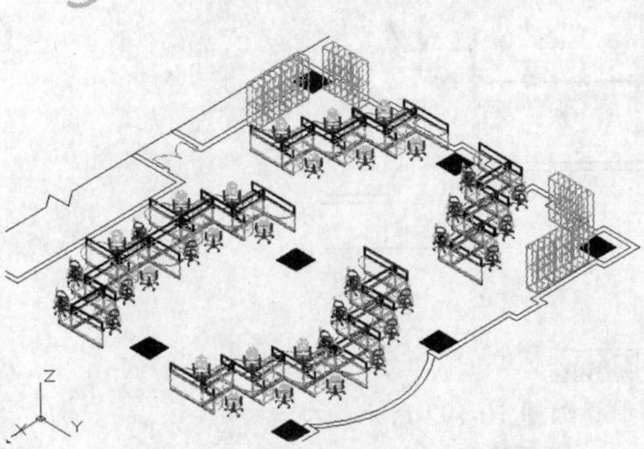

图10-188

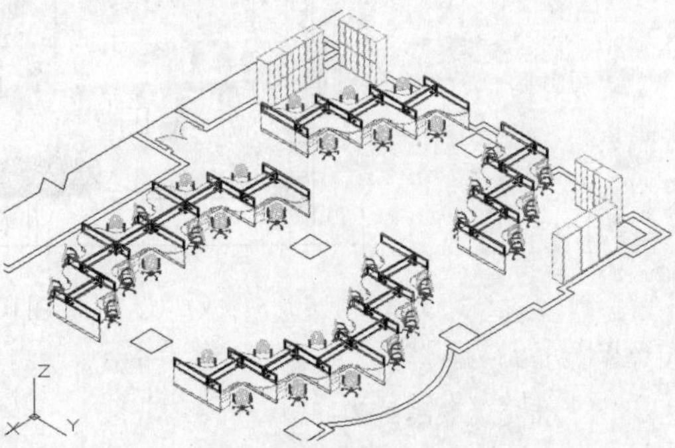

图10-189

⑩ 使用命令简写VS激活“视觉样式”命令，对模型进行概念着色，结果如图10-190所示。

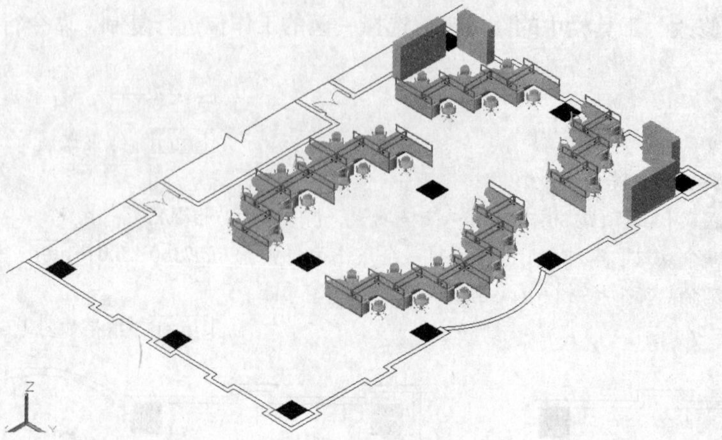

图10-190

至此，某航空市场部二区办公家具布置图绘制完毕，下一小节将学习市场部三区办公家具布置图的绘制过程和技巧。

10.8.4 绘制三区办公家具布置图

(1) 继续上节操作。

(2) 将视图切换到俯视图，将着色方式恢复到二维线框着色。

(3) 单击“修改”工具栏中的按钮，选择一区的办公家具进行镜像，命令行操作如下。

命令：_mirror
　　选择对象：　　　　//选择如图10-191所示的一区办公家具

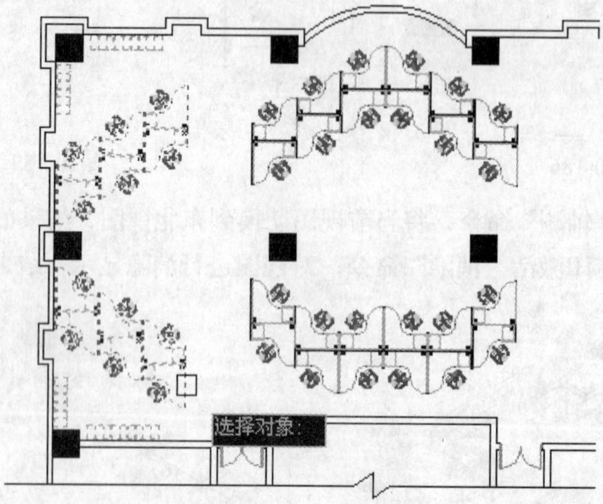

图10-191

选择对象：　　　　　　　　　　//Enter
指定镜像线的第一点：　　　　　//捕捉如图10-192所示的中点
指定镜像线的第二点：　　　　　//@0,1 Enter
要删除源对象吗？[是(Y)/否(N)] <N>:
　　　　　　　　　　　　　　　//Enter，镜像结果如图10-193所示

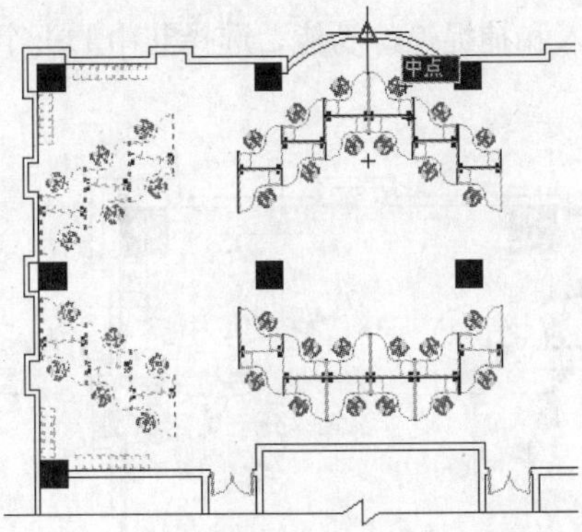

图10-192

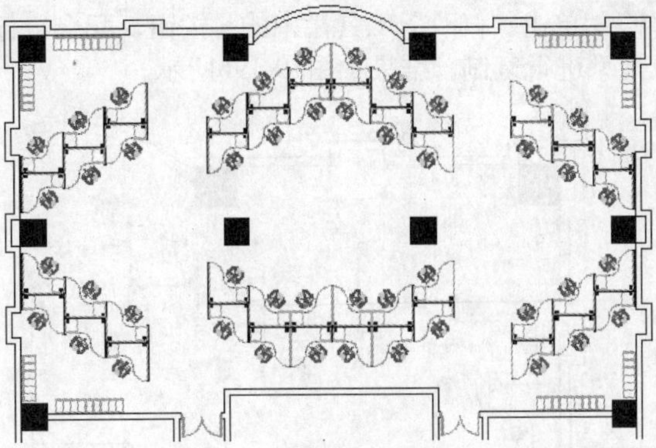

图10-193

(4) 执行“西南等轴测”命令，将当前视图切换到西南视图，结果如图10-194所示。

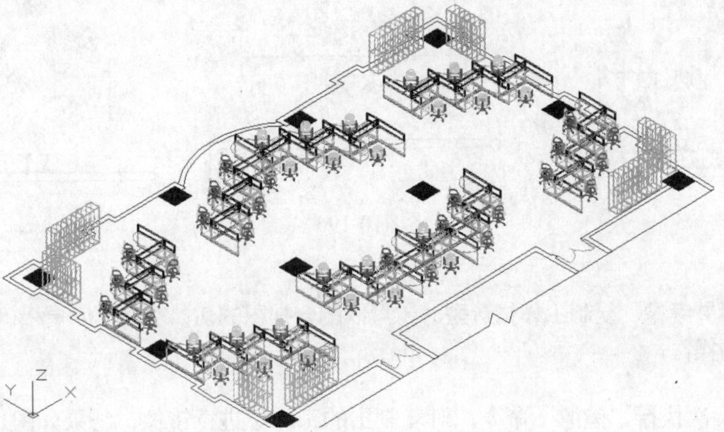

图10-194

(5) 使用命令简写VS激活“视觉样式”命令，对模型进行概念着色，结果如图10-195所示。

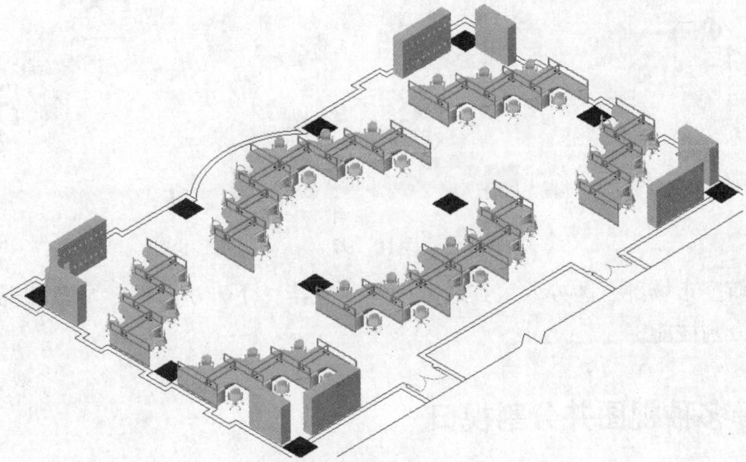

图10-195

(6) 将视图切换到俯视图，将着色方式切换到二维线框。

(7) 单击“修改”工具栏中的按钮，配合坐标输入和捕捉追踪功能，选择其中的一个工作位造型进行复制，结果如图10-196所示。

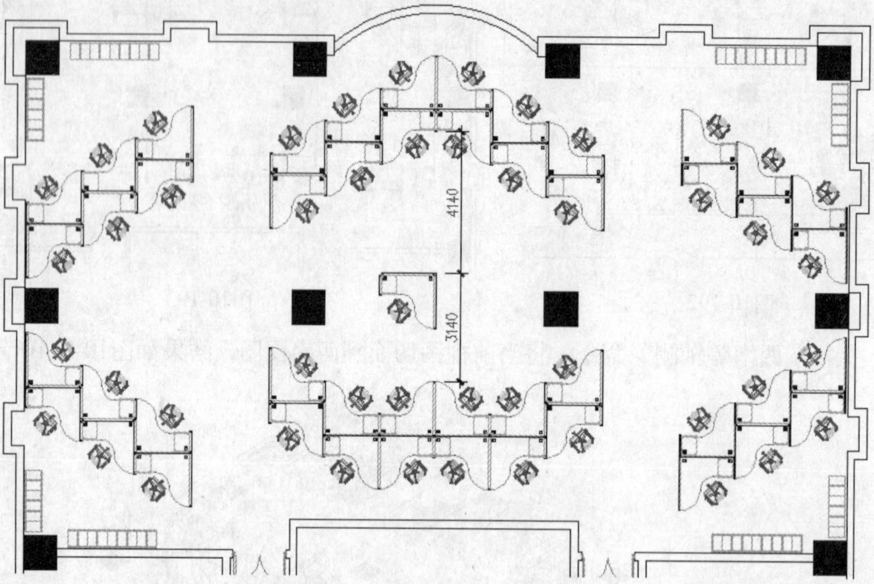

图10-196

技巧

在选择并镜像、复制工作位造型时，可以配合视图的切换功能，以更精确、快速地对图形进行操作。

(8) 连续两次执行“镜像”命令，对复制出的工作位进行镜像，结果如图10-197所示。

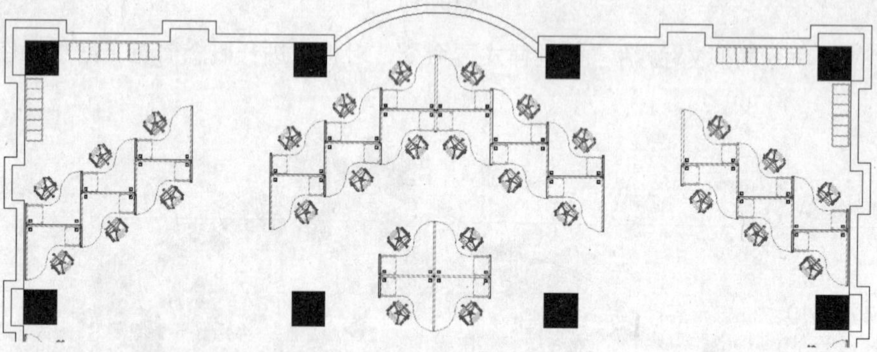

图10-197

至此，某航空市场部三区办公家具布置图绘制完毕，下一小节将学习多种视图的切换、着色以及视口的分割技能。

10.8.5 创建多种视图并分割视口

(1) 继续上节操作。

(2) 执行“西南等轴测”命令，将当前视图切换到西南视图，结果如图10-198所示。

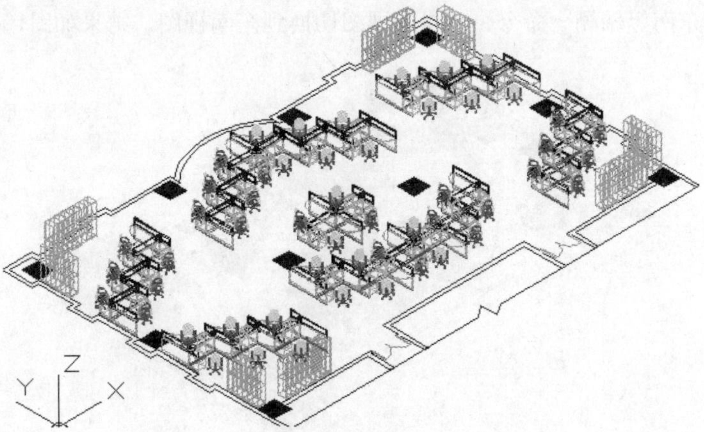

图10-198

(3) 使用命令简写HI激活“消隐”命令，对视图进行消隐，观看其效果，如图10-199所示。

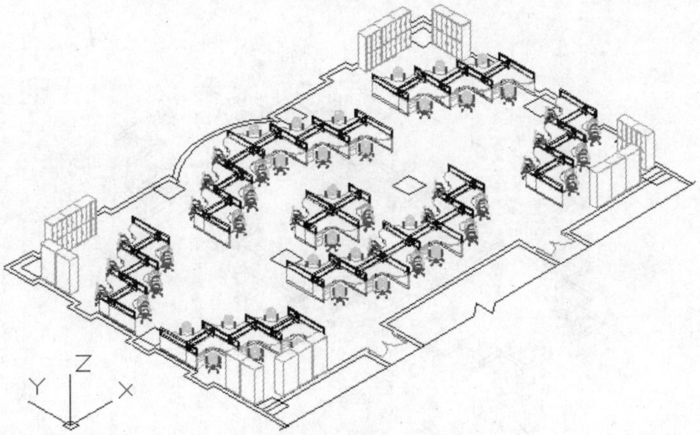

图10-199

(4) 使用命令简写VS激活“视觉样式”命令，对模型进行概念着色，观看其效果，如图10-200所示。

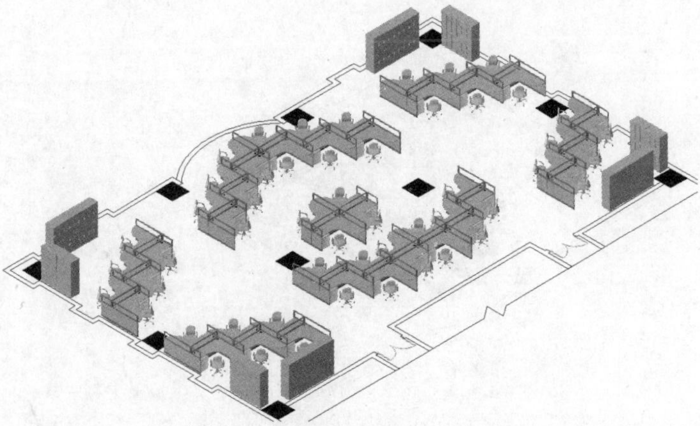

图10-200

5 执行“东南等轴测”命令，将当前视图切换到东南视图，结果如图10-201所示。

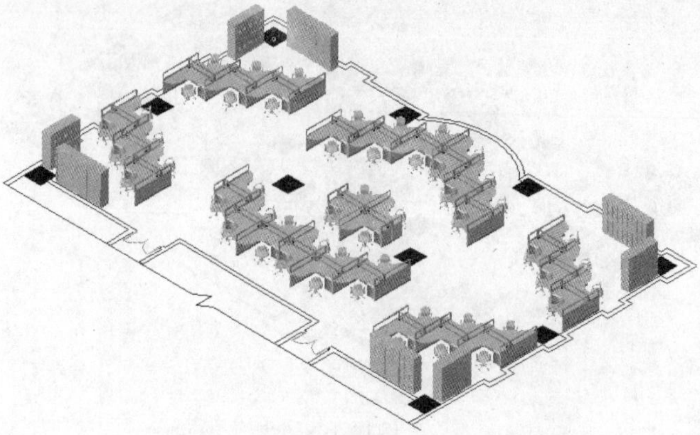

图10-201

6 执行“东北等轴测”命令，将当前视图切换到东北视图，并对视图进行消隐，结果如图10-202所示。

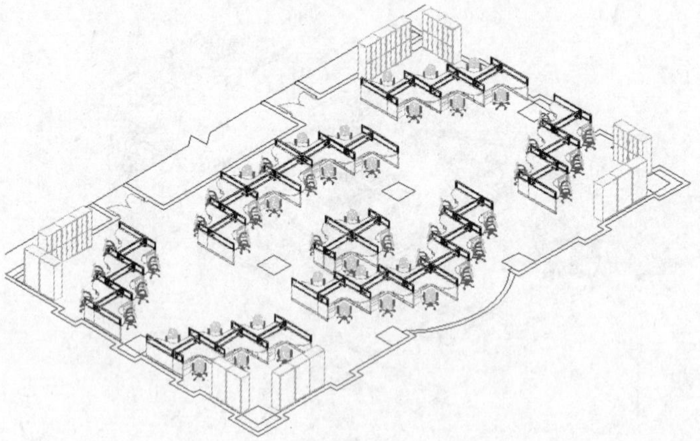

图10-202

7 执行“西北等轴测”命令，将当前视图切换到西北等轴测视图，并对视图进行消隐，结果如图10-203所示。

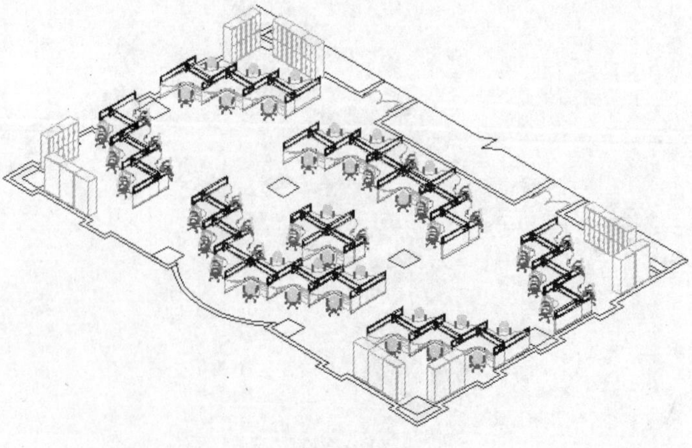

图10-203

⑧ 执行菜单栏中的“视图”|“视口”|“新建视口”命令，选择如图10-204所示的视口方式，将当前视图分割为4个视口，结果如图10-205所示。

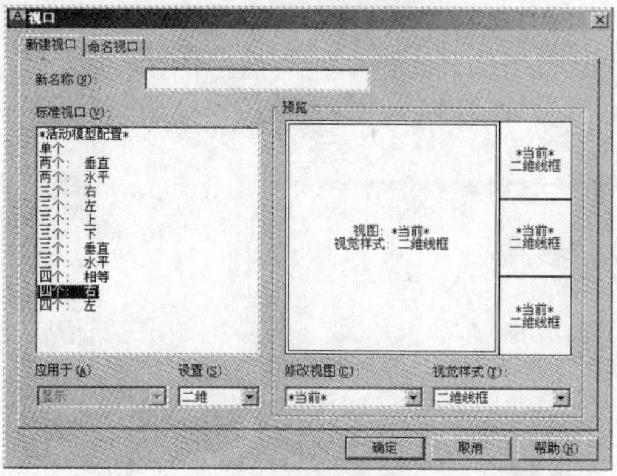

图10-204

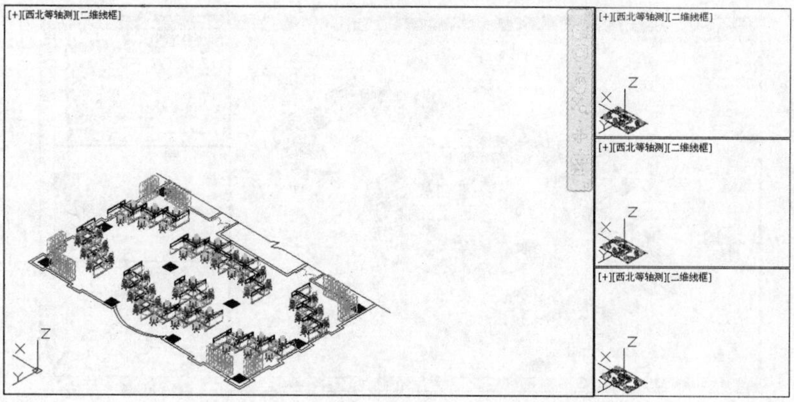

图10-205

⑨ 激活左侧的矩形视口，然后将视图切换到西南视图，并使用“实时缩放”和“实时平移”命令调整视图，结果如图10-206所示。

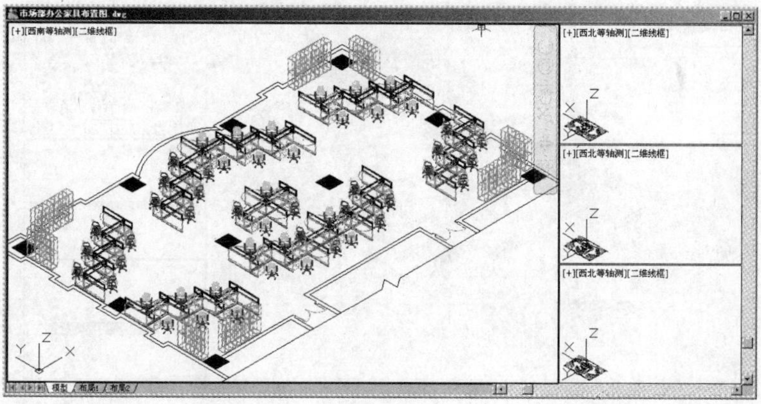

图10-206

⑩ 激活右上侧的视口，然后将视图切换到俯视图，并使用“实时缩放”和“实时平移”命令调整视图，结果如图10-207所示。

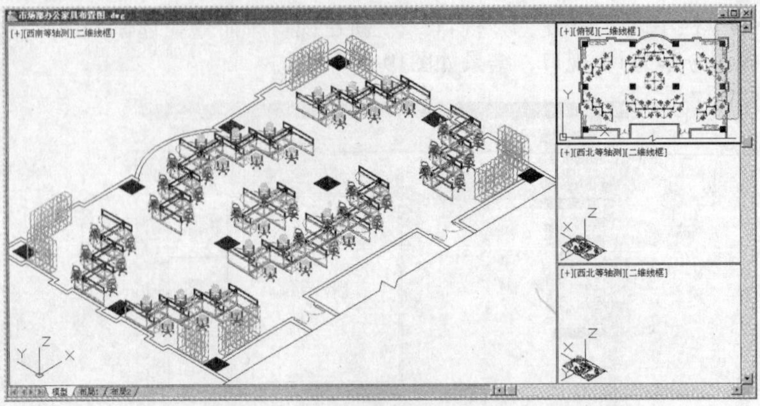

图10-207

⑪ 激活右侧中间的矩形视口，然后将视图切换到前视图，并使用“实时缩放”和“实时平移”命令调整视图，结果如图10-208所示。

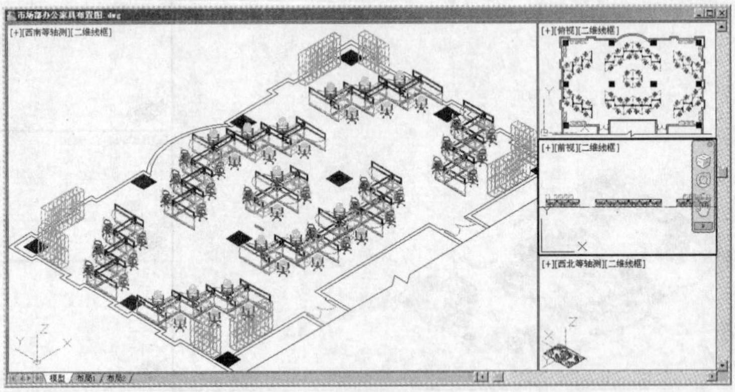

图10-208

⑫ 激活右下侧的视口，然后将视图切换到左视图，并使用“实时缩放”和“实时平移”命令调整视图，结果如图10-209所示。

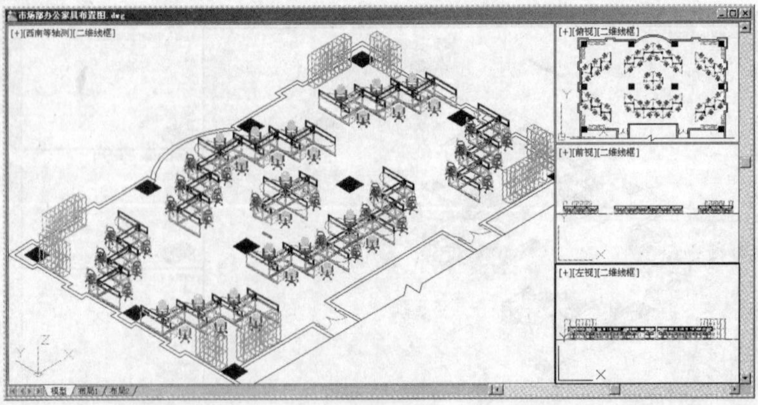

图10-209

⑬ 使用命令简写OP激活“选项”命令，关闭所有的视口控件，如图10-210所示，图形的显示效果如上图10-155所示。

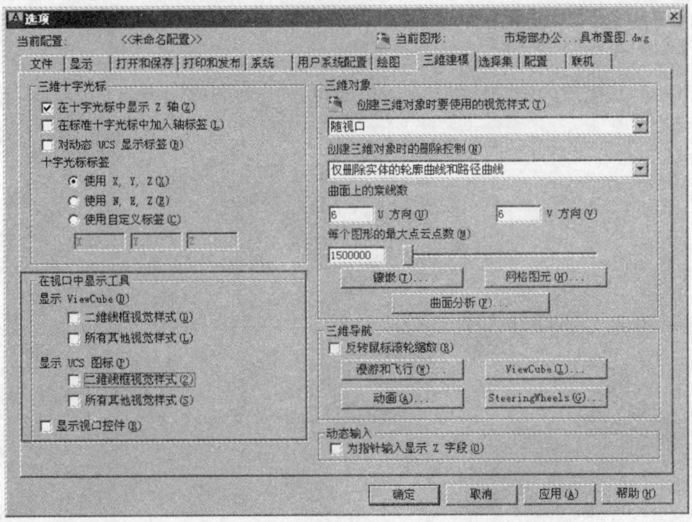

图10-210

⑭ 最后执行“另存为”命令，将图形另名保存为“绘制某航空市场部办公家具布置图.dwg”。

10.9 标注某航空市场部办公家具布置图

本节主要为某航空市场部办公家具布置图标注办公空间功能性文字注解和内外尺寸。市场部办公家具布置图的最终标注效果如图10-211所示，其立体轴测图效果如图10-212所示。

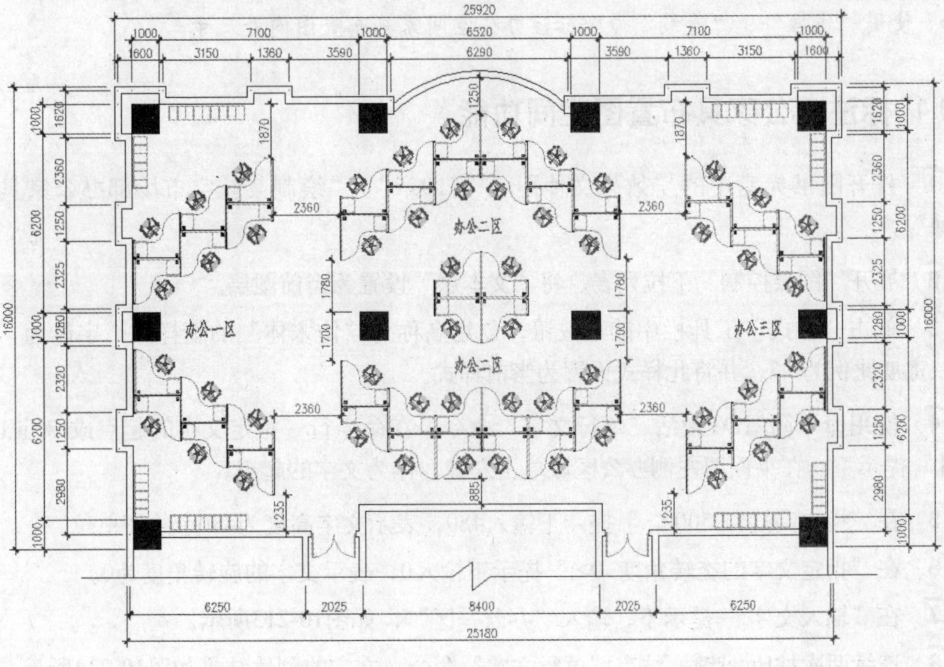

图10-211

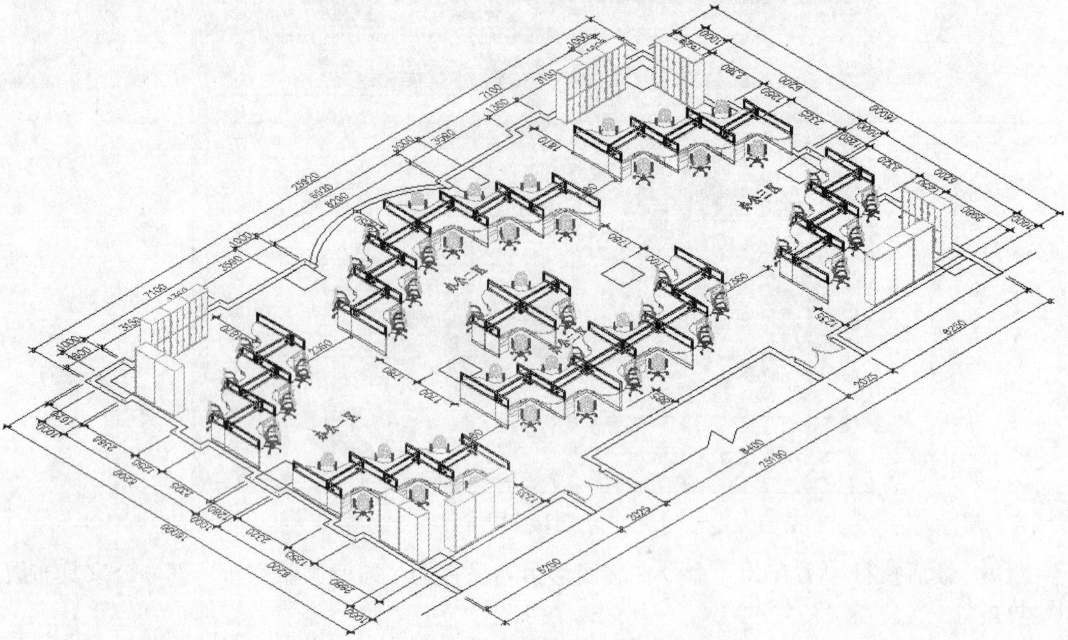

图10-212

在标注某航空市场部办公家具布置图时，可以参照如下思路。

- 首先调用文件并设置当前层及文字样式。
- 使用“单行文字”命令标注办公空间家具布置图文字注释。
- 使用“标注样式”命令设置当前标注样式与比例。
- 使用“线性”、“连续”命令标注办公空间家具布置图内外尺寸。

10.9.1 标注办公家具布置图空间功能

(1) 打开随书光盘中的“效果文件”\“第10章”\“绘制某航空市场部办公家具布置图.dwg”。

(2) 展开“图层控制”下拉列表，将“文本层”设置为当前图层。

(3) 单击“样式”工具栏中的A按钮，创建名称为“仿宋体”的新样式，字体为“仿宋体”，宽度比例为0.7，并将此样式设置为当前样式。

(4) 使用命令简写DT激活“单行文字”命令，在命令行“指定文字的起点或[对正(J)/样式(S)]:”提示下，在平面图左侧办公区域单击左键，作为文字的起点。

(5) 在“指定高度<2.5000>:”提示下输入480，表示文字高度为480个绘图单位。

(6) 在“指定文字的旋转角度<0>:”提示下输入0，表示文字的旋转角度为0。

(7) 在“输入文字:”提示下，输入“办公一区”，如图10-213所示。

(8) 连续两次按Enter键，结束“单行文字”命令，文字的创建结果如图10-214所示。

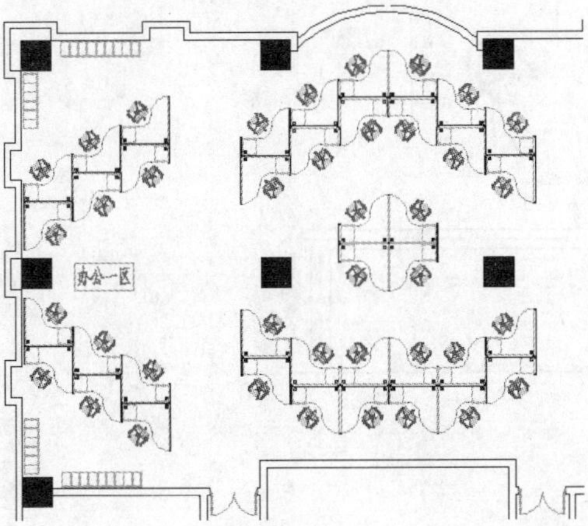

图10-213

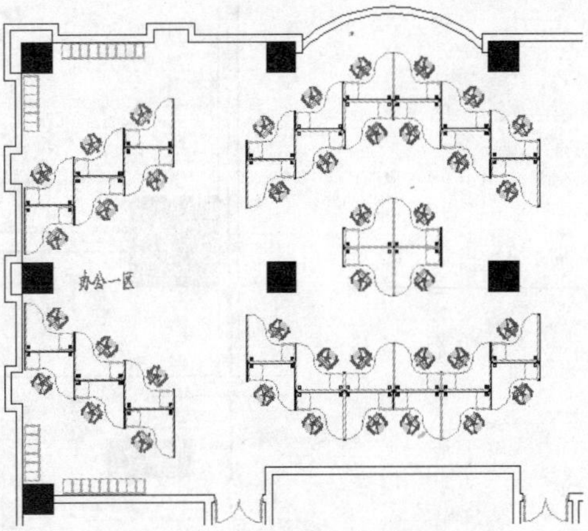

图10-214

(9) 参照上述操作，重复使用“单行文字”命令，分别标注其他位置的文字注释，结果如图10-215所示。

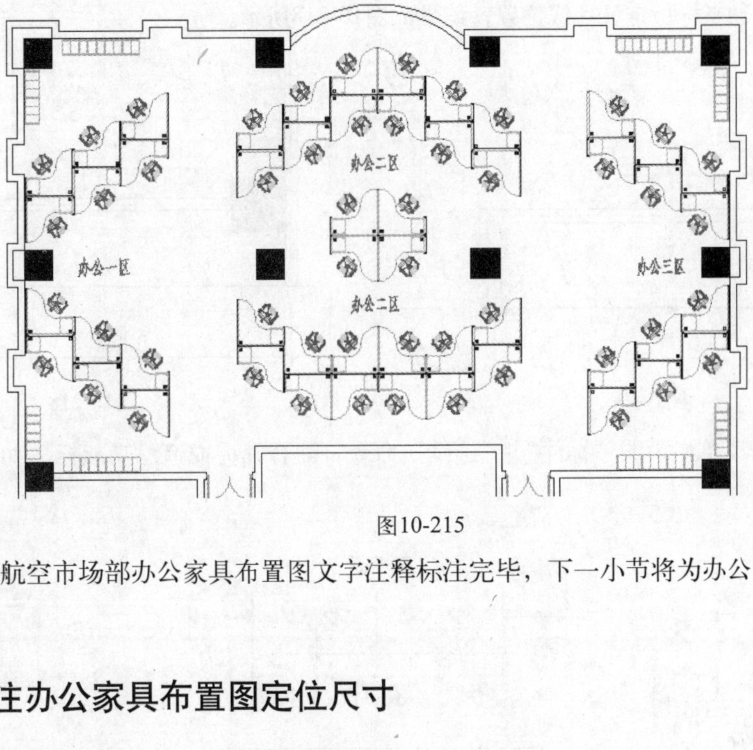

图10-215

至此，某航空市场部办公家具布置图文字注释标注完毕，下一小节将为办公家具布置图标注外尺寸。

10.9.2 标注办公家具布置图定位尺寸

(1) 继续上节操作。

(2) 展开“图层控制”下拉列表，将“尺寸层”设置为当前图层，同时打开“轴线层”。

(3) 使用命令简写D激活“标注样式”命令，将“建筑标注”设置为当前标注样式，同时修改标注比例为110。

(4) 执行菜单栏中的“标注”|“线性”命令，在命令行“指定第一条尺寸界线起点或<选择对象>:”提示下捕捉如图10-216所示的交点作为第一条标注界线的起点。

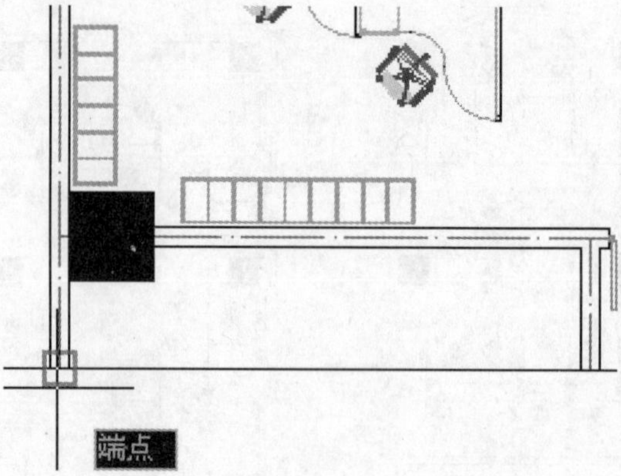

图10-216

(5) 在“指定第二条尺寸界线的起点:”提示下捕捉如图10-217所示的端点作为第二条标注界线的起点。

(6) 在“指定尺寸线位置或[多行文字(M)/文字(T)/角度(A)/水平(H)/垂直(V)/旋转(R)]:”提示下，向下移动光标指定尺寸线位置，结果如图10-218所示。

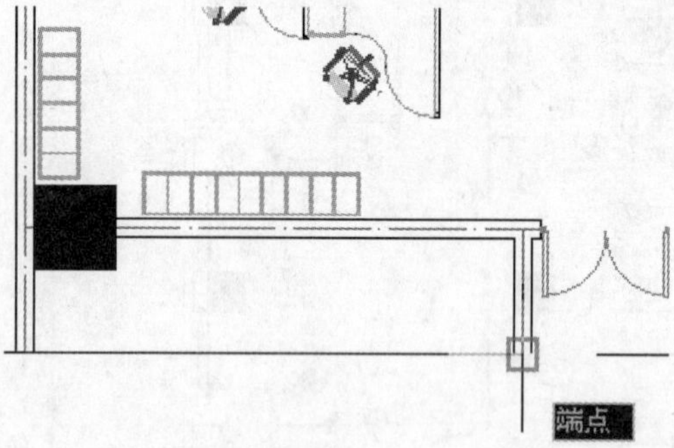

图10-217

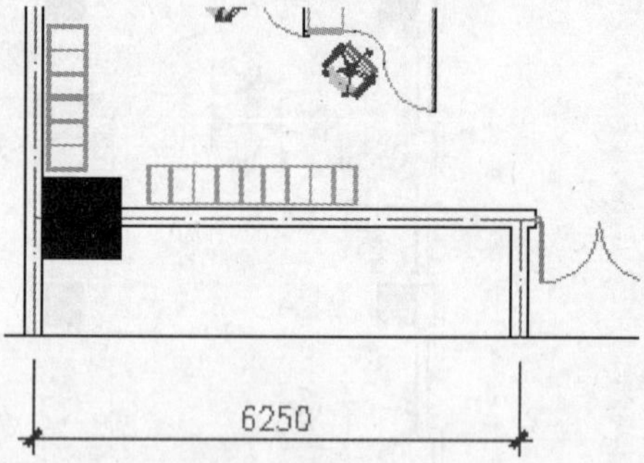

图10-218

(7) 执行菜单栏中的“标注”|“连续”命令，配合捕捉或追踪功能标注如图10-219所示的连续尺寸。

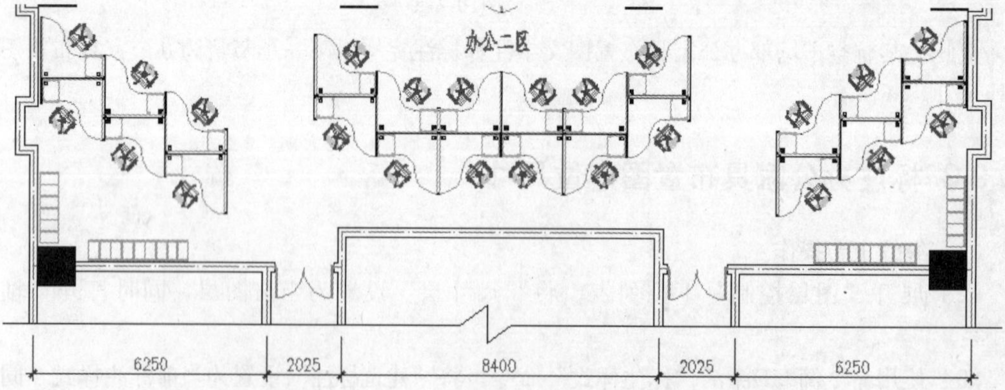

图10-219

(8) 执行菜单栏中的“标注”|“线性”命令，标注平面图下侧的总尺寸，结果如图10-220所示。

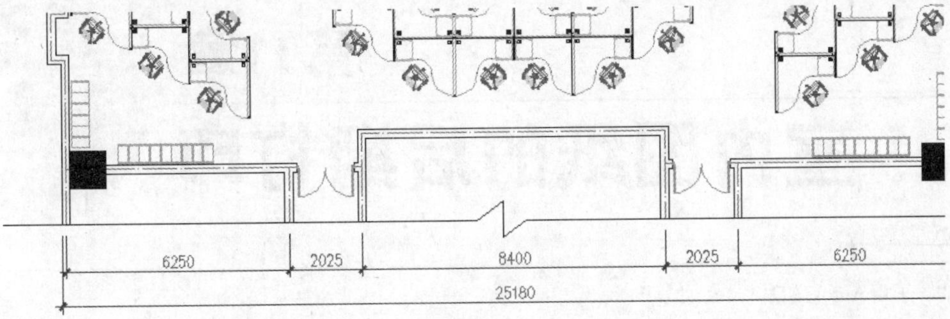

图10-220

(9) 参照上述操作步骤，综合使用“线性”、“连续”等命令，配合端点捕捉和中点捕捉功能，分别标注平面图其他三侧尺寸和内部尺寸，结果如图10-221所示。

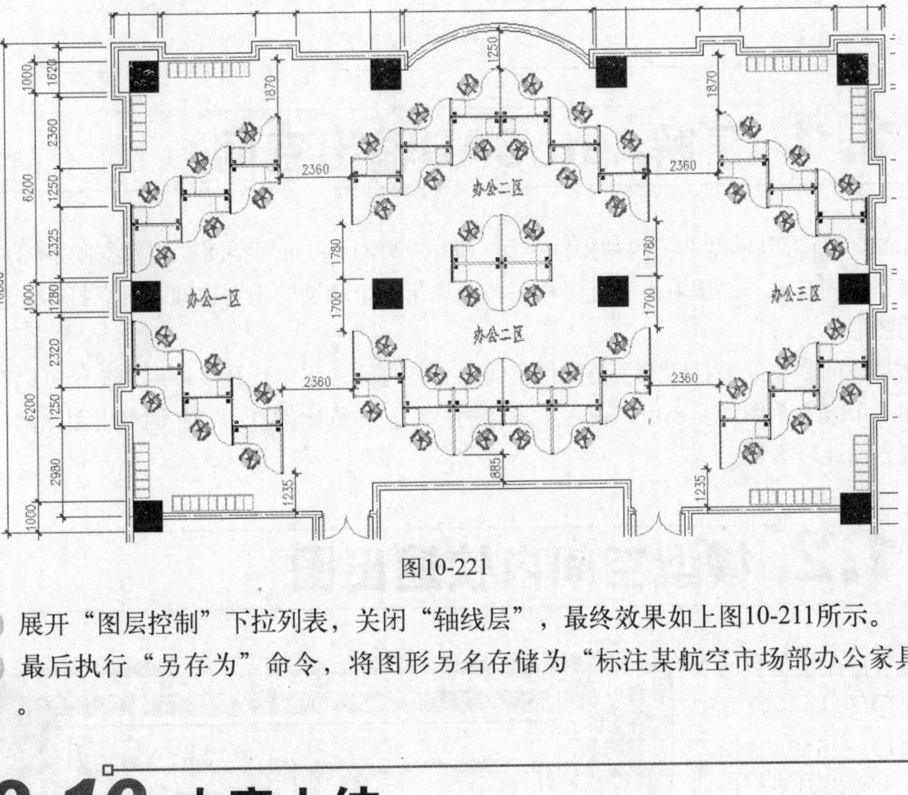

图10-221

(10) 展开“图层控制”下拉列表，关闭“轴线层”，最终效果如上图10-211所示。

(11) 最后执行“另存为”命令，将图形另名存储为“标注某航空市场部办公家具布置图.dwg”。

10.10 本章小结

一个良好的办公空间设计方案不仅可以活跃人们的思维，提高员工的工作效率，而且还是企业整体形象的体现。本章在简单概述办公空间的设计理念、设计思路等知识的前提下，以绘制某航空市场部办公家具布置图为例，详细而系统地讲述了办公空间设计方案图的绘制流程、具体绘制过程和绘制技巧，学习了办公空间的划分与办公家具的合理布局，以进行室内空间的再造，塑造出科学、美观的办公室形象。

Chapter 11

第11章 室内图纸的后期打印

- 了解AutoCAD输出空间
- 模型空间内快速出图
- 布局空间内精确出图
- 多视口并列打印出图
- 布局空间内的多视图打印
- 本章小结

11.1 了解AutoCAD输出空间

AutoCAD为用户提供了两种操作空间，即模型空间和布局空间。模型空间是图形设计的主要操作空间，它与绘图输出不直接相关，仅属于一个辅助的出图空间，可以打印一些要求比较低的图形。

布局空间则是图形打印的主要操作空间，它与打印输出密切相关，用户不仅可以在此空间内打印单个或多个图形，还可以使用单一比例打印、多种比例打印，在调整出图比例和协调图形位置方面比较方便。

11.2 模型空间内快速出图

本节将在模型空间内将KTV包厢装修立面图打印输出到4号图纸上，主要学习模型操作空间图纸的快速打印技巧。本例打印效果如图11-1所示。

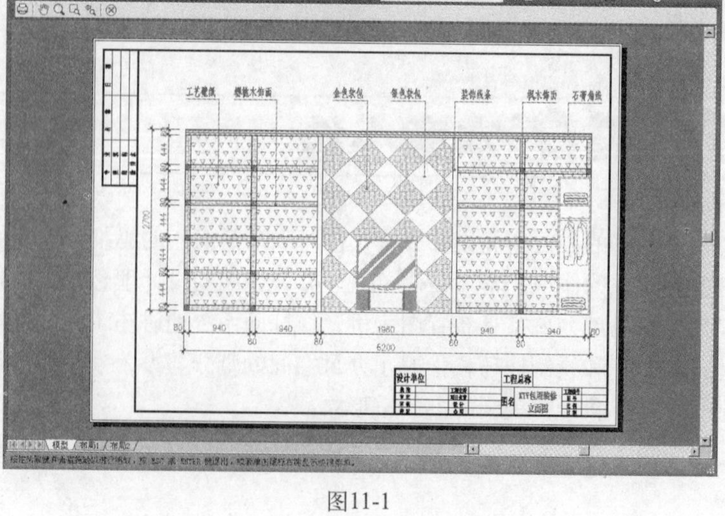

图11-1

(1) 执行“打开”命令，打开随书光盘中的“效果文件”\“第11章”\“KTV包厢D向装修立面图.dwg”，如图11-2所示。

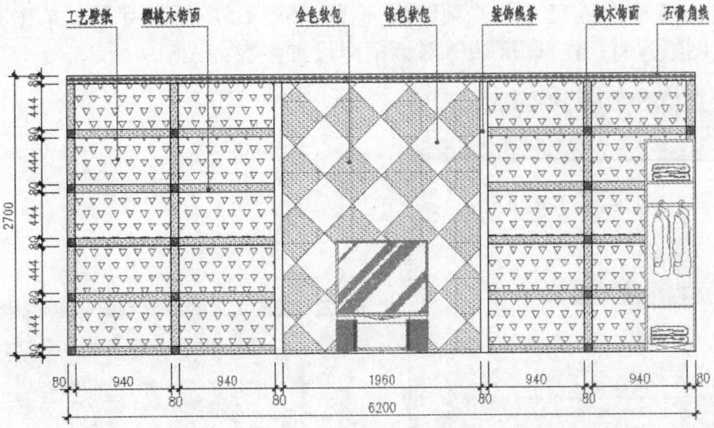

图11-2

(2) 执行“图层”命令，将“0图层”设置为当前图层。

(3) 使用命令简写I激活“插入块”命令，插入随书光盘中的“图块文件”\“A4-H.dwg”图块，其参数设置如图11-3所示。

(4) 返回绘图区指定图框的插入点，然后使用“移动”命令适当调整图框的位置，结果如图11-4所示。

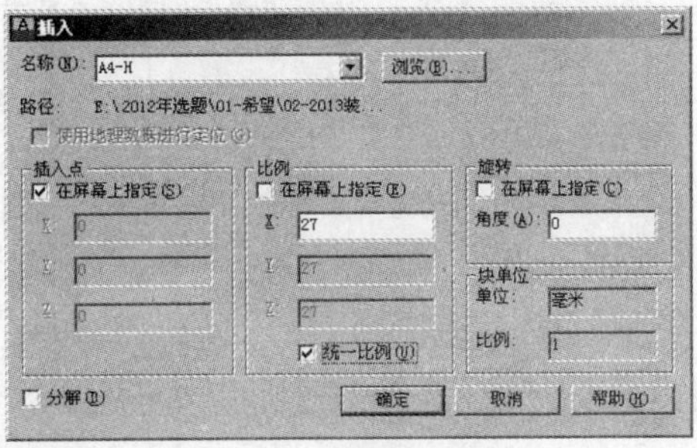

图11-3

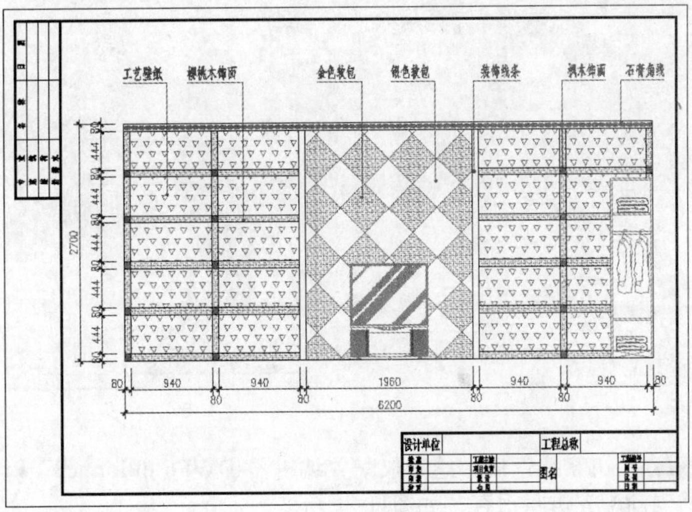

图11-4

(5) 执行菜单栏中的“文件”|“绘图仪管理器”命令，在打开的对话框中双击“DWF6 ePlot”图标。

(6) 此时系统打开“绘图仪配置编辑器-DWF6 ePlot.pc3”对话框，然后展开“设备和文档设置”选项卡，选择“用户定义图纸尺寸与校准”目录下的“修改标准图纸尺寸（可打印区域）”选项，如图11-5所示。

(7) 在“修改标准图纸尺寸”选项组内选择“ISO B5图纸尺寸”，单击修改(M)...按钮，在打开的“自定义图纸尺寸-可打印区域”对话框中设置参数如图11-6所示。

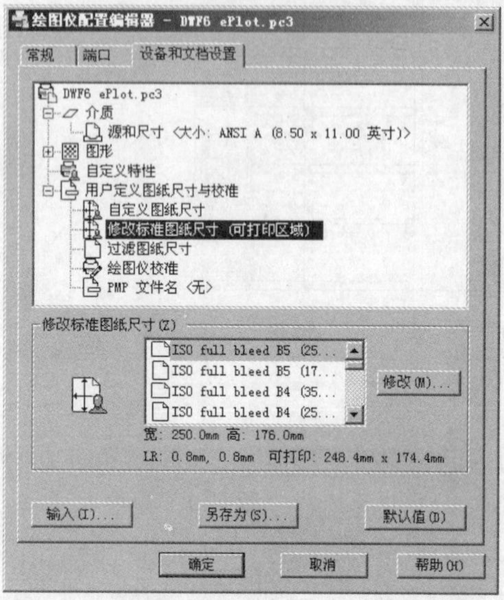

图11-5

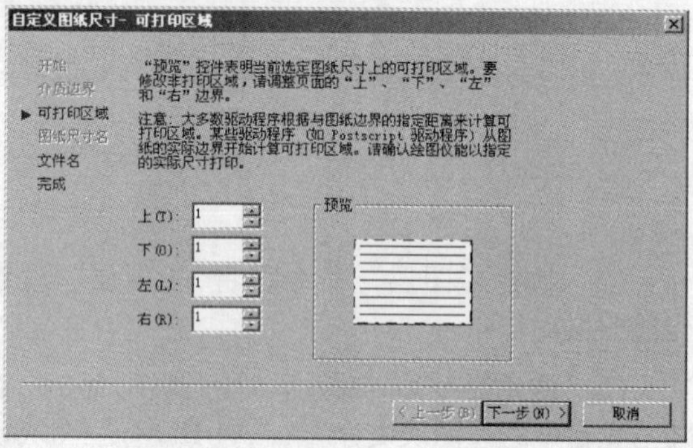

图11-6

(8) 单击下一步(N)>按钮，在打开的“自定义图纸尺寸-完成”对话框中，列出了修改后的标准图纸的尺寸，如图11-7所示。

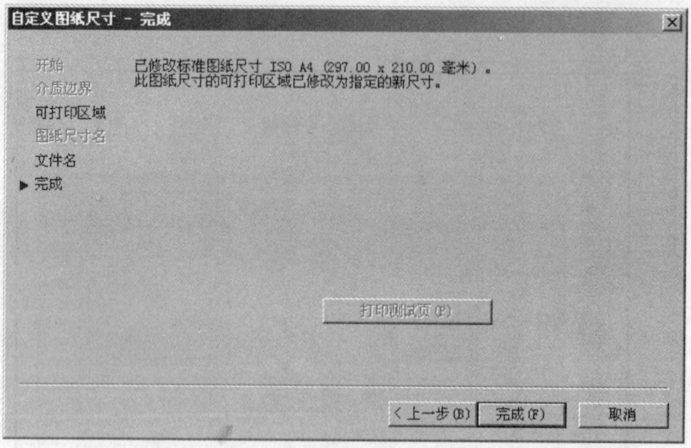

图11-7

(9) 单击完成按钮系统返回“绘图仪配置编辑器-DWF6 ePlot.pc3”对话框，然后单击另存为(S)...按钮，将当前配置进行保存，如图11-8所示。

(10) 单击保存(S)按钮，返回“绘图仪配置编辑器-DWF6 ePlot.pc3”对话框，然后单击确定按钮，结束命令。

(11) 执行菜单栏中的“文件”|“页面设置管理器”命令，在打开的对话框中单击新建(N)...按钮，为新页面设置命名，如图11-9所示。

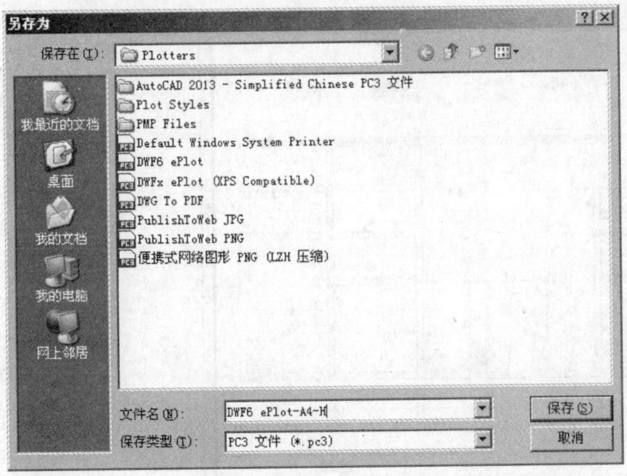

图11-8

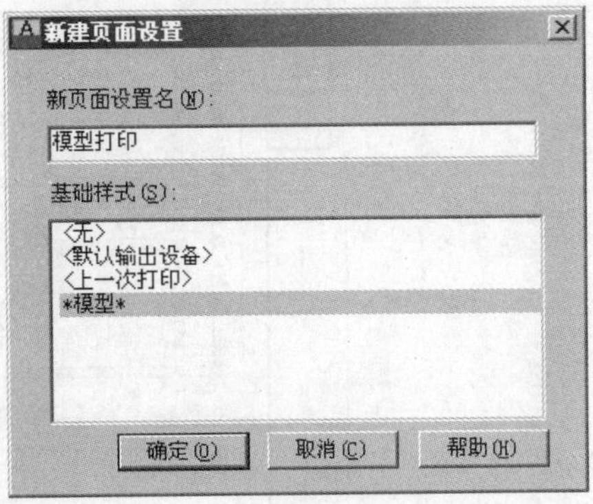

图11-9

⑫ 单击 确定 按钮，打开“页面设置-模型”对话框，设置打印机的名称、图纸尺寸、打印偏移、打印比例和图形方向等页面参数，如图11-10所示。

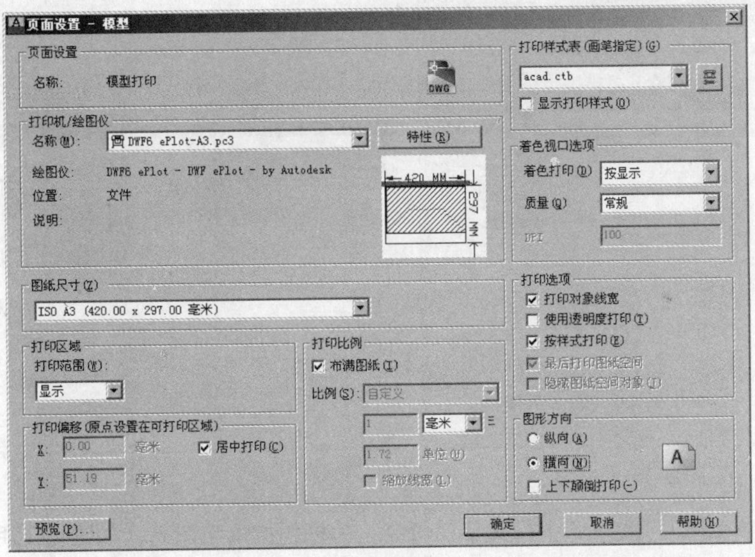

图11-10

⑬ 单击“打印范围”下拉按钮，在展开的下拉列表中选择“窗口”选项，如图11-11所示。

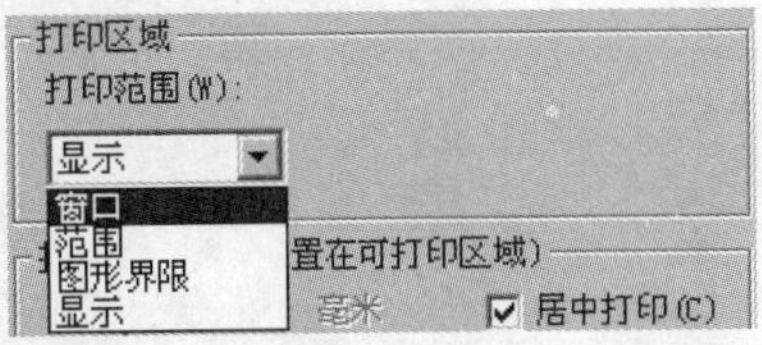

图11-11

⑭ 返回绘图区，根据命令行的操作提示，分别捕捉图框的两个对角点A和B，如图11-12所示，指定打印区域。

⑮ 此时系统自动返回“页面设置-模型”对话框，单击 确定 按钮返回“页面设置管理器”对话框，将刚创建的新页面置为当前，如图11-13所示。

⑯ 展开“图层控制”下拉列表，将“文本层”设置为当前图层。

⑰ 使用命令简写ST激活“文字样式”命令，将“宋体”设置为当前样式，此时修改字体高度如图11-14所示。

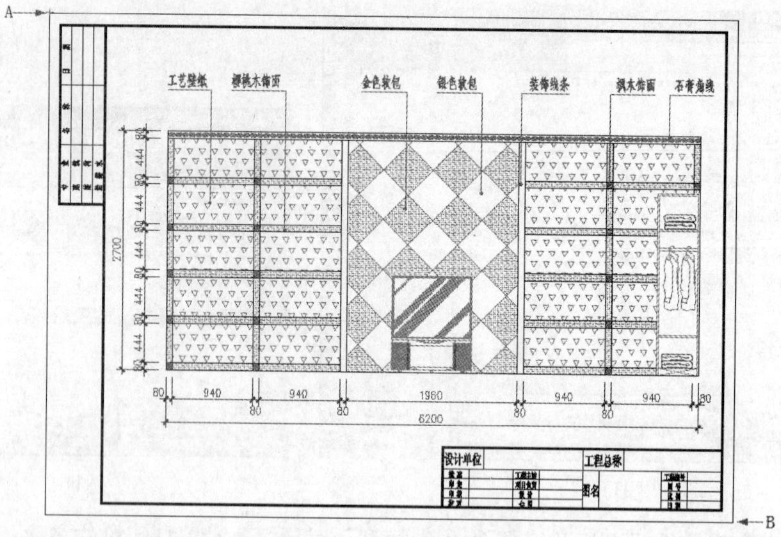

图11-12

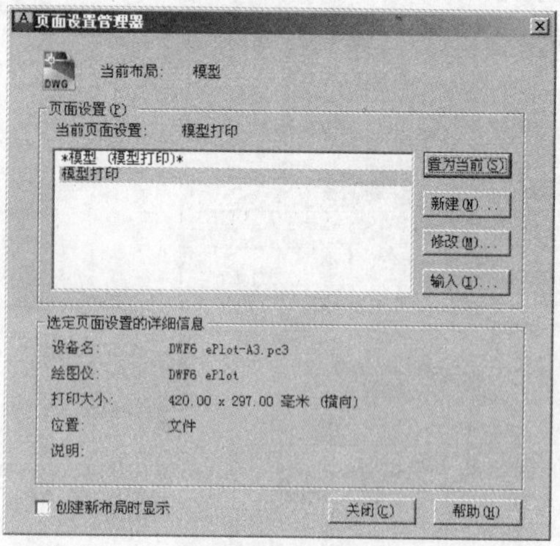

图11-13

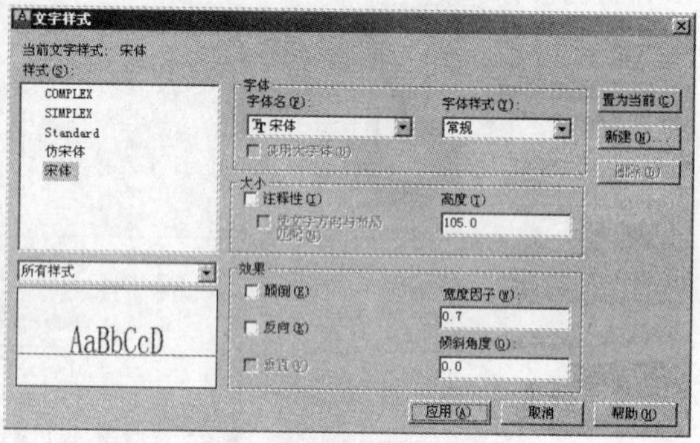

图11-14

⑱ 使用命令简写T激活“多行文字”命令，为标题栏填充图名，如图11-15所示。

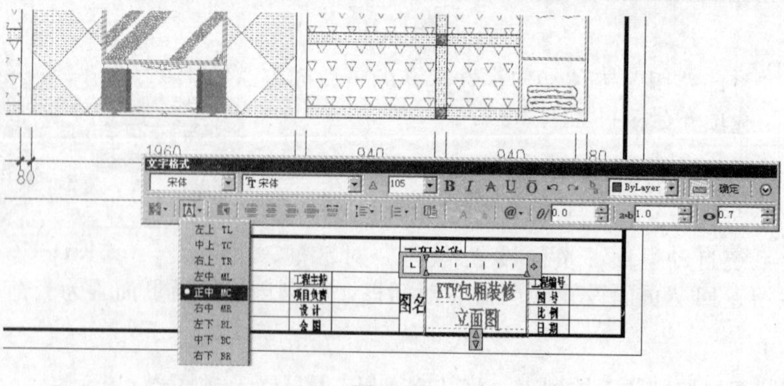

图11-15

⑲ 使用“范围缩放”命令调整视图，使立面图全部显示，结果如图11-16所示。

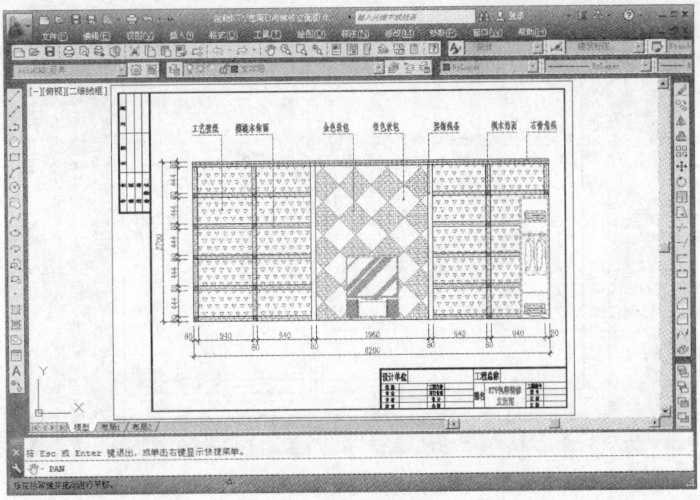

图11-16

⑳ 执行菜单栏中的“文件”|“打印预览”命令，对图形进行打印预览，预览结果如上图11-1所示。

㉑ 单击右键，选择快捷菜单中的“打印”命令，此时系统打开如图11-17所示的“浏览打印文件”对话框，设置打印文件的保存路径及文件名。

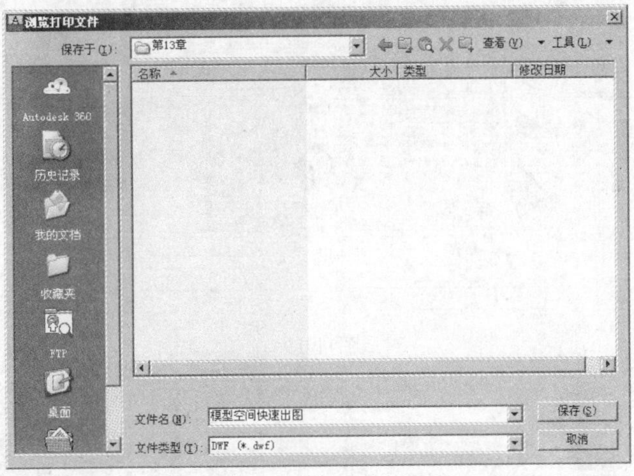

图11-17

㉒ 单击 保存... 按钮，系统弹出“打印作业进度”对话框，待此对话框关闭后，打印过程即可结束。

㉓ 最后执行“另存为”命令，将图形另名存储为“模型空间快速出图.dwg”。

11.3 布局空间内精确出图

本例将在布局空间内按照1：45的精确出图比例，将某住宅小区多居室户型装修布置图打印输出到2号图纸上，主要学习布局空间的精确打印技能。本例最终打印效果如图11-18所示。

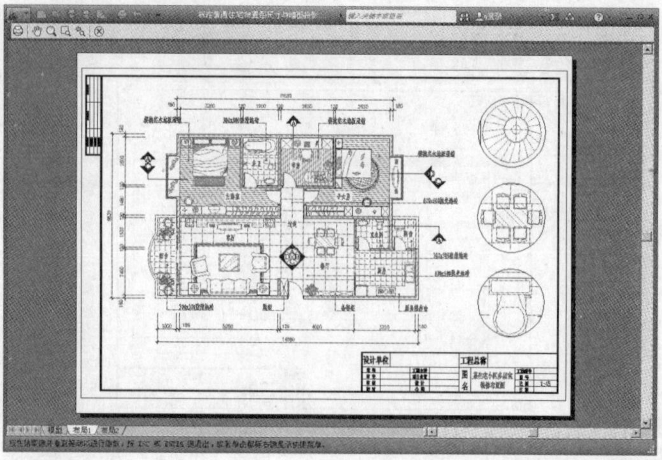

图11-18

① 打开随书光盘中的“效果文件”\“第3章”\“标注普通住宅布置图尺寸与墙面投影.dwg”，如图11-19所示。

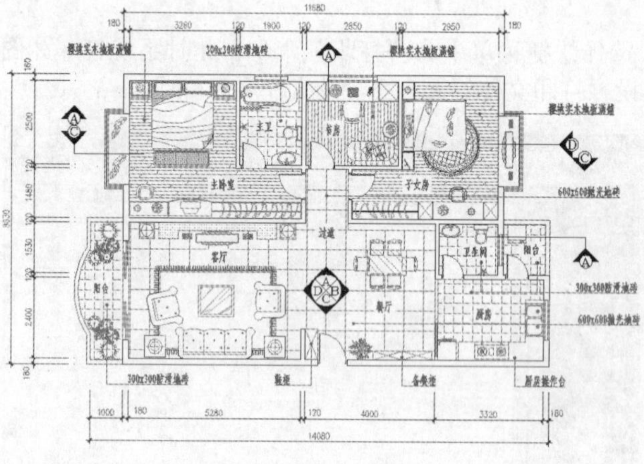

图11-19

② 单击绘图区下方的 布局1 标签，进入“布局1”空间，如图11-20所示。

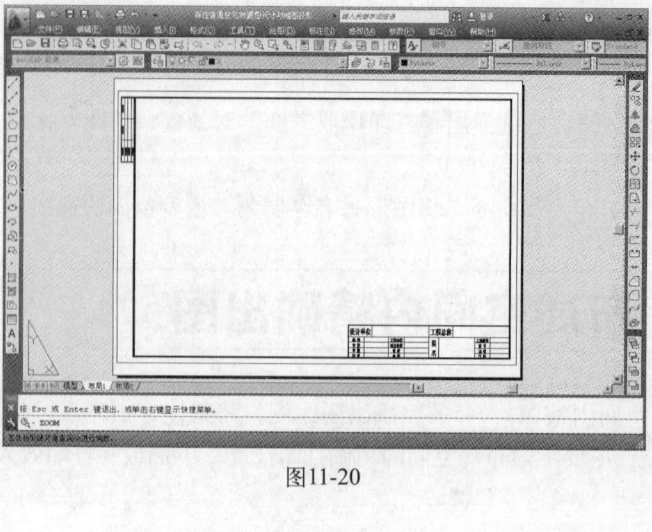

图11-20

③ 展开“图层控制”下拉列表，将“0图层”设置为当前图层。

④ 执行菜单栏中的“视图”|“视口”|“多边形视口”命令，分别捕捉图框内边框的角点，创建多边形视口，将平面图从模型空间添加到布局空间，如图11-21所示。

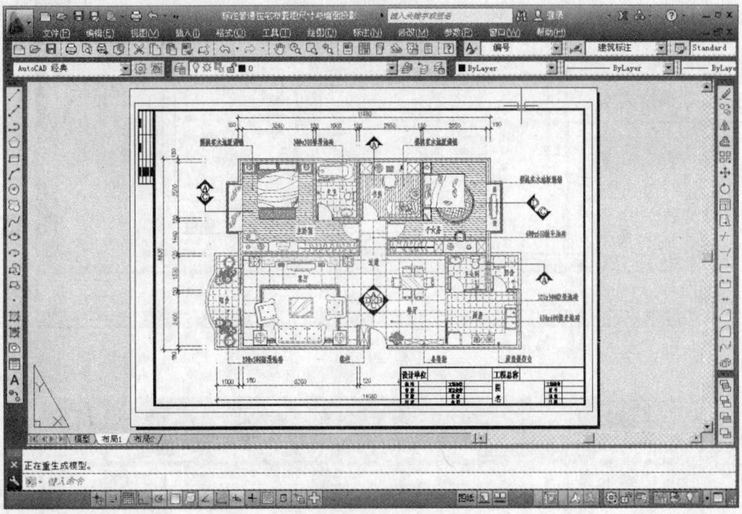

图11-21

⑤ 单击状态栏中的图纸按钮，激活刚创建的视口，然后打开“视口”工具栏，调整比例如图11-22所示。

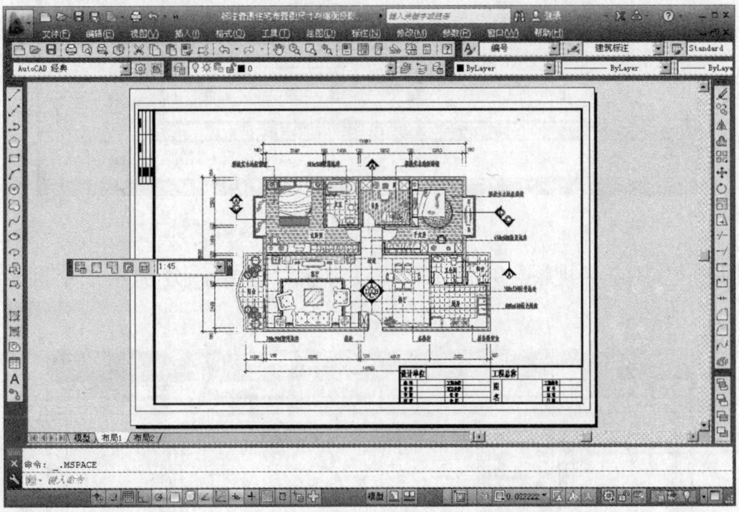

图11-22

技巧

如果状态栏中没有显示出图纸按钮，可以从状态栏的快捷菜单中选择“图纸/模型”命令。

⑥ 使用“实时平移”工具调整图形的出图位置，结果如图11-23所示。

⑦ 单击模型按钮返回图纸空间，然后使用“圆”命令绘制三个半径为40的圆形，结果如图11-24所示。

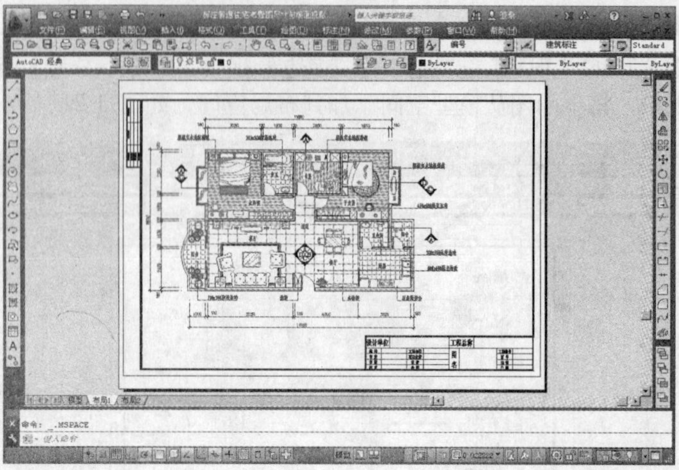

图11-23

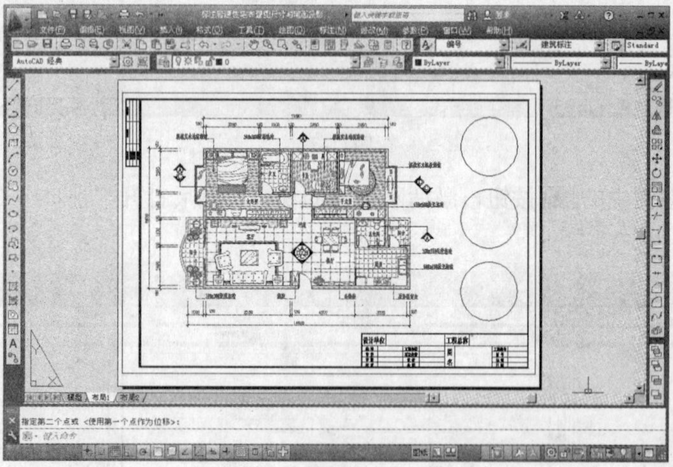

图11-24

⑧ 执行菜单栏中的“视图”|“视口”|“对象”命令，分别将三个圆形转换为圆形视口，结果如图11-25所示。

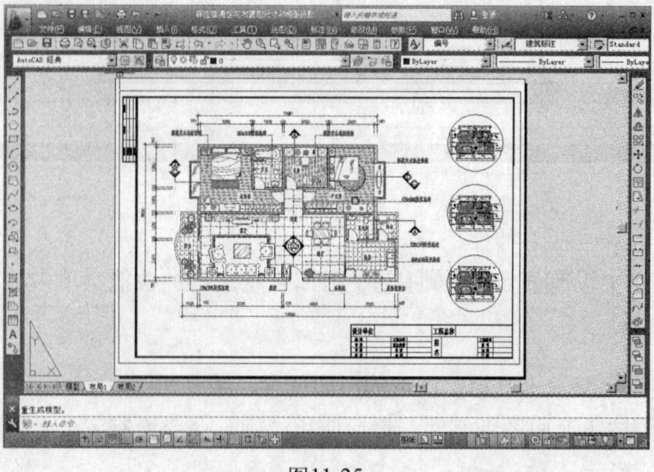

图11-25

⑨ 单击上侧的圆形视口，然后使用“实时缩放”和“实时平移”工具调整出图位置，结果如图11-26所示。

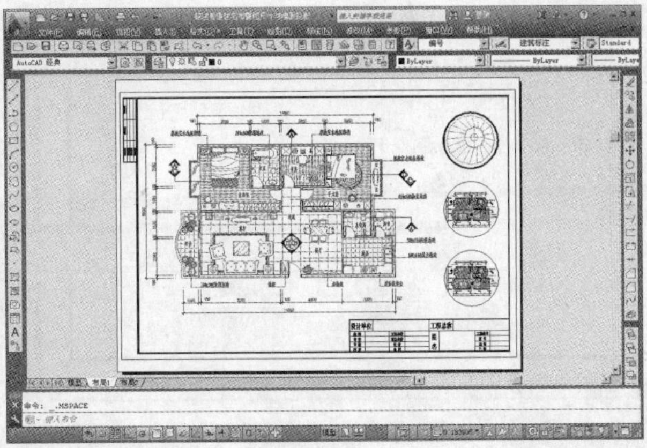

图11-26

⑩ 分别单击每个圆形视口，使用“实时缩放”和“实时平移”工具分别调整其他圆形视口的出图位置，结果如图11-27所示。

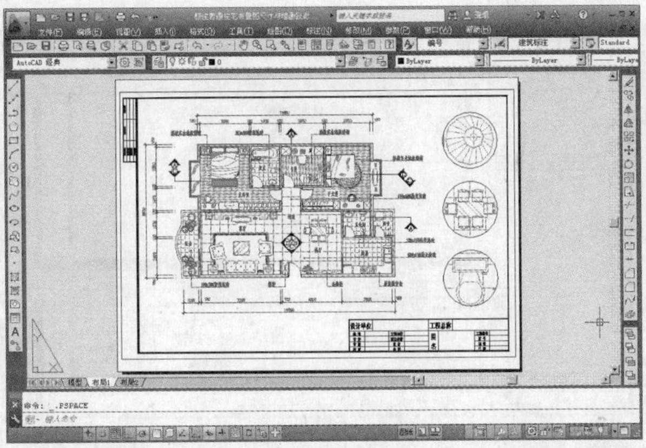

图11-27

⑪ 设置“文本层”为当前层，设置“宋体”为当前文字样式，并使用“窗口缩放”工具调整视图如图11-28所示。

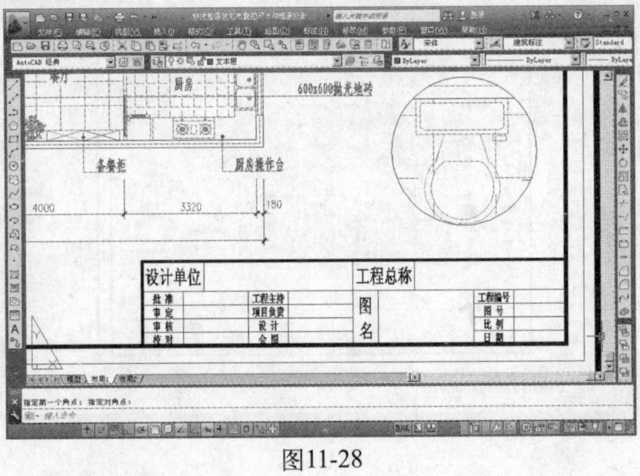

图11-28

⑫ 使用命令简写T激活“多行文字”命令，设置字高为6、对正方式为正中对正，为标题栏填充图名，如图11-29所示。

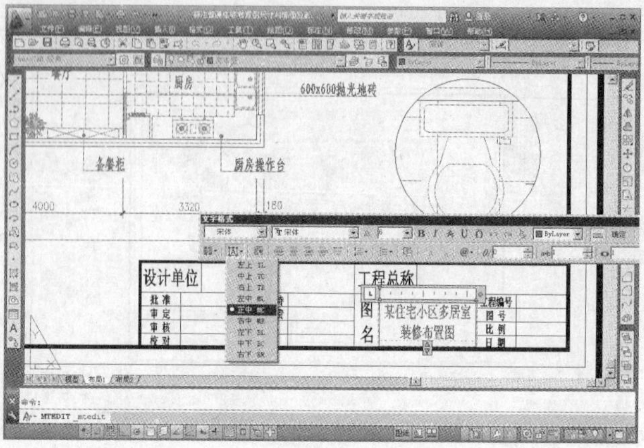

图11-29

⑬ 重复执行“多行文字”命令，设置文字样式和对正方式不变，为标题栏填充出图比例，如图11-30所示。

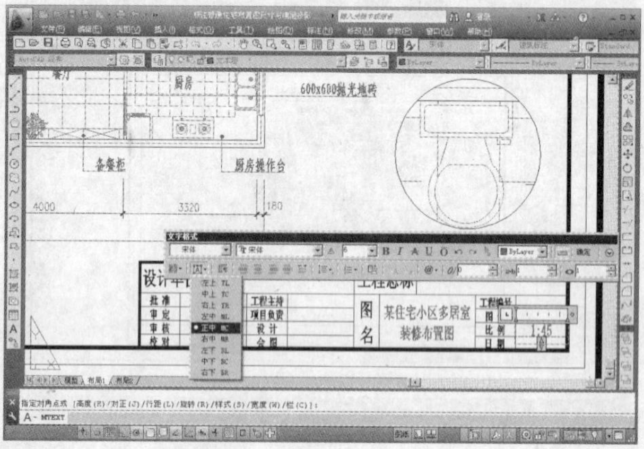

图11-30

⑭ 使用“全部缩放”工具调整视图，使图形全部显示，结果如图11-31所示。

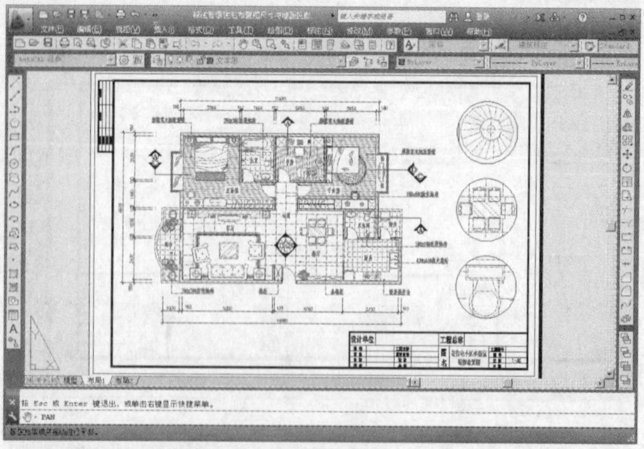

图11-31

⑮ 执行“打印”命令，对图形进行打印预览，效果如上图11-18所示。

⑯ 返回“打印-布局1”对话框中单击 确定 按钮，在“浏览打印文件”对话框内设置打印文件的保存路径及文件名，如图11-32所示。

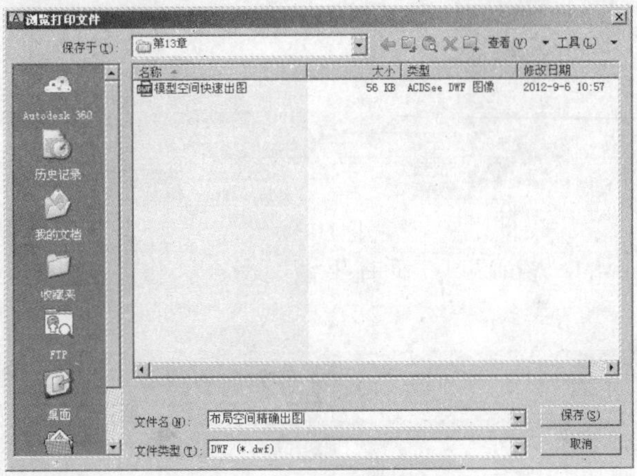

图11-32

⑰ 单击 保存... 按钮，可将此平面图输出到相应图纸上。

⑱ 最后执行“另存为”命令，将图形另名存储为“布局空间精确出图.dwg”。

11.4 多视口并列打印出图

本例通过将某普通住宅的客厅、餐厅、厨房、卧室以及卫生间等室内装修立面图等打印输出到同一张图纸上，主要学习多视口并列打印的操作方法和操作技巧。本例打印预览效果如图11-33所示。

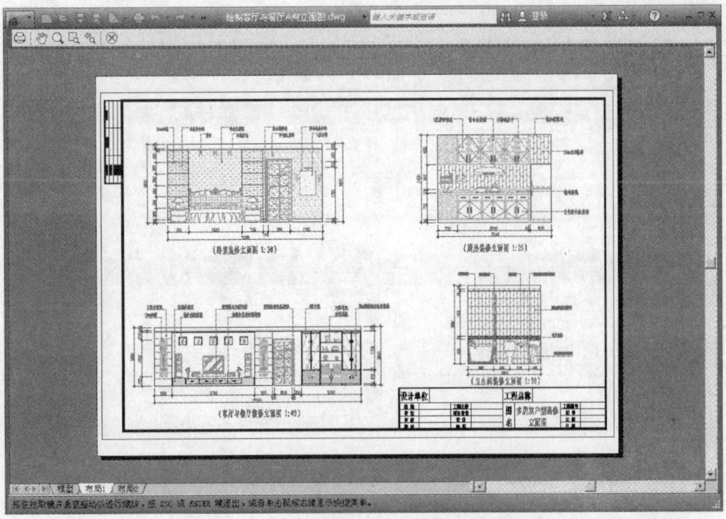

图11-33

① 打开随书光盘“效果文件”\“第5章”文件夹下的4个文件，如图11-34所示。

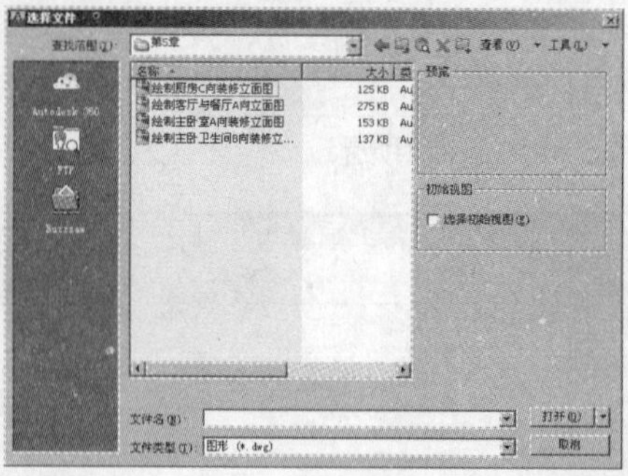

图11-34

(2) 执行菜单栏中的“窗口”|“垂直平铺”命令，将各文件进行垂直平铺，结果如图11-35所示。

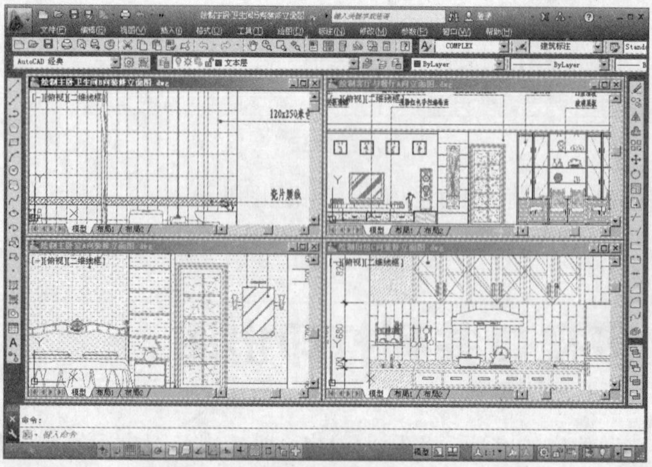

图11-35

(3) 执行“范围缩放”和“实时缩放”命令调整每个文件内的视图，使文件内的图形完全显示，结果如图11-36所示。

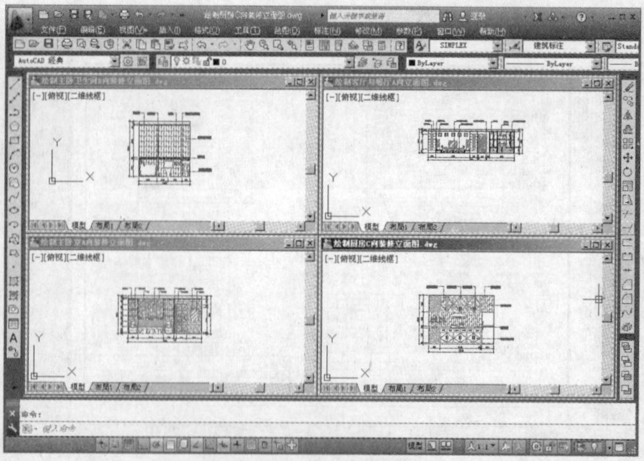

图11-36

(4) 使用多文档间的数据共享功能，分别将其他三个文件中的立面图以块的方式共享到另一个文件中，并将其最大化显示，结果如图11-37所示。

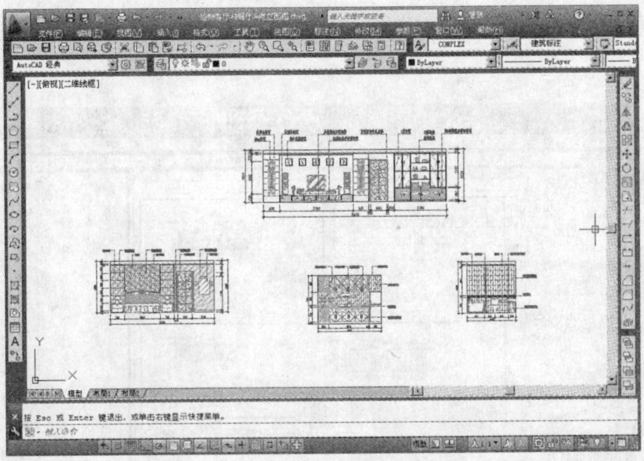

图11-37

5 进入“布局1”空间，并将“0图层”设置为当前图层。

6 使用命令简写REC激活“矩形”命令，配合端点、中点和延伸捕捉功能，绘制如图11-38所示的4个矩形。

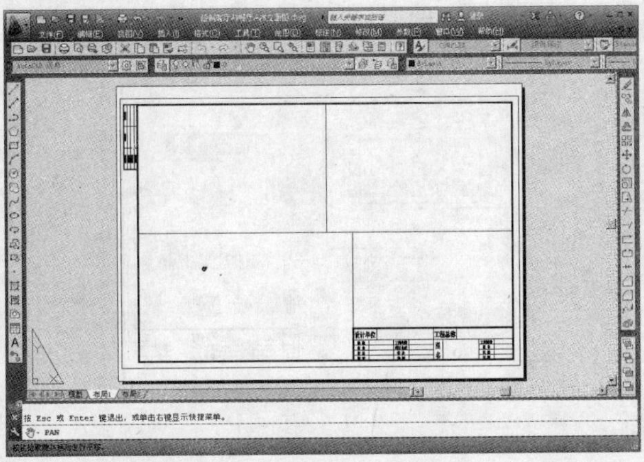

图11-38

7 执行菜单栏中的“视图”|“视口”|“对象”命令，分别选择4个矩形，将其转换为4个矩形视口，如图11-39所示。

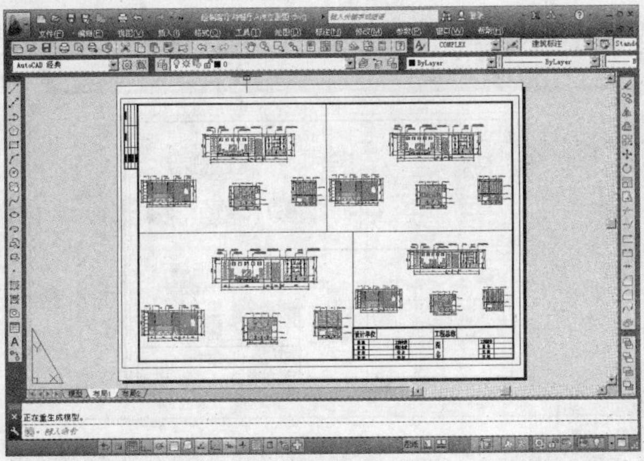

图11-39

⑧ 单击状态栏中的图纸按钮，激活左上侧的视口，然后在“视口”工具栏内调整比例为1：30，如图11-40所示。

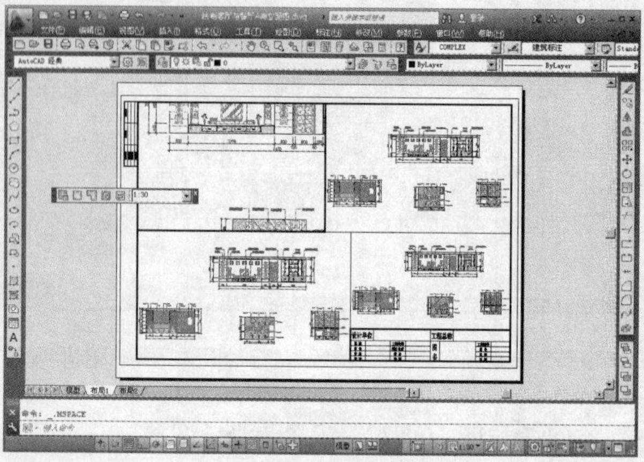

图11-40

⑨ 使用“实时平移”命令，调整图形在视口内的位置，结果如图11-41所示。

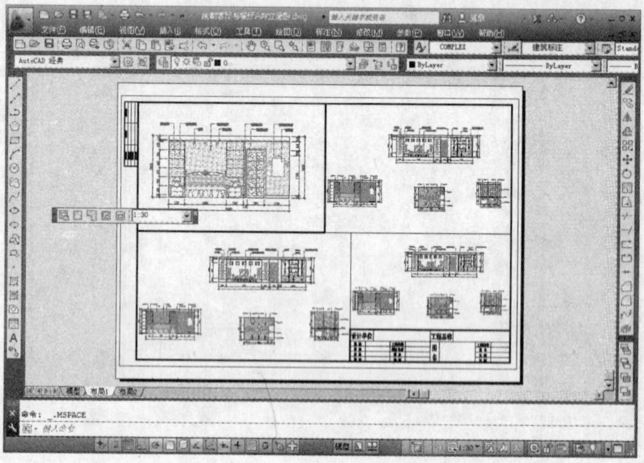

图11-41

⑩ 激活左下侧的视口，调整比例为1：40，然后使用“实时平移”工具调整图形的出图位置，如图11-42所示。

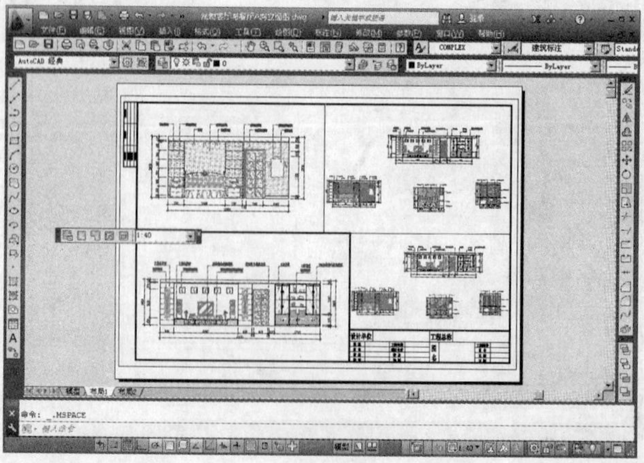

图11-42

⑪ 激活右上侧的视口，调整比例为1：25，然后使用“实时平移”工具调整图形的出图位置，如图11-43所示。

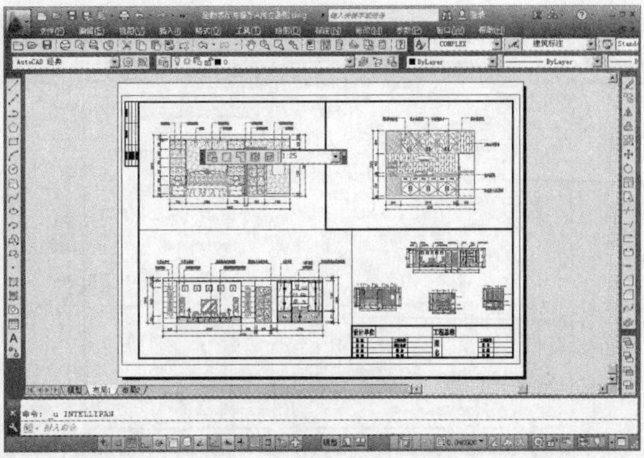

图11-43

⑫ 激活右下侧的视口，调整比例为1：30，然后使用“实时平移”工具调整图形的出图位置，如图11-44所示。

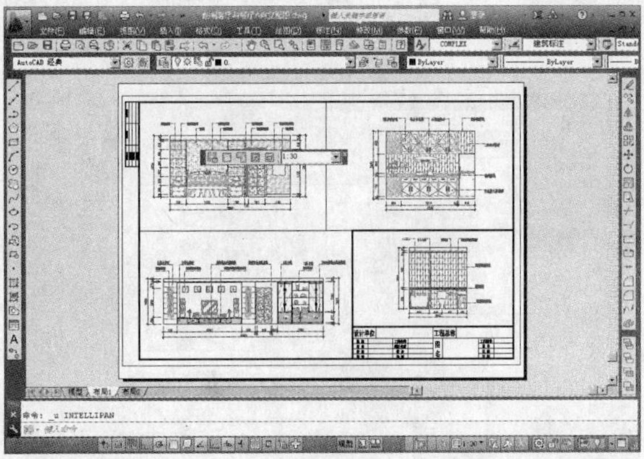

图11-44

⑬ 返回图纸空间，并设置“文本层”为当前层、设置“仿宋体”为当前样式。

⑭ 使用命令简写DT激活“单行文字”命令，设置文字高度为6，标注如图11-45所示的图名与比例。

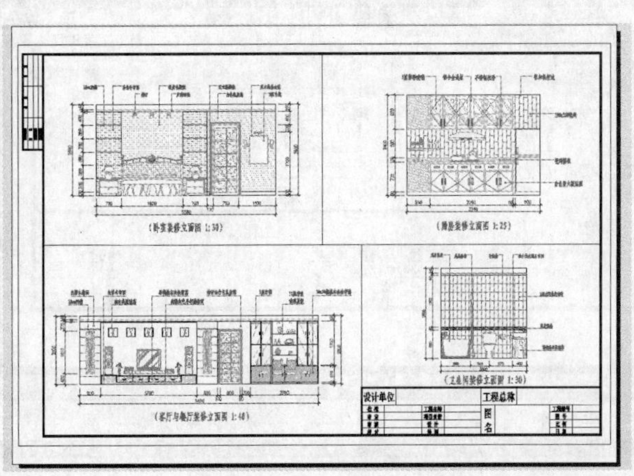

图11-45

⑮ 选择4个矩形视口边框线，将其放置到其他的Defpoints图层上，并将此图层关闭，结果如图11-46所示。

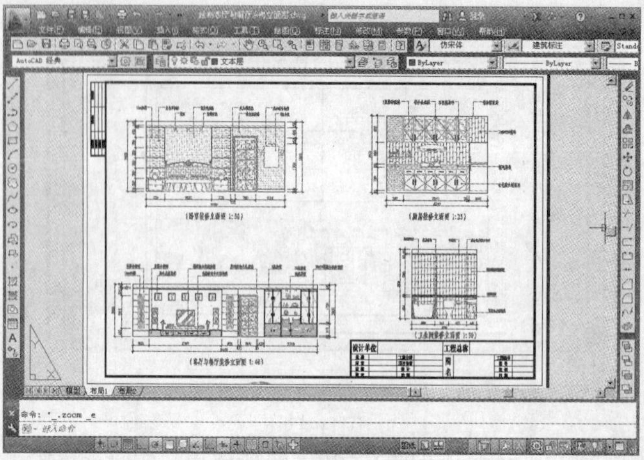

图11-46

⑯ 使用命令简写ST激活“文字样式”命令，将“宋体”设置为当前样式，同时修改文字高度如图11-47所示。

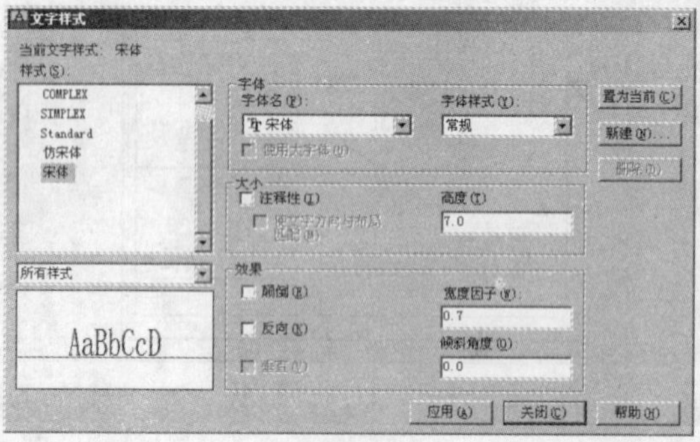

图11-47

⑰ 执行菜单栏中的“视图”|“缩放”|“窗口”命令，调整视图，结果如图11-48所示。

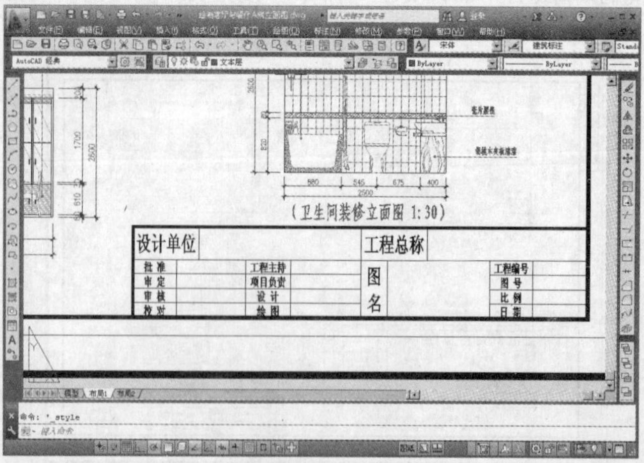

图11-48

(18) 使用命令简写T激活“多行文字”命令，为标题栏填充图名，如图11-49所示。

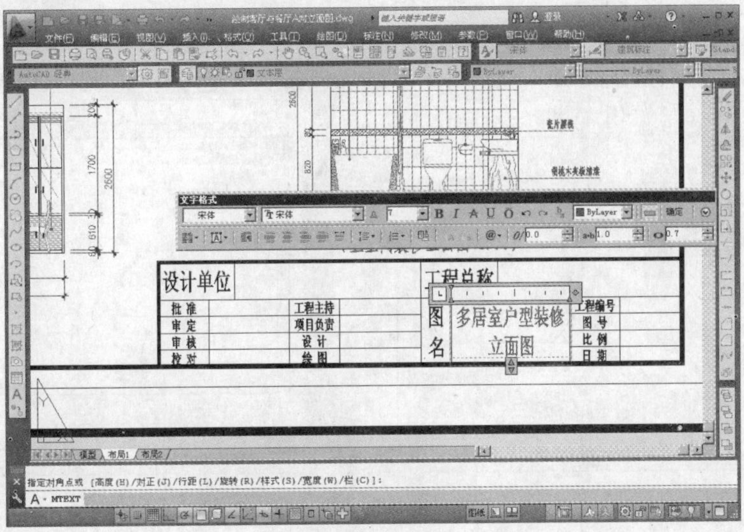

图11-49

(19) 关闭“文字格式”编辑器，然后使用“范围缩放”命令调整视图，结果如图11-50所示。

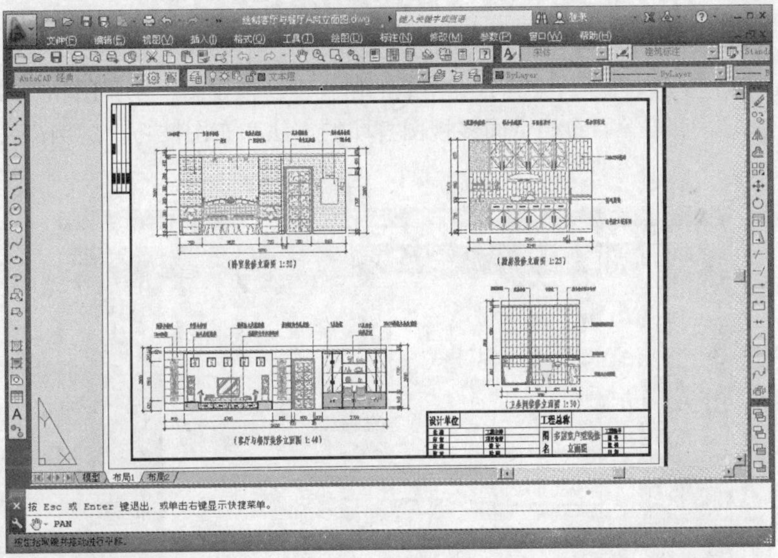

图11-50

(20) 单击“标准”工具栏中的按钮，激活“打印”命令，打开如图11-51所示的“打印-布局1”对话框。

(21) 单击预览(P)...按钮，对图形进行打印预览，效果如上图11-33所示。

(22) 退出预览状态，返回“打印-布局1”对话框后单击确定按钮，在打开的“浏览打印文件”对话框中保存打印文件，如图11-52所示。

(23) 单击保存...按钮，系统弹出“打印作业进度”对话框，系统将按照所设置的参数进行打印。

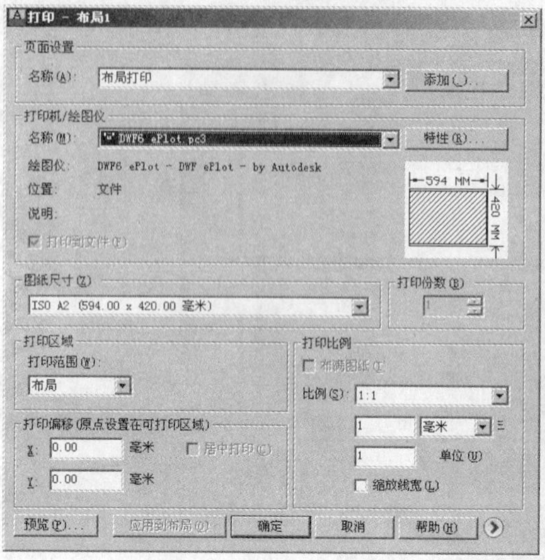

图11-51

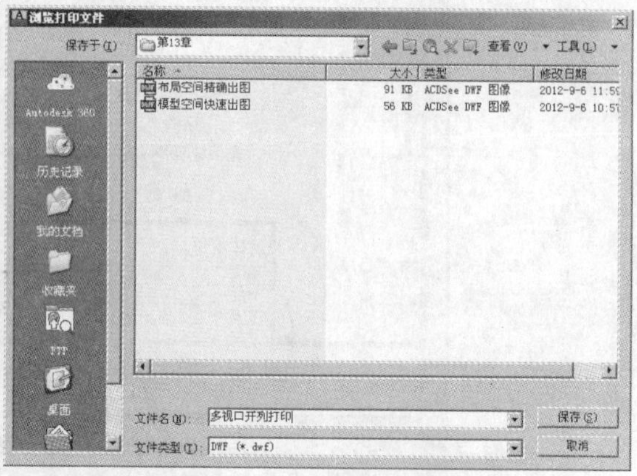

图11-52

(24) 最后使用“另存为”命令，将图形另名存储为“多视口并列打印.dwg”。

11.5 布局空间内的多视图打印

本节将在布局空间内将办公家具方案图纸的俯视图、前视图、左视图和等轴测视图并列打印到4号图纸上，主要学习布局空间多视图打印的方法和布图技巧。本例最终打印效果如图11-53所示。

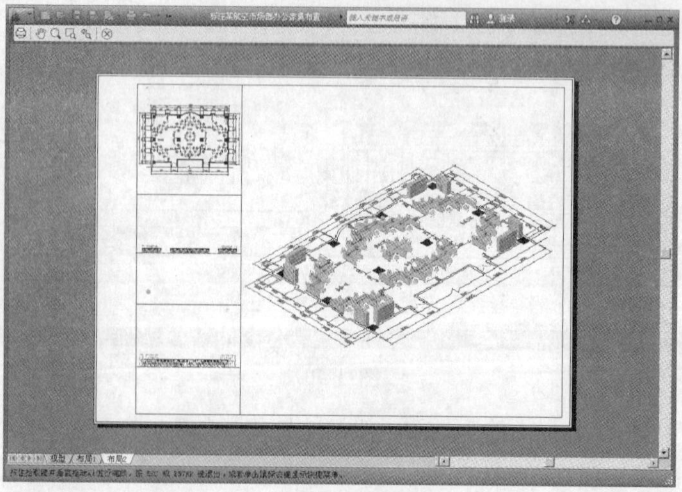

图11-53

(1) 打开随书光盘中的文件“实例文件”\“第10章”\“标注某航空市场部办公家具布置图.dwg”，如图11-54所示。

(2) 单击“布局2”标签，进入布局空间，如图11-55所示。

(3) 使用命令简写E激活“删除”命令，删除系统自动产生的矩形视口。

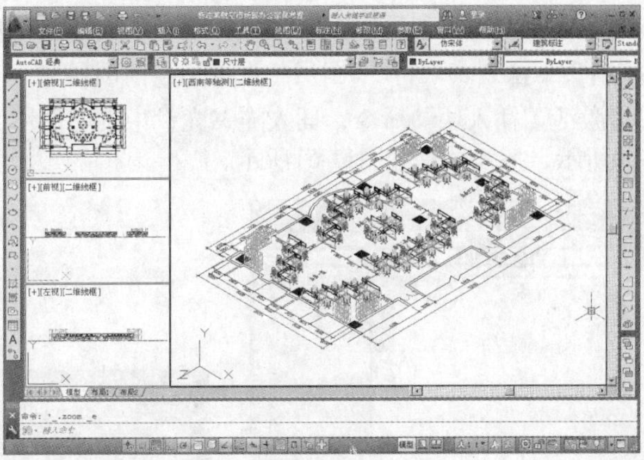

图11-54

④ 执行菜单栏中的“文件”|“页面设置管理器”命令，在打印的“页面设置管理器”对话框中单击新建(N)...按钮，为新页面命名，如图11-56所示。

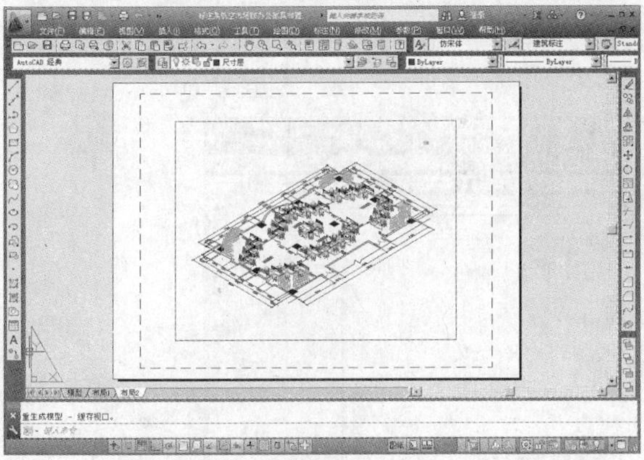

图11-55

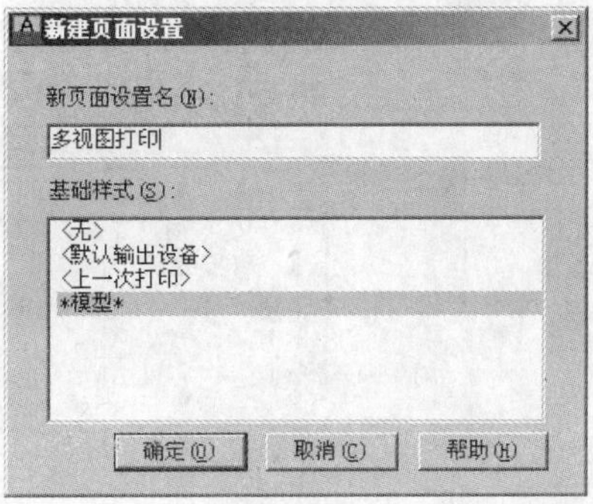

图11-56

⑤ 单击确定按钮，打开“页面设置-布局1”对话框，设置打印机名称、图纸尺寸、打印比例和图形方向等页面参数，如图11-57所示。

⑥ 单击确定按钮返回“页面设置管理器”对话框，将创建的新页面置为当前，如图11-58所示。

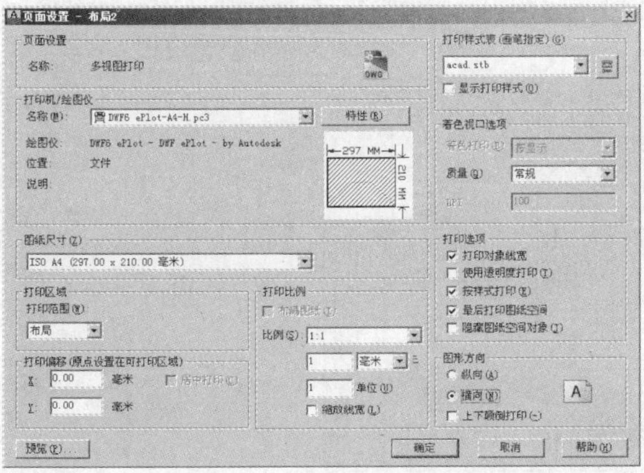

图11-57

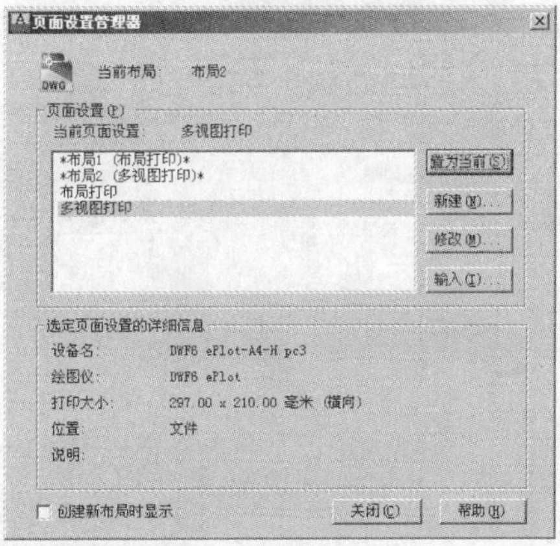

图11-58

(7) 关闭“页面设置管理器”命令，返回布局空间，页面设置后的布局显示如图11-59所示。

(8) 展开“图层控制”下拉列表，将“0图层”设置为当前图层。

(9) 使用命令简写I激活“插入块”命令，插入随书光盘中的“图块文件”\“A4.dwg”图块，参数设置如图11-60所示，插入结果如图11-61所示。

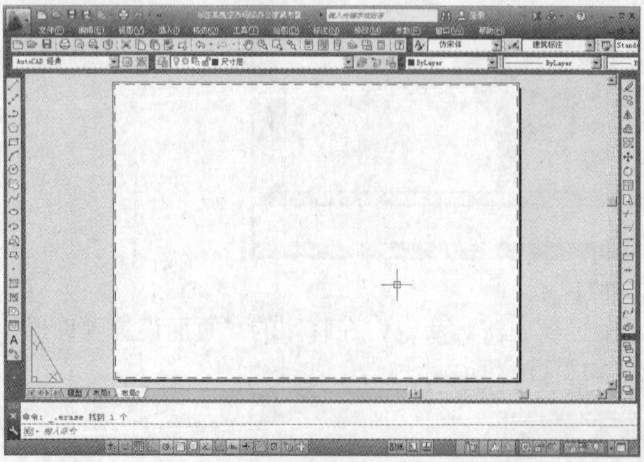

图11-59

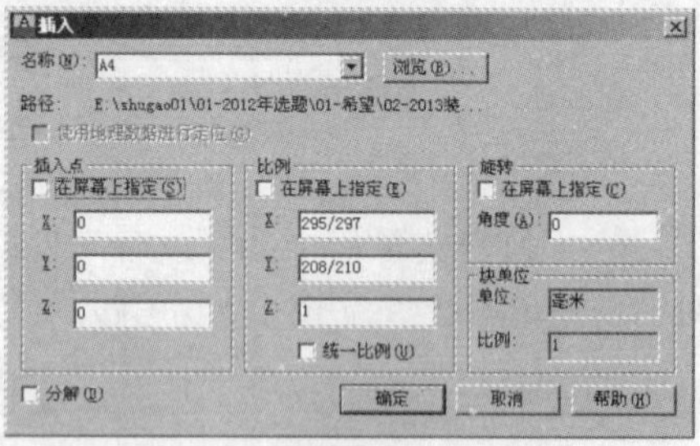

图11-60

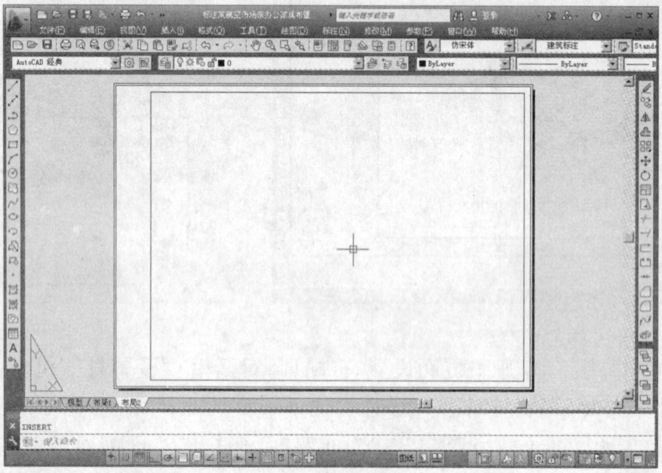

图11-61

(10) 执行菜单栏中的“视图”|“视口”|“新建视口”命令，在打开的“视口”对话框中选择如图11-62所示的视口模式。

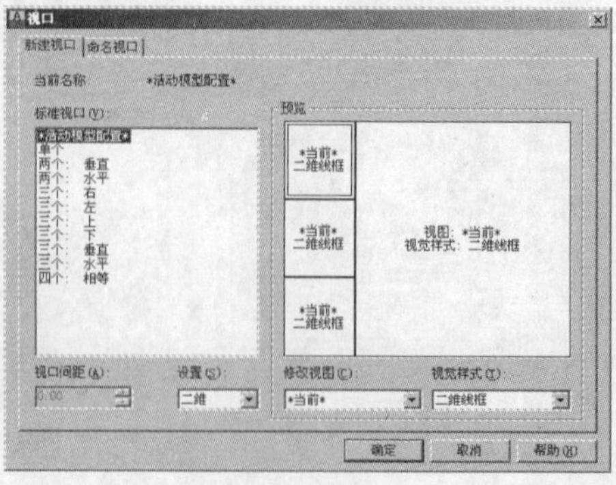

图11-62

⑪ 单击确定按钮返回绘图区，根据命令行的提示，捕捉内框的两个对角点，将内框区域分割为4个视口，结果如图11-63所示。

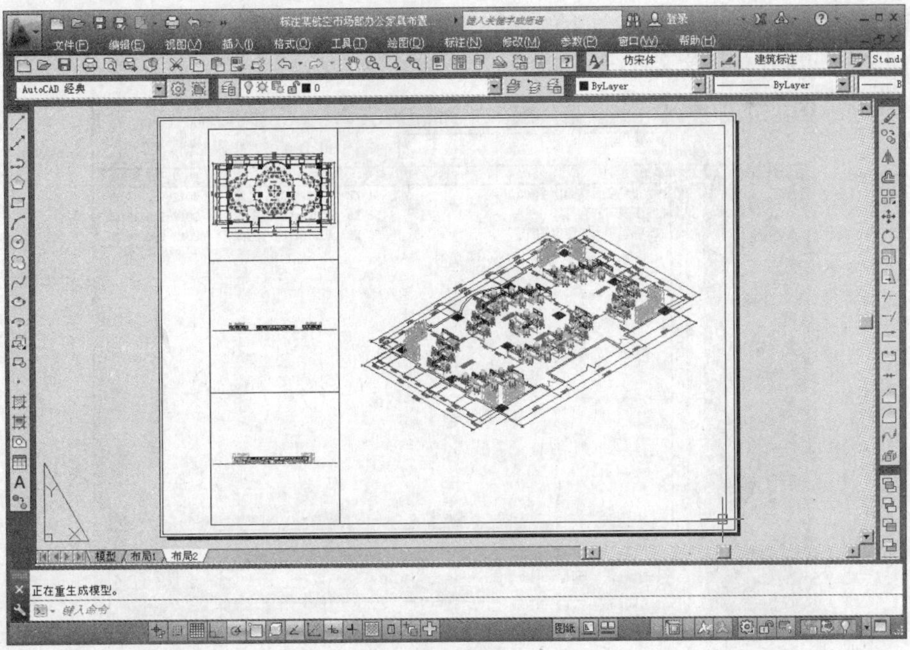

图11-63

⑫ 单击状态栏中的图纸按钮，进入浮动式的模型空间。

⑬ 分别激活每个视口，调整每个视口内的视图及着色方式，结果如图11-64所示。

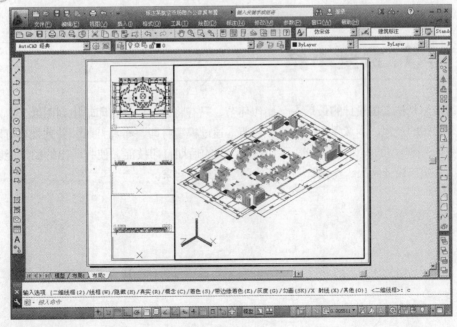

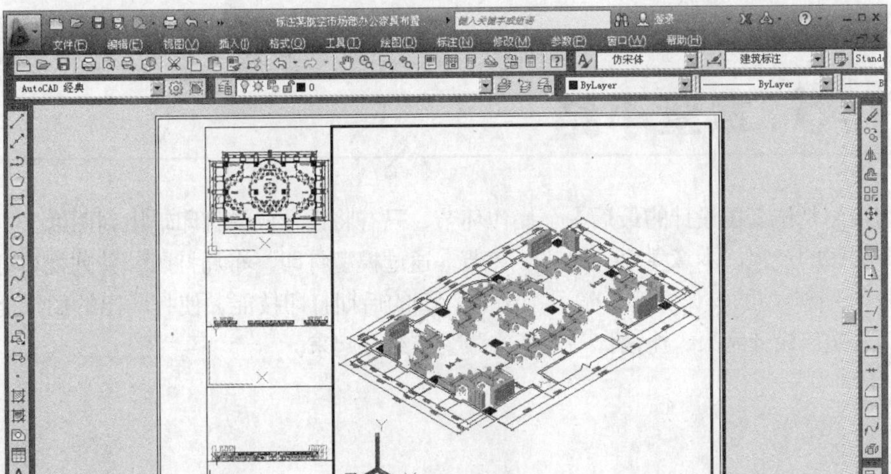

图11-64

⑭ 返回图纸空间，执行“图层”命令，修改“墙线层”的线宽为0.50mm。

(15) 执行菜单栏中的“文件”|“打印预览”命令，对图形进行打印预览，预览效果如上图11-53所示。

(16) 单击右键，选择快捷菜单中的“打印”命令，在打开的“浏览打印文件”对话框内设置打印文件的保存路径及文件名，如图11-65所示。

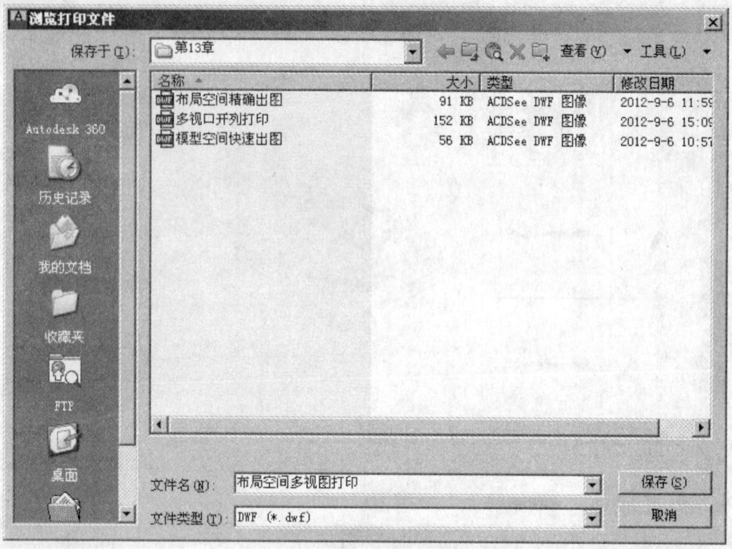

图11-65

(17) 单击 保存... 按钮，即可进行打印图形。

(18) 最后执行“另存为”命令，将图形另名存储为“布局空间内的多视图并列打印.dwg”。

11.6 本章小结

打印输出是施工图设计的最后一个操作环节，只有将设计成果打印输出到图纸上，才算完成了整个绘图的流程。本章主要针对这一环节，通过模型打印、布局打印、并列视口打印和并列视图打印4个典型的操作实例，学习了AutoCAD的后期打印技能，使打印出的图纸能够完整而准确地表达出设计结果，让设计与生产实践紧密结合起来。